Paris Monographs in American Archaeology 42

Paysage socioculturel et architecture dans la culture Chimú

L'implantation humaine à l'intermédiaire recent (1000–1470 apr. J.-C.) dans la vallée de Chicama (côte nord du Pérou)

Camille Clément

BAR International Series 2748

2015

Published in 2016 by
BAR Publishing, Oxford

BAR International Series 2748

Paris Monographs in American Archaeology 42
Editor: Eric Taladoire
Paysage socioculturel et architecture dans la culture Chimú

ISBN 978 1 4073 1409 9

BAR Publishing is the trading name of British Archaeological Reports (Oxford) Ltd. British Archaeological Reports was first incorporated in 1974 to publish the BAR Series, International and British. In 1992 Hadrian Books Ltd became part of the BAR group. This volume was originally published by Archaeopress in conjunction with British Archaeological Reports (Oxford) Ltd / Hadrian Books Ltd, the Series principal publisher, in 2015. This present volume is published by BAR Publishing, 2016.

Printed in England

BAR
PUBLISHING

BAR titles are available from:

BAR Publishing
122 Banbury Rd, Oxford, OX2 7BP, UK
EMAIL info@barpublishing.com
PHONE +44 (0)1865 310431
FAX +44 (0)1865 316916
www.barpublishing.com

SOMMAIRE

Paysage socioculturel et architecture dans la culture chimú.
L'implantation humaine à l'Intermédiaire Récent (1000-1470 apr. J.C.) dans la vallée de Chicama (côte nord du Pérou)

Aux alentours du 10e siècle apr. J.-C., la côte aride du nord du Pérou est le foyer d'émergence de la culture chimú. Au 15e siècle, à son apogée, le royaume chimú qui s'étendait sur plusieurs centaines de kilomètres était contrôlé au moyen d'un réseau de centres administratifs, depuis Chan Chan, sa capitale. Mais la gestion du territoire à une échelle réduite, comme dans la vallée de Chicama, demeure inconnue. Cette vallée voisine de Chan Chan, intensément occupée au cours de l'Intermédiaire Récent, constitue donc un cadre idéal pour étudier l'implantation chimú.

Des 167 sites recensés dans cette région, 88 ont été datés de l'Intermédiaire Récent (1000-1470 apr. J.-C.). L'examen de ces établissements, comportant des concentrations de matériel, des constructions ou des infrastructures, offre une vision partielle de l'implantation humaine, complétée par les données d'archéologues comme Leonard et Russell (1992) ou Chauchat (et al. 1998).Il ressort de cette étude que le cœur de la plaine côtière de Chicama était cultivé par les communautés locales, dont on retrouve les traces dans les archives du 16e siècle, tandis que sur les marges, l'irrigation en expansion et l'agriculture étaient gérées depuis des centres administratifs relayant le pouvoir de Chan Chan. L'installation de groupes chimús, originaires de la côte, en amont, au cœur de la vallée moyenne, permettait de contrôler efficacement les ressources hydriques, indispensables aux cultures dans un environnement aride.

L'analyse de l'implantation humaine et de l'exploitation de Chicama met ainsi en lumière les différents mécanismes qui ont contribué à l'essor de Chan Chan, capitale politique et centre cérémoniel du royaume chimú.

Sociocultural Landscape and Architecture in the Chimú Culture.
Settlement Pattern during the Late Intermediate Period (1000-1470 A.D.) in the Chicama Valley (North Coast of Peru)

Around the 10th century AD., the arid northern coast of Peru is the place of emergence of the Chimú culture. In the 15th century AD, at its peak, the Chimú kingdom, expanded over hundreds of kilometers, was controlled by a network of administrative centers from Chan Chan, the capital. But land management at reduced scale, as in the valley of Chicama, is unknown. This neighboring valley of Chan Chan, intensely occupied during the Late Intermediate Period, forms therefore an ideal area to study the settlement patterns of the Chimú.

Among the 167 sites identified in this region, 88 were occupied during the Late Intermediate Period (1000 to 1470 A.D.). The investigation of these sites, composed of concentrations of archaeological material, buildings and infrastructures, offers a partial view of the human settlement pattern, supplemented by data from archaeologists as Leonard and Russell (1992) or Chauchat (et al. 1998). It is clear from this study that the heart of the coastal plain of Chicama was cultivated by the local communities, whose hints can be found in the archives of the 16th century AD, while in the margins, the expanding irrigation and the agriculture were managed from administrative centers relaying the authority of Chan Chan. The installation of Chimú groups from the coast, upstream, in the middle valley, allowed to effectively control the water resources, essential for the crops in an arid environment.

The analysis of the settlement patterns and the exploitation of the valley of Chicama bring to light different mechanisms that have contributed to the growth of Chan Chan, the political capital and ceremonial center of the Chimú.

Paisaje sociocultural y arquitectura en la cultura chimú.
Patrones de asentamientos durante el Intermedio Tardío (1000-1470 d.C.) en el valle de Chicama (costa norte del Pérou)

Alrededor del siglo 10 d.C., la costa árida del norte de Perú fue el lugar de aparición de la cultura Chimú. En el siglo 15 d.C., en su apogeo, el reino Chimú, que se extendía por cientos de kilómetros, estaba controlado por medio de una red de centros administrativos, desde Chan Chan, su capital. Pero la gestión del territorio a una escala más pequeña, como en el valle de Chicama, todavía sigue desconocida. Este valle cercano a Chan Chan, intensamente ocupado durante el Intermedio Tardío, constituye por lo tanto el escenario ideal para estudiar la implantación de los Chimús.

De los 167 sitios que identificamos en esta región, 88 fueron ocupados durante el Intermedio Tardío (1000-1470 d.C.). El examen de estos yacimientos, conformados por concentraciones de material, edificios o infraestructuras, ofrece una visión parcial acerca de los patrones de asentamientos, complementada por los datos de arqueólogos como Leonard y Russell (1992) o Chauchat (et al. 1998). Se desprende de este estudio que el corazón de la llanura costera de Chicama fue cultivado por las comunidades locales, mencionadas en los archivos del siglo 16 D.C., mientras que en las márgenes, el riego en expansión y los cultivos fueron manejados desde centros administrativos, símbolos del poder de Chan Chan. La instalación de grupos Chimú de la costa, aguas arriba en el fondo del valle medio, permitió controlar eficazmente los recursos hídricos, esenciales para la agricultura en un ambiente árido.

El análisis de los asentamientos humanos y la explotación de Chicama y pone en relieve los diversos mecanismos que han contribuido al crecimiento de Chan Chan, la capital política y el centro ceremonial del reino Chimú.

AVANT-PROPOS

Parler d'archéologie et du Pérou dans une même phrase, voilà qui fait souvent briller les yeux de mes interlocuteurs. L'archéologie exerce en effet une fascination sur bien des personnes, tandis que le Pérou est un pays mystérieux et exotique, ancré dans notre imaginaire collectif. Faire cette étude sur l'archéologie péruvienne a donc été pour moi une chance incroyable et une expérience très enrichissante.

Ma première approche « scientifique » du passé andin, je la dois à Garcilaso de la Vega, ce chroniqueur métis qui décrit dans son ouvrage l'histoire de la société inca. Il m'a ensuite fallu attendre plusieurs années pour recevoir mes premiers cours d'histoire andine, en tant qu'étudiant Erasmus à Séville, en Espagne. Les enseignements du professeur Pérez-Mallaina m'ont passionné et de retour en France, c'est à Paris que j'ai poursuivi mes études en suivant les cours de Patrice Lecoq.

Délaissant les hauts sommets enneigés de la cordillère des Andes, je me suis intéressé à la côte nord qui constitua le foyer de sociétés fascinantes, dont celle des Chimús. La bonne conservation des vestiges, en particulier des édifices monumentaux, m'a tout de suite interpelé et je me suis plongé, dès mon master, dans la bibliographie traitant du site majeur de ce peuple: Chan Chan. L'environnement aride et les phénomènes d'El Niño qui frappent cette région sont également source de questionnements pour moi qui suis habitué aux paysages verdoyants. Comment pouvait-on vivre dans un désert ? Comment pouvait-on faire face aux pluies torrentielles ? Ces éternelles gageures relevées par les habitants de la côte nord, aujourd'hui comme autrefois, m'ont amené à m'interroger sur les relations qu'entretenaient les Chimús avec leur environnement et leur territoire.

Mes voyages au Pérou n'ont fait que confirmer mon intérêt pour les Chimús, pour l'architecture de leurs sites et pour les paysages de la côte nord. Les prospections, financées par diverses institutions, notamment l'IFEA, ont apporté des réponses à quelques-unes de mes questions, tandis que de nouvelles interrogations ont surgi dans mon esprit. J'espère que la lecture de cet ouvrage apportera également des réponses à tous ceux qui la parcourront.

REMERCIEMENTS

Cet ouvrage a impliqué de multiples personnes et n'aurait pu aboutir sans l'aide et le soutien que j'ai continuellement reçu, au cours de ces cinq années, en France et en Europe, comme au Pérou ! Mener des prospections archéologiques seul est un projet irréalisable et nombreux sont ceux à qui je souhaite exprimer ma gratitude. Sans eux, je n'aurai pu concrétiser cette étude et présenter ce travail.

En premier lieu, mes remerciements les plus sincères vont à Patrice Lecoq, présent au cœur de ma recherche archéologique depuis plus de sept ans. C'est à lui que je dois mon premier voyage au Pérou et la découverte de ce pays magnifique. C'est aussi lui qui, en m'intégrant à son projet Choqek'Iraw-Chanka en 2008, 2009 et en 2010, m'a donné le goût de la prospection, des relevés de site et m'a formé à une méthodologie qui, par la suite, m'a été plus qu'utile. La technique qu'il a mise en place avec Laure Déodat que je souhaite remercier s'est retrouvée au cœur de mes propres recherches. Enfin, je lui sais gré de ses conseils, de ses idées, de son soutien financier et moral et du lourd travail qu'il a réalisé (lectures, corrections, relectures, souvent dans des délais assez courts). Nos conversations fructueuses, ses idées stimulantes, ainsi que son exigence, ont largement contribué au résultat ici présenté.

En second lieu, je remercie chaleureusement Éric Taladoire qui m'a toujours appuyé dans les démarches administratives et a su m'encadrer avec bienveillance en me prodiguant de nombreux conseils et suggestions pour aborder les ruines et le matériel archéologique avec méthode. Je lui dois, entre autres, la typologie de la céramique – décrite au chapitre 5 – pour laquelle je me suis inspiré de ses propres travaux sur le matériel du site maya de Tonina. Ses relectures et corrections ont incontestablement amélioré la lisibilité de ma prose et ses commentaires pertinents ont été bénéfiques. Enfin, son aide pour la publication de cet ouvrage mérite d'être soulignée.

Je tiens à remercier Peter Eeckhout et Evelyne Mesclier, ainsi que Claude Chauchat, d'avoir accepté d'évaluer ce travail et de m'avoir fait part de leurs commentaires qui ont largement contribué à améliorer le contenu de cet ouvrage. Je sais gré à Peter Eeckhout, professeur à l'université Libre de Bruxelles de m'avoir conseillé à plusieurs reprises et de m'avoir incité à consulter plusieurs ouvrages dans la bibliothèque de l'Université Libre de Bruxelles qui m'ont été d'une grande aide. Je remercie également Evelyne Mesclier, géographe à l'IRD et à l'UMR PRODIG, pour son apport interdisciplinaire. Enfin, les travaux réalisés par Claude Chauchat dans la vallée de Chicama occupent une part importante des données que j'ai utilisées avant et après mes prospections. Ce chercheur, fin connaisseur de la région, m'a aussi fourni de précieux renseignements sur les vestiges qu'il avait découverts et les différentes manières d'y accéder, ce qui n'a pas été toujours simple, même avec un GPS; sans ses indications, peut-être me serai-je perdu dans le désert. Je le remercie donc à plus d'un titre pour son aide, pour ses remarques justes et précises, ainsi que pour ses travaux.

Mes recherches au Pérou, dans la vallée de Chicama, n'auraient pu être menées sans l'appui de plusieurs institutions, à commencer par le Collège des écoles doctorales, l'Institut des Amériques et l'Université Paris 1 Panthéon-Sorbonne qui ont partiellement financé mes deux premiers voyages d'études. Le projet Choqek'Iraw-Chanka de Patrice Lecoq a contribué à l'achat des billets d'avion. Je suis également redevable de l'Institut Français des Etudes Andines qui m'a octroyé une bourse d'aide à la mobilité, complétée par une autre aide de terrain, qui m'a permis d'effectuer un troisième et dernier séjour de six mois. Ces financements ont été indispensables pour réaliser les prospections à l'origine de cet ouvrage. Je salue l'accueil chaleureux que m'ont réservé Georges Lomné, puis Gérard Borras, ainsi que toute l'équipe de l'IFEA et l'intérêt que mes travaux ont suscité. Un voyage en Espagne, destiné à consulter des documents des Archives Générales des Indes, à Séville, a été financé par l'UMR 8096 Archéologie des Amériques. Enfin, le Groupe d'Etudes Médiévales et Modernes en la présence de Claire Mabire La Caille, m'a aussi apporté son soutien financier.

Sur place, à Trujillo et dans la vallée de Chicama, de nombreuses personnes auxquelles je souhaite témoigner ma profonde gratitude ont participé, plus ou moins directement, à mes prospections de terrain. Nicolas Goepfert, Segundo Vásquez et Belkys Gutiérrez m'ont accueilli chez eux et m'ont offert, outre leurs conseils et leurs avis éclairés, une aide logistique considérable. Sans cette grande « famille » d'archéologues, mes séjours au Pérou n'auraient pas été les mêmes et je leur dois beaucoup. C'est grâce à eux que je suis entré en contact avec plusieurs archéologues, comme Santiago Uceda, Cristobal Campana, César Gálvez, Gabriel Prieto, Flor Vega, qui m'ont appuyé dans mes recherches bibliographiques au sein de divers instituts (le Ministerio de Cultura, ex INC, et le Museo de Arqueología de Trujillo) et m'ont apporté leurs conseils lors de discussions riches en idées et en informations.

Segundo Vásquez m'a également introduit auprès du Dr. Napoleón Cieza Burga, directeur des Archives régionales de La Libertad, afin d'obtenir l'autorisation d'étudier les documents de la Période Coloniale que cette institution conserve en son sein. Lors de la consultation des manuscrits des 16e et 17e siècles, Martha Chandurí Céspedes m'a accueilli avec toute la gentillesse et l'amabilité qui la caractérisent, me facilitant grandement les démarches administratives diverses. Durant mon séjour aux archives de Trujillo, j'ai fait la connaissance de Juan Castañeda, professeur d'Histoire à l'Universidad Nacional de Trujillo, qui m'a été d'une grande aide dans la lecture de certains textes dont il a mis à ma disposition ses propres transcriptions. Les riches discussions que nous avons eues par la suite ont joué un rôle important dans mes réflexions ethnohistoriques. Je souhaite aussi associer à ces remerciements Susan Ramírez dont les publications m'ont fourni de nombreuses informations sur le passé historique de Chicama. Notre rencontre aux archives de Trujillo et la conversation qui s'en est suivie m'ont beaucoup apporté.

C'est également chez Segundo Vásquez et Belkys Gutiérrez que j'ai croisé les chemins d'étudiants en archéologie de l'Universidad Nacional de Trujillo, aujourd'hui professionnels, qui ont contribué à mes recherches. Juan Carlos Samaniego et son frère, Darwin, mais aussi, Wilmer Asmat, Sergio Bocanegra, Estefania Avalos et Lorenzo Risco, m'ont secondé avec efficacité dans mes prospections. Aurélien Papin mérite également toute ma gratitude pour avoir participé à mes prospections. Il m'a remplacé lorsque je me suis trouvé malade et a relevé tout seul un site (le n°166), à ma place, au sommet du cerro Ichur, à près de 3600 m d'altitude. Enfin, Segundo Vásquez et Belkys Gutiérrez m'ont prêté assistance pour la location d'un véhicule tout-terrain, conduit par Carlos Gutiérrez, qui nous a été indispensable pour atteindre certaines zones reculées de Chicama.

Au cours de ces études de terrain, des habitants de la vallée m'ont conseillé et accueilli avec une bienveillance et une amabilité exceptionnelle. Je tiens à remercier plus particulièrement Pedro Díaz à Jaguey, Don Pérez à Lucma et Armando Plasencia à Cascas qui m'ont amplement aidé dans mes prospections et mis en contact avec de nombreuses personnes de leurs villages. Toutes ces rencontres ont été très enrichissantes et m'ont permis d'appréhender le quotidien des Péruviens de la vallée de Chicama.

Cette liste pourrait s'allonger considérablement et, afin d'épargner le lecteur, je terminerai brièvement. J'adresse mes remerciements aux chercheurs de l'UMR 8096 qui se sont tous intéressés à mes travaux, mais aussi aux étudiants américanistes – andinistes, mésoaméricanistes ou spécialistes de l'Arctique, doctorants ou masters – qui transforment la salle 323 en un endroit convivial et chaleureux. Je souhaite à Lucie Dausse et à Céline Mahé une bonne fin de thèse, à Romuald Housse de belles découvertes au Pérou et au Chili, à Alicia Espinoza une carrière de « Gallinazologue » exemplaire et à tous une réussite à la hauteur de leurs espérances. Je remercie également mes amis et les membres de ma famille qui m'ont hébergé lors de mes séjours sur Paris: Christophe, Diane, Charlotte, Émilie, Delphine, Flore, Sarah, Romain, Josépha et Sylvain. Enfin, je salue le soutien et le réconfort que m'ont apportés mes amis et ma famille. Certains d'entre eux ont cherché, en vain, à comprendre comment je pouvais passer mon temps à étudier les peuplades anciennes d'une vallée perdue du Pérou; cet ouvrage leur donnera peut-être la réponse.

Je dédie ce travail à ma famille et à ma patiente tortue qui m'a longtemps attendu.

ABRÉVIATIONS ET ORTHOGRAPHE

AGI: Archivo General de las Indias.
ARL: Archivo Regional de La Libertad.
leg.: *legado*, terme utilisé pour désigner un ensemble de documents d'archives.
exp.: *expediente*, il correspond à un document d'archives.
fol.: folio, il indique la page d'un document d'archives (r. pour recto et v. pour verso).
ENSO: acronyme de « *El Niño Southern Oscillation* », employé pour le phénomène d'El Niño.
SIAR: acronyme de « *Small Irregularly Agglutinated Rooms* », qui désigne les petites constructions simples des quartiers périphériques de Chan Chan.

Les mots d'origine étrangère, en espagnol ou en quechua, sont orthographiés selon les usages observés dans les textes des archives et dans les travaux d'ethnohistoriens qui se sont intéressés à la côte nord. Ainsi, le mot quechua « *kuraka* » est-il orthographié à la manière des Espagnols du 16e siècle qui l'écrivaient « *curaca* », tout comme de nombreux d'ethno-historiens.

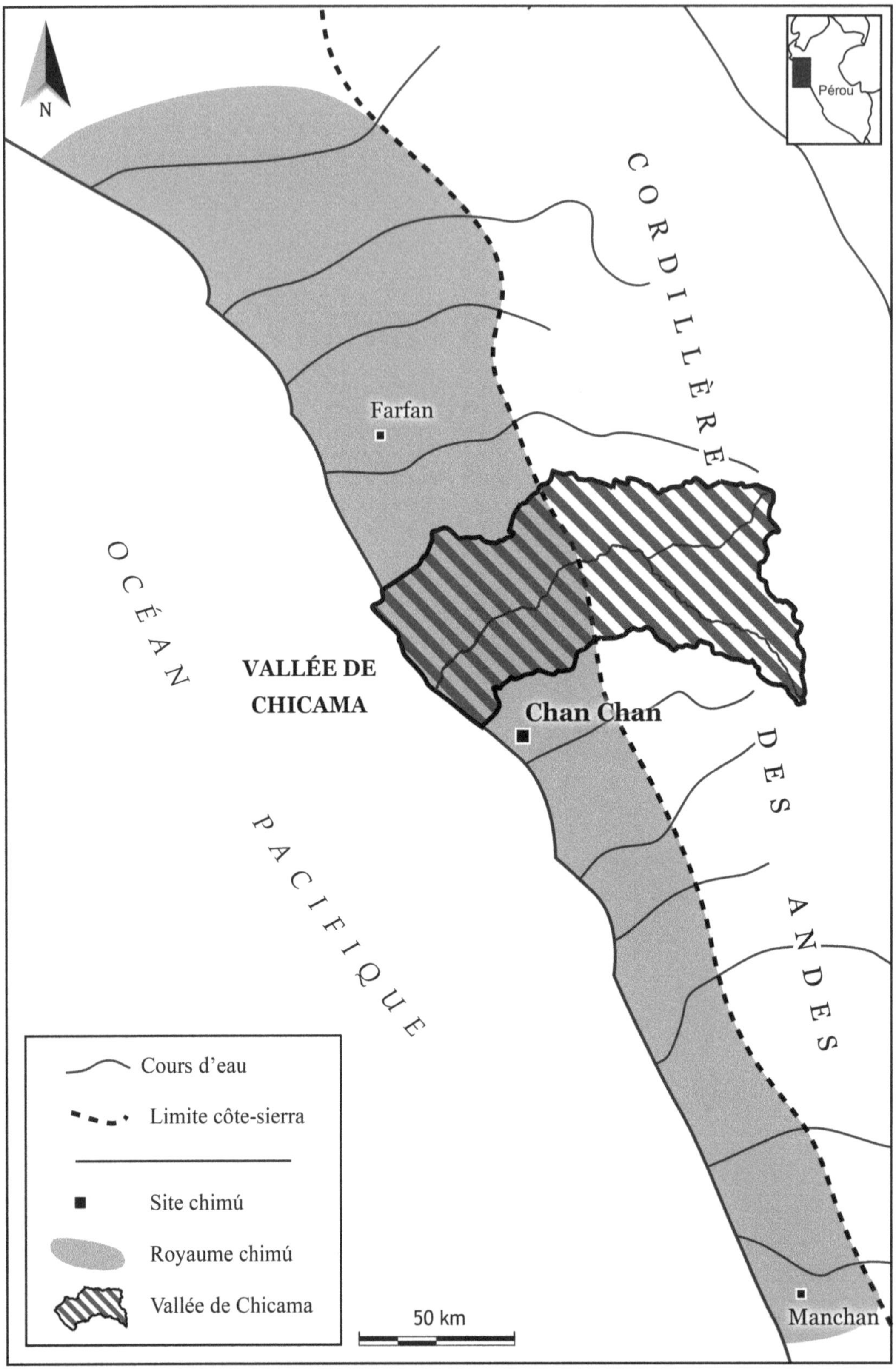

Fig. I.1 – **Carte du royaume chimú et de la vallée de Chicama.**

INTRODUCTION

Aux alentours du 10e siècle apr. J.-C., la côte aride du nord du Pérou est le foyer d'émergence de la culture chimú qui a édifié l'un des plus grands sites archéologiques des Andes, Chan Chan (fig.I.1). Depuis ce dernier, les Chimús ont conquis un royaume s'étendant, du nord au sud, sur plusieurs centaines de kilomètres, dont l'occupation et l'exploitation, notamment dans la vallée de Chicama, ont largement contribué à forger leur puissance. Lorsque les armées incas attaquèrent et soumirent ce territoire, vers la fin du 15e siècle apr. J.-C., elles ramenèrent de leur conquête de fabuleux trésors d'or et d'argent d'une finesse remarquable, témoins de l'habileté des orfèvres et de la richesse des souverains de Chan Chan, la capitale des Chimús (Rowe 1948a).

Des Espagnols, comme Cabello Valboa (1951 [1586]) ou Antonio de la Calancha (1974 [1638]), nous livrent, dans leurs chroniques rédigées un siècle plus tard, quelques bribes de l'histoire de ce peuple côtier et nous décrivent les affrontements qui l'opposèrent aux Incas. Mais ce sont principalement les recherches archéologiques qui nous permettent aujourd'hui de plonger dans le passé, jusqu'à l'époque chimú.

Le site de Chan Chan, dans la vallée de Moche, au sud de celle de Chicama, recèle des ruines monumentales qui ont depuis longtemps fasciné les chercheurs de trésors, les explorateurs et les archéologues (fig.I.1 et fig.3.20). Les constructions de ce site, telles les gigantesques *ciudadelas* entourées de hauts murs d'adobe, probables palais-mausolées et lieux de culte des dirigeants chimús (Day 1982a), ou les petites structures des quartiers populaires en périphérie, modestes résidences d'artisans spécialisés (Topic 1982), nous renseignent sur la composition de la société chimú, son système politique, son économie et ses croyances. Les règles particulières de succession des souverains chimús, le culte aux ancêtres, les thèmes marins représentés dans les frises des murs d'adobe ou encore la diète des habitants ont été documentés grâce aux fouilles menées à Chan Chan (Day and Moseley 1982; Campana 2006).

L'intérêt des archéologues s'est aussi porté sur d'autres vestiges chimús, en particulier des canaux d'irrigation, indispensables au développement de l'agriculture dans un environnement si aride (Kus 1972; Farrington 1980; Park 1983), ainsi que des établissements spécifiques, comme Farfan, Manchan, El Milagro de San José ou encore Quebrada del Oso qui se trouve dans la vallée de Chicama (Keatinge 1974; Keatinge and Conrad 1983; Mackey 2004; fig.I.1 et fig.3.43). L'architecture de ces sites, inspirée de celle de Chan Chan, suggère qu'il s'agissait de centres administratifs implantés par les dirigeants de la capitale dans des régions plus ou moins éloignées (Keatinge 1974; Mackey 1987; Moore and Mackey 2008). Ils formaient ainsi un vaste réseau administratif qui permettait d'exploiter et de gérer les vallées voisines composant le royaume chimú, notamment celle de Chicama. Les résultats de ces recherches dénoteraient donc l'existence d'une politique d'aménagement du territoire, ce dernier étant contrôlé au moyen de centres administratifs qui relayaient sur place les directives des élites de la capitale (Moore and Mackey 2008).

S'il est possible de comprendre la gestion du royaume chimú dans sa globalité, il est en revanche plus difficile de l'appréhender à une échelle réduite, comme dans le cas de la vallée de Chicama. Localisée à une dizaine de kilomètres au nord de Chan Chan, cette vallée a été rapidement intégrée au territoire chimú, puis intensément occupée au cours de l'Intermédiaire Récent. Elle constitue donc un cadre idéal pour étudier les schémas d'implantation de ce peuple.

Les Chimús ont dû s'adapter aux caractéristiques géographiques de cette vallée qui s'étend du littoral Pacifique jusqu'à des sommets de plus de 4000m d'altitude (fig.I.1; ONERN 1973). Entre ces deux extrêmes, les paysages naturels contrastés sont désertiques sur la côte, mais plus verdoyants sur les hauteurs qui bénéficient de pluies saisonnières. Ces dernières alimentent le río Chicama qui, en coulant au fond de la vallée, crée une oasis sur ses berges, avant de se jeter dans l'Océan (fig.1.17). Malgré son environnement apparemment hostile, la vallée de Chicama a accueilli en son sein des populations variées, dont les Chimús.

Son riche patrimoine archéologique, notamment les vestiges de nombreux édifices encore bien conservés, témoigne de l'occupation continue des sociétés humaines qui s'y sont développées au fil des millénaires. Mis à part les prospections réalisées par de nombreux archéologues (Leonard and Russell 1992; Chauchat *et al.* 1998; Gálvez y Becerra 2003; fig.4.6), qui ont inventorié plusieurs sites chimús sans s'y intéresser outre mesure, les quelques canaux relevés (Kus 1972; Watson 1979) et certains établissements chimús fouillés, comme celui de Quebrada del Oso (Keatinge 1974), ne constituent qu'une faible partie des vestiges laissés en héritage par ce peuple.

Les conditions climatiques désertiques ont favorisé la bonne conservation des ruines architecturales de la côte nord, ce qui facilite le travail des archéologues puisque l'étude des bâtiments anciens nous révèle plusieurs aspects des sociétés du passé. Ainsi, l'examen de l'architecture, des matériaux employés, des techniques de construction, de l'organisation interne des édifices, permet de les dater (Reindel 1991), d'appréhender des différences sociales ou culturelles (Bawden 1993; Conklin 1990) ou de déterminer les activités de leurs occupants (Kent 1993; Bonnier 1997). Les vestiges des bâtiments chimús qui parsèment la vallée de Chicama constituent donc une mine d'informations pour l'archéologue et offrent une vision plus précise du rôle des sites de cette période.

L'occupation chimú à Chicama n'ayant, jusqu'à présent, pas fait l'objet d'études approfondies, nos recherches visent, en premier lieu, à la documenter au moyen de prospections et de l'étude de l'architecture de 88 sites datés de l'Intermédiaire Récent parmi les 167 recensés, afin de comprendre comment et dans quels buts les Chimús se sont installés dans cette région.

Un tel objectif peut conduire à deux approches distinctes. On peut tout d'abord s'intéresser à la vallée de Chicama en y portant notre regard depuis le site de Chan Chan tout proche, l'analyse des établissements découverts se réalisant à travers le prisme des connaissances et des théories formulées pour la capitale chimú. La plupart des archéologues ont privilégié cette démarche et interprété les sites chimús en fonction de Chan Chan, ce qui a notamment permis de mettre en évidence l'existence d'un réseau de centres administratifs, créé et dirigé depuis ce site majeur. Ces recherches qui se basent sur le rayonnement culturel et politique de Chan Chan sur l'ensemble de la côte nord, selon une logique de diffusion, ne s'attachent qu'à l'identification des principaux sites, au détriment d'une vision globale de l'implantation humaine.

La seconde approche pour étudier l'occupation humaine est avant tout locale et se veut centrée sur la vallée ellemême. Il ne s'agit plus de se demander ce que les Chimús de Chan Chan ont pu réaliser à Chicama, mais de comprendre au contraire comment les populations de cette région ont occupé et exploité la vallée. Tel est, fondamentalement, le sens de notre démarche qui vise à obtenir une vision complète et précise, des plus petits établissements aux grands centres administratifs, de manière à comprendre et interpréter les modalités internes de l'implantation chimú, dans une dynamique avant tout locale, et non plus simplement en termes de conquête ou de colonisation.
Cette distinction opérée entre Chan Chan et Chicama s'apparente à celle existant entre un centre et sa périphérie, c'est-à-dire deux ensembles spatiaux dissymétriques, mais étroitement liés (Wallerstein 1979; Rowland *et al.* 1987; Bavoux 1998).

Rowland (1987: 5) définit le concept de « centre » comme une entité qui regroupe des élites dirigeantes, consommatrices de ressources importées d'autres régions. Le centre est donc très développé, complexe et occupe une position politique et idéologique dominante, qui lui permet de rassembler en son sein de nombreuses personnes. Chan Chan, par sa taille, sa population et du fait de la présence sur place des souverains chimús, qui lui donnent son rôle de capitale, correspond à un centre.

Le concept centraliste de « périphérie » s'applique aux régions qui fournissent des matières premières et des ressources aux populations et surtout aux élites du centre (Rowland 1987: 5). La périphérie, souvent moins développée, ou du moins perçue comme telle, est ainsi dominée par les autorités installées dans le centre. La vallée de Chicama peut donc être considérée comme une périphérie proche de Chan Chan[1].

Cette vision, initialement marxiste et axée sur l'exploitation économique de la périphérie par le centre, doit s'élargir et se nuancer, pour toucher les aspects sociaux, politiques et idéologiques qui ont pu entrer en jeu dans les relations unissant un centre et sa périphérie (Kristiansen 1987). L'inversion de la perspective strictement économique permet de mieux appréhender le rôle spécifique de la périphérie. Contrairement au centre qui tend à perpétuer son pouvoir, la périphérie fait souvent preuve d'un dynamisme propre, qui peut influer sur l'évolution globale d'une entité. En portant dans un premier temps notre regard sur la vallée de Chicama et ses vestiges, pour ensuite revenir vers Chan Chan, nous pouvons mieux comprendre la nature des liens entre cette périphérie et son centre, ainsi que les apports potentiels de Chicama dans le développement de la capitale chimú.

La dichotomie établie entre les habitants de Chan Chan et ceux de la vallée voisine de Chicama (centre/périphérie) n'a probablement pas lieu d'être d'un point de vue culturel: il s'agit dans les deux cas d'individus chimús, encore qu'il existe souvent une plus grande diversité culturelle dans les périphéries. Si aux premiers moments de l'émergence de la culture chimú, il subsistait peut-être certaines différences entre les groupes des vallées de Moche et de Chicama[2], elles se sont progressivement atténuées ou effacées au cours des siècles suivants. Les habitants de la vallée de Chicama étaient, en toute vraisemblance, des Chimús que nous différencions de ceux de Chan Chan en fonction de leur territoire.

1 - Le statut de périphérie que nous attribuons à la vallée de Chicama dépend du point de vue adopté. À l'apogée du royaume chimú, cette région se trouve au cœur du territoire et on peut donc la considérer comme faisant partie du « centre » et non comme une « périphérie ». Mais vis-à-vis de Chan Chan, cette vallée constitue une périphérie voisine.

2 - La vallée de Chicama a été influencée par la culture Sicán qui s'est développée plus au nord, quelque temps avant la culture chimú. Mais cette région a probablement très vite été intégrée à la sphère culturelle chimú.

Les approches particulières de géographes (Bonnemaison 1981; Bonnemaison et Cambrezy 1996; Bonnemaison *et al.* 1997 ; Bavoux 1998 ; Claval 2012) ont permis de revisiter le concept de territoire. Celui-ci peut, tout d'abord, être considéré comme la surface d'extension d'un phénomène (Bavoux 1998). Mais cette définition très limitée doit être élargie. On peut ainsi analyser le territoire selon une vision fonctionnelle, politique, sociale et économique ; c'est alors un espace délimité par des frontières, occupé, parcouru, aménagé et exploité. Ainsi, au fil du temps, des groupes humains, comme les Chimús dans la vallée de Chicama, impriment leurs marques dans une région, laissant des vestiges archéologiques qui permettent de reconstituer leur territoire. Ces aspects ont été appréhendés par plusieurs archéologues, au cours de leurs études portant sur l'implantation spatiale de sociétés humaines du passé (Willey 1953; Bradfort 1957; Aston and Rowley 1974; Aston 1985). Mais le territoire peut aussi se définir en fonction de critères culturels, liés à l'identité des personnes qui y vivent (Bonnemaison 1981; Guillaud 2008; Claval 2012). Il véhicule une idée d'appropriation de l'espace (il appartient à un groupe de personnes), mais inversement, il inclut des liens affectifs entre ce groupe et cet espace vécu (les personnes appartiennent à un territoire). L'exemple des habitants actuels de certaines parties de la vallée de Chicama est révélateur de l'importance du territoire pour l'identité de ces populations. Transcendant les simples limites administratives, certaines personnes qui résident pourtant dans des régions montagneuses à basse altitude se sentent plus proches des peuples du littoral que des villageois de la sierra[3].

Le rôle du territoire dans la construction de l'identité des groupes qui l'occupent s'applique probablement au cas des Chimús de Chicama qui se définissaient, en partie, à travers cette vallée, ses montagnes, ses plaines et ses cours d'eau. La relation qu'ils entretenaient avec l'environnement naturel et la perception qu'ils en avaient se rattache au concept de paysage.

Le terme de paysage, dérivé du vocabulaire artistique, est couramment employé pour indiquer la perception d'un espace naturel: pour qu'il y ait paysage, il faut un spectateur (Brunet *et al.* 1993). Mais au-delà de cette notion esthétique, le paysage se compose d'éléments naturels, transformés sous les actions des sociétés humaines successives qui le chargent de symboles et de sens. L'être humain aménage, façonne, perçoit et interprète donc le paysage socioculturel (Larkin and Peter 1983; Bavoux 1998). Ce dernier est donc associé à l'environnement naturel et anthropique d'un territoire, tout en étant également perçu par les personnes qui y vivent. Comme le soulignent plusieurs auteurs (Orejas 1991; Tilley 1994; Thomas 2001; Anschuetz *et al.* 2001; Villafañez 2011), notamment Duviols (1979a) Glowacki et Malpass (2003) ou encore Kaulicke (*et al.* 2003) pour les Andes, cette perception implique la superposition d'informations symboliques, culturelles et sociales, sur les composants visibles du paysage, comme les sommets, les cours d'eau ou les aménagements anthropiques. Malheureusement, le point de vue qu'un Chimú pouvait avoir de la vallée de Chicama, selon une perspective emic, il y a plusieurs siècles en arrière, est très difficile à restituer à partir des seuls vestiges archéologiques.

Il faut en effet tenir compte des transformations qui ont affecté le paysage de la vallée de Chicama au cours des derniers siècles. S'il y a tout lieu de penser que les modifications environnementales ont été relativement limitées[4], il n'en est pas de même pour les populations dont la perception actuelle du paysage diffère grandement de celle d'autrefois, entre autres du fait des bouleversements culturels engendrés par l'arrivée des Espagnols dans les Andes (Gade 1992). Les témoignages archéologiques et ethnohistoriques peuvent néanmoins aider à reconstituer partiellement le paysage socioculturel de Chicama, à l'époque chimú.

Plusieurs questionnements surgissent de notre intérêt pour l'implantation humaine de Chicama, à l'Intermédiaire Récent. On peut ainsi simplement se demander où vivaient les Chimús dans la vallée de Chicama. Comment ont-ils tiré parti des ressources naturelles ? Comment ont-ils aménagé leur territoire et modifié le paysage ? Et quelles stratégies ont-ils développées pour vivre dans un environnement désertique ?

Mais il s'agit de s'interroger également sur l'organisation spatiale des groupes chimús qui résidaient dans cette région. Comment se répartissaient-ils et s'organisaient-ils dans la vallée ? Quelles étaient leurs relations avec les populations établies à l'extérieur du territoire, notamment les habitants de Chan Chan ? Dans quelle mesure l'implantation humaine dans la vallée de Chicama a-t-elle pu influencer le développement de ce site majeur de la culture chimú ? Et quels rôles politiques, mais aussi cérémoniels, a pu jouer Chan Chan, auprès des populations de Chicama ?

Enfin, notre questionnement peut prudemment s'aventurer plus loin, en cherchant notamment quels sens symboliques, culturels et sociaux possédaient certains composants du paysage de la vallée, montagnes, cours d'eau ou autres, pour ce peuple. Quelles influences ces éléments particuliers ont-ils pu avoir dans l'implantation chimú au cœur de

3 - Le rattachement récent d'une partie de la vallée de Chicama, autour du village de Cascas, au département de La Libertad témoigne d'un sentiment d'appartenance à la côte plus qu'aux Andes (Díaz 2008). On retrouve une « sympathie » envers le littoral similaire chez les habitants du hameau d'El Algorrobal, pourtant placés sous la juridiction du département montagnard de Cajamarca. Le milieu naturel relativement désertique dans lequel ils vivent rappelle effectivement la côte et non les sommets verdoyants des Andes.

4 - Des transformations topographiques ont continuellement lieu, sous l'effet notamment de l'activité tectonique de la région, mais il faut remonter de quelques milliers d'années dans le passé pour observer des changements notables (Sandweiss *et al.* 1983). Quant au climat, il varie constamment et peut avoir des influences sur l'occupation humaine (Volker 2014), mais ses caractéristiques générales demeurent semblables à celles d'aujourd'hui, à l'échelle d'un millénaire : la côte nord du Pérou était sans nul doute une région désertique, il y a 1000 ans.

ce territoire ? Comment était perçu le río Chicama qui divise la vallée en deux et fournit l'eau essentielle au développement agricole ? Et quels symboles se rattachaient à certaines montagnes au pied desquelles se sont établis les Chimús ?

Les réponses partielles que nous pouvons apporter à ces problématiques permettent de mieux comprendre les modalités et les enjeux économiques ou politiques de l'occupation chimú, à une échelle locale, dans la vallée de Chicama. Ainsi, cette région peuplée et dotée d'un vaste réseau d'irrigation était résolument tournée vers la production de denrées alimentaires qui était surtout supervisée par les élites locales, mais également par quelques fonctionnaires, dans les zones marginales. L'avancée des Chimús dans le fond de la vallée moyenne, au cœur des montagnes, a aussi rendu possible un meilleur contrôle de l'eau, ressource indispensable à l'agriculture dans un environnement désertique. Nos interprétations dépassent le cadre spatial de cette région et ont des répercussions touchant à nos connaissances au sujet de la capitale et de la culture chimú. L'existence de relations étroites, tissées entre les élites de Chicama et les dirigeants de Chan Chan, met en lumière le rôle fédérateur de ce site qui a pu rassembler des populations de tout le royaume au cours de cérémonies. Ces mécanismes d'alliance et le pouvoir d'attraction de la capitale complétaient efficacement le contrôle plus direct, mais circonscrit à de petites zones, qui s'effectuait grâce aux centres administratifs chimús.

La première partie de ce travail est donc consacrée à la présentation du cadre général de notre étude. La description des caractéristiques géographiques de la vallée de Chicama permet de comprendre les conditions environnementales et la configuration de cette région dans laquelle les Chimús se sont installés autrefois (chapitre 1). La géographie humaine actuelle dérivant en grande partie de la Période Coloniale, les sources ethnohistoriques, que ce soit des chroniques ou des documents d'archives des 16ᵉ et 17ᵉ siècles, offrent une première approche au sujet de l'histoire de cette vallée et des Chimús (chapitre 2). Enfin, les travaux archéologiques permettent de s'aventurer plus loin dans le passé. Certains archéologues ont peu à peu élaboré un cadre chronologique pour la côte nord du Pérou, tandis que d'autres se sont intéressés spécifiquement à la culture chimú, sur le site de Chan Chan et sur ceux d'autres vallées, notamment à Jequetepeque ou à Casma (chapitre 3). Mais ces recherches ne tiennent pas forcément compte de l'apport potentiel de la vallée de Chicama dans le développement de Chan Chan, dont les premières phases demeurent méconnues.

La seconde partie décrit donc plus particulièrement nos travaux dans cette vallée. La méthodologie employée, inspirée des travaux du projet Virú (Ford and Willey 1949) et des travaux de Déodat et Lecoq (2009), synthétise les données tirées des ouvrages consultés, les repérages sur des images satellites et des prospections pédestres, afin d'obtenir une vision globale de l'implantation humaine de la vallée (chapitre 4). Il s'agit ensuite de dater l'occupation des sites recensés grâce à l'analyse du matériel céramique, pour savoir quels étaient les établissements occupés à l'Intermédiaire Récent par les Chimús (chapitre 5). Sur la base de ces résultats, nous décrivons les quatre-vingt-huit sites de cette période en fonction de trois grandes catégories de vestiges: les concentrations de matériel, l'architecture et les infrastructures. En premier lieu, sont décrits les sites composés de concentrations de matériel céramique et/ou d'ossements (chapitre 6). Puis nous analysons l'architecture, notamment les matériaux, les méthodes de construction et les types d'édifices recensés, comme les enceintes, les plateformes ou les structures complexes (chapitre 7), avant de nous attacher plus particulièrement à la présentation des établissements recélant de tels bâtiments (chapitre 8). Enfin, les sites avec des infrastructures, que ce soit des canaux, des champs, des chemins ou des murs isolés, font l'objet d'un traitement à part qui permet de comprendre l'aménagement de la vallée (chapitre 9). Les données recueillies et présentées au cours de ces chapitres aident donc à mieux comprendre les logiques d'implantation des Chimús dans cette vallée, voisine de Chan Chan.

La troisième partie consiste en une réflexion sur l'occupation chimú locale de Chicama. Nos analyses, complétées par les données d'autres archéologues, permettent de dresser un panorama général de l'implantation chimú et de l'exploitation des ressources naturelles de la vallée, en particulier le contrôle de l'eau et le développement de l'agriculture (chapitre 10). Les répercussions que cette implantation et cette exploitation ont pu avoir sur le développement de Chan Chan conduisent à reconsidérer, en partie, les relations que la capitale entretenait avec les élites locales d'autres vallées, comme à Chicama, et le caractère cérémoniel de cette capitale qui attirait et fédérait les populations de tout le royaume chimú (chapitre 11).

PREMIÈRE PARTIE
LA VALLÉE DE CHICAMA ET LES CHIMÚS: LE CADRE GÉOGRAPHIQUE, CHRONOLOGIQUE ET CULTUREL

« *Fecunda a este hermoso valle el río que llaman de Chicama, que viene del nordeste, y de la provincia de Guamachuco, con distancia de treinta leguas de los manantiales de los cerros elevados que los llaman Julcaguanca y Yanaguanca. Le tributan los riachuelos del Obraje y hacienda de Capachic, de las de Chuquisongo, Guayabamba y Llaugueda [...], que unidos bajan al valle con tal abundancia de aguas, que en tiempo de lluvias, a no dividirse en varios brazos, fuera imposible la comunicación de estos lugares.* »

Miguel Feyjoo de Sosa, *Relación descriptiva de la ciudad y provincia de Trujillo del Perú* (1984 [1763]: 127)

CHAPITRE 1
LA VALLÉE DE CHICAMA: UNE APPROCHE GÉOGRAPHIQUE

La vallée de Chicama, prise entre la cordillère des Andes et l'océan Pacifique, au nord du Pérou, s'étend sur 5822 km², entre 7°21' et 8°01' de latitude sud et 78°16' et 79°27' de longitude ouest (ONERN 1973: 11). Elle est limitée au sud par la vallée de Moche, au sud-est, par celle de Santa, à l'est, par celles de Condebamba et de Cajamarca dont les rivières alimentent l'Amazone en aval, et au nord par celle de Jequetepeque et par la *quebrada* Cupisnique (fig.1.1).

Cette région s'inscrit néanmoins dans le cadre géographique plus large du Pérou, traversé du nord au sud, par la cordillère des Andes qui sépare le bassin amazonien humide, à l'est, de la côte Pacifique extrêmement aride, à l'ouest. Sur ces versants occidentaux s'écoulent de modestes cours d'eau, aux allures de torrents, qui creusent de nombreuses petites vallées parallèles (fig.1.2). Il en résulte que la côte nord du Pérou a l'apparence d'une mince bande de terre, s'étirant entre les Andes et le Pacifique, entrecoupée de plusieurs vallées, comme celle de Chicama qui tire son nom du fleuve éponyme.

Cette vallée offre une grande variété de reliefs et de paysages: une large plaine côtière, de profondes gorges, des pentes abruptes ou encore des sommets culminant à plus de 4000 m d'altitude. Par ailleurs, l'influence de la cordillère des Andes et de l'océan Pacifique favorise un climat généralement sec et particulièrement désertique sur le littoral. Cette aridité est atténuée par la présence de fleuves aux débits variables, comme le río Chicama, qui fournissent l'eau nécessaire à la croissance des végétaux et des animaux. Malgré une géographie plutôt contraignante, les sociétés humaines se sont développées dans la vallée de Chicama, s'adaptant à ces conditions environnementales particulières.

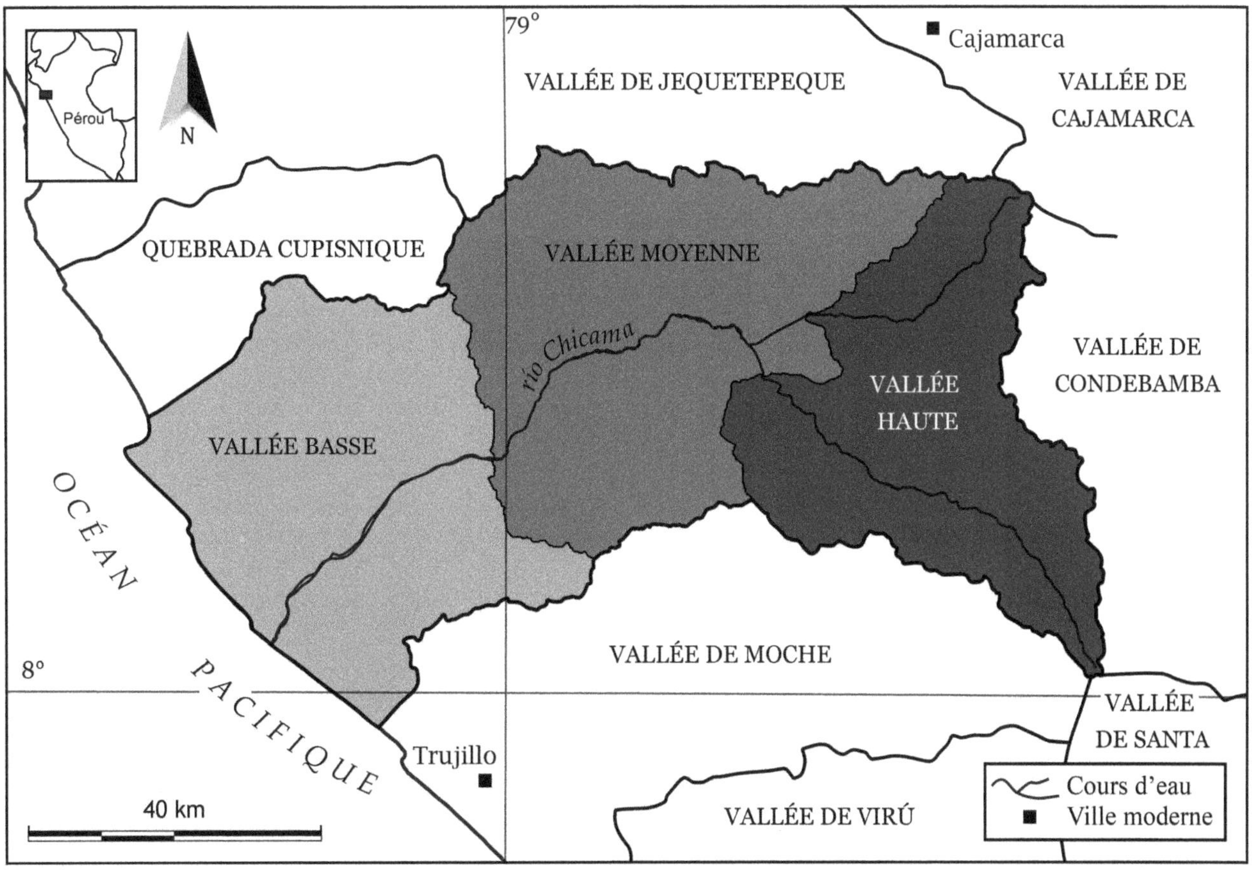

Fig. 1.1 **– Carte générale de la vallée de Chicama**

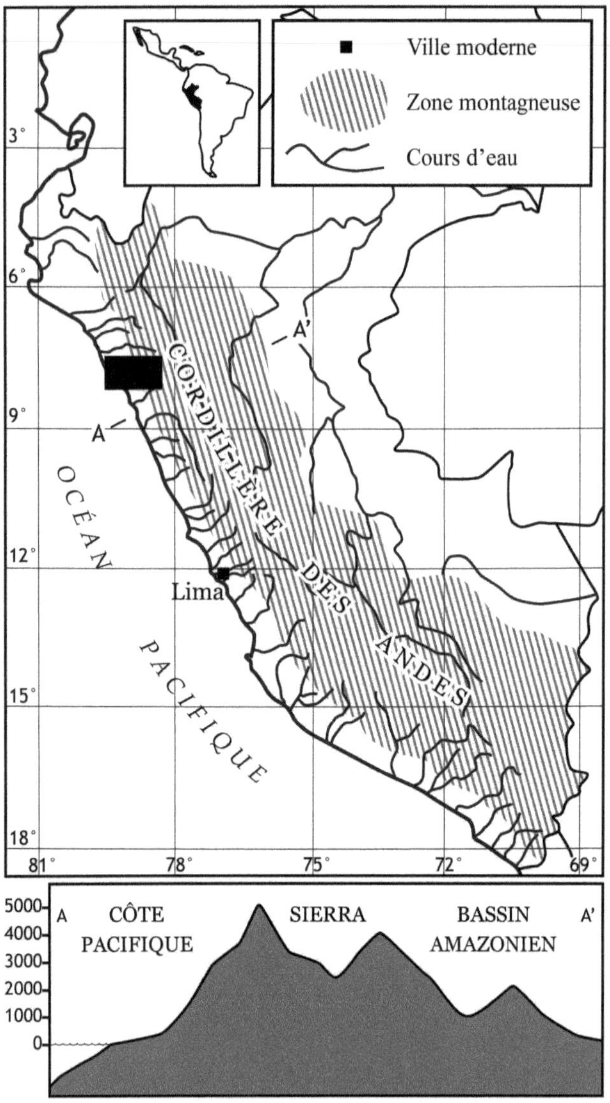

***Fig. 1.2* – Carte générale du Pérou et profil schématique du Pérou, modifié d'après Pulgar Vidal (1996: 18).**

I. Le relief de la vallée de Chicama

Le relief de cette vallée peut se diviser en trois régions (fig.1.1): la partie basse qui comprend la plaine côtière, la partie moyenne, montagneuse et large, et la partie haute nettement plus étroite qui s'enfonce dans la cordillère des Andes. Il ne faut voir dans ces « frontières » que des limites naturelles, bien utiles pour décrire les principales caractéristiques géographiques.

La vallée basse

La vallée basse de Chicama est une vaste plaine, limitée à l'ouest par l'océan Pacifique et à l'est par les premiers contreforts des Andes. Au nord, les *cerros* Colorado et Tres Puntas (fig.1.3-6 et 22) séparent la vallée de Chicama de la *quebrada* Cupisnique. Au sud, le cerro Campana (fig.1.3-5), une *loma* (voir glossaire) suffisamment haute et proche de la mer pour que l'humidité permette, sur ses pentes, le développement d'une végétation particulière que nous décrirons plus loin, définit la frontière avec la vallée de Moche.

La côte Pacifique, parsemée de plages de sable, se termine au nord par la pointe Malabrigo aux falaises plus abruptes. La montagne éponyme (fig.1.3-14) y culmine à 248 m d'altitude et surplombe une petite baie, orientée vers le nord-ouest, qui offre un port naturel, aujourd'hui fréquenté par des surfeurs et des bateaux de pêche. À une douzaine de kilomètres au sud-est de cette pointe, les îles Macabí, deux îlots rocheux, s'élèvent à 50 mètres au-dessus des flots et couvrent une surface cumulée d'environ 1,34 km^2 (Orbegozo 1987: 240).

La plaine est divisée en deux parties inégales par le río Chicama. Au sud du cours d'eau, sur sa rive gauche, elle reste relativement étroite et ne dépasse guère les 18 km de large, tandis qu'au nord, au contraire, elle s'étend sur 30 km. Au total, on décompte près de 1000 km^2 de terrain plat, propice à l'implantation humaine (moins de 5 % de pente), soit un peu plus de la moitié de la vallée basse.

Dans cette plaine, plusieurs élévations forment une chaîne discontinue de montagnes, orientée du sud-sud-est au nord-nord-ouest. Elle débute au sud avec les *cerros* Campana (953 m), Portachuelo (631 m; fig.1.3-19) et Piedra Parada (534 m; fig.1.3-18) qui surplombent les pampas Chiquitoy Viejo et El Alto. Puis elle se poursuit sur la rive droite du río Chicama, par d'autres montagnes comme les *cerros* Mocollope (315 m; fig.1.3-16), Licapa (273 m; fig.1.3-13), Azul (604 m; fig.1.3-3) et Pan de Azucar (491 m; fig.1.3-17). Au nord de cet axe de sommets s'étend la pampa El Inca (Orbegozo 1987: 288).

Non loin de la rive gauche du río Chicama, le cerro Lescano (303 m; fig.1.3-12) surplombe des falaises entrecoupées de petites ravines, qui indiquent le début d'un plateau bosselé. Ce dernier se compose, au sud, des pampas Pascona et Chicama et s'étend, à l'est, vers les premiers contreforts de la cordillère des Andes, notamment les *cerros* Tres Cruces (723 m; fig.1.3-21) et Gasñape (830 m; fig.1.3-10).

La chaîne de montagnes marquant la limite sud-est entre la vallée basse de Chicama et celle de Moche s'étire entre le cerro Cabezón (1215 m; fig.1.3-4), une *loma*, et le cerro Milagro (2274 m; fig.1.3-15). Une deuxième chaîne part du cerro Milagro vers le nord-ouest jusqu'au cerro Sausal (628 m; fig.1.3-15). Nichées entre ces deux chaînes, se trouvent plusieurs combes, comme la *quebrada* La Mónica (Orbegozo 1987: 288).

Au nord du río Chicama, deux autres chaînes de montagnes encadrent la *quebrada* Santa Maria, une large combe, et se rejoignent au cerro Achucalar (2178 m; fig.1.3-1). La première, d'axe est-ouest, se compose, entre autres, des *cerros* Higuerón (2015 m; fig.1.3-11), tandis que la deuxième commence par le cerro El Calvario (771 m; fig.1.3-15) à proximité du río Chicama. À l'ouest de cette chaîne se développe un contrefort marqué par le cerro Cuculicote

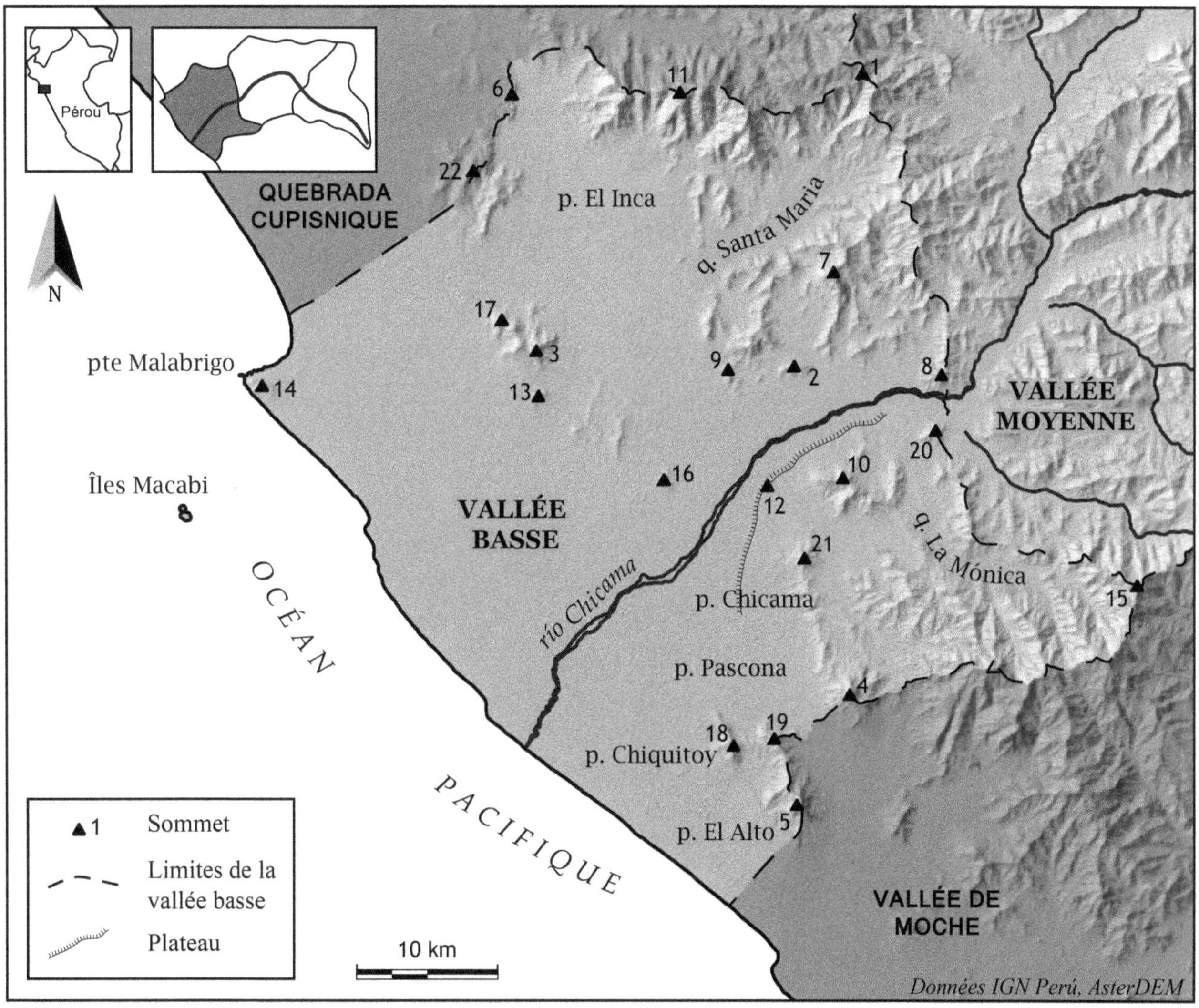

***Fig. 1.3* – Carte de la vallée basse de Chicama. Liste des *cerros*: 1 - Achupalar, 2 - Ascope, 3 - Azul, 4. - Cabezón, 5 - Campana, 6 - Colorado, 7 - Cuculicote, 8 - El Calvario, 9 - El Sapo, 10 - Gasñape, 11 - Higuerón, 12 - Lescano, 13 - Licapa, 14 - Malabrigo, 15 - Milagro, 16 - Mocollope, 17 - Pan de Azucar, 18 - Piedra Parada, 19 - Portachuelo, 20 - Sausal, 21 - Tres Cruces, 22 - Tres Puntas. p. El Alto: *pampa* El Alto, q. La Monica: *quebrada* La Monica.**

(1343 m). Enfin, plus au sud, de petits sommets, comme les *cerros* Ascope (513 m) et El Sapo (422 m) dominent la région (fig.1.3-35 à 39). Bien que de faible altitude, ils offrent de parfaits points de vue et sont, à leur tour, bien visibles.

La large plaine de Chicama est donc naturellement divisée en quatre parties (fig.1.4-A, B, C et D), par le río Chicama et par la petite chaîne discontinue de montagnes. Au nord-ouest (fig.1.4-E), les contreforts montagneux sont abrupts et s'orientent selon deux axes: est-ouest et nord-sud. À l'est, se trouve un plateau bosselé, suivi des premiers contreforts andins (fig.1.4-F), creusés par de larges combes. La limite entre la vallée basse et la vallée moyenne se compose de sommets qui indiquent la présence d'un relief plus accentué vers l'est.

La vallée moyenne

La partie moyenne de Chicama est bien plus montagneuse que la partie basse. Même si le fond de la vallée où ser-

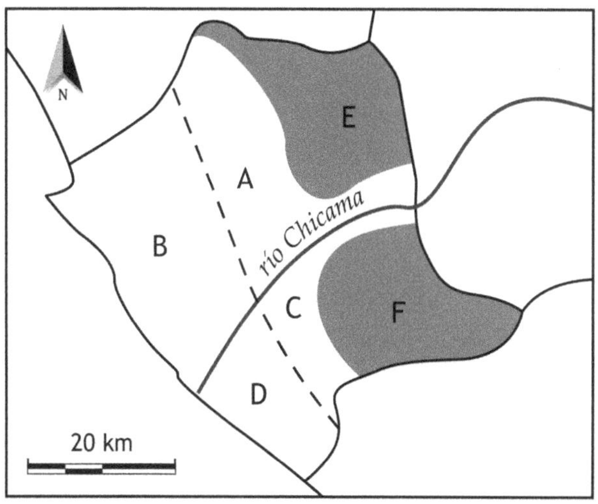

***Fig. 1.4* - Schéma de la vallée basse. Les lettres A, B, C, D correspondent aux divisions en quatre parties de la plaine côtière, tandis que E indique les premiers contreforts andins au nord et F désigne le plateau et les premiers contreforts andins à l'est.**

pente le río Chicama ne dépasse pas les 800 m d'altitude, il s'agit ici des contreforts des Andes. L'axe principal de la vallée s'oriente d'abord vers le nord-est, oblique vers l'est, puis vers le sud-est, ce qui lui donne une forme en arc de cercle. Il s'ouvre sur de petites vallées mineures, ou *quebradas*, au fond desquelles coulent les affluents du río Chicama, présentés plus loin, comme le río Chuquillanqui qui s'unit au fleuve à proximité de la limite avec la partie haute (fig.1.5).

Le fond de la vallée moyenne, large de 800 m à 2 km, se compose des berges des cours d'eau et des terrasses naturelles les surplombant (Orbegozo 1987: 293). Ces dernières s'élèvent progressivement avec des pentes tout d'abord faibles qui s'accentuent jusqu'à atteindre facilement 30° d'inclinaison, sur les flancs des montagnes.

Les *quebradas* qui rejoignent l'axe principal de la vallée sont plus nombreuses au nord qu'au sud où seules les *quebradas* Mala Alma et Quirripano sont importantes. Au nord, les vallées mineures de Santanero (rejointe par celle de San Benito), d'Ochape (avec celle de Cascas), de Machasen et de San Felipe se déploient en éventail. Celle du río Chuquillanqui, la plus étendue de toutes, se divise

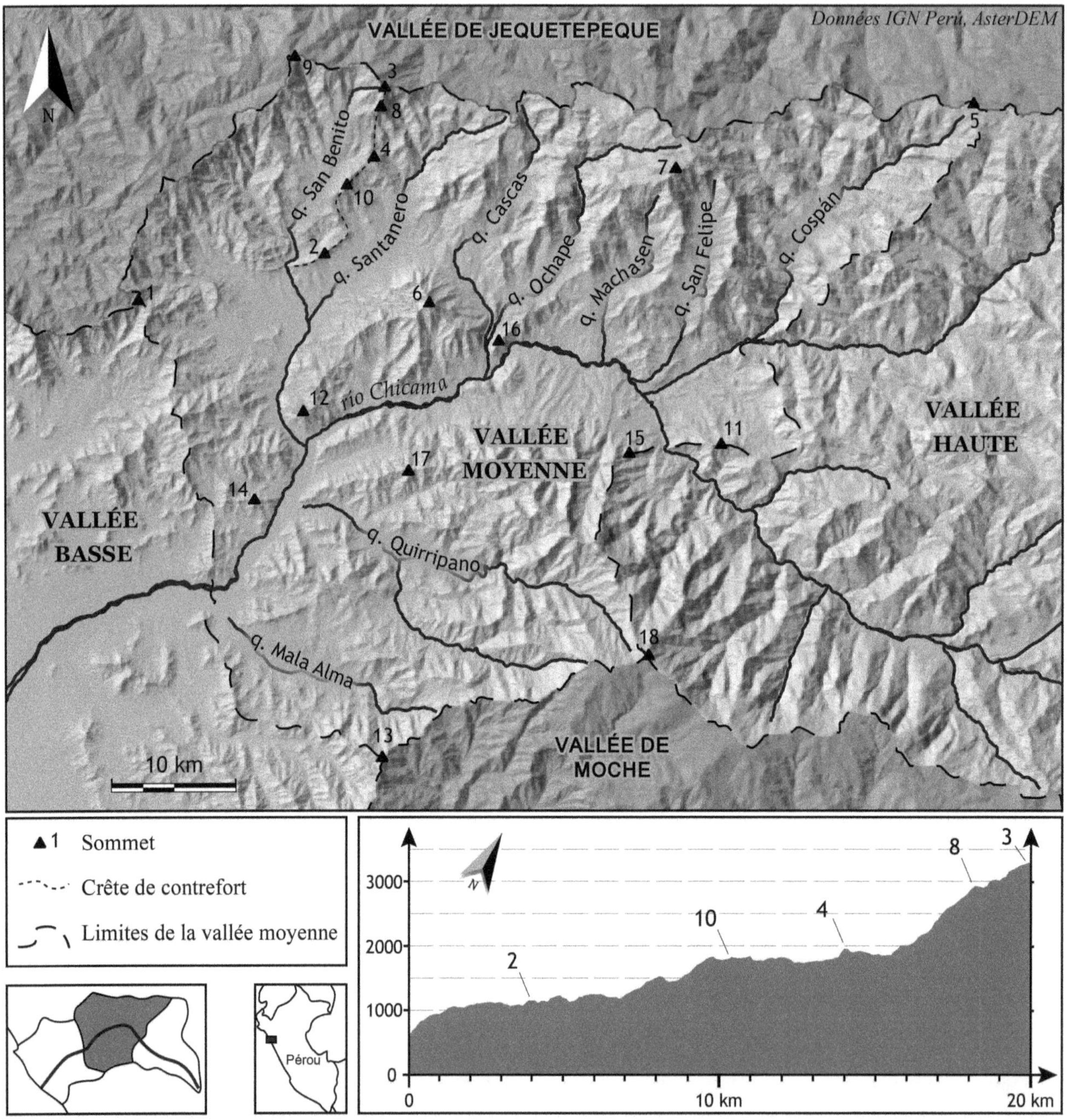

***Fig. 1.5* - Carte de la vallée moyenne de Chicama et profil de la crête du contrefort de San Benito.**
Liste des *cerros*: 1 - Achucalar, 2 - Algarrobal, 3 - Amanchaloc, 4 - Andaloy, 5 - Barco, 6 - Calvayuque, 7 - Chin Chin, 8 - Chungarran, 9 - Chuquimango, 10 - Condor, 11 - Fila de Carangas, 12 - Jaguey, 13 - Milagro, 14 - Orifico, 15 - Papagallera, 16 - Portachuelo, 17 - Salavin, 18 - Tuanga.

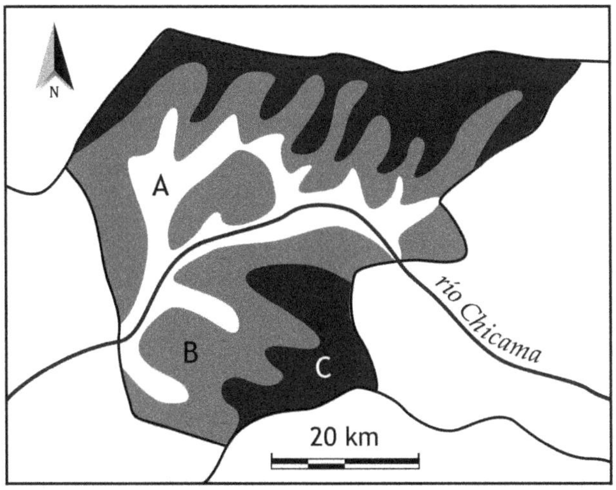

Fig. 1.6 **- Schéma de la vallée moyenne. A indique le fond de la vallée, B les pentes et C correspond aux sommets.**

à son tour en deux: Cospán, dans la partie moyenne de la vallée de Chicama, et San Jorge que nous décrirons pour la vallée haute.

Aux abords du río Chicama, les montagnes ne culminent guère à plus de 2000 m d'altitude. Il s'agit entre autres des *cerros* Orifico (887 m; fig.1.5-14), Jaguey (1210 m; fig.1.5-12), Calvayuque (2023 m; fig.1.5-6) et Portachuelo (1026 m; fig.1.5-16), sur la rive droite du río Chicama. Sur la rive gauche, les plus notables sont les *cerros* de Salavín (1518 m; fig.1.5-17) et Papagallera (1545 m; fig.1.5-15) en face du cerro Fila de Caranguas (2087 m; fig.1.5-11) qui marque la limite de la vallée moyenne et de la vallée haute. Ces petits sommets constituent en réalité les extrémités des contreforts de chaînes de montagnes plus importantes.

Au sud, la chaîne séparant la vallée de Chicama de celle de Moche se compose entre autres des *cerros* Milagro, et Tuanga (4298 m; fig.1.5-18). Depuis ce dernier, un contrefort se détache vers le nord, puis vers l'ouest jusqu'aux *cerros* de Salavín, encadrant ainsi la *quebrada* Mala Alma et celle de Quirripano.

Au nord, la cordillère de Guzmango sépare la vallée de Jequetepeque et la vallée de Chicama. Elle s'étire d'abord à l'ouest entre les *cerros* Achucalar et Chuquimango (3685 m; fig.1.5-9), puis oblique vers l'est avec les *cerros* Amanchaloc (2883 m; fig.1.5-3), Chin Chin, le plus haut de la vallée (4333 m; fig.1.5-7), et Barco (4159 m; fig.1.5-5) qui se trouve à la limite entre la vallée moyenne et la vallée haute.

Plusieurs contreforts se détachent de la cordillère de Guzmango selon un axe nord-sud et divisent les différentes vallées mineures qui descendent vers le río Chicama. Il serait trop long de tous les présenter, nous nous contenterons de décrire le contrefort séparant la *quebrada* San Benito de celle de Santanero (fig.1.5). Ce contrefort, assez typique de la vallée moyenne, débute au niveau du cerro Amanchaloc et se prolonge vers le sud, avec les *cerros* Chungarran (2923 m; fig.1.5-8), Andaloy (1902 m; fig.1.5-4), Condor (1858 m; fig.1.5-10) *et algarrobal* (1077 m; fig.1.5-2). Bien que certaines pentes atteignent 40° d'inclinaison, le profil de ce contrefort évolue par paliers, avec des montagnes qui ne se détachent pas réellement de la crête. Cette topographie en « escaliers » se retrouve sur d'autres contreforts de la vallée moyenne.

La topographie de la vallée moyenne (fig.1.6) peut se résumer schématiquement en distinguant trois types de terrain: le fond de vallée assez large et plutôt plat (fig.1.6-A), les pentes et fonds de vallées mineures (fig.1.6-B) et enfin les crêtes des chaînes de montagnes et leurs contreforts (fig.1.6-C). La vallée moyenne constitue une zone de transition entre la plaine de la vallée basse et les hauts sommets de la vallée haute.

La vallée haute

La vallée haute de Chicama, localisée à l'est, se divise en deux axes (Orbegozo 1987: 296-297); le principal où coule le río Chicama se dirige vers le sud-est, tandis que le second, creusé par le río Chuquillanqui, s'oriente vers le nord-est (fig.1.7).

Le fond du premier axe est très encaissé et mesure entre 200 m et quelques dizaines de mètres de large. Les pentes des montagnes s'élevant de chaque côté sont très abruptes, entre 20° et 50° d'inclinaison, ce qui implique d'importants dénivelés. À titre d'exemple, sur une distance de 8 km, on passe du fond de la vallée à 1100 m, au sommet du cerro Ichur, à 3586 m d'altitude (fig.1.7-10). D'autres montagnes, tels les *cerros* Judío (3066 m; fig.1.7-11) et Yuraccama (3216 m; fig.1.7-17), sont situées à proximité du fond de la vallée.

D'étroites vallées mineures, comme celles de Yaugueda et de Charat, au sud, et celles de Lucma et de Huaranchal, (fig.1.7), au nord, descendent vers le río Chicama, depuis les hauteurs de deux chaînes de montagnes dépassant les 4000 m d'altitude. La première, au sud-est, marquant la limite entre les vallées de Chicama et de Moche, débute par le cerro Tuanga et se termine par le cerro Cayaculan (4240 m; fig.1.7-6) qui est localisé à l'extrémité sud de la vallée haute. La deuxième chaîne constitue la ligne de partage des eaux entre les versants Pacifique et Atlantique et sépare les vallées de Chicama et de Condebamba. Elle est formée, entre autres, par les *cerros* Cayaculan, Yanahuanca (4140 m; fig.1.7-16) et Malpaso (4088 m; fig.1.7-12).

L'imposant contrefort de Lucma se détache vers l'est du cerro Malpaso (fig.1.7-16) et dissocie les deux axes de la vallée haute. Ce contrefort se compose de plusieurs sommets, tels les *cerros* Bola de Igor (3766 m; fig.1.7-3), Arenas (3038 m; fig.1.7-1), Chirma (2956 m; fig.1.7-7), Cabracasha (2503 m; fig.1.7-4), Cauday (2897 m; fig.1.7-5), Churuhual (2278 m; fig.1.7-8) et Pilcay (1922 m; fig.1.7-14). Son profil (fig.1.7) révèle une topographie très dentelée, constituée de montagnes et de cols, alternant pics

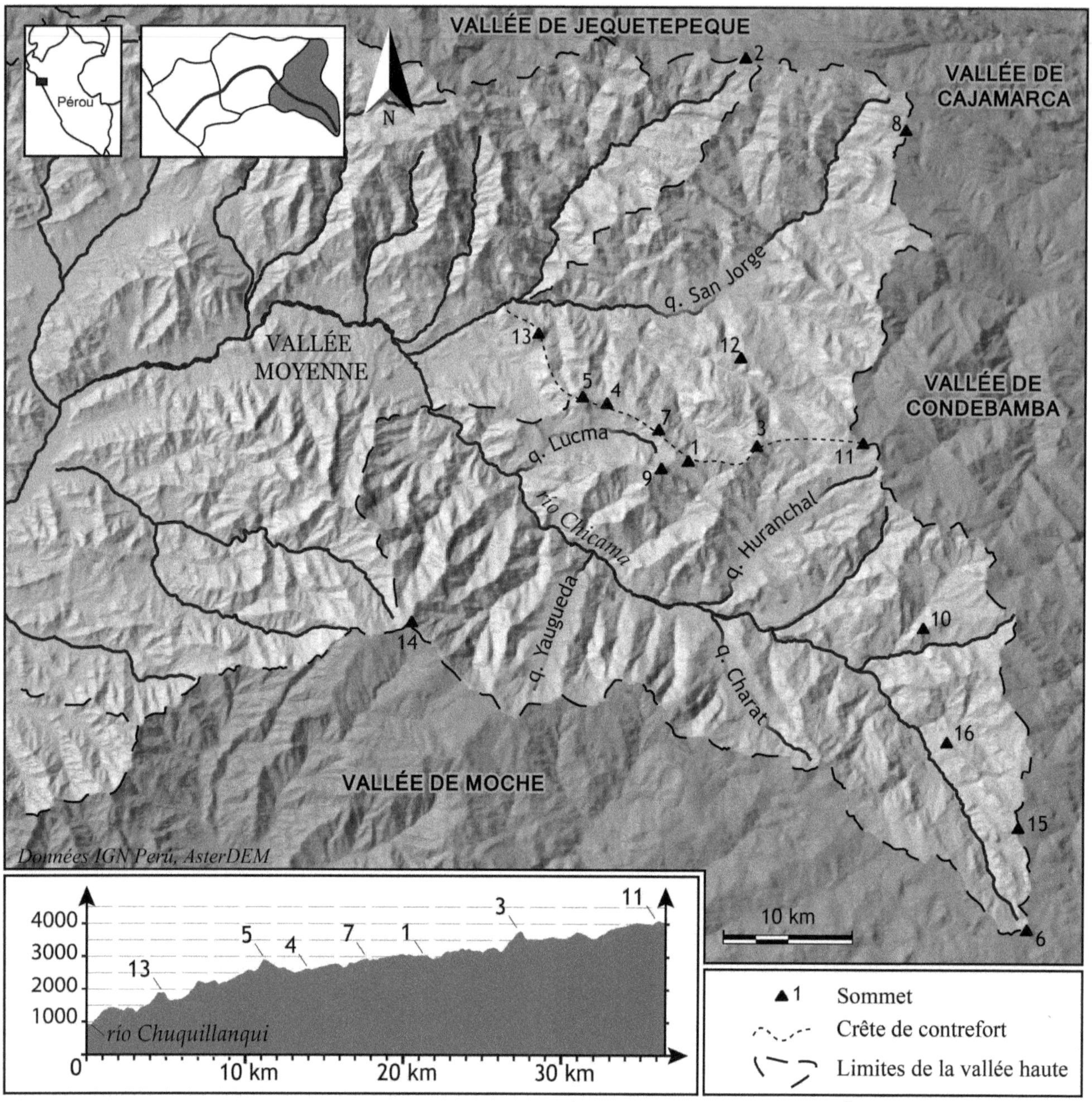

Fig. 1.7 - **Carte de la vallée haute de Chicama et profil de la crête du contrefort de Lucma. Liste des *cerros*: 1 - Arenas, 2 - Barco, 3 - Bola de Igor, 4 - Cabracasha, 5 - Cauday, 6 - Cayaculan, 7 - Chirma, 8 - Huanacocorral, 9 - Ichur, 10 - Judío, 11 - Malpaso, 12 - Piedra Batea, 13 - Pilcay, 14 - Tuanga, 15 - Yanahuanca, 16 - Yuraccama.**

et creux, même si certains tronçons de la crête sont assez plats. Contrairement au contrefort de San Benito (fig.1.5), décrit pour la vallée moyenne, le relief est bien plus marqué et sans « palier »..

Le deuxième axe de la vallée haute, situé au nord du contrefort de Lucma se divise en deux *quebradas*: celle de Cospán présentée ci-dessus pour la vallée moyenne, et celle de San Jorge dont le fond, encaissé et étroit, mesure environ 150 m de large.

Même si les pentes encadrant cet axe de part et d'autre peuvent être très fortes, plus de 50° d'incli-naison dans certains cas, de nombreux replats adoucissent le relief. Quelques sommets, comme le cerro Piedra Batea (2863 m; fig.1.7-13), séparent de petites combes qui débouchent sur le fond de cette *quebrada*.

À l'est, ce deuxième axe est dominé par une chaîne de montagnes prolongeant vers le nord la ligne de partage des eaux entre les bassins Pacifique et Atlantique. Plusieurs pics la composent, notamment le cerro Huanacocorral (4140 m; fig.1.7-9) qui fait la jonction avec la cordillère de Guzmango et le cerro Barco, à l'ouest (fig.1.5-2)

La vallée haute de Chicama se divise donc, de manière schématique (fig.1.8), en deux parties: au sud l'axe principal (fig.1.8 -A) et au nord la *quebrada* San Jorge (fig.1.8 -B). Le fond de la vallée est très encaissé et encadré par des

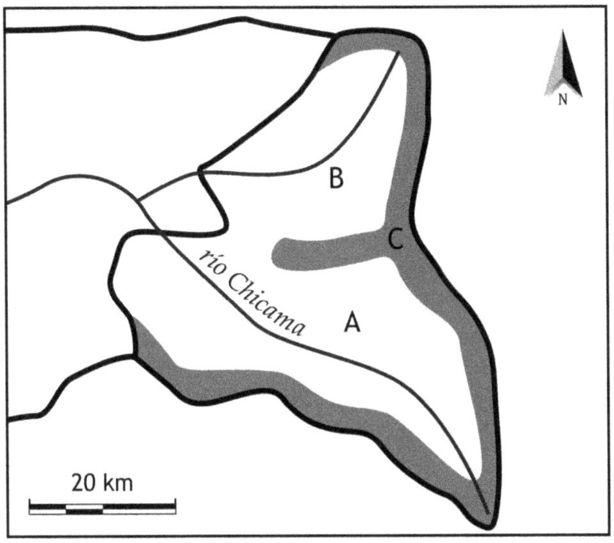

***Fig. 1.8* - Schéma de la vallée haute. A correspond à l'axe principal de la vallée, B à la *quebrada* San Jorge et C indique les hauts sommets.**

sommets (fig.1.8 C) culminant souvent à plus de 4000 m d'altitude.

Commentaires

Le relief de la vallée de Chicama se transforme d'ouest en est, passant progressivement du littoral à de hauts sommets culminant à plus de 4000 m d'altitude. Cette évolution se traduit par une topographie très variée, composée de hautes chaînes de montagnes, de contreforts, de versants abrupts, de vallées mineures, du fond de la vallée, qu'il soit encaissé ou large, de la plaine côtière et de ses petites élévations.

Face à la diversité topographique de la vallée de Chicama, les possibilités d'installation sont nombreuses et les choix effectués par les populations de la vallée, autrefois comme aujourd'hui, doivent être analysés en fonction du relief. La morphologie du terrain conditionne et limite dans certains cas fortement l'implantation humaine: le degré des pentes et leur orientation, la présence d'une plaine ou de montagnes, de cols ou de gorges, peuvent jouer un rôle dans la fondation de villages, le développement agricole et des axes de communications. Par ailleurs, les sommets ont souvent une connotation sacrée dans les Andes (Reinhard 1985; Gil 2008)

Une bonne connaissance de la topographie de la vallée de Chicama est donc indispensable pour comprendre les données archéologiques et ethnohistoriques que nous présenterons par la suite.

II. La géologie

Le relief de la vallée de Chicama est le fruit d'importants phénomènes tectoniques et de l'érosion. La plaque océanique de Nazca passe sous la plaque continentale sud-américaine, comprimant le bord occidental de cette dernière et créant ainsi la cordillère des Andes. Cette forte activité tellurique provoque des séismes qui frappent régulièrement la région et entraînent parfois des tsunamis sur la côte, même si le nord du Pérou semble être aujourd'hui moins touché (Spiske *et al.* 2013). On peut supposer que ce type d'événement catastrophique a pu avoir un impact sur le développement des sociétés et les mentalités des populations de la vallée (Torrence and Grattan 2012).

Les roches de la vallée de Chicama se sont formées à partir du Jurassique, il y a près de 200 millions d'années et la stratification géologique s'est poursuivie jusqu'à aujourd'hui (Onern 1973; Ingemet 2000). Sur la côte et dans la sierra, les sols sont de natures et de qualités différentes et ont fourni des matériaux variés aux habitants de la région.

La côte

Des dépôts alluviaux à proximité des cours d'eau, éoliens sur les marges de la vallée ou marins sur les côtes, forment les sols de la plaine et du fond de la vallée moyenne (Cobbing *et al.* 1981). Ce type de sol est généralement propice à l'agriculture, sauf lorsque les teneurs en sels sont importantes du fait de la proximité avec l'océan Pacifique. Les petites élévations de la vallée basse sont, quant à elles, composées de roches intrusives comme du granite et de la diorite qui affleurent au-dessus des couches alluviales de la plaine (Orbegoso 1987: 53).

La sierra

Dans la sierra, la vallée de Chicama comprend deux grandes formations géologiques: celle de Chicama et celle de Chimú qui la recouvre (Cobbing *et al.* 1981). D'après Orbegoso (1987: 53), la formation Chicama, surtout composée de grès et de lutite qui ont sédimenté au Jurassique supérieur, s'étend principalement sur les pentes de la vallée moyenne. Au Crétacé, les strates de grès, de quartz, de lutite et de charbon minéral de la formation Chimú se déposent au-dessus de celle de Chicama et se trouvent aujourd'hui sur les sommets de la vallée moyenne et dans la vallée haute (Orbegoso 1987: 58).

Plusieurs filons métallifères ont été découverts parmi les roches des formations Chicama et Chimú: du fer, du cuivre, du plomb argentifère, de l'antimoine, du zinc et de l'or (Onern 1973: 91). Notons également la présence d'un gisement d'argile de kaolin, sur le cerro Colorado, non loin du río Cascas.

En résumé, la plaine côtière de la vallée de Chicama bénéficie de sols riches et fertiles tandis que ceux de la sierra, principalement composés de roches sédimentaires, offrent quelques minerais précieux, comme l'or ou le cuivre, qui ont pu être exploités autrefois et qui attirent aujourd'hui des entreprises minières.

III. Le climat: entre désert côtier et pluies d'altitude

Le voyageur qui parcourt la plaine côtière de la vallée de Chicama ne manquera pas de remarquer l'extrême aridité de la région qui s'atténue toutefois avec l'altitude, en s'éloignant de l'océan Pacifique. Aussi, les sommets de la vallée moyenne et surtout de la vallée haute bénéficient-ils d'un climat plus humide. Le phénomène d'El Niño (Sandweiss 1991) vient cependant régulièrement bouleverser le climat de la côte nord du Pérou, transformant dramatiquement les conditions météorologiques habituelles pour quelques mois. Les données présentées ci-dessous datent du 20e siècle, mais nous supposons que la situation n'a pas beaucoup changé depuis le demi-millénaire qui nous sépare de la culture chimú. D'ailleurs, les descriptions de la côte relatées par les chroniqueurs espagnols nous informent que l'aridité de la région était déjà bien présente, il y a cinq siècles (Cabello Valboa 1951 [1586]: 222; Garcilaso 2000 [1617] T.1: 286).

Le climat côtier

Le climat de la vallée basse de Chicama et de toute la côte nord du Pérou se divise en deux saisons: l'une humide, de mai à septembre (l'hiver), l'autre sèche, d'octobre à avril (l'été). Cette variation saisonnière est due à de nombreux facteurs, notamment la variation de l'équateur thermique et le déplacement de l'anticyclone Pacifique sud. En effet, ce dernier remonte vers le nord, dès le mois de mai, et crée des vents alizés sur la côte nord, durant la saison humide (Collin Delavaud 1984: 17; Orbegozo 1987: 115).

La saison humide se caractérise par une importante couche nuageuse qui stagne entre 300 et 900 mètres d'altitude (Reparaz 1958: 8; Collin Delavaud 1984: 24). Ces nuages, poussés depuis la mer par les alizés, ne peuvent se transformer en pluies du fait de l'inversion thermique. Aussi, les rares précipitations, appelées garúas, s'apparentent-elles à de petites bruines qui ne fournissent pas suffisamment d'eau pour verdir le paysage désertique de la côte. Le taux d'humidité de l'atmosphère peut dépasser 90 % en hiver (Onern 1973: 51).

Durant l'été, l'anticyclone s'éloigne, les alizés sont moins forts et la couche nuageuse disparaît. Contrairement à l'hiver, le ciel est dégagé et l'ensoleillement plus marqué, mais l'atmosphère reste tout de même chargée d'humidité, de 75 à 80 % (Onern 1973: 51). Quant aux pluies, certes rares, mais plus importantes que les garúas, elles fournissent l'essentiel des précipitations annuelles de la côte qui se limitent à environ 5 mm par an sur le littoral, à Puerto Malabrigo, et 16 mm par an à Casa Grande, un peu plus à l'intérieur des terres dans la plaine côtière (fig.1.9 et 1.10; Onern 1973: 51; Orbegozo 1987: 122).

La température varie peu au cours de l'année et reste en moyenne proche de 20,8 °C. Elle augmente durant la saison sèche, atteignant parfois les 30 °C, et peut descendre jusqu'à 14 °C, pendant la saison humide (Onern 1973: 50). Ce climat tempéré assez stable est en partie dû à la présence du courant de Humboldt qui refroidit l'atmosphère.

Les vents dominants, les alizés, viennent de l'ouest ou du sud-ouest. Outre les nuages qu'ils poussent vers la côte, ils sont responsables de la création de dunes sablonneuses qui peuvent recouvrir des champs agricoles (Dillehay *et al.* 2004).

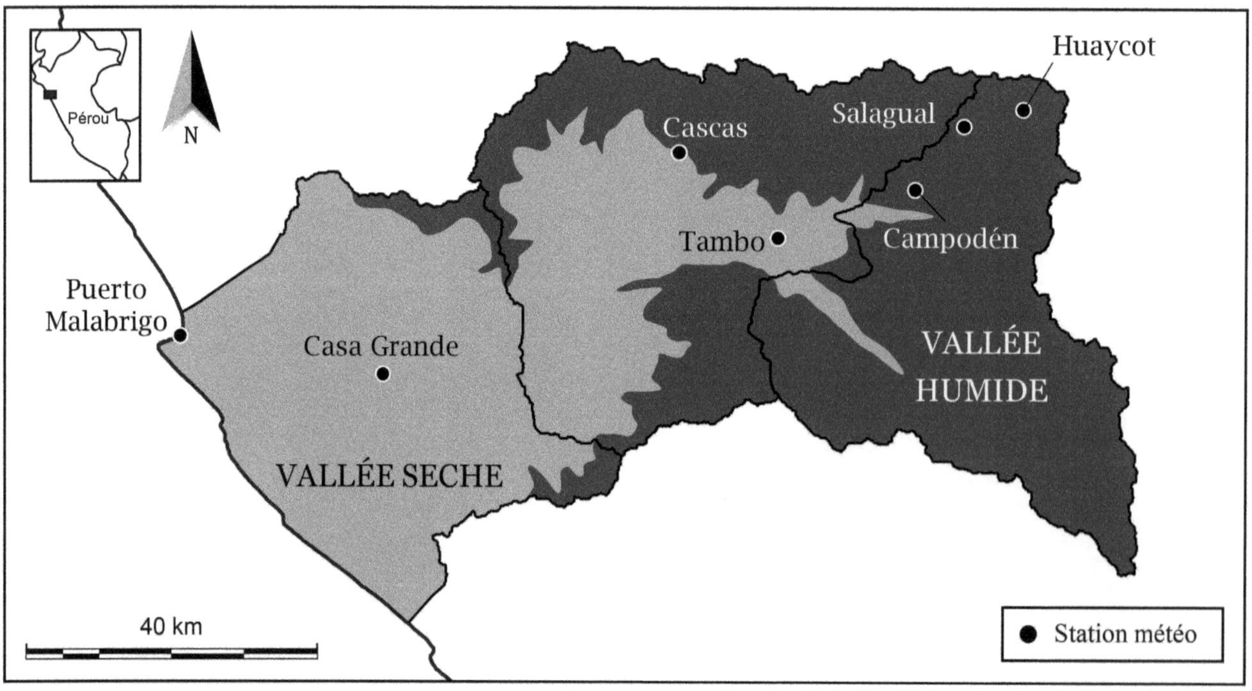

Fig. 1.9 - Carte des stations météorologiques et des zones sèches et humides de la vallée de Chicama (données Onern 1973).

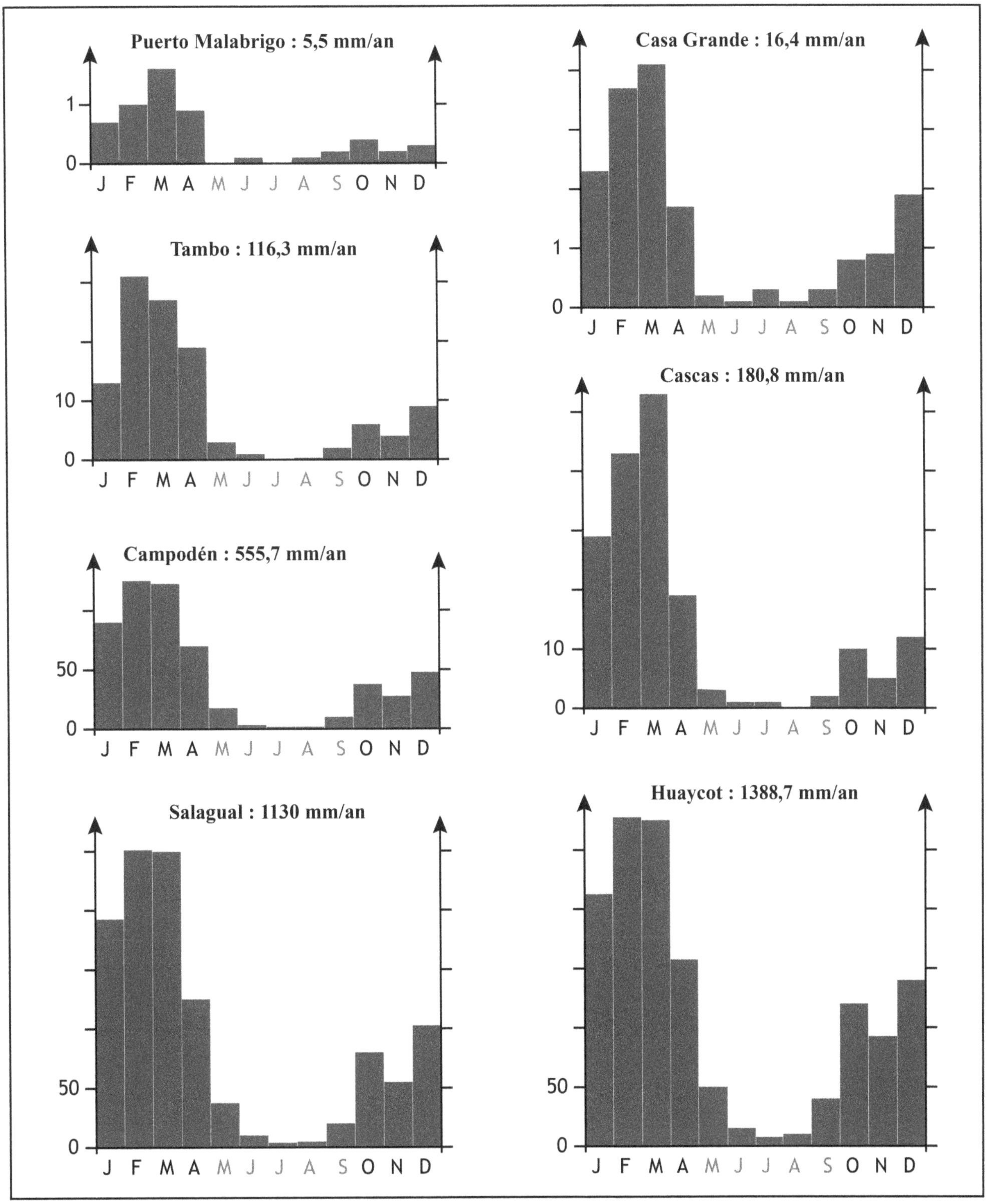

Fig. 1.10 – **Graphiques des précipitations annuelles moyennes des stations météorologiques de Chicama (échelles différentes, données ONERN 1973).**

L'aridité de la côte s'explique par l'influence de l'océan Pacifique et de ses différents courants. Le plus important d'entre eux, le courant de Humboldt, remonte vers le nord, le long des côtes sud-américaines, depuis les régions antarctiques (Collin Delavaud 1984: 18; Brack 1986: 202). Les eaux froides de ce courant affleurent à la surface et refroidissent les couches d'air à basse altitude, fortement chargées en humidité. Cette inversion thermique est responsable de la rareté des précipitations qui ne peuvent se former, malgré de forts taux d'humidité. Les courants chauds originaires de la zone équatoriale, comme le contre-courant péruvien, sont souvent trop faibles face à celui de Humboldt, surtout à partir de 5° de latitude sud. En s'enfonçant vers l'intérieur des terres, dans la sierra, l'influence du courant de Humboldt disparaît et le climat change.

Le climat de la sierra

Dans la partie moyenne et haute de la vallée de Chicama, le climat est bien différent; l'influence de l'océan Pacifique et du courant de Humboldt disparaît et le relief devient alors le principal facteur de changement climatique. À l'instar de la côte, l'année se divise aussi en deux saisons, l'une humide, en été, et l'autre plus sèche, en hiver.

La saison humide commence au mois d'octobre et ne se termine qu'en avril, à l'inverse de la côte qui est au même moment en pleine saison sèche. Des masses nuageuses venues de l'Atlantique traversent l'Amazonie, se trouvent bloquées par la cordillère des Andes et arrosent ces sommets d'abondantes pluies, principalement de janvier à mars (fig.1.10).

Les averses deviennent plus intenses lorsque l'altitude augmente. Ainsi, il ne pleut qu'environ 116.4 mm par an à Tambo, situé à 750 m d'altitude, alors qu'à Cascas (1300 m), il tombe en moyenne 180,8 mm par an, à Campodén (2200 m) 666 mm par an, à Salagual (2600 m) 1016 mm par an et à Haycot (3214 m) 1388,4 mm par an. Les évaluateurs de l'ONERN (1973: 47) divisent la vallée de Chicama en deux parties: en dessous de 1200-1300 m d'altitude, les précipitations sont négligeables, c'est donc la « vallée sèche ». Au-dessus de cette limite, la « vallée humide » reçoit l'essentiel des précipitations (fig.1.9). Environ 90 % des pluies surviennent durant la saison humide (ONERN 1973: 50).

Le reste de l'année, entre les mois de mai et de septembre, le climat est sec et les pluies rares. L'ensoleillement est important, contrairement à la côte qui se trouve, durant l'hiver, sous une épaisse couche nuageuse.

La température est principalement influencée par l'altitude. Dans le fond de la vallée, la température moyenne est de 20,4 °C et varie très peu, comme à Cascas, où elle oscille entre 20,3 °C et 21,8 °C, au cours de l'année (ONERN 1973: 50). À l'inverse des précipitations, la température diminue lorsqu'on s'aventure vers les sommets, et, aux alentours de 4000 mètres, elle n'est plus que de 6 °C (ONERN 1973: 50).

Les vents dominants, venant de l'océan Pacifique, sont aussi conditionnés par le relief. Dans le fond de la vallée moyenne et haute, ils soufflent généralement dans l'axe de la vallée, à contrecourant du río Chicama. Les vagues ainsi formées en surface donnent l'impression que le fleuve remonte vers sa source.

En résumé, on peut dire que le climat de la sierra diffère de celui de la côte. Même si le fond de la vallée reste désertique, les pluies, qui se font plus intenses avec l'altitude, arrosent les sommets de plus de 1000 mm de précipitations par an. Les températures sont moins clémentes en hauteur et contrastent fortement avec le fond de la vallée plutôt chaud. Ces conditions climatiques habituelles sont bouleversées de manière cyclique par un phénomène atmosphérique et océanique: El Niño.

Le phénomène d'El Niño (ou ENSO)[1]

Selon des cycles assez variables en fonction de l'intensité du phénomène, de 4 à 18 ans (Quinn 1987: 14 455; Sandweiss 1991: 99), un courant océanique chaud, en provenance de l'Équateur, se dirige vers le sud et s'approche des côtes septentrionales du Pérou. Surnommé El Niño, car il apparaît vers la fin du mois de décembre, comme l'enfant Jésus à Noël, ce phénomène est lié à des conditions atmosphériques plus globales, « l'Oscillation Sud », dont l'indice exprime la différence entre les hautes pressions d'Indonésie et les basses pressions de l'océan Pacifique sud (Caviedes 2001: 8; Collin Delavaud 1984: 26). C'est la combinaison de l'oscillation sud et du courant El Niño (ENSO) qui engendre ce phénomène climatique. Le réchauffement de la température superficielle de l'Océan, enregistrée à la station de Puerto Malabrigo (fig.1.9), sur le littoral de Chicama, indique l'arrivée de ce courant chaud qui se substitue à celui de Humboldt (Quispe 1992). Ainsi, durant le phénomène d'El Niño de 1997-1998, la température superficielle de la mer a augmenté de 4,5 °C, à son maximum (Aceituno 1998: 447), et en 1982-1983, elle a atteint les 28 °C à Puerto Malabrigo (Caviedes 1984: 269). Le courant de Humboldt étant un facteur climatique majeur, son remplacement par le courant équatorial provoque des changements importants dans le climat de la côte nord et des Andes.

Le phénomène opposé, parfois surnommé La Niña, renforce l'aridité de la côte, mais du fait de la rareté habituelle des précipitations, cette anomalie climatique est moins facilement perceptible (Caviedes 2001: 146).

Selon l'intensité et la force de l'intrusion des eaux chaudes vers le sud, l'atmosphère se réchauffe sensiblement à basse altitude, d'environ 4 °C en 1982-83 (Caviedes 1984: 269). Ainsi, l'inversion thermique qui, en temps normal, empêche la formation de pluies disparaît. Sans elle, la plaine côtière désertique et les pentes des premiers contreforts andins sont alors arrosées de précipitations violentes et déchaînées pendant quelques mois. Lors du phénomène d'El Niño de 1925, dans la ville de Trujillo, 226 mm de pluie sont tombés en trois jours (Nials *et al.* 1979: 7). Cette surabondance d'eau entraîne des inondations, des glissements de terrain, des coulées de boue, etc.

Ces fortes précipitations ne durent pas très longtemps, mais elles ont un effet considérable sur le paysage de la vallée de Chicama. Le désert verdit et des points d'eau apparaissent, donnant naissance à de petits ruisseaux, plusieurs mois après le phénomène (Gálvez y Runcio 2011: 82), puis, progressivement, les sources tarissent et l'aridité revient.

1 - L'acronyme ENSO (*El Niño Southern Oscillation*) est fréquemment utilisé pour désigner le phénomène d'El Niño.

Dans la sierra, à cette époque, c'est la saison humide, mais ce phénomène bouleverse également le climat: les pluies s'y font rares, particulièrement au-dessus de 2500 m d'altitude (Francou y Pizarro 1985), même si les versants occidentaux des Andes reçoivent de fortes précipitations (Mugica 1983). Le phénomène d'El Niño, ou ENSO, agit donc aussi bien sur la côte que dans la sierra et provoque des modifications qui poussent les populations à réagir. L'incidence de phénomènes de grande ampleur, particulièrement catastrophiques, appelés Méga-Niño, a pu engendrer de graves crises parmi les sociétés établies dans la vallée de Chicama autrefois (Uceda 1992; Van Buren 2001).

Commentaires

Les conditions climatiques de la vallée de Chicama sont variées puisqu'il est possible de passer d'un désert tempéré, sur la côte, à des sommets bien arrosés et plus froids. Le relief de la région influence considérablement le climat; les températures diminuent et les précipitations augmentent avec l'altitude. Mais les facteurs océaniques, les courants froids ou chauds, comme celui de Humboldt ou celui d'El Niño et l'anticyclone du Pacifique sud jouent aussi un rôle important sur le climat de la vallée de Chicama, notamment durant un phénomène d'El Niño. Les précipitations intenses qui s'abattent alors sur la plaine côtière démontrent l'ampleur de ce bouleversement climatique passager.

Le climat constitue une donnée environnementale capitale pour comprendre l'implantation humaine, car il conditionne fortement le milieu dans lequel les sociétés préhispaniques ont évolué. La technologie moderne nous a affranchis, en partie, des conditions météorologiques qui, quelques siècles plus tôt en Europe, influençaient la production agricole et la vie de millions de personnes. Pourtant, au Pérou, aujourd'hui comme aux époques préhispaniques, le climat est un sujet sensible pour l'économie paysanne. D'ailleurs, les essais infructueux de provoquer des précipitations plus abondantes sur les sommets de la vallée de Chicama, par le biais de modifications chimiques dans l'atmosphère, dans les années 50 et 60 (ONERN 1973: 41), témoignent de l'importance de la pluie. Ces dernières influencent d'autres aspects de l'environnement comme l'hydrologie, principale source d'eau dans la plaine côtière.

IV. L'HYDROLOGIE DE LA VALLÉE DE CHICAMA

L'aridité de la côte péruvienne est contrebalancée par la présence des nombreux cours d'eau qui descendent des sommets de la cordillère des Andes et se jettent dans l'océan Pacifique. Dans la vallée de Chicama, le fleuve éponyme est alimenté par les pluies qui arrosent les cimes des parties moyennes et hautes de la vallée, durant la saison humide. Après la présentation du río Chicama, il s'agira de décrire ses affluents et enfin d'analyser l'hydrologie de la vallée lors d'un phénomène d'El Niño.

Le río Chicama

Le río Chicama prend sa source à 4150 m d'altitude, aux pieds du cerro Callacuyán, à l'extrémité sud-est de la vallée haute (ONERN 1973: 32; Orbegoso 1987: 286). Il se jette dans l'océan Pacifique, après un parcours d'environ 160 km. Son bassin-versant correspond à la vallée de Chicama, soit 5822 km²; cependant, à cause de la faiblesse des précipitations, seule la partie humide, près de la moitié de cette superficie totale, contribue réellement à alimenter le fleuve. Le río Chicama possède plusieurs noms: sur les 15 premiers kilomètres de son cours, il est appelé río Perejil, puis río Grande jusqu'à la limite avec la vallée moyenne (fig.1.11). Durant environ cinq kilomètres, il prend le nom de río Huancay avant d'être enfin nommé río Chicama (Orbegoso 1987: 287).

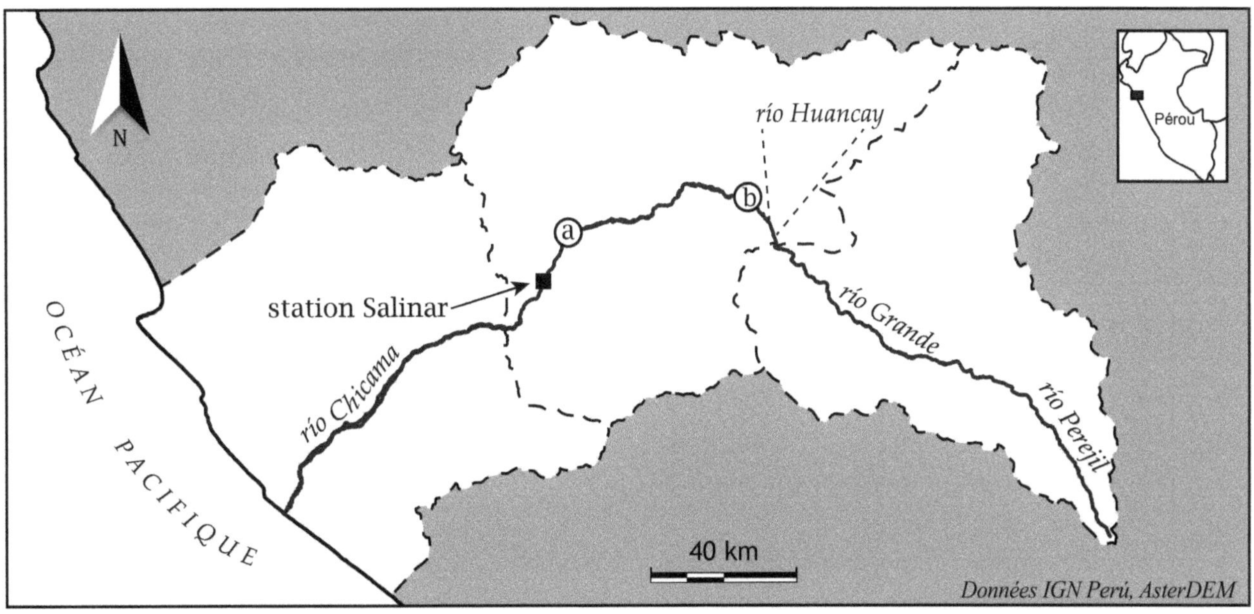

Fig. 1.11 **- Carte du río Chicama et ses différents noms . Les lettres a et b indiquent les lieux de prise des photos de la fig.1.12.**

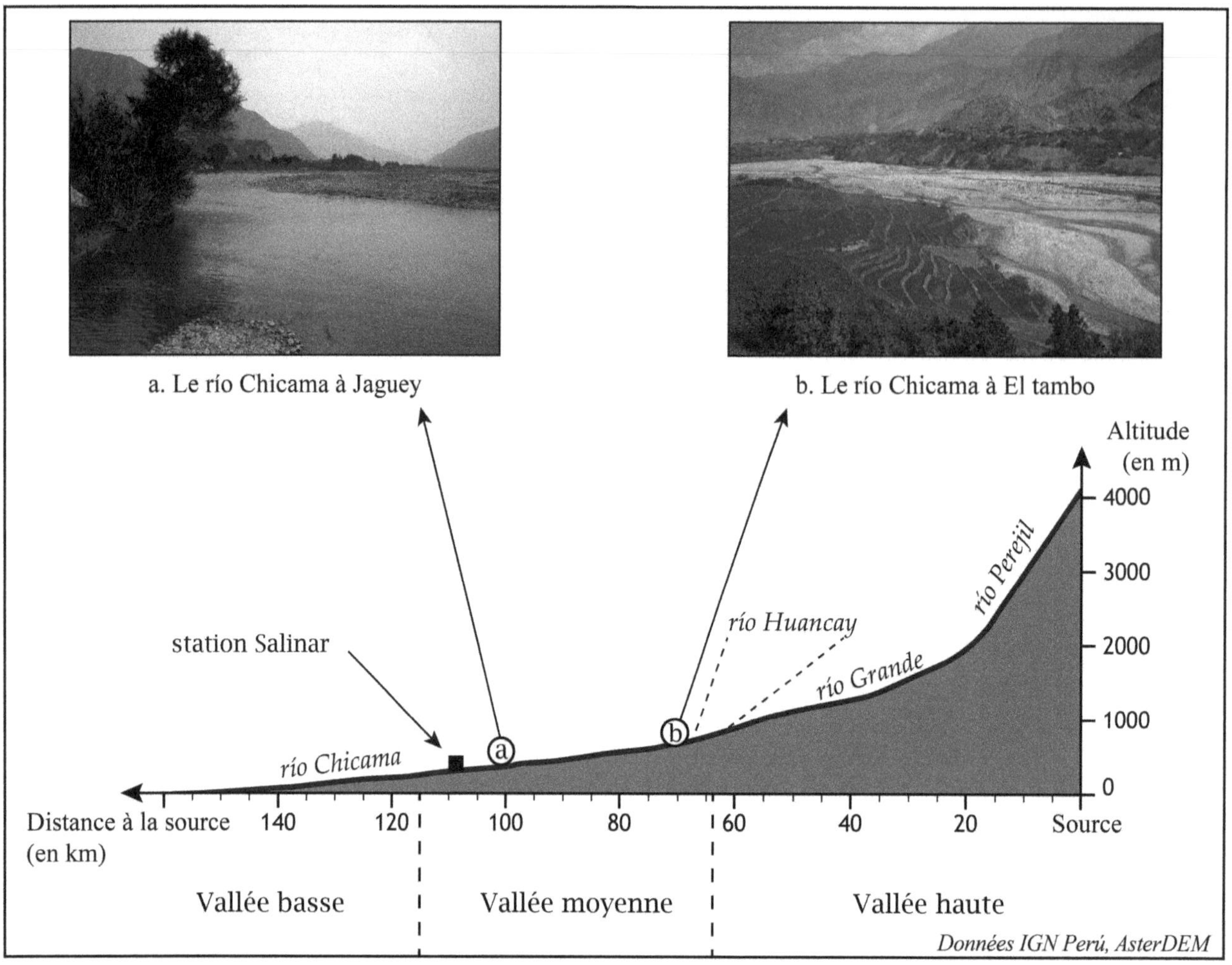

Fig. 1.12 **– Vues et profil du río Chicama avec ses différentes appellations.**

Le profil de son parcours (fig.1.12) montre tout d'abord un dénivelé très prononcé. En effet, en une vingtaine de kilomètres, le río Chicama perd près de 2000 m d'altitude, soit une pente moyenne de 10 %. Cette rapide descente est à l'image des flancs abrupts des montagnes de la vallée haute décrits ci-dessus. Par la suite, la pente est plus douce, environ 4 %, jusqu'à la vallée moyenne. Le río Chicama évolue d'abord dans une gorge étroite, encaissée qui laisse place, dans la vallée moyenne, à un lit plus large au fond duquel le cours d'eau serpente. Sur les 90 km restants, dans la vallée moyenne et dans la vallée basse, la pente du río Chicama est légèrement inférieure à 1 %. Dans la vallée basse, le lit du fleuve dépasse parfois 800 m de large, même si bien souvent, n'y coule qu'un petit filet d'eau.

	Débit mensuel
janv.	22,13
fév.	50,24
mars	101,51
avril	75,69
mai	27,00
juin	10,81
juil.	6,77
août	4,77
sept.	3,92
oct.	4,87
nov.	5,34
déc.	7,94

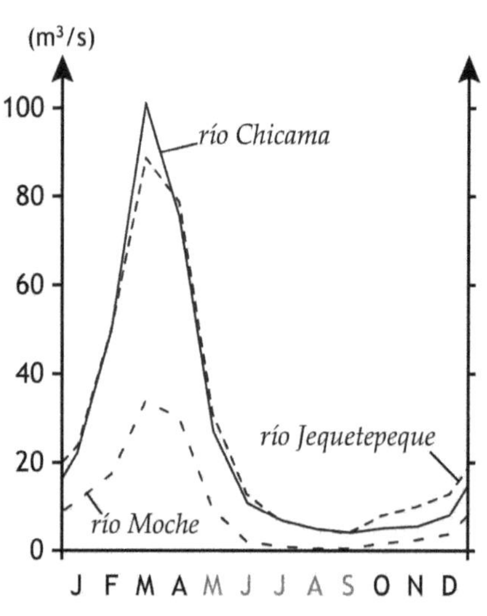

Fig. 1.13 **– Graphique de la variation annuelle du débit des ríos Chicama, Moche et Jequetepeque (d'après Onern 1973).**

Le régime du río Chicama est intimement lié aux précipitations de la vallée dont nous avons vu plus haut le caractère fortement saisonnier. Le débit moyen annuel, enregistré à la station Salinar2, est de 26,6 m3/s, mais des débits de plus de 600 m3/s ont été consignés tandis que le plus faible n'est que de 0,5 m3/s (Onern 1973: 195). Sans tenir compte de ces épisodes exceptionnels, l'analyse des débits moyens mensuels au cours de l'année montre, sans surprise, une forte corrélation avec les saisons de la sierra (fig.1.13). Le débit est évidemment plus fort lorsqu'il pleut sur les sommets, durant la saison humide, d'octobre

2 - La station de mesure du débit Salinar est constituée d'un poteau de bois de 5 m de hauteur qui, une fois étalonné, indique les variations de la hauteur de l'eau. Grâce à cette station, l'Onern (1973: 196) fournit des données intéressantes au sujet du débit du río Chicama (fig.1.11).

à avril. Nous notons tout de même un petit décalage pour les mois d'octobre, de novembre et de décembre puisque le débit reste relativement modeste ces trois premiers mois de la saison des pluies.

A titre d'hypothèse, on peut supposer que l'infiltration dans les sols desséchés et la recharge des nappes phréatiques limiteraient le ruissellement et seraient à l'origine de ce « retard » de la hausse du débit (Castany 1982). Il n'empêche que la relation entre précipitations et cours d'eau est clairement visible dès les premières pluies d'octobre. D'ailleurs, nous avons pu observer qu'en quelques jours, les eaux du río Chicama changent de couleur, prenant une teinte brunâtre, à cause du limon emporté par les pluies. Lorsque le débit est au plus fort, au mois de mars, le lit du río Chicama est complètement submergé, sur presque toute sa largeur. La traversée du fleuve devient alors impossible sans un pont solide ou une tyrolienne. Au contraire, le cours d'eau a un débit très faible pendant la période d'étiage, de mai à septembre. Cependant, des débits de quelques mètres cubes par seconde peuvent aussi survenir durant la saison des pluies.

Une simple comparaison des débits mensuels du río Chicama avec ceux du río Moche, localisé au sud, et du río Jequetepeque, au nord, permet de se rendre compte des différences entre ces fleuves de vallées voisines (fig.1.13 et 1.14; Collin Dellavaud 1984: 43). L'évolution du débit au cours de l'année est la même puisque ces trois fleuves récupèrent l'eau fournie par les précipitations de la sierra, durant la saison humide. Le río Chicama et le río Jequetepeque ont des débits similaires, même si celui du premier est plus puissant en période de crue, aux mois de janvier, février et mars. Au contraire, le río Moche a un débit largement inférieur toute l'année, environ trois fois plus faible que celui du río Chicama. Cette quantité relativement importante d'eau, dans la vallée de Chicama, est un atout décisif pour le développement dans une région désertique comme la côte nord du Pérou. Une bonne partie de l'eau du río Chicama est alimentée par les cours d'eau qui s'unissent à lui.

Les affluents du río Chicama

Le río Chicama est rejoint par plusieurs affluents, plus ou moins importants, eux-mêmes formés par de nombreux petits cours d'eau (fig.1.14).

Les principaux, localisés en amont, non loin de la source du río Chicama, sont les ríos Chin Chin, Paranguran,

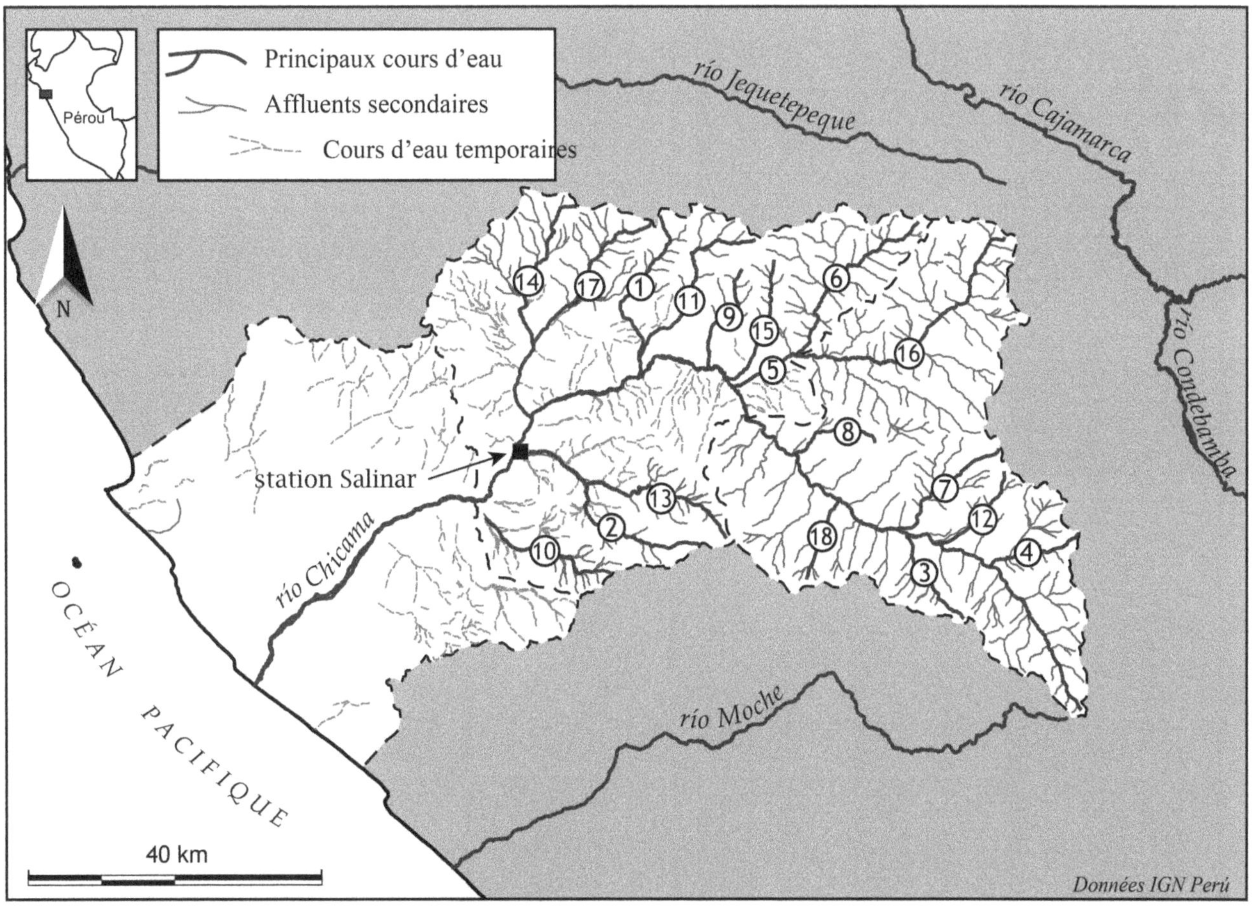

Fig. 1.14 **– Carte des affluents du río Chicama et des cours d'eau temporaires. Liste des cours d'eau: 1 - río Cascas, 2 - río Chalaca, 3 - río Charat, 4 - río Chin Chin, 5 - río Chuquillanqui, 6 - río Cospán, 7 - río Huaranchal, 8 - río Lucma, 9 - río Machasen, 10 - río Mala Alma, 11 - río Ochape, 12 - río Paranguran, 13 - río Quirripano, 14 - río San Benito, 15 - río San Felipe, 16 - río San Jorge, 17 - río Santanero, 18 - río Yaugueda.**

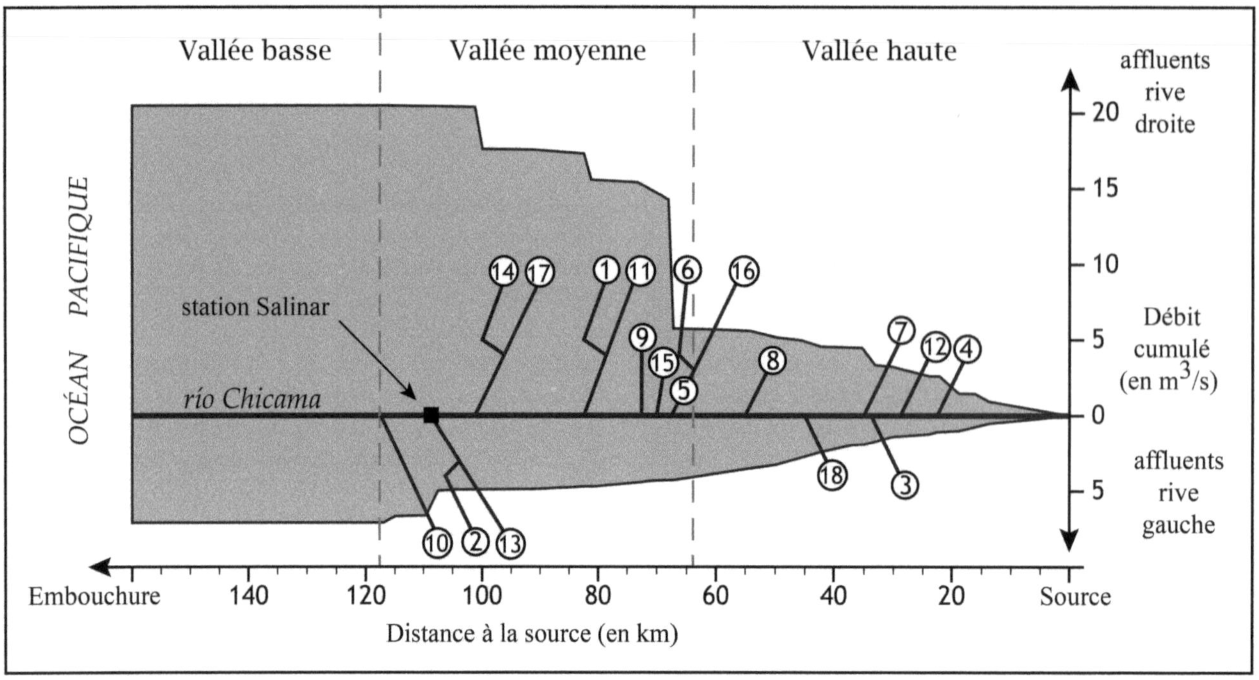

Fig. 1.15 – **Évolution du débit du río Chicama au fil de son parcours (pour les noms des affluents, se reporter à la fig.1.14).**

Huaranchal et Lucma sur la rive droite et les ríos Charat et Yaugueda sur la rive gauche (Orbegoso 1987: 297). Ce sont des torrents de quelques kilomètres de long qui dévalent les pentes pour rencontrer le río Chicama. Leurs bassins-versants sont de faible superficie, mais ils sont relativement bien arrosés, surtout à l'est.

Arrivé dans la vallée moyenne, le río Chicama est rejoint par le río Chuquillanqui, sur sa rive droite. Ce dernier dispose d'un bassin-versant large de près de 900 km², composé des *quebradas* Cospán et San Jorge dont les rivières mêlent leurs eaux pour former le río Chuquillanqui. En aval, d'autres affluents de moindre envergure, comme les ríos San Felipe, Machasen, Ochape et Santanero, se jettent par le nord dans le río Chicama. Sur la rive gauche, au sud, les affluents sont nettement moins nombreux puisque les seuls notables sont les ríos Quirripano et Mala Alma (fig.1.14).

Ne disposant pas d'informations précises sur l'apport de ces principaux affluents, nous avons tenté de modéliser l'évolution du débit du río Chicama en fonction des précipitations et de la superficie des bassins-versants de chaque affluent. Une fois les bassins-versants délimités, nous avons calculé, à partir des données des précipitations, la quantité d'eau que chacun d'eux reçoit en un an. Nous avons ainsi pu déterminer un débit moyen approximatif pour chaque affluent. En additionnant les débits de chaque affluent (y compris les petits affluents que nous n'avons pas présentés ici), nous avons obtenu un débit moyen annuel de l'ordre de 50 m3/s, bien supérieur aux mesures enregistrées à Salinar pour le río Chicama. Bien sûr, toute l'eau de pluie n'arrive pas forcément dans le río Chicama, une partie s'évapore, s'infiltre dans le sol et peut ressortir à n'importe quel endroit ou bien être consommée par des êtres vivants. De plus, la géologie n'est pas homogène et l'infiltration varie sûrement d'un bassin-versant à un autre. Cependant, en étalonnant nos données en fonction du débit moyen de 26,6 m3/s indiqué par l'ONERN (1973: 195), nous pouvons proposer une évolution approximative du débit du río Chicama tout au long de son parcours (fig.1.15).

Les nombreux petits affluents de la vallée haute grossissent progressivement le débit du río Chicama dans la vallée haute. Leur contribution individuelle n'est pas réellement significative, sauf éventuellement dans le cas du río Huaranchal. Au contraire, le río Chuquillanqui provoque un changement brutal. En effet, son bassin-versant large et bien arrosé le dote d'un débit similaire, même si légèrement inférieur, à celui du río Chicama. Le débit double d'un coup et le río Chicama devient un cours d'eau réellement important.

En aval, le débit augmente peu, sauf lorsque les ríos Ochape, Santanero, Quirripano et Mala Alma le rejoignent. Ces affluents disposent de bassins-versants relativement étendus, même s'ils sont moins arrosés par les pluies des hauteurs, du fait d'une altitude moyenne plus faible. Dans la vallée basse, aucun affluent ne vient joindre ses eaux à celles du río Chicama et donc, en théorie, le débit reste constant jusqu'à l'océan Pacifique, voire diminue légèrement avec l'évaporation.

Cette analyse, même approximative, montre que les affluents du río Chicama jouent un rôle significatif, notamment dans la vallée moyenne. La vallée haute reçoit la majeure partie des précipitations, mais c'est véritablement dans la vallée moyenne que le río Chicama devient un fleuve imposant. Autre point intéressant, les affluents de la rive droite contribuent plus que ceux de la rive gauche au débit du fleuve. L'évolution du débit s'effectuant intégralement dans la vallée moyenne et haute, l'hydrologie de la vallée basse dépend entièrement de ce qui se passe en amont. Lorsque le phénomène d'El Niño s'installe, la situation se transforme totalement.

L'hydrologie de la vallée de Chicama durant un phénomène d'El Niño

Les modifications climatiques engendrées par le phénomène d'El Niño peuvent avoir un fort impact sur l'hydrologie de la vallée de Chicama (Caviedes 1998). Les pluies torrentielles qui s'abattent sur la côte provoquent une surabondance d'eau qui se manifeste de deux manières: d'une part, à travers la formation de cours d'eau et de ruissellements temporaires, d'autre part, par le renforcement du débit des cours d'eau permanents qui entrent alors en crue.

Dans la vallée basse et moyenne, de nombreux petits cours d'eau temporaires se créent (fig.1.14). De violents torrents dévalent les flancs des montagnes au fond des combes jusqu'à la plaine. L'aridité de la région et la faiblesse habituelle des précipitations ne permettent pas une érosion progressive. Aussi, lors de ces épisodes pluvieux, la force des ruissellements entame-t-elle profondément le terrain et contribue à redessiner la topographie locale, creusant de profondes ravines ou ensevelissant des zones entières sous quelques mètres de sédiments (Moseley *et al.* 1992: 207). Certains ruissellements finissent par se disperser dans la plaine côtière et inondent les endroits légèrement abaissés, noyant les plantes cultivées.

La présence de ces nombreux petits cours d'eau a d'autres conséquences. En effet, la plupart d'entre eux, en particulier dans la vallée moyenne, viennent grossir le río Chicama et ses affluents. L'étude de Caviedes et Waylen (1987: 6) montre une forte corrélation entre les hausses de températures de la mer enregistrées à Puerto Malabrigo (signes de l'arrivée du courant chaud), la force des pluies à Casa Grande et les débits les plus puissants du río Chicama à la station Salinar. Même si le phénomène d'El Niño est moins fort sur les hauteurs, dans la sierra (Mugica 1983), les précipitations des zones plus basses suffisent à provoquer des crues exceptionnelles qui peuvent éventuellement se transformer en inondations. D'ailleurs, dans la plaine côtière, le río Chicama a changé plusieurs fois de lit au fil du temps (Collin Delavaud 1968: 330), sûrement suite à des inondations si importantes que son cours en était dévié. Il existe aussi des différences entre les vallées et les cours d'eau, face à un même phénomène d'El Niño (Caviedes y Waylen 1987). Certains fleuves vont entrer en crue, tandis que d'autres n'enregistrent qu'une hausse de débit relativement minime par rapport à la situation normale. Un phénomène d'El Niño n'a donc pas toujours des conséquences équivalentes d'une vallée à l'autre, mais que ce soient les ruissellements temporaires, les crues ou les inondations, il modifie considérablement l'hydrologie de la vallée.

D. Commentaires

Dans la vallée de Chicama, l'eau qui s'écoule le long des pentes vers l'océan Pacifique est une ressource importante pour les habitants de la vallée. La formation du río Chicama et de ses affluents dépend exclusivement des précipitations des sommets, permettant à la plaine côtière désertique d'avoir un ravitaillement en eau non négligeable. Comparé aux fleuves des vallées voisines de Moche et de Jequetepeque, le río Chicama possède un débit élevé, mais aussi fortement variable au cours de l'année.

Néanmoins, la demande en eau des populations actuelles, enjeu crucial dans une région aride, n'est pas comblée, et nombreuses sont les personnes (Orbegoso 1987: 305) à dénoncer les problèmes de gestion de cette précieuse ressource. En discutant avec les agriculteurs de la vallée moyenne et de la vallée haute, nous nous sommes rendu compte de leur intérêt pour l'eau, même sur les sommets, là où les pluies sont plutôt abondantes. Depuis des années, ces critiques vis-à-vis de la mauvaise gestion des ressources hydriques montrent surtout l'importance de l'eau, indispensable au développement des populations.

Même s'il est possible qu'autrefois les débits du río Chicama aient été plus forts, l'eau devait tout de même constituer une ressource rare et indispensable à la vie et au développement des sociétés préhispaniques qui ont appris à la gérer de manière efficace, comme nous le verrons par la suite.

D'autre part, l'hydrologie étant liée aux précipitations, les bouleversements climatiques du phénomène d'El Niño se répercutent sur le régime des cours d'eau de la vallée. Les épisodes de crues exceptionnelles peuvent être catastrophiques et provoquer des dégâts sur les installations humaines, en particulier les routes et les canaux d'irrigation. En 1982-83, dans cette vallée, Caviedes (1984: 285) indique que plusieurs ponts ont été emportés et de nombreuses voies secondaires ont été endommagées. Par ailleurs les torrents temporaires, créés par les pluies d'El Niño, remodèlent le terrain et obligent les habitants de la vallée de Chicama à une réadaptation rapide face à ces transformations soudaines. Aux époques préhispaniques, pour affronter cette abondance d'eau, les populations devaient sûrement être capables de réactions plus ou moins efficaces.

Abondante ou trop rare, l'eau reste une ressource indispensable pour le développement des êtres vivants, végétaux ou animaux.

V. La flore

Les conditions climatiques et hydrographiques de la vallée de Chicama et de la côte nord en général sont particulières: la rareté des précipitations, le fort taux d'humidité dans l'atmosphère sur la côte, mais aussi les pluies saisonnières de la sierra qui donnent naissance au río Chicama influen-

Fig. 1.16 - **Photos de plantes de la vallée basse: à gauche, c'est de la *grama salada* (*gramadal* de Tres Palos, voir fig.1.18-1), à droite, c'est un rameau de *sapote* (*sapotal* de Mocan, voir fig.1.18-4)**

cent grandement le développement de la végétation. C'est ainsi qu'à la place d'une forêt tropicale luxuriante, les habitants de la vallée de Chicama vivent au milieu d'arbres et arbustes épars, d'herbes sèches ou encore de cactus.

Après la présentation des plantes de la côte, nous aborderons la flore de la sierra. Dans chaque cas, il s'agit de décrire les plantes, sauvages ou domestiques, qui composent l'essentiel de la végétation et qui sont utilisées par les êtres humains.

La flore côtière

La côte nord du Pérou est désertique et la vallée basse de Chicama n'échappe pas à la règle. Cependant, malgré l'aridité, des plantes s'adaptent et poussent partout, grâce à des stratégies étonnantes pour survivre. Ainsi, même si l'activité humaine peut modifier la végétation (Dollfus 1978), elle parvient à croître et à former une véritable oasis fluviale, tandis que de nombreuses algues se développent, dans l'océan Pacifique (fig.1.18 et 1.20).

L'océan Pacifique

Cette écorégion, appelée « mer froide du courant péruvien[3] » par Brack (1986: 265), englobe les eaux du littoral de la vallée de Chicama. Du fait de l'affleurement des eaux froides du courant de Humboldt (voir supra p.15), beaucoup d'éléments nutritifs, comme le phosphore, la silice et l'azote, remontent vers la surface ce qui permet à une algue microscopique, le phytoplancton, de se développer. Ce dernier se situant à la base de la chaîne alimentaire marine, son abondance est à l'origine d'une faune exceptionnellement riche.

Présenter une liste exhaustive des espèces d'algues recensées n'aurait pas grand sens. Il suffira de dire que certaines sont comestibles et étaient collectées et par les pêcheurs, comme la *cocha yuyo* (Rostworowski 1981: 91).

Le littoral

La végétation du littoral de la vallée de Chicama, à proximité de l'océan, est appelée *gramadal* (Brack y Ferreyra 1986: 61). Il s'agit d'étendues d'herbes et de joncs qui profitent de l'humidité ambiante, comme à Tres Palos (fig.1.18) où la nappe phréatique qui affleure entre les dunes est mise à profit par cette végétation. Par ailleurs, ces plantes résistent bien à la salinité des sols et croissent dans la région de Las Salinas (fig.1.18) à quelques kilomètres à l'intérieur des terres.

La *grama salada* (*Distichlis spicata*, fig.1.16) et la Sporobolus virginicus sont des graminées très communes, qui forment une couche verte sur les dunes (fig.1.18). Autrefois, elles servaient de fourrage aux animaux domestiques. Grâce à ses rhizomes qui s'entrelacent, la grama salada stabilise les dunes de sable (Pulgar Vidal 1996: 44). La *totora* (*Typha dominguensis*), une sorte de jonc, fréquente dans cette région, est encore utilisée dans la construction d'embarcations légères, les *caballitos de totora*, ainsi qu'en vannerie (Yacovleff y Herrera 1934: 294).

Le désert côtier

Dans le désert, la végétation, bien que dispersée, est aussi présente. Outre quelques rares herbes qui résistent tant bien que mal (*Tillandsia*), on y trouve quelques formations végétales plus denses comme l'*algarrobal* dont la vallée de Chicama marque la limite méridionale d'expansion.

L'*algarrobal* se compose d'arbres et d'arbustes épars, comme l'*algarrobo* (*Prosopis pallida*, fig.1.17), le *sapote* (*Capparis angulata*, fig.1.16), le *vichayo* (*Capparis ovalifolia*), le *faique* (*Acacia macracantha*), etc. (Brack y Ferreyra 1986: 58). Ces arbres croissent dans des endroits sableux où la nappe phréatique n'est pas trop profonde. Les graines des *algarrobos* gardant leur pouvoir germina-

Fig. 1.17 - **Photo d'un *algarrobal* (El Algarrobal, voir fig.1.18-3)**

3 - Traduction personnelle de « *ecorregión del mar frío de la corriente peruana* ». Le courant péruvien est aussi appelé courant de Humboldt.

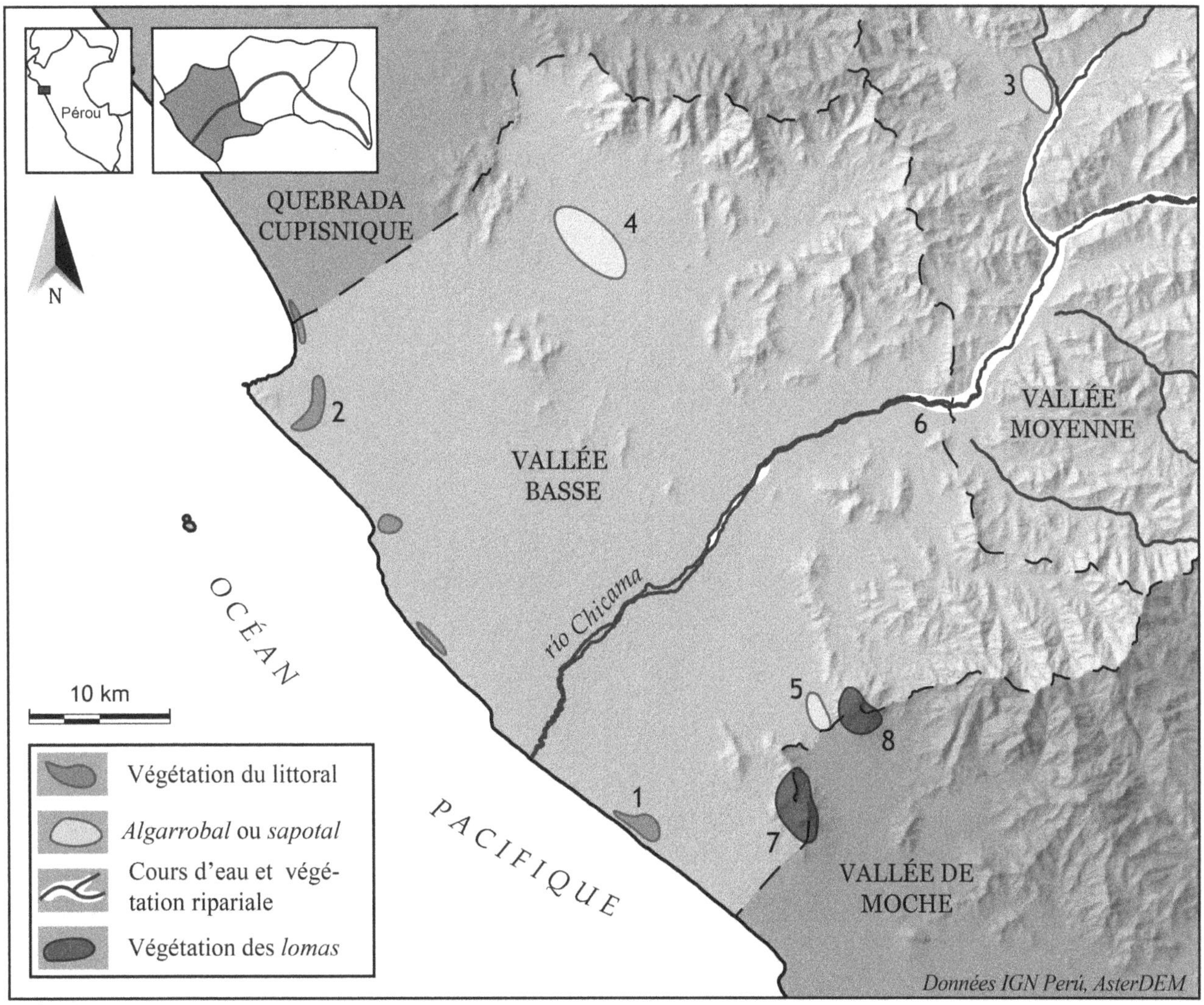

Fig. 1.18 **- Carte de localisation des différentes formations végétales dans la vallée basse de Chicama: 1 - gramadal de Tres Palos, 2 - gramadal de Las Salinas, 3 - vestiges d'un algarrobal à El Algarrobal, 4 - sapotal à Mocan, 5 - vestiges d'un sapotal à La Cumbre, 6 - végétation ripariale à Sausal, 7 - lomas du cerro Campana, 8 - lomas du cerro Cabezón.**

tif pendant plusieurs années, elles profitent des rares pluies d'été, et parfois des pluies torrentielles du phénomène d'El Niño pour croître, enfoncer leurs racines plus profondément, avant de développer leurs troncs et leurs branches (Pulgar Vidal 1996: 45). Ces graines sont comestibles et on en faisait du pain au siècle dernier, tandis que le bois dur de l'arbre est utilisé dans les constructions et comme matériau de combustion (Yacovleff y Herrera 1934: 291). Un chroniqueur espagnol, Barnabé de Cobo (1964 [1653]) indique que les feuilles sèches de l'*algarrobo* faisaient office de fumier sur les terres contenant de hautes teneurs en sel comme les zones de *gramadal*. Dans la vallée moyenne de Chicama, il existe un hameau nommé El Algarrobal (fig.1.18). Nous y avons découvert plus de *faiques* que d'*algarrobos*, mais il est fort possible qu'autrefois, cet endroit ait été densément boisé d'*algarrobos* (fig.1.17).

À quelques kilomètres au nord de Mocán (fig.1.18), nous avons repéré une concentration d'arbustes, des *sapotes* et des *vichayos*, qui pourraient être les vestiges d'un ancien *sapotal*. Le *sapotal* est une formation végétale similaire à l'*algarrobal*, mais elle est principalement constituée de *sapotes* (*Capparis angulata*), de *vichayos* (*Capparis ovalifolia*) et de *satullos* (*Capparis cordata*). Tout comme celui de l'*algarrobo*, le fruit du *sapote* est comestible (Yacovleff y Herrera 1934: 322). Brack et Ferreyra (1986: 61) mentionnent un *sapotal* qui pourrait être celui de Mocán et les études menées par l'ONERN (1973: 60) indiquent aussi la présence de *sapotes* dans la pampa de La Cumbre (fig.1.18) sans que nous ayons pu vérifier cette information. Malheureusement, l'exploitation agricole intensive a détruit une grande partie de cette flore et les arbustes restants sont très dispersés.

La végétation des rives de cours d'eau

Le long du río Chicama, dans la vallée basse, se développe une végétation particulière composée des arbres et arbustes cités ci-dessus (*algarrobo, faique*), mais aussi du *pajaro bobo* (*Tessaria integrifolia*), du faux-poivrier, appelé *molle* (*Schinus molle*), ou du saule (*Salix chilensis*) (Ferreyra 1983: 254). Par ailleurs, la *caña brava* (*Gynerium sagittatum*), une espèce de jonc pouvant atteindre plus de 3 m de haut, y abonde. Utilisée en vannerie et dans les constructions des maisons traditionnelles et préhispaniques, elle constitue le matériau de base pour les murs comme pour le toit, tandis que le bois dur de l'*algarrobo* sert à faire les poutres (Yacovleff y Herrera 1934: 263; Brack y Ferreyra 1986: 71).

Les rives du río Chicama abritent une communauté végétale variée et importante pour les êtres humains qui en tirent des matériaux rares dans le désert environnant. Malheureusement, le pompage intensif de l'eau du fleuve pour la culture de la canne à sucre a entraîné la raréfaction de ces forêts ripariales en aval de Sausal (fig.1.18).

La végétation des *lomas*

La plaine côtière n'est pas la seule à voir fleurir des plantes. Sur les pentes des petits monts proches de la mer comme les *cerros* Campana et Cabezón, la végétation des *lomas* apparaît de juillet à septembre (Rodríguez *et al.* 2012).

Rappelons que pendant la saison humide de la côte nord, une couche nuageuse s'installe durablement à quelques centaines de mètres d'altitude. Les versants de ces montagnes se retrouvent donc dans un brouillard dense et sont arrosés par la garúa. L'humidité de l'air et ces pluies fines permettent à une flore saisonnière de croître pour quelque temps sur ces flancs (Brack y Ferreyra 1986: 64). Ces conditions géographiques et climatiques n'apparaissant pas au nord de la vallée de Chicama, le cerro Campana (996 m) et le cerro Cabezón (1235 m) sont souvent cités comme les *lomas* les plus septentrionales (fig.1.18). Dès 200 mètres d'altitude, la végétation colonise les pentes jusqu'à environ 700 mètres (Uceda 1995: 28).

Ces deux *lomas* abritent principalement des herbacées comme la *Tillandsia* sp. ou la *Nolana humifusa*, mais également des cactus (*Cereus* sp.) et quelques arbustes (*Atriplex rotundifolia* et *sapote*) recensés par Weberbauer (1945: 269-271). Cette végétation disparaît en quelques mois, desséchée par le soleil estival (Brack y Ferreyra 1986: 64).

Plusieurs témoignages indiquent que les habitants de la côte tiraient parti de la richesse de ces *lomas*, et ce depuis plusieurs millénaires (Uceda 1995). Dans le sud du Pérou, un système de terrasses et de canaux captait les ruissellements, aux pieds des *lomas*, permettant le développement d'une agriculture saisonnière (Canziani y Mujica 1997; Canziani 2002). Les troupeaux de camélidés aux époques préhispaniques, puis de chèvres dès le 16e siècle, étaient aussi amenés sur les pentes verdoyantes des *lomas* pour paître. Enfin, Rostworowski (1981) a étudié l'exploitation des *lomas*, sur la côte centrale et sud, décrivant le processus d'abandon de ces zones au début de la Période Coloniale.

Les plantes cultivées sur la côte

La côte, très propice à l'exploitation agricole, est actuellement une zone intensément cultivée. Le terrain plat dispense de terrassement et l'irrigation compense l'absence de précipitations. Il en résulte qu'aujourd'hui, la vallée basse de Chicama est principalement dédiée à la culture de la canne à sucre, plante qui n'était toutefois pas cultivée aux époques préhispaniques.

En revanche, plusieurs variétés de maïs (*Zea mays*) y sont cultivées depuis plus de deux millénaires (Herrera 1942: 181). Consommée comme aliment, par exemple sous forme de farine dans les humitas et tamales, cette plante était aussi donnée en fourrage aux animaux domestiques. Le maïs peut être préparé en boisson fermentée, la chicha, qui était autrefois servie lors de fêtes religieuses et utilisée pour des rites, comme nous le verrons par la suite. Cette plante est fondamentale pour les habitants des Andes et ses nombreuses représentations préhispaniques témoignent de la force de son symbolisme (Yacovleff y Herrera 1934: 257).

Parmi les tubercules, la patate douce (*Ipomoea batatas*), appelée *camote*, et le manioc (*Manihot esculenta*), nommé *yuca*, sont très fréquemment cultivés sur la côte. L'arachide (*Arachis hypogaea*), ou *mani*, est consommée cuite ou pressée pour son huile. On y cultive aussi le haricot (*Phaseolus vulgaris* et *Phaseolus lunatus*) et le piment de l'*aji* (*Capsicum* sp.) qui est utilisé comme condiment dans beaucoup de plats. Le quinoa (*Chenopodium quinoa*), originaire des hauteurs de la sierra, s'est très bien adapté au climat côtier (Yacovleff y Herrera 1934: 305). Quant aux cucurbitacées, comme le potiron (*Cucurbita maxima*) ou la calebasse (*Lagenaria siceraria*), elles sont également très courantes sur la côte.

La vallée de Chicama recèle aussi des arbres fruitiers, notamment le *guaba* ou *pacae* (*Inga feuillei*), le *lúcumo* (*Lucuma obovata*), le goyavier (*Psidium guajava*), le *guanábano* (*Anona muricata*) et son cousin le *chirimoyo* (*Anona cherimolia*) ou encore l'avocatier (*Persea gratissima*). Enfin, le coton (*Gossypium peruvianum*) est cultivé pour la fabrication de tissus et de filets de pêche (Herrera 1942: 194).

La plupart de ces plantes étaient déjà cultivées aux époques préhispaniques, pour certaines depuis plusieurs millénaires, dans la vallée de Chicama (Dillehay *et al.* 2012). À l'Intermédiaire Récent, Shelia Pozorski (1979; 1980; 1982) souligne l'importance du *lúcumo* et du *guanábano*, dont les graines des fruits ont été retrouvées en quantités significatives sur plusieurs sites chimús (Chan Chan et Cerro La Virgen), au sud de la vallée de Chicama. Les échantillons prélevés montrent aussi la présence des plantes cultivées citées ci-dessus et suggèrent l'exploitation ancienne de ces espèces.

Cette liste non exhaustive d'espèces végétales indique que malgré une forte aridité, la flore a réussi à se développer dans la plaine côtière. Le moindre accès à une source d'eau est utilisé par les plantes qui se sont adaptées à cet environnement hostile à travers différentes stratégies: atteindre la nappe phréatique grâce à de longues racines, résister à la salinité le long du littoral ou encore capter l'humidité de l'air sur les *lomas*. Le désert n'est donc pas si « désertique » qu'il y paraît au premier abord et les habitants de cette région ont réussi à y développer une agriculture productive au moyen de l'irrigation. La situation est différente dans la sierra où les conditions climatiques et le relief sont à l'origine d'une flore bien distincte.

La flore de la sierra

La végétation de la sierra varie en fonction du principal facteur climatique: l'altitude qui influence les précipitations et les températures. Il s'agit donc de définir des étages écologiques cohérents pour la vallée de Chicama. La zonification effectuée par Pulgar Vidal (1996) n'est pas assez précise, et plus adaptée à la sierra centrale qu'aux montagnes du nord du Pérou. De même, les écorégions de Brack (1986) ne sont pas les plus appropriées pour la vallée de Chicama. Finalement, nous nous baserons sur la description détaillée de la végétation de la vallée de Chicama, tirée de Weberbauer (1945: 446-456), et sur la classification de Holdridge utilisée par l'ONERN (1973). Nous avons préféré regrouper les plantes selon des formations végétales particulières, tout comme pour la côte. Nous allons donc présenter la végétation des rives des cours d'eau, les cactus des premières pentes, les maquis d'arbustes, puis les forêts d'altitudes et enfin les prairies des sommets (fig.1.20).

La végétation ripariale

Tout comme dans la plaine côtière, les cours d'eau, le río Chicama et ses affluents, permettent aux plantes de se développer le long de leurs rives. Les espèces présentes sont similaires à celle de la côte. Nous y retrouvons par exemple le *faique* (*Acacia macracantha*), le *sapote* (*Capparis angulata*) et la *caña brava* (*Gynerium sagittatum*). Mais d'autres plantes apparaissent avec l'altitude: l'*irre* (*Coccoloba gracilis*), l'*higuerón* (*Ficus urbaniana*), le *pauco* (*Escallonia pendula*) ou encore la *tara* (*Caesalpinea spinosa*), dont les graines sont comestibles (Weberbauer 1945: 447). La *caña brava*, si utile pour les habitants de la côte, continue de pousser jusqu'à environ 1600 m d'altitude. La végétation ripariale est très importante pour les populations du fond de la vallée, car c'est là que se concentre l'essentiel des plantes.

La végétation de cactus

Sur les premières pentes, dans le fond de la vallée, de 400 m jusqu'à 2600 m d'altitude, se trouvent des cactus de plusieurs espèces (fig.1.20). La rareté des précipitations ne permet pas à une végétation abondante de croître sur le bas des versants, laissant ainsi toute liberté aux cactus pour coloniser cet espace.

À faible altitude, le cactus le plus commun est la *Deuterocohnia longipetala* qui est de petite taille et peut couvrir de vastes zones. (Weberbauer 1945: 451). Les cactus colonnaires, comme le *gigantón* (*Cereus macrostibas*, fig.1.19), très courant, et le *candelabro* (*Cereus candelaris*), plus rare, sont surtout présents à partir de 800 m d'altitude.

Fig. 1.19 **- Photo de la végétation de cactus et d'arbustes (voir fig.1.20-6 et 7)**

Les cactus, mêlés à quelques arbustes, peuvent parfois créer des formations végétales denses qui compliquent l'accès et la progression pédestre. Ils sont particulièrement nombreux entre 800 et 1400 m d'altitude. Au-delà, une végétation d'arbustes les remplace graduellement.

Les maquis d'arbustes

Avec l'altitude, les précipitations sont un peu plus fortes et permettent à une végétation plutôt dense d'arbustes de croître. Les arbres sont peu nombreux et restent souvent de taille modeste, tandis que les espèces d'arbustes varient avec l'altitude (fig.1.20).

Aux alentours de 1000 m, quelques espèces commencent à croître (Weberbauer 1945: 446), comme le *palo verde* (*Parkinsonia praecox*, fig.1.19), le *pate* (*Bombax discolor*) ou l'Heliotropum *arborescens*. On note également la présence du faux-poivrier, du *faique* et du *Scypharia spicata*. À partir des fruits du faux-poivrier, particulièrement commun, on préparait autrefois une boisson alcoolisée forte: la chicha de molle. Selon Pulgar Vidal (1996: 65), ses fruits, très recherchés, étaient échangés contre du poisson de la côte ou des pommes de terre des sommets.

La *tara*, le *nogal* (*Juglans* sp.), la *chamana* (*Dodoneae viscosa*) ou l'*higuerón* côtoient ces arbustes sur les pentes dès 2000 m d'altitude (ONERN 1973: 69). À cette hauteur, nous trouvons aussi des arbres exotiques, comme l'eucalyptus (*Eucalyptus* sp.), le pin (*Pinus* sp.), le cyprès (*Cupressus* sp.) et le frêne (*Fraxinus* sp.), qui ont été introduits après la conquête et se sont adaptés au milieu.

Cette végétation d'arbustes évolue avec l'altitude et va donner naissance à de petites forêts dispersées, aux alentours de 2500 m.

Les forêts d'altitude

Les arbres de ces forêts ne perdent pas leurs feuilles et sont pérennes, contrairement aux arbustes des maquis dont le feuillage tombe lors de la saison sèche, entre mai et septembre. Même si les arbres sont plus hauts, les arbustes restent bien présents et toujours denses (fig.1.20).

Mis à part le croton sp. qui se développe au-delà de 2500 m de haut, les espèces composant cette formation végétale sont nouvelles: le *chichir* (*Weinmannia* sp.), le *chunque* (*Vallea stipularis*), le *curape* (*Styloceras laurifolium*) et le *rumilanche* (*Eugenia weberbaueri*). Le bambou (*Chusque* sp.), appelé *suro*, pousse aussi fréquemment (Weberbauer 1945: 454; ONERN 1973: 73). Bien sûr, l'eucalyptus, particulièrement abondant, le pin, le cyprès ou le frêne, sont encore présents.

Dans la vallée de Chicama, l'exemple typique de ces forêts est le bois de Cachil, au nord de Cascas. Il s'étend sur environ une centaine d'hectares, dans la *quebrada* Cachil (Dillon 1994: 32). Weberbauer (1945: 448) mentionne une forêt semblable sur les hauteurs de la *quebrada* Quirripano, entre 2500 et 3000 m d'altitude. Appelée *monte* de Ijicucho, celle-ci se compose d'arbres atteignant une vingtaine de mètres de haut.

Ce type de végétation cohabite avec des prairies qui se font bien moins rares au-delà de 3000 m d'altitude. Les petits bosquets s'éparpillent et disparaissent finalement vers 3800 m d'altitude.

Les prairies des sommets

Les herbes sont certes abondantes sur les sommets de la vallée de Chicama, mais certaines espèces comme les *Chloris* sp. poussent dès 900 m et les *Bromus* sp. à partir de 1200 m d'altitude. Ces graminées sont disséminées parmi les cactus et les arbustes, sans composer de prairies. Ce n'est qu'à partir de 2500 m que les prairies apparaissent réellement; entre les bois d'arbres et d'arbustes, s'étendent des formations herbeuses qui constituent des zones de fourrage bienvenues pour les troupeaux domestiques. Les herbes les plus communes entre 3800 et 4200 m d'altitude sont les *Fetusca* sp. et les *Poa* sp. (ONERN 1973: 73; fig.1.20). C'est une végétation assez typique de la Jalca du nord du Pérou (Pulgar Vidal 1996: 97), ou du Páramo (Brack 1986: 299).

Ces cinq formations végétales s'étagent donc des rives des cours d'eau jusqu'aux sommets des Andes, tout en s'entremêlant (fig.1.20). Ainsi, le maquis d'arbuste débute progressivement au milieu des cactus et termine dans la forêt d'altitude. Cette dernière n'est pas continue et laisse suffisamment d'espace pour que des prairies se développent dès 2500 m d'altitude. Cette répartition de la végétation le long des pentes est principalement liée aux précipitations plus fortes en hauteur, ainsi qu'à la température, plus faible sur les sommets. Ces conditions climatiques influencent aussi l'agriculture dans la sierra.

Les plantes cultivées

Avec la transition altitudinale des conditions climatiques, les espèces cultivées et les techniques de culture varient aussi. Tout comme pour la flore de la côte, nous allons décrire les différentes plantes cultivées dans la sierra en partant du fond de la vallée.

Le long des cours d'eau, l'agriculture est semblable à celle de la côte et se base principalement sur l'irrigation. L'ensoleillement et la température, un peu plus chaude que dans la plaine côtière, favorisent la présence d'arbres fruitiers comme le *lúcumo*, le *pacae*, l'avocatier, le *chirimoyo* et le goyavier (Pulgar Vidal 1996: 67). Le coton est encore cultivé à faible altitude.

La coca (*Erythroxylum* sp.) pousse facilement dans cette région basse et chaude. Malgré l'abandon de son usage par une bonne partie des populations de la vallée de Chicama et son association avec le trafic de cocaïne, nous avons pu apercevoir quelques modestes champs lors de

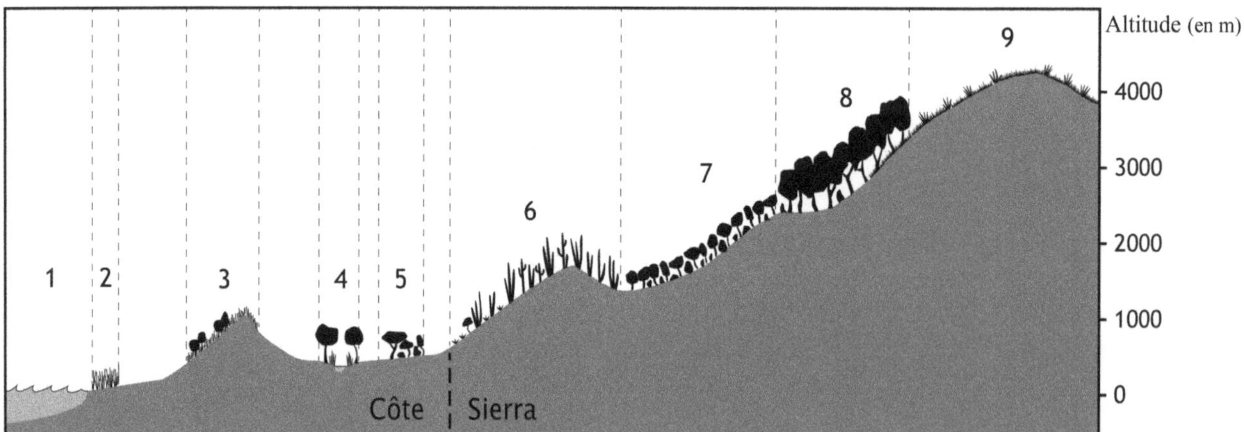

Fig. 1.20 – **Profil schématique des différentes formations végétales de la vallée de Chicama: 1 - océan Pacifique, 2 - *gramadal*, 3 - *loma*, 4 - végétation ripariale, 5 - *algarrobal* ou *sapotal*, 6 - cactus, 7 - maquis d'arbustes, 8 - forêt d'altitude, 9 - prairie.**

nos excursions. Cette plante, de première importance pour la réalisation de rites préhispaniques, était produite dans les vallées des versants occidentales, notamment dans la vallée de Moche, aux époques préhispaniques et à la Période Coloniale (Rostworowski 1973). Il est fort probable qu'elle était aussi cultivée dans la vallée de Chicama.

Sur les rives des cours d'eau de la vallée de Chicama, poussent d'autres espèces, comme le maïs ou le haricot, et des plantes introduites, en particulier la vigne et le riz. Ce dernier a besoin de beaucoup d'eau et n'est sûrement pas la céréale la plus adaptée à cette région assez sèche. Depuis les années 1960, l'introduction de la vigne a modifié les conditions d'exploitation et plusieurs paysans se sont tournés vers la production d'un vin local, apprécié sur la côte (Díaz 2008: 31). Les cultures se concentrent à proximité des cours d'eau jusqu'à environ 2000 m d'altitude. Au-delà, les précipitations de la saison humide, d'octobre à avril, permettent un autre type de culture, sans avoir à recourir systématiquement à des canaux d'irrigation.

Avec l'altitude, le froid se fait sentir et les pluies sont plus abondantes, et toutes les plantes cultivées plus bas ne supportent pas ces changements climatiques. Le maïs, les fèves (*Vicia fava*), les haricots, des cucurbitacées, la patate douce et le quinoa poussent facilement à plus de 3000 m d'altitude (Pulgar Vidal 1996). Parmi les plantes qui ne sont pas produites au fond de la vallée, on trouve la pomme de terre (*Solanum*) et ses innombrables variétés. Des céréales introduites à la Période Coloniale, comme le blé ou l'orge, sont aussi cultivées dans la vallée de Chicama. Dans la vallée haute, Krzanowski (2006: 24) indique que la limite des cultures actuelles se situe aux alentours de 3700 m d'altitude. Les prairies des sommets sont plutôt utilisées comme zones de pâturages.

L'agriculture, qu'elle soit d'irrigation ou dépendante des précipitations, est la principale activité des habitants de la vallée de Chicama, dans la vallée moyenne et dans la vallée haute. Mis à part les quelques plantes introduites, riz, vigne, blé et orge, il semble probable qu'autrefois les mêmes plantes étaient cultivées (maïs, haricots, etc.). Malheureusement, les recherches archéologiques actuelles ne permettent pas de vérifier cette hypothèse.

Commentaires relatifs à la flore

Après cette présentation succincte de la flore de la vallée de Chicama, loin de l'exhaustivité d'un botaniste, deux aspects ressortent. D'une part, on observe naturellement une évolution progressive de la végétation, désertique sur la côte, mais bien plus verte sur les hauteurs. D'autre part, il existe une grande diversité de formations végétales, du *gramadal* de la côte aux prairies des sommets en passant par les cactus des premières pentes. Sur les rives du río Chicama et de ses affluents, beaucoup d'espèces profitent de l'eau pour se développer, mais d'autres ont su s'adapter aux conditions désertiques. Cette diversité a pu être mise à profit par les habitants de la vallée de Chicama qui tiraient de ces plantes sauvages une partie de leur subsistance ou des matériaux de construction, de vannerie, de tissage. Bien sûr, à cette flore sauvage, s'ajoutent de nombreuses espèces cultivées, depuis les époques préhispaniques.

Malheureusement, nos prospections n'ont pas permis de documenter l'usage de ces plantes à l'époque Chimú, mais les vestiges botaniques découverts sur de nombreux sites de cette période (Pozorski 1979) attestent de l'importance de cette flore qui n'a probablement pas tant changé. L'exploitation de ces ressources a donc pu jouer un rôle dans les logiques d'implantation des Chimús, comme nous le verrons plus loin. Ces plantes ne servent pas qu'aux seuls êtres humains, elles sont également indispensables aux animaux qui peuplent la vallée de Chicama.

VI. LA FAUNE

La faune est étroitement liée à la flore, base de la chaîne alimentaire, et par conséquent, au relief, au climat et à l'hydrologie. En dépit de la sécheresse de la région, de nombreux animaux y vivent. Cependant, contrairement à la flore, nous ne disposons que de rares sources précises et locales. Nous présenterons la faune de l'océan Pacifique, celle du désert côtier, puis celle de la sierra, avant de terminer par les animaux domestiqués aux époques préhispaniques.

La faune marine

Nous avons vu plus haut que le phytoplancton abonde dans les eaux côtières de l'océan Pacifique. Il nourrit le zooplancton et plus de 600 espèces marines; mammifères, poissons, crustacés et oiseaux cohabitent sur le littoral de la vallée de Chicama.

L'anchois du Pérou (*Engraulis rigens*) foisonne aux côtés du *bonito* (*Sarda sarda chiliensis*), du chinchard ou *jurel* (*Trachurus symmetricus*), du *pejerrey* (*Odontesthes regia*), de la *corvina* (*Sciaena gilberti*) ou de la *lorna* (*Sciaena callaensis*). Quelques requins, comme le *tollo* (*Mustellus mento*), complètent cette liste non exhaustive (Brack y Ferreyra 1986: 40).

Les mollusques et les crustacés sont aussi nombreux. On trouve, entre autres, le *chanque* (*Concholepas concholepas*) et le *muy muy* (*Emerita analoga*) qui s'enfouit dans le sable des plages (Brack y Ferreyra 1986: 42).

Parmi les mammifères marins, plusieurs espèces de cétacés, comme les baleines ou les dauphins, nagent près des côtes de Chicama, lors de leurs migrations entre les eaux froides antarctiques et celles plus chaudes de la zone équatoriale (Brack y Ferreyra 1986: 39). Enfin, des otaries à crinières, appelées *lobo marino chusco* (*Otaria flavescens*), paressent entre les rochers des îles Macabí.

Dans les airs, les nombreux oiseaux marins pullulent, s'entassant sur les îles Macabí et les récifs de la pointe Malabrigo ou survolant les plages de sable (Brack y Ferreyra 1986: 40). Nous y trouvons le pélican (*Pelecanus occidentalis*), le fou varié ou *piquero* (*Sula variegata*), le sterne inca ou *zarcillo* (*Larosterna inca*) et le cormoran de Bougainville ou *guanay* (*Phalacrocorax bougainvillii*).

La densité d'oiseaux est particulièrement importante sur les îles Macabí. L'absence de renard, leurs prédateurs naturels, et la grande concentration d'anchois dans les eaux des alentours favorisent leur démographie galopante (Brack y Ferreyra 1986: 45). Les fientes de ces volatiles s'accumulent donc sur les rochers jusqu'à atteindre plusieurs mètres d'épaisseur. Ces déjections se dégradent en un puissant fertilisant agricole, appelé guano, mot d'origine quechua passé dans la langue française. Les chroniqueurs espagnols (Acosta 1880 [1590]; Garcilaso 2000 [1617] T.2: 242) indiquent que cet engrais était utilisé pour la culture du maïs sur la côte sud, à l'époque inca. Mais plusieurs indices laissent penser que les îles de Macabí ont été occupées — ou tout au moins visitées — par les populations de la côte à des périodes plus anciennes. En 1868, lors d'une prospection des îles en vue de leur exploitation, des vestiges d'habitations et des objets en bois, en coquillage, des statuettes en céramique et un vase en or ont été découverts (Kubler 1948: 45). Par la suite, en 1871, des céramiques et une dizaine de statuettes en bois ont été mises au jour dans les couches de guano, à environ 18 m de profondeur (Kubler 1948: 44). Intensément exploité dans la seconde moitié du 19e siècle, le guano de ces deux îlots et de la pointe Malabrigo fait aujourd'hui l'objet d'une gestion plus modérée.

Le phénomène d'El Niño a toutefois de fortes répercussions sur cette faune océanique. Les eaux chaudes du nord, moins riches que celles du courant de Humboldt, contribuent à une diminution du phytoplancton, donc des anchois et des autres poissons, et par conséquent des oiseaux et des mammifères marins, qui migrent vers le sud à la recherche d'eaux plus froides. Ces modifications climatiques provoquent le développement temporaire d'autres espèces, plus typiques des eaux chaudes, comme le coquillage de l'espèce Spondylus princeps (Diaz y Ortlieb 1992: 75; Espino 1992). Des requins des eaux tropicales s'approchent des côtes péruviennes (Caviedes 1984: 274) et il est facile de les attraper dans les embouchures de rivières (communication personnelle de Segundo Vásquez, juin 2011). Lorsque les eaux redeviennent froides, ces espèces ne survivent pas, et l'ancienne faune, affaiblie par ces bouleversements, revient sur la côte péruvienne. Les oiseaux sont notamment touchés par ces épisodes, car la disparition des poissons les prive d'une partie de leur alimentation. En 1982-83, Caviedes (1984: 274) indique que seulement 1 % de la population volatile a regagné les sites où ils nichaient avant le phénomène d'El Niño.

L'océan Pacifique est donc un milieu particulièrement favorable à la présence d'une faune exceptionnellement riche qui semble avoir été très tôt exploitée par les êtres humains. Les groupes qui habitaient autrefois sur le littoral tiraient leur subsistance des eaux froides de la mer, et encore aujourd'hui, la pêche constitue une part importante de l'économie du Pérou. Cette exubérance de vie contraste avec le désert côtier. Pourtant, tout comme les plantes, des animaux vivent dans cet environnement aride.

La faune du désert

Que ce soit le long des cours d'eau, dans les zones buissonnantes d'un *algarrobal* ou d'un *sapotal*, dans les *lomas* ou dans le désert de sable ou de roches, nous trouvons toujours des animaux.

Les mammifères terrestres sont peu nombreux dans le désert, mis à part quelques espèces de rongeurs qui constituent des proies faciles pour le renard de Sechura (*Dusicyon sechurae*; Brack y Ferreyra 1986: 70).

Le *jergón de la costa* (*Bothrops pictus*), une espèce de vipère venimeuse, s'attaque aussi à ces rongeurs et aux nombreux lézards appelés *lagartijas* (*Tropidurus peruvianus* et *Tropidurus theresiae*) qui se fondent dans le paysage rocailleux (Brack y Ferreyra 1986: 70).

Dans les airs, on peut apercevoir le vol d'urubus noirs ou *gallinazos* (*Coragyps atratus*) ou d'urubus à tête rouge, les *camaroneros* (*Cathartes aura*) qui planent tranquillement à la recherche d'une charogne. Parmi les petits oiseaux, la chouette des terriers (*Athene cunicularia*) et la géositte du Pérou, ou *pampero* (*Geositta peruviana*), nichent dans des galeries souterraines creusées dans le sable (Brack y Ferreyra 1986: 70). Nous avons aussi pu observer un couple d'œdicnèmes du Pérou, appelés *huerequeques* (*Burhinus superciliaris*), dans le *sapotal* de Mocan (fig.1.18).

Le désert abrite également des espèces moins attrayantes: scorpions et araignées comme la *araña chata del nido de arena* (*Sicarius peruensis*) qui s'enfouit dans le sable.

Le long du río Chicama, ou à proximité de quelques rares petits étangs, on rencontre plusieurs espèces de canards, des poules d'eau (*Gallinula chloropus*), des aigrettes (*Leucophyx thula*) ou des crapauds (*Bufo spinolosus*) (Brack y Ferreyra 1986: 89).

Parmi les poissons d'eau douce, moins nombreux que dans l'océan Pacifique, nous trouvons la *carachita* (*Bryconamericus peruvianus*), le *bagre* (*Pygidium punctulatum*), le *pejerrey de río* (*Basilichthys archaeus*) et la *lisa* (*Mugil cephalus*). La *lisa* pond ses œufs en eau douce, mais vit en eau salée à l'âge adulte. Ces espèces n'ont pas été retrouvées ou déterminées par Shelia Pozorski (1979: 169), mise à part la *lisa* qui était consommée à l'époque chimú. Sa capture est d'ailleurs peut-être plus facile lorsque les adultes remontent les cours d'eau pour frayer que dans la mer.

On peut donc affirmer que le désert côtier de la vallée de Chicama, les *lomas* et les cours d'eau recèlent de nombreuses espèces. Adaptées aux conditions climatiques arides de la côte, certaines se retrouvent aussi sur le bas des pentes de la sierra. La frontière côte-sierra n'existe pas réellement pour des animaux comme le chevreuil qui descend des hauteurs pour profiter de la végétation des *lomas*, à l'époque humide.

La faune de la sierra

La faune étant mobile, la plupart des animaux passent facilement d'un étage écologique à un autre et ne se limitent pas à un type de végétation. Ainsi, plusieurs espèces de la côte désertique vivent aussi dans les montagnes, parfois jusqu'à 2000 ou 3000 m d'altitude. Inversement, des espèces plutôt typiques des sommets descendent occasionnellement le long des pentes.

Parmi les mammifères, outre de nombreux rongeurs comme la viscache (*Lagidium peruanum*), se trouvent quelques carnivores, comme le *zorrino* (*Conepatus rex*), le renard de Magellan (*Dusicyon culpaeus*) et le puma (*Puma concolor*) (Brack y Ferreyra 1986). Le chevreuil (*Odocoileus virginianus*), qui apparaît parfois dans les *lomas*, vit surtout dans la sierra, sur les basses pentes, tandis que le *taruca* (*Hippocamelus antisensis*) reste principalement sur les sommets. Dans les années 1950, des cerfs européens (*Cervus elaphus*) ont été introduits sur les hauteurs de la vallée de Chicama (Onern 1973: 77), remplaçant les guanacos (*Lama guanicoe*) et les vigognes (*Vicugna vicugna*) qui ont disparu aujourd'hui.

Certains oiseaux sont de petite taille, tel le colibri (*Colibri coruscans*) au plumage chatoyant, tandis que d'autres, plus gros, comme la tourterelle péruvienne (*Eupelia cruziana*), constituent des proies faciles (Brack y Ferreyra 1986). Les rapaces de la côte, comme le *gallinazo* et le *camaronero*, côtoient des faucons pèlerins (*Falco peregrinus*) et le condor (*Vultur gryphus*). La présence de cet animal majestueux dans la vallée de Chicama n'est toutefois pas attestée.

Les reptiles sont représentés par le dangereux *jergón de la costa* (*Bothrops pictus*) et par des lézards (*Tropidurus tigris*) qui vivent jusqu'à environ 2000 m d'altitude. Les amphibiens, en particulier les crapauds *Bufo spinolosus limensis* et *Bufo spinulosus flavolineatus*, occupent les zones humides et les rives des cours d'eau (Brack y Ferreyra 1986). Pour compléter ce panorama du monde animal, citons la tarentule (*Cyclosternum schmardae*).

Même si l'introduction récente de la truite, pêchée et consommée localement, a peut-être fait baisser les populations des autres espèces de poissons d'eau douce, on retrouve les espèces présentées plus haut pour la côte.

Les nombreuses espèces animales de la sierra, bénéficiant d'une végétation plus dense que sur la côte, vivent donc dans la vallée de Chicama. Aujourd'hui peu exploitée, cette faune constituait sûrement une source importante de nourriture pour les populations préhispaniques de la région.

Commentaires

L'exploitation de cette faune sauvage et variée, aux périodes préhispaniques, mérite d'être rapidement présentée. La pêche dans l'océan Pacifique et la chasse des animaux sauvages de la côte et de la sierra complétaient l'apport d'animaux domestiqués autrefois.

L'exploitation de la faune marine

Conscient de l'abondance et de la grande diversité des espèces marines de l'océan Pacifique, notamment l'anchois, Moseley (1974) formule l'hypothèse de la « fondation maritime de la civilisation andine »4. Selon cet auteur, l'exploitation relativement simple de ces ressources aurait permis le développement de sociétés complexes à des époques reculées, avant un rapide passage vers une économie agricole d'irrigation, au cours du deuxième millénaire av. J.-C. Cette hypothèse, critiquée ou acceptée, souligne bien l'importance économique de l'océan Pacifique aux périodes préhispaniques. D'ailleurs, les études de Shelia Pozorski (1979: 179) indiquent qu'à l'époque chimú, dans la vallée de Moche, la faune marine était consommée dans les sites proches du littoral. Les poissons, comme le *bonito* ou la *corvina*, étaient probablement pêchés au moyen d'embarcations de joncs, les *caballitos de totora*, qui permettaient d'atteindre les eaux quelque peu éloignées de la côte où nagent ces espèces (Rodríguez 1997). Ramassés sur la plage, les mollusques et les crustacés, notamment des crabes, complétaient l'alimentation des pêcheurs. Enfin, les otaries et les oiseaux marins, comme les pélicans, étaient chassés.

L'exploitation de la faune sauvage terrestre

Sur la côte, les *lomas* possédant une végétation riche durant la saison humide se peuplent d'animaux. Les escargots terrestres étaient ramassés et les chevreuils, venus de la sierra, étaient chassés, comme en témoignent les scènes représentées sur des céramiques mochicas (Rostworowski 1981: 61). Ces activités devaient d'ailleurs revêtir un aspect symbolique et rituel, dépassant le simple cadre de la subsistance (Golte 1985). Même si aucun témoignage archéologique direct ne l'indique pour l'époque chimú, il est probable que la chasse de chevreuil et d'oiseaux aquatiques, la pêche dans le río Chicama et le ramassage d'escargots terrestres dans les *lomas* étaient pratiqués par ce peuple.

Dans la sierra, la chasse devait aussi être courante et aujourd'hui encore, la faune sauvage constitue un gibier de choix pour les habitants de la vallée. Lors de nos prospec-

4 - Traduction de « *Maritime foundation of Andean civilization* ».

tions dans les alentours de Lucma, un de nos guides avait proposé d'emporter son fusil pour chasser des chevreuils.

Bien que nombreuses, les espèces sauvages de la vallée ne constituaient sûrement pas l'essentiel de la diète des populations préhispaniques. La domestication de quelques espèces offrait une source de nourriture plus facile à obtenir.

Les animaux domestiques

Les animaux domestiqués aux époques préhispaniques, peu nombreux, ont néanmoins joué un rôle non négligeable dans le développement des sociétés andines. Que ce soit des camélidés, les cochons d'Inde ou les chiens, ces espèces ont cohabité avec les populations de la côte nord et sûrement avec celles de la vallée de Chicama.

Les camélidés

Domestiqués aux alentours du troisième millénaire av. J.-C. (Bonavia 1996; Stahl 1999: 128), les lamas (*Lama glama*) et les alpagas (*Vicugna pacos*) sont aujourd'hui remplacés par les chèvres, les moutons, les porcs, les vaches, les chevaux, les ânes et les mules d'origine européenne. Les témoignages archéologiques, comme les enclos, ou corral, découverts par Krzanowski (2006), dans la vallée haute de Chicama, et par McGreevy et Shaughnessy (1983), dans la région voisine de Huamachuco, indiquent clairement la présence de camélidés domestiques aux époques préhispaniques, sur les hauteurs de la région, même s'ils n'étaient sûrement pas très nombreux. Des indices toponymiques, les *cerros* Guanacorral et Huanacocorral qui signifient « enclos de guanacos », renforcent cette hypothèse.

Les camélidés sont originaires des prairies d'altitude et les archéologues ont longtemps supposé que leur élevage se restreignait aux hautes terres. Les découvertes d'ossements de lamas, sur la côte, étaient interprétées comme les traces d'une importation ponctuelle de camélidés, depuis la sierra (Bushnell 1958: 29). Néanmoins, depuis une trentaine d'années, plusieurs études menées sur la côte nord du Pérou (Goepfert *et al.* 2013; Pozorski 1979, Shimada and Shimada 1985, Vásquez *et al.* 2001) ont changé ces interprétations, montrant les grandes capacités d'adaptation des lamas et des alpagas, qui supportaient l'aridité, la faible altitude et une alimentation à base de végétaux secs. Les nombreux restes osseux de lamas, découverts dans des contextes variés (funéraires, cérémoniels et domestiques) et les enclos et leurs sols recouverts d'excréments (Shimada and Shimada 1985) indiquent ainsi l'existence d'un élevage relativement important. De plus, les sources ethnohistoriques démontrent aussi la présence de troupeaux de lamas sur la côte nord, durant les premières décennies de la colonie (Rostworowski 1981: 51).

Utilisé comme animal de charge, pour sa viande et éventuellement pour sa laine, le lama aurait constitué le principal apport en protéines pour les habitants des sites de la plaine côtière, éloignés de la mer (Pozorski 1979; Shimada and Shimada 1985: 22). Les restes de camélidés découverts à Chan Chan (Pozorski 1979: 179) corroborent l'hypothèse d'une consommation alimentaire importante. Shimada et Shimada (1985: 20) supposent aussi que les lamas formaient des caravanes pour le transport de matières premières sur la côte. Le lama est aussi un animal symbolique important (Flores Ochoa 1974; Lecoq 1987) qui était sacrifié lors de nombreux rituels. Le lama était donc visiblement élevé par les Chimús, sur la côte nord et probablement dans la vallée de Chicama. Au contraire, la laine d'alpaga, réputée pour sa finesse et utilisée sur la côte pour la confection de textiles, aurait peut-être été importée de la sierra centrale et ne proviendrait pas d'un élevage local (Lange *et al.* 1987). Cette dernière hypothèse mérite toutefois de plus amples études.

Le cochon d'Inde

Le cochon d'Inde (*Cavia porcellus*), appelé *cuy* dans les Andes, aurait été domestiqué aux alentours de 2500 av. J.-C., même si des ossements ont été datés de 9000 av. J.-C. (Lavallée 1995: 163; Sandweiss and Wing 1997: 47).

Utilisé pour sa viande, cet animal à la croissance démographique galopante est aujourd'hui largement répandu dans les maisons des paysans de la sierra (Morales 1994). Ses capacités de reproduction étant plus importantes durant la saison humide, il est surtout consommé avant le début de la saison sèche, lors de fêtes religieuses, afin de réguler le cheptel. Ainsi, de juin à septembre, les paysans ne gardent que quelques couples reproducteurs, plus faciles à nourrir (Bolton 1979: 234; Celestino 1998: 7).

La dimension symbolique du cochon d'Inde date des périodes préhispaniques et s'est perpétuée jusqu'à nos jours (Bolton 1979: 239). D'après Arriaga (1999 [1621]: 51), cet animal servait à guérir ou à l'exercice de la divination chez les Incas. Par ailleurs, des ossements de cochon d'Inde mis au jour dans de nombreux contextes cérémoniels et funéraires, où ils auraient pu avoir été déposés comme offrandes, semblent indiquer un rôle rituel à des époques anciennes (Sandweiss and Wing 1997: 49).

Sur la côte nord du Pérou, dans la vallée de Moche, les restes d'un cuy retrouvé dans une sépulture chimú (Donnan and Mackey 1978: 270) et ceux découverts dans des contextes domestiques de Chan Chan confirment la présence de cet animal à l'époque chimú, dans cette région (Topic 1977; 1980; 1982). Il continue d'ailleurs d'être élevé et consommé, sur les hauteurs de la vallée, de nos jours.

Le chien

Bien qu'aujourd'hui fort courant, le chien était plutôt rare autrefois, et vivait principalement sur la côte Pacifique, aux périodes préhispaniques (Vásquez *et al.* 2009). La race de chien sans poil du Pérou résiste difficilement au froid de la sierra. Moins fréquent que le lama ou que le cochon d'Inde, sa présence est attestée à l'époque chimú par l'exhumation d'ossements de canidés et ses nombreuses représentations sur des céramiques (Pozorski 1979: 169; Shimada and Shimada 1985: 8).

Les animaux domestiques sont peu variés aux périodes préhispaniques, mais devaient être très importants pour les populations. Les cochons d'Inde et les lamas fournissaient une source de protéines additionnelle aux poissons pêchés, aux mollusques et crustacés ramassés sur les plages et les rochers du littoral. Souvent, ces animaux domestiques ou sauvages n'étaient pas que de simples repas pour les anciens habitants de la vallée qui les ont chargés de symboles. Le sacrifice des uns, la chasse rituelle des autres et les nombreuses représentations artistiques d'espèces animales supposent une dimension symbolique forte qui n'est pas anodine. On peut donc penser que cette faune était d'une grande valeur pour les sociétés préhispaniques.

La faune de la vallée de Chicama constitue une ressource importante pour les êtres humains qui pêchent et chassent les animaux sauvages. L'océan Pacifique regorge de vie et subvient aux besoins des populations du littoral depuis des millénaires. Quelques animaux terrestres sont chassés pour la viande tandis que d'autres ont été domestiqués comme le lama ou le cochon d'Inde.

À travers la description du relief, du climat, de l'hydrologie, de la flore et de la faune, nous avons montré la diversité de l'environnement dans la vallée de Chicama. De la plaine aride de la côte aux verts sommets des Andes, les paysages naturels sont variés. Il s'agit maintenant de comprendre les modes d'occupation du territoire, de nos jours.

Conclusion: paysages et géographie humaine actuelle

La vallée de Chicama est partagée entre deux juridictions administratives, au nord le département de Cajamarca et au sud celui de La Libertad. Même si ce découpage a pu avoir des incidences sur le développement de la vallée, il paraît logique de privilégier une approche locale, en partant de la côte pour se diriger progressivement vers les hauteurs, sans tenir compte de cet aspect administratif. La description qui suit est en partie basée sur nos propres observations de terrain, sur les cartes de l'IGN péruvien et sur les images satellites de Google Earth.

Le littoral et l'océan Pacifique

Le littoral est peu habité et à proximité des plages, on ne rencontre que quelques rares hameaux. Le seul port de la vallée, Puerto Malabrigo, autrefois appelé Puerto Chicama, profite de la petite baie de la pointe du même nom et concentre l'essentiel des activités de pêche (fig.1.21; Orbegozo 1987: 245). Sur cette pointe, comme sur les îles Macabí, le guano est exploité de manière contrôlée et plus modérée qu'au 19e siècle (Orbegozo 1987: 487; fig.1.22). D'ailleurs, les îles Macabí sont une réserve naturelle protégée, soumise à une réglementation stricte. La salinité élevée des terres proches de l'océan Pacifique limite la production agricole, mais favorise l'extraction du sel, notamment dans les zones marécageuses localisées au sud-est de Puerto Malabrigo.

La plaine côtière

Dans la plaine, la population se concentre dans plusieurs gros bourgs, d'origine coloniale pour la plupart, comme Paiján, Chocope, Magdalena de Cao, Cartavio, Santiago de Cao, Chicama, Casa Grande et Ascope, ainsi que quelques villages plus réduits, par exemple Mocán, Facalá, Sausal ou Chiquitoy. À l'ouest de Paiján et de Chocope, l'habitat est plus dispersé (fig.1.21).

À quelques kilomètres de l'Océan, commencent les champs agricoles, principalement de canne à sucre, délimités en larges parcelles par des chemins et des canaux d'irrigation. Une bonne partie de ces terres appartient aux coopératives de Casa Grande et de Cartavio qui ont racheté les haciendas de la vallée, y compris celle de Larco, affaiblie par le phénomène d'El Niño de 1925 (Onern 1973: 16). Les canaux captent l'eau du río Chicama au moyen de 21 déviations et irriguent près de 700 km² de terres agricoles (fig.1.22; Onern 1973: VIII). Les 500 km de canaux principaux et secondaires constituent un réseau dense et opérationnel, probablement hérité, en partie, du système d'irrigation préhispanique sur lequel nous reviendrons. Notons que la majeure partie de cette production est dédiée à la consommation de populations résidant en dehors de la vallée de Chicama. Les capacités agricoles de cette région permettent d'exporter vers les marchés voisins de Trujillo, ou à plus grande échelle.

De nombreuses voies de communication desservent la plaine côtière, traversée du sud-est au nord-ouest par la panaméricaine, une ancienne route coloniale (fig.1.21). Un second axe majeur se dirige vers la vallée moyenne. D'autres voies secondaires forment un quadrillage irrégulier, reliant les différentes petites agglomérations (données de l'IGN). Le terrain plat facilite ce développement des axes de communications et les trajets sont souvent rectilignes.

Il en résulte que la plaine côtière est un espace aujourd'hui dynamique, principalement dédié à une monoculture intensive et abritant environ 57 % de la population totale de la vallée, en 1961 (Onern 1973: 17).

Le fond de la vallée moyenne

Dans le fond de la vallée moyenne, l'implantation humaine actuelle dépend étroitement du relief et l'hydrologie. À basse altitude, dans le fond de la vallée et sur les berges du río Chicama, la population vit dans plusieurs petits villages ou hameaux, comme celui de Cojitambo. Dans les *quebradas*, un peu plus haut, se trouvent San Benito, Cascas ou Ochape Alto qui sont également situés à proximité des

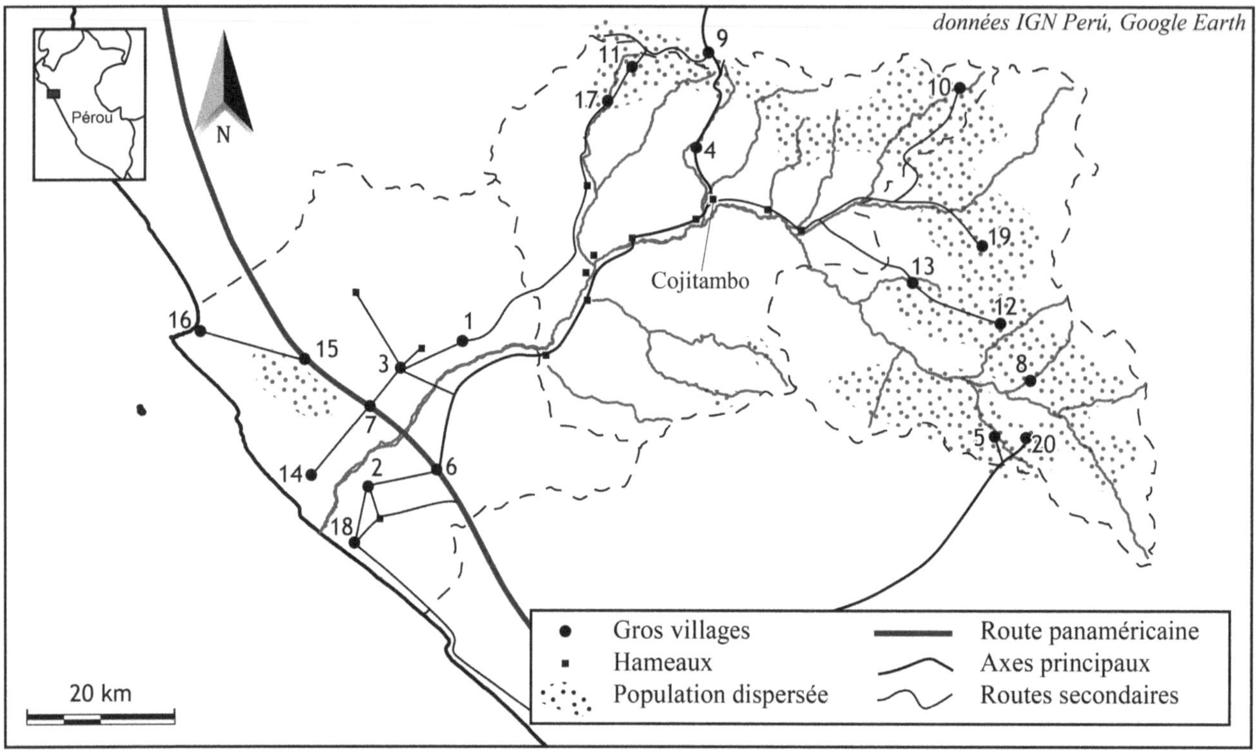

Fig. 1.21 - **Carte de l'occupation actuelle de la vallée de Chicama. Noms des villages: 1 - Ascope, 2 - Cartavio, 3 - Casa Grande, 4 - Cascas, 5 - Charat, 6 - Chicama, 7 - Chocope, 8 - Chuquisongo, 9 - Contumaza, 10 - Cospán, 11 - Guzmango, 12 - Huaranchal, 13 - Lucma, 14 - Magdalena de Cao, 15 - Paiján, 16 - Puerto Malabrigo, 17 - San Benito, 18 - Santiago de Cao, 19 - Sayapullo, 20 - Usquil.**

affluents du río Chicama, sur des terrains à faible pente, là où les agriculteurs travaillent la terre (fig.1.21).

Contrairement à la plaine côtière, la canne à sucre ne constitue pas l'essentiel des cultures. On aperçoit des rizières, des champs de maïs et de la vigne introduite en 1963 (Díaz 2008: 31). Même si la surface cultivée reste inférieure à celle de la plaine côtière, l'irrigation, indispensable à cause de la rareté des précipitations, un fort ensoleillement et des températures plutôt chaudes améliorent la production. Sur les pentes, quelques troupeaux de chèvres s'attaquent aux feuilles des arbustes et la plupart des familles élèvent quelques poulets et parfois un ou deux cochons.

Les routes, comme celle qui longe les berges du río Chicama depuis Sausal, profitent de l'axe principal de la vallée et des *quebradas* qui forment des voies de communication naturelles. Un embranchement de cette route permet de se diriger soit vers Cascas et les sommets nord de la cordillère de Guzmango, soit plus à l'est, vers la vallée haute et Lucma (fig.1.21). Le río Chicama est aussi traversé par quelques ponts de fortunes et des tyroliennes permettent de passer sur l'autre rive du fleuve, durant sa période de crue. Une route alternative relie la plaine côtière à la vallée moyenne, depuis Ascope jusqu'à Guzmango.

Il ressort de nos discussions avec les habitants de cette région un sentiment de rattachement à la côte plutôt qu'aux montagnes. L'environnement semi-aride et la relative proximité avec la ville de Trujillo favorisent ce sentiment. D'ailleurs, Cascas s'est récemment séparé du département de Cajamarca, grâce à la création de la province de Gran Chimú gérée par La Libertad (Díaz 2008).

Les hautes pentes de la vallée moyenne et de la vallée haute

Lorsque le fond de la vallée ou des *quebradas* se transforme en une étroite gorge, les habitants s'établissent sur les pentes entre 2000 et 3000 d'altitude, comme à Guzmango, Cospán, Sayapullo, Lucma, Huaranchal, Chuquisongo, Charat ou à Usquil (fig.1.21). Les versants abrupts obligent les paysans à profiter des quelques replats ou de crêtes pour s'installer et cultiver la terre. La population est très dispersée et on dénombre une foule de minuscules hameaux sur ces flancs de montagnes couverts de parcelles agricoles morcelées.

L'agriculture reste traditionnelle: maïs, quinoa, patates, haricots, voire un peu de blé (Díaz 2008: 31). En l'absence de terrassement, les champs sont en pente ce qui empêche toute mécanisation de la production. Les vaches, les moutons et les chevaux sont couramment élevés et paissent sur les terrains trop pentus pour être mis en culture. En marge de ces activités, une partie de la population s'est tournée vers l'exploitation des nombreux gisements de charbon et de quelques filons d'or ou de fer (Díaz 2008: 33, fig.1.22).

Les mineurs agissant souvent dans la plus parfaite illégalité génèrent une certaine insécurité.

Les fortes pentes compliquent le développement d'un réseau routier, encore très réduit. Quelques villages des hauteurs de la vallée moyenne sont accessibles depuis le fond de la vallée, mais d'autres, comme Charat et Usquil, dans la vallée haute, sont reliés à la côte par la vallée de Moche. La route monte alors jusqu'à un col avant de redescendre vers la ville de Trujillo. Les déplacements sur de courtes distances se font surtout à pied ou à cheval, grâce à un dense réseau de sentiers qui permet de relier les différents hameaux, malgré la pente.

Les sommets de la cordillère de Guzmango

Sur les sommets de la cordillère de Guzmango, la population préfère cultiver les pentes douces de la vallée de Jequetepeque, orientées vers le nord et bénéficiant d'un meilleur ensoleillement, à celles plus abruptes de la vallée de Chicama. Le bourg de Contumaza (fig.1.21), capitale de la province éponyme, illustre ce type d'implantation, bien adaptée au relief.

La concentration de la population sur la cordillère de Guzmango a favorisé le développement des axes de communication; une route d'axe est-ouest serpente le long de cette chaîne de montagnes. Plusieurs sentiers, passant des flancs sud aux flancs nord, relient les villages de la vallée de Chicama à ceux de Jequetepeque. La limite de la vallée de Chicama qui détermine notre zone d'étude n'a donc aucun sens réel pour les habitants de la région, qui se déplacent aisément d'une vallée à l'autre.

Les sommets de la vallée haute

Ces cimes culminant souvent à plus de 4000 m d'altitude sont trop élevées pour être mises en culture ou pour que les habitants s'y installent de manière permanente. On n'y trouve donc que quelques rares petites maisons dispersées et des campements miniers, comme au pied du cerro Callacuyan, près de la source du río Chicama où sont principalement exploités l'or et le charbon (ONERN 1973: 91; Orbegozo 1987: 480).

Ces sommets sont aussi des lieux de passages pour de nombreux sentiers et quelques routes qui permettent d'atteindre les vallées voisines de Moche au sud ou de Condebamba et de Cajamarca à l'est. La voie qui relie une bonne partie de la vallée haute de Chicama à la côte passe entre les *cerros* Montero et Ochoconday (fig.1.21). À l'instar de la cordillère de Guzmango, la limite que nous avons définie pour notre zone d'étude n'en est pas réellement une aux yeux des habitants de la région.

La variété des modes d'implantation humaine actuelle, dans la vallée de Chicama, s'explique par la grande diversité des milieux que nous avons présentés tout au long de ce premier chapitre. La vallée offre des paysages changeants, désertiques ou plus humides, plats ou accidentés. Des ressources différentes sont exploitables dans chaque type de milieu, en fonction de la nature du terrain, de la présence d'eau, de la végétation ou de la faune. Les mines d'or et de charbon sur les sommets et la culture intensive de la canne à sucre dans la plaine côtière illustrent les stratégies économiques modernes, dans un pays ouvert sur le monde entier où le rendement et le profit priment.

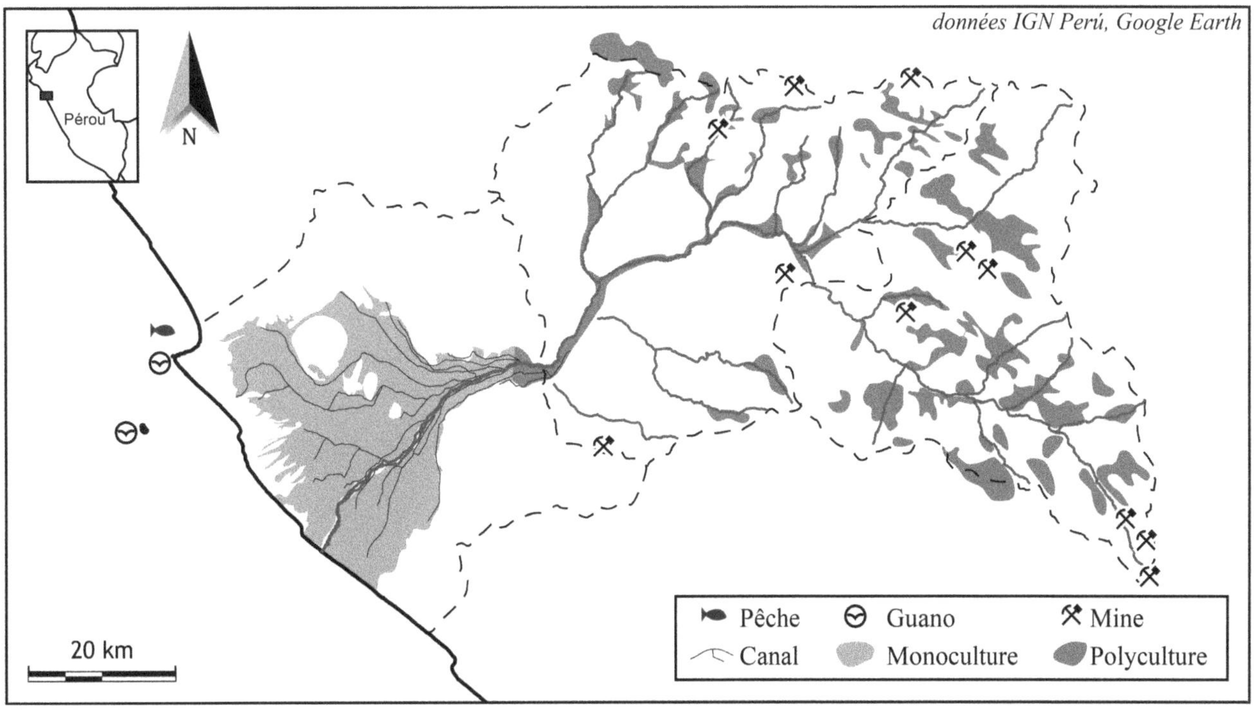

Fig. 1.22 **– Carte de l'exploitation économique actuelle de la vallée de Chicama.**

Mais si, aujourd'hui, l'occupation de ce territoire est conditionnée par les logiques socioculturelles actuelles, elle est également influencée par le passé de la région. L'héritage de la Période Coloniale, mais également de la Période Républicaine, joue beaucoup sur la géographie humaine puisque les villages et hameaux sont issus des reducciones créées par les Espagnols au 16e siècle, des grandes haciendas du début du 19e siècle et se sont étendus grâce aux processus d'urbanisation et de « basculement de la population vers le littoral » (communication personnelle d'Evelyne Mesclier, 19 janvier 2015). Les périodes préhispaniques ont aussi laissé des traces dans la société moderne, à travers des coutumes et des valeurs partagées depuis longtemps.

Les Espagnols ont introduit les premières modifications dans les modes de vie des habitants de la vallée de Chicama, il y a près de cinq siècles. L'ethnohistoire devrait donc nous permettre de comprendre ces transformations et les traditions d'origines préhispaniques qui ont perduré à travers le temps.

CHAPITRE 2
LES CHIMÚS ET LA VALLÉE DE CHICAMA DANS LES SOURCES ETHNOHISTORIQUES

Près de cinq siècles se sont écoulés depuis le débarquement des premiers Espagnols sur la côte nord du Pérou et leur installation dans la vallée de Chicama. En 1532 apr. J.-C., Pizarro et Almagro, à la tête d'une poignée d'hommes, ont bouleversé l'histoire et la vie de tous les peuples de l'Empire inca, et entre autres, des descendants des Chimús. Ces derniers, soumis à une nouvelle autorité, exploités selon d'autres principes économiques, convertis de gré ou de force à une religion inconnue et sensibilisés à des valeurs qu'ils ne partageaient pas, ont dû évoluer et modifier leurs coutumes ancestrales. Que nous disent les textes des 16e et 17e siècles sur l'histoire des Chimús avant la conquête? Quelles ont été les conséquences de l'arrivée des Espagnols sur la côte nord du Pérou ? Comment la société indigène a-t-elle évolué dans la vallée de Chicama ? Que connaît-on de l'organisation socio-politique et du mode de vie des habitants de cette vallée, au début de la Période Coloniale ? Et à quel point cette situation réflète-t-elle le passé préhispanique, du temps de l'époque chimú ? Si les transformations engendrées par la conquête espagnole ont été importantes, plusieurs traits culturels ont tout de même persisté à la Période Coloniale et jusqu'à nos jours, dans cette région.

Dès leur arrivée dans les Andes, de nombreux Espagnols, tels Cieza de León (2005 [1553]) ou Cabello Valboa (1951 [1586]), ont décrit ce qu'ils observaient, ce qu'ils découvraient et ce qu'ils comprenaient du Nouveau Monde dont ils étaient devenus les maîtres. C'est ainsi que du 16e au 18e siècle, ces chroniqueurs ont rédigé des œuvres riches en informations et indispensables pour appréhender les sociétés indigènes et les événements survenus durant l'époque inca, sur la côte nord. La vision européenne des auteurs, biaisée par les concepts idéologiques et socioculturels de l'époque, fausse souvent leurs descriptions et rend l'étude de ces textes difficile (Pärssinen 2003: 27; Itier 2008). Outre cette distorsion culturelle involontaire, certains chroniqueurs, tel Garcilaso de la Vega, un métis, fils d'une princesse inca et d'un capitaine espagnol, ont minimisé sciemment certains épisodes ou tu des détails qu'ils jugeaient peu avantageux, par exemple au sujet du conflit entre Huascar et Atahualpa, deux souverains incas rivaux (Rostworowski 1997). L'analyse de ces chroniques doit donc être comparative et très critique afin de corriger la subjectivité des auteurs.

Les sources écrites ne se limitent pas à ces seules œuvres, puisque la bureaucratie coloniale, mise en place dès le 16e siècle, a produit de nombreux textes tout aussi intéressants: des requêtes de chefs indigènes, des ventes de terres, des testaments, des procès, des visites de fonctionnaires, etc. (Wachtel 1992: 29-30; Netherly 1977: 14). De nature variée, ces écrits décrivent, plus ou moins directement, la vie quotidienne des populations soumises aux Espagnols et nous permettent de reconstituer partiellement les caractéristiques de la société indigène de la côte nord, en pleine mutation. Tout comme pour les chroniques, ces documents administratifs ne reflètent pas toujours l'exacte réalité de l'époque (Pärssinen 2003). Les témoins interrogés lors d'un procès pouvaient mentir, d'autres omettaient de signaler des informations et des contradictions apparaissent fréquemment dans un même manuscrit. À l'instar des chroniqueurs, les fonctionnaires chargés d'écrire ces textes, d'origine européenne, pouvaient avoir des difficultés à comprendre les concepts utilisés par leurs interlocuteurs indigènes.

La subjectivité de ces sources historiques pose un problème auquel chaque historien doit faire face. L'analyse de leur contenu nous permet-elle de reconstituer l'histoire des Chimús ? Et si c'est bien le cas, comment s'organise la société indigène, héritière des Chimús, dans la vallée de Chicama ? Nous dédiant avant tout à l'archéologie, nous ne prétendons pas présenter ici une réflexion d'ethnohistorien confirmé. Néanmoins, ces deux disciplines, ethnohistoire et archéologie, tendent vers la même compréhension du passé. Aussi nous a-t-il paru indispensable d'effectuer un minimum de recherches dans les textes, chroniques et archives coloniales, afin de compléter et de contraster nos données provenant de méthodes archéologiques. En nous basant sur des travaux d'ethnohistoriens, comme Rostworowski (1961; 1973; 1983; 1992; 1999), Netherly (1977; 1984; 1990), Ramírez (1981; 1982; 1986; 1995a) ou Zevallos (1973; 1990; 1992; 1993a; 1993b), nous nous sommes, à notre tour, plongé dans l'étude des textes anciens du 16e et du 17e siècle, relatifs à la région de Chicama, découverts à l'Archivo General de las Indias[1], à Séville en Espagne, et à l'Archivo Regional de La Libertad[2], à Trujillo au Pérou.

1 - La thèse de Patricia Netherly (1977) se centre principalement sur la visite du docteur Gregorio Gonzales de Cuenca que nous avons partiellement consultée à l'Archivo General de las Indias (AGI), à Séville, en juin 2012, grâce à une aide de l'UMR 8096 Archéologie des Amériques.

2 - Napoleón Cieza Burga, directeur de l'Archivo regional de La Libertad (ARL), à Trujillo a mis à notre disposition la richesse de ces archives.

En premier lieu, nous allons analyser les chroniques qui traitent des Chimús et de la côte nord. À travers une approche comparative des différentes versions de l'histoire de ce peuple, racontées par des chroniqueurs comme Sarmiento de Gamboa (1965 [1572]), Murúa (2001 [1590]) ou Garcilaso de la Vega (2000 [1609]), pour n'en citer que quelques-uns, nous tâcherons de retracer les grandes lignes des évènements historiques de la côte nord, dans un ensemble cohérent. En marge de cette histoire événementielle, certains auteurs, tels Calancha (1974 [1638]) ou Carrera (1939 [1644]), mentionnent des coutumes et des traditions préhispaniques de la côte nord du Pérou ainsi que des caractéristiques géographiques de la vallée de Chicama. Ces témoignages seront fort utiles à l'heure d'analyser les données archéologiques.

En second lieu, nous nous attacherons à décrire, grâce aux travaux des ethnohistoriens (Netherly 1977; Ramírez 1995a; Rostworowski 1983; Zevallos 1992 etc.) et aux documents d'archives que nous avons consultés (AGI Justicia 458; ARL leg. 266 exp. 3069 etc.), les transformations engendrées par la conquête espagnole et l'installation de l'autorité coloniale. En comprenant l'action des Espagnols sur la société indigène, il sera possible d'appréhender cette dernière.

Enfin, nous présenterons les institutions et l'organisation sociopolitique des populations autochtones de la côte nord, et en particulier de la vallée de Chicama, qui apparaissent dans les archives coloniales (AGI Justicia 457; ARL leg. 155 exp. 245 etc.). Les communautés indigènes, leurs chefs, leurs territoires, leurs activités dans la vallée de Chicama se dessineront progressivement jusqu'à former un tableau complet de cette région au 16e siècle.

I. La côte nord à travers le regard des chroniqueurs

Les chroniques constituent une source capitale pour l'étude de la culture inca ou de la culture chimú, et ce malgré la subjectivité de leurs auteurs. Ces derniers appréhendaient difficilement les concepts andins et transposaient à leur univers familier européen les récits des indigènes interrogés.

L'exemple de la dynastie inca, où chaque dirigeant succédait à un autre, est récurrent dans les chroniques. Cependant, des ethnohistoriens (Duviols 1979b; Zuidema 1962; Pärssinen 2003) ont réinterprété ces données et supposent que l'autorité inca était partagée entre deux ou trois personnes en même temps. La succession linéaire des souverains incas, présentée dans la plupart des chroniques, est sûrement due à une conception européenne d'un pouvoir monarchique. Il est donc probable que le même type de distorsion existe dans ces textes, pour les Chimús.

Présentations des auteurs et des chroniques sur les Chimús

Si de nombreux chroniqueurs se sont intéressés à l'Empire inca, tels Guaman Poma, Betanzos ou Cobo (Rostworowski 2008), bien peu parlent des Chimús de la côte nord du Pérou. Les évènements survenus dans cette région sont souvent relatés à travers l'expansion des Incas qui attiraient toute l'attention des Espagnols. Les mentions au sujet du peuple chimú sont donc relativement rares et succinctes face à la masse d'information à notre disposition pour les Incas. La douzaine d'œuvres qui apportent des données variées sur les Chimús, comme l'*Historia Anónima de Trujillo* (Vargas 1936), l'*Historia General del Perú* (Murúa 2001 [1590]) ou les *Commentaires royaux sur le Pérou des Incas* (Garcilaso 2000 [1609]), se contredisent parfois. En comparant les points communs et les différences de chacune des versions, il est plus facile de comprendre l'histoire et les coutumes de la côte nord du Pérou.

L'*Historia anónima de Trujillo*, ou l'histoire de la dynastie chimú

À l'occasion du 400e anniversaire de la fondation de Trujillo, en 1935, le Père Rubén Vargas Ugarte s'est intéressé, comme beaucoup d'autres, à la date précise de la création de cette ville. C'est ainsi qu'il a découvert, dans les archives, un récit fragmentaire et anonyme sur Trujillo, écrit en 1604, qu'il a publié en 1936. Il put ainsi dater la fondation de Trujillo au 5 mars 1535 par Pizarro. Mais ce qui rend ce document si précieux pour nous, c'est l'histoire de la dynastie chimú retracée dans le premier chapitre.

Le début du manuscrit, malheureusement incomplet, raconte l'arrivée dans la vallée de Moche, de Taycanamo, un seigneur étranger, venu par voie maritime, peut-être du nord (fig.2.1-A; Vargas 1936: 231). Après avoir appris la langue locale, il prend le pouvoir dans la région et son fils Guacri-caur renforce cette domination sur toute la vallée de Moche. Puis, Nañçenpinco, petit-fils de Taycanamo, annexe les vallées de Chicama, de Jequetepeque et de Saña au nord et celles de Virú, de Chao et de Santa au sud. Sept descendants anonymes se succèdent ensuite jusqu'au dernier dirigeant chimú indépendant, Minchançaman. Celui-ci est présenté comme un grand conquérant, régnant sur la côte depuis Tumbes jusqu'au nord de Lima (fig.2.1-A), mais il est vaincu par les armées incas menées par Topa Yupanqui (fig.2.3). Exilé au Cuzco, c'est son fils, Chumun-caur qui le remplace, sur les ordres de l'Inca, perpétuant ainsi la dynastie jusqu'au début du 17e siècle avec Don Antonio Chayguar, chef indigène de la vallée de Moche (Vargas 1936: 231-233).

Ce texte, fondamental pour la culture chimú et plusieurs fois analysé (Rowe 1948a; Conrad 1974; 1980; 1982; Paredes 1993), permet de se faire une idée de la complexité politique des Chimús, sans toutefois pouvoir tirer de conclusions fiables. Était-ce un régime monarchique

Nous souhaitons également remercier Martha Chandurí Céspedes pour sa gentillesse, son accueil et la qualité de son aide.

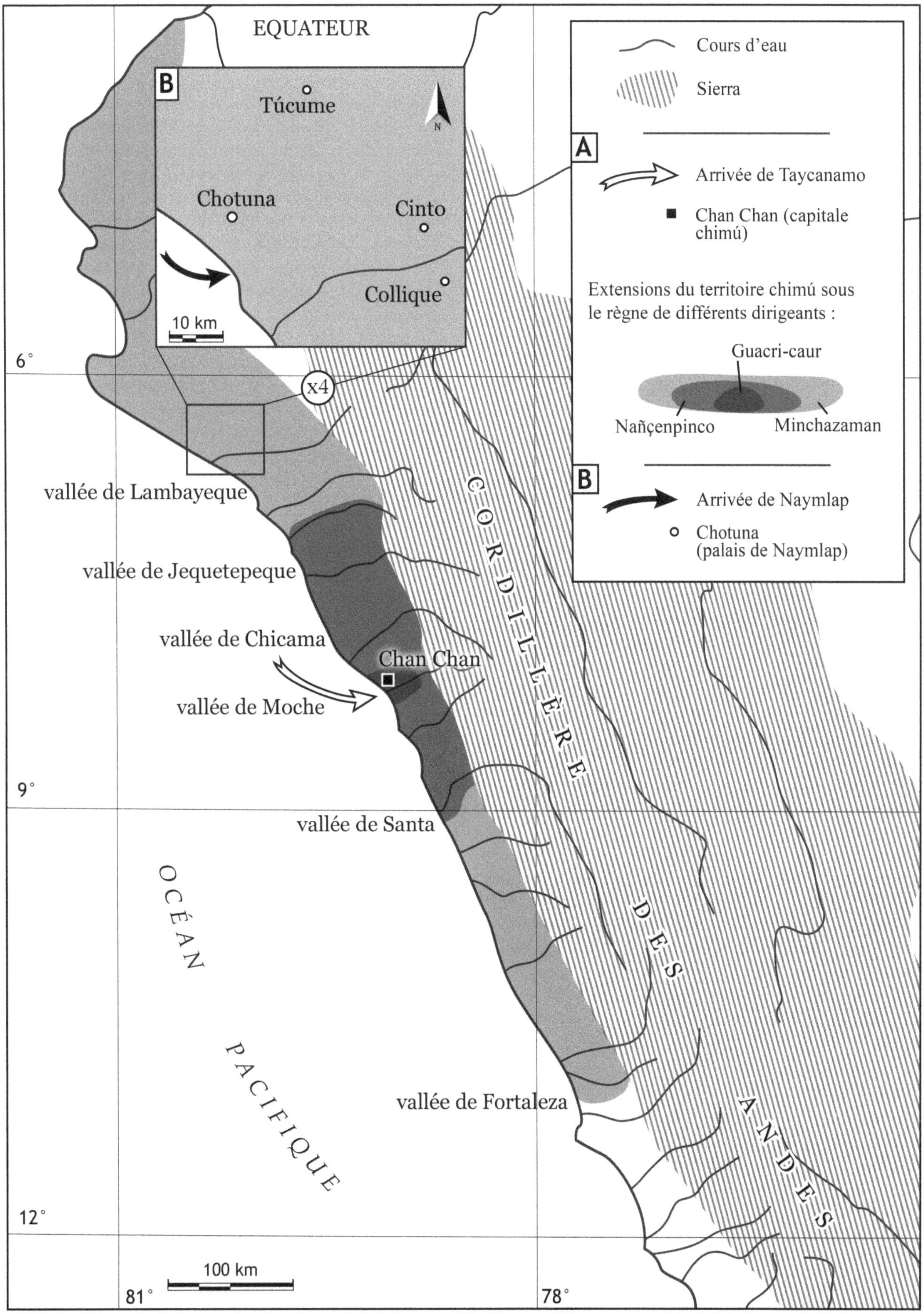

Fig. 2.1 – **Carte du territoire chimú sous le règne de différents dirigeants (d'après Vargas 1936; Cabello Valboa 1951 [1586]).**

et héréditaire ou une dyarchie ? La monarchie héréditaire étant très commune dans l'Europe des 16e et 17e siècles, l'*Historia anónima de Trujillo* pourrait être empreinte de ce modèle politique alors que, comme nous le verrons par la suite, le pouvoir était souvent partagé, dans les Andes et sur la côte nord. Un autre récit relate de manière similaire l'histoire d'une dynastie de la côte nord du Pérou: la *Miscelánea Antártica* de Miguel Cabello Valboa (1951 [1586]).

Cabello Valboa, entre la légende et l'histoire de la côte nord du Pérou

L'un des chroniqueurs les mieux renseignés sur la côte nord et ses habitants est Cabello Valboa qui, lors d'un voyage de Quito à Lima en 1580-1581, s'arrête dans la vallée de Lambayeque, à Túcume (fig.2.1-B), chez son ami Don Juan Roldán de Avila (Cabello Valboa 1951 [1586]: XX). Don Martin Farro Chumbi, l'un des descendants des seigneurs chimús de la vallée de Lambayeque, lui raconte alors la légende de Naymlap, le fondateur d'une ancienne dynastie préinca (Cabello Valboa 1951 [1586]: XXVII).

Dans un lointain passé, Naymlap, un seigneur venu par voie de mer, débarque dans la vallée de Lambayeque, avec les nombreux personnages de sa cour (fig.2.1-B; Cabello Valboa 1951 [1586]: 327). Il s'installe ainsi dans cette vallée et se fait construire un palais appelé Chot, où il place une idole de pierre verte, nommée Yampallec. Au bout d'un long règne prospère et pacifique, Naymlap décède et son fils Cium monte sur le trône, tandis que ses trois autres fils s'établissent dans les environs, à Cinto, à Túcume et à Collique (fig.2.1-B). À la mort de Cium se succèdent dix souverains, dont le dernier, Fempellec est responsable de la fin de cette dynastie.

Déplaçant l'idole et s'offrant au démon qui prend les traits d'une femme, il provoque de terribles pluies diluviennes qui durent trente jours (Cabello Valboa 1951 [1586]: 329). Il s'agit sûrement là d'un phénomène d'El Niño particulièrement puissant (voir supra chapitre 1.3 p.16). Rendu fautif de cette catastrophe, Fempellec est jeté, pieds et poings liés, à la mer, laissant la vallée de Lambayeque sans dirigeant jusqu'à l'arrivée de Chimo Capac, à la tête d'une invincible armée. Ce dernier installe alors un nouveau seigneur, Pongmassa, dont les descendants gouvernent la vallée, sous la domination des Chimús, puis des Incas et des Espagnols.

Un curé de Mórrope du 18e siècle, le Père Modesto Rubiños y Andrade (1936 [1782]: 361-364) relate un récit similaire: Naymlap y est appelé Ñamla et son fils Suim à la place de Cium, mais il s'agit bien de la même histoire. De caractère légendaire, ce récit présente néanmoins des informations intéressantes, comme la répartition des différents districts de la vallée entre les fils de Naymlap (Rowe 1948a: 38), ou encore l›impact et les répercussions politiques que le phénomène d'El Niño peut avoir exercés sur les populations préhispaniques de la côte nord du Pérou. Par ailleurs, le palais appelé Chot pourrait correspondre au site archéologique de Chotuna (fig.2.1-B; Rowe 1948a: 38; Wester 2010).

Cabello Valboa relate aussi des épisodes de la conquête inca mettant en scène les Chimús, notamment lors de l'attaque de Cajamarca, puis du royaume chimú. Sous le règne de Pachacutec, les Incas menés par le général Capac Yupanqui envahissent la région de Cajamarca où ils rencontrent une vive résistance de la part du seigneur Cusmango Capac (fig.2.2 et 2.3). Ce dernier demande l'aide au Chimo Capac de la côte qui lui envoie des renforts. Suite à la mort de Cusmango, les Incas réussissent finalement à soumettre Cajamarca et rentrent à Cuzco, sans affronter les Chimús (Cabello Valboa 1951 [1586]: 317). Par la suite, Topa Yupanqui est mandaté par Pachacutec, son père, à Cajamarca où se produisent toujours des escarmouches avec les Chimús. L'armée inca descend donc dans la vallée de Moche, ignore les Chimús, retranchés derrière leurs murs, puis se dirige vers Jequetepeque et remonte enfin dans la sierra, à Cajamarca (fig.2.2-A; Cabello Valboa 1951 [1586]: 319). Quelques années plus tard, Topa Yupanqui revient sur la côte nord, mais cette fois-ci en tant qu'Inca suprême. Il attaque d'abord la vallée de Lambayeque, avant d'arriver dans la vallée de Moche, au sud (fig.2.2-A). Le Chimo Capac se rend et est emmené à Cuzco, avec de nombreuses richesses d'or, d'argent et de pierres précieuses (Cabello Valboa 1951 [1586]: 332).

Cabello Valboa, grâce à ses contacts directs avec des indigènes de la côte nord, offre une importante source d'informations pour l'étude des Chimús et de la région de Lambayeque, à travers la légende de Naymlap. Son récit de la conquête de la côte nord par les Incas est similaire à celui que nous livre Martín de Murúa.

Fray Martín de Murúa, la conquête de Cajamarca

Ce missionnaire de l'ordre de la Merced relate, dans son *Historia General del Perú*, la conquête inca de la région de Cajamarca, puis des Chimús. Selon lui, le général Capac Yupanqui attaque Cajamarca, défendue par Huscamanco Capac, nom proche de Cusmango, mais rien n'est dit au sujet d'un éventuel renfort des Chimús (Murúa 2001 [1590]: 69). Par la suite, Tupac Inca Yupanqui, de retour d'une campagne au nord, à Quito, soumet le royaume chimú et s'empare de ses innombrables richesses d'or et d'argent (fig.2.2-A et 2.3; Murúa 2001 [1590]: 73). D'autres auteurs, tel Sarmiento de Gamboa (1965 [1572]), relatent leur version de la victoire inca sur Cajamarca et les Chimús.

Sarmiento de Gamboa, la défaite de Cajamarca et des Chimús

Ce scientifique et explorateur de l'océan Pacifique sud s'est aussi intéressé au Pérou et relate, dans son *Historia de los Incas*, la conquête de Cajamarca et de la côte nord par les Incas. Capac Yupanqui attaque la région de Cajamarca où

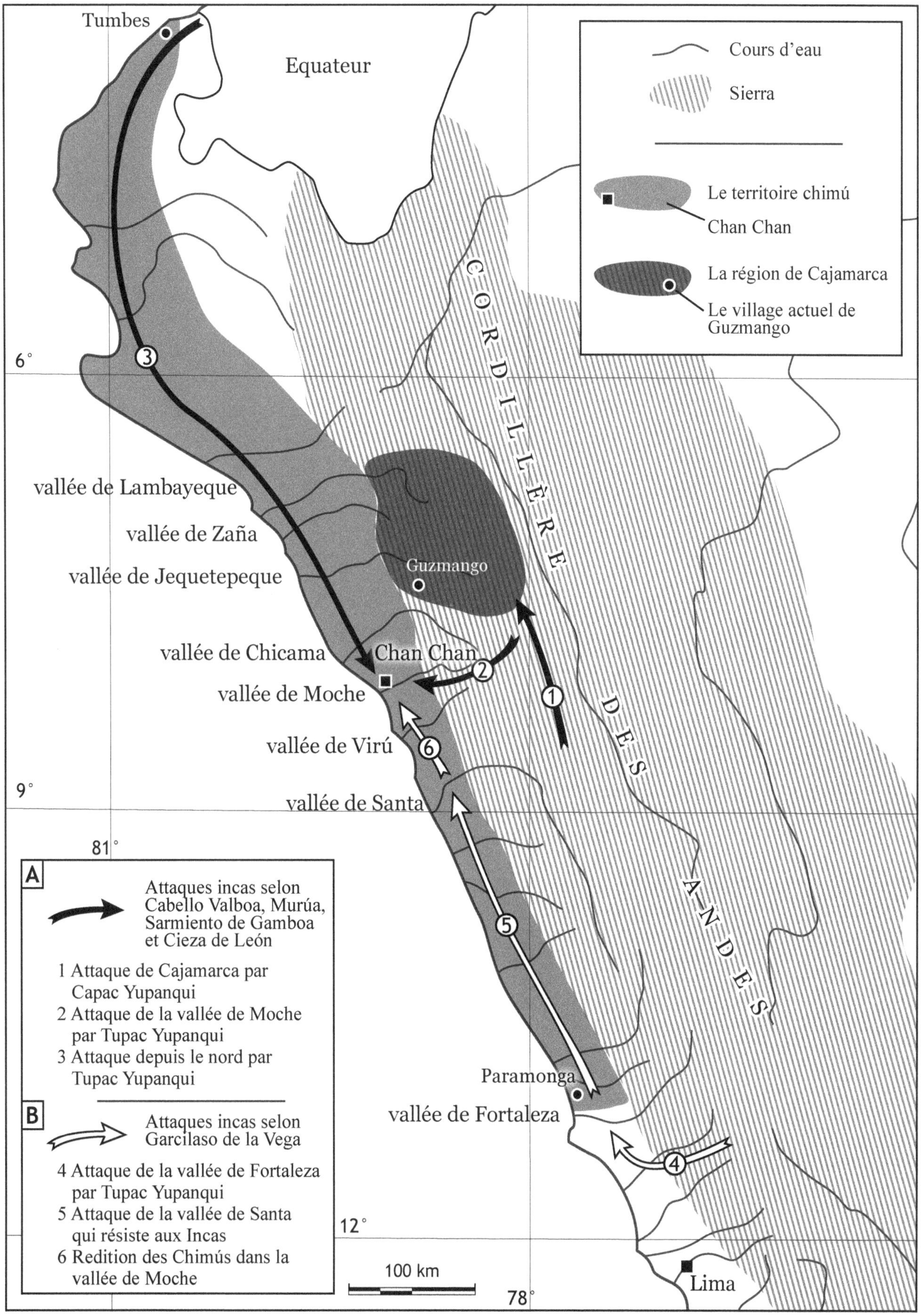

Fig. 2.2 **– La conquête de la côte nord par les Incas (Cabello Valboa 1951 [1586]; Murúa 2001 [1590]; Sarmiento 1965 [1572]; Cieza de León 2005 [1553]; Garcilaso 2000 [1609]).**

règne Guzmango Capac, qui appelle en renfort son allié et tributaire de la côte, le Chimú Capac (Sarmiento 1965 [1572]: 244).

Ils sont tous les deux vaincus par les Incas qui font preuve de ruse. Peut-être ont-ils coupé les canaux de la vallée de Moche, assoiffant les Chimús, même si cela n'apparaît pas explicitement dans le texte (Rostworowski 2008: 225). Il est intéressant de voir que dans l'œuvre de Sarmiento, les Chimús ne sont plus alliés, mais soumis aux populations de la montagne. Par la suite, Topa Inga, successeur de Pachacutec, fait face à la rébellion de plusieurs peuples, dont celui des Chimús, et doit les reconquérir (fig.2.2-A et 2.3; Sarmiento 1965 [1572]: 249).

Pedro Cieza de León, un chroniqueur historien, géographe et ethnographe

Comme les autres chroniqueurs, Cieza de León s'intéresse aussi à l'histoire de la conquête de l'Empire inca et, entre autres, à celle de la région de Cajamarca et de la côte nord du Pérou. Arrivé tôt en Amérique, ce fils de marchand y rédige, dès 1548, les trois volumes de son œuvre *Crónicas del Perú*.

Dans son ouvrage, Cieza de León indique que Tupac Yupanqui réussit à soumettre la région de Cajamarca malgré une résistance qui ne cesse qu'à la mort du chef de Cajamarca lors d'une bataille (Cieza de León 2005 [1553]: 207). Tupac Yupanqui continue ensuite sa conquête vers le nord, puis revient par la côte jusqu'à la vallée de Moche (fig.2.2-A et 2.3). Il remporte alors la victoire sur les Chimús, emportant à Cuzco un fabuleux tribut d'or, d'argent et de bijoux, ainsi que les plus habiles des orfèvres chimús pour contrôler leur travail (Cieza de León 2005 [1553]: 425-426).

Outre cette dimension historique, son œuvre est aussi très descriptive et riche en détails géographiques et ethnographiques. Peu de temps après la conquête, il traverse la vallée de Chicama, dont il souligne l'abondance et la fertilité des terres, déjà recouvertes de champs de canne à sucre (Cieza de León 2005 [1553]: 190). Il remarque également les filons métallifères de la région de Cajamarca (Cieza 2005 de León [1553]: 211) et les troupeaux de camélidés de la région de Huamachuco (Cieza de León 2005 [1553]: 218). Les coutumes indigènes n'échappent pas à son regard curieux et il note que chaque communauté possède son propre cimetière, sur la côte (Cieza de León 2005 [1553]: 180). Le récit de Cieza de León est proche de celui des autres chroniqueurs présentés plus haut. Cependant, tous les auteurs ne sont pas d'accord avec cette version des faits, notamment Garcilaso de la Vega.

Inca Garcilaso de la Vega et son regard personnel sur la conquête inca de la côte nord

Ce chroniqueur métis, fils d'un capitaine espagnol et d'une princesse inca décrit, à sa manière, la conquête de la côte nord par les Incas, dans ses *Commentaires royaux sur le Pérou des Incas* (Garcilaso 2000 [1609]). Cette œuvre d'une grande importance pour l'étude de la culture inca et des Andes a néanmoins été plusieurs fois critiquée (García 1964; Rostworowski 1997). En effet, Garcilaso de la Vega se place souvent à contrecourant d'autres chroniqueurs, expliquant les coutumes, les traditions, les croyances des peuples des Andes et surtout des Incas d'une manière très personnelle (García 1964). Par ailleurs, Rostworowski (1997) explique que les rivalités politiques au sein de la noblesse inca dont est issu Garcilaso le poussent aussi à présenter une histoire déformée, minimisant entre autres le rôle de Pachacutec.

Dans les *Commentaires royaux*, la conquête de la côte nord du Pérou est menée par Inca Yupanqui, secondé de son frère, le général Capac Yupanqui (Garcilaso 2000 [1609] T.2: 258-261). L'armée parvient sur la côte centrale, déjà intégrée au Tawantinsuyu, où elle est accueillie par les chefs locaux fidèles, Chuquimancu et Cuismancu. Appuyés par ces derniers, les Incas attaquent les Chimús par le sud, dans la vallée de Fortaleza (fig.2.2-B et 2.3). Ces derniers repoussent l'envahisseur une première fois, mais les renforts qui arrivent de Cuzco donnent l'avantage aux Incas qui s'emparent alors du sud du territoire chimú jusqu'à la vallée de Santa où, grâce à une large muraille, les Chimús résistent et retiennent les assaillants aux prix de nombreuses vies. Lassés de la guerre, les défenseurs pressent leur dirigeant, le Chimo Capac, de se soumettre à Inca Yupanqui qui accepte, de bonne grâce, ce nouveau vassal et le laisse régner en leur nom sur la région (Garcilaso 2000 [1609] T.2: 260). Garcilaso indique que la forteresse de Paramonga (fig.2.2), dont les ruines imposantes sont encore visibles de nos jours dans la vallée de Fortaleza, aurait été construite par les Incas, en souvenir de la première bataille.

Le récit de la conquête inca de la côte nord par Garcilaso est bien différent de celui des autres chroniqueurs, présentés précédemment. Néanmoins, des auteurs comme Antonio de la Calancha ont préféré lui faire confiance et reprendre sa version des faits dans leurs œuvres.

Frère Antonio de la Calancha, de l'histoire des Chimús aux traditions des populations indigènes

Ce frère de l'ordre augustinien montre, dans sa *Crónica moralizada*, publiée en 1638, un intérêt ethnographique certain pour les indigènes et leurs croyances (Rowe 1948a: 27). Outre quelques passages sur l'histoire des Chimús, il s'intéresse aux divinités et aux rites des anciens habitants de la côte nord du Pérou, mais également au mode de vie des pêcheurs, aux pratiques funéraires, aux *huacas* etc.

Plusieurs épisodes au sujet du royaume des Chimús sont contés au fil des pages de son œuvre. La vallée de Jequetepeque, aussi appelée Pacasmayo, aurait été conquise par le capitaine chimú Pacatnamu, malgré une forte résistance. Promu par la suite gouverneur, Pacatnamu aurait donné son nom à la vallée, transformé au fil du temps en Pacasmayo (Calancha 1974 [1638]: 1226). Querrutumi, un autre général chimú, plusieurs fois victorieux contre les peuples de la côte centrale, se serait suicidé sur le cerro Campana (fig.1.4-2), dans la vallée de Chicama, suite à une défaite, peut-être face aux Incas. Ce personnage historique est également mentionné par Juan de Santa Cruz Pachacuti Yamqui Salcamayhua (1968 [1638]: 298), un chroniqueur indigène qui n'offre toutefois pas vraiment plus de données sur les Chimús. Cette seconde référence renforce néanmoins la vraisemblance du récit de Calancha au sujet de Querrutumi. Le récit de la conquête du royaume chimú par Topa Yupanqui est identique à celui des *Commentaires royaux* de Garcilaso de la Vega, source d'inspiration avouée de Calancha (1974 [1638]: 1237). Au sujet du territoire chimú qui s'étendrait de Tumbes, au nord, à Paramonga, au sud (fig.2.2 et 2.3), l'auteur indique que la population chimú envoie un tribut de nourriture, de vêtements et d'objets en métaux précieux, d'or et d'argent à leur dirigeant. Plus tard, aux 16e et 17e siècles, ces richesses sont retrouvées par les Espagnols au cœur des plateformes d'adobe de la vallée de Moche (Calancha 1974 [1638]: 1235).

Calancha est particulièrement attentif à la vallée de Jequetepeque (fig.2.2), où la Vierge de Guadalupe aurait accompli de nombreux miracles. Peut-être afin de la mettre en valeur et de renforcer la religion catholique, il décrit les anciennes coutumes et croyances des populations préhispaniques de cette région dans son œuvre. On y apprend que les Chimús adorent les trois étoiles de la ceinture d'Orion, appelées *Pata*, celles des Pléiades et la lune, « *Si* ». Celle-ci est plus puissante que le soleil car elle l'éclipse parfois et est visible de nuit comme de jour. Lorsqu'elle disparaît, les indigènes la croient partie dans le monde des morts pour y châtier les voleurs décédés. Des enfants de cinq ans lui étaient sacrifiés, avec des offrandes de *chicha* et de fruits (Calancha 1974 [1638]: 1240). Les Pléiades permettent de compter les ans du calendrier agricole et quatre étoiles de cette constellation auraient donné naissance aux êtres humains: deux étoiles créant les personnes nobles, les deux autres créant le peuple (Calancha 1974 [1638]: 1244). Les habitants de la côte nord font aussi des offrandes à la mer, une divinité de premier plan, à certaines pierres, appelées *Alecpong*, ou « dieux de pierre », et à des idoles, au cours de fêtes où l'on danse et boit (Calancha 1974 [1638]: 1240-1241). Enfin, l'auteur cite l'importance des défunts et des momies des ancêtres, les *malquis* dans la sierra et *les munaos* sur la côte (Calancha 1974 [1638]: 829). Ces derniers reçoivent des offrandes de nourriture et de *chicha* tous les ans, au cours d'une fête qui a perduré jusqu'aujourd'hui, à la Toussaint (Calancha 1974 [1638]: 855).

Le frère augustinien décrit aussi quelques aspects de la vie quotidienne des indigènes de la vallée de Pacasmayo, comme les activités des guérisseurs ou encore les punitions de mort pour les délits de vol. La lune et deux étoiles des Pléiades sont d'ailleurs sollicitées pour retrouver le coupable d'un larcin, si petit soit-il (Calancha 1974 [1638]: 1245). Dans le désert de la vallée de Jequetepeque, il mentionne également la présence de relais chimús et incas, correspondant sûrement aux *tambos* incas, qui servent à guider les voyageurs (Calancha 1974 [1638]: 1227). Intéressé par les langues indigènes, Calancha (1974 [1638]: 1235) recense le *muchic* parlé depuis la vallée de Chicama vers le nord, le *quingnam*, typique des Chimús,

Chroniqueur	Date	Le chef de Cajamarca	Les relations diplomatiques Cajamarca-Chimú	Le chef des Chimús	Les Incas victorieux des Chimús	La conquête de la côte nord par les Incas	Le chef chimú sous la domination inca
Anonyme	1604			Minchanzaman	Topa Yupanqui		Emmené au Cusco, son fils le remplace
Cabello Valboa	1586	Cusmango	Alliés	Chimu Capac	Pachacutec et Topa Yupanqui	Par la sierra puis par le nord	
Sarmiento de Gamboa	1572	Guzmango Capac	Les Chimús sont tributaires de Cajamarca	Chimu Capac	Pachacutec et Capac Yupanqui puis Topa Inga	Par la sierra puis par le nord	Reste au pouvoir, ses fils sont emmenés au Cusco
Murúa	1616	Huscamanco		Chimu Capac	Tupac Yupanqui	Par le nord	
Cieza de León	1553	Chef non nommé		Chef non nommé	Tupac Yupanqui	Par le nord	Placé sous la tutelle de Cajamarca
Garcilaso de la Vega	1609	Chef non nommé		Chimo	Inca Yupanqui	Par le sud	Reste au pouvoir
Calancha	1638			Chimo Capac	Topa Inca Yupanqui	Par le sud	Reste au pouvoir

Fig. 2.3 **– Tableau comparatif des chroniques au sujet de la conquête inca de la côte nord.**

dans les vallées au sud de Chicama, et la langue appelée « *pescadora* », des communautés de pêcheurs disséminées sur toute la côte nord.

Enfin, il cite à plusieurs reprises la vallée de Chicama dont le nom dériverait soit de « Chicamac », dieu et idole de cette vallée, soit de Chacma, l'épouse du Chimo Capac (Calancha 1974 [1638]: 1225). Calancha (1974 [1638]: 1331) décrit la puissance du río Chicama durant l'été, à tel point que les voyageurs qui traversent son cours sur des radeaux sont parfois emportés par le courant. L'auteur affirme aussi avoir entendu des bruits de *tambo*urs près des *huacas* des vallées de Chicama et de Moche et le cerro Campana (fig.1.4-2), lieu craint et sacré, est béni et exorcisé par l'archevêque de Trujillo don Toribio (Calancha 1974 [1638]: 1262).

Toutes ces données sur la côte nord, sur la vie quotidienne et les croyances des populations indigènes ne peuvent être perçues à travers les vestiges matériels mis au jour par les archéologues, et la chronique de Calancha apporte beaucoup d'informations précieuses et complémentaires. Plus que le récit des évènements historiques, c'est son aspect ethnographique qui fait toute la valeur de cette œuvre. Un autre chroniqueur et religieux, Fernando de la Carrera y Daza, s'est lui aussi intéressé aux indigènes de la côte nord et à leur langue.

Le père Fernando de la Carrera y Daza et son *Arte de la lengua yunga*

Dès son arrivée dans le village de Reque, situé dans la vallée de Lambayeque, le père Carrera se voit confronté aux problèmes de communication entre indigènes et Espagnols et tente aussitôt d'y remédier (Carrera 1939 [1644]: 5-6). Il décide alors de prêcher dans la langue des natifs de la vallée, ce qui l'amène à écrire un ouvrage pour enseigner cette langue difficile: *Arte de la lengua yunga*, publié en 1644, à Lima. Carrera y note quelques détails intéressants sur les natifs de la côte nord et sur leur langage, disséminés parmi le vocabulaire et les règles de grammaire de la langue *yunga*, ou *muchic*.

Il nous informe ainsi des régions où cette langue est parlée; outre les habitants des vallées de Lambayeque, Zaña, Jequetepeque et Chicama, quelques groupes utilisent aussi ce langage dans les montagnes de Cajamarca, où les Incas auraient déplacé plusieurs communautés de la côte, en tant que *mitimaes*[3], thème que nous aborderons plus loin (Carrera 1939 [1644]: 7-9). Bien que le dictionnaire complet du *yunga* que Carrera projetait ne nous soit malheureusement pas parvenu, son ouvrage *Arte de la lengua yunga* (Carrera 1939 [1644]) permet néanmoins de cerner cette langue et quelques traits culturels des indigènes de la côte nord du Pérou (Rowe 1948). Carrera et Calancha s'intéressent tous les deux aux coutumes des indigènes de la côte nord. Arriaga (1999 [1621]), un autre auteur du début du 17e siècle, tient aussi un discours à caractère ethnologique, mais sur l'ensemble du Pérou.

Pablo José de Arriaga, un extirpateur d'idolâtrie au courant des croyances indigènes

Pablo José de Arriaga, souhaitant convertir en profondeur les indigènes des Andes, s'est intéressé à leurs croyances et à leurs pratiques cultuelles ancestrales. Il décrit, dans son ouvrage *La Extirpación de la Idolatría en el Perú* (1999 [1621]), des rites et des cultes semblables à ceux relatés par Calancha, mais pour d'autres régions. Les informations qu'il nous apporte pourraient expliquer le rôle et la fonction de certains vestiges archéologiques que nous avons retrouvés.

Outre le soleil, la lune et les étoiles, comme les Pléiades, les populations andines et celles de la côte, vénèrent l'éclair, la terre, la mer, les sources, les cours d'eau et les montagnes (Arriaga 1999 [1621]: 26-28). Les *pacarinas*, lieux de naissance mythiques de chaque communauté, sont aussi très importants et peuvent influencer les choix d'implantation des villages (Arriaga 1999 [1621]: 30). Les formes particulières de certaines pierres, parfois imposantes comme les *huancas* plantées au milieu des champs et les *compas* situées près des canaux d'irrigation, et les malformations d'épis de maïs ou de tubercules de pommes de terre rendent ces objets sacrés (Arriaga 1999 [1621]: 37). Enfin, les défunts et les ancêtres, dont les corps momifiés sont transportés lors de cérémonies religieuses, sont adorés et bénéficient même d'un clergé qui leur est dévolu (Arriaga 1999 [1621]: 34). Au sujet des populations côtières, il explique que dix jours après la mort, la communauté apporte le cadavre à une source ou à un cours d'eau afin de le laver avec ses vêtements. Puis, tous lui rendent un dernier hommage lors d'un festin (Arriaga 1999 [1621]: 66).

Parmi les offrandes aux divinités, aux objets sacrés et aux morts, Arriaga (1999 [1621]: 50-54) cite la *chicha* contenue dans des récipients de formes variées, les lamas et les cochons d'Inde sacrifiés, de l'argent et sûrement de l'or, des feuilles de coca, du maïs, des fruits, des plumes, des poudres colorées et des *mullus*, un coquillage typique des eaux chaudes de l'Équateur. Il décrit aussi les fêtes religieuses où les offrandes et les rites s'accompagnent de festins et de danses, notamment celles qui sont célébrées dans les îles à guano de la côte (Arriaga 1999 [1621]: 62).

Ces données relatives à la sierra centrale et méridionale du Pérou sont tout à fait comparables à celles de Calancha (1974 [1638]). Les divinités, les offrandes et les cérémonies sont décrites de manières semblables dans les deux œuvres, même si Arriaga est plus précis. On peut donc supposer que malgré des différences culturelles importantes, les religions et les pratiques cultuelles de la côte et de la sierra présentent de nombreuses analogies. Les chroniques

3 - Les *mitimaes*, aussi appelés *mitmacuna*, sont des groupes déplacés de leurs lieux d'origine pour aller vivre dans une nouvelle région. Gonzáles Holguín (1989 [1608]: 240) définit *mitmac* ainsi: étranger établi dans un endroit. Nous choisissons d'employer le terme de *mitimae* qui est très largement répandu dans les textes des archives consultés et fréquemment usité par les ethnohistoriens qui travaillent sur la côte nord.

présentées jusqu'à maintenant ont toutes été écrites durant les cent ans qui ont suivi la conquête espagnole. Ce n'est qu'au 18e siècle que l'intérêt pour le passé de la côte nord ressurgit, notamment avec l'ouvrage de Feyjoo de Sosa: *Relación descriptiva de la ciudad, y provincia de Truxillo del Perú* (1984 [1763]).

Miguel Feyjoo de Sosa, la vallée de Chicama au 18e siècle

Corregidor de Trujillo au 18e siècle, Feyjoo présente, à travers son œuvre, sa juridiction qui inclue la vallée de Chicama. Certes, deux siècles de présence espagnole ont grandement transformé la société indigène et la géographie humaine de la vallée. Il n'en reste pas moins qu'il propose au lecteur une description fort détaillée de la région.

Feyjoo (1984 [1763]: 100) souligne notamment l'ampleur et la fertilité des terres, la force du río Chicama, et la douceur du climat de la vallée basse, ce qui permettait, selon cet auteur, à une population nombreuse d'y vivre, à l'époque chimú.

Il précise qu'entre 1538 et 1540 apr. J.-C., les Espagnols ont fondé les villages de Cao, Chocope, Santiago, Chiquitoy, Licapa et de La Concepción (fig.2.3 et 1.22). Par la suite, ces trois derniers se sont transformés en simples haciendas, et plus tard, est créé le village de Paiján. Selon Feyjoo (1984 [1763]: 106), le chef de la vallée de Chicama au 18e siècle, Don Gregorio Morachimo, serait un descendant des dirigeants chimús, par un ancêtre féminin[4]. Le village de la Magdalena de Cao (fig.1.22-4 et fig.2.3), anciennement Caop, est l'un des principaux centres de la vallée, avec plus de trois mille habitants, au

4 - En réalité, il s'agit d'une alliance matrimoniale bien postérieure à la conquête, comme nous le verrons par la suite. Feyjoo (1984 [1763]: 106) indique d'ailleurs que le véritable nom de famille de Morachimo serait Oxaguaman, ce qui correspond tout à fait avec les données disponibles au sujet de ce mariage du début du 17e siècle.

***Fig. 2.4* – Détail de la carte de la région de Trujillo (Feyjoo 1984 [1763]: IX).**

début de la Période Coloniale (Feyjoo 1984 [1763]: 106). L'auteur cite, par la suite, quarante-quatre haciendas, comme Chicama, Facalán, Sausal, Xaguey, Cog*itambo*, Gazñape, Nepen, Sintuco, Caxanleque, Tutumal, Farias, Mocoyope, Mallar, Tulape, Ascope, Nunja et Mocán (fig.2.3). Certaines sont d'anciens villages, d'autres sont fondées par des Espagnols pour cultiver de la canne à sucre sur les terres environnantes.

Outre ce panorama géographique de la vallée de Chicama au 18e siècle, Feyjoo relate la conquête de la côte nord par les Incas, se basant principalement sur le récit de Garcilaso de la Vega. Il semble cependant disposer d'autres sources d'information, plus précises, puisqu'il affirme que le dernier Chimu Capac indépendant s'appelait Chumun Cauchu (Feyjoo 1984 [1763]: 3), nom proche de Chumuncaur, cité dans l'*Historia anónima de Trujillo* comme étant le fils de Minchanzaman (Vargas 1936).

Les données de Feyjoo, bien que parfois erronées du fait des deux cents ans qui le séparent de l'arrivée des Espagnols, sont utiles pour appréhender l'évolution de la vallée de Chicama au cours de la Période Coloniale. Outre Feyjoo, Martínez Compañón a également écrit une description de la région de Trujillo, au 18e siècle.

Jaime Baltazar Martínez Compañón, les coutumes indigènes à l'aquarelle

Dernier chroniqueur digne d'intérêt, l'évêque Jaime Baltazar Martínez Compañón souhaitait réaliser un ouvrage décrivant son diocèse de Trujillo qu'il visita dans les années 1780. Le texte est aujourd'hui perdu, mais les 1400 aquarelles qui devaient servir à illustrer ses propos nous sont parvenues (Martínez Compañón 1978). Parmi les reproductions de plantes, d'animaux et de paysages se trouvent des représentations des activités quotidiennes, des fêtes, des costumes des indigènes, ainsi que des ruines comme le site archéologique chimú de Chan Chan. Ces illustrations montrant la persistance de certaines coutumes préhispaniques et les effets du métissage culturel de deux siècles et demi de colonie méritent donc une attention particulière.

Depuis les récits des chroniqueurs du 16e siècle jusqu'aux aquarelles de Martinez Compañón, les informations sur la côte nord et la culture chimú sont variées. Ces onze auteurs ne sont pas toujours d'accord entre eux et pour démêler le vrai du faux et ainsi parvenir à une vision claire des évènements historiques de la côte nord du Pérou et de la vallée de Chicama, il faut effectuer une analyse comparative.

Analyse comparative des chroniques et l'histoire des Chimús

Les ouvrages présentés ci-dessus ne coïncident jamais complètement sur le thème de la défaite des Chimús face aux Incas (fig.2.3). Deux groupes de versions s'opposent: celles avançant une conquête depuis la sierra et depuis le nord (fig.2.2-A), et celle prônant une conquête depuis la côte centrale, par le sud (fig.2.2-B).

Examinons tout d'abord la version d'une conquête depuis la côte centrale. Garcilazo de la Vega indique que les Incas sont appuyés par deux chefs locaux des environs de Lima: Chuquimancu et Cuismancu. Rostworowski (2005b: 203), qui a étudié l'histoire de cette région à travers les archives du 16e siècle, démontre les nombreuses erreurs et confusions commises par ce chroniqueur. Garcilaso insiste aussi sur la longueur et la dureté de cette campagne militaire, sûrement l'une des plus difficiles de l'expansion inca. Selon lui, cette guerre est gagnée par la diplomatie et la lassitude des Chimús, plutôt que par les armes, ce qui permet à l'auteur de souligner la générosité des Incas, prompts à pardonner à un ennemi pourtant obstiné (fig.2.3). Calancha suit en tout point le récit de Garcilazo sur lequel il avoue prendre modèle. Malgré son contact privilégié avec les indigènes de la côte nord, sa bonne connaissance de leurs anciennes croyances et les fragments de l'histoire locale des Chimús qui lui sont racontés, il n'a peut-être pas réussi à trouver d'informateur fiable au sujet de ces épisodes.

Dans la version d'une attaque inca depuis le nord ou depuis la sierra, les chroniqueurs comme Cabello Valboa, Murúa, Sarmiento de Gamboa ou Cieza de León décrivent d'abord la conquête de la région de Cajamarca, puis celle de la côte nord des Chimús (fig.2.2-A et 2.3). Le chef qui défend Cajamarca contre les Incas est souvent appelé Guzmango (ou Cuismancu), mais contrairement à son homonyme de la côte centrale que nous présente Garcilaso, il est l'allié et non l'ennemi des Chimús (fig.2.3). Sur les sommets de la vallée moyenne de Chicama, le village de Guzmango évoque d'ailleurs cet illustre dirigeant, mais n'est-ce qu'une coïncidence ? Deux des sept groupes de Cajamarca se nomment Cuismancu, basé sur la cordillère de Guzmango (fig.1.4) et dans la vallée de Jequetepeque, et Chuquimancu[5], installé un peu plus au nord (Espinoza 1973; Remy 1992). Les deux chefs de la côte centrale, alliés aux Incas, présents dans la version de Garcilaso, semblent donc être en réalité originaires de Cajamarca.

Cabello Valboa et Sarmiento de Gamboa indiquent que les Incas ont conquis les Chimús en deux campagnes: la première, menée depuis les hauteurs de Cajamarca est victorieuse, mais une rébellion postérieure des Chimús entraîne une deuxième attaque, depuis le nord (fig.2.2-A). Au contraire, Murúa et Cieza de León ne parlent que d'une seule expédition venue du nord et ne mentionnent pas de révolte. Par ailleurs, le royaume chimú ne semble pas opposer beaucoup de résistance face aux Incas et les chroniqueurs s'intéressent plus aux richesses d'or et d'argent emmenées par l'armée triomphante pour embellir Cuzco et le Coricancha qu'aux batailles ou aux tractations diplomatiques éventuelles. Cieza de León indique aussi que les artisans chimús, notamment les orfèvres et les métallurgistes, sont déplacés vers la sierra, permettant d'une part de contrôler la production de biens destinés à l'élite de l'Empire inca, et, d'autre part, de fournir plus facilement la matière première à ces spécialistes. Les mines d'or et d'argent étant rares sur la côte, cela implique l'existence d'échanges pour s'approvisionner en métaux, avant la conquête inca, entre les peuples de la sierra et les Chimús, dont nous traiterons par la suite. Enfin, il semble que les Incas ne transforment pas complètement les institutions chimús, et bien souvent, les chroniqueurs mentionnent une certaine continuité dans l'exercice du pouvoir. Le dirigeant chimú reste en place et doit obéissance à l'Inca ou il est remplacé par son fils, lui aussi subordonné à l'Inca.

Suite à cette comparaison des différentes versions de la conquête inca de la côte nord du Pérou (fig.2.3), l'œuvre de Garcilaso de la Vega paraît marginale. Les nombreuses erreurs relevées par Rostworowski (1997) et la vision particulière de l'histoire des ancêtres maternels de cet auteur ne plaident pas en sa faveur. Au contraire, les récits des autres chroniqueurs présentent plusieurs points communs tout en se différenciant les uns des autres. Leurs sources d'information doivent donc être distinctes, d'où les variantes dans l'enchaînement des événements. Enfin, la plupart des ethnohistoriens (Rowe 1948a; Rostworowski 2008; Espinoza 1973) donnent la préférence à une conquête depuis le nord, réfutant la version de Garcilaso de la Vega.

En condensant ces différentes chroniques et en éliminant celle de Garcilaso de la Vega et les contradictions entre les auteurs, il est possible d'esquisser une histoire hypothétique des Chimús (fig.2.5). Fondé dans la vallée de Moche, à une date incertaine, par le plus ou moins légendaire Taycanamo, le royaume de Chimor[6] se renforce très vite territorialement par l'annexion des vallées de Chicama, Jequetepeque, Zaña, Virú, Chao et Santa, conquises par Nañçenpinco (fig.2.1). Cette première expansion nous semble trop importante pour se faire en une fois et aussi rapidement – deux générations après l'arrivée de Taycanamo – mais cela reste néanmoins possible (fig.2.5). Notons que la vallée de Chicama, voisine de celle de Moche, est très tôt placée sous la tutelle des Chimús. Ces derniers nomment des gouverneurs dans les territoires conquis, comme à Jequetepeque, administré par le victorieux général Pacatnamu. Le royaume chimú continue de s'étendre vers le nord, profitant de l'absence d'une autorité forte dans la vallée de Lambayeque, suite à la mort de Fempellec, dernier dirigeant de la dynastie de Naymlap (fig.2.5). Encore une fois, le gouverneur Pongmassa gère la région localement, sous les ordres des Chimús. L'expansion se poursuit au nord jusqu'à Tumbes et au sud, jusqu'à la vallée de Fortaleza (fig.2.2), peut-être lors du règne de Minchanzaman. Après la conquête de Cajamarca, dont le souverain est probablement allié aux Chimús, par Capac Yupanqui, un général de Pachacutec, le prince Tupac Yupanqui attaque et soumet le royaume chimú, aux alentours de 1465-1470 apr. J.-C. Cependant,

5 - Chuquimancu se retrouve transposé dans la toponymie, notamment avec le cerro Chuquimango (fig.1.6-17).

6 - Chimor est le terme utilisé par Rowe (1948) pour différencier le royaume de la culture.

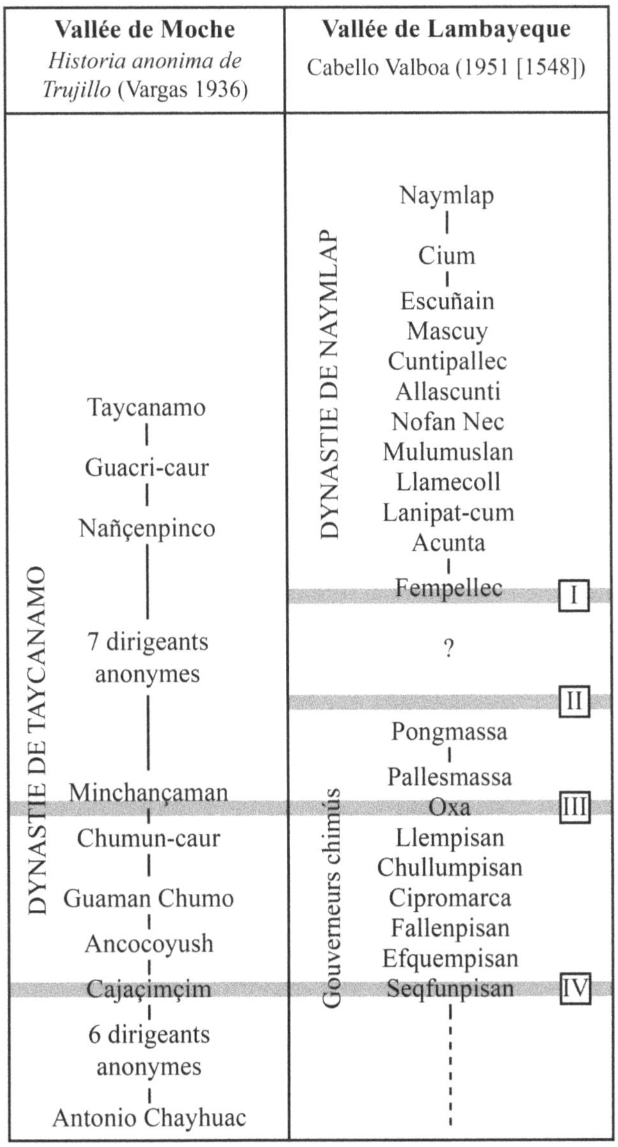

***Fig. 2.5* – Généalogies hypothétiques des dynasties de la côte nord. I. Phénomène d'El Niño, II. Conquête chimú de la vallée de Lambayeque, III. Conquête inca de la côte nord, IV. Conquête espagnole**

la dynastie chimú ne disparaît pas puisque Chumun Caur, le fils de Minchanzaman, dirige la côte nord au nom des Incas (fig.2.5). Son pouvoir, nettement diminué, ne s'étend alors que sur quelques vallées, comme la vallée de Moche et peut-être celle de Chicama. Une possible rébellion des populations de la côte nord oblige Tupac Yupanqui à reconquérir cette région, lors de son retour d'une campagne en Équateur. Au début du 16e siècle, Caja Cimcim, baptisé Martín, n'exerce son autorité que sur la vallée de Moche.

Les chroniques nous renseignent aussi sur d'autres aspects du passé préhispanique de la côte nord. Quelques auteurs, comme Carrera, Calancha, Cieza de León, Feyjoo de Sosa et les aquarelles de Martínez Compañón, décrivent la vie quotidienne des habitants de la côte nord et de la vallée de Chicama. Leurs commentaires au sujet de la taille de la plaine côtière de cette vallée, de la fertilité de ses terres et de la puissance du río Chicama concordent avec les données géographiques actuelles présentées dans le premier chapitre et laissent penser que l'environnement du 16e siècle était assez proche de ce que nous observons aujourd'hui, même si, comme le souligne Dollfus (1978), le déboisement et les cultures introduites par les Espagnols ont modifié les paysages. L'intérêt de certains Espagnols, notamment Calancha et Arriaga, pour les anciennes croyances permet de mieux cerner les divinités vénérées et le fonctionnement des cultes. On peut ainsi constater des similitudes entre la religion indigène de la côte nord et celle de la sierra méridionale du Pérou, en particulier l'importance des astres, des éléments naturels du paysage (fleuves, sources, glaciers, montagnes, rochers, etc.), et des morts.

Ces aspects de la vie quotidienne et spirituelle des populations de la côte nord sont malheureusement souvent traités en arrière-plan, au profit de l'histoire événementielle inca. Certes, ces récits sont bien utiles pour comprendre l'évolution du territoire chimú qui ne cesse de s'agrandir au fil du temps, jusqu'à la conquête inca. Mais ces chroniques ne présentent pas toutes les facettes de la société indigène de la côte nord, et pour en disposer, il faut se tourner vers les documents d'archives et les travaux d'ethnohistoriens portant sur le début de la Période Coloniale.

II. L'installation des Espagnols sur la côte nord et dans la vallée de Chicama

La bureaucratie coloniale fournit de nombreux textes aux ethnohistoriens qui peuvent ainsi étudier la société indigène et ses transformations provoquées par l'établissement des Espagnols. La conquête militaire et l'installation du pouvoir colonial modifient profondément le paysage socioculturel de la côte nord. Dès leur arrivée au Pérou, à peine l'Empire inca soumis, les Espagnols s'implantent et créent une administration complexe pour gérer et exploiter ces nouveaux territoires, entre autres les vallées de Chicama et de Moche. Les documents qui servent de base aux études ethnohistoriques sont les produits de cette société occidentale transplantée dans l'univers andin, et ce n'est qu'en comprenant l'impact des Espagnols qu'il est possible de décrire, par la suite, la société indigène.

Trujillo, le centre du nouveau pouvoir et sa société espagnole

La fondation de villes offre un cadre de vie à cette société espagnole en manque de repères. Ainsi, à une date inconnue, Almagro crée Trujillo, dans la vallée de Moche, à quelques kilomètres au sud de celle de Chicama (fig.2.6). Le 5 mars 1535, Francisco Pizarro la fonde une deuxième fois et lui donne le nom de sa ville natale (Vargas 1936: 233). Ces cités qui sont la marque concrète de l'occupation espagnole du territoire conquis concentrent en leur sein les nouveaux pouvoirs politiques, judiciaires. C'est donc à Trujillo que les décisions administratives sont prises à un niveau local et que les procès opposant des Espagnols et des indigènes se déroulent. Trujillo devient par la suite le siège de l'évêché, puis de l'archevêché, s'érigeant alors en centre de l'autorité religieuse (Castañeda 1996).

Les Espagnols vivent entre eux dans ces villes et y recréent une société occidentale. Les nouveaux nobles, les clercs et religieux de différents ordres, les marchands, les artisans européens spécialisés, ainsi que les femmes espagnoles, venues d'Europe pour rejoindre leurs époux, s'y retrouvent, sans oublier les domestiques indigènes et les esclaves africains (Lockhart 1994: 251-257). La société qui compte se compose principalement de personnes originaires d'Europe, même si l'élite indigène s'insère rapidement dans ce nouvel espace public (Noack 2002; O'Toole 2011; Castañeda 2013).

En fondant ces cités, les Espagnols modifient la localisation de l'autorité. Si à l'époque chimú, le site archéologique de Chan Chan représente le pouvoir politique, ce dernier est déplacé, à l'époque inca, à Cuzco, puis à la Période Coloniale, à Trujillo (Rowe 1948a). Nous ne savons rien des motivations qui poussent Almagro, puis Pizarro à créer cette ville dans la vallée de Moche, mais ils ont probablement conscience que cette région a été un centre de pouvoir important aux époques préhispaniques et constitue ainsi un lieu propice à l'implantation du gouvernement espagnol sur la côte nord.

Les cités coloniales accueillent donc les institutions politiques, judiciaires et religieuses, ainsi qu'une société occidentale concentrant l'essentiel de la population immigrée d'origine européenne. Les Espagnols mettent aussi en place un système d'exploitation économique, l'*encomienda* et le *repartimiento*, en particulier dans la vallée de Chicama.

L'exploitation de la terre et des indigènes dans la vallée de Chicama

L'*encomienda* et le *repartimiento*

Les Espagnols, bien que citadins, tirent profit du travail des indigènes dans les champs à travers deux institutions: les *encomiendas* et les *repartimientos* créés quelques décennies après les premières (voir glossaire). Leur possession étant un accomplissement social très recherché, les responsables politiques, Pizarro, puis les Vice-rois, sont continuellement sollicités pour l'octroi de l'une ou de l'autre. Pour répondre à cette demande, ils n'hésitent pas à fragmenter des unités politiques et ethniques préhispaniques en plusieurs *encomiendas* ou *repartimientos*, contribuant ainsi à désorganiser les habitants (Rostworowski 1993: 203; 1999: 284). On note également une confusion au sujet de ces deux institutions qui ne sont pas rattachées à la terre, mais plutôt à la production des indigènes, et deviennent des synonymes de « vallée » et donc se territorialisent (Ramírez 1981: 283).

La vallée basse de Chicama est divisée en deux *encomiendas*, parfois nommées *repartimientos* ou « vallées »: celle de Licapa au nord, attribuée à Francisco Fuentes et celle de Chicama le long du fleuve et au sud, octroyée à don Pedro de Mora (fig.2.6; Zevallos 1990; Netherly 1977; 1984; Ramírez 1995a; 1995b). En 1583, l'*encomienda* de Chicama est vacante, suite à la mort de Diego de Mora, et l'administration, ne tenant pas compte des quarante-trois prétendants, décide qu'elle passe sous l'autorité de la Couronne (Zevallos 1990). Sur les hauteurs de la vallée moyenne de Chicama, placées sous la juridiction de Cajamarca et non de Trujillo, se trouve l'*encomienda* de Miguel Verdugo qui s'étend bien au-delà (Hampe 1986-87), tandis que la vallée haute, gérée depuis Huamachuco, constitue l'*encomienda* de Juan de Sandoval (fig.2.6; Espinoza 1974: 26; ARL leg. 154 exp. 222).

Les haciendas

Outre ces *encomiendas*, de nombreux particuliers fondent des exploitations agricoles, appelées haciendas, comme celle de Facalá créée par Pedro Tinoco ou celle de Chamalca appartenant à Francisco Villalobos, dans la vallée basse de Chicama (fig.2.6). Les besoins en main-d'œuvre sont comblés grâce au système de la *mita*, ou *mit'a*, une pratique d'origine préhispanique reprise par les Espagnols (Murra 1982; Spalding 1982; Wachtel 1992: 117). Une partie de la population travaille pour une durée déterminée, puis un autre groupe d'indigènes la remplace pour la période suivante, ainsi de suite au tour par tour. La *mita* s'apparente donc à une corvée rotative qui permettait au pouvoir inca de réaliser les grands ouvrages architecturaux caractéristiques de cette culture, et aux Espagnols d'exploiter les mines et les champs agricoles des Andes. Ainsi, des indigènes de provenances diverses travaillent pour les propriétaires de terres arables de la vallée basse de Chicama, pendant quelques mois, selon un roulement préétabli (ARL leg. 266 exp. 3064; ARL leg. 266 exp. 3069).

Suite à une épidémie, en 1589, les autorités espagnoles revoient à la baisse le nombre d'indigènes de la côte nord devant servir à la *mita* (ARL leg. 266 exp. 3064). Les travailleurs des vallées de Jequetepeque et de Lambayeque, au nord, sont appelés à cultiver des champs appartenant à des Espagnols, localisés entre autres dans la vallée de Chicama. Dans un autre document datant de 1604, on trouve la liste des vingt-cinq bénéficiaires de la *mita* de cette vallée, parmi lesquels figure Diego de Mora, l'*encomendero* de Chicama, ainsi que la main-d'œuvre originaire cette fois-ci de la région de Cajamarca et attribuée à chaque exploitant (ARL leg. 266 exp. 3069). Au cours de sa visite dans la vallée de Chicama, en 1607, Bartolomeo de Villavicencio interroge des indigènes employés dans les différentes haciendas, entre autres, au sujet de leur provenance (ARL leg. 266 exp. 3074). Certains viennent des hauteurs de la vallée de Chicama, tandis que d'autres vivent à quelques kilomètres de là, dans la vallée basse. Nous reviendrons plus loin sur les origines variées de ces travailleurs.

Normalement, ces haciendas espagnoles ne doivent pas être localisées à proximité des villages indigènes, notamment pour d'éviter les abus et les dégâts causés par leurs troupeaux. Deux Espagnols, Osorio et Gonzalo Alonso, se lancent dans l'élevage avec près de quatre mille têtes de moutons, dans la vallée d'Aracena, ce qui doit correspondre à la quebrada Santanero de la vallée moyenne de Chicama (fig.2.6; ARL leg. 280 exp. 3617). Ils s'installent à cet endroit afin d'être suffisamment éloignés des habitants les plus proches. Ces indications sont utiles pour déterminer des zones de peuplement indigène, à condition que les Espagnols aient tous respecté les lois à ce sujet.

Au 16e siècle, les *encomiendas* et les *repartimientos* sont les principaux moyens mis en œuvre par les Espagnols pour tirer parti du travail des indigènes et soutirer l'excédent de production à leur propre profit. C'est aussi une manière de diviser le territoire conquis en unités attribuées à des particuliers sans forcément tenir compte de la répartition ethnique d'origine préhispanique. D'autres Espagnols implantant leurs exploitations agricoles dans la vallée de Chicama bénéficient de la main-d'œuvre de la population grâce à la pratique de la *mita*.

Évangélisation et reducciones: déplacements de population dans la vallée de Chicama

L'exploitation économique des indigènes s'accompagne d'une forte volonté de les évangéliser et d'anciens lieux sacrés, comme le cerro Campana, sont exorcisés pour éloigner les démons préhispaniques des nouveaux baptisés (Calancha 1974 [1638]: 1262). L'installation de confréries de missionnaires, comme les dominicains qui fondent le monastère de Santo Domingo dans la vallée de Chicama (fig.2.6; Feyjoo 1984 [1763]: 101), se conjugue avec une politique de relocalisation des populations: les *reducciones*.

La *reducción* est, tout d'abord, un moyen de conversion religieuse. En rassemblant les indigènes loin des endroits sacrés préhispaniques autour desquels ils vivent, les prêtres peuvent plus facilement leur enseigner le catéchisme et les détourner définitivement de leurs antiques croyances. Cependant, cet argument religieux n'occulte pas l'aspect politique et économique d'une telle pratique. Le contrôle de la population et donc de la main-d'œuvre, et la commodité à percevoir le tribut sont deux raisons capitales qui poussent à la création de ces *reducciones* (Duviols 1971; Vergara 1990).

Cette volonté de concentrer les indigènes découle naturellement de la dispersion de l'habitat traditionnel. En 1540, quelques années à peine après la conquête, Sebastian de la Gama mène une inspection dans la région de Lambayeque (fig.2.1), où il recense plus de 200 hameaux et villages (Espinoza 1975). La tentation manifeste du chef de ces communautés de cacher une partie de la population pour ne pas payer de lourd tribut montre bien que cet éclatement

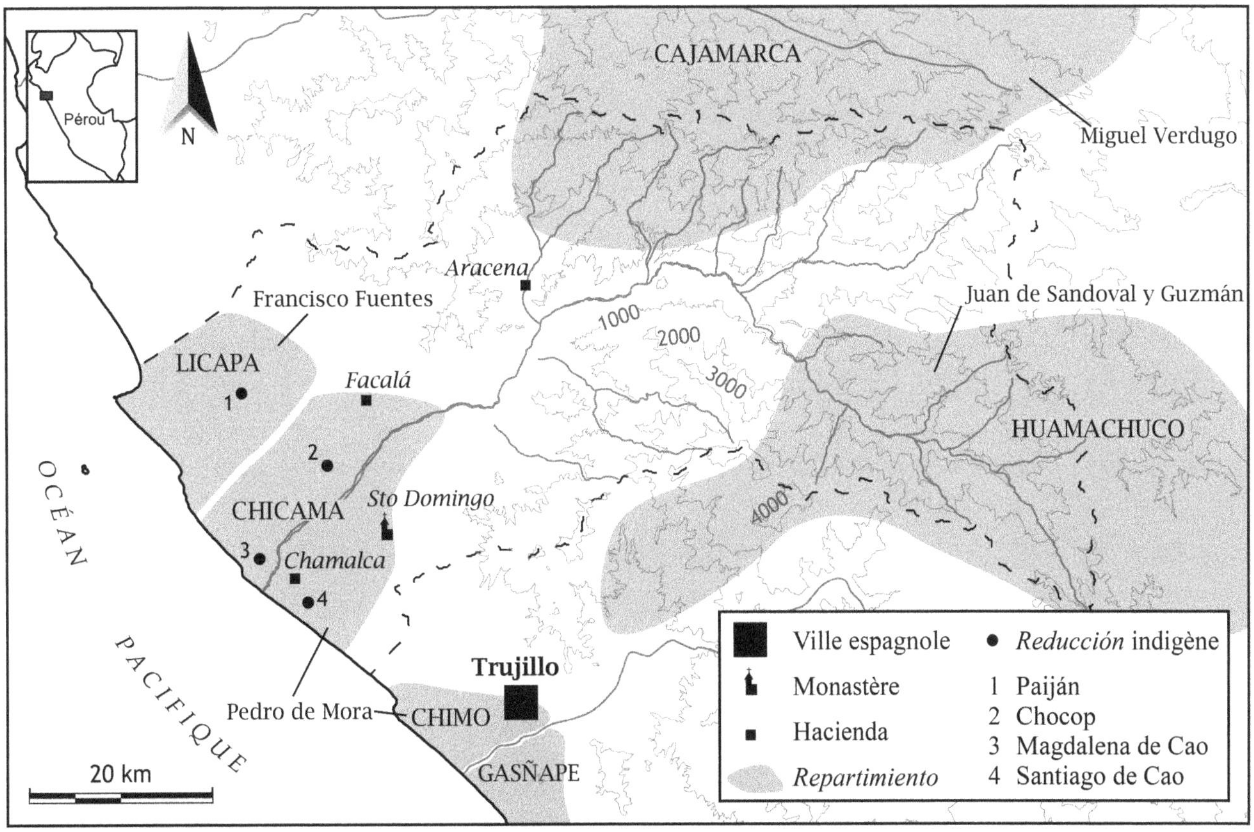

***Fig. 2.6* – Carte de la vallée de Chicama au 16e siècle (données de Zevallos 1990; ARL leg. 154 exp. 222; ARL leg. 266 exp. 3074; ARL leg. 280 exp. 3617; Feyjoo 1984 [1763]; AGI Justicia 457)**

de l'habitat indigène ne favorise pas un bon contrôle administratif. Durant sa visite, en 1566, le docteur Gonzales de Cuenca va y créer une *reducción*, rassemblant tout le monde en un seul village, San Salvador de Jayanca. Cependant, il existe une forte résistance à ces *reducciones* qui parfois se trouvent éloignées des terres cultivables. Les indigènes préfèrent s'enfuir afin d'échapper à l'autorité coloniale qui les pousse à renoncer à leurs anciennes coutumes. Au 17e siècle, en réaction à la politique des *reducciones*, on observe finalement le phénomène inverse, une nouvelle dispersion de la population (Duviols 1971; Huertas 1996).

Dans la vallée de Chicama, des *reducciones* sont créées par le docteur Gregorio Gonzales de Cuenca, en 1566. Le processus de formation des villages n'est pas clairement expliqué et on en sait bien peu au sujet des anciens hameaux de cette vallée. Néanmoins, quelques passages d'un document administratif (AGI Justicia 457), en particulier le témoignage de don Francisco de Fuentes concernant la *reducción* de deux villages dans le *repartimiento* de Licapa (fig.2.6), offrent quelques pistes:

> « A la quarante-neuvième question, il dit que dans ce *repartimiento*, le docteur Cuenca réduisit un village d'une partie à une autre et deux autres [villages] principaux qu'il rassembla dans le village principal et ce témoin pense que cela fut fait pour les Indiens, pour la doctrine, et ce fut sa réponse. »[7]

Bien qu'aucun nom ne soit donné, on peut supposer qu'un des deux villages réduits corresponde à Paiján (fig.2.6-1). C'est aujourd'hui l'un des plus gros bourgs des environs et les archives postérieures consultées traitent souvent de cette localité, démontrant son importance. Au sujet de la population qui y a été rassemblée, nous avons peu d'indications, mais deux indigènes, dont les interrogatoires sont transcrits dans le même document, disent être les chefs de Paiján et nous renseignent donc sur la présence d'au moins deux groupes différents. Ce village a probablement englobé les habitants de Licapa, qui disparaît dans les années suivantes et peut-être ceux de Nuxa (fig.2.16). Ce document présente, plus loin, un autre cas de *reducción*: « il visita deux autres hameaux qui étaient là-bas et qui furent réduits à Santiago »[8]. Le village de Santiago de Cao (fig.2.6-4), au sud du río Chicama, a été formé par l'union d'un village, autrefois appelé Quechecpa, et de deux hameaux proches, sans doute Copñape et Chamalca (Zevallos 1993a).

Dans la vallée basse de Chicama, Ramírez (1985: 426) dénombre environ dix-huit villages indigènes dont la population a été concentrée par le docteur Cuenca en quelques *reducciones*: Paiján, Chocop, Magdalena de Cao et Santiago de Cao (fig.2.6; Zevallos 1992: 14). Malgré cette transformation en profondeur de l'implantation indigène, il devait rester plusieurs hameaux dispersés aux alentours qui sont devenus des haciendas espagnoles ou qui ont disparu à cause de la chute démographique (fig.2.7).

La chute démographique de la populationindigène

Préoccupés par des questions d'ordres économiques et moraux, les Espagnols se sont très vite inquiétés de la baisse de la population indigène, dans les Andes et sur la côte. Cette chute démographique semble avoir débuté avant leur arrivée, à cause des rivalités au sein de l'Empire inca et de la première épidémie des années 1520, mais elle se poursuit longtemps après la fin des conflits, sous l'effet des maladies de l'Ancien Monde, de la dégradation des conditions de vie, du travail forcé et de plusieurs catastrophes naturelles comme le phénomène d'El Niño de 1578 ou le tremblement de terre de 1619 (Cook 1981: 138-139; Wachtel 1982: 135; Rostworowski 1999: 287).

Du fait de la concentration de la population le long des fleuves côtiers et du climat humide propice au développement des infections, les habitants du littoral sont sûrement plus fortement affectés que ceux de la sierra (Cook 1981: 143). Une épidémie touche la côte nord du Pérou en 1589, ce qui amène les autorités à reconsidérer les obligations que les indigènes, moins nombreux et affaiblis, doivent aux Espagnols (ARL leg. 266 exp. 3064). Cook (1981: 138) estime que Diego de Mora, l'*encomendero* de la vallée de Chicama et de Moche, a sous ses ordres environ 6600 indigènes, dans les années 1570, tandis qu'au début du 17e siècle, il n'y a plus que 4200 personnes. Huertas (1984: 89) indique la présence de 825 tributaires dans le *repartimiento* de Chicama et 353 dans le *repartimiento* de Licapa, en 1582 (fig.2.6). Tous ces chiffres, évalués à partir du cens tributaire, ne sont pas forcément exacts, mais montrent bien la baisse démographique. Un document que nous avons consulté, partiellement transcrit par Ramírez (1995a; 1995b), mentionne plus de 4000 indigènes[9] pour la vallée basse de Chicama, aux premiers temps de la Période Coloniale. Netherly (1977: 126) suppose qu'entre 1532 et 1600, la population de la côte nord a diminué de près de 95 %. Les estimations démographiques restent un exercice hasardeux, mais il demeure probable que la vallée de Chicama était bien plus peuplée au 15e siècle que par la suite, sous le joug espagnol, comme le souligne Feyjoo de Sosa (1984 [1763]: 100).

Le dépeuplement des Andes, et en particulier de la côte nord, comme dans la vallée de Chicama, a eu des répercussions sur l'implantation indigène. Outre les villages abandonnés, que ce soit ou non dans le cadre de la politique des

7 - La traduction de ce passage est nôtre: « *A las quarenta y nueve preguntas dijo que en este repartimiento reduxo el dicho doctor quenca un pueblo de una parte a otra y otros dos principales que hizo juntar en el pueblo principal y que le parece a este testigo que fue cosa que se hacía para los yndios para la dotrina y esto responde* » (AGI Justicia 457 fol. 926r.)

8 - Traduction personnelle de « *visito otros dos pueblezuelos que estavan allí que se redujeron a Santiago* » (AGI justicia 457 fol. 937v.).

9 - Ce témoignage est donné par le Capitán Baltazar Rodríguez et peut avoir été faussé par sa volonté de fonder un établissement espagnol qui risquait de léser la population indigène. Minimiser l'importance de cette dernière appuyait donc ses propos et ce chiffre n'est que son estimation personnelle.

reducciones, de nombreuses terres ne peuvent être cultivées par manque de main-d'œuvre et le système d'irrigation n'est plus suffisamment entretenu (Wachtel 1982: 154). Ce phénomène démographique de grande ampleur est l'une des conséquences directes des profondes mutations sociales, économiques et politiques qui ont eu lieu au cours du 16e et au début du 17e siècle. L'installation du pouvoir colonial, basé localement à Trujillo, et la création de types d'exploitations économiques, comme les *encomiendas*, les *repartimientos* et les haciendas, modifient le monde dans lequel évoluent les indigènes. Déplacés dans de nouveaux villages, convertis à une nouvelle religion, ces derniers conservent tout de même des traditions, des modes de vie hérités de leurs ancêtres.

III. La société indigène dans la vallée de Chicama

Face à ces bouleversements engendrés par l'installation des Espagnols, la société indigène de la vallée de Chicama, composée des descendants directs de la population chimú, doit s'adapter. Connaissant les modifications imposées par les Espagnols, il est maintenant plus facile de cerner les aspects sociaux, politiques et culturels indigènes qui perdurent depuis les périodes préhispaniques pendant les premières décennies de la Période Coloniale.

Les communautés indigènes de Chicama

Quelques documents d'archives (ARL leg. 283 exp. 3894; ARL leg. 273 exp. 3397) mentionnent la présence de *comunidades* ou de *parcialidades* dans la vallée de Chicama. Mais quelle réalité sociale se cache derrière ces termes espagnols repris par de nombreux ethnohistoriens, comme Rostworowski (1975b: 333), Netherly (1977: 60) ou Ramírez (1981: 290) ? Aujourd'hui, il existe encore des communautés, appelées *ayllus* dans les régions montagneuses des Andes, vestiges des époques préhispaniques.

Plusieurs études ethnologiques, ethnohistoriques et archéologiques permettent de comprendre le concept de l'*ayllu* (Rowe 1946: 253; Platt 1987; Moore 1995; Itier 2008: 68; Le Gouill 2010). Il est tout d'abord centré sur la figure d'un ancêtre commun, plus ou moins mythique, avec lequel tous les membres du groupe entretiennent des liens de parentés symboliques. L'appartenance à un *ayllu* s'exprime aussi à travers des vêtements, des traditions et des cultes à certaines divinités. Franklin Pease (1992: 19) met en avant la forte réciprocité, élément fédérateur par excellence de la communauté, qui relie tous les membres d'un *ayllu*. Par ailleurs, le principe de la dualité structure l'*ayllu* en le divisant en deux moitiés: celle du haut, *hanan*, et celle du bas, *hurin* (Wachtel 1992; Zuidema 1978; Murra 1968; Platt 1987; Benavides 1992), ou celle de gauche, *ichoq*, et celle de droite, *allauca*, pour la sierra centrale du Pérou (Masferrer 1984; Netherly 1977: 132). On trouve aussi une dualité symbolique et sociale entre agriculteurs et pasteurs (Duviols 1973; Tetsuya 1986). Cette définition de l'*ayllu* de la sierra et ces caractéristiques pourraient-elles être appliquées aux communautés de la côte nord ?

Au cours de nos prospections, nous n'avons pas observé de sentiment communautaire et aucun de nos interlocuteurs n'a mentionné l'existence de communauté dans la vallée de Chicama, tout au moins dans la vallée basse. Il existe cependant encore quelques communautés, par exemple dans la vallée de Virú ou dans la vallée de Lambayeque (Monge 2004).

Tout comme l'*ayllu*, la communauté indigène de la côte nord, à la Période Coloniale, semble s'organiser autour d'un lignage, par des liens de parenté réels ou fictifs (Ramírez 1981: 290). De plus, ses membres sont unifiés par des coutumes particulières comme les croyances religieuses, des fêtes, des lieux sacrés ou des cimetières (Cieza de León 2005 [1553]: 180). Le dialecte peut différer d'une communauté à une autre: les communautés de pêcheurs possèdent leur propre langue, la pescadora, tandis que celles d'agriculteurs parlent le muchic ou le *quingnam* (Ramírez 1981: 290). Sur la côte, la dualité ne semble pas s'exprimer par une séparation haut/bas, mais plutôt à travers un pouvoir partagé par deux individus (Rostworowski 1983: 119; Netherly 1977: 134). Netherly (1977: 236) suppose aussi que la division duale entre paysans et pasteurs de la sierra (Duviols 1973) peut exister, sur le littoral, sous la forme d'une dualité opposant agriculteurs et pêcheurs. Le mythe préhispanique de la création des anciennes croyances de la côte nord, rapporté par Calancha (1974 [1638]: 1224), met en scène deux duos d'étoiles, rappelant fortement le concept de la dualité. Toutes ces caractéristiques démontrent que les communautés de la côte sont similaires aux *ayllus*, terme parfois employé sur la côte (Rostworowski 1975b: 334). On le trouve notamment dans un document datant de 1657 (ARL leg. 284 exp. 4092) pour une communauté de la vallée de Moche10. À la Période Coloniale, il semble donc que les communautés de la côte nord sont semblables en bien des points aux *ayllus* de la sierra, même si des différences doivent exister.

Plusieurs communautés de la vallée de Chicama sont citées dans des textes du 16e et du début du 17e siècle. Ainsi, en 1616, un litige pour la possession de terres oppose la *parcialidad* du village de la Magdalena de Cao à celle de Bechop (ARL leg. 273 exp. 3397; fig.2.16). Le terme de communauté est aussi employé pour les indigènes de la Magdalena de Cao. Un autre document mentionne les *parcialidades* de Yalpa et de Pucuch, dans le *repartimiento* de Licapa (ARL leg. 283 exp. 3894). Bien que la plupart des communautés de la vallée ne figurent pas dans les sources consultées, les recherches de plusieurs ethnohistoriens (Ramírez 1995; Netherly 1977; Zevallos 1992) complètent nos données (fig.2.7). Sur la rive gauche du río Chicama, aux alentours de Santiago de Cao, se trouvent les

10 - L'emploi du mot *ayllu* dans ce document est probablement dû au « scribe », peut-être familiarisé avec les communautés de la sierra et réutilisant donc un vocabulaire quechua qui lui semblait approprié.

Village indigène	*Repartimiento*	Communauté	Rive
Chocop	Chicama	Chocop	nord
Chanquipe*	Chicama	Chocop?	nord
Mayal*	Chicama	Chocop?	nord
Tulape*	Chicama	Chocop?	nord
Cao	Chicama	Caop	nord
Bechoc	Chicama	Bechoc	nord
Choncop*	Chicama	Caop ? Bechoc ?	nord
Quechecpa	Chicama	Santiago	sud
Chamalca*	Chicama	Chamalca? Santiago?	sud
Toquen*	Chicama	Santiago ?	sud
Nam*	Chicama	Santiago ?	sud
Copñape*	Chicama	Santiago	sud
Enepen*	Chicama	Santiago	sud
Chictoy	Chicama	Chictoy	sud
Sacop	Chicama	Sacop	sud
Llamip	Chicama	Llamip	sud
Vichu	Chicama	Vichu	sud
Gasñape	Gasñape	Huaman	sud
Pongochep*	Chicama	Santiago?	sud?
Nuxa	Licapa	Nuxa ?Licapa ?	nord
Licapa	Licapa	Licapa	nord
Larap*	Licapa	Licapa	nord
Paijan	Licapa	Licapa et Nuxa	nord
Quismap*	Licapa	Malabrigo	nord
Yalpa	Licapa	Yalpa	nord
Pocus*	Licapa	Pucuch	nord
Ascope	Chicama	-	nord
Facalan	Chicama	-	nord
Chala*	Chicama	-	sud
Ñamñap*	Chicama	-	sud
Chiclin	Chicama	-	sud

***Fig. 2.7* – Tableau des villages indigènes et des communautés de la vallée basse de Chicama. Les noms avec (*) sont tirés de Zevallos (1992a).**

communautés de Vichu, de Llame ou Llamip, de Chictoy, de Sacop, de Toquen qui est peut-être sur la rive nord, de Chamalca, de Nam – composée de pêcheurs – et possiblement celle de Quechecpa (fig.2.7 et 2.16; Zevallos 1992; 1993a). Quechecpa désigne avant tout un ancien village dont la population est concentrée à Santiago de Cao, mais cela pourrait être aussi le nom d'une des plus importantes communautés des environs. Ce toponyme disparaît rapidement, remplacé par celui de Santiago que nous préférons utiliser, du fait de sa mention constante dans les textes consultés.

Sur la rive droite du río Chicama, on recense les communautés de Caop (le nom perd son « p » final par la suite), de Bechop, de Metem, de Chocop, et plus au nord-ouest, dans le *repartimiento* de Licapa, celles de Licapa, de Nuxa, de Yalpa et de Pucuch (fig.2.7 et 2.16; Netherly 1977; Zevallos 1993a). Pour compléter cet état des lieux, ne manque plus que la communauté de pêcheurs de Malabrigo – village autrefois appelé Quismap – qui se rebelle au début du 16e siècle, face au reste de la vallée de Chicama (Ramírez 1995a; 1995b). Il doit y avoir bien d'autres groupes indigènes dont les noms ne nous sont pas parvenus.

Dans la sierra de la vallée de Chicama, nous n'avons recensé, au cours de nos lectures, que quelques rares communautés, comme celles de Guzmango, de Cascas et de Lucma (fig.2.8; fig.1.22). La *pachaca* d'Usquil (ARL leg. 154 exp. 222) nous rappelle l'organisation inca des *guarangas* et des *pachacas*, établi selon un système décimal et le nombre de chefs de famille tributaires de la communauté (Julien 1982). D'un point de vue administratif, une *guaranga* comptait un millier de tributaires, une *pisca pachaca*, un demi-millier, une *pachaca* une centaine, une *pisca chunca* une cinquantaine.

Il existe même de simples chefs avec quelques personnes sous leurs ordres (Julien 1982). Cette classification n'est cependant pas adaptée à la réalité sociale et politique de la sierra nord et il faut plutôt voir dans le terme de *pachaca* l'équivalent d'une communauté tandis que celui de *guaranga* refléterait une « ethnie » (Espinoza 1973). La *pachaca* d'Usquil de la vallée haute de Chicama, rattachée à Huamachuco, ne compte donc pas forcément une centaine de familles. La *guaranga* de Guzmango, la plus importante de la région de Cajamarca, est localisée sur les sommets au nord de la vallée moyenne de Chicama (Remy 1992). La liste de ses *pachacas*, dont le nombre varie selon les auteurs, a été compilée par Julien (1993) qui en présente une quinzaine. Parmi elles, celles de Puchu, peut-être aussi appelée Chusan, de Cascas (ou Xaxadén) et d'Ayambla sont principalement basées dans la vallée de Chicama. À

Village indigène	*Repartimiento*	Communauté	*Guaranga*
Guzmango	Cajamarca	Chocop	Guzmango
Cascas	Cajamarca	Cascas	Guzmango
–	Cajamarca	Puchu	Guzmango
–	Cajamarca	Ayambla	Guzmango
–	Cajamarca	Colquemarca	Colquemarca
Usquil	Huamachuco	Usquil	Huamachuco
Lucma	Huamachuco	Lucma	Huamachuco

***Fig. 2.8* – Tableau des villages indigènes et des communautés de la vallée moyenne de Chicama (Julien 1993; ARL leg. 154 exp. 222).**

cela, s'ajoute la communauté de Colquemarca qui s'est détachée de la *guaranga* de Guzmango et qui est également installée dans le fond de la vallée de Chicama (Rémy 1992). Les termes quechuas de *pachaca* et *guaranga* sont très rarement utilisés pour caractériser les communautés de la côte nord – un seul document de 1643 (ARL leg. 284 exp. 4037) parle de la *pachaca* de la Magdalena de Cao[11] – il est probable que les Incas n'aient pas cherché à transformer complètement l'organisation sociale préexistante.

Les communautés indigènes de la vallée de Chicama paraissent manquer de réalité juridique aux yeux des Espagnols qui ont du mal à appréhender et cerner ces groupes indigènes. C'est surtout à travers leurs chefs, les *curacas*, que nous pouvons mieux les comprendre.

Les chefs indigènes de Chicama

Les indigènes les plus souvent cités dans les archives sont, sans conteste, les *curacas* qui, au nom de la communauté qu'ils dirigent ou de leurs intérêts personnels, sollicitent l'autorité coloniale, entamant des procès ou vendant des terres. Ces chefs de communautés, étudiés par de nombreux ethnohistoriens (Netherly 1977; Ramírez 1995a et 1995b; Cock 1984; Zevallos 1992; Rostworowski 1999) constituent donc la partie émergée et visible de « l'iceberg indigène », le reste de la population étant très rarement présent dans les documents administratifs. La visite du docteur Cuenca, dans les années 1566-1567 apr. J.-C., a permis à Ramírez (1995a; 1995b) de recenser trente-cinq *curacas* dans la vallée de Chicama, liste que nous avons complétée à partir d'écrits de la même époque[12] (AGI Justicia 457; AGI Justicia 458; ARL leg. 148 exp. 46). Les soixante *curacas* des tableaux (fig.2.9, 2.10 et 2.11) assurent pour la plupart être à la tête d'une *parcialidad,* ce qui impliquerait l'existence de communautés encore inconnues. Mais qui sont ces chefs ? Et quels sont leurs pouvoirs, leurs devoirs et leurs rôles ?

Le statut du *curaca*

Le mot quechua espagnolisé « *curaca* » désigne le chef d'*ayllu* de la sierra, mais les Espagnols préfèrent parler de *segunda persona*, de *principal*, de *mandón*, et de *cacique*, terme originaire des Caraïbes et tout aussi erroné pour la côte nord du Pérou (Zevallos 1992: 4).

Selon le vocabulaire *yunga* transmis par Carrera (1939 [1644]: 69), les chefs indigènes de la côte nord sont appelés « *çiec* » ou « *alœc* » tandis que « *parœng* » signifie vassal, mais ces expressions n'apparaissent jamais dans les écrits administratifs coloniaux et nous nous contenterons donc du terme de *curaca*, couramment employé par les ethnohistoriens pour indiquer un dirigeant indigène.

On observe une certaine redondance de suffixe dans les patronymes des *curacas* de la vallée de Chicama (fig.2.9 et 2.10). Parmi les noms des quarante-huit chefs indigènes de la plaine côtière, vingt d'entre eux s'achèvent par « *namo* », « *namu* » ou « *nam* », tout comme Taycanamo, le fondateur de la dynastie chimú, et Pacatnamu, le conquérant chimú de la vallée de Jequetepeque (Netherly 1990: 465). Zevallos (1993b) remarque aussi ce suffixe particulier, mais ne l'associe pas spécialement aux *curacas*. D'ailleurs, il ne spécifie que rarement le statut des indigènes dont il relève les patronymes. Calancha (1974 [1638]: 1226) indique que Pacatnamu signifierait « père de tous » et « *namu* » pourrait ainsi se traduire par père en langue *quingnam*. En *muchic/yunga*, père se dit « *ef* » ou « *efen* » selon Carrera (1934 [1644]: 69) et dans la vallée basse de Chicama, où cette langue est également implantée, on dénombre trois *curacas* dont le nom se termine par « *ef* » ou « *efe* ». Les *curacas* utilisent donc peut-être un suffixe, « *ef* » ou « *namu* », dans leur patronyme pour symboliser une sorte de paternité sur leur communauté, tel un titre de noblesse *quingnam* ou *yunga* semblable au « *guaman* »[13] quechua de l'élite inca.

L'ancêtre commun formant le lignage de la communauté est souvent un *curaca* plus ou moins mythique et leurs momies peuvent faire parfois l'objet d'un culte particulier, comme dans le cas bien connu des corps des dirigeants incas (Zuidema 1978). Dans l'actuelle vallée d'Ocros, localisée au sud du royaume chimú, un prêtre découvre, au 17e siècle, les momies d'un ancien *curaca* et de ses descendants qui sont vénérées pour l'irrigation et l'agriculture (Zuidema 1978: 1041). Malheureusement, les sources ethnohistoriques sur ce sujet sont limitées pour la côte nord et nous verrons plus en détail ces pratiques funéraires et l'importance des *curacas* défunts et des ancêtres à travers les données archéologiques.

Les *curacas* détiennent aussi quelques privilèges qui les différencient du peuple, comme de se déplacer en litière portée par des hommes, les *hamaqueros*, une coutume très vite interdite par les Espagnols, sous prétexte que ce mode de locomotion occupe trop de monde (Netherly 1977; Rostowrowski 1975a). Les *curacas* se tournent alors vers le cheval qui leur permet de circuler commodément tout en gardant un symbole élitiste, comme en témoignent les nombreuses demandes de licence pour monter à cheval, adressées par les *curacas* de la vallée de Chicama au docteur Cuenca, durant de sa visite en 1566-1567 (AGI Justicia 458). C'est d'ailleurs grâce à ces requêtes que Ramírez (1995a, 1995b) a établi sa liste des *curacas* reprise par nos soins.

11 - Tout comme pour l'*ayllu* de la vallée de Moche (voir note 10), l'auteur du document, probablement habitué aux communautés de la sierra, a peut-être choisi personnellement le terme de *pachaca* qui n'est jamais utilisé dans la vallée basse de Chicama.

12 - Seules les informations concernant les *curacas* de la sierra proviennent de documents plus récents (ARL leg. 266 exp. 3068; ARL leg. 154 exp. 222; ARL leg. 161 exp. 411).

13 - Le terme « *guaman* » signifie faucon en quechua (Gonzáles Holguín 1989 [1608]: 173) et cet animal symbolique puissant était associé à la noblesse (Zuidema 1967; Platt 1987: 72; Mendoza 1993: 113). Sur la côte nord, le suffixe « *guaman* » était parfois utilisé par les chefs indigènes, signe de l'influence des Incas (Mendoza 1993), mais il reste rare, en particulier dans la vallée de Chicama.

<table>
<tr><th colspan="3">Date des documents</th><th rowspan="2">Nom du curaca</th><th rowspan="2" colspan="2">Village ou communauté</th><th rowspan="2">Titre du curaca</th><th rowspan="2">Commentaires</th></tr>
<tr><th>1565</th><th>1566-1567</th><th>1572</th></tr>
<tr><td></td><td>X</td><td>X</td><td>Juan de Mora</td><td rowspan="4" colspan="2">Chocop</td><td>cacique principal</td><td></td></tr>
<tr><td>X</td><td>X</td><td></td><td>Gonzalo Sulpinamo</td><td>principal</td><td rowspan="2">vieux conseiller et son fils?</td></tr>
<tr><td></td><td></td><td>X</td><td>Diego Sulpinamo</td><td>principal</td></tr>
<tr><td></td><td>X</td><td>X</td><td>Pedro Quepanarrefe</td><td>principal</td><td></td></tr>
<tr><td>X</td><td>X</td><td></td><td>Alonso Suchinamo</td><td rowspan="3" colspan="2">Caop</td><td>principal</td><td></td></tr>
<tr><td>X</td><td>X</td><td></td><td>Diego Sancaycaynamo</td><td>principal</td><td></td></tr>
<tr><td>X</td><td></td><td></td><td>Alonso Suy Suy</td><td>principal</td><td></td></tr>
<tr><td></td><td>X</td><td></td><td>Pedro Mache</td><td rowspan="3" colspan="2">Santiago</td><td>segunda persona</td><td rowspan="2">frères</td></tr>
<tr><td></td><td>X</td><td></td><td>Gaspar Mache</td><td>principal</td></tr>
<tr><td></td><td>X</td><td></td><td>Diego Mynconamo</td><td>principal</td><td></td></tr>
<tr><td></td><td>X</td><td>X</td><td>Christoval Quispinamo</td><td rowspan="2">Chictoy</td><td>Sacop</td><td>principal</td><td></td></tr>
<tr><td></td><td></td><td>X</td><td>Francisco Della</td><td></td><td>principal</td><td></td></tr>
<tr><td></td><td>X</td><td>X</td><td>Alonso Yspacnamo</td><td rowspan="2">Vichu</td><td>Llamip</td><td>principal</td><td></td></tr>
<tr><td></td><td>X</td><td></td><td>Pedro Munap</td><td></td><td>principal</td><td></td></tr>
<tr><td>X</td><td></td><td></td><td>Diego Guachat</td><td colspan="2"></td><td>principal</td><td></td></tr>
<tr><td>X</td><td></td><td></td><td>Gonzalo Simanchumbi</td><td colspan="2"></td><td>principal</td><td></td></tr>
<tr><td></td><td>X</td><td></td><td>Gaspar Fuentes</td><td rowspan="3" colspan="2"></td><td>principal</td><td>rive sud</td></tr>
<tr><td></td><td>X</td><td></td><td>Andres Llama</td><td>principal</td><td rowspan="2">en relation avec Gaspar Fuentes</td></tr>
<tr><td></td><td>X</td><td></td><td>Hernando Petimerref</td><td>principal</td></tr>
<tr><td></td><td>X</td><td></td><td>Christoval Chumbinamo</td><td colspan="2"></td><td>principal</td><td></td></tr>
<tr><td></td><td>X</td><td></td><td>Luis Chayan nam</td><td colspan="2"></td><td>principal</td><td rowspan="2">parents?</td></tr>
<tr><td></td><td>X</td><td></td><td>Diego Chayan namu</td><td colspan="2"></td><td>principal</td></tr>
<tr><td></td><td>X</td><td></td><td>Martin Amnopnamo</td><td colspan="2"></td><td>principal</td><td></td></tr>
<tr><td></td><td>X</td><td></td><td>Martin Soquenamo</td><td colspan="2"></td><td>principal</td><td></td></tr>
<tr><td></td><td>X</td><td></td><td>Hernando Cautur</td><td colspan="2"></td><td>principal</td><td></td></tr>
<tr><td></td><td>X</td><td></td><td>Francisco Siclapac</td><td colspan="2"></td><td>principal</td><td></td></tr>
<tr><td></td><td>X</td><td></td><td>Hernando Bisbin</td><td colspan="2"></td><td>principal</td><td></td></tr>
<tr><td></td><td>X</td><td></td><td>Pedro Nocfe</td><td colspan="2"></td><td>principal</td><td></td></tr>
<tr><td></td><td>X</td><td></td><td>Pedro Fayo</td><td colspan="2"></td><td>principal</td><td></td></tr>
<tr><td></td><td>X</td><td></td><td>Diego Chimyss</td><td colspan="2"></td><td>principal</td><td></td></tr>
<tr><td></td><td>X</td><td>X</td><td>Anton Chanytnamo</td><td colspan="2"></td><td>principal</td><td></td></tr>
<tr><td></td><td>X</td><td></td><td>Martin Nelu</td><td colspan="2"></td><td>principal</td><td></td></tr>
</table>

***Fig. 2.9* – Tableau des *curacas* du *repartimiento* de Chicama (AGI Justicia 457; AGI Justicia 458; ARL leg. 148 exp. 46).**

Enfin, le prestige des *curacas* dépasse le cadre de la société indigène et les Espagnols leur manifestent un certain respect. L'usage de la particule espagnole « *don* » pour les *curacas* démontre bien cette reconnaissance d'un statut particulier. En 1615, Gaspar Cichaguaman, *curaca* de la Magdalena de Cao (fig.2.6-3) intente un procès contre Damian Bocanegra, un Espagnol, pour l'avoir fouetté (ARL leg. 240 exp. 2272). Plus d'un indigène a dû sentir le fouet mordre son dos, mais battre un *curaca* n'est pas permis et l'Espagnol s'est retrouvé derrière les barreaux,

Date des documents			Nom du *curaca*	Village ou communauté		Titre du *curaca*	Commentaires
1565	1566-1567	1572					
X	X	X	Francisco Nuxa	Nuxa? Licapa?	Paijan	*cacique principal*	
	X	X	Christoval Ancoynamo	Nuxa? Licapa?		*segunda persona*	
X		X	Alonso Sichay (ou Siquicha)	Paijan		*principal*	
	X		Luis Guamanamo			*principal*	
X	X		Gonzalo Ynosupo	Yalpa		*principal*	parents
X	X	X	Juan Chacaynamo		Paijan	*principal*	
	X		Francisco Ynalnamo			*principal*	
	X		Christoval Caxan Seberref			*principal*	
	X		Christoval Senancax	Pucuch		*principal*	
	X		Cayñuñamo	Malabrigo		*mandón*	
	X		Chonlo Onamo (Yñusiñamo)			*mandón*	
	X		Fayese			*mandón*	
	X		Hernando Ifsacanamo			*mandón*	
	X		Francisco çilco			*principal*	
X			Alonso Mal			*principal*	
X			Diego Porpus			*principal*	

Fig. 2.10 – **Tableau des *curacas* du *repartimiento* de Licapa (AGI Justicia 457; AGI Justicia 458; ARL leg. 148 exp. 46).**

Date des documents			Nom du *curaca*	Village ou communauté	Titre du *curaca*	Commentaires
1565	1566-1567	1572				
		X	Alonso Carvaplongo Chuplingon	Guzmango	*cacique principal*	
		X	Sebastian Ninalingon		*principal*	
		X	Melchor Caruaraico		*principal*	
		X	Juan Astomalon		*principal*	
		X	Juan Caches		*principal*	
		X	Francisco Chuquitas		*principal*	
		X	Alonso Caxavalent		*principal*	
	X		Juan	Cascas	*principal*	
	X		Antonio Piqui	Guzmango	*principal*	
1585			Alonso Tanta Condor	Usquil	*cacique*	
1608			Alonso de Ampuero	Lucma	*cacique principal*	
1604			Agustin Chumbinamo	Cajabamba	*cacique principal*	*guaranga* des *mitimaes yungas*

Fig. 2.11 – **Tableau des *curacas* de la sierra de la vallée de Chicama (Remy y Rostworowski 1992; AGI Justicia 458; ARL leg. 266 exp. 3068; ARL leg. 154 exp. 222; ARL leg. 161 exp. 411).**

suspendu de ses fonctions de lieutenant de la vallée de Chicama.

Les pouvoirs des *curacas*

Ces chefs jouent des rôles variés, religieux, économiques, politiques et militaires, nécessaires au développement de leur communauté, tout en renforçant leur propre puissance. Détenant un pouvoir absolu, ils ont droit de vie et de mort et peuvent répartir les tâches collectives ou faire travailler leurs « sujets » sur des terres agricoles (Wachtel 1992: 128; Netherly 1977: 178; Ramírez 1982: 124; 1987). Cette autorité est toutefois contrebalancée par la réciprocité qui les oblige au devoir d'hospitalité – ils doivent notamment subvenir aux besoins des travailleurs – et de redistribution des richesses, comme la *chicha*, cette bière de maïs typique des Andes, qui est servie dans leurs tavernes (Franklin Pease 1992; Rostowrowski 1975a). En 1566, le docteur Cuenca, dans ses *Ordonanzas*, limite la production et la distribution de cette boisson et donc le pouvoir même des *curacas* sur leurs indigènes qui refusent alors de travailler, le principe de la réciprocité n'étant plus respecté. Une demande de Juan de Mora, *curaca* de la vallée de Chicama, illustre bien l'importance de la *chicha* dans les relations entre les indigènes et leurs chefs:

> « ... Don Juan de Mora, *cacique principal* du *repartimiento* de Chicama, m'a fait relation, par supplique, qu'à cause des ordonnances que j'ai faites pour la bonne gouverne des indiens dudit *repartimiento*, il est interdit aux *caciques* d'avoir des tavernes de *chicha* où ils donnent à boire aux Indiens. Et lui n'a jamais eu de tavernes, mais qu'aux Indiens qui vont travailler aux champs, et à d'autres travaux nécessaires et quand ils se réunissent, on leur donne à boire et que si, pour ledit effet, on interdisait de donner à boire à ces Indiens, ils ne pourraient pas les rassembler pour faire les semailles de la communauté que je leur ai demandé de faire pour la *tassa*. Et il m'a demandé que je lui donne mon autorisation pour qu'il puisse donner à boire aux Indiens qui se rassemblent pour lesdits travaux de la communauté, sans pour cela encourir quelconque amende [...]. Je donne licence à Don Juan de Mora, *cacique principal* dudit *repartimiento* et à ses *principales* afin qu'aux Indiens qui doivent travailler dans les champs de la communauté qu'on leur demande de faire pour la *tassa*, et pour le nettoyage des canaux, ainsi que pour d'autres tâches de la communauté, ils puissent donner à boire et à manger auxdits Indiens, qu'en cela, ils travaillent comme ils en ont l'habitude et la coutume, sans que pour cela, ils encourent une amende quelconque... »[14]

Sans la *chicha* comme compensation, les indigènes n'acceptent pas de travailler et il devient impossible de les rassembler pour des tâches communautaires (Rostworowski 1975a; Netherly 1977: 216). Parmi les travaux qui impliquent cette distribution de *chicha*, on trouve les semailles et les récoltes des champs, le nettoyage des canaux d'irrigation ainsi que la construction de maisons, exemple donné par un *curaca* de Jequetepeque dans une pétition similaire (AGI Justicia 458 fol.1938v). Cette réciprocité, travail contre boisson, mais aussi contre nourriture, permet aux *curacas* de mobiliser la main-d'œuvre indigène et de gérer l'exploitation des ressources de la communauté.

Les *curacas* ont la charge de répartir les tâches entre les membres de leur communauté. La désignation des parcelles de terres à cultiver, l'exploitation des richesses, comme l'extraction de minerais ou bien le partage de l'eau des canaux, font partie de leurs fonctions (Franklin Pease 1992: 38; Ramírez 1982: 1224; Netherly 1977: 127). Diego Mache, fils du *curaca* de Santiago de Cao (fig.2.6-4), ordonne à certains hommes de sa communauté d'aller s'occuper des champs éloignés du village (ARL leg. 272 exp. 3377). Cette mobilisation des indigènes pour mener à bien un travail communautaire est placée sous l'entière responsabilité du *curaca* dont la présence est requise (Netherly 1977: 180).

> « ... Et si on m'emmène prisonnier à ladite ville de Trujillo, moi et tous mes Indiens aurions beaucoup de maux, car étant à présent en train de récolter ledit blé, et lorsque nous aurons fini, nous devrons semer les semences de la communauté, ce qui ne se ferait pas si on m'emmène prisonnier, parce que les Indiens sont de mauvais récolteurs et on ne peut pas se fier à eux, si je ne me trouve pas présent. »[15]

Cet extrait d'une demande de Juan de Mora, *cacique principal* de Chicama, afin d'éviter la prison pour cause de retard de payement du tribut, montre que sa présence est nécessaire à la réalisation des tâches communautaires, telles les récoltes et les semailles, les graines étant sûrement fournies par le *curaca* (Netherly 1977: 213). Bien

14 - La traduction est nôtre: "*... don Juan de Mora, cacique principal del repartimiento de Chicama me a hecho relacion por suplica que por las ordenanças que yo tengo hechas para el buen gobierno de los yndios del dicho repartimiento se manda que los caciques no tengan tabernas de chicha donde dan de beber a los yndios y que el nunca ha tenido las dichas tabernas mas de que a los indios que van a travajar a las sementeras y quando se juntan los dan de beber y a otras obras necessarias y que sy para el dicho efecto se proviese el darles de beber a los dichos indios no se podrían juntar a hazer las sementeras de la comunidad que por la tassa les he mandado hazer y me pidió le diese my mandamiento para que para las dichas obras de comunidad pudiese dar de beber a los indios que para ellas se juntasen sin por ello yncurrir con pena alguna [...] doy licencia a don Juan de Mora cacique principal del dicho repartimiento y a los principales della que a los indios que oviesen de trabajar en las sementeras de la comunidad que se les manda hazer por la tassa y en el limpiar de las acequias asi y en otras obras de comunidad puedan dar de beber y de comer a los dichos indios que en ello trabajazen como lo tienen de uso y de costumbre sin que por ello yncurran en pena alguna...*" (AGI Justicia 458 fol. 1937r.).

15 - La traduction est nôtre: "*Y si me llevasen presso a la dicha ciudad de truxillo a my y todos mys indios nos vendrya mucho daño para estar al pressente coxendo el dicho trigo y en acabándolo de coxer emos de sembrar la sementera de la comunidad la qual no se haría sy me llevasen presso porque los yndios son de muy mal recaudos y no se puede fiar dellos si yo no me hallo pressente.*" (AGI Justicia 457 fol. 2052r.).

sûr, c'est également un argument que ce *curaca* avance pour ne pas être inquiété !

Les *curacas*, sur la côte nord comme dans la sierra, sont les figures politiques, mais aussi religieuses des communautés qu'ils dirigent. Le caractère sacré des *curacas*, de par leur position privilégiée avec l'ancêtre fondateur, leur donne un rôle prépondérant pour effectuer des rites. Leurs fonctions relatives aux cultes, aux cérémonies et aux aspects surnaturels du monde semblent avoir été généralisées dans les Andes. Ils sont, entre autres, chargés des fêtes permettant d'obtenir les faveurs des divinités, notamment lors d'activités agricoles impliquant l'ensemble de la communauté (Franklin Pease 1992: 39; Murra 1978: 136). Sur la côte, ils organisent des « *borracheras* », des cérémonies religieuses, où la *chicha*, boisson indispensable pour la mobilisation des travailleurs, est abondamment servie à tous les membres de la communauté, mais aussi versée comme offrande (Ramírez 1982: 124). Le culte des pierres sacrées nommées *Alecpong*, ce qui signifie « pierre du seigneur » en langue *yunga*, montre ce rapport particulier qui unit les *curacas* et le domaine du religieux (Rowe 1948a: 51). À l'instar des premiers Incas mythiques transformés en rochers, ces pierres représentent peut-être d'anciens *curacas*, fondateurs de communautés côtières (Netherly 1977: 123). L'idole appelée Yampallec, apportée par Naymlap dans la vallée de Lambayeque, reflète également l'étroite relation entre pouvoir politique et spirituel.

La puissance des *curacas* repose donc avant tout sur leur capacité à organiser les activités économiques de la communauté et à mobiliser la main-d'œuvre à travers le principe de la réciprocité, par le don de *chicha* et de nourriture. Étant donné le rôle rituel de la *chicha* et des *curacas*, les tâches communautaires doivent probablement être empreintes de connotations sacrées et posséder ainsi un aspect festif et cérémoniel que seuls les *curacas* sont à même d'offrir.

Les relations entre les *curacas*

À la Période Coloniale, le pouvoir semble être héréditaire et se concentre surtout dans une famille de *curacas* pour chaque communauté (Zevallos 1992; Franklin Pease 1992: 129), privilégiant l'accès à ce statut pour les garçons, sans toutefois en écarter les filles (Netherly 1977: 189; Rostworowski 1999: 292). Zevallos (1992) a retracé la succession des *caciques principales* du *repartimiento* de Chicama: Cipica Guaman qui vivait sous le règne de Huayna Capac, suivi de son fils, Alonso Caxaguaman, puis de son petit-fils, Juan de Mora qui prend le patronyme de son *encomendero* Diego de Mora. En 1595, suite au décès de Juan de Mora, ses trois fils, Alonso, Pedro et Juan, puis María, la fille d'Alonso, occupent tour à tour la charge. La succession se réalise donc préférentiellement de père en fils ou du frère aîné à son cadet.

Plusieurs *curacas* de notre liste (fig.2.9 et 2.10) sont apparentés, comme Pedro et Gaspar Mache qui sont frères, ou Gonzalo Ynosupo et ses deux fils, Juan Chacaynamo et Francisco Ynalnamo. Bien que les noms puissent changer au sein d'une famille, la répétition de quelques patronymes, comme Gonzalo et Diego Sulpinamo ou Luis et Diego Chayan namu, pourrait aussi indiquer des liens de parenté. Un *curaca* peut donc être aidé par certains proches, fils, frères ou neveu (Netherly 1977: 175). Même au sein d'une famille, la succession au titre de *curaca* pose parfois problème, comme dans le cas de Sontovelillo (Fernández 1994) qui oppose deux cousins prétendant chacun au pouvoir.

Par ailleurs, les modalités de succession ne se limitent pas à l'appartenance à une famille de *curacas*, et il faut se faire accepter à la fois par ses « sujets », mais également par les autres *curacas* qui forment une sorte de « collège » (Netherly 1977: 180-183; Ramírez 1985: 306; 1986; Rostworowski 1999: 299). Aux époques préhispaniques, la succession doit aussi être confirmée par une autorité supérieure: les dirigeants chimús ou incas (Netherly 1977: 186). Les règnes courts, souvent conclus par la mort suspecte du chef, comme dans le cas de Lillonamo, un *curaca* de Malabrigo (fig.2.16) assassiné par ses propres indigènes, témoignent bien de l'importance de cette indispensable légitimité à gouverner (Ramírez 1995a).

Les alliances matrimoniales entre les différentes familles de *curacas* permettent d'obtenir des appuis politiques auprès de leurs pairs et de renforcer la position et la légitimité d'un chef. Ainsi, Pinchan, le *curaca* de la communauté des pêcheurs de Malabrigo, à l'époque de Huayna Capac, est-il marié à la fille du *curaca* de Licapa (donc la tante de Francisco Nuxa, Ramírez 1995a: 249). Quant à Juan de Mora, sa femme est la fille de Pedro Mache, son second (Zevallos 1992: 18), et par la suite, sa petite-fille, María de Mora, épouse José de la Torre Oxaguaman, descendant direct des anciens dirigeants chimús de la vallée de Moche, en 1631 (Zevallos 1992: 31).

Les rôles de représentation politique et de médiation sont aussi importants. Les *curacas* incarnent leur communauté face à l'autorité coloniale, se dressant contre les abus des Espagnols. Ainsi, dans un document de 1620 apr. J.-C. (ARL leg.169 exp.594), Diego del Salto se dit « *cacique principal* et gouverneur du village de Paiján, au nom de toute ma communauté »[16]. Au contraire, les indigènes du peuple sont peu souvent cités, puisque leur *curaca* s'exprime à leur place. De même, un *curaca* doit probablement représenter sa communauté vis-à-vis de ses pairs, notamment pour la prestation de services ou la *mita*, ce qui peut engendrer des tensions politiques. La diplomatie ne fonctionne pas toujours et les relations pacifiques rompues peuvent déboucher sur un conflit, comme au début du 16e siècle, lorsque le *curaca* de la communauté de pêcheur de Malabrigo, Mynchonamo, se rebelle face au reste de la vallée de Chicama (Ramírez 1995a: 249). À la tête d'une

16 - Traduction personnelle de « *cacique principal y gobernador del pueblo de Paijan en nombre de toda mi comunidad* » (ARL leg. 169 exp. 594 fol. 1r.).

petite troupe armée, il attaque et tue quelques Espagnols et un *curaca* de Chicama, ce qui lui vaut de terribles représailles. La vaillance de Mynchonamo est néanmoins citée en exemple, indiquant bien la fonction guerrière que peut avoir un *curaca*.

Le *curaca* se présente donc comme l'autorité dirigeant une communauté indigène et légitimée par une ascendance particulière et par l'acceptation de son titre. Il détient un pouvoir basé à la fois sur des relations de réciprocité et ses compétences religieuses, puisqu'il joue un rôle prépondérant dans les rites et les cérémonies. Possédant des privilèges qui le distinguent du reste de la population, il doit administrer la communauté en attribuant et répartissant les tâches de chacun. Sa capacité à mobiliser des travailleurs en échange de festins qu'il organise, selon le principe de la réciprocité, représente sa principale force. Cette gestion économique bénéficie à toute la communauté et, par conséquent, au *curaca* lui-même (Netherly 1977: 183). Cette figure du pouvoir local constitue une élite moyenne qui, sur la côte nord du Pérou, réussit à survivre à la conquête inca et à celle des Espagnols. Cependant, tous les *curacas* ne semblent pas disposer du même degré d'autorité, le concept de dualité de la communauté place ces chefs de manière précise sur l'échelle de la hiérarchie.

Hiérarchie politique dans la vallée de Chicama

À la lumière des textes administratifs coloniaux, il apparaît clairement que tous les *curacas* ne sont pas du même rang. Les différents termes utilisés par les Espagnols, *cacique principal*, *segunda persona*, *principal* et *mandón*, reflètent des différences de statuts et l'existence d'une hiérarchie.

Une dualité asymétrique

La dualité que nous avons observée pour les communautés s'applique aussi au domaine de la politique et du pouvoir (Rostworowski 1999). Du fait de leurs conceptions mentales européennes, les chroniqueurs espagnols n'avaient pas compris ce concept ou bien ils l'avaient jugé invraisemblable (Cieza de León 2005 [1553]: 373). Pourtant, le duo formé par le *cacique principal* et son second, ou *segunda persona*, traduit bien ce principe de la dualité qui implique une division en deux parties d'un tout. Ces deux *curacas* ont donc chacun sous leurs ordres une des deux moitiés de leur communauté. Toutefois, le second demeure assujetti au *cacique principal*, comme son titre l'indique, et sa moitié est de moindre importance (Netherly 1977: 134). Ainsi, le *repartimiento* de Chicama était dirigé par don Juan de Mora, *cacique principal*, et par Pedro Mache, son second (fig.2.12).

Bien que l'*Historia anónima* décrivant la dynastie des souverains chimús présente plutôt un système « monarchique », avec un pouvoir monopolisé par une seule personne, quelques duos, comme Minchanzaman et Querrutumi ou Chumun-Caur et Ñancenpinco, semblent émerger des chroniques, ce qui pourrait confirmer l'existence d'une dyarchie, chez les Chimús (Santa Cruz 1968 [1638]: 298; Netherly 1990; Paredes 1993; 1994).

La hiérarchie des *curacas* se fonde donc sur une dualité inégale entre deux personnes et sur une vision plus ou moins large du territoire. Netherly (1977: 134; 1984; 1990) propose un modèle basé sur des divisions duales successives, un *repartimiento* étant séparé en deux moitiés, à leurs tours dissociées en deux, soit quatre parties, elles-mêmes parfois morcelées en deux, soit huit subdivisions (fig.2.12). Le *repartimiento* de Chicama, les moitiés du *repartimiento* et les communautés indigènes forment donc trois niveaux superposés, avec leurs subdivisons respectives gérées par des duos de *curacas*.

Des *curacas* à différents échelons de la hiérarchie

Netherly (1977; 1984; 1990) démontre que certains *curacas* se retrouvent à plusieurs niveaux de cette hiérarchie. Elle parvient à placer, dans ce schéma, le *cacique principal*, Juan de Mora, Pedro Mache, son second et quatre autres *principales*, Alonso Suchinamo, Gonzalo Sulpinamo, Diego Mynconamo et Diego Sancaycaynamu (fig.2.12; Netherly 1977: 136). On remarque le « cumul des mandats » des principaux *curacas*: Juan de Mora gère à la fois une communauté, la moitié 1 et le *repartimiento* entier. Pedro Mache dirige une autre communauté, la moitié 2 et le *repartimiento* de Chicama avec Juan de Mora qui reste néanmoins son supérieur. Alonso Suchinamo est à la tête d'une communauté et participe à l'administration de la moitié 1 du *repartimiento* aux côtés de Juan de Mora.

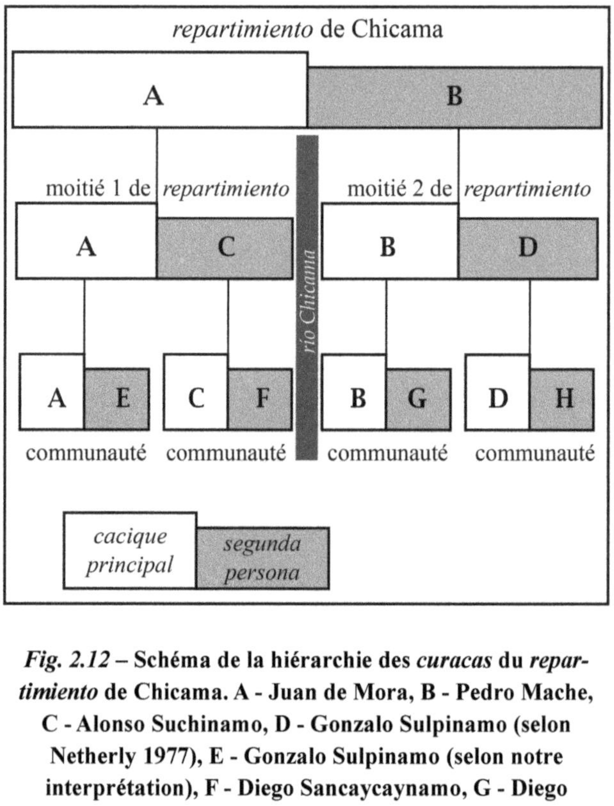

***Fig. 2.12* – Schéma de la hiérarchie des *curacas* du *repartimiento* de Chicama. A - Juan de Mora, B - Pedro Mache, C - Alonso Suchinamo, D - Gonzalo Sulpinamo (selon Netherly 1977), E - Gonzalo Sulpinamo (selon notre interprétation), F - Diego Sancaycaynamo, G - Diego Mynconamo, H - inconnu.**

Diego Sancaycaynamu n'est que le second d'Alonso Suchinamo et n'est placé qu'au simple niveau de la communauté. Ce « cumul des mandats » explique pourquoi une même personne est présentée sous différents titres: Pedro Mache est le *segunda persona* de la vallée de Chicama, mais il est parfois nommé *cacique principal* du village de Santiago (fig.2.6-4).

Netherly (1977: 137) relie la dualité de cette organisation sociopolitique côtière au paysage de la vallée. La moitié 1, dirigée par Juan de Mora et Alonso Chuchinamo, se compose des communautés de Chocop et de Caop, toutes deux localisées sur la rive droite du río Chicama (fig.2.16). Pedro Mache qui est basé à Santiago, sur la rive gauche du fleuve, gère la moitié 2. Par conséquent, le río Chicama pourrait constituer une séparation logique: la moitié 1 sur la rive droite et la moitié 2 sur la rive gauche. La vallée voisine de Moche est scindée par son fleuve en deux *repartimientos*, ceux de Chimo et de Gasñape, qui sont situés sur des rives opposées (fig.2.6; Rostworowski 1976; Netherly 1990; Noack 1997: 349). Zuidema (1978: 1047), grâce à son étude des *ceques*, ces lignes imaginaires de la région de Cuzco, a démontré que le río Huatanay marque la séparation entre les deux moitiés de Cuzco, *hanan* et *hurin*, réparties respectivement sur les rives droite et gauche. L'emploi d'un cours d'eau pour symboliser une division duale, comme celle du *repartimiento* de Chicama, semble donc répandu dans les Andes et laisse supposer que d'autres éléments du paysage, comme une montagne, pourraient avoir un rôle comparable.

Netherly (1977: 137) présume que Gonzalo Sulpinamo gère une communauté localisée sur la rive gauche, sous les ordres de Pedro Mache, mais nous avons peu d'indications à son sujet et sur le degré de la relation que ce *curaca* entretient avec Juan de Mora ou Pedro Mache. Néanmoins, l'examen d'une demande de licence de Gonzalo Sulpinamo, en 1566 (AGI Justicia 458 fol. 1781), pour monter à cheval, nous offre quelques indices:

> « Illustre seigneur, don Gonzalo et seigneur d'Indiens de cette vallée de Chicama, je parais devant Votre Grâce et je dis que je suis seigneur d'un village d'Indiens de cette vallée. Et étant comme je suis principal, bien que **je ne sois pas la *segunda persona* du *cacique***, à cause des nombreux Indiens qu'il faudrait avoir pour cela, je le suis quant à la gouvernance de ladite vallée, mon *cacique* étant **jeune homme** et ainsi, je suis celui qui le conseille et je donne l'ordre de comment il doit gouverner et régir les Indiens. Et ainsi, pour être **vieux**, comme Votre Grâce le voit, et très lourd et de courte vue et malade, comme étant seigneur natif de cette vallée, pour ces causes et raisons, je demande et supplie Votre Grâce de me faire grâce d'ordonner que l'on me donne une licence pour que je puisse aller à cheval, avec selle et freins, parce qu'étant vieux et aveugle et presque estropié des jambes, je reçois grand mal, et par jugement de ma santé, à marcher à pied.[17] »

D'une part, Gonzalo Sulpinamo explique qu'il n'est pas le second de son *cacique,* car il n'a pas assez d'indigènes sous ses ordres, mais qu'il remplit ce rôle, parce que son *curaca* supérieur est encore jeune. Il est probable que ce dernier soit Juan de Mora, qui en 1566, est jeune[18]. Du moins, l'est-il un peu plus que Pedro Mache qui, étant son beau-père, est sûrement plus âgé. Pour comprendre la fonction de Gonzalo Sulpinamo comme conseiller, tâche incombant normalement au second, Pedro Mache, Netherly (1977: 201) pense que celui-ci est très jeune et donc tout aussi inexpérimenté. Pour notre part, nous supposons que ce rôle de guide est surtout dicté par une certaine proximité géographique, Gonzalo vivant probablement non loin de Chocop, voire dans ce village (fig.2.6-2). La mention de terres de Gonzalo, frontalières avec celles de Juan de Mora, dans cette même région, renforce notre hypothèse (fig.2.14; ARL leg. 155 exp. 245 fol. 7v.). D'autre part, quelques années plus tard, en 1572 (AGI Justicia 457 fol. 943v.), le vieux *curaca* n'est pas interrogé par l'enquêteur espagnol, peut-être est-il décédé, comme le laisse entendre l'état de santé alarmant qu'il nous décrit en 1566. Diego Sulpinamo, qui pourrait être son fils ou son plus jeune frère, affirme être un *curaca* de Chocop, le village de Juan de Mora, toujours dans la moitié 1. La présence du vieux Gonzalo, aux côtés de Juan de Mora, dans plusieurs passages des documents administratifs, est sûrement liée à son statut de conseiller et non à un rôle de *curaca* dans la moitié 2 comme le suppose Netherly (1977). Il appartiendrait plutôt à un niveau hiérarchique inférieur, comme simple *principal* gérant la communauté de Chocop.

Les limites de ce modèle

Le modèle présenté par Netherly (1977) n'est donc pas si cohérent. Si ce n'est pas Gonzalo Sulpinamo, qui est le second *curaca* de la deuxième moitié ? Peut-être est-ce un *curaca* de Chictoy ou de Vichu. Il est aussi difficile d'intégrer les vingt-deux autres *curacas*, recensés à partir du même document (fig.2.9; AGI Justicia 458), sans compter les cinq *curacas* qui apparaissent dans deux textes de 1565 et de 1572 (ARL leg. 148 exp. 46: AGI Justicia 457). On remarque cependant que plusieurs d'entre eux sont associés à un même village ou à une communauté, comme Alonso Suchinamo, Diego Sancaycaynamo et Alonso Suy

17 - La traduction est nôtre: "*Ylustre señor, don gonçalo principal y señor de yndios deste valle de Chicama paresco ante V.M. y digo que yo soy señor de un pueblo deste valle de indios y siendo como soy principal aunque no soy la persona segunda del cacique por los muchos yndios que para ello avia de tener yo lo soy en cuanto al ser gobierno del dicho valle por ser my cacique mayor muchacho y ansy soy yo el que le aconsejo y doy la horden como ha de gobernar y regir a los dichos indios y ansy por ser viejo como vuestra merced lo ve y muy pesado y corto de vista y enfermo como por ser señor natural en este dicho valle por las quales causas y razones pido y suplico a vuestra merced me haga merced de mandar me dar licencia para que pueda andar a cavallo con sylla y freno porque por ser viejo y ciego y casi tullido de las piernas recibo gran daño y por juizio en la salud de my persona de andar a pie.*"

18 - Juan de Mora est mort en 1590 (Zevallos 1992: 18) et Netherly (1977: 200) suppose que le jeune *cacique* est bien Juan de Mora.

Suy, tous trois *principales* de la communauté de Caop, ou à un *curaca*, tels Andrés Llama et Hernando Petimerref cités avec Gaspar Fuentes. Ces groupes de *curacas* pourraient refléter un système de division par deux, trois ou quatre. Dans le *repartimiento* de Licapa (fig.2.6), on retrouve aussi plusieurs *curacas* pour un village ou pour une seule communauté. La rareté des informations relatives à la sierra de la vallée de Chicama, pour laquelle nous avons recensé peu de *curacas*, ne permet pas de comparaison avec la côte où les données sont nombreuses.

Pärssinen (2003: 285) nuance l'organisation duale présentée par Netherly (1977; 1984), puisqu'apparaît parfois le terme de *tercera persona* indiquant plutôt une division tripartite, comme c'est le cas dans la vallée voisine de Jequetepeque (AGI Justicia 458 fol. 1938). La tripartition des communautés et de l'autorité est bien avérée dans certaines régions de la sierra, en particulier dans le *señorío* de Huaylas (Pärssinen 2003: 290), et a peut-être même été utilisée par les Incas (Pärssinen 2003: 187-205). Netherly (1984: 249) réfute cette hypothèse, arguant que les trois parties de la vallée de Jequetepeque seraient une conséquence de la baisse démographique et donc constitueraient une anomalie.

Cette organisation politique, présentée par Netherly (1977; 1984) pour la vallée basse, ne semble pas complètement applicable dans la vallée moyenne et haute de Chicama. Bien que la dualité n'apparaisse pas clairement dans les textes, pour la région de Cajamarca et les sommets nord de Chicama (Rémy 1992), on observe tout de même une hiérarchie de plusieurs niveaux. Une *guaranga* se compose de plusieurs *pachacas* chacune dirigée par un *curaca*. L'un d'entre eux est aussi le chef de la *guaranga*, et toute la région de Cajamarca est placée sous le pouvoir du *curaca* de la *guaranga* de Guzmango, elle-même localisée sur les hauteurs de la vallée moyenne de Chicama (Rémy 1992: 76). Quant à la vallée haute de Chicama, les documents consultés sont trop rares pour espérer entrevoir une organisation politique similaire.

Si le modèle élaboré par Netherly ne s'accorde pas complètement aux données que nous possédons, le principe de la dualité asymétrique du pouvoir, illustré par le *cacique principal* et son *segunda persona*, semble en revanche tout à fait valide. En intégrant à ce modèle de possibles divisions tripartites, il est probable que nous nous approchions d'une réalité encore difficile à cerner dans la vallée de Chicama. Cette hiérarchie des *curacas* implique des pouvoirs d'envergures différentes, selon le degré de puissance de chacun (Netherly 1977: 125). Le *cacique principal* de Chicama, Juan de Mora, peut mobiliser des travailleurs des communautés de tout le *repartimiento*, tandis que Pedro Mache, son second, ne possède d'autorité complète que sur sa moitié. Quant au *curaca* d'une simple communauté, sa domination se limite probablement aux membres de celle-ci. Suivant la même logique, les cérémonies religieuses les plus importantes sont vraisemblablement menées par le *cacique principal* et la *segunda persona* de la vallée, en présence des autres *principales*. Les *curacas* représentent donc leurs communautés et nous permettent ainsi d'en savoir un peu plus sur ces dernières et sur leurs terres.

Les territoires des communautés de la vallée de Chicama

Plusieurs documents consultés nous donnent des précisions au sujet des terroirs agricoles des indigènes de Chicama (ARL leg. 154 exp. 216; ARL leg. 155 exp. 245; ARL leg. 273 exp. 3397; ARL leg. 148 exp. 46). Souvent vendus aux Espagnols et parfois réclamés suite à des abus, ces champs, malheureusement difficiles à localiser spatialement, pourraient peut-être aider à la détermination des territoires des communautés de la vallée. Mais ces domaines indigènes, au 16e siècle, se limitent-ils vraiment à de simples espaces cultivés ?

La verticalité et l'archipel andin dans la vallée de Chicama ?

La complexité géographique de la vallée de Chicama, et des Andes, de manière générale, nous suggère de nous éloigner des conceptions européennes du territoire, uni et dominé par un seul groupe. À partir de son étude sur les régions de Huanuco et du lac Titicaca, Murra (1962; 1968; 1972; 1981; 1985a; 1985b) élabore le modèle de la verticalité et de l'archipel andin, proposant une vision particulière de la territorialité dans les Andes. La verticalité andine se définit comme le contrôle de plusieurs étages écologiques, et permet ainsi à un ensemble d'individus d'exploiter différents produits nécessaires à leur subsistance. Le centre de la communauté est souvent basé à proximité immédiate des terres propices à la culture des tubercules et du maïs, tandis qu'à quelques jours de marche, la coca ou les haricots sont cultivés dans les fonds de vallées et des troupeaux de camélidés peuvent paître sur les hauteurs (Murra 1972). Outre une gamme variée de denrées, ce mode d'exploitation particulier permet une autosuffisance et une autonomie économique importante. La distance séparant les différentes zones d'exploitation du noyau de la communauté crée ainsi un territoire morcelé en plusieurs « îles », d'où l'utilisation imagée d'« archipel ». Dans chaque « île » vivent plusieurs personnes de manière permanente, des colons appelés *mitmacunas* (ou *mitimaes*), membres à part entière de leur communauté d'origine. Les liens entre les colonies périphériques et le centre se forment autour des notions de réciprocité et de redistribution, concepts que nous avons abordés au sujet des *curacas*.

Murra propose plusieurs types d'archipel andin, variant en fonction de la taille de l'unité sociopolitique, une simple communauté comme celle de Chupaychu ou un royaume comme celui de Lupaca, sur les rives du lac Titicaca (Murra 1968; 1972). Ces différences de dimension influencent l'éclatement des « îles », plus ou moins éloignées du centre. Les petites entités sociopolitiques de quelques milliers d'individus exploitent des zones localisées à trois ou quatre jours de marche, tandis que les *senoríos* cent fois plus peuplés possèdent des colonies situées à quinze jours de voyage. Ainsi, le royaume Lupaca envoie des colons sur la côte Pacifique pour s'approvisionner en guano et en produits de la mer, et sur les flancs orientaux des Andes, pour cultiver la coca. Murra souligne le caractère multiethnique des colonies puisque plusieurs groupes se retrouvent dans une même zone pour y acquérir les ressources souhaitées. Des vestiges de cette organisation socio-économique et territoriale persistent de nos jours à travers les échanges entre l'altiplano et les versants occidentaux (Flores Ochoa 1972).

Dans la sierra nord, notamment à Huamachuco, au sud-est de la vallée de Chicama, la présence de quelques colonies dispersées pour contrôler des étages écologiques variés suggère l'existence d'un archipel andin, tout de même peu développé (Espinoza 1974: 20).

Le cas de la région de Cajamarca est également très particulier. Les sept ethnies de Cajamarca, les *guarangas* de Guzmango, Chuquimango, Bambamarca, Pomamarca, Chondal Caxamarca et celle des *mitimaes* implantés par les Incas, possèdent chacune un territoire assez bien délimité. Mais les villages qui se trouvent sur le domaine d'une *guaranga* accueillent aussi des habitants originaires d'autres *guarangas*. Un *curaca* dirige donc des « sujets » qui vivent sur des territoires de plusieurs groupes etniques. La *guaranga* de Gusmango, la plus importante, fait figure d'exception, car elle ne partage pas tous ses villages avec les six autres. San Francisco de Gusmango, Santiago de Catazabolan, San Benito de Cadachon, Santa Ana de Cimba et San Mateo de Contumaza restent fermés aux personnes d'autres groupes (fig.1.24-10 à 12 et 20; Remy 1992: 68). Au contraire, les villages de San Pablo Chalaques (non cartographié) et de San Gabriel Cascas, sur le territoire de Guzmango, accueillent des habitants originaires des sept *guarangas* de Cajamarca (Remy 1992: 71). Ces deux villages seraient localisés à l'extrémité sud du territoire de Cajamarca, au contact avec les populations de Huamachuco et de la côte Pacifique. Ils constituent donc des points stratégiques pour se ravitailler en ressources rares sur les hauteurs, comme le poisson, ce qui attire tous les groupes indigènes de Cajamarca. L'éclatement du territoire et le partage multiethnique des villages rappellent l'archipel andin de Murra (Remy 1992: 62). Pourtant, les altitudes similaires de la plupart des villages éliminent le concept de la verticalité et Rostworowski (1992; 1995) y voit une répartition spatiale différente dont la logique échappe encore aux ethnohistoriens.

Le modèle d'organisation économique et territoriale de l'archipel andin pose problème pour la côte où l'environnement et les ressources naturelles sont distincts. Certes, le royaume Lupaca possédait des colonies sur le littoral, mais l'inverse a-t-il existé ? Est-ce que les communautés et *senoríos* côtiers n'exploitaient-ils pas, eux aussi, des zones dans la sierra ?

À partir d'un document administratif étudié par Rostworowski (1967-68), traitant d'un litige au sujet de champs de coca, dans la vallée du Chillón, non loin de la frontière sud de l'ancien royaume chimú, Murra (1972) cherche des traces de la verticalité andine sur les rivages du Pacifique. Il met en avant la présence d'une population originaire du littoral, installée à environ 50 km de l'océan Pacifique, en dessous des 1000 m d'altitude, depuis les époques préincas (Murra 1972: 449). Bien qu'il soit difficile d'affirmer que ces habitants sont envoyés pour l'exploitation de cette zone, ils offrent du coton et de la coca à leurs seigneurs résidant sur la côte. Par ailleurs, Murra souligne que cette région est clairement partagée par plusieurs groupes, d'où le litige sanglant et l'enquête coloniale réalisée en 1558. Le caractère multiethnique des colonies du modèle d'archipel andin se retrouve donc aussi sur la côte. Dans le cas des grands royaumes du littoral, comme celui des Chimús, Murra (1972: 454) estime que chaque vallée constitue, en soi, une « île » de l'archipel qui s'étend alors horizontalement (Shimada 1982). Quant à la présence de zones d'exploitation dans la sierra, colonisées depuis la côte, Murra, ne pouvant se baser sur des textes ethnohistoriques, avance des données archéologiques plus anciennes.

Pour sa part, Rostworowski (1975b: 312) perçoit cette verticalité andine comme un système originaire de la sierra et imposé sur la côte à travers des conquêtes militaires et une domination depuis les hautes terres. Tout comme Netherly (1977: 207), elle souligne l'autosuffisance des populations du littoral qui profitent, entre autres, des ressources abondantes de la mer, sans avoir réellement besoin de former un archipel. Par ailleurs, les échanges de biens avec la sierra, thème que nous aborderons plus loin, sont réalisés par des spécialistes du troc originaires de la côte qui échangent des produits, comme du poisson, contre des métaux de la sierra. L'exploitation directe des ressources des montagnes par des populations du littoral, grâce à des colonies, ne serait donc plus nécessaire (Murra 1972; Rostworowski 1975b: 339). Mais ce modèle de l'archipel andin existe-t-il sur la côte nord ? Les territoires des communautés de Chicama sont-ils morcelés en plusieurs zones d'exploitation distantes du centre ?

Ramírez (1985; 1986) soutient l'existence de ce modèle sur la côte nord du Pérou, en démontrant la présence de territoires dispersés qui s'apparentent aux « îles » d'un archipel andin. Certains indigènes cultivent des terres appartenant à un *curaca* d'une autre vallée, comme la population de la communauté de Jayanca qui travaille des champs de celle de Túcume (fig.2.1; Ramírez 1985: 427), ou bien les indigènes de Túcume dans la vallée de Moche, plusieurs centaines de kilomètres au sud (Ramírez 1985: 427; 1986). L'exploitation de ressources ou de champs agricoles est possible en échange du don d'une partie de la récolte au *curaca* propriétaire, une pratique s'apparentant à une simple location. Ramírez (1986; 1985) indique l'existence de deux concepts de propriété et de droit foncier dans les

Andes: la « propriété utile », semblable à l'usufruit, passe par l'usage d'un bien, tandis que la « propriété directe » signifie la possession d'un bien même s'il est utilisé par une autre personne. Cela permet de comprendre pourquoi deux communautés affirment être propriétaires de la même parcelle (Ramírez 1985: 436; 1986). Ainsi, des terres agricoles ou l'eau d'un canal peuvent être mises à la disposition de communautés étrangères qui obtiennent, de ce fait, de nouvelles ressources localisées dans des zones éloignées.

Dans la vallée basse de Chicama, à l'exception des îles Macabí, sources de guano, les différentes zones d'exploitation, comme les terres agricoles de la plaine, les *lomas* pour la chasse (voir supra chapitre 1.6 p.24), le río Chicama et l'océan Pacifique pour la pêche, les salines pour l'extraction de sel, sont toutes localisées à une vingtaine de kilomètres, au maximum, du village de Chocope, où vit le *cacique principal* de Chicama (fig.2.6). Cette distance n'est pas suffisamment importante pour parler d'archipel et correspondrait plutôt à une « micro-verticalité ». Néanmoins, on trouve mention de *mitimaes* originaires de Chicama dans la vallée de Jequetepeque (AGI Justicia 458 fol. 1869v.), ainsi que de *mitimaes* vivant sur la rive gauche du río Chicama (fig.2.16). Ces derniers ne payent pas leur tribut au *cacique principal* de Chicama, puisqu'ils font partie du *repartimiento* de Gasñape et de la communauté de Huamán, située sur la rive sud du río Moche (fig.2.6; Noack 1997; AGI Justicia 458 fol. 1871v.). Le hameau de Gasñape et le cerro Gasñape témoignent de l'existence de ces indigènes étrangers dans la vallée de Chicama. De même, Netherly (1977: 146) signale la présence de personnes de Jequetepeque dans la vallée de Moche. Ces groupes installés dans des vallées voisines de leurs centres pourraient bien constituer des sortes de colonies semblables à celles d'un archipel andin.

Le document de 1565, présenté par Ramírez (1995a; 1995b), au sujet de la rébellion du *curaca* de Malabrigo (voir supra p.55), offre quelques informations sur le territoire de cette communauté de pêcheurs. Toutes les personnes interrogées affirment qu'ils n'ont pas de terres propres, leur domaine étant la mer, mais aussi les salines, qui doivent sûrement leur permettre de conserver le produit de leur pêche par salaison (Rostworowski 1975b: 319). Les zones humides de la côte, comme ces salines, sont également propices au développement de la *totora* (*Typha dominguensis*) une espèce de jonc qui est utilisée dans la fabrication des embarcations. Francisco Nuxa indique néanmoins que, durant leur rébellion, les pêcheurs cultivent des champs où bon leur semble (Ramírez 1995b: 268). Si les communautés de pêcheurs ne possèdent pas de terres, elles ont en revanche la jouissance de plages attitrées (Rostworowski 1975b: 319; Netherly 1977: 55). Au 18e siècle, des pêcheurs de la vallée de Moche payent un droit à ceux de la vallée de Lambayeque pour pêcher sur leur plage et dans leurs eaux (Ramírez 1985; 1986: 36). On peut se demander si cette exploitation à distance et partagée n'était pas basée sur le modèle de l'archipel andin. Zevallos (1992) qui liste les terres de la famille de Juan de Mora, à travers les actes de vente, sans toutefois s'attacher à les situer, cite le cas de champs à Coji*tambo*, un hameau actuellement localisé dans la vallée moyenne, cédés à Florencia de Mora. La zone de Coji*tambo*, au fond de la vallée moyenne de Chicama (fig.1.22), est propice à la culture de la coca qui pousse encore de nos jours sur quelques parcelles. Est-ce là un « îlot » pour exploiter cette plante importante par des populations du littoral ? Si le manque d'informations ethnohistoriques ne permet pas de confirmer cette hypothèse, il n'en reste pas moins que Coji*tambo* se trouve à une soixantaine de kilomètres environ de Chocope, bien loin des terres irriguées de la plaine côtière et pourrait donc constituer une sorte de colonie.

En réalité, même si le système de l'archipel andin a pu exister autrefois, sur la côte nord du Pérou, il est difficile de le percevoir en l'état actuel des connaissances, et ce d'autant plus que d'autres organisations territoriales ont été décrites (voir ci-dessus le cas de Cajamarca, Rostworowski 1992; 1995). L'idée d'un territoire éclaté n'est d'ailleurs pas forcément associée au concept d'archipel andin. Ainsi, le modèle proposé par Golte (1980a), basé sur le concept de verticalité développé par Murra (1972), illustre une forme « d'organisation andine ». Les calendriers agricoles étant différents d'un étage écologique à l'autre, les paysans d'une communauté s'organisent pour se répartir le travail et le territoire. Il s'agit donc d'aborder le concept d'archipel andin avec prudence et nous verrons au chapitre 10 comment les données archéologiques permettent de comprendre l'organisation territoriale chimú, dans la vallée de Chicama. En dehors de cette question de l'archipel andin, comment déterminer le territoire central d'une communauté ?

Le territoire et l'irrigation dans la vallée basse de Chicama

Le développement de l'irrigation pour contrer l'aridité ambiante de la côte nord est une piste intéressante. Netherly (1977; 1984) remarque la relation étroite entre canal et champs, directement transcrite dans les documents administratifs où il n'est pas rare de voir le mot « *acequia* », signifiant canal, à la place de champs, puisque la terre n'a de valeur que si elle reçoit de l'eau (Netherly 1984: 239). Les canaux sont aussi utilisés pour réaffirmer les droits d'une communauté sur des parcelles. Ainsi, la communauté de Pololo, dans la vallée de Lambayeque, revendique la possession d'une branche du grand canal Taymi et, par extension, des terres que ce canal secondaire arrose (Netherly 1984: 240).

L'importance de l'irrigation dans les Andes ne se limite pas à la côte et les études de Zuidema (1978) et de Sherbondy (1986; 1995) dans la vallée de Cuzco, où celles de Castro et Varela (1994) au nord du Chili, illustrent bien les liens forts unissant communautés et canaux d'irrigation. Zuidema (1978; 1986) rattache l'irrigation aux différents *ayllus* du Cuzco grâce aux *ceques* et aux *wak'as*[19] de la région. Sherbondy (1986), dans une enquête ethnographique réalisée en 1975, dans les environs de Cuzco, montre également une correspondance entre canaux, communautés, *ceque* et *wak'a*. Une *wak'a* détermine la source du canal de l'*ayllu* qui la vénère (Sherbondy 1986: 42). De plus, les canaux se divisent souvent en deux branches et illustrent ainsi la dualité des communautés. Les *ceques* sont aussi utilisés par groupe de trois pour borner les terres des *ayllus*: l'un indique le départ du canal en passant par la *wak'a* de sa source et les deux autres marquant les limites des champs en aval. Par ailleurs, chaque année, la pratique festive et rituelle du nettoyage des canaux renforce les liens établis entre une communauté et son système d'irrigation à travers ses ancêtres et sa *wak'a*. Un procès datant du début du 18e siècle décrit la tentative d'une communauté pour s'approprier un canal appartenant à une autre, en participant simplement à son nettoyage (Sherbondy 1986: 45). La réaction violente des légitimes propriétaires démontre bien l'importance de cette coutume.

Des études ethnographiques sur cette pratique du nettoyage des canaux d'irrigation, qui perdure dans la sierra nord du Chili, notamment à Socaire (Zuidema 1978) et à Ayquina et Toconce (Castro y Varela 1994), détaillent aussi les fortes relations que les membres des communautés nouent avec les canaux lors de ces fêtes. Les nombreux rites qui s'y déroulent sont des offrandes aux ancêtres, aux montagnes donatrices d'eaux et à l'eau elle-même. Festins, danses et musiques rythment le labeur de la communauté qui s'affaire à rénover le canal. C'est en participant à ces rites que chaque individu s'attache à son canal, à son eau et aux terres irriguées. La fête de l'eau, étudiée par Pratlong (1985), dans la région d'Ayacucho, renforce aussi les liens entre l'eau et la communauté. Lorsque Squier, un explorateur de la fin du 19e siècle, visite la Huaca del Sol, non loin de Trujillo, il tombe sur une fête indigène du nettoyage des canaux (Squier 1877: 126). L'ambiance est chaleureuse, les travailleurs sont enivrés, buvant de la *chicha* et mangeant ensemble à l'ombre d'un arbre. Le caractère rituel de la cérémonie n'est pas décrit par le voyageur européen qui tente sans succès d'échapper à ce qu'il juge être une « bacchanale » indigène. Pourtant, on retrouve bien des aspects de la fête du nettoyage des canaux des Andes méridionales, à commencer par la *chicha*, boisson traditionnelle à forte connotation symbolique.

Ces différentes études et témoignages, tant actuels qu'historiques, montrent ainsi le lien important qui unit autrefois comme aujourd'hui, une communauté, son canal et ses terres. Les données ethnohistoriques de la côte nord de Netherly (1984) s'accordent aux conclusions de Zuidema (1978), de Sherbondy (1986) et de Castro et Varela (1994) pour la sierra sud, et les canaux constituent par conséquent un élément valable pour délimiter le territoire d'un groupe indigène. D'après Netherly (1984: 239), dans le *repartimiento* de Licapa, le canal de Colup (ou Colupe) est associé au village de Paijan et donc à la communauté de Licapa, tandis que celui de Yalpa dépend de la communauté éponyme (fig.2.13 et 2.14). Les consultations d'autres textes coloniaux nous permettent de détailler un peu plus le système d'irrigation et sa relation avec les communautés de ce *repartimiento* (fig.2.13).

Dans un document de 1620 (ARL leg. 169 exp. 594 fol. 1r.), Diego del Salto, *curaca* de Paiján, mentionne les canaux de Colupe et de Nuxa, parfois désigné comme Pucnec (fig.2.14), appartenant tous deux aux indigènes de ce village. La réunion de deux communautés indigènes dans la *reducción* de Paiján (voir supra p.48), ordonnée par le docteur Cuenca en 1566, explique la présence de ces deux systèmes d'irrigation – un pour chaque communauté – dont les eaux sont réparties. Un autre texte daté de 1588 (ARL leg. 155 exp. 245), lui aussi basé sur la visite du docteur Cuenca, vingt ans plus tôt, fait allusion au canal de Nuxa, associé à la communauté du même nom, tandis que celui de Colup est appelé Culep et se rattacherait à la

Canal	*Repartimiento*	Communauté	Rive
Talambo	Chicama	Chocop	nord
Fañesicap*	Chicama	Chocop	nord
Tulape	Chicama	Chocop ?	nord
Mayal*	Chicama	Chocop ?	nord
Cao	Chicama	Caop	nord
Payalquep*	Chicama	Caop	nord
Ofanap*	Chicama	Caop	nord
Oganan*	Chicama	Chocop ? Caop ?	nord
Quelxa	Chicama	_	nord
Pongochongo	Chicama	Santiago	sud
Chanquipe*	Chicama	Santiago	sud
Chamalca*	Chicama	Santiago	sud
Cocurripe*	Chicama	Santiago ?	sud
Falac ou Faña*	Chicama	Chictoy ? Santiago* ?	sud
Camamic	Chicama	Llamip ? Chictoy ?	sud
Loloc*	Chicama	Llamip	sud
Pascon	Chicama	Vichu ? Llamip ?	sud
Bicho*	Chicama	Vichu	sud
Sacop*	Chicama	Sacop	sud
Colup ou Culep	Licapa	Licapa	nord
Pucnec	Licapa	Nuxa	nord
Popocap*	Licapa	Paijan	nord
Oynaque*	Licapa	Paijan	nord
Sicap-Yalpa	Licapa	Yalpa (et Vichu)	nord

Fig. 2.13 **– Tableau des canaux de la vallée basse (* indique que le nom est tiré de Zevallos 1992a).**

19 - Nous utilisons l'orthographe quechua de *wak'a* pour différencier le concept de lieu ou objet sacré des plateformes d'adobes appelées *huacas*.

communauté de Licapa (fig.2.13). Dans le *repartimiento* de Chicama, la communauté de Caop possède le canal du même nom alors que celui de Talambo appartient à la communauté de Chocop (fig.2.13 et 2.14; Netherly 1984). Le canal de Sicap devient celui de Yalpa en aval et passe à côté du village tandis que celui de Tulape, plus au nord, n'est pas directement associé à Chocop (fig.2.14; ARL leg. 155 exp. 245). La communauté de Santiago, sur la rive sud du río Chicama, utilise le canal Pongochongo qui dévie l'eau d'une source et non du fleuve (Netherly 1984: 236). Nous avons aussi relevé le nom de Camamic pour un canal qui irrigue les champs de Llami ou de Chictoy (ARL leg. 155 exp. 245). Zevallos (1992: 19) cite également le canal Pascon (2.14).

La relation évidente entre les canaux évoqués et plusieurs des communautés de la vallée basse de Chicama permet de localiser approximativement le noyau territorial de ces communautés. Mais la diminution de la population indigène entraîne l'abandon d'une partie du réseau d'irrigation préhispanique, faute de main-d'œuvre pour l'entretenir (Netherly 1984: 236). Un Espagnol commente l'abandon du canal inter-vallées de la Cumbre qui part de la vallée de Chicama pour aller irriguer la vallée de Moche, non loin de Huanchaco (ARL leg. 148 exp. 46 fol. 9v.). Il n'en reste pas moins que les canaux semblent bien être des éléments constitutifs d'un territoire. Mais qu'en est-il des terres qu'ils irriguent ?

Les terres agricoles des communautés de la vallée basse

Comme le souligne Netherly (1977: 272), les *curacas* vendent des terres comme si elles leur appartenaient, mais les réclament au nom de leur communauté lorsqu'il y a abus de la part des Espagnols. Qui donc en est réellement le propriétaire ? Les notions de « propriété directe » et de « propriété utile », auxquelles s'ajoute le problème de l'existence de la propriété privée dans les Andes (Ramírez 1985; 1986; Falk Moore 1973), ne facilitent pas la tâche. Dans le passage retranscrit (voir supra p.54), Juan de Mora indique que les récoltes pour la communauté et celles pour payer le tribut à l'*encomendero* sont réalisées séparément. Par ailleurs, quelques lignes auparavant, dans le même texte, il explique qu'il y a les moissons de blé et de maïs pour lui et pour les indigènes et celle de blé pour la communauté (AGI Justicia 457 fol. 2051v.). Nous notons donc une différence claire selon la finalité de la récolte, que ce soit pour le tribut, pour le *curaca*, pour les indigènes ou pour la communauté. En tant que *cacique principal* de Chicama, Juan de Mora peut faire appel à tout le *repartimiento*, c'est peut-être le cas pour effectuer les ouvrages agricoles destinés au payement du tribut, mais peut se contenter de faire travailler seulement ceux de la communauté de Chocop pour les nourrir. Il semble que la communauté soit le propriétaire légitime de la plupart des terres, le *curaca* n'étant que la personne chargée de répartir les tâches dans les différentes parcelles (Netherly 1977: 272). D'ailleurs, les inquiétudes des indigènes face aux ventes de Juan de Mora obligent ce dernier à justifier ses décisions quant à la gestion de ce patrimoine commun (ARL leg. 154. exp. 216). Outre ce document datant de 1583, deux autres textes (ARL leg. 148 exp.46; ARL leg. 155 exp. 245) mentionnent les multiples possessions de Juan de Mora, ce qui permet une évaluation approximative de son influence et, éventuellement, du territoire de sa communauté (fig.2.14).

La limite nord des terres de Juan de Mora est définie par le cerro Lleleque, localisé à proximité d'un ravin ou d'une falaise du fleuve, et qui pourrait correspondre au cerro El Calvario (fig.1.4- 31) dont les pentes abruptes se terminent sur la rive même du río Chicama, et par le cerro Colquepe – sûrement le cerro El Sapo (fig.1.4-39) – en face de la « tour de Facalan » qui doit être les ruines de Facalá. Le canal de Pucnec, qui continue vers Nuxa, et celui de Quelxa, qui pourrait être le canal préhispanique d'Ascope, irriguent ces champs (fig.2.14). Ensuite, la délimitation est marquée par le canal de Culep, situé plus au sud, jusqu'à la parcelle appelée Tempolu dont nous ne pouvons malheureusement pas déterminer l'emplacement. Les canaux de Talambo, de Tulape et de Sicap constituent d'autres limites, sûrement plus au sud-est, en direction de Chocope et du chemin royal dont la panaméricaine reprend actuellement le tracé.

Sur la rive gauche, le río Chicama définit la limite nord-ouest de ses terres. Le cerro Payalquep – aujourd'hui nommé cerro Lescano (fig.1.4-16) – situé à proximité des champs des *mitimaes* de Gasñape, la falaise du plateau (fig.1.4) et les possessions du monastère de Santo Domingo de Chicama (fig.2.6) marquent les limites de terres, acquises grâce à un troc avec Pedro Mache (ARL leg. 154 exp. 216). Plus au sud, Juan de Mora détient quelques parcelles bornées, entre autres, par le canal Camanic, le cerro Roquipe – peut-être l'actuel cerro Piedra Parada (fig.1.4-4) – et les terres de Pascon qui correspondent à la pampa Pascona, sûrement irriguées par le canal du même nom (fig.2.14).

Outre des éléments naturels, comme les rives du río Chicama ou des montagnes, les terres de Juan de Mora sont principalement limitées par des canaux, ce qui renforce bien la relation entre irrigation et territoire présentée par Netherly (1984). L'utilisation de canaux d'autres communautés, comme celui de Nuxa (Pucnec), pour irriguer une partie des champs de Juan de Mora est probablement due à son statut de chef. Avant la division en deux *repartimientos* par les Espagnols, celui de Licapa était sous l'autorité du *cacique principal* de Chicama (Ramírez 1985; 1986; Pärssinen 2003). Les ancêtres de Juan de Mora pouvaient rassembler des indigènes de Licapa pour les faire travailler et il semble donc logique que celui-ci gère aussi des terres de Licapa. De manière identique, les terrains de la rive sud appartenant à Juan de Mora sont vraisemblablement rattachés à des communautés de la seconde moitié du *repartimiento* de Chicama, dirigée par Pedro Mache. Lorsqu'il mobilise des travailleurs de ces communautés, Juan de Mora peut leur attribuer l'exploitation de ces parcelles. Il est difficile de vérifier de telles hypothèses, car Juan de Mora n'a plus d'autorité sur le *repartimiento* de Licapa

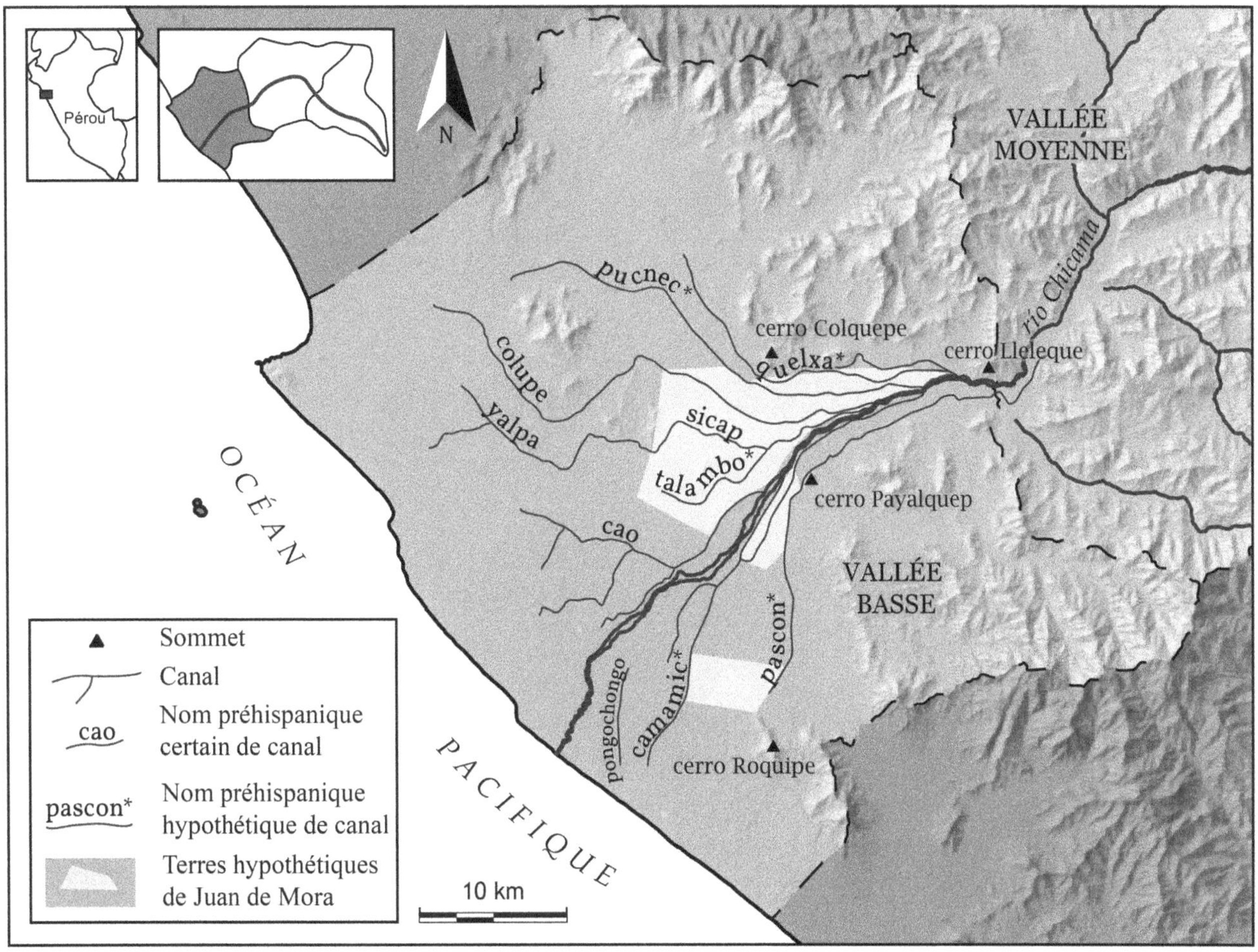

***Fig. 2.14* – Carte des canaux d'irrigation de la vallée basse et des terres de Juan de Mora.**

et la chute démographique ne lui permet peut-être pas de mettre en culture toutes ces terres. Il mentionne aussi les mauvais traitements infligés à ses indigènes qui moissonnent sur la rive sud, à proximité des terres d'Espagnols, ce qui le pousse à vendre cette partie de son domaine (ARL leg. 154 exp. 216). Les terrains au nord, irrigués par le canal de Nuxa sont cédés à Pedro Tinoco, le propriétaire de l'hacienda Facalá (ARL leg. 155 exp. 245), tandis que ceux de la rive sud passent à Alonso Muñoz, et d'autres plus au sud, vers la pampa Pascona, sont acquis par Gaspar Fuentes[20] (Zevallos 1992: 19).

Bien que Netherly (1984: 238) mentionne l'existence de canaux partagés par plusieurs communautés, notamment dans la vallée de Lambayeque, il est probable que la possession de terres irriguées par les canaux d'autres communautés, comme celui de Nuxa, soit due au statut de chef de Juan de Mora. Toutes ces propriétés ne sont donc pas forcément rattachées à la communauté de Chocop, mais nous notons tout de même la concentration des champs autour de ce village. C'est d'ailleurs dans cette zone contrôlée par Juan de Mora que la plupart des canaux de la vallée de Chicama débutent. Un système d'aqueduc en bois permet le croisement de canaux chargés d'amener l'eau au-delà des champs proches du fleuve, sans bloquer leur irrigation (Netherly 1984: 239). De plus, comme le souligne Sherbondy (1986) pour la région du Cuzco, un canal appartenant à une communauté peut parfaitement traverser, en amont, les terres d'une autre communauté sans que cette dernière touche à l'eau.

Malheureusement, les données concernant les terres d'autres *curacas* et d'autres communautés sont rares et il faut se contenter d'évaluer la localisation et le territoire de chaque communauté en se basant sur le tracé moderne des canaux d'irrigation et sur la toponymie.

Un dernier point au sujet de la délimitation des domaines des communautés concerne l'existence de bornes préhispaniques, ou *mojón*, que les Incas utilisaient pour définir les limites territoriales de chaque groupe, dans tout leur empire, y compris peut-être sur la côte nord (Harris 1997: 364; Guaman Poma 1615: 355). Ces petites tours de pierres, parfois bien construites, mais aussi souvent

20 - Zevallos ne donne pas d'information sur Gaspar Fuentes, décrit comme un indigène et non un *principal*. Nous ne pouvons donc pas affirmer qu'il s'agit du *curaca* de notre liste (fig.2.9). Toutefois, grâce aux documents du docteur Cuenca, nous avons pu mettre en relation les *principales* Gaspar Fuentes et Andres Llama dont le nom évoque, outre le célèbre camélidé, le toponyme de Llamip qui, comme nous l'avons vu, correspond au nom d'une communauté indigène, mais aussi à l'une des terres justement achetées par Gaspar Fuentes. Il semblerait que ce dernier soit donc installé dans la région où actuellement se trouve le hameau de Llamique Nuevo.

constituées de simples tas, étaient rattachées aux ancêtres et au sacré (Harris 1997: 365; Bouysse Cassagne y Harris 1987: 38). Dans les textes traitant de la vallée de Chicama, nous n'avons pas trouvé de mention sur ces *mojones*, mais un *curaca* de la vallée de Jequetepeque demande au docteur Cuenca de reconnaître son droit sur les terres établies du temps des Incas et insiste sur la nécessité de restaurer ces bornes (Ramírez 1985; 1986: 32). La nature même de ces marquages n'est pas claire et rien ne nous dit qu'il s'agit bien de tours ou de tas de pierres, mais il faut en tenir compte, lors de l'étude des vestiges archéologiques.

Pour conclure sur le thème des terres des communautés indigènes de Chicama, rappelons que dans les Andes, le territoire est souvent partagé, morcelé (Murra 1962) et organisé selon des principes étrangers aux mentalités européennes. Les possessions des communautés de Chicama, définies grâce aux canaux d'irrigation et aux terres que les *curacas* vendent, peut-être délimitées par des *mojones* préhispaniques, nous permettent de mieux cerner les principes de l'organisation spatiale de la vallée basse que nous exposerons en conclusion de ce chapitre. La localisation de ces communautés nous indique également quelles sont les activités économiques réalisées. Ainsi, les communautés de pêcheurs résidant sur le littoral sont-elles tournées vers l'exploitation de l'océan Pacifique, tandis que les nombreuses terres irriguées de la plaine impliquent une économie plus agricole.

L'économie indigène

Bien que la population indigène de la côte nord, et de la vallée de Chicama en particulier, soit principalement composée d'agriculteurs, elle comprend aussi des personnes tournées vers d'autres activités économiques. Pêcheurs, artisans et spécialistes en tout genre apparaissent donc dans les archives du 16e siècle.

L'agriculture

Les nombreux textes administratifs coloniaux qui traitent de semailles, de moissons, de terres agricoles et de canaux d'irrigation, démontrent que l'agriculture se situe au cœur de l'économie indigène de la vallée basse de Chicama. Parmi les produits qui y sont cultivés, on trouve surtout du blé, introduit par les Espagnols, mais aussi du maïs, des haricots, des courges, des patates douces et d'autres espèces d'origine préhispanique (ARL leg. 154 exp. 206). Le coton tient également une place considérable, même si cela peut être lié à une forte demande en textiles pour l'économie coloniale (Zevallos 1973). Les deux ressources indispensables à cette agriculture sont des terres fertiles et de l'eau.

Les terrains du littoral sont saturés de sel, ce qui complique leur mise en culture par les indigènes de Caop, au début du 17e siècle (fig.2.16; ARL leg. 273 exp. 3397). Ces derniers réclament alors la restitution d'autres terres qui ont été attribuées aux indigènes de la communauté de Bechop. Plusieurs chercheurs (Ford and Willey 1949: 26; Watson 1979: 160; Netherly 1977: 60; Campana 2006: 127) ont documenté les pratiques actuelles d'agriculteurs qui retirent les croûtes de sel superficielles afin de rendre ce type de sol cultivable, sauf si le sel est profondément infiltré dans la terre. On peut donc se demander si les témoignages des indigènes ne seraient pas en partie biaisés afin d'obtenir gain de cause. La faible profondeur de la nappe phréatique dans cette zone permet tout de même un apport en eau non négligeable et fort utile pour l'agriculture.

Netherly (1984: 235) suppose que les terres localisées à proximité des berges du río Chicama sont très fertiles, car lors des crues, des sédiments s'y déposent, sans compter qu'elles bénéficient d'une source d'eau importante grâce au fleuve. Les inondations peuvent néanmoins endommager des cultures, comme le souligne Juan de Mora (ARL leg. 154 exp. 216), et compliquent donc considérablement l'activité agricole. C'est d'ailleurs l'une des raisons qui poussent ce *curaca* à vendre certaines de ses terres à des Espagnols.

Avec des canaux pour irriguer les terrains éloignés du fleuve, le problème des crues disparaît. Le réseau d'irrigation amène de l'eau douce qui contribue à dissoudre les quelques traces de sel, tout en déposant des sédiments qui fertilisent les sols (Watson 1979: 41; Netherly 1984: 235; Antúnez de Mayolo 1986: 22). Le plus important n'est donc pas la qualité de la terre, mais plutôt l'apport en eau. L'irrégularité saisonnière du río Chicama est bien connue des indigènes et des Espagnols et de nombreux conflits surgissent lorsque des Espagnols, peu scrupuleux, dévient à leur profit l'eau des indigènes vivant en aval d'un canal (ARL leg. 169 exp. 594; ARL leg. 267 exp. 3098). Pour éviter ce type d'abus, le docteur Cuenca partage l'eau des canaux entre Espagnols et indigènes: les habitants de Paiján bénéficient des trois quarts du débit de leurs canaux et les Espagnols du quart restant (ARL leg. 169 exp. 594).

Les terres très éloignées du fleuve, bien qu'elles aient souvent été irriguées aux époques préhispaniques, sont majoritairement abandonnées à la Période Coloniale, sous l'effet de la chute démographique et des difficultés à entretenir ce vaste réseau hydraulique (Netherly 1977: 237). Une partie de la plaine côtière se couvrant d'une végétation de maquis, les Espagnols tentent de s'approprier certains terrains qu'ils jugent disponibles. L'enquête réalisée en 1565 (ARL leg. 148 exp. 46) pour déterminer si une implantation espagnole dans la vallée basse de Chicama est possible, sans pour autant porter préjudice aux indigènes, apporte quelques compléments au sujet des pratiques agricoles.

La jachère est courante et les indigènes ne cultivent une parcelle qu'une fois tous les cinq ou six ans (ARL leg. 148 exp. 46 fol. 18v.). Durant ce laps de temps, la végétation repousse et le champ semble abandonné et inculte. Cet argument est avancé par les indigènes et leurs défenseurs pour expliquer l'abandon supposé de certaines zones et éviter l'établissement d'un village colonial hispanique, ce qui rend leurs dires suspects. Bien que cette longue jachère soit peut-être due au faible nombre de travailleurs disponibles, il est vraisemblable que le repos du sol pour un certain temps était connu dès les époques préhispaniques et il est actuellement pratiqué dans de nombreuses régions des Andes (Morlon 1992: 90-98).

Un Espagnol témoigne aussi d'une modification des pratiques d'irrigation indigènes qui perdent de leur efficacité. Il souligne le gaspillage d'eau tout en affirmant qu'autrefois toute la plaine était irriguée, sans laisser s'égarer la moindre goutte, et que seuls des arbres fruitiers y poussaient et non des arbustes sauvages (ARL leg. 148 exp. 46 fol. 9v.). Les explications assez confuses de ce témoin subjectif – il est en faveur de l'établissement des Espagnols – appellent à des éclaircissements sur l'irrigation à partir d'études ethnologiques et ethnohistoriques d'autres régions des Andes au Pérou (Gelles 1986; Bunker y Seligmann 1986) et au Chili (Castro *et al.* 1991).

Aujourd'hui encore, un système de rotation permet d'irriguer différentes parcelles agricoles. Pendant un temps donné, toute l'eau du canal est détournée par une unique ouverture vers un champ. Cette sortie est ensuite refermée et une autre est ouverte pour arroser le champ suivant durant le même laps de temps. Au bout de plusieurs jours, lorsque la dernière parcelle est irriguée, le propriétaire du premier champ peut à nouveau dévier l'eau vers ses cultures, et un nouveau cycle débute (Castro *et al.* 1991: 58). Ce principe de la répartition de l'eau, appelé *turno*, est relativement égalitaire, car si tous les champs sont irrigués en même temps, les cultures en amont recevront bien plus d'eau que celles situées en aval du canal. Les Espagnols utilisent également cette organisation, commençant par irriguer les parcelles proches du début du canal et finissant par celles localisées à la fin (Glick 1970). Le *turno* indigène, aussi bien sur la côte que dans la sierra, fonctionne visiblement dans l'autre sens, les premiers champs irrigués se trouvant au bout du canal (Netherly 1977: 287). Garcilaso de la Vega (1982 T.2: 74) décrit d'ailleurs ce système du *turno*, présent chez les Incas et probablement à des époques antérieures. Les pratiques d'irrigation d'origine préhispanique ont moins perduré dans le nord du Pérou, à Cajamarca par exemple (Lynch *et al.* 1986) qu'au sud, comme dans le Chili (Castro *et al.* 1991). Nous avons cependant observé cette répartition de l'eau au tour par tour, dans la vallée moyenne de Chicama, non loin de Coji*tambo*, lors de nos prospections pédestres.

Il semble donc que le principe du *turno* ait persisté dans la vallée de Chicama à la Période Coloniale et jusqu'à aujourd'hui. Le gaspillage de l'eau, décrit dans l'enquête étudiée, pourrait être dû non pas à la disparition du *turno*, mais plutôt à une mauvaise gestion de celui-ci. En effet, le *turno* implique un respect des règles, une excellente synchronisation entre les agriculteurs et souvent la présence de personnes responsables du partage équitable de l'eau (Gelles 1986), que l'on retrouve à plusieurs époques et dans plusieurs régions. De nos jours, dans la communauté de Casta localisée dans la sierra centrale, des personnes sont élues chaque année, pour régler les problèmes de répartition de l'eau (Gelles 1986: 121). Gelles (1986: 108) rapporte également un ancien mythe de cette région qui mentionne l'existence d'un personnage garant de la bonne gestion de l'eau: le *yañca*. Ce dernier est d'ailleurs similaire aux juges de canal de l'Empire inca, nommés *cillquia* en quechua, décrits par Guaman Poma de Ayala (1980 [1583-1615]: 958; Bunker y Seligmann 1986: 148-150). Enfin, sur la côte nord, au 16e siècle, le docteur Cuenca met en place la charge de « *juez de agua* », des juges d'eau inspirés des traditions hispaniques, mais peut-être aussi des coutumes indigènes préhispaniques comme le *cillquia* ou le *yañca*. Ces différents personnages illustrent bien la nécessité de gérer cette ressource et l'importance de leurs fonctions. Si les juges d'eau de la Période Coloniale sont moins compétents que leurs homologues préhispaniques, on comprend alors aisément le gaspillage de l'eau relaté par notre témoin, sans compter les abus commis par les propriétaires espagnols d'haciendas.

Contrairement à la vallée basse où l'irrigation est indispensable, les canaux semblent plus rares, sur les sommets de la vallée de Chicama. Grâce aux précipitations abondantes de la saison des pluies (voir supra chapitre 1.3 p.16) qui permettent le développement de l'agriculture, les habitants de la région n'ont peut-être pas besoin de recourir à l'irrigation de manière intense pour obtenir les récoltes nécessaires, aujourd'hui comme à la Période Coloniale, à leur subsistance. Les archives du 16e siècle (ARL leg. 154 exp. 222) mentionnent effectivement l'activité agricole indigène, sur les hauteurs de Chicama, mais de manière détournée: les habitants d'Usquil, dans la vallée haute (fig.1.22-19), se plaignent des dégâts causés par les troupeaux de Doña Florencia de Mora de Sandoval, leur *encomendera*, dans leurs champs. Pour appuyer leur plainte, ils expliquent qu'ils ne cultivent que jusqu'à une certaine altitude, sûrement à cause des basses températures et du gel. Les ravages provoqués par le bétail, dans les champs localisés à des altitudes au climat plus clément, mettent donc en péril la survie de cette communauté. Ce témoignage démontre que le travail de la terre est primordial pour les habitants d'Usquil. L'agriculture est donc la principale occupation dans toute la vallée de Chicama, depuis la côte jusqu'aux sommets. D'autres activités y sont aussi pratiquées, comme la pêche, la chasse et l'élevage, qui procurent des protéines animales.

La pêche

Activité primaire des communautés cotières, la pêche implique une spécialisation évidente. Malgré l'abondance des ressources marines, entre autres des anchois, la pêche n'est pas chose facile sur un océan qui n'est, somme toute, pas vraiment pacifique.

Rodríguez (1997) rapporte plusieurs types de pêche, pratiquée à l'aide de filets, depuis le rivage, ou avec des lignes et des hameçons, plus loin dans la mer. Juchés sur les caballitos de totora, de frêles embarcations de jonc qu'ils fabriquent eux-mêmes, les indigènes ramènent de nombreuses prises. Le ramassage de mollusques et de coquillages peut paraître plus aisé, mais l'étude archéologique du site de Caracoles par Pozorski (1979: 179) a démontré un cas évident d'incompétence. Les habitants, visiblement déplacés à cet endroit temporairement, auraient collecté des milliers de crustacés non comestibles, faute de savoir distinguer les bonnes espèces.

La pêche peut aussi se pratiquer dans des lacs et lagunes ou dans les rivières. Le village de Diego Sancaycaynamo, *curaca* en relation avec la communauté de Caop, est situé à l'embouchure du río Chicama (AGI Justicia 458 fol. 1782v.). Une partie de la population de Caop est probablement tournée vers la pêche (Rodríguez 1997) et les eaux de l'embouchure sont propices pour attraper des poissons, entre autres les lisa (Mugil cephalus) qui remontent le río Chicama. Les pêcheurs peuvent aussi capturer des poissons dans les canaux d'irrigation et n'habitent donc pas forcément au bord de la mer (Ramírez 1981: 293).

Nous avons abordé le thème des salines, exploitées par la communauté de Malabrigo et qui leur permettent de saler leurs poissons pour les conserver et en faire du troc. Calancha (1974 [1638]: 1229) témoigne également de cette activité dans la vallée de Jequetepeque. Les indigènes de Malabrigo n'ont pas de terres et les salines sont trop salées pour être cultivées, contrairement aux indigènes de Diego Sancaycaynamo qui possèdent quelques champs et ne sont donc pas tous pêcheurs. Bien que Rostworoski (1975b) cite plusieurs exemples clairs de communautés de pêcheurs sans terrains, Rodríguez (1997) suppose plutôt l'existence de pêcheurs-agriculteurs polyvalents. Ces deux hypothèses ne s'excluent pas forcément mutuellement et si certaines communautés de pêcheurs se dédient à l'agriculture, d'autres peuvent tout aussi bien se contenter de l'exploitation des ressources marines. Le tribut payé par ces populations consiste en du poisson séché qui est parfois échangé jusque dans la sierra. Sur les sommets, les sources de protéines ne viennent pas de la mer, mais de l'élevage.

L'élevage

Au 16e siècle, l'élevage occupe une part importante des activités quotidiennes des indigènes de la vallée de Chicama. Outre les camélidés et les cochons d'Inde élevés depuis les périodes préhispaniques, les indigènes acquièrent rapidement des animaux domestiques d'origine européenne, tels les chevaux, les ânes, les vaches, les chèvres, les poules.

Un document, datant de 1585 (ARL leg. 154 exp. 222), mentionne la présence de bétail appartenant aux habitants d'Usquil, dans la vallée haute, sans toutefois indiquer les espèces qui le composent. C'est ce même texte qui nous informe des dégâts causés par la centaine de juments appartenant à doña Florencia de Sandoval, leur *encomendera* (fig.2.6).

Sur la côte nord, la mention de pasteurs du *repartimiento* de Jayanca, dans la vallée de Lambayeque (Ramírez 1981; 1982), démontre que l'élevage est pratiqué par les communautés indigènes. Les nombreux troupeaux de vaches, de juments, de chèvres et de moutons (ARL leg. 155 exp. 26), appartenant à des Espagnols ou à des *curacas*, comme Juan de Mora, profitent des buissons qui poussent dans les champs abandonnés de la vallée de Chicama. Les dommages que ces animaux occasionnent aux cultures et aux canaux poussent le docteur Cuenca à interdire leur présence à proximité des terres des indigènes (AGI Justicia 458).

Martin Soquenamo, un *curaca* de Chicama (AGI Justicia 458), signale un autre élevage particulier et sûrement rare: il affirme posséder quatre chiens qu'il utilise pour la chasse au chevreuil. Ces cervidés descendent sur la côte pour profiter de la végétation des *lomas*, mais aussi des champs agricoles que les cultivateurs, comme Martin Soquenamo, protègent. La chasse ne semble donc pas être l'activité principale de ce *curaca* même s'il tue tout de même suffisamment de chevreuils pour en troquer la chair contre des produits, comme du piment et des haricots. Par ailleurs, des indigènes de Túcume affirment être des *venaderos*, des chasseurs de chevreuils spécialisés (Ramírez 1981; 1982).

À la lecture des documents coloniaux consultés, il transparaît donc que, dans la vallée de Chicama, les activités des indigènes, agricoles, marines ou d'élevage, tournent autour de la production de denrées alimentaires. Mais il est probable que d'autres pratiques spécialisées sont aussi répandues.

Les activités spécialisées

Des textes administratifs de la vallée de Lambayeque montrent l'existence de plusieurs types d'activités spécialisées, sur la côte nord. Ramírez (1981; 1982) liste vingt-quatre groupes indigènes, dont les pêcheurs, les exploitants de salines, les pasteurs de Jayanca et les *venaderos* de Túcume que nous avons cités plus haut. On trouve aussi des maçons, charpentiers, bûcherons pour la construction, potiers, tisserands, couturiers, peintres sur tissus, teinturiers, cordonniers, orfèvres, etc. pour l'artisanat, cuisiniers, fabricants de *chicha* et porteurs de litières pour les *curacas*, et bien d'autres encore. Tous ces corps de métiers montrent une grande variété et une spécialisation avancée.
Ces différents groupes de spécialistes sont constitués en *parcialidades*, donc en communautés (Rostworowski 1975b: 323; Ramírez 1981: 290), mais il doit plutôt s'agir de petites subdivisions des communautés indigènes. À Collique, dans la vallée de Lambayeque, il n'y a que six potiers (fig.2.1; Rostworowski 1975b: 324), ce qui forme

tout de même une communauté très réduite, même en tenant compte de la chute démographique. Cette population spécialisée est donc minoritaire comparée à celle des agriculteurs.

La spécialisation est aussi un gage de qualité, notamment pour le textile. Outre les différences d'habileté entre les groupes de tisserands – ceux de Túcume sont plus expérimentés que ceux de Collique (Ramírez 1981: 291) – les tissus produits par les femmes des agriculteurs sont moins élaborés (Ramírez 1981: 293; Netherly 1977: 223, 231; Zevallos 1975). La valeur des textiles pour le marché colonial modifie probablement les pratiques de production indigènes. La demande est importante et les textiles se convertissent en richesses recherchées.

Les petites communautés d'artisans vivent à des endroits choisis en fonction de leur spécialisation: les bûcherons habitent à côté de forêts, les potiers non loin de gisements d'argile, etc. (Ramírez 1981: 294). Certains résident à proximité des *curacas*, comme les porteurs de litière dont le rôle disparaît rapidement, suite à l'interdiction de ce mode de transport par le docteur Cuenca, ou comme les préparateurs de *chicha*, boisson indispensable pour les chefs indigènes qui doivent en offrir de grandes quantités lors des fêtes, des cérémonies et des tâches agricoles (Rostworowski 1975b: 330). L'élite locale, formée par les *curacas*, contrôle probablement la production de cet alcool et des autres objets de valeur, comme les tuniques, les céramiques, les bijoux d'or ou d'argent, qui constituent des symboles de leur statut. En échange de la production de ces artisans, les *curacas* sont chargés de leur fournir des matières premières pour leur travail et de subvenir à leurs besoins en nourriture. Ils doivent ensuite répartir une partie des produits finis au sein de leur communauté, selon les principes de la réciprocité et de l'hospitalité (Ramírez 1981: 295).

L'absence de tels groupes dans les textes administratifs traitant de la vallée de Chicama ne nous permet pas d'y attester l'existence d'un tel système de spécialisation. C'est probablement dû aux transformations sociales du début de la Période Coloniale ou à des causes plus anciennes de l'époque inca ou chimú. Cieza de León (2005 [1553]: 426) indique que les Incas emmènent des artisans chimús après la conquête de ce royaume, et certains d'entre eux sont peut-être originaires de la vallée de Chicama. Il est aussi possible que la capitale des Chimús, Chan Chan, localisée dans la vallée voisine de Moche, ait attiré des groupes d'artisans de plusieurs vallées du territoire chimú, dont celle de Chicama. Par ailleurs, l'absence de mention de ces artisans, dans les textes consultés, ne signifie pas pour autant qu'aucun spécialiste ne réside dans la vallée de Chicama, au début de la Période Coloniale. Juan de Mora explique qu'il n'a pas de taverne pour servir de la *chicha*, mais il continue toutefois d'en offrir à ces « sujets » pour les faire travailler, ce qui implique une production notable de cette boisson et donc peut-être la présence de préparateurs de *chicha*.

Enfin, la spécialisation des activités n'atteint pas le même degré sur la côte et dans la sierra. Contrairement aux spécialistes vivant sur le littoral qui ne possèdent aucune terre, les artisans de la sierra, comme les potiers, se dédient aussi à l'agriculture. Parmi les différents groupes indigènes spécialisés, il en est un qui mérite de s'y attarder; ce sont les « marchands », spécialistes des échanges, qui voyagent et troquent des produits d'une région à une autre.

Les relations et les échanges

Jusqu'à présent, nous avons étudié différents aspects de la société indigène du 16e siècle en fonction des différentes régions, abordant tantôt la plaine côtière, tantôt la sierra. Mais les habitants de ces deux zones transitent de l'une à l'autre et entrent facilement en contact. Cette importante mobilité mérite d'être traitée, notamment à travers le troc et les déplacements de populations.

Le troc

Les groupes de « marchands » spécialisés, absents des archives pour la vallée de Chicama, sont néanmoins cités dans les sources coloniales pour la côte sud et nord du Pérou et ont ouvert un débat sur les échanges dans les Andes. Un premier problème vient du vocabulaire employé par les traducteurs du 16e siècle qui n'est pas forcément le plus adapté pour décrire les transactions (Ramírez 1983: 132). Il doit s'agir de troc en nature, même si l'arrivée de la monnaie entraîne des modifications dans les pratiques indigènes. Ces échanges ne nécessitent pas de spécialisation et un agriculteur peut facilement échanger des fruits contre du poisson avec un pêcheur.

Rostworowski (1970; 1975b) note pourtant l'existence de véritables spécialistes du troc, basés dans la vallée de Chincha, sur la côte sud, qui parcourent de longues distances pour acquérir des produits rares, comme le *mullu* ou des métaux. L'acquisition du *mullu*, un coquillage des eaux chaudes de l'Équateur, dont la forte connotation symbolique et sacrée accentue la valeur (Hocquenghem1993; Blower 1995), et des métaux extraits des mines de la sierra sud oblige ces « marchands » à voyager des côtes équatoriennes jusque sur les plateaux des Andes méridionales.

Selon Franklin Pease (1992), la présence de ces spécialistes, relativement indépendants, tels que les présente Rostworowski (1970), va à l'encontre du système traditionnel andin de réciprocité et de redistribution des richesses par les *curacas* et concurrence donc les transferts réalisés entre les « îles » d'un archipel andin (Murra 1972). À notre avis, les deux types d'échanges, troc plus ou moins spécialisé et réciprocité politique et rituelle des *curacas*, peuvent cohabiter sans forcément que cela pose de problème.

Le troc s'effectue donc à deux échelles: l'une très large, selon Rostworowski (1970; 1975b), pour certains produits rares, tels les métaux et le *mullu*, l'autre plus locale. Les produits échangés à l'échelle locale, comme le poisson séché, la coca ou les tissus, permettent de répartir, dans une vallée, les richesses produites dans différentes zones (Netherly 1977: 252). Ce troc fait peut-être partie des relations de réciprocité créées entre les différentes communautés et gérées par les *curacas*. Pour la côte nord, bien que le *mullu* soit sûrement important (Netherly 1977: 253), les sources ethnohistoriques coloniales font surtout allusion à des échanges de coton, notamment à Túcume (fig.2.1), dans la vallée de Jequetepeque, de coca et de poissons (Ramírez 1982), ce qui correspond plutôt à un réseau local qu'à du troc sur de longues distances. Mais qu'en est-il dans la vallée de Chicama ? Des marchands y commercent-ils leurs marchandises d'une communauté à l'autre ? L'unique mention sur ce sujet relevée pour cette vallée concerne les pêcheurs de Malabrigo qui troquent leurs poissons (Ramírez 1995a; 1995b), mais ce ne sont pas des spécialistes de l'échange.

Les échanges avec la sierra, même s'ils existent probablement, notamment pour l'acquisition de métaux précieux, restent tout aussi énigmatiques dans les textes coloniaux pour la vallée de Chicama. Nous connaissons donc assez mal les déplacements des biens, mais la mobilité des indigènes est mieux documentée pour cette vallée.

La mobilité côte-sierra

À l'époque précédant la conquête espagnole, les Incas imposent d'importants déplacements de populations à travers leur vaste empire, notamment sur la côte nord et dans la vallée de Chicama (Carrera 1939 [1644]: 7-9). Ces migrations forcées ont des objectifs politiques ou militaires, pour sécuriser une région et renforcer l'autorité impériale, ou économique, pour contrôler une production particulière comme dans le cas des artisans chimús envoyés à Cuzco. En cela, cette pratique pourrait n'être qu'une transformation à très grande échelle du modèle de l'archipel andin (Murra 1972; Anders 1990). Les *mitimaes*, ces colons déplacés par les Incas parfois suite à des rébellions, se retrouvent souvent dans des zones très éloignées de leurs lieux d'origine, à l'environnement bien différent, ce qui contribue à les déstabiliser.

Dans la région de Huamachuco, les Incas ont envoyé plusieurs communautés étrangères provenant d'autres régions de la sierra ou bien de la côte (fig.2.15). Ces *mitimaes* sont regroupés en deux *guarangas* selon leur origine montagnarde ou côtière (Espinoza 1974). Quatre communautés venant du littoral, Chicmin, Chaupiyunga, Paipai et Sañoc (des potiers), sont donc placées sous l'autorité d'un *curaca* qui gère cette *guaranga* depuis Cajabamba. Un document de 1604 (ARL leg. 266 exp. 3068) offre quelques précisions sur ce *curaca* attaqué en procès par le chef de Simbal, dans la vallée moyenne de Moche.

Au début du 17e siècle, Pedro Xalcaguaman est le *curaca* des *mitimaes yungas*, c'est-à-dire originaires de la côte, et pour justifier son titre, il cite son frère, Juan Garcia Chumbinamo, son père, Juan Chumbinamo et son grand-père, Augustin Chumbinamo, tous trois *curacas* avant lui. Il affirme que ce sont les Incas qui ont envoyé Augustin Chumbinamo à Chuquibamba, le long du río Condebamba (fig.2.15) et qu'à l'arrivée des Espagnols, il s'est converti au Christianisme (ARL leg. 266 exp. 3068 fol. 32r). Ce déplacement de *mitimaes* a donc été réalisé peu de temps avant la conquête espagnole et bien après la conquête inca de la côte nord, probablement sous le règne de Huayna Capac, le successeur de Tupac Yupanqui. Peut-être que l'hypothétique rébellion de la côte nord a poussé les Incas à prendre de telles mesures. Geronimo Minaquispi, le *curaca* des indigènes *chaupiyungas* de Simbal de la vallée moyenne de Moche, explique que Juan Chumbinamo est originaire de la vallée de Chicama et que ses indigènes *mitimaes* vivaient à Paiján et dans d'autres villages de cette vallée (ARL leg. 266 exp. 3068 fol. 29r).

Outre ces *mitimaes*, les *guarangas* de Huamachuco créent cinq enclaves pour le contrôle écologique de zones d'exploitation: trois d'entre elles sont composées de colons de la vallée de Chicama, de Virú (Gasñape) et de Chao. Espinosa (1974) indique qu'une des colonies est située dans la vallée haute de Chicama, à environ 1400 m d'altitude, et a pu abriter les *mitimaes* venant de la plaine côtière de Chicama (fig.2.15). Ces déplacements de population à différentes altitudes, depuis la côte vers la sierra avec les *mitimaes yungas* de Huamachuco, mais aussi de la sierra vers des régions plus basses, grâce aux « îlots » de l'archipel andin, démontrent bien l'existence de relations entre le littoral et les sommets, pour la vallée de Chicama.

Le cas des hauteurs de la vallée moyenne de Chicama, où résident des populations cajamarca, est différent. Les groupes de *mitimaes* amenés par les Incas à Cajamarca ne sont pas tous décrits dans les textes coloniaux et les mentions de ceux provenant de la côte sont rares (Remy 1992: 70). Néanmoins, d'autres indices semblent indiquer l'existence de personnes de la côte dans cette région. Rostworowski (1985; 1992) dénombre plusieurs patronymes avec une consonance en « F », indice linguistique de la côte nord. Il ne s'agit pas d'une communauté rassemblée à un endroit précis comme pourraient le suggérer des *mitimaes*, mais plutôt d'une dissémination à grande échelle.

Ces indigènes aux patronymes particuliers vivent dans différents villages, dispersés dans toute la région de Cajamarca, y compris sur les hauteurs de la vallée moyenne de Chicama (fig.2.15). D'après Rostworowski (1985; 1992), cette population côtière se serait mélangée depuis plusieurs générations aux habitants de la sierra. Le grand nombre de femmes avec de tels noms de famille est peut-être dû à des mariages entre personnes de la côte et de la sierra, à moins que cela ne découle de différences de genre dans le choix des patronymes. Rostworowski (1985: 407) indique par ailleurs que des étrangers *llacuaz*, probablement originaires de la sierra centrale, cohabitent avec les

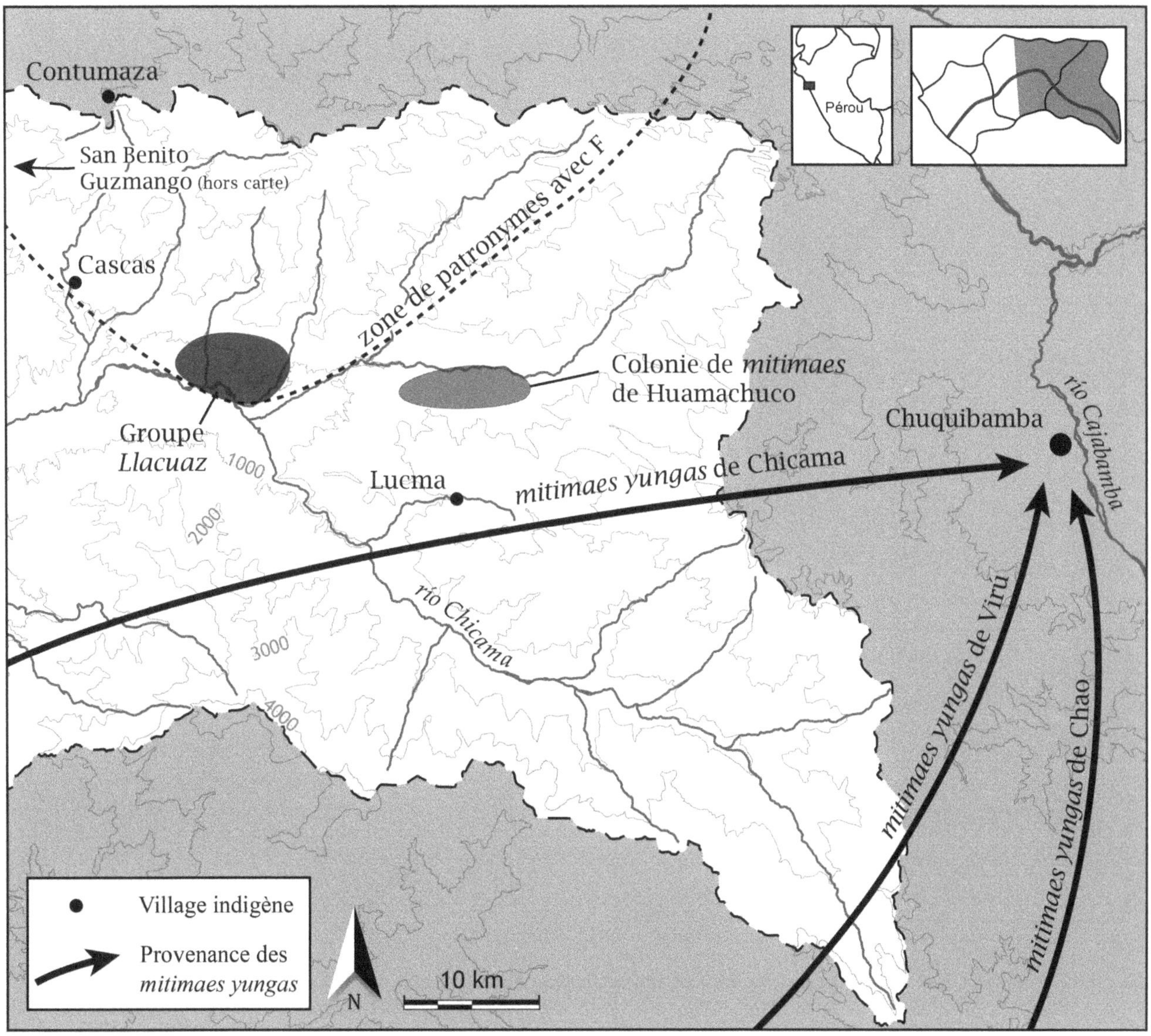

***Fig. 2.15* – Carte de la sierra de Chicama et des relations côte-sierra (Espinoza 1974; Rostworowski 1985; 1992).**

populations cajamarca, mais ils ne correspondraient pas à des colons *mitimaes* (fig.2.15).

Enfin, la visite de Bartolomé de Villavicencio[21], en 1607, met en lumière l'emploi d'une main-d'œuvre de la sierra dans les exploitations espagnoles de la vallée basse de Chicama. Parmi les 156 indigènes cités dans le texte qui travaillent pour des Espagnols, 31 viennent de la sierra de la vallée de Chicama (fig.2.15). On trouve notamment des habitants de Guzmango (2 personnes), de San Benito (2 personnes), de Contumaza (3 personnes), de Lucma (6 personnes) et surtout de Cascas (18 personnes). Quelques années avant cette visite, la raréfaction de la main-d'œuvre provenant de la sierra provoque un mécontentement général de la part des exploitants qui voient le nombre d'indigènes diminuer à chaque *mita* (ARL leg. 266 exp. 3069). Les six *mitas* de la sierra, et les indications sur les origines des travailleurs, lors de la visite de Villavicencio, reflètent-elles les vestiges d'une ancienne coutume préhispanique ou bien ne sont-elles qu'une pratique coloniale créée pour combler le manque de main-d'œuvre sur la côte ? Il est difficile de trancher, mais la rareté des revendications des indigènes de la sierra interrogés par Villavicencio, visiblement habitués, laisse entendre qu'une telle pratique n'est pas anormale pour eux. L'envoi de travailleurs d'une région à une autre, même si c'est une innovation de l'administration coloniale, a pu être favorisé par une mobilité courante aux époques antérieures.

Les sources du 16e et du début du 17e siècle indiquent donc bien l'existence de relations importantes entre le littoral et la sierra dans la vallée de Chicama. La migration de travailleurs des sommets vers les haciendas espagnoles de la plaine, le déplacement de communautés vers Huamachuco par les Incas et la présence de personnes de la région de Cajamarca dont les patronymes rappellent la langue de la côte démontrent la perméabilité de chacune de ces deux régions distinctes et contrastées.

21 - Nous souhaitons remercier Juan Castañeda Murga, professeur d'Histoire à l'Universidad Nacional de Trujillo, pour nous avoir fourni sa propre transcription de ce long texte que nous avions consulté auparavant (ARL leg. 266 exp. 3074).

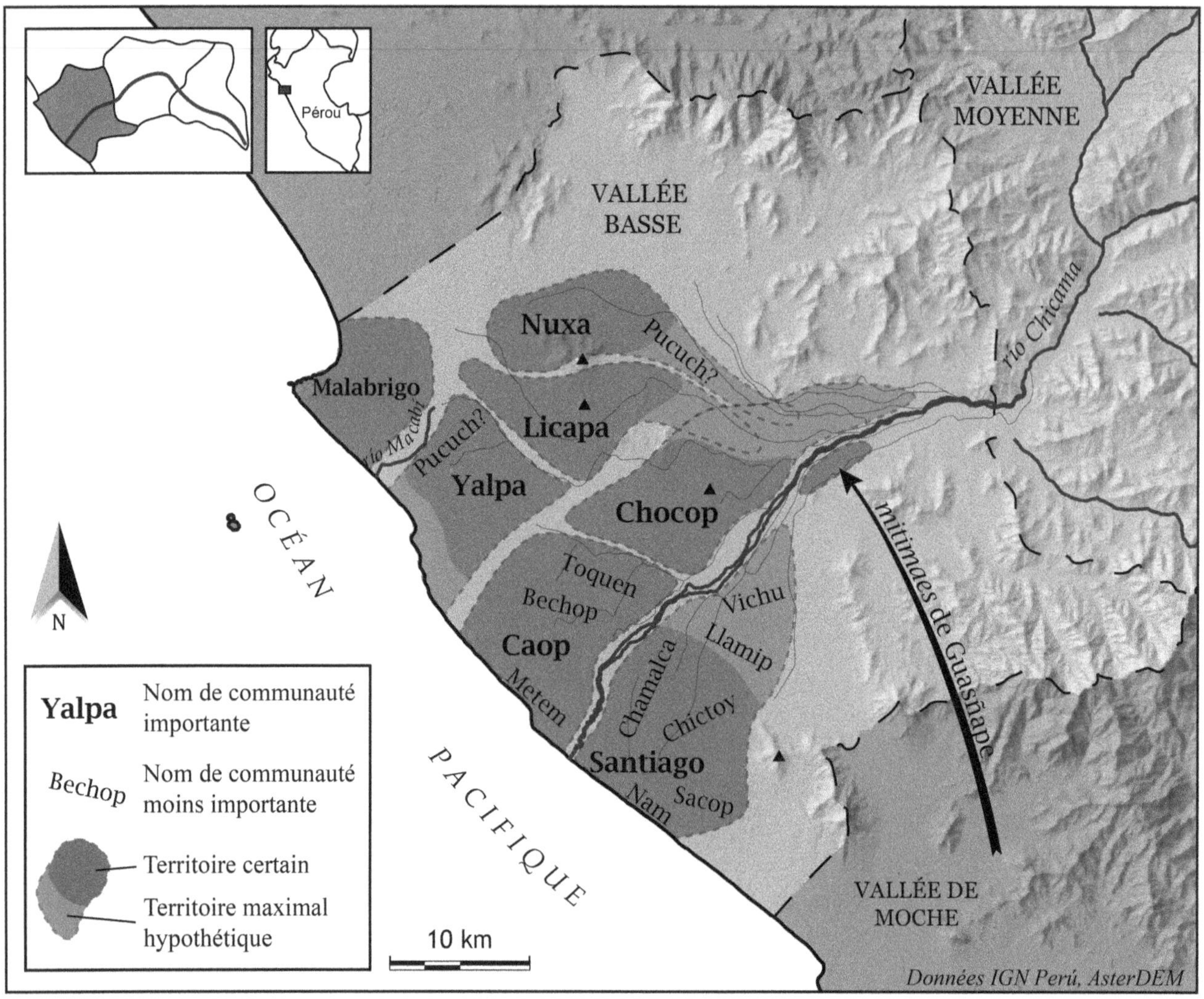

Fig. 2.16 **– Carte reconstituant le territoire des communautés de la vallée basse de Chicama.**

Les témoignages étudiés à travers la lecture des documents d'archives et des travaux d'ethnohistoriens permettent de comprendre partiellement les caractéristiques sociales, politiques et économiques des descendants des Chimús, dans la vallée de Chicama. L'organisation des communautés selon le principe de la dualité, les pouvoirs et fonctions des *curacas*, ces chefs aguerris pouvant mobiliser les travailleurs, une hiérarchie politique complexe, des activités économiques variées, des relations basées sur la réciprocité et des échanges entre la côte et la sierra se dessinent progressivement. Il s'agit de recouper toutes ces informations pour en dresser un panorama cohérent.

Conclusion

Au 16e siècle, la vallée de Chicama est divisée en trois unités administratives coloniales, mais aussi ethniques: Huamachuco, Cajamarca et les descendants des Chimús dans la plaine côtière. À ceux-ci, s'ajoutent peut-être des populations *llacuaz*, originaires de la sierra centrale (Rostworowski 1985; 1992). Nous allons principalement axer notre analyse finale sur les habitants de la vallée basse de Chicama. Suite à la conquête du royaume Chimor par Tupac Yupanqui vers 1470, les Incas, puis, soixante ans plus tard, les Espagnols transforment la société chimú de la vallée de Chicama. Que reste-t-il de l'organisation sociale et politique chimú au 16e siècle ?

Nous avons tenté de replacer chaque communauté sur la carte de la plaine côtière (fig.2.16), en tenant compte des villages, canaux d'irrigation, relations entre *curacas*, activités économiques spécifiques et toponymes. Il est possible de délimiter approximativement les territoires des *principales* communautés: Chocop, Santiago, Caop, Licapa, Nuxa, Yalpa et Malabrigo. Cette carte, bien qu'elle constitue un intéressant moyen de représentation de l'organisation spatiale indigène et un bon outil de recherche, demeure subjective et il faut garder à l'esprit que l'espace de la vallée basse de Chicama ne se partage sûrement pas de manière aussi simplifiée (Harris 1997). Les limites territoriales demeurent d'ailleurs assez floues et certaines zones pourraient appartenir aussi bien à une communauté qu'à une autre, comme dans le cas de Licapa, de Nuxa et de Chocop. Des communautés mineures sont localisées approximativement, en fonction des communautés plus importantes auxquelles elles semblent être liées et des données extraites des sources administratives ou des travaux d'ethnohistoriens (Netherly 1977; 1984;

Ramírez 1995a; 1995b; Zevallos 1992). Pour expliquer les raisonnements qui ont permis l'élaboration de cette carte, prenons les exemples des communautés de Yalpa, de Vichu et de Malabrigo (fig.2.16).

Les indigènes de Yalpa dépendaient de leur canal qui traverse les terres de Chocop en début de parcours, ils ne pouvaient donc cultiver que les terrains situés au bout de ce canal, vers la mer. Une partie de cette communauté pouvait aussi se tourner vers la pêche comme en témoigne l'actuel hameau de Pulpar (Rodríguez 1997: 53). Partant de cette hypothétique, mais vraisemblable activité marine, le territoire de Yalpa s'étendrait ainsi jusqu'à la côte, mais seuls les terrains irrigués par les canaux devaient appartenir de manière certaine à Yalpa. Cette différence est donc retranscrite sur la carte (fig.2.16). La communauté de Pucuch est visiblement une subdivision de Yalpa puisque c'est le *curaca* de Yalpa qui a exposé les problèmes d'usurpation des terres des indigènes de Pucuch (ARL leg. 283 exp. 3894). La localisation précise de Pucuch n'est pas connue, mais elle devrait se trouver logiquement sur les terres de Yalpa. Toutefois le toponyme de Pucuche est employé pour un site archéologique au nord de Chocop et à l'est de Nuxa. Tenant compte de cette donnée, il est probable que cette communauté était basée bien plus à l'intérieur des terres et ne s'est trouvée politiquement rattachée à celle de Yalpa qu'à la suite des bouleversements engendrés par la conquête et les *reducciones*. Les données archéologiques sont donc également intéressantes pour répartir les communautés et nous reviendrons sur ces questions plus amplement au chapitre 10.

La communauté de Vichu semble située à proximité du monastère de Santo Domingo, puisque durant sa visite, le docteur Cuenca retournait tous les jours à Vichu pour dormir chez les religieux. Cet édifice se trouve aujourd'hui dans le village de Chicama, souvent appelé « *tambo* royal de Chicama » dans les documents, et fondé par Diego de Mora, l'*encomendero* de cette vallée. Simple relais routier, peut-être d'origine inca ou chimú, le village de Chicama n'est pas associé à une communauté indigène ou à un *curaca* dans les documents coloniaux. Pourtant, Vichu devrait se situer non loin de là. Comme il existe des références dans cette même région au sujet de terres appartenant à Pedro Mache, le *curaca* de la communauté de Santiago, le territoire de cette dernière englobait probablement les environs de Vichu (fig.2.16). Cependant, cela reste hypothétique puisque les *curacas* de Vichu, Alonso Yspacnamo et Pedro Munap, ne semblent pas avoir entretenu de relations particulières avec Pedro Mache. La communauté de Vichu, mais aussi celle de Llamip, ne feraient donc peut-être pas partie de l'influence de celle de Santiago.

Quant à la communauté de Malabrigo, son territoire se limitait, en théorie, aux plages et aux zones marécageuses salées des alentours de la pointe du même nom, puisque ces pêcheurs ne possèdent ni canaux d'irrigation, ni champs cultivés (fig.2.16).

L'organisation de la vallée basse est aussi liée à la hiérarchie des *curacas* qui représentent chacun leur communauté. Le découpage en deux *repartimientos*, ceux de Chicama et de Licapa, n'obéit pas forcément à une division ancienne, car Alonso, le *cacique principal* de Chicama et le père de Juan de Mora, dirigeait autrefois les *curacas* de Licapa (Ramírez 1985; 1986; Pärssinen 2003). Nous avons dénombré près de deux fois plus de communautés et de *curacas* dans le *repartimiento* de Chicama que dans celui de Licapa. Cette proportion 1/3 – 2/3 pourrait refléter une séparation tripartie de la vallée basse, répartie entre le *cacique principal* Juan de Mora, son second, ou *segunda persona*, Pedro Mache et le *tercera persona* Francisco Nuxa (fig.2.17). Il est aussi possible que la division soit simplement duale, selon le modèle de Netherly (1977): Juan de Mora et Francisco Nuxa son *segunda persona* formant le

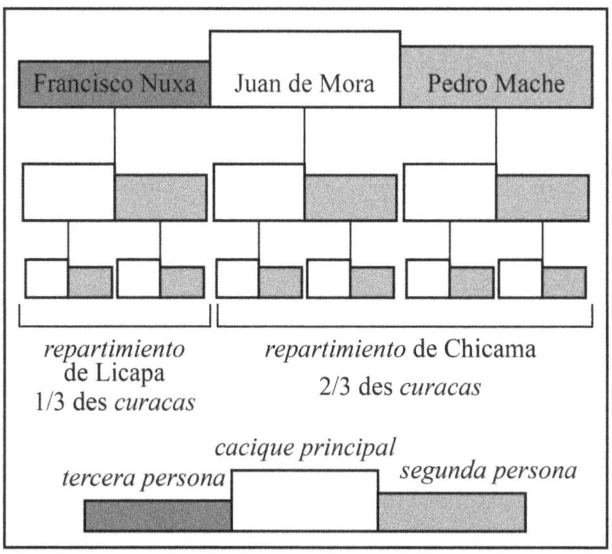

Fig. 2.17 **– Schéma de l'organisation tripartite des *curacas* de la vallée basse de Chicama.**

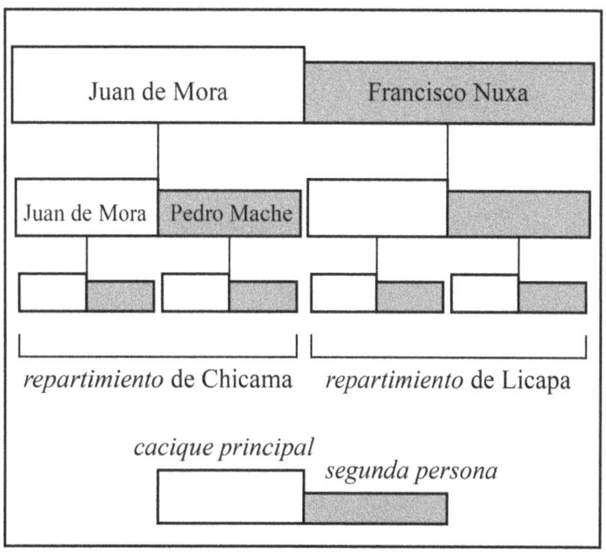

Fig. 2.18 **– Schéma de l'organisation duale des *curacas* de la vallée basse de Chicama.**

sommet de la hiérarchie, puis à l'échelon inférieur, Pedro Mache seconde Juan de Mora (fig.2.18). Dans les deux cas, il faut faire abstraction de la scission en deux *repartimientos* qui est le fait des Espagnols.

Intéressons-nous tout d'abord à ces trois principaux *curacas* et à leurs communautés: Juan de Mora, basé à Chocope, réside à égale distance de Pedro Mache et de Francisco Nuxa qui lui doivent tous les deux obéissance (fig.2.20). Il occupe ainsi une position centrale dans la plaine côtière correspondant à son rôle de chef, ce qui lui permet d'aller facilement voir les indigènes de Francisco Nuxa ou ceux de la rive sud du río Chicama placés sous les ordres de Pedro Mache. Inversement, tous les habitants de la plaine doivent accourir pour effectuer les travaux que Juan de Mora ordonne. Dans cette organisation, un concept temporel et spatial aymara des Andes méridionales, présenté par Bouysse-Cassagne et Harris (1987), semble apparaître: le *taypi* au centre, encadré par deux *puruma*[22].

Le *taypi* en aymara (Bertonio 1612: 340), similaire au *chaupi* en quechua (Gonzáles Holguín 1989 [1608]: 81), est conçu comme un centre primordial ou un axe, marquant une division duale. Par exemple, le *taypi huahua* est le cadet de trois enfants, soit celui placé entre l'aîné et le benjamin, tandis que le *taypi lukana* est le doigt majeur, au centre de la main (Bertonio 1612: 340; Bouysse 1978: 1065). Dans la région aymara, le *taypi* est rattaché à l'axe aquatique, défini par Wachtel (1978), formé par le río Azángaro, le lac Titicaca, le *desaguadero* et le lac Poopó (Bouysse 1978; Bouysse y Harris 1987: 19-21). Par ailleurs, le *taypi* correspond à un âge mythologique de commencement et d'origine du monde, durant lequel se développent les premières cultures et la civilisation (Bouysse y Harris 1987: 20). Bouysse-Cassagne et Harris (1987: 32) rattachent donc ce concept aux idées d'origine, de centre, et d'axe aquatique.

Le *puruma*, selon Bertonio (1612: 278), est associé à l'obscurité, aux frontières, mais aussi au monde sauvage et à la virginité. Par exemple, *puruma caura* indique un lama qui n'a encore jamais été bâté, donc d'une certaine manière encore sauvage, et *puruma vraque* définit une terre vierge, non cultivée (Bertonio 1612: 278; Bouysse y Harris 1987: 22). Dans l'altiplano bolivien, le *puruma* est donc associé aux hauts sommets qui se situent à la limite entre le ciel et la terre, là où se trouvent de puissantes forces et où la nature n'est pas domestiquée, à l'inverse du *taypi* relié à l'agriculture (Bouysse y Harris 1987: 24-26). Mais il existe également un deuxième espace de *puruma*, composé de grandes et profondes extensions d'eau, comme le lac Titicaca et la mer (Bouysse y Harris 1987: 26-27). Enfin, ces régions limitrophes constituent le domaine des défunts, dans la pensée aymara. La notion de frontière et son symbolisme sont aussi appréhendés par Fioravanti Molinié (1986) qui les associe également au monde des morts. À l'instar du *taypi*, le *puruma* est aussi un âge mythique, caractérisé par une semi-obscurité et le rejet des forces sauvages et puissantes vers les confins et les limites du monde (Bouysse y Harris 1987: 24).

Bouysse-Cassagne et Harris (1987: 28) résument les concepts de *taypi* et *puruma* par un schéma (fig.2.19). Il existe deux *puruma* parallèles encadrant le *taypi* au centre: l'un est relié aux montagnes sauvages, donc peut-être au désert et aux chasseurs, l'autre à la mer, aux lacs profonds et aux pêcheurs. Ces *puruma* ont tous deux un côté sauvage et représentent la mort en opposition au *taypi* des vivants. Outre les notions d'origine, de centre et d'axe aquatique, le *taypi* est également rattaché à celles de civilisation et d'agriculture.

Les trois *principales* communautés de la vallée basse de Chicama, Chocop, Licapa et Santiago, pourraient s'associer au *taypi* ou au *puruma*. La position de la communauté de Chocop, dirigée par le *cacique principal* de la vallée, est assez similaire au concept du *taypi* (fig.2.20). Elle se trouvait au cœur de la plaine côtière, au milieu des terres cultivées et non loin du río Chicama qui rappelle l'axe aquatique. Enfin, la plupart des canaux d'irrigation passaient près de Chocop et symbolisent l'agriculture.

Au contraire, la communauté de Licapa est localisée en marge de la plaine, dans une région où l'agriculture côtoie le désert. C'est donc une zone de frontière, bien plus sauvage que les environs de Chocop, ce qui renverrait au concept de *puruma*. De la même manière, la communauté de Santiago est située sur le littoral, non loin de l'océan Pacifique et de ses profondeurs. Ici aussi, l'agriculture était présente, mais une partie de la population se composait de pêcheurs et c'est un espace frontalier avec la mer, donc une zone de *puruma*. Enfin, sur la côte, les morts sont enterrés dans les sables du désert, souvent à la limite des terres agricoles, et leurs âmes vont vers l'Océan. Licapa et Santiago, deux des plus importantes communautés de la

Puruma	Taypi	Puruma
frontière	centre	frontière
hautes montagnes (désert)	axe aquatique	eaux profondes (mer)
société sauvage	société politique	société sauvage
chasseurs	agriculteurs (irrigation)	pêcheurs
morts	vivants	morts
Licapa	**Chocop**	**Santiago**

***Fig. 2.19* – Tableau récapitulant les différentes valeurs et associations des concepts de *taypi* et *puruma* (inspiré de Bouysse et Harris 1987: 28).**

22 - Nous remercions T. Bouysse-Cassagne pour son aide précieuse et ses critiques au sujet de cette hypothèse. Il faut souligner que les mythes à partir desquels ont été interprétés les concepts de *taypi* et de *puruma* sont fortement teintés d'éléments européens. Malgré les doutes légitimes de T. Bouysse-Cassagne que nous partageons quant à la validité de cette analogie, nous avons tout de même choisi de la présenter, à titre de simple idée.

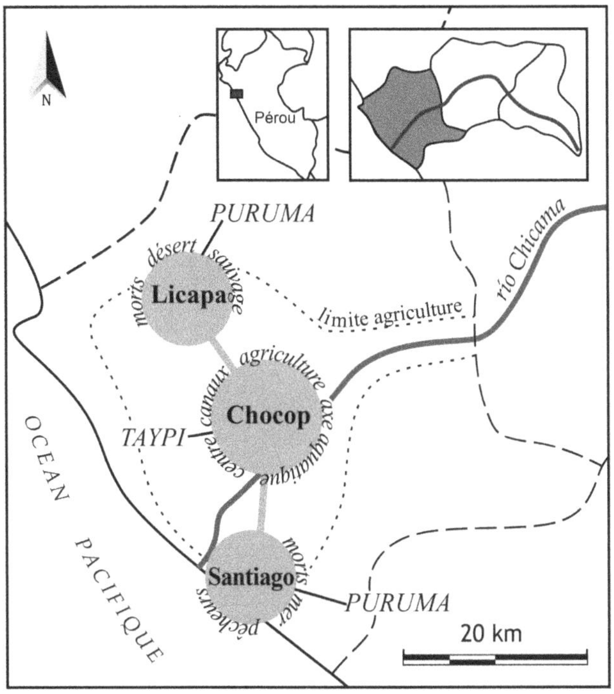

***Fig. 2.20* – Carte schématique de la vallée basse de Chicama illustrant le *taypi* et les *puruma*.**

vallée après celle de Chocop, pourraient donc représenter les deux sortes de *puruma* (fig.2.20).

L'application à la vallée de Chicama de ces concepts, documentés pour une région culturellement et spatialement très éloignée, oblige à rester très prudent, même si Bouysse-Cassagne et Harris (1987: 14) évoquent la portée panandine des mythes qui servent à leurs propos. Par ailleurs, Bouysse-Cassagne (1997) a souligné l'influence espagnole dans les récits indigènes, en particulier celui de Tunupa qui a servi à l'étude de ces concepts aymaras.

L'axe aquatique pourrait ainsi être lié à des modifications opérées par les évangélisateurs de la Période Coloniale. Enfin, le mode de pensée des peuples de la côte nord est sûrement particulier, composé d'autres idées et de schémas distincts, peut-être fort éloignés des idées de *taypi* et de *puruma*. Les similitudes notées entre les croyances de cette région et de la sierra sud, comme nous l'avons souligné grâces aux chroniques de Calancha (1974 [1638]) et d'Arriaga (1999 [1621]), et l'existence de modèles sociaux plus ou moins partagés à vaste échelle, comme l'archipel andin proposé par Murra (1972), tendent à démontrer la présence d'un large substrat culturel commun. Les distances et les différences environnementales n'empêchaient peut-être pas la diffusion de concepts abstraits à travers l'espace et le temps, mais il faut également tenir compte des spécificités culturelles de chaque peuple et de chaque époque. Même si les trois *principales* communautés de la vallée basse de Chicama étaient organisées sur un modèle tripartite, il manque bien des données sur l'idéologie et les mentalités des populations de cette région pour réellement appuyer cette hypothèse.

En examinant un plus grand nombre de communautés, on remarque une autre organisation spatiale et politique de la vallée basse de Chicama; bien souvent, les petits *curacas* qui vivent à proximité du littoral sont subordonnés à ceux résidant à l'intérieur des terres (fig.2.21). Les indigènes de Caop exécutent les ordres du *curaca* de Chocop, et ceux de Yalpa et de Malabrigo obéissent aux *curacas* de Nuxa et de Licapa. Cette configuration pourrait découler du contrôle de l'irrigation, puisque les communautés en aval, près de l'océan, dépendent des eaux qui traversent des zones dominées par les communautés installées en amont. La position côtière de Pedro Mache, *segunda persona* de Chicama qui occupe donc une place importante dans la hiérarchie, rompt avec ce schéma. Cette exception est peut-être due à des modifications apportées par les Incas ou bien aux principes du *taypi* et des *puruma* présentés plus haut. Par ailleurs, la possible dualité entre agriculteurs et pêcheurs, déjà proposée pour l'ancienne culture mochica par Franco et Vilela (2003: 416) et similaire à celle des agriculteurs et pasteurs de la sierra centrale (Duviols 1973), pourrait aussi expliquer cette différence hiérarchique entre les communautés du littoral et celles de la plaine. Enfin, comme la superficie cultivée de la rive sud est moins étendue que celle de la rive nord, la pêche a pu alors y être plus importante, d'où la prédominance symbolique et politique de la communauté de Santiago sur les communautés d'agriculteurs de l'intérieur des terres.

Comme le suppose Netherly (1977) à propos du río Chicama qui marque une division duale, la géographie de la région pourrait en partie jouer un rôle dans l'organisation sociale et politique indigène de la vallée. Pour le *repartimiento* de Licapa, la séparation entre les communautés de Nuxa et de Licapa semble être le cerro Azul (fig.2.21-1) et, entre Yalpa et Malabrigo, coule aujourd'hui le río Macabí qui se forme en partie grâce à l'irrigation. À l'instar du río Chicama, ce faible cours d'eau, s'il a bien existé autrefois, a également pu jouer un rôle de division de ces deux moitiés. La plaine côtière est aussi coupée, selon un axe nord-ouest/sud-est, par une chaîne de petites élévations (fig.1.4 et 1.5). Parmi celles-ci, les *cerros* Licapa et Mocollope (fig.2.21-2 et 3) peuvent être associés aux territoires des communautés dirigées par des *curacas* importants, comme celles de Licapa et de Chocop. Sur la rive sud, les communautés mineures, comme celles de Chictoy ou de Llamip, sont localisées à faible distance du cerro Piedra Parada (fig.2.21-4).

Au contraire, les communautés situées à proximité du littoral sont éloignées de toute élévation, à l'exception de la communauté de Malabrigo, établie non loin du *cerro* du même nom (fig.2.21-5). On peut supposer également que la mer était un symbole majeur pour ces communautés de pêcheurs (Rodríguez 1997). Les montagnes, les cours d'eau et l'océan Pacifique pourraient donc bien avoir joué un rôle dans la répartition des communautés et la hiérarchie des *curacas*. Certains de ces composants du paysage étaient peut-être vénérés, comme le suggèrent les descriptions des croyances de la côte nord et l'exorcisme et la bénédiction du cerro Campana (Calancha

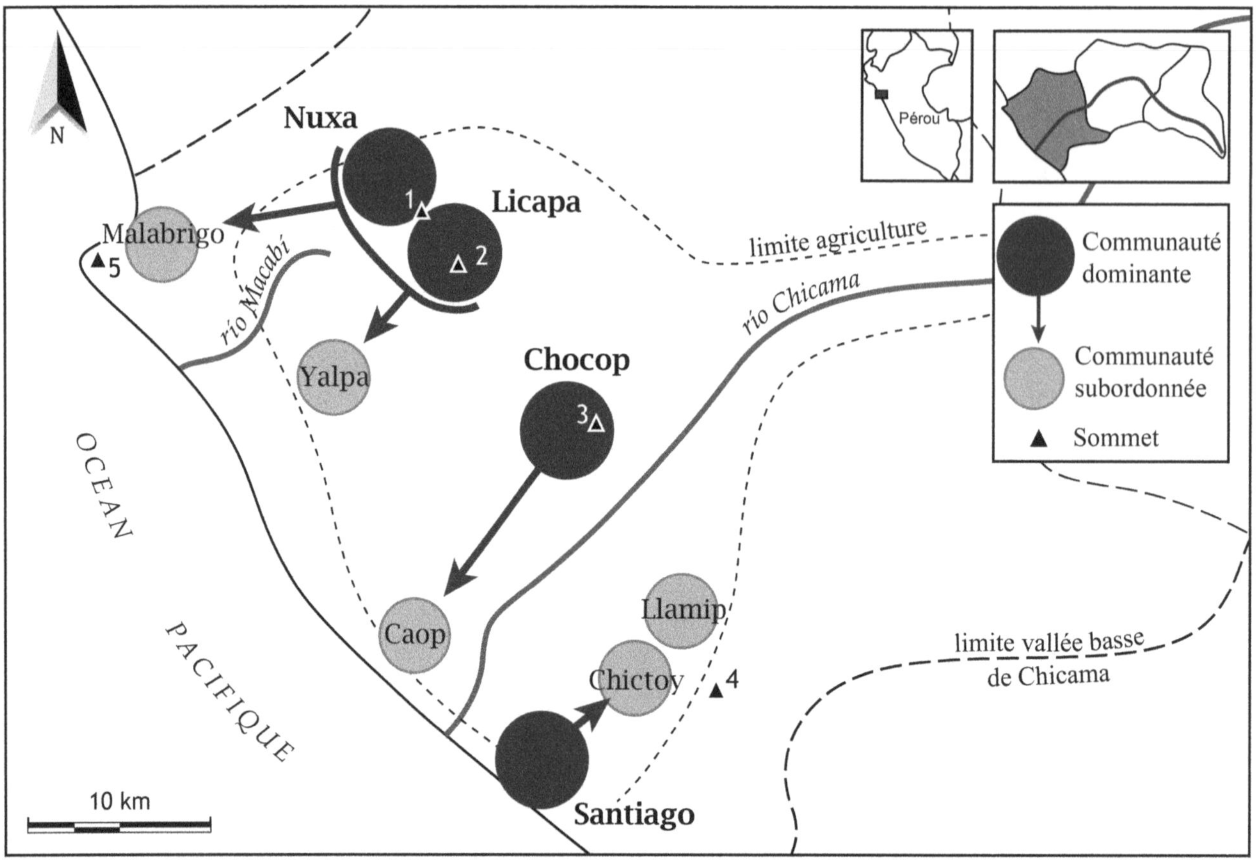

Fig. 2.21 – **Carte schématique illustrant la hiérarchie spatiale des communautés. Liste des sommets: 1 - cerro Azul, 2 - cerro Licapa, 3 - cerro Mocollope, 4 - cerro Piedra Parada, 5 - cerro Malabrigo.**

1974 [1638]: 1262). L'océan Pacifique revêt une importance particulière sur toute la côte et les montagnes sont des endroits vénérés dans les Andes entières, aujourd'hui comme autrefois (Rodríguez 1997; Arriaga 1999 [1621]; Martínez 1983; Reinhard 1985; Castro 2001; Gil 2008; Gil y Fernández 2008; Cruz 2009). Les relations entre communautés indigènes et éléments naturels du paysage, que nous avons brièvement exposées ici, restent néanmoins hypothétiques en l'absence d'indices plus fiables et de plus amples études.

Dans la sierra de la vallée de Chicama, la situation est moins claire. Les indigènes des communautés de la *guaranga* de Guzmango sont éparpillés dans plusieurs villages ce qui empêche l'attribution d'un territoire à une communauté. En revanche, il est possible d'évaluer l'emprise spatiale de la *guaranga* de Guzmango qui est centrée sur la cordillère éponyme. Dans la vallée haute, les communautés demeurent presque toutes inconnues, seules celles de Lucma et d'Usquil ont été répertoriées, ainsi qu'une colonie de *mitimaes*. Sans un minimum d'informations de toponymes, on ne peut réaliser une carte semblable à celle détaillant les territoires des communautés de la vallée basse (fig.2.16).

L'analyse des chroniques, des études d'ethnohistoriens et des archives apporte plusieurs éléments au sujet des populations indigènes de la vallée de Chicama au 16e siècle. Héritières du royaume chimú, les communautés indigènes ont dû faire face aux bouleversements engendrés par la conquête inca, narrée dans les chroniques, puis par celle des Espagnols. Le territoire est modifié par l'administration coloniale, avec la fondation de nouvelles villes comme Trujillo, la création de *repartimientos* et la concentration des indigènes de moins en moins nombreux dans des *reducciones*. Malgré tout, les communautés, dirigées par leurs *curacas*, s'adaptent peu à peu à cette nouvelle donne, tout en reproduisant un mode de vie probablement proche de celui des époques préhispaniques. Des concepts andins, comme la réciprocité ou la dualité, continuent de structurer la société indigène déstabilisée. L'organisation sociale, économique et politique de la vallée basse de Chicama se révèle progressivement aux ethnohistoriens, grâce aux nombreuses données disponibles. Cependant, cette analyse ethnohistorique doit s'accompagner d'une étude archéologique qui permettra de se transposer plus loin dans le passé. Plusieurs archéologues se sont d'ailleurs intéressés à la culture chimú.

CHAPITRE 3
LES ANTÉCÉDENTS DE LA RECHERCHE ARCHÉOLOGIQUE: LE CADRE CHRONOLOGIQUE ET LA CULTURE CHIMÚ

Au 16e siècle, l'arrivée des Espagnols a bouleversé les sociétés andines et le mode de vie des indigènes de la vallée de Chicama, descendants des Chimús. Malheureusement, les données ethnohistoriques que nous venons de présenter ne permettent pas de comprendre la situation aux périodes précolombiennes, en particulier à l'époque chimú. En revanche, l'archéologie est tout indiquée pour appréhender ce passé plus lointain et apporte ainsi un éclairage distinct, qui complète les informations tirées des chroniques et des archives coloniales consultées. Néanmoins, tout comme ces textes des 16e et 17e siècles, les vestiges matériels mis au jour sur les sites chimús, comme à Chan Chan, ne montrent qu'une partie de l'Histoire.

Depuis le regard imprécis des explorateurs romantiques du 19e siècle, comme Squier (1877), jusqu'aux tentatives plus scientifiques d'Uhle (1913), de Larco Hoyle (1946) et des membres du Projet Virú (Ford and Willey 1949), le cadre chronologique et culturel de la côte nord a subi de profondes modifications. Puis, grâce aux études archéologiques de la seconde moitié du 20e siècle (Donnan and Mackey 1978; Shimada 1995) et aux datations par carbone 14 (Rowe 1967a), il s'est affiné et a été complété. En outre, les chronologies des cultures de la sierra voisine, à Cajamarca (Matsumoto 1993) et à Huamachuco (Topic 2009a), qui ont pu influencer les habitants de la vallée de Chicama, se sont construites parallèlement.

Parmi les cultures de la côte nord, la culture chimú a attiré de nombreux archéologues. Certains, comme ceux du *Chan Chan – Moche Valley Project* (Moseley and Mackey 1973) et Campana (2006; 2012), se sont intéressés à Chan Chan, le site majeur des Chimús. La description de ce site et de son architecture permet de saisir son rôle et son importance dans le développement de cette culture (Ravines 1980; Moseley and Day 1982; Moseley 1990a; Campana 2006; 2012). À travers les différents types d'édifices qui la composent, des plus vastes aux plus petits, la capitale chimú révèle de nombreuses facettes de ses habitants.

D'autres études portent sur le vaste territoire de ce peuple et aident à comprendre son organisation complexe et évoluée, peut-être semblable à la gestion de l'Empire inca (Conrad 1981). L'étude de sites fortifiés (Topic and Lange 1987; Lange 1990), de zones agricoles encore conservées (Kus 1972; 1974) et de l'architecture de plusieurs centres administratifs (Keatinge 1974; Keatinge and Conrad 1983; Moore and Mackey 2008) conduit à s'interroger au sujet de l'expansion, de l'exploitation et de l'administration du royaume chimú.

I. À la recherche d'un cadre chronoculturel: à quelle époque vivaient les Chimús ?

Aujourd'hui, les écoliers péruviens apprennent que le royaume chimú s'est développé assez tardivement, avant l'émergence du Tawantinsuyu, l'Empire inca. La chronologie des Andes, enseignée dans les collèges et les universités, est structurée en une succession de cultures qui, un siècle plus tôt, étaient inconnues. Nous allons voir comment cette séquence chronologique s'est construite, depuis le 19e siècle jusqu'au début du 21e siècle afin de pouvoir utiliser un cadre temporel valable pour la vallée de Chicama.

Les explorateurs du 19e siècle: la vision romantique et confuse du passé

Dès le début du 19e siècle, plusieurs explorateurs, comme Humboldt ou Stevenson (1828) parcourent la côte nord du Pérou et la vallée de Chicama, notant la présence de ruines archéologiques. Ces aventuriers, souvent dotés d'une solide formation scientifique, décrivent minutieusement les curiosités géographiques, botaniques et ethnologiques rencontrées au cours de leurs périples, mais aussi les vestiges archéologiques comme le site de Chan Chan, localisé dans la vallée de Moche, ou les imposantes plateformes d'adobes, telle la Huaca Toledo qui abritait une ancienne sépulture particulièrement riche en objets précieux. Il n'est pas question de parler ici de tous ceux qui se sont arrêtés dans la région de Trujillo ou de Chicama, et nous ne présenterons que les principaux explorateurs qui ont posé les premières bases des connaissances actuelles sur le passé de la côte nord.

Tschudi et Rivero, deux explorateurs et deux palais à Chan Chan

À la suite de ces premiers voyages du début du 19e siècle, l'intérêt des explorateurs pour les vestiges des anciennes cultures, encore largement méconnues, ne cesse de croître. Ainsi, Rivero et Tschudi (1859) décrivent Chan Chan et ses édifices les plus grands, parmi lesquels ils distinguent deux palais qui seront baptisés de leurs noms (fig.3.1).

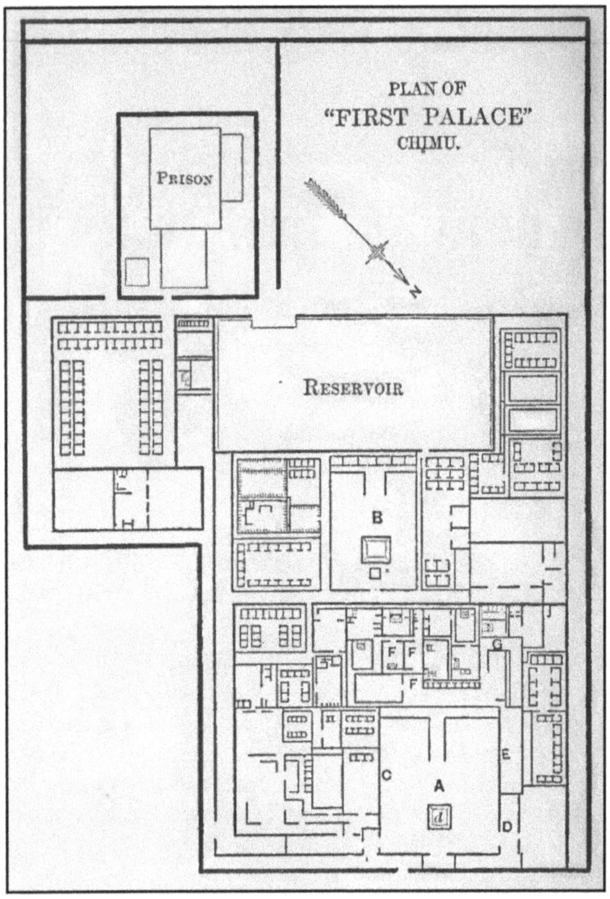

Fig. 3.1 - **Plan du premier palais, réalisé par Tschudi et Rivero (Squier 1977: 152).**

Ces bâtiments qui seront appelés *ciudadelas* au 20e siècle, entourés de murs d'une quarantaine de mètres de hauteur (50 *varras*) selon une évaluation assez fantaisiste1, auraient abrité les maisons des concubines du souverain chimú, des sépultures, des grandes places régulières, des rues, des plateformes d'adobe et même un réservoir d'eau (Tschudi 1847: 154; Rivero y Tschudi 1859: 209-210). Ces auteurs indiquent aussi que les deux plateformes de ces palais renfermaient autrefois plusieurs squelettes momifiés, enveloppés de textiles et accompagnés d'objets en or, en argent et en fer, ainsi que d'une idole de pierre. Il est évident que Tschudi et Rivero n'ont jamais vu ces momies et ces trésors, car ces deux érudits n'auraient pas cité d'artefacts en fer, métal inconnu des populations de la côte nord. Ces informations proviennent donc probablement d'une tierce personne, dont le témoignage peu fiable les a induits en erreur.

Squier, l'architecte

Outre Tschudi et Rivero, Ephraïm George Squier (1877), un explorateur nord-américain, se rend dans la vallée de Moche à la fin des années 1860. Accompagné du Colonel La Rosa, un pilleur à la recherche du *peje grande*, un trésor fabuleux enfoui quelque part dans les ruines de Chan Chan, il mesure et relève avec précision de nombreux vestiges de ce site auquel il consacre un chapitre entier de son ouvrage (Squier 1877: 135-164).

Arrivant à Chan Chan par le nord, il franchit une longue muraille, remarque d'antiques champs de culture à l'intérieur d'enceintes et deux plateformes d'adobes, peut-être la Huaca Arco Iris et la Huaca Taycanamo qui, selon lui (Squier 1877: 119), seraient de possibles structures funéraires. Il s'intéresse également aux édifices découverts plus au sud, les *ciudadelas*, aux frises qui décorent leurs murs d'adobe et à des constructions aux formes diverses. Sa description méthodique, illustrée par des plans précis, des gravures (fig.3.2) et des photographies, complète les données de Rivero et de Tschudi dont il cite les travaux, notamment au sujet des deux palais précédemment étudiés. Squier suppose que les *ciudadelas* de Chan Chan formaient des sortes de quartiers municipaux dans lesquels se trouvaient des habitations, des échoppes et des ateliers d'artisans.

Lors de fouilles réalisées dans des structures ornées de niches[2], il met au jour des restes de textiles et des fragments d'os et de crânes, parfois peints en rouge. Selon lui (Squier 1877: 145 et 148), il s'agit d'indices de la fonction funéraire de ces cavités quiauraient autrefois abrité des squelettes. Il narre aussi la découverte, faite par des pilleurs, d'une autre tombe aménagée de niches internes ressemblant à celle de ses fouilles.

Squier ne se contente pas d'étudier Chan Chan, il explore également les environs de Trujillo. C'est ainsi qu'il remarque d'anciens canaux préhispaniques de la vallée de Moche et relève la Huaca del Sol. Malheureusement, ses recherches à Chan Chan l'occupent tellement qu'il ne

Fig. 3.2 - **Gravure d'une structure en forme de croix andine (Squier 1977: 150).**

1 - Leur estimation d'une hauteur de 50 *varras* (1 *varra* = 0.8 m environ) semble complètement erronée, alors que d'autres mesures sont relativement justes. S'agit-il d'une coquille, 50 à la place de 10 ?

2 - Il s'agit probablement de structures en U que nous présenterons par la suite.

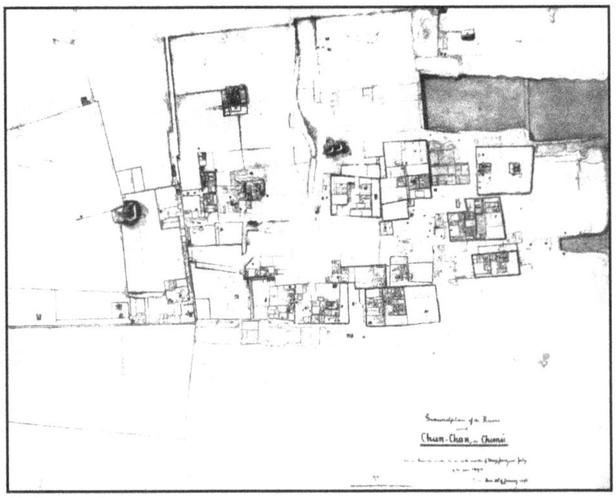

Fig. 3.3 - **Plan de Chan Chan, réalisé par Bandelier (Kosok 1965: 78).**

prend pas le temps de visiter la vallée voisine de Chicama, retournant directement vers le sud après son passage à Trujillo. L'apport de Squier est incontestable; la précision de ses plans et ses illustrations sont d'une grande aide pour les archéologues actuels.

Wiener, le voyageur

Parmi ces explorateurs étrangers, Charles Wiener (2010 [1880]) est mandaté par la France et arrive sur la côte nord du Pérou, en 1875. Il s'intéresse lui aussi à Chan Chan qu'il appelle « le Grand Chimú » et y observe des murs d'adobes de neuf mètres de hauteur (Wiener 2010 [1880]: 134), mesure bien plus réaliste que celle de Tschudi et Rivero (voir la note 1). Sa description du site reste néanmoins sommaire et peu détaillée, ne soulignant que l'aspect labyrinthique des vestiges, témoins d'un passé glorieux bien mal conservé.

Ses aventures le mènent dans la vallée de Chicama, à l'hacienda Facalá, où il fouille les ruines des environs, mettant au jour quelques fusaïoles (Wiener 2010 [1880]: 139). Wiener s'émerveille aussi des anciens canaux d'irrigation remis en état par les riches propriétaires des haciendas, ce qui indique d'ailleurs qu'une grande partie du réseau d'irrigation actuel suit un tracé d'origine préhispanique. Puis il se dirige vers la sierra, remontant le cours du río Chicama, dans la vallée moyenne, où il déguste un vin local, signe précurseur des vignes du 20e siècle (voir supra chapitre 1 p.32). Enfin, il passe une nuit à Cascas et sort de la vallée par le petit bourg de Contumaza, au nord.

Le récit de Wiener, malgré les péripéties romancées et parfois invraisemblables qu'il relate ou sa vision assez dépréciative des indigènes (Riviale 2003; Hocquenghem 1987), demeure important puisque, pour la première fois, des vestiges archéologiques de la vallée de Chicama sont décrits. Notons que son texte est richement illustré de gravures, en particulier pour les ruines de Chan Chan.

D'autres scientifiques arrivent dans la région de Trujillo, comme Bandelier qui dresse un plan des vestiges de Chan Chan (fig.3.3; Kosok 1965: 78) et qui s'intéresse à quelques plateformes d'adobes de la vallée de Chicama (Hodge 1897), ou comme Middendorf (1895) qui cherche à définir les anciennes langues préhispaniques au lieu de visiter les ruines du passé. La plupart de ces hommes, Rivero, Tschudi, Bandelier ou Squier, sont passés à la postérité et leurs noms désignent aujourd'hui les grands « palais » de Chan Chan.

Le 19e siècle marque le début d'un intérêt croissant pour l'histoire des Andes. L'approche curieuse de ces explorateurs romantiques, en quête d'exotisme, devient plus scientifique et plus raisonnée tout en s'orientant finalement vers une archéologie de métier. Les approximations et erreurs qui caractérisent ces premières études disparaissent petit à petit, laissant place à une méthode rigoureuse. Jusqu'à présent, les cultures préincas demeurent méconnues, plongées dans un passé confus que l'on ne sait discerner, faute de références historiques écrites. Le principal objectif des premiers archéologues professionnels du 20e siècle va donc être la création d'un cadre chronologique et culturel cohérent.

Les premiers archéologues sur la côte nord: la découverte de nouvelles cultures et la construction d'une chronologie moins floue

À la fin du 19e siècle, outre la culture inca, on ne connait que quelques autres peuples, soumis par les guerriers de Cuzco, comme les Chimús de la côte nord. Pourtant, en Égypte et en Mésopotamie, l'histoire de ces civilisations, qui remonte à quelques milliers d'années avant J.-C., est déjà bien documentée. Au contraire, dans les Andes, la chronologie reste complètement inconnue audelà de quelques siècles avant l'arrivée des Espagnols. Grâce à des techniques plus scientifiques, notamment la prise en compte de la stratigraphie, les archéologues, tels Max Uhle, Alfred Kroeber ou Larco Hoyle, datent leurs découvertes.

Uhle et les débuts de la stratigraphie

Surnommé le « père de l'archéologie andine », Max Uhle arrive à Trujillo en 1899. Contrairement aux explorateurs qui l'ont précédé, Uhle ne s'intéresse pas à Chan Chan, mais à la Huaca de la Luna et à la Huaca del Sol, déjà relevées par Squier (1877: 131; fig.3.4). Il entreprend des

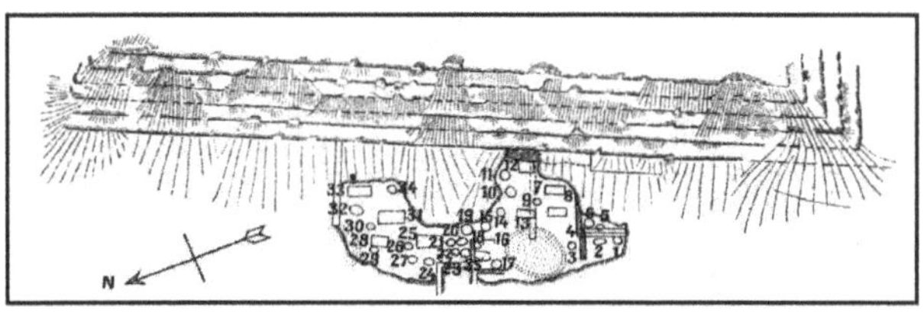

Fig. 3.4 – **Plan des fouilles au pied de la Huaca de la Luna (Uhle 1913: 106).**

fouilles au pied de la première, dans une petite plateforme qui porte aujourd'hui son nom (Uhle 1913; Chauchat y Gutiérrez 2010).

Il y découvre 37 tombes mochicas qui, d'après la stratigraphie et la céramique, seraient plus anciennes que les sépultures chimús pillées en surface. Il met ainsi en évidence plusieurs périodes qu'il appelle Proto-Chimú (la culture mochica), Tiahuanacoïde et Chimú (Uhle 1913; Kroeber 1926: 9-10; Wurster 1999: 29). Suite à des fouilles réalisées dans d'autres régions des Andes, à Pachacamac sur la côte centrale ou à Tiahuanaco en Bolivie, Uhle remarque des ressemblances frappantes de certains styles céramiques, notamment en relation avec le site bolivien de Tiahuanaco. Il suggère alors une diffusion à grande échelle de ces traits stylistiques sur une vaste aire géographique, concept repris plus tard par Willey (1948: 8) pour définir les horizons culturels andins.

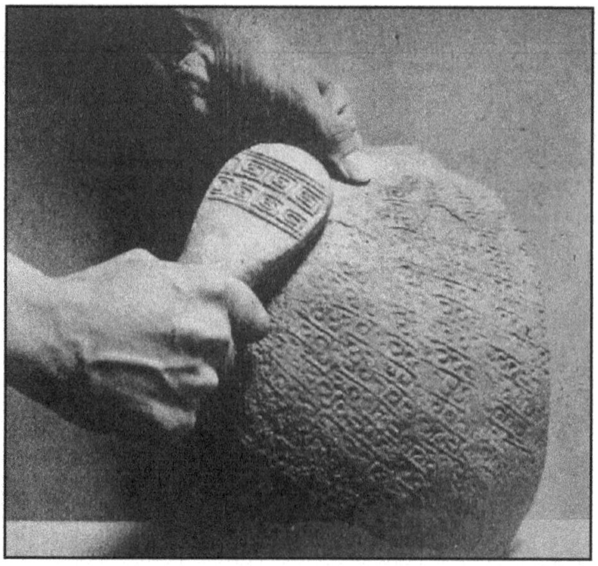

Fig. 3.6 – **Technique du *paleteado* (Kroeber y Muelle 1942: 11).**

Kroeber et la céramique

Quelques années après Uhle, Alfred Louis Kroeber (1926) mène une expédition archéologique sur la côte nord du Pérou. Il relève les effets dévastateurs du phénomène d'El Niño de 1925 qui a détruit, entre autres, une frise sur un mur d'adobe de Chan Chan (Kroeber 1926: 12). Kroeber détaille peu ses activités de terrain, ses prospections et ses fouilles, et se contente de décrire rapidement les sites visités. En réalité, son travail porte essentiellement sur le matériel céramique de la côte nord, notamment celui découvert lors de ses propres missions et celui mis au jour par Max Uhle.

Consécutivement à l'étude stylistique des récipients de son corpus, Kroeber (1930; fig.3.5) présente une chronologie relative, assez proche des conclusions de Max Uhle, qui se compose de trois périodes: celles de Chimú Ancien et Chimú Récent, séparées par une étape intermédiaire complexe. Le Chimú Ancien correspond au Proto-Chimú de Uhle et dérive, en partie, de la tradition antérieure de Chavín provenant de la sierra centrale. Lui succède une époque de transition marquée par les apports de plusieurs foyers externes, comme Tiahuanaco depuis les hauts plateaux boliviens, Nazca depuis la côte sud du Pérou, et l'Équateur. Kroeber propose donc une hypothétique phase Chimú Moyen, supposée être contemporaine de l'influence de Tiahuanaco (Kroeber 1930: 110-111). Selon lui, cela permettrait la résurgence d'un style local bien affirmé, dérivé du Chimú Ancien, au début du Chimú Récent (culture chimú). Pour finir, l'expansion inca est repérable par la présence d'aryballes, un récipient typique de la région de Cusco qui côtoie des vases du Chimú Récent.

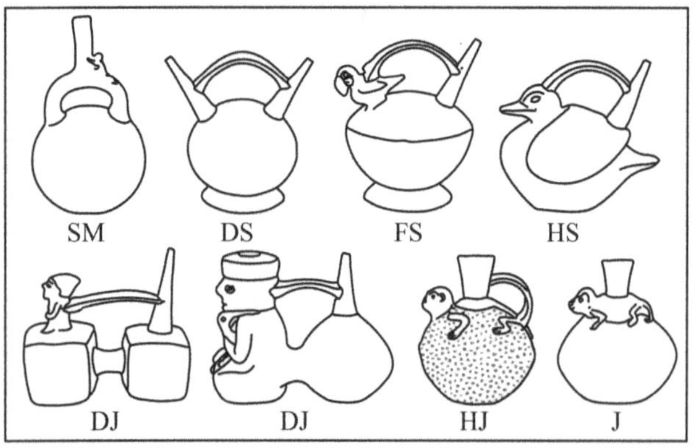

Fig. 3.5 – **Formes de récipients chimús répertoriés par Kroeber (1926: 25): SM - anse en forme d'étrier, DS - double bec, FS - figure et bec, HS - tête et bec, DJ - double jarre, HJ - jarre à anse, J - jarre sans anse**

Disselhof (1941) et plus tard Muelle (1954) tentent à leur tour de caractériser le style du Chimú Moyen. Muelle (1954) suppose que la métallurgie a influencé les changements de la céramique entre le Chimú Ancien et le Chimú Récent. La céramique du Chimú Récent reprend quelques traits des récipients métalliques, comme la couleur gris-noir, les procédés de fabrication et les formes. Il ne faudrait donc pas chercher le style du Chimú Moyen dans les collections de poteries, mais bien dans les objets en métaux (Muelle 1954).

Kroeber et Muelle (1942) décrivent aussi la céramique utilitaire de la vallée de Lambayeque, réalisée avec la technique du paleteado. Au moyen d'une palette gravée de motifs géométriques, le potier modèle son récipient tout en le décorant (fig.3.6). Outre les aspects stylistiques et technologiques de cette analyse, notons que les deux auteurs présentent la première étude sur des céramiques de caractère domestique, généralement absentes des collections de références.

Larco Hoyle: à la découverte de nouvelles cultures

Prenant exemple sur Kroeber et Uhle, des archéologues péruviens, comme Julio C. Tello qui parcourt la sierra, étudient à leur tour les vestiges du passé. Parmi eux,

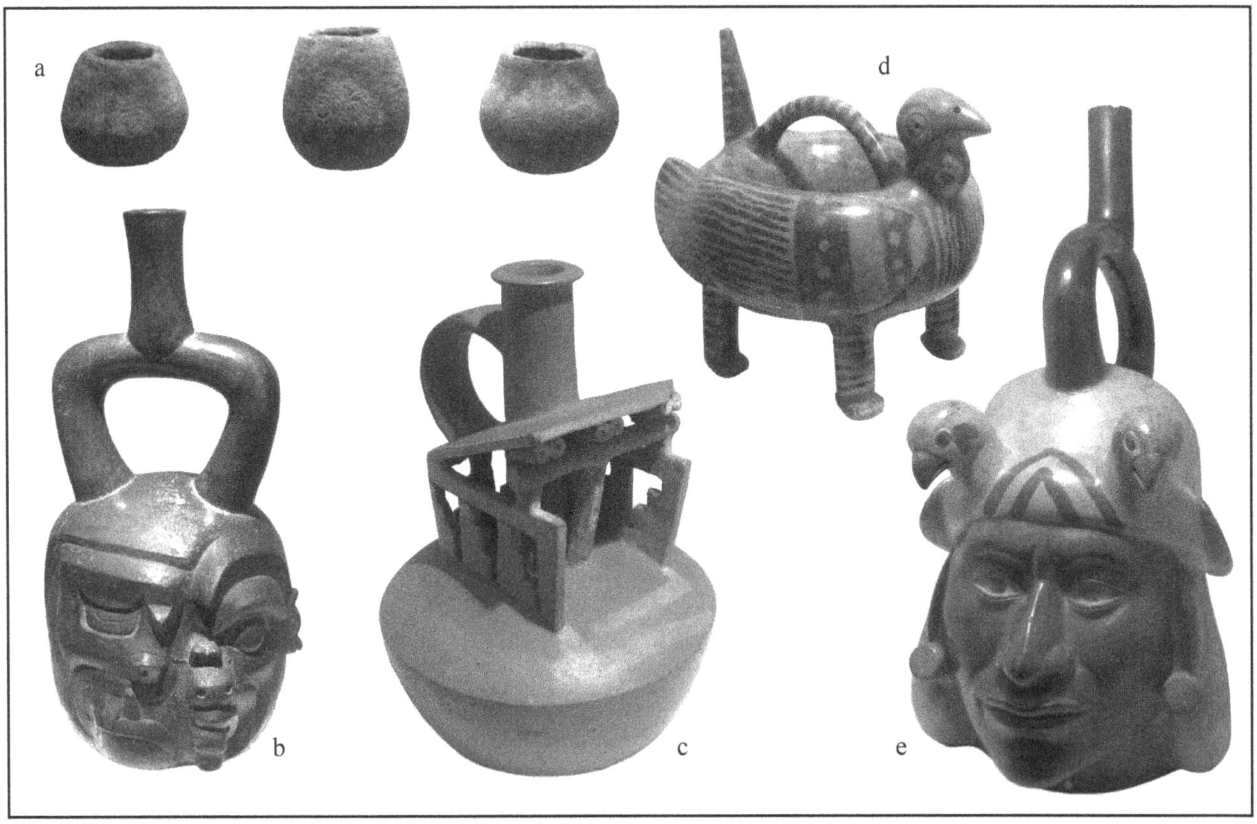

Fig. 3.7 **– Exemples de céramiques de la côte nord du Pérou (Musée Larco, Pueblo Libre): a - Période Initiale, b - culture Cupisnique, c - culture Salinar, d - culture Gallinazo, e - culture Mochica**

Rafael Larco Hoyle s'intéresse à la côte nord du Pérou et accumule les découvertes. Issu d'une riche famille de propriétaires d'haciendas de la vallée de Chicama et amateurs d'archéologie, Larco complète la large collection de céramiques rassemblées par son père. Avec ce vaste corpus de matériel, il définit plusieurs cultures jusqu'alors inconnues, comme Salinar (1944), Cupisnique (1945a), Virú (1945b), Vicús (1965) et il définit une Période Initiale (fig.3.7-a). Afin d'éviter les confusions, il renomme les périodes Pré-Chimú de Uhle et Chimú Ancien de Kroeber par le terme de « mochica » (Larco 1939; 1945c). Le Chimú Récent de Kroeber se trouve ainsi remplacé par l'époque de la culture chimú.

Le nom de Cupisnique dérive de la *quebrada* éponyme, localisée au nord de Chicama, où Larco découvre la plupart des vases et des tessons de cette culture (Larco 1945a). Souvent de couleur sombre, noire ou brune, les céramiques Cupisnique sont les premières avoir une forme d'anse en étrier (fig.3.7-b). Les décors incisés ou modelés représentent une iconographie similaire à celle de Chavin, basée sur la figure du félin (Larco 1945a).

Salinar correspond à une zone de la vallée moyenne de Chicama où se situe la station hydrologique du même nom. Larco (1944: 1) y met au jour les premiers récipients de cette culture, de couleur rouge, parfois peints en blanc, et de formes variées: anses en étrier, mais aussi des goulots unis par une anse en pont (fig.3.7-c).

Larco (1945b: 1-3) déterre la plupart des vestiges de la culture Virú, plus tard appelée Gallinazo (Ford and Willey 1949: 15), dans la vallée éponyme. Les récipients Gallinazo, similaires aux céramiques Salinar, sont souvent décorés de motifs géométriques réalisés avec la technique du négatif (fig.3.7-d; Larco 1948: 22).

Depuis Max Uhle, la culture mochica a fait l'objet de plusieurs études, dont celle de Larco Hoyle (1945c). Grâce à la richesse et à la grande variété des quelque 31 000 céramiques mochicas de sa collection (fig.3.7-e), il brosse un portrait détaillé de cette société.

Enfin, la culture Vicús est identifiée plus tardivement par Larco (1965), dans l'extrême nord de la côte péruvienne. Fort éloignée de la vallée de Chicama, cette culture a toutefois été influencée par les cultures Gallinazo et mochica.

La chronologie préhispanique de la côte nord commence enfin à prendre forme, mais elle se base essentiellement sur une stratigraphie limitée à des sépultures et sur des collections de vases dépourvus de contexte archéologique clair, lacunes que les archéologues du Projet Virú vont tenter de combler.

Le projet Virú, la révolution méthodologique

En 1946, l'archéologue nord-américain Gordon Willey (Ford and Willey 1949) lance un projet de grande ampleur dans la vallée de Virú, au sud de la vallée de Moche. Ce

Larco (1948) Côte nord, vallée de Chicama		Strong (1948) Côte nord, vallée de Virú			Willey (1948) Côte nord - Aire andine		
Époques	**Cultures**	**Époques**	**Cultures**	**Phases du Virú Project**	**Époques**	**Cultures**	**Horizons andins**
Impériale	Chimú-Inca Inca Chimú	**Impériale**	Inca Chimú	Estero La Plata	**Expansioniste**	Inca Chimú	***Horizon Inca*** *Période Intermédiaire Récente*
Fusionnelle	Huari-Lambayeque Cajamarca Lambayeque Huari Norteña B Mochica-Huari Huari Norteño A	**Fusionnelle**	Tiahuanaco côtier	Tomaval		Tiahuanaco côtier	***Horizon Tiahuanaco***
Apogée	Mochica V Mochica IV Mochica III Mochica II Mochica I (Virú)	**Florescente**	Mochica	Huancaco	**Classique régionale**	Mochica Gallinazo	*Période Intermédiaire Ancienne* ***Horizon "Négatif"***
Évolutive	Salinar / Virú Cupisnique Santa Ana Cupisnique transitorio Cupisnique Pre-Cupisnique	**Formative**	Gallinazo Salinar Cupisnique	Gallinazo Puerto Moorin Guañape	**Formative**	Salinar Cupisnique Guañape	***Horiz. "Blanc sur Rouge"*** ***Horizon Chavin***
Céramique Initiale		**Développement**	Cerro Prieto		**Précéramique**		
Précéramique	Huaca Prieta Pampa de los Fosiles	**Pré-Agriculture**		Pampa de los Fosiles			

***Fig. 3.8* – Tableau chronologique comparatif de la côte nord, après la table ronde de 1946.**

programme constitue une première inédite au Pérou par l'exhaustivité de ses approches: prospections, fouilles, analyse de la céramique et sa classification en type-variété, études géographiques et enquêtes ethnographiques. Jusqu'alors, seuls les grands sites monumentaux et les nécropoles étaient jugés dignes d'intérêt et une simple plateforme d'adobe de taille moyenne pouvait n'être mentionnée que par une petite phrase de description.

Au contraire, les membres du projet Virú, Willey, Bennet, Ford, Evans, Collier et Bird, pour n'en citer que quelques-uns, désirent réaliser une exploration intensive et globale afin d'appréhender tout autant l'archéologie que la géographie ou l'ethnographie moderne de la vallée (Ford and Willey 1949: 18). Il s'agit également d'élaborer une chronologie fiable basée sur la stratigraphie et l'étude céramologique du matériel domestique (Strong and Evans 1952; Collier 1955) et de percevoir les caractéristiques des occupations à différentes périodes (Willey 1953). D'un point de vue méthodologique, le projet Virú se veut aussi très novateur: les prospections systématiques, accompagnées de sondages ou de fouilles, l'usage de photos aériennes et la multidisciplinarité sont inédits pour l'époque (Ford and Willey 1949).

Ces objectifs et ces méthodologies révolutionnaires apportent des résultats exceptionnels: 315 sites archéologiques sont repérés à partir des images aériennes et fouillés partiellement, mais, au total, près de 1200 sites sont recensés (Ford and Willey 1949: 20). La définition de site archéologique s'élargit considérablement, dépassant le cadre traditionnel des ruines monumentales, et inclue toute manifestation anthropique ancienne: dépotoir, unité résidentielle, petite pyramide de pierres, grande pyramide d'adobes, fortification, édifice public, route, canal, tas de sels, champ agricole et nécropole (Ford and Willey 1949: 20 et 32-34). Le matériel céramique, collecté en surface, lors de sondages et de fouilles, provient, la plupart du temps, de contextes domestiques et non funéraires, ce qui contraste fortement avec les études jusqu'alors menées sur des récipients cérémoniels découverts dans des sépultures.

La sériation de ce matériel, avec une classification en type-variété en une quarantaine de types (Strong and Evans 1952; Collier 1955), corrélée par la stratigraphie verticale des fouilles, permet la création d'une chronologie relative découpée en sept phases (fig.3.8). Ces données sont comparées à celles d'autres archéologues lors d'une réunion à Chiclin qui se tient en 1946.

La table ronde de Chiclin de 1946

Larco Hoyle invite les membres du Projet Virú à tenir une table ronde à Chiclin, dans la vallée de Chicama, durant laquelle sont posées les bases de la chronologie de la côte nord.

Larco (1946; 1948) présente un tableau chronologique (fig.3.8) dans lequel il place les cultures qu'il a découvertes. Il détaille ainsi les caractéristiques céramiques de chaque époque, comme la culture mochica qu'il divise en 5 phases. Il définit également de nombreux styles céramiques pour la Période Fusionnelle, entre la culture mochica et la culture chimú, qui démontrent l'existence d'influences extérieures (fig.3.8). Cette chronologie clarifie de manière cohérente la succession et l'évolution culturelle, mais les éléments diagnostiques utilisés se limitent à la céramique funéraire de qualité qui se trouve dans sa vaste collection.

De leur côté, les archéologues du Projet Virú proposent, eux aussi, une chronologie cette fois-ci basée sur de la céramique domestique et funéraire ainsi que sur une stratigraphie verticale rigoureuse. La correspondance entre ces deux chronologies s'effectue facilement et les phases du projet sont rattachées aux cultures de Larco (fig.3.8).

Cette table ronde pose les cadres chronologiques de la côte nord et les successions d'époques et de cultures, présentées par différents auteurs (Bennet 1937; 1948; Strong 1948; Willey 1945; 1948; Rowe 1948b; Bird 1948; Kroeber 1948), restent similaires (fig.3.8). Parallèlement, Willey (1945; 1948; 1951) reprend l'hypothèse de Uhle et propose le modèle de l'horizon andin, défini comme une période durant laquelle plusieurs traits culturels sont diffusés sur une vaste aire géographique, recoupant la sierra et la côte pacifique. La création de plusieurs horizons, comme ceux de Chavin, Tiahuanaco et Inca, permet d'intégrer les cultures de la côte nord à une chronologie englobant toutes les Andes (fig.3.8). Malgré ces avancées significatives, le passé de la côte nord demeure flou et imprécis: plusieurs siècles peuvent séparer une même culture d'un auteur à l'autre.

De la chronologie relative à la chronologie absolue de la côte nord

Cette chronologie de la côte nord du Pérou, valable pour la vallée de Chicama, demeure fluctuante, faute de dates absolues. Grâce à la découverte des méthodes de datation au radiocarbone, dans les années 50, de nouvelles perspectives s'ouvrent. Ainsi, les nombreux projets archéologiques, comme le *Proyecto Arqueológico Sicán*, le *Proyecto Arqueológico Huacas del Sol y de la Luna* ou le *Proyecto Arqueológico San José de Moro* pour n'en citer que quelques-uns, vont affiner les datations de chaque période.

La datation au carbone 14 sur la côte nord

Malgré des débuts hésitants, la technique de datation au radiocarbone va permettre rapidement de mieux fixer les différentes époques et de corriger les premières interprétations (Rowe 1967b). Dès 1950, Bird (1963: 30) fournit au laboratoire de Chicago les premiers échantillons du site de Huaca Prieta, localisé dans la vallée de Chicama. Il date par exemple une sépulture de la fin du troisième millénaire avant J.-C., confirmant et précisant ainsi l'ancienneté de l'occupation du site.

Rowe (1967a; 1967b) présente enfin une chronologie andine absolue, divisée en horizons et en périodes intermédiaires, depuis la Période Initiale, débutant il y a près de 4000 ans, jusqu'à l'Horizon Récent des Incas (fig.3.11). Il définit aussi la Période Intermédiaire Récente, durant laquelle les Chimús se développent sur la côte nord du Pérou, entre 900 et 1476 apr. J.-C. Comme la plupart des échantillons, datés par la méthode du carbone 14 et ayant servi à l'élaboration de cette chronologie, proviennent de la côte sud et non du nord, il faut vérifier ce découpage temporel à partir des études centrées sur cette région.

Par la suite, différents projets, comme le *Chan Chan – Moche Valley Project*, que nous traiterons en détail plus loin, ou le *Proyecto Arqueológico Sicán*, lancé en 1978 par Izumi Shimada, apportent également leurs lots de datations (Shimada *et al.* 1981: 408; Shimada 1995) et affinent la chronologie de la côte nord.

De nouvelles données chronologiques

Les datations au carbone 14 sont certes importantes, mais des données jusqu'à présent délaissées au profit de la seule analyse céramique ouvrent de nouvelles pistes de réflexion sur la chronologie de la côte nord. Les modifications dans la répartition spatiale des sites, les transformations des pratiques funéraires ou les changements architecturaux sont autant d'indicateurs chronologiques.

La culture Sicán dans la vallée de Lambayeque

Shimada (1995) définit la culture Sicán ou Lambayeque, que d'autres archéologues comme Bennett (1939: 122), Kroeber (1930) ou Larco (1948) avaient devinée, sans toutefois parvenir à l'identifier. Succédant aux Mochicas dans la vallée de Lambayeque, la culture Sicán se divise en trois phases: Sicán Ancien, Moyen et Récent (Shimada 1995; fig. 3.9 et fig.3.11). Ces deux dernières phases sont contemporaines du développement initial des Chimús qui partagent d'ailleurs de nombreux traits stylistiques avec les Sicán (Shimada 1990; 1995: 11).

Shimada n'articule pas cette séquence chronologique sur la seule base du matériel céramique; il prend en compte des changements sociaux et politiques qui marquent l'évolution de cette culture. Ainsi, la transition entre le Sicán Moyen et le Sicán Récent correspondrait à un

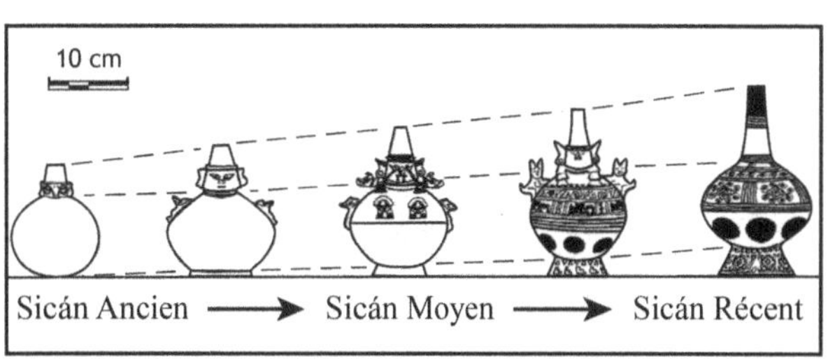

***Fig. 3.9* – Évolution de la taille et des ornements des bouteilles à un pic de la culture Sicán (Shimada 1990: 328).**

déplacement du pouvoir politique Sicán qui passe de Batan Grande, l'ancienne capitale, à Túcume. Par ailleurs, des sécheresses et le phénomène d'El Niño des années 1100 apr. J.-C., particulièrement puissant et dévastateur, ont probablement joué un rôle dans ces transformations sociales (Craig and Shimada 1986; Shimada 1995: 179). Enfin, la culture Sicán s'est étendue jusque dans la vallée de Chicama, au sud, et a vraisemblablement influencé la culture chimú à ses débuts.

La chronologie et les schémas d'occupation dans la vallée de Santa

Plus au sud, dans la vallée de Santa, Wilson (1987: 60; 1988) propose une chronologie locale afin de dater les sites découverts lors de ses prospections réalisées en 1979-1980. Ce découpage temporel est adapté à cette région, mais s'articule aussi avec les horizons andins ou les phases du projet Virú (fig.3.11).

Contemporaines des débuts du développement des Chimús, les périodes Late Tanguche (900-1150 apr. J.-C.) et Early Tambo Real (1150-1350 apr. J.-C.) se caractérisent par une occupation humaine de faible envergure sur les rives du río Santa, en amont de la côte. Selon Wilson (1988: 349), lorsque la vallée de Santa passe sous l'autorité de Chan Chan, durant la période Early Tambo Real (1150-1350 apr. J.-C.), l'implantation des sites change et se concentre en aval, sur le littoral. Les modifications spatiales engendrées par l'expansion de la culture chimú vers le sud, dans la vallée de Santa, sont donc de possibles marqueurs chronologiques qu'il faut cependant coupler à d'autres données, comme l'évolution stylistique de la céramique ou les variations des coutumes funéraires.

Les pratiques funéraires dans les vallées de Moche et de Jequetepeque

L'étude des pratiques funéraires préhispaniques, réalisée par Christopher Donnan et Carol Mackey (1978), basée sur une centaine de sépultures de la vallée de Moche, complète la chronologie de cette région. Outre les aspects purement funéraires, comme la position des individus ou la forme de la tombe, les auteurs comparent les particularités des céramiques découvertes aux côtés des squelettes afin de les localiser temporellement.

Reprenant la séquence chronoculturelle générale de la côte nord, ils parviennent à la préciser plus spécifiquement pour la vallée de Moche (fig.3.10). Ainsi, l'époque chimú se décompose en trois phases: le Chimú Ancien, dont la céramique est caractérisée par Mackey (1983) et correspond à la phase Tomaval du projet Virú, le Chimú Moyen et le Chimú Récent qui concordent tous deux avec la phase La Plata du projet Virú (fig.3.8 et fig.3.11; Donnan and Mackey 1978: 215).

Dernièrement, dans la vallée de Jequetepeque, au nord de Chicama, Luis Jaime Castillo, directeur du *Proyecto*

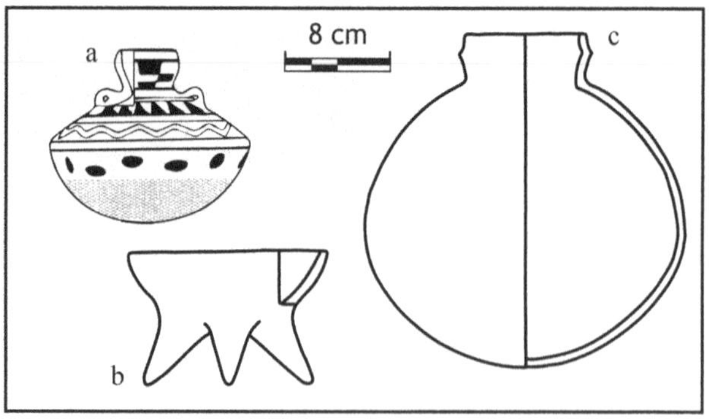

***Fig. 3.10* – Céramiques chimús découvertes en contextes funéraires (Donnan and Mackey 1978: 223, 305 et 351): a - Chimú Ancien, b - Chimú Moyen, c - Chimú Récent**

Arqueológico San José de Moro, détermine les filiations culturelles de nombreuses sépultures. Outre des tombes mochicas, Sicán et chimús, les archéologues du projet (Rucabado y Castillo 2003; Rucabado 2008) découvrent une petite vingtaine d'enterrements multiples post-mochicas et pré-Sicán, datés de la Période Transitionnelle (733-950 apr. J.-C.). Les offrandes céramiques démontrent la forte influence de cultures extérieures, comme Cajamarca et Wari, mais également un mélange de caractéristiques mochicas et Sicán (Rucabado y Castillo 2003: 17). Ces études permettent donc de mieux comprendre l'évolution de la société et des élites de la vallée de Jequetepeque, après la fin de la culture mochica et avant l'apparition des Sicán, puis des Chimús (Rucabado y Castillo 2003: 39; Castillo *et al.* 2008). Par conséquent, le problème du style « Chimú Moyen » de Kroeber (1930: 110-111; voir supra p.78) semble disparaître avec la détermination de la Période Transitionnelle qui est aussi attestée dans la vallée de Chicama, grâce aux fouilles réalisées sur le site d'El Brujo, présenté au chapitre 4.1.

L'architecture monumentale: dater les huacas

Outre les études funéraires ou spatiales, les recherches menées par Reindel (1991; 1997) sur les sites monumentaux de la côte nord proposent également un autre type de données chronologiques.

Reindel (1991: 423) sélectionne 123 édifices, dont 29 se trouvent dans la vallée de Chicama, sans inclure les plateformes chimús de Chan Chan, pour des raisons pratiques. La comparaison typologique des matériaux, des techniques de construction, des décorations des façades et de la forme de ces 123 bâtiments se conclut par une analyse chronologique. Selon Reindel (1991: 446-449), l'architecture monumentale de la côte nord évolue en sept phases (fig.3.11). La phase F, qui correspond à l'Intermédiaire Récent, est fortement influencée par la culture Sicán puisque la plupart des édifices étudiés pour cette époque sont localisés au nord de la vallée de Chicama, dans la région de Lambayeque. L'intégration des structures monumentales chimús de Chan Chan dans le corpus aurait probablement modifié cette analyse qui demeure néanmoins très intéressante pour la vallée de Chicama.

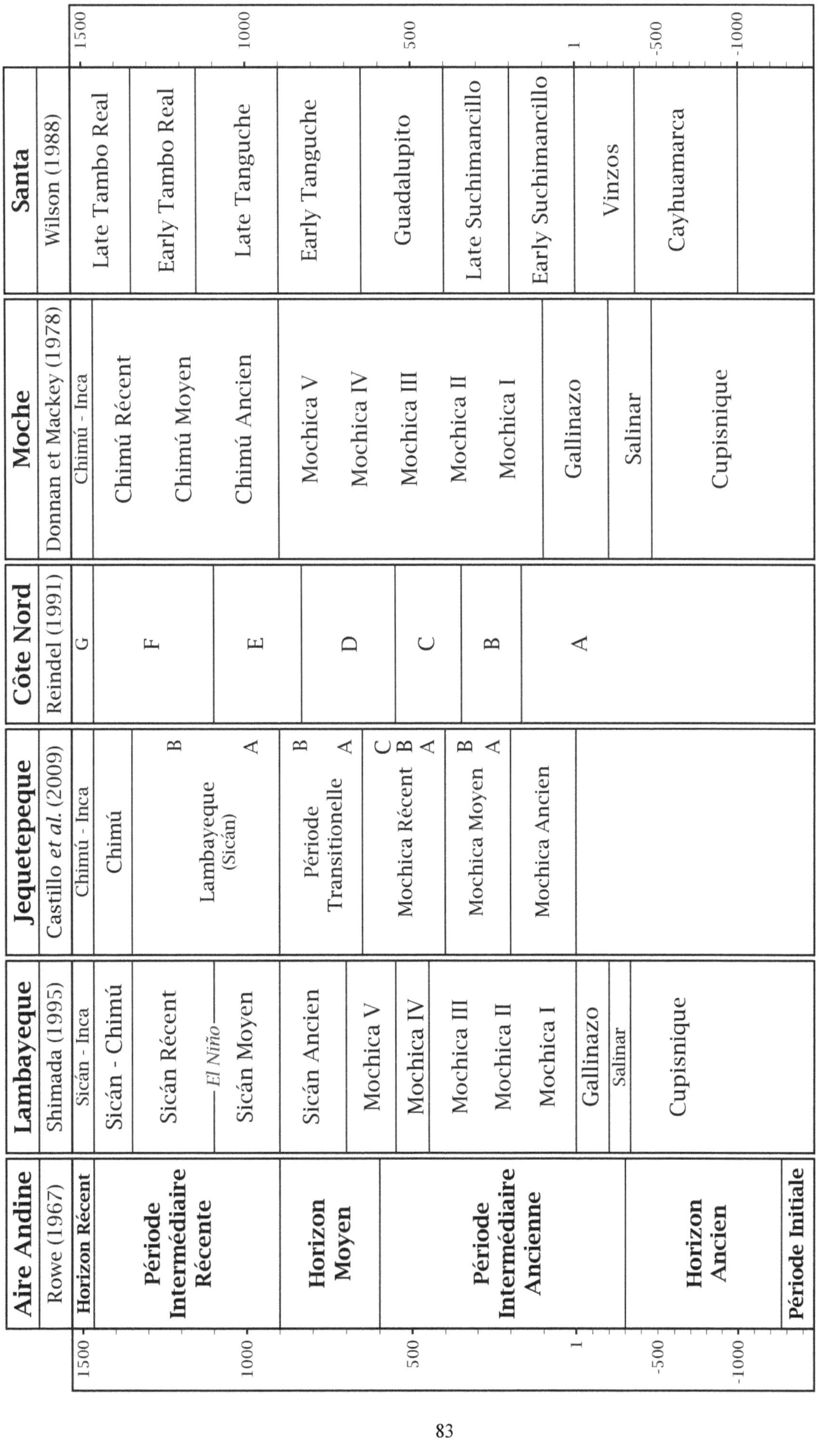

Fig. 3.11 – **Tableau comparatif des différentes chronologies des vallées de la côte nord.**

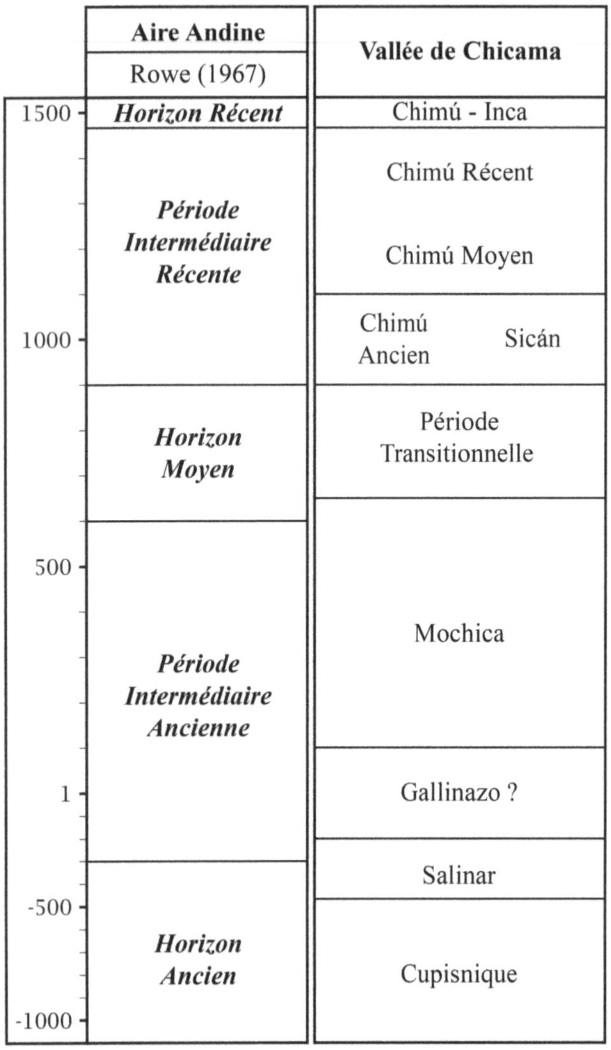

***Fig. 3.12* – Chronologie de la vallée basse de Chicama.**

Gálvez et Castañeda (2000) examinent également les adobes de plusieurs sites de la vallée de Chicama et leur sériation des différentes formes d'adobe s'accorde aux conclusions de Reindel (1991). À l'Intermédiaire Récent, ils soulignent la présence d'adobes plano-convexes, parallélépipèdes et surtout parallélépipèdes-convexes, typiques de cette période (Gálvez y Castañeda 2000: 24). L'évolution des caractéristiques architecturales constitue par conséquent un moyen intéressant de détermination chronologique qui a d'ailleurs été utilisé pour le site de Chan Chan, comme nous le verrons plus tard.

Au fil du temps, les fouilles des sites, les études de matériel et les datations d'échantillons apportent de nouveaux éléments qui aident à mieux cerner le cadre chronologique. Les projets actuels, comme celui des Huacas del Sol et de la Luna (Uceda *et al.* 1997; 1998; 2004), dans la vallée de Moche, ou celui d'El Brujo (Franco *et al.* 1994; 2003; 2007; Mujica y Hirose 2007), dans la vallée de Chicama, précisent chaque jour un peu plus la succession des phases, les influences stylistiques culturelles, dans les différentes vallées du littoral péruvien. Le cadre chronologique présenté ici tente de synthétiser tous ces résultats pour la vallée de Chicama (fig.3.12). Toutefois, il n'est pas possible d'appliquer cette séquence pour les régions montagneuses voisines.

Les environs de la vallée de Chicama: les chronologies de Huamachuco et de Cajamarca

La chronologie présentée jusqu'alors correspond aux populations côtières comme les Chimús, mais elle ne s'applique pas à la sierra nord, comme à Huamachuco et à Cajamarca, régions voisines de la vallée de Chicama.

Huamachuco

Theodore McCown (1945) est l'un des premiers archéologues à s'intéresser aux environs de Huamachuco (fig.3.13). En 1941 et 1942, il y mène de petites prospections et fouille de grands sites, comme Marca Huamachuco et Viracocha Pampa. MacCown (1945) établit ainsi une première chronologie régionale, basée sur l'évolution de l'architecture et la sériation de la céramique: il détermine les périodes Huamachuco Moyen, Huamachuco Récent et Inca. Comme McCown (1945) ne parvient pas à détecter l'Horizon Moyen, il suppose que son matériel est postérieur à cette époque et laisse donc de la place pour une éventuelle phase antérieure, le Huamachuco Ancien.

Selon lui, durant la période Huamachuco Moyen, les constructions se composent de longues galeries rectangulaires ou courbes, édifiées en pierres, parfois hautes de trois étages (McCown 1945: 335) et la céramique, généralement de pâtes rouges ou marron, est fréquemment peinte de motifs noirs géométriques (McCown 1945: 338). Par la suite, la période Huamachuco Récent se caractérise par une architecture de petites structures de pierres, sans niveau supérieur, qui sont cloisonnées et réutilisent souvent d'anciennes galeries de l'époque précédente (McCown 1945: 335). La céramique du Huamachuco Récent partage quelques traits stylistiques avec celle du Huamachuco Moyen, notamment l'usage de pâtes rouges et marron, ou encore le motif de la spirale pour la décoration. Le décor des récipients diffère néanmoins sur plusieurs détails; la peinture rouge et/ou noire sur un engobe blanc, les cercles, les points et les lignes géométriques, imprimés ou incisés dans l'argile au moyen d'un roseau, démontrent l'apparition d'un style bien distinct durant l'époque Huamachuco Récent (McCown 1945: 337). Cette première approche du passé de Huamachuco demeure approximative malgré le travail d'analyse du matériel par McCown, et ce n'est qu'une trentaine d'années plus tard que de nouvelles études apportent des données plus précises.

Thatcher (1972; 1974; 1977; 1979), qui prospecte cette région en 1968-69, propose, à partir de l'examen des tessons, une chronologie découpée en onze phases (fig.3.14), dont celle de Tuscan (1000-1470 apr. J.-C.) qui correspond à l'Intermédiaire Récent. La céramique Tuscan se caractérise, entre autres, par les motifs géométriques imprimés et incisés, définis par McCown (1945: 337) pour sa période Huamachuco Récent, ce qui la rend facilement identifiable.

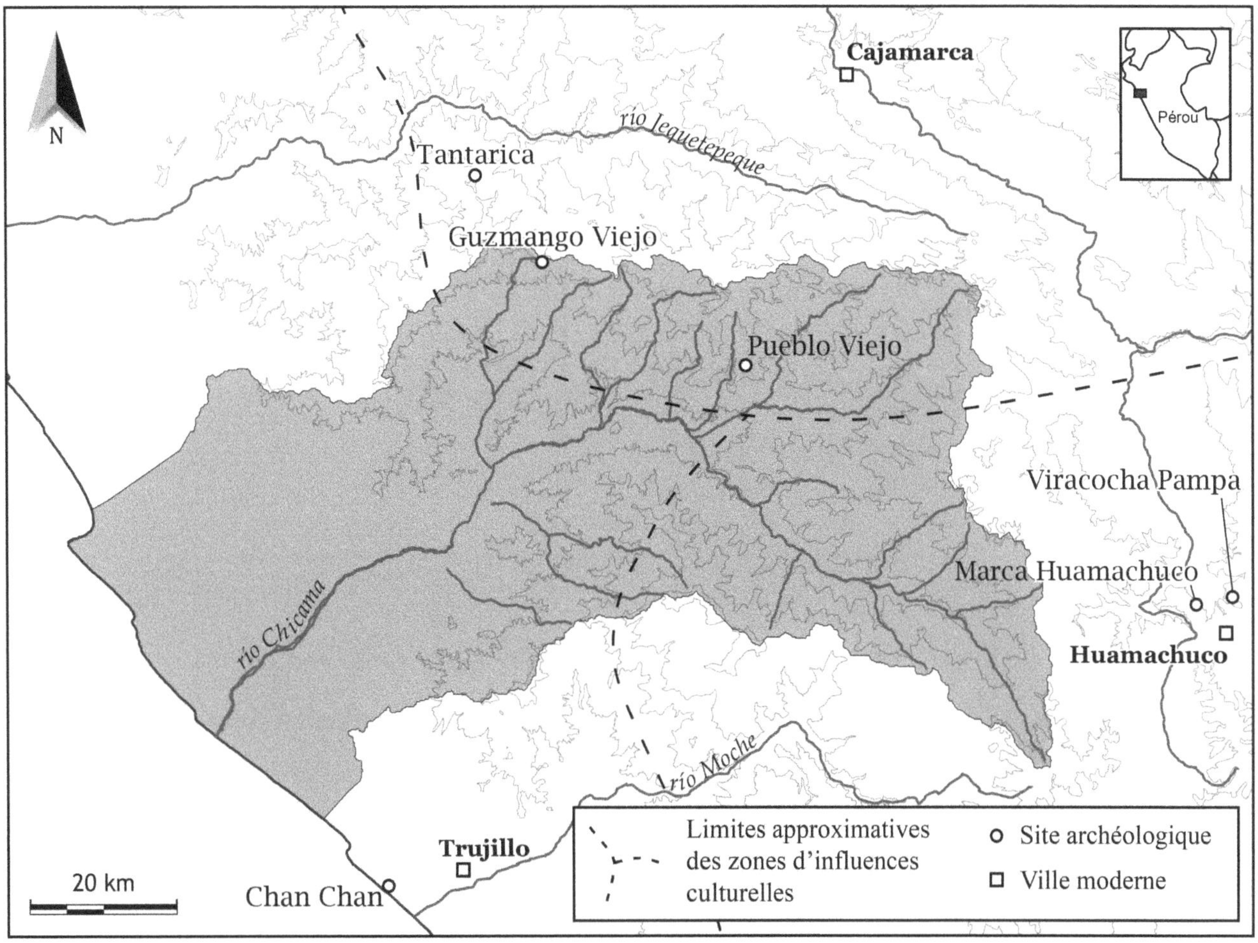

***Fig. 3.13* – Carte des régions de Huamachuco et Cajamarca.**

Cette nouvelle chronologie offre un cadre bien plus détaillé pour comparer les vestiges de la vallée haute de Chicama (Krzanowski 1985; 2006), que nous présenterons par la suite, et ceux des alentours de Huamachuco, étudiés par John Topic et Theresa Lange Topic (Topic 1991; 2009a; Lange 1991). Ces derniers s'intéressent tout particulièrement aux schémas d'occupation (Topic 2009a), aux fortifications (Topic and Lange 1987) ou aux influences de la culture Wari (Topic 1991; Lange 1991; Topic and Lange 2000) à l'Horizon Moyen, à Huamachuco. Les peuples de ces sommets ont été en contact permanent avec les habitants de Cajamarca, et cette région, localisée plus au nord, constitue également un foyer culturel important.

Cajamarca

La culture Cajamarca est, en effet, présente sur les hauteurs de la cordillère de Guzmango, séparant les vallées de Chicama et de Jequetepeque (fig.3.13). Après les pérégrinations de Tello (2004) en 1937, d'autres archéologues, comme les époux Reichlen (1949), ou en 1975, les équipes japonaises de Terada et d'Onuki (Onuki 1985), prospectent et fouillent les alentours de Cajamarca.

Henry et Paule Reichlen (1949; 1985) proposent une première chronologie de la tradition Cajamarca qu'ils divisent en cinq phases (fig.3.14). Par la suite, les résultats des fouilles de l'expédition japonaise permettent de redécouper cette tradition Cajamarca, tout en rajoutant quatre périodes plus anciennes à la chronologie: Huacaloma Ancien, Huacaloma Récent, « EL » et Layzón (fig.3.14; Terada y Matsumoto 1985; Matsumoto 1993; Seki 1998). L'Intermédiaire Récent (1000-1470 apr. J.-C.) se compose donc des phases Cajamarca Récente et Cajamarca Finale, caractérisées entre autres par l'utilisation de kaolin dans la pâte des céramiques. La forme des récipients décorés la plus répandue est le bol, à base annulaire ou parfois tripode, orné dans les styles *Cajamarca semi-cursif*, *Cajamarca noir et orangé* et *complexe Amoshulca* (Terada y Matsumoto 1985: 81-85).

Le site de Tantarica, localisé sur les versants nord de la cordillère de Guzmango, dans la vallée de Jequetepeque (fig.3.13), est l'un des principaux centres de la culture Cajamarca, voire même, selon Sachun (1986: 58), la capitale du « royaume de Cuismancu », allié aux Chimús de la côte, d'après les chroniques (Cabello Valboa 1951 [1586]; Sarmiento 1965 [1572], voir supra chapitre 2.1 p.38). Les fouilles réalisées par Watanabe (2002), en 2000, y révèlent de nombreuses céramiques chimús, ou influencées par les Chimús et les Incas, indiquant une occupation à l'Intermédiaire Récent et à l'Horizon Récent (1000-1532 apr. J.-C.; Watanabe 2002: 122). Watanabe (2002: 124) définit également une céramique locale, notamment

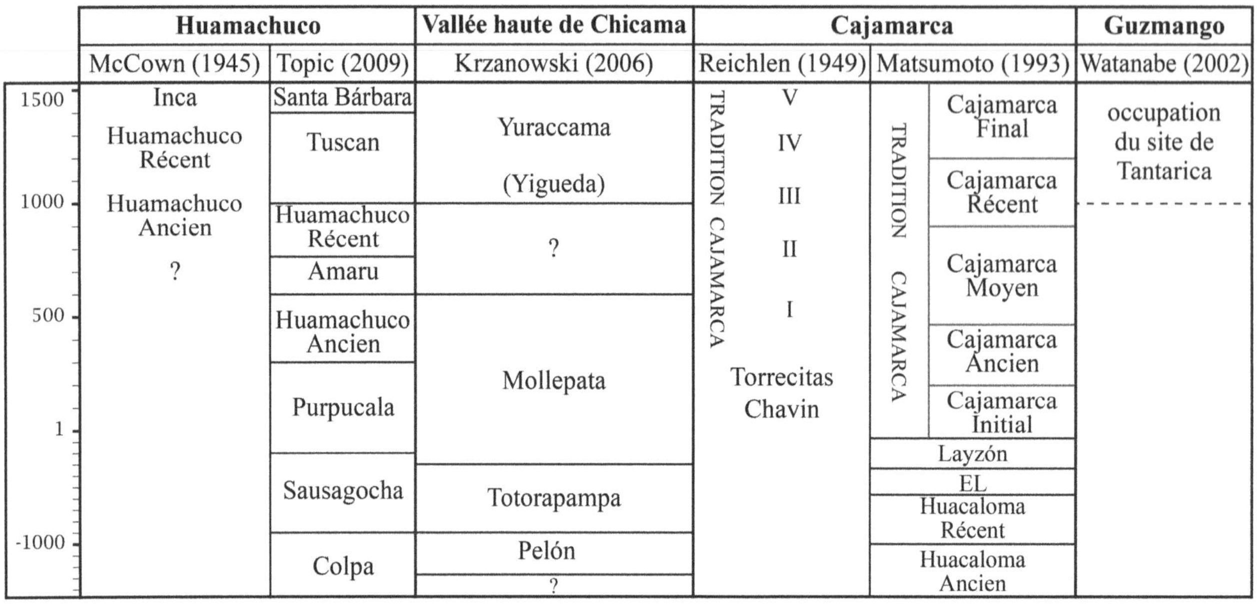

Fig. 3.14 **– Tableau chronologique des régions de Huamachuco et Cajamarca.**

le type *Tantarica noir peint*, différente de celle découverte aux alentours de la ville de Cajamarca, de type *complexe Amoshulca* (Terada y Matsumoto 1985: 84). Durant l'époque inca, la céramique avec du kaolin témoigne de l'existence d'échanges et de contacts entre Tantarica et le centre inca de Cajamarca (Watanabe 2002: 128). Watanabe (2002) suppose donc que la zone de Tantarica pourrait avoir été occupée par un groupe ethnique distinct de celui résidant dans les alentours de la ville de Cajamarca. L'architecture en pierre de ce site, étagée sur plusieurs terrasses, est planifiée et organisée de manière cohérente. Les pièces de tailles variables sont parfois aménagées de niches de forme rectangulaire et non trapézoïdale, comme c'était la coutume chez les Incas. Si certains édifices semblent bien avoir été construits à l'Horizon Récent, sous la tutelle des Incas, d'autres sont visiblement plus anciens et datent de l'Intermédiaire Récent, lorsque la région de Cajamarca était indépendante (Watanabe 2002).

Watanabe (2002: 109) mentionne également deux autres sites des environs qui se trouvent dans la vallée de Chicama: Guzmango Viejo et Pueblo Viejo. Bien qu'ils ne soient pas décrits, la localisation de ces deux établissements Cajamarca et leur relation avec Tantarica constituent des informations importantes pour connaître l'implantation humaine dans cette région de Chicama.

Toutes ces études archéologiques, tant sur le littoral que dans la sierra nord, ont débouché sur la création de cadres chronologiques relativement précis, mais encore incomplets, qui nous serviront de base pour analyser les vestiges de la vallée de Chicama. La culture chimú est donc mieux connue qu'au début du 20e siècle et se trouve replacée dans le contexte plus large du développement culturel de la côte nord du Pérou.

II. La culture chimú à travers de Chan Chan

Comme nous l'avons vu plus haut, les vestiges de Chan Chan, centre majeur et capitale des Chimús, ont séduit les premiers explorateurs, comme Rivero et Tschudi (1859) ou Squier (1877) et n'ont cessé d'intriguer les archéologues, par la suite.

Chan Chan se localise dans la vallée de Moche, juste au sud de celle de Chicama, à quelques centaines de mètres de l'océan Pacifique, sur la rive nord du río Moche, entre le village de pêcheurs de Huanchaco à l'ouest et la ville coloniale de Trujillo à l'est. Les vestiges se situent entre 8°04'20" et 8°07'05" de latitude sud et 79°03' et 79°06' de longitude ouest, sur une terrasse sédimentaire qui domine la plage de quelques mètres de hauteur (Ravines 1980: 105).

Du fait de la taille de ce site monumental, les explorateurs du 19e siècle et les archéologues du 20e ont concentré leurs efforts sur ses ruines, en quête de trésors ou de réponses à leurs questions. Dans les années 60, Iriarte (1969) fouille et restaure la *ciudadela* Tschudi, la Huaca El Dragón et la Huaca Esmeralda, qui sont depuis ouvertes au tourisme (fig.3.15 et 3.25). Le site a ensuite été inscrit sur la liste du patrimoine mondial de l'UNESCO, en 1986, mais les dégradations constantes des murs d'adobe, sous l'action du sel apporté par les embruns de l'océan Pacifique, des pluies violentes du phénomène d'El Niño, de l'agriculture moderne et de l'urbanisme galopant de la ville voisine de Trujillo (Moseley and Day 1982: xiv-xv), ont obligé l'UNESCO à placer Chan Chan sur la liste du patrimoine mondial en danger. Malgré plusieurs tentatives de protection juridique, des projets de restauration et de conservation, Chan Chan s'est considérablement détérioré et demeure, à ce jour, sur la liste rouge de l'UNESCO.

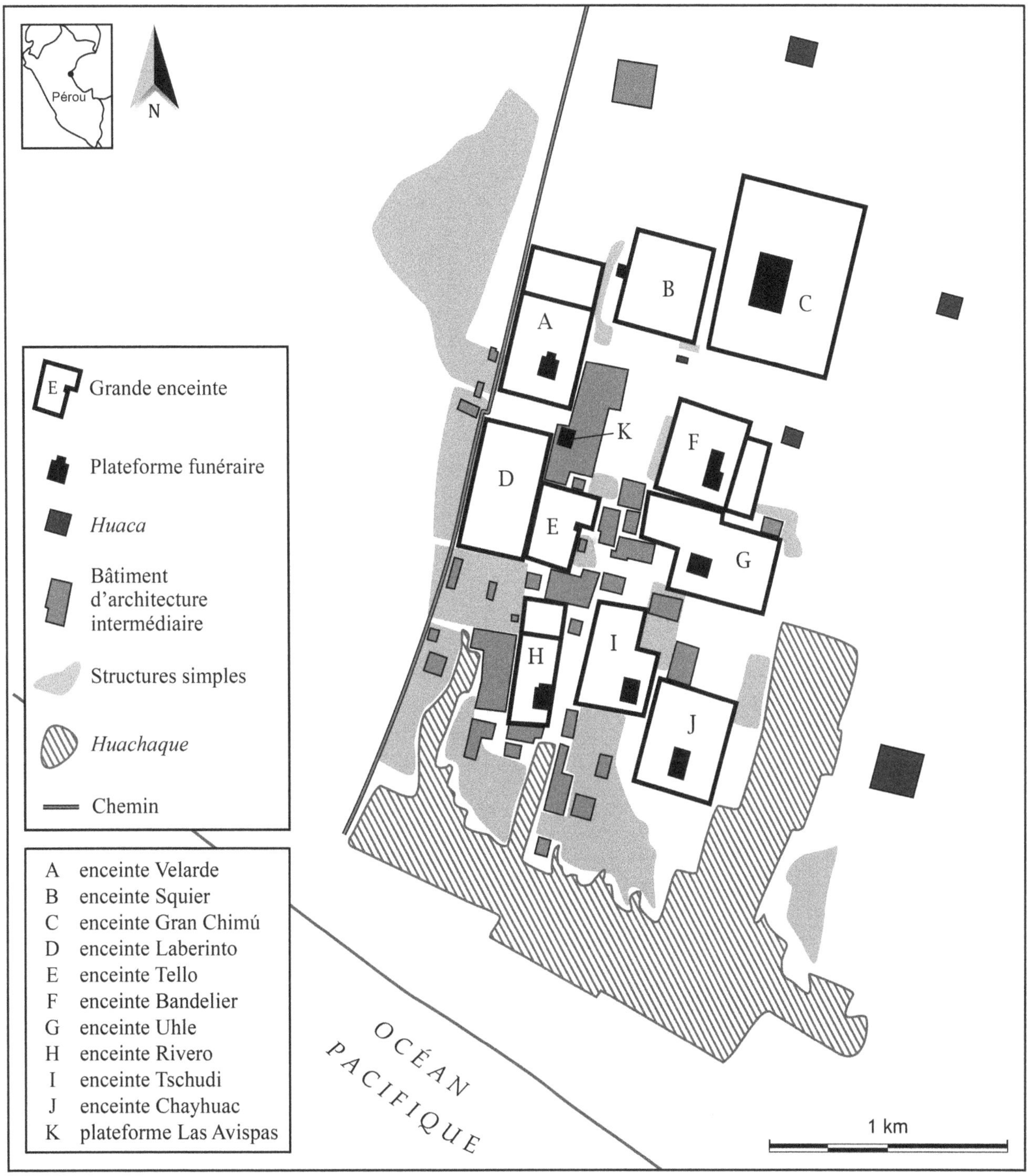

***Fig. 3.15* – Plan de la zone centrale de Chan Chan, redessiné d'après Moseley et Day (1982: 56).**

Chan Chan peut être divisé en deux zones: la première, au centre, s'étend sur environ 6 km² et comprend la plupart des constructions monumentales; la deuxième, périphérique, se compose de quelques structures dispersées, de longs murs et d'infrastructures agricoles, comme des canaux d'irrigation (Ravines 1980: 106). Surtout bâtis en adobes (des briques de terres séchées au soleil), les édifices qui couvrent la zone centrale de Chan Chan sont de nature variée. Outre les grandes enceintes s'y trouvent des bâtiments d'architecture intermédiaire, à peine moins imposants, de petites structures simples et agglutinées et des plateformes pyramidales, entre lesquels s'intercalent des chemins et des espaces agricoles, les *huachaques* (fig.3.15). La présentation de chaque type d'édifice permet ainsi de brosser le portrait de Chan Chan et de comprendre son rôle et ses fonctions.

Les nombreux bâtiments de ce site donnent l'impression d'un travail de construction colossal. Pourtant, les matériaux utilisés, comme les roseaux, le bois et les galets, pourraient être de provenance locale (Ravines 1980: 107; Campana 2006), tandis que les adobes auraient été fabriqués avec la terre extraite des zones basses du sud, les *huachaques* (fig.3.15; Rowe 1969: 324; Lange and Topic 1980: 202). Day (1980; 1982a: 57) remarque que les hauts murs des grandes enceintes étaient construits par section, ce qui pourrait démontrer la présence d'un travail collectif organisé en différents groupes d'ouvriers, peut-être dépourvus de compétences spécifiques, selon Moseley (1975a: 193; 1982). Au contraire, Campana (2006: 261) défend l'existence de spécialistes, à la fois capables de sélectionner des types de terre variés, pour créer des briques résistantes, mais aussi habiles à bâtir des murailles en talus et à réaliser des frises en bas-relief.

De prime abord, Chan Chan semble avoir été planifié, selon West (1970), avec cette dizaine de grandes enceintes qui agencent la zone centrale. Mais, comme Rome et toute autre métropole, ce site ne s'est pas construit en un jour et le tissu urbain n'est pas réellement ordonné: les petites structures agglutinées se répartissent de manière parfois désordonnée et les accès de certaines *ciudadelas* sont à moitié bouchés par les murs de grandes enceintes plus récentes. Toutefois la planification n'est pas complètement absente et les *ciudadelas* sont les meilleurs exemples d'organisation architecturale.

Les ciudadelas

Avec une surface moyenne d'environ 140 000 m² par édifice, les grandes enceintes de Chan Chan sont les constructions les plus vastes de la capitale chimú (Day 1982a). Elles ont constamment été étudiées et fouillées, depuis le *Chan Chan – Moche Valley Project*, dirigé par Moseley et Mackey (1973; 1974), jusqu'aux récentes études de Campana (2006; 2012), en passant par Narváez (1989), Vásquez (1990) et bien d'autres (Morales 1985; Williams 1987; Gutiérrez 1990; Pillsbury 1993; 1994; 2004; Paredes 2005; Angulo 1987). Ces archéologues dénombrent neuf *ciudadelas*, comme Day (1980; 1982a), dix ou onze, pour Campana (2006). Ces grandes enceintes, nommées Chayhuac, Tschudi, Rivero, Laberinto, Tello, Uhle, Bandelier, Velarde, Squier, Gran Chimú et Martínez Compañón[3], sont toutes regroupées dans la zone centrale de Chan Chan (fig.3.15).

Plusieurs points communs permettent de classer cette dizaine d'édifices dans la catégorie des *ciudadelas*; entourés de murs d'adobe de plusieurs mètres de hauteur, ils sont orientés du nord au sud, sauf l'enceinte Uhle axée d'est en ouest (fig.3.15). L'entrée principale, au nord, symboliquement gardée par des statuettes anthropomorphes en bois placées dans des niches (Day 1980; 1982a), constitue souvent l'unique manière de parvenir au cœur du bâtiment et dénote un accès restreint. La circulation interne se fait d'ailleurs au moyen de couloirs en chicane, indiquant peut-être un certain contrôle (fig.3.16). Les murs sont ornés de bas-reliefs composés de figures géométriques répétitives ou de représentations naturalistes de thèmes marins (Pillsbury 1993; 1994; 2008). Les formes rappellent les décorations de textiles (Campana 2006: 372; 2008; Pillsbury 2008) et il s'agissait peut-être « d'habiller » les cloisons avec des « tapisseries » en terre[4]. Cette iconographie riche témoigne du soin accordé à la réalisation et à l'esthétique ainsi que de l'importance de ces bâtiments.

Day (1980; 1982a) découpe l'espace interne des *ciudadelas* en trois secteurs: celui du nord, celui du centre et un *canchón* ou « enclos » au sud (fig.3.16). Il remarque à plusieurs reprises la présence d'une aile annexe à l'est ou d'une extension vers le nord, notamment dans le cas de l'enceinte Rivero (fig.3.16). Campana (2006) propose une autre organisation interne, relativement semblable. Selon lui, chaque grande enceinte se compose de trois édifices: principal, septentrional et oriental, les deux derniers correspondant respectivement à l'extension nord et à l'aile est, définis par Day (fig.3.16). D'après Campana (2006: 288-289), l'édifice principal et celui du nord représenteraient les palais de deux dirigeants chimús illustrant la dualité du pouvoir.

Malgré ces différences d'interprétation, l'organisation de l'espace interne des *ciudadelas* de Chan Chan est semblable dans la plupart des cas. D'autres points communs architecturaux les rassemblent: de grandes places, de petites cours, des rangées de cellules alignées, des structures en U et des plateformes d'adobes (fig.3.16).

Les grandes places

Lorsque le visiteur pénètre dans une *ciudadela* par l'entrée nord, il passe tout d'abord par un couloir perpendiculaire est-ouest, en chicane, flanqué de banquettes latérales (fig.3.17), puis atteint une vaste place, au milieu du secteur nord défini par Day (1980; 1982a).

Ces places, dont la superficie oscille entre 4000 et 7000 m², sont équipées d'aménagements divers et variés: leurs murs ornés de frises sont toujours percés d'un accès au nord (parfois encadré de pilastres décorés) et très souvent d'une sortie au sud (fig.3.17). Parfois, deux portes latérales ouvrent sur d'autres pièces et des couloirs, tandis que sur les côtés est, ouest et sud se trouvent des banquettes de plusieurs dizaines de centimètres de haut et une rampe permet d'accéder à celle du sud, la plus élevée des trois. Enfin, au centre des places des enceintes Tello et Laberinto, on découvre les vestiges d'une petite plateforme quadrangulaire de faible hauteur. Par ailleurs, dans les zones adjacentes, Day (1980; 1982a) mentionne des traces de préparations culinaires (foyers et pierres à moudre) et indique ainsi l'existence de cuisines (fig.3.17).

Une maquette, découverte dans une tombe chimú de la Huaca de la Luna, illustre ce type de place (Uceda 1999; 2006). Selon cet auteur, les proportions n'étant pas

3 - L'enceinte Martínez Compañón est très peu souvent considérée comme une grande enceinte, et nous l'avons inclus dans la catégorie des édifices d'architecture intermédiaire, comme Klymyshyn (1976; 1980; 1982).

4 - On peut d'ailleurs se demander si certains murs dépourvus de frise n'étaient pas recouverts de tapisseries en tissus.

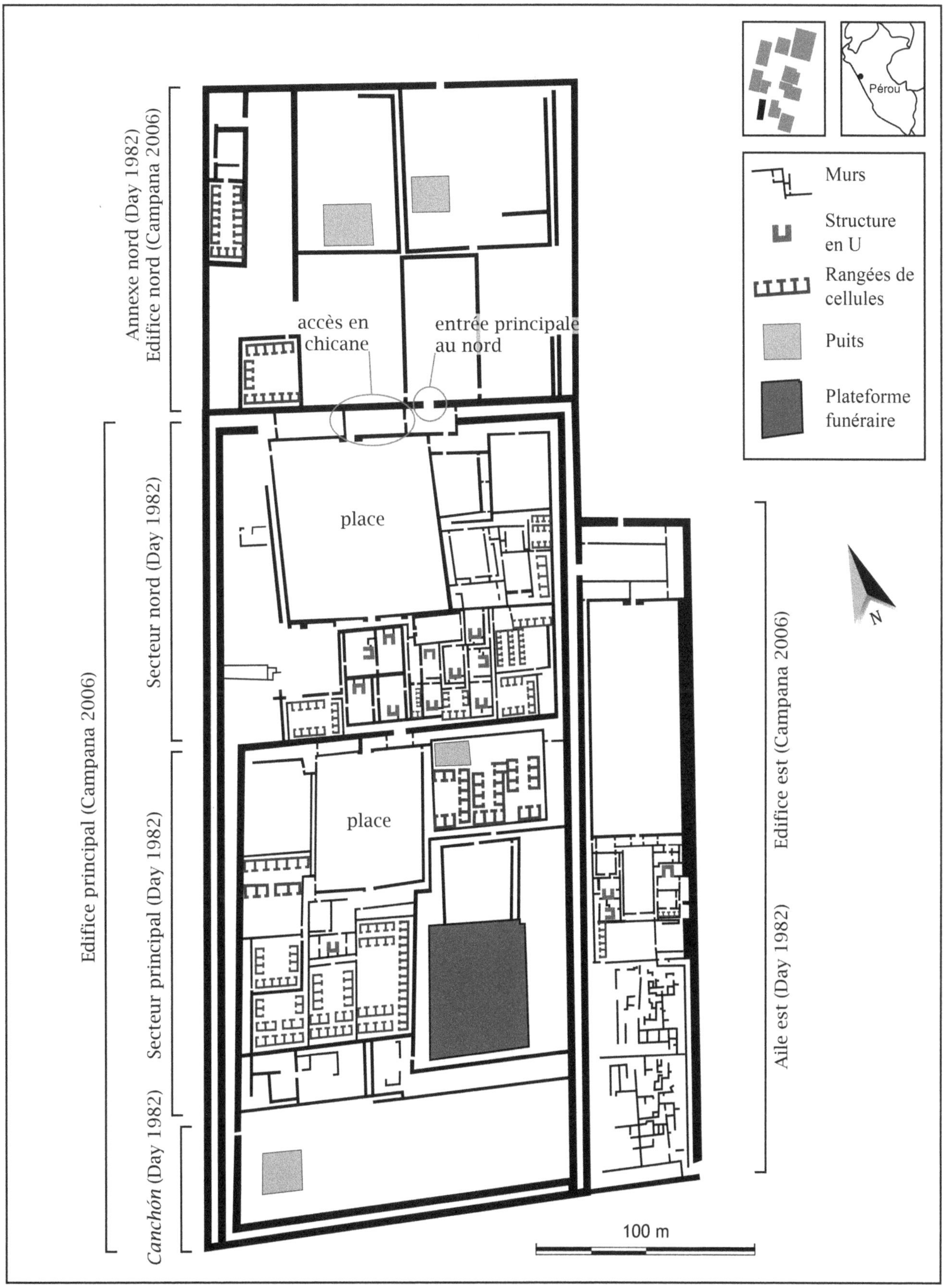

***Fig. 3.16* – Plan de la *ciudadela* Rivero, modifié d'après Campana (2006: 306).**

respectées, il ne s'agirait pas d'une maquette servant à la construction, mais plutôt d'une représentation de la fonction d'un tel espace architectural (fig.3.18, 11.11 et 11.12). Les figurines qui y sont placées incarnent des musiciens avec leurs flutes et leurs tambours (fig.3.18-2), un préparateur de *chicha* bossu et sa jarre (fig.3.18-3) entourés

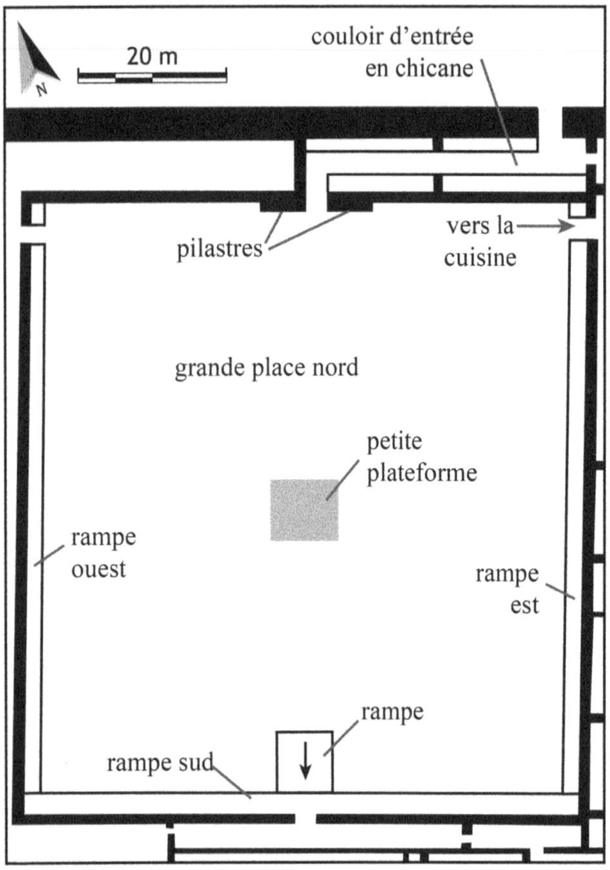

Fig. 3.17 – **Exemple type de grande place, inspirée de celle de la grande enceinte Bandelier, modifié d'après Campana (2006: 328).**

d'autres personnages, un second bossu (fig.3.18-4) avec une coupe, des personnes sur les banquettes latérales ainsi que trois momies assises dont deux, à l'arrière, sont emmaillotées dans des tissus (fig.3.18-1). Ces deux momies en retrait pourraient correspondre aux épouses de la momie du personnage principal. Elles sont accompagnées de six objets interprétés comme des offrandes pour les trois morts. Selon Uceda (1999; 2006), cette maquette illustrerait une cérémonie chimú durant laquelle on rendait un culte aux ancêtres et aux morts[5].

Ces places avaient donc probablement une fonction cérémonielle, et leur grande taille permettrait d'y organiser une mise en scène élaborée. Ainsi, les banquettes latérales créent une hiérarchisation de l'espace; le personnage principal, la momie centrale, se trouve sur la banquette sud, la plus haute, tandis que, sur les côtés, se tiennent des acteurs de moindre importance. Les cuisines annexes (fig.3.17), mises au jour lors des fouilles, auraient pu d'ailleurs être utilisées pour ces cérémonies au cours desquelles les participants mangeaient et surtout buvaient de la *chicha*, comme l'indique la figurine bossue du préparateur de ce breuvage alcoolisé.

Ces cérémonies en l'honneur d'un ancêtre, voire d'un dirigeant bien vivant, devaient probablement avoir lieu dans les grandes places des *ciudadelas* de Chan Chan. À partir de ces vastes espaces, il est possible d'atteindre de plus petites cours, en passant par des couloirs successifs à l'aspect quelque peu labyrinthique.

Les cours

De taille modeste, quelques centaines de mètres carrés la plupart du temps, ces cours structurent l'organisation interne des *ciudadelas*. Tout comme les grandes places, certaines sont aménagées de banquettes et de rampes, mais aussi de niches qui ornent parfois leurs murs d'adobes. Le nombre et l'emplacement des entrées changent en fonction de chaque cour. Cette variabilité ne permet pas de définir une fonction précise; à l'instar des places, les plus élaborées de ces cours, avec banquettes, rampes et niches, pourraient correspondre à de petits espaces cérémoniels, mais d'autres, plus élémentaires, semblent n'être que de simples lieux de passage. Enfin, ces cours abritent parfois des rangées de cellules ou des structures en U.

Les rangées de cellules

Les cellules sont des structures en adobes particulièrement courantes dans les grandes enceintes de Chan Chan et Klymyshyn (1987: 103) en dénombre 2324. Il s'agit de pièces rectangulaires ou carrées qui mesurent entre un et

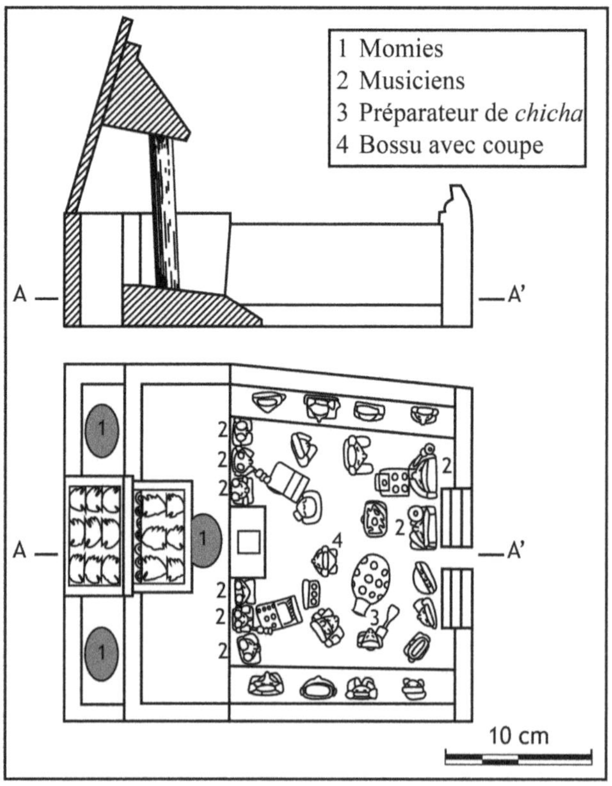

Fig. 3.18 – **Plan et coupe de la maquette chimú en bois, d'après Uceda (1999: 266). Cette maquette est également représentée dans les figures 11.11 et 11.12.**

5 - Pour une interprétation parallèle, voir Gentile (1998; 2008) qui suppose le rôle d'oracle de la momie principale. Selon elle, le bossu (fig.3.18-4) tiendrait un dé de pichca et non une coupe.

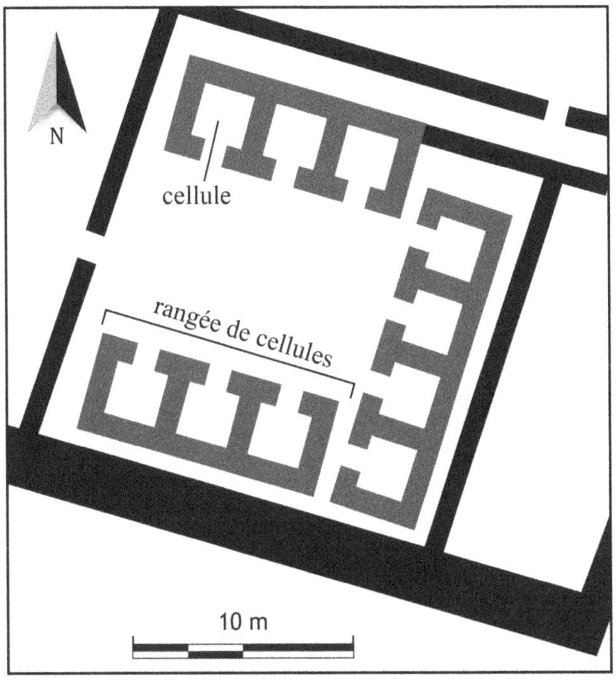

***Fig. 3.19* – Exemple type de cour avec des rangées de cellules dans la grande enceinte Rivero, modifié d'après Campana (2006: 306).**

quatre mètres de large (fig.3.19). Peut-être couvertes d'un toit à deux pans, elles ne possèdent qu'une entrée, parfois surélevée. Accolées les unes aux autres, elles forment ainsi des rangées disposées parallèlement et perpendiculairement entre elles dans des cours (fig.3.19).

La fonction de ce type de structure n'est pas évidente à définir. D'une part, le matériel archéologique y est très rare, Day (1982a) indique n'y avoir découvert que les squelettes de quelques rongeurs, mais il est peu probable que ces nombreuses cellules aient servi à l'élevage de cochons d'Inde. Par ailleurs, l'absence de céramique domestique et de trace de foyer écarte l'hypothèse d'un usage résidentiel. Day (1982a; 1982b) propose donc une fonction de stockage d'objets de valeur qui auraient, par conséquent, été retirés lors de l'abandon de Chan Chan. Encore reste-t-il à définir quels étaient ces biens entreposés dans les cinq mille mètres carrés des cellules des grandes enceintes (Klymyshyn 1987: 103). Ces cellules sont parfois associées à un autre type de pièce couverte: les structures en U.

Les structures en forme de U

Ces constructions en adobes particulières se composent tout simplement de trois murs, souvent décorés, qui donnent une forme en U (fig.3.20). Les murs de taille variable, entre 2,5 et 9 m de long, délimitent un espace interne carré ou rectangulaire et plus ou moins allongé. Une petite rampe ou une marche mène à l'intérieur de ces structures surélevées de 10 à 30 cm qui dominent donc légèrement la cour environnante (Andrews 1974; 1980).

Par ailleurs, des niches de formes diverses sont aménagées et réparties dans les murs. Les traces de poteaux en bois d'*algarrobo* (*Prosopis pallida*) et de joncs (*Typha dominguensis* et *Gynerium sagittatum*) découverts lors de fouilles indiqueraient la présence de toits, vraisemblablement à doubles pans, à l'instar des rangées de cellules (fig.3.20; Andrews 1974; 1980). Enfin, deux tombes ont été localisées à environ un mètre dans le sous-sol de deux structures en U de la *ciudadela* Gran Chimú. Leurs fouilles ont révélé de la céramique de la phase Chimú Récent, des restes de textiles, des coquillages et des ossements de camélidés qui accompagnaient les corps de trois individus (Andrews 1974; 1980). Les traces d'autres sépultures similaires, malheureusement pillées, ont aussi été repérées dans de nombreux cas. Andrews (1974; 1980) suppose qu'il s'agit d'offrandes cérémonielles, peut-être réalisées lors de la fondation de ces constructions, démontrant leur importance.

Typologie des structures en U

Andrews (1974; 1980) définit sept types de ces structures en U en fonction de la hauteur des murs, du nombre et de la forme des niches: l'*audiencia* et sa variante, le *trocadero* et sa variante, l'*auxilio*, l'*arcón* et enfin l'*audiencia* rurale (fig.3.21).

L'*audiencia* standard est une simple structure en U percée de six niches internes à raison de deux par côté (Andrews 1974; 1980). Sa variante est aménagée de niches externes ou de formes distinctes, parfois en L, et plus ou moins nombreuses (fig.3.21). Ce nom est dérivé de l'idée qu'une personne siégeait dans la structure pour donner audience.

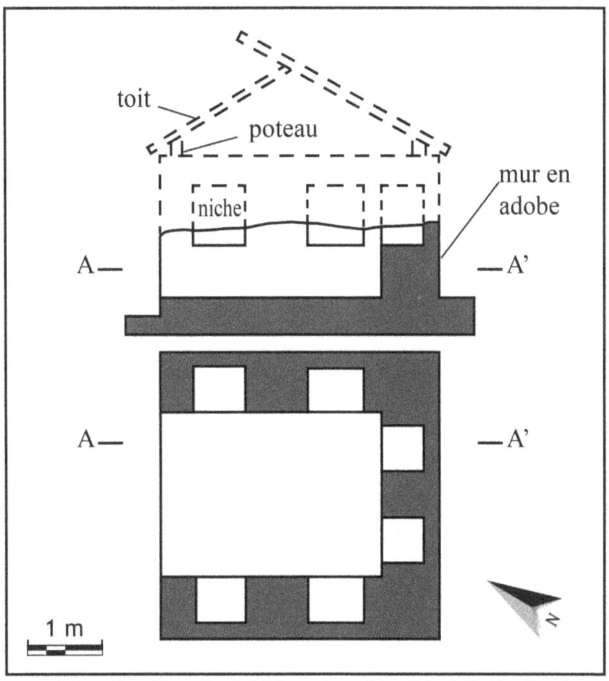

***Fig. 3.20* – Plan et coupe avec une reconstitution hypothétique d'une structure en U fouillée par Andrews (1974: 251).**

	Forme		Hauteur des murs	Aménagements dans les murs					
	en U	en C		nombre d'aménagements	niche	niche à rebord	creux	forme en L	externe
	vue en plan				*vue en coupe*			*vue en plan*	
audiencia	X		haut	6	X				
variante de l'*audiencia*	X		haut	> 6	X			X	X
trocadero	X		haut	3 - 4		X			
variante du *trocadero*	X		haut	> 4		X		X	
auxilio	X		bas	0					
arcón	X		bas	6 - 9			X		
***audiencia* rurale**	X	X	haut	varie	X				

***Fig. 3.21* – Tableau comparatif des différents types de structures en U.**

Le *trocadero* est une grande structure en U, aux cloisons généralement plus épaisses et dont les trois ou quatre niches possèdent un petit rebord de quelques centimètres de haut. Les niches de sa variante peuvent être plus nombreuses et en forme de L (Andrews 1974; 1980). Les niches à rebord, appelées *trocas* en espagnol, ont donné le terme de *trocadero*.

L'*auxilio*, plus simple et totalement dépourvu d'aménagements, est constitué de murs de quelques dizaines de centimètres de haut seulement. Ces structures sont toujours localisées aux côtés d'une *audiencia* d'où leur nom « d'auxiliaire » (fig.3.21).

L'*arcón* est une structure en U de taille réduite, avec des murs également bas et percés non pas de niches, mais de petits creux ou « puits » verticaux, dont le nombre fluctue entre six et neuf (Andrews 1974; 1980). Notons que ce type de structure, totalement absent des *ciudadelas*, ne se trouve que dans d'autres contextes, en particulier dans les bâtiments d'architecture intermédiaire de Chan Chan et parmi les structures simples agglutinées que nous présenterons par la suite (voir infra p.95). Le terme d'*arcón* vient des creux, nommés *arcas* en espagnol.

Enfin, l'*audiencia* rurale se situe toujours en dehors de Chan Chan, dans des sites à caractère supposé administratif, comme celui d'El Milagro de San José que nous décrirons plus loin. Leur entrée est parfois resserrée ce qui donne une forme en C et leurs murs sont aménagés de niches (fig.3.21; Andrews 1974; 1980).

Les hypothèses des archéologues quant aux fonctions de ces structures

Leur fonction est problématique du fait de la rareté du matériel. Mis à part le mobilier des deux sépultures, aucun artefact n'y a été retrouvé, pas même dans les niches. Andrews (1974; 1980), appuyé par Day (1982b), suppose qu'elles avaient une fonction administrative, accueillant un fonctionnaire chargé de contrôler les rangées de cellules localisées dans les alentours. Néanmoins, l'analyse de Moore (1992; 1996b) au sujet de la circulation dans les *ciudadelas* tend à démontrer que la proximité entre structures en U et rangées de cellules est loin d'être systématique. Face à ces critiques, Topic (2003) propose une nouvelle interprétation. Selon cet auteur, les structures en U auraient accueilli des fonctionnaires de plus en plus spécialisés, organisés en une hiérarchie qui se refléterait dans l'agencement des structures en U. Cette complexité expliquerait alors pourquoi certaines structures en U ne sont plus localisées à côté de zones de stockage.

Par ailleurs, l'hypothèse d'une fonction cérémonielle a également été avancée par Andrews (1974) et Keatinge (*et al.* 1975), et reprise par d'autres archéologues (Campana 2006: 212; 2012: 78; Briceño 2004) qui n'expliquent cependant pas en quoi cela pouvait consister. Le peu d'indices découverts lors des fouilles de ces structures laisse planer le doute quant à leurs possibles fonctions, administrative ou cérémonielle, voire même résidentielle. Bien que le rôle administratif soit le plus communément accepté par les archéologues, nous verrons au chapitre 11.3 une alternative possible pour ce type de structure, inspirée par Patrice Lecoq.

Outre les grandes places, les cours, les rangées de cellules et ces structures en U, d'autres éléments architecturaux complètent ces grandes enceintes: les plateformes funéraires.

Les plateformes funéraires

Larges de plusieurs dizaines de mètres et hautes de 3,5 à 12 m, des plateformes construites en adobes ou en pisé sont localisées généralement dans la partie sud-est des grandes enceintes (Conrad 1974; 1980; 1982). Après avoir traversé une petite cour, il est possible d'accéder, par le nord, au sommet de ces plateformes, au moyen de plusieurs rampes (fig.3.22). Conrad (1974; 1980; 1982) observe des variations architecturales; les rampes d'accès sont orientées d'est en ouest, du nord au sud ou dans plusieurs sens, des banquettes sont parfois adossées au nord de la plateforme et la cour peut être divisée en deux parties par un mur nord-sud.

Les plateformes sont percées de plusieurs cellules internes, toutes rectangulaires, sauf celle du centre, plus grande, qui possède une forme de T. Conrad (1974; 1980; 1982) repère différents types de cellules; certaines disposent de rebord pour poser la couverture et les refermer, d'autres sont aménagées d'une petite cavité dans un coin. Les fouilles réalisées à Huaca Las Avispas[6] (fig.3.15-K) ont

6 - C'est la seule plateforme funéraire localisée en dehors d'une *ciudadela*, Pozorski (1979; 1980) suggère qu'elle était associée à l'enceinte Laberinto.

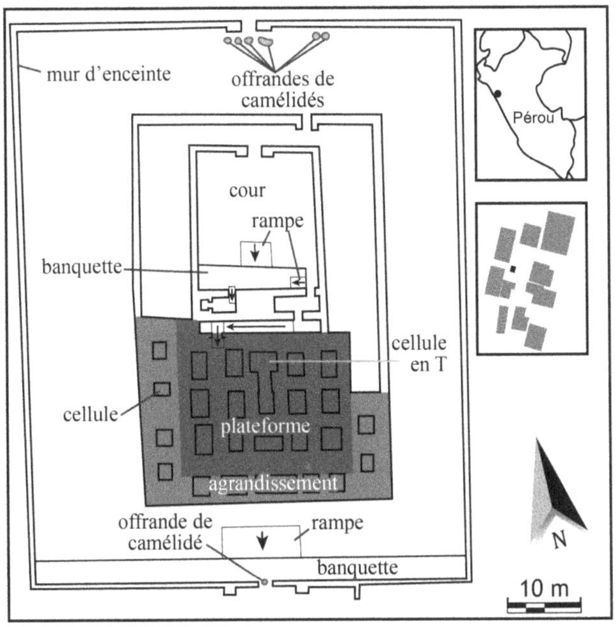

Fig. 3.22 **– Plan de la plateforme de Huaca Las Avispas, modifié d'après Pozorski (1979: 122).**

révélé de nombreux squelettes humains et des offrandes, comme des textiles, des céramiques fines, des objets sculptés en bois, des objets en métaux et des coquillages, tels des *mullus* (*Spondylus*) (Pozorski 1971; 1979; 1980). Bien qu'extrêmement pillée, cette plateforme contient encore les traces d'un mobilier très riche. Des ossements de camélidés découverts près des portes (fig.3.22) constituaient peut-être des offrandes d'abandon servant à sceller l'accès à la plateforme, semblables à celles découvertes sur le site inca de Choqek'Iraw (Lecoq 2014: 147), ou les restes de banquets funéraires, comme c'était le cas chez les Mochicas (Goepfert 2008; 2011).

Par ailleurs, les plateformes ont été remaniées, au cours du temps, comme l'indiquent des agrandissements postérieurs sur les côtés ouest, sud et est. En élargissant les plateformes, de nouvelles cellules et donc de nouvelles sépultures ont été créées (fig.3.22). On note également la présence d'annexes, comme des plateformes basses adossées à la plateforme principale ou de simples petits édifices (Conrad 1974; 1980; 1982). Ainsi, dans l'enceinte Tschudi, une plateforme annexe est aménagée de quinze cellules dont trois ont une forme de T. Les céramiques de la Période Chimú-Inca découvertes dans ces sépultures démontrent d'ailleurs une utilisation relativement longue de ce complexe funéraire.

Les caractéristiques de ces structures, leurs imposantes dimensions, leur localisation au sein même des plus grands édifices du site ainsi que le luxe et l'abondance apparente des offrandes, indiquent qu'il s'agissait probablement des sépultures de personnages au statut social extrêmement élevé (Conrad 1974; 1980; 1982). D'après cet auteur, la cellule en forme de T, au centre, devait accueillir la dépouille d'un souverain chimú, entourée d'autres individus, peut-être sacrifiés pour l'occasion (Pozorski 1979; 1980; Verano 1995), qui accompagnaient le mort et étaient placées dans les cellules rectangulaires plus nombreuses. Des sacrifices de camélidés ont pu également être réalisés en l'honneur du défunt et de grandes quantités de richesses, malheureusement pillées par la suite, devaient être déposées avec lui.

Toujours selon Conrad (1974; 1980; 1982), les agrandissements postérieurs et la construction de structures annexes impliquent l'existence de rites funéraires espacés dans le temps, éventuellement sur plusieurs générations. Ainsi, les tombes en T de la plateforme annexe de Tschudi pourraient avoir été les sépultures des descendants du souverain associé à l'imposante plateforme voisine. Ces interprétations s'accordent avec celles d'Uceda (1999; 2006) au sujet d'un culte aux morts et aux ancêtres, illustré par la maquette en bois chimú (voir supra p.90). Non loin de ces plateformes funéraires, on découvre souvent de larges bassins remplis d'eau, appelés *huachaques*.

Les *huachaques*

La plupart des grandes enceintes recèlent des *huachaques*. Il s'agit de bassins creusés dans le sol afin d'atteindre le niveau de la nappe phréatique et donc de faire affleurer l'eau. Souvent d'axe nord-sud, de forme carrée ou rectangulaire et profonds de quelques mètres, les *huachaques* sont aménagés de rampes qui permettent d'accéder au niveau de l'eau, au pied des parois renforcées par des murs de terrassement en pierres (Campana 2006: 124). Un petit décrochement s'avance parfois vers le centre du bassin et rompt alors le contour rectangulaire. Enfin, de nombreuses céramiques ont été retrouvées au fond du *huachaque* de l'enceinte Tschudi, où elles auraient pu avoir été lancées. La découverte du squelette d'un adolescent accompagné de textiles, de graines et de *Spondylus*, dans les environs du bassin et de la plateforme funéraire de l'enceinte Tschudi, pourrait indiquer l'existence de possibles sacrifices (Montoya 2004: 28).

Ces réservoirs constituent avant tout des sources d'eau importantes dans une région désertique comme la côte nord du Pérou. Mais Campana (2006: 122) souligne que la taille imposante, le soin de l'élaboration et les décrochements de certains *huachaques* concordent mal avec une simple fonction de citerne. Selon cet auteur (2006: 122; 2012: 97), il pourrait également s'agir de bassins utilisés lors de cérémonies religieuses durant lesquelles, des offrandes, comme les céramiques découvertes au fond du *huachaque* de l'enceinte Tschudi, auraient été jetées dans l'eau, peut-être depuis le décrochement[7]. Nous verrons au chapitre 10.2, l'importance que l'eau pouvait avoir pour les Chimús. À l'extrémité sud des grandes enceintes, après les *huachaques* et les plateformes funéraires, se trouvent les *canchón*.

7 - Les *huachaques* à caractère probablement cérémoniel rappellent les lacs sacrés des temples égyptiens (Bonhême 1995) ou les bassins des temples de l'Inde, comme celui de Madurai ou celui de Sundareshawar.

Le *canchón*

Ce secteur sud de la plupart des *ciudadelas* se compose d'un ensemble de constructions très détruites et mal élaborées. Outre la présence de structures de petite taille, on y trouve parfois de simples *huachaques*, visiblement destinés à offrir un point d'eau aux habitants du *canchón*. Les vestiges mis au jour par McGrath (1973) correspondraient principalement à une activité domestique.

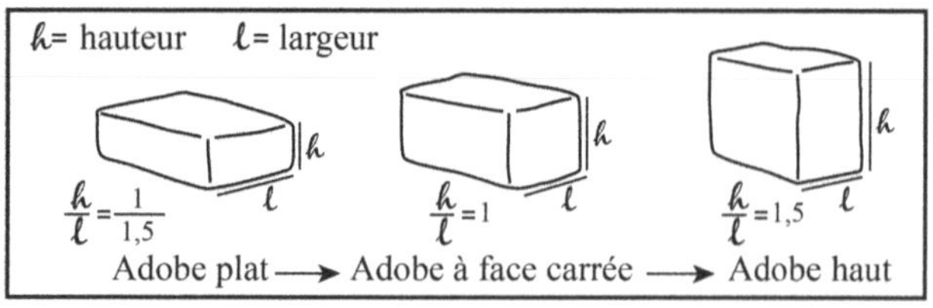

Fig. 3.23 **– Typologie de la forme des adobes de Chan Chan, d'après Kolata (1982: 69).**

Les accès aux secteurs centraux et nord depuis le *canchón* sont loin d'être évidents; il faut souvent emprunter un long couloir latéral, vers le nord, qui débouche non loin de l'entrée principale de l'enceinte. L'isolement des habitants du *canchón* pourrait indiquer des différences d'activités et de prestige avec les occupants des secteurs centraux et nord et Day (1980; 1982a) suppose qu'il s'agissait de zones résidentielles dédiées aux serviteurs travaillant dans les *ciudadelas*.

Les possibles fonctions des grandes enceintes

Les premières descriptions scientifiques de ces *ciudadelas* (Holstein 1927; Rivadeneira 1935; Schaedel 1951a; Gonzáles 1952; Requena 1952; Rodríguez 1968; Pinillos 1972) présentaient plus ou moins les mêmes données et des interprétations semblables. Ces auteurs suggéraient qu'il s'agissait de palais pourvus de prisons ou d'ateliers d'artisans et servant de refuge en temps de guerre, mais ils manquaient d'arguments tangibles pour étayer leurs hypothèses. Depuis les années 70 et le *Chan Chan – Moche Valley Project*, la vision que l'on avait des *ciudadelas* a considérablement changé, notamment grâce aux fouilles et aux relevés de l'architecture. Les interprétations les plus récentes (Campana 2006; 2012) renforcent bien souvent les hypothèses émises par les archéologues de Harvard, tout en mettant plus en avant les aspects cérémoniels.

À la lumière des études sur l'architecture des grandes enceintes de Chan Chan, ces imposants édifices semblent avoir été occupés par d'importants personnages qui s'y faisaient peut-être enterrer, comme le suggère Conrad (1980; 1982). Les nombreuses rangées de cellules qui servaient probablement à stocker d'innombrables richesses et les structures en U, possibles sièges de fonctionnaires, pourraient refléter une fonction administrative, parallèle à celle plus cérémonielle, également perceptible dans les grandes cours, les plateformes funéraires et les *huachaques*. Ces fonctions de palais administratifs, cérémoniels transformés en mausolées funéraires à la mort de chaque souverain sont majoritairement acceptées par les archéologues, mais en partie critiquées par Zuidema (1990). Nous reviendrons sur ces conclusions plus loin, pour tenter d'apporter quelques précisions.

Chronologie des grandes enceintes

Cette hypothèse de palais-mausolées permet toutefois d'expliquer la présence de la dizaine de *ciudadelas* sur un même site, mais surtout, elle implique une succession dans la construction de ces édifices.

Bien que plusieurs fouilles aient été réalisées à Chan Chan (McGrath 1973, Topic 1977, Pozorski 1971), l'approche des archéologues a été plus horizontale que verticale, sans réelles études stratigraphiques. Pour étudier la séquence temporelle des *ciudadelas*, Kolata (1978; 1980; 1982; 1990) s'est basé sur la comparaison des dimensions des adobes. Il en distingue trois formes successives: plate, à face carrée et haute. Les adobes de type plat se caractérisent par une hauteur inférieure à la largeur, tandis que la hauteur égale la largeur pour les adobes à face carrée. Enfin, les adobes de type haut ont une hauteur supérieure à la largeur (fig. 3.23; Kolata 1978; 1980; 1982). Ces trois formes se succèderaient depuis l'adobe plat jusqu'à l'adobe haut en passant par l'adobe à face carrée.

Pour affiner sa chronologie (fig.3.24), Kolata (1978; 1980; 1982) présente une sériation des structures en U, étudiées par Andrews (1974; 1980), dont l'aspect se standardiserait progressivement. Les trois phases déterminées à partir des adobes sont acceptées par les chercheurs du *Chan Chan – Moche Valley Project*, mais ils diffèrent presque tous quant à la succession des *ciudadelas*. Conrad (1980; 1982) propose par exemple, une chronologie en fonction de l'évolution des caractéristiques architecturales des plateformes funéraires (fig.3.24). Andrews (1974; 1980) présente également sa propre sériation des structures en U et aboutit à une séquence dissemblable de celle de Kolata (fig.3.24). « L'histoire horizontale » de Chan Chan varie donc d'un auteur à un autre et demeure très floue. Notons cependant l'effort réalisé par Topic et Moseley (1983) pour tenter de comprendre l'évolution globale du site et, entre autres, des grandes enceintes, en se basant notamment sur la céramique.

Cavallero (1991; 1997) revient cependant sur la sériation des briques de Kolata et lui reproche de ne pas avoir suffisamment tenu compte de la variation des dimensions des adobes en utilisant une simple moyenne pour chaque palais, ce qui fausserait considérablement l'analyse statistique. Considérant de nombreuses caractéristiques architecturales, comme la taille des adobes, les proportions des structures en U ou encore la présence de banquettes, de pilastres d'entrées et de rampes dans les grandes cours, Cavallero (1991; 1997) propose sa sériation des *ciudadelas* et donc sa propre chronologie relative du site (fig.3.24). La chronologie des grandes enceintes demeure donc un point

Andrews (1974 ; 1980)	Kolata (1978 ; 1982 ; 1990)		Conrad (1974 ; (1980 ; 1982)	Topic and Moseley (1983)		Cavallero (1991 ; 1997)
Structures en forme de U	**Adobes et structures en forme de U**	**Dates**	**Plateformes funéraires**	**Architecture et céramique**	**Dates**	**Architecture**
Squier	Rivero	1470	Rivero	Tschudi	1470 phase 5	Bandelier
Gran Chimú	Tschudi	1400	Tschudi	Rivero	1400	Velarde
Uhle	Bandelier		Squier	Bandelier	phase 4	Rivero
Tello	Velarde	1300	Laberinto	Velarde	1350	Tschudi
Laberinto	Squier		Bandelier	Gran Chimú		Laberinto
Bandelier	Gran Chimú	1200	Squier		phase 3	Gran Chimú
Velarde	Laberinto		Velarde	Laberinto	1100	Uhle
Rivero	Tello	1100	Gran Chimú	Chayhuac	phase 2	Tello
Tschudi	Uhle		Uhle	Uhle	phase 1	Squier
Chayhuac	Chayhuac	900	Chayhuac	Tello	850	Chayhuac

***Fig. 3.24* – Tableau chronologique comparé des grandes enceintes de Chan Chan.**

de controverse, même si les différences entre les interprétations des archéologues sont souvent assez mineures.

Aux alentours des *ciudadelas*, les Chimús ont construit de nombreux édifices, en particulier des plateformes monumentales, les *huacas*, un type d'édifice probablement hérité des périodes précédentes.

Les huacas

Les *huacas* sont de hautes pyramides d'adobes, pour la plupart bâties des siècles avant le développement de la culture chimú (Reindel 1997). Dans la vallée de Moche, les Mochicas, prédécesseurs des Chimús, se sont illustrés par la construction des Huacas del Sol et de la Luna. Les *huacas* ne sont donc pas propres à la culture chimú et sont d'ailleurs assez rarement édifiées à cette époque.

Pourtant on en trouve quelques exemples à Chan Chan: les Huacas Toledo, El Olvido, Obispo, Las Conchas, El Higo, localisées dans ou à proximité de la zone centrale (fig.3.25), mais aussi Mirador, El Cortijo, El Jabón, El Algodón, La India, Caballo Muerto, Blanca, Colorada, Vicuñas, La Esmeralda, El Dragón et Tacaynamo (Campana 2006: 180; Dirección de Patrimonio Monumental y Cultural 1986; Navarro 1990; Brooks *et al.* 2008) qui sont plus éloignées, dans la zone périphérique du site. Certaines, comme la Huaca El Jabón, ont été démolies pour permettre le développement de l'agriculture moderne et la plupart ont bien sûr été pillées (Campana 2006: 182). Ces pyramides composées de plusieurs niveaux de plateformes sont souvent entourées d'un mur d'enceinte, comme dans le cas de la Huaca El Dragón (Iriarte 1969), tandis que d'autres dominent une large place, au nord, également délimitée par des murs d'adobes.

Comme les pyramides mochicas qui offraient de splendides fresques murales colorées à la vue de tous, les *huacas* chimús étaient ornées de bas-reliefs. Néanmoins, l'iconographie est semblable aux décorations des grandes enceintes; les thèmes marins naturalistes sont particulièrement représentés sur les murs de la Huaca Mirador et de la Huaca Esmeralda, mais on peut aussi observer des scènes religieuses plus symboliques et difficiles à interpréter, par exemple sur la Huaca El Dragón.

La Huaca Toledo, localisée au nord de l'enceinte Bandelier (fig.3.25-A), est l'une des plus imposantes pyramides du centre de Chan Chan et sa destruction partielle par un Espagnol nommé Toledo, en 1563, a révélé une montagne d'objets en or, d'une valeur de près d'un million de *castellanos*. Selon Campana (2006: 185), cette richesse ne peut être que celle d'un dirigeant chimú puissant qui se serait fait enterrer non pas dans une *ciudadela*, mais plutôt dans cette huaca. Outre cette fonction funéraire, plusieurs auteurs (Schaedel 1951b; 1966; Iriarte 1969; Campana 2006) estiment qu'à l'instar des plateformes mochicas, elles pourraient avoir été des lieux de culte.

Enfin, le dernier type d'édifice monumental de Chan Chan se compose des bâtiments d'architecture intermédiaire, similaires aux *ciudadelas*.

Les bâtiments d'architecture intermédiaire

Au nombre de 35, les bâtiments d'architecture intermédiaire sont dispersés dans l'aire centrale de Chan Chan (fig.3.25) et dateraient presque tous des dernières phases d'occupation du site (Klymyshyn 1976; 1980; 1982). Ces édifices partagent de nombreux points communs avec les grandes enceintes: ils sont entourés de hauts murs et ont un accès restreint avec une seule entrée. À l'intérieur, on peut y observer des cours, peut-être cérémonielles, des couloirs, des rangées de cellules pour le stockage de biens, et des structures en U (Klymyshyn 1976; 1980; 1982).

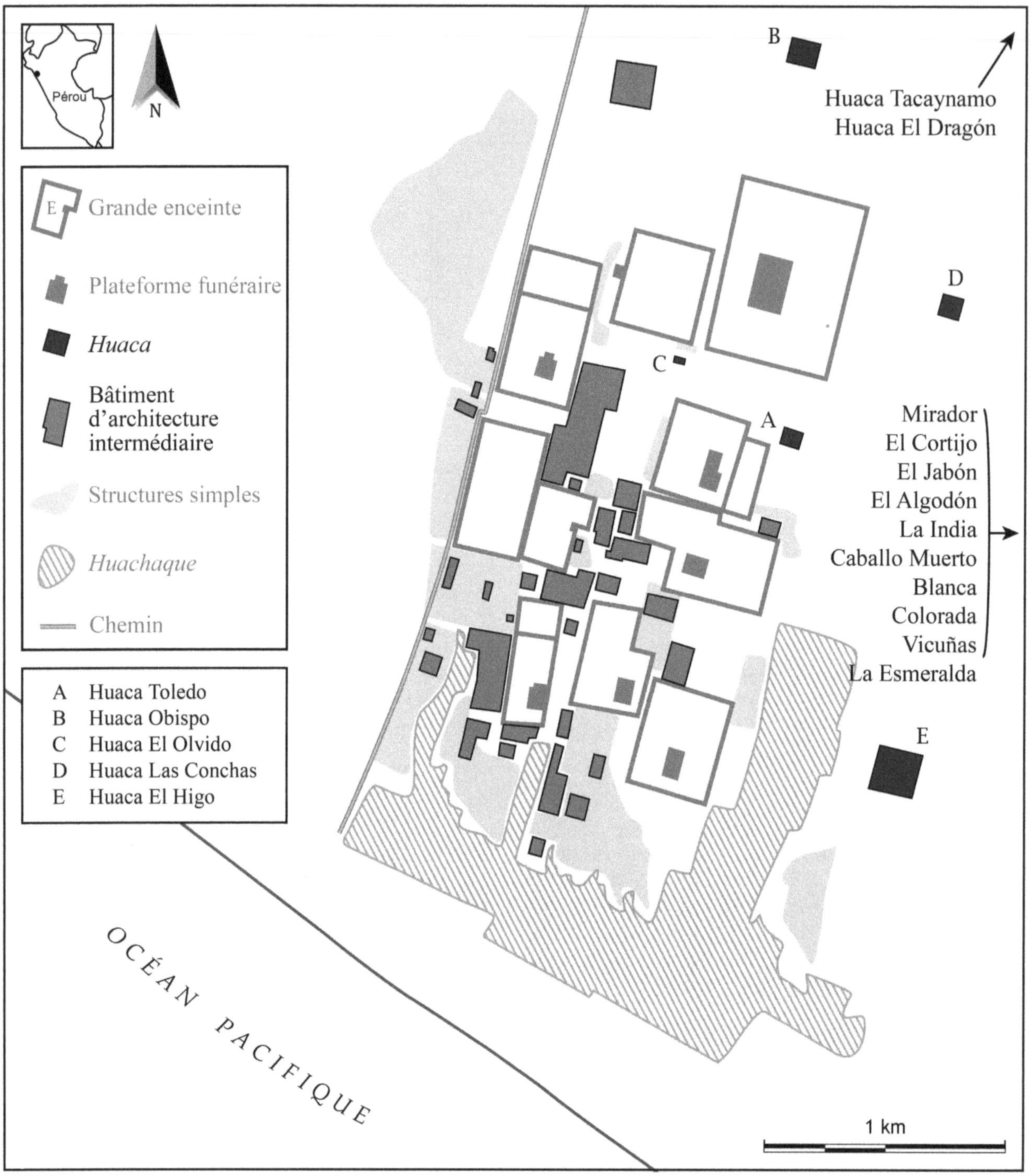

***Fig. 3.25* – Plan de Chan Chan, des *huacas* et des bâtiments d'architecture intermédiaire, redessiné d'après Moseley et Day (1982: 56). Les autres types de constructions sont en gris clair.**

Ces bâtiments d'architecture intermédiaire offrent une forte variété de dimensions (entre 600 m² et 109 000 m²) et d'organisation interne ce qui permet à Klymyshyn (1976; 1980; 1982) de les classer en six types (fig.3.26).

Le type 1 se caractérise par une similitude appréciable avec les *ciudadelas*; on y constate notamment une division en trois secteurs et la présence de cours avec des banquettes et des rampes, de structures en U, d'entrepôts et de puits (fig.3.26). Le type 2 contient les mêmes éléments architecturaux que le type 1, mais l'agencement interne n'est pas découpé en trois parties. Le type 3 possède un puits et au moins une des constructions présentes dans les *ciudadelas*: une cour avec banquettes et rampes, une structure en U ou un entrepôt. Ce type est donc assez hétérogène (fig.3.26). Le type 4 ne ressemble plus du tout à une grande enceinte, mais est associé à un puits. Le type 5 n'a pas de puits, mais garde au minimum un élément architectural des *ciudadelas* (cour, structure en U, entrepôt). Enfin, le type 6 se compose de petites pièces agglutinées sans organisation

	Type 1	Type 2	Type 3	Type 4	Type 5	Type 6
Mur d'enceinte	X	X	X	X	X	X
Organisation interne tripartite	X					
Cours avec rampe et banquettes	X	X	X		X	
			ou		ou	
Rangées de cellules	X	X	X		X	
			ou		ou	
Structures en forme de U	X	X	X		X	
Puits	X	X	X	X		

Fig. 3.26 **– Tableau comparatif des types de bâtiments d'architecture intermédiaire.**

apparente (fig.3.26). Le mur d'enceinte permet cependant de les distinguer des autres constructions simples de Chan Chan que nous présentons ci-dessous.

L'architecture rappelle donc celle des *ciudadelas*, avec les murs d'enceinte, les cours, les structures en U ou les rangées de cellules que l'on retrouve dans de nombreux exemples (types 1, 2, 3 et 5). Par ailleurs, près de 60 % des puits de Chan Chan se trouvent dans ces édifices et 28 % sont localisés à proximité; la présence quasi constante de puits (types 1, 2, 3 et 4) montre donc un accès privilégié à l'eau (Klymyshyn 1976; 1980; 1982).

Se basant sur sa typologie et sur l'étude de l'architecture, Klymyshyn (1976; 1980; 1982) associe ces bâtiments à des personnages de haut rang, toutefois moins importants que ceux vivant dans les *ciudadelas*. Il s'agirait donc des résidences d'une petite élite, peut-être liée à l'administration, en relation avec les hautes sphères du pouvoir, mais aussi avec le reste de la population qui habitait dans les alentours immédiats, au sein de petites structures.

Les petites structures simples agglutinées

Aux côtés des édifices monumentaux de Chan Chan, certaines structures sont bien plus simples et modestes. Petites et agglutinées, elles sont nommées en fonction de ces qualificatifs couplés en un sigle: SIAR pour « *Small Irregularly Agglutinated Rooms* », soit « petites pièces agglutinées de manière irrégulière » (Topic 1977; 1980; 1982). Couvrant près d'un kilomètre carré au total, ces constructions s'étendent principalement sur la frange nord-ouest, ouest et sud du site, tandis qu'au centre et à l'est, elles sont perdues au milieu des *ciudadelas* de Chan Chan (fig.3.28). Contrairement aux grandes enceintes ou aux *huacas*, leurs cloisons sont réalisées à base de galets et plus rarement d'adobes.

Topic (1977; 1980; 1982) définit deux principaux types de groupes de structures; certaines sont rassemblées en « quartiers » et sont en relation avec des bâtiments d'architecture intermédiaire, des puits et des cimetières délimités par des murs d'enceinte; d'autres sont construites sur des plateformes artificielles d'environ un mètre de hauteur et souvent localisées à proximité des *ciudadelas*.

Les fouilles de ces pièces révèlent la présence de cuisines, d'ateliers d'artisans et de quelques structures en U. Les cuisines se caractérisent par des foyers, des pierres à moudre, des excréments animaux (lamas, cochons d'Inde, oiseaux), des jarres pour le stockage et de petites banquettes latérales (fig.3.27). Contrairement aux grandes enceintes, ces constructions ont une fonction domestique évidente. Topic (1977; 1980; 1982) y retrouve aussi des outils liés à la métallurgie, comme des marteaux, des ciseaux, des

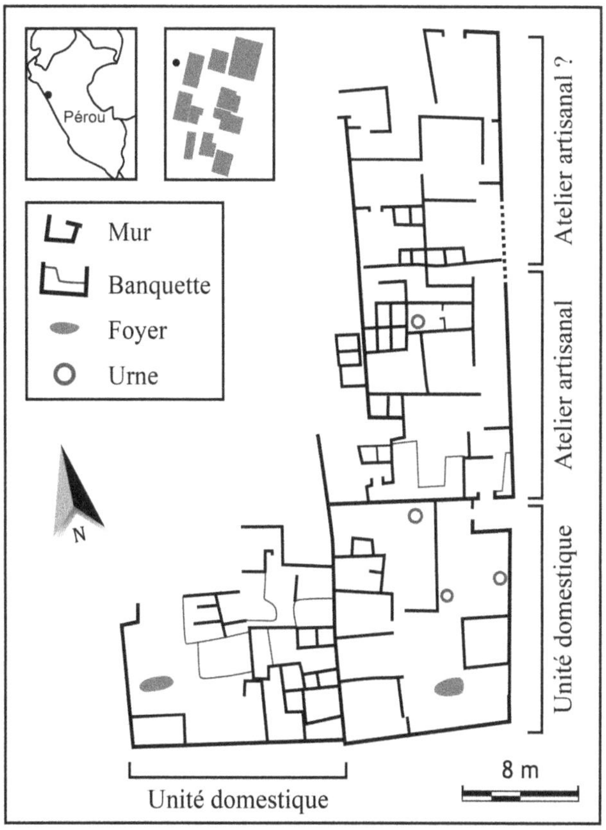

Fig. 3.27 **– Plan de structures simples d'un quartier périphérique, modifié d'après Topic (1982: 152).**

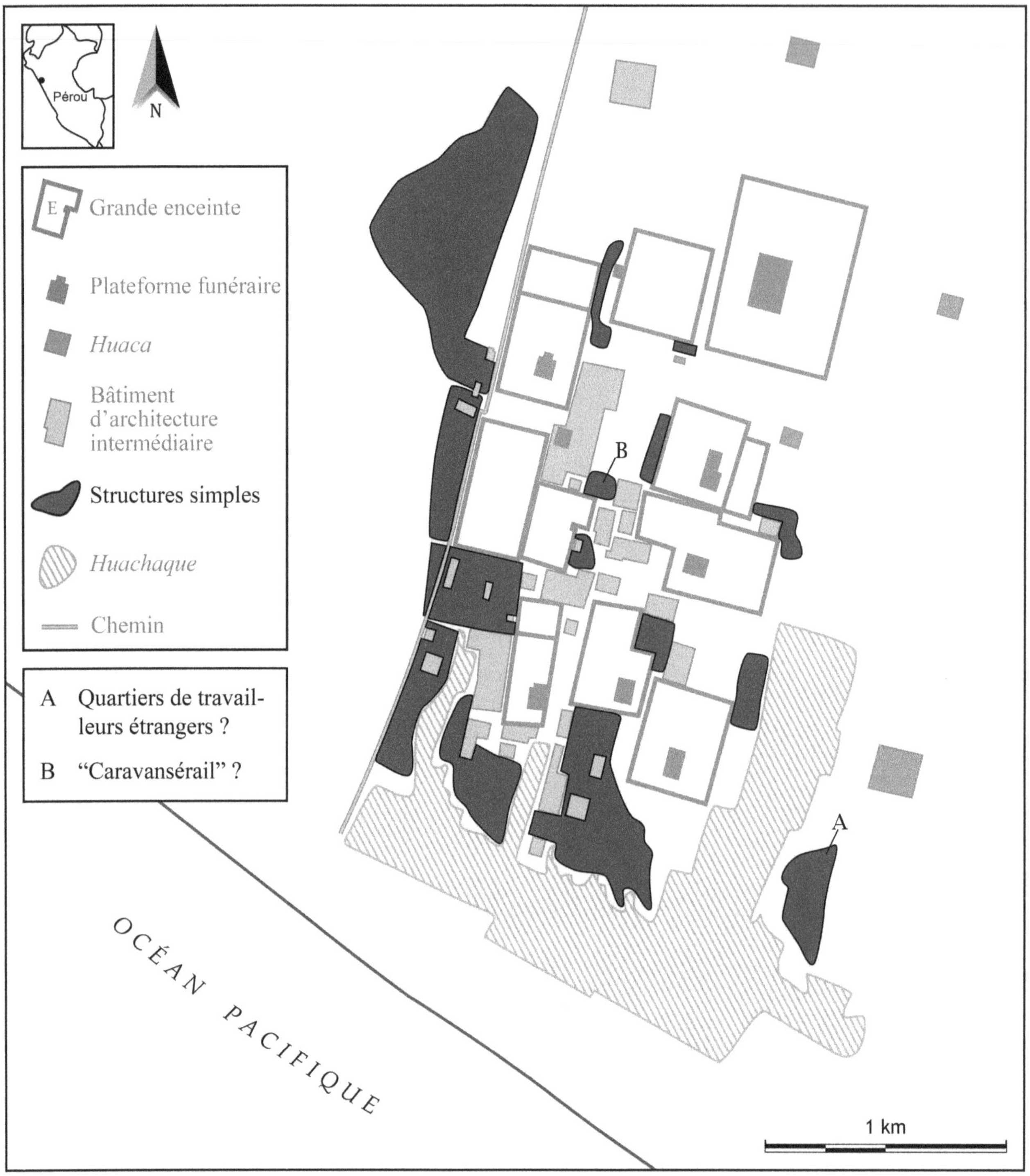

***Fig. 3.28* – Plan de Chan Chan et des zones de structures simples, redessiné d'après Moseley et Day (1982: 56). Les autres types de constructions sont en gris clair.**

morceaux de lingots de cuivre, des ustensiles pour le tissage comme des aiguilles, des fuseaux, des peignes, des fragments de textiles, ou encore des débris de pièces en bois plus ou moins travaillées.

Il s'agirait donc de demeures domestiques et d'ateliers dédiés à la fabrication artisanale d'objets en métaux, en tissus ou en bois, accueillant une population d'artisans, évaluée à près de 30 000 personnes par Topic (1977; 1980; 1982; 1990), pour les dernières phases d'occupation du site.

Cette activité artisanale pouvait procurer des objets luxueux aux usagers des bâtiments de l'architecture intermédiaire et à ceux des grandes enceintes, et de ce fait, pourrait avoir été encadrée par l'élite. Cieza de León (2005 [1553]: 425) fournit un autre indice quant à la présence d'artisans chimús à Chan Chan, puisque les Incas les auraient emmenés à Cuzco, afin qu'ils travaillent directement sous leurs ordres.

Enfin, deux groupes de structures (fig.3.28-A et B) diffèrent radicalement de l'organisation de ces quartiers d'artisans. Topic (1977; 1980; 1982) y a mis au jour des pièces aménagées de banquettes basses, larges et nombreuses qui auraient pu servir de couchettes. Cet auteur (Topic 1977; 1980; 1982) suppose donc que des étrangers, peut-être venus temporairement à Chan Chan pour y travailler selon le principe de la *mit'a*, auraient été hébergés dans ces structures. En outre, les fouilles d'une petite plateforme d'un mètre de hauteur, localisée dans le secteur B (fig.3.28-B), ont révélé plusieurs ossements de lamas associés à d'autres offrandes (céramiques, textile en laine de la sierra et un squelette de perroquet *Ara militaris*, probablement originaire du bassin amazonien). Les camélidés, dont les déjections recouvrent le sol de certaines pièces des alentours, occuperaient une place essentielle dans la vie quotidienne des habitants de ces structures. À partir de ces indices, Topic (1977; 1980; 1982; 2009) suppose que des personnes, chargées de mener des caravanes de lamas et d'échanger des produits exotiques dans des contrées éloignées, résidaient dans cette sorte de caravansérail. La question de l'origine des travailleurs et des caravanes demeure pour l'instant sans réponse.

Des petites structures simples aux grandes enceintes monumentales, Chan Chan présente une forte diversité architecturale. Mais l'importante densité des constructions implique également le développement d'axes de circulation, à l'intérieur, mais aussi vers l'extérieur du site.

Les chemins

À Chan Chan, les principaux chemins sont orientés selon les mêmes axes que les grandes enceintes, nord-sud ou est-ouest. Campana (2006: 156) en dénombre neuf qui s'éloignent de la zone centrale vers le nord, vers l'est ou vers l'ouest (fig.3.30). La Calzada, la voie (fig.3.30-A) qui longe la zone monumentale à l'ouest, relie la plage, au sud, et des canaux d'irrigation, au nord (Valle *et al.* 1998; Valle 2004a; 2004b). Un autre chemin (fig.3.30-B), surbaissé par rapport au niveau naturel du sol, se dirige aussi vers le nord, 300 m à l'est de la Calzada. Enfin, plusieurs routes parallèles (fig.3.30-C à H) viennent de l'est, passent à proximité de plusieurs *huacas* avant d'arriver dans la zone centrale des *ciudadelas*.

Deux d'entre elles (fig.3.30-C et D) continuent vers l'ouest, vers la vallée de Chicama, et étaient probablement intégrées à un vaste réseau routier que nous présenterons plus loin (Beck 1979; Hyslop 1980; 1984). Ces chemins mesurent quelques dizaines de mètres de large et sont limités de part et d'autre par des murs d'adobes ou de pierres, élaborés avec soin. Il ne s'agit donc pas de sentiers, mais bien de voies rectilignes, aménagées dans un souci de créer un espace particulier pour les déplacements. Selon certains auteurs (Rodríguez 1968: 104; Valle 2004a; 2004b; Campana 2006), ces chemins auraient pu être des lieux de processions, dont certains mènent à de vastes espaces au sud du site: les grands *huachaques*.

Les grands huachaques

Ce terme désigne trois vastes espaces qui s'avancent vers le nord, depuis la plage: les *Huachaques* Grande, Chico et les Pampas de Alejandro (fig.3.30). Bien que localisés dans des zones déjà basses naturellement, ils ont parfois été creusés sur plusieurs mètres de profondeur, afin d'atteindre le niveau de la nappe phréatique (Lange and Topic 1980; Campana 2006).

Ces *huachaques* sont étagés en quelques niveaux de terrasses dont les murs sont renforcés par des galets. Campana (2006: 133) détermine que ces espaces agricoles particuliers étaient divisés par des digues en plusieurs unités de culture au centre desquelles la partie la plus basse (fig.3.29-1) se remplissait d'eau, grâce à l'affleurement de la nappe phréatique. Il était ensuite facile de reverser manuellement cette eau dans les champs et les terrasses alentour (fig.3.29-2 et 3), dédiées à l'horticulture selon Campana (2006: 133-134). Enfin, une plateforme de un à deux mètres de haut (fig.3.29-4), parfois associée à des pièces de stockage, dominait chaque unité de culture, au sud-est, et pourrait avoir permis le contrôle de l'exploitation agricole, dans les *huachaques*.

Lange et Topic (1980) supposent donc que la *totora* (*Typha dominguensis*), une espèce de jonc qui peut pousser en milieu salin, était cultivé à grande échelle, afin de servir aux toitures des édifices de Chan Chan. Pourtant, sur la base d'études ethnographiques réalisées dans les environs du site et dans les *huachaques* encore exploités au 20e siècle, Campana (2006: 127) démontre l'usage de techniques permettant de réduire la salinité et d'y faire alors pousser des végétaux moins résistants que la *totora*. Lorsque le

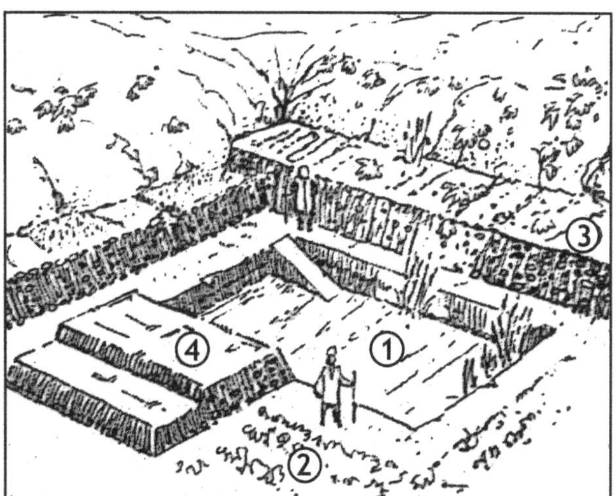

Fig. 3.29 **– Croquis d'unité de culture, modifié d'après Campana (2006: 135): 1 - zone immergée, 2 - champs, 3 - terrasses agricoles, 4 - plateforme.**

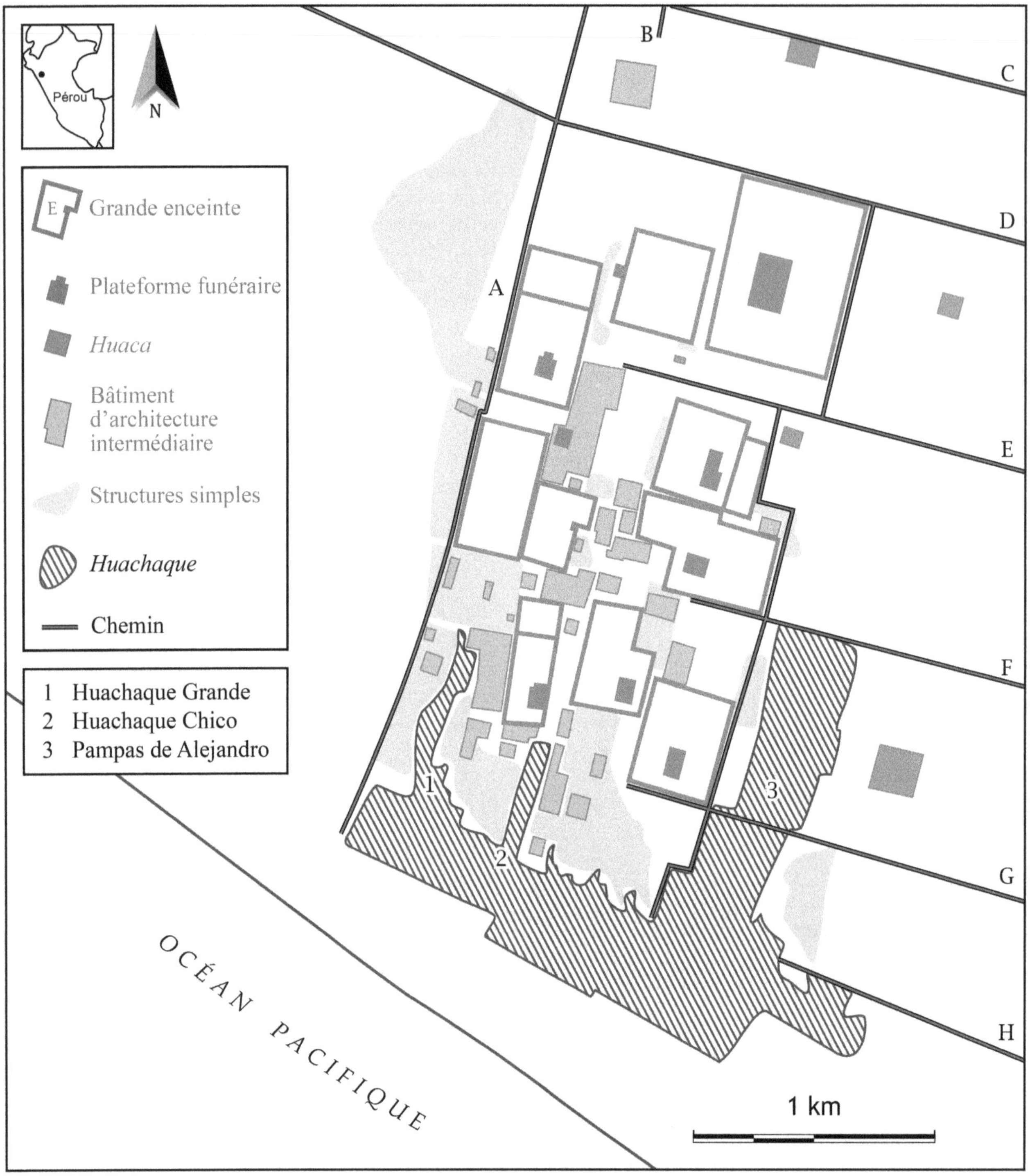

***Fig. 3.30* – Plan de Chan Chan et des chemins, redessiné d'après Moseley et Day (1982: 56) et Campana (2006: 151). Les autres types de constructions sont en gris clair.**

niveau de l'eau baisse, des croutes de sel se créaient et étaient facilement enlevées. De plus, des drains pouvaient également conduire l'eau salée hors des zones cultivées. Enfin, les *huachaques* se trouvent la plupart du temps dans des régions naturelles semi-humides où la décomposition de plantes sauvages avait formé une terre riche et fertile, avant le développement de l'agriculture, ce qui aurait pu favoriser la croissance des plantes (Campana 2006: 128). Moseley et Feldman (1984) soulignent également que les mouvements tectoniques ont pu affecter les conditions d'humidité de ces *huachaques* en faisant varier la profondeur de la nappe phréatique, ce qui obligeait à creuser un peu plus profond.

L'exploitation de ces terrains ne suffisait peut-être pas à subvenir aux besoins de l'ensemble de la population, mais il est probable qu'elle constituait une part notable de la diète des habitants de Chan Chan. Nous verrons au chapitre 11 par quels autres moyens la population était ravitaillée.

Commentaires et problèmes posés quant au rôle de Chan Chan

Chan Chan est un site aux multiples facettes: monumentales avec les grandes enceintes, les *huacas* et les bâtiments d'architecture intermédiaire, résidentielles et artisanales dans les quartiers populaires et agricoles dans les *huachaques*. La présence de ces différentes constructions pose le problème du rôle de ce site. Peut-on le considérer comme une vaste agglomération abritant une population nombreuse ? S'agit-il d'un centre politique de premier plan ou d'un centre cérémoniel ? Les quelques lignes qui suivent vont permettre de répondre à ces questions.

Chan Chan, une ville préhispanique ?

Le concept de ville est difficile à cerner et dépend souvent du chercheur qui l'emploi et de la société étudiée (Childe 1950; Hassan 1973; Cowgill 2004; Smith 2009; Canziani 2009). Il existe ainsi de nombreux critères et variables – par exemple la surface, la population estimée, la présence de constructions particulières comme des murs d'enceinte, des espaces et des édifices publics – employés pour juger si un site archéologique correspond à une ville. Si de manière très simplifiée, une ville est avant tout un ensemble de bâtiments qui hébergent une population considérable, socialement hétérogène, et qui abritent des activités politiques, religieuses et économiques, Cowgill (2004: 526) définit la ville à partir des habitants, de leurs activités et de leur identité, notamment par rapport aux personnes vivant dans les zones rurales des alentours.

Bien que Campana (2006) juge qu'il n'est pas forcément pertinent de rattacher un site chimú à une idée originaire de l'Ancien Monde, Moseley (1975b), Kolata (1990), Staino et Canziani (1984; Canziani 2009) n'hésitent pas à parler de ville pour Chan Chan. Moseley (1975b) présente d'ailleurs ce site comme une alternative andine au concept de « ville pré-industrielle », élaboré par Sjoberg (1960) à partir, entre autres, d'exemples de villes européennes.

Il faut reconnaître que les nombreuses structures simples résidentielles rassemblées en quartiers, selon Topic (1977; 1980; 1982), apportent les preuves de la présence d'une population importante et diversifiée. Ce même auteur (Topic 1977; 1980; 1982) estime que le site aurait accueilli près de 30 000 personnes, dans les dernières années avant la conquête inca, au cours du 15e siècle. Cette population fait de Chan Chan le site le plus peuplé de la culture chimú et peut-être de la côte nord, à la fin de l'Intermédiaire Récent (1000-1470 apr. J.-C.). Par ailleurs, l'hétérogénéité sociale de la population (petits artisans, membres de l'élite et hauts dirigeants) et la présence de bâtiments monumentaux du centre confortent le statut de Chan Chan en tant que « ville ».

La notion de ville s'accompagne d'ailleurs d'une dimension politique que l'on retrouve à Chan Chan.

Chan Chan, un centre politique ?

Si la majeure partie de la population de Chan Chan semble composée d'artisans, les occupants des dix grandes enceintes de Chan Chan, certainement moins nombreux, pourraient avoir exercé des rôles politiques importants.

La monumentalité des édifices de Chan Chan, en particulier des grandes enceintes, implique une administration efficace de la main-d'œuvre par une autorité suffisamment puissante pour réunir beaucoup d'ouvriers. La *mit'a*, système de travail communautaire rotatif, bien connu pour les Incas (Murra 1982) et probablement présent sur la côte nord depuis des périodes très anciennes (Moseley 1975a; Mackey and Klymyshyn 1981b), constituerait le pivot central de cette organisation. Outre la monumentalité des constructions, les nombreux entrepôts, que l'on retrouve dans les *ciudadelas* et dans les bâtiments d'architecture intermédiaire (Day 1982b), témoignent des richesses accumulées par les dirigeants chimús. Enfin, n'oublions pas que les plateformes funéraires des *ciudadelas* abritaient probablement les sépultures des souverains (Conrad 1974; 1980; 1982). Le culte aux ancêtres et aux morts, supposé par Uceda (1999; 2006), aurait pu permettre de légitimer le pouvoir des dirigeants qui, après leur décès, devenaient des ancêtres vénérés, tout comme les momies incas (Isbell 1997). Le pouvoir politique chimú semble en effet s'appuyer sur cette idéologie particulière qui devait s'exprimer, entre autres, par le biais de cérémonies.

Chan Chan, un centre cérémoniel ?

Parmi les nombreux édifices du site, beaucoup pourraient avoir joué un rôle cérémoniel. Les larges chemins où pouvaient se dérouler des processions, les hautes *huacas* et surtout les grandes places, les plateformes funéraires et les *huachaques* des *ciudadelas* paraissent avoir servi pour des fêtes et des rites, selon Campana (2006; 2012). On peut se demander si ces cérémonies étaient des instruments du pouvoir politique.

Contrairement à des centres cérémoniels « vides » la plupart du temps, comme Cahuachi, un site de la culture Nazca, sur la côte sud (Silverman 1994), Chan Chan n'aurait pas été entièrement tourné vers ces aspects religieux, puisqu'une population y résidait en permanence. On peut d'ailleurs s'interroger sur l'attrait que ce possible cérémonialisme a joué sur les communautés de la côte nord. La grandeur de Chan Chan était-elle due à une aura sacrée particulière qui aurait agi comme une force attractive ?

Chan Chan peut donc clairement revendiquer le statut de capitale politique chimú. C'était non seulement le plus peuplé des sites de la côte nord, à la fin de l'Intermédiaire Récent, mais aussi un centre économique et cérémoniel de premier plan, probablement utilisé par les dirigeants pour mobiliser des travailleurs et ériger de grandes enceintes, contrôler certains produits de luxe au moyen d'une administration efficace et les redistribuer. Cependant, ses origines demeurent indiscernables, malgré les fouilles de quelques zones plus anciennes (Vásquez 1990). Pourquoi et comment Chan Chan est devenu cette capitale des Chimús ? Quel processus a permis à ce site de prendre tant d'importance dans la région ? La conquête des autres vallées de la côte nord, comme celle de Chicama, épisode historique dévoilé par le manuscrit de l'*Historia Anónima* (Vargas 1936) et renseigné grâce à de nombreuses études archéologiques est un premier élément de réponse. La seule vallée de Moche n'était pas suffisante pour parvenir à un développement aussi important de Chan Chan et il est évident que ce site était lié à l'expansion territoriale.

III. Le royaume chimú et l'aménagement du territoire

Les Chimús ne se sont pas limités à Chan Chan et la côte nord recèle de nombreux sites de cette culture, entre autres ceux de la vallée de Chicama. L'expansion chimú depuis la vallée de Moche s'est accompagnée de modifications dans l'aménagement du territoire, en particulier pour l'administrer et l'exploiter.

La conquête de la côte nord

Les chroniques, présentées au chapitre 2.1, nous parlent des Chimús comme de guerriers qui auraient conquis un vaste territoire et auraient résisté aux Incas. Pourtant, les représentations iconographiques de guerriers chimús sont rarissimes et les traces de conflits relativement occasionnelles. Il est également probable que des tractations diplomatiques et des alliances politiques ou matrimoniales ont accompagné cette conquête territoriale, comme c'était le cas pour les Incas (Itier 2008: 35; Franklin Pease 1992). Les modalités de l'expansion chimú sont donc difficiles à appréhender, mais quelles ont été les motivations de ce peuple ?

À partir de l'étude des plateformes funéraires et par analogie avec la société inca, Conrad (1981) propose l'hypothèse d'un système d'héritage partagé à la mort de chaque dirigeant chimú. Le successeur recevait le pouvoir, tandis que le reste du lignage continuait d'administrer les biens du défunt, à la manière des *panacas* incas. Sur la base de cette théorie, Conrad (1981) suppose que chaque nouveau souverain chimú arrivant au pouvoir devait se constituer un patrimoine, édifier son propre palais et donc annexer de nouveaux territoires. Ce serait, selon lui, cette coutume qui aurait poussé les Chimús à la conquête des autres vallées de la côte nord. Isbell (1981) suggère une alternative, en réponse à Conrad (1981), et pense que le contrôle de plusieurs vallées côtières aurait pu permettre de pallier de possibles variations climatiques, notamment la rareté de l'eau dans cette région désertique. L'environnement naturel contraignant pourrait donc avoir joué un rôle dans cette volonté de conquête.

Si le pourquoi et le comment de cette expansion territoriale demeurent malgré tout inconnus, il n'en reste pas moins que l'*Historia Anónima* de 1604 (Vargas 1936) indique clairement plusieurs phases de conquête: une première consolidation dans la vallée de Moche, puis une étape d'expansion jusqu'à la vallée de Jequetepeque, au nord, et de Santa, au sud, et enfin l'essor final de Tumbes à la vallée de Fortaleza (fig.2.2). Bien que ce récit soit lacunaire, certaines informations qu'il présente semblent se vérifier grâce à l'archéologie, tandis que d'autres tiennent plus de la propagande politique.

À la conquête de la vallée de Moche

Selon la légende, Guacri Caur, le fils de Taycanamo, installe et renforce son pouvoir sur la vallée de Moche. Puis, Nañçenpinco, son successeur, conquiert les hauteurs de la sierra (Vargas 1936: 231). Ce processus a sûrement été plus long et ne s'est pas déroulé en trois générations, mais plutôt en quelques siècles.

Les premiers moments de la culture chimú sont très mal connus et seuls les époux Topic (Topic and Lange 1987; Lange 1990) ont prospecté la vallée moyenne et haute de Moche, déterminant ainsi l'avancée progressive de l'implantation chimú dans cette région montagneuse (fig.3.31). Des recherches sous la direction de Brian Billman sont en cours sur quelques sites chimús (Mullins 2012; Ringberg 2012). Nous reviendrons au chapitre 10.1 sur cette conquête vers les zones montagneuses dans la vallée de Chicama.

La première phase d'expansion, hors de la vallée de Moche

Durant la consolidation du pouvoir dans la vallée basse de Moche, il est probable que des liens se soient créés avec les vallées voisines de Virú et de Chicama. La présence d'une autorité plus affirmée à Chan Chan a peut-être favorisé des alliances avec les Chimús comme nous le verrons au chapitre 11.

Netherly (1977) pense que les communautés de vallées proches, comme celles de Chicama, Moche et Virú, pouvaient entretenir des relations aussi fortes que celles unissant des communautés localisées sur les berges opposées du fleuve d'une même vallée. Ainsi, les communautés de la rive sud de la vallée de Chicama auraient pu facilement entrer en contact avec celles de la rive nord de Moche (Lange 1990). Cette expansion n'est donc pas forcément militaire et on suppose que ces trois vallées, Moche-Virú-Chicama, formaient le cœur du territoire chimú, dès 1200 apr. J.-C. (Moore and Mackey 2008). Cependant, ces alliances diplomatiques n'ont probablement pas été réalisables partout, notamment dans les régions plus éloignées de Chan Chan, comme Jequetepeque ou à Chao (fig.3.31).

Dans la vallée de Chicama, la présence de tombes de la culture Sicán, découvertes à la Huaca Cao Viejo (Franco *et al.* 2007), indiqueraient la présence d'une population plus ou moins affiliée aux Sicán, mais la nature des relations

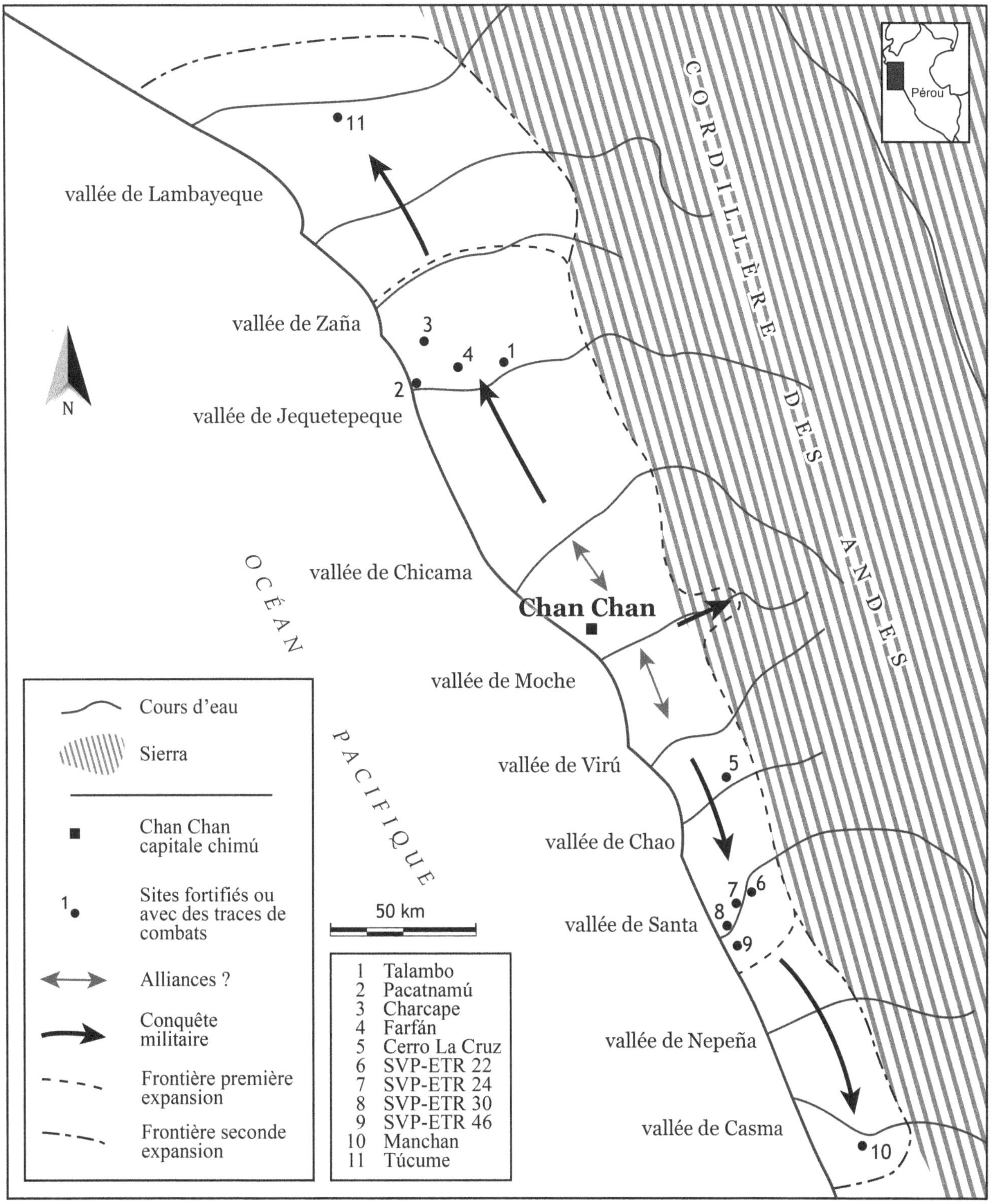

***Fig. 3.31* – Carte des deux phases d'expansion chimú.**

politiques existantes entre ces groupes de Chicama et les habitants de Lambayeque demeure difficile à cerner. Par ailleurs, les sites de la vallée de Chicama, datés de l'Horizon Moyen et du début de l'Intermédiaire Récent[8], n'ont pas fait l'objet d'études approfondies, ce qui ne permet pas de réellement comprendre l'occupation de la vallée avant son intégration dans la sphère politique de Chan Chan.

D'après l'*Historia Anónima* (Vargas 1936: 231), Nañçenpinco aurait annexé les vallées de Jequetepeque et de Zaña au nord, et celles de Chao et Santa au sud, et Calancha (1974 [1638]: 1226) mentionne que Jequetepeque aurait

8 - Nous verrons au chapitre 5 les problèmes rencontrés lors de la différenciation du matériel céramique chimú et Sicán. Selon Chauchat (communication personnelle du 5 décembre 2013), plusieurs des sites chimús qu'il a recensés dans la vallée de Chicama pourraient avoir été occupés par des groupes Sicán, avant l'arrivée des Chimús.

été conquis de force, par le général Pacatnamu. Que nous racontent les vestiges archéologiques à ce sujet ?

Au début du 14e siècle, les Chimús ont attaqué la vallée de Jequetepeque où la culture Sicán était bien implantée (Shimada 1995). À Talambo (fig.3.31-1), un site fortifié occupé par les Sicán, des pierres rondes, peut-être utilisées avec des frondes, ont été découvertes brisées suite à des impacts, témoignant d'une éventuelle bataille livrée par les Chimús contre les défenseurs du site (Lange 1990; Chamussy 2009). Des pierres semblables ont également été retrouvées sur d'autres sites, notamment à Pacatnamú et à Charcape (fig.3.31-2 et 3). Enfin, le site de Farfán aurait été en partie détruit par les Chimús qui ont reconstruit leurs propres bâtiments, sur les ruines des vaincus (Moore and Mackey 2008). Par ailleurs, Keatinge et Conrad (1983; Conrad 1990) supposent que la plateforme funéraire de l'édifice n°2 de Farfán a peut-être abrité la dépouille du général Pacatnamu, mentionné par Calancha (1974 [1638]: 1226). L'expansion vers le nord semble donc avoir été assez violente.

La vallée de Chao, au sud de Virú, devait marquer la limite nord de la culture Casma qui s'est développée dès l'Horizon Moyen et l'Intermédiaire Récent (Vogel 2002; 2012). Le site fortifié de Cerro La Cruz, pourtant pourvu de plusieurs murailles, semble avoir été pris sans bataille, vers 1300 apr. J.-C., grâce à un siège dont il ne reste que des piles de pierres à fronde soigneusement placées à l'extérieur des remparts (fig.3.31-5; Lange 1990; Vogel 2012). La plupart des fortifications de la vallée de Santa, notamment une grande muraille, datent souvent d'époques antérieures aux Chimús, mais Wilson (1987; 1988) dénombre néanmoins quatre sites fortifiés (SVP-ETR 22, 24, 30 et 46, fig.3.31-6 à 9) que les assaillants chimús ont peut-être dû attaquer.

Cette première phase de conquête place vraisemblablement les Chimús en position de force face aux autres entités politiques de la côte nord, comme les Sicán, au nord, et les Casma, au sud.

La formation d'un vaste royaume

Au cours du 14e et au début du 15e siècle, les Chimús ont continué de s'étendre vers le nord et vers le sud. Mais il reste à déterminer la façon dont ils ont réussi à dominer les entités politiques de Sicán et de Casma car aucun vestige de bataille n'a été retrouvé et les mécanismes de cette conquête plus tardive sont peu connus (Lange 1990).

Après la conquête des vallées de Chao et de Santa, les Chimús auraient continué jusqu'à Casma plus au sud. La construction de structures chimús sur des sites de la vallée de Casma, comme à Manchan, dès le milieu du 14e siècle, implique un réel contrôle politique de Chan Chan sur cette région (fig.3.31-10; Mackey and Klymyshyn 1981a; 1990). Mackey et Klymyshyn (1990) supposent néanmoins que les élites locales de Casma étaient intégrées dans les centres de pouvoir chimú, ce qui pourrait indiquer une intégration par des alliances, de façon plus diplomatique.

Rappelons que, d'après la légende de Naymlap, racontée par Cabello Valboa (1951 [1586]: 329), le dernier dirigeant de la dynastie de Lambayeque aurait été tué par ses sujets, à la suite d'un puissant phénomène d'El Niño. Après un laps de temps indéterminé, les Chimús sont arrivés dans la région et y ont installé leur propre pouvoir, avec une nouvelle lignée de gouverneurs. Malgré les éléments mythologiques et symboliques de ce récit, Donnan (1990) et Shimada (1990) estiment qu'il est possible d'en tirer des informations utiles à l'archéologie; l'affaiblissement du pouvoir des Sicán, suite à une crise climatique, aurait ainsi facilité la conquête chimú. D'ailleurs, Túcume, site majeur de la phase Sicán Récent (1100-1370 apr. J.-C.), est réoccupé par les Chimús (fig.3.31-11).

Au nord comme au sud, cette expansion plus tardive ne semble pas avoir été violente et a laissé moins de vestiges de conflits que la première phase de conquête. Peut-être est-ce dû à la puissance des Chimús qui dominaient déjà de nombreuses vallées et donc à un rapport très inégal des forces militaires. Le possible affaiblissement des Sicán a pu aussi être un facteur de réussite pour les Chimús et l'intégration des élites locales de Casma dans les mécanismes politiques chimús (Mackey and Klymyshyn 1990) pourrait indiquer des tractations diplomatiques plus pacifiques. À l'issue de cette expansion qui se terminerait vers la fin du 14e siècle ou le début du 15e, Chan Chan se trouve à la tête d'un grand royaume côtier figuré sur la carte 3.31. Cependant, l'*Historia Anónima* de 1604 (Vargas 1936) nous informe que Minchazaman, le dernier dirigeant chimú indépendant avant l'arrivée des Incas, gouvernait un territoire encore plus vaste, qui s'étendait de Tumbes jusqu'à la vallée de Fortaleza. L'extrême nord du Pérou et le nord de la côte centrale ont-ils été annexés par les Chimús ?

Influences chimús hors du territoire

Si conquête il y a eu dans ces vallées côtières éloignées de Chan Chan, elle s'est déroulée juste avant l'attaque inca et il est peu probable que les Chimús aient eu le temps d'intégrer pleinement ces régions à leur royaume. Néanmoins, l'importance politique et culturelle des Chimús a pu aussi fortement influencer ces vallées limitrophes.

Dans la région de Piura et de Tumbes, les prospections de l'équipe de Richardson (*et al.* 1990), puis celles de Moore (2008), n'ont pas révélé de sites chimús (fig.3.32). Néanmoins, les céramiques chimús mises au jour sur plusieurs sites, dans des contextes funéraires ou en relation avec l'exploitation du *mullu* (*Spondylus princeps*), coquillage sacré (Davidson 1981; Gorriti 1999), témoignent de l'existence de contacts, d'échanges et d'une certaine emprise culturelle (Pillsbury 1996).

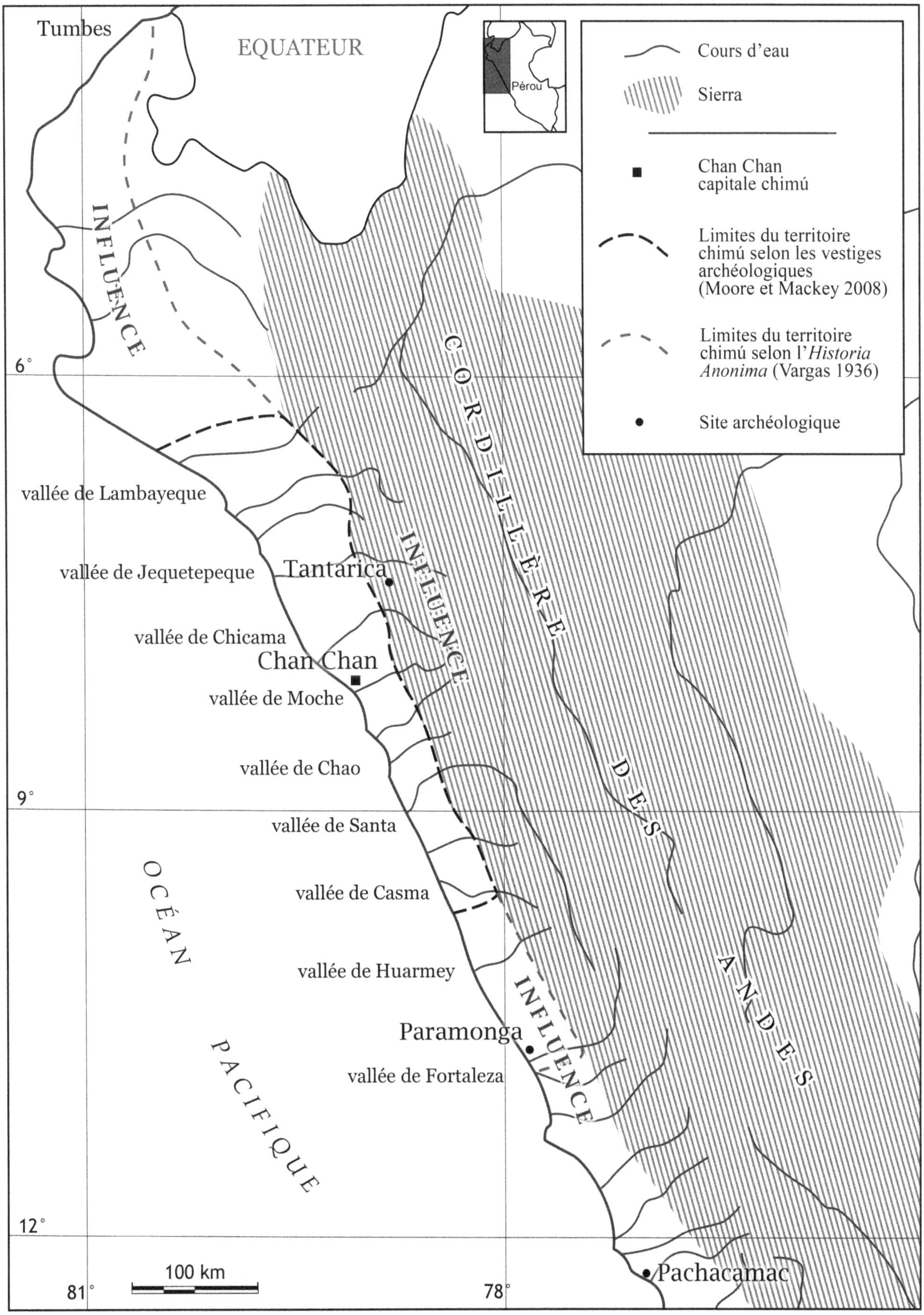

Fig. 3.32 – **Carte de la zone d'influence de la culture chimú.**

Moore (2008) suppose donc que la région de Tumbes n'a été qu'influencée par les Sicán, puis par les Chimús, mais jamais conquise. Le contrôle de la vallée de Lambayeque offrait aux Chimús un accès direct à cette source de *mullus* (Pillsbury 1996).

L'analyse de Conrad (1990) au sujet de l'*Historia Anónima* de 1604 est intéressante et expliquerait cette divergence entre les découvertes archéologiques et les descriptions ethnohistoriques. Il présente ce récit comme un discours de propagande politique, transmis oralement, qui aurait permis d'assoir l'autorité chimú et de la légitimer (Conrad 1990). Le fondateur de la dynastie, Taycanamo, serait arrivé dans la vallée de Moche d'une lointaine contrée supposée être justement la région de Tumbes. Lorsque Minchanzaman a annexé Tumbes, selon la chronique anonyme, il ne faisait que retrouver la terre de ses ancêtres (Conrad 1990). Agrandir fictivement le territoire chimú au-delà de ses frontières réelles était aussi une manière d'augmenter le prestige de cette lignée dont les descendants n'avaient de pouvoir que sur les indigènes de la vallée de Moche, à l'époque coloniale.

La limite territoriale méridionale est également difficile à cerner. Les Chimús ont pu conquérir quelques vallées au sud de Casma, mais les trois sites chimús potentiels repérés, dont Paramonga (fig.3.32; Langlois 1938), ne permettent pas de réellement affirmer une expansion jusqu'à la vallée de Fortaleza (Mackey and Klymyshyn 1990; Moore and Mackey 2008). D'ailleurs, à Huarmey, la céramique chimú est principalement associée aux phases d'occupation de l'époque inca (communication personnelle de Patrycja Przadka-Giersz le 06/12/2013), ce qui indiquerait une diffusion culturelle plus tardive et associée aux Incas. Même si la présence de céramiques chimús et d'éléments iconographiques semblables à ceux de la côte nord, à Pachacamac (fig.3.32), pourrait impliquer une influence chimú assez large, Eeckhout (2005: 123) indique que plusieurs traits culturels communs préexistaient sur la côte nord et centrale du Pérou, avant même le début de l'expansion militaire chimú qui s'est arrêtée loin au nord de Pachacamac.

L'expansion chimú, militaire ou diplomatique, a donné lieu à la formation d'un important territoire, s'étendant probablement de Lambayeque jusqu'à Casma. Les objectifs de cette conquête, que l'on suive l'hypothèse culturelle de Conrad (1981) ou celle d'ordre plus climatique d'Isbell (1981), seraient de contrôler plusieurs zones de production afin d'enrichir les souverains ou de faire face aux difficultés environnementales de la côte. Cette exploitation passe par la création d'infrastructures spéciales, comme les canaux, les champs pour l'agriculture, ou bien les chemins pour les communications entre les régions annexées.

L'aménagement du territoire

Bien que les Chimús aient aménagé les vallées côtières, ils bénéficiaient également du legs de leurs prédécesseurs, les Mochicas et bien sûr les Sicán et les Casma (Kus 1974). La réutilisation d'infrastructures d'origine mochica, transformées et parfois agrandies, semble avoir été courante. Les Chimús, puis pendant quelque temps les Incas, ont été les derniers constructeurs préhispaniques de la côte nord, avant l'arrivée des Espagnols, et sont donc les héritiers d'un long processus d'organisation de cette région qui culmine justement à l'Intermédiaire Récent et peut-être à l'Horizon Récent. Les réseaux hydrauliques et les terres cultivées n'ont cessé de s'étendre au fil des siècles, et de nombreuses générations ont emprunté les mêmes chemins, au cours des époques successives (Golte 1980). Il existe cependant des infrastructures qui démontrent la part chimú dans ces opérations d'aménagement du territoire, en particulier dans la vallée de Moche, et comme nous le verrons au chapitre 9, dans celle de Chicama.

Les canaux

Les canaux préhispaniques de la côte nord ont attiré l'attention des explorateurs du 19e siècle et surtout des archéologues du 20e siècle comme Kosok (1965). L'irrigation chimú de la vallée de Moche a été étudiée par Kus (1972; 1984), Farrington (1980a; 1980b), Park (1983) ou encore Ortloff, Feldman et Moseley (1982; 1983; 1985) qui nous révèlent la maîtrise des Chimús en matière d'ouvrages hydrauliques.

Les principaux canaux chimús, comme ceux de La Cumbre ou de Vichansao de la vallée de Moche (fig.3.33), sont longs de plusieurs kilomètres et larges d'environ deux à sept mètres pour un à deux mètres de profondeur, avec une section de forme trapézoïdale (Kus 1972; Farrington 1980a; 1980b). Un revêtement interne de pierre est parfois présent, sur quelques tronçons de ces canaux, mais ce n'est pas systématique (fig.3.33; Park 1983). La pente du canal Vichansao est relativement faible, inférieure à 1 % et souvent proche de 0.2 %. Quant à celle du canal intervallées de La Cumbre que nous verrons au chapitre 4.1, les problèmes de pente négative compliquent les estimations. Les calculs de vitesse d'écoulement, de débit et de régime du canal Vichansao démontrent un bon contrôle des paramètres. La vitesse d'écoulement varie entre 0.2 et 0.8 m/s et la plupart des résultats tournent autour de 0,5 à 0,7 m/s, soit une vélocité suffisante pour éviter l'érosion et la sédimentation (Park 1983). Dans les tronçons où elle est supérieure à 1 m/s, le canal est plus large et l'eau creuse elle-même un chenal interne adéquat et stable, dans le fond du canal. De plus, les bords internes y sont renforcés par des galets qui protègent de l'action érosive de l'eau. Le débit maximal du canal Vichansao, c'est-à-dire rempli à ras bord, atteint en moyenne 2.5 m^3/s, mais il pourrait s'élever à plus de 10 m^3/s au niveau de la prise d'eau depuis le río Moche (Park 1983). En réalité, il doit être plus faible, puisque l'eau ne parvient probablement pas au sommet des parois du canal. Pour obtenir un débit et une vitesse moyenne acceptables, le tracé des canaux doit être choisi avec soin; il faut parfois tailler le chenal dans de la roche ou édifier des aqueducs pour éviter un trop fort dénivelé

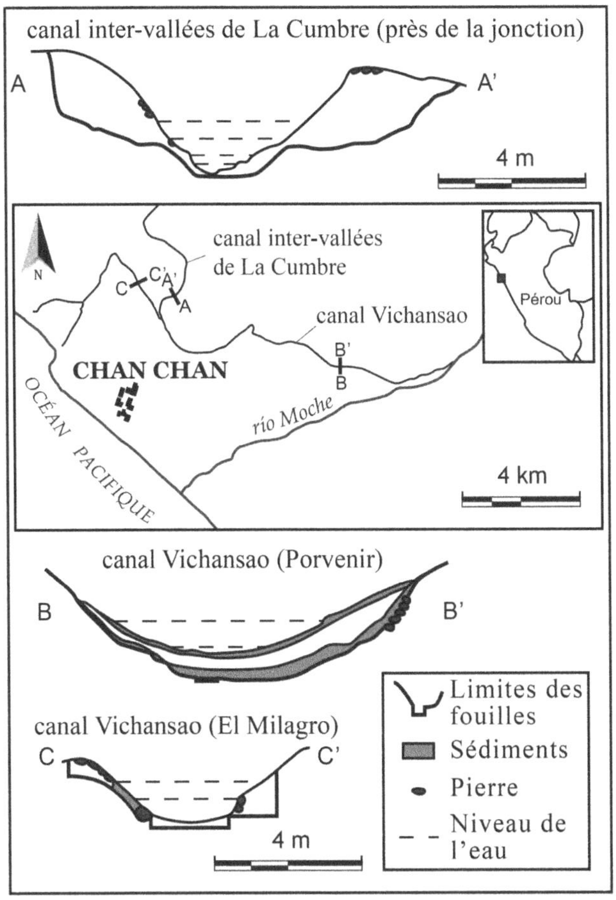

Fig. 3.33 – **Carte et coupes des principaux canaux de la vallée de Moche, modifié d'après Farrington (1980a: 295) et Park (1983: 160).**

et perdre de l'altitude. Enfin, ces canaux ont besoin d'un minimum de maintenance et des indices d'entretien ou de reconstructions y sont détectés (Park 1983).

La pratique du nettoyage des canaux par les communautés indigènes a d'ailleurs perduré jusqu'à nos jours, dans certaines régions, et nous possédons des témoignages ethnohistoriques et ethnologiques pour comprendre ces coutumes (voir supra chapitre 2.3 p.61). Lorsqu'un canal est abandonné pendant quelque temps, le vent le remplit de sable et les Chimús n'avaient qu'à recreuser un nouveau chenal dans ce dépôt de sable, réutilisant le fond de l'ancien canal, sans forcément reprendre les mêmes parois latérales (Park 1983).

La grande efficacité des canaux démontre la maîtrise hydraulique des Chimús qui devaient probablement se baser sur des observations empiriques relativement simples pour parvenir à réaliser un réseau d'irrigation assez complexe. Néanmoins, Moseley, Ortloff et Feldman (Moseley 1983; Moseley *et al.* 1983, Ortloff *et al.* 1985) supposent que les transformations progressives des rivières ou du paysage ont pu poser de graves problèmes aux Chimús, pour le développement de l'irrigation. Ainsi, le creusement du lit du río Moche, conjugué à l'élévation du relief de la côte, sous l'effet des mouvements tectoniques et des phénomènes d'El Niño, obligeait à déplacer les prises d'eau des canaux depuis la rivière, toujours plus en amont. Les canaux successifs qui ont été construits par les Chimús sur la rive nord de la vallée de Moche et leurs différentes phases d'utilisation montrent d'ailleurs une grande variabilité dans leurs capacités de débit. Les canaux les plus récents de ce système possèdent des débits plus faibles, ce qui pourrait indiquer des difficultés de captage de l'eau du fleuve, liées à ces modifications du paysage. Ces constatations ont amené Moseley (1983) à formuler l'hypothèse d'un effondrement progressif de l'agriculture, au cours de l'Intermédiaire Récent, dans la vallée de Moche.

Un processus similaire a-t-il eu lieu dans la vallée de Chicama ? Il est possible que d'autres facteurs, notamment l'expansion territoriale chimú, aient joué un rôle dans ces changements d'exploitation. À la tête d'un vaste royaume côtier, alors que les richesses des vallées conquises pouvaient affluer vers Chan Chan, il n'était peut-être plus nécessaire d'occuper la population de la vallée de Moche à des tâches agricoles.

Quoi qu'il en soit, les Chimús ont toujours cherché à étendre le réseau d'irrigation, créant même des canaux pour relier deux vallées, comme le canal inter-vallées de La Cumbre entre Chicama et Moche. D'autres ouvrages inter-vallées sont également érigés sur la côte nord: le canal de Taymi de la vallée de Lambayeque raccorde le río La Leche au río Chancay et le canal de Talambo, dans la vallée de Jequetepeque, se termine à quelques kilomètres du río Zaña (Deza 1999; 2001). Ces infrastructures hydrauliques ne sont pas le fait unique des Chimús, mais elles illustrent le haut degré de connaissance en matière d'irrigation des peuples de la côte nord, à l'Intermédiaire Récent. Les nombreux canaux de cette région avaient, bien entendu, une vocation agricole et menaient leur eau jusqu'à des champs.

Les champs

Les vestiges de champs chimús sont préservés dans les régions marginales et désertiques des vallées de la côte nord. À l'Intermédiaire Récent, le développement des réseaux d'irrigation vers les marges des plaines côtières de chaque vallée a permis la création de ces champs et leur bonne conservation puisque l'agriculture moderne n'est pas si étendue. Des champs préhispaniques ont également été étudiés dans les vallées de Jequetepeque (Keatinge 1982b), de Lambayeque (Hayashida 2006), de Casma (Pozorski *et al.* 1983; Moore 1986; 1988) de Moche (Kus 1972; 1985) et de Chicama, comme nous le verrons. Enfin, des cultures d'un autre type sont situées à proximité de l'Océan, il s'agit des *huachaques*, des champs immergés que nous avons déjà présentés à Chan Chan et sur lesquels nous ne reviendrons pas ici.

Les champs préhispaniques, irrigués par les anciens canaux, sont localisés aujourd'hui dans des régions

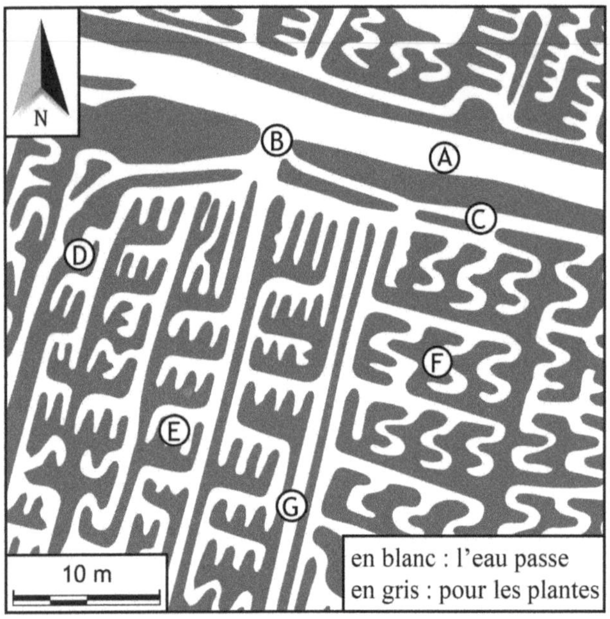

***Fig. 3.34* – Zone agricole chimú, modifié d'après Kus (1985: 28): A - canal secondaire, B - ouverture, C - canal tertiaire, D - sillon en U, E - sillon en E, F - sillon en S, G - sillon droit.**

désertiques. Au moyen de canaux secondaires, l'eau est amenée par des ouvertures réduites et espacées de manière irrégulière (fig.3.34; Kus 1985). L'eau se déverse dans un canal tertiaire souvent parallèle au canal secondaire pour répartir l'eau dans les différents sillons. Ces derniers ont des tracés variés, droits, serpentant ou s'achevant dans de petites impasses qui leur donnent une forme de E ou de U (fig.3.34). Ces sillons, larges d'un peu plus d'un mètre en moyenne, permettent de mener l'eau selon un trajet bien établi et laissent le temps aux sédiments de se déposer afin d'enrichir les sols. L'eau est parfois récupérée à l'autre extrémité du champ par un sillon ou canal tertiaire perpendiculaire à la pente et peut ainsi être réutilisée pour le champ suivant (Kus 1985).

La construction de ces champs se réalisait en plusieurs étapes (Kus 1985). Tout d'abord, il fallait nettoyer la zone des pierres qui étaient entassées, puis on délimitait les parcelles en fonction d'orientations souvent identiques, ce qui, selon Kus (1985), pourrait démontrer l'implication de l'autorité politique chimú dans la création de ces champs[9]. Ensuite, quelques sillons parallèles à la pente étaient formés, peut-être pour percevoir de manière empirique comment l'eau coulait sur le sol, avant de creuser l'ensemble des sillons.

Les plantes étaient cultivées sur de petites buttes, entre ces nombreux sillons où circulait l'eau. Kus (1985) suppose que certaines formes de sillons pourraient être liées à un type de culture, sillons serpentiformes pour le maïs et sillons en E ou U pour le coton, mais rien ne permet d'appuyer cette théorie. Ces deux plantes reviennent couramment dans les hypothèses des archéologues (Watson 1979), du fait de leur dimension économique et politique. Les tissus en coton étaient fréquemment échangés pour établir des relations diplomatiques et la *chicha*, la bière de maïs, était distribuée pour affermir le pouvoir de l'élite et mobiliser de la main-d'œuvre (voir supra chapitre 2.3 p.54 et infra chapitre 11.2 p.320). Cette organisation du champ implique qu'une bonne partie de la superficie n'était pas directement cultivée et servait uniquement à répartir l'eau, ce qui sous-entend l'importance de cette ressource par rapport à la terre. L'eau est effectivement indispensable au développement agricole et, dans le désert de la côte nord, sa rareté lui confère une valeur toute particulière.

Le réseau d'irrigation et les champs ne sont pas les seules infrastructures construites par les Chimús pour aménager le territoire, on trouve également des chemins qui s'enfoncent dans le désert.

Les chemins

Les chemins chimús sont bien moins étudiés que le réseau routier inca, mais ils sont toutefois bien conservés dans les zones désertiques inter-vallées. Les travaux d'Hyslop (1980; 1984) sur les voies incas nous renseignent sur les axes de communication de la côte nord, en particulier sur une route rectiligne qui relie les vallées de Lambayeque et de Moche et traverse bien sûr celle de Chicama. Les sites chimús bordant le tracé de ce large chemin, entouré à plusieurs endroits de murs latéraux, indiquent qu'il est antérieur à l'époque inca et probablement lié aux Chimús (Hyslop 1980; 1984). Hecker et Hecker (1990) ont aussi relevé quinze voies préhispaniques dans la vallée de Jequetepeque, dont l'une passe à proximité de Farfán que nous présenterons par la suite.

Pour sa part, Beck (1979; 1991) étudie le réseau de communication de la vallée de Moche et recense plusieurs chemins également datés de l'époque chimú. Il s'agit de routes rectilignes larges de plusieurs mètres et parfois encadrées de murs d'adobes qui leur donnent un aspect officiel, tout comme leur rectitude qui suppose une certaine planification préalable. D'autres sont datées de l'époque mochica, mais celles de l'Intermédiaire Récent sont, sans conteste, les plus nombreuses, en particulier entre les vallées de Moche et de Chicama.

Ces chemins se perdent dans les parties centrales des vallées à cause de l'agriculture moderne qui en a effacé les traces, mais leurs vestiges dans les zones marginales et désertiques témoignent de l'importance des communications pour les Chimús. Comme le suppose Schreiber (1991), au sujet de routes de la sierra sud pour l'empire Wari, les axes de communications sont cruciaux pour l'administration d'un territoire par une entité politique de grande envergure. Les Incas ont d'ailleurs continué

9 - Il est possible que cette orientation homogène des parcelles, relevée par Kus, soit due à des facteurs culturels variés, comme des croyances ou des traditions qui n'ont pas grand-chose à voir avec des directives politiques. Toutefois, cela n'empêche pas une possible implication des personnes au pouvoir dans la création de nouveaux champs, puisque l'expansion des canaux majeurs devait impliquer une forte inversion en main-d'œuvre.

à développer les axes de communications, créant également des relais routiers, appelés *tambos* (Hyslop 1984). Les chemins chimús pourraient donc avoir joué un rôle similaire, facilitant l'intégration des nouvelles vallées conquises dans le territoire et unifiant ainsi plusieurs régions sous une même autorité: celle de Chan Chan. En outre, des caravanes de lamas auraient pu parcourir ces routes, tout comme le faisaient, depuis plusieurs millénaires jusqu'au 20e siècle, des bergers des Andes chiliennes et boliviennes (Lecoq 1987; Briones *et al.* 2005).

Aménager les vallées de la côte nord ne suffisait pas pour pouvoir réellement les exploiter et les contrôler; des centres administratifs, possibles relais du pouvoir chimú, permettaient peut-être de gérer le territoire.

Les centres administratifs

Les centres administratifs chimús, comme Farfán ou El Milagro de San José, sont des sites possédant un ou plusieurs édifices imposants dont l'architecture rappelle fortement celle des *ciudadelas* de Chan Chan. Entourés de murs d'enceinte et parfois composés de grandes cours, de structures en U et d'entrepôts, ces bâtiments rectangulaires semblent constituer des palais en modèle réduit, d'où cette interprétation d'une fonction administrative. Par ailleurs, la présence de structures en U, du type *audiencia* rurale (Andrews 1974; 1980), accueillant peut-être des fonctionnaires, selon les interprétations de plusieurs archéologues (Andrews 1974; 1980; Keatinge 1974; 1980; 1982a; Keatinge and Conrad 1983; Topic 2003), serait un indice supplémentaire de leur fonction administrative. Toutefois, nous reviendrons ultérieurement, au chapitre 11.2, sur les rôles de ces établissements.

Mackey (1987) propose une hiérarchie de ces établissements en tenant compte de plusieurs critères: présence ou absence d'éléments architecturaux (structure en U, entrepôts, etc.), nombre d'enceintes administratives dans le site, dimensions générales et superficie des grandes cours. Elle décrit ainsi quatre niveaux administratifs, le plus élevé étant représenté par Chan Chan avec ses *ciudadelas* (500 m de long). Viennent ensuite des centres administratifs majeurs, Farfán et Manchan, recélant des édifices d'environ 200 m de côté, puis le troisième et le quatrième niveau rassemblent des centres administratifs plus simples, tel celui d'El Milagro de San José (Mackey 1987). Contrairement à ceux du niveau trois, les centres du niveau quatre ne dépassent pas les 50 m de longueur, mais pour le reste, leurs caractéristiques sont tout à fait semblables. Aussi, nous regroupons ces sites chimús dans la catégorie de centres administratifs ruraux, terme utilisé par Keatinge (1974).

Les centres administratifs majeurs

Seuls deux centres administratifs majeurs ont été déterminés par Mackey (1987): Farfán, dans la vallée de Jequetepeque, et Manchan, dans la vallée de Casma. Dans la vallée de Lambayeque, Túcume est un vaste site de la phase Sicán Récent (1100-1370 apr. J.-C.) qui possède quelques édifices chimús, en particulier sur la Huaca Larga ou la Huaca 1. Cependant, on ne retrouve pas l'architecture de Chan Chan et surtout aucune structure en U n'a été découverte sur le site (Moore and Mackey 2008). Ce dernier a peut-être continué de jouer un rôle politique au sein de la vallée, sous la domination chimú, mais il ne semble pas avoir été un centre administratif majeur, contrairement à Farfán et à Manchan.

Farfán

Farfán est localisé le long d'un ancien axe de communication nord-sud. À cet endroit, il est possible de bifurquer vers l'est et de remonter la vallée de Jequetepeque pour atteindre le territoire de Cajamarca (Mackey 2004). Farfán se compose de six enceintes en adobes, de près de 200 m de long chacune (fig.3.35): la n° 3 date de la culture Sicán, les n° 2, 4 et 6 sont construites à l'époque chimú et les n° 1 et 5 sont incas (Moore and Mackey 2008). L'édifice n° 2 a été tout d'abord étudié par Keatinge et Conrad (1983) et récemment, le n° 6, tout à fait semblable, a été fouillé par Mackey (2004).

L'enceinte n° 2 est la plus importante aussi bien par ses dimensions, 120 par 340 m de côtés, que par ses structures internes, entre autres, une imposante plateforme funéraire (fig.3.35). L'entrée au nord est aménagée de pilastres et des figurines de bois logées dans des niches rappellent les grandes enceintes de Chan Chan (Keatinge and Conrad 1983). Après un passage en chicane, on parvient alors à une vaste place fermée au sud par une haute banquette sur deux niveaux, percée de niches (fig.3.35). Une rampe centrale permet d'accéder à une zone composée de rangées de cellules, peut-être pour le stockage, et d'une structure en U dont le sous-sol a révélé une sépulture similaire à celles découvertes par Andrews (1974; 1980) à Chan Chan. Ensuite, un long couloir mène, vers le sud, au complexe funéraire qui comprend une cour et une plateforme funéraire, derrière laquelle on retrouve des rangées de cellules vides, comme d'habitude (Keatinge and Conrad 1983).

Les parallèles architecturaux avec les palais de Chan Chan sont donc évidents. Selon Keatinge et Conrad (1983), la plateforme funéraire de l'enceinte n° 2 pourrait être la sépulture du général Pacatnamu mentionné par Calancha (1974 [1638]: 1226). Si tel était le cas, Farfán constituerait alors le principal centre de pouvoir chimú, dans la vallée de Jequetepeque.

Manchan

Manchan, localisé dans la vallée de Casma, sur un ancien axe de communication nord-sud, est également un site de grande taille. Il se compose de neuf édifices monumentaux, sièges de l'administration chimú, et de quelques petites structures simples, tout à fait similaires à celles des quartiers d'artisans de Chan Chan (fig.3.36; Moore 1981).

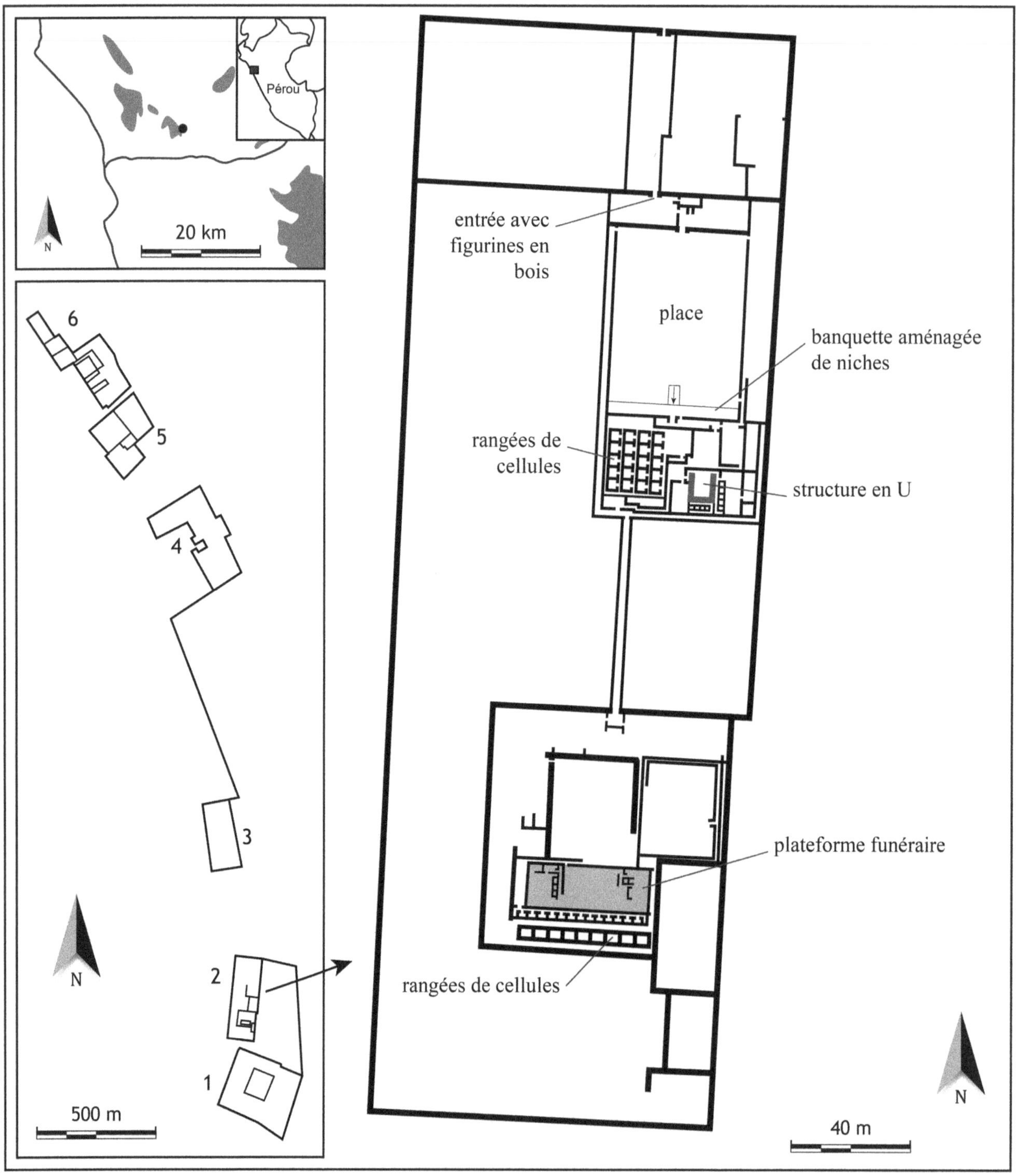

Fig. 3.35 **– Plan de Farfán et de l'enceinte n°2, modifié d'après Keatinge et Conrad (1983: 262).**

Quatre édifices (fig.3.36-1 à 4) sont accolés les uns aux autres et dateraient des phases d'occupations les plus anciennes (Mackey *et al.* 1984; Mackey and Klymyshyn 1990) tandis que les cinq derniers sont clairement isolés et plus récents.

Mis à part les bâtiments n°1 et 5, on retrouve, dans les sept autres édifices, la plupart des éléments architecturaux de Farfán et des *ciudadelas* de Chan Chan, à savoir des entrées avec des couloirs en chicane, de grandes cours avec des banquettes et des rampes, des variantes de structures en U et de possibles zones d'entrepôts. Notons que Mackey et Klymyshyn (1990) interprètent ici les structures en U comme étant les résidences de nobles fonction-naires. Enfin, contrairement à Farfán, aucune plateforme funéraire n'a été découverte, mais les archéologues ont mis au jour des sépultures de personnages de haut rang, dans des chambres souterraines, en dehors des constructions (Mackey 1987).

Plusieurs édifices de Manchan possèdent ainsi des caractéristiques architecturales des *ciudadelas* de Chan Chan, et ses grandes dimensions (près de 60 ha) le placent

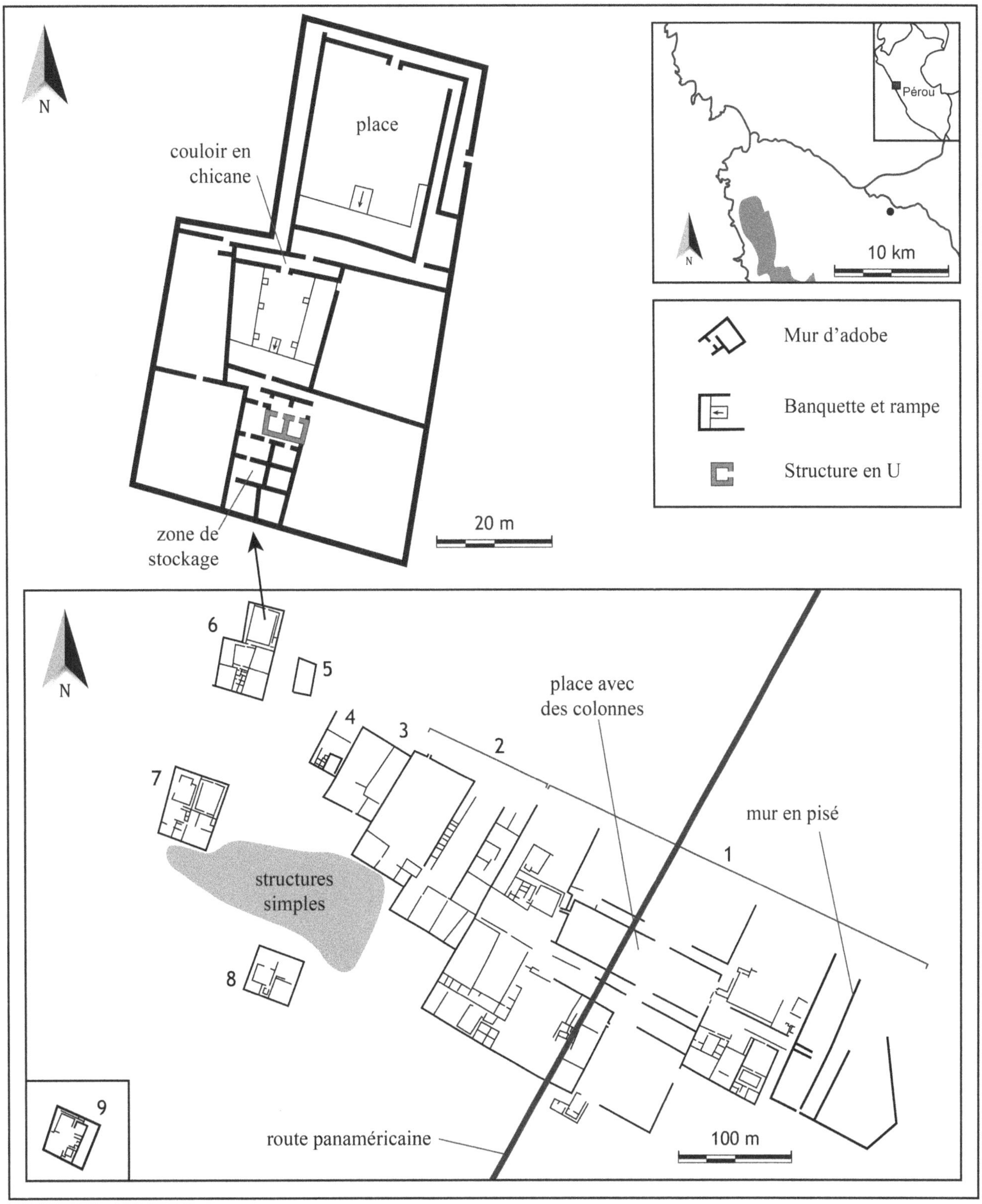

***Fig. 3.36* – Plan de Manchan et de l'enceinte n°6, modifié d'après Moore et Mackey (2008).**

naturellement à la tête de la vallée de Casma, indiquant la présence du pouvoir chimú.

Farfán et Manchan seraient donc les centres administratifs chimús majeurs, relayant le pouvoir de Chan Chan, dans ces vallées lointaines. Cependant, les dirigeants chimús s'appuyaient peut-être aussi sur des sites plus petits: les centres administratifs ruraux.

Les centres administratifs ruraux

Tout comme les centres majeurs, l'architecture des principaux édifices de ces sites rappelle les *ciudadelas*. En 1946, le Projet Virú recense le premier centre administratif chimú, V-124 (Willey 1953: 324), puis, Keatinge et Conrad (Keatinge 1974; Keatinge and Conrad 1983) étudient plusieurs autres centres: El Milagro de San José, Quebrada

Katuay, localisés dans la vallée de Moche, Talambo à Jequetepeque (fig.3.38) et Quebrada del Oso que nous présenterons plus loin, au chapitre 4.1. Enfin, d'autres sites sont relevés dans les pampas Esperanza et Río Seco (Mackey 1987; Casusol y Solano 1996). Afin de caractériser ces sites, nous allons décrire celui d'El Milagro de San José, avant d'élargir rapidement l'analyse aux autres établissements chimús.

El Milagro de San José

Fouillé par Keatinge (1974), le centre d'El Milagro de San José est localisé à neuf kilomètres au nord de Chan Chan, dans la vallée de Moche. Entouré de nombreux canaux et de champs anciens, ce site chimú se compose de sept structures en pierre (Keatinge 1974).

Le bâtiment principal reprend plusieurs caractéristiques des grandes enceintes, notamment la présence de cours, de banquettes et de rampes et surtout de plusieurs structures en U (fig.3.37). Les deux cours, la première associée à une cuisine et la deuxième aménagée d'une rampe au sud, rappellent fortement les deux vastes places des palais de la capitale. Les couloirs en chicane témoignant peut-être d'un certain contrôle de l'accès permettent d'atteindre cinq structures en U aux dimensions variables, localisées dans la partie sud et est de l'édifice (Keatinge 1974). Par ailleurs, Keatinge (1974) souligne la présence de nombreuses niches retrouvées vides, dans les murs de cette structure principale.

À partir du plan fournit par Keatinge (1974: 70), nous avons calculé approximativement que les niches mesurent environ 75 cm de côté et nous en avons dénombré 60 (sans tenir compte des niches des structures en U), ce qui correspond à près de 33,75 m² d'espace de stockage, soit une surface bien inférieure à la pièce de la cuisine (environ 60 m²). Selon cet auteur (Keatinge 1974), il parait peu probable que ces petites niches aient été utilisées pour emmagasiner les produits des récoltes des vastes champs des alentours. Il suppose au contraire qu'elles abritaient des objets d'une certaine valeur qui n'auraient pas été laissés sur place lors de l'abandon de ce site. Enfin, notons que plusieurs passages ont été bouchés, condamnant, dans la dernière phase d'occupation de l'édifice, l'accès à toutes les structures en U, sauf la n°1 (fig.3.37), ainsi que la cour sud. Si Keatinge (1974) relève effectivement ces modifications, il ne propose pas d'interprétations. Nous supposons que ce cloisonnement implique un abandon de certaines structures en U, ce qui dénote leur importance puisqu'on ne cherche pas réutiliser ces espaces.

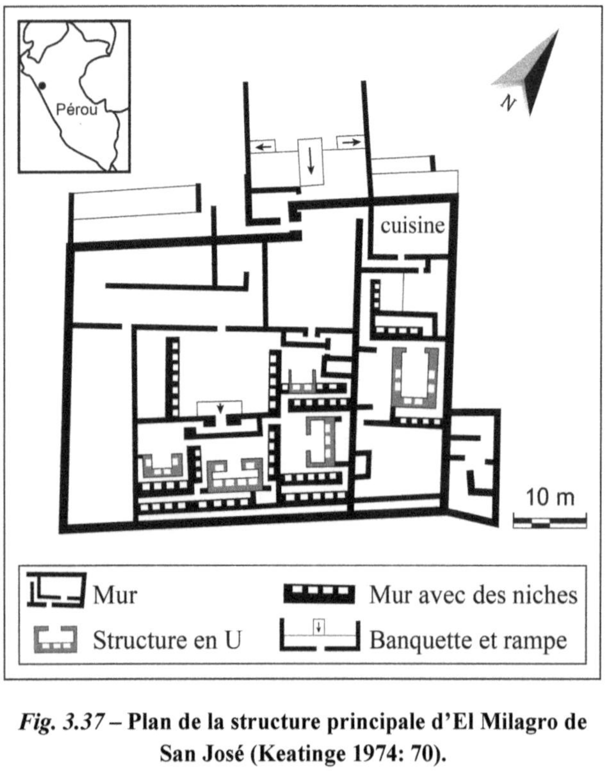

***Fig. 3.37* – Plan de la structure principale d'El Milagro de San José (Keatinge 1974: 70).**

Les autres édifices de ce site sont moins complexes et plus petits, mais Keatinge (1974) indique que l'un d'eux présente une organisation interne similaire, avec des passages tortueux, une petite cour et une structure en U. Toujours selon cet auteur, deux constructions pourraient avoir hébergé des travailleurs.

La localisation d'El Milagro de San José, au milieu des champs et des canaux d'irrigation, et l'architecture particulière de son édifice principal, proche de celle des palais de la capitale chimú, pourraient donc impliquer une fonction de contrôle et de gestion de l'agriculture par des représentants de l'autorité centrale (Keatinge 1974; Mackey 1987).

D'autres sites administratifs chimús ruraux

L'exemple du site d'El Milagro de San José montre que l'architecture est un critère essentiel dans l'attribution d'une telle fonction administrative. Les structures en U et la présence de cours se retrouvent aussi bien dans un édifice chimú du site de Talambo qu'à V-124 et à Algarrobal de Moro (Keatinge and Conrad 1983; Willey 1953; Mackey 2004; fig.3.38). Cette architecture visiblement inspirée des *ciudadelas* de Chan Chan pourrait avoir joué un rôle dans la représentation du pouvoir, comme nous le verrons plus loin.

D'autres sites potentiellement administratifs ont également été étudiés, comme Cerro Saltur (Deza 1991) et une série de sites chimús localisés sur de petites élévations dans la vallée de Lambayeque, comme Cerro Patapo, La Puntilla ou Tres Picos (Shimada 1990; Tschauner 2006; fig.3.38). Il en est de même dans la vallée de Casma où des édifices similaires ont été construits sur des sites pré-chimús et chimús, comme à Laguna II ou à Muenga (Mackey and Klymyshyn 1990). Malheureusement, l'intérêt des archéologues s'est plutôt porté sur l'occupation Casma, encore très mal définie, et les bâtiments chimús au caractère administratif potentiel n'ont donc pas été étudiés (Mackey and Klymyshyn 1981b; Mackey *et al.* 1984).

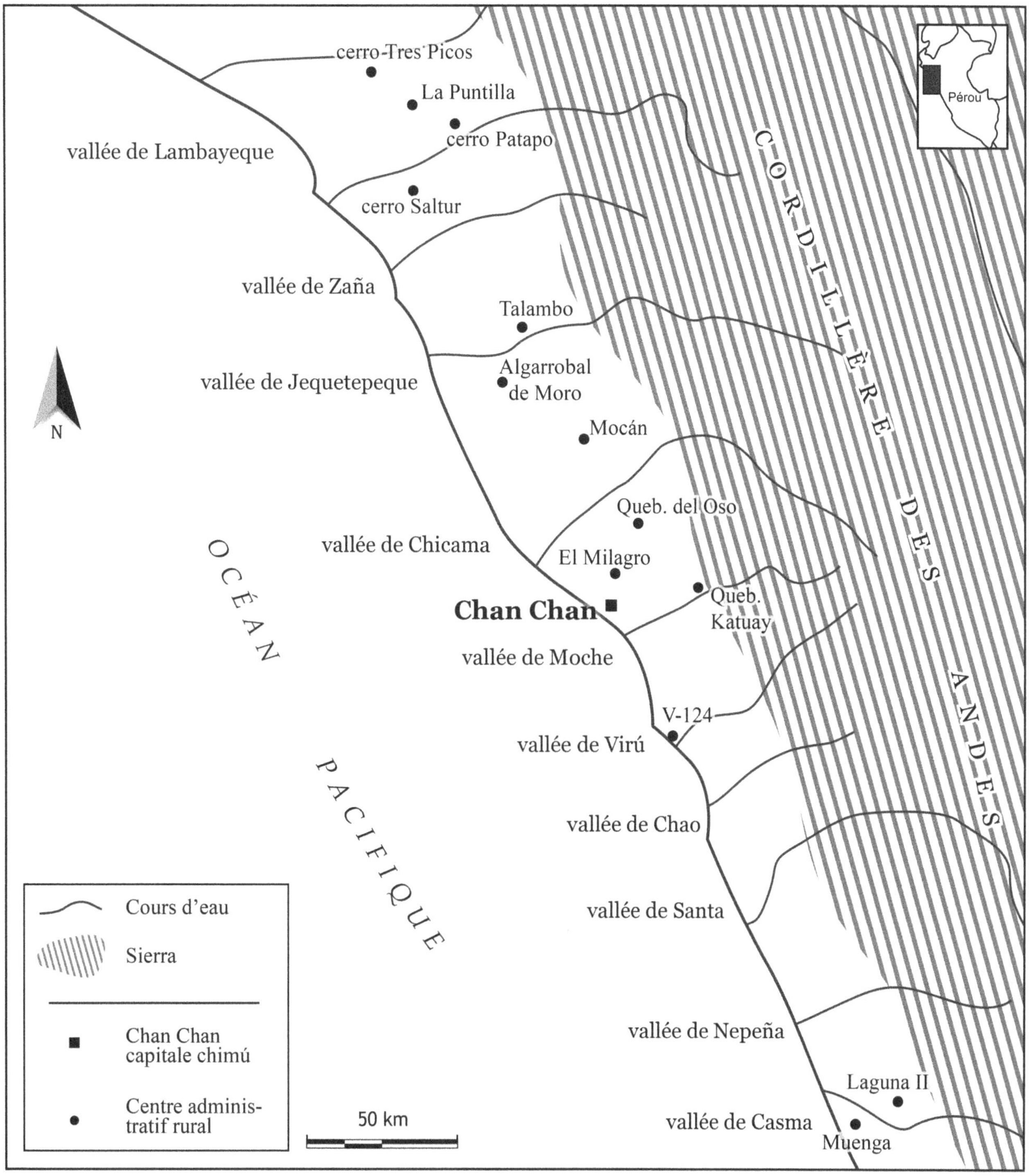

***Fig. 3.38* – Carte des centres administratifs chimús ruraux de la côte nord.**

La plupart de ces centres ont très souvent été découverts à proximité d'importants canaux d'irrigation et de champs agricoles chimús. Les exemples de Mocan et de Quebrada del Oso, dans la vallée de Chicama, ou de Talambo dans la vallée de Jequetepeque, reflètent parfaitement cette localisation intéressée. De même, Cerro Saltur, Cerro Patapo, La Puntilla et Tres Picos dominent des canaux, en particulier le Taymi qui est l'ouvrage hydraulique majeur de la région de Lambayeque, plus au nord (Brüning 1989; Deza 1996; Tschauner 2006). Nous reviendrons sur cette proximité entre centres administratifs chimús et canaux, au chapitre 10. Enfin, à Casma, Muenga est entouré de champs préhispaniques de la même époque, et illustre également cette relation particulière avec l'agriculture (Mackey and Klymyshyn 1990). Il y a cependant quelques exceptions comme Algarrobal de Moro qui n'est pas vraiment localisé à proximité de canaux ou de champs agricoles.

Organisation de l'administration chimú

La présence de ces centres administratifs, qu'ils soient majeurs ou simplement ruraux, démontre l'intérêt des Chimús pour le contrôle et la gestion de leur territoire. Ce réseau d'établissements éparpillés dans presque tout le royaume chimú rappelle l'expansion inca qui s'est également accompagnée de son cortège de sites administratifs, comme Chiquitoy Vijo, dans la vallée de Chicama (Conrad 1977), ou Huanuco Pampa (Morris and Thompson 1970; Morris *et al.* 2011). Mais se pose la question de l'organisation de ces centres chimús entre eux et des limites de cette administration.

La hiérarchisation des sites, présentée par Mackey (1987), démontre la complexité de l'administration chimú. Si la capitale Chan Chan était bien sûr au sommet de la « pyramide », secondée par les centres majeurs, Farfán et Manchan, les centres ruraux de troisième et quatrième rangs, pourraient dénoter un rôle plus local.

Selon Keatinge et Conrad (1983), Farfán incarnerait le pouvoir chimú dans la vallée de Jequetepeque. Les personnes y résidant recevaient vraisemblablement les directives des autorités de Chan Chan qui parvenaient facilement à Farfán, localisé sur un axe de communication nord-sud (fig.3.39). De même, Manchan occupe un emplacement similaire dans la vallée de Casma, idéal pour garder le contact avec les dirigeants chimús des *ciudadelas*. Ces centres majeurs auraient ainsi pu tenir le rôle de relais de l'information et des décisions politiques entre Chan Chan et ces provinces éloignées (Moore and Mackey 2008). Ces deux établissements sont entourés de centres ruraux, comme Talambo *et Al*garrobal de Moro pour Farfán et plusieurs sites chimús, comme Laguna II ou Muenga pour Manchan (Mackey and Klymyshyn 1990). Il y a donc tout lieu de penser que les éventuels fonctionnaires basés à Farfán et à Manchan faisaient le lien entre Chan Chan et les centres administratifs ruraux de Jequetepeque ou de Casma, leur rayon d'action dépassant peut-être le cadre de ces vallées (fig.3.39). Au contraire, les nombreux centres administratifs ruraux de la vallée de Moche, auxquels on peut ajouter celui de Virú, V-124, et ceux de Chicama, Quebrada del Oso et Mocán, ne sont pas très éloignés de la capitale et pouvaient être directement dirigés depuis Chan Chan (fig.3.39).

Ces relations entre les centres ruraux, les centres majeurs et la capitale illustreraient donc une organisation hiérarchisée qui visait certainement à répartir les tâches de contrôle des ressources, d'exploitation et de relais de l'information en fonction de l'importance et de la localisation de chaque site administratif (Moore and Mackey 2008).

Les centres administratifs sont relativement peu nombreux au regard d'un si vaste territoire. Il est certes possible que d'autres sites, encore peu étudiés, aient joué un rôle administratif similaire, mais l'état actuel des connaissances ne permet pas de l'attester. On constate donc que l'administration chimú semble restreinte à certaines zones, notamment dans les vallées de Jequetepeque et de Casma où se trouvent les deux centres administratifs majeurs. Les Chimús auraient ainsi dominé plusieurs centaines de kilomètres de littoral grâce à seulement deux sites importants: Farfán et Manchan, auxquels nous pourrions

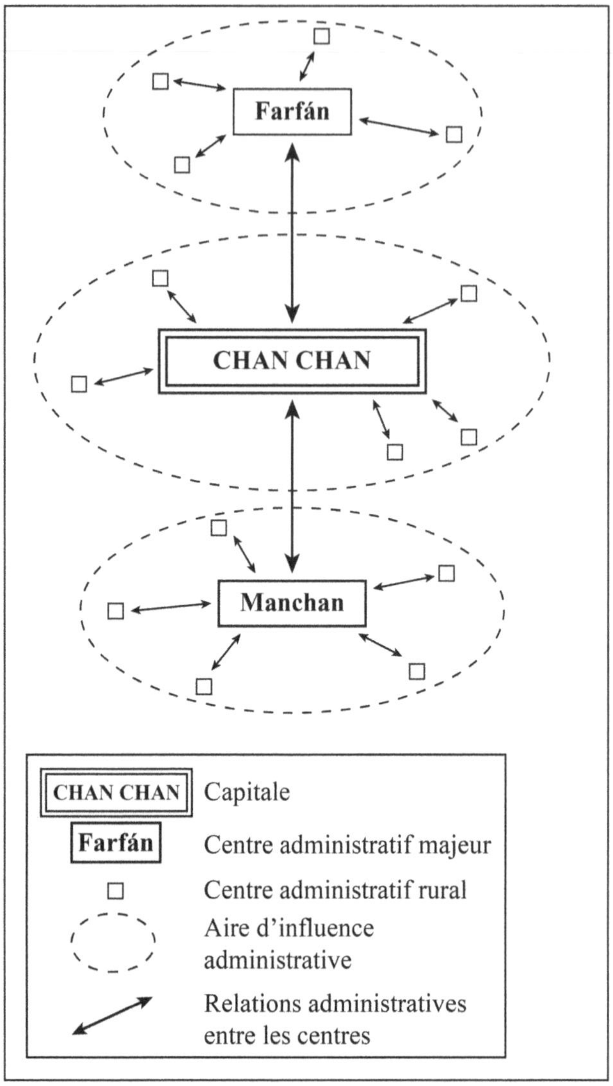

Fig. 3.39 – **Schéma du fonctionnement de l'administration chimú.**

éventuellement ajouter Túcume[10]. Le faible nombre de centres administratifs majeurs contraste avec les centres ruraux, plus nombreux, dont les petites dimensions impliqueraient toutefois une portée d'action assez réduite, ne permettant donc pas un contrôle effectif du territoire.

Cette faiblesse apparente amène à la réflexion suivante. Comment les Chimús ont-ils géré leur territoire avec seulement quelques centres administratifs ? Ces sites particuliers témoignent-ils d'une politique de contrôle ciblée sur quelques zones limitées ou sont-ils les reflets d'une administration reposant sur des mécanismes variés dont ils ne formeraient qu'une faible portion ? Enfin, quel rôle ont-ils réellement joué, au niveau local, notamment pour les populations vivant dans les vallées de la côte nord, soumises à Chan Chan ? L'exemple de la vallée de Chicama va nous permettre de proposer quelques réponses.

10 - Malgré l'absence de structure administrative, Túcume pourrait tout de même avoir eu un rôle de contrôle politique, à l'époque chimú (Moore and Mackey 2008).

À travers la conquête progressive de la côte nord, les Chimús cherchaient donc à contrôler un vaste territoire pour pouvoir l'exploiter. Les hypothèses de Conrad (1981) ou d'Isbell (1981) au sujet des enjeux de cette expansion se rejoignent sur un point; l'expansion territoriale visait à tirer parti d'un maximum de ressources, soit pour faire face à de possibles variations climatiques, soit pour que chaque dirigeant chimú puisse assoir son pouvoir. Le développement de l'irrigation et des champs agricoles reprend cette idée d'une exploitation qui aurait été gérée grâce à des centres administratifs ruraux.

CONCLUSION

Les nombreuses études des archéologues, durant tout le 20e et le début du 21e siècle, ont contribué à créer un cadre chronologique pour la côte nord du Pérou. Bien qu'il reste encore beaucoup à faire pour mieux caractériser certaines époques, notamment la Période Transitionnelle, la culture chimú est à peu près définie et débute autour du 10e et 11e siècle pour s'achever vers 1470 apr. J.-C. Les recherches des archéologues se sont principalement concentrées sur le site majeur de cette culture et sur son territoire.

Chan Chan semble avoir été un centre politique, cérémoniel et démographique important. Siège des dirigeants chimús, la capitale du royaume s'est développée jusqu'à atteindre des dimensions hors normes et aucun établissement de la côte nord ne pouvait rivaliser avec elle, en termes de taille, de population et de monumentalité, à la fin de l'Intermédiaire Récent. Se pose donc la question des mécanismes qui ont permis à ce centre chimú d'atteindre une telle ampleur.

L'expansion chimú le long du littoral et l'aménagement du territoire, passant par la construction de chemins et de canaux, placé sous le contrôle de centres administratifs, indiqueraient que Chan Chan se trouvait à la tête d'un « État » relativement centralisé. Les limites du réseau administratif impliquent néanmoins l'existence d'autres processus pour exploiter ce territoire, notamment l'implication des populations locales qui ont pu participer à la création du royaume et de Chan Chan. C'est donc au sein des vallées voisines, comme celle de Chicama, que devait se trouver le terreau de l'essor de la capitale chimú.

La vallée de Chicama, localisée juste au nord de Chan Chan, peut être considérée comme une périphérie relativement proche et surtout rapidement intégrée au territoire chimú. Quelles étaient les relations entre la périphérie, Chicama, et le centre, Chan Chan ? Cette périphérie a-t-elle pu favoriser la croissance et l'essor de la capitale chimú ?

Cette analyse périphérie/centre permet de percevoir Chan Chan depuis un point de vue extérieur. Trop souvent, les réflexions ont été menées à l'inverse, depuis le centre vers les alentours. Les fouilles des sites chimús de la vallée de Moche, comme El Milagro de San José (Keatinge 1974), ont livré des informations interprétées en fonction des résultats formulés pour Chan Chan. Ce site, par l'attrait qu'il exerce sur les chercheurs, a créé une sorte de prisme à travers lequel nous tentons de comprendre la culture chimú. En renversant l'analyse, c'est-à-dire en regardant depuis la périphérie vers le centre, il devient possible de porter notre intérêt sur de petits établissements, jusqu'à présent peu étudiés.

Toutefois, la culture chimú a effectivement pénétré dans la vallée de Chicama depuis la vallée de Moche, probablement sous la volonté des dirigeants de Chan Chan, désireux d'étendre leur pouvoir. L'étude de l'aménagement du territoire, de son contrôle et de son exploitation, qui pouvaient s'effectuer grâce à des centres administratifs chimús, implique donc une vision allant du centre vers la périphérie. L'ombre de Chan Chan demeure ainsi présente, mais peut également être nuancée. La vallée de Chicama était occupée avant son intégration dans le territoire chimú et l'examen de la population locale, même après l'adoption de traits culturels chimús, permet d'appréhender l'implantation humaine en dehors de la perspective de Chan Chan. La dichotomie entre les Chimús de la capitale et ceux de la vallée de Chicama rejoint celle opérée entre centre et périphérie.

Dès lors, il faut se demander comment les Chimús de Chicama ont géré le territoire et les ressources de leur vallée. Était-ce possible indépendamment du pouvoir de Chan Chan ? Ou au contraire, l'administration chimú était-elle très présente ? Quels étaient les objectifs et les stratégies des uns et des autres, Chimús de Chan Chan ou de Chicama, pour exploiter cette vallée ?

Ce questionnement aide à rompre en partie avec l'approche traditionnelle des archéologues, axée sur Chan Chan et les centres administratifs chimús. Il permet aussi de s'intéresser aux relations de pouvoir entre les groupes dominants et dominés, tant du point de vue de la contrainte exercée par les premiers que celui de son acceptation par les seconds.

DEUXIÈME PARTIE
PROSPECTIONS ET ÉTUDE DES SITES DE L'INTERMÉDIAIRE RÉCENT DANS LA VALLÉE DE CHICAMA

« *Libro de barro imperecedero*
y arcilla florecida
expuesto a la eternidad.
Chan Chan,
mágica ciudad
donde el tiempo se detiene
para contemplar tu grandeza »

Federico Larrea Blanes, extrait de *« Chan Chan »*,
Glorificación de la Piedra y el Barro (1990)

CHAPITRE 4
LA MÉTHODOLOGIE

Les études archéologiques sur la culture chimú étant surtout axées sur Chan Chan (Ravines 1980; Moseley and Day 1982; Moseley and Cordy-Collins 1990; Campana 2006; 2012), nos connaissances sur le territoire que cette civilisation contrôlait demeurent limitées, mis à part quelques centres à caractère administratif connus (Keatinge 1974; Keatinge and Conrad 1983; Mackey 1987; Moore and Mackey 2008). Nous nous proposons donc de documenter l'occupation chimú, dans la vallée de Chicama, afin de percevoir les stratégies et les objectifs de ce peuple pour s'établir dans cette région.

Notre méthodologie s'inspire de travaux antérieurs, à commencer par le Projet Virú (Ford and Willey 1949) dont les membres avaient utilisé des photos aériennes, une technique alors inconnue, pour détecter des sites archéologiques en vue de les prospecter et de les fouiller par la suite. Plus récemment, le projet Choqek'Iraw-Chanka, dirigé par Patrice Lecoq, auquel nous avons eu la chance de participer, a également servi de modèle. L'usage d'images satellites de haute résolution, mises à disposition par le logiciel Google Earth, a permis de réaliser un repérage relativement fin de la région d'Ayacucho, avant même la prospection pédestre (Déodat et Lecoq 2009). Nous avons donc adopté une méthodologie similaire, mêlant à la fois l'extensif, pour avoir une vision relativement complète de la vallée, à l'intensif, dans le but d'obtenir des données précises.

Dans un premier temps, notre approche a été documentaire, grâce à l'utilisation des données d'archéologues qui ont étudié la vallée de Chicama (Chauchat *et al.* 1998; Krzanowski 2006; Leonard and Russell 1992, etc.).

Dans un second temps, l'examen extensif d'images satellites nous a offert de nombreuses informations, bien utiles pour évaluer le patrimoine archéologique de la vallée de Chicama et repérer des sites potentiels.

Enfin, nous avons appliqué une méthode plus directe et intensive, basée sur des prospections pédestres. Ne pouvant parcourir les milliers de kilomètres carrés de la vallée, nous avons sélectionné plusieurs zones, en fonction de critères particuliers, inspirés par les discussions de Flannery (1976) – l'environnement, la topographie, la présence de sites connus ou préalablement repérés sur des images satellites et leur degré de conservation et la facilité d'accès – afin d'en recenser les vestiges archéologiques. Ces derniers ont ainsi fait l'objet d'une étude adaptée à nos moyens, pour collecter le maximum de données sur les sites.

I. Les antécédents archéologiques ou la vallée de Chicama à travers les publications

Malgré l'attrait des archéologues pour la vallée voisine de Moche et ses sites monumentaux, comme Chan Chan et les Huacas del Sol y de la Luna, la vallée basse de Chicama a fait l'objet de nombreuses études archéologiques.

Les débuts, des visites sporadiques d'archéologues à Chicama

Dès les premières décennies du 20e siècle, plusieurs scientifiques, comme Hrdlička, Kroeber, Muelle, Bennett, Ubbelohde-Doering ou Bird fouillent, relèvent et analysent les vestiges de la vallée de Chicama.

Hrdlička et les crânes de Chicama

Au début du 20e siècle, Aleš Hrdlička, l'anthropologue tchèque émigré aux États-Unis, voyage au Pérou afin d'étudier la forme des crânes des anciens habitants des Andes. Après quelques visites dans la vallée de Moche, il arrive dans celle de Chicama où il est accueilli par Victor Larco, le père de Rafael Larco Hoyle (Hrdlička 1911: 7). Hrdlička rassemble alors près de 1100 crânes, provenant d'une trentaine de nécropoles préhispaniques, probablement localisées dans les environs de Chiquitoy (fig.4.1-23). Ses interprétations sont révélatrices de pratiques funéraires précolombiennes, notamment la réutilisation continue sur plusieurs époques des mêmes endroits pour enterrer les morts. Mais ses conclusions traitent principalement d'anthropologie physique: formes naturelles des crânes, rareté des déformations crâniennes à Chicama, trépanations réussies, etc. Enfin, le scientifique se désole du pillage et de la création de vastes collections hétéroclites de céramiques et d'objets de périodes et de cultures différentes, sans origine attestée (Hrdlička 1911: 56). De nos jours, la plupart des musées, au Pérou et dans le monde entier, exposent les pièces de ces anciennes collections, dépourvues de contexte archéologique fiable. Certaines proviennent vraisemblablement de la vallée de Chicama. Cette céramique attire d'autres archéologues

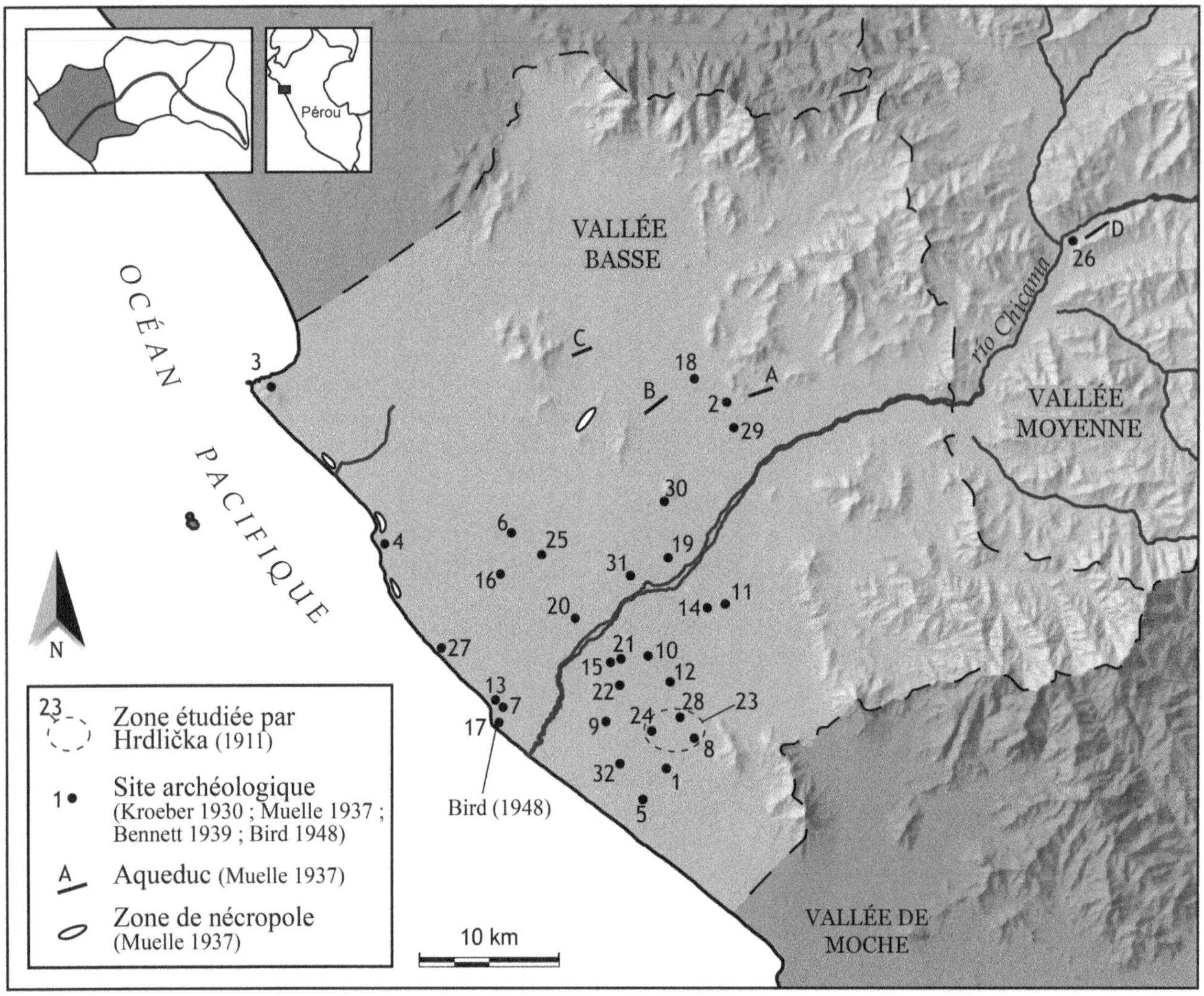

Fig. 4.1 – **Carte des sites étudiés par les premiers archéologues, dans la vallée de Chicama: 1 - Castillo del Inca, 2 - Forteresse de Facalá, 3 - Forteresse de Malabrigo, 4 - Forteresse de Milagro et Huaca Pulpar, 5 - Huaca Campanilla, 6 - Huaca Cantagallo, 7 - Huaca Cao Viejo (Blanca), 8 - Huaca Colorada, 9 - Huaca Colpán, 10 - Huaca Cucurripe (Disputa o Cartavio), 11 - Huaca de Chicamita (Pampa de Chicama), 12 - Huaca de Pan de Azucar, 13 - Huaca El Brujo, 14 - Huaca Fachén, 15 - Huaca Novoa, 16 - Huaca Ollero, 17 - Huaca Prieta (Negra), 18 - Huaca Pucuche (San José), 19 - Huaca Sintuco, 20 - Huaca Sonolipe, 21 - Huaca Sumanique, 22 - Huaca Urcape, 23 - Nécropoles de Chiquitoy, 24 – Paredones, 25 - Pata de Burro, 26 – Pétroglyphe, 27 - plage de Salamanca, 28 - Ruines de Chiquitoy Viejo, 29 - Ruines de Facalá, 30 - Ruines de Mocollope, 31 - ruines de Rosario, 32 - Tres Huacas.**

comme Alfred Kroeber et les amène à étudier les sites et l'architecture monumentale.

La première approche de l'architecture monumentale par Kroeber

Kroeber (1930: 84-86), dont nous avons vu l'effort concernant l'étude stylistique des céramiques (voir supra chapitre 3.1 p.78), s'intéresse aussi aux sites archéologiques de la vallée de Chicama. Il recense ainsi plusieurs plateformes d'adobe, comme les *Huacas* Brujo, Blanca, Negra, sur le littoral, et celles d'Ollero, de Sonolipe, de Disputa, d'Urcape, de Colpán, de Salpán[1], de Pan de Azucar, de Chicamita et de Campanilla, éparpillées dans la plaine côtière (fig.4.1). Selon cet auteur (Kroeber 1930: 83), le développement culturel de la vallée de Chicama aurait été limité du fait de sa proximité et de sa supposée dépendance envers Chan Chan. Les grands sites et les majestueux temples seraient donc absents ou rares à Chicama, à cause de la domination de la vallée de Moche. S'il est vrai qu'aucune plateforme d'adobe de la vallée de Chicama n'égale la Huaca del Sol et qu'aucun établissement ne s'étend sur une surface comparable à Chan Chan, Kroeber semble toutefois sous-estimer le potentiel archéologique de cette vallée, encore méconnue en ce début de siècle.

Muelle, un panorama plus complet des *huacas* de Chicama

Jorge C. Muelle (1937: 18-20), disciple de Kroeber, dresse lui aussi un inventaire des principaux vestiges de la vallée de Chicama. Il estime que la vallée possède une grande

1 - La Huaca Salpán n'a pu être localisée, il s'agit vraisemblablement d'un site appelé d'une autre manière par la suite.

richesse archéologique, mais sa liste d'une vingtaine de sites, certes plus exhaustive que celle de Kroeber, n'est qu'une bien pâle évaluation du patrimoine de la plaine côtière de cette vallée (fig.4.1). Outre les plateformes monumentales d'adobe, Muelle (1937: 20) mentionne également des canaux d'irrigation préhispaniques à San José (aqueduc d'Ascope), à Licapa et l'aqueduc aujourd'hui disparu de La Viña (fig.4.1-A à C). Enfin, il localise quelques nécropoles préhispaniques, notamment le long du littoral, comme celle de Playa Salamanca qui est fouillée par Bennett (1939).

Bennett et les sépultures chimús

À la même époque, en marge de son intérêt pour les vallées de Virú et de Lambayeque, Bennett (1939) étudie quelques sites de la vallée de Chicama. Il fouille, entre autres, seize sépultures de la culture Chimú[2], à Pata de Burro (fig.4.1-24), et décrit également l'architecture de constructions monumentales, comme la Huaca Pucuche (fig.4.1-14) où il remarque les différentes formes des adobes de la plateforme, la Huaca Cucurripe (fig.4.1-10; Bennett 1939: 84-90). Tout comme Kroeber et Muelle, il fait une halte sur le site d'El Brujo, où il étudie de la céramique funéraire chimú, mais il ne va pas plus loin dans ses recherches dans la vallée.

Bird et la Huaca Prieta

C'est justement à El Brujo qu'une structure préhispanique, la Huaca Prieta (fig.4.1-17), reçoit enfin l'attention exclusive d'un archéologue: Junius Bird (1948; Bird *et al.* 1985: 9). Membre du projet Virú, Bird fouille dès 1946 cette simple plateforme d'adobe, nommée Huaca Negra par Kroeber (1930: 84) et Muelle (1937: 18) et située à une centaine de mètres de l'océan Pacifique.

Durant ses fouilles, Bird (1963; Bird *et al.* 1985) met au jour du matériel très varié, comme des restes d'animaux, de plantes, des filets, des gourdes, des textiles et de la céramique. Ces vestiges datent pour la plupart de l'époque Précéramique, trois mille ans avant le développement de la culture chimú. Mais comme nous le verrons par la suite, le site d'El Brujo va révéler d'autres surprises.

Ces premières études archéologiques, auxquelles nous pourrions ajouter celle de Ubbelohde-Doering dans les années 1930 (Ubbelohde-Doering 1933; Kutscher 1972), montrent l'intérêt naissant des chercheurs pour la vallée de Chicama, souvent délaissée au profit de celle de Moche. Durant la deuxième moitié du 20e siècle, les archéologues ayant travaillé dans cette vallée sont plus nombreux. Contrairement à Kroeber, Muelle ou Bennett, ce ne sont pas les plateformes monumentales d'adobe ou les sépultures qui vont attirer les regards, mais les infrastructures d'irrigation de Chicama.

2 - Donnan et Mackey (1978: 340) datent ces sépultures de la phase Chimú Moyen.

L'irrigation préhispanique dans la vallée de Chicama

En 1948, Paul Kosok réalise une étude sur les anciens canaux d'irrigation préhispaniques de la côte nord du Pérou, grâce à l'examen de 20 000 photos aériennes et à des prospections pédestres. Dans la vallée de Chicama, Kosok (1965: 104) observe plusieurs canaux, comme le canal inter-vallées de La Cumbre, à l'est, et ceux situés à proximité de Chiquitoy Viejo ou au nord de Mocan. En compagnie de Schaedel, il découvre également trois anciennes routes reliant la vallée de Chicama à celle de Jequetepeque au nord (Kosok 1965: 117). Bien sûr, il cite plusieurs sites archéologiques, notamment des plateformes d'adobes repérées sur les photographies aériennes, comme Malabrigo Viejo ou Mocollope (fig.4.1-3 et 31).

L'exploration de la vallée de Chicama par Kosok révèle l'importance du système d'irrigation préhispanique, composé de canaux et de champs aujourd'hui désertiques, dont il ne subsiste que quelques sillons serpentiformes, mais elle n'est pas exhaustive. Il faut attendre les années 1970 pour que des archéologues s'intéressent de nouveau à la vallée de Chicama et à son réseau d'irrigation, notamment grâce au *Programa Riego Antiguo* qui relance l'attention portée aux canaux et à l'agriculture préhispanique. Le canal inter-vallées de La Cumbre qui déviait l'eau du río Chicama vers la vallée de Moche est relevé par plusieurs archéologues: Kus (1972; 1984), Ortloff, Feldman et Moseley (Ortloff *et al.* 1982; 1983), Farrington (1983), Thomas et Shelia Pozorski (1982). Watson (1979), qui n'est pourtant pas intégré à ce projet, examine aussi les canaux et les champs préhispaniques de la plaine côtière de Chicama. Ces nombreux chercheurs vont apporter un regard neuf, plus technique et moins descriptif des ouvrages hydrauliques étudiés.

Le canal inter-vallées de La Cumbre

Vestige archéologique emblématique de l'irrigation préhispanique à Chicama, ce canal a fait l'objet d'études approfondies (Kus 1972; 1974; 1984; Ortloff *et al.* 1982; 1983; Farrington 1983; Pozorski T. and Pozorski S. 1982).

Long d'environ 70 kilomètres, il débutait probablement aux alentours du village de Sausal, dérivant l'eau du río Chicama pour l'amener jusqu'à l'ancien canal de Vichansao, dans la vallée de Moche (fig.4.2). La faiblesse du débit du río Moche (voir supra chapitre 1.4 p.18) devait poser des problèmes pour l'irrigation des vastes terres localisées au nord-ouest de Chan Chan et la déviation d'une partie du débit du río Chicama aurait pu pallier cette pénurie. Construit en plusieurs segments, le canal serpente le long des premiers contreforts des Andes et passe entre les cerros Campana et Cabezón, par le col de La Cumbre, pour atteindre la vallée de Moche. Les relevés, les fouilles et les mesures effectués dans plusieurs sections soulignent la maîtrise de l'hydraulique par les Chimús, présentée au chapitre 3.3.

Les diverses tentatives de tronçons de canal non connectés et les problèmes de pentes montrent aussi les difficultés techniques qui se sont dressées face aux Chimús. Les différences négatives d'élévation qui jalonnent le parcours du canal ont lancé un débat; si un canal monte, il n'est pas fonctionnel et ne peut pas amener d'eau (Pozorski T. and Pozorski S. 1982; Farrington 1983). Les Chimús n'auraient donc pas réussi à rendre ce canal opérationnel, à cause de problèmes techniques, d'erreurs de calcul et d'une mauvaise compréhension du terrain. À l'opposé, Ortloff, Feldman et Moseley (1982; 1983) arguent que ces différentes élévations pourraient être les conséquences de mouvements tectoniques plus récents, éventualité acceptée par Kus (1984) qui suppose lui aussi que le canal a bien rempli son rôle sur une partie de son parcours. Les champs agricoles préhispaniques localisés à proximité du canal inter-vallées avaient besoin de son eau et le canal semble par conséquent avoir été utilisé, au moins pendant un certain temps. Cette hypothèse des tremblements de terre, comme facteur principal de ces incohérences de pentes, présente néanmoins des faiblesses soulignées par ses détracteurs (Farrington 1983; Pozorski T. and Pozorski S. 1982). Il n'en reste pas moins que les mouvements tectoniques progressifs pourraient avoir causé des transformations topographiques importantes rendant le réseau d'irrigation hors d'usage, comme cela a pu être le cas pour d'autres canaux de la côte nord (Ortloff *et al.* 1984). La possible mention de ce canal dans des sources ethnohistoriques que nous avons présentées au chapitre 2 nous indique qu'il était certes abandonné, mais encore connu au 16e siècle, et il est bien spécifié que son but était d'arroser des champs dans la vallée de Moche. Le canal inter-vallées de La Cumbre, éloigné des villages indigènes et des haciendas espagnoles de la Période Coloniale, aurait probablement disparu des mémoires s'il n'avait pas été opérationnel durant un certain temps. Cette allusion tardive renforce donc l'hypothèse d'un canal fonctionnel, puis abandonné. Quoi qu'il en soit, nul ne peut nier qu'il s'agit là d'une entreprise d'irrigation à grande échelle qui n'est d'ailleurs pas un cas isolé dans la vallée de Chicama; sur la rive nord, d'autres canaux non moins importants irriguaient aussi de vastes étendues, comme la pampa de Mocan.

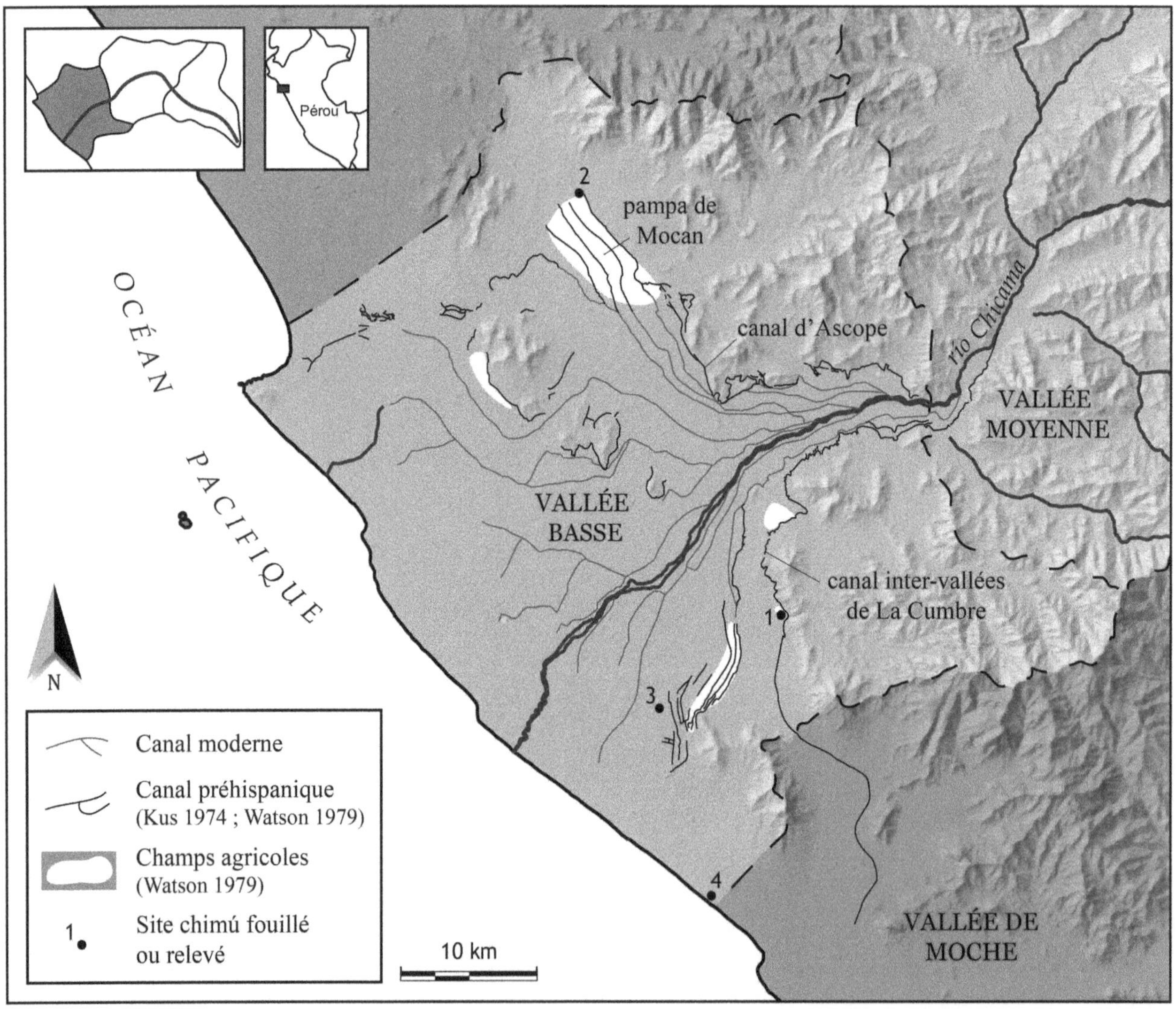

***Fig. 4.2* – Carte du réseau d'irrigation préhispanique et des sites chimús fouillés: 1 - Quebrada del Oso (Keatinge 1974), 2 - Mocán (Pozorski 1987), 3 - Chiquitoy Viejo (Conrad 1977),4 - Medaños la Joyada (Kautz et Keatinge 1977).**

Le canal d'Ascope et la pampa de Mocan

Au nord du río Chicama, un autre système d'irrigation a fait l'objet d'études moins approfondies: le canal d'Ascope (fig.4.2). S'étirant sur une trentaine de kilomètres, ce canal est surtout connu pour son aqueduc, ébréché en 1925 suite à un phénomène d'El Niño particulièrement violent. À l'ouest de l'actuel village d'Ascope, le canal se divise en deux branches: l'une part vers le nord en longeant le relief tandis que la seconde continue droit vers l'ouest, sur l'aqueduc monumental, afin de ne pas perdre d'altitude. Ce dernier, construit en plusieurs étapes, peut-être depuis l'époque mochica, mesure 1200 m de long, 20 à 40 mètres de large et 12 à 23 mètres de hauteur (Watson 1979: 154; Sánchez 1997). Lors d'un phénomène d'El Niño, il fait office de barrière et retient les eaux qui s'écoulent des *quebradas* voisines, créant ainsi un réservoir naturel. Un petit plan d'eau, La Laguna, persiste encore aujourd'hui et se remplit dès qu'il pleut. Selon Watson (1979: 153), la seule méthode possible, aux périodes préhispaniques, pour utiliser l'eau de ce bassin consistait à la verser manuellement dans le canal situé en haut de l'aqueduc, opération difficile et très couteuse en énergie. Ce réservoir devait donc servir à des fins domestiques ou pour les parcelles des alentours et non pour alimenter le canal. Plus en aval, ce dernier arrose les terres de la pampa de Mocan où de nombreux champs préhispaniques sont visibles sur les photos aériennes (fig.4.2). Thomas Pozorski (1987) y mène d'ailleurs des prospections, mais s'intéresse plus aux quelques structures de la région qu'aux canaux d'irrigation eux-mêmes.

Dans son étude sur les canaux d'irrigation et les champs de la vallée de Chicama, Watson (1979; Rabinowitz *et al.* 1976) tient compte de la qualité des sols, de l'eau, du climat, des plantes cultivées et des outils agricoles. Il calcule aussi le débit, la vitesse d'écoulement et la rugosité des parois de certains canaux, et se penche sur les différentes méthodes utilisées pour éviter les déperditions d'eau et irriguer les parcelles. Bien qu'il n'ait pas prospecté physiquement la pampa de Mocan, l'analyse de ces multiples facteurs lui permet de proposer des hypothèses sur les anciennes pratiques agricoles. Contrairement à Thomas Pozorski (1987) qui pense que ces champs en bout de canal n'ont pas tous été fonctionnels, Watson suppose que des variétés de maïs et de coton, résistantes à la sécheresse, ont pu être cultivées sur ces terres périphériques, comme nous le verrons au chapitre 11.1. Watson (1979) et Pozorski (1987) s'accordent pour dire que ces zones étaient contrôlées à un niveau étatique et non local. Bien que la plupart des canaux aient probablement été gérés par des communautés, comme l'indique Netherly (1984) sur la base de sources ethnohistoriques, il semble que seule une entité politique majeure ait pu administrer les plus gros ouvrages hydrauliques, comme le canal inter-vallées de La Cumbre et celui d'Ascope qui irrigue la pampa de Mocan. En effet, il fallait mobiliser la main-d'œuvre nécessaire à la construction, à la maintenance et à l'exploitation de ces systèmes d'irrigation à grande échelle (Netherly 1984).

Ces recherches sur l'irrigation dans la vallée de Chicama, mais aussi dans la vallée voisine de Moche, permettent de démontrer l'importance de la gestion de l'eau et les compétences hydrauliques des Chimús, même si certains auteurs comme Pozorski (1987), ont plutôt tendance à penser que ces canaux n'étaient pas fonctionnels à cause de mauvaises conceptions techniques. Pour compléter ces études sur l'irrigation, des fouilles et des relevés sont réalisés sur quelques sites chimús de la vallée de Chicama.

Les sites chimús fouillés de la vallée de Chicama

Plusieurs sites chimús, souvent localisés à proximité des canaux d'irrigation, ont été étudiés grâce au *Programa Riego Antiguo* et au *Chan Chan — Moche Valley Project*. Ces fouilles archéologiques sont particulièrement importantes pour la connaissance de l'implantation chimú dans la vallée basse de Chicama, puisqu'elles constituent les premières études significatives sur des vestiges de cette période. La présence de centres administratifs, comme ceux de Quebrada del Oso et de Mocan, à l'époque chimú, ou de Chiquitoy Viejo, à la Période Chimú-Inca, attesterait de la volonté du pouvoir politique d'organiser et de gérer le territoire (Keatinge 1974; Conrad 1977; Pozorski 1987; Mackey 1987). Par ailleurs, le canal inter-vallées de La Cumbre, qu'il ait été ou non fonctionnel, démontre les liens étroits qui unissaient la vallée de Chicama à celle de Moche, à l'époque chimú.

Quebrada del Oso et l'irrigation du canal inter-vallées de La Cumbre

Entouré d'anciens champs agricoles et de canaux d'irrigation, notamment l'imposant canal inter-vallées de La Cumbre, le site de Quebrada del Oso se compose d'un édifice majeur et de deux constructions plus petites (fig.4.2-1). L'architecture en pierre tranche nettement avec les plateformes d'adobes recensées jusqu'alors par les archéologues (Kroeber 1930; Bennett 1937). Le bâtiment principal se compose de deux grandes cours, avec un accès en chicane au nord, de couloirs, de pièces variées et d'une structure en U aménagée de niches, localisée dans la partie sud (fig.4.3). Selon Keatinge (1974), cet édifice aurait eu un caractère administratif et relayait le pouvoir politique chimú dans cette zone agricole. Il pourrait ainsi avoir servi à la construction du canal inter-vallées de La Cumbre (Keatinge 1974). Cette entreprise complexe, au vu de la taille monumentale de l'ouvrage, requérait probablement une supervision et une organisation à grande échelle. Le site a peut-être ensuite été utilisé par des fonctionnaires chimús pour la maintenance du canal et la gestion de l'exploitation agricole. Le centre de Mocan possède une architecture tout à fait semblable à celle de Quebrada del Oso.

Mocan et les champs agricoles

Lors de prospections dans la pampa de Mocan, Pozorski (1987) a recensé un autre site chimú (fig.4.2-2). Son édifice

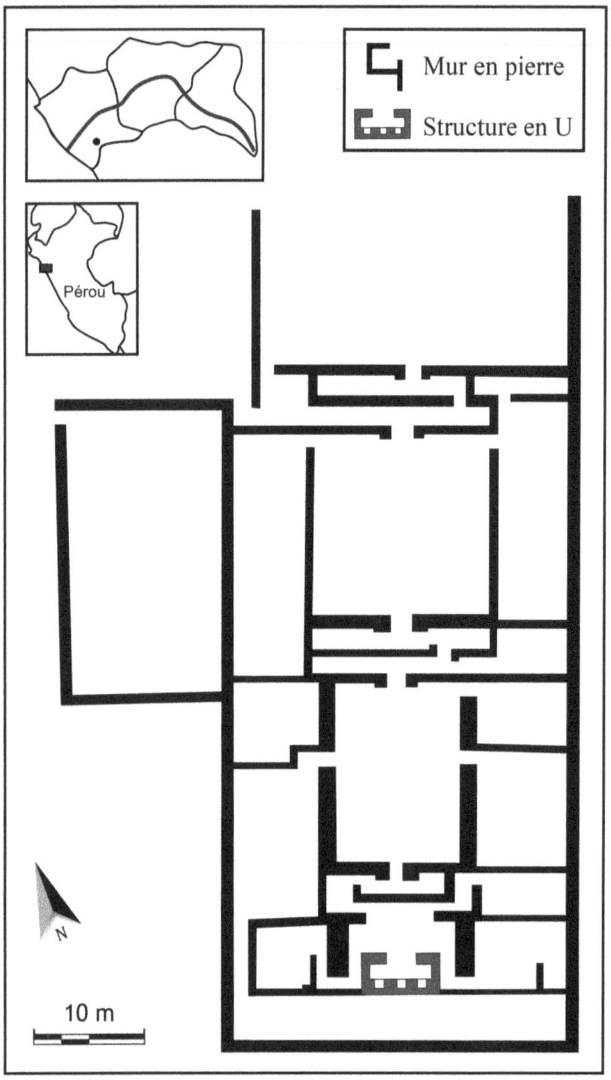

***Fig. 4.3* – Plan de la structure principale du site de Quebrada del Oso, d'après Keatinge (1974: 74).**

rectangulaire, construit en pierres, se compose de cours, de couloirs tortueux, de simples pièces et d'une structure en U au sud, le tout agencé de manière similaire au bâtiment principal de Quebrada del Oso (fig.4.4). À l'instar de celui-ci, le centre de Mocan est entouré de canaux d'irrigation et de champs, qui, d'après Pozorski (1987: 116), n'auraient pas tous été opérationnels à cause de problèmes techniques rencontrés par les Chimús. Toujours selon cet auteur (Pozorski 1987: 117), les quelques niches placées dans les murs pourraient avoir servi au stockage de denrées, mais les récoltes devaient être bien trop importantes pour être contenues dans ces petits espaces. Mocan semble donc être un centre administratif et devait être occupé par des personnes chargées de contrôler l'exploitation agricole et peut-être la construction de canaux ou la création de champs. Cette étude recoupe en partie les interprétations de Watson (1979), notamment au sujet de la gestion étatique de la production agricole à Mocan. Les centres administratifs de Mocan et de Quebrada del Oso sont occupés à l'époque chimú, mais par la suite, sous la domination inca, c'est Chiquitoy Viejo qui représente le pouvoir dans la vallée de Chicama.

Chiquitoy Viejo: un centre de pouvoir chimú-inca

Non loin du village de Chiquitoy (fig.4.2-3), le site de Chiquitoy Viejo, déjà cité par Kosok (1965), est un imposant édifice construit en adobes, mesurant 300 m de long par 250 m de large. Une vaste place délimitée par une première muraille est enfermée dans une deuxième enceinte rectangulaire plus grande, dont les murs atteignent une hauteur de 8 m (Conrad 1977). Conrad (1977) a mis au jour des zones domestiques modestes (fig.4.5-A), sûrement dédiées aux serviteurs des individus résidant dans la partie centrale administrative, plus prestigieuse (fig.4.5-B). Une plateforme (fig.4.5-C), édifiée en plusieurs niveaux, abrite des chambres funéraires contenant un matériel riche en métaux, en tissus, en céramiques et en plumes, ce qui indique qu'il s'agissait de sépultures d'importants personnages. La céramique étant en grande partie chimú et chimú-inca, Conrad (1977) suppose que le site a servi à l'époque inca et peut-être chimú, probablement comme centre administratif. Une large route préhispanique qui arrive de la vallée de Moche est reliée au bâtiment par un chemin secondaire, ce qui pousse Conrad (1977) à supposer que Chiquitoy Viejo était un *tambo*, c'est-à-dire un relais routier. Les individus enterrés dans la plateforme devaient être des gouverneurs incas, chargés de l'administration et du contrôle des produits transitant sur la voie. Chiquitoy Viejo témoigne d'une présence inca dans la vallée de Chicama qui, jusqu'à ses fouilles, était passée assez inaperçue. Enfin, un dernier site est fouillé, mais contrairement aux trois précédents, il ne possède pas d'architecture monumentale représentant le pouvoir politique: c'est Medaños la Joyada.

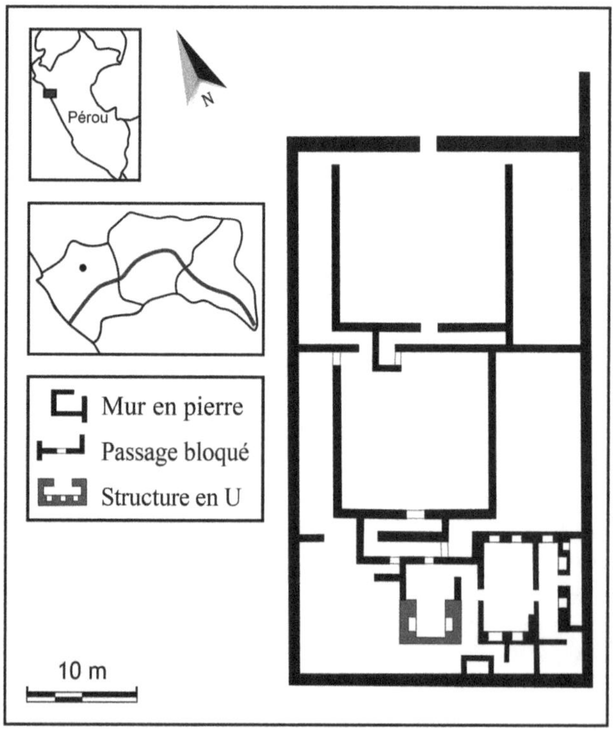

***Fig. 4.4* – Plan de la structure principale du site de Mocan, d'après Pozorski (1987: 116).**

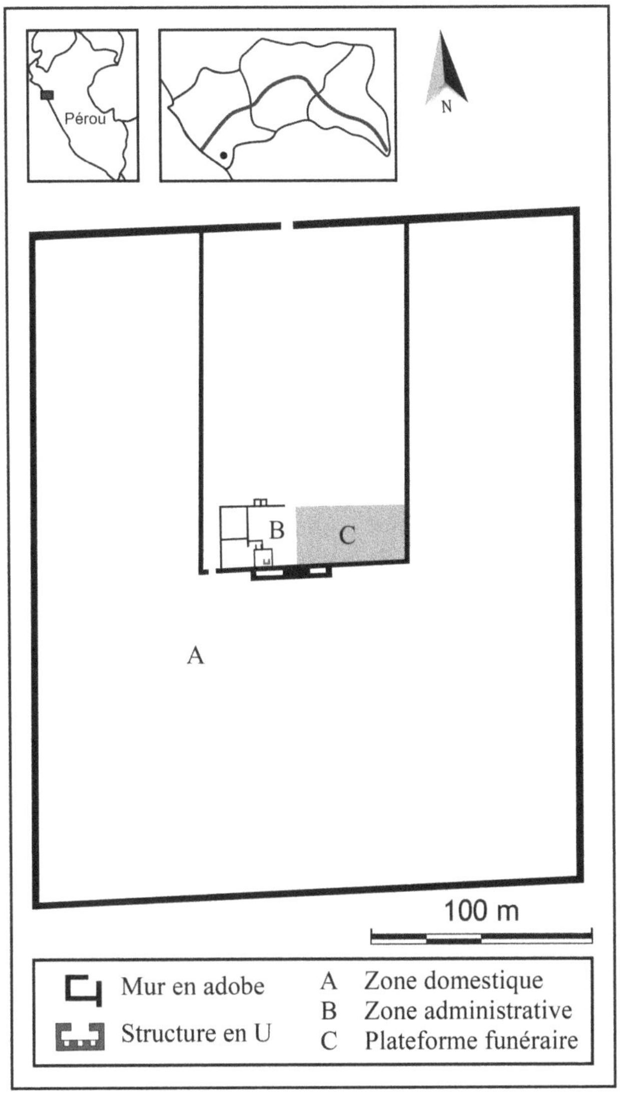

Fig. 4.5 **– Plan du bâtiment principal de Chiquitoy Viejo, d'après Conrad (1977: 6).**

Sur la plage de Medaños la Joyada

Le site de Medaños la Joyada est localisé au bord de l'océan Pacifique, entre les vallées de Chicama et de Moche (fig.4.2-4). Plusieurs dépressions artificielles, des sortes de *huachaques*, permettent de faire affleurer l'eau du sous-sol et des joncs y poussent aujourd'hui. C'est un simple site résidentiel, composé de structures en matériaux périssables dont il ne subsiste que les traces de fondations en adobe (Kautz and Keatinge 1977). Une zone funéraire pillée et les contextes domestiques attestent d'une occupation continue et non temporaire. Grâce à l'étude de la céramique, Keatinge (1973) date le site de l'époque inca et coloniale, et peut-être de l'époque chimú. Quant à l'analyse palynologique effectuée à partir d'échantillons du site, elle démontre clairement une certaine variété de plantes: des cucurbitacées, des piments, des fruits comme le *lúcuma* et la *guanabana*, et surtout du maïs vraisemblablement cultivé sur place étant donné la forte concentration de pollen (entre 23,5 % et 43,8 %; Kautz and Keatinge 1977: 90). Les ressources marines et les animaux identifiés par leurs restes (oiseaux, lions de mer, lamas et cochons d'Inde) complétaient la diète des habitants du site. L'économie semble donc diversifiée et malgré la proximité immédiate avec l'océan Pacifique, la population ne vivait pas que de la pêche. Les champs des *huachaques* permettaient probablement de cultiver et de subvenir, avec les produits tirés de la mer, aux besoins d'une petite communauté (Kautz and Keatinge 1977: 90).

Les fouilles menées sur ces sites offrent une vision complète de quelques établissements variés de la vallée basse: des centres administratifs chimús ou incas et un petit village de pêcheurs-agriculteurs. Ces résultats sont tout de même restreints et ne présentent pas un panorama suffisant de l'occupation chimú, invisible sans prospections plus larges.

Les prospections systématiques de la vallée de Chicama

Avant les années 1970, les prospections menées dans la vallée n'ont permis d'inventorier que quelques plateformes d'adobes attirant le regard des archéologues. Pour les études des canaux d'irrigation présentées ci-dessus, la priorité était donnée aux structures hydrauliques et aux champs agricoles. Aussi, les sites résidentiels, funéraires ou autres n'ont pas toujours été relevés. Depuis, plusieurs projets de prospections systématiques ont été menés, favorisant l'analyse de l'occupation humaine.

Prospections dans le désert

Les prospections dirigées par Claude Chauchat, de 1972 à 1996, dans la partie nord de la vallée basse de Chicama (fig.4.6-2) et dans la quebrada Cupisnique visent à comprendre l'implantation humaine à l'époque paijanienne, il y a 10 000 - 11 000 ans (Chauchat *et al.* 1998). Ces lointains ancêtres des Chimús, habiles tailleurs de fines pointes lithiques, vivaient sur la côte nord et sur les flancs occidentaux de la sierra (Chauchat 1975). Mais les sites étudiés ne se limitent pas à l'époque paijanienne: sur les 205 sites archéologiques répertoriés dans la vallée de Chicama, 43 ont une occupation de l'Intermédiaire Récent (Chauchat *et al.* 1998). Tout comme le projet Virú, les vestiges découverts sont de natures variées, allant de simples concentrations de matériel en surface à d'imposantes plateformes et des enceintes d'adobes. Bien que les archéologues (Chauchat *et al.* 1998) ne s'intéressent pas particulièrement aux sites chimús, ils les décrivent et les analysent souvent de manière détaillée. La zone prospectée englobe la pampa de Mocan où le système d'irrigation chimú et le centre administratif, repérés par Pozorski (1987), sont bien évidemment étudiés (Chauchat *et al.* 1998: 100).

La fiche de chaque site découvert est organisée en plusieurs catégories: la localisation, avec des coordonnées UTM approximatives (à 100 mètres près), la nature des vestiges (architecture, matériel lithique en surface, canaux, etc.) et la datation de l'occupation. Enfin, la description du site, de temps en temps illustrée d'un plan ou d'un dessin de matériel ramassé sur place, peut être très succincte, de quelques lignes seulement. De plus, il est malheureusement difficile de dater le matériel, souvent composé de céramiques domestiques encore mal connues pour certaines cultures. Aussi, plusieurs établissements sont datés d'une vaste période nommée « état avec céramique » qui englobe toutes les époques après le Précéramique, sans faire plus de distinctions. L'objectif de cette prospection étant l'étude du Paijanien, on comprend parfaitement que les vestiges plus récents n'aient pas été examinés plus en détail. Cette prospection dans les zones périphériques désertiques donne pourtant des résultats particulièrement intéressants qui demandent toutefois à être complétés par des études dans la région centrale cultivée de la vallée de Chicama.

Prospections au cœur des champs de canne à sucre

En 1989, les prospections de Leonard et Russell (1992) se concentrent aux alentours du río Chicama, le long de ces deux rives, sur une superficie de 240 km² environ (fig.4.6-3).

Cette zone est aujourd'hui principalement recouverte de cultures de canne à sucre, et bien des sites ont pâti de cette activité agricole intensive et destructrice. À l'instar du projet Virú, les photos aériennes servent de base à l'étude de terrain, principalement pour les endroits cultivés. Bien que certains sites n'aient probablement pas pu être repérés par les archéologues, à cause de cette couverture végétale dense, plus de 200 vestiges sont inventoriés: 193 sites archéologiques et 18 infrastructures préhispaniques (chemins, canaux champs, etc.). Russell et Leonard (1992) présentent une évolution de l'occupation à différentes périodes, depuis le Précéramique (4500-1800 av. J.-C.) jusqu'au 16e siècle apr. J.-C. Outre les nombreux sites résidentiels de l'époque chimú, d'éventuels centres administratifs sont recensés: le site de Chicamita, près du village actuel de Chicama, Ascope Viejo, non loin d'Ascope, et les structures situées au sommet de plateformes d'adobes plus anciennes et réutilisées par les Chimús, comme les *Huacas* Sonolipe et Ongollape (Leonard and Russell 1992: 74; Pillsbury and Leonard 2004).

La plupart des canaux étudiés sont associés à des tessons chimús et les auteurs reprennent les hypothèses de Watson (1979) et Pozorski (1987) au sujet d'un développement agricole organisé par le pouvoir politique central de Chan Chan. Au cours de leurs prospections, Leonard et Russell (1993) découvrent quelques céramiques de la culture Cajamarca. Ils mettent ainsi en évidence la présence de groupes Cajamarca, originaires de la sierra, vivant au côté de populations côtières, à la fin de l'Intermédiaire Ancien et à l'Horizon Moyen (Leonard y Russell 1993: 159). Les sites ont été revisités par des archéologues de l'Instituto Nacional de Cultura La Libertad (Gálvez y Becerra 2003) qui ont fourni un compte-rendu plus détaillé.

Prospections dans la vallée haute de Chicama

En 1973, Krzanowski (1985; 2006) réalise des prospections dans la vallée haute de Chicama, aux alentours de la source du fleuve sur environ 224 km² (fig.4.6-4). À l'époque, cette région est presque inconnue des archéologues et seuls les alentours de Huamachuco, plus à l'est, ont été préalablement explorés par McCown (1945) et par Thatcher (1972; 1974; 1977; 1980). L'étude de 98 sites archéologiques et l'analyse du matériel permettent de définir cinq phases chronologiques et de caractériser l'occupation de cette région. Notons que 42 sites archéologiques sont datés de l'Intermédiaire Récent (1000-1470), des phases Yigueda et Yuraccama, et sont donc contemporains des Chimús de la côte.

Les fiches des sites sont relativement complètes, avec une localisation correcte des vestiges, une description souvent détaillée, illustrée par les dessins de tessons ramassés et un croquis du plan du site. Ces archéologues polonais se sont intéressés aux structures de pierres, parfois alignées en files, aux enclos à camélidés ou aux terrasses agricoles, et créent une typologie simple des habitations. Les sépultures découvertes, des abris rocheux ou des chambres funéraires sont rares alors que les établissements résidentiels, nombreux et étendus, indiqueraient une population importante, estimée par Krzanowski (1985; 2006) à près de 10 000 personnes, à l'Intermédiaire Récent. Enfin, ce projet s'accompagne d'une étude linguistique, basée sur les noms des lieux et couvrant l'ensemble de la vallée de Chicama (Krzanowski y Szeminski 1978). Plusieurs groupes de toponymes sont ainsi mis en évidence: ceux de la langue *yunga* de la côte, la langue quechua, sur les hauteurs de la cordillère de Guzmango au nord, la langue *culli* à l'est, et le Chicama B dans le fond de la vallée moyenne. Cette dernière famille linguistique de toponymes ne correspond pas à un dialecte connu et mériterait de plus amples recherches.

Prospections ponctuelles

D'autres prospections limitées et de faible envergure, comme celles de Lechtman (1976) sur les anciennes mines, apportent également leur lot de données. Bien que peu exhaustive et délaissant la plupart des vestiges annexes, c'est néanmoins l'une des premières approches archéologiques des hauteurs de la vallée moyenne de Chicama. Notons qu'un seul établissement chimú, très mal localisé dans le fond de la vallée, est cité par l'auteur.

Quelques années plus tard, pour son doctorat, Beck (1979) étudie le système routier préhispanique de la vallée de Moche. Deux de ses zones de prospections recouvrent également une partie de la vallée de Chicama: au sud-ouest et au nord-est du Cerro Campana (fig.4.6-1a et 1b). Beck y recense dix-sept chemins et quelques sites archéologiques, localisés à proximité de ces axes de communication, qui lui permettent de dater leurs périodes d'utilisation. La céramique découverte, majoritairement chimú ou chimú-inca et plus rarement mochica, indique que treize de ces dix-sept chemins étaient parcourus à l'époque chimú. Il ne s'agit pas de petits sentiers, mais bien de longues routes rectilignes, souvent larges de plusieurs mètres et parfois encadrées de murs.

Dans un effort de compilation, Ravines et Matos (1983) recensent les sites archéologiques présents dans la littérature, pour le nord du Pérou. Cet inventaire ne se base que sur les résultats publiés par d'autres auteurs, sans aucune vérification sur le terrain. Ainsi, durant ses prospections, Chauchat (*et al.* 1998) cherche, sans succès, deux sites archéologiques de la vallée de Chicama référencés par Ravines et Matos (1983). Les sites sont localisés sur les cartes de l'IGN péruvien et listés dans des tableaux où sont indiqués leurs noms, la latitude, longitude *et al*titude, ainsi que la datation de l'occupation et la catégorie des vestiges (pyramide, enceinte d'adobe, structure, pétroglyphe, etc.). Les coordonnées sont parfois inexactes: le site de Quebrada del Oso a une longitude erronée dans le tableau alors que sa localisation sur la carte est correcte. Dans la vallée de Chicama qui s'étend sur les cartes 15e, 15f, 15g, 16e, 16f et 16g, cet inventaire recense 68 sites archéologiques variés, dont 33 se trouvent dans la plaine côtière. L'absence de référence pour chacun des établissements présentés ne permet pas de vérifier toujours la véracité des données. Cependant, cette compilation à grande échelle a le mérite de couvrir une vaste zone et donc l'ensemble de la vallée de Chicama.

Plus récemment, en 1997, Toshihara (2002) a réalisé des prospections aux alentours des *cerros* Piedra Parada, Portachuelo et Campana (fig.4.6-5), dans la vallée, afin d'étudier la culture Cupisnique (1250 – 450 av. J.-C.). Quinze sites archéologiques datant de cette période sont ainsi analysés; la plupart sont des concentrations de céramiques Cupisnique, souvent mêlées à des tessons d'autres cultures, mochica, Sicán ou chimú, tandis que d'autres sont des monticules d'adobes coniques, typiques de cette époque (Toshihara 2002: 165-166).

Enfin, Castillo (2006) mène des recherches exhaustives au sujet des pétroglyphes, dans toute la vallée de Chicama. Il relève vingt-sept groupes de pétroglyphes, répartis aussi bien dans la vallée basse que dans la vallée moyenne. Ces représentations, datant pour la plupart du premier millénaire avant notre ère, sont souvent localisées dans des combes et ravines désertiques ou à proximité de canaux plus récents. Le matériel céramique de cultures plus récentes, mochica ou chimú par exemple, découvert à proximité de ces pétroglyphes, indiquerait que ces derniers ont gardé une certaine importance, longtemps après leur réalisation. À l'époque chimú, les pétroglyphes faisaient probablement partie du paysage culturel; actuellement, ils sont visités par les habitants de la vallée ou des gens de passage.

Prospections récentes par des équipes péruviennes

Plus récemment, des archéologues péruviens ont mené des prospections, dans le cadre de l'évaluation du patrimoine de certaines régions pour pouvoir les exploiter ou les aménager (routes, mines, champs, etc.). Suite au lancement du projet Chavimochic, en vue d'arroser les vallées de Chao, Virú, Moche et Chicama avec les eaux du río

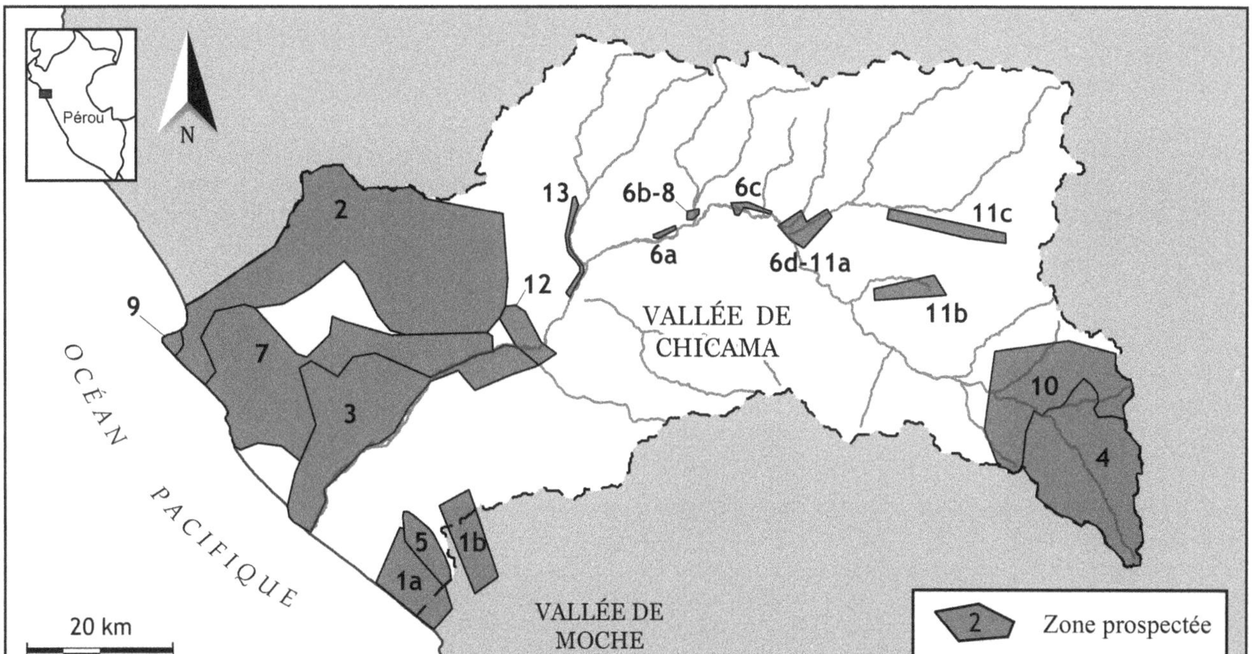

***Fig. 4.6* – Carte des zones prospectées de la vallée de Chicama par les différents auteurs cités: 1a et 1b - Beck (1979), 2 - Chauchat *et al.* (1998), 3 - Leonard y Russell (1992) et Yepez (2007), 4 - Krzanowski (1985; 2006), 5 - Tochihara (2002), 6a, 6b, 6c et 6d - Ramos (2007), 7 - Gomez (2008) Cruzado y Castillo (2009), 8 - Tufinio (2008), 9 - Moulet (2009), 10 - Aching (2009) et Aleman (2010a), 11a, 11b et 11c - Aleman (2010b), 12 - Castillo (2010), 13 - León (2011).**

Santa, plusieurs archéologues (Uceda 1988; Uceda *et al.* 1990) explorent les futures zones irriguées et créent un cadastre des vestiges archéologiques. Malheureusement, les résultats de ces recherches dans la vallée de Chicama n'ont jamais été publiés.

En 2007, Yépez parcourt les terres de l'entreprise agricole Casa Grande S.A.A., à la recherche de sites, dans une zone similaire à celle étudiée par Leonard et Russell (1992). (fig.4.6-3). L'inventaire présenté à l'issue de ce travail de terrain comprend 127 sites, tous décrits très sommairement et localisés par des coordonnées géographiques précises. Malheureusement, aucune indication chrono-culturelle n'est donnée et les dates d'occupation des sites restent inconnues. Par ailleurs, la mauvaise conservation des vestiges, rappelée tout au long du rapport (Yépez 2007), est alarmante et n'aide pas à leur analyse.

Consécutivement, de 2007 à 2011, d'autres professionnels (Ramos 2007; Gómez 2008; Tufinio 2008; Moulet 2009; Aching 2009; Bejar 2009; Cruzado y Castillo 2009; Alemán 2010a; 2010b; Castillo 2010; León 2011) mènent des prospections aussi bien dans la partie basse que dans la vallée moyenne et haute de Chicama, sur des aires peu étendues (fig.4.6-7 à 13). Au total, 208 sites sont prospectés par ces archéologues qui fournissent, dans leurs rapports envoyés à l'Instituto Nacional de la Cultura, ou au Ministère de la Culture du Pérou, une fiche prédéfinie détaillant les vestiges. Les sites sont donc tous localisés, mais, bien souvent, la description des structures et du matériel céramique est restreinte au minimum et les plans sont très rares. Pour finir, seuls quelques sites sont datés, ce qui rend ces données inutilisables, la plupart du temps.

Les projets récents de sites archéologiques et les études ponctuelles

Enfin, quelques études récentes sur des sites de la vallée de Chicama, comme à El Brujo ou à Cerro Mayal, apportent de nouvelles informations sur le passé de cette région, complétées par des recherches universitaires plus modestes.

La longue occupation d'El Brujo

En 1990, plusieurs décennies après les fouilles de Bird à Huaca Prieta, un nouveau projet est lancé sur le complexe archéologique d'El Brujo (fig.4.7). Mais cette fois, c'est la Huaca Cao Viejo, une structure de la culture mochica anciennement appelée Huaca Blanca, qui intéresse les archéologues. Les fouilles y révèlent une pyramide monumentale de plusieurs niveaux, décorée de fresques polychromes (Franco *et al.* 1994), semblable à la Huaca de la Luna, elle aussi dégagée au même moment (Uceda *et al.* 1997). La découverte exceptionnelle de la sépulture d'une femme accompagnée d'attributs du pouvoir, la « dame de Cao », projette le site sur le devant de la scène médiatique (William 2006). Par ailleurs, l'analyse des techniques architecturales, des matériaux et des sept phases de construction de la Huaca Cao Viejo (Gálvez *et al.* 2003; Franco *et al.* 2003) ainsi que les interprétations des peintures murales (Franco y Vilela 2003) permettent de mieux comprendre l'histoire et la fonction cérémonielle de cet édifice mochica. Le complexe archéologique d'El Brujo révèle aussi des vestiges d'autres cultures. Quelques tombes de la période transitionnelle, 393 sépultures de la culture Sicán et quelques-unes de la culture chimú sont mises au jour sur le site (Franco *et al.* 2007; Mujica y Hirose 2007: 262). C'est l'une des premières attestations claires de la présence de la culture Sicán dans la vallée de Chicama.

Un monticule, fouillé par James Tate (2007), indique aussi une occupation chimú, avec une population composée de pêcheurs et peut-être d'agriculteurs vivant dans des structures de galets. Des places et des plateformes de taille modeste suggèrent la présence d'une élite locale chimú à El Brujo. À l'époque inca, le site continue d'être habité sans changements notables. Un autre secteur dévoile des vestiges datés de la Période Coloniale, sûrement de la fin du 16ᵉ siècle (Mujica y Hirose 2007). L'inondation de la première fondation du village de Magdalena par la crue du río Chicama, lors du phénomène d'El Niño de 1578 (Huertas 1987; Castañeda 2004; 2007), oblige à refonder un nouveau village, en hauteur, sur le site d'El Brujo. Les ruines de la *plaza de armas* et celles de l'église érigée sur une ancienne plateforme préhispanique témoignent de cet établissement colonial indigène. Cette étude archéologique recoupe les données ethnohistoriques, présentées au chapitre 2.3, au sujet de la communauté de Caop, l'une des plus importantes de la vallée basse de Chicama.

Cerro Mayal, un atelier de poteries mochicas

Après leurs prospections de 1989, Russell et Leonard (Russell *et al.* 1994a; 1994b) décident de fouiller le site de Cerro Mayal. Localisé au milieu de la vallée basse de Chicama (fig.4.7), non loin du cerro Mocollope où se trouvent plusieurs constructions monumentales de la culture mochica, le cerro Mayal est une petite élévation qui présente des vestiges de la phase Mochica IV (Russell *et al.* 1994a; 1994b). Parmi les innombrables tessons qui jonchent le sol, les archéologues mettent au jour un centre de production de céramiques, complété de zones résidentielles et domestiques où logeaient peut-être les potiers. En plus de l'étude des techniques de fabrication, comme le moulage, le modelage ou la cuisson, les découvertes révèlent le fonctionnement de cet atelier qui devait fournir des vases finement élaborés aux élites du vaste site voisin de Mocollope (Russell *et al.* 1994a; 1994b). Cette analyse d'un atelier de potiers, dans la vallée basse de Chicama, permet de mieux comprendre les mécanismes de production de la fin de l'époque mochica.

La vallée de Chicama à l'époque mochica

L'intérêt pour l'époque mochica augmentant avec les fouilles à El Brujo ou à Cerro Mayal, Franco, Gálvez et

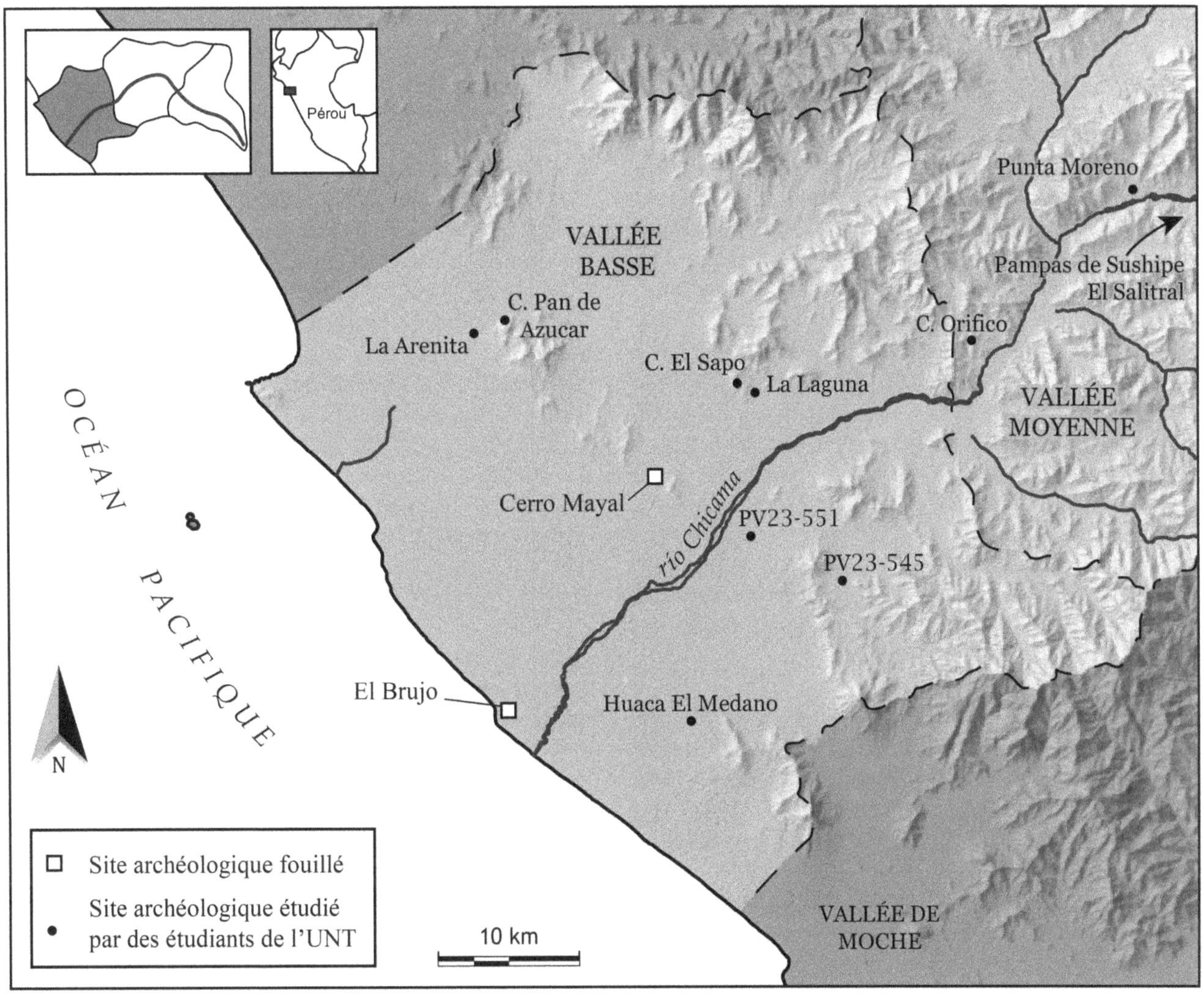

Fig. 4.7 – **Carte des sites étudiés ou fouillés récemment.**

Vásquez (2010) décident d'étudier plusieurs sites mochicas de la vallée. Pour ce faire, ils se basent sur les prospections d'autres archéologues cités plus haut (Russell and Leonard 1992; Chauchat *et al.* 1998; Gálvez and Briceño 2001; Gálvez y Becerra 2003; Fiestas 1992; Gutiérrez 1995; Aguirre 1998; Meneses 2003; Escudero 2004) afin de recenser un total de 74 sites mochicas. Leur analyse de l'occupation, axée sur les vestiges de la plaine côtière, sert surtout à mettre en évidence l'importance du site d'El Brujo, qui était, selon ces auteurs (Franco *et al.* 2010) le principal centre cérémoniel et politique de la vallée. Bien que cette analyse spatiale ne tienne pas compte de la culture chimú, elle pourrait ouvrir des pistes de réflexion pour comprendre l'évolution de la vallée entre l'Intermédiaire Ancien et l'Intermédiaire Récent.

Les mémoires des étudiants de l'Universidad Nacional de Trujillo

En marge de ces fouilles, des recherches plus modestes, mais nombreuses, ont été menées par les étudiants de l'Universidad Nacional de Trujillo, dans le cadre de leur diplôme de *Bachillerato* ou de *Licenciatura.* Nous avons donc consulté 32 mémoires traitant de sites de la vallée de Chicama, 11 d'entre eux décrivant plus spécifiquement des sites datés de l'Intermédiaire Récent (fig.4.7), tels La Laguna (Sánchez 1997), Cerro El Sapo (Revilla 1997; Chuquipoma 2006), La Arenita (Angulo 1998), Punta Moreno (Esquerre 1998), les sites P23-551 (Vega 1998; 2004) et PV23-545 (Piminchumo 1999), El Salitral (Ruíz 1999), Huaca El Medano (Chiroque 2000), Cerro Orifico (Cotrina 2000), Cerro Pan de Azucar (Mercado 2002) et Pampas de Suchipe (Salvatierra 2007). Ces étudiants décrivent les vestiges, dessinent des croquis de l'architecture et examinent quelques tessons de la céramique collectée en surface. Leurs mémoires sont donc fort utiles pour compléter les travaux d'archéologues professionnels, même si leurs interprétations semblent parfois hasardeuses.

Commentaires sur les données issues de la bibliographie

Ces nombreuses études procurent de riches informations quant au patrimoine archéologique de la vallée de Chicama, comptabilisant 206 sites de l'Intermédiaire Récent, principalement affiliés à la culture chimú, mais aussi parfois à la culture Sicán (Cotrina 2000) ou à la phase Yuraccama de Krzanowski (1985; 2006; fig.4.8). Certains sites ont été analysés par plusieurs archéologues ou ont fait l'objet d'études poussées, avec des fouilles, tandis que d'autres ont simplement été recensés une seule fois.

La compilation des données

Les descriptions fournies par les auteurs sont loin d'être homogènes d'un projet à l'autre et nous avons tenté de reporter les caractéristiques de chaque site de manière cohérente dans une base de données élaborée par nos soins.

Les données les plus importantes sont avant tout celles concernant la localisation, afin de pouvoir replacer les sites sur une carte et de s'y rendre ensuite. Les coordonnées géographiques sont fréquemment indiquées dans le cas des études les plus récentes, puisqu'on peut les enregistrer à l'aide d'un simple GPS. Nous avons employé le système WGS84 avec une projection UTM (Transverse Universelle de Mercator, zone 17S), couramment usité dans le monde entier. Pour les plus anciens travaux, nous avons remplacé les latitudes et longitudes en degrés, par leurs équivalents UTM en mètres.

Outre la localisation, une seconde catégorie de données est cruciale pour nos recherches: les dates d'occupation des sites. Quelques projets (Yepez 2007; Aleman 2010a; 2010b; Castillo 2010) ne mentionnent pas ce type d'information et il est impossible de savoir si un site a été habité à l'Intermédiaire Récent ou à d'autres périodes. Cela est parfois dû au fait que certaines études archéologiques ont pour objectif essentiel la sauvegarde du patrimoine et non sa compréhension. Les archéologues cherchent donc avant tout à délimiter les périmètres des sites, afin de les protéger de potentielles destructions, et la filiation chrono-culturelle n'entre pas dans leurs priorités. Par ailleurs, la céramique domestique découverte en surface, lors des prospections, est le principal moyen de datation. Or, dans les rapports que nous avons consultés au Ministère de la Culture, à Lima (Ramos 2007; Gómez 2008; Tufinio 2008; Moulet 2009; Aching 2009; Bejar 2009; Cruzado y Castillo 2009; Aleman 2010a; 2010b; Castillo 2010; León 2011), les quelques lignes dédiées à la description du matériel sont succinctes et très peu détaillées. Cette carence descriptive au sujet de la céramique et des moyens de datation employés par les archéologues n'a pas facilité nos propres datations, comme nous le verrons par la suite.

Les vestiges sont souvent sommairement présentés et rarement illustrés par des plans de sites, sauf dans quelques cas (Chauchat *et al.* 1998; Krzanowski 2006; Tufinio 2008). Néanmoins, les auteurs indiquent la présence d'édifices visibles et notent parfois leurs formes basiques (rectangulaire, circulaire, allongée, etc.) ainsi que les matériaux de construction (pierre ou adobe). Ces informations peu détaillées aident toutefois à se faire une idée des vestiges.

Enfin, les descriptions incluent de temps à autre des données de conservation, ce qui permet d'évaluer le potentiel de chaque site pour une étude postérieure sur place. En effet, les sites les mieux préservés sont susceptibles de fournir plus d'informations et de meilleures interprétations. Nous avons donc tenu compte de ce paramètre pour organiser nos travaux de terrain et les rendre efficaces.

La répartition spatiale des sites de l'Intermédiaire Récent

Les archéologues n'ont pas examiné l'ensemble de la vallée de Chicama; les prospections comme celles de Chauchat (*et al.* 1998) ou celles de Leonard et Russell

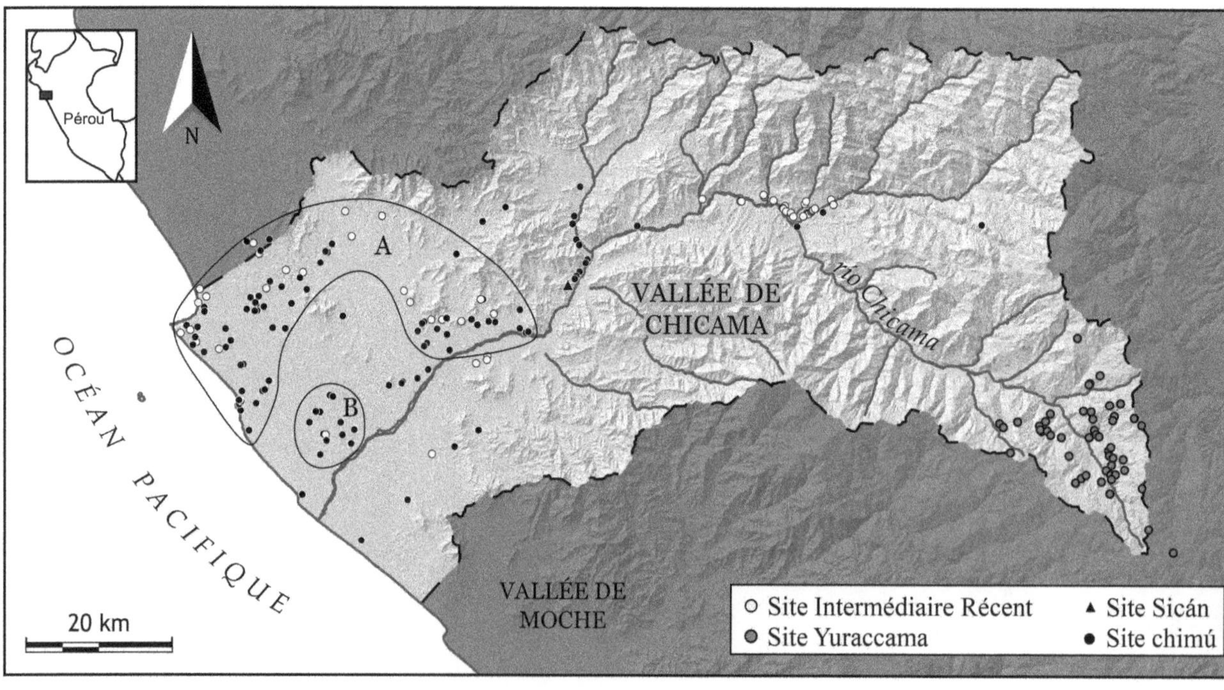

Fig. 4.8 **– Carte des 206 sites de l'Intermédiaire Récent recensés dans les ouvrages consultés**

(1992) se concentrent principalement dans la vallée basse, au nord du río Chicama. Dans la vallée moyenne et haute, les études sont moins extensives, mise à part celle de Krzanowski (1985; 2006), centrée sur les sommets orientaux de Chicama. Cette répartition spatiale des prospections conditionne fortement l'analyse de la localisation des 206 sites de l'Intermédiaire Récent. Ainsi, la rive nord de la vallée basse est bien mieux connue que la rive sud et les alentours des cours d'eau sont les seules zones prospectées dans la vallée moyenne (fig.4.8).

Toutefois, un schéma basique de l'occupation apparaît lors de l'examen de la carte de ces sites. La plupart d'entre eux ont été découverts dans des régions marginales, au nord et à l'ouest de la vallée basse (fig.4.8-A). Au contraire, le centre de la plaine côtière semble presque vide. La dégradation des vestiges par l'agriculture moderne pourrait, en partie, expliquer cette répartition inégale, puisque de nombreux sites archéologiques n'ont vraisemblablement pas résisté aux allées et venues de machines agricoles lourdes et à l'humidité des sols due à l'irrigation. Il est alors remarquable de constater que les quelques sites localisés non loin des rives du río Chicama sont toujours visibles au milieu des champs de canne à sucre (fig.5.8-B). L'agriculture ne détruit pas tous les vestiges de façon homogène et seules les constructions monumentales, comme les plateformes d'adobe, peuvent perdurer malgré les détériorations provoquées par des activités humaines et le passage du temps.

Les populations de l'Intermédiaire Récent étant probablement installées sur une aire plus vaste que celle exploitée pour l'agriculture industrielle, les zones marginales de la plaine côtière, peu perturbées par la modernité, sont potentiellement riches en vestiges de cette période.

Les éventuelles lacunes de certaines de ces recherches ont pu être comblées grâce aux images satellites de Google Earth qui permettent de corriger des erreurs de localisation, mais aussi de se faire une idée plus précise des vestiges; les structures repérables, l'agencement des constructions et la taille des sites complètent ainsi les descriptions des archéologues.

II. Les images satellites: la vallée de Chicama vue despuis les étoiles

Les images satellites de Google Earth de haute résolution sont d'une grande aide pour l'étude archéologique dans la vallée de Chicama. Outre l'observation des sites déjà localisés par d'autres chercheurs, il est également possible de découvrir des ruines, souvent bien apparentes dans le paysage désertique de la plaine côtière.

Le choix des images satellites

Les membres du Projet Virú ne bénéficiaient pas d'images satellites, mais de photos aériennes qui leur avaient permis de détecter 315 sites (Ford and Willey 1949: 20). De même, les prospections du projet Choquek'iraw-Chanka réalisées dans les régions d'Ayacucho et d'Apurimac, dans des zones où sévissait le Sentier lumineux et encore aujourd'hui des narcotrafiquants, ont été facilitées par un repérage préalable des sites archéologiques sur les images satellites de Google Earth (Déodat et Lecoq 2009).

La méthodologie mise au point par Déodat et Lecoq (2009) consiste en un visionnage des images satellites en haute résolution de Google Earth pour repérer les sites d'habitats. À partir de ces images, il suffisait de dessiner au calque les structures circulaires et les terrasses clairement visibles pour réaliser un premier plan qui a ensuite été complété lors des prospections pédestres, notamment en 2007 et 2008, le tout étant couplé avec le logiciel de SIG ArcGIS. Cette méthode, très efficace dans le cas de prospection dans les prairies d'altitude de la puna, a été adaptée à notre région d'étude.

Pour la vallée de Chicama, il existe plusieurs images satellites accessibles outre celles de Google Earth; la NASA met à disposition des photos des satellites du programme Landsat et celles des satellites-espions KH du programme Corona ont été déclassifiées et sont en vente, depuis quelques années seulement. La résolution, les couleurs des images Landsat et l'angle des prises de vues des Corona ne semblent pas être très utiles pour la vallée de Chicama. Le logiciel de Google Earth offre donc la meilleure alternative pour cette région et a d'ailleurs déjà été employé pour des repérages de sites en Europe (Madry 2006), des études d'astro-archéologie dans le monde entier (Klokočník *et al.* 2011) ou de conservation, à Chan Chan (Fangi *et al.* 2005).

La méthode de repérage systématique

Afin de réaliser un repérage systématique, nous avons mis en place un protocole relativement simple. Un quadrillage de 200 m de large (fig.4.9) guide la prospection virtuelle qui s'effectue selon un axe nord-sud, colonne par colonne. Éliminer le relief aide à garder une « altitude » constante

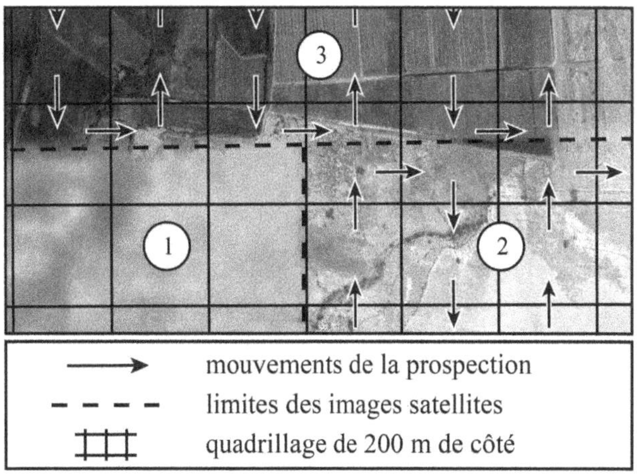

***Fig. 4.9* – Quadrillage et mouvements de la « prospection virtuelle » en fonction des images satellites prises à différents moments: 1 - image basse résolution, 2 - image dans les tons bleus (prise le 02/04/2006), 3 - image dans les tons verts (prise le 07/09/2009).**

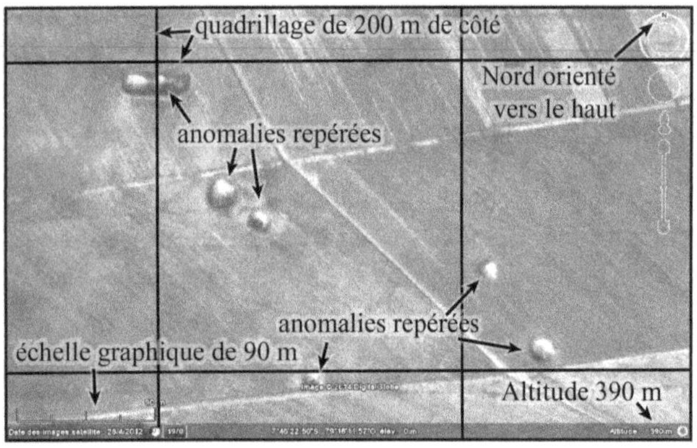

Fig. 4.10 – **Exemples d'anomalies repérées sur les images satellites de Google Earth.**

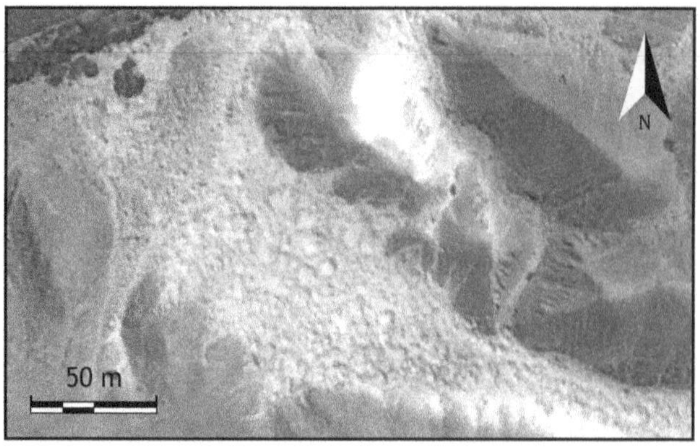

Fig. 4.11 – **Zone archéologique pillée (vallée basse).**

d'environ 400 m pour être toujours à la même échelle de visionnage (l'échelle graphique de Google Earth doit être proche de 100 m), ce qui permet d'éviter les déformations provoquées par les irrégularités du terrain (fig.4.10).

Il faut également tenir compte de l'instant auquel ont été pris les clichés des images satellites qui couvrent la vallée (fig.4.9). Les changements de ton liés aux variations annuelles des paysages et à l'équipement photographique des différents satellites modifient les conditions de perceptions. L'œil de l'archéologue devant s'adapter à la qualité de chaque prise de vue, nous avons agi image par image.

Au début de notre thèse, en 2009, quelques parties de la vallée n'étaient pas couvertes par les images en haute résolution, notamment les alentours de Santiago de Cao au sud de la plaine côtière et la région haute de Chicama. Au fil des années, de nouvelles photos ont été ajoutées, et aujourd'hui l'ensemble de la vallée est disponible en haute résolution. De même, la couverture nuageuse devient presque inexistante et il suffit la plupart du temps d'afficher une image satellite prise au même endroit, mais à un moment différent pour faire disparaître les éventuels nuages.

Le repérage des anomalies

Lors de notre premier « dépistage virtuel » systématique des images satellites, nous avons repéré de nombreuses anomalies, c'est-à-dire n'importe quel élément du paysage qui ne semble pas naturel ou moderne (fig.4.10).

Dans la plupart des cas, ces anomalies sont des vestiges archéologiques clairement observables, surtout sur les marges désertiques de la plaine côtière et sur les flancs des petites collines. Les fortes concentrations de trous de pillage que l'on distingue sans difficulté indiquent probablement des sites archéologiques, comme des nécropoles préhispaniques très recherchées par les pilleurs pour les éventuelles richesses qu'elles contiennent (fig.4.11).

Les anciennes constructions (murs, édifices, plateformes), les canaux et les champs agricoles sont aussi visibles (fig.4.12). Par exemple, dans les régions cultivées de la plaine côtière, des plateformes d'adobes apparaissent clairement au milieu des champs de canne à sucre. L'aridité du fond de la vallée moyenne favorise également la détection des sites, bien identifiables sur les hauteurs surplombant les berges des cours d'eau.

Au contraire, le relief et surtout la végétation qui se fait plus dense avec l'altitude compliquent le repérage satellitaire sur les hauteurs. L'érosion due au climat plus humide, caractérisé par d'intenses pluies (voir supra chapitre 1.3 p.16), entraîne une forte dégradation des vestiges et seuls les sites localisés sur les crêtes et les sommets dépourvus de végétation sont facilement observables sur les images satellites (fig.4.13).

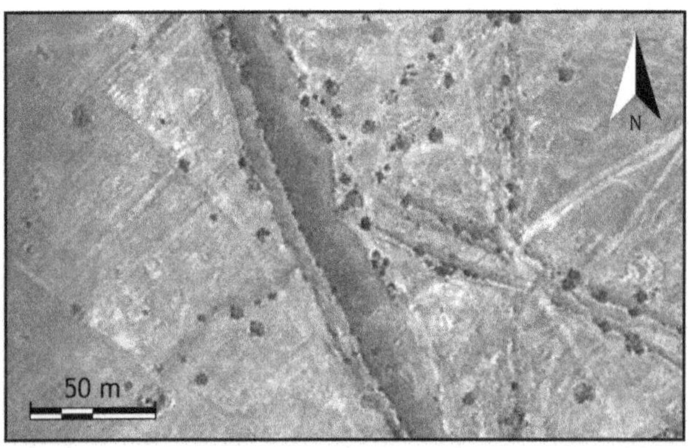

Fig. 4.12 – **Canaux (vallée basse).**

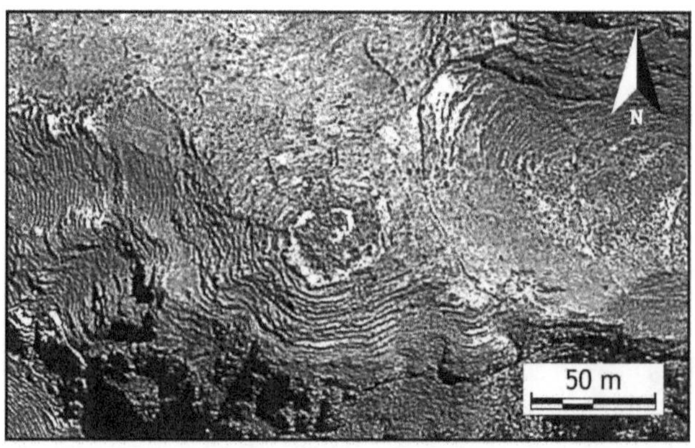

Fig. 4.13 – **Structures et terrasses (vallée haute)**

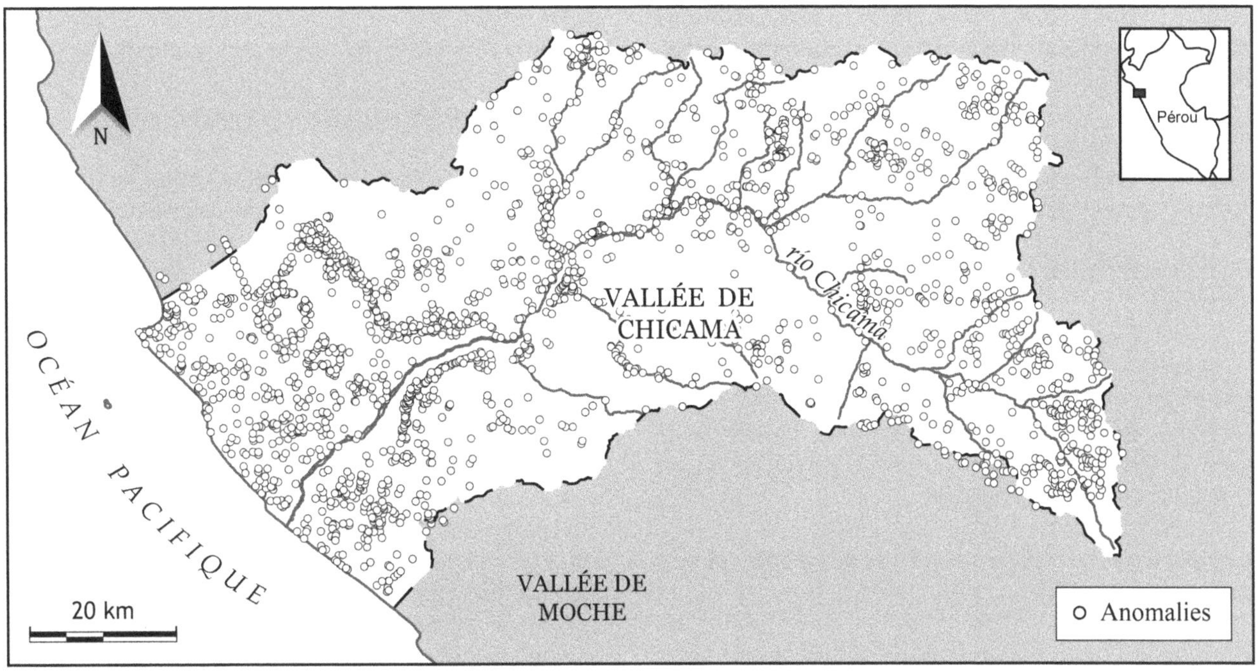

***Fig. 4.14* – Carte des anomalies repérées dans la vallée de Chicama.**

Nous avons également recensé d'autres anomalies, comme de petits cercles dans des champs, d'étranges zones pierreuses sur les versants de montagnes ou des changements de couleur du sol. Le caractère archéologique de ces anomalies est nettement moins évident que les exemples cités plus haut (trous de pillages, structures, canaux, etc.). Au total, nous avons enregistré 2229 anomalies sur l'ensemble de la vallée de Chicama (fig.4.14). Ce travail manuel implique le regard interprétatif de l'archéologue et ne peut être réalisé de manière automatique par un logiciel informatique.

Le recensement et l'étude des sites archéologiques potentiels

Consécutivement à ce premier repérage, nous avons effectué une seconde « prospection virtuelle » afin de déterminer quelles anomalies présentent des caractéristiques archéologiques évidentes. Les 569 anomalies retenues ont alors été classées comme sites archéologiques potentiels. Nous avons ensuite créé une base de données pour enregistrer les informations de chaque site potentiel, leurs coordonnées géographiques, mais également la description du milieu naturel et des vestiges (voir annexe 1). Parmi ces sites potentiels, certains ont été recensés par des archéologues et leur caractère archéologique ne fait aucun doute.

Lorsque les ruines sont bien conservées et facilement observables, nous avons dressé un croquis approximatif des constructions, qui aide à visualiser l'organisation interne de chaque site (fig.4.15). Ces croquis se sont révélés très utiles, une fois sur place, pour se repérer au sein d'un site et relever ses structures.

Nous avons aussi pu mesurer la surface des sites ou la longueur et la largeur des canaux et des chemins. Tout comme nos croquis, ces calculs, réalisés au moyen de Quantum GIS, un logiciel de SIG, manquent de précision, mais ils donnent un ordre de grandeur et permettent de comparer les sites potentiels entre eux.

Enfin, nous nous sommes attaché à l'étude de l'environnement et de la configuration du terrain aux alentours de chaque site. Outre la densité de la végétation, les tracés de ruissellements temporaires, la proximité avec des

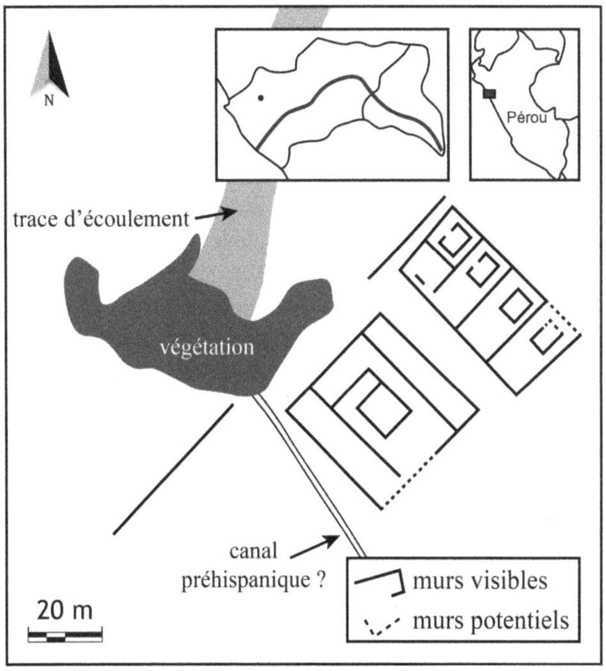

***Fig. 4.15* – Croquis de structures dessiné à partir d'une image satellite.**

montagnes ou de petites élévations, nous avons évalué les modalités d'accès sur place afin de faciliter nos prospections pédestres.

Durant ces « prospections virtuelles », nous avons donc cherché à tirer le maximum d'information des vestiges potentiels repérés.

Commentaires sur les données tirées des images satellites

À l'issue de cet examen, plusieurs constatations s'imposent sur la qualité des informations tirées de nos repérages satellites. Une comparaison avec les données issues des rapports et ouvrages consultés permet de vérifier la fiabilité d'une telle démarche.

Comparaison des données issues de la bibliographie et des images satellites

Parmi les 206 sites de l'Intermédiaire Récent répertoriés dans les ouvrages consultés, 113 n'ont pas été détectés sur les images satellites. Ce constat indique l'importance des prospections pédestres qui permettent de localiser des vestiges invisibles depuis les satellites, comme de simples concentrations de céramiques.

Inversement, quelques sites potentiels que nous avons repérés ont échappé aux archéologues. Cela signifie-t-il pour autant que ces sites ne possèderaient aucun caractère archéologique ? Dans plusieurs cas, il est probable que l'imprécision des coordonnées géographiques ne fasse pas coïncider les sites de la bibliographie et ceux détectés sur Google Earth. Ajoutons que les images satellites permettent de prospecter une très vaste région et beaucoup de sites potentiels ont été découverts dans des zones inexplorées. En cela, ces repérages satellitaires constituent une approche inédite du patrimoine archéologique pour de nombreuses parties de la vallée de Chicama.

Nous avons également comparé les descriptions des rapports à ce qui était visible sur les images satellites, afin de nous rendre compte de la fiabilité et des éventuelles lacunes de notre prospection virtuelle. En règle générale, on visualise bien la plupart des constructions de grandes tailles, c'est-à-dire des plateformes et de larges enceintes d'adobe. Quant aux structures plus petites, elles ne sont pas toujours décelables, mais comme elles sont rarement décrites par les archéologues, il est difficile de se faire une idée précise de ce que nous aurions pu et dû observer sur les images satellites.

La consultation des ouvrages de la bibliographie et les repérages réalisés sur les images satellites fournissent donc des données intéressantes qui permettent d'évaluer le potentiel archéologique de la vallée de Chicama. Mais de nombreuses informations manquent, notamment la chronologie de l'occupation des sites, parfois absente ou imprécise dans les rapports des archéologues et surtout impossible à déterminer avec les images satellites.

Résultats de notre repérage sur images satellites

À l'issue de l'examen des images satellites, les 569 sites potentiels déterminés se répartissent inégalement dans les régions basses, moyennes et hautes de la vallée de Chicama (fig.4.16). Au total, 394 sites sont localisés dans la vallée basse tandis que seulement 101 se trouvent dans la partie moyenne et 67 dans la partie haute. À cela, s'ajoutent 7 sites découverts dans les environs de la vallée, mais en dehors des limites fixées.

Cette répartition n'indique pas forcément que la vallée basse a été plus densément occupée autrefois. En réalité, l'aridité de la plaine côtière favorise la bonne conservation des vestiges qui sont donc bien visibles, surtout en l'absence de végétation. Ces conditions environnementales particulièrement propices à la « prospection virtuelle » sur images satellites expliquent pourquoi près de 70 % des sites potentiels ont été repérés dans cette région.

Une fois ces sites potentiels replacés sur une carte de la vallée de Chicama, quelques tendances spatiales se dessinent (fig.4.17). Bien que la plupart d'entre eux soient localisés en bordure des zones agricoles modernes de la vallée basse, certains ont été repérés au milieu des champs. Les études des archéologues étaient surtout limitées à la rive nord du río Chicama et notre « prospection virtuelle » a permis de recenser des sites potentiels sur la rive sud, une région qui présente aussi une forte densité de ruines.

Dans la vallée moyenne, les sites potentiels sont regroupés principalement le long des cours d'eau et surtout dans les alentours du río Chicama (fig.4.17). Rappelons que le fond de la vallée est semi-désertique et que les pluies ne sont pas suffisantes pour y développer une agriculture sans irrigation (voir supra chapitre 1 p.32). Il est probable que l'accès à l'eau était un facteur important dans cette partie de la vallée. Par ailleurs, ces nombreux sites potentiels

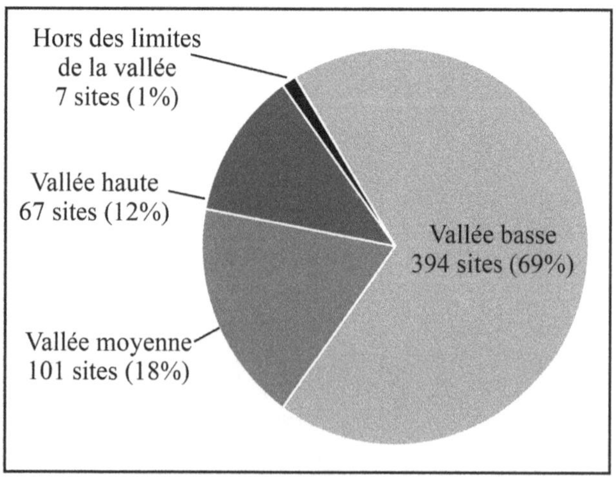

Fig. 4.16 **– Répartition des 569 sites potentiels dans les trois parties de la vallée de Chicama.**

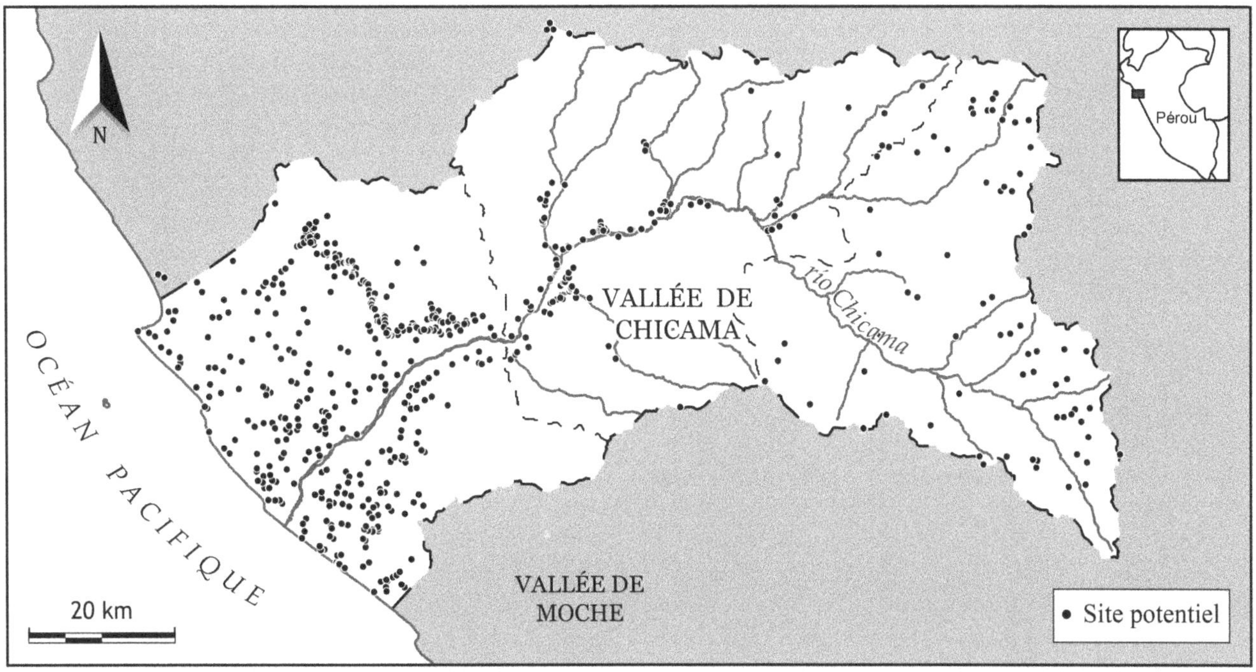

Fig. 4.17 – **Carte de répartition des 569 sites potentiels dans la vallée de Chicama.**

font écho aux quelques établissements recensés dans cette même région, par d'autres archéologues (Ramos 2007; Tufinio 2008; Aleman 2010b; León 2011).

Enfin, dans la vallée haute, le type de sites repérés sur les images satellites se transforme complètement. Les sites potentiels sont localisés sur des crêtes et des sommets et non dans le fond de la vallée (fig.4.17). Certes, la végétation et l'érosion ne facilitent pas la conservation des ruines, mais il est remarquable de constater que ce schéma d'implantation sur les hauteurs a été vérifié par l'équipe d'archéologues polonais (Krzanowski 2006), en particulier pour l'Intermédiaire Récent.

Cette première démarche bibliographique et satellitaire montre que les marges de la plaine côtière et le fond de la vallée moyenne de Chicama semblent riches en vestiges archéologiques, en particulier pour l'Intermédiaire Récent. Néanmoins, les limites de cette approche se font vite sentir, notamment en ce qui concerne la détermination chrono-culturelle des sites, souvent imprécise dans la documentation bibliographique et impossible à réaliser avec de simples images satellites. Il faut donc se rendre sur place pour pouvoir vérifier, compléter et tirer parti de ces premiers résultats, malgré tout prometteurs.

III. Une approche plus directe: les prospections pédestres

De 2010 à début 2013, nous avons séjourné à trois reprises au Pérou, réalisant des prospections dans la vallée de Chicama pour vérifier et compléter les données rassemblées au moyen de la bibliographie et des images satellites. Les deux premiers terrains, financés grâce à plusieurs aides et bourses de l'école doctorale d'Archéologie 112, de l'Université Paris 1 et de l'Institut des Amériques, ont duré respectivement deux et trois mois. Enfin, la bourse de mobilité de l'Institut Français des Études Andines nous a permis de rester six mois au Pérou, pour notre étude finale.

Par ailleurs, notre participation au Projet Choquek'iraw-Chanka, dirigé par Patrice Lecoq, nous a été d'une grande aide financière, mais surtout méthodologique. En effet, cette expérience nous a formé à l'usage d'images satellites de Google Earth, mais aussi aux techniques d'enregistrement des données sur les sites et à l'analyse du matériel. La vallée de Chicama s'étendant sur près de 6000 km², nous n'avions ni le temps ni les moyens pour prospecter l'ensemble de cette superficie; nous avons donc sélectionné différentes zones à parcourir.

Sélection des zones à prospecter

Les données issues de la bibliographie et notre repérage satellitaire nous ont été d'un grand secours pour évaluer les zones les plus intéressantes (fig.4.18). Plusieurs critères ont servi de base pour délimiter ces aires et ainsi planifier nos prospections: la variété des paysages et de l'environnement, la configuration du terrain, la concentration des vestiges potentiels, les données de la bibliographie, le degré de conservation et la facilité d'accès.

Les objectifs de notre recherche ont dicté nos choix de sélection. Nous avons voulu examiner le plus grand nombre de sites de la culture chimú dans la plaine côtière afin de compléter les informations tirées des rapports précédents. Pour appréhender les possibles liens établis entre la vallée de Chicama et Chan Chan, il fallait évidemment étudier la région entre ces deux vallées (fig.4.18-1). De même, l'intérêt des Chimús pour l'agriculture (voir supra chapitre 3.3 p.106) impliquait la prospection de zones potentiellement cultivées à l'Intermédiaire Récent (fig.4.18-3, 5 et 6). Enfin, les éventuelles relations entre les Chimús et les groupes de la sierra expliquent notre intérêt pour les sommets de la vallée de Chicama.

La topographie et l'environnement

Nous avons vu au cours du chapitre 1 que les paysages de la vallée de Chicama sont très variés. L'environnement et le relief sont de possibles facteurs influençant l'implantation humaine et nous en avons tenu compte pour sélectionner les zones à prospecter[3]. Les très fortes pentes, par exemple, ne sont pas propices à l'installation de sites, sauf au moyen d'importants terrassements, et nous avons donc délaissé ces aires difficiles à parcourir. Certaines zones délimitées se trouvent à proximité immédiate du littoral, d'autres dans la plaine côtière plus à l'intérieur des terres, ou dans le fond de la vallée moyenne et enfin sur les crêtes des montagnes. Nous avons également choisi des zones intermédiaires entre les sommets et le fond de la vallée moyenne afin de prospecter différents étages écologiques. Tous les types de paysages n'ont pas été sélectionnés; nous avons privilégié la partie basse et moyenne de la vallée où semble se concentrer l'essentiel de l'implantation chimú, et où l'aridité et la rareté de la flore permettent d'examiner les ruines bien plus facilement qu'au milieu de l'épaisse végétation des sommets. Au contraire, les hauteurs de la partie sud-est de Chicama avaient fait l'objet d'études assez poussées de la part de l'équipe de Krzanowski (1985; 2006) et nous n'avons pas jugé utile de revisiter cette région où les Chimús ne se seraient d'ailleurs pas installés.

La présence de sites déjà connus ou potentiels

Nous avons aussi privilégié les endroits présentant des densités importantes de sites potentiels détectés sur images satellites, afin d'avoir de plus grandes chances de découvrir quelques vestiges archéologiques réels parmi eux. Ainsi, les zones prospectées dans le fond de la vallée moyenne de Chicama ont été choisies pour la forte présence d'éventuelles ruines (fig. 4.18-10 à 14, 20 et 21). De façon similaire, nous nous sommes intéressés aux hauteurs de San Benito car nous y avions détecté quelques anomalies (fig. 4.18-15 et 16).

Outre les informations recueillies sur les images satellites, les études d'archéologues permettent de localiser des sites et de les analyser de nouveau. Nous avons privilégié les zones où les chercheurs avaient découvert des sites de la culture chimú ou de l'Intermédiaire Récent. Ainsi, la pointe de Malabrigo, prospectée par Chauchat (Chauchat *et al.* 1998), puis par Moulet (2009) et Cruzado et Castillo (2009), semble avoir été occupée de manière assez dense à l'époque chimú (fig.4.18-4). De même, la pampa El Alto, entre le cerro Campana et l'océan Pacifique, est traversée de nombreux chemins chimús étudiés par Beck (1979; 1991) qui mentionne aussi la présence de sites de cette culture (fig.4.18-1). Comme elle ne décrit pas précisément ces vestiges, nous avons décidé de les prospecter. Enfin, nous nous sommes rendus dans les alentours de Lucma qui avaient été parcourus par Aleman (2010b). Ce dernier ne donne aucune indication chrono-culturelle des huit sites qu'il y a découverts et nous avons donc cherché à les dater par nous-mêmes, sur place (fig.4.18-22 et 23; voir infra chapitre 5.3 p.181).

La conservation des vestiges

Le degré de conservation des vestiges est également un critère important. Les sites les mieux préservés sont aussi les plus visibles sur les images satellites et les probabilités qu'ils recèlent des ruines archéologiques sont élevées. Outre cette quasi-certitude, ils peuvent fournir plus d'informations sur leurs anciens habitants alors que les sites très détruits ou pillés depuis des années ne sont malheureusement plus d'une grande aide pour de simples prospections. Nous avons donc choisi des zones qui englobent souvent des sites bien conservés, susceptibles d'apporter beaucoup de données.

Les facilités d'accès

Enfin, le dernier critère utilisé est purement logistique et concerne l'accès aux zones. Le réseau routier n'étant pas particulièrement développé en dehors des champs de canne à sucre, nous avons tenu compte des moyens d'accès possibles pour parvenir aux sites. Les sentiers des hauteurs ne sont pas toujours visibles sur les images satellites, mais ils sont assez nombreux et nous n'avons rencontré de problèmes qu'à certains endroits où la végétation compliquait sérieusement notre progression. Au contraire, dans la plaine côtière, les sites localisés à plusieurs kilomètres des villages, dans les régions désertiques marginales, comme dans la pampa de Mocan, impliquaient l'usage d'un véhicule tout terrain et il nous a tout de même fallu trois essais successifs pour atteindre finalement le cœur de cette zone (fig.4.18-5). Nous n'avons donc pas toujours tenu compte de ce critère, privilégiant l'intérêt scientifique et archéologique, mais dans la plupart des zones choisies, l'accès n'est heureusement pas très compliqué.

Les zones déterminées recouvrent différents types de milieux naturels et contiennent des sites repérés ou déjà étudiés, des vestiges bien conservés et parfois datés de l'Intermédiaire Récent. Comme cette sélection ne s'est pas faite au hasard, les résultats de nos prospections pédestres, qui apportent souvent beaucoup de données, ne peuvent être considérés comme des échantillons valables pour l'ensemble de la vallée.

Méthodes de prospection pédestres

Sur le terrain, nous avons opté pour une méthodologie particulière du fait, entre autres, de plusieurs facteurs externes.

3 - Les discussions méthodologiques de reconnaissances pédestres, présentées dans l'ouvrage *The Early Mesoamerican Village* (Flannery 1976), nous ont servi d'inspiration.

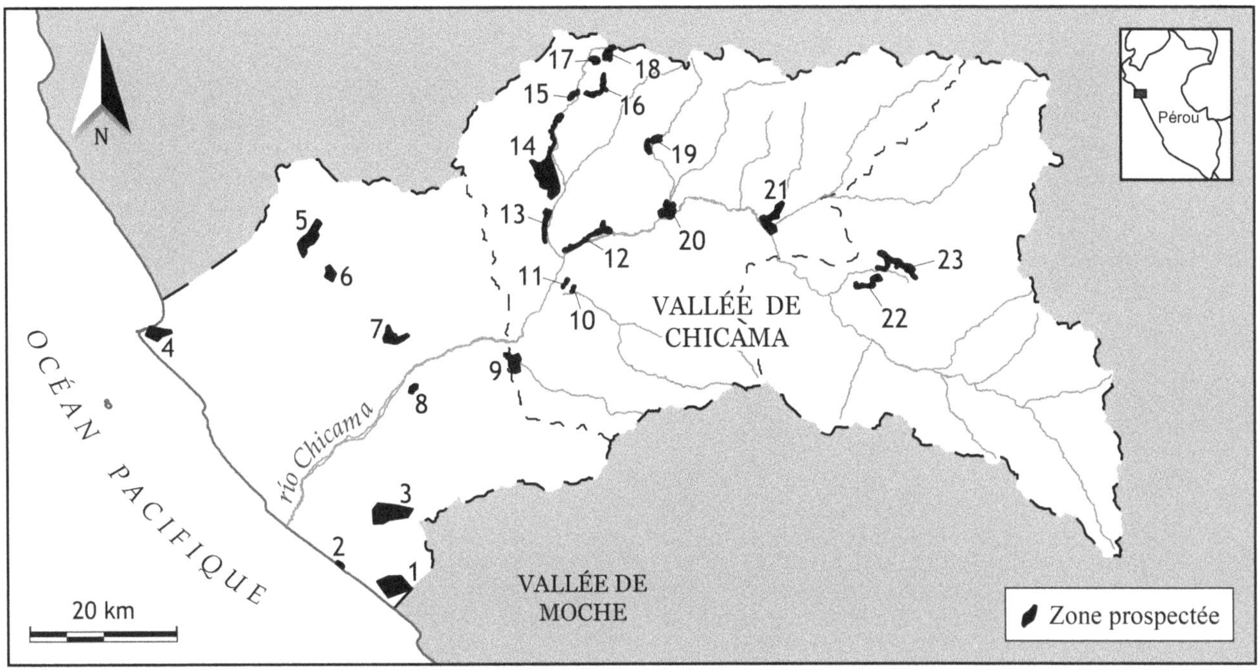

Fig. 4.18 – **Carte des zones prospectées dans la vallée de Chicama.**

Tout d'abord, les difficultés à trouver un archéologue péruvien acceptant d'être codirecteur et le coût financier qu'un tel projet impliquait ne nous ont pas permis de déposer une demande de projet au Ministère de la Culture du Pérou et donc d'obtenir une autorisation de prospection. Dans ces conditions, nous n'avons ni touché aux vestiges (le matériel archéologique est resté sur les sites) ni réalisé de sondages et toutes les données (croquis, photos, notes, etc.) ont été enregistrées sur place. Accompagné d'étudiants de l'Universidad Nacional de Trujillo, nous nous sommes comportés comme de « simples promeneurs » se rendant sur des sites, même si notre intérêt différait de celui du touriste moyen. Nos observations ont ainsi été exclusivement non-destructives pour les ruines.

Une fois sur le terrain, nous avons parfois modifié les zones à prospecter sur les conseils des habitants de la vallée de Chicama qui nous mettaient en garde contre des voleurs ou des chercheurs d'or illégaux, susceptibles de nous attaquer. Par ailleurs, les terrains désertiques, mais privés, appartenant à l'entreprise Casa Grande qui exploite la canne à sucre, sont entourés de grillages et nous avons donc modifié légèrement nos objectifs, prospectant simplement un peu plus au sud (fig.4.18-9). Enfin, les indications des villageois au sujet de ruines archéologiques nous ont aussi amenés à parcourir de nouvelles zones ou à en agrandir d'autres. La zone 17 n'était initialement pas prévue, mais lors de notre arrivée à Guzmango, un des habitants de la région s'est proposé pour nous faire visiter les alentours du village et grâce à lui, nous avons pu pénétrer sur les terres de plusieurs paysans et interroger les propriétaires à propos de possibles vestiges archéologiques. Aucun site n'a été découvert dans cette zone, mais cela nous a permis de recueillir des informations sur des ruines localisées sur les hauteurs, dans la zone 18 (fig.4.18).

Prospections pédestres

Nous avons parcouru une à une les zones choisies en couvrant la plus grande surface possible afin de ne laisser aucun vestige de côté. Résidant à Trujillo, nous nous sommes rendus dans la vallée de Chicama en voiture ou en bus à plusieurs reprises[4]. Bien sûr, nos repérages sur images satellites et les données tirées de la bibliographie nous ont fourni les coordonnées des sites potentiels et il était, dès lors, facile d'y aller directement, à l'aide d'un GPS[5]. Néanmoins, cette approche aurait limité considérablement l'extension du terrain prospecté; des concentrations de céramiques, invisibles sur les images satellites, auraient pu échapper à notre regard, une fois sur place. Nous avons donc opté pour une couverture maximale de chaque aire, zigzagant au lieu de marcher en ligne droite, tout en tenant compte du relief et de la végétation.

Cette méthodologie de prospection a porté ses fruits, puisque nous avons pu localiser 166 sites archéologiques, répartis sur les 23 zones (fig.4.18 et 4.19), pour une surface approximative de 63 km². Un dernier site archéologique (le n°166) se trouve en dehors des zones prospectées à proprement parler, soit un total de 167 sites répertoriés, décrits dans un tableau en fin de chapitre (fig.4.31).

L'étude de chaque site

Sur chaque site, notre examen s'est effectué selon un protocole assez simple. Après un premier repérage de l'ensemble du site, permettant de collecter de la céramique

4 - Nous souhaitons remercier la famille Vásquez Gutiérrez pour leur accueil, leur aide logistique et la location de la voiture ainsi que Carlos Gutiérrez pour nous avoir servi de chauffeur à plusieurs reprises.

5 - Nous remercions Juan Carlos Samaniego et Nicolas Goepfert qui nous ont prêté leurs GPS pour réaliser notre terrain, en 2010 et 2011.

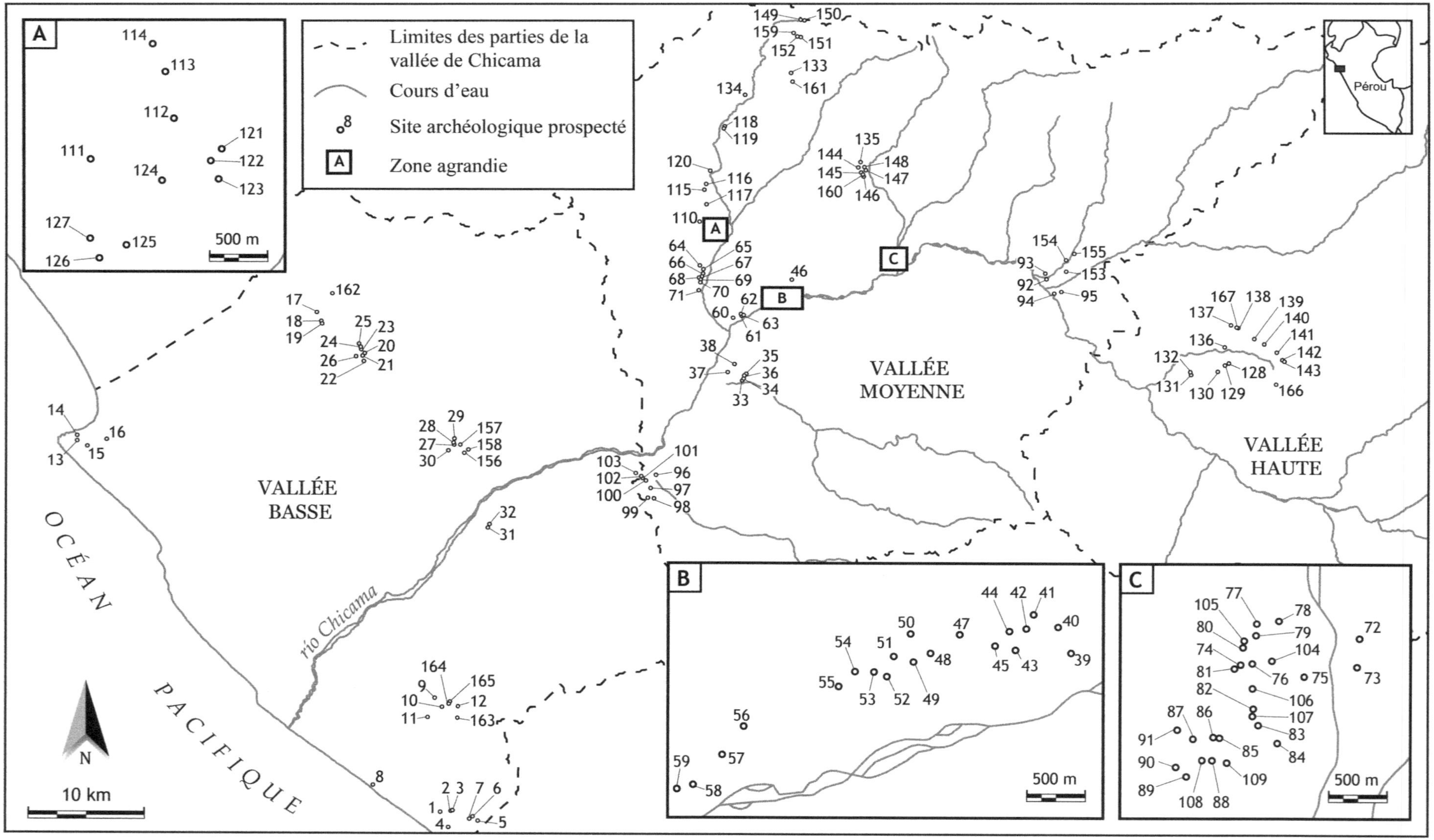

Fig. 4.19 – **Carte des sites prospectés dans la vallée de Chicama.**

en surface, nous avons réalisé l'étude de ce matériel et de l'architecture apparente, le tout étant décrit sur des fiches papier (voir annexe 2).

Dans le cas de sites vastes, nous avons ramassé la céramique selon des secteurs définis à l'avance, plus ou moins arbitrairement. Nous cherchions, d'une part, à identifier d'éventuelles différences dans les phases d'occupation d'un même site et d'autre part, nous voulions éviter de déplacer les tessons qui, à l'issue de leur examen, étaient laissés *in situ*, au sein de leur secteur d'origine. Au moyen de fiches papier (voir annexe 2), nous avons indiqué les particularités des tessons les plus révélateurs, noté leurs mesures et dessiné leur profil, et nous avons décrit les caractéristiques globales de la céramique du site ou de chaque secteur. Enfin, les photos des tessons, prises sur place sous différents angles, ont permis de réétudier et de comparer, par la suite, le matériel de plusieurs sites archéologiques. Cette analyse demeure néanmoins superficielle, puisque sur le terrain, le temps et les moyens ont souvent manqué pour mener des observations approfondies. Par ailleurs, sans sondage, les tessons sont dépourvus de contexte stratigraphique fiable. Nous avons cependant cherché à accumuler le maximum d'information, dans les limites des conditions de la prospection durant laquelle nous nous sommes aussi intéressés aux vestiges des constructions.

L'architecture a été plus facile à étudier, puisque les murs, visibles en surface, peuvent faire l'objet d'un examen sous tous les angles et sans destruction. Nous avons tiré parti de la bonne conservation des vestiges pour exécuter les plans des différentes structures des sites. Dans certains cas, les images satellites nous avaient permis d'esquisser au préalable un croquis qu'il suffisait de compléter et de préciser sur place. À cet effet, nous avons mesuré les longueurs, les épaisseurs et les hauteurs des murs d'adobes et de pierres les mieux conservées. L'orientation de certains murs a aussi été notée au moyen d'une simple boussole. De plus, nous avons pris les dimensions de plusieurs adobes et pierres afin de comparer les différents matériaux de construction utilisés sur chacun des sites.

Outre ces méthodes traditionnelles et quelque peu rudimentaires qui nous ont permis de dessiner le plan de chaque structure du site, nous avons utilisé un GPS pour enregistrer quelques coordonnées de points, pris dans les angles de murs des édifices, et ainsi pouvoir reconstituer l'ensemble du site. La marge d'erreur de ces coordonnées étant de 3 à 4 mètres, nous nous sommes contentés d'un seul point pour les plus petites structures. Au contraire, pour de grandes constructions, cette imprécision est raisonnable, surtout si des mesures complètent les informations et corrigent les erreurs. Les canaux, les murs et les limites de sites ont quant à eux été enregistrés par un « tracking » sur le GPS.

À l'aide de ces croquis, de ces mesures et des points GPS sur les sites recensés, nous avons pu redessiner des plans relativement précis des vestiges. Nous avons tout d'abord réalisé un plan de chaque structure relevée, à une échelle de 1:1000, grâce au logiciel Adobe Illustrator. Puis, au moyen des points GPS importés, nous avons replacé ces édifices les uns par rapport aux autres, afin de créer le plan le plus complet possible du site (fig.4.20). Nous avons ainsi pu étudier chaque site dans son ensemble, comparer les différents bâtiments, leur emplacement, leur degré de complexité, leur taille, etc.

Outre les mesures et les points GPS, nous avons pris de nombreuses photos des structures, avec une échelle. Dessiner sur place les parements des murs aurait pris un temps précieux et nous avons préféré les photographier pour pouvoir nous consacrer à l'identification d'autres sites.

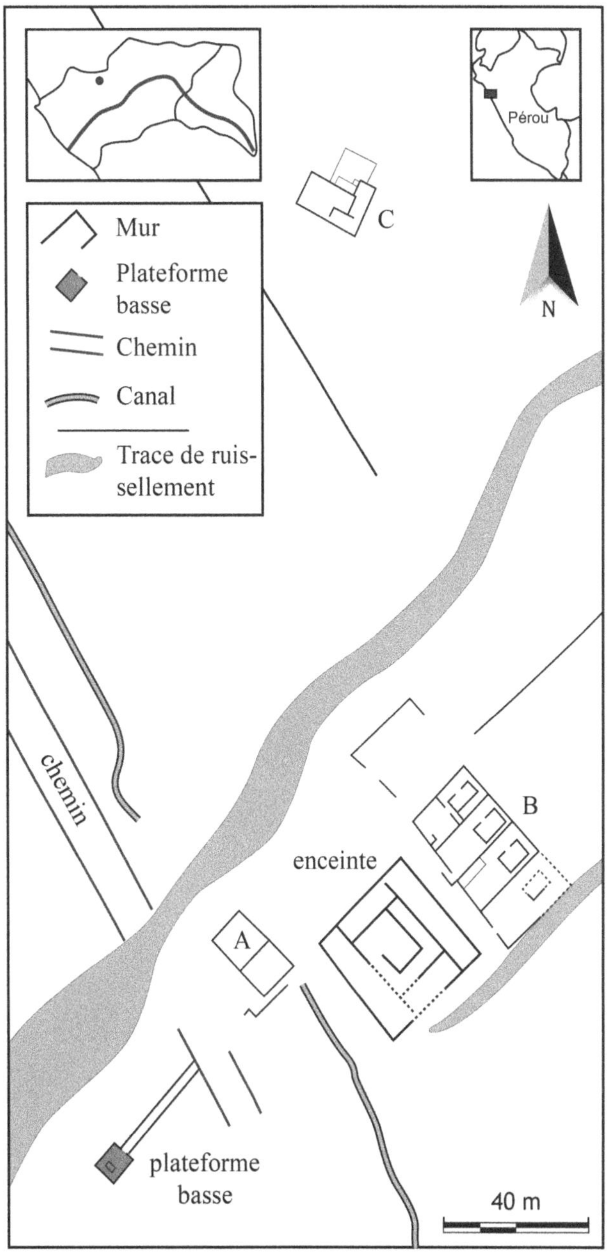

Fig. 4.20 **– Plan du site n°17 réalisé à partir des données de terrain (à comparer avec la fig.4.15).**

Enfin, nous avons observé l'environnement immédiat et plus lointain de chaque site, recensant des espèces végétales ou animales repérées et examinant le paysage, les sommets, les cours d'eau, le sens du vent, etc. Nous nous sommes également intéressé à la visibilité entre les sites et vis-à-vis du paysage environnant, pour ensuite mieux étudier cet aspect au moyen d'un logiciel de SIG. Des photos permettent de rendre compte, par la suite, de ce qui est visible depuis chaque site, et d'imaginer le cadre de vie des habitants d'autrefois.

Anthropologie moderne

La découverte et l'examen des vestiges archéologiques constituent la partie la plus importante de nos travaux de terrain, mais nous avons souhaité la compléter par une approche plus anthropologique et ethnographique, en interrogeant quelques villageois de la vallée de Chicama. Ces derniers nous ont parfois apporté de précieuses informations quant aux ruines des environs et nous avons pu collecter des données au sujet de la vie quotidienne actuelle.

Lorsque le contact s'est avéré très fructueux, nous avons récolté des renseignements sur l'agriculture, les plantes cultivées, l'irrigation ou la localisation des champs d'une famille. Nous avons également rencontré un potier de Cascas qui nous a fourni de nombreux détails sur ses techniques de fabrication, de cuisson et les sources d'argiles. Enfin, nous avons recueilli quelques légendes et histoires folkloriques dont certaines concernent des vestiges archéologiques. Ces informations se rapportent bien plus aux habitants de la vallée moyenne et haute qu'à ceux de la vallée basse avec lesquels la communication fut souvent plus limitée.

Bien que cinq siècles se soient écoulés depuis l'arrivée des Espagnols, certaines pratiques ont perduré dans la vallée de Chicama, comme l'irrigation au tour par tour. Ces informations plus ethnographiques qu'archéologiques permettent parfois de mieux appréhender le passé et complètent les données récoltées sur les sites préhispaniques.

Les premiers résultats des prospections

Avant d'analyser les 167 sites, nous allons les présenter pour chacune des 23 zones. Nous avons défini quatre grandes catégories de vestiges rencontrées sur ces sites: les concentrations de matériel (céramiques et/ou ossements), l'architecture (petites structures, enceintes, plateformes, etc.), les infrastructures (chemins, canaux, champs, murs isolés) et des rochers imposants, peut-être à caractère sacré (classés comme « autre type »).

La zone 1, située entre l'océan Pacifique et le cerro Campana, s'étend sur environ 7 km² (fig.4.18 et 4.21-a). Elle est traversée par plusieurs chemins préhispaniques, étudiés en détail par Beck (1979; 1991), le long desquels se trouvent les sites n°1, 2, 3, 5 et 6 qui présentent des constructions. Les n°4 et 7, localisés en dehors de ces anciens axes de circulations, sont constitués de concentrations de céramiques et d'ossements. Le site n°4 recèle également deux édifices.

La zone 2 se trouve à l'ouest de la zone 1, sur le littoral (fig.4.18 et 4.21-b). Large de 0,25 km² seulement, elle ne comprend que le site n°8 qui regroupe quatre sites potentiels repérés sur les images satellites. Il s'agit d'un site mêlant des concentrations de céramiques et d'ossements et des infrastructures agricoles, des *huachaques*.

La zone 3 mesure environ 10 km² (fig.4.18 et 4.21-c). Nous y avons recensé sept sites archéologiques; les sites n°9, 11 et 164 recèlent des constructions, tandis que les n°10, 163 et 165 se caractérisent par des concentrations de matériel (céramiques et ossements). Notons que les sites n°10 et 12 comportent également des infrastructures comme des murs isolés ou des canaux. Un site potentiel que nous avions repéré sur une image satellite dans cette zone s'est révélé être une construction en béton en ruine, très récente.

La zone 4, couvrant environ 3 km², se trouve sur la pointe Malabrigo, à l'extrémité occidentale de la vallée de Chicama (fig.4.18 et 4.21-d). Nous y avons recensé quatre sites archéologiques; les n°13, 14, 15 et 16 se composent d'infrastructures (chemin, mur isolé et canal) et le n°13 recèle des constructions. Une concentration de céramiques de l'Intermédiaire Récent, découverte par Cruzado et Castillo (2009), a échappé à notre regard et nous n'avons eu accès au rapport de ces deux archéologues qu'après nos prospections.

La zone 5 (fig.4.18 et 4.21-e), localisée dans la pampa de Mocan, s'étend sur près de 4,75 km² et compte quatre sites (n°17, 18, 19 et 162) qui se composent de constructions, et d'infrastructures (canaux, champs et chemins). Notons que le n°162 occupe la majeure partie de cette zone et regroupe dix des onze sites potentiels, repérés grâce aux images satellites. Au contraire, les n°18 et 19 étaient passés inaperçus et n'ont été découverts qu'une fois sur le terrain.

À quelques kilomètres au sud-est de la zone 5 se trouve la 6, plus petite (1,25 km²; fig.4.18 et 4.21-f). Nous y avons découvert sept sites; les n°20, 22, 24, 25 et 26 présentent des édifices, alors que les n°21 et 23 sont de simples concentrations de céramiques. Lorsque nous l'avons prospectée, cette zone était en cours d'aménagement pour y développer la culture de la canne à sucre. Il est à craindre que les vestiges architecturaux jusqu'alors relativement préservés ne pâtissent d'une telle activité. Seul le site n°25 avait été repéré sur les images satellites, les autres étant en partie cachés par la végétation sauvage d'un *sapotal* dont il ne reste plus grand-chose aujourd'hui (voir supra chapitre 1.5 p.22).

La zone 7, localisée à 5 km au nord du río Chicama, s'étend sur 2,5 km² (fig.4.18 et 4.21-g). Les sept sites que nous y avons découverts se composent de constructions (n°27, 29 et 30), de canaux et de champs (n°28, 156 et

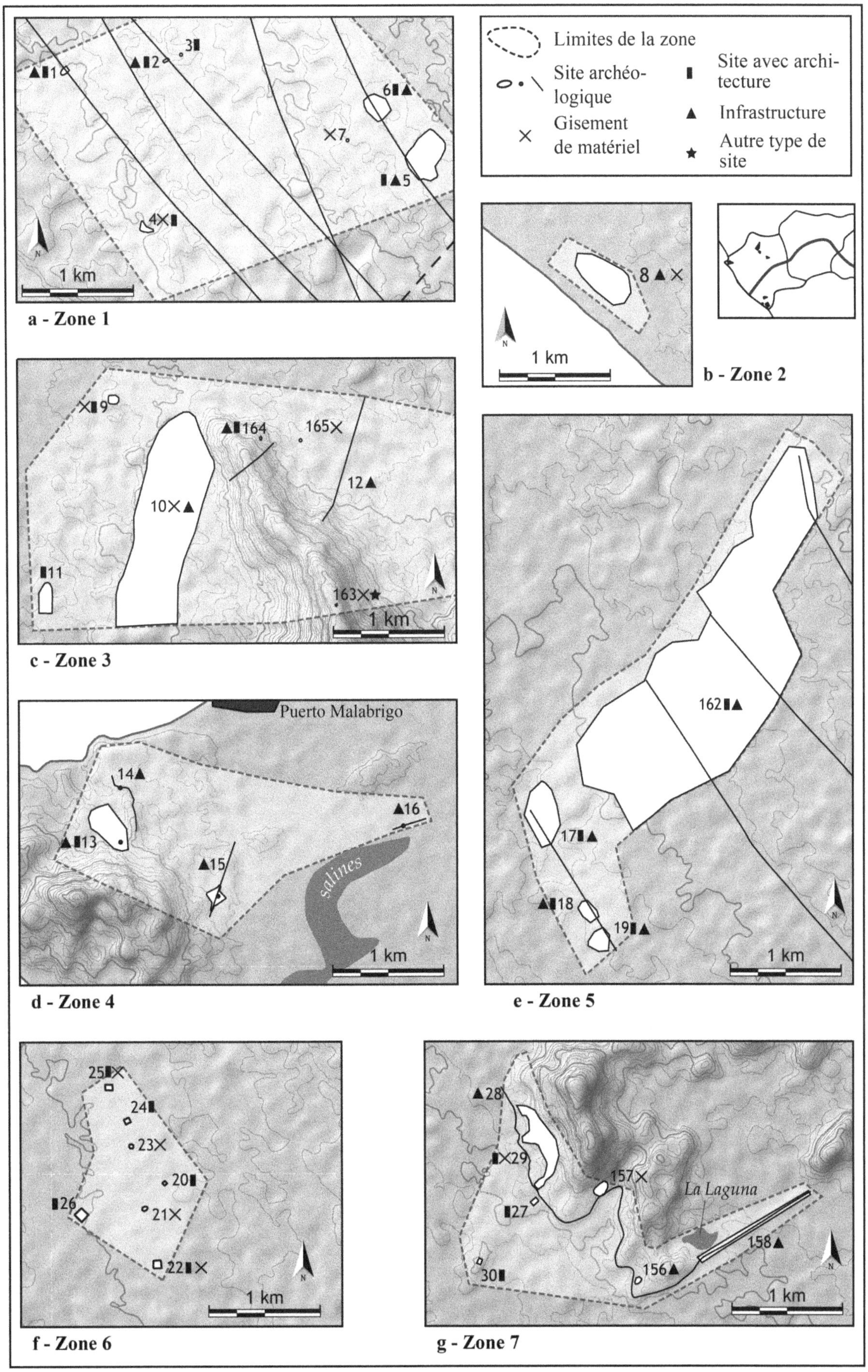

Fig. 4.21 **- Cartes des zones 1 à 7 de nos prospections**

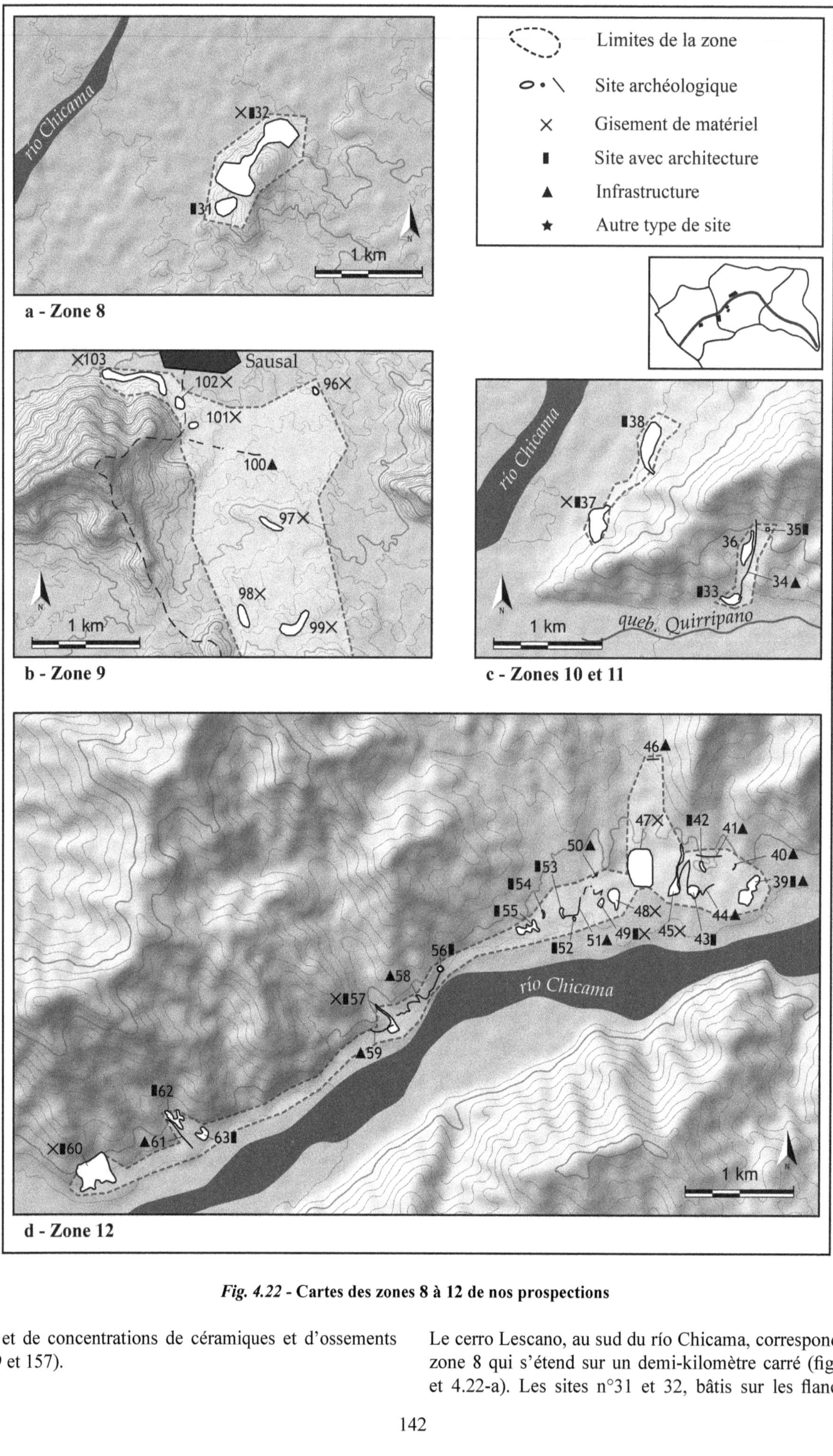

Fig. 4.22 - **Cartes des zones 8 à 12 de nos prospections**

158) et de concentrations de céramiques et d'ossements (n°29 et 157).

Le cerro Lescano, au sud du río Chicama, correspond à la zone 8 qui s'étend sur un demi-kilomètre carré (fig.4.18 et 4.22-a). Les sites n°31 et 32, bâtis sur les flancs de

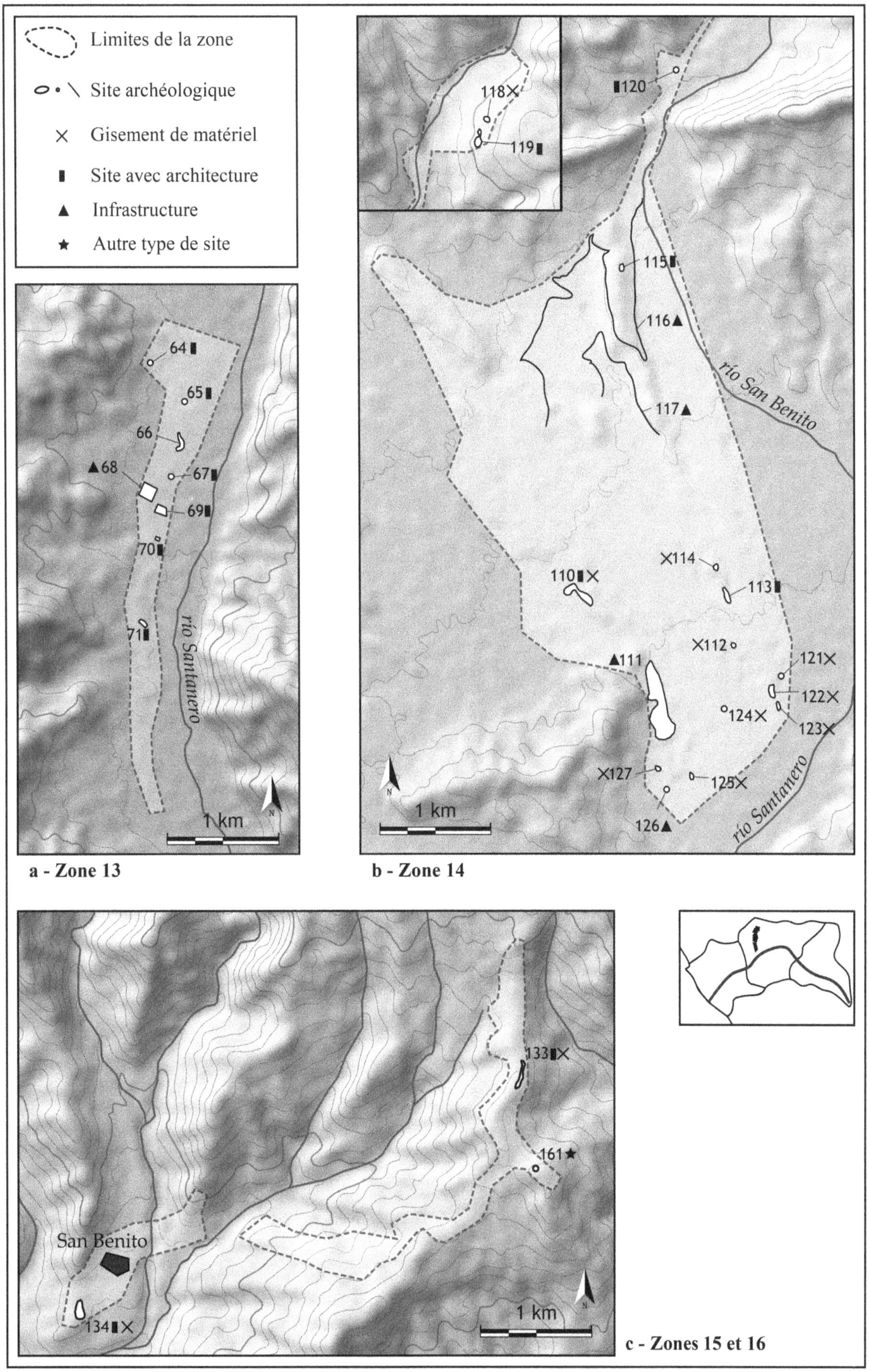

Fig. 4.23 **- Cartes des zones 13 à 16 de nos prospections**

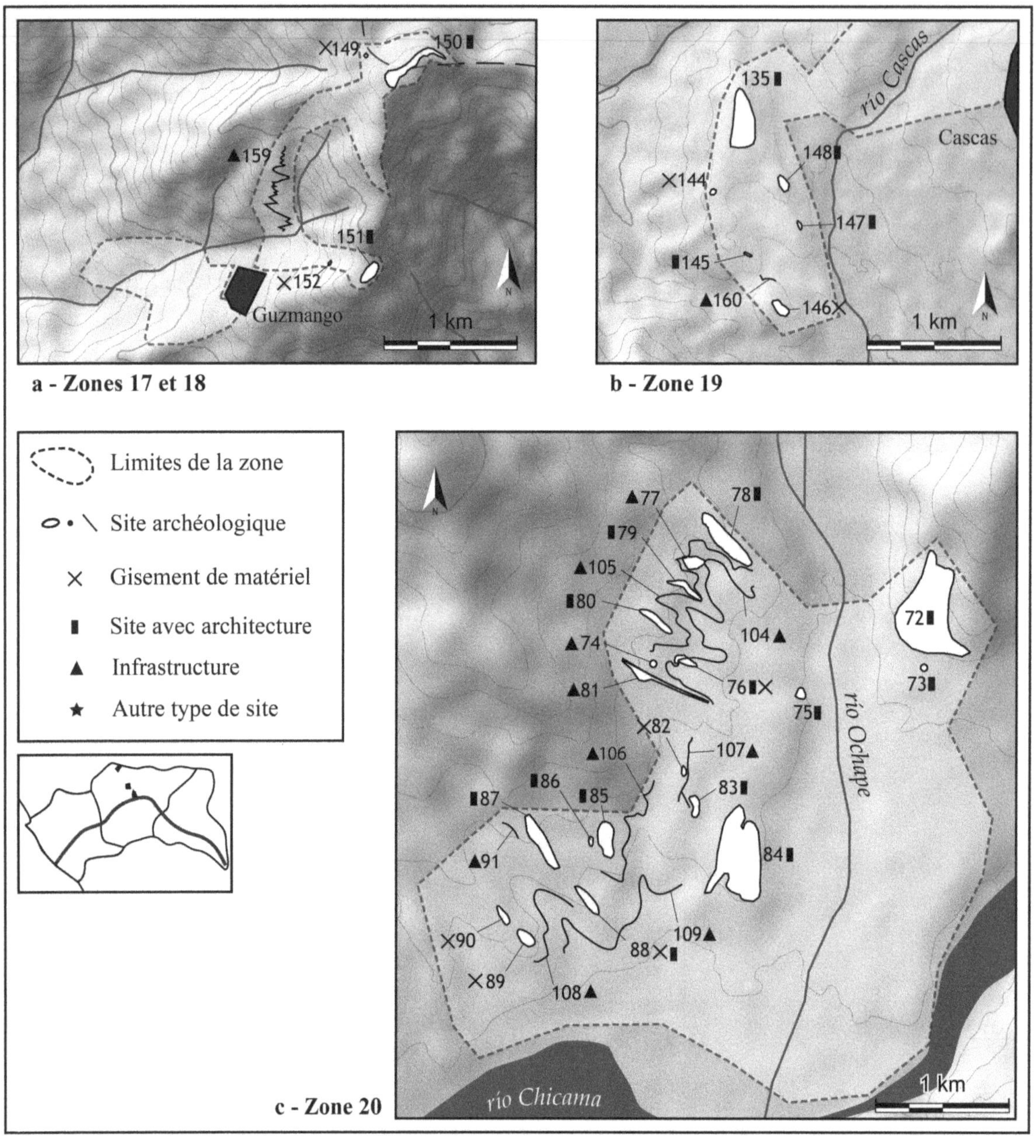

Fig. 4.24 - **Cartes des zones 17 à 20 de nos prospections**

cette montagne, comportent de nombreuses structures et, dans le cas du n°32, de concentrations de céramiques et d'ossements.

La zone 9, large de 2 km², se situe au sud du village de Sausal, à la limite des parties basse et moyenne de la vallée de Chicama (fig.4.18 et 4.22b). Nous y avons recensé huit sites, alors que les images satellites n'avaient révélé qu'un seul site potentiel. Les sites n°96, 97, 98, 99, 101, 102 et 103 sont des concentrations de céramiques, avec parfois des ossements et ne sont pas visibles sur les images satellites. Quant au n°100, c'est un long mur isolé que nous avions repéré préalablement et classé comme site potentiel.

La zone 10, localisée dans une petite combe de la *quebrada* Quirripano, ne s'étend que sur 0,15 km² (fig.4.18 et 4.22-c). Les sites n°33, 35 et 36 sont composés de constructions, et le n°34 est un mur isolé.

Non loin de la zone 10, sur les berges du río Chicama, nous avons parcouru la zone 11 (0,2 km²; fig.4.18 et 4.22-c) qui a révélé deux sites, n°37 et 38, composés de structures. Le n°37 recèle aussi des concentrations de céramiques et d'ossements.

La zone 12 s'étire entre le village de Jaguey et celui de Punta Moreno, sur la rive nord du río Chicama (fig.4.18 et 4.22-d). Malgré ses 2 km², cette zone promettait d'être riche en vestiges avant même d'être parcourue, étant donné les quinze sites potentiels que nous avions repérés sur les images satellites. Au total, nous avons recensé 25 sites (du n°39 à 63). La plupart (n°39, 42, 43, 49, 52, 53, 54, 55, 56, 58, 60, 62 et 63) se composent de constructions,

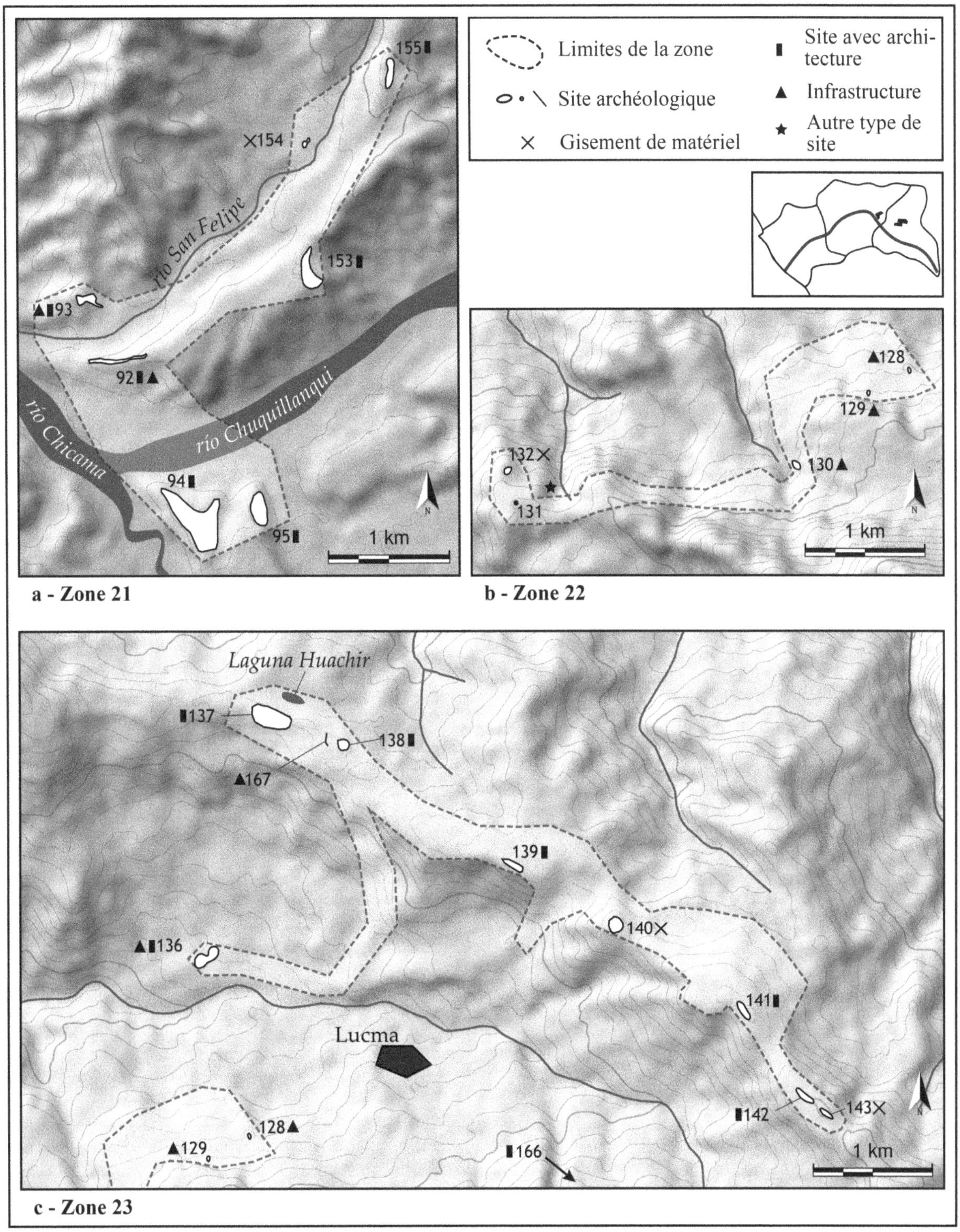

Fig. 4.25 **- Cartes des zones 21 à 23 de nos prospections**

mais certains comportent aussi des concentrations de céramiques et d'ossements (n°45, 47, 48, 49, 58 et 60) tandis que d'autres ont des infrastructures, comme des murs isolés ou des canaux (n°39, 40, 41, 44, 46, 50, 51, 57, 59 et 61).

La zone 13 qui s'étend sur 1,5 km² se trouve dans la *quebrada* Santanero (fig.4.18 et 4.23-a). Les huit sites découverts (du n°64 à 71) sont tous composés de structures, sauf le n°68 qui recèle des infrastructures agricoles.

La zone 14 est localisée au nord de la zone 13, dans les *quebradas* Santanero et San Benito (fig.4.18 et 4.23-b). Large d'environ 11,25 km², cette vaste zone regroupe dix-huit sites (n°110 à 127). La plupart comportent des concentrations de céramiques (n°110, 112, 114, 118, 121, 122, 123, 124, 125 et 127), tandis que d'autres ont des constructions (n°110, 113, 115, 119, 120) ou des infrastructures (111, 113, 116, 117, 126 et 127).

Aux alentours du village de San Benito, nous avons prospecté la zone 15 (0,5 km²; fig. 4.18 et 4.23-c), n'y découvrant qu'un seul site, le n°134 qui se compose de constructions extrêmement détruites par les pillages intensifs et de céramiques en surface.

La zone 16 se trouve sur le sommet d'une crête qui domine le village de San Benito et s'étend sur environ 1 km² (fig.4.18 et 4.23-c). Le site n°133 comprend une structure et une concentration de céramiques et le n°161 est un possible rocher sacré, aménagé d'une petite terrasse.

La zone 17 s'étend aux environs du village de Guzmango, mais nous n'y avons pas découvert de site archéologique (fig.4.18 et 4.24-a). Notons qu'aucun site potentiel n'avait été repéré sur des images satellites, mais nous avons profité de l'aide d'un habitant du village pour en prospecter les environs.

La zone 18 (0,75 km²) est localisée sur les hauteurs de Guzmango (fig.4.18 et 4.24-a). Nous y avons recensé cinq sites, les n°149 et 152 sont des concentrations de céramiques, les n°150 et 151 comportent des constructions et le n°159 est un chemin.

Non loin du village de Cascas, sur le cerro Colorado, la zone n°19 s'étend sur 2,5 km² (fig.4.18 et 4.24-b). Les sept sites découverts sont composés de structures (n°135, 145, 147 et 148), d'infrastructures (n°160) et de concentrations de matériel (n°144 et 146).

La zone 20 se trouve à la confluence des *ríos* Chicama et Ochape (fig.4.18 et 4.25-c). Large d'à peine 2,75 km², elle recèle 25 sites archéologiques. Nous y avions repéré plusieurs anomalies qui se sont révélées être de véritables sites archéologiques. Les établissements avec de l'architecture sont très nombreux (n°72, 73, 75, 76, 78, 79, 80, 83, 84, 85, 86, 87 et 88) alors que ceux comprenant des concentrations de céramiques sont plus rares (n°82, 88, 89 et 90). Enfin, les infrastructures, comme des canaux, des terrasses et des murs isolés, sont aussi présentes (n°77, 81, 91, 105, 106, 107, 108 et 109).

La zone 21 (3,75 km²) est localisée à la confluence des *ríos* Chicama, Chuquillanqui et San Felipe (fig.4.18 et 4.25-a). Six des sept sites recensés se composent de structures (n°92, 93, 94, 95, 153 et 155) tandis que le n°154 est une simple concentration de céramiques. Les sites n°92 et 93 comportent également des vestiges de canaux.

Nous avons prospecté la zone 22 au sud-ouest du village de Lucma, sur 1,25 km² (fig.4.18 et 4.25-b). Les cinq sites de cette zone sont très mal conservés et recèlent des restes d'infrastructures comme des terrasses ou de petits murs isolés (n°128, 129 et 130). Le n°131 est composé d'un rocher peut-être à caractère sacré et symbolique et le n°132 est une concentration de céramiques.

La zone 23 est localisée sur les hauteurs, au nord de Lucma (fig.4.18 et 4.25-c). S'étendant sur environ 3 km², cette zone recèle neuf sites. Les sites n°136, 137, 138, 139, 141 et 142 se composent de structures, tandis que les n°140 et 143 sont des concentrations de céramiques et les n°136 et 167 comportent des infrastructures (canaux ou murs isolés).

Enfin, non loin de ces deux dernières zones, on trouve le site n°166, sur le cerro Ichur, au sud-est de Lucma (fig.4.25-c).

Les 167 sites recensés, répartis sur les 23 zones offrent un aperçu du patrimoine archéologique de la vallée de Chicama, mais ne constituent aucunement un inventaire complet ou exhaustif des vestiges de cette région.

Conclusion

À l'issue de cette présentation succincte des sites, il est intéressant d'évaluer ces résultats en les comparant avec les données issues de la bibliographie et de nos repérages sur images satellites (fig.4.26).

L'apport de nos prospections de terrain

Toutes les anomalies et tous les sites potentiels que nous avions préalablement détectés sur images satellites ont bien sûr été visités, afin de vérifier leur possible caractère

Zones	Surface (en km²)	Sites Int. Rec. (biblio.)	Anomalies	Sites potentiels	Sites prospectés		Densité de sites (sites/km²)
1	7	4	10	7	7	4,2%	4
2	0,25	1	4	4	1	0,5%	1
3	10	2	24	7	7	4,2%	0,7
4	3	2	7	3	4	2,5%	1,3
5	4,75	1	18	11	4	2,5%	0,8
6	1,25	0	6	1	7	4,2%	5,6
7	2,5	3	10	5	7	4,2%	2,8
8	0.5	0	3	1	2	1%	4
9	2	1	2	1	8	5%	4
10	0,15	0	5	4	4	2,5%	26,7
11	0,2	1	5	2	2	1%	10
12	2	1	20	15	25	15%	12,5
13	1,5	1	11	4	8	5%	5,3
14	11,25	1	12	2	18	11%	1,6
15	0,5	0	1	0	1	0,5%	2
16	1	0	2	0	2	1%	2
17	0,5	0	0	0	0	0%	0
18	0,75	1	1	0	5	3%	6,7
19	2,5	0	7	3	7	4,2%	2,8
20	2,75	2	15	6	26	15,5%	9,5
21	3,75	2	6	4	7	4,2%	1,9
22	1,25	0	2	0	5	3%	4
23	3	0	2	1	9	5,3%	3
Total	63	23	173	81	166 (+1)		

Fig. 4.26 **– Tableau du nombre de sites par zone.**

archéologique (fig.4.26). Parmi les 173 anomalies localisées dans les 23 zones prospectées, 30 ne présentaient aucune trace d'occupation humaine ancienne, soit 17 %. De même, seuls trois sites potentiels se sont révélés naturels ou modernes[6]. Les images satellites sont donc une source d'information fiable dans la majeure partie des cas. Toutefois, tous les vestiges ne sont pas visibles et des 167 sites étudiés, 50 n'avaient pas été repérés sur des images satellites auparavant et ont été découverts par les parcours ou grâce à des informateurs locaux (fig.4.27). Ce sont de petits établissements très détruits et présentant peu de traces en surface ou bien des ruines enfouies sous une végétation dense. On constate par ailleurs que les zones 12 et 20 ont révélé une forte densité de sites, la plupart ayant été détectés sur les images satellites (fig.4.26).

N'ayant pas eu accès à tous les rapports d'archéologues avant de réaliser nos prospections, nous ne connaissions pas l'ensemble des sites préalablement découverts. Certains ont pu passer inaperçus, mais dans l'ensemble, nos résultats concordent avec ceux des autres archéologues. Notre apport est relativement minime dans les zones qui avaient déjà été prospectées où nous n'avons identifié que quelques nouveaux sites. Il s'agissait surtout d'acquérir des données plus approfondies sur des sites inventoriés par d'autres archéologues. Au contraire, plusieurs zones n'avaient pas été explorées et nous avons ainsi recensé 132 sites inconnus des archéologues[7].

6 - Les différences de résultats entre le nombre de sites potentiels ou d'anomalies et le nombre de sites prospectés viennent également du fait que nous avons souvent regroupé plusieurs sites potentiels ou plusieurs anomalies en un seul site archéologique étudié. C'est notamment le cas dans la zone 5 où nous avons considéré un ensemble très vastes de vestiges comme formant un unique site.

7 - Il se peut que ce chiffre soit moins élevé car nous n'avons pas eu accès à tous les rapports des archéologues ayant travaillé dans la vallée de Chicama. Certains de ces 132 sites auraient donc pu faire l'objet d'études avant notre passage.

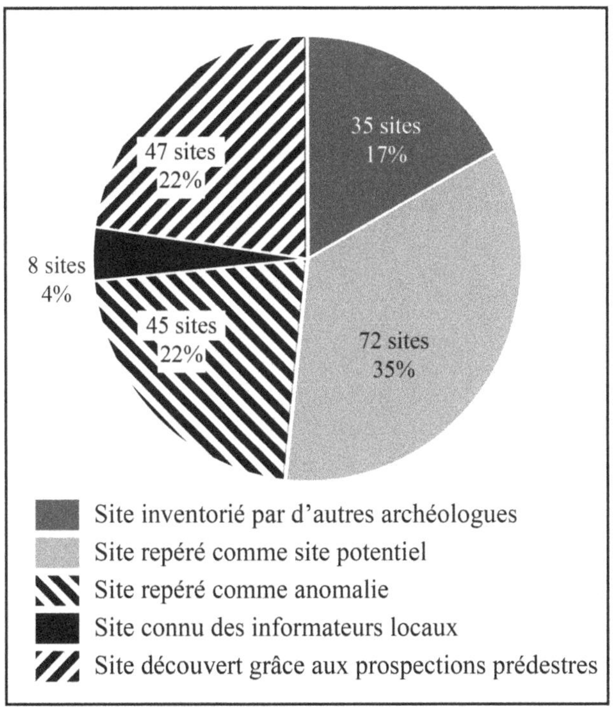

***Fig. 4.27* – Graphique de la répartition des 167 sites en fonction du mode de découverte.**

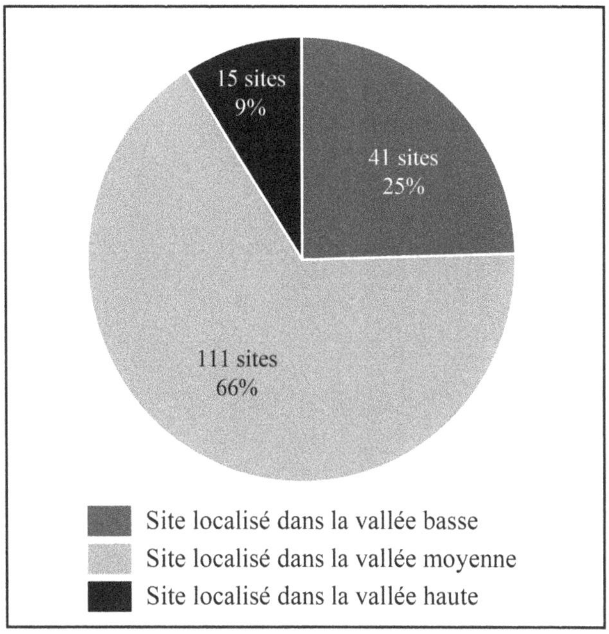

***Fig. 4.28* – Graphique de la répartition des 167 sites entre les trois parties de la vallée.**

Localisation, types et datation des sites

Les 167 sites recensés sont inégalement répartis dans la vallée de Chicama (fig.4.28). Nos prospections se sont surtout concentrées dans les parties basses et moyennes de Chicama et la plupart des établissements découverts se trouvent dans ces régions. Un quart des sites (41) sont localisés dans la plaine côtière et les deux tiers (111) sont dans la vallée moyenne, jusqu'alors très peu étudiée.

L'analyse de l'altitude des sites illustre également cette prépondérance des régions basses, puisque 82 sites (soit 49 %) sont localisés à moins de 500 m d'altitude tandis que 52 autres (soit 31 %) sont installés entre 500 et 1000 m (fig.4.29). Les sites des hauteurs sont peu nombreux et

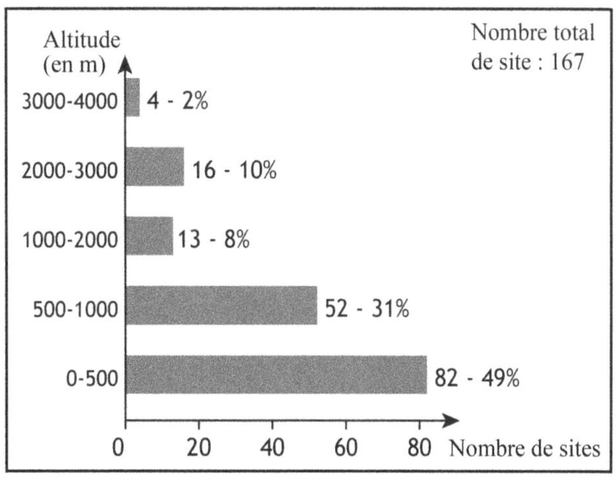

***Fig. 4.29* – Graphique du nombre de sites en fonction de leur altitude.**

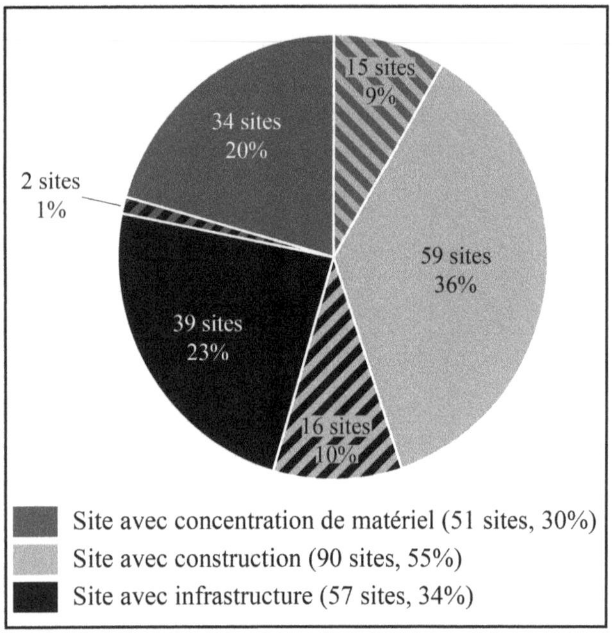

Fig. 4.30 **– Graphique du nombre de sites en fonction des vestiges qu'ils comportent. Les pourcentages sont calculés sur la base de 167 sites, y compris les 3 sites de la catégorie "autre type". Un de ces trois sites comprend également de la céramique et a donc été classé comme site avec concentration. Les deux autres forment le 1% manquant.**

surtout localisés entre 2000 et 3000 m. Le n°166 est le plus haut, à près de 3600 m d'altitude. S'il est évident que plusieurs sites de faible altitude sont localisés dans la vallée basse, nous en avons aussi recensé beaucoup dans le fond de la vallée moyenne qui ne dépasse pas les 1000 m d'altitude. Cette répartition inégale est surtout due à notre intérêt pour les basses terres où se sont principalement établis les Chimús.

Nous avons défini plus haut quatre catégories basiques de vestiges: concentrations de matériel (céramiques et ossements), constructions (petites structures, enceintes, plateformes, etc.), infrastructures (champs, canaux, chemins, murs isolés, etc.) et autre type (fig.4.30).

Les sites avec des constructions sont les plus nombreux (90 sites) et représentent plus de la moitié des établissements recensés. Les concentrations de matériel (51 sites) et les infrastructures (57 sites) ne sont présentes que sur environ un tiers des 167 sites. Enfin, les sites de la catégorie « autre type » sont rares (3 sites). Un site peut à la fois avoir deux catégories de vestiges, par exemple des constructions et des infrastructures (14 sites).

Enfin, nous avons cherché à dater l'occupation de ces 167 sites à partir du matériel céramique (fig.4.31). Bien que l'analyse de la céramique soit présentée au chapitre suivant, il s'agit de dresser ici un aperçu préliminaire des résultats de nos datations.

La plupart des sites recensés sont datés de l'Intermédiaire Récent (88 sites; fig.4.34) et correspondent à la culture chimú (49 sites) ou éventuellement à la culture Sicán (34 sites). Cette sur-représentation de l'Intermédiaire Récent s'explique surtout par nos choix de zones prospectées: la présence de sites de cette période a été un critère déterminant pour sélectionner les zones à parcourir. Notre apport complète avantageusement les données disponibles sur l'occupation humaine pour cette période (fig.4.35).

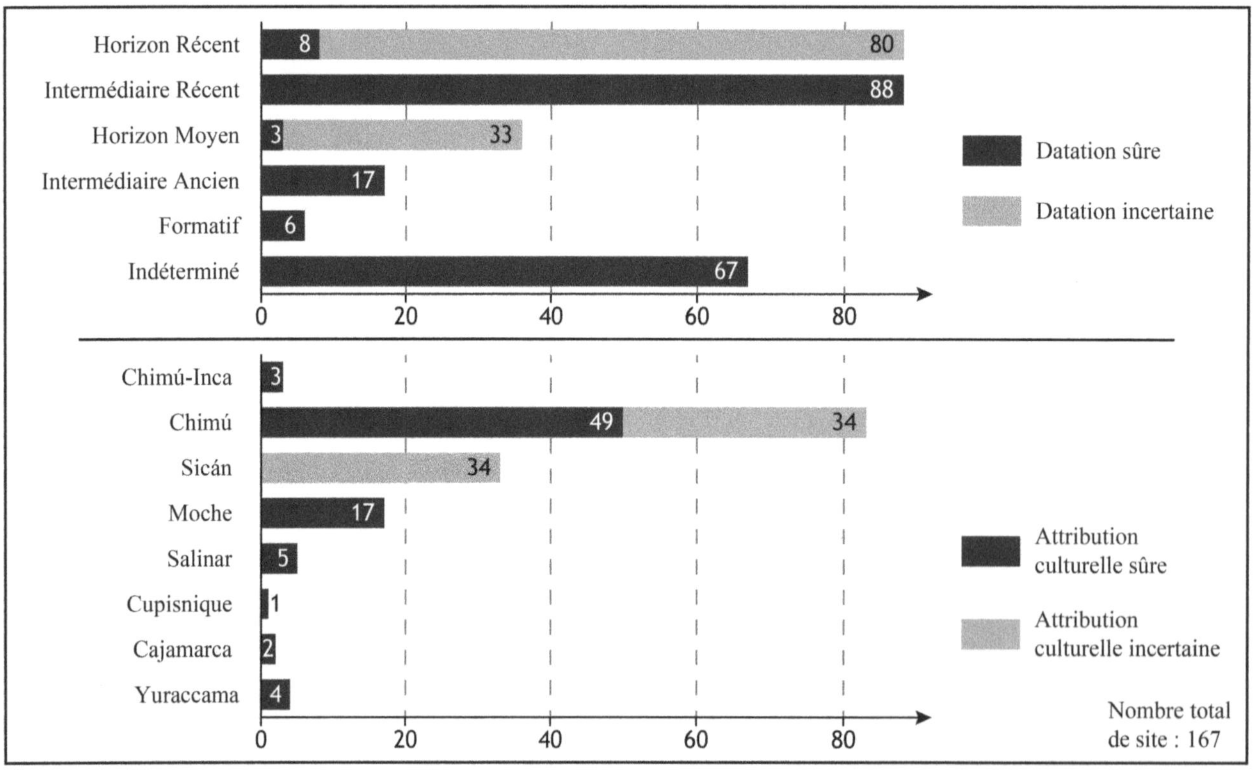

Fig. 4.31 **– Graphiques du nombre de sites en fonction des datations et attributions culturelles.**

Les sites de l'Intermédiaire Ancien, affiliés à la culture mochica sont nettement moins nombreux (17 sites). Il est malheureusement plus difficile de déterminer les occupations du Formatif (6 sites), de l'Horizon Moyen (3 sites) ou de l'Horizon Récent (8 sites; fig.4.33). Il est toutefois possible que certains sites datés de l'Intermédiaire Récent aient aussi été occupés à l'Horizon Moyen (36 sites) ou à l'Horizon Récent (80 sites). Enfin, 67 sites n'ont pu être datés, bien souvent du fait de l'absence de matériel céramique en surface, notamment lorsqu'il s'agissait de sites recélant des infrastructures comme des canaux ou des murs isolés.

La méthodologie employée pour étudier le patrimoine archéologique de la vallée de Chicama, en particulier les sites de l'Intermédiaire Récent, a porté ses fruits. Les données issues de la bibliographie (206 sites de l'Intermédiaire Récent; fig.4.35) et nos repérages sur les images satellites (2229 anomalies et 569 sites potentiels repérés) ont grandement contribué à la réalisation de nos prospections pédestres. En parcourant les 23 zones sélectionnées préalablement, nous avons inventorié et étudié 167 sites dont 88 dateraient de l'Intermédiaire Récent et 49 seraient occupés par les Chimús dont 38 n'avaient pas été recensés. Les informations au sujet de ces sites sont récapitulées dans le tableau suivant (fig.4.32) et présentées dans l'annexe 3.

Num site	Coordonnées		Alti.	Zone	Nature				Datation					Culture								
	X	Y			Concentr.	Archi.	Infrastr.	Autre typ.	Formatif	Interm. A.	Hor. M.	Interm. R.	Hor. R.	Cupis.	Salinar	Mochica	Sicán	Chimú	Chi.-Inca	Caja.	Yuracc.	Sierra ind.
1	702203	9114131	43	1		X	X					X	X					X	X			
2	703113	9114217	74	1		X	X					X	X					X	X			
3	703256	9114268	82	1		X						X	?					X				
4	702900	9112768	49	1	X	X					?	X	?				?	?				
5	705456	9113346	127	1		X	X				?	X	?				?	?				
6	705024	9113733	126	1		X	X				?	X	?				?	?				
7	704733	9113518	123	1	X						?	X	?				?	?				
8	696425	9116497	6	2	X		X					X	?					X				
9	701712	9124213	104	3	X	X				X	?	X	?			X	?	?				
10	702340	9123408	110	3	X		X					X	?					X				
11	701101	9122495	76	3		X						X	?					X				
12	703722	9123459	134	2			X				?	X	?				?	?				
13	670869	9147008	55	4		X	X					X	?					X				
14	670869	9147476	41	4			X				?	X	?				?	?				
15	671739	9146533	18	4		X	X				?	X	?				?	?				
16	673400	9147133	8	4			X															
17	691477	9158562	135	5		X	X					X	X					X	X			
18	691856	9157757	130	5		X	X					X	?					X				
19	691926	9157515	133	5		X	X															
20	695619	9154901	155	6		X						X	?					X				
21	695438	9154675	157	6	X							X	?					X				
22	695549	9154203	153	6	X	X					?	X	?				?	?				
23	695318	9155227	160	6	X							X	?					X				
24	695278	9155443	159	6		X						X	?					X				
25	695127	9155724	156	6	X	X						X	?					X				
26	694871	9154625	150	6		X						X	?					X				
27	703320	9146711	210	7		X						X	?					X				
28	703274	9146898	210	7			X			X	X	X	?			X	X	X				
29	703343	9147254	248	7	X	X						X	?					X				
30	702826	9146190	208	7		X			X	X					X	X						
31	706255	9139346	194	8		X						X	?					X				
32	706396	9139659	253	8	X	X						X	?					X				
33	728120	9152522	412	10		X				X						X						X
34	728245	9152698	460	10			X															
35	728474	9153140	566	10		X																
36	728301	9152982	497	10		X																
37	726880	9153287	389	11	X	X				X		X	?			X		X				X
38	727458	9154006	403	11		X			X	X					X	X						
39	733234	9160474	475	12		X	X				?	X	?				?	?				X
40	733123	9160703	495	12			X															
41	732914	9160815	509	12			X															
42	732852	9160688	498	12		X																
43	732760	9160500	474	12		X						X	?					X				X
44	732708	9160665	484	12			X															
45	732586	9160537	478	12	X																	
46	732389	9161680	552	12			X															
47	732282	9160635	472	12	X							X	?					X				X
48	732033	9160471	468	12	X							X	?					X				
49	731888	9160394	460	12	X	X																X
50	731863	9160641	491	12			X															
51	731720	9160443	458	12			X					X	?					X				
52	731661	9160265	457	12		X					?	X	?				?	?				
53	731549	9160305	472	12		X																X
54	731387	9160308	479	12		X					?	X	?				?	?				
55	731248	9160179	471	12		X						X	?					X				X
56	730434	9159827	458	12		X						X	?					X				X

Fig. 4.32 **– Tableau récapitulatif des sites prospectés, leur localisation, nature et datation.**

Num site	Coordonnées		Alti.	Zone	Nature				Datation					Culture								
	X	Y			Concentr.	Archi.	Infrastr.	Autre typ.	Formatif	Interm. A.	Hor. M.	Interm. R.	Hor. R.	Cupis.	Salinar	Mochica	Sicán	Chimú	Chi.-Inca	Caja.	Yuracc.	Sierra ind.
57	730251	9159578	450	12			X															
58	730002	9159314	452	12	X	X					?	X	?				?	?				X
59	729864	9159276	437	12			X															
60	727322	9158118	484	12	X	X				X	?	X	?			X	?	?				X
61	728068	9158298	447	12			X															
62	728002	9158471	480	12		X				X						X						X
63	728231	9158370	439	12		X					?	X	?				?	?				X
64	724464	9162939	505	13		X																
65	724767	9162596	476	13		X					?	X	?				?	?				X
66	724739	9162210	474	13		X						X	?					X				X
67	724640	9161954	472	13		X						X	?					X				X
68	724397	9161841	482	13			X															
69	724544	9161669	466	13		X						X	?					X				
70	724513	9161416	462	13		X					?	X	?				?	?				X
71	724374	9160692	460	13		X																
72	741940	9164035	704	20		X						X	?					X				X
73	741919	9163782	626	20		X																
74	740917	9163800	687	20			X															
75	741464	9163695	602	20		X				X						X						
76	741017	9163811	666	20		X	X					X	?					X				
77	741055	9164166	687	20			X															
78	741245	9164191	686	20		X					?	X	?				?	?				X
79	741049	9164061	689	20		X						X	?					X				X
80	740937	9163953	711	20		X					?	X	?				?	?				X
81	740864	9163765	700	20			X					X	?					X				X
82	741026	9163413	633	20	X						?	X	?				?	?				
83	741068	9163266	622	20		X					?	X	?				?	?				
84	741233	9163109	619	20		X						X	?					X				X
85	740736	9163155	617	20		X				X						X						
86	740682	9163161	622	20		X					?	X	?				?	?				
87	740506	9163145	635	20		X				X	?	X	?			X	?	?				
88	740672	9162956	602	20	X	X				X						X						X
89	740449	9162812	606	20	X																	X
90	740358	9162896	627	20	X																	X
91	740371	9163225	662	20			X															
92	754316	9161744	819	21		X	X					X	?					X				X
93	754215	9162253	831	21		X	X															
94	754991	9160445	806	21		X					?	X	?				?	?				X
95	755597	9160602	795	21		X						X	?					X				X
96	720704	9144028	311	9	X							X	?					X				
97	720258	9142876	364	9	X					X						X						
98	720546	9141970	379	9	X						?	X	?				?	?				
99	720019	9142020	379	9	X																	
100	719848	9143524	311	9			X				?	X	?				?	?				
101	719562	9143742	340	9	X				X						X							
102	719447	9143914	321	9	X				X						X							
103	718977	9144180	295	9	X				X	X	?	X	?		X	X	?	?				X
104	741185	9163835	663	20			X															
105	740947	9164013	707	20			X															
106	741019	9163591	650	20			X															
107	741019	9163347	632	20			X															
108	740585	9162957	588	20			X															
109	740799	9162935	569	20			X															
110	724436	9166877	594	14	X	X						X	?					X				X
111	725141	9166050	538	14			X					X	?					X				X
112	725860	9166414	545	14	X																	X

***Fig. 4.32* – Suite du tableau récapitulatif.**

Num site	Coordonnées		Alti.	Zone	Nature				Datation					Culture								
	X	Y			Concentr.	Archi.	Infrastr.	Autre typ.	Formatif	Interm. A.	Hor. M.	Interm. R.	Hor. R.	Cupis.	Salinar	Mochica	Sicán	Chimú	Chi.-Inca	Caja.	Yuracc.	Sierra ind.
113	725787	9166830	560	14		X	X					X	?					X				X
114	725679	9167079	582	14	X					X						X						
115	724843	9169697	689	14		X						X	?					X				
116	725000	9170209	657	14			X															X
117	725031	9168420	604	14			X															
118	726592	9175335	1028	14	X																	
119	726513	9175149	1013	14		X						X	?					X				X
120	725351	9171385	712	14		X																
121	726270	9166142	536	14	X							X	?					X				X
122	726175	9166036	542	14	X							X	?					X				X
123	726243	9165873	532	14	X						?	X	?				?	?				X
124	725757	9165861	533	14	X						?	X	?				?	?				X
125	725449	9165283	519	14	X						?	X	?				?	?				
126	725217	9165165	520	14			X															
127	725138	9165343	529	14	X							X	?					X				
128	770047	9154152	2307	22			X															
129	769709	9153977	2356	22			X															
130	769095	9153427	2348	22			X															
131	766781	9153121	2403	22				X														
132	766712	9153378	2350	22	X							X	?								X	
133	732324	9180071	1905	15	X	X																X
134	728349	9178113	1326	16	X	X																X
135	738288	9172173	1208	19		X					?	X	?				?	?				X
136	769685	9155557	2090	23		X	X					X	?								X	
137	770224	9157522	2668	23		X																
138	770845	9157271	2661	23		X																
139	772223	9156291	2791	23		X																
140	773084	9155811	2818	23	X							X	?								X	
141	774159	9155089	2954	23		X																
142	774640	9154439	2988	23		X						X	?								X	
143	774816	9154309	3004	23			X															
144	738089	9171695	1156	19		X																
145	738341	9171245	1126	19		X																
146	738557	9170882	1136	19	X																	X
147	738736	9171447	1138	19	X	X																
148	738619	9171727	1173	19		X					?	X	?				?	?				X
149	733166	9184810	3233	18	X																	X
150	733496	9184759	3281	18		X						X	?							X		
151	733171	9183264	2909	18		X																
152	732880	9183321	2799	18	X																	X
153	756010	9162428	955	21		X						X	?					X				X
154	755997	9163456	933	21	X																	
155	756701	9164029	1045	21		X					X	X	?				?	?		X		
156	704218	9145965	209	7			X															
157	703861	9146710	216	7	X						?	X	?				?	?				
158	704567	9146274	201	7			X			X	X	X	?			X	X	X				
159	732553	9183630	2681	18			X															
160	738488	9171063	1099	19			X															
161	732455	9179295	1913	17				X														
162	692049	9158847	157	5		X	X					X	?					X				
163	703671	9122433	415	3	X			X		X						X						
164	703014	9123876	165	3		X			X					X								
165	702921	9123681	257	3	X																	
166	774109	9152255	3596	H.Z.		X																
167	770711	9157315	2650	23			X															

Fig. 4.32 – **Fin du tableau récapitulatif.**

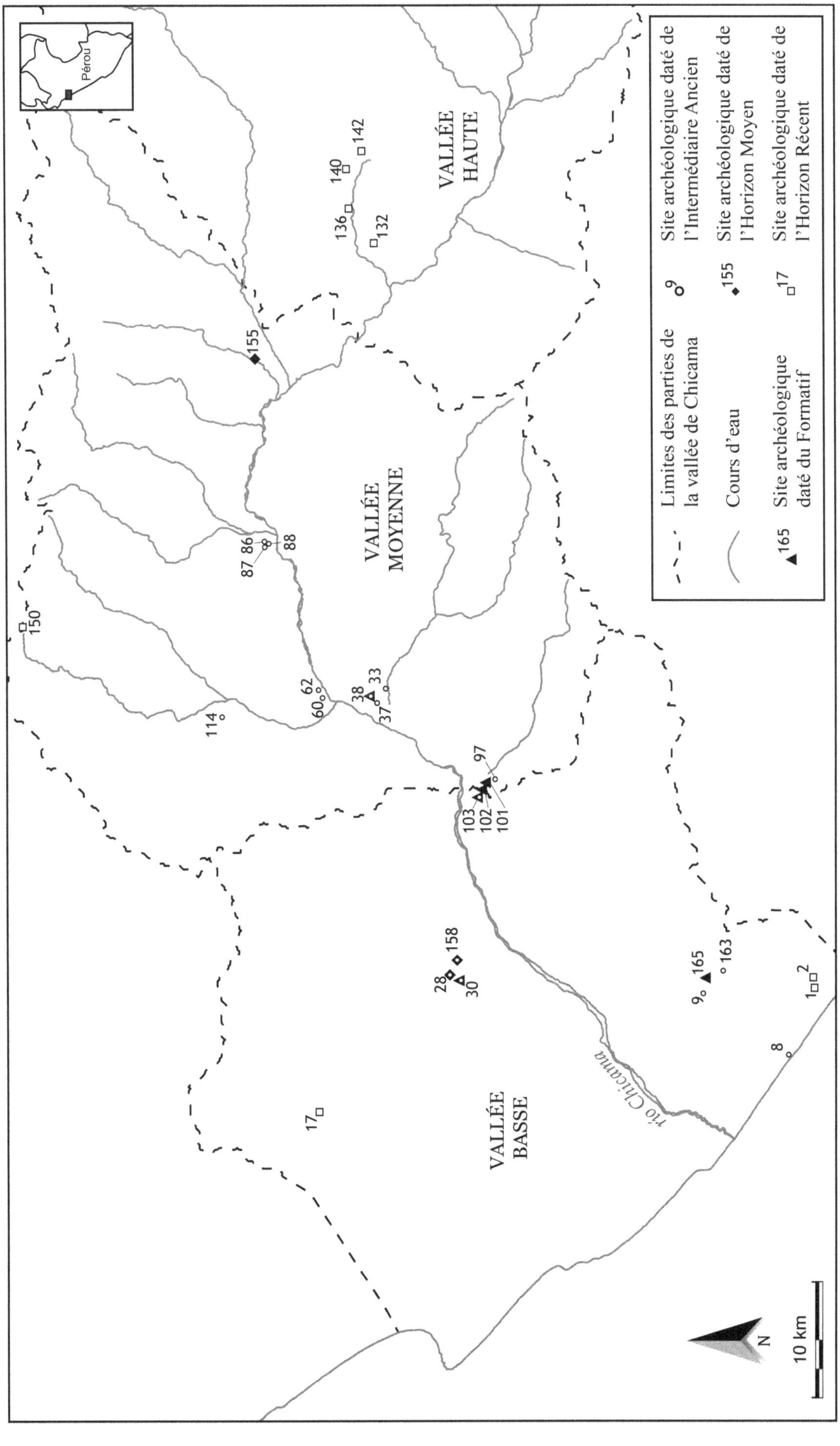

Fig. 4.33 **– Carte des sites prospectés datés de différentes périodes.**

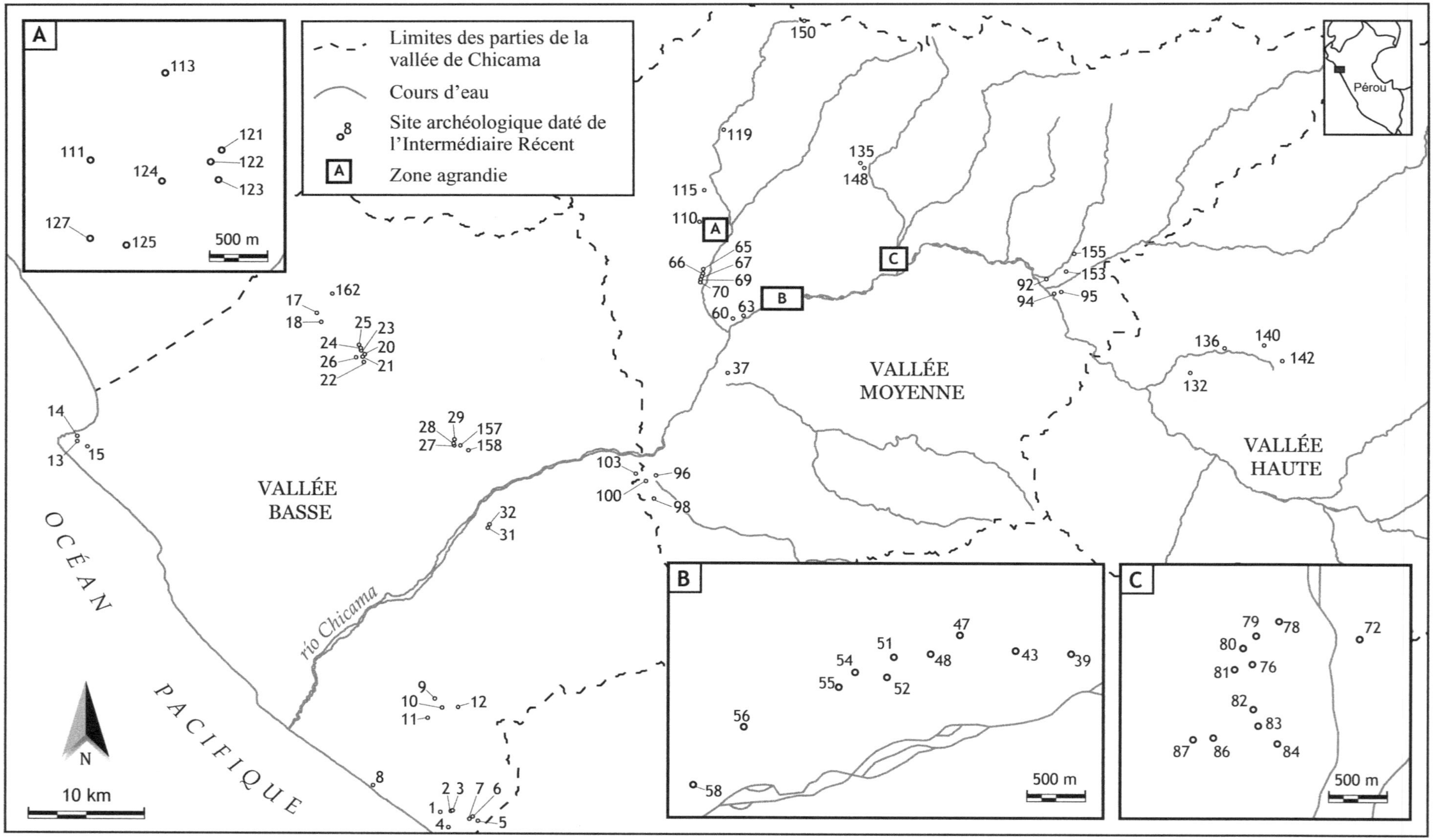

Fig. 4.34 – **Carte des sites prospectés datés de l'Intermédiaire Récent.**

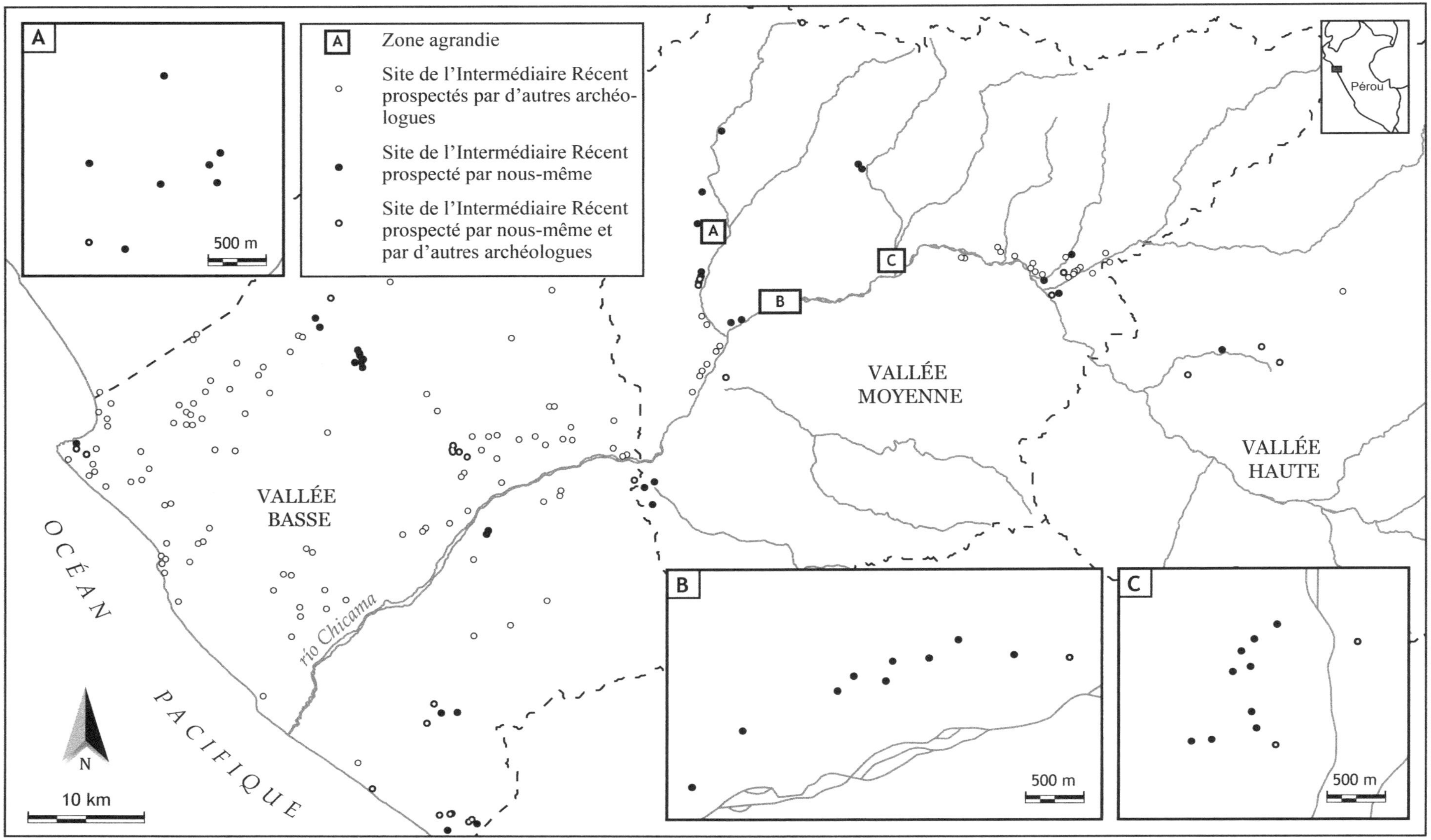

Fig. 4.35 – **Carte des sites de l'Intermédiaire Récent (prospectés et issus de la bibliographie).**

CHAPITRE 5
ÉTUDE DE LA CÉRAMIQUE: LA DATATION DES SITES

Des 167 sites prospectés dans la vallée de Chicama, 111 recèlent des tessons qui nous offrent des informations quant à l'occupation de la région.

Plus de 1450 tessons ont été étudiés, ce qui est malheureusement insuffisant pour réaliser une analyse statistiquement complète. L'examen de ce matériel permet de le dater et de replacer les sites dans leur contexte chronologique et culturel, mais il ne permet pas de répondre à des problématiques telles que la détermination de différents groupes ethniques (Pärssinen 1997; Ghezzi 2011; Druc 2013; Ramón y Bell 2013) ou la compréhension de la chaîne opératoire de production des potiers d'une région (Bernier 2009; Rohfritsch 2010).

Avant de définir la nature de ce matériel, il est nécessaire de présenter tout d'abord brièvement les caractéristiques générales de la céramique des cultures de la côte et de la sierra, dans la vallée de Chicama et ses alentours. Le classement de notre matériel en plusieurs types, la comparaison avec les typologies d'autres auteurs (Collier *et al.* 1955; Keatinge 1973; Terada and Onuki 1982; etc.) et les différents recoupements (en fonction de points communs, d'associations, etc.) permettent de dater une partie des tessons. Enfin, les datations des sites se font au moyen du matériel, avant d'être complétées et vérifiées grâce à celles fournies par d'autres archéologues (Chauchat *et al.* 1998; León 2011; Toshihara 2002; etc.).

I. Un état des lieux de la céramique de la côte et de la sierra de Chicama

Peu d'études se sont intéressées à l'analyse du matériel céramique dans la vallée de Chicama. Le matériel servant à dater les occupations des sites est très rarement décrit, ou alors de manière succincte et peu précise, comme dans le cas du rapport de Leonard et Russell (1992) ou de l'ouvrage de Krzanowski (2006). Les travaux réalisés dans les régions voisines de la vallée de Chicama, comme les vallées de Moche ou de Jequetepeque, sont en revanche parfois mieux documentés.

La céramique de la côte

Dans la plaine côtière de la vallée de Chicama se sont succédé plusieurs cultures, notamment celle de Cupisnique (1400-500 av. J.-C.), Salinar (500-200 av. J.-C.), Gallinazo (200 av. J.-C.-100 apr. J.-C.), mochica (100-650 apr. J.-C.), la Période Transitionnelle (650-900 apr. J.-C), les cultures Sicán (900-1100 apr. J.-C.) et chimú (900-1470 apr. J.-C.) et enfin la Période Chimú-Inca (1470-1532 apr. J.-C.; fig.3.17). La céramique employée par les populations de la vallée a donc naturellement évolué au cours de ces diverses époques.

La culture Cupisnique

Plusieurs travaux, notamment ceux de Larco (1945a), de Castañeda et Vega (1991), de Toshihara (2002) et de Navaro (2008) décrivent la céramique Cupisnique de la vallée de Chicama.

Le matériel à caractère cérémoniel se caractérise par une pâte noire et polie, avec un dégraissant grossier (Larco 1945: 2). La céramique domestique, bien moins étudiée, a une pâte de couleur foncée marron, avec des inclusions non plastiques (communication personnelle Vásquez juin 2010).

Les formes les plus courantes sont les marmites à parois incurvées, sans col (fig.5.1-a), qui peuvent également avoir un bord éversé vers l'extérieur (fig.5.1-b). On trouve aussi des bouteilles à anse en étrier, d'usage rituel, qui perdurent jusqu'à la Période Coloniale.

Les décorations sont principalement réalisées par incisions. Il s'agit de motifs géométriques élaborés, sur la céramique fine (fig.5.1-c), et de lignes incisées parallèles ou de ponctuations, sur des récipients domestiques.

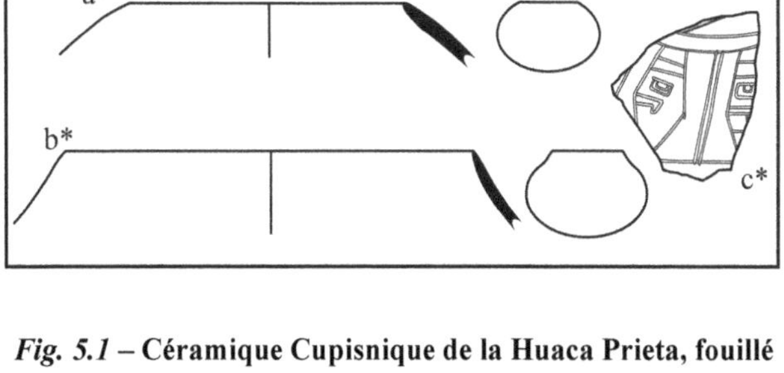

Fig. 5.1 **– Céramique Cupisnique de la Huaca Prieta, fouillé par Bird en 1946: a - marmite sans col, b - marmite avec bord courbé, c - décorations incisées (les * indiquent un dessin sans échelle, redessiné d'après Toshihara 2002).**

La culture Salinar

La céramique de la culture Salinar, surtout connue grâce aux études de Larco (1944), de Castañeda et Vega (1991), de Leonard et Russell (1992) et de Seminario (1999), présente de nombreuses analogies avec celle de Cupisnique.

La céramique Salinar se caractérise par une pâte de couleur orangée qui inclue un matériel non plastique (dégraissant) de sable et de quartz encore assez grossier. On recense également des céramiques brunes ou noires, similaires à celles de la culture Cupisnique, bien qu'en faible nombre.

Parmi les formes les plus fréquentes se trouvent des marmites sans col (fig.5.2). Les contextes funéraires abritent des récipients de formes très variées, comme les bouteilles à anse en étrier ou celles à doubles pics avec une anse en pont (Larco 1944).

Outre les décors modelés, limités aux récipients découverts dans des sépultures, de petites incisions et des ponctuations ornent la céramique domestique. Quelques vases peuvent également être décorés d'une peinture blanche.

La culture Gallinazo

La culture Gallinazo, souvent associée aux cultures Salinar et mochica, a été découverte dans la vallée de Virú (Bennett 1950). D'après les conclusions des participants de la table ronde organisée par Millaire et Morlion (2009), la céramique Gallinazo correspondrait, dans la plupart des cas, à du matériel domestique associé à des récipients fins et élaborés de différentes cultures, notamment mochica. Les petites incisions et ponctuations qui décorent les vases

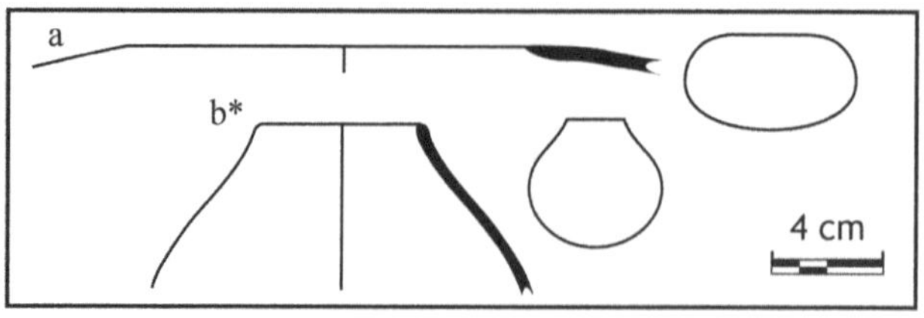

***Fig. 5.2* – Céramique Salinar: a - marmite sans col, b - marmite avec bord courbé (le * indique un dessin sans échelle, redessiné d'après Castañeda y Vega 1991).**

domestiques Gallinazo (type *Castillo incisé* selon Strong and Evans 1952: 316-325; Attarian 2009) sont similaires à ceux de la céramique Salinar. On trouve également des représentations anthropomorphes sur le col de jarres (Franco and Gálvez 2009). Enfin, Leonard et Russell (1992: 22) indiquent que la principale caractéristique de la céramique fine Gallinazo, une peinture noire qui forme des motifs en négatif, devait vraisemblablement se limiter à la vallée de Virú, car il est rare de la trouver dans la vallée de Chicama.

La culture mochica

Véritable « vedette » de la céramologie péruvienne, la céramique mochica a largement été étudiée pour sa riche iconographie (Donnan 1976). Les plus connus sont les vases portraits et les récipients à caractère cérémoniel, ornés de scènes modelées, moulées ou peintes (Donnan 2003). Mais des analyses réalisées sur de la céramique domestique permettent également de mieux appréhender pâtes, formes et décoration (Gayoso y Gamarra 2005). Pour ces récipients domestiques, la pâte est généralement rouge, voire rouge-orangée, avec un dégraissant souvent fin. Pour les récipients de grande taille et épais, les éléments non plastiques sont plus gros.

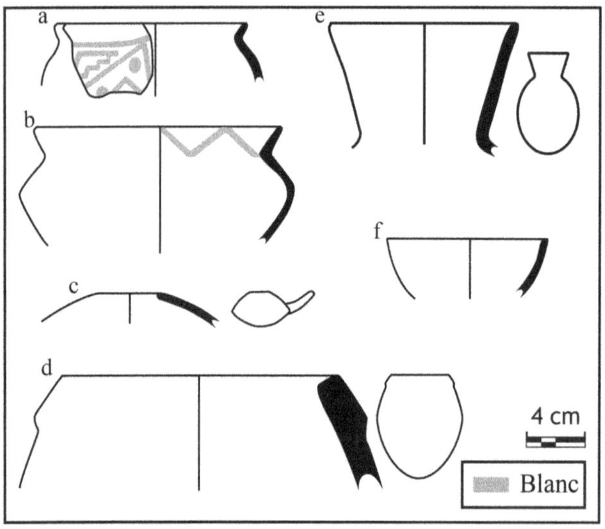

***Fig. 5.3* – Céramique mochica des Huacas del Sol y de la Luna: a et b - marmites avec col court, décorées de motifs peints en blanc, c - *canchero*, d - urne, e - jarre (*cantaro*), f - écuelle (redessiné d'après Tello *et al.* 2001; 2002; 2003; Chiguala *et al.* 2004).**

Les formes domestiques mochicas sont variées. On trouve des marmites pour les préparations culinaires, des jarres, appelées *cantaro* (voir glossaire), qui servaient à conserver des aliments ou des boissons, de larges urnes dédiées au stockage, des bols et des plats (fig.5.3). Les jarres sont très communes et possèdent des cols de formes diverses, convexes, droits et concaves évasés (Gayoso y Gamarra 2005). À l'instar du matériel des époques plus anciennes, certaines marmites sont dépourvues de col, mais cette forme est assez rare et on observe souvent un petit col droit, orienté vers l'extérieur (fig.5.3-a et b). Enfin, il existe un récipient fermé, doté d'un manche, appelé *canchero* (voir glossaire et fig.5.3-c).

La décoration est principalement réalisée par modelage, puis moulage et avec de la peinture ou de l'engobe (fig.5.3-a et b). Les principales couleurs sont le blanc crème et le rouge très foncé. Pour la céramique domestique, les motifs sont géométriques alors qu'ils représentent des scènes très variées, des personnages, des animaux ou des fruits, lorsqu'il s'agit de céramique fine.

Ces traits culturels mochicas disparaissent peu à peu durant la Période Transitionnelle.

La Période Transitionnelle

Cette période, déterminée par les membres du projet San José de Moro (Rucabado y Castillo 2003), dans la vallée de Jequetepeque, est encore très mal connue à Chicama. Dans cette région, le matériel transitionnel provient uniquement de contextes funéraires du site d'El Brujo (Franco *et al.* 2007; Mujica *et al.* 2007: 252), mais Leonard et Russell (1992: 58) observent une certaine continuité des traditions céramiques mochicas jusqu'à l'apparition du Chimú Ancien, dans la vallée de Chicama.

Les influences externes, de Cajamarca ou de Wari, bien documentées dans les tombes du site de San José de Moro (Rucabado y Castillo 2003), sont rarement recensées à Chicama. Ainsi, Leonard et Russell (1992: 61; 1993) n'ont trouvé que quelques céramiques affiliées à la culture Cajamarca et un unique tesson de la culture Wari, dans la vallée de Chicama.

La culture Sicán

Tout comme pour la période transitionnelle, les découvertes de céramiques Sicán dans la vallée de Chicama sont limitées aux contextes funéraires du site d'El Brujo (Franco *et al.* 2007). Dans ces conditions, caractériser la céramique domestique Sicán n'est pas envisageable et il faut se tourner vers le site de San José de Moro, dans la vallée voisine de Jequetepeque (Prieto 2007; 2008), ou vers la vallée de Lambayeque, plus éloignée (Cleland y Shimada 1994; Tschauner *et al.* 1994).

La pâte typique des céramiques Sicán est de cuisson réductrice, donc de couleur foncée, noire ou grise, même si la céramique domestique est également de couleur rouge-orangée, grâce à une cuisson en atmosphère oxydante.

Les formes les plus courantes sont les marmites et les jarres, mais on trouve aussi des urnes, des bols et des plats, tout comme chez les Mochicas. Les marmites à col caréné font leur apparition bien que certains cols soient parfois composites (fig.5.4-a et b).

Les décorations sont le plus souvent moulées sur la panse des récipients, en particulier les marmites. Quant à la technique du « *paleteado* » (Cleland y Shimada 1994), elle est fréquemment employée pour la céramique domestique et produit des motifs géométriques extrêmement variés, comme le souligne Matsumoto (*et al.* 2012). Cette technique est encore utilisée de nos jours par des potiers (Collier *et al.* 1967; Cleland y Shimada 1994).

La plupart des caractéristiques morphologiques et des décorations de la céramique Sicán se retrouvent dans celle de la culture chimú qui lui est plus ou moins contemporaine.

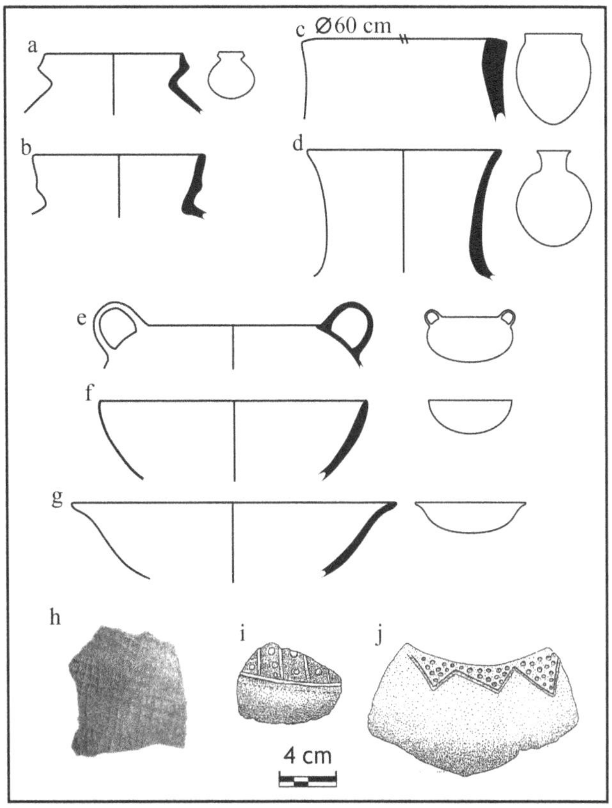

***Fig. 5.4* – Céramique Sicán et chimú: a et b - marmites avec col convexe et caréné, c - urne, d -jarre, e - bol à parois incurvées avec des anses, f - écuelle, g - plat, h - décors de « *paleteado reticulado* », i et j - décors géométriques moulés (redessiné d'après Keatinge 1973 et tiré de Prieto 2008: 152; Kanigan 1995: 397).**

La culture chimú

Donnan et Mackey (1978) ont défini trois phases pour la culture chimú: le Chimú Ancien (900-1100 apr. J.-C.), le Chimú Moyen (1100-1300 apr. J.-C.) et le Chimú Récent (1300-1470 apr. J.-C.). Malheureusement, ce découpage chronologique est surtout utile pour la céramique funéraire et nous ne pouvons donc pas complètement l'utiliser pour le matériel à caractère domestique.

La pâte de la céramique du Chimú Ancien est de couleur rouge-orangée et rarement noire ou grise, comme ce sera le cas par la suite, dès la phase du Chimú Moyen (Mackey 1983). Grâce à l'analyse des tessons issus de trois sites chimús, Medaños La Joyada, Cerro la Virgen et El Milagro de San José, Keatinge (1973) montre que la pâte réductrice grise semble avoir été peu à peu délaissée au profit de la pâte rouge qui augmenterait en proportion, jusqu'à la Période Chimú-Inca[1] (1470-1532 apr. J.-C.).

1 - Keatinge (1973) n'a pas tenu compte du rôle de ces trois sites pour son étude de la céramique et s'est attaché uniquement à définir la chronologie relative de leur occupation. Certes, El Milagro de San José présente la plus forte proportion de céramique à pâte grise, mais c'est aussi un établissement qui devait entretenir de fortes relations avec Chan Chan. La couleur grise pourrait être une sorte de « marque de fabrique » chimú, renforcé par le possible rôle politique et administratif de ce site (Keatinge 1974). Au contraire, Cerro La Virgen et Medaños la Joyada sont des sites résidentiels, dont la céramique n'avait probablement pas à répondre à des

Les formes de récipients sont souvent identiques à celles des périodes précédentes et regroupent des marmites, des jarres, des urnes, des bols, des écuelles et des plats (fig.5.4). Tout comme pour la culture Sicán, les marmites aux bords convexes et carénés sont les plus courantes (fig.5.4-a et b). Keatinge (1973) et Kanigan (1995) recensent des bols à parois incurvées, dotés d'anses, à Chan Chan (fig.5.4-c). Malheureusement, les typologies morphologiques de la céramique chimú, présentées par différents auteurs (Keatinge 1973, Vásquez 1990; Kanigan 1995; Prieto 2008), sont complexes et difficilement comparables. Il est donc impossible d'en tirer une sériation cohérente sans y consacrer une étude à part entière, sortant du cadre de ce travail.

Mackey (1983) a mis en avant une décoration peinte tricolore, blanc-rouge-noir, sur les céramiques du Chimú Ancien de la vallée de Moche. Pourtant, à Chicama, Leonard et Russell (1992: 61) soulignent la rareté de ces décors tricolores, la peinture étant surtout blanche ou rouge. Ces deux auteurs mentionnent également des motifs géométriques moulés en relief sur la panse des récipients (fig.5.4-i et j), similaires à ceux des types *San Nicolas Molded* et *San Juan Molded* de Collier (*et al.* 1955). Le motif de « *piel de ganso* » (chair de poule en français) du Chimú Moyen, des petits points qui ressortent de la surface de la céramique, en est un exemple clair.

Selon Leonard et Russell (1992: 60), la technique de fabrication et de décoration du « *paleteado* », déjà employée pour la céramique Sicán, apparaît plus tardivement chez les Chimús, au Chimú Moyen, dans la vallée de Chicama. Les motifs du « *paleteado* » chimú sont différents et nettement moins variés que ceux des potiers Sicán. Prieto (2008) indique en effet que seuls le « *paleteado reticulado* », un motif « en filet », et quelques variantes bien plus rares ont été référencés sur le site San José de Moro, pour la céramique chimú (fig.5.4-h).

La Période Chimú-Inca

Consécutivement à l'arrivée des Incas sur la côte nord, la production de la céramique ne semble pas avoir beaucoup changé. Plusieurs recherches, notamment celles de Donnan (1997), dans la vallée de Jequetepeque et d'Hayashida (1999) à Lambayeque ont montré une grande continuité avec la céramique chimú.

La pâte noire ou grise continue d'être employée pour des vases incas, comme les aryballes, mais des céramiques à pâte rouge sont également fabriquées.

Les récipients typiques de la côte nord du Pérou, comme les marmites ou les jarres, sont produits aux côtés de nouvelles formes, importées de la sierra sud; l'aryballe, une jarre au col très évasé, en est l'exemple le plus frappant (fig.5.5-a). C'est d'ailleurs l'une des formes diagnostiques qui est fréquemment utilisée par les archéologues pour déterminer les occupations de cette période (Keatinge 1973; Hayashida 1999). Déjà présentes à l'Intermédiaire Récent, les marmites à col caréné évoluent légèrement, selon Tate (2007) qui suppose que leurs bords se rabaissent vers l'intérieur, avec un angle plus aigu (fig.5.5-c). Toutefois, Donnan (1997: 42) recense des marmites chimú-incas à col caréné bien ouvert, signe que les anciennes formes perdurent (fig.5.5-b).

Les décors moulés et imprimés, tout comme la technique du « *paleteado* », ornent la céramique de cette période et sont similaires à ceux de la culture chimú (Hayashida 1999). Enfin, quelques éléments incas apparaissent sur de la céramique fine, notamment des représentations de camélidés.

Commentaires relatifs à la céramique de la côte

Cette description rapide offre un panorama de la céramique sur la côte, aux différentes époques préhispaniques. Les pâtes, les formes et les décors évoluent au fil du temps, mais certaines caractéristiques sont recensées pour plusieurs cultures. Ainsi, les céramiques Sicán et chimús sont semblables et peuvent être facilement confondues. En l'absence d'études comparatives fines, il est difficile de déterminer si des récipients à caractère domestique appartiennent à la culture Sicán ou à la culture chimú.

La céramique de la sierra

Si la vallée de Chicama est en partie occupée par des populations côtières, des groupes de la sierra de la région de Huamachuco et de celle de Cajamarca s'y sont également établis, d'où la nécessité de présenter leur céramique.

La céramique de la région de Cajamarca

Les études réalisées sur la céramique de Cajamarca par des archéologues japonais, en particulier Terada et Onuki (1982; Terada y Matsumoto 1985), ont grandement contribué à définir la chronologie de cette région. Rappelons qu'au Formatif, se succèdent les périodes Huacaloma

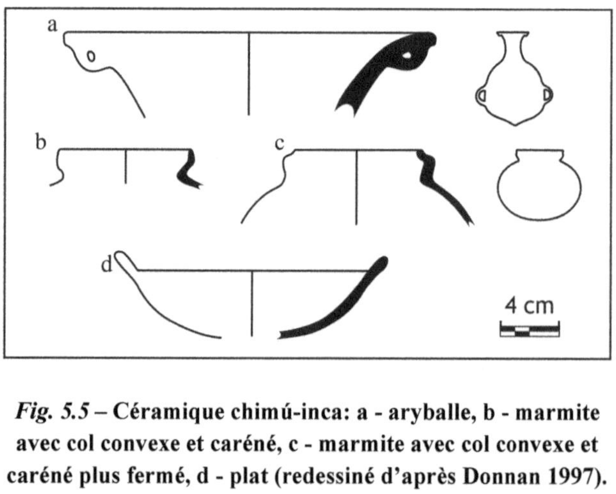

Fig. 5.5 **– Céramique chimú-inca: a - aryballe, b - marmite avec col convexe et caréné, c - marmite avec col convexe et caréné plus fermé, d - plat (redessiné d'après Donnan 1997).**

critères stylistiques particuliers, d'où la présence d'un plus grand nombre de tessons à pâte rouge.

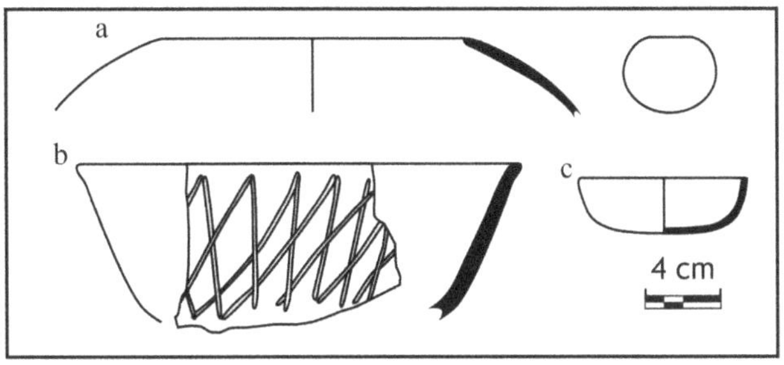

Fig. 5.6 **– Céramique Huacaloma et Layzon: a - marmite sans col, b - bol décoré d'incisions, c - écuelle (redessiné d'après Terada and Onuki 1982).**

(1400-600 av. J.-C.), Laysón (600-200 av. J.-C.) et El (200-1 av. J.-C.). La tradition Cajamarca qui commence au début de notre ère est découpée en cinq phases (Cajamarca Initial, Ancien, Moyen, Récent et Final) et se termine avec l'arrivée des Espagnols en 1532 apr. J.-C., comme nous l'avons vu au chapitre 3.1.

Le Formatif: les périodes Huacaloma, Layzón et EL

La céramique formative de la région de Cajamarca, mise au jour sur le site de Huacaloma par Terada et Onuki (1982), rappelle fortement celle de la culture Cupisnique.

Les récipients possèdent une pâte foncée variant entre les tons marron, rouges et noirs. Les marmites sans cols et les bols, caractéristiques de ces périodes, sont décorés d'incisions représentant des motifs géométriques plus ou moins élaborés (fig.5.6). La peinture rouge, quoique moins fréquente, est également utilisée.

La tradition Cajamarca

La tradition Cajamarca est caractérisée par l'emploi constant d'argile de kaolin, pour la céramique fine (Terada and Onuki 1982). Les pâtes sans kaolin, rouges ou marron, réservées à la céramique domestique, perdurent pendant toutes les phases Cajamarca et ont été recensées sur le site de Tantarica, non loin de la vallée de Chicama (Watanabe 2002).

Les formes les plus courantes de la tradition Cajamarca sont les bols et les écuelles. Dès le Cajamarca Moyen, ces récipients se dotent d'une base tripode ou annulaire, cette dernière se maintient jusqu'au Cajamarca Final. Les grandes céramiques, notamment celles retrouvées à Tantarica (Watanabe 2002), sont des marmites et des jarres dont les cols concaves sont orientés vers l'extérieur (fig.5.7). Rappelons que sur ce site de Tantarica, Watanabe (2002) a découvert des récipients dont les formes sont typiques de la côte et non de la sierra.

Les décors les plus courants de la tradition Cajamarca sont principalement peints sur des céramiques en kaolin, comme des bols ou des écuelles. Des lignes brunes, orangées, rouges ou noires, horizontales ou obliques, côtoient des spirales, des triangles, des croix et d'autres motifs géométriques (fig.5.7-c, d et e; Terada and Onuki 1982; Terada y Matsumoto 1985). Les représentations d'êtres zoomorphes ou anthropomorphes sont plus rares. En tenant compte de la variation des motifs, Terada et Matsumoto (1985) ont défini plusieurs styles de décors peints.

Au Cajamarca Initial, les décors sont de simples bandes horizontales qui évoluent vers le style « trois couleurs » (rouge, blanc et noir), daté de la phase Cajamarca Ancien. Le style cursif du Cajamarca Moyen se caractérise par des décors très chargés, surtout composés de lignes courbes. Le style semi-cursif qui lui succède au Cajamarca Récent est au contraire un peu plus épuré. Enfin, au Cajamarca Final, les décorations peintes du style « Amoshulca » représentent des lignes rouges et noires, obliques ou circulaires (fig.5.7-e; Terada y Matsumoto 1985).

Rappelons que selon Watanabe (2002), les décorations sur pâte de kaolin n'ont été découvertes que dans des contextes très tardifs, associés à du matériel inca, sur le site de Tantarica (voir supra chapitre 3.1 p.85). L'absence de ce type d'argile, pourtant très courant dans la céramique Cajamarca, pourrait témoigner de différences importantes, au sein de cette vaste région.

Indices d'échanges entre les régions hautes et basses, les tessons de la culture Cajamarca ont été retrouvés dans des zones géographiques très variées, sur la côte nord (Leonard y Russell 1993), mais également sur les sommets de la vallée haute de Chicama (Krzanowski 2006).

La céramique de la vallée haute de Chicama

Cette céramique est surtout connue grâce aux prospections des archéologues polonais, dirigés par Krzanowski (1985; 2006). Ces derniers ont proposé un cadre chronologique se

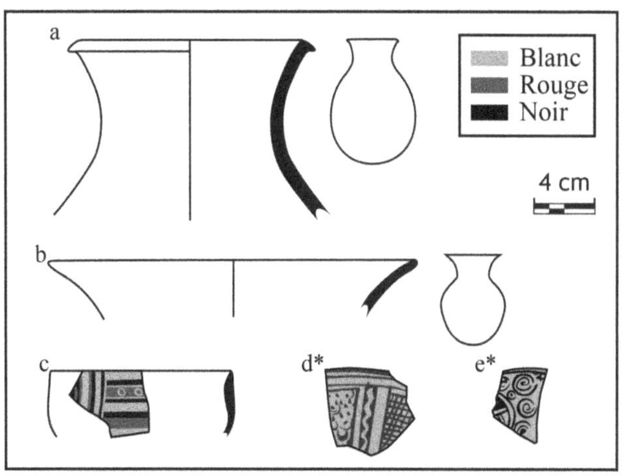

Fig. 5.7 **– Céramique Cajamarca: a - marmite, b - marmite avec col concave évasé (Tantarica), c - bol en kaolin, décoration du style « trois couleurs », d - décoration du style « cursif », e - décoration du style « Amoshulca » (les * indiquent un dessin sans échelle, redessiné d'après Terada and Onuki 1982; Watanabe 2002; Terada y Matsumoto 1985).**

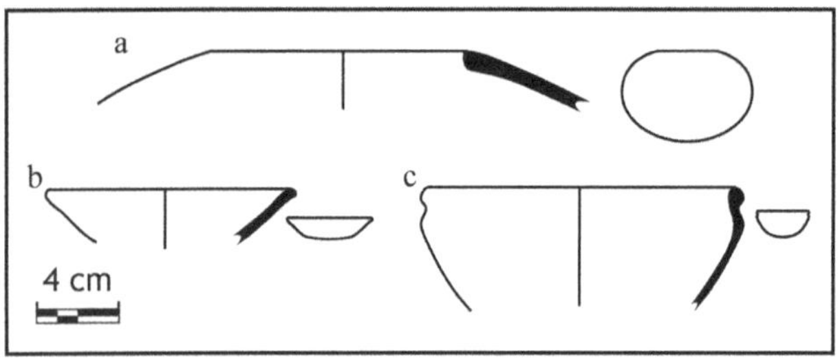

Fig. 5.8 – **Céramique des phases Pelón et Totorapampa: a - marmite sans col, b - écuelle, c - bol (redessiné d'après Krzanowski 2006: 31).**

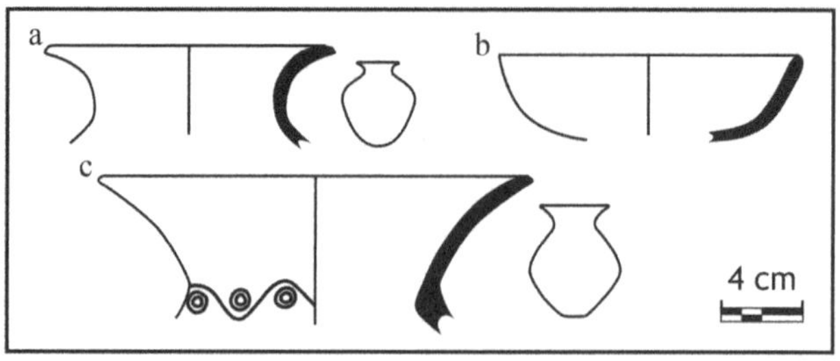

Fig. 5.10 – **Céramique de la phase Yuraccama: a. marmite – b. écuelle – c. jarre décorée d'incisions du style « Huamachuco incisé » (redessiné d'après Krzanowski 2006: 33).**

déclinant en plusieurs phases, présenté dans la figure 3.19, qui sont en partie basées sur la chronologie de la région de Huamachuco, telle que l'a définie Thatcher (1972). Les phases Pelón et Totorapampa correspondant à la période Formative (1000-400 av. J.-C.) sont suivies de la phase Mollepata (Intermédiaire Ancien, 400 av. J.-C.-500 apr. J.-C.). Après un hiatus correspondant à l'Horizon Moyen, la phase Yuraccama s'étend jusqu'à la Période Coloniale, englobant l'Intermédiaire Récent et l'Horizon Récent (1000-1532 apr. J.-C.).

Les phases Pelón et Totorapampa

La céramique de cette époque se caractérise par des parois fines, décorées d'incisions et de ponctuations (Krzanowski 2006: 31). Les formes les plus courantes sont les écuelles et les marmites sans cols, similaires à celles de la culture Cupisnique (fig.5.8).

La phase Mollepata

À l'Intermédiaire Ancien, la céramique est surtout peinte en rouge et en blanc (Krzanowski 2006: 33). L'influence de Cajamarca se fait aussi sentir à travers la présence de quelques céramiques fines en kaolin. Les cols des marmites et des jarres s'évasent peu à peu vers l'extérieur (fig. 5.9-a), une tendance qui s'accentue à la phase Yuraccama.

La phase Yuraccama

La céramique de cette phase se caractérise par une pâte dans laquelle prédominent des roches de schistes triturées. D'après Krzanowski (2006: 34), les formes les plus courantes sont des jarres et des marmites à bords concaves très évasés (fig.5.10-a et c). Leurs panses sont fréquemment décorées de motifs incisés selon le style « Huamachuco incisé », défini par McCown (1945), puis par Thatcher (1972) pour la région de Huamachuco (fig.5.10-c).

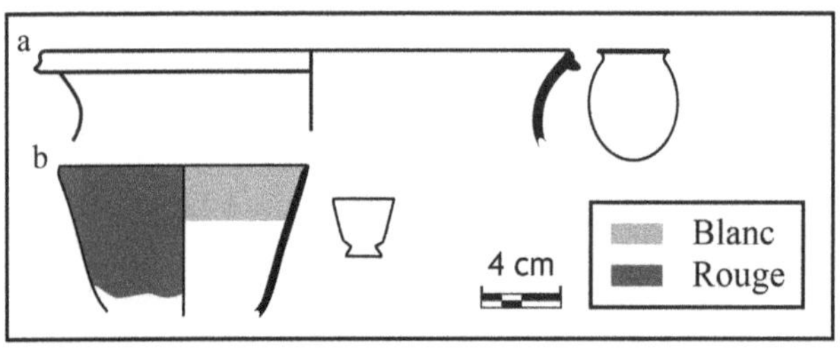

Fig. 5.9 – **Céramique de la phase Mollepata: a - marmite, b - bol peint en rouge et en blanc (redessiné d'après Krzanowski 2006: 33).**

Commentaires relatifs à la céramique de la vallée de Chicama

Les poteries employées dans les régions côtières et montagneuses de la vallée de Chicama ou des environs se transforment au fil des périodes. À l'Intermédiaire Récent, la céramique des cultures chimú et Sicán (fig.5.11-1), difficilement discernables en l'état actuel des connaissances, était fortement répandue dans la plaine côtière de Chicama et influençait la céramique du site de Tantarica (fig.5.11-2). Sur les sommets au nord de la vallée moyenne de Chicama, la céramique Cajamarca d'argile de kaolin, typique des régions plus orientales (fig.5.11-3), est absente. Enfin dans la vallée haute de Chicama, les populations Yuraccama utilisaient une céramique semblable à celle de la région de Huamachuco (fig.5.11-4).

De manière générale, les études sur la céramique de la côte nord et de la culture chimú sont principalement limitées aux collections muséales, composées de pièces exhumées en grande partie lors de pillages de contextes funéraires (Redcliff 1939; Weiss y Rojas Ponce 1967; Schjellerup 1986; Martínez 1986; 1987). Ces analyses portent avant tout sur l'iconographie et les formes complètes, sans forcément s'attacher à la chronologie, à l'exception de Scheele and Patterson (1966).

Parmi le matériel étudié durant les prospections, nous avons pu mettre en évidence plusieurs tessons dont les caractéristiques correspondent à des cultures, des régions ou des phases particulières présentées ci-dessus.

II. Classification et analyse du matériel

La méthodologie

Dans un premier temps, afin d'éviter de possibles biais méthodologiques, il faut réaliser une classification du matériel sans tenir compte des typologies et des études

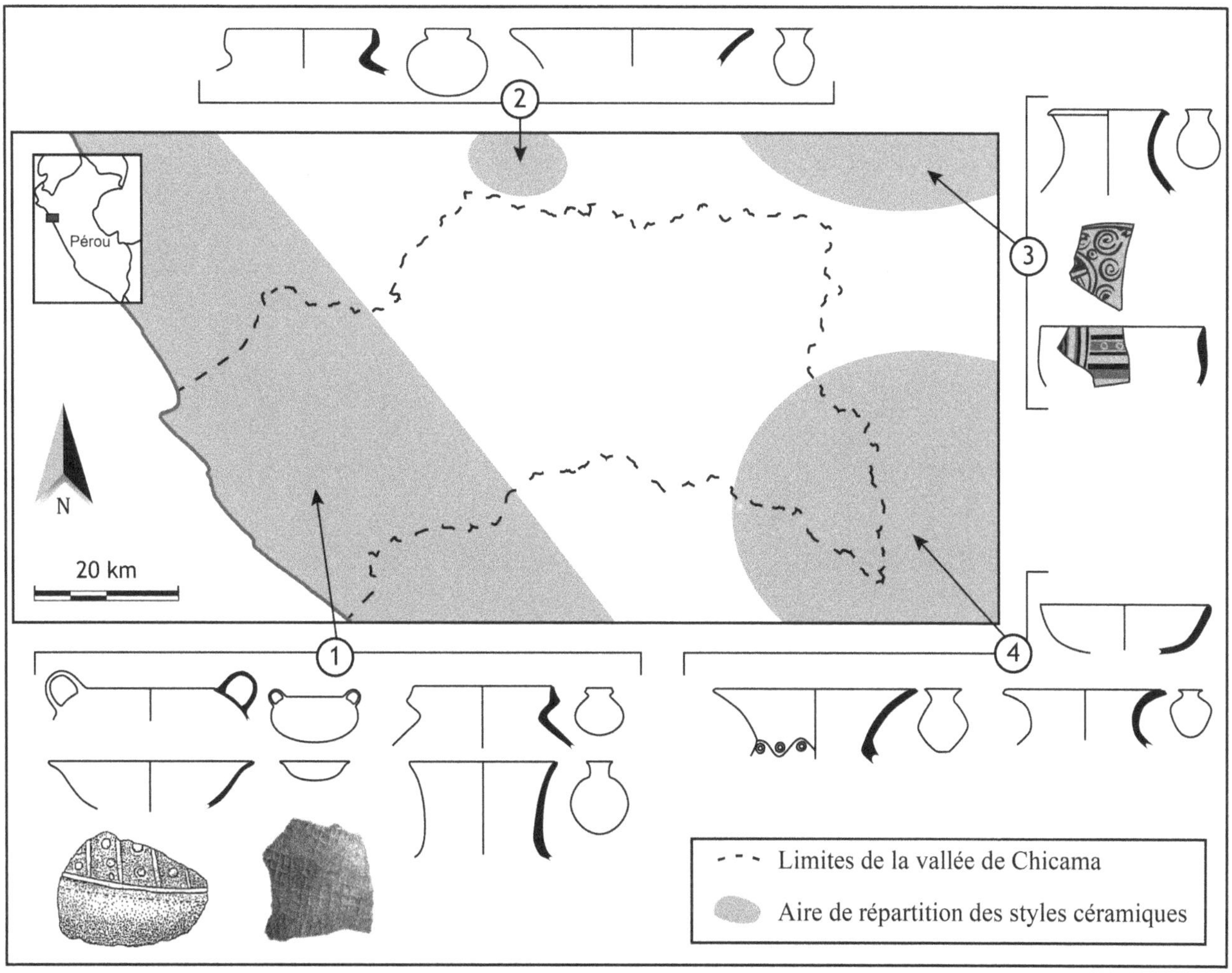

***Fig. 5.11* – Carte de répartition de la céramique à l'Intermédiaire Récent: 1 - Céramiques Sicán ou chimús (d'après Keatinge 1973; Kanigan 1995; Prieto 2008), 2 - Céramiques du site Cajamarca de Tantarica (d'après Watanabe 2002), 3 - Céramique Cajamarca (d'après Terada y Matsumoto 1985), 4 - Céramiques Yuraccama (d'après Krzanowski 2006).**

existantes sur la céramique de la région. Ce n'est que dans un second temps que la comparaison des types définis avec ceux présentés par d'autres auteurs apporte des informations d'ordre chronologique et culturel (Collier *et al.* 1955; Keatinge 1973; Kanigan 1995; Donnan and Mackey 1978; Uceda y Morales 2001; 2002; 2003; 2004; 2005; 2006; Terada and Onuki 1982).

L'enregistrement des données

L'examen du matériel sur les sites ayant été effectué durant nos prospections, les données enregistrées sur des fiches papier (voir annexe) ne sont pas exhaustives et manquent parfois de précisions.

Concernant les pâtes des tessons, nous avons recueilli les informations suivantes: la couleur des surfaces internes, externes et de la section, la taille du dégraissant ou des inclusions non plastiques[2], sa densité[3] et parfois sa nature (sable, roches, etc.) et enfin la texture de la surface (lisse, polie, rêche, engobée, etc.). Malheureusement, ces données ne sont pas homogènes d'un site à l'autre, en raison de la conservation variable du matériel céramique ramassé et de sa localisation en surface. Notre jugement a également pu évoluer entre le premier et le dernier jour de la prospection, trois ans plus tard. Les photos de chaque tesson ont donc ensuite permis de nuancer certaines de ces données de terrain, mais il demeure difficile de déterminer, par exemple, les couleurs des pâtes avec le code Munsell. Les codes de couleur fournis par la suite sont donc approximatifs et donnés à titre indicatif.

L'enregistrement des informations relatives aux formes a été plus facile. Nous avons dessiné plusieurs profils de tessons et nous avons indiqué les mesures (épaisseurs et diamètres) sur les fiches.

Enfin, les décors sont sommairement décrits, parfois dessinés et toujours photographiés sous plusieurs angles. Les différentes techniques employées (peinture, modelage, moulage, incision, etc.) complètent ces informations.

2 - Les inclusions fines mesurent moins de 0,3 mm, les moyennes mesurent entre 0,3 et 0,8 mm et les inclusions grossières sont supérieures à 0,8 mm. Ces mesures sont approximatives.

3 - Un dégraissant de faible densité correspond à moins de 15% d'inclusions. Lorsque la densité est moyenne, il y a entre 15 et 25% d'inclusion et au-delà de 25%, il s'agit d'un dégraissant abondant.

Critères de définition des types					Nombre de tessons
Sans décors		Pâte rouge foncée	Dégraissant fin	Type A	169
Sans décors		Pâte rouge foncée	Dégraissant grossier	Type B	392
Sans décors		Pâte rouge-orangée	Dégraissant fin	Type C	74
Sans décors		Pâte rouge-orangée	Dégraissant grossier	Type D	169
Sans décors		Pâte hétérogène	Dégraissant grossier	Type E	168
Sans décors		Pâte orangée	Dégraissant de roches sans sable	Type F	54
Sans décors		Pâte grise	Dégraissant grossier	Type G	41
Sans décors		Pâte grise	Dégraissant fin	Type H	32
Avec décors	Décors plastiques (moulage, modelage, incision et impression)	Décors moulés géométriques	Pâte rouge-orangée	Type I	90
Avec décors	Décors plastiques (moulage, modelage, incision et impression)	Décors moulés géométriques	Pâte grise	Type J	11
Avec décors	Décors plastiques (moulage, modelage, incision et impression)	Décors moulés en forme d'épis de maïs		Type K	3
Avec décors	Décors plastiques (moulage, modelage, incision et impression)	Décors de "*paleteado*"		Type L	71
Avec décors	Décors plastiques (moulage, modelage, incision et impression)	Autres décors moulés	Pâte rouge-orangée	Type Q	12
Avec décors	Décors plastiques (moulage, modelage, incision et impression)	Autres décors moulés	Pâte grise	Type S	6
Avec décors	Décors plastiques (moulage, modelage, incision et impression)	Décors de protubérances modelées		Type R	5
Avec décors	Décors plastiques (moulage, modelage, incision et impression)	Décors modelés et incisés/imprimés		Type T	13
Avec décors	Décors plastiques (moulage, modelage, incision et impression)	Décors incisés	Pâte rouge ou rouge-orangée	Type U	6
Avec décors	Décors plastiques (moulage, modelage, incision et impression)	Décors incisés	Pâte brune	Type V	7
Avec décors	Décors peints ou à engobe,	Peinture blanc-crème ou jaune		Type M	72
Avec décors	Décors peints ou à engobe,	Peinture blanc-crème lignes verticales, diagonales ou "en escaliers"	Pâte à surface très lisse	Type N	10
Avec décors	Décors peints ou à engobe,	Engobe blanc et/ou rouge foncé		Type O	24
Avec décors	Décors peints ou à engobe,	Peinture polychrome	Pâte de kaolin	Type P	3
				Sans types	23
				TOTAL	**1455**

***Fig. 5.12* – Tableau des critères de définition des types.**

Les photos des tessons, les croquis et les informations enregistrées sur place ont été reportés dans une base de données qui a ensuite servi à la classification du matériel.

La classification

Pour classer les tessons, la méthode dite de « type variété » semble la plus appropriée et permet notamment de caractériser au mieux le matériel pour ensuite le dater (Becquelin et Baudez 1973).

À partir des données enregistrées, nous avons réparti successivement les 1455 tessons dans vingt-deux types cohérents et homogènes, en tenant compte des critères de pâtes et de décors (fig.5.12). Les formes, trop diverses, ont momentanément été laissées de côté. Seuls 23 fragments de céramique n'ont pu être classés, du fait de décors bien particuliers.

Quelques types du matériel étudié sont très proches de ceux déterminés par Collier (*et al.* 1955), dans le cadre du projet Virú, tandis que d'autres rappellent la classification de Terada et Onuki (1982), pour la région de Cajamarca, ou celle de Krzanowski (2006), pour la vallée haute de Chicama. Pour leur part, Keatinge (1973), Kanigan (1995) et Prieto (2008) ont analysé la céramique chimú en dissociant les pâtes, les formes et les décors. Cette méthode a également été employée pour la céramique domestique mochica, bien décrite dans les rapports du projet de la Huaca de la Luna (Uceda y Morales 2000; 2001; 2002; 2003: 2004; 2005). Comme ces classifications céramiques ne tiennent pas compte de l'ensemble des critères (pâtes et décors), les comparaisons avec nos types s'en trouvent compliquées.

Description et comparaison des 22 types

La description de chacun des types se décline en quelques catégories: les *critères de sélection*, la pâte et la surface, les formes recensées et les décors. Enfin, la comparaison de ces types avec les résultats des études d'autres archéologues complète cette présentation.

Type A

Critères de sélection: Pâte rouge foncé avec un dégraissant fin, sans décor.

Pâte et surface: La couleur de la pâte fluctue entre le rouge intense (10R3/10) et des tons plus foncés allant vers le brun (2,5YR2/6) ou le violet grisé (2.5R2/4). En règle générale, les tessons de ce type présentent la même couleur sur leurs faces internes et externes et au cœur de leur pâte, mais on observe aussi parfois de légères variations de tons, probablement dues à une cuisson imparfaitement contrôlée. Des traces horizontales de lissage sont souvent visibles aussi bien sur les surfaces externes et internes des tessons. Les inclusions de petite taille qui caractérisent cette pâte sont de nature sableuse et moyennement dense. Quant à l'épaisseur, elle varie entre 4 et 16 mm et mesure en moyenne 7 mm.

Formes: Grâce aux bords de ce type, nous avons déterminé plusieurs formes de récipients. Les écuelles et quelques plats représentent près de la moitié des bords. Les autres appartiennent surtout à des marmites et à des jarres, ces dernières étant souvent de taille réduite (fig.5.13). Le profil des écuelles se caractérise par une courbure constante. Les diamètres de ces récipients sont compris entre 14 et 26 cm, avec une moyenne d'environ 19 cm. Les plats, plus rares, présentent des profils convexes et réguliers et des diamètres allant de 24 à 36 cm. Les marmites possèdent des cols de formes et d'inclinaisons variées: droits, concaves, convexes et convexes avec une carène. Leurs diamètres mesurent en moyenne 12 cm et oscillent entre 8 et 16 cm.

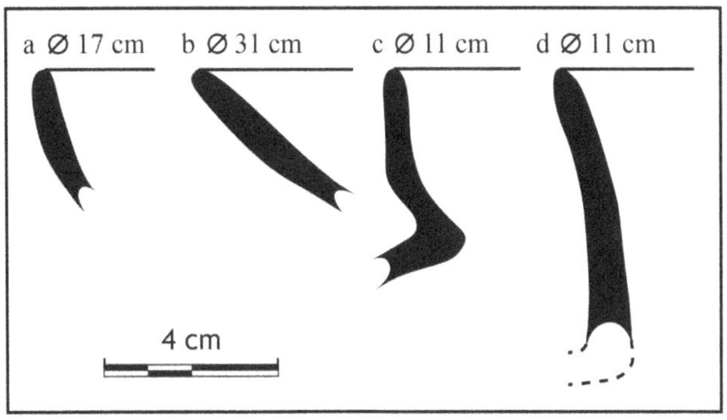

***Fig. 5.13* – Exemples de bords du type A: a - écuelle, b - plat, c - marmite à col caréné, d - jarre.**

Les jarres ont généralement des cols concaves, légèrement évasés avec des diamètres mesurant en moyenne 11 cm et variant entre 7 et 16 cm.

Décorations: Les tessons de ce type sont dépourvus de décoration.

Comparaisons: Le type *Rubia Plain*, décrit par Collier (*et al.* 1955: 166) pour le projet Virú, et daté des périodes Tomaval, Estero et La Plata, c'est-à-dire de l'Horizon Moyen jusqu'à l'Horizon Récent, est en partie similaire au type A. Keatinge (1973) recense des pâtes semblables (n°33, 35 et 44), tout comme Kanigan (1995; CC17, CC26B), pour de la céramique chimú.

Type B

Critères de sélection: Pâte rouge foncée avec un dégraissant moyen et/ou grossier, sans décor.

Pâte et surface: La couleur de la pâte du type B est similaire à celle du type A; elle varie entre le rouge, le brun et le violet gris. À l'instar du type A, les surfaces externes et internes sont également lisses. Les types A et B diffèrent surtout par leur dégraissant; dans le cas du B, de petites inclusions, principalement du sable, côtoient d'autres éléments non plastiques plus gros et abondants comme de petites roches moulues. L'épaisseur mesure en moyenne 9mm et varie entre 4 et 32 mm.

Formes: Les formes recensées sont les marmites, les écuelles, les jarres, les plats, les urnes et quelques bols fermés (fig.5.14). Les marmites sont les plus nombreuses et représentent plus de 40 % des bords du type B. La plupart de leurs cols sont convexes avec une carène, tandis que d'autres sont concaves ou droits, voire convexes simples. Le diamètre varie entre 7 et 28 cm, avec une moyenne de 15 cm. Les écuelles sont similaires à celles du type A, y compris pour leurs diamètres, mais il existe quelques variations, notamment lorsque la lèvre est légèrement concave et évasée. La plupart des plats du type B sont aussi semblables à ceux du type A. Leurs diamètres mesurent entre 18 et 40 cm. À l'instar des jarres du type A, les cols de celles du type B sont concaves et évasés. Il faut également

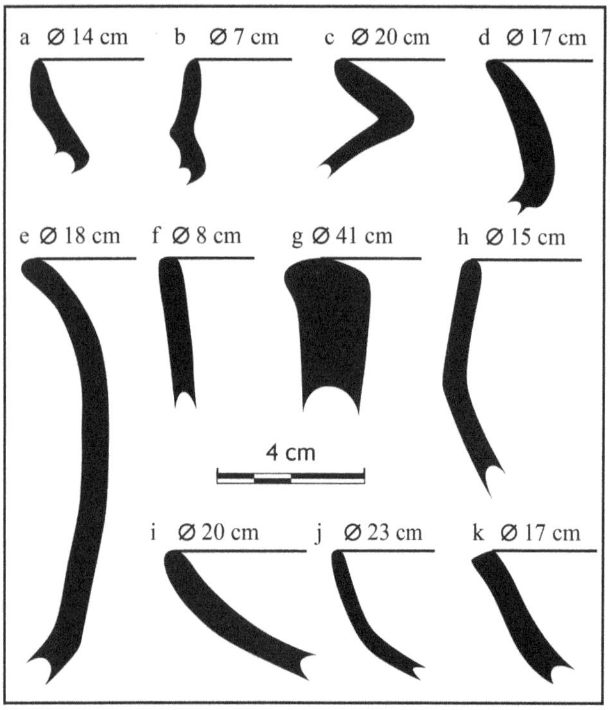

***Fig. 5.14* – Exemples de bords du type B: a b c et d - marmites, e et f - jarres, g - urne, k - bol à parois incurvées, i - plat, j et k - écuelles .**

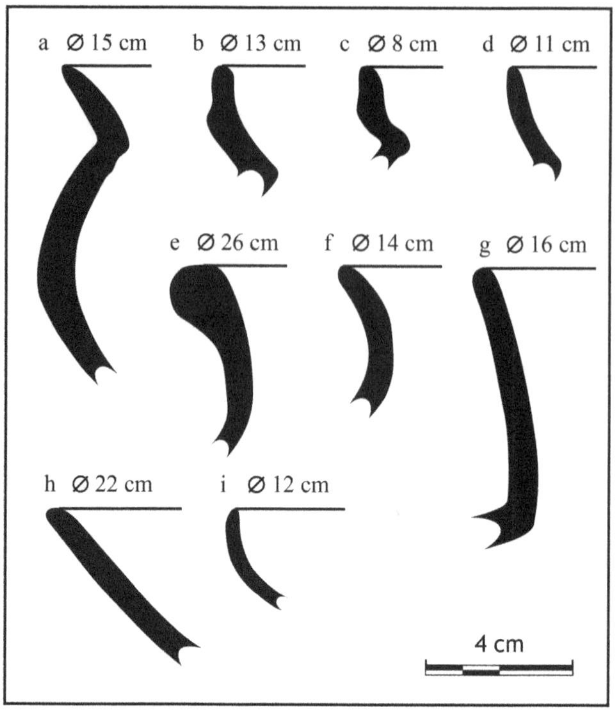

***Fig. 5.15* – Exemples de bords du type C: a b c et d - marmites, e - urne, f et g - jarre, h - plat, i - écuelle.**

souligner la présence de jarres à col droit. Les diamètres varient majoritairement entre 6 et 20 cm, avec une moyenne de 15 cm. Quelques rares tessons de jarres à col très évasé indiquent des diamètres plus importants, d'environ 25 cm. Les urnes sont de larges récipients dont les lèvres épaisses sont orientées vers l'intérieur ou vers l'extérieur. Leurs diamètres sont supérieurs à 40 cm. Enfin, quelques bords correspondent à des bols dont les parois sont incurvées vers l'intérieur.

Décorations: Les tessons de ce type sont dépourvus de décoration.

Comparaisons: On peut rapprocher le type B du *Rubia Plain* défini par Collier (*et al.* 1955). Cet auteur décrit des bols incurvés vers l'intérieur, des marmites à cols carénés ou des jarres à cols évasés, semblables aux formes que nous avons recensées, mais nos données sont trop imprécises pour pouvoir associer ces deux types. Keatinge (1973) et Kanigan (1995) décrivent aussi quelques pâtes de la céramique chimú (n°30, CC11 et CC22) qui peuvent éventuellement être comparées à celle du type B.

Type C

Critères de sélection: Pâte orangée ou rouge-orangée à dégraissant fin, sans décor.

Pâte et surface: Les tessons du type C se caractérisent par une pâte homogène de couleur orangée (5YR5/10) ou rouge-orangée (10R4/12). Les inclusions, principalement du sable, sont de petite taille et peu denses. Les surfaces internes et externes des fragments sont lisses et souvent soignées. Enfin, l'épaisseur moyenne est d'environ 7 mm, mais certains tessons ne sont épais que de 3 ou 4 mm tandis que d'autres mesurent 19 mm.

Formes: Les bords du type C sont principalement des fragments d'écuelles ou de marmites, similaires à celles des types A et B (fig.5.15).

Décorations: Les tessons de ce type sont dépourvus de décoration.

Comparaisons: Le type C est plus ou moins semblable au type *Castillo Plain*, décrit par Collier (*et al.* 1955: 186) qui indique qu'on le trouve dès l'époque Formative et jusqu'à l'Horizon Moyen. La pâte CC26 de Kanigan (1995: 365) et les pâtes n°3 et 4 de Keatinge (1973: 213) sont également proches, mais nos données ne permettent malheureusement pas d'établir une équivalence certaine avec le type C.

Type D

Critères de sélection: Pâte orangée ou rouge-orangée à dégraissant dense, moyen et/ou grossier, sans décor.

Pâte et surface: Tout comme pour le type C, la pâte est lisse, homogène et de couleur orangée ou rouge-orangée. Les inclusions sont de dimensions variables; certaines sont fines (du sable), tandis que d'autres, plus nombreuses, sont de taille moyenne et grosse. L'épaisseur des tessons varie entre 5 et 25 mm, avec une moyenne de 10 mm.

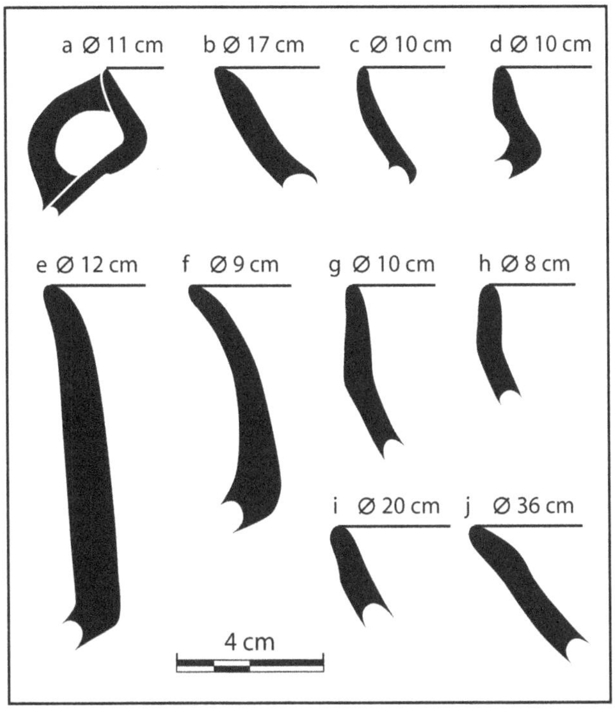

Fig. 5.16 **– Exemples de bords du type D: a, b, c, d et e - marmites, f et g - jarres, h, i et j - écuelles, k - plat.**

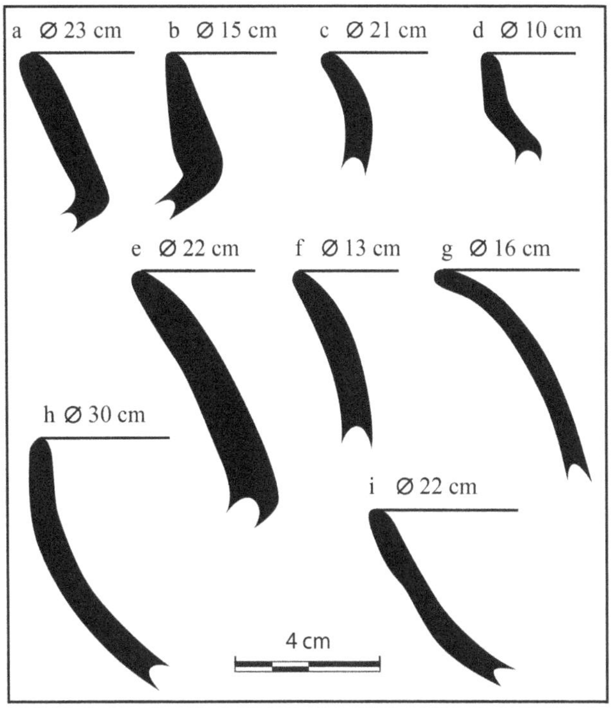

Fig. 5.17 **– Exemples de bords du type E: a, b, c et d - marmites, e, f et g - jarres, h - plat, i - écuelles.**

Formes: Nous avons défini trois principales formes de récipients pour le type D: les marmites, les écuelles et les jarres. Les plats, les bols à parois inclinées et les urnes sont très minoritaires (fig.5.16). Les marmites représentent près de la moitié des bords et se caractérisent par des cols convexes, souvent carénés, ou des cols droits orientés vers l'extérieur. Les cols concaves sont quasiment absents. Les diamètres d'ouverture mesurent entre 6 et 18 et ont une moyenne de 12 cm. Les écuelles ne diffèrent pas de celles des autres types si ce n'est qu'elles ont la plupart du temps des bords presque verticaux. Les jarres possèdent des cols concaves, légèrement évasés, tout à fait similaires à celles du type A.

Décorations: Les tessons de ce type sont dépourvus de décoration.

Comparaisons: Le type *Castillo Plain* de Collier (*et al.* 1955) et les pâtes CC10 et CC26A, définis par Kanigan (1995: 348) à Chan Chan, sont similaires au type D.

Type E

Critères de sélection: Pâte hétérogène à dégraissant de taille moyenne et grande, sans décor.

Pâte et surface: La pâte est de couleur rouge-orangée (10R4/10), pour les surfaces externes et internes, mais le cœur de la pâte est gris (2.5YR2/2). Cette hétérogénéité est probablement liée à la cuisson, peut-être réalisée dans une atmosphère tantôt réductrice, tantôt oxydante, en particulier à la fin de la cuisson. Les éléments non plastiques abondants sont de taille moyenne et parfois grosse. L'épaisseur oscille entre 6 et 23 mm, pour une moyenne de 9 mm.

Formes: Les bords correspondent surtout à des marmites, des jarres et des écuelles (fig.5.17). Les marmites ont surtout des cols concaves ou droits, alors que les cols convexes sont minoritaires. Les diamètres mesurent en moyenne 20 cm. Les jarres se caractérisent par leurs cols concaves, plus ou moins évasés. Les diamètres sont très disparates et mesurent entre 10 et 34 cm, pour un diamètre moyen de 20 cm. Les écuelles sont tout à fait semblables à celles présentées pour le type A.

Décorations: Les tessons de ce type sont dépourvus de décoration.

Comparaisons: Selon Segundo Vásquez (communication personnelle de juin 2010), ce type pourrait être plutôt caractéristique des régions montagneuses, mais n'a pas été daté.

Type F

Critères de sélection: Pâte orangée, dégraissant de taille moyenne et grande, sans décor.

Pâte et surface: La pâte homogène est de couleur orangée, assez claire (5YR6/10), et vire parfois vers des tons un peu plus rouges. Des fragments grossiers de roches moulues, présents en densité moyenne, constituent l'essentiel des éléments non plastiques, les petites inclusions comme du sable étant absentes ou très rares. Les surfaces internes

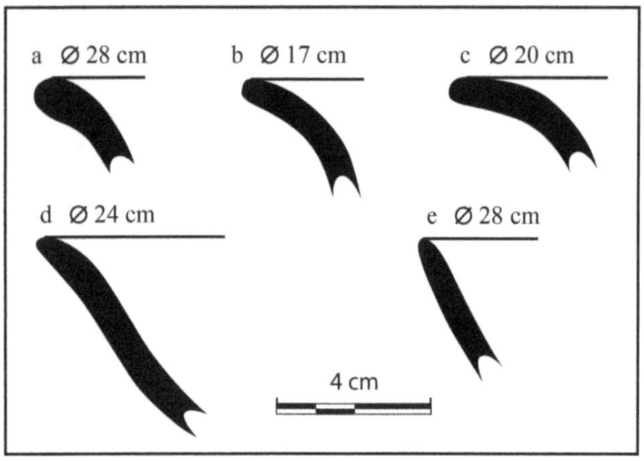

Fig. 5.18 – **Exemples de bords du type F: a, b et c - marmites et jarres, d - écuelle, e - plat.**

et externes, assez rêches, sont peu travaillées. Enfin, l'épaisseur moyenne est d'environ 8 mm.

Formes: Les principales formes du type F sont les marmites, les jarres, les écuelles et les plats (fig.5.18). Les marmites et les jarres possèdent des cols concaves, similaires à celles du type E, tout en étant plus évasés. Quant aux écuelles et aux plats, ils sont de forme convexe, mais leurs lèvres sont parfois légèrement concaves.

Décorations: Les tessons de ce type sont dépourvus de décoration.

Comparaisons: Malgré la description imprécise de Krzanowski (2006) au sujet de la pâte de la céramique Yuraccama, les inclusions de roches pourraient correspondre à celles du type F. Nos observations ne sont toutefois pas assez précises pour vérifier s'il s'agit du même type de dégraissant.

Type G

Critères de sélection: Pâte grise à dégraissant de taille moyenne et grande, sans décor.

Pâte et surface: La pâte homogène, lisse en surface, est de couleur grise et assez foncée (5BG2/2), résultat d'une cuisson en atmosphère réductrice. Le dégraissant, moyennement dense, est composé d'éléments non plastiques de tailles diverses, fins pour le sable et plus grossiers lorsqu'il s'agit de petits fragments de roches. L'épaisseur des tessons varie entre 5 et 10 mm et mesure en moyenne 7 mm.

Formes: Les bords sont peu nombreux, mais permettent d'identifier des marmites, des écuelles, ainsi que quelques plats, jarres et bouteilles (fig.5.19). Les marmites ont des cols concaves, droits ou convexes avec une carène et certains plats possèdent des lèvres concaves évasées. Le goulot des bouteilles est étroit, droit, sans bourrelet et ne dépasse pas les 2 cm de diamètre.

Décorations: Les tessons de ce type sont dépourvus de décoration.

Comparaisons: Collier (*et al.* 1955: 160) a défini le type *Tomaval Plain* en se basant sur la couleur grise et la surface lisse et non polie des tessons, caractéristiques que l'on retrouve pour notre type G. Selon Collier (*et al.* 1955), ce type est surtout présent durant la période La Plata, c'est-à-dire pendant l'époque chimú, mais également durant l'Horizon Moyen et l'Horizon Récent. Plusieurs pâtes (n°17 et 21, CC2, CC5, etc.) décrites dans les études de Keatinge (1973) et de Kanigan (1995) sont également similaires et renforceraient la datation de l'époque chimú.

Type H

Critères de sélection: Pâte grise à dégraissant fin, sans décor.

Pâte et surface: À l'instar de celle du type G, la pâte grise est due à une cuisson en atmosphère réductrice. Le cœur de la pâte est souvent d'un gris plus clair que les surfaces externes et internes. Les inclusions non plastiques, principalement du sable, sont de petite taille et sont présentes en densité faible ou moyenne. Le traitement de surface peut

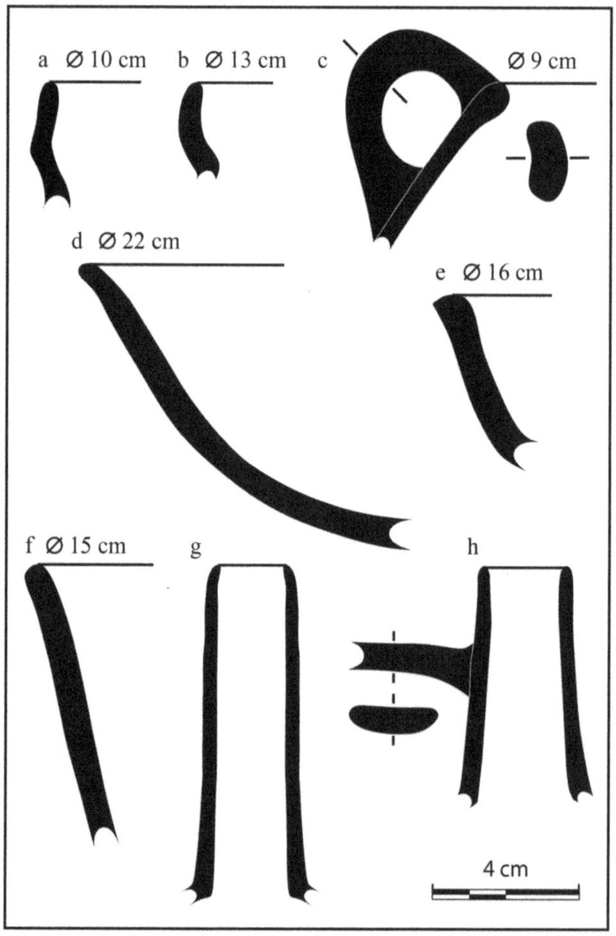

Fig. 5.19 – **Exemples de bords du type G: a et b - marmites, c - bol à parois inclinées avec anse, d - plat, e - écuelle, f - jarre, g et h - bouteilles.**

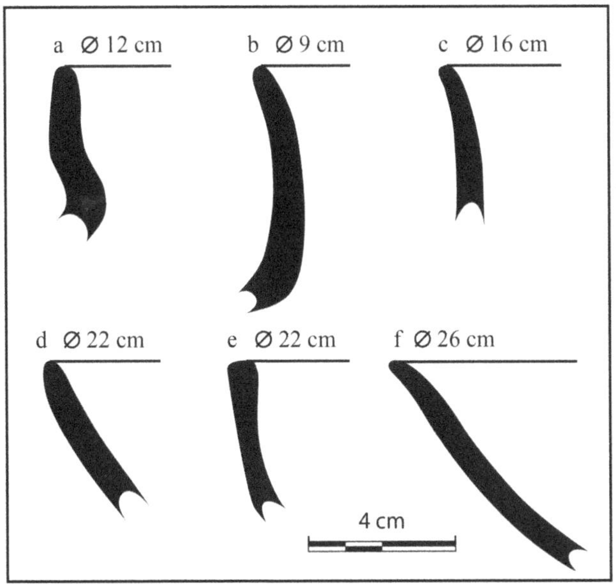

***Fig. 5.20* – Exemples de bords du type H: a - marmite, b et c - jarres, d et e - écuelles, f - plat.**

être un simple lissage ou un polissage plus soigné pour la face externe du tesson. L'épaisseur mesure en moyenne 6mm.

Formes: Les bords sont trop peu nombreux pour réellement pouvoir étudier les formes. On peut déterminer des marmites à col convexe, des jarres à col droit et quelques écuelles (fig.5.20).

Décorations: Les tessons de ce type sont dépourvus de décoration.

Comparaisons: Notre type H pourrait correspondre aux types *Queneto Polished Plain* et *Estero Plain* que Collier (*et al.* 1955) différencie grâce à la présence ou à l'absence de polissage. Les tessons lisses de notre type H seraient donc classés comme *Estero Plain*, tandis que ceux qui ont été polis se rapprocheraient de *Queneto Polished Plain*. Cet auteur indique que ces deux types sont surtout caractéristiques de l'Intermédiaire Récent et sont associés à la culture chimú. Kanigan (1995) et Keatinge (1973) décrivent également des pâtes semblables (n°18, 19, 20 et 22, 27, CC1, CC3A, CC4 etc.) pour de la céramique chimú.

Type I

Critères de sélection: Pâte rouge-orangée, décors géométriques moulés.

Pâte et surface: La pâte généralement homogène varie entre le rouge et le rouge-orangé (10R4/10). Les éléments non plastiques (du sable et quelques rares petites roches fragmentées) sont assez fins et présents en densité moyenne. Les tessons mesurent environ 6 mm d'épaisseur.

Formes: La forme la plus représentée est l'écuelle, mais on trouve également quelques rares marmites et jarres. Les décors sont placés sur la face externe des écuelles et sur le corps des marmites et des jarres, en dessous du col.

Décorations: les décors sont réalisés avec un moule qui permet d'imprimer sur la face extérieure les motifs géométriques principalement composés de lignes et de points (fig.5.21-a, b et c).

Comparaisons: Le type *San Nicolas Molded*, dont la pâte est oxydée, se caractérise par des motifs géométriques similaires à ceux que nous avons recensés et s'apparenterait donc à notre type I. D'après Collier (*et al.* 1955), il est surtout daté des périodes Tomaval et La Plata (Horizon Moyen et Intermédiaire Récent). Keatinge (1973: 337-339) et Kanigan (1995: 390) décrivent des décorations identiques pour leur céramique chimú.

Type J

Critères de sélection: Pâte grise, décors géométriques moulés.

Pâte et surface: La pâte est tout à fait similaire à celle du type H; elle est de couleur grise et présente des inclusions fines et peu abondantes. Du fait du moulage, il n'y a pas de lissage ou de polissage sur les surfaces externes.

Formes: Les écuelles, seule forme recensée pour ce type, sont décorées sur leur surface externe.

Décorations: Les décors sont identiques à ceux du type I (fig.5.21-d et e).

Comparaisons: Collier (*et al.* 1955) différencie le type *San Juan Molded* du *San Nicolas Molded* à partir de la pâte. Le *San Juan Molded* présentant une pâte grise correspondrait donc à notre type J. Collier (*et al.* 1955) estime qu'il est également daté de l'Horizon Moyen et de l'Intermédiaire Récent. Par ailleurs, les décors chimús moulés, recensés par Keatinge (1973) et Kanigan (1995), sont aussi similaires à ceux du type J.

Type K

Critères de sélection: Décors d'épis de maïs moulés.

Pâte et surface: La pâte varie du rouge au brun (10R3/8 et 2.5YR2/6). Les inclusions sont relativement petites et moyennement denses. Les tessons mesurent environ 5 mm d'épaisseur.

Formes: Un seul tesson appartient à une marmite à col convexe caréné. La décoration est localisée sur le haut du corps, sous le col.

Décorations: Le motif caractéristique de ce type représente un épi de maïs, dont on discerne grossièrement les grains et la forme ovale (fig.5.21-f).

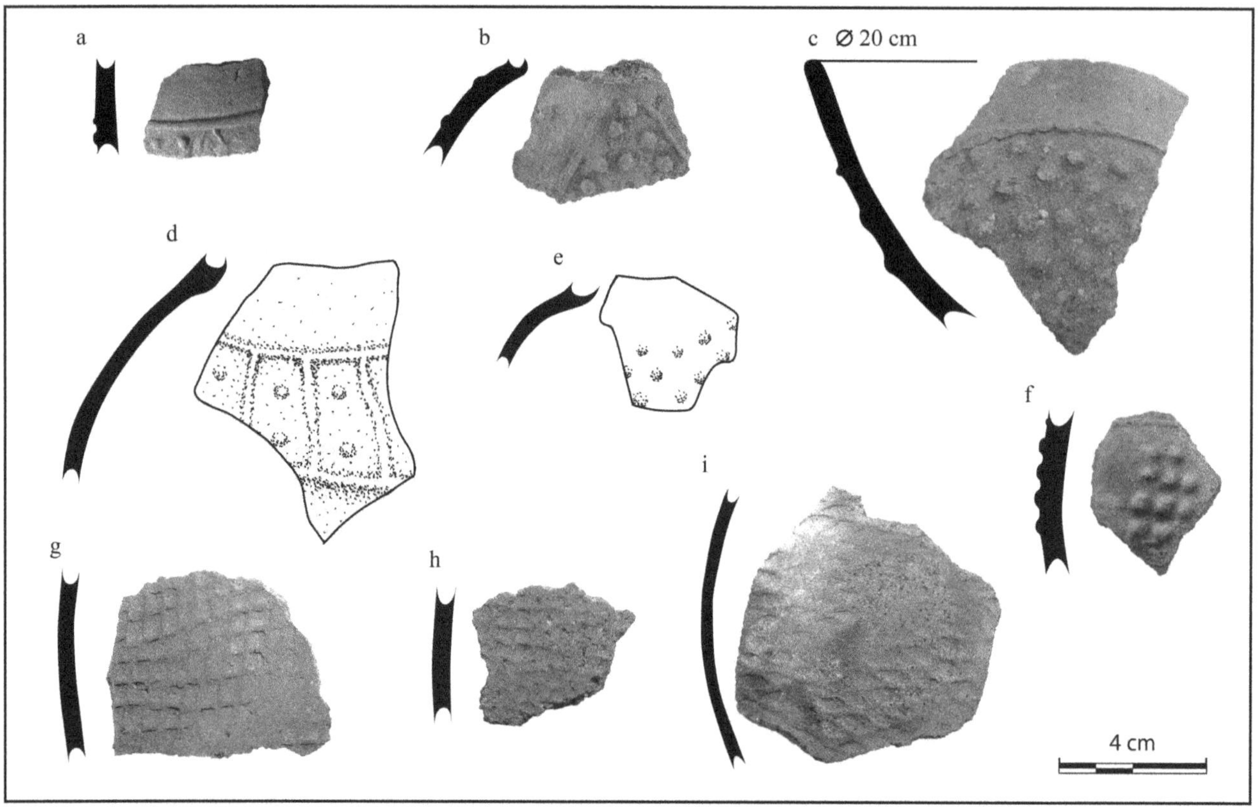

Fig.5. 21 – **Exemples de décors des types I (a, b et c), J (d et e), K (f) et L (g, h et i).**

Comparaisons: Les tessons du type *La Plata Molded*, décrits et datés de l'Intermédiaire Récent par Collier (*et al.* 1955: 169), ont des décors en forme d'épis de maïs et une pâte grise ou rouge foncée, ce qui rappelle fortement notre type K. Kanigan (1995: 390) recense aussi cette décoration particulière, pour la céramique chimú de Chan Chan.

Type L

Critères de sélection: Décors réalisés avec la technique du « *paleteado* ».

Pâte et surface: La pâte est souvent similaire à celle des types A et B; elle varie entre le rouge, le brun, voire un rouge grisé. Les éléments non plastiques de cette pâte, moyennement abondants, sont fins et parfois plus grossiers. Si la surface interne est relativement lisse, la surface externe est imprimée du motif de la palette du potier. L'épaisseur varie entre 4 et 13 mm et mesure en moyenne 6 mm.

Formes: Ce type de décors est essentiellement exécuté sur les panses des marmites, mais nous avons aussi recensé un unique bord d'écuelle, orné d'un motif de *paleteado*.

Décorations: La décoration est réalisée au moyen d'une palette en bois gravée d'un motif géométrique qui est imprimé sur la surface externe, de manière désordonnée. Ce motif « en filet » forme un quadrillage de losanges ou de carrés (fig.5.21-g, h et i).

Comparaisons: La technique du « *paleteado* » est un trait caractéristique du type *Niño Stamped*, défini par Collier (*et al.* 1955: 176; 1967) qui apparait à l'Horizon Moyen, notamment avec la culture Sicán. Selon Prieto (2008), le motif « en filet » est typique de la culture chimú, et a d'ailleurs été recensé par Keatinge (1973: 334) et Kanigan (1995: 389). Rappelons également que Donnan et Mackey (1978: 289) datent ce décor de la phase Chimú Moyen.

Type M

Critères de sélection: Décors peints en blanc-crème ou jaune.

Pâte et surface: La pâte est de couleur rouge-orangée, voire rouge plus foncé (10R2/8). À l'instar des pâtes des types B et D, elle se caractérise par un dégraissant de taille moyenne, assez dense. On observe fréquemment des traces horizontales de lissage sur les surfaces internes et externes. Enfin, l'épaisseur moyenne des tessons mesure environ 8mm.

Formes: Ce type se compose principalement de marmites à col convexe caréné, mais aussi de jarres, d'écuelles, de plats et de deux bols fermés dont l'un possède une anse qui débute au niveau de la lèvre.

Décorations: La peinture, en partie translucide, variant entre le blanc-crème et un jaune clair, a été appliquée après la cuisson (fig.5.22-a, b, c et d). Dans la plupart des cas, il s'agit de lignes horizontales peintes de façon peu soignée sur les corps, les cols ou les lèvres des récipients, mais on note également de larges aplats[4].

Comparaisons: Collier (*et al.* 1955) caractérise le type *Bitin White-on-Red* par une peinture blanche, mais les motifs qu'il décrit (bandes, points, cercles) sont bien plus variés que ceux de notre type M. Par ailleurs, cet auteur (Collier *et al.* 1955) ne fournit aucune indication de datation pour *Bitin White-on-Red.* Pour leur part, Keatinge (1973: 320 et 324) et Kanigan (1995: 388) notent des décors peints, semblables à ceux du type M, pour de la céramique chimú: lignes ou bandes blanches et aplats blancs, à moitié transparents. Ce type serait donc présent à l'époque chimú, mais nous manquons de point de comparaison pour les périodes antérieures et postérieures, ainsi que pour d'autres régions, dans la sierra.

4 - Pour les tessons les plus petits, ces aplats pourraient tout simplement provenir de lignes horizontales plus larges que les fragments.

Type N

Critères de sélection: Décors peints de lignes blanches verticales, diagonales ou en « escaliers », sur une surface très lisse.

Pâte et surface: La pâte homogène rouge foncée (7.5R2/8) est composée d'inclusions fines (principalement du sable), moyennement denses. La surface a été soigneusement lissée et présente très peu d'aspérités et l'épaisseur moyenne mesure environ 6 mm.

Formes: Ce type est principalement associé à des marmites qui se caractérisent presque toutes par un col court, droit et

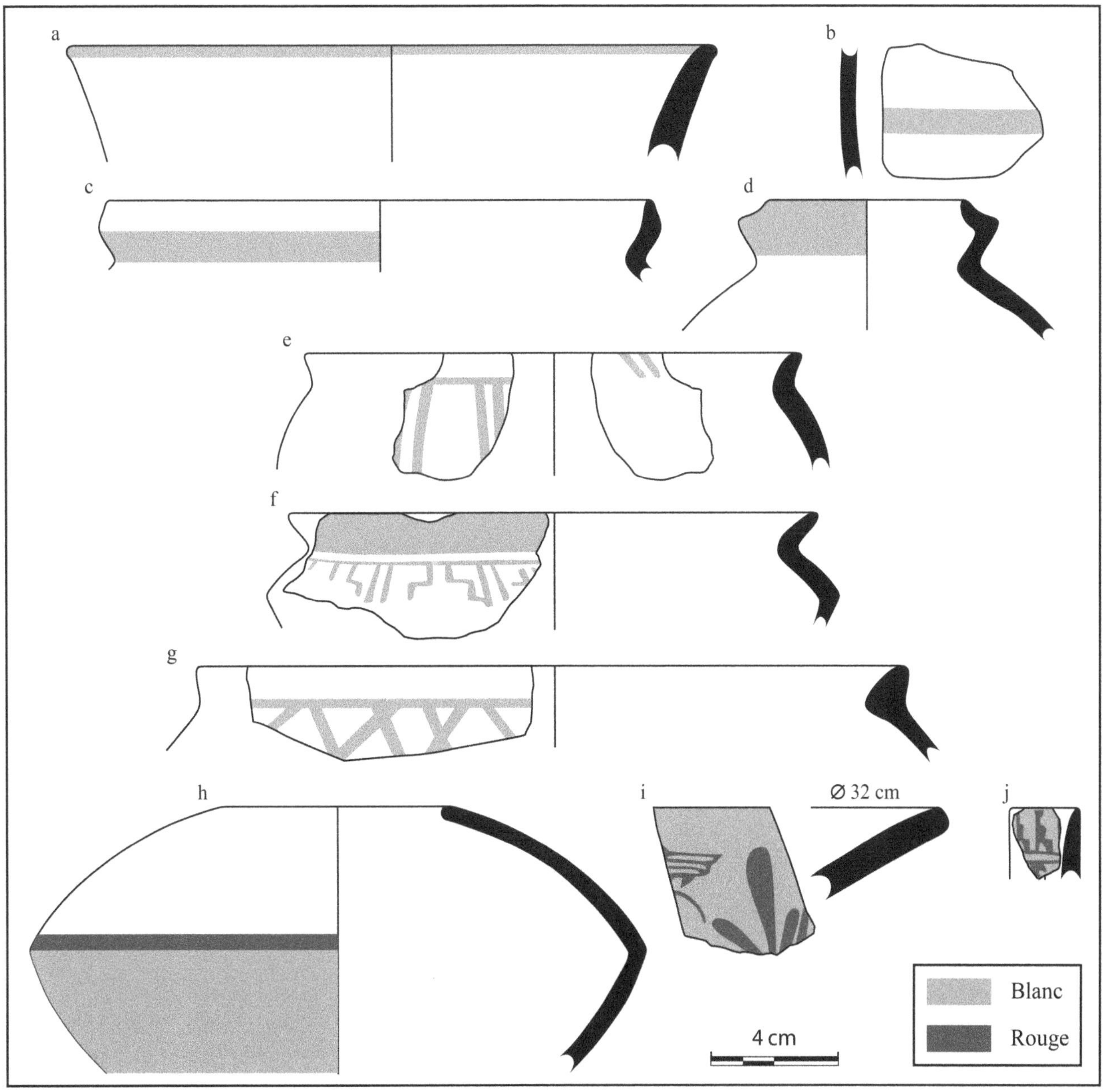

***Fig. 5.22* – Exemples de décors des types M (a, b, c et d) N (e, f et g) et O (h, i et j).**

orienté vers l'extérieur. Les décorations sont réalisées sur les faces internes ou externes du col, ou bien plus bas, sur la surface externe du corps.

Décorations: Les lignes blanches peintes sont orientées verticalement ou diagonalement. Parfois, elles représentent un motif en « escaliers » (fig.5.22-e, f et g).

Comparaisons: On retrouve des céramiques similaires dans les contextes domestiques mochicas du site de Huacas del Sol y de la Luna (Armas *et al.* 2001; Tello *et al.* 2003; 2004; Gamarra y Gayoso 2005: 399; Chiguala *et al.* 2006; 2007). Les décorations, mais également la forme des marmites sont très proches des tessons du type N, qui devait donc être associé à la culture mochica et daté de l'Intermédiaire Ancien.

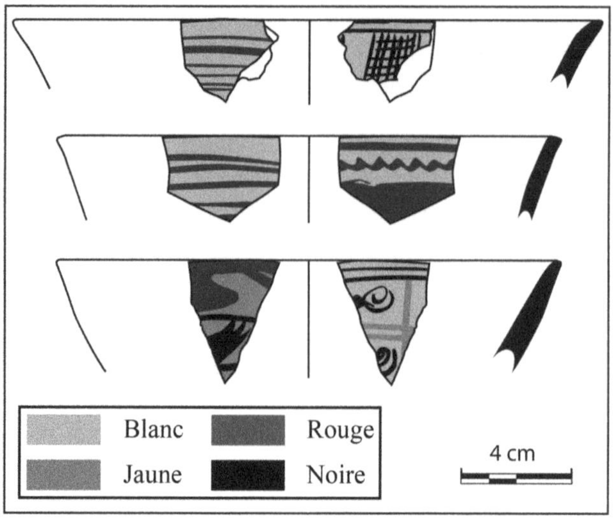

Fig. 5.23 – **Exemples de décors internes et externes du type P.**

Type O

Critères de sélection: Engobe blanc-crème et/ou rouge foncé.

Pâte et surface: La pâte est de couleur rouge, avec des éléments non plastiques très fins et rares. La surface externe est recouverte d'un engobe blanc-crème et/ou rouge foncé. L'épaisseur de la pâte varie entre 3 et 12 mm.

Formes: Parmi les formes recensées pour ce type, nous avons défini des bouteilles, des plats, des jarres, une marmite sans col et un *canchero*.

Décorations: Les engobes sont associés à des décorations assez diverses. Parfois, de fines lignes rouges-brunes ou des motifs plus complexes sont peints sur un engobe blanc, tandis que dans d'autres cas, l'engobe ne sert de support à aucune autre décoration (fig.5.22-h, i et j).

Comparaisons: L'engobe est fréquemment employé pour la céramique mochica (Tello *et al.* 2001; Donnan 1965; 1976; Klein 1967). Lorsqu'il est de couleur blanc-crème, il sert de fond pour peindre des thèmes complexes, dans le style de la « ligne fine » (Donnan 1965; 1976). Les céramiques du type O semblent donc datées de l'Intermédiaire Ancien et produites par des potiers mochicas.

Type P

Critères de sélection: Pâte de kaolin avec décors polychromes peints.

Pâte et surface: La pâte et l'engobe sont constitués de kaolin, ce qui donne des couleurs allant du blanc-crème (2.5YR7/4) à l'orangé très clair (5YR7/10). Les inclusions sont de tailles variables, souvent assez petites, et moyennement denses. Les surfaces internes et externes sont peintes et l'épaisseur des tessons mesure environ 7 mm.

Formes: Les trois tessons recensés pour ce type sont des bords d'écuelles.

Décorations: Les décors sont peints en brun, noir et jaune. Les motifs sont très divers: fines lignes parallèles horizontales, vaguelettes, quadrillages très serrés et des spirales (fig.5.23).

Comparaisons: Les types *Cajamarca Cursif* et *Cajamarca Semi-cursif* (Terada and Onuki 1982: 113-114; Terada y Matsumoto 1985: 81; Reichlen et Reichlen 1949) correspondraient au type P. Originaires de la région de Cajamarca, ces deux styles céramiques ont été respectivement datés de l'Horizon Moyen et de l'Intermédiaire Récent.

Type Q

Critères de sélection: Pâte rouge-orangée avec décors moulés, non géométriques.

Pâte et surface: La couleur de la pâte varie entre le rouge intense et le rouge-orangé. Le dégraissant est composé d'éléments non plastiques relativement fins et moyennement denses. Enfin, la surface est assez lisse et l'épaisseur moyenne est d'environ 6 mm.

Formes: Pas de forme déterminée.

Décorations: Les décors sont très divers, certains sont de simples bourrelets tandis que d'autres sont des représentations de personnages ou d'animaux (fig.5.24-a).

Comparaisons: Il n'est pas possible de rattacher avec certitude ce type aux résultats d'autres auteurs.

Type R

Critères de sélection: Décors de protubérances appliquées et modelées.

Pâte et surface: La pâte est de couleur rouge foncé ou rouge-orangée et se compose d'inclusions de tailles variables, plus ou moins grosses, mais rarement abondantes. La surface est lisse et l'épaisseur moyenne des tessons mesure 7 mm.

Formes: L'unique bord de ce type appartient à une écuelle.

Décorations: Il s'agit de simples petites protubérances rondes appliquées, mesurant entre 1 et 3 mm d'épaisseur de plus que la pâte et environ 10 mm de diamètre (fig.5.24-b).

Comparaisons: Keatinge (1973: 325) décrit des décors similaires pour la céramique chimú et chimú-inca, mais il faut souligner que le type R pourrait également être présent aux époques antérieures.

Type S

Critères de sélection: Pâte grise avec décors moulés, non géométriques.

Pâte et surface: La pâte est similaire à celle du type G; elle est grise et se compose d'inclusions assez denses et de tailles diverses. La surface est lisse, mais un tesson a été poli sur sa face externe. L'épaisseur mesure environ 5 mm.

Formes: Pas de forme déterminée.

Décorations: Tout comme pour le type Q, les décors sont très différents; certains tessons présentent une surface ondulée, alors que d'autres sont ornés de représentations d'animaux (fig.5.24-c).

Comparaisons: La pâte grise et les décors moulés permettent d'associer le type S au *San Juan Molded* que nous avons également rattaché au type J, pour les décors géométriques. Parmi le matériel chimú de Chan Chan, Kanigan (1995) recense de nombreux décors moulés non géométriques qui correspondraient à ceux du type S.

Type T

Critères de sélection: Décors modelés et incisés/imprimés.

Pâte et surface: La pâte homogène varie entre le rouge orangé et le brun clair et se compose d'éléments non plastiques de taille et de densité moyenne. Quant à la surface, elle est assez lisse et l'épaisseur mesure en moyenne 7 mm.

Formes: Nous n'avons recensé qu'un seul bord appartenant à une marmite à col droit, infléchi vers l'extérieur.

Décorations: Les techniques de décoration employées pour les tessons de ce type mêlent à la fois le modelé et l'incision ou l'impression (fig.5.24-d). Sur des protubérances rondes ou sur des bourrelets horizontaux préalablement modelés, les potiers ont incisé des hachures ou ont imprimé des cercles et des points, peut-être au moyen de tiges de roseaux ou d'objets pointus.

Comparaisons: Les décors incisés sont avant tout caractéristiques de l'époque Formative (Toshihara 2002; Terada and Onuki 1982), mais ils sont aussi réalisés sur des récipients mochicas de l'Intermédiaire Ancien (Armas 2001; Tello *et al.* 2002; 2004) et de l'Intermédiaire Récent, notamment avec le style « Huamachuco incisé » (MacCown 1945; Thatcher 1972; Krzanowski 2006). Enfin, Keatinge (1973: 351-356) et Kanigan (1995: 392) présentent également des décors incisés pour de la céramique chimú. Face à une telle persistance, nous ne pouvons pas dater ce type ou l'associer à une culture.

Type U

Critères de sélection: Pâte rouge ou rouge/orangée, décors uniquement incisés.

Pâte et surface: La pâte rouge ou rouge-orangée se caractérise par un dégraissant fin et moyen, assez dense. La surface peut être lisse ou plus rugueuse. L'épaisseur varie entre 4 et 14 mm et mesure en moyenne 7 mm.

Formes: Pas de forme déterminée.

Décorations: Les motifs géométriques sont représentés par des lignes incisées plus ou moins profondément sur la surface externe (fig.5.24-e).

Comparaisons: Tout comme pour le type T, il n'est pas possible d'associer précisément ce type avec une période ou une culture.

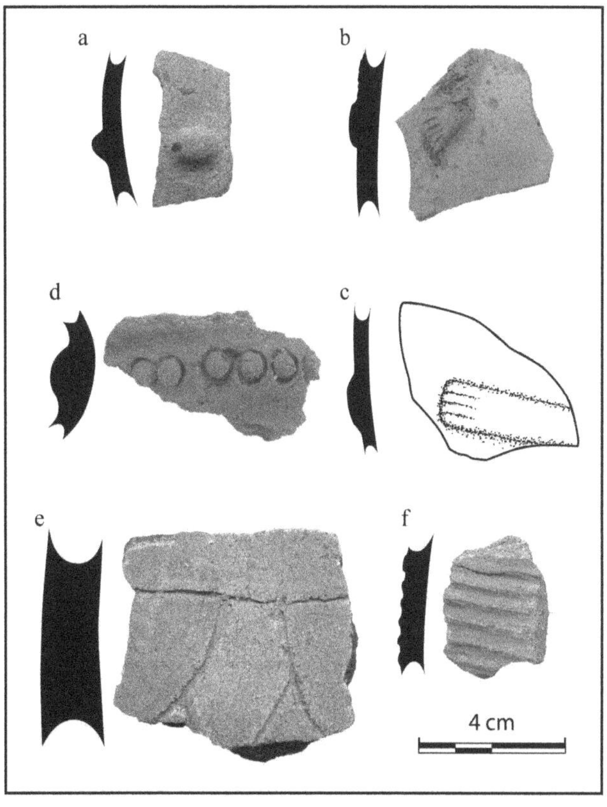

***Fig. 5.24* – Exemples de décors des types Q (a), R (b), S (c), T (d), U (e) et V (f).**

Type V

Critères de sélection: Pâte brune, décors de lignes parallèles incisées

Pâte et surface: La pâte, de couleur brune avec des tons rouge foncé, se caractérise par des inclusions de petites roches concassées et de particules plus fines, recensées en quantité assez dense. La surface interne est plutôt lisse tandis que la surface externe est incisée et rugueuse au touché. L'épaisseur mesure en moyenne 7 mm.

Formes: Pas de forme déterminée.

Décorations: Les décors sont des lignes parallèles, serrées, plus ou moins profondes, peut-être réalisées au moyen d'une sorte de peigne. Le rendu final est peu soigné et sans élaboration particulière (fig.5.24-f).

Comparaisons: À l'instar des types T et U, il n'est pas possible de comparer et de dater ce type.

Commentaires relatifs aux types

À l'issue de cette typologie préliminaire, on constate qu'il n'est pas toujours facile de comparer de manière pertinente ces 22 types avec les descriptions du matériel céramique d'études antérieures. Les imprécisions de nos données, notamment pour les huit premiers types (A à G), et celles des descriptions des auteurs, surtout pour les trois derniers (T à V), ne favorisent pas cette analyse comparative. Pour la compléter, il faut réaliser des études complémentaires en créant des groupes de types en fonction des pâtes ou de leur présence sur les sites.

Analyses complémentaires: les regroupements par pâte, les associations par sites et la répartition spatiale des types

Afin de mieux appréhender ces types céramiques, il est possible d'analyser leurs points communs, notamment en ce qui concerne les pâtes. Les associations de certains types au sein d'un même site et leur répartition spatiale dans la vallée de Chicama mettent également en lumière d'éventuelles connexions chronologiques et culturelles entre les types.

Regroupement des types en fonction des pâtes

Les tessons des huit premiers types (A à G) sont avant tout caractérisés grâce à leur pâte. Les pâtes des types A et B ont les mêmes couleurs, tout comme celle des C et D ou encore G et H. Nous pouvons donc créer trois classes (*wares*): « A-B », « C-D » et « G-H ».

Les tessons d'autres types, définis par leurs décors, présentent également des pâtes similaires. Ainsi, les types K et L ont une pâte semblable à celle de la classe « A-B », tandis que les types I, Q et éventuellement U se rapprocheraient plutôt de la classe « C-D ». Notons que la pâte rouge intense des types N et O est assez analogue à celle de « A-B », même si ce groupe comprend des tessons aux couleurs plus foncées virant vers le brun. Enfin, pour les types J et S, les pâtes rappellent clairement celles de la classe « G-H ».

Ces comparaisons de pâtes ne sont pas faciles à établir pour tous les types. Par exemple, M, R et T présentent des pâtes dont les couleurs et le dégraissant varient trop pour pouvoir les regrouper avec d'autres types.

Association des types par site

Outre ces différents regroupements réalisés en fonction des pâtes, il est possible d'associer les types selon leur occurrence sur les mêmes sites.

La présence de deux types découverts ensemble aux mêmes endroits constitue un indice intéressant; bien qu'en surface, des tessons de plusieurs époques puissent se trouver mélangés, une forte occurrence de présence entre deux types pourrait indiquer une certaine proximité temporelle. La matrice du nombre de sites en fonction des types qui y ont été recensés permet d'appréhender ces éventuelles associations.

Pour illustrer cette analyse, prenons l'exemple des types B et E en relation avec le type F (fig.5.25 et 5.26 ligne 6). Nous avons retrouvé des tessons de type B sur 91 sites, tandis que ceux de type E ne sont présents que sur 55 sites et ceux du type F sur seulement 15 sites (fig.5.25). Une répartition proportionnelle des types devrait logiquement impliquer une occurrence plus importante entre les types B et F qu'entre E et F. Or, parmi les quinze sites avec F, dix (soit environ 67 %) recèlent le type E, tandis que seulement sept présentent le B (47 %; fig.5.26). On remarque donc que les tessons du type F ont tendance à se trouver aux côtés de ceux de type E et il est ainsi possible d'associer ces deux types. En réalisant cette analyse pour d'autres types, nous avons mis en évidence plusieurs associations, mais aussi quelques dissociations de types (fig.5.26 cases grisées et fig.5.27).

En règle générale, les types A, B, C et D sont trop répandus pour que leur présence sur des sites soit réellement révélatrice de possibles associations. Nous les laissons donc de côté.

Un premier groupe très important de plusieurs types se dessine clairement; il s'agit des types G, H, I, J, L et M, auxquels on peut rajouter les types K, S, R et T, moins fréquents. Cependant, le type M, parfois isolé de ce groupe, est également lié à Q, N et U. Les types E et F forment un autre groupe, comme nous l'avons souligné dans l'exemple. Enfin, il est intéressant de remarquer que les tessons des types N et O ont rarement été découverts sur les mêmes sites.

	A	B	C	D	E	F	G	H	I	J	K	L	M	N	O	P	Q	R	S	T	U	V
A	60																					
B	58	91																				
C	25	33	39																			
D	30	46	25	52																		
E	32	44	22	24	55																	
F	6	7	3	4	10	15																
G	18	27	15	17	19	3	27															
H	10	19	11	16	7	0	11	22														
I	24	35	18	21	24	2	10	9	40													
J	4	7	2	5	3	1	4	3	3	7												
K	2	3	2	2	2	0	1	2	3	1	3											
L	21	36	15	26	22	1	14	7	19	5	2	42										
M	15	24	10	18	11	2	10	7	11	5	1	15	26									
N	5	6	4	3	3	0	3	1	2	1	1	3	5	6								
O	8	7	4	5	5	0	2	1	1	0	0	1	3	2	10							
P	0	1	1	1	1	1	1	0	0	0	0	0	1	0	0	1						
Q	4	7	3	4	4	0	3	2	3	2	1	4	6	2	1	0	8					
R	2	5	1	5	2	0	1	3	3	1	0	3	3	0	0	0	0	5				
S	1	4	0	3	1	0	2	3	2	0	1	1	1	0	0	0	0	0	4			
T	10	12	7	8	9	0	5	3	4	1	2	7	4	2	2	0	2	0	1	12		
U	4	6	3	2	2	0	3	2	2	1	1	3	5	2	1	0	1	0	0	2	6	
V	4	5	3	2	2	0	1	1	2	1	1	1	1	1	0	0	1	0	0	1	1	5

Fig. 5. **25 – Matrice du nombre de sites en fonction des types découverts.**

	A	B	C	D	E	F	G	H	I	J	K	L	M	N	O	P	Q	R	S	T	U	V
A	100	88	42	50	53	10	30	17	40	7	3	35	25	8	13	0	7	3	2	17	7	7
B	58	100	36	51	48	8	30	21	38	8	3	40	26	7	8	1	8	5	4	13	7	5
C	64	85	100	64	56	8	38	28	46	5	5	38	26	10	10	3	8	3	0	18	8	8
D	58	88	48	100	46	8	33	31	40	10	4	50	35	6	10	2	8	10	6	15	4	4
E	58	80	40	44	100	18	35	13	44	5	4	40	20	5	9	2	7	4	2	16	4	4
F	40	47	20	27	67	100	20	0	13	7	0	7	13	0	0	7	0	0	0	0	0	0
G	67	100	56	63	70	11	100	41	37	15	4	52	37	11	7	4	11	4	7	19	11	4
H	45	86	50	73	32	0	50	100	41	14	9	32	32	5	5	0	9	14	14	14	9	5
I	60	88	45	53	60	5	25	23	100	8	8	48	28	5	3	0	8	8	5	10	5	5
J	57	100	29	71	43	14	57	43	43	100	14	71	71	14	0	0	29	14	0	14	14	14
K	67	100	67	67	67	0	33	67	100	33	100	67	33	33	0	0	33	0	33	67	33	33
L	50	86	36	62	52	2	133	17	45	12	5	100	36	7	2	0	10	7	2	17	7	2
M	58	92	38	69	42	8	38	27	42	19	4	58	100	19	12	4	23	12	4	15	19	4
N	83	100	67	50	50	0	50	17	33	17	17	50	83	100	33	0	33	0	0	33	33	17
O	80	70	40	50	50	0	20	10	10	0	0	10	30	20	100	10	10	0	0	20	10	0
P	0	100	100	100	100	100	100	0	0	0	0	0	100	0	0	100	0	0	0	0	0	0
Q	50	88	38	50	50	0	38	25	38	25	13	50	75	25	13	0	100	0	0	25	13	13
R	40	100	20	100	40	0	20	60	60	20	0	60	60	0	0	0	0	100	0	0	0	0
S	25	100	0	75	25	0	50	75	50	0	25	25	25	0	0	0	0	0	100	25	0	0
T	83	100	58	67	75	0	42	25	33	8	17	58	33	17	17	0	17	0	8	100	17	8
U	67	100	50	33	33	0	50	33	33	17	17	50	83	33	17	0	17	0	0	33	100	17
V	80	100	60	40	40	0	20	20	40	20	20	20	20	20	0	0	20	0	0	20	20	100

Fig. 5.26 **– Matrice des pourcentages de sites en fonction des types découverts (les pourcentages sont calculés par lignes et les cases grisées correspondent aux associations pertinentes).**

Type	est associé à
F	E
G	H I L M
H	G I L M
I	L M
J	G H I L M
K	H I L
L	I M

Type	est associé à
M	I L Q U
N	M
Q	M
R	H I L M
S	G H I
T	G L
U	M

***Fig. 5.27* – Tableaux récapitulatifs des associations des types.**

Ces associations par occurrences permettent de mettre en avant un groupe de plusieurs types décorés ou non (G, H, I, J, L et M) que l'on retrouve en analysant la répartition spatiale des types.

Répartition spatiale des types

L'examen des cartes de répartition des types permet de souligner des tendances de diffusions régionales, ce qui pourrait aider à mieux caractériser le matériel céramique.

Dans la vallée basse

Dans la vallée basse, les types A, B, C, D, G et H, sont très répandus (respectivement 10 sites, 29 sites, 7 sites, 22 sites, 11 sites et 13 sites) et accompagnés de types décorés (fig.5.28). Ainsi, les types I, L et M (7 sites, 16 sites, 17 sites), mais aussi J (5 sites), sont souvent associés aux types G et H. Les types E, K, G, R, S, T et V, très peu fréquents, sont dispersés sur quelques sites qui recèlent au moins un type du groupe « G-H-I-J-L-M ». Quant aux types O et U, ils sont peu nombreux et ne sont pas forcément associés aux types les plus courants. Enfin, F et N sont complètement absents de cette partie de la vallée.

Dans le fond de la vallée moyenne

Les sites du fond de la vallée moyenne recèlent des types similaires à ceux de la vallée basse, notamment A, B, C et D (fig.5.29). Les types G et H sont également présents sur plusieurs sites, mais ils sont moins courants que dans la plaine côtière. Le type E, rare sur la côte, est plus courant dans cette région montagneuse, mais on note que le F est absent à faible altitude.

Les types décorés I et L sont fréquemment associés sur plusieurs sites, alors que le type M, plus isolé, est parfois recensé aux côtés de N, O et Q. Quant aux types K, J, P, R et S, ils n'apparaissent que sur quelques sites, mais toujours avec G, H, I ou L. Nous avons aussi trouvé des tessons du type T associés à G, H, I, L, et moins souvent à N et O. Les deux derniers, U et V, moins répandus, semblent quelque peu isolés.

Sur les sommets

Sur les hauteurs de la vallée moyenne et dans la vallée haute, la céramique se transforme (fig.5.29). Les types A, B C et D sont encore présents au nord, mais on trouve surtout E et F. Parmi les tessons décorés, les seuls types recensés I, V et M sont rares.

commentaires relatifs à la répartition spatiale

On observe une différence assez marquée entre la côte et la sierra, pour certains types. La plupart des tessons décorés ont été recensés dans la vallée basse et dans le fond de la vallée moyenne et sont donc probablement de traditions côtières. Au contraire, les types E et F seraient plutôt liés à des groupes montagnards.

Datation des types grâce à ces regroupements

Les différents recoupements des types, en fonction de leurs pâtes, de leurs associations sur un même site et de leur répartition spatiale, permettent de les regrouper afin de faciliter leur datation (fig.5.30).

Le plus important de ces groupes est sans nul doute celui qui rassemble les types G, H, I, J et L. Les types G, H, et J se caractérisent par des pâtes grises et les types I et J présentent les mêmes décors. Par ailleurs, les tessons de ces cinq types sont souvent présents sur les mêmes sites, en particulier dans la vallée basse et le fond de la vallée moyenne. Enfin, les parallèles que nous avons pu établir entre ces types et les descriptions d'autres auteurs (Collier *et al.* 1955; Keatinge 1973; Donnan and Mackey 1978; Kanigan 1995; Prieto 2008) indiquent qu'ils dateraient de l'Intermédiaire Récent. Des différences chronologiques peuvent bien sûr exister entre ces types. Ainsi, Collier (*et al.* 1955) suppose que les types *San Juan Molded* et *San Nicolas Molded*, que nous avons respectivement comparés aux types I et J, apparaitraient dès l'Horizon Moyen[5], alors que Donnan et Mackey (1978) associent ces décors moulés à la phase Chimú Moyen de l'Intermédiaire Récent. Mis à part le type L, clairement lié à la culture chimú (Prieto 2008), nous n'avons pas réussi à différencier les tessons des cultures Sicán et chimú.

Les types K, R et S, très souvent présents aux côtés de G, H, I, J ou L, constituent un groupe secondaire. Les comparaisons établies entre ces types et les travaux d'autres auteurs (Collier *et al.* 1955; Kanigan 1995) permettent également de les dater de l'Intermédiaire Récent et de la culture chimú, mais ils sont minoritaires et ne doivent donc servir qu'à conforter les datations pour les sites où ils côtoient les types du premier groupe.

Le troisième groupe se compose des types N et O. Ces deux types ont une pâte tout à fait similaire et par comparaison avec les études de la céramique d'autres auteurs (Tello *et al.* 2002; 2003; 2004; Donnan 1965; 1976; Armas *et al.* 2001; Gamarra y Gayoso 2005; Chiguala *et al.* 2006;

5 - La chronologie de la côte nord a quelque peu évolué depuis le projet Virú et l'Horizon Moyen n'est plus tout à fait défini de la même manière. La phase Chimú Ancien et la culture Sicán sont parfois associées à cet horizon chronologique dans lequel nous avons surtout placé la période transitionnelle, encore mal définie.

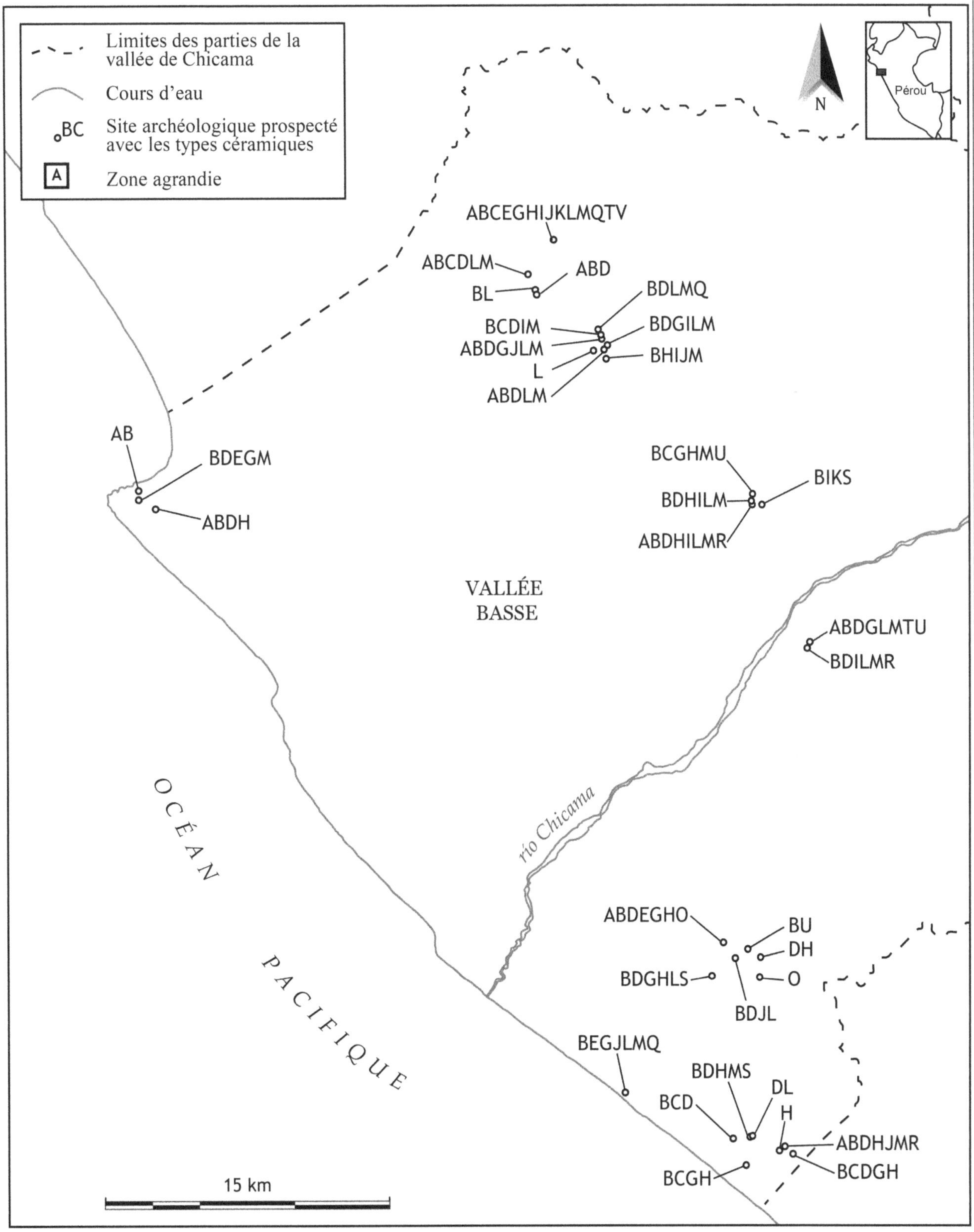

Fig. 5.28 **– Carte de répartition des types dans la vallée basse.**

2007), nous pouvons les dater de l'Intermédiaire Ancien et de la culture Mochica. Cependant, nous avons observé qu'ils sont rarement découverts côte à côte sur les mêmes sites. On peut alors envisager qu'un de ces deux types est légèrement antérieur à l'autre, même si nos données ne nous permettent pas de le certifier.

Le dernier groupe concerne les types E et F qui sont surtout répandus dans la sierra. Le F pourrait être rattaché à la phase Yuraccama définie par Krzanowski pour l'Intermédiaire Récent de la vallée haute. Un tesson découvert sur le site n°140 (fig.5.29) renforce cette hypothèse; il possède la pâte du type F et présente un décor de style

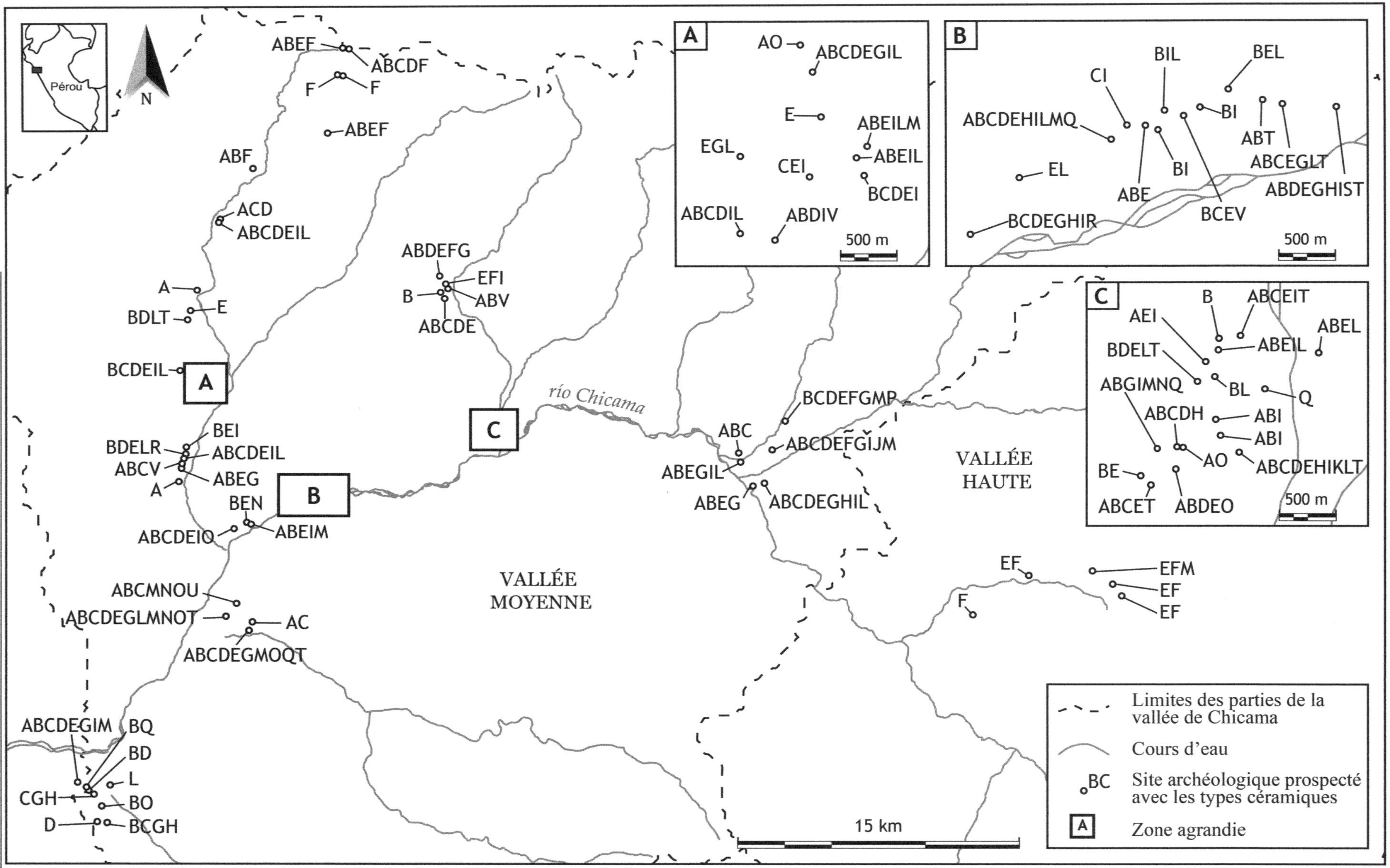

Fig. 5.29 – **Carte de répartition des types dans la vallée moyenne et haute.**

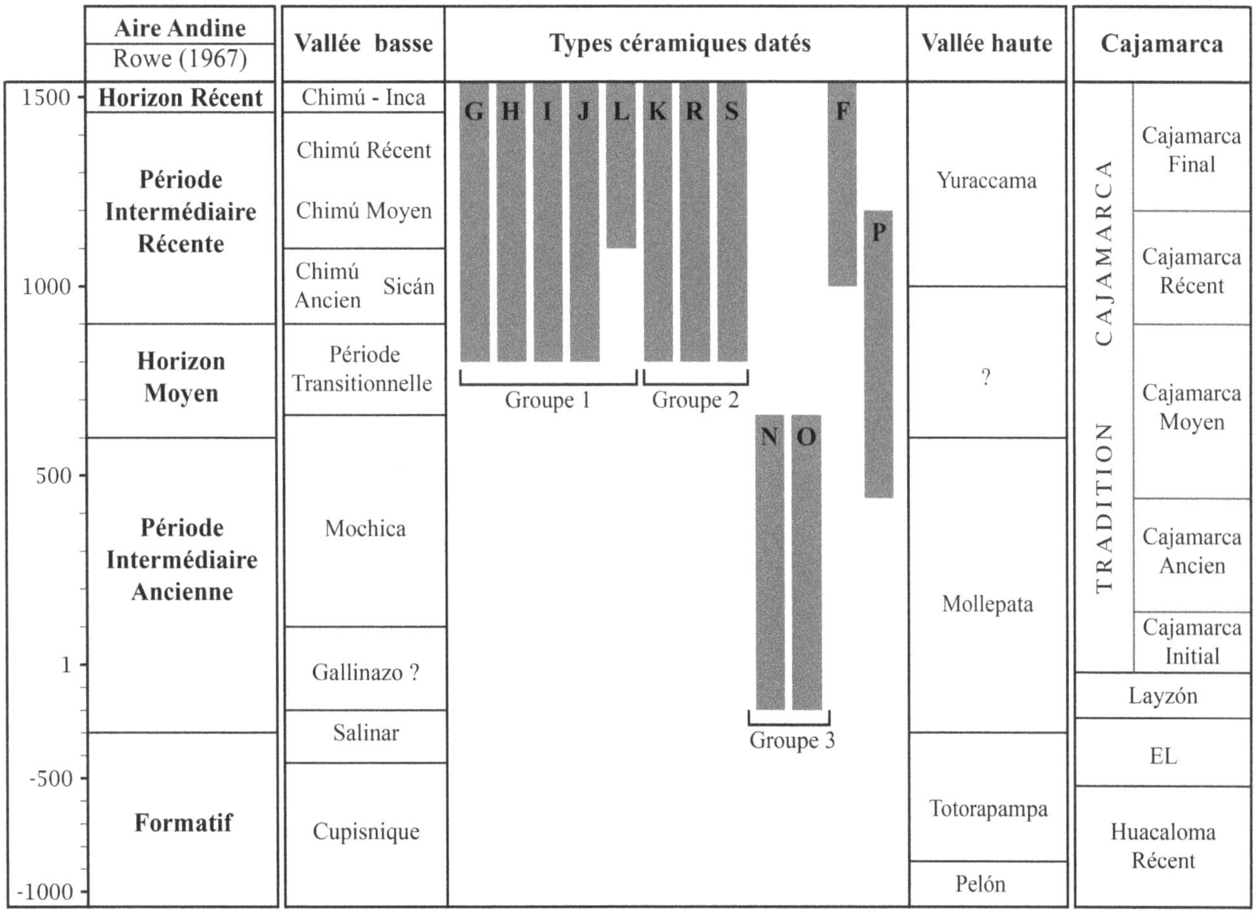

***Fig. 5.30* – Tableau chronologique avec les types céramiques datés.**

« Huamachuco incisé » composé de lignes incisées et de cercles imprimés. Cet unique tesson n'a été classé dans aucun type, mais son décor, caractéristique de l'Intermédiaire Récent dans la région voisine de Huamachuco (MacCown 1945; Thatcher 1972; Krzanowski 2006), renforce notre datation du type F. Sur les sommets de la vallée moyenne, appartenant à la sphère culturelle de Cajamarca, le F n'indique peut-être pas la même période et nous manquons de points de comparaison. Par ailleurs, nous ne pouvons dater le type E qui est associé aussi bien à des tessons de l'Intermédiaire Récent (G, H, I, J et L) qu'à des types de l'Intermédiaire Ancien (N et O). La détermination chronologique demeure donc floue, mais on peut supposer que ces types E et F correspondent à du matériel utilisé par des populations montagnardes, encore mal connues.

Enfin, le type P est isolé sur un seul site, le n°155. Les comparaisons effectuées avec les travaux de Terada et Onuki (1984) permettent de dater ce type de l'Horizon Moyen et/ou de l'Intermédiaire Récent.

Commentaires au sujet de la datation des types

Parmi les 22 types définis, 10 datent principalement de l'Intermédiaire Récent, même si la plupart apparaissent dès l'Horizon Moyen et continuent d'être fabriqués jusqu'à l'Horizon Récent. Seuls les types N et O sont datés de l'Intermédiaire Ancien, mais ils sont très particuliers et facilement reconnaissables. Enfin, nous n'avons pu déterminer de type pour les cultures formatives Salinar et Cupisnique, probablement du fait d'un trop faible nombre de tessons.

III. LA DATATION DES SITES

En nous basant sur la présence des types datés ci-dessus, il est possible de définir à quelles périodes les sites prospectés étaient occupés. Une rapide analyse des formes et la comparaison de nos résultats avec les interprétations chronologiques d'autres auteurs (Chauchat *et al.* 1998; Toshihara 2002; Gálvez *et al.* 2003; León 2011, etc.) renforcent et complètent ces datations.

Datation des sites prospectés grâce aux types céramiques

Parmi les 167 sites recensés, 81 dateraient de l'Intermédiaire Récent et éventuellement de la fin de l'Horizon Moyen et de l'Horizon Récent. Pour 46 établissements, il a été possible d'identifier une occupation à partir des phases Chimú Moyen et Récent, et peut-être jusqu'à la Période Chimú-Inca (fig.5.31). Un seul de ces sites (n°155) a probablement été aussi occupé par des groupes affiliés à la culture Cajamarca, dès l'Horizon Moyen et quatre sites (n°132, 136, 140 et 142) de la vallée haute dateraient de la phase

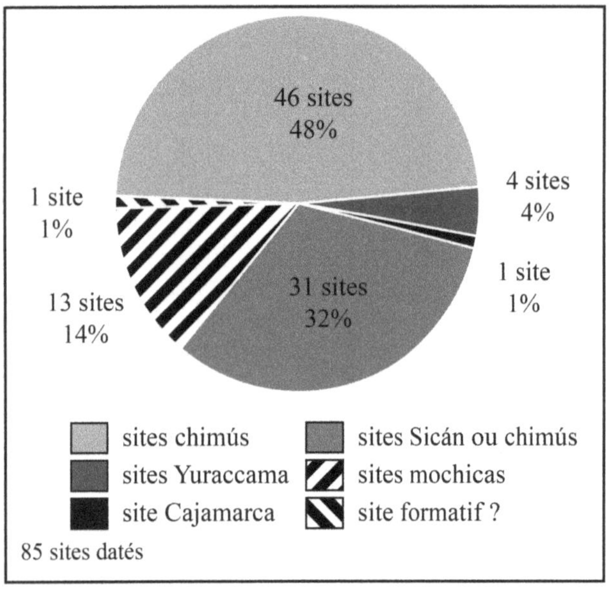

***Fig. 5.31* – Graphique de répartition des sites en fonction des datations effectuées à partir des types céramiques.**

Yuraccama. Quant aux 31 sites restants, nous ne pouvons affirmer s'ils étaient liés à la culture Sicán ou chimú.

Les sites de l'Intermédiaire Ancien sont nettement moins nombreux; seuls treize sites présentent de la céramique affiliée à la culture mochica (fig.5.31).

Enfin, nous n'avons pas de datation certaine pour l'époque Formative, du fait de la difficulté à caractériser des types pour cette période, dans le matériel des prospections. Notons cependant que le site n°164 recèle des tessons des types B et surtout U dont les décors incisés pourraient éventuellement indiquer une occupation formative. Bien que confortée par l'absence de types caractéristiques d'époques plus récentes, cette interprétation reste très hypothétique.

Ces datations s'appuient sur les 22 types que nous avons définis grâce aux pâtes et aux décors. L'étude des formes peut aussi contribuer à ces datations, en les confirmant ou en les complétant.

L'analyse complémentaire des formes

De nombreux auteurs, comme Kanigan (1995) pour Chan Chan, utilisent les formes pour dater les occupations des sites. Dans sa description des types céramiques du projet Virú, Collier (*et al.* 1955) indique à plusieurs reprises que certaines formes, comme les bols à parois incurvées, sont des marqueurs de certaines périodes. Keatinge (1973), Donnan et Mackey (1978), Vásquez (1990) et Kanigan (1995) décrivent plusieurs formes de bords de récipients comme étant des indices chronologiques qui pourraient nous permettre de vérifier nos datations et parfois les affiner.

La marmite à col convexe et caréné (fig.5.4-a) est un récipient tout à fait typique des cultures Sicán, chimú ou de la Période Chimú-Inca (Collier *et al.* 1955; Keatinge 1973; Delgad 1988a; 1998 b; Vásquez 1990; Oliden 1992; Kanigan 1995; Prieto 2008). Cette forme est au contraire absente des contextes plus anciens, par exemple de la culture mochica. Parmi les bords du matériel étudié, 105 tessons correspondant à des marmites à col convexe et caréné ont été retrouvés sur 30 sites. Vingt-neuf d'entre eux ont été datés de l'Intermédiaire Récent, grâce aux types. Le dernier, le n°14, ne présentait pas de type particulier, mais la présence de marmites à col convexe et caréné pourrait indiquer une occupation de la même période.

Le bol à parois incurvées avec une anse est décrit comme une forme chimú bien particulière (fig.5.4-e; Collier *et al.* 1955; Keatinge 1973; Kanigan 1995). Très rare, ce type de bol n'a été recensé que sur 2 sites (n°17 et 25) qui ont également été datés de l'Intermédiaire Récent.

L'aryballe (fig.5.5-a) est un autre marqueur chrono-culturel, couramment employé par les archéologues (Keatinge 1973; Donnan 1997) pour déterminer une occupation chimú-inca. Seul le site n°17 présente un tesson qui pourrait appartenir à un aryballe. Les tessons de type L, recensés sur ce site, indiquent d'ailleurs une occupation depuis l'Intermédiaire Récent qui se prolongerait à l'Horizon Récent. La présence de l'aryballe inca renforce donc cette interprétation.

Le *canchero* est un récipient typiquement mochica (fig.5.3-c), découvert dans de nombreux contextes domestiques du site des Huacas del Sol y de la Luna, dans la vallée de Moche (Gayoso y Gamarra 2005). Durant nos prospections, nous avons recensé un seul tesson de *canchero*, sur le site n°33. Ce dernier a été daté de l'Intermédiaire Ancien par la présence de tessons du type O, hypothèse confirmée grâce au *canchero*.

Les résultats de cette simple analyse de présence/absence de quelques formes particulières concordent parfaitement avec nos interprétations chrono-culturelles, définies au moyen des 22 types. Par ailleurs, sur le site n°17, la découverte d'un tesson d'aryballe permet de renforcer l'hypothèse d'une occupation à l'Horizon Récent, tandis que sur le site n°14, un tesson de marmite à col convexe et caréné pourrait indiquer que le site date peut-être de l'Intermédiaire Récent.

Outre cette analyse complémentaire dont les résultats concordent avec nos datations, il est aussi possible de les comparer avec celles d'autres archéologues, pour quelques sites.

Comparaison avec les datations des sites de la vallée de Chicama par d'autres archéologues

Pour vérifier, et éventuellement compléter, nos datations, nous pouvons comparer nos résultats avec ceux des archéologues (Beck 1979; Chauchat *et al.* 1998; Leonard and Russell 1992; Toshihara 2002; Watanabe 2002; Gálvez y Becerra 2003; Zavaleta 1999; Rosas 2007 ; Aleman 2010a; León 2011) ayant prospecté les mêmes sites. Parmi les 35 sites qui avaient déjà été recensés auparavant, on note une forte correspondance avec nos datations et quelques divergences minimes (fig.5.32).

Pour dix-huit sites datés de l'Intermédiaire Récent par les archéologues, nos interprétations concordent parfaitement,

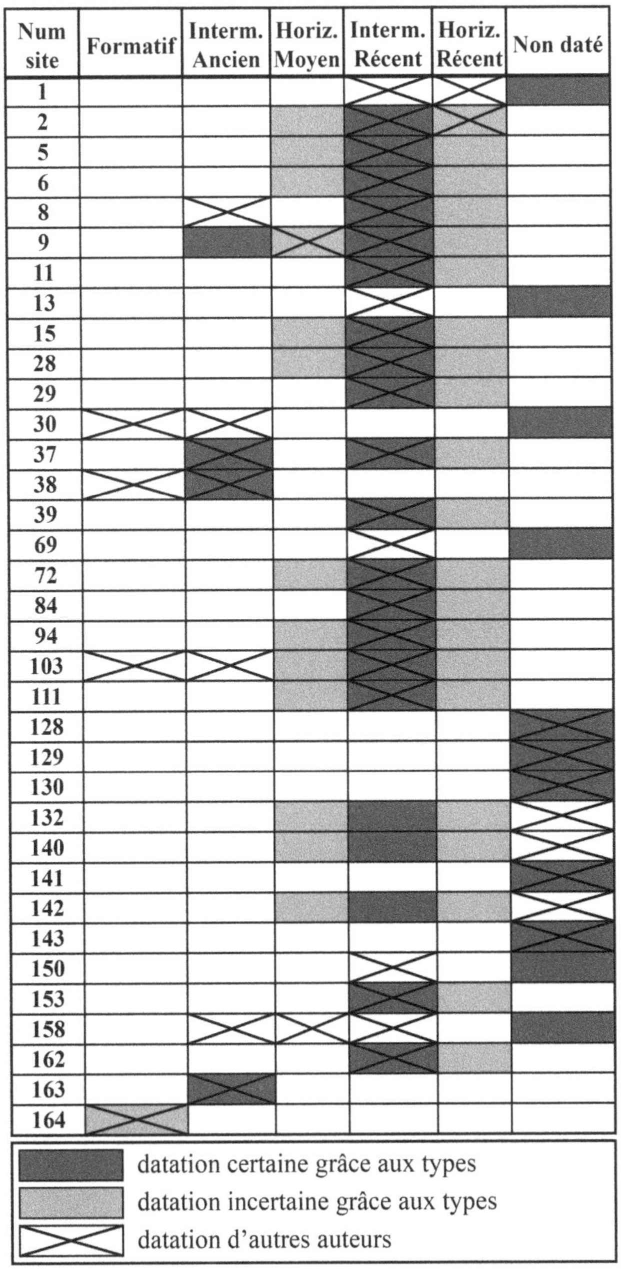

Fig. 5.32 – **Tableau de datation des sites grâce aux types céramique et par différents auteurs (Beck 1979; Avila 1997; Chauchat *et al.* 1998; Leonard and Russell 1992; Reindel 1991; Sánchez 1997; Toshihara 2002; Watanabe 2002; Gálvez y Becerra 2003; Zavaleta 1999; Rosas 2007; Aleman 2010 b; León 2011).**

ce qui indique que les nombreux types céramiques de cette période (G, H, I, J et L) permettent une datation plutôt fiable.

Cinq sites (n°1, 13, 69, 150 et 158), pour lesquels les types recensés n'étaient pas assez caractéristiques, ont été datés de l'Intermédiaire Récent par divers archéologues (Beck 1979; Chauchat *et al.* 1998; León 2011; Watanabe 2002). Quant aux sites n°30 et 158 pour lesquels nous n'avons pas pu étudier de tessons, il faut tenir compte des résultats d'autres auteurs (Reindel 1991; Sánchez 1997; Avila 1997).

Par ailleurs, Alemán (2010 b) a découvert plusieurs sites non datés, dans la région de Lucma. Grâce à l'analyse des types, nous pouvons supposer que trois d'entre eux (n°132, 140 et 142) ont été occupés à l'Intermédiaire Récent, par des groupes affiliés à la culture Huamachuco (phase Yuraccama définie par Krzanowski 2006).

Enfin, plusieurs sites n'ont été datés que partiellement grâce aux types céramiques qui n'ont pas révélé l'ensemble de leurs périodes d'occupation. Ainsi, les sites n°8 et 103 sont datés par Cruzado et Castillo (2008) et par Gálvez et Becerra (2003) de l'Intermédiaire Ancien et de l'Intermédiaire Récent. Une occupation plus ancienne, des cultures Salinar ou Cupisnique, a également été soulignée pour les sites n°38 et 164 (Larco 1944; Toshihara 2002).

CONCLUSION

Au moyen de l'analyse du matériel céramique, nous avons pu dater la plupart des sites prospectés. La classification indépendante en 22 types, comparés aux descriptions de la céramique par d'autres archéologues (Collier *et al.* 1955; Keatinge 1973; Kanigan 1995; Gayoso y Gamara 2004; etc.) et regroupés en fonction de points communs, des associations sur les mêmes sites et de leur répartition spatiale, aboutit à la détermination chrono-culturelle de nombreux tessons et donc des sites où ils ont été recensés.

Même si le petit nombre de fragments étudiés ne permet pas de datations précises, la confrontation avec les interprétations chronologiques d'autres archéologues pour certains sites démontre souvent la justesse de notre méthode. Il faudrait malheureusement de plus amples recherches, entièrement dédiées à ce sujet, pour affiner au mieux la sériation et les datations des céramiques domestiques, pour la vallée de Chicama.

Le nombre important de sites occupés à l'Intermédiaire Récent (88) et par les Chimús (49), résultat de la stratégie de prospection mise en place, offre une vision, certes partielle, de l'implantation humaine à cette période. Parmi ces sites, certains sont de simples concentrations de matériel céramique ou osseux, tandis que d'autres recèlent des édifices ou des infrastructures.

CHAPITRE 6
LES CONCENTRATIONS DE MATÉRIEL CÉRAMIQUE ET OSSEUX DE L'INTERMÉDIAIRE RÉCENT

Des quelque 88 sites prospectés datés de l'Intermédiaire Récent, 30 correspondent à des concentrations de matériel, que ce soit des tessons de céramique ou des ossements[1] éparpillés sur le sol.

Outre de rares exceptions (Chauchat *et al.* 1998; Dillehay *et al.* 2009; Guffroy 1987), les vestiges de cette nature sont d'ordinaire délaissés par les archéologues qui, au mieux, les recensent sans vraiment s'y intéresser. Les ruines monumentales, qui monopolisent souvent l'attention des archéologues au Pérou, ne permettent pas d'appréhender toutes les facettes des sociétés du passé, malgré le nombre et la qualité des vestiges qu'elles recèlent. Il faut dire que l'état de conservation des sites avec concentrations, souvent pillés, ne facilite ni leur étude ni leur interprétation. Ils constituent cependant des témoins importants pour comprendre globalement l'implantation humaine de l'époque chimú, dans la vallée de Chicama.

1 - Le matériel lithique ou d'autres types d'artefacts archéologiques (bois, textiles, métaux, etc.) n'ont pas fait l'objet de recherches précises et ne sont donc pas pris en compte.

Nous avons déterminé deux types de sites, présentés successivement: ceux composés de concentrations de céramique simples (17 sites) et ceux recélant des tessons et quelques ossements humains éparpillés (13 sites).

I. Les concentrations de céramique

Dix-sept sites sont de simples concentrations de céramique. Souvent dépourvus de structures ou d'infrastructures (sauf dans les cas des sites n°82, 110 et 127), ils ne sont repérables que grâce aux tessons disséminés en surface. Afin de mieux les caractériser, nous avons défini trois catégories: les grandes et les petites concentrations isolées et celles localisées à proximité de vestiges architecturaux ou d'infrastructures visibles (4, 6 et 7 sites respectivement).

Les grandes concentrations

Ces quatre sites (n°121, 122, 123 et 140, fig.6.1) se caractérisent tous par une forte densité de matériel au mètre

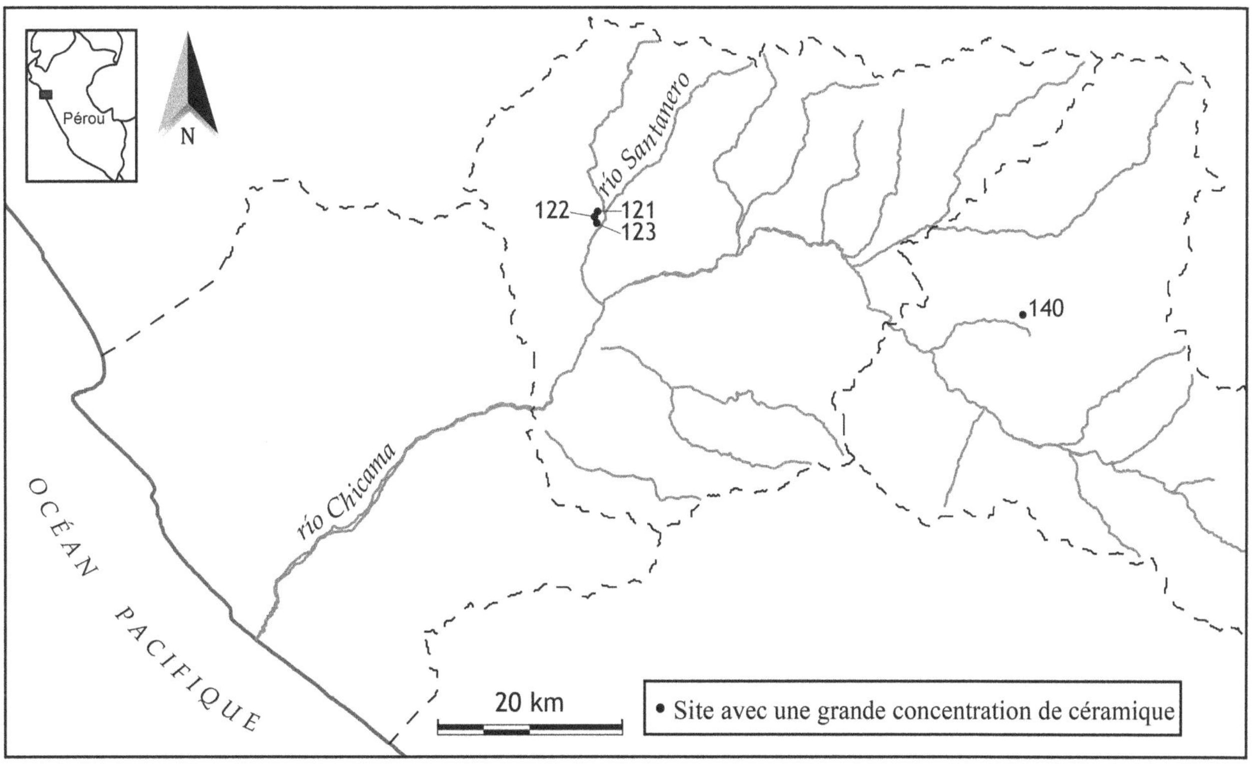

Fig. 6.1 **– Carte de répartition des sites avec de grandes concentrations de céramique**

carré sur une superficie réduite ou par une superficie importante, parfois supérieure à 10 000 m².

Description

Ces sites présentent plusieurs points communs. Outre le matériel domestique qui constitue l'essentiel des vestiges découverts, ils ont souvent été le théâtre d'activités de pillages qui ont largement contribué à leur dégradation. Ces destructions permettent, de façon contradictoire, de mieux les repérer puisque, dans les nombreux trous de pillages bien visibles, beaucoup de tessons ont été remontés à la surface. Seul le site n°140 n'a pas été pillé; ce sont les labours modernes qui ont ramené les tessons à la surface.

Localisation

Les sites avec de grandes concentrations de céramique se trouvent dans le fond de la vallée moyenne et dans la vallée haute (fig.6.1).

Dans la vallée moyenne, les sites n°121, 122, 123 sont localisés tous les trois sur une terrasse naturelle dominant le río Santanero qui coule au fond d'une large combe. Le site n°140 a été découvert, dans la vallée haute, sur un petit sommet de la crête de Lucma, représentée dans la figure 1.10. Culminant à 2818m d'altitude, il est le plus élevé de tous les sites avec concentration.

Fonction

Interpréter ces concentrations de céramique n'est pas simple, étant donné le peu d'informations qu'une prospection permet de récolter sur ce type de site. Toutefois, la présence de céramiques domestiques semble indiquer une fonction résidentielle.

Leur localisation est bien souvent idéale pour une implantation humaine; les ressources hydriques sont facilement accessibles grâce à des cours d'eau, comme le río Santanero, ou au moyen de canaux, et les terres alentour sont cultivables. Par ailleurs, on peut supposer que d'éventuelles constructions en matériaux périssables existaient, mais n'ont pas résisté au temps et surtout au pillage de ces sites. En l'état actuel des connaissances, il reste difficile d'affirmer ce caractère résidentiel.

Outre ces grandes concentrations de céramique qui formaient de possibles sites résidentiels mal conservés, les prospections ont également révélé de petites concentrations de matériel céramique.

Les petites concentrations

Six sites (n°7, 96, 98, 124, 125 et 132, fig.6.2) présentent de petites concentrations de céramique d'une superficie inférieure à 5000 m², recélant un faible nombre de tessons.

Description

À l'instar des grandes concentrations, le matériel découvert en surface est essentiellement à caractère domestique.

Contrairement aux exemples précédents, les traces de pillages sont assez limitées. La différence dans le nombre de tessons en surface, entre les grandes et les petites

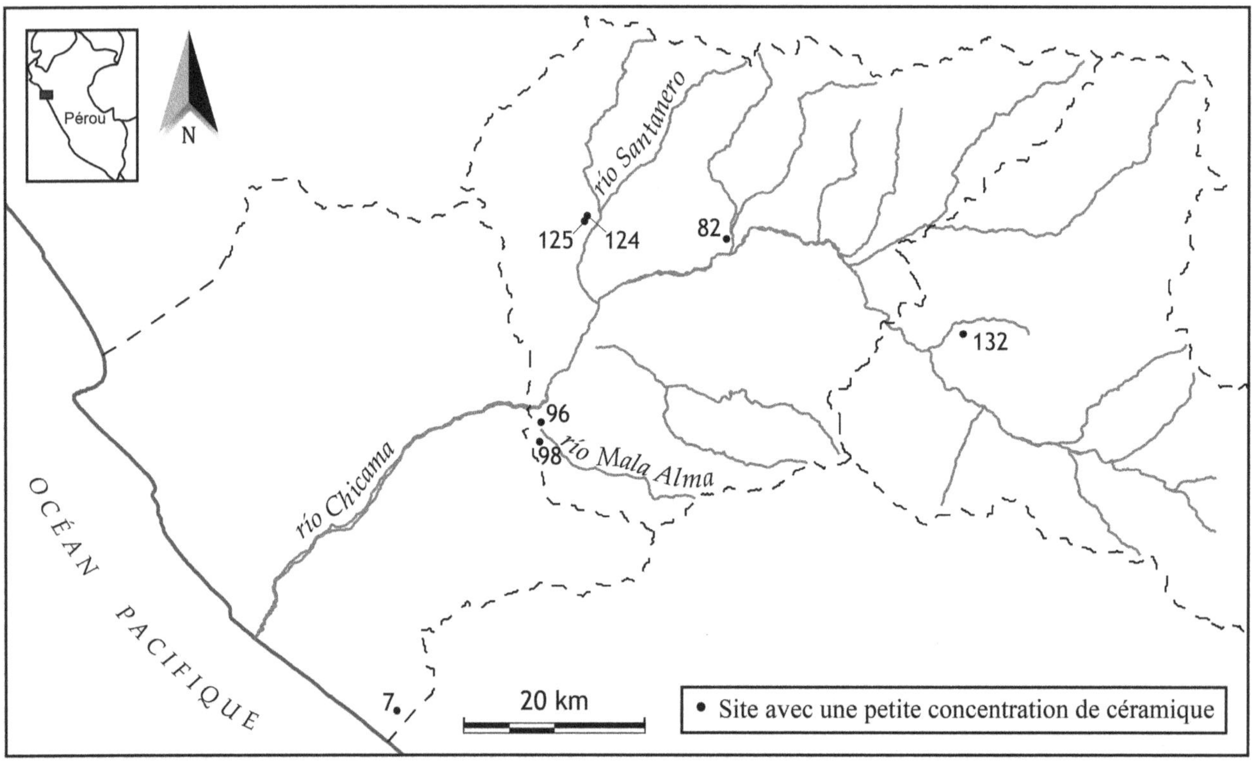

Fig. 6.2 **– Carte de répartition des sites avec de petites concentrations de céramique.**

concentrations, est peut-être attribuable à cette activité qui exhume de nombreux fragments de céramiques. Mais les sites avec peu de matériel céramique visible sont aussi moins susceptibles d'attirer l'attention des pilleurs.

Localisation

Les sites avec de petites concentrations présentent une répartition spatiale similaire à celle des grandes concentrations. Quatre d'entre eux (n°96, 98, 124, 125) ont été recensés dans la vallée moyenne alors que les deux derniers (n°7 et 132) sont respectivement dans la vallée basse et haute (fig.6.2).

À l'instar des sites n°121, 122, 123, les n°124 et 125 sont localisés sur des terrasses naturelles de la *quebrada* Santanero, à proximité de grandes concentrations. Les n°96 et 98 ont été découverts quant à eux non loin de la confluence des ríos Mala Alma et Chicama, à moins de deux kilomètres de la limite entre les parties basse et moyenne de la vallée.

Le site n°7 est, pour sa part, localisé entre le cerro Campana et l'océan Pacifique, dans une région désertique. Enfin, le site n°132 se trouve à l'extrémité occidentale d'une crête, dans une zone actuellement cultivée par les habitants du village de Lucma.

Fonction

La présence de matériel céramique domestique suggère qu'il pourrait s'agir de sites d'habitats, peut-être autrefois dotés de constructions en matériaux périssables. Mais si tel était le cas, le faible nombre de tessons et la taille réduite de ces concentrations supposent une occupation restreinte, probablement de courte durée ou ponctuelle. La localisation de la plupart de ces sites permettait un accès facile à l'eau et à des terres cultivables, ce qui favorisait l'implantation humaine.

Seul le site n°7, trop éloigné des canaux et des cours d'eau permanents, se prête mal à cette hypothèse d'une fonction résidentielle. Les dunes de sable qui l'entourent sont d'ailleurs peu propices au développement agricole, contrairement aux terrasses naturelles sur lesquelles sont installées les concentrations de la vallée moyenne de Chicama.

On peut donc supposer que les petites concentrations de céramique correspondent, pour la plupart, à des sites résidentiels de faible envergure, peut-être occupés de manière temporaire.

Les concentrations proches de constructions ou d'infrastructures

Sept sites (n°21, 23, 47, 48, 82, 110 et 127) sont localisés non loin de structures ou d'infrastructures, comme des canaux, qui seront présentées dans les chapitres suivants.

Description

À l'exception du site n°110, il s'agit de concentrations de matériel qui ont souvent fait l'objet d'un pillage intensif ou de destructions importantes. Leur proximité avec des vestiges archéologiques visibles a probablement éveillé l'intérêt des pilleurs.

De petite taille (moins de 2000 m²), les sites n°21 et 23 forment des sortes de monticules qui ont révélé une grande densité de tessons. L'abondance de rochers, de terre et les traces de machines modernes lourdes sur ces deux sites laissent supposer qu'il y avait vraisemblablement des édifices en pierres et/ou en adobes, démolis par des bulldozers peu de temps avant notre passage (fig.6.3).

Le site n°110 se compose, quant à lui, de plusieurs secteurs, localisés aussi bien au sommet qu'au pied de collines de faible hauteur (fig.6.4). Deux d'entre eux (secteurs A et D) sont uniquement constitués de céramiques éparpillées en surface, tandis que les autres recèlent des structures en pierre mal conservées, décrites plus en détail aux chapitres suivants.

Fig. 6.3 **– Vues des sites n°21 et 23, on remarque des traces des chenilles d'engins agricoles.**

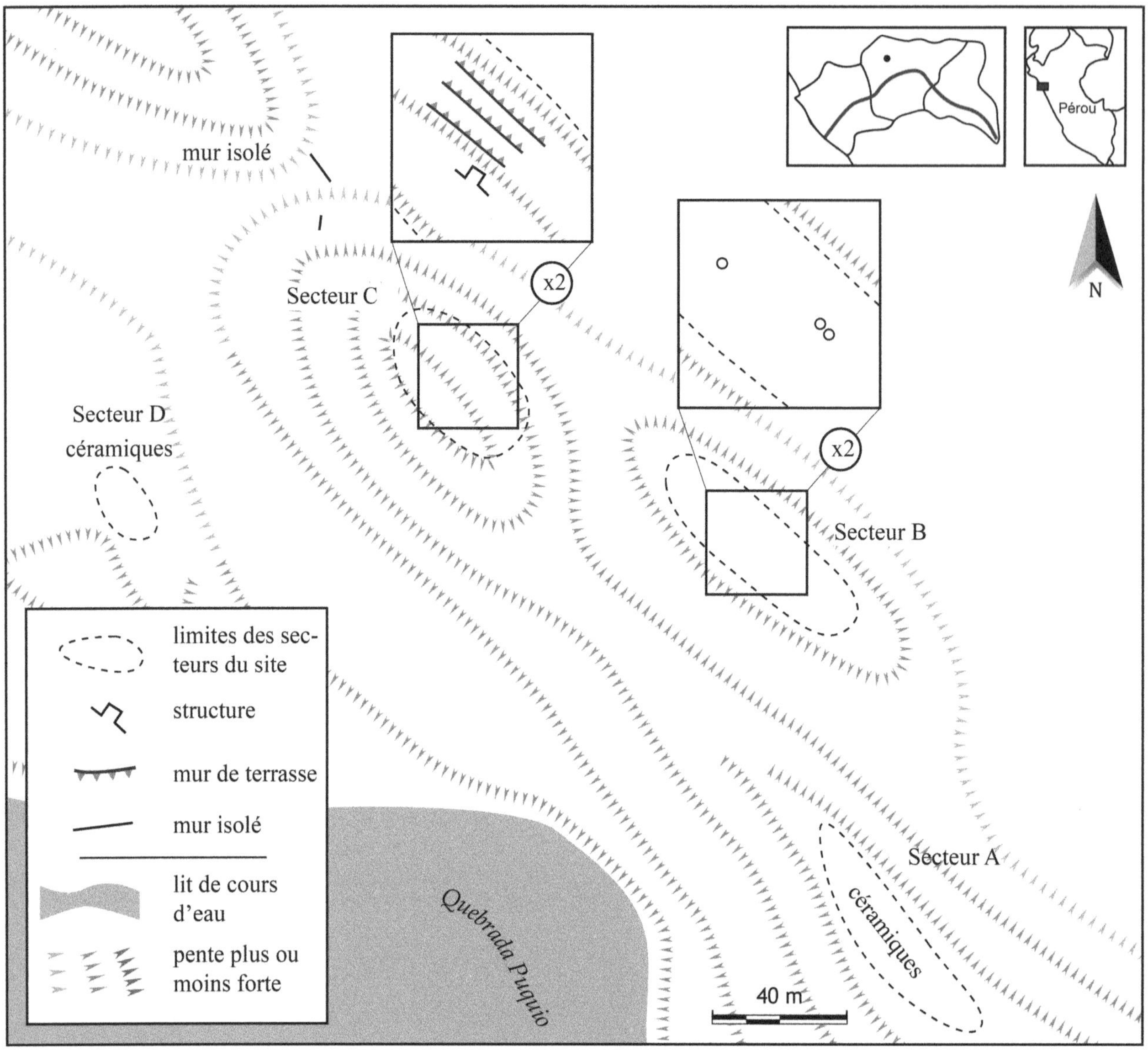

***Fig. 6.4* – Plan du site n°110 avec deux concentrations (secteurs A et D) et deux autres secteurs comportant des constructions (secteurs B et C).**

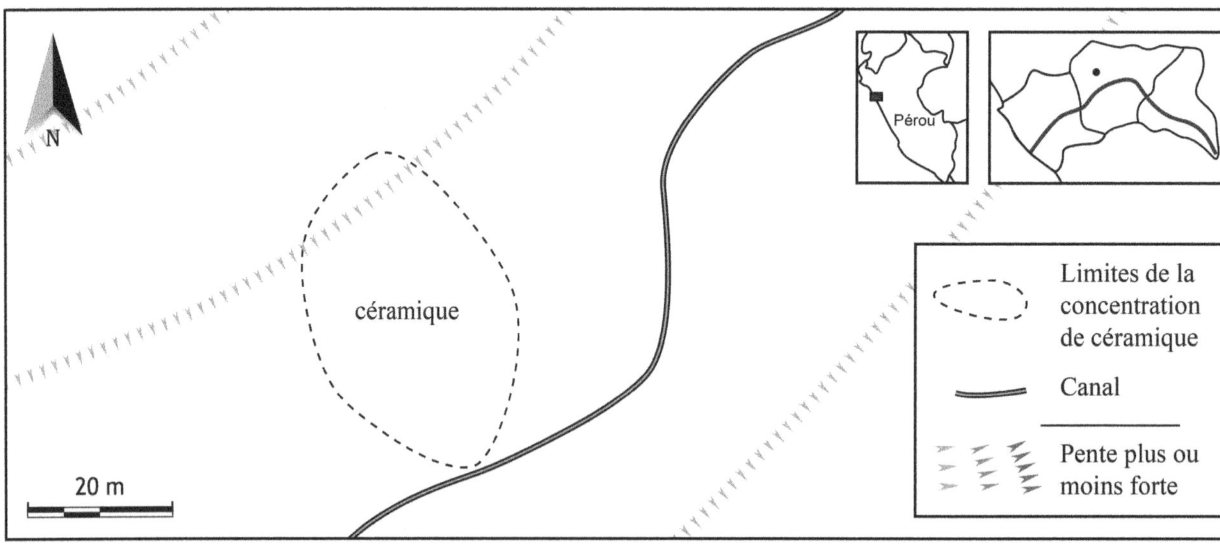

***Fig. 6.5* – Plan du site n°127 et du canal qui passe à proximité.**

Par ailleurs, les sites n°82 et 127 sont établis à côté de canaux préhispaniques (fig.6.5). La présence de ces infrastructures agricoles a peut-être joué un rôle dans l'implantation des deux sites dont il ne reste actuellement que du matériel céramique et des trous de pillages.

Enfin, les sites n°47 et 48, établis sur des terrasses naturelles, sont environnés de plusieurs établissements avec de l'architecture ou des infrastructures que nous décrirons aux chapitres 8 et 9. Intensément pillés, ils s'apparentent aujourd'hui à de vastes champs de cratères dans lesquels se trouvent quelques tessons.

Localisation

Tous ces sites sont localisés dans la plaine côtière et dans le fond de la vallée moyenne (fig.6.6). Dans la vallée basse, les sites n°21 et 23 sont tous deux éloignés d'une quinzaine de kilomètres du río Chicama. Cependant, des canaux, modernes et préhispaniques, passent non loin de ces deux sites. Dans la vallée moyenne, les sites n°47, 48 et 82 se trouvent sur de petites terrasses naturelles surplombant le río Chicama, tandis que les sites n°110 et 127 sont établis dans la *quebrada* Santanero.

Fonction

À l'instar des sites avec de grandes ou de petites concentrations, la présence de matériel céramique domestique indique une probable fonction résidentielle.

Les canaux passant à côté des sites n°21, 23, 82 et 127 pouvaient apporter de l'eau à leurs éventuels occupants et les vestiges à peine visibles des constructions des sites n°21 et 23 constituent peut-être les traces d'un habitat. Toutefois la nature des édifices construits sur ces deux sites demeure inconnue et il est possible qu'ils aient eu un rôle bien différent.

Commentaires relatifs aux concentrations de céramique

La distinction opérée dès le départ entre les sites avec de grandes et de petites concentrations, sur la base de la superficie et de l'abondance du matériel, est probablement révélatrice d'une différence dans le type d'occupation, continue ou temporaire. Par ailleurs, la proximité d'autres sites avec des vestiges visibles a pu influencer l'intensité du pillage.

L'intensité du pillage, un indice de l'occupation des concentrations ?

L'intérêt des pilleurs n'est pas le même selon les sites répertoriés; les nombreux trous creusés sur certains d'entre eux (n°21, 23, 121, 121, 127) suggèrent que les découvertes étaient plus fructueuses sur ceux présentant de grandes concentrations que dans le cas des sites avec de petites concentrations où les chances de récupérer un objet de valeur devaient être moindres. On peut ainsi supposer que l'occupation de ces sites n'était pas si importante et n'a pas laissé la même quantité d'artefacts, hypothèse

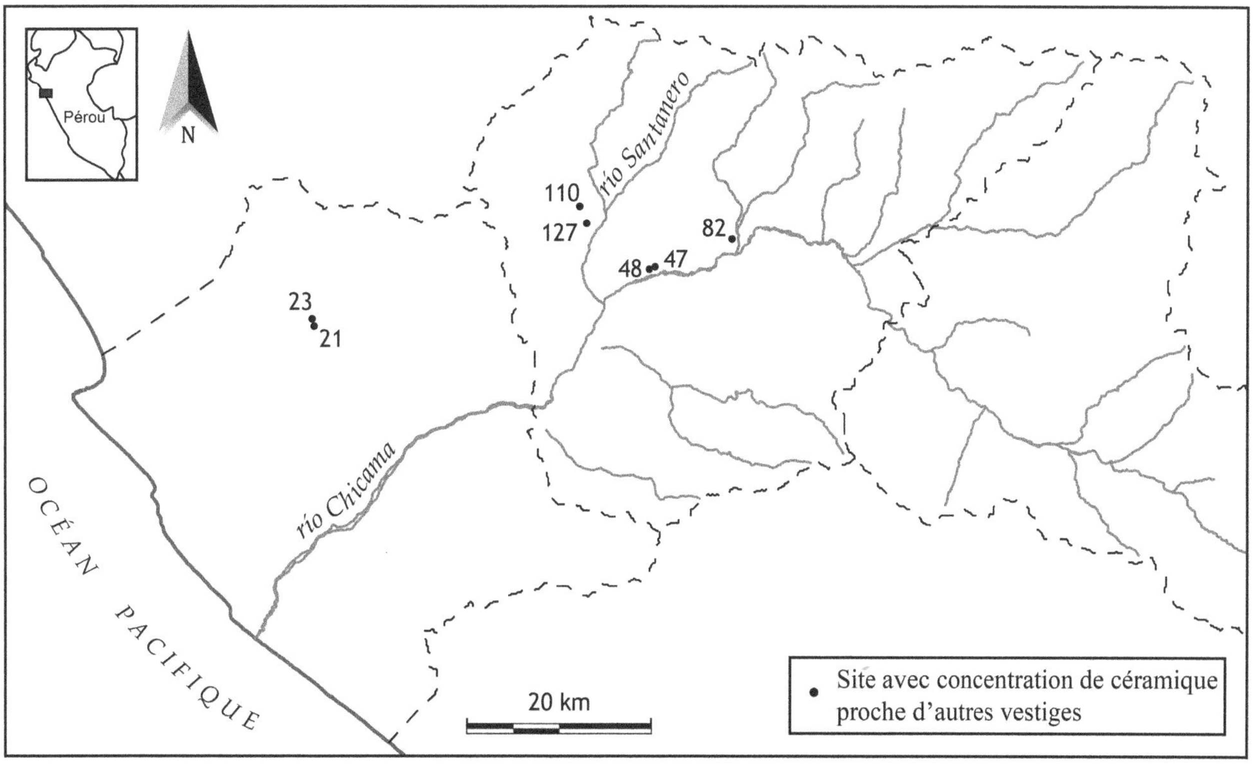

Fig. 6.6 **– Carte de répartition des sites avec des concentrations de céramique proches d'autres vestiges (architecture ou infrastructure)**

renforcée par les disparités dans la densité du matériel recensé à la surface des concentrations de céramique.

Il faut aussi souligner que la proximité de concentrations de matériel avec des vestiges visibles en surface a pu conduire les pilleurs à s'y intéresser. D'ailleurs, à l'exception du n°110, peu perturbé, ces sites sont presque toujours intensément pillés et détruits. Les pilleurs ont néanmoins réussi à découvrir d'autres concentrations, en particulier les n°122, 123 et 124, pourtant assez éloignées des quelques sites avec architecture de la région.

Enfin, rappelons que les sites de la vallée haute (n°132 et 140) n'ont pas été pillés. Ils se trouvent sur des parcelles cultivées et leurs tessons ont été remontés en surface par l'activité agricole actuelle. Nous avons d'ailleurs eu la chance de prospecter cette région avant les semailles. L'abondance des tessons du site n°140 témoignerait donc bien d'une occupation plus importante que sur le site n°132.

Les pillages peuvent donc révéler des différences dans l'occupation de ces sites, mais la proximité de certaines concentrations avec des vestiges architecturaux facilement repérables a probablement favorisé leur découverte par les pilleurs. Si l'intensité des destructions n'est peut-être pas toujours due à la nature et à l'importance de l'occupation des concentrations de céramique, elle n'en demeure pas moins un indice à prendre en considération, en particulier pour les sites de la vallée basse et de la vallée moyenne.

La nature de l'occupation: continue ou temporaire ?

Les sites avec de petites concentrations de matériel, peu importantes, pourraient dénoter une occupation temporaire ayant laissé peu de vestiges.

Les recherches archéologiques et ethnographiques de Gálvez et Runcio (2010; 2011) sur les pratiques agricoles et l'implantation humaine pendant et après les phénomènes d'El Niño ont démontré l'existence d'une mobilité ponctuelle des populations vers des endroits habituellement désertiques, notamment dans les *quebradas* du nord de la plaine côtière comme celle de Mala Alma. Des sources coulant quelques années après un phénomène d'El Niño permettent de développer l'agriculture hors des zones irriguées. Ainsi, le site résidentiel chimú PV23-545, étudié par Piminchumo (1999), ne serait habitable qu'après le passage des pluies torrentielles d'El Niño qui entraînent une modification environnementale dans cette partie normalement très désertique de la vallée basse. Enfin, dans la vallée de Casma, Moore (1986; 1987; 1991) a fouillé le site chimú de Quebrada Santa Cristina qui n'aurait été occupé que durant quelques années, à la suite d'un phénomène d'El Niño. L'auteur (Moore 1991: 33) signale que les structures de ce site, assez bien conservées, étaient construites avec des joncs, selon la technique de la *quincha*, abordée au chapitre 7.1. Il est donc possible que ce type de matériau périssable, léger et facile à mettre en œuvre, ait été choisi préférentiellement sur des sites habités pour de courtes durées.

Ces différents exemples illustrent l'existence de sites temporaires étroitement liés aux phénomènes récurrents d'El Niño et on peut se demander si tel n'était pas le cas pour certains sites de petite taille, prospectés dans la vallée de Chicama.

Non loin des sites n°96 et 98 (fig.6.8), nous avons repéré les restes desséchés d'un champ de maïs récent, sur une terrasse naturelle, loin de tout canal. Les habitants du village voisins de Sausal nous ont expliqué qu'il est possible de cultiver ces zones désertiques, comme cela s'est produit pendant le phénomène d'El Niño de 1998, grâce au río Mala Alma dont le débit gonfle considérablement (fig.6.7). Les sites n°96 et 98 auraient ainsi pu avoir été occupés temporairement pour exploiter ces terrains durant un ou plusieurs phénomènes d'El Niño, à l'époque chimú.

Les concentrations de céramique se trouvent principalement dans le fond de la vallée moyenne, en particulier dans la *quebrada* Santanero qui en abrite sept (n°110, 121, 122, 123, 124, 125 et 127). Les pluies du phénomène d'El Niño font gonfler le débit du río Santanero, mais créent également des torrents intermittents dans les nombreuses petites *quebradas* annexes[2]. Aucune étude n'a été réalisée pour savoir exactement comment évolue l'hydrologie dans cette zone pendant un phénomène d'El Niño, mais on peut supposer qu'à l'instar des sources persistantes de la vallée basse, ces torrents persistent quelque temps, favorisant ainsi l'implantation humaine, depuis des périodes anciennes (Briceño 1994). Certaines concentrations de céramique de la *quebrada* Santanero, en particulier les plus petites (n°124 et 125) pourraient donc indiquer une occupation temporaire, liée aux phénomènes d'El Niño de l'Intermédiaire Récent.

D'autres facteurs, non climatiques, ont pu également être à l'origine d'établissements temporaires. Des besoins ponctuels de main-d'œuvre, pour des récoltes ou la construction de nouveaux canaux par exemple, pourraient avoir favorisé la création de petits sites occupés de manière discontinue, le temps des travaux saisonniers. Ainsi, des canaux passent non loin des sites n°82 et 127 qui auraient pu accueillir les travailleurs chargés de l'édification ou de l'entretien annuel de ces ouvrages hydrauliques.

Le possible caractère ponctuel de l'occupation de plusieurs sites avec de petites concentrations de céramique s'accorde bien avec les vestiges recensés. Les habitants de ces sites limitaient probablement leurs possessions au strict nécessaire et ne s'encombraient donc pas de nombreux récipients, s'ils ne restaient pas très longtemps. Cela expliquerait la faible densité du matériel découvert en surface et le peu d'intérêt des pilleurs qui n'y trouvent pas grand-chose. De même, l'habitat devait être rudimentaire,

2 - L'existence même de ces *quebradas*, le plus souvent sèches, est par elle-même une preuve de ces phénomènes de ravinement temporaire.

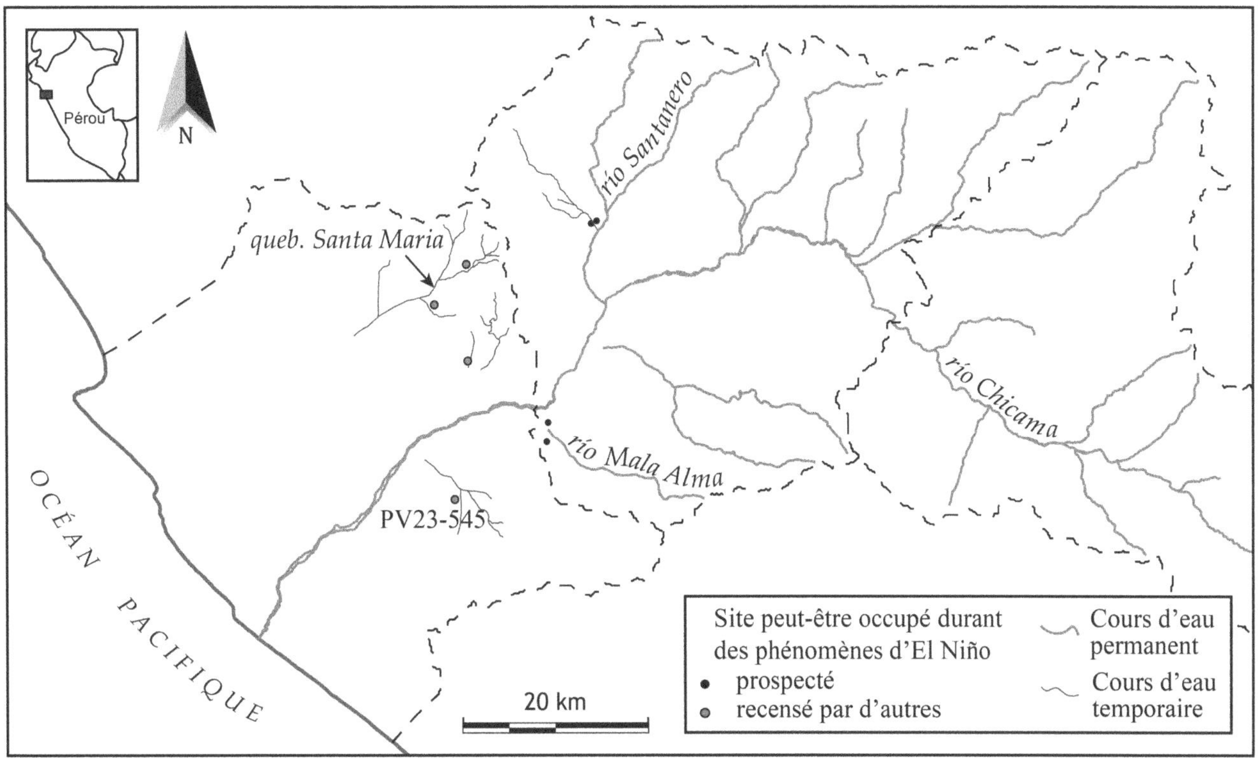

***Fig. 6.7* – Carte de répartition des sites probablement occupés durant les phénomènes d'El Niño (Chauchat *et al.* 1998; Galvez y Runcio 2010; 2011; Piminchumo 1999).**

peut-être en *quincha*, comme sur le site de *Quebrada* Santa Cristina (Moore 1991). Les matériaux périssables employés n'auraient donc pas pu se conserver, à cause des quelques pluies qui arrosent le fond de la vallée moyenne entre les mois d'octobre et d'avril (ONERN 1974; voir supra chapitre 1.3 p.16).

Le caractère temporaire de l'occupation est donc plausible dans plusieurs cas, mais il demeure difficile à préciser sans des recherches approfondies. Certains petits sites avec de faibles concentrations pourraient se révéler être bien plus

***Fig. 6.8* – Vue du site n°98. Au premier plan, on remarque quelques trous de pillage. Au pied des montagnes à l'arrière-plan, coule le río Mala Alma. Les terrasses naturelles (derrière les dunes grises) peuvent être mises en cultures lors des phénomènes d'El Niño.**

riches en vestiges si des fouilles y étaient réalisées, démentant ainsi cette hypothèse d'un habitat ponctuel. On peut également penser que les sites présentant les plus fortes concentrations de céramique étaient occupés durablement, bien qu'on puisse alors se demander pourquoi les habitants n'ont pas pris la peine de se construire des abris plus résistants, en pierre, un matériau pourtant abondant dans la vallée moyenne.

Une répartition spatiale inégale

Qu'ils aient été occupés de manière temporaire ou continue, les sites avec des concentrations de céramique sont abondants dans le fond de la vallée moyenne, alors qu'ils sont presque absents des parties basses et hautes.

Cette situation est compréhensible pour la vallée haute. La végétation empêche de déceler efficacement les concentrations de céramique et seules les parcelles cultivées qui n'ont pas encore été ensemencées permettent d'observer les tessons et de détecter les sites dépourvus de constructions. Il n'est donc pas étonnant d'y avoir découvert peu de sites de ce type.

Dans la vallée basse, la canne à sucre qui recouvre une bonne partie de la plaine complique également le repérage de tels sites, mais nous avons surtout parcouru des zones localisées en marge des cultures. Il est certes possible que quelques concentrations aient échappé à notre vigilance, comme ce fut le cas d'un site, inventorié par Cruzado et Castillo (2009), que nous n'avons pas remarqué dans la zone 4 de nos prospections. On peut aussi se demander

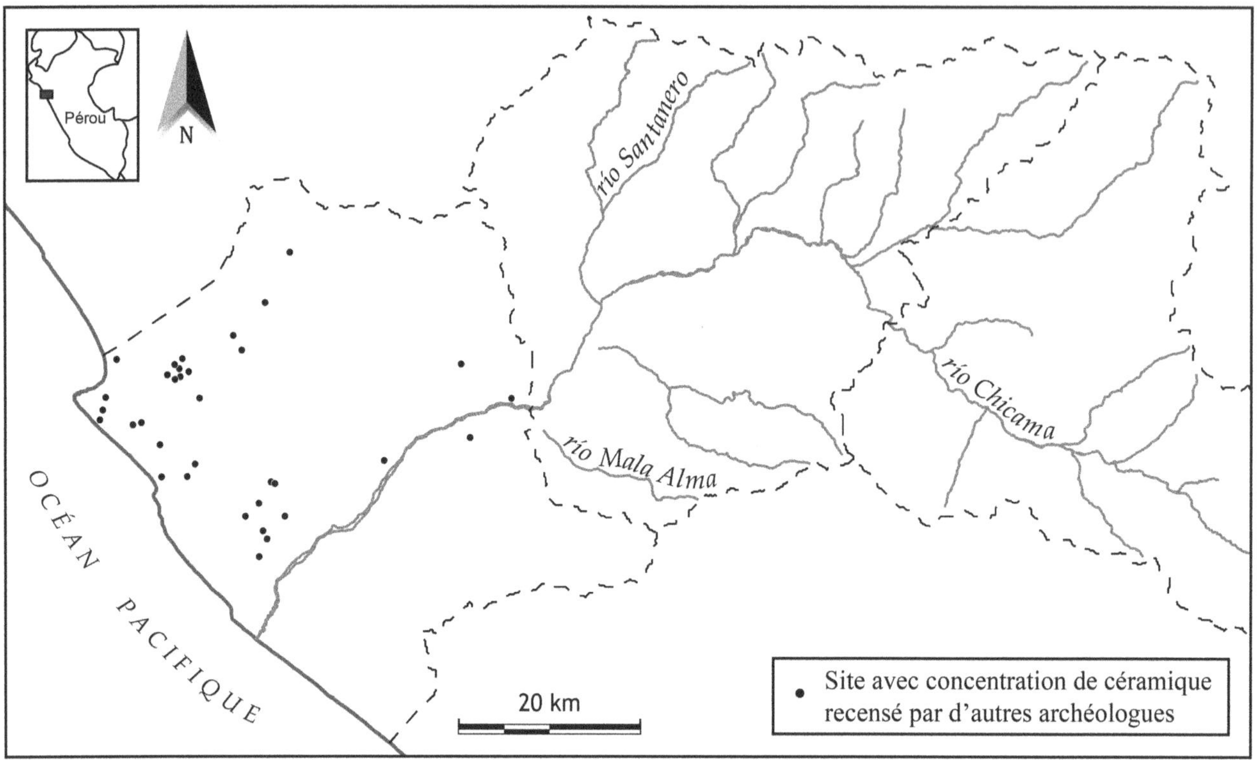

Fig. 6.9 – Carte de répartition des sites avec concentration de céramique (Chauchat *et al.* 1998; Leonard and Russell 1992; Cruzado y Castillo 2009; Moulet 2009).

si d'autres facteurs naturels comme des alluvionnements, dus à des crues du río Chicama par exemple, n'auraient pas recouvert les minces vestiges de ces sites.

Il est également possible que l'habitat de la plaine côtière ait été très souvent construit en partie en matériaux non périssables, en pierres ou en adobes, comme nous le verrons au chapitre 7.1, notamment pour les fondations, ce qui facilitait alors sa conservation. Il semble d'ailleurs logique que les habitants de cette région se trouvant au cœur du territoire chimú aient investi de leur temps pour y construire des résidences durables, d'où le peu de concentrations de céramique découvertes.

Enfin, il faut signaler que d'autres archéologues (Chauchat *et al.* 1998; Leonard and Russel 1992) ont recensé plusieurs sites de ce type, dans la vallée basse de Chicama (fig.6.9). Les établissements avec des concentrations de matériel ne sont donc pas absents de cette région.

Qu'ils soient habités toute l'année ou à certaines époques, les sites avec des concentrations de céramique découverts au cours de nos prospections pourraient témoigner d'une occupation domestique rudimentaire et simple. D'autres concentrations avec de la céramique et des ossements semblent indiquer, pour leur part, une fonction bien différente.

II. Les sites avec concentrations de céramique et d'ossements

Certains sites comportent des tessons de céramique, mais également du matériel osseux anthropique. Il s'agit la plupart du temps de concentrations qui font partie de sites bien plus vastes, recélant d'autres types de vestiges, notamment des constructions, comme d'imposantes plateformes d'adobes, ou des infrastructures, tels des canaux.

Description des sites

Treize sites (n°4, 8, 9, 10, 22, 25, 29, 32, 37, 58, 60, 103, 157) qui se composent de concentrations de céramique et d'ossements humains sont très divers, car la plupart d'entre eux recèlent aussi des édifices variés que nous décrirons plus loin aux chapitres 7 et 8. Tous sont toutefois très similaires et présentent de nombreux points communs,

Fig. 6.10 – Vue d'une concentration de céramique et d'ossements du site n°10. On note les trous de pillage.

comme des traces de pillage, un sol de nature sableuse et de la céramique souvent décorée.

Dans la plupart des cas, des trous de pillages, parfois relativement récents, parsèment ces sites (fig.6.10). Cette activité illégale qui continue d'être perpétrée présente néanmoins l'avantage de révéler les vestiges en surface ce qui facilite donc leur découverte, durant des prospections, mais complique sérieusement leur étude, dans le cas de fouilles.

La nature de leur sol, principalement composé de sable d'origine éolienne est le deuxième point commun entre ces concentrations. Les sites n°10, 11, 29, 32, 37, 58, 60, 103 et 157 sont localisés aux pieds d'élévations rocheuses contre lesquelles le vent rabat le sable du désert. Il est alors facile pour les pilleurs, mais peut-être également pour les anciens habitants de la vallée, de creuser dans ce sol instable.

Enfin, la céramique de ces sites est généralement décorée, ce qui était rarement le cas pour ceux dépourvus d'ossement, décrits plus haut. Les récipients ne sont pas forcément très élaborés, mais certains, comme des bouteilles à anse en forme d'étrier, n'étaient pas utilisés en contexte domestique.

Localisation

Les treize sites avec des concentrations de céramique et d'ossements se répartissent inégalement entre la plaine côtière (10 sites) et le fond de la vallée moyenne (3 sites). Sur les hauteurs, nous n'avons découvert aucun site de ce type (fig.6.11).

Dans la vallée basse, les sites n°4, 8, 9, 10, 32 et 103 sont localisés sur la rive gauche, au sud du río Chicama, tandis que les sites n°22, 24, 29 et 157 sont sur la rive droite. Mis à part le site n°4 qui est très isolé au sud, les autres se trouvent à la frontière entre les zones cultivées et le désert.

Les sites n°37, 58 et 60 sont regroupés dans le fond de la vallée moyenne, à proximité du río Chicama. Il est intéressant de noter qu'aucun d'entre eux n'est implanté très loin, en amont de la plaine côtière. Le site n°58, le plus « avancé » dans la vallée moyenne, n'est en fait qu'à une quinzaine de kilomètres de la limite avec la vallée basse et à environ 450 m d'altitude. Ce type de concentration est donc principalement localisé à basse altitude et dans la plaine côtière.

Fonction

Le matériel répertorié sur ces sites permet de déterminer leur fonction probable. Les quelques ossements humains, exhumés par les pilleurs, semblent témoigner de leur caractère funéraire.

Cette hypothèse est renforcée par la présence de céramiques élaborées, notamment de bouteille à anse en étrier, mais aussi par l'intensité des pillages. Les sépultures étant susceptibles de recéler des artefacts en métaux précieux ainsi que des vases non fracturés et décorés, elles

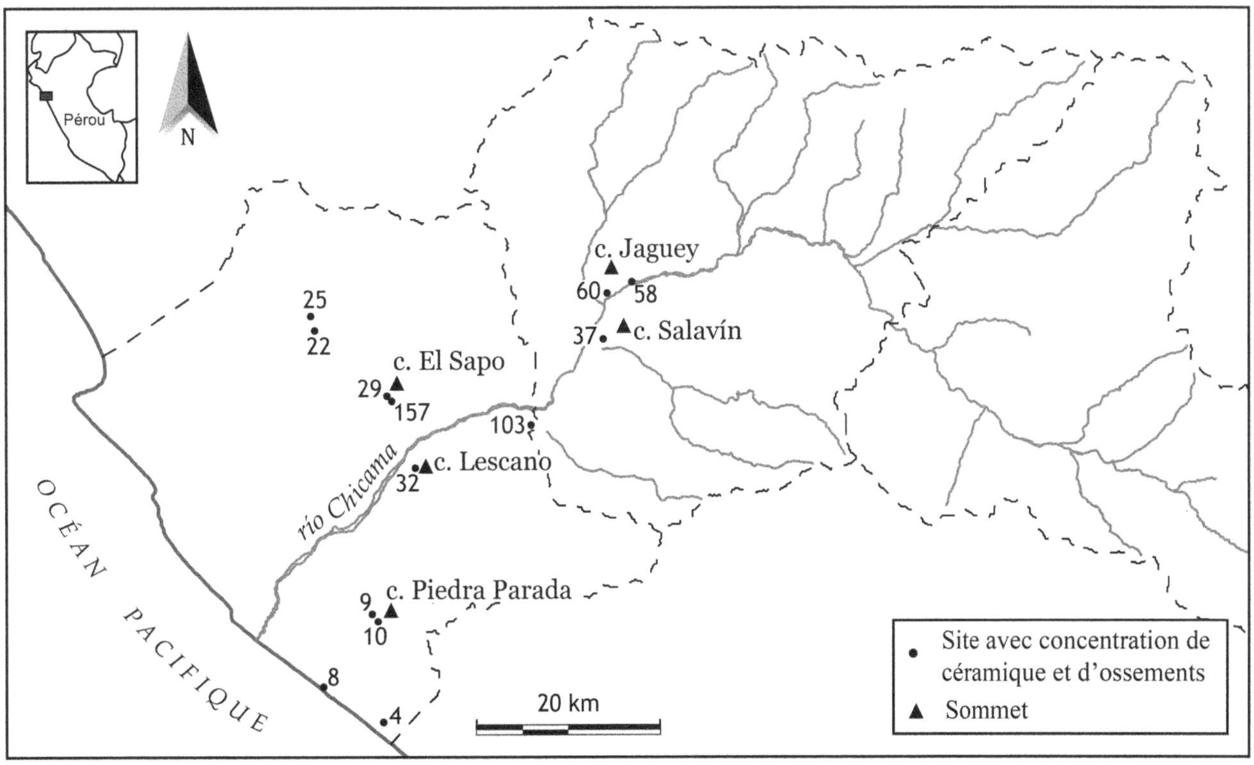

Fig. 6.11 – **Carte de répartition des sites avec des concentrations de céramique et d'ossements.**

sont un objet de convoitise très prisé pour bien des « chercheurs de trésors ».

Commentaires au sujet des zones funéraires

Ces quelques sites à caractère probablement funéraire offrent peu d'informations à l'archéologue qui les recense sans leur accorder plus d'attention. Le pillage généralisé qu'ils ont subi et la destruction des contextes n'incitent d'ailleurs pas à y réaliser des fouilles.

Contrairement aux sépultures découvertes dans la vallée voisine de Moche, notamment sur le site pillé de Banderas (Donnan and Mackey 1978), aucun vestige d'adobe n'a été retrouvé sur les sites de Chicama témoignant d'une tombe en partie construite dans le sable. Il s'agissait peut-être de tombes simples, creusées de telle façon que le mort pouvait être placé en position accroupie, les jambes fléchies, comme c'est le cas dans la plupart des sépultures chimús (Donnan and Mackey 1978; Chauchat y Guffroy 2003; Asmat *et al.* 2013).

En l'état actuel des connaissances, il n'est pas possible de déterminer quel type d'individu se faisait inhumer sur ces sites ni de comprendre les relations sociales, familiales qui existaient entre ces personnes (Binford 1971; Dillehay 1995). Les vestiges laissés par les pilleurs ne semblant nullement riches, il est peu probable qu'il s'agisse de sépultures de personnages de haut rang. L'analyse de Moore (2004) au sujet de la structure de la société chimú rejoint cette interprétation, puisqu'il indique que les différences sociales entre les individus se traduisaient, entre autres, dans la localisation de leurs lieux d'inhumation. Ainsi, Asmat (*et al.* 2013) ont supposé que les sépultures chimús découvertes à Huaca de la Luna correspondaient à celles de personnes de faible rang social, bien que non pauvres.

Cieza de León (2005 [1553]: 180) mentionne néanmoins l'existence de cimetières rassemblant les membres d'un même lignage sur la côte. Ainsi, la mort pourrait aussi réunir des individus en fonction des communautés au sein desquelles ils avaient vécu. On peut donc envisager que les défunts enterrés au sein d'une zone funéraire appartenaient effectivement à une communauté, même si rien ne permet de démontrer cette hypothèse, dans le cas des sites de Chicama.

Les zones funéraires, les montagnes et le paysage

Sur la base de nos données, il est plus pertinent d'analyser ces sites à caractère funéraire en fonction de leur localisation puisqu'il est plus que probable qu'ils faisaient partie intégrante d'un paysage chargé de connotations symboliques, à l'instar d'autres régions des Andes (Isbell 1997; Pärssinen 1993; Kessely y Pärssinen 2005; Lecoq 1999).

Ainsi, les sites funéraires des alentours de la ville d'Arica, au nord du Chili, permettent à Bouysse-Cassagne et Chacama (2012) de souligner des liens symboliques et rituels entre le peuple des Carangas, leurs morts ou leurs ancêtres vénérés et leurs territoires. Les sépultures des membres de ces communautés, de type *chullpas*[3], devaient structurer l'espace, formant des repères visuels et mémoriels. De même, Duffait (2012) met en relation les voies de communication préhispaniques avec quelques sites funéraires de cette région, signalant l'importance de ces lieux dédiés aux morts et aux ancêtres, dans le paysage. Enfin, Duchesne et Chacama (2012) estiment que les *chullpas* servaient également à marquer le territoire dans un contexte de mouvements de populations, voire peut-être de conflits.

Il semble donc que les sites funéraires aient joué un rôle important dans la définition des territoires et dans la cohésion des groupes qui vivaient au nord du Chili. Cette pratique d'appropriation d'un espace ou de ressources particulières en y édifiant des sépultures a fait l'objet de plusieurs études ethnologiques et archéologiques dans de nombreuses régions du monde et à plusieurs époques (Saxe 1970; Renfrew 1976; Chapman 1981; 1995; Rodriguez-Loubet 1985; Fioravanti Molinié 1986; Muñoz 2012).

Ces interprétations nous amènent à nous interroger sur la fonction des tombes découvertes dans la vallée de Chicama. L'existence d'un éventuel culte aux morts et aux ancêtres chez les Chimús (Conrad 1974; 1980; 1982; Uceda 1999; 2006) laisse supposer que les sites funéraires à Chicama n'étaient pas que de simples « cimetières » dans lesquels on enterrait les morts. Il pourrait s'agir également de lieux particuliers, opérant comme des marqueurs spatiaux pour définir les territoires des groupes de la vallée.

La localisation de certaines concentrations de céramique et d'ossements aux pieds de montagnes, comme les cerros El Sapo, Lescano, Piedra Parada, dans la vallée basse, et Salavín ou Jaguey, dans la vallée moyenne, pourrait témoigner d'une relation entre le relief et les défunts (fig.6.11). D'ailleurs, le cerro Piedra Parada présente en son sommet une large pierre (site n°163) vénérée par des *curanderos* actuels (Abraham 2000; Valladares 2012; Franco 2012). De même le cerro El Sapo est coiffé d'un grand rocher en forme de crapaud[4] qui aurait pu avoir fait l'objet d'un culte autrefois, comme c'est encore le cas en Bolivie, sur les rives du lac Titicaca (communication personnelle de P. Lecoq, septembre 2012). Inhumer les défunts aux pieds de ces élévations n'était donc peut-être pas anodin et on retrouve une situation similaire dans la vallée de Moche, sur le site des Huacas del Sol y de la Luna. Les Chimús ont enterré leurs morts dans la Huaca de la Luna, probablement à cause du caractère sacré persistant de cette plateforme mochica. Mais le cerro Blanco, une

3 - Les *chullpas* sont des sortes de petites tours funéraires, particulièrement répandus dans le sud des Andes et sur l'altiplano bolivien (Isbell 1997: 160; Lecoq 1999: 156).

4 - Le nom de la montagne vient justement de ce rocher, « *el sapo* » signifiant « le crapaud ». Malheureusement, nous n'avons vu ce rocher depuis la plaine qu'à la fin de notre prospection et n'avons donc pas entrepris l'ascension de cette montagne dont les flancs très abrupts ne semblent guère praticables.

montagne vénérée selon des sources ethnographiques et archéologiques (Rodríguez 1968: 103; Bourget 1997), qui domine également cette nécropole, aurait pu aussi influencer le choix de son emplacement (Asmat *et al.* 2013).

Outre les possibles relations symboliques et rituelles entre le culte aux morts et celui de certains sommets, ces zones funéraires se seraient trouvées directement associées à des montagnes bien visibles dans le paysage. En enterrant leurs morts aux pieds d'un cerro facilement repérable, un groupe ou une communauté pouvait ainsi « s'approprier » ce sommet et éventuellement s'en servir comme repère spatial pour revendiquer et délimiter son territoire.

Les zones funéraires et l'océan Pacifique

Le cas de la zone funéraire du site n°8 est différent puisqu'elle ne se trouve pas à côté d'une montagne, mais de la mer. Localisée au-dessus de la plage, cette zone funéraire rappelle les nécropoles non datées et décrites par Muelle (1937) qui ont été découvertes le long du littoral de Chicama (voir supra chapitre 4.1 p.120). Cette proximité avec la mer n'est peut-être pas fortuite et pourrait témoigner de relations symboliques entre les défunts et le monde marin.

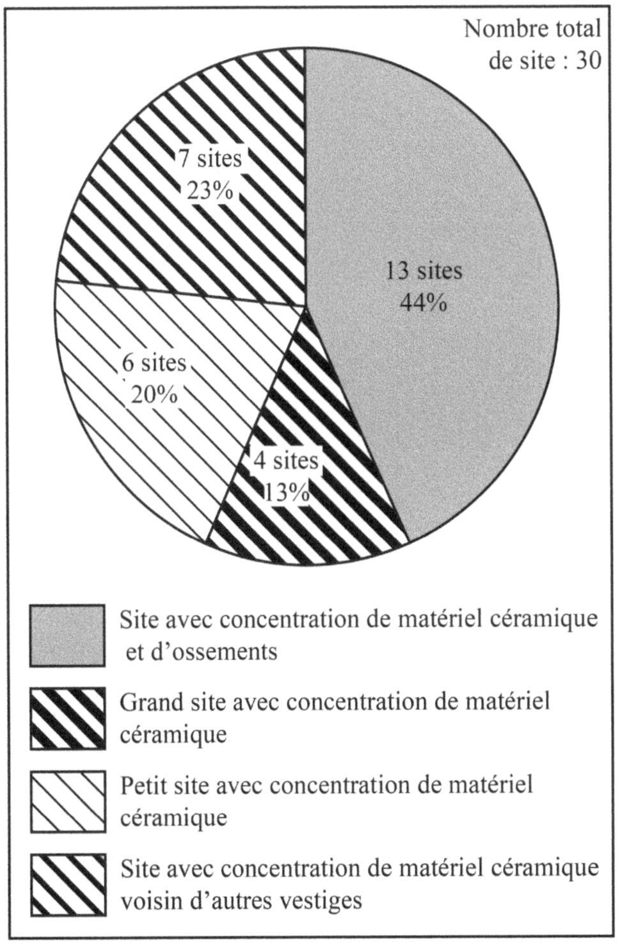

***Fig. 6.12* – Répartition des 30 sites avec des concentrations de céramique et/ou d'ossements selon leur type.**

Les nombreuses représentations marines des frises en bas-relief ornant les murs des palais de Chan Chan ou des plateformes comme à la Huaca Esmeralda attesteraient d'un culte à la mer très développé (Pillsbury 1994). Les possibles espaces cérémoniels de Chan Chan (vastes places, plateformes funéraires, *huachaques* et même bon nombre de structures en U) sont aussi orientés du nord vers le sud, donc vers l'océan Pacifique (Campana 2006; 2012). Des poissons, des coquillages, comme les *mullus*, ou des oiseaux marins décorent également des textiles et des céramiques chimús (Pollard 1980; Rivera 1994; 2008; Martínez 1986; 1987). Cet intérêt iconographique pour le milieu marin et les descriptions de Calancha (1974 [1638]: 1240) ou de Rodríguez (1968) au sujet d'offrandes réalisées à la mer démontrent l'importance de l'Océan pour les peuples de la côte nord (Limón 2006). L'océan Pacifique, masse d'eau impressionnante et source inépuisable de nourriture, aurait donc tout à fait pu être vénéré par les Chimús.

Dans la vallée de Moche, les découvertes de plusieurs enterrements d'enfants, associés à des camélidés et probablement sacrifiés, près des plages de Huanchaco (Donnan and Foote 1978), de Huanchaquito (Goepfert and Prieto s.d.) ou au Calvario de los Incas, non loin de Chan Chan (Horkheimer 1944), démontreraient l'existence d'offrandes faites à l'Océan. Certes, le site n°8, isolé, ne semble pas correspondre à ces sites d'inhumations et de sacrifices; à ce jour, rien ne laisse penser que les sépultures pillées de cette concentration étaient celles d'enfants sacrifiés. Mais à titre d'hypothèse, on peut supposer que les membres de certaines communautés, en particulier des pêcheurs, se faisaient enterrer à proximité de la mer qu'ils vénéraient probablement.

Par ailleurs, des études ethnohistoriques (Rostworowski 1975b; Netherly 1977; Ramírez 1985; 1986) ont montré que certaines portions de la côte étaient plus ou moins réservées à des groupes de pêcheurs, comme nous l'avons vu au chapitre 2.3. À l'instar des zones funéraires établies aux pieds de montagnes, ne pourrait-on pas envisager que les nécropoles du littoral, comme celle du site n°8, aient servi à délimiter les territoires côtiers de ces communautés ? Il est difficile de répondre à cette question à partir des données d'un seul site et de plus amples recherches sont nécessaires pour appuyer cette hypothèse.

Conclusion

Les trente sites comportant des concentrations de matériel céramique ou osseux apportent les premières données quant à l'implantation humaine, à l'Intermédiaire Récent, dans la vallée de Chicama.

Les dix-sept sites avec des concentrations de céramique, qu'ils soient grands, petits ou établis à proximité d'autres vestiges (fig.6.12), indiquent vraisemblablement une occupation résidentielle simple à caractère domestique. Certains ont pu être occupés de manière ponctuelle, peut-être lors de phénomènes d'El Niño qui pouvaient avoir des impacts sur les populations et leur habitat (Gálvez y Runcio 2010; 2011). Cette hypothèse d'une fonction résidentielle implique l'existence d'un habitat en matériaux périssables, ce qui contraste avec les sites recélant des vestiges architecturaux que nous allons présenter.

Quant aux treize sites avec des concentrations de céramique et d'ossements (fig.6.12), leur nature funéraire semble bien attestée. Les pratiques funéraires et les implications sociales sont malheureusement difficiles à approfondir à partir de nos données. Mais l'analyse de la localisation de ces sites et de leur proximité avec des éléments naturels, en particulier certaines montagnes et peut-être la mer, suggère qu'il existait une relation d'ordre symbolique entre les morts et le paysage. Ces associations plausibles entre lieux vénérés et zones d'enterrements pourraient indiquer que ces sites à caractère funéraire contribuaient à délimiter les territoires de plusieurs communautés et servaient donc à agencer l'espace de la vallée de Chicama.

Par ailleurs, les concentrations funéraires se trouvent, la plupart du temps, au cœur d'établissement recélant des vestiges architecturaux divers, comme des plateformes d'adobes, des structures complexes ou des enceintes.

CHAPITRE 7
ÉTUDE DE L'ARCHITECTURE DES SITES DE L'INTERMÉDIAIRE RÉCENT

Du fait de la bonne conservation générale des vestiges, en particulier dans la vallée basse, nous avons identifié, au cours de nos prospections, 90 sites possédant des restes d'édifices, auxquels s'ajoutent 5 sites composés de murs isolés (classés comme infrastructures). Tout comme les sites formés de concentrations de matériel céramique et d'ossements analysés au chapitre précédent, ces sites présentent en surface des tessons qui nous ont permis de les dater. Ainsi, 65 de ces 95 sites étaient occupés à l'Intermédiaire Récent.

Pour pouvoir les étudier plus en détail, nous nous sommes intéressé, dans un premier temps, aux techniques de construction des édifices qui les composent. Les matériaux, comme la pierre ou l'adobe, peuvent fournir des indications sur leur provenance ou sur la chronologie même des édifices.

Notre typologie de murs permet également de comprendre les techniques employées par les bâtisseurs. Les murs de certains édifices sont mieux élaborés que d'autres, ce qui pourrait signifier des différences dans la construction et dans l'importance que ces bâtiments pouvaient avoir.

Dans un second temps, nous nous sommes attaché à caractériser les édifices eux-mêmes, à travers une typologie des constructions. Nous décrivons donc les petites structures simples, puis les grandes structures (enceintes et structures complexes) et les plateformes, avant de terminer par les places et les murs isolés qui ne sont pas, à proprement parler, des bâtiments, mais des infrastructures.

Cette analyse de l'architecture nous permet enfin de suggérer quelques fonctions pour certains types de structures, même si ce n'est qu'à l'échelle de chaque site que ces hypothèses pourront être vérifiées.

I. Les techniques de construction

Une étude systématique des matériaux, principalement la pierre et l'adobe, employés pour les structures recensées sur 64[1] sites de l'Intermédiaire Récent nous permet, par la suite, de dresser une typologie des murs, afin de présenter différentes techniques de construction.

Les matériaux de construction

La pierre

La pierre est sans conteste le matériau le plus couramment utilisé à l'époque chimú, dans la vallée de Chicama, pour l'architecture. Nous en trouvons l'usage dans les constructions de 58 sites, dans tous les types d'édifices décrits plus loin: petites structures simples, grandes structures (enceintes et structures complexes), plateformes, murs isolés et places.

L'origine

Les caractéristiques géologiques des pierres composant les édifices peuvent différer d'un site à l'autre, mais ces variations sont plutôt dues aux changements de la nature des sols des lieux d'où elles sont extraites qu'à un choix culturel. En effet, les roches qui parsèment le terrain, autour des sites, sont tout à fait similaires à celles employées dans les murs des ruines. Ainsi, toutes les structures des sites de la zone n°3 sont composées de petites pierres qui proviennent des flancs du cerro Malabrigo, tout proche. Les pierres semblent donc avoir été récupérées à proximité même des établissements pour être directement employées dans la construction des murs. Nous n'avons d'ailleurs découvert aucune carrière susceptible d'avoir été exploitée aux époques préhispaniques.

Les dimensions

La plupart des pierres présentent des formes irrégulières, car elles n'ont visiblement pas été travaillées. Leurs dimensions sont donc très variées, allant du demi-mètre pour les plus grosses à quelques centimètres pour les plus petites.

Les pierres les plus couramment utilisées sont de taille moyenne, entre 15 et 30 cm de large pour une hauteur d'environ 10 à 20 cm. Elles présentent l'avantage d'être facilement maniables pour la construction, du fait de leur relative légèreté, tout en permettant d'élever rapidement les murs. Les petites pierres, de moins de 10 cm de côté, ont aussi été employées sur de nombreux de sites, mais de façon minoritaire, car elles ne servaient souvent qu'à combler quelques interstices entre des pierres de plus grosse taille. Ces pierres dont nous n'avons pas toujours

1 - Le site n°6 comporte des places qui ne sont pas réellement construites, mais que nous avons décidé de qualifier de structures (voir infra p.212). Ce site n'est toutefois pas pris en compte pour l'analyse des matériaux de construction, car les places en sont dépourvues.

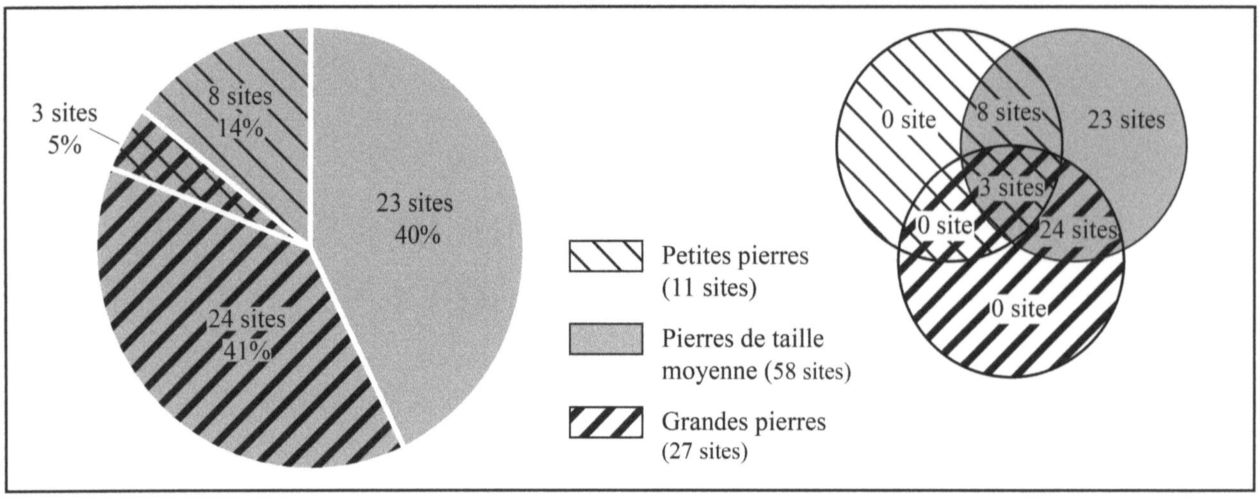

Fig. 7.1 – **Graphique de la répartition des pierres parmi 58 sites de l'Intermédiaire Récent.**

tenu compte forment une part notable des matériaux de construction des structures de onze sites (n°13, 14, 15, 17, 18, 22, 29, 58, 60, 153 et 162). Enfin, les grandes pierres, mesurant souvent entre 35 et 60 cm de large pour 20 à 40 cm de hauteur, sont également employées dans les murs des édifices de 27 sites, bien qu'en faible quantité.

Les pierres de taille moyenne ont été utilisées sur l'ensemble des sites, aux côtés de grosses et/ou de petites pierres dans plus de la moitié des cas (35 sites). Notons que des pierres de toutes les tailles sont employées conjointement sur trois sites seulement[2] (fig.7.1).

Nous aborderons plus loin les techniques de construction des bâtisseurs d'autrefois, mais nous pouvons d'ores et déjà souligner la présence, sur 32 sites, d'un mortier de terre liant les pierres. Ce même mortier sert également à unir les adobes, autre matériau relativement fréquent et typique de la côte péruvienne.

Les adobes

La plupart des anciens édifices de la côte nord, en particulier les plateformes monumentales ou les grandes enceintes de Chan Chan, sont construits en adobes (Hasting and Moseley 1975; Reindel 1991; Gálvez y Castañeda 2000). Il s'agit de briques de terre crue, séchées au soleil, de forme souvent parallélépipède. Dans notre région d'étude, les adobes, présents sur dix-huit des sites prospectés, sont principalement utilisés pour l'édification de bâtiments monumentaux de grande taille, comme les plateformes (6 sites), les enceintes (7 sites), les structures complexes (4 sites) et sur des murs isolés (2 sites) que nous présenterons plus loin.

Les dimensions des adobes

Les adobes ont des dimensions variant d'une dizaine à plus de quarante centimètres de côté. Nous avons mesuré quelques adobes visibles sur les édifices et les murs qui en comportaient (exception faite de la plateforme du site n°58, extrêmement détruite, voir infra p.211). Comme les adobes les mieux conservés sont encore en place dans les murs, on doit souvent se contenter de calculer les dimensions de la seule face apparente de la brique: la largeur et la hauteur si la boutisse est visible ou la longueur et la hauteur si c'est le carreau qui est observable (fig.7.2). La largeur et la longueur changent beaucoup d'un site à l'autre et la plupart de nos mesures s'échelonnent entre 20 et 40 cm. Quant à la hauteur, souvent comprise entre 10 et 20 cm, elle est toujours inférieure aux autres côtés, sauf dans le cas de quelques adobes de la plateforme du site n°60 qui ont une hauteur légèrement supérieure à la largeur. Notons que certains adobes des plateformes des sites n°37 et 84 ont une hauteur égale ou très proche à leur largeur, ce qui leur donne une face relativement carrée.

Les formes des adobes

La forme des adobes étant un bon critère chronologique selon Reindel (1991) et Gálvez et Castañeda (2000), nous pouvons ainsi estimer la date de construction de certains de ces édifices. Comme nous l'avons indiqué plus haut, il est probable que plusieurs hautes plateformes d'adobes sont antérieures à l'Intermédiaire Récent.

La forme parallélépipédique est la plus fréquente (12 sites); d'après cette nomenclature, elle a été utilisée depuis les Mochicas jusqu'aux Chimús qui ont bâti Chan Chan avec ce type d'adobe (fig.7.3; Kolata 1978; 1980; 1982).

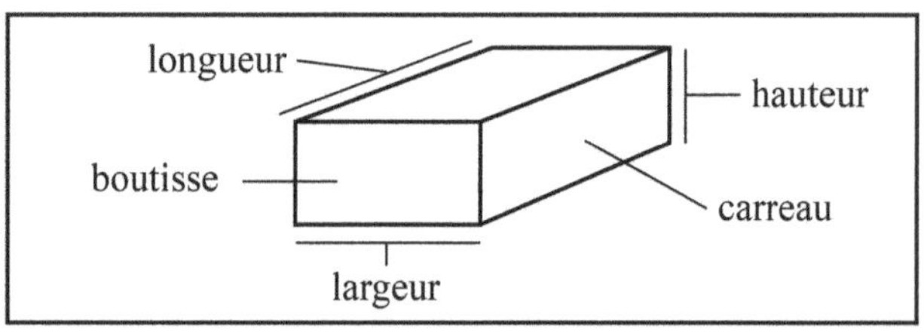

Fig. 7.2 – **Schéma d'un adobe, inspiré de Violet-Le-Duc (1860).**

2 - Nous ne tenons compte que des onze sites pour lesquels les petites pierres jouent un rôle réel dans la construction des murs.

Reindel (1991) souligne la présence de marques parallèles sur les adobes mochicas, traces de possibles moules en joncs servant à leur fabrication. Nous avons découvert des marques tout à fait similaires sur un adobe de la plateforme du site n°84, malheureusement très détruite[3].

La forme « plano-convexe », typique de l'Horizon Moyen et de la culture Sicán, est décelable sur les grandes enceintes des sites n°24 et 25, plutôt attribués à la culture chimú, d'après la céramique (fig.7.3). Des adobes parallélépipèdes-convexes, caractéristiques de l'Intermédiaire Récent et plus tardifs, selon Gálvez et Castañeda (2000), les côtoient, ce qui pourrait indiquer une continuité d'utilisation par les Chimús. Ces adobes parallélépipèdes-convexes se retrouvent également sur les sites n°9, 17 et 164.

Au terme de cette analyse, on s'aperçoit que les adobes sont finalement assez peu employés et restent un matériau de construction mis en œuvre pour quelques grands édifices comme des plateformes monumentales ou de larges enceintes de plusieurs dizaines de mètres de côté. Sur huit sites, l'adobe se mêle à la pierre dans un même édifice ou dans un même mur, comme c'est le cas pour les *ciudadelas* de Chan Chan, présentées au chapitre 3.2, qui ont leurs fondations en pierre, avant de s'élever avec des adobes.

Outre la fabrication des adobes, les populations de la vallée de Chicama ont également utilisé la terre avec la technique du pisé que nous aborderons plus loin, ou l'ont peut-être associé à des matériaux périssables, bois, roseaux, pour faire du torchis.

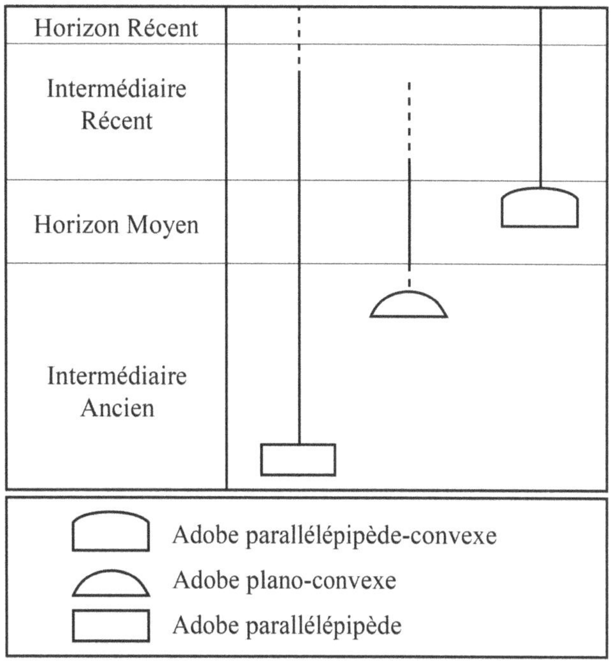

***Fig. 7.3* – Tableau chronologique de la forme des adobes, modifié d'après Gálvez et Castañeda (2000: 24).**

Éventuels matériaux de construction

Bien que la conservation des vestiges soit parfois exceptionnelle, puisque nous pouvons observer des murs de plusieurs mètres de hauteur, il est vraisemblable que des matériaux de construction, notamment certains végétaux comme le bois ou le roseau, n'ont pas résisté au passage du temps.

Le bois

Selon Andrews (1974; 1980), le bois était utilisé pour soutenir les toitures des structures en U de Chan Chan, et Topic (1980; 1982) a aussi souligné l'usage de ce matériau pour les structures simples des quartiers périphériques. Il s'agissait principalement d'*algarrobo* (*Prosopis pallida*), mais on peut supposer que le bois de *sapote* (*Capparis angulata*), de *pajaro bobo* (*Tessaria integrifolia*), de *molle* (*Schinus molle*) et de saule (*Salix chilensis*) a également pu être employé aux époques préhispaniques. Or, ces deux espèces poussent de nos jours, dans la vallée de Chicama, notamment dans la plaine côtière et dans le fond de la vallée moyenne, comme nous l'avons vu au chapitre 1.5. Si tel était le cas à l'Intermédiaire Récent, on peut se demander si les habitants de cette région n'utilisaient pas ce bois pour leurs constructions.

Le roseau

À l'instar du bois, les roseaux, comme la *totora* (*Typha dominguensis*) ou la *caña* (*Gynerium sagittatum*) qui poussent le long du littoral et des cours d'eau, comme nous l'avons vu au chapitre 1, étaient des matériaux de construction employés à Chan Chan pour la fabrication de toitures (Andrews 1974; 1980), mais aussi pour les murs des structures d'habitation des artisans (Topic 1980; 1982). Ce matériau a également été mis au jour par Moore (1981; 1991), à Manchan et à Quebrada Santa Cristina, dans la vallée de Casma. Associées à une sorte de torchis, les tiges de roseaux étaient entrelacées pour former des cloisons légères, soutenues par une superstructure en bois. Cette technique de construction appelée *quincha*, encore fréquemment mise en œuvre de nos jours sur la côte péruvienne, remonte aux époques préhispaniques (Chirinos y Zárate 2011).

Bien entendu, il est illusoire de rechercher des traces de ces matériaux, bois et roseaux, sans fouiller les sites, mais nous pouvons penser qu'ils étaient aussi utilisés, notamment lorsque nous n'avons retrouvé que des murs de pierre très bas. Il est en effet possible que ces derniers aient servi de fondations pour des structures plus légères en matériaux périssables, mais on peut également supposer que des pierres ont été retirées de ces murs préhispaniques pour être réemployées dans la construction d'édifices coloniaux ou modernes.

3 - Le matériel céramique collecté en superficie sur ce site est cependant daté, en très grande partie, de l'Intermédiaire Récent, et les nombreuses constructions du site que nous verrons par la suite doivent être postérieures à la plateforme centrale.

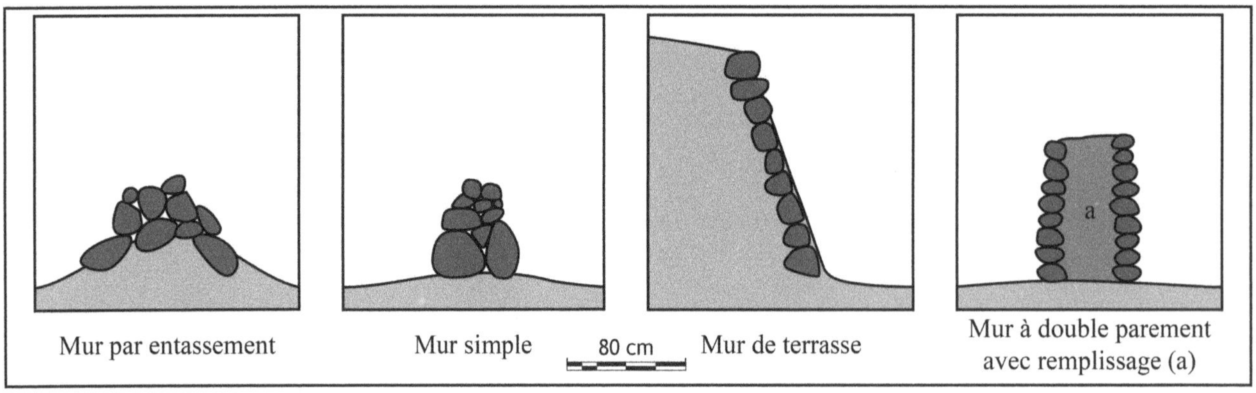

Fig. 7.4 – **Schéma des différents types de murs de pierres.**

Les matériaux présentés, pierres, adobes et éventuellement bois et roseaux, ont permis aux populations de la vallée de Chicama de bâtir de nombreux édifices, dont les murs diffèrent d'un site à l'autre.

Typologie des murs

L'observation des parements des murs nous a permis d'élaborer une typologie des modes de construction. Les édifices de 45 sites étant bien préservés, nous avons pu en étudier les murs et ainsi les classer en fonction des matériaux, des techniques de construction et des appareils, tandis que sur les autres sites, les structures sont trop mal conservées et nous avons dû les écarter de l'analyse. Nous décrirons tout d'abord les murs en pierres, avant de passer aux constructions d'adobes et enfin à celles en pisé.

Les murs de pierres

Nous en avons défini quatre types (fig.7.4): les murs par entassements (4 sites), ceux qui sont simples (4 sites), ceux de terrasses (10 sites) et ceux à double parement (36 sites).

Les murs par entassement

Les murs par entassement sont peu élaborés et se composent de grandes pierres et d'autres, moins nombreuses, de taille moyenne, mal empilées les unes sur les autres, sans ordre apparent (fig.7.4 et 7.5). Le mortier est absent, même si du sable comble les interstices, et on ne note aucune logique dans l'agencement des pierres entre elles.

Seuls les sites n°4, 12, 32 et 100 possèdent des murs de ce type, et dans les trois derniers cas, il s'agit de longs murs isolés ne formant pas d'édifice particulier, comme nous le verrons à la fin de ce chapitre. Pour le site n°4, le mur par entassement crée une sorte d'enceinte très large, de forme rectangulaire (fig.7.5; voir infra p.208). Cet aspect désordonné semble en partie dû à la destruction de l'architecture au cours du temps, mais cela dénote une construction de qualité médiocre, peut-être réalisée rapidement. La finition de l'architecture n'a donc probablement pas été une priorité pour les bâtisseurs qui ont érigé ces murs et cette enceinte.

Les murs simples

D'autres murs, présents sur quatre sites étudiés (n°1, 2, 31 et 37) sont composés de pierres empilées de manière assez simple, sans mortier. Ils ont un appareil irrégulier, fait de pierres de tailles et de formes diverses (fig.7.4 et 7.6). Cependant, ils sont souvent mal conservés et nous n'en pouvons voir que les parties les plus basses. Nous avons pu remarquer que, dans le cas des sites n°1, 2 et 31, les pierres les plus grosses sont situées à la base, ce qui devait peut-être permettre d'édifier les murs avec des pierres plus petites, au-dessus.

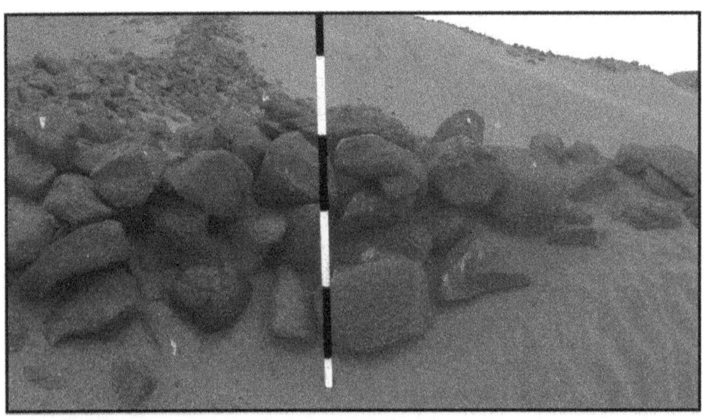

Fig. 7.5 – **Mur par entassement (site n°4).**

Fig. 7.6 – **Mur simple (site n°1).**

Ces murs ne sont pas très bien construits et nous ne notons pas réellement de soin particulier apporté à leur élaboration. Nous pouvons supposer qu'à l'instar des quartiers d'artisans de Chan Chan, ces murs de pierres, de faible hauteur et simples, servaient parfois de fondations à de l'architecture de *quincha*, faite de bois, de roseaux et de torchis, dont il ne reste aucune trace.

Un cas particulier: les murs de terrasse

Un autre type de mur correspond aux terrasses qui permettent de retenir le sol et font parfois partie de structures adossées au relief (fig.7.4). On retrouve ce type de mur sur dix sites, souvent localisés dans des zones pentues qui obligent à niveler le terrain. Deux autres sites (n°115 et 140) ont des terrasses de très petite taille, à peine visibles, et ne sont donc pas étudiés ici.

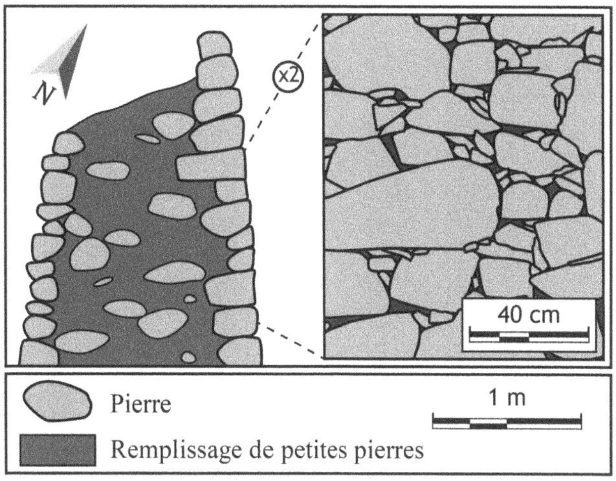

***Fig. 7.8* – Profil et détail d'un mur à double parement avec un appareil irrégulier (site n°58).**

Les pierres utilisées sont, pour la plupart, de taille moyenne ou grande et sont liées par du mortier de terre, sauf pour les sites n°32 et 87. L'appareil est souvent irrégulier et, pour les terrasses de sept sites, les pierres sont agencées sans ordre apparent (fig.7.7). Leurs formes variées permettent cependant de les imbriquer et de composer ainsi un mur résistant.

Pour trois sites (n°29, 32 et 81), l'appareil est parfois semi-régulier. Dans ces cas, malgré des pierres de formes très diverses, on remarque une organisation partielle, avec quelques pierres plus plates, posées horizontalement, ce qui doit probablement stabiliser le mur tout en facilitant sa construction (fig.7.7). Toutefois, de larges portions de murs ne sont pas construites de cette manière et les pierres sont ordonnées les unes sur les autres, en fonction de leur forme, comme dans le cas de l'appareil irrégulier.

L'agencement des pierres n'est pas totalement laissé au hasard et nous pouvons supposer, pour les deux types d'appareil, irrégulier et semi-régulier, que les constructeurs ont pris soin de créer des murs solides. Ces derniers, possédant souvent un fruit assez léger, ont résisté au passage du temps, malgré la pression de la terre retenue derrière le mur de terrasse.

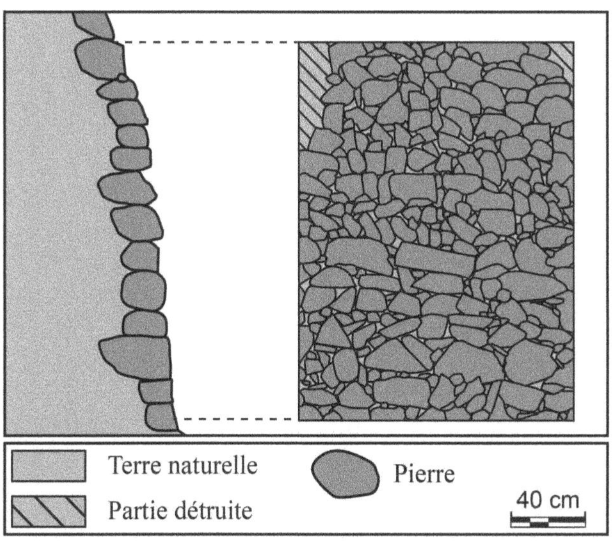

***Fig. 7.7* – Mur de terrasse avec un appareil irrégulier et en partie semi-régulier (site n°29).**

Les murs à double parement

Contrairement aux murs simples, les murs à double parement possèdent un remplissage spécifique entre les deux faces externes (fig.7.4) et on les retrouve sur 36 sites. Pour étudier ce type de mur, il faut décrire l'appareil, mais aussi le remplissage interne.

L'appareil est tout à fait similaire des deux côtés des murs, sauf dans le cas du mur isolé du site n°58 que nous allons décrire plus bas, et celui plus particulier d'un mur du site n°22 dont la face externe se compose de pierres, tandis que la face interne est en adobe. Les pierres utilisées sont de dimensions variées, majoritairement de taille moyenne, mais on trouve également de grandes pierres (19 sites) et parfois des petites pierres (7 sites). Tout comme pour les murs de terrasses, nous avons défini plusieurs types d'appareil (fig.7.13): irrégulier (23 sites), semi-régulier (13 sites) et régulier (5 sites).

L'appareil irrégulier, très courant, est tout à fait semblable à ce que nous avons déjà présenté, mais attardons-nous sur le cas du mur isolé du site n°58, d'axe nord-ouest sud-est et qui mesure près de 2 m de hauteur pour 1,5 m de large. Tout d'abord, comme nous l'avons mentionné ci-dessus, l'appareil est différent de chaque côté de ce mur. Sur sa face sud-ouest, l'appareil est extrêmement irrégulier, avec des pierres agencées de manière très désordonnée, sans mortier. Au contraire, sur sa face nord-est, l'appareil est surtout composé de grandes pierres et de pierres moyennes entre lesquelles ont été glissées de petites pierres très plates, toujours sans utiliser de mortier (fig.7.8). Bien qu'il s'agisse aussi d'un appareil irrégulier, les pierres les plus imposantes n'étant pas alignées, le soin apporté à la finition avec ces petites pierres calées dans les interstices souligne l'importance du parement oriental de ce mur et lui donne un aspect esthétique et monumental frappant. Le contraste avec l'autre côté, bien plus « brut » dans sa réalisation pourrait indiquer une fonction particulière de ce mur, vraisemblablement destiné à être vu depuis l'est, c'est-à-dire par les populations vivant plus haut dans la vallée. Cet aspect architectural sera pris en compte à l'heure d'interpréter les possibles fonctions de cet ouvrage massif.

L'appareil semi-régulier, caractérisé par l'agencement de quelques pierres horizontales qui structurent l'ensemble du mur, est également bien représenté et est utilisé conjointement avec des appareils irréguliers sur les sites n°39, 84, 95, 153 et 162. Le site n°153 possède une grande structure avec des murs en pierres, en appareil irrégulier, mais aussi semi-régulier, surmontés d'adobes (fig.7.9).

Dans ce cas, la dernière assise est composée de pierres fines qui devaient permettre d'assoir les adobes sur une base assez plane. Dans les murs d'adobes, des trous alignés à une même hauteur pourraient être les vestiges d'un plancher indiquant la présence d'un étage supérieur, hypothèse renforcée par les dimensions des murs parvenant à près de 4 m de hauteur à certains endroits. L'alliance de l'adobe et de la pierre fait de cet édifice une construction exceptionnelle qui devait être importante à l'Intermédiaire Récent. Le mur isolé du site n°63 est aussi construit en pierre, avec un appareil semi-régulier, et se termine par quelques adobes à son sommet, lui permettant d'atteindre une hauteur maximale de 3 m.

Enfin, l'appareil régulier est assez rare, mais tout à fait notable et utilisé pour des constructions imposantes

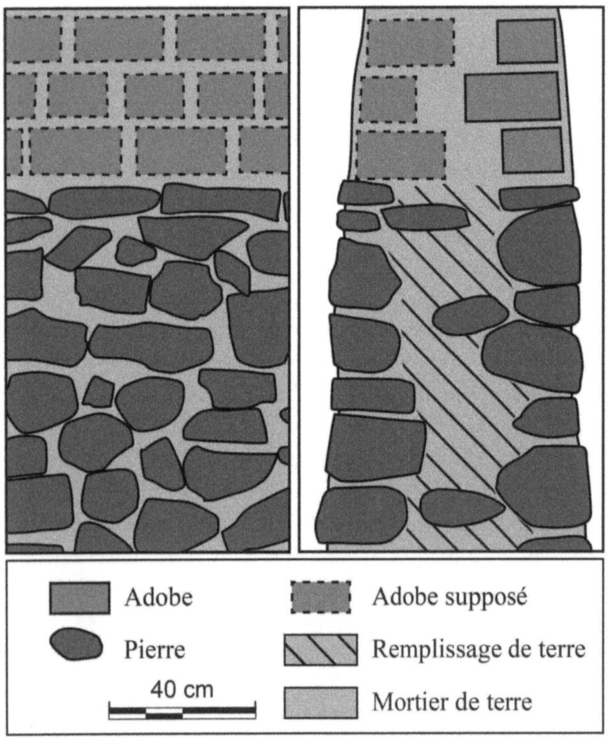

Fig. 7.9 – **Profil et détail d'un mur à double parement avec un appareil semi-régulier (site n°153).**

Fig. 7.10 – **Photo de la muraille chimú (Piminchumo y Gálvez 2003: 18).**

(enceintes ou grandes structures). Les pierres sont agencées en lignes horizontales et mesurent donc à peu près toutes la même taille, environ 10 à 20 cm de haut. Verticalement, les pierres sont souvent un peu moins bien alignées, même si on observe aussi une certaine régularité. Bien qu'un mortier de terre égalise les différences de dimensions entre les pierres afin de créer des rangées horizontales, certaines pierres sont un peu plus grosses que les autres et rompent ou déforment l'aspect linéaire de l'appareil[4]. Par ailleurs, il est intéressant de constater que ces murs en pierres sont associés à des adobes dans les cas des sites n°17, 22 et 26, ce qui n'est pas sans rappeler le cas du site n°153, présenté plus haut. Ce type de parement peut être observé sur une grande muraille chimú qui s'étire au nord de Chan Chan, dans la vallée de Moche (fig.7.10; Piminchumo y Gálvez 2003).

En outre, le site n°94 présente une autre caractéristique digne d'être mentionnée: certaines pierres assez fines sont positionnées verticalement, tandis que d'autres sont horizontales (fig.7.11). Le motif ainsi dessiné est unique et n'a été observé sur aucun autre site de la vallée de Chicama, ce qui pose le problème de l'origine de ce trait architectural. Ces pierres placées verticalement rappellent les terrasses occidentales de Choqek'Iraw[5], construites de manière semblable et ornées de motifs variés, notamment des lamas. Selon Lecoq (2010; 2014: 281), les pierres dressées de ces terrasses pourraient figurer les fils de trame d'un tissu, ce qui impliquerait alors une représentation textile, plaquée sur le flanc même de la montagne. Nous n'entrerons pas plus dans les détails de l'analyse iconographique et symbolique complexe de ces terrasses présentée par Lecoq (2010; 2014), mais la connotation textile est intéressante.

D'ailleurs, sur la côte nord, les exemples de comparaisons entre tissus et architecture ne manquent pas pour la culture chimú. Campana (2006) et Pillsbury (1993) associent les frises en terre qui ornent les murs des *ciudadelas* de Chan Chan à des motifs de textiles. Enfin, la culture Chachapoya, qui se développe sur les flancs occidentaux de la cordillère

4 - Le terme « d'appareil régulier » est donc très relatif et ne doit pas être compris sur la base des murs en pierres taillées d'autres cultures.

5 - Ce site inca est localisé à proximité de Cuzco, dans la cordillère de Vilcabamba, bien loin de la vallée de Chicama. Notons toutefois que de la céramique chimú y a été découverte, peut-être apportée par des *mitmacunas* (ou *mitimaes*) originaires de la côte nord (Lecoq 2014).

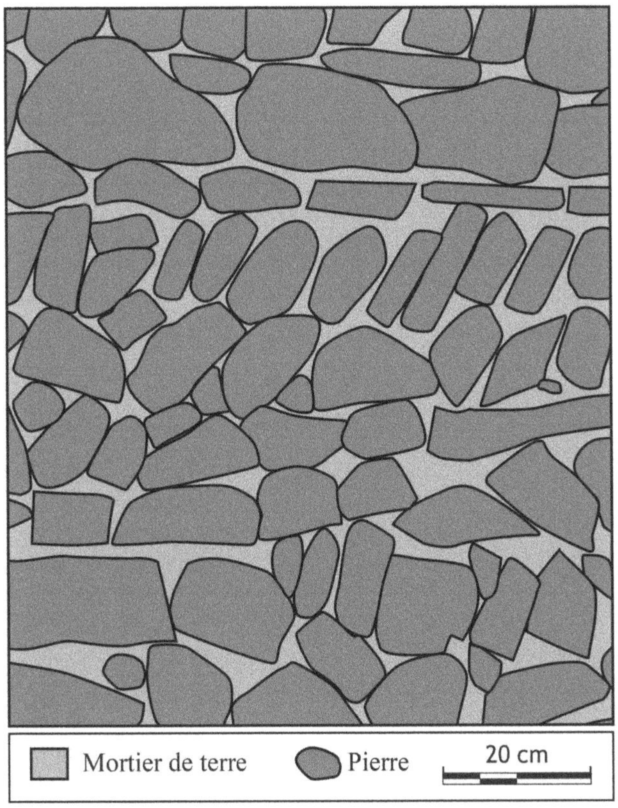

Fig. 7.11 – **Mur à double parement avec des pierres verticales dans l'appareil régulier (site n°94).**

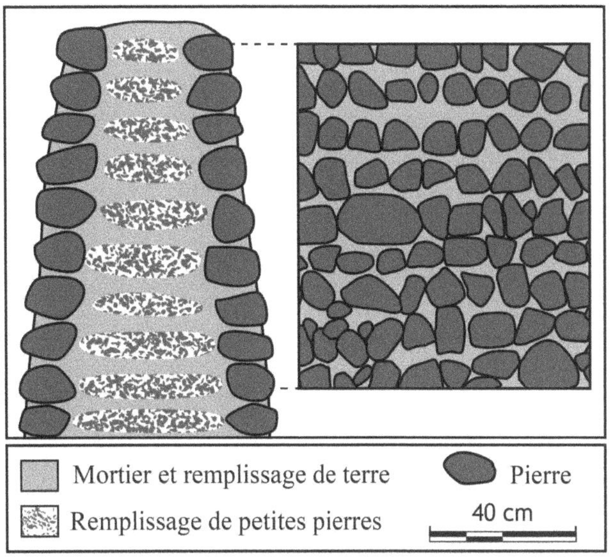

Fig. 7.12 – **Mur à double parement avec un remplissage mixte (site n°17).**

des Andes, à plusieurs centaines de kilomètres au nord-ouest de la vallée de Chicama, est également connue pour ses décorations architecturales, notamment des motifs en zigzag (Kauffmann 2002). On peut également rapprocher cette disposition particulière des pierres de celles d'adobes également renversées, que nous aborderons plus loin. Sur le site n°194, l'appareil régulier alternant orientation verticale et horizontale est somme toute limité à quelques pans de murs et il est difficile d'interpréter la signification de ce choix des bâtisseurs. Mais une telle technique dénote le soin particulier apporté à la construction des édifices et l'éventuelle portée symbolique de ce site.

Les murs à double parement présentent donc des appareils assez variés, témoins du soin accordé à leur construction, lorsque les pierres sont agencées régulièrement. Entre ces deux parements, nous avons pu observer trois types de remplissage (fig.7.13): avec de la terre (28 sites), avec des pierres (6 sites) et avec des pierres et de la terre (2 sites).

Le remplissage avec de la terre est récurent pour la plupart des sites étudiés puisqu'il concerne 28 des 36 sites qui possèdent des murs à double parement (fig.7.9). Ce type de remplissage comporte une majorité de terre, mais aussi quelques petites pierres. Notons la présence systématique, mais en quantité variable, d'un mortier de terre pour les parements externes.

Le remplissage de pierres, moins fréquent, se compose de petits cailloux et parfois de quelques pierres un peu plus grosses. Un peu de terre a pu être rajouté, mais elle est minoritaire en comparaison avec les roches. Dans les cinq sites, nous n'observons aucun mortier. Le mur isolé du site n°58, dont nous avons présenté l'appareil irrégulier particulier, est rempli de petites pierres plates, similaires à celles glissées entre les joints du parement oriental (fig.7.8).

Enfin, le remplissage mixte avec de la terre et des pierres est tout à fait spécifique; il s'agit d'une alternance de couches de terres et de petites pierres. Les deux matériaux ne sont pas du tout mélangés et sont déposés au fur et à mesure de la construction des parements externes (fig.7.12).

Ce type de remplissage a été repéré sur les sites n°17 et 18 qui présentent des murs à appareil régulier. Ainsi chaque ligne de pierres externes correspond à une couche de petites pierres de remplissage, recouverte d'un mortier de terre pour pouvoir poser l'assise supérieure et recommencer l'opération.

Une rapide analyse croisée des trois types d'appareil et des trois types de remplissage permet de montrer quelques combinaisons intéressantes (fig.7.13). L'appareil semi-régulier est majoritairement construit avec un remplissage de terre puisque seuls deux sites (n°32 et 37) ont des pierres alors que les onze autres ont de la terre. Par ailleurs, le remplissage mixte est exclusivement associé à un appareil régulier et il est possible que les autres sites possédant ce type d'appareil aient un remplissage mixte, même si nous n'avons observé que de la terre. Enfin, on remarque que le remplissage avec de la terre est le plus fréquent (28 sites soit 77 % des sites avec des murs à double parement) et que l'appareil irrégulier a été répertorié sur 23 sites (soit 64 %).

Les murs à double parement sont donc des constructions élaborées avec des appareils et des techniques de remplissage variés. La qualité de ces murs contraste avec les autres types de murs en pierres (mur simple, par entassement

		Appareil			Total sites
		irregulier	semi-régulier	régulier	
Remplissage	terre	18	11	3	28*
	pierres	5	2	0	6*
	mixte	0	0	2	2
Total sites		23	13	5	36*

* Les totaux indiquent d'autres valeurs car cinq sites présentent à la fois des appareils irréguliers et semi-réguliers. Nous avons donc présenté les totaux réels de sites et non la simple addition des lignes.

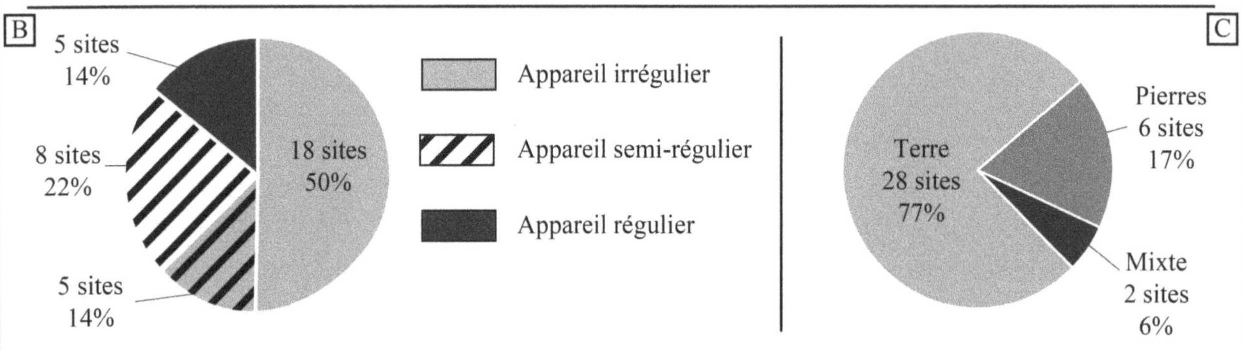

Fig. 7.13 – **Tableau et graphiques du nombre de sites présentant des murs à double parement: A - tableau croisé des sites en fonction des types de remplissage et d'appareil, B - graphique de répartition des sites selon le type d'appareil, C - graphique de répartition des sites selon le type de remplissage.**

et de terrasses), souvent bien plus basiques. Par ailleurs, les murs à double parement se trouvent parfois associés à des adobes qui, une fois placés sur ce socle de pierres, permettent d'atteindre des hauteurs considérables.

Ces différents types de murs (par entassement, simple, de terrasse et à double parement) se retrouvent sur des sites d'autres périodes, comme le site n°33 daté de l'Intermédiaire Ancien, sur lequel nous avons observé des murs à double parement, avec un remplissage de pierres et des appareils irréguliers. Les constructions en adobes, caractéristiques de nombreuses époques préhispaniques, dont l'Intermédiaire Récent, sont réalisées d'une manière bien différente.

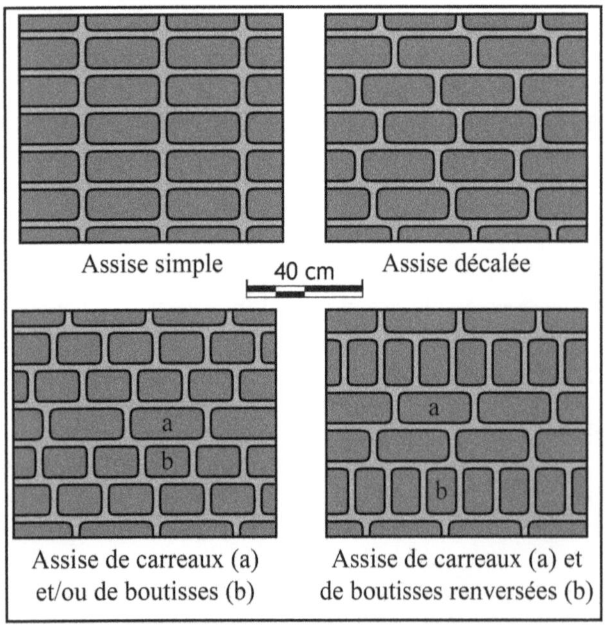

Fig. 7.14 – **Schémas des différents types d'agencement d'adobes, selon Reindel (1991).**

Les murs d'adobes

Seuls les murs d'adobes totalement dégagés et sans enduits permettent d'étudier la technique utilisée par les bâtisseurs, mais il arrive que leurs parois soient recouvertes d'un enduit de terre, pouvant présenter des traces de pigments rouges, comme sur le site n°153, ou soient érodées par les pluies torrentielles des phénomènes d'El Niño. L'appareil des adobes n'est donc pas toujours bien visible et ce n'est que grâce aux trous réalisés par des pilleurs, dans les flancs des plateformes ou dans les murs, que nous pouvons avoir accès aux adobes et les analyser.

Pour ce faire, nous nous sommes basé sur les résultats de Reindel (1991; 1997) qui a étudié l'architecture monumentale de la côte nord. Il définit ainsi plusieurs types d'agencement des adobes que nous avons repérés, lors de nos prospections, et adaptés à notre terrain: assises simples et sa variante à assises décalées, assises de carreaux et/ou de boutisses et pour finir, assises de carreaux et de boutisses renversées[6] (fig.7.14).

6 - Les termes que nous employons ne sont pas directement traduit des termes allemands et espagnols employés par Reindel (1991: 43 et 432): « assises simple » correspond à « *Mauewerk on Bindung* » et à « *albañilería sin trabazón* », « assises de carreaux et/ou de boutisses » correspond à « *Laüfer-oder Binderverband* » et à « *aparejos a tizón o a soga* » et « assises de carreaux et de boutisses renversées » correspond à « R*ollschichten* » et à « *hiladas de canto* ».

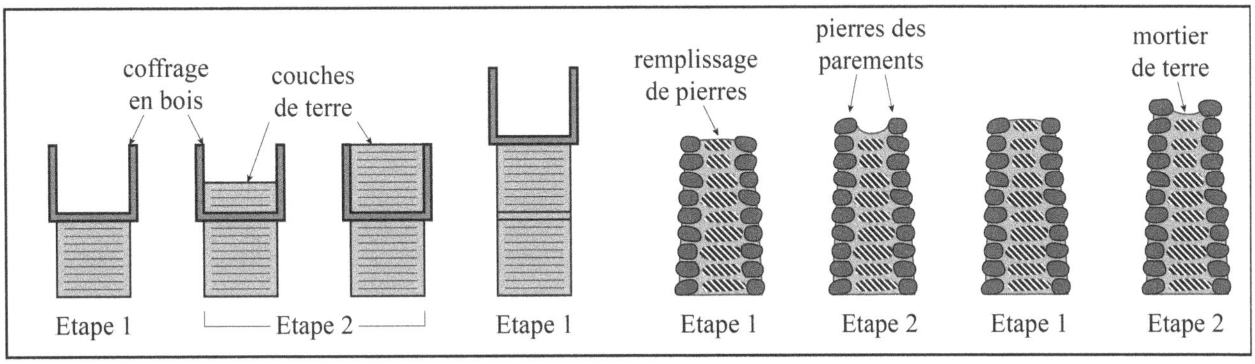

***Fig. 7.15* – Schémas de la construction d'un mur en pisé et d'un mur avec un remplissage mixte.**

« L'assise simple » est composée d'adobes alignés qui se superposent les unes sur les autres (fig.7.14). Au contraire, sa variante, « l'assise décalée », se caractérise par des rangées d'adobes qui ne sont pas placées exactement les unes au-dessus des autres ce qui renforce la cohésion des murs. Seuls deux sites (n°27 et 29) présentent le type de « l'assise simple » tandis que six sites (n°17, 22, 25, 81, 95 et 162) ont des murs avec des « assises décalées ». Notons que l'unique structure du site n°27 est très détruite et que les rares murs d'adobes du site n°29 sont de faible hauteur. Au contraire, les sites avec la variante décalée possèdent des murs d'adobes plus hauts (2 m et plus), ce qui pourrait indiquer l'emploi de cette technique pour bâtir des murs d'adobes résistants et élevés.

L'assise de carreaux et/ou de boutisses se caractérise par des adobes placés parfois en carreau, soit la plus longue face apparente, et en boutisse, c'est-à-dire la face la plus étroite visible (fig.7.14). On observe souvent une assise de carreaux suivie de quelques assises de boutisses. Huit sites (n°9, 11, 24, 26, 37, 63, 84 et 153) présentent ce type d'agencement des adobes, trois (n°9, 11 et 84) correspondent à des plateformes tandis que pour les cinq autres, ce sont des murs. Parmi ces derniers, notons que les structures des sites n°26, 63 et 153 possèdent une première partie en pierre, à double parement, surmontée d'adobes en carreaux et boutisses.

Enfin, sur la plateforme du site n°60, nous avons pu observer des adobes plus hauts que larges, placés en boutisses, mais renversés sur le côté, entre deux assises de carreaux, d'où le terme d'assises de carreaux et de boutisses renversées (fig.7.14). Reindel (1991) attribue cette technique à la fin de l'Intermédiaire Ancien et nous pouvons donc dater cette plateforme de la culture mochica, sachant que la céramique du site indique une occupation mochica et chimú. Cette disposition n'est pas sans rappeler les pierres dressées des murs réguliers du site n°94.

Ces différents types d'agencement des adobes peuvent aider à déterminer la datation de certaines structures, en particulier des plateformes qui sont souvent édifiées à l'Intermédiaire Ancien (site n°37, 60 et 84), mais ont pu être réutilisées par la suite, à l'Intermédiaire Récent. Les murs d'adobes possèdent des appareils peu complexes, comme dans le cas des assises simples et décalées, mais présentent parfois des assises de carreaux et boutisses, peut-être inspirés des techniques employées pour les plateformes. Outre les adobes, la terre est également utilisée avec une autre technique de construction, le pisé.

Les murs en pisé

Durant nos prospections, nous n'avons découvert qu'une seule construction réalisée en pisé (site n°20). Complètement détruite sur deux de ses côtés et il ne lui reste que deux murs imposants, entièrement édifiés avec la technique du pisé, ou *tapia*. Cette dernière consiste à remplir des coffrages par un mélange de terre et de cailloux. Une fois la terre séchée, on peut placer un autre coffrage par-dessus et ainsi élever progressivement les murs (fig.7.15). Les traces des coffrages étant visibles, nous avons pu mesurer leurs tailles variant entre 0,9 et 1,1 m de long, 0,8 m de hauteur environ et environ 1 m de large (Fig.7.16).

La technique du pisé présente quelques parallèles avec le remplissage mixte des murs à parements doubles. En effet, dans ces cas, les deux assises de pierres régulières forment une sorte de coffrage qui est rempli par des pierres, puis de la terre. Les différences tiennent au fait que pour le pisé, le coffrage, plus grand, est retiré alors que les parements

***Fig. 7.16* – Mur en pisé (site n°20), les couches horizontales de terre accumulées sont notables.**

externes en pierres restent en place, et que le pisé est un mélange de terre avec des pierres tandis que les couches de pierres et de terres sont distinctes dans le cas du remplissage mixte (fig.7.15).

Autres types de constructions

Les sites n°5 et 6 de nos prospections comportent des vestiges d'une nature tout à fait particulière. Outre quelques murs de pierres très détruits, on trouve, sur les sites n°5 et 6, de grandes places qui se dessinent dans le sable du désert grâce à la végétation, des *achupallas* (*Tillandsia recurvata*). Aucun matériel de construction n'apparaît si ce n'est les *achupallas*, poussant sur de petits bourrelets de sables d'une dizaine de centimètres de hauteur et de près d'un mètre de large.

Peut-être s'agit-il des vestiges de constructions en matériaux périssables, en roseaux par exemple. Les bourrelets de sables pourraient avoir servi de fondations à des superstructures légères qui, disparaissant avec le temps, auraient été remplacées par la végétation des *achupallas*.

Commentaires

La présentation des matériaux et des techniques de construction analysés lors de nos prospections, sur des sites de l'Intermédiaire Récent, permet de caractériser l'architecture et les différents types d'édifices que nous allons décrire plus loin.

Tout d'abord, on note l'importance de la pierre, comme matériau de construction, à cette époque, puisqu'on en trouve sur plus de 90 % des sites de l'Intermédiaire Récent avec de l'architecture (58 sites parmi les 64 recensés, fig.7.17). Les pierres côtoient l'adobe sur treize sites, ces dernières n'étant présentes que sur environ un quart des sites (18 sites). Les sites avec des constructions d'adobes sont localisés dans la vallée basse et dans le fond de la vallée (fig.7.19) moyenne, jamais en altitude où seules les pierres semblent avoir été utilisées.

Enfin, la terre est sous-représentée, car seul le site n°20 est édifié en pisé (fig.7.19). Elle est toutefois utilisée comme mortier pour des constructions en pierre pour 32 sites (soit 50 % des sites). On observe également que onze sites ont à la fois des murs en adobes et des murs en pierres assemblées avec un mortier de terre. Ces données pourraient indiquer que l'usage de l'adobe conjointement à des pierres aurait pu favoriser l'emploi d'un mortier de terre, puisque les adobes sont toujours agencés entre eux par ce type de mortier (donnée non représentée sur le graphique).

Les murs de pierres étant les plus nombreux, il est intéressant d'en détailler les types[7] (fig.7.18). On remarque tout d'abord que les murs à double parement sont les plus fréquents avec 36 sites (soit environ 80 % des sites avec des murs de pierres). Les murs de terrasses ne sont présents

7 - Nous n'avons pas pris en compte 18 sites dont les murs de pierre sont trop détruits pour en définir le type, ce qui nous donne un total de 45 sites avec des murs de pierres définis.

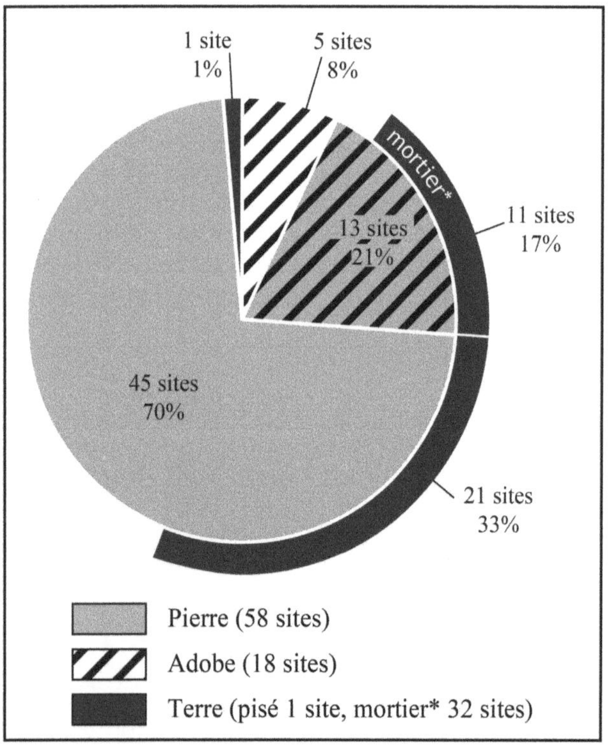

Fig. 7.17 – **Graphique de répartition de 64 sites selon les matériaux de construction employés (* seul le mortier de terre employé dans des murs de pierre est présenté ici, puisque les adobes sont systématiquement unis par un mortier de terre).**

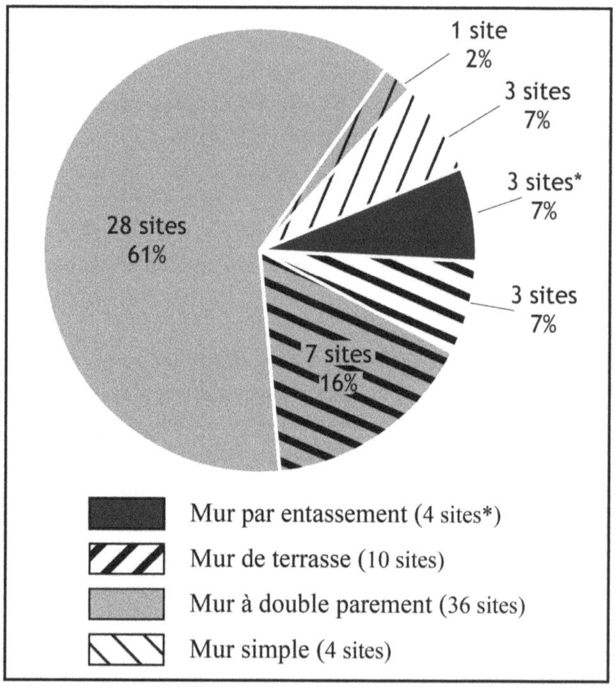

Fig. 7.18 – **Graphique de répartition de 45 sites en fonction des types de murs de pierres (* le site n°32 présente des murs par entassement, de terrasses et des murs à double parement. Comme il n'était pas possible de le réprésenter sur le graphique, il est inclu parmi les sept sites présentant des terrasses et des murs à double parement).**

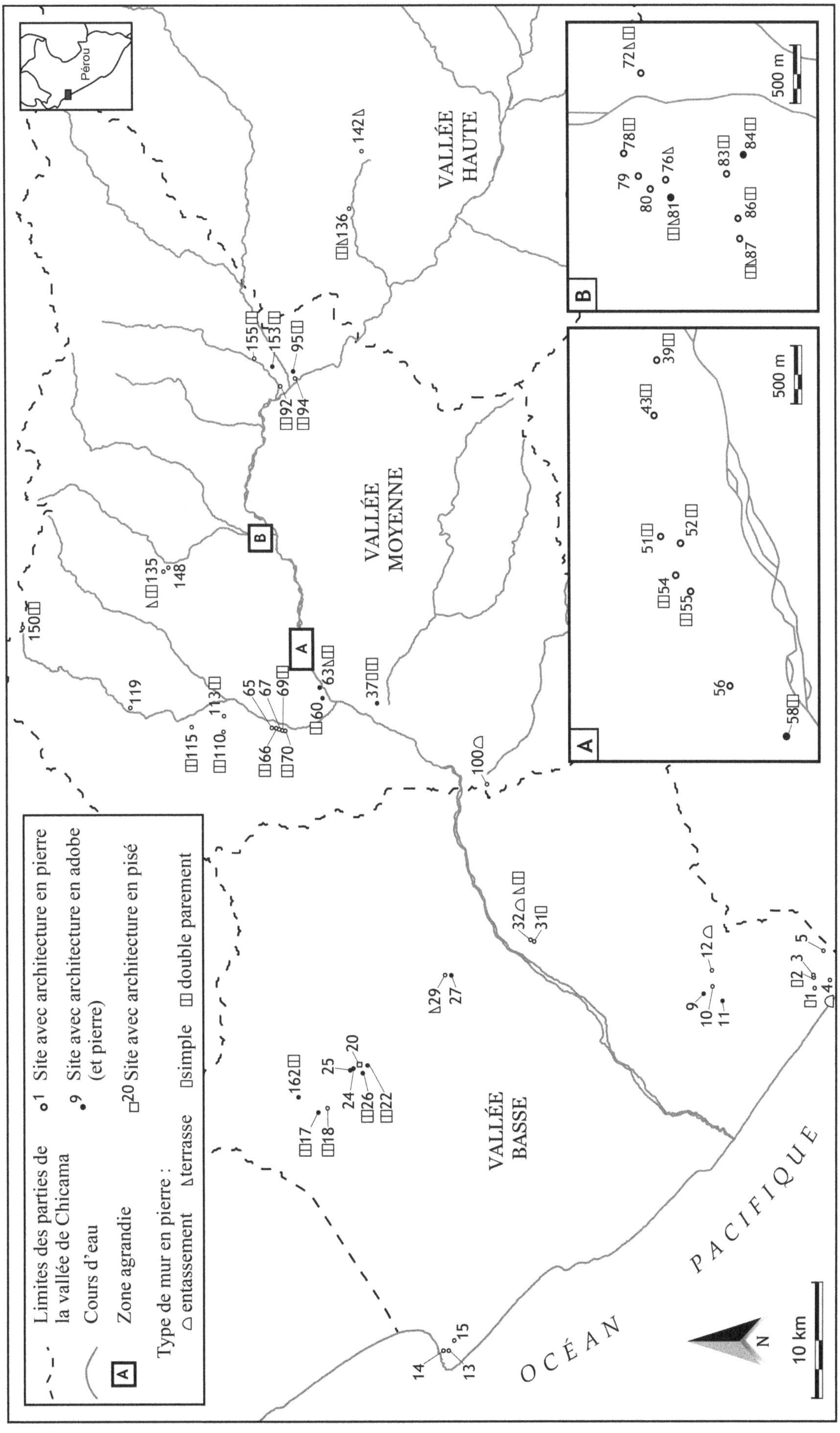

Fig. 7.19 **– Carte des sites en fonction de leur matériaux de construction et des types de mur en pierre.**

que sur dix sites (installés sur des terrains en pente), dont sept possèdent également des murs à double parement.

En revanche, les murs simples et les murs par entassement sont rares et répartis sur quatre sites chacun (environ 17 %) localisés dans la vallée basse, à l'exception du site n°37 qui se trouve dans la vallée moyenne (fig.7.19). Ces murs sont assez basiques et ne dénotent pas vraiment d'attention envers les structures qu'ils composent. Au contraire, les murs à double parement, répandus dans toute la vallée (fig.7.19), sont plus soignés et impliquent un effort de réalisation, signe possible d'un investissement en temps et en main-d'œuvre plus important. Bien que les appareils irréguliers et semi-réguliers, qui caractérisent les murs à double parement de 32 sites, demandent de solides connaissances pour édifier des murs résistants, l'appareil régulier, observé sur cinq sites seulement, offre une esthétique recherchée. La finition semble aussi avoir été soignée dans le cas du mur en appareil irrégulier du site n°58.

La qualité des murs de pierres et leur aspect extérieur sont donc des critères dont il faut tenir compte pour comprendre l'importance des structures qu'ils composent. Il s'agit de s'attacher maintenant à l'analyse des différents édifices dans leur ensemble, en présentant une typologie des structures.

II. Typologie des constructions

Au cours de nos prospections, nous avons pu définir quatre principaux types d'édifices, rencontrés sur 65 sites possédant de l'architecture: les petites et les grandes structures, les plateformes, les places et les murs isolés. Chacun de ces types est divisé en plusieurs sous-types, en fonction de la complexité interne, des dimensions ou de la superficie et de la forme de chaque édifice.

Les petites structures simples

Ces structures, très fréquentes, sont des constructions en pierre, relativement simples et de taille réduite. Elles mesurent moins d'une dizaine de mètres de côté et se composent souvent d'une unique pièce. Les subdivisions sont en effet rares et l'agencement de l'espace interne semble donc basique. On les retrouve sur 38 sites et nous les avons classées en trois sous-catégories: circulaires (10 sites), rectangulaires (32 sites) et agglutinées (6 sites).

Les structures circulaires

Seuls dix sites (n°3, 4, 13, 39, 54, 55, 110, 136, 148 et 162) recèlent des structures circulaires, la plupart du temps très mal conservées. Il n'en reste souvent que quelques pierres qui dessinent sur le sol des cercles de faible diamètre.

La plupart de ces structures circulaires ont un diamètre variant entre 2 et 3 m et sont donc de taille réduite. Toutefois, les structures recensées sur les sites n°39, 54, 110 et 164 sont encore plus petites et mesurent moins de 2 m de diamètre (fig.7.20).

La mauvaise conservation de ces structures ne favorise malheureusement pas leur analyse. Les pierres qui composent les restes de leurs murs sont peu nombreuses et l'architecture semble très grossière. Il s'agit peut-être de murs simples, voire éventuellement de murs par entassement, mais cela demeure très incertain.

Du fait de leur petite taille, il ne devait pas être facile de réaliser de nombreuses activités dans ces constructions. Si les structures circulaires sont généralement assez grandes pour accueillir une personne allongée, celles des sites n°39, 54, 110 et 164 semblent même trop petites pour avoir servi de lieu de repos. Nous pouvons également penser qu'elles jouaient le rôle de petits lieux de stockage, mais rien n'étaye une telle hypothèse. Quant aux structures des sites n°3 et 4, isolées dans le désert, il pourrait s'agir des bases de paravents utilisés pour s'abriter pendant la nuit (Chauchat *et al.* 1998).

Les structures rectangulaires

Repérées sur 32 sites, ces structures sont très communes. De forme rectangulaire, ou éventuellement trapézoïdale, elles sont parfois composées de seulement trois murs ce qui leur donne une forme en U (fig.7.20). Bien que certaines soient accolées deux par deux, ce sont des structures isolées les unes des autres, en règle générale. La conservation n'étant pas optimale, les murs écroulés recouvrent presque toujours les portes d'entrée qui sont impossibles à déterminer sans fouille. Néanmoins, dans quelques rares cas, nous avons pu repérer des ouvertures permettant la circulation des personnes. Le plus souvent, ces structures ne comportent qu'une seule pièce, même si nous avons aussi observé des divisions internes (fig.7.20), et plus rarement, la présence de petites pièces accolées à l'extérieur. Il arrive que certaines structures soient aménagées de banquettes de faible hauteur.

Les dimensions de ces structures varient entre 4 et 10 m de long pour 3 à 7 m de large. Les murs ont une épaisseur d'environ 50 cm et sont conservés sur 20 à 40 cm de hauteur, dans la plupart des cas. Bien qu'à l'instar des structures circulaires, la préservation de l'architecture soit souvent mauvaise, nous avons pu déterminer les méthodes de constructions sur 27 sites. Les murs de ces structures rectangulaires sont majoritairement à double parement (23 sites), à appareil irrégulier ou semi-régulier, avec un remplissage de terre, voire parfois de pierre, mais nous avons également observé des murs de terrasses ou simples. Dans ces rares cas, ils sont alors très détruits et, à l'exception du site n°31, nous ne pouvons pas certifier ce type de mur.

Ces structures sont suffisamment grandes pour accueillir une ou plusieurs personnes et pourraient avoir eu une fonction résidentielle et domestique. Le matériel céramique qui a été trouvé à proximité ou dans ces structures n'est

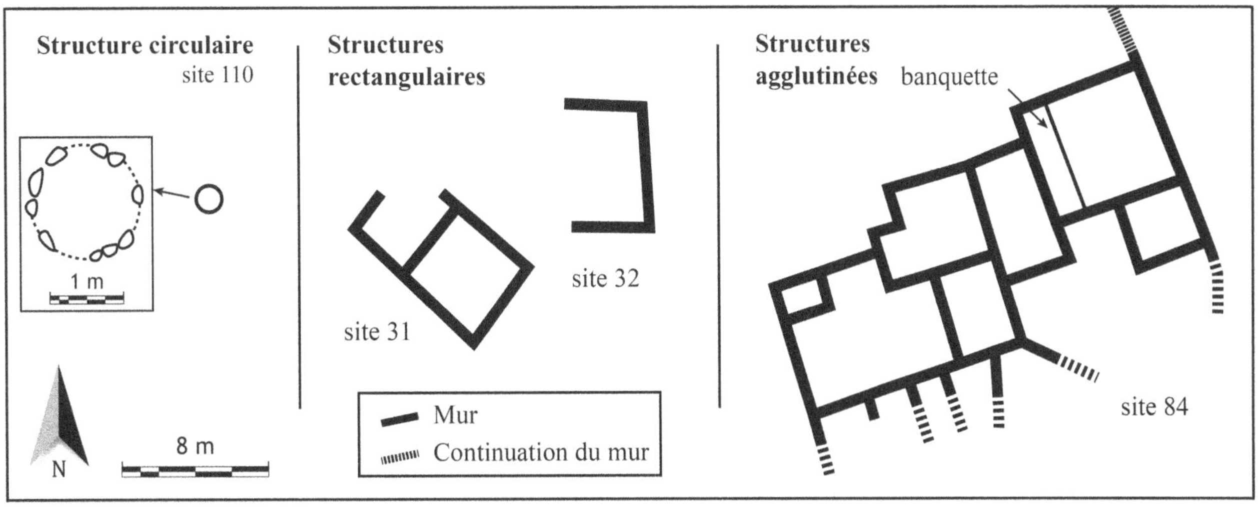

Fig. 7.20 – **Plans de différentes petites structures simples.**

pas forcément abondant, mais il s'agit toujours de tessons à caractère utilitaire qui renforcent cette hypothèse fonctionnelle.

Les structures agglutinées

Les structures de ce type, présentes sur seulement six sites (n°72, 78, 84, 95, 113 et 153), sont un peu moins fréquentes que les structures rectangulaires.

Il s'agit de pièces de petite taille et de formes variées, agencées de manière chaotique, sans logique apparente, qui sont souvent construites non loin de structures rectangulaires (fig.7.20). Soulignons toutefois la difficulté à déterminer les accès de ces pièces, ce qui nous aurait permis de mieux comprendre la circulation interne et d'en tirer une cohérence structurelle. Leur dénombrement est donc compliqué, car plusieurs structures agglutinées devaient posséder des subdivisions. Aussi, le nombre de pièces ne correspond-il sûrement pas au nombre de structures.

Lorsque la conservation permettait une étude adéquate, nous avons pu observer que le type de mur de ces structures agglutinées était identique à celui des structures rectangulaires; ce sont des murs à double parement, à appareil irrégulier ou semi-régulier, avec un remplissage de terre et plus rarement de pierres. Leurs dimensions sont aussi similaires et tournent autour d'un demi-mètre d'épaisseur pour une trentaine de centimètres de hauteur, aux endroits les mieux conservés.

Le site n°84, divisé en deux secteurs (A et B) est un exemple frappant de ces structures agglutinées. Pour le seul secteur A que nous n'avons pu relever complètement, plus de quatre-vingts pièces ont été observées et il en existait bien plus. La densité architecturale du site n°84 est exceptionnelle et les cinq autres sites possédant ce type de structure sont nettement moins denses[8]. On y constate la présence de quelques pièces accolées, avec ce même désordre, mais en plus faible nombre.

Ces structures agglutinées ne sont pas sans rappeler les quartiers résidentiels de Chan Chan, fouillés par Topic (1977; 1980; 1982). Cet auteur décrit une certaine organisation des structures, avec des unités bien définies, de petites allées pour accéder aux différentes structures, des aménagements internes comme des banquettes et des foyers. Sur le site n°84, une possible « rue », d'axe nord-sud, semble séparer les structures isolées, à l'ouest, de constructions plus complexes, à l'est, et nous avons pu observer quelques banquettes, comme à Chan Chan. Mais sans fouilles, les foyers et l'organisation des pièces en plusieurs unités ne sont pas repérables. S'agissait-il réellement de structures résidentielles comme celles de Chan Chan ou possédaient-elles d'autres fonctions ?

Ces structures sont donc nombreuses, en particulier celles de forme rectangulaire et celles qui sont agglutinées. Mis à part les structures circulaires de quelques mètres de diamètre seulement, ces constructions sont suffisamment amples pour accueillir plusieurs personnes qui pouvaient ainsi y vivre. La présence de banquettes, similaires à celles découvertes dans les structures simples de Chan Chan par Topic (1977; 1980; 1982), et la céramique domestique ramassée en surface renforcent l'hypothèse d'une fonction d'habitat. D'ailleurs, les structures agglutinées rappellent en partie les quartiers périphériques résidentiels de la capitale chimú (Topic 1977; 1980; 1982), mais aussi les constructions domestiques chimús du site de El Brujo, dans la vallée de Chicama, fouillées par Tate (2007: 167). Toutefois, il est possible que ces structures aient eu d'autres fonctions, de stockage par exemple. Sur les sites que nous avons prospectés, aux côtés de ces petites structures simples, se trouvent des édifices de plus grande taille, souvent plus complexes.

8 - Il est toutefois probable que le site n°95, très détruit et envahi par les cactus et les buissons épineux, possédait une densité de construction comparable, étant donné la quantité de pierres de murs éboulés recouvrant complètement le sol. Le site n°153 semble aussi être densément construit, même si la conservation de ces petites structures y est très mauvaise. Nous nous sommes donc principalement basé sur l'étude réalisée par Ruíz (1999) pour ce site.

Les grandes structures

Ces constructions, présentes sur trente sites, sont de taille imposante, bien souvent de plus de 20 m de long, et se subdivisent en plusieurs pièces. Certaines ont une apparence monumentale assez impressionnante, avec des murs de plusieurs mètres de hauteur et des dimensions supérieures à 100 m de côté. Nous les avons classées en deux sous-catégories: les enceintes et les structures complexes.

Les enceintes

Ces édifices se caractérisent par leurs murs externes qui leur donnent une forme quadrangulaire, allant du carré au rectangle allongé, en passant par des figures irrégulières. L'espace interne est parfois subdivisé en plusieurs pièces, mais ce sont les larges cours ouvertes qui priment. Comme les dimensions des enceintes varient pour chaque édifice, nous nous sommes basé sur leur superficie pour mieux les comparer, ce qui nous a permis de définir deux ensembles: les grandes et les petites enceintes.

Les grandes enceintes

Les grandes enceintes, soit quinze édifices répartis sur treize sites, mesurent plus de 30 m de côté et ont une superficie supérieure ou égale à 1000 m². Étant donné leurs grandes dimensions, les subdivisions internes sont parfois assez nombreuses, formant ainsi plusieurs pièces qui laissent néanmoins de larges espaces ouverts à l'intérieur de l'enceinte. Notons que l'enceinte du site n°13 (50x120 m, 6000 m²), et celles du site n°94 (135x60, 8100 m² et 135x130, 17 550 m²) sont exceptionnelles par leur taille.

Les enceintes sont construites soit en adobes (5 enceintes), avec assises simples ou décalées, soit en pierres (12 enceintes). Dans ces cas, les murs sont à double parement, avec un remplissage de terre ou mixte. Notons que quatre enceintes ont un parement de pierres régulier, alors que pour les autres, le parement est irrégulier. Enfin, les enceintes des sites n°22 et 26 présentent les deux types de matériaux, adobes et pierres. Le parement régulier semble donc principalement utilisé pour de grandes enceintes, ce qui pourrait indiquer leur importance du fait de la finition soignée de leur façade. Au contraire, l'enceinte du site n°4 est construite avec un mur par entassement, bien plus brut dans sa conception et dans l'impression qu'il dégage.

Étant donné la rareté des divisions internes, les murs d'enceinte constituent souvent la part la plus importante des constructions. Or, ces murs semblent marquer une différence nette entre l'extérieur et l'intérieur des enceintes et empêchaient de voir ce qui s'y déroulait. Par ailleurs, les entrées, lorsque nous avons pu les repérer, sont peu nombreuses, dénotant une circulation limitée. Reprenant l'hypothèse de Moore (1996; 2005) pour les espaces cérémoniels de Chan Chan, l'accès aux enceintes aurait pu être réservé à des groupes particuliers, tout en excluant d'autres individus. Les grandes cours internes pouvaient réunir de nombreuses personnes, éventuellement d'une même communauté, peut-être en vue de cérémonies religieuses et politiques exécutées par les membres de l'élite, mais également pour réaliser d'autres activités, économiques ou administratives, par exemple.

Le terme de « grande enceinte » évoque les *ciudadelas* de Chan Chan, et dans certains cas, il est possible de comparer certaines enceintes de nos prospections avec ces immenses édifices de la capitale chimú. En effet, l'enceinte du site n°164 n'est autre que le centre administratif relevé par Pozorski (1987: 116) et décrit par Chauchat (*et al.* 1998: 100) comme étant « une *ciudadela* construite en pierres taillées, sur le modèle de Chan Chan »[9]. Les grandes cours qui composent les enceintes prospectées rappellent les vastes places des *ciudadelas*, et dans l'une des enceintes du site n°94 (fig.7.21), nous avons observé des petites banquettes successives, en partie analogues à celles des places de la capitale chimú. Enfin, la taille des enceintes des sites n°13 et 94 évoque aussi les immenses *ciudadelas*, bien plus larges. Il faut néanmoins souligner que les grandes enceintes recensées dans la vallée de Chicama ne peuvent pas toutes être comparées aux palais de Chan Chan.

Des édifices similaires, datés de la fin de l'époque mochica, ont été recensés sous le terme de « *cercadura* », dans les vallées de Santa et de Moche (Bawden 1982; Gamboa 2008). Si certaines de ces enceintes ont pu être interprétées par Wilson (1988) comme des enclos pour camélidés, Gamboa (2008) estime, pour sa part, qu'il s'agissait de constructions à caractère public, symbolisant le pouvoir d'une élite dirigeante. Cet auteur suppose que des axes de communication ou des canaux pouvaient être contrôlés depuis ces enceintes, sans toutefois expliquer en quoi consistaient ces mécanismes de gestion. Les grandes enceintes recensées dans la vallée de Chicama, datées de l'Intermédiaire Récent, avaient peut-être un rôle similaire.

Les enceintes pourraient donc avoir eu des fonctions administratives, à travers la représentation du pouvoir de l'élite et le contrôle de la région environnante, ou cérémonielles, en rassemblant des communautés lors d'occasions particulières.

Les petites enceintes

À l'inverse des grandes enceintes, ces neuf édifices, répartis sur cinq sites, se caractérisent par une superficie inférieure à 1000 m². Les plus petits mesurent entre 10 et 20 m de côté pour des superficies minimales d'environ 150 m². Dépourvues de divisions internes, ces enceintes sont donc constituées d'une unique cour (fig.7.21).

Les murs de ces petites enceintes sont bâtis en pierres, avec un double parement, un appareil irrégulier ou semi-régulier et un remplissage de terre ou éventuellement de pierres (site n°86). Les deux enceintes du site n°55 étant

9 - Traduction personnelle de "*una ciudadela construida en piedras canteadas, sobre el modelo de Chanchán*" (Chauchat *et al.* 1998: 100).

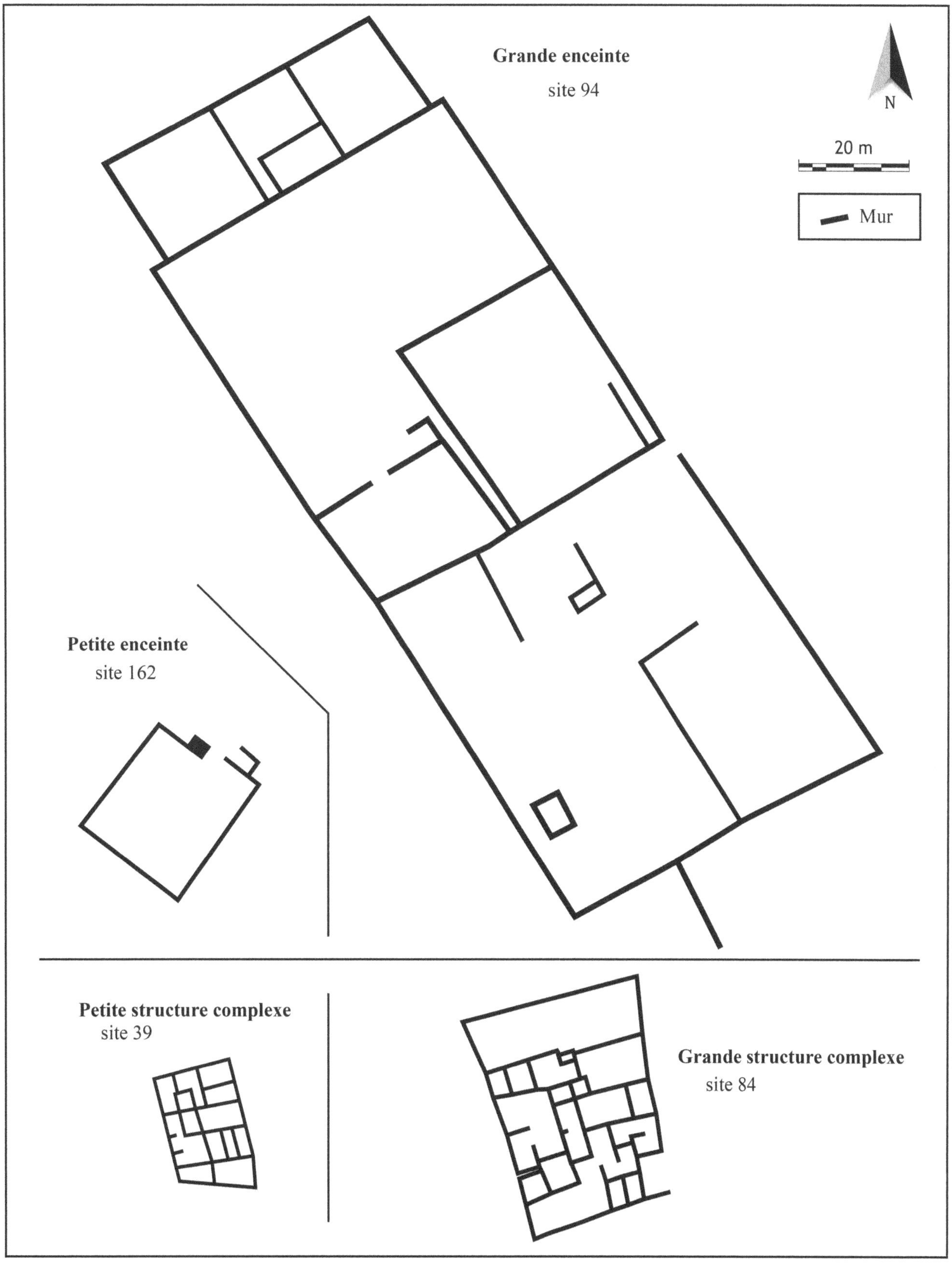

***Fig. 7.21* – Plans de différentes catégories de grandes structures.**

assez détruites, les murs observés ne sont pas très élevés et nous ne sommes pas tout à fait sûr de leur type d'appareil qui semble irrégulier. Enfin, une seule petite enceinte (site n°164) est construite en adobe.

Bien moins imposantes que leurs homologues de grande taille, ces petites enceintes n'en restent pas moins des constructions relativement importantes. L'adobe y est plus rare et les appareils des murs en pierres sont moins soignés, ce qui renforce la division opérée entre les grandes et les petites enceintes, mais le rôle de ces dernières devait probablement être similaire à celui des grandes enceintes, présentées plus haut.

Au côté de ces enceintes aux dimensions diverses, nous avons également découvert des structures complexes.

Les structures complexes

Il s'agit d'édifices de taille variable, caractérisés par de nombreuses subdivisions et peu d'espaces ouverts. Leurs formes sont assez diverses; certains sont rectangulaires alors que d'autres présentent des plans très irréguliers (fig.7.21). Les murs de ces structures complexes sont tous en pierres, mais peuvent comporter des adobes. Les plus communs sont les murs à double parement, avec des appareils semi-réguliers et surtout irréguliers et un remplissage de terre, voire de pierres. Certaines structures complexes ont des murs de terrasses, notamment lorsque le relief oblige à construire l'édifice sur plusieurs niveaux (sites n°29, 32, 63, 72), tandis que d'autres ont des murs simples, assez bruts (sites n°1 et 2). Enfin, remarquons que le site n°17 possède deux structures complexes avec des murs à double parement à appareil régulier et remplissage mixte, témoignant de techniques de construction, plutôt réservées aux enceintes (voir supra p.201). Tout comme pour ces dernières, nous nous sommes fondé sur les différences de superficie pour définir deux ensembles de structures complexes: les grandes et les petites.

Les quinze grandes structures complexes recensées, réparties sur neuf sites datés de l'Intermédiaire Récent, se caractérisent par une superficie supérieure à 500 m². Les pièces qui les composent sont de taille variable et certaines, plus larges, doivent être de petites cours non couvertes. Toutefois, nous n'observons pas réellement de grands espaces ouverts, comme c'est le cas pour les enceintes.

Présentes sur douze sites de l'Intermédiaire Récent, les 38 petites structures complexes recensées couvrent jusqu'à 500 m². Les pièces internes sont souvent moins nombreuses que pour les grandes structures complexes et quelques petites cours peuvent aussi s'y trouver. Il n'est pas toujours facile de distinguer une petite structure complexe, composée de plusieurs pièces, d'un groupe de petites structures simples agglutinées. Toutefois, ces groupes ne semblent pas posséder d'unité et les pièces s'agglutinent sans former de plan cohérent, tandis que les petites structures complexes présentent une certaine organisation.

Le matériel céramique associé aux structures complexes, grandes ou petites, est principalement de caractère domestique et nous n'avons pas noté de différence marquante entre celui ramassé près des petites structures simples et celui récupéré près de ces structures complexes. De plus, les types de murs à double parement rappellent également ces structures simples.

Si la fonction résidentielle est une hypothèse vraisemblable pour la plupart des petites structures simples – à l'exception de quelques structures circulaires trop exigües – qu'en est-il pour ces grandes structures complexes ? Y résidait-on ? Auquel cas, qui y vivait ? On peut supposer qu'il s'agissait de personnes privilégiées, à même de mobiliser suffisamment de main-d'œuvre pour réaliser ces constructions de plusieurs pièces et s'étendant sur plusieurs centaines de mètres carrés. Se trouverait-on face aux résidences de chefs de communautés, les *curacas* dont nous avons trouvé mention dans les témoignages ethnohistoriques ? Si cette hypothèse d'une fonction résidentielle ne peut se vérifier sans fouilles, la différence que nous avons établie entre petites et grandes structures complexes semble indiquer une certaine disparité entre les éventuels habitants de ces édifices. La hiérarchie politique des *curacas* (voir supra chapitre 2.3 p.56) pourrait alors expliquer les dimensions très distinctes entre nos deux sous-catégories. Certains chefs devaient pouvoir mobiliser un grand nombre de travailleurs pour la construction d'édifices, tandis que d'autres avaient moins de personnel sous leurs ordres. D'ailleurs, nous avons vu au deuxième chapitre que la construction de « maisons » était une tâche collective pour laquelle un *curaca* devait offrir de la *chicha* (AGI Justicia 458 fol. 1938v). Outre cette possible fonction résidentielle, les structures complexes pouvaient peut-être jouer d'autres rôles, cérémoniels et/ou administratifs, activités également réservées à certaines personnes, comme les *curacas* dont nous avons mentionné le rôle dans le chapitre 2.

La catégorie des grandes structures peut donc être subdivisée en 4 sous-ensembles: les grandes enceintes, les petites enceintes, les grandes structures complexes et les petites structures complexes. Le qualificatif « petit » n'est utilisé que pour établir ces subdivisions et il est évident que toutes ces constructions, enceintes et structures complexes, sont plus grandes que les petites structures simples décrites auparavant.

Un autre type d'édifice peut parfois atteindre des dimensions importantes et mérite d'être présenté; il s'agit des plateformes.

Les plateformes

Ce type d'édifice, souvent appelé « *huaca* » sur la côte nord, est étudié depuis l'arrivée des premiers explorateurs. Nous avons présenté, dans le chapitre 4, la liste et la carte des sites décrits par Kroeber (1930), Muelle (1937) et Bennett (1939), dans la vallée basse de Chicama (voir fig.4.1) et il s'agit, dans la plupart des cas, de plateformes d'adobes monumentales. Lors de nos prospections, nous avons donc rencontré quelques-unes de ces constructions sur dix sites occupés à l'intermédiaire Récent.

La plateforme peut se définir comme un édifice en volume plein, pyramidal, présentant une surface plane à son sommet. Parmi les différentes plateformes recensées, la hauteur et la taille sont des éléments qui nous ont semblé particulièrement révélateurs et nous avons subdivisé ce type de construction en deux catégories: les plateformes hautes et les basses.

Les plateformes hautes

Les huit plateformes hautes recensées, découvertes sur six sites (n°9, 11, 37, 58, 60 et 84), sont réalisées en adobes et atteignent plus de 2 mètres de hauteur. Si certaines sont très détruites et donc peu élevées actuellement (sites n°58 et 84), d'autres possèdent, encore de nos jours, des dimensions impressionnantes.

Ainsi, la Huaca Colorada du site n°11 mesure environ 70 par 66 m de côté, pour une vingtaine de mètres de hauteur (fig.7.22). Flanquée d'une grande cour au sud et d'une rampe perpendiculaire à la façade, au nord, cette plateforme est étagée sur deux niveaux. Elle a peut-être été construite à la fin de l'époque mochica ou plus tard par les Sicán, mais a pu aussi être utilisée durant l'Intermédiaire Récent par les Chimús (Valderrama 1998; Seoane 2005). Reindel (1991), puis Gálvez et Castañeda (2000) supposent, au contraire, que cette plateforme est plus récente et aurait été édifiée par les Chimús eux-mêmes. Nous ne trancherons pas le débat qui ne peut se résoudre sans fouille, mais nous retenons l'hypothèse d'une occupation chimú de cette structure.

En réalité, la plupart de ces grandes plateformes se trouvent sur des sites pour lesquels l'occupation mochica semble plus importante que celle des Chimús et il est fort probable que ces constructions monumentales ont été bâties par les Mochicas (site n°37, 58, 60 et 84). Les adobes portant des traces de roseaux (site n°84) ou l'agencement des adobes à assises de carreaux et de boutisses renversées (site n°60; fig.7.14) sont des indicateurs fiables, souvent renforcés par la présence de tessons mochicas. Seules les Huacas Medano et Colorada pourraient éventuellement être un peu plus tardives. À l'instar des Huacas del Sol, de la Luna et de Cao Viejo, pour n'en citer que quelques exemples, ces édifices monumentaux mochicas ont vraisemblablement été des lieux dédiés à des activités rituelles et cérémonielles (Uceda 2001; Castillo and Uceda 2008). Mais qu'en était-il à l'Intermédiaire Récent, lorsque ces sites étaient occupés par les Chimús ? Nous analyserons les différentes fonctions possibles, funéraires, cérémonielles, politiques de ces sites, au chapitre 8.

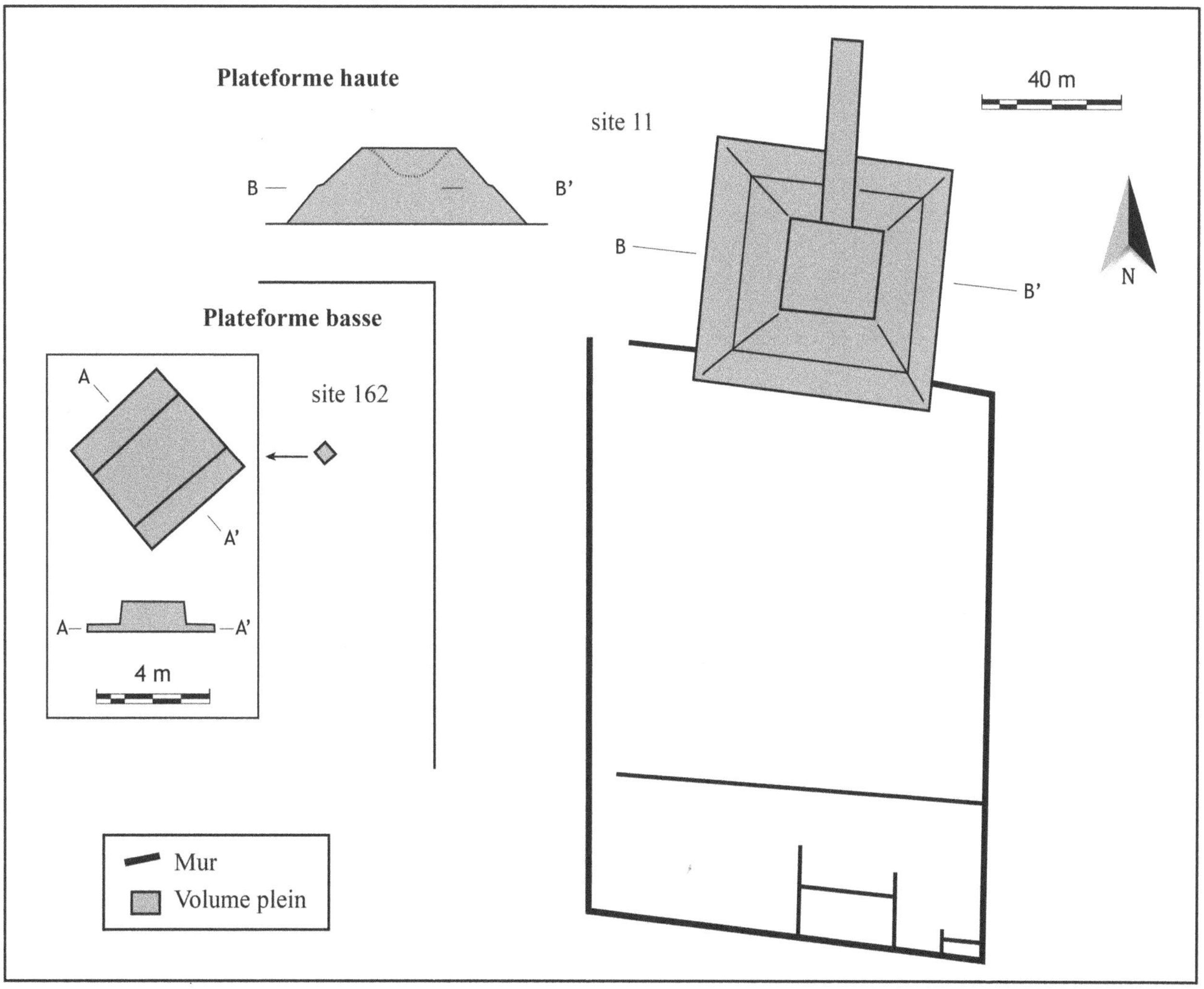

***Fig. 7.22* – Plans de plateformes.**

Les plateformes basses

Contrairement aux hautes plateformes, ces sept constructions, réparties sur quatre sites (n°17, 18, 39 et 162), sont bien plus petites (fig.7.22). Deux d'entre elles, localisées sur le site n°164, ressemblent plus à des monticules faits de pierres jetées pêle-mêle qu'à des édifices élaborés, mais cela peut venir de leur mauvaise conservation et seules des fouilles peuvent dévoiler la forme de ces constructions.

De forme quadrangulaire, les cinq autres plateformes basses mesurent en moyenne entre 2 et 5 m de côté pour 0,5 à 1,5 m de haut. Construites en pierres et en terre, elles s'apparentent aux murs à double parement puisque les faces externes sont en pierres, parfois agencées régulièrement (site n°18), avec un remplissage principalement composé de terre. On trouve ce type de plateforme près d'un chemin (sites n°17 et 18), d'un canal (site n°164) et à l'intérieur ou devant une enceinte (sites n°18, 39 et 164).

Leur fonction est difficile à déterminer sans fouille. Toutefois, Topic (2009: 232) a fouillé une plateforme similaire d'environ 7 m de côté, dans un quartier central de Chan Chan. Il y a découvert des offrandes de nature variée: des ossements de lamas et d'un perroquet sacrifiés, des restes de textiles en laine et des céramiques contenant vraisemblablement de la nourriture. Cet auteur a donc interprété cette petite plateforme comme un autel où étaient réalisées des offrandes. La petite plateforme localisée dans l'enceinte du site n°39 rappelle également celles qui se trouvent au centre des vastes places des *ciudadelas* de Chan Chan, décrites au chapitre 3.2. D'ailleurs, Esquerre (1998: 20) qui a étudié ce site suppose qu'il s'agissait d'une sorte d'autel similaire à ceux de Chan Chan. Toutes ces plateformes basses ne servaient peut-être pas d'autel, mais il est probable que quelques-unes ont joué ce rôle, peut-être lors de cérémonies.

Les plateformes hautes et basses sont donc des constructions aux dimensions radicalement opposées, mais semblent s'attacher à des fonctions rituelles et cérémonielles, dans les deux cas. Elles dérivent d'une tradition architecturale bien antérieure aux Chimús qui ont pu réutiliser ces édifices à d'autres fins. Cette fonction cérémonielle est également souvent attribuée par les archéologues à un autre type de structure: les places.

Les places

Les places sont de vastes espaces ouverts, délimités par des murets très bas de terre, voire de pierres; il ne s'agit donc pas véritablement d'édifices construits. De formes quadrangulaires, elles atteignent parfois plusieurs milliers de mètres carrés.

On les retrouve sur six sites, en particulier sur les sites n°5 et 6 qui se composent de respectivement de quatre et trois places dont la superficie oscille entre 500 m² pour la plus petite à 3800 m² pour la plus grande. L'une d'elles, sur le site n°5, est circulaire, avec un diamètre d'environ 50 m (voir fig.9.28). Aujourd'hui visibles grâce aux *achupallas* qui en marquent les limites, ces vastes espaces des sites n°5 et 6 s'articulent d'étrange manière. Les accès sont tout à fait particuliers avec deux lignes pénétrant dans certaines places et conduisant ainsi le visiteur vers l'intérieur ou vers l'extérieur. Sur les quatre autres sites, on ne trouve à chaque fois qu'une unique place couvrant des surfaces allant de 500 à 8000 m².

De manière générale, les places que nous avons recensées lors de nos prospections ont pu avoir des rôles très variés et il n'est pas réellement possible de déterminer leur fonction sur la seule base du matériel céramique qui y est très rare. Comme l'indique Silverman (1994), les activités économiques, cérémonielles ou autres, qui se tiennent actuellement sur la place du village de Yauca, lors du pèlerinage de la Vierge du Rosaire, laissent très peu de traces du fait d'un nettoyage annuel. Dans ces conditions, il faut tenir compte de bien d'autres paramètres, environnementaux et culturels, qui changent d'un site à l'autre, pour caractériser le rôle de ces vastes espaces ouverts.

Les murs isolés

Le dernier type de construction qu'il nous faut présenter n'est pas à proprement parler un édifice, puisqu'il s'agit de murs isolés, plus ou moins rectilignes, qui ne définissent ainsi aucun espace concret fermé (fig.7.23). Les 22 murs, présents sur 20 sites, sont de longueur variable. Nous

Fig. 7.23 **– Mur isolé du site n°12.**

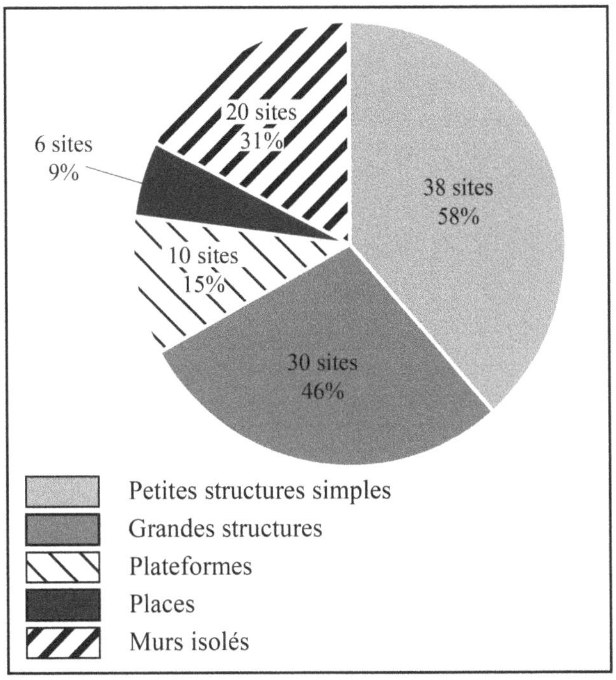

Fig. 7.24 **– Graphique de répartition des sites en fonction des différents types de structures (Les pourcentages sont calculés sur la base des 65 sites de l'Intermédiaire Récent avec des structures. Certains sites possèdent plus d'un type de structure).**

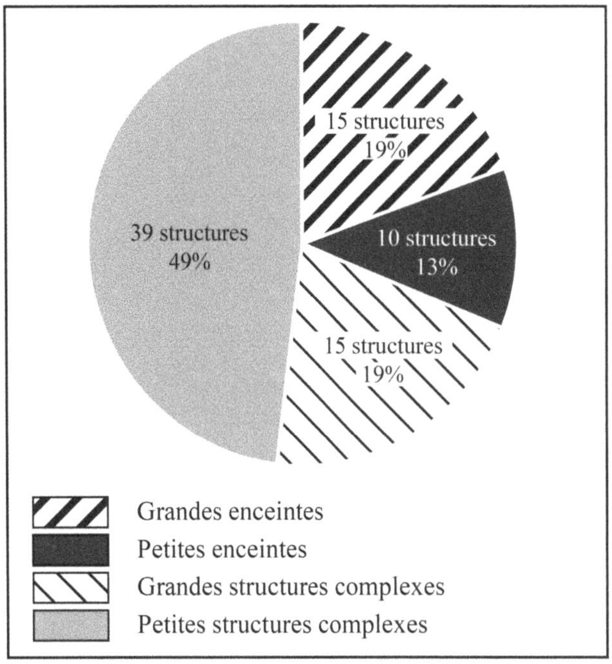

Fig. 7.25 **– Graphique de répartition des 79 grandes structures selon leurs sous-catégories.**

avons donc différencié les longs murs (14 sites) de ceux qui sont plus courts (6 sites).

Les longs murs parcourent plusieurs dizaines, voire quelques centaines de mètres. Ils sont construits en pierres, par entassement, comme dans le cas des sites n°12 et 32, ou alors à double parement, avec un appareil irrégulier ou semi-régulier (sites n°17, 51, 58, 81). On trouve également des murs de terrasses, mais il faut souligner que la vocation première de ces murs ne semble pas être le nivellement du terrain, car les espaces ainsi aménagés à leur sommet ou à leur base sont souvent très réduits. Enfin, le mur du site n°63 est en partie composé d'adobes, tandis que le mur du site n°58 possède un parement irrégulier soigné que nous avons décrit plus haut (fig.7.8).

Les murs courts se limitent à moins de 20 mètres de long, du fait du relief. Bâtis entre deux collines, au fond d'une combe ou sur une crête, ils paraissent en barrer l'accès. Ces murs sont pour la plupart construits avec la technique du double parement et présentent un appareil irrégulier et un remplissage de terre. Seul le mur du site n°39 est trop détruit pour en caractériser le type, mais il est possible qu'il ait été aussi à double parement.

De prime abord, ces murs semblent avoir joué un rôle défensif, mais seule une analyse approfondie du contexte de chaque site, en tenant compte des relations entre ces murs isolés et d'autres structures, permettra de préciser leurs fonctions.

Commentaires au sujet des différents types de construction

Les édifices rencontrés sur les sites de l'Intermédiaire Récent que nous avons prospectés sont donc assez variés, puisqu'il s'agit de petites structures simples, rectangulaires, circulaires ou agglutinées, mais aussi de plateformes basses et hautes, de grandes structures complexes, de larges enceintes, de vastes places ou de murs isolés (fig.7.24).

Les structures simples sont les plus fréquentes (161 structures rectangulaires recensées pour 39 structures circulaires et plus de 138 structures agglutinées[10]) et les mieux représentées parmi les sites possédant de l'architecture (38 sites), ce qui semble logique si l'on suppose qu'elles devaient avoir un rôle principalement résidentiel. Les structures agglutinées n'ont été observées que sur un petit nombre de sites, malgré leur quantité (fig.7.26).

Les grandes structures viennent en deuxième position avec 79 édifices répartis sur 30 sites (fig.7.26). Parmi ces grandes structures, notons que près de la moitié sont classées dans la catégorie des petites structures complexes, qui pourraient également être des structures résidentielles (fig.7.25). Toutefois, cette sous-catégorie n'est observée que sur 12 sites, ce qui correspond à un peu plus d'un tiers des sites présentant de grandes structures. Les enceintes et les grandes structures complexes sont moins nombreuses, mais mieux réparties sur les 30 sites.

10 - Comme nous l'avons mentionné plus haut, il est hasardeux de tenter de compter les structures agglutinées, mais au vu de la densité de pièces recensées sur le site n°84 et des quelques groupes de structures agglutinées repérés sur d'autres sites, nous les avons estimé à un minimum de 80 structures agglutinées.

Types	Sous-types	Nombre de structures		Nombre et % de sites		
Petites structures simples	circulaires	39		10		15%
	rectangulaires	161		32		49%
	agglutinées	> 138		6		9%
	Total	**> 338**		**38**		**58%**
Grandes structures	grandes enceintes	15		13		20%
	petites enceintes	10		5		7%
	grandes str. complexes	15		9		14%
	petites str. complexes	39		12		18%
	Total	**79**		**30**		**46%**
Plateformes	hautes	8		6		9%
	basses	7		4		6%
	Total	**15**		**10**		**15%**
Places		**11**		**6**		**9%**
Murs isolés	longs	16		14		21%
	cours	6		6		9%
	Total	**22**		**20**		**31%**
		> **465**	*100 200 300*	**65**	*10 20 30 40*	**100%**

***Fig.** 7.26* – **Tableau récapitulatif des différents types de structures.**

Enfin, les plateformes, les places et les murs isolés sont minoritaires, avec respectivement 15 et 11 et 22 constructions découvertes sur 10 et 6 et 20 sites de l'Intermédiaire Récent (fig.7.26).

Ces résultats ne correspondent pas totalement à la réalité puisque, pour bien des sites, nous n'avons pas pu recenser toutes les structures, souvent très détruites, en particulier les plus petites. Les effectifs de structures présentés dans le tableau (fig.7.26) sont donc à considérer comme étant des minima si l'on tient compte de la mauvaise conservation et du caractère limité de nos prospections.

Par ailleurs, de nombreux sites ayant été occupés à des périodes successives, en particulier depuis l'Intermédiaire Ancien jusqu'à l'Intermédiaire Récent, plusieurs constructions sont vraisemblablement antérieures à l'époque chimú et ont pu être abandonnées ou réutilisées à d'autres fins. C'est le cas des plateformes hautes, mais aussi peut-être de petites structures simples, notamment sur les sites n°60, 62 et 87 pour lesquels la céramique mochica est plus abondante que la céramique chimú. Il est donc probable que les constructions de ces sites soient, en grande majorité, datées de l'époque mochica. Ainsi, certains résultats du tableau (fig.7.26) pourraient être, en réalité, surévalués pour les sites occupés à plusieurs époques. Par conséquent, ces effectifs correspondent plus à des estimations qu'à un décompte absolu des vestiges archéologiques.

Conclusion

L'analyse de l'architecture des sites datés de l'Intermédiaire Récent nous a permis de déterminer plusieurs modes de construction et de présenter une typologie des murs, mais surtout des structures, pour comprendre, en partie, leurs fonctions.

Les matériaux de construction sont principalement la pierre et l'adobe (fig.7.27 et fig.7.28) et n'impliquent pas de stratégie particulière pour acquérir ces ressources. La terre employée pour les adobes ou le mortier liant les pierres devait être sélectionnée avec soin, mais elle provenait probablement des environs de chaque site, comme cela a peut-être été le cas à Chan Chan (Rowe 1969: 324). Pour les pierres, plus couramment utilisées, elles sont tout à fait similaires aux roches naturelles qui composent le sol des zones où sont localisés les sites, et leur origine était vraisemblablement locale.

Les éventuels matériaux de construction périssables, notamment le bois et le roseau, n'ont pu être observés et demeurent hypothétiques. Néanmoins, lorsque les sites se trouvaient à proximité d'un cours d'eau ou d'une zone favorable à la croissance des plantes sauvages (*loma*, *gramadal*, *sapotal*, etc.; voir supra chapitre 1.5 p.22), on peut supposer qu'ils jouaient un rôle dans la construction de quelques structures.

Les techniques de construction et la typologie des murs démontrent l'existence de divers degrés de soin apporté à la réalisation des édifices. Certains murs sont, en effet, bien bâtis, avec un effet esthétique donné grâce à l'agencement des pierres (sites n°17, 18, 58 et 94), tandis que d'autres sont très simples, voire particulièrement mal construits, comme dans le cas des murs par entassement. Entre ces deux extrêmes, les murs à double parement, avec un appareil irrégulier et un remplissage de terre, sont les plus courants et indiquent des techniques de construction poussées, mais sans recherche particulière. Les édifices bâtis avec le plus d'attention ne sont pas de n'importe quel type; il s'agit très souvent de grandes enceintes, de structures complexes, voire de murs isolés.

Les structures sont également assez diverses et sont classées en plusieurs types: les petites structures simples en pierre, les enceintes, les structures complexes, les plateformes hautes et basses, les places et les murs isolés. Les constructions les plus courantes sont les petites structures simples, suivies par les structures complexes. On peut supposer que ces constructions avaient un rôle résidentiel pour différentes catégories de la population.

Les enceintes, du fait de leurs grandes dimensions, impliquent un effort de réalisation considérable, d'autant plus que certaines présentent des murs bien élaborés, signes de leur importance. Ces murs marquent d'ailleurs une sorte de séparation physique qui pouvait isoler les personnes étant à l'intérieur de celles restant à l'extérieur. À l'instar des *ciudadelas* de Chan Chan qui possèdent de vastes places, ces bâtiments composés principalement de larges cours pouvaient avoir une éventuelle fonction cérémonielle, mais également administrative, comme dans le cas du centre de Mocan, que nous avons étudié, à la suite de Pozorski (1987: 116) et de Chauchat (*et al.* 1998: 100). Elles sont aussi proches des *cercaduras* de la fin de l'époque mochica, définies par Gamboa (2008), dont les fonctions administratives demeurent encore floues.

Quant aux quelques hautes plateformes d'adobes, outre le fait que la plupart datent en réalité de l'époque mochica, elles pourraient avoir eu un rôle principalement religieux, comme lieux sacrés, pour les habitants de la vallée de Chicama, à l'Intermédiaire Récent.

Un autre type correspond aux grandes places, peu nombreuses, dont le rôle peut être tout à fait varié. Servaient-elles lors de réunions, pour des cérémonies, ou pour se rencontrer et échanger des produits ? Le peu de matériel que nous avons pu ramasser, dans ces structures, ne permet pas de répondre à ces questions, d'autant plus que le parallèle ethnologique, établi par Silverman (1994), avec la place du village actuel de Yauca, explique clairement la raison du peu de traces des activités qui pouvaient s'y dérouler.

Enfin, les murs isolés pourraient avoir une fonction défensive, pour quelques-uns d'entre eux, mais c'est à travers l'analyse de la localisation de ces murs dans les sites et dans la vallée de Chicama que cette hypothèse pourra se vérifier.

Ce n'est qu'en tenant compte de l'intégration de ces différentes structures dans chaque site que nous pouvons réellement comprendre leurs rôles et ainsi caractériser les établissements de l'Intermédiaire Récent disposant de vestiges architecturaux (fig.7.29).

Num. site	Forme des adobes			Agencement des adobes			
	Parallélépipède	Parallélépipède convexe	Plano- convexe	Assise simple	Assise décalée	Carreaux boutisses	Boutisses renversées
9		X				X	
11	X					X	
17		X			X		
22	X				X		
24		X	X			X	
25		X	X		X		
26	X					X	
27	X			X			
29	X			X			
37	X					X	
58*							
60	X						X
63	X					X	
81	X				X		
84	X					X	
95	X				X		
153	X					X	
162		X			X		
Total	**12**	**5**	**2**	**2**	**6**	**8**	**1**

***Fig. 7.27* – Tableau récapitulant les sites présentant des constructions réalisées avec des adobes.**

Num. site	Pierres			Mortier de terre	Mur par entassement	Mur simple	Mur de terrasse		Mur à double parement					
							Appareil		Appareil			Remplissage		
	grandes	moyennes	petites				irrégulier	semi-régulier	irrég.	semi-rég.	régulier	pierres	terre	mixte
1	X	X				X								
2	X	X				X								
3	X	X												
4	X	X			X									
5		X												
12	X	X			X									
13		X	X											
14		X	X											
15		X	X											
17		X	X	X							X			X
18		X	X	X							X			X
22		X	X	X							X		X	
26		X		X							X		X	
29	X	X	X	X			X	X						
31		X				X								
32	X	X			X		X	X	X	X		X		
37	X	X				X				X		X		
39	X	X		X					X	X			X	
43		X		X					X				X	
51		X		X					X				X	
52	X	X		X					X				X	
54		X												
55		X		X					X				X	
56		X												
58	X	X	X						X			X		
60		X	X	X						X			X	
63	X	X		X			X			X			X	
65		X												
66		X		X						X			X	
67		X												
69	X	X		X					X				X	
70	X	X		X					X				X	
72	X	X		X			X			X			X	
76		X		X			X							
78		X		X					X				X	
79		X												
80		X												
81	X	X		X			X	X		X			X	
83	X	X		X						X			X	
84	X	X		X					X	X			X	
86	X	X							X			X		
87	X	X					X		X			X		
92		X		X						X			X	
94		X		X							X		X	
95		X		X					X				X	
100		X			X									
110		X							X				X	
113		X							X			X		
115	X	X		X					X				X	
119	X	X												
135		X		X			X		X				X	
136	X	X		X			X		X				X	

Fig. 7.28 **– Tableau récapitulant les sites présentant des constructions réalisées avec de la pierre.**

Num. site	Pierres			Mortier de terre	Mur par entassement	Mur simple	Mur de terrasse		Mur à double parement					
							Appareil		Appareil			Remplissage		
	grandes	moyennes	petites				irrégulier	semi-régulier	irrég.	semi-rég.	régulier	pierres	terre	mixte
142	X	X		X			X							
148		X												
150	X	X		X					X				X	
153	X	X	X	X					X	X			X	
155	X	X		X					X				X	
162		X	X	X					X	X			X	
Total	**27**	**58**	**11**	**32**	**4**	**4**	**10**	**3**	**23**	**13**	**5**	**6**	**28**	**2**

Fig. 7.28 – **Fin du tableau.**

Num site	Superficie (m²)	Petites structures				Grandes structures					Plateformes		Places	Murs isolés		Total
						enceintes		structures complexes		total						
		circulaires	rectang.	agglutinées	total	grandes	petites	grandes	petites		hautes	basses		longs	courts	
1	3410							1		**1**						**1**
2	1197								1	**1**						**1**
3	182	1			**1**											**1**
4	6256	1			**1**	1				**1**						**2**
5	101258												4			**4**
6	37979												3			**3**
9	6122										1					**1**
11	28450										1					**1**
12	-													1		**1**
13	85319	1	6		**7**	1			1	**2**						**9**
14	3029													1		**1**
15	19295												1			**1**
17	120553					1		1	2	**4**		1		1		**6**
18	21144					1				**1**		1				**2**
20	907						1			**1**						**1**
22	4808					1				**1**						**1**
24	2145					1				**1**						**1**
25	3079					1				**1**						**1**
26	7608					1				**1**						**1**
27	2716					1				**1**						**1**
29	99280		4		**4**				2	**2**				1		**7**
31	23751		6		**6**											**6**
32	156083		7		**7**			2	9	**11**				2		**20**
37	39358										3			1		**4**
39	24745	1	7		**8**	1			6	**7**		1				**16**
43	8239		4		**4**				4	**4**						**8**
51	-													1		**1**
52	2344		1		**1**											**1**
54	11450	10			**10**											**10**
55	645	4	13		**17**		2			**2**						**19**
56	93		1		**1**											**1**
58	11112										1			1		**2**
60	70990		3		**3**						1				1	**5**

Fig. 7.29 – **Tableau récapitulant le nombre de structures de chaque site en fonction de leur type..**

Num site	Superficie (m²)	Petites structures				Grandes structures					Plateformes		Places	Murs isolés		Total
						enceintes		structures complexes		total						
		circulaires	rectang.	agglutinées	total	grandes	petites	grandes	petites		hautes	basses		longs	courts	
63	7974		1		**1**			2		**2**			1	1		**5**
65	122		1		**1**											**1**
66	5783		4		**4**											**4**
67	1328		5		**5**											**5**
69	6945					1				**1**						**1**
70	1042								1	**1**						**1**
72	53662		8	7	**15**				1	**1**					1	**17**
76	2027		2		**2**											**2**
78	11840		1	9	**10**			1		**1**			1			**12**
79	2574		7		**7**											**7**
80	3135		10		**10**											**10**
81	4762													1		**1**
83	2033						2			**2**						**2**
84	42773			>80	**>80**			5	5	**10**	1			1		**>92**
86	465						1			**1**						**1**
87	8197		14		**14**											**14**
92	12210		6		**6**											**6**
94	108480		2		**2**	3			2	**5**						**7**
95	27664			>20	**>20**			1		**1**						**>21**
100	-													1		**1**
110	3536	3	1		**4**										1	**5**
113	4967		1	4	**5**											**5**
115	2146		3		**3**										1	**4**
119	5326		8		**8**											**8**
135	57472		7		**7**			1	1	**2**			1	1		**11**
136	17331	4	3		**7**											**7**
142	7325		8		**8**											**8**
148	6108	11			**11**										1	**12**
150	27580															**?**
153	27865		1	18	**19**			1		**1**					1	**21**
155	12262		2		**2**											**2**
162	2045886	3	14		**17**	1	4		4	**9**		4		2		**32**
Total	-	**39**	**161**	**>138**	**>338**	**15**	**10**	**15**	**39**	**79**	**8**	**7**	**11**	**16**	**6**	**>465**

Fig. 7.29 **– Fin du tableau.**

CHAPITRE 8
LES SITES DE L'INTERMÉDIAIRE RÉCENT AVEC DE L'ARCHITECTURE

Les conditions de conservation souvent optimales ont préservé les vestiges architecturaux de l'époque chimú, sur la côte nord et en particulier dans la vallée de Chicama, facilitant l'analyse des anciennes techniques de construction. Mais elles permettent également de comprendre en partie l'organisation interne des sites, sans avoir à les fouiller.

Cinquante-six[1] sites de l'Intermédiaire Récent, recensés au cours de nos prospections, présentent une grande variété de constructions; de petites structures simples côtoient de hautes plateformes ou de grandes enceintes, pour ne citer que quelques exemples. Contrairement aux concentrations de matériel, ces vestiges de bâtiments offrent des indications quant au type d'occupation et aux possibles fonctions de ces sites. Ces établissements sont classés en trois catégories, selon le type de structures qu'ils recèlent.

Les sites regroupant uniquement de petites structures simples constituent la première catégorie. Aucun édifice monumental important n'a été recensé sur ces sites. D'autres sites se caractérisent par leurs constructions de grande taille (plateformes, enceintes, structures complexes) et par l'absence de petites structures simples. Enfin, les derniers sites comportent à la fois des structures simples et de grands édifices.

I. Les sites uniquement composés de petites structures simples

Nous avons vu que 38 sites recélaient 338 petites structures simples. Ces constructions composent l'essentiel de l'architecture de 21 sites, qui ne présentent aucun autre type de bâtiment, si ce n'est quelques murs isolés.

Description des sites

La forme des structures simples varie d'un site à l'autre. Elles peuvent être rectangulaires (19 sites), circulaires (5 sites) ou de type « agglutiné » (le site n°113).

Certains établissements (n°3, 52, 56 et 65) se composent d'une unique structure tandis que le n°87 en a quatorze. Entre ces deux extrêmes, le nombre moyen de structures par site est d'environ cinq. Enfin, la superficie des sites est également très changeante; le plus petit s'étend sur moins de 100 m² alors que le plus grand mesure plus de 23 000 m².

Trois de ces établissements (n°110, 115 et 148) recèlent des murs isolés courts; dans le cas des sites n°110 et 115, les deux murs barrant le passage entre des collines sont dominés par les petites structures localisées en hauteur (fig.8.1), tandis que le mur du n°148 bloque l'accès aux structures qui sont construites sur ce site, depuis le nord.

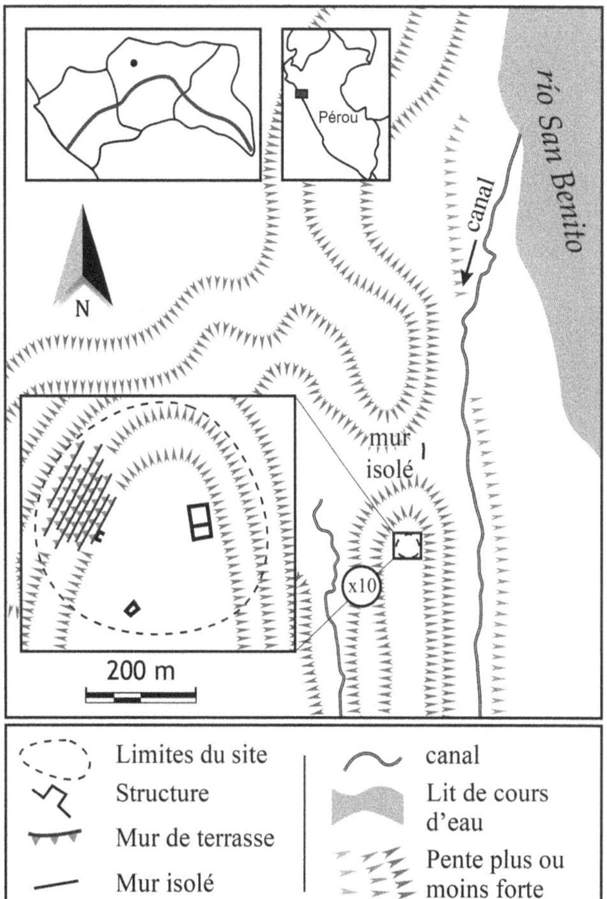

Fig. 8.1 **– Plan du site n°115 avec ses structures simples et son mur isolé**

1 - Lorsque les sites ne sont composés que de murs isolés ou de places avec un chemin, nous ne les avons pas pris en compte et nous les considérons comme des sites d'infrastructures qui seront abordés au chapitre suivant, avec les canaux, les champs et les chemins. Par ailleurs, la végétation dense qui recouvre le site n°150 ne nous a pas permis d'en étudier les constructions et nous l'écartons donc de cette présentation. Nous n'avons donc retenu que 56 sites parmi les 65 pour lesquels nous avons étudié l'architecture, au chapitre précédent.

Nous avons subdivisé ces sites en deux sous-catégories en tenant compte du nombre de structures, mais aussi de leur superficie. Des vingt-et-un sites, dix sont classés comme des « petits sites avec des structures simples ». Ils ne recèlent pas plus de cinq structures et leur superficie est inférieure à 6000 m².

Les onze autres, définis comme de « grands sites avec des structures simples », regroupent au moins six structures et ont une superficie supérieure à 6000 m². Le cas du site n°155, qui s'étend sur plus de 12 000 m², est un peu à part, car il ne comprend que deux structures, très mal conservées. Ces dernières ne doivent constituer qu'une faible portion visible des vestiges architecturaux de ce site, comme en témoignent quelques traces de terrasses où d'éventuelles constructions auraient pu avoir été édifiées (fig.8.2). Trois sites (n°79, 80, 119) ont une superficie assez réduite, inférieure à 6000 m², mais ils recèlent respectivement sept, dix et huit structures (fig.8.3). Cette densité de constructions assez importante permet donc de les classer dans la sous-catégorie des « grands sites avec des structures simples ». Notons que le nombre de structures recensées lors de nos prospections pourrait être inférieur aux résultats de fouilles archéologiques.

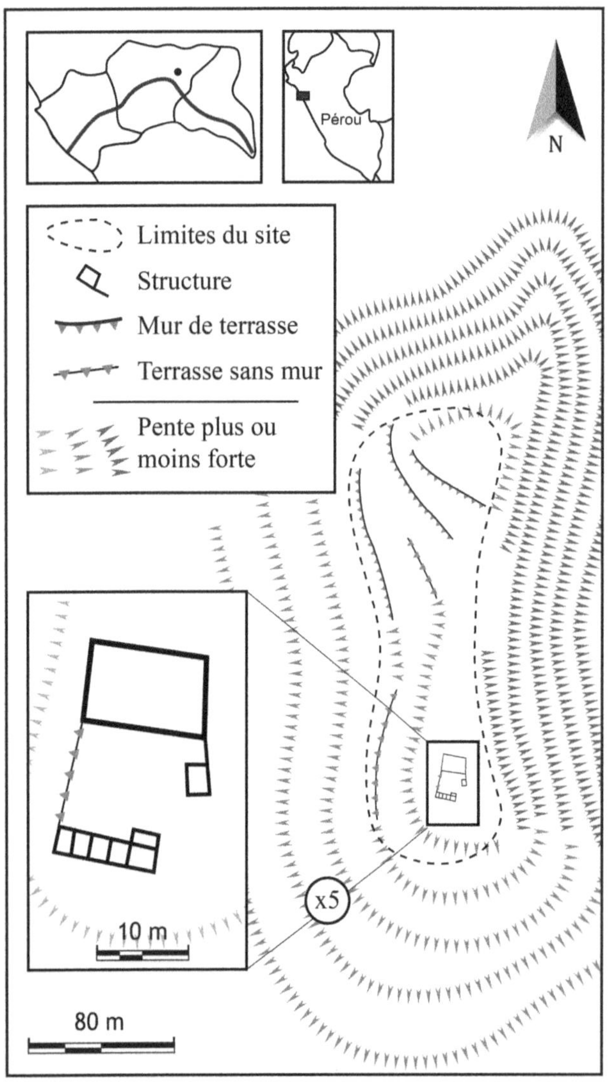

***Fig. 8.2* – Plan du site n°155 avec ses structures simples et ses terrasses.**

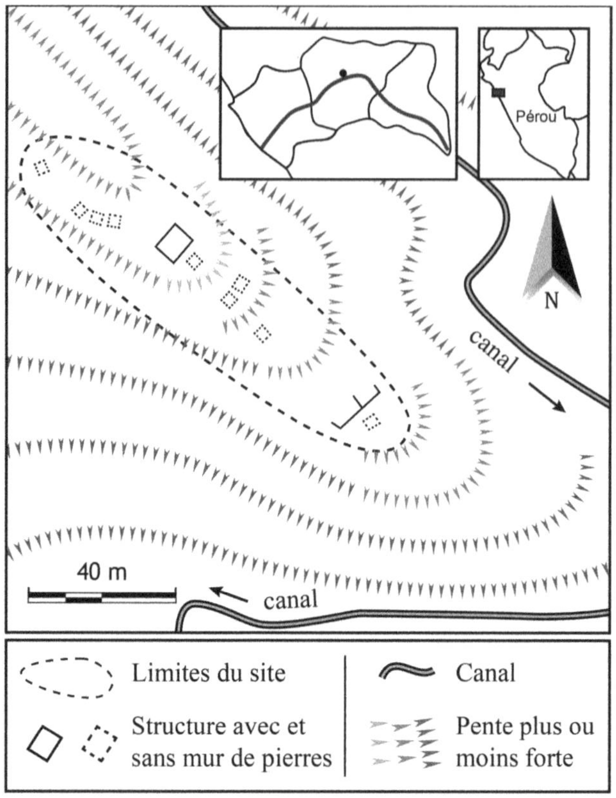

***Fig. 8.3* – Plan du site n°80 avec ses structures simples.**

Localisation

Ces 21 sites composés de structures simples, qu'ils soient grands ou petits, ont été recensés dans toute la vallée de Chicama. Dix-neuf établissements se trouvent dans le fond et sur les premières hauteurs de la vallée moyenne, tandis que deux autres sont localisés dans la vallée basse et les deux derniers dans la vallée haute (fig.8.4).

La distinction entre les grands et les petits sites révèle une caractéristique intéressante de l'implantation à l'Intermédiaire Récent. Trois petits sites et cinq grands sont installés le long des berges du río Chicama, alors que la *quebrada* Santanero, l'une des plus larges combes de la vallée, compte six petits sites, mais pas un seul grand (le n°119 n'est pas dans cette *quebrada,* mais dans celle de San Benito). Les sites ont donc tendance à être plus importants dans l'axe principal de la vallée et plus petits dans la *quebrada* Santanero.

On remarque aussi que les petits sites ne dépassent pas les 1000 m d'altitude. Il est possible que les populations des sommets aient eu une certaine prédilection à construire plus de structures sur leurs sites, privilégiant le rassemblement à la dispersion de l'habitat. Toutefois, nos prospections sur les hauteurs de la vallée de Chicama sont trop limitées pour pouvoir vérifier cette hypothèse et il faut également souligner la végétation dense qui peut facilement occulter les plus petits sites.

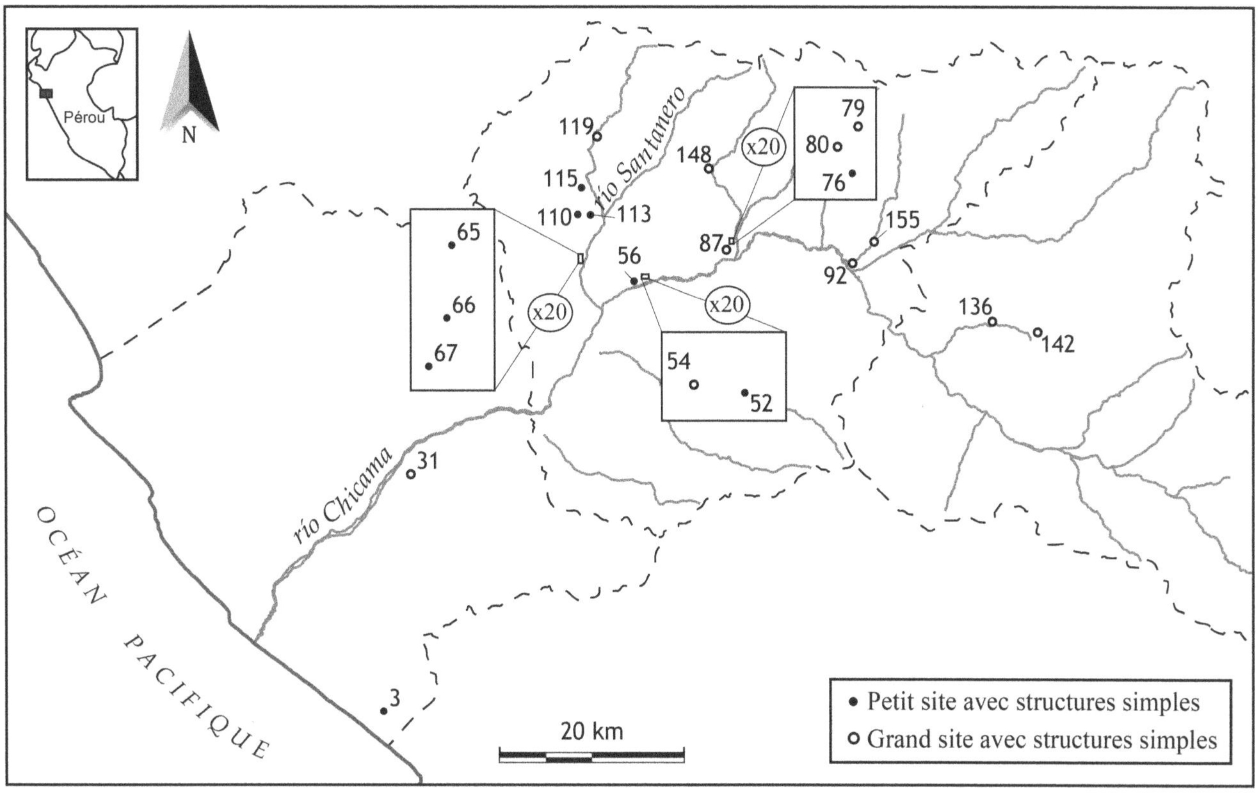

***Fig. 8.4* – Carte de répartition des sites composés de structures simples.**

Fonction

Les 21 sites classés comme petits et grands sites avec des structures simples sont des établissements d'envergure, somme toute, assez réduite. L'architecture y est peu développée, sans aucun édifice monumental ni construction complexe qui auraient indiqué la présence de membres de l'élite et d'éventuelles fonctions administratives ou cérémonielles.

L'hypothèse d'une fonction résidentielle, avancée au chapitre 7.2 pour les petites structures simples, semble valable pour la plupart de ces sites. Dans la vallée moyenne, ces derniers sont localisés à proximité des cours d'eau, sur des terrasses naturelles qui dominent les berges cultivables. Cet accès facile à l'eau et à des terrains exploitables pour l'agriculture permettait probablement à des paysans de vivre sur ces petits villages et hameaux dispersés.

Au contraire, la petite structure du site n°3, bien que suffisamment large pour accueillir une personne, est isolée dans le désert, entre les vallées de Chicama et de Moche. Même si des *huachaques*, similaires à ceux de Chan Chan, se trouvaient à environ 2,5 km du site n°3 et pouvaient servir à l'approvisionnement en eau, il est peu probable que l'unique structure de ce site ait été occupée continuellement. En revanche, elle aurait pu héberger occasionnellement des voyageurs parcourant le chemin qui passe à une centaine de mètres, au sud-ouest.

Comme nous l'avons vu au chapitre 7.2, les structures circulaires des sites n°54 et 110 sont trop petites pour accueillir quiconque et la fonction résidentielle doit donc être écartée pour ces deux sites. Peut-être s'agissait-il de lieux de stockage, similaires aux *collcas* décrits par Morris (1967) ou Lecoq (1999) pour d'autres régions des Andes, mais elles sont alors bien peu nombreuses et on s'attendrait à en découvrir plus. Sans fouille, la fonction des constructions circulaires de ces deux sites demeure incertaine.

Enfin, la présence de murs isolés courts sur les sites n°110, 115 et 148 indique peut-être un autre rôle. Depuis les structures des n°110 et 115, construites en hauteur, il devait être aisé de surveiller les alentours et donc d'empêcher d'éventuels intrus de franchir les murs de ces deux sites. Quant au mur du site n°148, il ne semble pas avoir eu de réelle fonction défensive, car le site était très facile d'accès depuis le sud. Il est plus probable qu'il marquait la limite septentrionale du site.

Ces sites regroupant les structures simples sont loin de constituer l'essentiel des sites prospectés et d'autres établissements présentent des bâtiments bien plus grands.

II. LES SITES AVEC DE GRANDES STRUCTURES ET DES PLATEFORMES

Les vestiges architecturaux de la vallée de Chicama ne se cantonnent pas aux petites structures simples; 35 sites abritent des bâtiments de grande taille, comme des enceintes, des structures complexes ou des plateformes, décrites

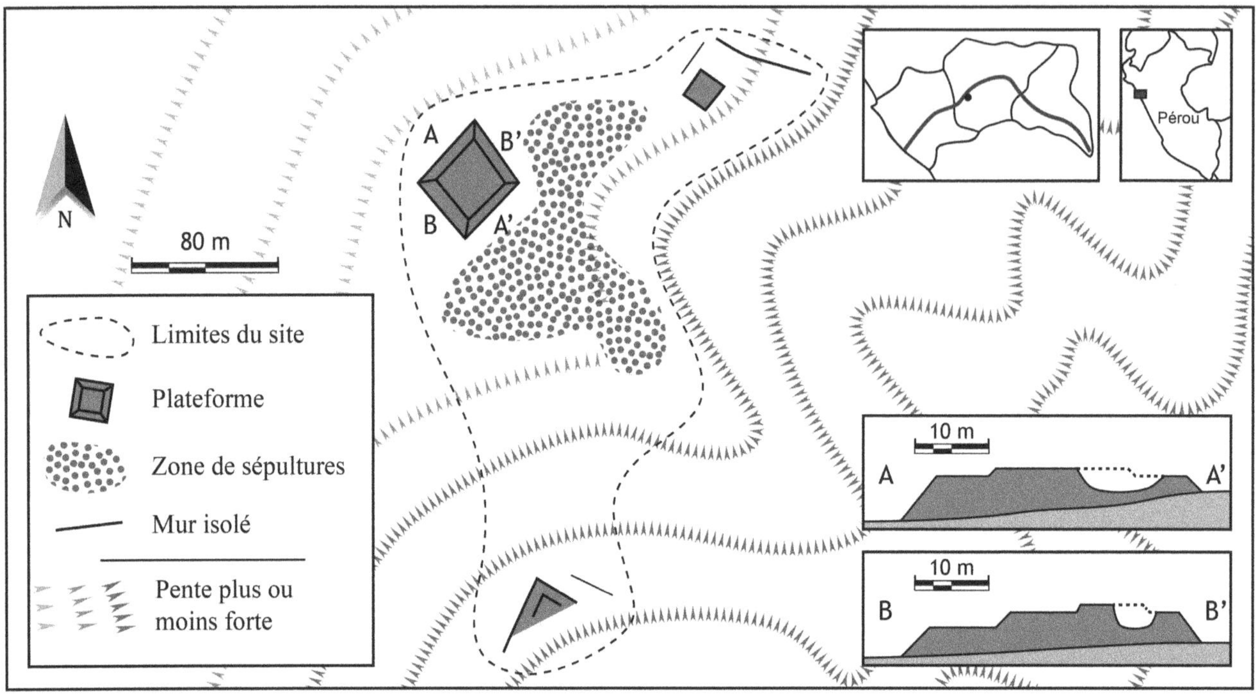

Fig. 8.5 – **Plan du site n°37 avec ses trois plateformes et son mur isolé.**

au chapitre précédent. Vingt-et-un sites sont dépourvus, ou presque, de petites structures simples. Il s'agit donc d'établissements essentiellement composés d'édifices imposants.

Contrairement aux sites avec de petites structures simples, le nombre de constructions ne semble pas très révélateur. En effet, la plupart des sites ne recèlent qu'un unique édifice de grande taille et seuls les n°17, 37, 63, 83 et 94 présentent plus d'une grande construction[2]. Ces sites sont par conséquent classés en quatre sous-catégories, en fonction de la nature de leurs bâtiments: les sites avec des plateformes hautes, ceux avec des enceintes, ceux avec des structures complexes isolées et enfin, ceux avec des enceintes et des structures complexes.

Les sites composés d'une ou de plusieurs plateformes isolées

Quatre sites (n°9, 11, 37, et 58) sont composés d'une ou de plusieurs plateformes hautes.

Description

Chacun d'eux recèle une plateforme haute (ou *huaca*), à l'exception du n°37 qui en possède trois (fig.8.5). Nous avons également observé des plateformes basses sur deux autres sites (n°17 et 18), mais des constructions plus imposantes (enceintes et structures complexes) contribuent à minimiser leur rôle au sein de ces deux établissements que nous n'avons donc pas pris en compte ici.

Nous n'avons pas remarqué la présence d'autres constructions sur ces sites, à l'exception de deux longs murs (site n°37 et 58). Ces derniers sont relativement imposants, en particulier celui du site n°58, pour lequel nous avons souligné l'appareil irrégulier et soigné, au chapitre 7.1. Ces murs descendent les flancs des montagnes (les cerros Salavín pour le site n°37 et le cerro Jaguey pour le n°56; fig.8.6) en direction du río Chicama et s'arrêtent à la hauteur d'une plateforme. Ils sont toujours construits en amont de ces plateformes qui sont accessibles depuis l'aval du fleuve.

Enfin, les sites n°9, 37 et 56 ont également des concentrations de céramique et d'ossements, décrites au chapitre 6.2. Ces zones funéraires, malheureusement pillées, se trouvent à proximité immédiate des hautes plateformes de ces trois sites.

Localisation

Ces quatre sites sont localisés aussi bien dans la vallée basse que dans le fond de la vallée moyenne (fig.8.6).

Alors que les n°9 et 11 se trouvent dans la plaine côtière, à environ 2 km de distance l'un de l'autre, les n°37 et 58 sont situés dans le fond de la vallée moyenne, non loin du río Chicama. Ce sont donc les régions inférieures à 500 m d'altitude qui accueillent les quatre sites composés de hautes plateformes d'adobe issues d'une tradition architecturale principalement d'origine côtière.

Fonction

En règle générale, ces constructions sont interprétées par les archéologues (Willey 1953; Reindel 1999;

2 - Nous n'avons pas comptabilisé la plateforme basse du site n°18 car elle est accolée à l'enceinte.

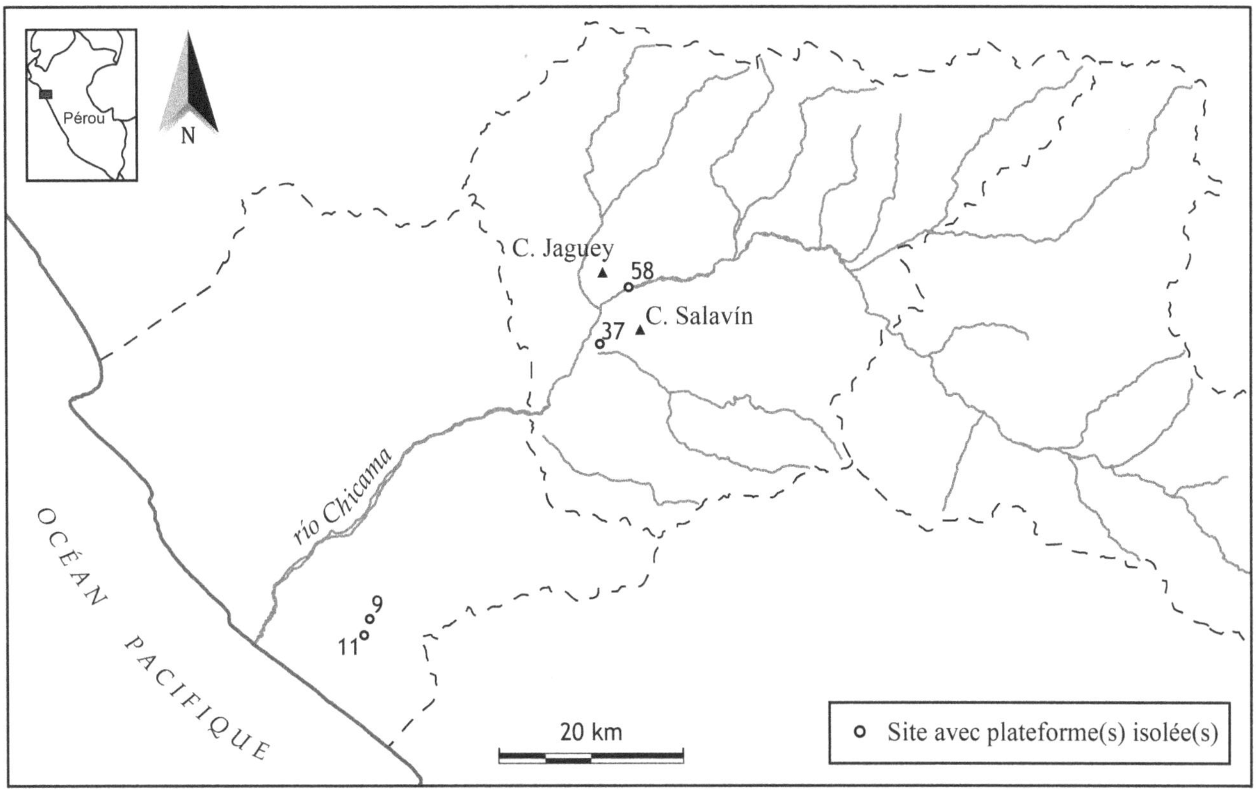

***Fig. 8.6* – Carte de répartition des sites avec des plateformes isolées.**

Uceda 2001) comme des lieux de cultes et de cérémonies. Bien que Willey (1953: 354) ait émis quelques réserves quant à cette hypothèse, les fouilles récentes, principalement pour la culture mochica, comme à Huaca de la Luna (Uceda 2001), la confortent pleinement.

Le matériel céramique de la culture mochica, étudié sur le site n°37, est finement décoré et de bonne qualité, comparé à la céramique domestique qui compose la majeure partie des tessons ramassés au cours de nos prospections et analysés au chapitre 5. Si cette céramique fine correspond bien à une activité cérémonielle et religieuse, pour l'époque mochica, on peut se demander si ce site avait la même fonction à l'Intermédiaire Récent. Les vestiges de quelques sépultures pillées sur les sites n°9, 37 et 58 indiqueraient plutôt une fonction funéraire.

La réutilisation des anciennes plateformes d'adobe comme lieux d'inhumation par les Chimús a été documentée à plusieurs reprises. Dans la vallée de Moche, Chauchat et Guffroy (2003) décrivent des tombes intrusives chimús dans la Huaca Herederos Chica, construction monumentale de la Période Formative. Quant à Donnan et Mackey (1978), ils recensent 38 sépultures chimús sur le site mochica des Huacas del Sol et de la Luna. Récemment, les fouilles à la Huaca de la Luna ont révélé plus de cent sépultures, datées de l'époque chimú et de la Période Chimú-Inca (Uceda 1999; Asmat *et al.* 2013).

Dans la vallée de Chicama, la situation est semblable sur le site d'El Brujo où cinquante-deux tombes de la culture Sicán et deux de la culture chimú ont été exhumées. Dans le cas des sites n°37 et 58 de notre étude, les sépultures se trouvaient surtout autour des plateformes, même si le pillage intensif ne permet pas de discerner réellement d'organisation spatiale.

Ces sépultures chimús, découvertes par des archéologues (Chauchat et Guffroy 2003: Donnan and Mackey 1978; Uceda 1999; Asmat *et al.* 2013) ou lors de nos prospections, à proximité de plateformes monumentales, anciens lieux de culte des cultures antérieures, semblent indiquer la persistance des aspects rituels de ces constructions. Possibles symboles du passé des populations de l'Intermédiaire Récent, ces édifices étaient alors peut-être associés au monde des morts, tout comme l'étaient les *chullpas* du nord du Chili, étudiées par plusieurs auteurs (Bouysse-Cassagne y Chacama 2012; Duchesne y Chacama 2012). Aujourd'hui, consécutivement à leurs destructions, les plateformes d'adobe de la vallée de Chicama constituent de véritables petites collines artificielles qui ont pu incarner autrefois des montagnes et être des *wak'a*, c'est-à-dire des endroits sacrés, longtemps après l'abandon de leur fonction première de temple (Reindel 1999).

Notons qu'en plus de leurs plateformes et des sépultures pillées, les sites n°37 et 58 possèdent tous deux des murs isolés. Certes, les murs et les plateformes ne sont pas forcément contemporains, les premiers ayant pu être construits avant ou après les secondes. Toutefois, il semble cohérent de penser qu'il existait une certaine relation entre ces deux types de constructions et il convient donc de se demander quel rôle ces murs isolés pouvaient jouer.

Il est probable que ces murs séparaient ou éventuellement protégeaient les plateformes et les zones funéraires des populations qui se trouvaient en amont. Comme aucun obstacle ne limitait l'accès aux deux sites depuis l'aval, des groupes venant de la côte pouvaient accéder aux plateformes et aux nécropoles, tandis que ceux des montagnes se heurtaient à ces murs. La face nord-est du mur isolé du site n°58 est d'ailleurs finement bâtie (fig.7.8), offrant peut-être aux habitants de la sierra une vision de puissance et de monumentalité destinée à les impressionner.

Le caractère défensif de ces murs, bien qu'envisageable, n'est pas avéré. Défendait-on des temples ou des nécropoles ? On peut penser qu'ils marquaient plutôt certaines limites des sites, afin d'isoler les plateformes et les zones funéraires de groupes étrangers originaires des hauteurs. Cette fonction de délimitation aurait aussi pu s'étendre au territoire d'une communauté, au-delà de l'échelle du site. À partir des réflexions d'Isbell (1997), nous avons supposé qu'à l'instar des *chullpas* découvertes au Chili (Bouysse-Cassagne y Chacama 2012; Duchesne y Chacama 2012), les zones funéraires de la vallée de Chicama auraient pu jouer un rôle dans la définition des territoires de communautés. Comme nous l'avons suggéré au chapitre 6.2, elles étaient probablement associées à des éléments spécifiques du paysage, comme des montagnes, qui constituaient des sortes de marqueurs spatiaux. La présence des murs isolés aux côtés des sépultures pillées des sites n°37 et 58 renforce cette interprétation de limites territoriales. On peut donc se demander si le fait d'enterrer ses morts près d'un ancien lieu sacré et à côté d'un mur isolé ne permettait pas à une communauté de revendiquer cet endroit particulier et de s'en servir comme « frontière ».

Les sites composés d'une ou de plusieurs enceintes

Outre ces quatre sites avec plateforme, onze autres recèlent des enceintes de taille diverse (n°4, 18, 20, 22, 24, 25, 26, 27, 69, 83 et 86).

Description

Huit d'entre eux comportent chacun une unique grande enceinte tandis que les trois derniers (n°20, 83 et 86) comprennent une ou deux petites enceintes. Comme nous l'avons décrit au chapitre 7.2, les enceintes sont avant tout composées de vastes espaces ouverts qui sont délimités par des murs d'adobe ou de pierre, bien conservés dans la plupart des cas (fig.8.7). Les divisions internes, peu nombreuses, sont matérialisées par des murs moins importants.

Outre ces grands édifices en adobe et en pierre, souvent bâtis avec soin[3], nous avons observé une petite structure circulaire sur le site n°4, et une plateforme basse

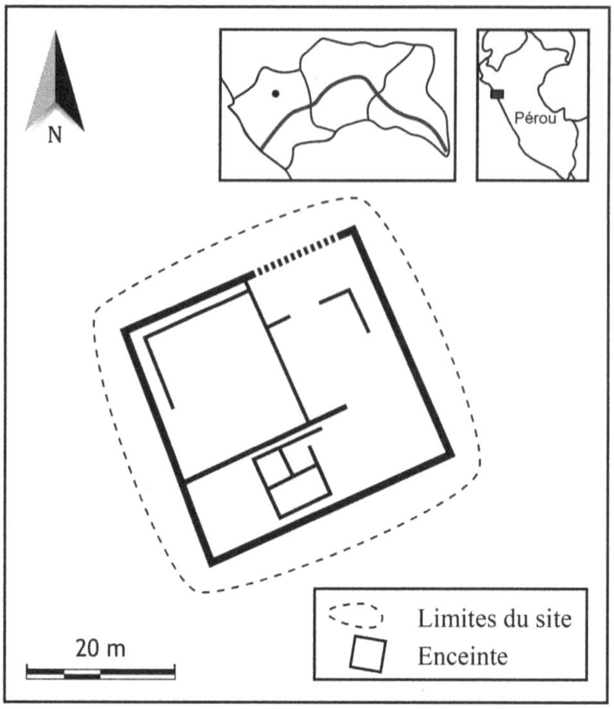

Fig. 8.7 – **Plan du site n°24 avec son enceinte isolée.**

et un chemin sur le site n°18. Certains de ces sites avec enceintes ont également révélé des concentrations de céramiques et d'ossements; ainsi, les sites n°4, 22 et 25 (fig.8.11 et 8.12), mentionnés au chapitre 6.2, abritaient des sépultures, aujourd'hui complètement détruites par les recherches clandestines des pilleurs. Il faut mentionner le fait que les sépultures de ces sites pourraient être légèrement postérieures à l'usage initial des enceintes.

Localisation

Les sites présentant une ou deux enceintes sont surtout localisés dans la plaine côtière de la vallée basse où nous en avons recensé huit, les trois derniers (n°69, 83 et 86) se trouvant dans le fond de la vallée moyenne (fig.8.8).

Cinq de ces sites avec enceintes sont regroupés dans la zone n°6 de nos prospections et le site n°18 a été découvert non loin, quatre kilomètres plus au nord-ouest. Cette région de la vallée de Chicama est en cours d'aménagement pour accueillir des champs de canne à sucre. Deux autres sites de la zone n°6 (n°21 et 23) ont visiblement été détruits par des bulldozers qui n'ont laissé que des concentrations de céramiques présentées au chapitre 6.1. Comme nous en avons émis l'hypothèse, ces deux sites pourraient avoir abrité des constructions aujourd'hui disparues. S'il s'agissait d'enceintes, nous aurions alors huit sites avec enceintes dans cette région. On peut donc se demander à quoi correspond une telle concentration de sites de ce type. Pourquoi avoir édifié tant d'enceintes à cet endroit ? Les canaux préhispaniques qui passent à proximité de cette zone pourraient avoir influencé ce choix d'implantation, comme nous le verrons au chapitre 10.2.

3 - Exception faite de l'enceinte du site n°4 qui présente des murs par entassement (fig.7.5).

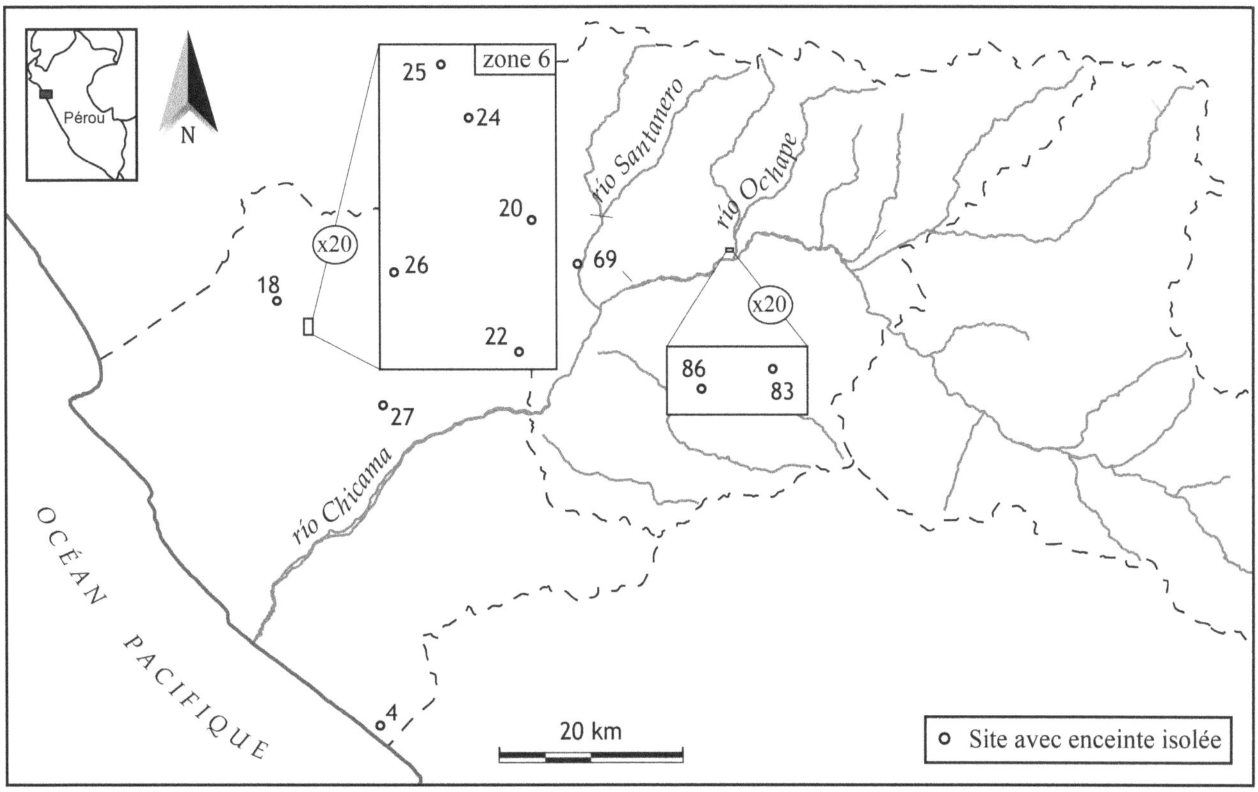

Fig. 8.8 – **Carte de répartition des sites avec des enceintes isolées.**

Dans la vallée moyenne, la situation est différente et ce type de site est bien plus rare. Les n°83 et 86 se trouvent tous deux dans l'axe principal de la vallée, non loin de la confluence des ríos Chicama et Ochape. Malgré le fait que ces deux sites ne sont distants que de 400 m à vol d'oiseau, les terrasses naturelles sur lesquelles ils sont installés ont plutôt tendance à les opposer; le n°83 est orienté vers l'est (fig.8.9), tandis que le n°86 est complètement tourné vers le sud. Les deux sites ne sont donc pas visibles entre eux, en dépit d'une certaine proximité.

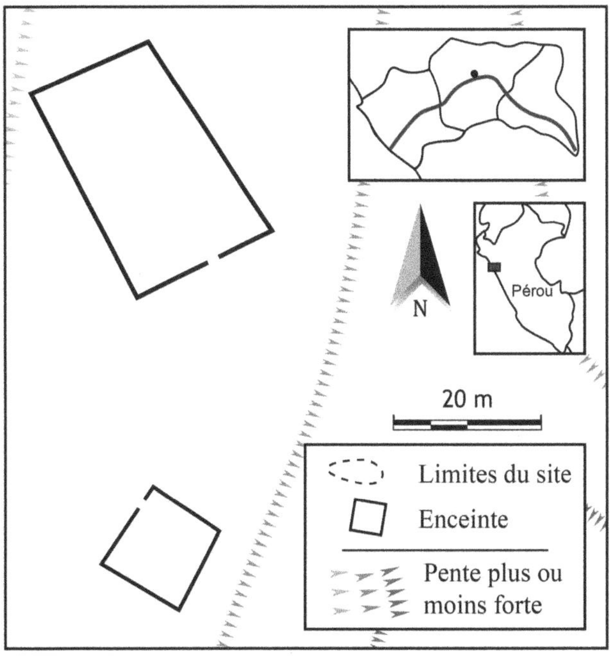

Fig. 8.9 – **Plan du site n°83 avec ses deux enceintes.**

Enfin, le n°69 se trouve dans la *quebrada* Santanero pour laquelle nous avions mentionné les nombreux petits sites composés de structures simples (fig.8.4). Il est probable que la grande enceinte de ce site a été utilisée par la population résidant dans ces hameaux.

Fonction

En l'absence d'autre type de construction, le rôle de la plupart de ces sites devait se résumer à celui de leurs principaux édifices: les enceintes.

Selon Gamboa (2008), les enceintes de la fin de l'époque mochica étaient probablement utilisées par des personnages de haut rang et avaient des fonctions cérémonielles et administratives. Il y a tout lieu de penser qu'il en était de même pour celles de la vallée de Chicama, à l'Intermédiaire Récent. Leurs espaces internes, d'accès restreint, permettaient de rassembler des communautés, lors de fêtes ou pour des travaux collectifs importants (récoltes, entretiens des canaux, etc.). Symboles de l'autorité par leur taille, ces enceintes devaient donc être utilisées par les membres de l'élite pour administrer des ressources ou les populations des alentours.

Dans la *quebrada* Santanero, le site n°69 composé d'une large enceinte (fig.8.10), est entouré de plusieurs petits sites résidentiels. Cet édifice de grande taille, le seul

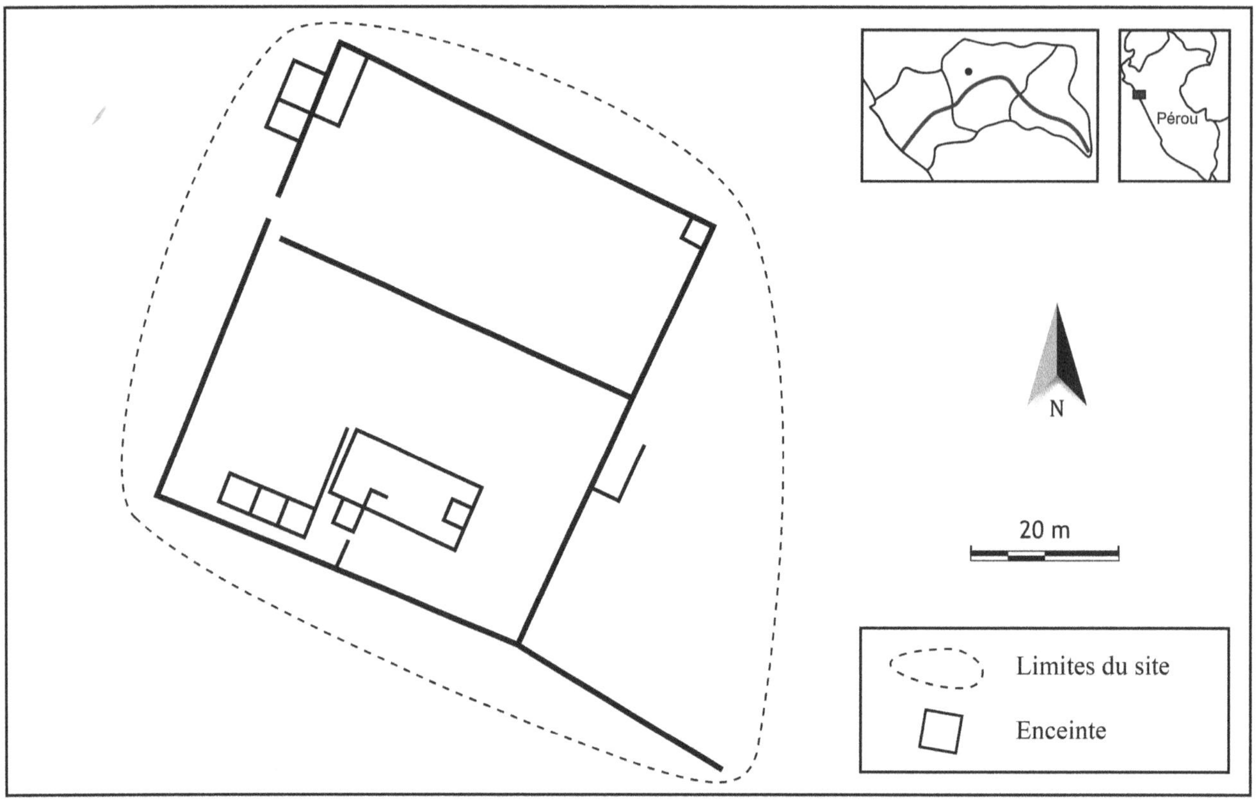

Fig. 8.10 – **Plan du site n°69 avec son enceinte.**

recensé dans cette zone, a pu accueillir les habitants des environs lors de cérémonies durant lesquelles des membres de l'élite jouaient un rôle actif. La situation de ce site semble donc appuyer l'hypothèse de fonctions cérémonielles, voire administratives, pour les enceintes. D'autres sites, comme les n°4, 22 et 25 (fig.8.11 et 8.12), se prêtent moins à cette interprétation, mais leurs zones funéraires fournissent d'autres pistes de réflexion.

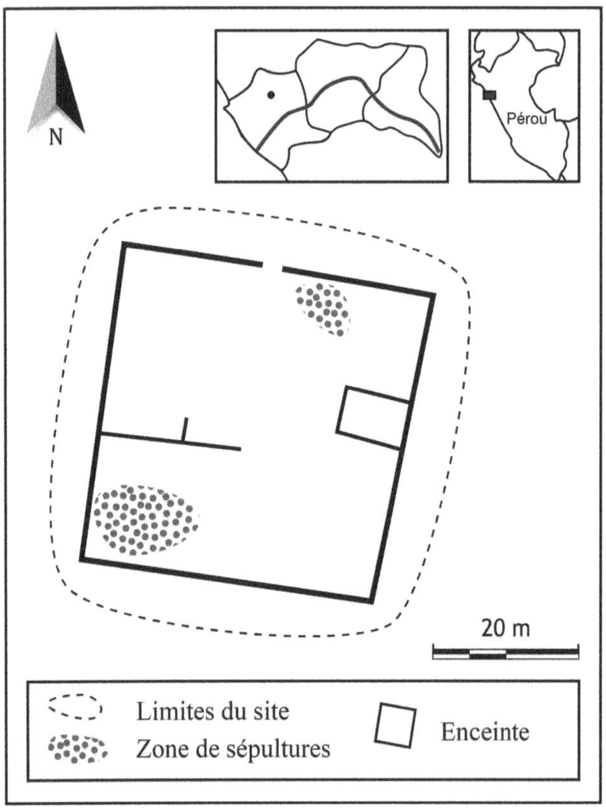

Fig. 8.11– **Plan du site n°22 avec son enceinte isolée.**

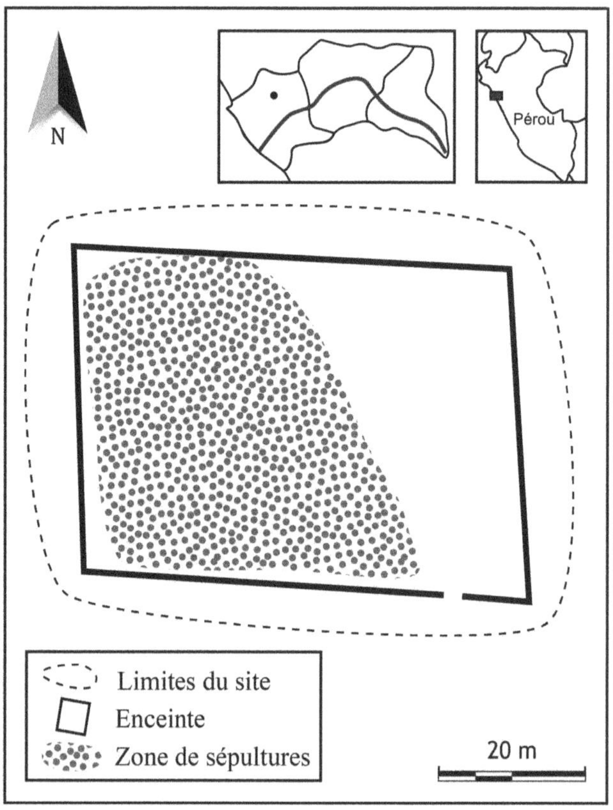

Fig. 8.12 – **Plan du site n°25 avec son enceinte isolée.**

Les enceintes de ces trois sites renfermant des tombes rappellent les nécropoles des quartiers périphériques de Chan Chan, entourées de hauts murs (Topic 1977). Dans la vallée de Chicama comme dans la capitale chimú, on peut se demander si ces enceintes symbolisaient la « frontière » séparant le domaine des vivants et celui des morts, comme le font les murs des cimetières modernes (Aries 1975; Lassere 1997).

Moore (2004) suppose également qu'elles servaient à marquer une différence de statut social entre les morts enterrés à l'intérieur et ceux inhumés dans des nécropoles sans construction apparente.

Enfin, ces enceintes pouvaient aussi définir des secteurs funéraires associés à des communautés particulières, comme c'était le cas dans le nord du Chili (Bouysse-Cassagne y Chacama 2012; Duchesne y Chacama 2012). La présence de ces tombes renforce l'idée que certaines de ces enceintes étaient éventuellement liées à la sphère du sacré et du rituel. Cette hypothèse est tout de même limitée, puisque seuls trois des sites avec enceinte recèlent des vestiges de sépultures.

Enfin, étant donné la taille des espaces internes des enceintes de ces sites, il est probable qu'ils avaient plusieurs fonctions, changeant selon les circonstances et les besoins des populations de la vallée. On peut ainsi imaginer qu'outre leurs rôles administratifs et cérémoniels, voire funéraires, ces vastes espaces servaient de lieux de rencontre pour réaliser des échanges. Ce devait être le cas pour le site n°18 dont l'enceinte est bâtie à côté d'un chemin préhispanique par lequel transitaient divers produits. En l'absence de plus de données, cette fonction économique, bien que plausible, demeure à l'état de suggestion.

Les plateformes et les enceintes ne sont pas les seuls types d'édifices imposants recensés, les structures complexes sont aussi présentes sur plusieurs sites.

Les sites avec une ou deux structures complexes

Quatre sites (n°1, 2 et 70 et 63) recèlent des structures complexes. Celles des trois premiers sites sont isolées, sans autres constructions aux alentours immédiats tandis que le site n°63 comporte d'autres édifices (structure simple, place et mur isolé).

Description

Les structures des sites n°2 et 70 sont de petite taille (environ 250 et 300 m²) alors que celle du n°1 est plus grande et mesure près de 800 m² (fig.8.13). Les sites n°1 et 2 sont tous deux localisés en bordure de chemins préhispaniques sur lesquels nous reviendrons postérieurement au chapitre 9.2.

Quant au site n°63, il possède deux structures complexes au nord-est ainsi qu'un mur isolé, une petite structure simple rectangulaire et une place au sud-ouest (fig.8.14). La vaste place qui s'y trouve est orientée selon un axe nord-ouest/sud-est et agencée en deux terrasses, chacune d'environ 2 m de hauteur. Sur la dernière terrasse au nord-ouest, une petite banquette est construite au pied d'un mur aménagé de niches, ce qui rappelle les places des *ciudadelas* de Chan Chan (voir le profil de la place fig.8.14). Enfin, le mur isolé qui longe la place au sud-ouest est percé de deux ouvertures triangulaires qui offrent une vue idéale sur la vallée, vers l'aval.

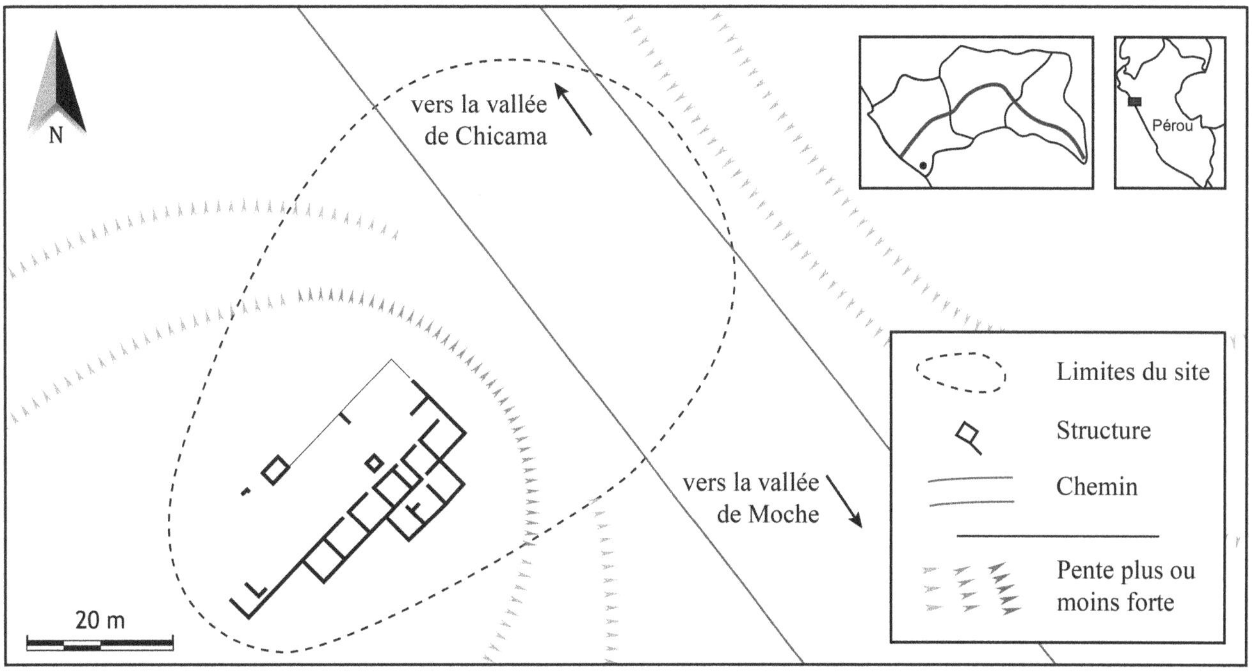

***Fig. 8.13* – Plan du site n°1 avec sa structure complexe.**

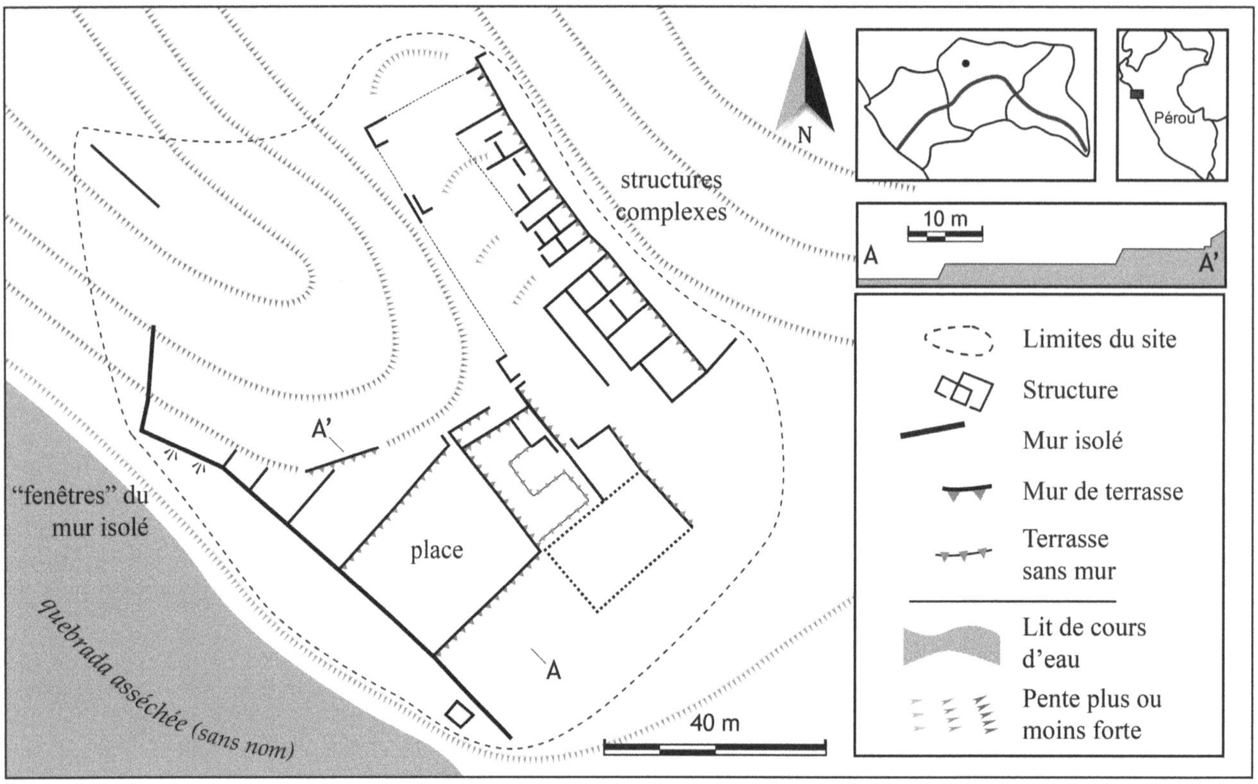

Fig. 8.14 **– Plan du site n°63 avec ses structures complexes, sa place et son mur isolé.**

Localisation

Ces quatre sites sont répartis dans les parties basses et moyennes de la vallée (fig.8.15).

Les sites n°1 et 2 se trouvent dans la vallée basse, dans la zone entre les vallées de Moche et de Chicama, le long de deux routes préhispaniques. Les structures complexes de ces deux sites sont construites sur de petites dunes et dominent chacune un chemin.

Le site n°63 est localisé dans le fond de la vallée moyenne, à proximité du río Chicama, au pied du cerro Jaguey.

Enfin, le site n°70 est, quant à lui, installé au sommet d'une terrasse naturelle de la *quebrada* Santanero, juste au sud du site n°69 qui possède une grande enceinte (fig.8.10). Deux profondes ravines, qui semblent anciennes, séparent les deux sites, distants seulement d'environ 200 m. Plus au nord, dans cette même *quebrada*, rappelons que se trouvent plusieurs établissements recélant uniquement des petites structures (voir supra p.220).

Fonction

Ces quatre sites, bien que localisés dans des environnements différents, se caractérisent par leurs structures complexes qui devaient servir de cadre à la plupart des activités.

Nous avons vu, au chapitre 7.2, que ces édifices de grande taille se caractérisent par une architecture raffinée, et qu'il s'agissait probablement de résidences de membres de l'élite. En effet, seules des personnes de haut rang étaient susceptibles de mobiliser la force de travail nécessaire à la construction de tels bâtiments.

Tel est le cas du site n°63, dont la localisation, près du rio Chicama, la présence, aux alentours, des terres agricoles irriguées, et les structures qu'il renferme laissent penser qu'il jouait un rôle important dans cette région. On y trouve en effet, deux bâtisses aux proportions imposantes, une place aménagée de banquettes et un mur pourvu de niches qui rappellent les vastes cours des *ciudadelas* de Chan Chan liées à l'organisation de cérémonies.

Le site n°70 présente des caractéristiques comparables, mais n'abrite qu'une seule structure plus petite (fig.8.16). Construit sur les rives du rio Santanero, à proximité de vastes terrains, vraisemblablement utilisés comme champs agricoles, il est entouré de petits sites résidentiels. Ces indices suggèrent que ce site aurait pu abriter un *curaca* de rang inférieur, à la tête d'une petite communauté dont les membres étaient dispersés dans les différents hameaux alentour.

En revanche, si la fonction résidentielle est envisageable pour les sites n°63 et 70, elle semble peu pertinente dans le cas des n°1 et 2, localisés dans une région désertique, sans source d'eau immédiate ni zone agricole. Il était certes possible d'aller chercher de l'eau dans des *huachaques*, à quelques kilomètres au sud, mais il est peu probable que des membres de l'élite vivaient sur ces deux sites de façon permanente, loin des populations qu'ils devaient

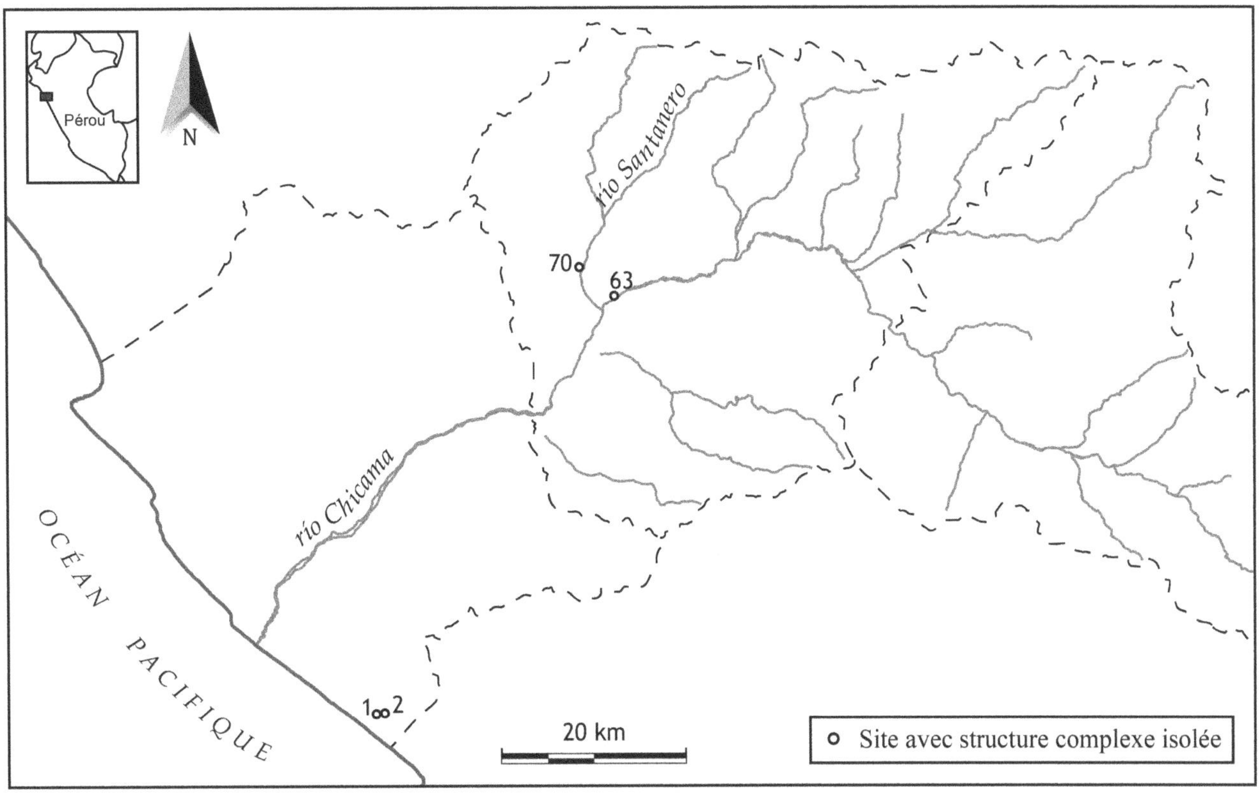

***Fig. 8.15* – Carte de répartition des sites avec des structures complexes isolées.**

administrer. On peut toutefois supposer que ces sites étaient temporairement occupés par des voyageurs qui empruntaient les chemins.

Les sites avec des enceintes et des structures complexes

Seuls deux sites (n°17 et 94) présentent à la fois des enceintes et des structures complexes.

Description

Le site n°17 (fig.8.17) recèle une enceinte d'adobe, trois structures complexes en pierres (A, B et C) et une plateforme basse qui surplombe un chemin. La petite structure complexe A n'est visible qu'à travers la base des principaux murs au sol et n'a pas été achevée. Rappelons que les murs des structures complexes B et C sont à double parement, avec un appareil régulier et un remplissage mixte de pierre et de terre. L'architecture, décrite au chapitre 7.1, est donc particulièrement soignée et élaborée selon une technique de construction que nous avons aussi mise en évidence sur le site n°18.

Le site n°94 comporte trois enceintes, deux structures complexes et deux petites structures simples (fig.8.19). À l'instar de la structure A du site n°17, celles du n°94 semblent inachevées. Certains murs sont certes complètement construits, mais d'autres ne sont constitués que d'une première rangée de pierres. L'absence de vestige d'effondrement de ces murs indique bien qu'ils n'ont pas été terminés. Par ailleurs, les murs internes des trois grandes enceintes de ce site s'arrêtent à mi-parcours et ne ferment pas complètement les pièces. Comme nous l'avons signalé au chapitre 7.2, l'enceinte A, de très grande taille, présente quelques points communs avec les *ciudadelas* de Chan Chan, même si le fait que sa construction n'ait pas été menée à terme complique la comparaison. La forme

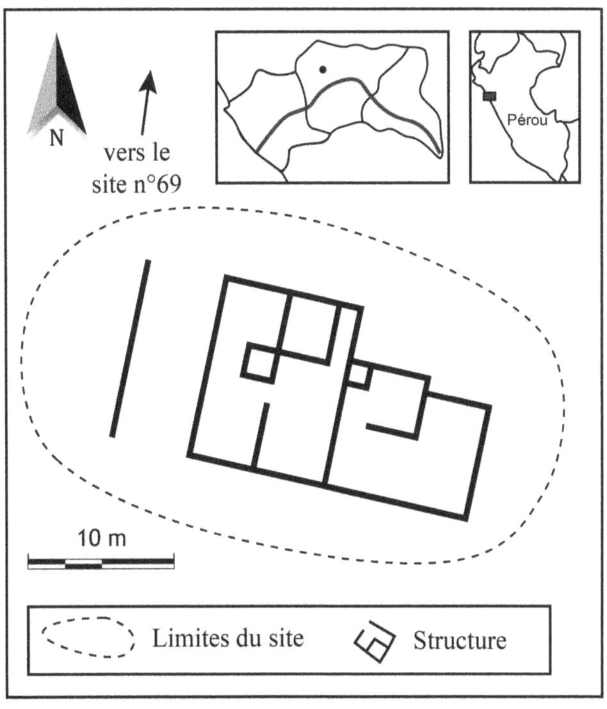

***Fig. 8.16* – Plan du site n°70 avec sa structure complexe.**

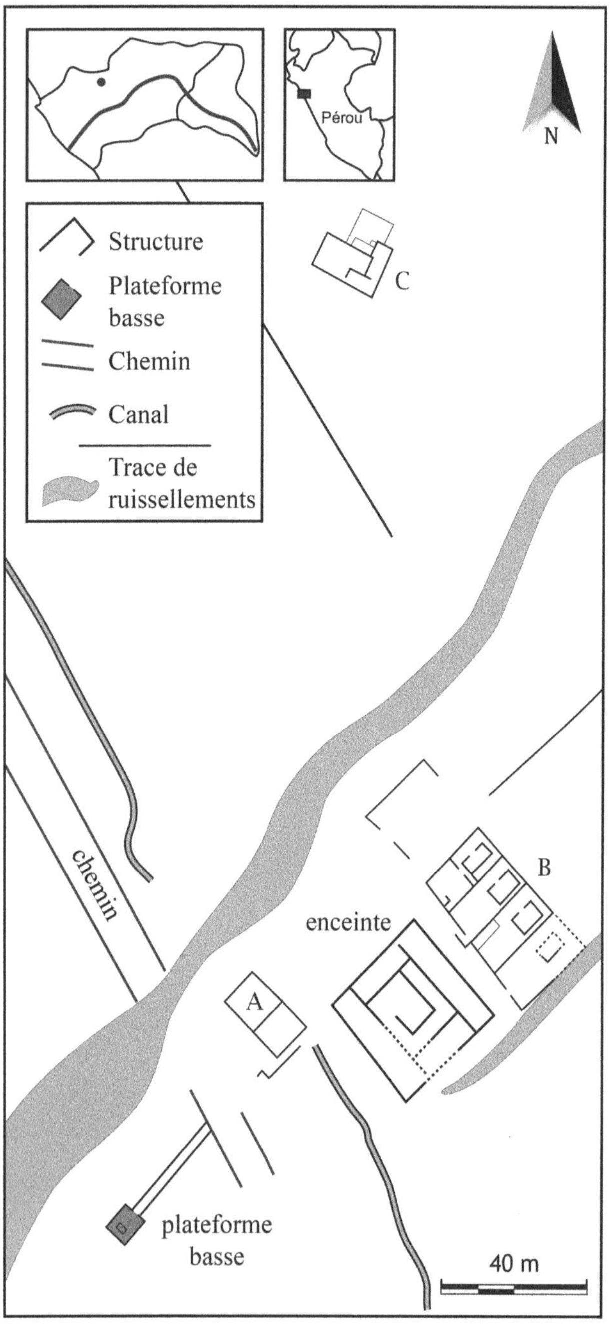

Fig. 8.17 – **Plan du site n°17.**

rectangulaire, les grandes cours, quelques banquettes et une sorte de division en trois secteurs rappellent en effet les constructions monumentales de la capitale. Malgré son aspect inachevé, l'architecture du site est soignée; l'appareil des murs à double parement est régulier, avec parfois des pierres placées verticalement. Le rendu particulier de cet appareil, évoquant peut-être un motif textile, témoigne de l'importance et du prestige de ces bâtiments et du site lui-même. Enfin, il faut mentionner la présence d'un cimetière moderne dans l'enceinte B du site n°94.

Localisation

Le site n°17 est localisé dans la plaine côtière, en bordure de la zone désertique de la pampa de Mocan (fig.8.18). Il est relié au n°18 par son chemin préhispanique. Le site n°94 se trouve, quant à lui, à la limite entre la vallée moyenne et la vallée haute, sur une terrasse naturelle surplombant la confluence du río Chicama et de son principal affluent, le río Chuquillanqui.

Fonction

L'architecture élaborée et la taille particulièrement imposante des édifices de ces deux sites laissent penser qu'ils ont pu abriter des personnages importants.

L'apparence très soignée des grands édifices du site n°17 pourrait indiquer que les bâtisseurs ont voulu montrer le prestige de ce site et l'ériger en un centre politique, cérémoniel et administratif local, depuis lequel des membres de l'élite géraient l'exploitation agricole de la région, comme nous le décrirons au chapitre 9.1. La présence d'un chemin sur le site n°17 suggère qu'à l'instar des n°1 et 2 interprétés ci-dessus cet établissement servait au contrôle des communications.

Selon Salvatierra (2007), dont les interprétations sont parfois discutables[4], les vastes enceintes du site n°94 avaient une fonction administrative et cérémonielle. C'est du moins ce que laisse penser l'architecture de l'enceinte A, similaire à une *ciudadela* de Chan Chan. Cette hypothèse d'un rôle administratif est largement renforcée par la localisation de ce site sur une terrasse naturelle, qui permettait le contrôle visuel de la région environnante et des ríos Chicama et Chuquillanqui. Ajoutons qu'en s'installant à cet endroit, bien visible depuis les alentours, les Chimús pouvaient renforcer leur présence dans le paysage et démontrer leur puissance, symbolisée dans la monumentalité et le soin apporté à l'édification de ce site.

Les sites n°17 et 94 avaient donc vraisemblablement des fonctions administratives, voire cérémonielles, liées au pouvoir politique.

Commentaires relatifs aux sites avec de grandes constructions

Nous venons de voir que les sites avec des constructions de grande taille auraient pu accueillir des membres de l'élite qui avaient le pouvoir d'ordonner l'édification de bâtiments monumentaux, comme les plateformes, les enceintes et les structures complexes. Pour DeMarrais (*et al.* 1996), Seoane (*et al.* 2008) et Swenson (2006), à la fin de l'époque mochica, ces mêmes personnages auraient également pu y organiser des fêtes religieuses et des banquets afin d'exhiber leur puissance et renforcer leur autorité. De telles pratiques ont d'ailleurs vraisemblablement perduré jusqu'à l'Intermédiaire Récent.

4 - Salvatierra (2007: 14) n'hésite pas à indiquer l'existence de pièces dédiées au stockage, hypothèse vraisemblable, mais sans réel indice architectural. De même, un tas de terre d'environ un mètre de hauteur, sans forme véritable, est interprété par l'auteur comme une plateforme funéraire. Les modifications engendrées par la création du cimetière moderne à cet endroit auraient très bien pu créer cette « plateforme ».

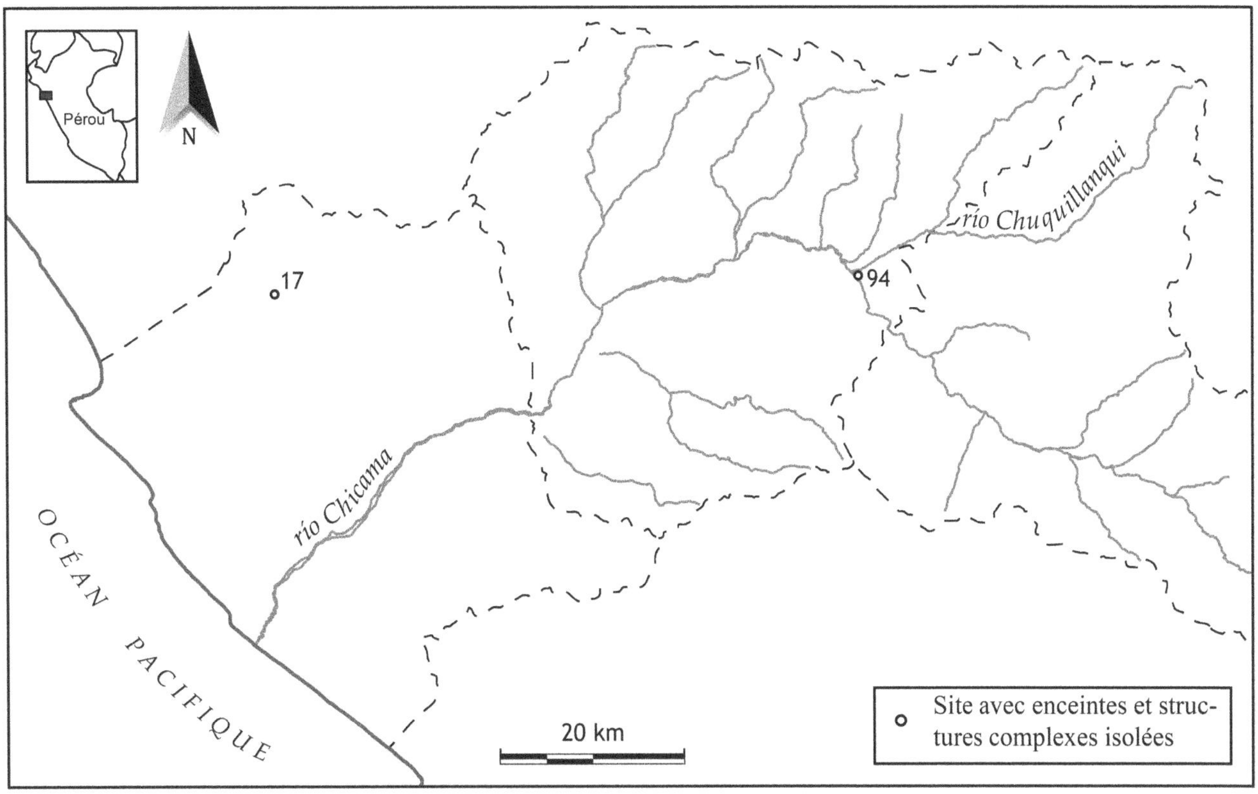

Fig. 8.18 – **Carte de répartition des sites avec des structures complexes isolées.**

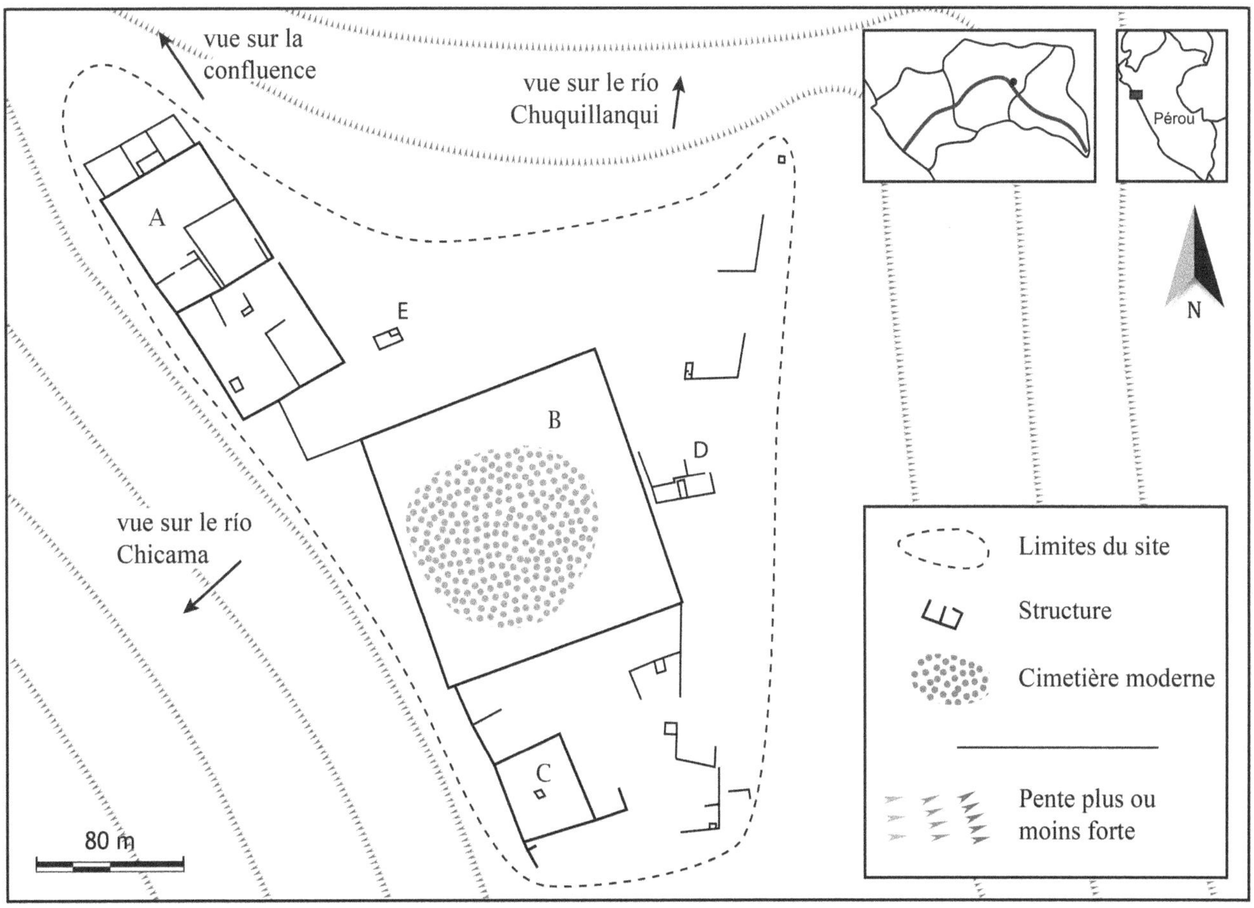

Fig. 8.19 – **Plan du site n°94.**

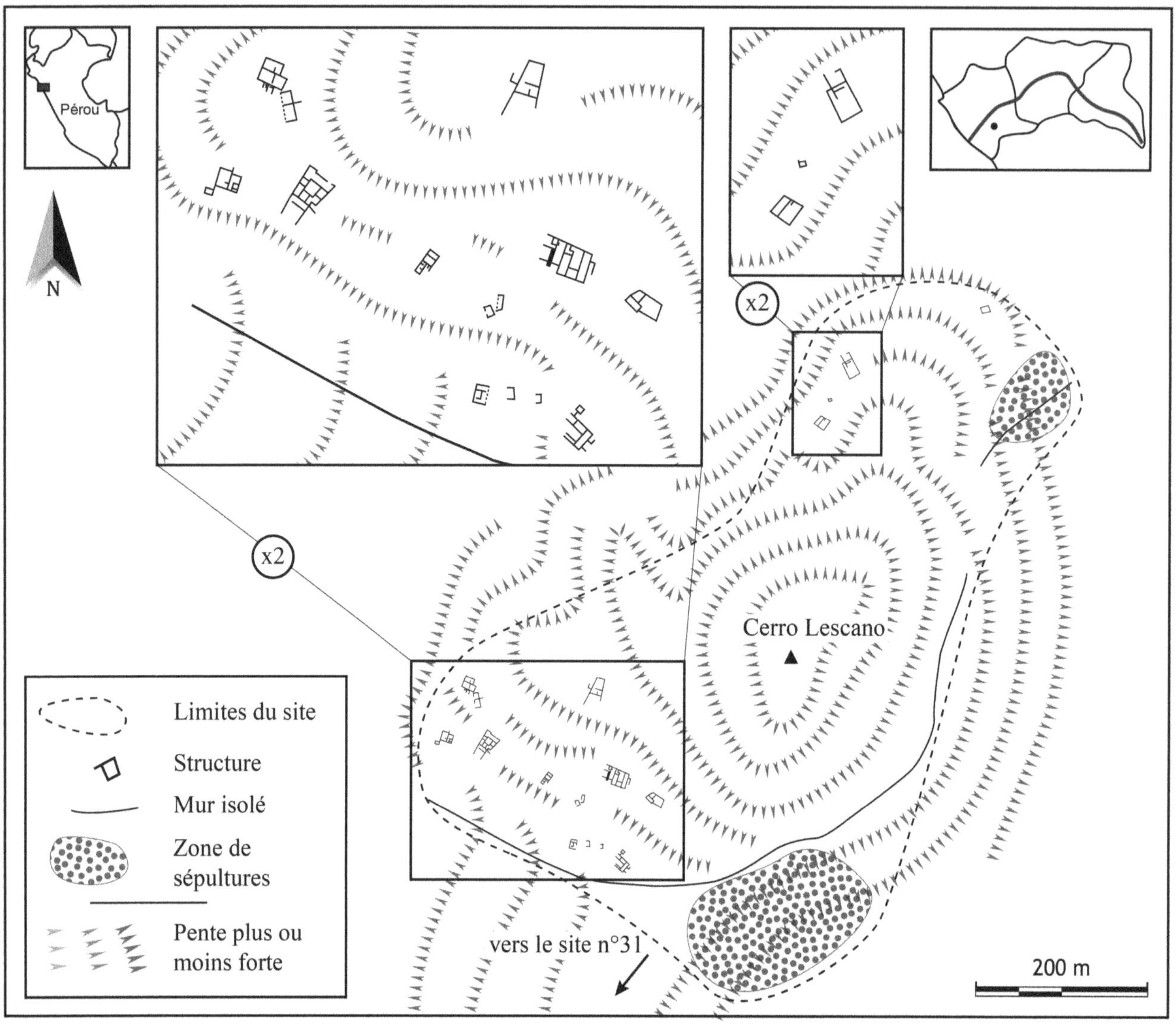

Fig. 8.20 – **Plan du site n°32 avec ses structures simples et complexes.**

Les données recueillies sur d'autres sites, comme le n°94, laissent penser qu'ils étaient plutôt orientés vers la gestion des ressources environnantes. Enfin, le caractère funéraire des hautes plateformes et de quelques enceintes témoigne de leur relation au domaine du sacré.

L'architecture monumentale n'est pas toujours isolée des petites structures simples et de nombreux sites présentent un mélange de constructions diverses.

III. Les sites avec des petites et des grandes structures

Quatorze sites recèlent des édifices de tailles très variées, comme de petites structures simples, des enceintes et des structures complexes bien plus grandes. Comme tous ces sites comprennent des structures simples, ils sont classés en trois catégories, en fonction de leurs bâtiments monumentaux: ceux avec des structures complexes, ceux avec des enceintes et enfin, ceux avec des plateformes.

Les sites avec structures simples et complexes

Neuf sites (n°29, 32, 43, 72, 78, 84, 95, 135, 153) présentent des structures simples et complexes.

Description

Avec une superficie moyenne d'environ 50 000 m², ces neuf sites très étendus et abritent de nombreux édifices, en particulier des structures simples majoritaires.

Ces petites constructions sont souvent de forme rectangulaire, mais on trouve également des structures de type « agglutinée » sur les sites n°72, 78, 84, 95 et 153. Parmi les six sites recélant ces structures agglutinées, cinq comportent des structures complexes[5]. Cette sous-catégorie de structures simples serait donc surtout bâtie aux côtés de structures complexes plus grandes. La forte densité de ces constructions agglutinées n'a pas toujours permis de

5 - Le sixième site avec des structures agglutinées (n°113) n'est composé que de structures simples, rectangulaires et agglutinées et a donc été classé dans la catégorie des « sites avec des petites structures simples », présentée au début de ce chapitre.

comptabiliser le nombre total de structures. Ainsi, nous en avons recensé jusqu'à 80 sur à peine la moitié du site n°84.

Aux côtés de ces nombreuses structures simples, se trouvent généralement une ou deux structures complexes qui forment les édifices les plus imposants de ces sites (n°29, 72, 78, 95, 135 et 153). Cependant, dans le cas des sites n°32, 43 et 84, on compte respectivement onze, quatre et dix structures complexes (fig.8.20), ce qui contraste fortement avec les petites constructions recensées à leur côté.

L'analyse de l'architecture de ces structures complexes ne révèle aucune distinction dans les techniques de construction avec les structures simples. Elles sont bâties avec des murs à double parement, des appareils irréguliers et un remplissage le plus souvent de terre. Il faut toutefois souligner la particularité de la structure complexe du site n°153 dont les murs de pierre et d'adobe disposent d'un parement semi-régulier assez soigné et mesurent jusqu'à 4 m de hauteur (fig.8.21 et 7.9). La principale différence entre structures simples et complexes réside avant tout dans les dimensions, plus imposantes dans le cas des édifices complexes, et le nombre de pièces internes.

Les murs isolés sont relativement fréquents, puisqu'ils ont été construits sur tous les sites, à l'exception des n°43, 78 et 95. Ces murs périphériques bloquent souvent l'accès aux sites, notamment sur leurs flancs les moins protégés. Ainsi, un mur ferme le site n°84 depuis le nord, seul côté par lequel il est aisé d'atteindre cet établissement. Dans le cas des sites n°29 et 32, les murs séparent les édifices bâtis sur des terrains en pente de la plaine environnante. Les sites n°135 et 153 constituent cependant deux contre-exemples frappants. Le mur du n°135 est construit sur les côtés ouest et nord, déjà « défendus » par le relief naturel fort abrupt, alors qu'il était facile d'accéder au cœur du site depuis le sud. Quant au mur du n°153, il se trouve au nord et non à l'ouest où la pente est bien plus douce.

Enfin, il faut mentionner l'existence d'une vaste place d'environ 60 par 80 m, dans la partie sud du site n°135, le nord étant plus densément construit.

Localisation

Ces sites se répartissent entre les parties basses et moyennes de la vallée (fig.22). Les n°29 et 32 sont localisés dans la vallée basse, tandis que les sept autres (43, 72, 78, 84, 95, 135 et 153) sont installés dans la vallée moyenne.

Les sites n°29 et 32 sont implantés dans la partie basse, sur les pentes de petites montagnes, le cerro El Sapo pour le site n°29 et le cerro Lescano pour le site n°32. Ces terrains inclinés impliquent d'ailleurs d'importants aménagements de terrassement. Le site n°29 est principalement bâti au pied des flancs sud-ouest du cerro El Sapo. Quant au n°32, il est surtout installé sur les replats, à mi-hauteur entre la base et le sommet de la montagne, là où il était plus facile de construire du fait d'une pente un peu plus douce.

Dans le fond de la vallée moyenne, les sites n°43, 78, 84, 95 et 153 sont implantés à proximité du río Chicama, sur des terrasses naturelles. Ces établissements sont donc principalement bâtis en terrain plat, bien qu'en hauteur par rapport aux cours d'eau et aux berges qu'ils dominent. Quant au n°72, il est construit sur de fortes pentes, non loin du río Ochape et du río Chicama. Enfin le site n°135 est édifié à plus de 1000 m d'altitude, sur le sommet du cerro Colorado, non loin du village actuel de Cascas.

On observe donc une différence assez marquée entre quelques sites implantés sur des pentes (n°29, 32 et 72), principalement dans la vallée basse, et les autres, en terrain

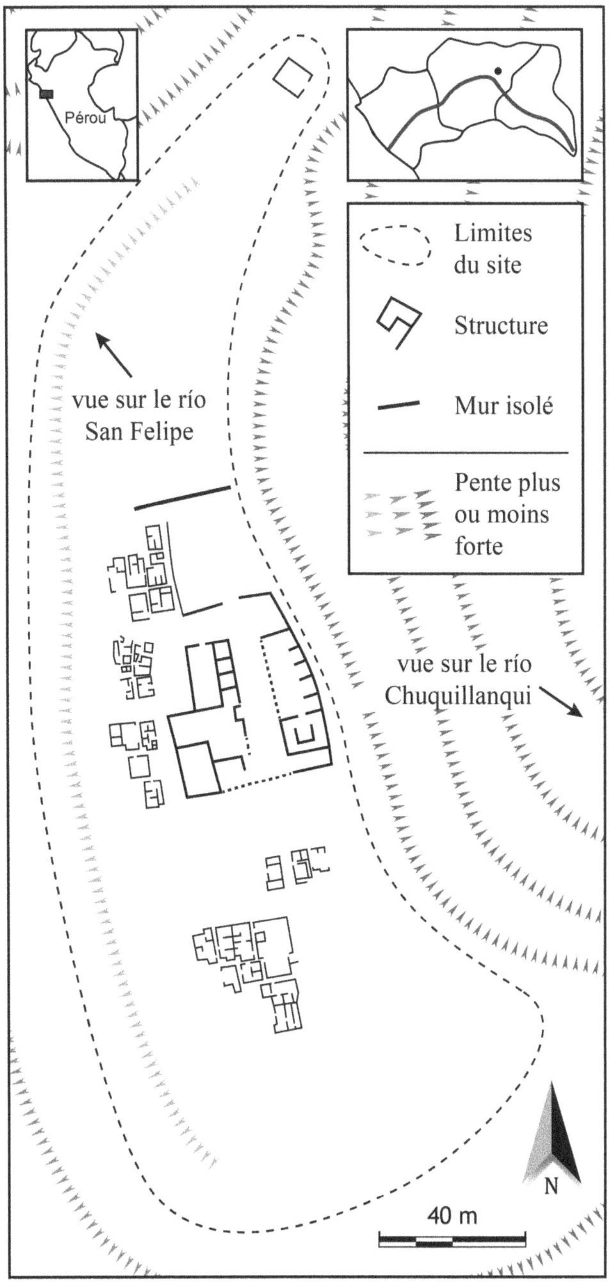

***Fig. 8.21* – Plan du site n°153 avec ses structures simples (redessinées d'après Ruíz 1999: 108), sa structure complexe et son mur isolé.**

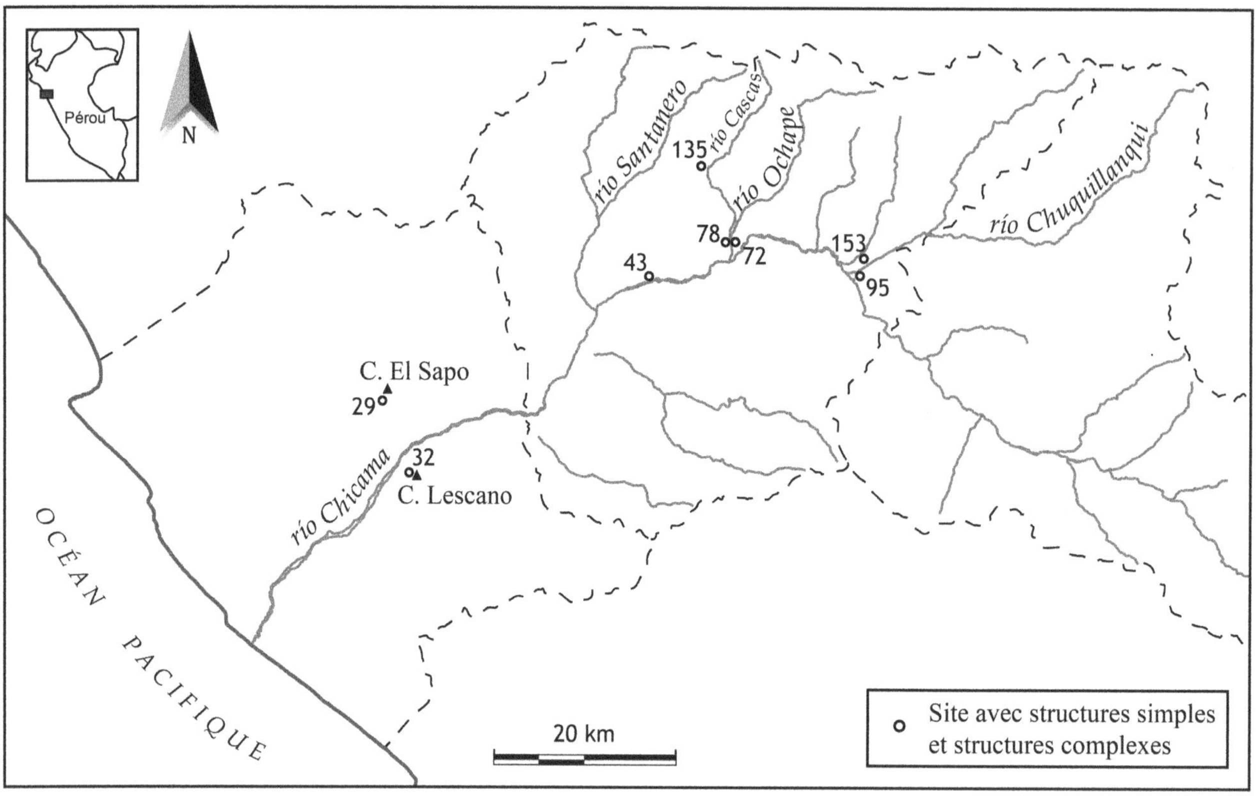

***Fig. 8.22* – Carte de répartition des sites avec des structures simples et complexes.**

plus plat alors même qu'ils sont installés dans la vallée moyenne, plus montagneuse.

Fonction

Comme nous l'avons suggéré au chapitre 7.2, la localisation de ces neuf sites et la présence de structures simples et complexes à l'architecture raffinée démontrent leur caractère résidentiel. Tous sont construits à proximité de cours d'eau ou de canaux, desquels il était facile de puiser l'eau indispensable à la survie de la population qui y résidait, mais aussi près de champs, ce qui laisse supposer l'existence d'anciennes pratiques agricoles.

Plusieurs sites, comme le n°84, montrent une forte densité d'occupation, preuve probable de la présence d'une population importante, mais difficile à évaluer (fig.8.23). À l'instar de ce que l'on peut observer de nos jours dans plusieurs régions des Andes, ces établissements n'étaient peut-être pas continuellement occupés. Le petit village de Chungui, localisé non loin d'Ayacucho, offre d'ailleurs un exemple intéressant de cette grande mobilité de la population en fonction des époques. Patrice Lecoq (communication personnelle, juillet 2009) nous a ainsi indiqué que cette bourgade voyait sa population doubler au moment de la fête nationale, en juillet, pour se retrouver quasiment vide les jours suivants, après que les habitants soient repartis travailler dans les champs, situés parfois à plus d'un jour de marche, sur le bas versant oriental des Andes[6]. Et il pense que les villages préhispaniques de la région intersalar, en Bolivie (Lecoq 1999), connaissaient le même type d'organisation. Pour cet auteur (Lecoq 2014: 306), tel semble également le cas de sites à caractère plus cérémoniel, comme Machu Picchu ou Choqek'iraw, dont: « le prestige se manifestait essentiellement lors des grandes fêtes liées au calendrier agricole, ou se réunissaient occasionnellement les populations environnantes ». Il est possible que les sites prospectés aient connu une situation semblable autrefois, ce qui complique donc l'évaluation de la démographie de ces établissements. On peut néanmoins s'interroger sur le statut social de leurs habitants.

Le contraste entre les nombreuses petites constructions simples et les grands édifices complexes de ces neuf sites n'est pas sans rappeler Chan Chan où des bâtiments d'architecture intermédiaire imposants sont entourés de structures agglutinées, présentées au chapitre 3.2. Les études de Klymyshyn (1976; 1980; 1982) et de Topic (1977; 1980; 1982; 1990) ont ainsi démontré la cohabitation d'humbles artisans et de membres de l'élite, au sein de la capitale chimú. On peut donc supposer que les petites structures des sites prospectés abritaient des personnes de rang inférieur, tandis que les plus grandes servaient de résidences à des *curacas*.

La présence de murs isolés est également à prendre en compte pour définir la fonction de ces neuf sites. Ainsi, les murs périphériques des sites n°29, 32, 72 et 84 semblent protéger les constructions de ces établissements. Ceux des

6 - Nous avons observé que plusieurs habitants de la vallée moyenne de Chicama possèdent actuellement des résidences secondaires en dehors de leur village d'origine.

n°29 et 32 ont été construits dans le but de renforcer les défenses naturelles que procurent les pentes des cerros El Sapo et Lescano, tandis que ceux des sites n°72 et 84 semblent restreindre l'accès là où la configuration du terrain permet d'atteindre aisément ces deux sites. Une fonction défensive est par conséquent envisageable pour ces sites sans pour autant les transformer en forteresses.

En revanche, les murs des sites n°135 et 153 ne paraissent pas avoir eu de rôle défensif, puisqu'ils ne protègent pas ces établissements aux endroits où ils étaient faciles d'accès (fig.8.21 et 8.24). Ainsi, le long mur du n°135 se dresse à limite ouest de ce grand site, alors qu'il serait plus efficace au sud, là où la pente est douce. Ces deux murs n'ont donc probablement pas de réelle vocation défensive, mais on peut supposer qu'ils avaient une portée

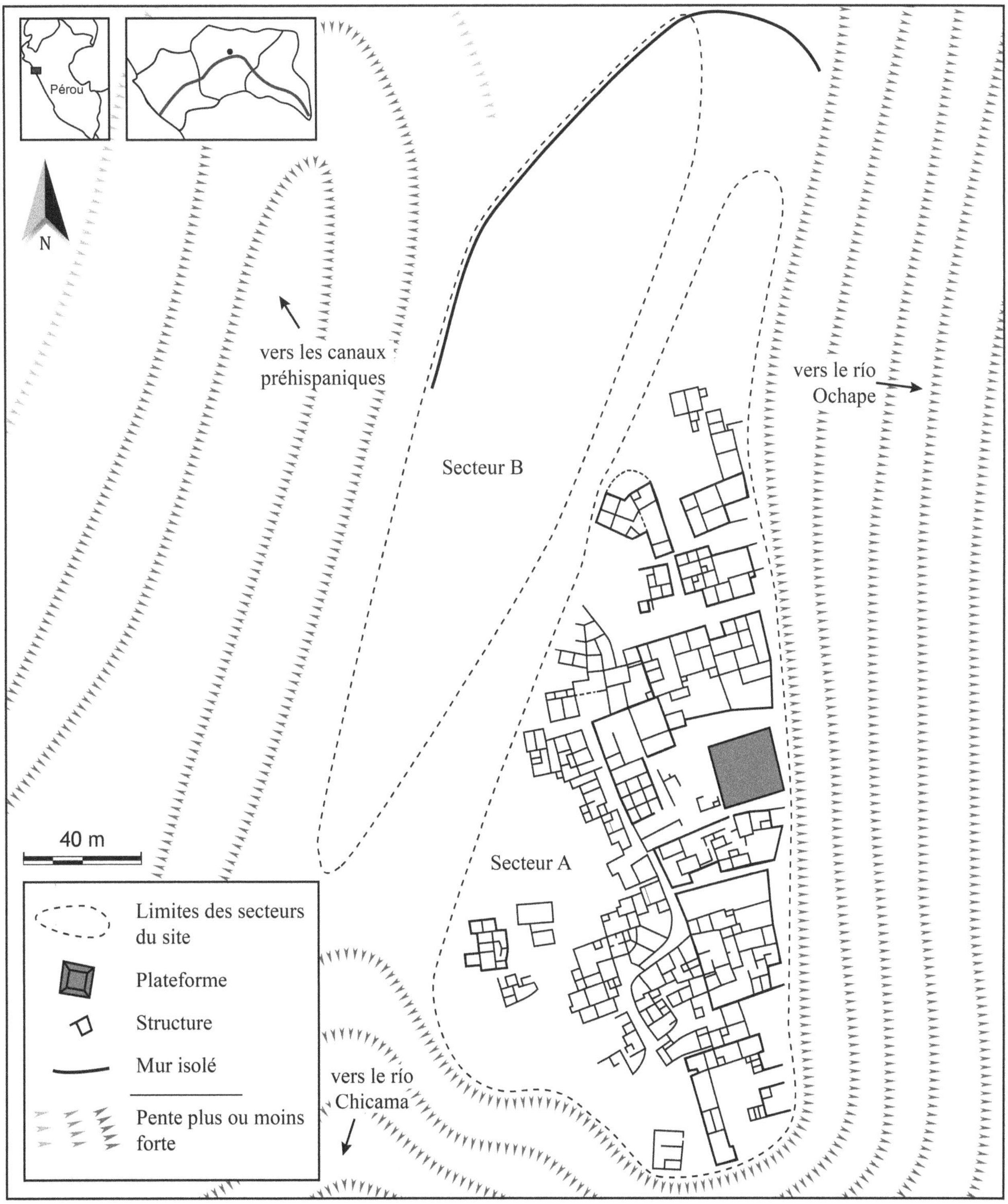

***Fig. 8.23* – Plan du site n°84 avec sa plateforme, ses structures simples et complexes.**

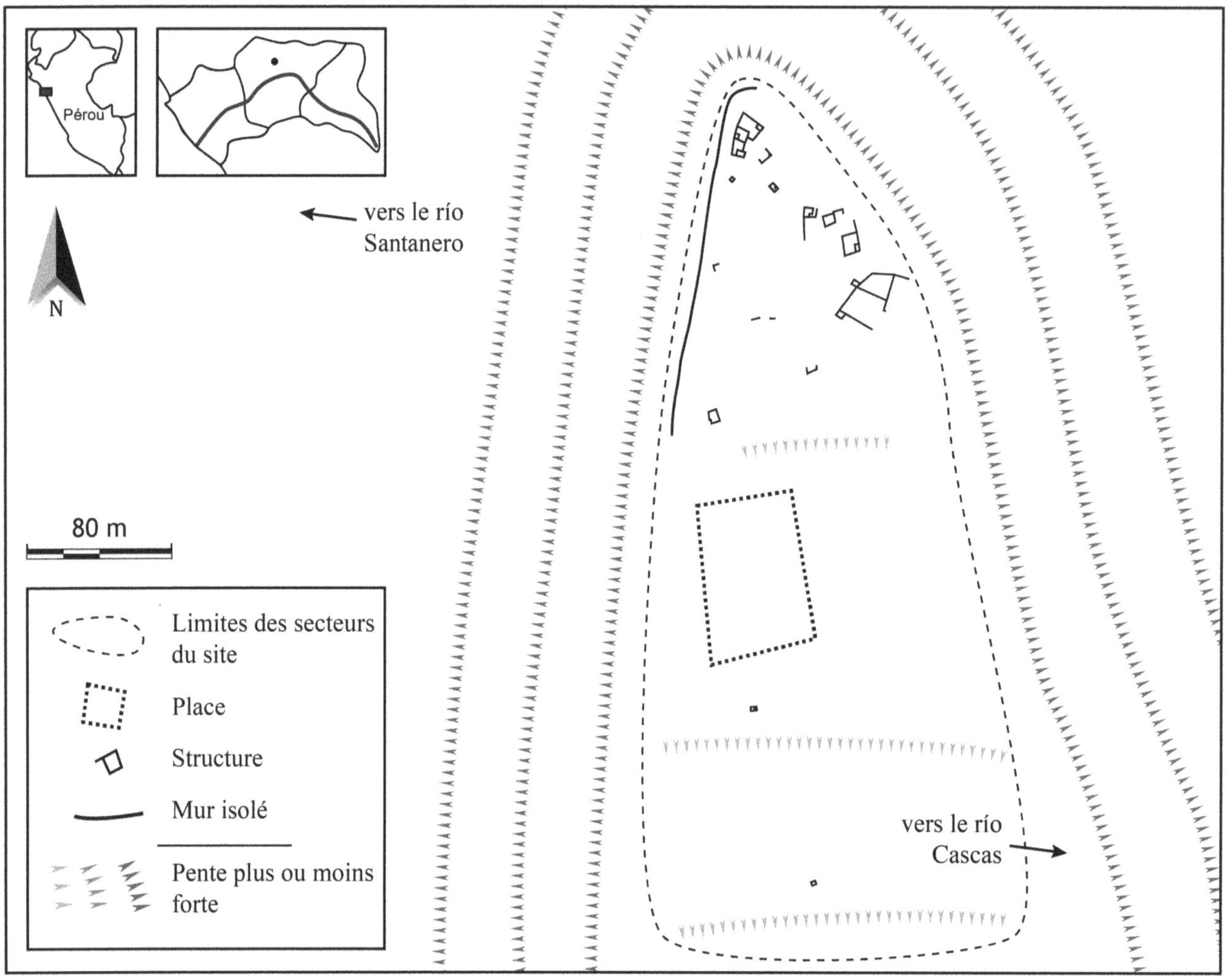

Fig. 8.24 **– Plan du site n°135 ses structures simples et complexes, son mur isolé et sa place.**

plutôt symbolique, destinée à montrer le prestige de ces sites aux groupes vivant dans les environs.

En résumé, on peut donc affirmer que les sites avec de petites structures simples et d'autres plus grandes et complexes, souvent protégés par des murs isolés, devaient accueillir une population variée. Depuis ces établissements importants, les membres de l'élite pouvaient contrôler les personnes qui y résidaient et les ressources des alentours.

Les sites composés de structures simples et d'enceintes

Seuls quatre sites (n°13, 39, 55 et 162) possèdent des structures simples et des enceintes, bien souvent accompagnées de structures complexes.

Description

Le site n°13 est divisé en deux secteurs A et B, composés de constructions différentes (fig.8.25). Le secteur A recèle des structures simples rectangulaires et circulaires, ainsi qu'une structure complexe plus grande. Dominant le secteur A, le secteur B ne comporte qu'une unique grande enceinte qui, malgré sa mauvaise conservation, ressemble quelque peu à une *ciudadela* de Chan Chan. Nous avions vu au chapitre 7.2 que ses dimensions imposantes, la division tripartite et une grande cour au nord font effectivement écho à l'architecture de la capitale chimú.

Scindé en trois secteurs, le site n°55 ne comporte que des petites structures simples et deux enceintes de taille réduite (fig.8.26). Ces dernières, dépourvues de divisions internes, sont localisées dans les secteurs A et C. Aucune structure complexe n'a été observée, mais la mauvaise conservation générale des vestiges aurait pu rendre leur identification difficile.

Également constitué de deux secteurs séparés par une petite dépression, le site n°39 recèle plusieurs structures simples et complexes ainsi qu'une enceinte de grande taille. L'espace interne de cet édifice est aménagé en son centre d'une petite plateforme basse et quelques pièces se trouvent à son extrémité sud-est (fig.8.27). Enfin, le site est contourné par un canal et de traces de champs agricoles s'étendent à l'est, comme nous le verrons au chapitre suivant.

Enfin, le site n°162 est surtout composé de canaux et de champs agricoles. Mais des constructions, des structures

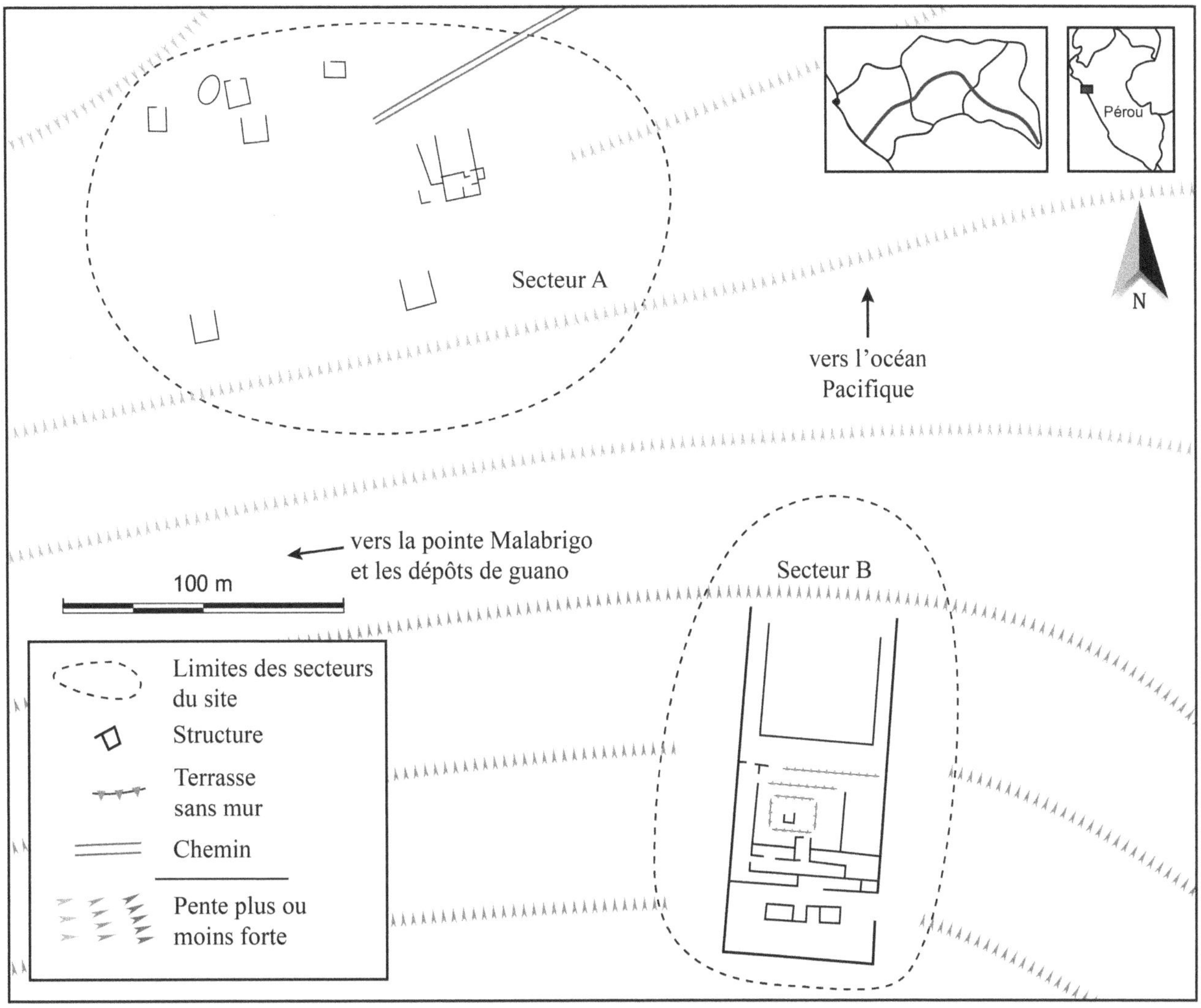

***Fig. 8.25* – Plan du site n°13 avec ses structures simples, sa structure complexe et son enceinte.**

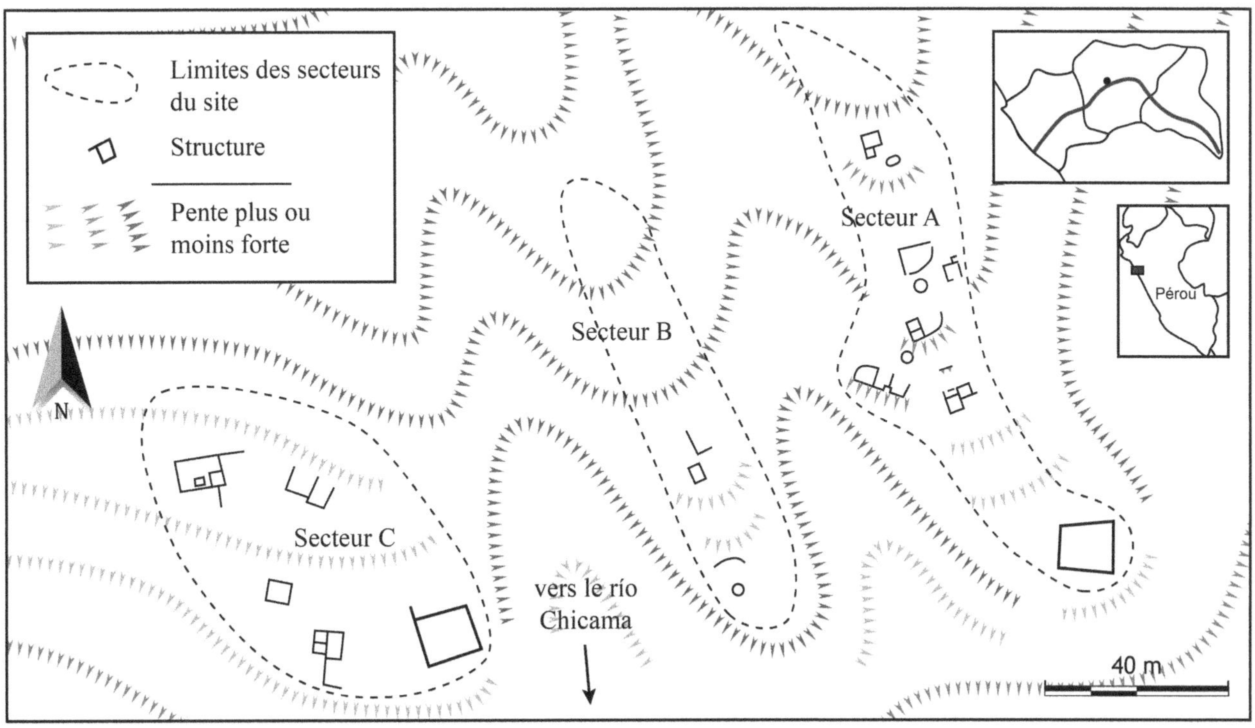

***Fig. 8.26* – Plan du site n°55 avec ses structures simples et ses deux enceintes.**

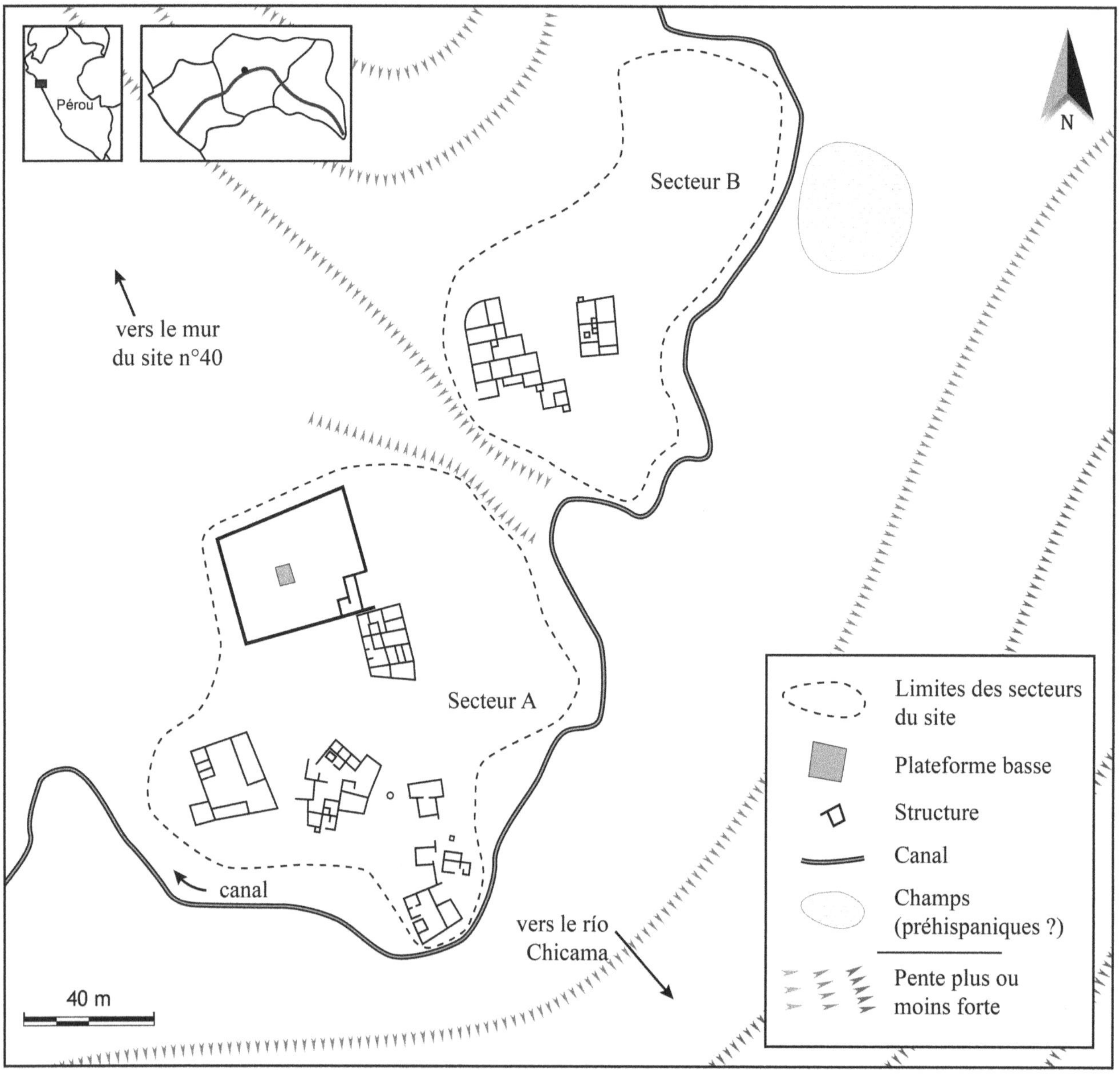

***Fig. 8.27* – Plan du site n°39 avec ses structures simples et complexes et son enceinte.**

simples ou complexes et des enceintes sont dispersées au milieu de ces infrastructures. Le secteur nord du site regroupe la plupart des bâtiments, notamment treize petites structures simples, trois plateformes basses, une structure complexe et une grande enceinte semblable à une *ciudadela* de Chan Chan (fig.8.29). De forme rectangulaire, la structure complexe possède une cour ouverte au nord et une organisation de l'espace interne assez proche de celle de la grande enceinte voisine, malgré des dimensions plus réduites.

Localisation

Ces quatre sites se répartissent équitablement entre le littoral et le fond de la vallée moyenne (fig.8.28).

Dans la vallée basse, le site n°13 est construit sur la pointe Malabrigo, sur les contreforts nord de la montagne éponyme, non loin de la plage. Le n°162 est dans la plaine côtière, à l'intérieur des terres, dans la pampa de Mocan. Ces deux sites sont donc marginaux par rapport au cœur de la plaine côtière.

Les sites n°39 et 55 sont tous deux localisés sur des terrasses naturelles qui surplombent le río Chicama, dans le fond de la vallée moyenne. Le n°39 est installé en terrain plat, tandis que le n°55 est bâti sur une zone plus accidentée et a été aménagé de quelques petites terrasses.

Fonction

Si, comme nous l'avons supposé ci-dessus (voir supra p.234), les constructions recensées sur ces quatre sites suggèrent qu'il s'agissait de sites à caractère résidentiel, les enceintes qui les caractérisent ouvrent également la voie à d'autres interprétations fonctionnelles.

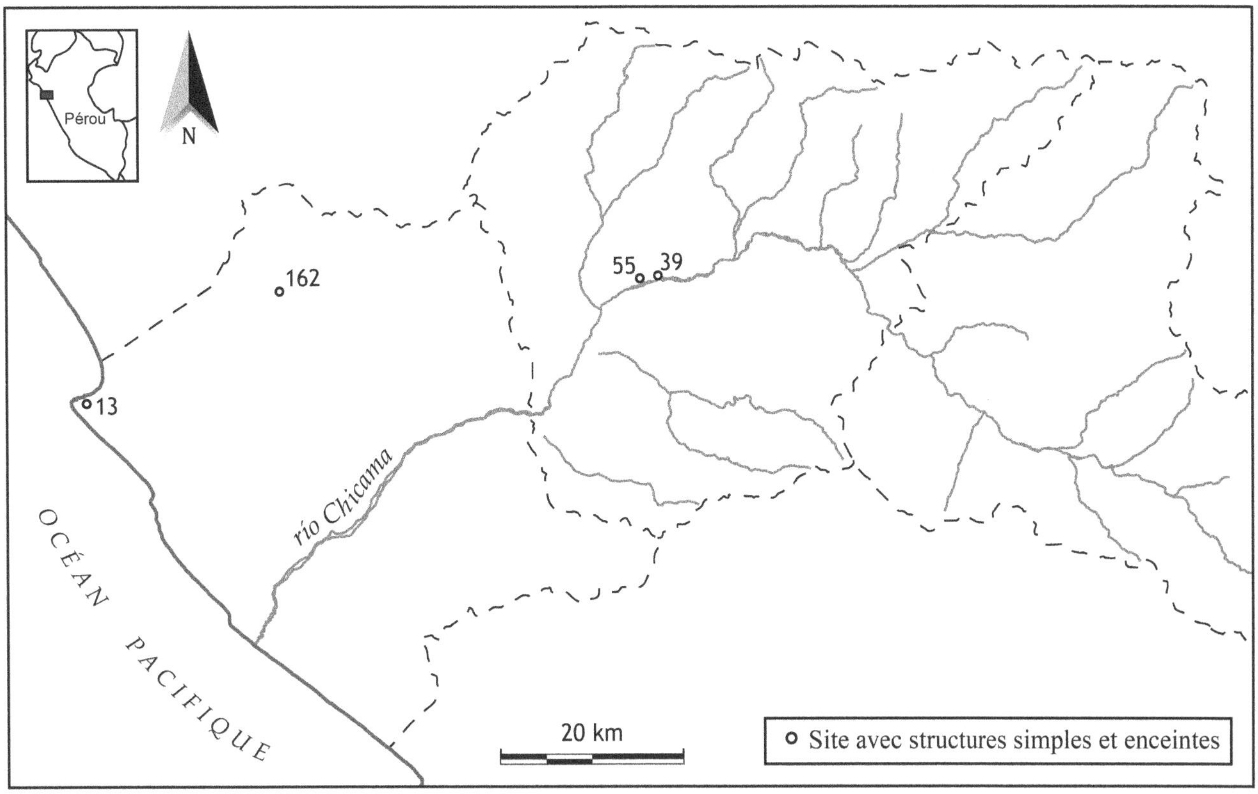

Fig. 8.28 **– Carte de répartition des sites avec des structures simples et des enceintes.**

Ainsi, à l'instar des *ciudadelas* de Chan Chan, la grande enceinte construite dans le secteur B du site n°13 a pu accueillir des fonctionnaires de la capitale et avoir un rôle administratif. Elle offrait notamment un bon contrôle visuel sur le secteur A qui, au vu des indices recueillis, abritait probablement une population de pêcheurs, mais aussi sur le chemin qui mène au site, en contrebas. La grande place semi-ouverte de cette enceinte laisse supposer un caractère cérémoniel. On peut donc penser que le site n°13 était un village de taille moyenne, qui jouait un rôle cérémoniel et administratif de premier plan, dans cette région du littoral.

Le secteur nord du site n°162 présente des caractéristiques assez similaires. Comme le soulignent Pozorski (1987) et Chauchat (*et al.* 1998), sa grande enceinte présente de nombreux points communs avec les palais de la capitale chimú, ce qui amène à envisager une fonction administrative et cérémonielle. Elle aurait pu servir à gérer les canaux, l'exploitation agricole de la région et les travailleurs qui logeaient temporairement dans les petites structures simples des alentours (fig.8.29). Enfin, la plateforme basse érigée au nord de cette grande enceinte pourrait témoigner d'activités cérémonielles complémentaires.

Il en est de même pour le site n°39 dont l'enceinte forme un vaste espace également doté d'une petite plateforme centrale qui fait écho à celles construites au milieu des grandes places cérémonielles des *ciudadelas* de la capitale chimú, décrites au chapitre 3.2. Le site n°39 avait donc une fonction résidentielle et cérémonielle.

En revanche, la mauvaise conservation des deux enceintes du site n°55 ne permet pas d'en déterminer la ou les fonctions.

Les sites avec des petites structures simples et des enceintes cumulent donc, dans la plupart des cas, des fonctions résidentielles, administratives et cérémonielles.

Les sites avec des petites structures et des plateformes hautes

Seuls deux sites, le n° 60 et le n° 84, que nous avons déjà présenté ci-dessus, comportent des plateformes d'adobe. L'étude de leur architecture, en particulier de l'agencement des adobes, présenté au chapitre 7.1, a permis de dater ces deux plateformes de l'époque mochica. La céramique indique d'ailleurs que le site n°60 a été occupé de l'Intermédiaire Ancien à l'Intermédiaire Récent.

Description

Particulièrement étendu, le site n°60 est établi sur trois petits éperons du cerro Jaguey, la plateforme étant bâtie sur le plus oriental des trois. Des terrasses successives sont aménagées jusqu'à un court mur isolé qui sépare cette construction monumentale des parties les plus basses du site. Les petites structures recensées sont édifiées en contrebas, sur les flancs (fig.8.31).

Enfin, au pied des pentes, se trouvent des concentrations de céramiques et d'ossements, décrites au chapitre 6.2. Les

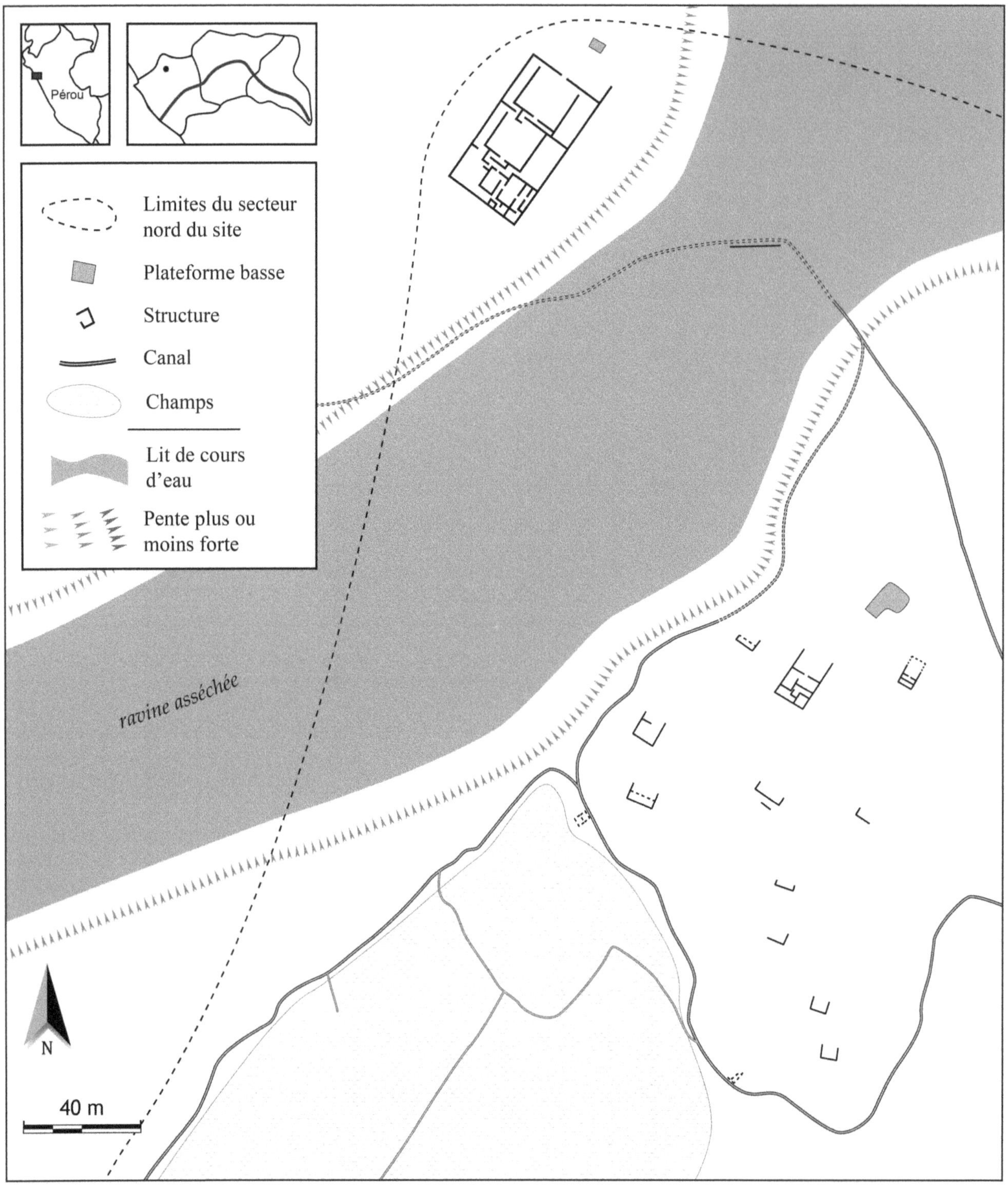

Fig. 8.29 – **Plan partiel du secteur nord du site n°162 avec son enceinte, ses structures simples et sa structure complexe.**

structures complexes semblent absentes, mais la configuration du terrain et le manque de temps ont limité notre étude à l'éperon est.

Quant au site n°84, rappelons qu'il est constitué de dix structures complexes et de nombreuses structures simples, de type « agglutiné ». La plateforme d'adobe, malheureusement très détruite, est entourée de grandes structures complexes.

Localisation

Ces deux sites se trouvent dans l'axe principal du fond de la vallée moyenne, non loin du río Chicama (fig.8.30).

Installé sur les pentes sud du cerro Jaguey, au niveau de la jonction du río Santanero et du río Chicama, le n°60 domine parfaitement la vallée vers l'aval, en direction de la côte. Notons que le site n°84 est également localisé dans une zone de confluence, entre les ríos Ochape et Chicama.

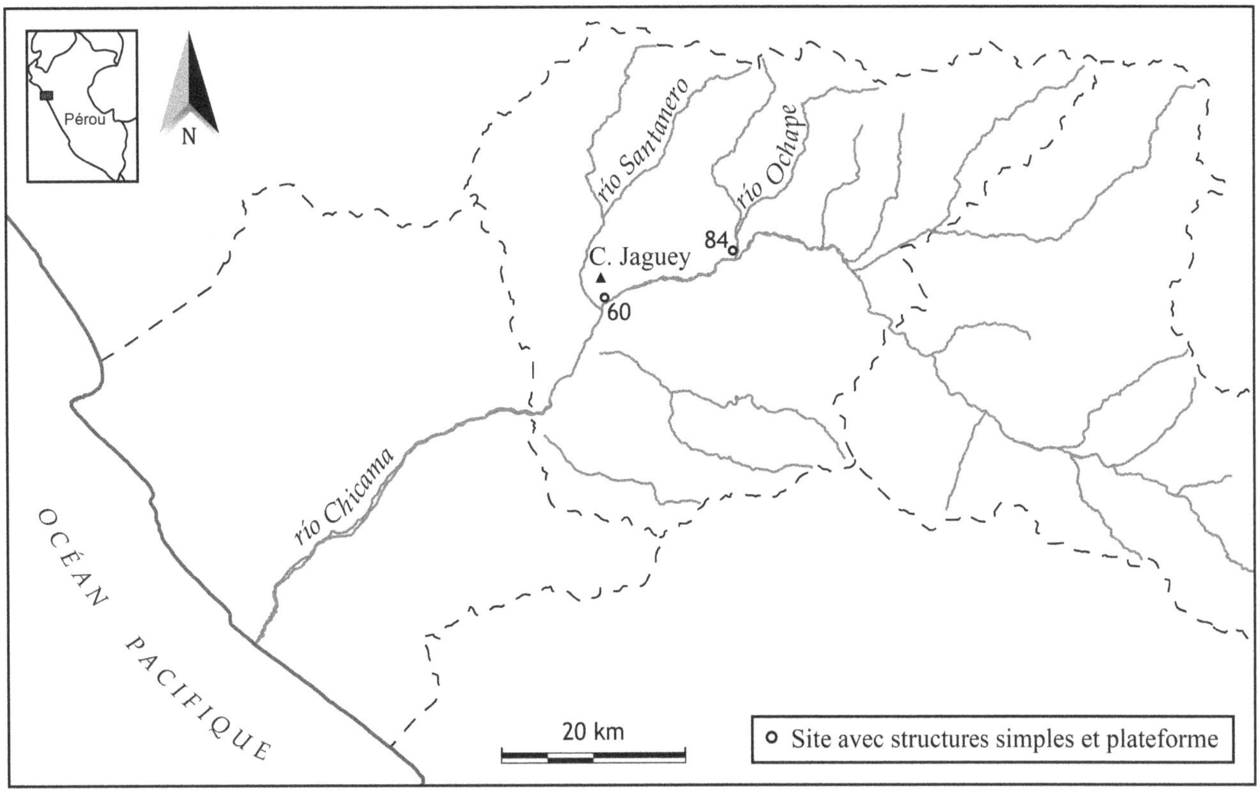

Fig. 8.30 – **Carte de répartition des sites avec une plateforme et des structures simples.**

En revanche, il est bâti sur une terrasse naturelle relativement plate, bien différente des flancs abrupts du site n°60 et plus propice à l'implantation. Cet endroit domine d'ailleurs le fleuve et son affluent.

On observe donc une certaine similitude entre les établissements, tous deux liés à la confluence de cours d'eau. Mais la nature du terrain, pentu dans un cas et bien plus plat dans le second, est au contraire très contrastée. Les vestiges architecturaux denses et mieux conservés du site

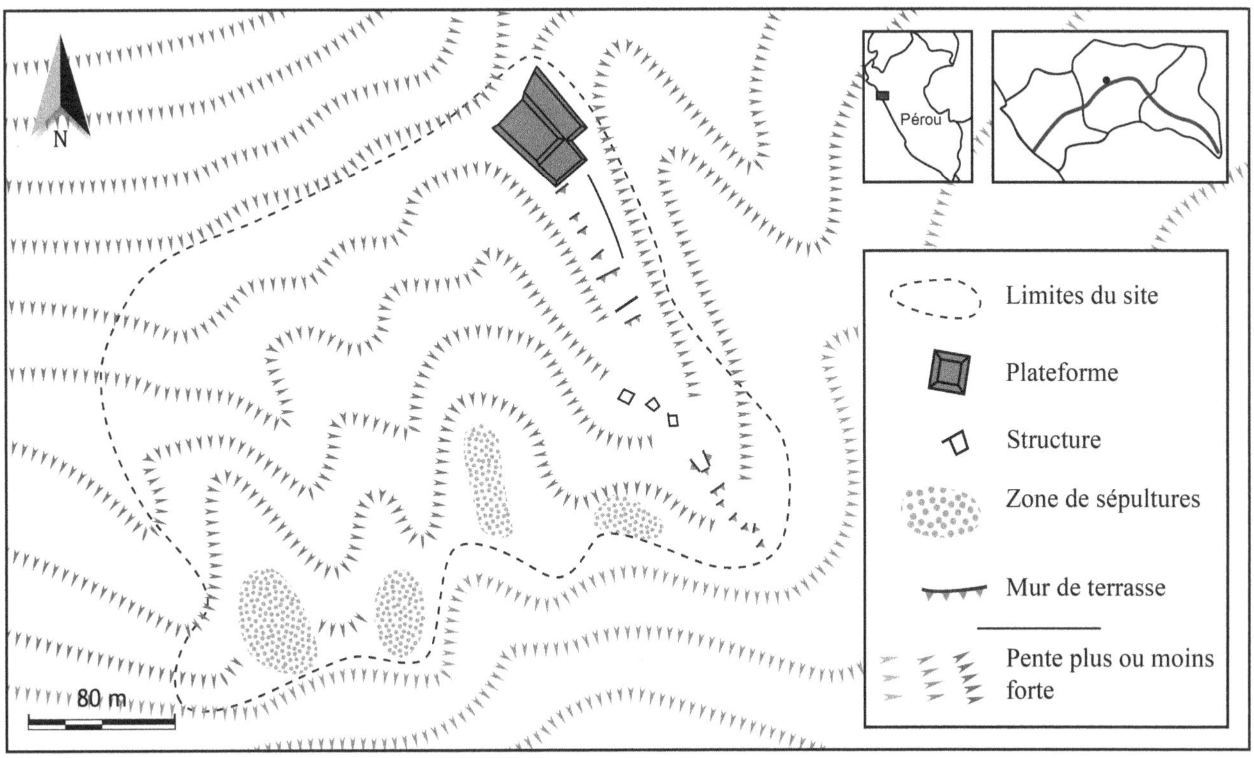

Fig. 8.31 – **Plan partiel du site n°60 avec sa plateforme et ses structures simples.**

n°84 suggèrent que les zones plates ont été logiquement privilégiées.

Fonction

Nous avons supposé ci-dessus que les structures simples et complexes du site n°84 avaient un caractère résidentiel et il en était probablement de même pour celles du n°60. Quant aux plateformes d'adobe plus imposantes de ces deux sites, elles sont similaires à celles des n°9, 11, 37 et 58, décrits plus haut (voir supra p.222), et devaient avoir un rôle cérémoniel.

Occupé dès l'époque mochica, le site n°60 a probablement changé de fonction au cours du temps. Malheureusement, le matériel céramique ne nous permet pas de savoir si les constructions résidentielles étaient occupées à l'Intermédiaire Récent ou à l'Intermédiaire Ancien. Les zones funéraires du site suggérant toutefois que l'endroit demeurait sacré, à l'époque chimú, la plateforme d'adobe, d'origine mochica, a vraisemblablement gardé un rôle symbolique et cérémoniel pendant longtemps.

Dans le cas du site n°84, dont nous avons déjà souligné l'importante population, il est probable que la plateforme construite à l'époque mochica a attiré les habitants des alentours, contribuant ainsi à l'essor de ce site. Tout laisse penser que cette construction d'adobe, était aussi utilisée pour des activités rituelles et cérémonielles, à l'époque chimú.

Commentaires

Les sites recélant de petites structures simples et de grandes constructions monumentales, comme les plateformes, les structures complexes et les enceintes, avaient donc tous une probable fonction résidentielle; ils accueillaient des personnes de rang inférieur qui côtoyaient quelques membres de l'élite. La présence de ces *curacas*, chargés de contrôler la population et les alentours, implique une fonction administrative, parfois complétée par un rôle cérémoniel, comme le suggère l'architecture de certaines enceintes ou des hautes plateformes d'adobe.

Enfin, la superficie étendue de ces établissements et le nombre élevé de bâtiments qu'ils recèlent donnent l'impression qu'il s'agissait d'établissements importants et de centres de pouvoir sur lesquels nous reviendrons au chapitre 10.1.

Conclusion

La présentation des 56 sites de l'Intermédiaire Récent avec de l'architecture met en lumière des fonctions variés, ainsi que plusieurs catégories et sous-catégories d'établissements, selon la nature de leurs édifices (petites et grandes structures, plateformes).

Répartition des sites en fonction des catégories

La catégorie 1 regroupe les petits et grands sites recélant uniquement des structures simples, soit vingt-et-un sites (37,5 %). Il s'agit surtout de sites peu importants, de faible dimension (fig.8.32).

La catégorie 2, définie par la présence de grands bâtiments, comprend également vingt-et-un sites (soit 37,5 %). Les enceintes, relativement fréquentes sur ces sites, sont recensées sur treize d'entre eux, soit près de 62 % des effectifs de cette catégorie.

Enfin la catégorie 3, caractérisée par de grands édifices et de petites structures simples, rassemble quatorze sites, soit un quart des sites avec architecture. Dans ces établissements, outre les petites structures simples très nombreuses, on trouve presque systématiquement des structures complexes (12 sites soit 86 %).

On remarque donc que les enceintes sont souvent isolées et sont présentes sur les sites de la catégorie 2, tandis que les structures complexes ont surtout été observées au sein de sites importants de la catégorie 3, aux côtés de petites structures simples. Cette différence permet de préciser et d'appuyer les hypothèses fonctionnelles au sujet de ces deux types d'édifices et des sites qui les recèlent.

À plusieurs reprises, nous avons supposé que les enceintes servaient de cadre à des activités cérémonielles, mais aussi administratives. Il était en effet facile de regrouper, à l'intérieur de leurs murs, un grand nombre de personnes, lors de fêtes religieuses ou en vue de travaux collectifs, notamment le nettoyage des canaux. Ces tâches s'accompagnaient d'ailleurs probablement de cérémonies, comme cela se faisait à la fin du 19e siècle (Squier 1877: 126) et encore de nos jours (Fabregat 1972: 382; Castro *et al.* 1994). Ces enceintes, souvent construites en dehors des centres résidentiels, au sein de sites isolés de catégorie 2, auraient ainsi permis à des membres de l'élite de rassembler les populations des alentours à des endroits précis. Nous verrons au chapitre 10.2 le rôle que ces édifices ont pu jouer dans la maintenance du système d'irrigation de la vallée basse.

Quant aux structures complexes, du fait de leurs dimensions imposantes, nous les avons interprétées la plupart du temps comme les résidences de membres de l'élite. Recensées dans des sites d'habitat importants, ces constructions sont entourées de structures simples où devaient loger des personnes de rang inférieur. Il est en effet logique de penser que les chefs des communautés vivaient parmi les membres de leur communauté, dans des villages de taille imposante.

Les fonctions des sites

Nous avons mis en évidence plusieurs fonctions: résidentielle, cérémonielle, administrative, défensive et funéraire.

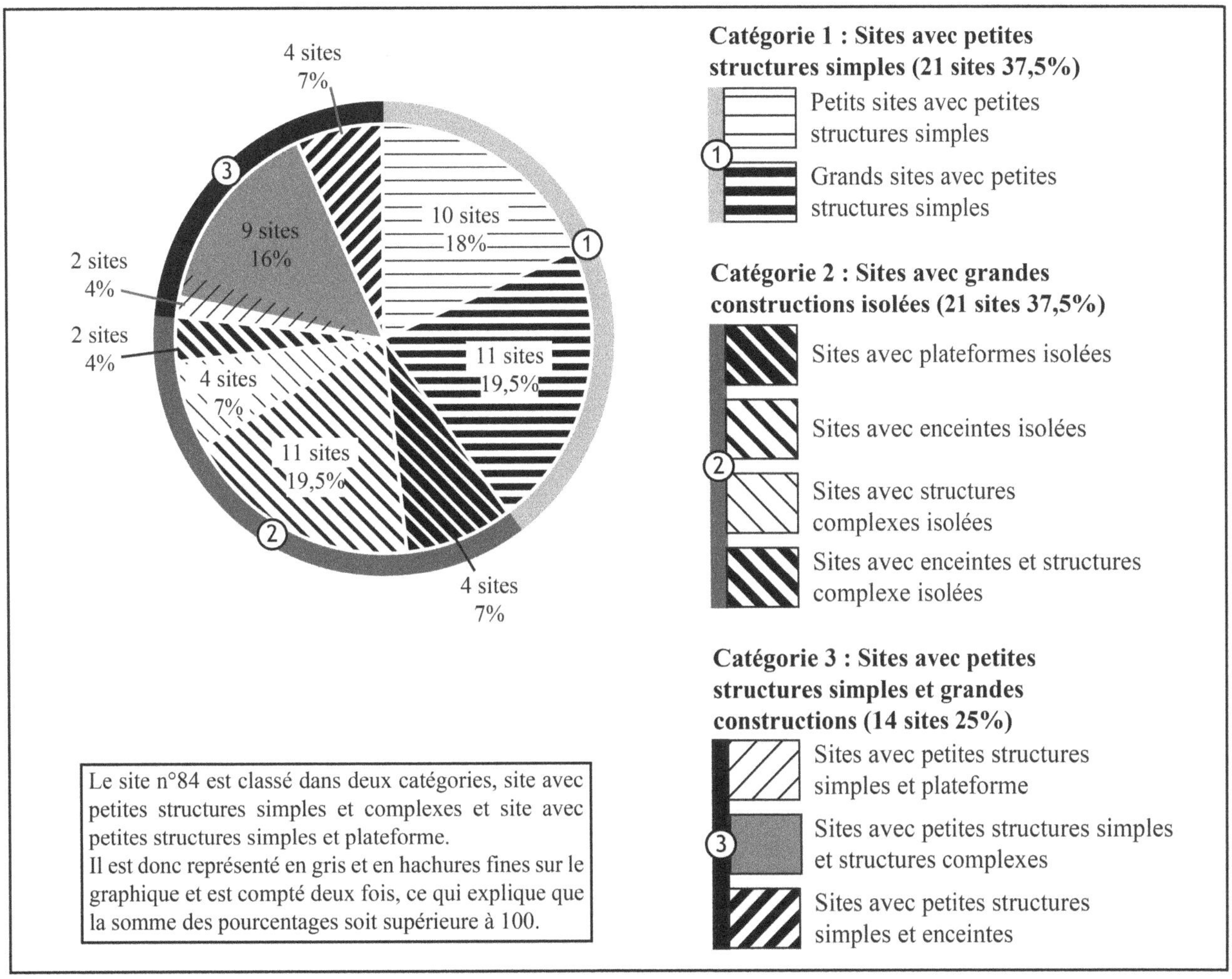

Fig. 8.32 **– Graphique de répartition des sites selon leurs catégories et sous-catégories.**

Trente-neuf sites avaient une fonction résidentielle très courante (fig.8.33 et 8.34); il s'agissait aussi bien de petits hameaux que d'établissements de grandes dimensions, densément construits. Ces sites disposaient d'un accès facile à l'eau et sont souvent entourés de terres cultivables. Certains, comme les sites n°1, 2, 3 ou 162, ont pu être occupés de manière ponctuelle, par des agriculteurs chargés de travailler dans une zone agricole reculée, ou par des personnes en déplacement, voyageant sur de larges chemins.

Vingt-deux sites comportent des plateformes d'adobe, des enceintes ou de vastes places qui suggèrent une fonction cérémonielle (fig.8.33 et 8.34). Malheureusement les témoignages matériels relatifs à de telles manifestations religieuses, politiques et sociales sont rares et ne permettent pas toujours d'appuyer ces hypothèses. Si, pour les plateformes d'adobe du site n°37, le rôle cérémoniel semble avéré pour la culture mochica, grâce à la présence d'une céramique fine particulièrement soignée, il est plus difficile d'affirmer que tel était le cas à l'époque chimú. Toutefois, les grandes enceintes des sites n°13, 94 et 162 s'inspirent de l'architecture cérémonielle des *ciudadelas* de Chan Chan (Uceda 1999; Campana 2006; 2012) et de tels édifices ont donc pu accueillir des fêtes religieuses. Cette fonction demeure malgré tout hypothétique pour 14 des 22 sites.

Vingt-huit établissements avaient une fonction administrative. La présence de membres de l'élite, qui prenaient des

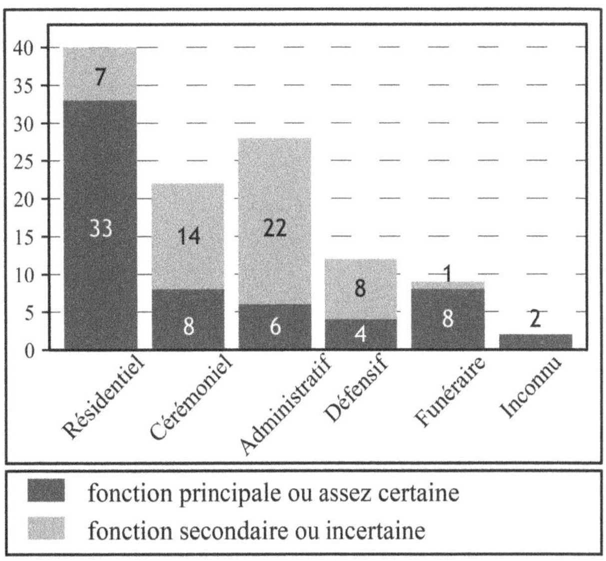

Fig. 8.33 **– Graphique du nombre de sites par fonction.**

décisions politiques et contrôlaient la population, en fait des centres de pouvoir plus ou moins importants. La similitude observée entre certaines grandes enceintes et les *ciudadelas* de la capitale suggère également une fonction administrative qui laisse malheureusement peu de traces et demeure hypothétique pour 22 des 28 sites.

Enfin, la présence de murs isolés sur les sites n'est pas toujours synonyme d'un rôle défensif. Topic et Lange (1987: 48) expliquent que, trop souvent, de telles constructions ont poussé les archéologues à parler de forteresses, de guerres et de conflits, alors qu'il faut au contraire se baser sur d'autres vestiges matériels, comme des pierres à fronde ou autres projectiles (Chamussy 2009). Ainsi, quatre sites (n°29, 32, 72 et 84; fig.8.33 et 8.34) étaient effectivement protégés par des murs qui bloquaient l'accès à d'éventuels intrus, voire à des animaux sauvages, sans pour autant être fortifiés. Pour huit autres sites (n°37, 39, 43, 58, 63, 135, 158 et 153), le rôle défensif est moins évident; les murailles pouvaient servir à délimiter un territoire ou à exhiber la puissance d'une communauté, permettant ainsi aux habitants d'un site de faire parade de leur force, face à leurs voisins.

Enfin, les zones funéraires sont surtout associées à des plateformes d'adobe ou à des enceintes dont nous avons souligné le possible rôle cérémoniel. Huit sites (n°4, 22, 25, 29, 32, 37, 58 et 60; fig.8.33 et 3.34) ont donc une fonction funéraire.

En conclusion, le tableau 8.34 résume cette présentation des sites avec architecture. Les nombreux établissements à caractère résidentiel donnent l'impression que la vallée de Chicama était densément peuplée à l'Intermédiaire Récent. L'analyse des infrastructures, comme les canaux, les champs agricoles, les chemins ou les murs isolés, permet de compléter ce panorama de l'implantation humaine dans cette vallée.

Num site	Type de site									Fonction				
	Grand site avec struc. simples	Petit site avec struc. simples	Site avec enceinte	Site avec plateforme	Site avec struc. complexe	Site avec struc. compl. et enceinte	Site avec struc. simples et plateforme	Site avec struc. simples et enceintes	Site avec struc. simples et complexes	Résidentielle	Cérémonielle	Administrative	Défensive	Funéraire
1					X					▒		■		
2					X					▒		■		
3		X								▒				
4			X											■
9				X							■			■
11				X							■			
13								X		■	■	■		
17						X				▒	■	■		
18			X								▒	▒		
20			X								▒	▒		
22			X								▒	▒		■
24			X								▒	▒		
25			X								▒	▒		■
26			X								▒	▒		
27			X								▒	▒		
29									X	■		▒	■	■
31	X									■				
32									X	■		▒	■	■
37				X							▒		▒	■
39								X		■	■	▒	▒	
43									X	■		▒	▒	
52		X								■				
54	X													
55								X		■				
56		X								■				
58				X							▒		▒	■
60							X			▒	▒			▒
63					X					■	■	▒	▒	
65		X								■				
66		X								■				

Fig. 8.34 – **Tableau récapitulant les types et les fonctions de chaque site.**

Num site	Type de site									Fonction				
	Grand site avec struc. simples	Petit site avec struc. simples	Site avec enceinte	Site avec plateforme	Site avec struc. complexe	Site avec struc. compl. et enceinte	Site avec struc. simples et plateforme	Site avec struc. simples et enceintes	Site avec struc. simples et complexes	Résidentielle	Cérémonielle	Administrative	Défensive	Funéraire
67		X								■				
69			X								░	░		
70					X					■				
72									X	■		░	■	
76		X								■				
78									X	■		░		
79	X									■				
80	X									■				
83			X								░	░		
84							X		X	■	░	░	■	
86			X								░	░		
87	X									■				
92	X									■				
94						X				░	■	■		
95									X	■		░		
110		X								■		░		
113		X								■				
115		X								■				
119	X									■				
135									X	■		░	░	
136	X									■				
142	X									■				
148	X									■			░	
150														
153									X	■		░	░	
155	X									■				
162								X		░	■	■		
Total	11	10	11	4	4	2	2	4	9	40	22	28	12	9

Fig. 8.34 **– Fin du tableau.**

CHAPITRE 9
LES SITES AVEC DES INFRASTRUCTURES AGRICOLES, DES CHEMINS ET DES MURS ISOLÉS

La vallée de Chicama recèle de nombreuses infrastructures, notamment des canaux qui ont déjà fait l'objet de plusieurs études (Watson 1979; Farrington 1974; 1980a; Kus 1972; etc.), mais aussi des champs autrefois cultivés dont on distingue encore les sillons.

Outre ces installations de nature agricole, des chemins, souvent associés à des vestiges architecturaux, forment un réseau étendu de voies de communication. Enfin, on trouve quelques murs isolés, sans autre construction aux alentours, difficiles à interpréter.

Des 57 sites recensés comportant de telles infrastructures, seuls 23 ont pu être datés de l'Intermédiaire Récent.

I. Les infrastructures agricoles

Les infrastructures agricoles correspondent à des canaux et des champs, relativement bien conservés dans la vallée basse, entre autres dans la zone n°5 de nos prospections (fig.4.18). Ils sont malheureusement en moins bon état dans le fond de la vallée moyenne et dans la vallée haute. Sur les trente sites qui recèlent ce type de vestige, seuls onze ont été datés de l'Intermédiaire Récent (n°8, 10, 17, 28, 39, 92, 111, 113, 136, 158 et 162; fig.9.30). Cependant, il est probable que la plupart des infrastructures agricoles préhispaniques recensées ont été utilisées à cette période et il faut intégrer à cette présentation dix-huit autres sites non datés.

Les canaux de la vallée basse

Dans la plaine côtière, les canaux sont présents sur six sites, dont cinq (n°10, 17, 28, 158 et 162) sont datés de l'Intermédiaire Récent (fig.9.1). De tailles variables, certains peuvent atteindre plus de 10 m de large, tandis que d'autres ne dépassent pas les 40 cm. Étant donnée la longueur de ces canaux qui conduisaient autrefois l'eau sur des parcours de plusieurs kilomètres de long, nous n'en avons étudié bien souvent que de courts tronçons qui permettent toutefois de se faire une idée globale des caractéristiques de ces ouvrages hydrauliques, d'autant plus que les tracés de ces canaux sont bien souvent visibles sur les images satellites. Trois catégories de canaux ressortent à la lumière des informations recueillies: les canaux principaux, secondaires et tertiaires.

Les canaux principaux

Les canaux de grande taille peuvent être considérés comme principaux ou de premier rang. C'est le cas pour ceux des sites n°10, 28, 158 et 162 qui mesurent plus d'un mètre de large. Ils déviaient l'eau du río Chicama et la distribuaient dans des canaux secondaires, plus petits. Malheureusement, comme le souligne Watson (1979), les zones de captage de ces canaux ne sont pas visibles et ont probablement été détruites par des crues successives du fleuve.

Le canal du site n°10

Le canal principal du site n°10 contourne l'extrémité nord du cerro Piedra Parada et se dirige vers le sud, serpentant au pied de cette montagne pour s'adapter au relief (fig.9.2). Il mesure près de 3 m de large pour 70 cm de profondeur. En

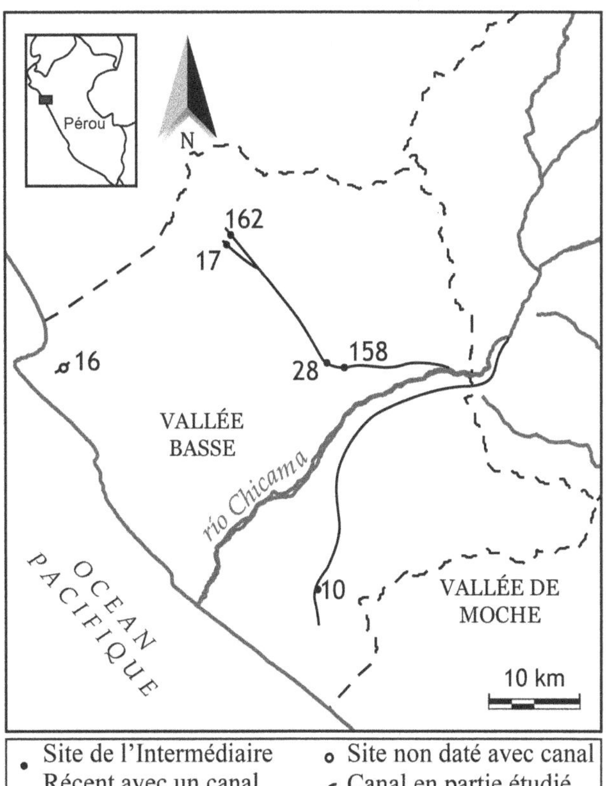

Fig. 9.1 – **Carte des sites avec canaux de la vallée basse de Chicama.**

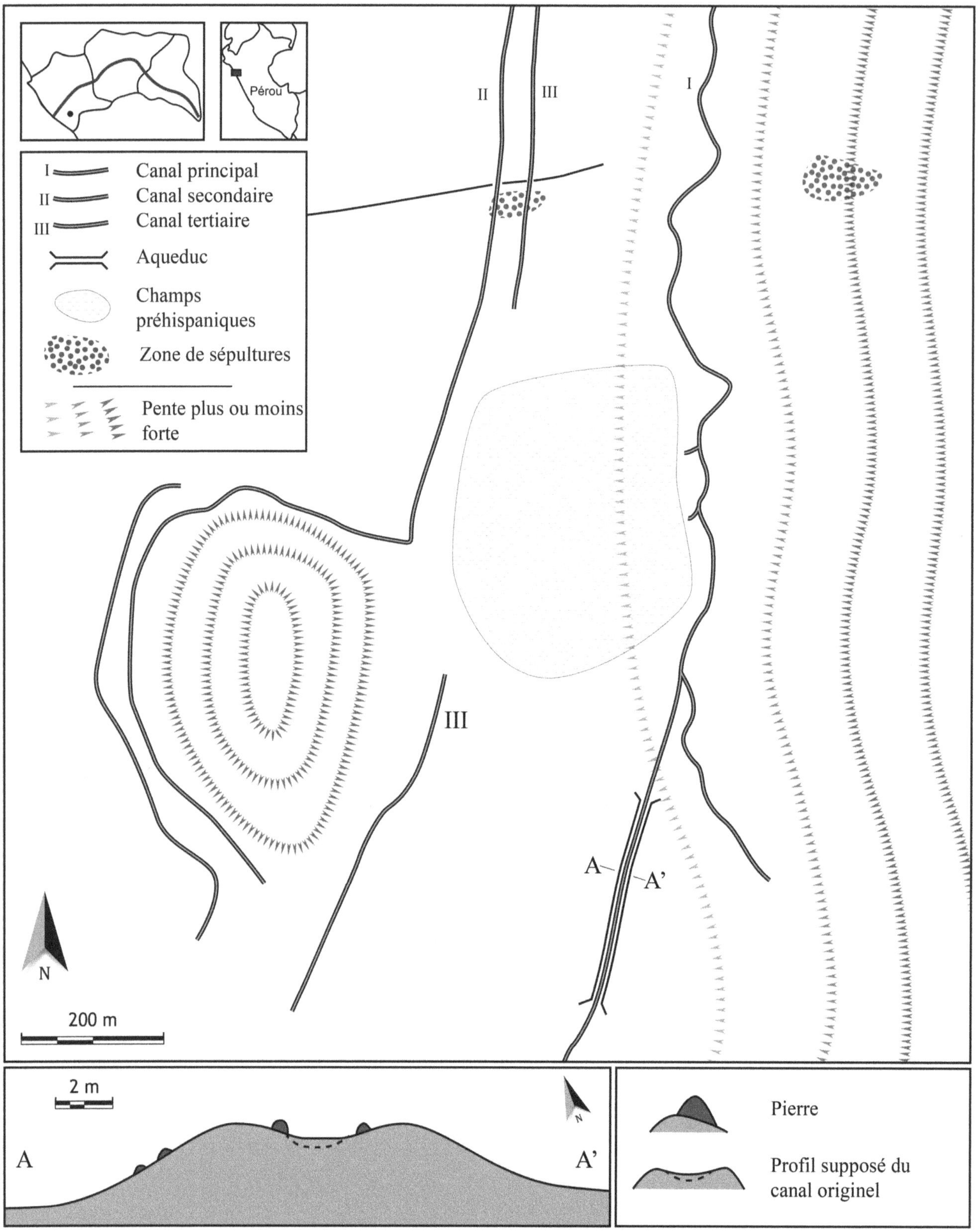

Fig. 9.2 – **Plan du site n°10 et profil de l'aqueduc du canal principal.**

réalité, le fond du canal a été recouvert de sable amené par le vent et nous supposons qu'il était plus profond autrefois.

Deux déviations (fig.9.2-A et B), larges de 3 mètres, avec un débit semblable à celui du canal, alimentaient des champs, presque entièrement détruits, qui s'étendaient à l'ouest. Plus loin en aval, vers le sud, le canal se divise en deux (fig.9.2-C); la première branche part vers le sud-est et suit les contours du relief avant de disparaître après un parcours de 500 m. La seconde continue en ligne droite vers le sud et, comme le terrain naturel descend progressivement, passe sur un aqueduc de 3 mètres de hauteur et d'environ 300 m de long. L'eau est ainsi acheminée sans perdre d'altitude, de l'autre côté de cette faible dépression où le canal se poursuit en serpentant entre les dunes, avant de s'achever.

Bien que rempli de sable (les piémonts du cerro Piedra Parada sont formés de dépôts éoliens), le canal semble avoir été creusé assez simplement et le remblai latéral ouest se compose de sable et de roches semblables au sol des alentours. En l'absence d'autre matériau de construction visible, on peut supposer que ce remblai est constitué de ce qui a été retiré du sol pour creuser le canal, comme l'a documenté Kus (1972).

Après la division en deux branches, à l'approche de l'aqueduc, de grosses pierres de quelques dizaines de centimètres marquent les bords du canal. Peut-être renforçaient-elles les parois, évitant l'érosion. Cette hypothèse est d'autant plus vraisemblable que les dimensions du canal se réduisant quelque peu, le niveau de l'eau et sa vitesse d'écoulement devaient théoriquement augmenter si le débit restait constant. Kus (1972) a déjà mis en évidence l'emploi d'un revêtement de pierres dans les tronçons de canaux où l'érosion devait être plus forte. Quelques pierres sont aussi visibles sur les flancs de l'aqueduc et devaient servir à le consolider (fig.9.2). La construction de l'aqueduc a probablement eu des conséquences sur les caractéristiques morphologiques du chenal. La modification de la largeur, de la profondeur et de la pente du canal provoquant à leur tour des changements dans le régime hydraulique, les constructeurs y auraient remédié en utilisant ces pierres.

Sans fouilles, aucune étude plus approfondie de ce canal n'est envisageable, mais il est possible de soulever quelques questions, sans pouvoir y répondre. Le sol sableux paraissant assez perméable et peu adéquat pour un canal, le revêtement originel de ce dernier était-il de nature particulière ? Par ailleurs, étant données leurs dimensions importantes, les deux déviations devaient conduire l'essentiel de l'eau de ce canal principal dans des canaux secondaires et dans les champs. Quels moyens étaient employés pour bloquer ces larges déviations lorsqu'il fallait amener l'eau du canal plus loin ? Enfin, le tracé à l'est de l'aqueduc pourrait indiquer la tentative ratée de suivre le relief. Les constructeurs auraient alors envisagé un trajet plus court et plus direct, mais également plus conséquent en terme de main-d'œuvre et de temps de construction, à cause de l'aqueduc.

Le canal principal du site n°10 est conçu de manière simple sur le tronçon que nous avons étudié. L'aqueduc a toutefois dû être plus compliqué à édifier, étant donné le volume considérable de matériaux nécessaire (plus de 9000 m^3), mais aussi l'adaptation du canal aux changements hydrauliques induits en utilisant des pierres. Un aqueduc plus impressionnant encore (site n°158) a été construit pour le canal du site n°28.

Le canal des sites n°28 et 158

Le canal principal des sites n°28 et 158 (fig.9.4) est également de grande dimension, même si nous supposons qu'il a été constamment réutilisé et modifié jusqu'à aujourd'hui, peut-être par les propriétaires d'hacienda, comme l'indique Wiener (2010 [1880]: 138). Un document consulté dans les archives (ARL leg. 154 exp. 216) mentionne le canal Quelxa qui passe non loin de la tour de Facalán, aujourd'hui appelée Huaca Facalá (site n°30). Il est donc possible que Quelxa soit le nom de ce canal principal.

Ayant récemment été remanié avec du béton sur l'aqueduc, le canal n'a sûrement plus sa forme d'origine (fig.9.4). Au contraire, en aval, il présente quelques vestiges de revêtements de pierres, signe que nous avons probablement affaire à une partie moins modifiée et les mesures ont donc été relevées au niveau de cette section.

De section trapézoïdale, le canal mesure entre 0,7 et 1,3 m de profondeur pour 3,4 m de largeur en son fond et 4,8 m au niveau du talus latéral qui est également de grande dimension: 4,5 m de large au sommet. Le revêtement ponctuel de pierres et une terre peut-être plus imperméable que le sable du canal du site n°10 pourraient avoir joué un

Fig. 9.3 – **Vue du sommet de l'aqueduc d'Ascope (site n°158) en direction de l'amont, vers l'est.**

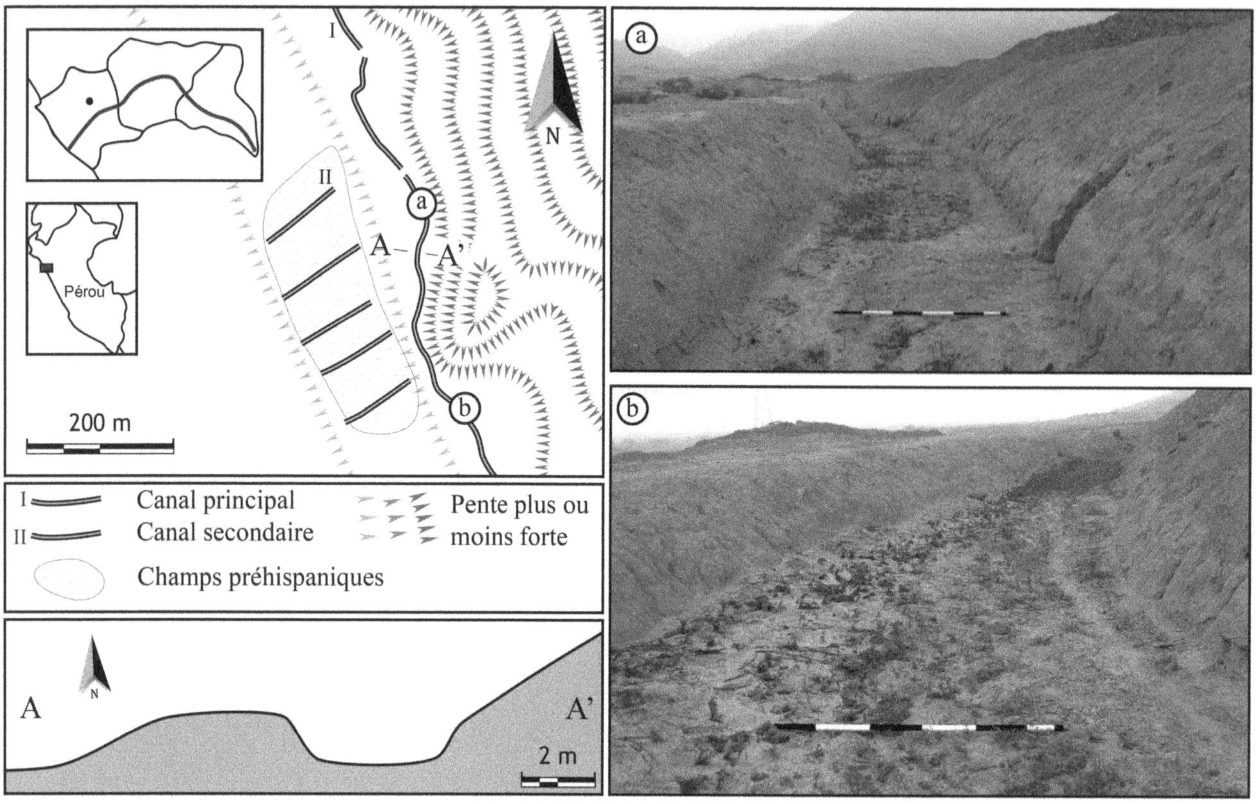

Fig. 9.4 – **Plan du site n°28, profil et photos de son canal principal.**

rôle pour éviter une trop forte infiltration de l'eau dans le sol. Il faudrait néanmoins réaliser des fouilles pour pouvoir analyser l'hydrologie de ce canal pour les périodes préhispaniques.

L'aqueduc d'Ascope (site n°158) au sommet duquel passe le canal est un ouvrage monumental édifié en adobes (fig.9.3). Haut d'environ 12 m pour près de 50 m à sa base et 10 m en haut, cet aqueduc daterait de l'époque mochica (Sánchez 1997). Il a peut-être été agrandi ou modifié à l'Intermédiaire Récent, puisque le canal qui passe à son sommet était en usage à cette époque. Même si cet aqueduc retient les eaux d'un petit lac appelé La Laguna, Watson (1979; voir supra chapitre 4.1 p.123) a démontré qu'il ne s'agissait pas d'un réservoir et que son but premier était bien d'éviter une perte d'altitude du canal.

Plus profond que celui du site n°10, le canal principal des sites n°28 et 158 devait avoir une capacité plus importante. L'aqueduc sur lequel il passe (site n°158) est un ouvrage monumental qui a dû impliquer un effort de construction considérable. Ce canal se poursuit vers le nord-ouest, en direction de la pampa de Mocan.

Les canaux principaux du site n°162

Le site n°162 de la pampa de Mocan se compose, entre autres, de cinq canaux principaux parallèles, qui sont les prolongations du canal du site n°28, une douzaine de kilomètres en aval (fig.9.5).

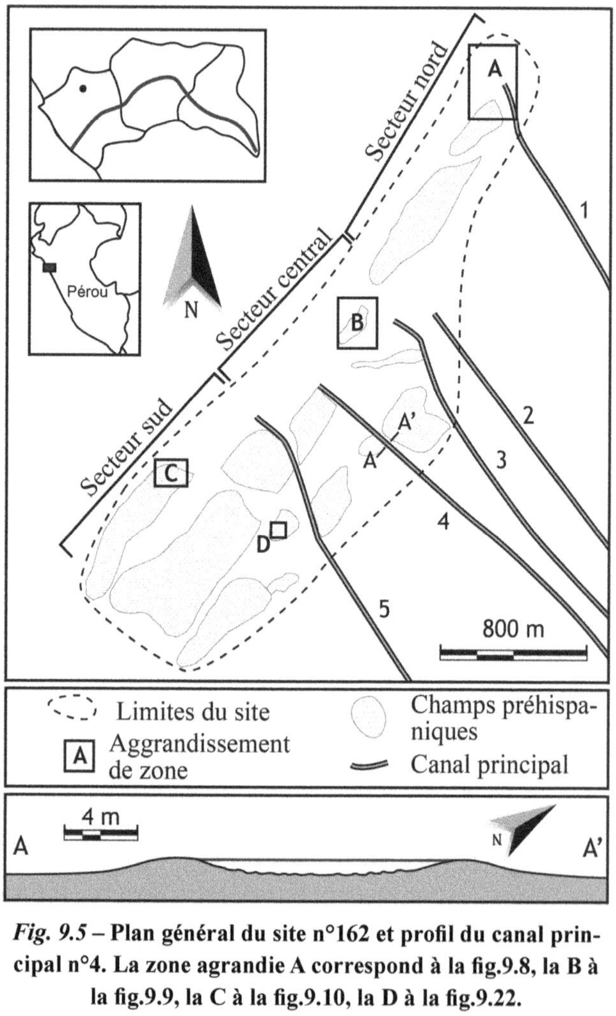

Fig. 9.5 – **Plan général du site n°162 et profil du canal principal n°4. La zone agrandie A correspond à la fig.9.8, la B à la fig.9.9, la C à la fig.9.10, la D à la fig.9.22.**

Le canal n°4 de ce site est sans conteste le plus imposant que nous ayons découvert durant nos prospections. Profond de seulement 0,8 m, il est large de 14 m en haut des talus et d'environ 7 m au fond (fig.9.5). De telles dimensions, bien supérieures à celles du canal du site n°28 qui pourtant devait l'alimenter, supposent des capacités de débits très importantes. Cela semble d'autant plus incohérent que nous avons relevé ces mesures dans les derniers tronçons de son itinéraire, lorsque le débit devait être au plus bas, suite à l'évaporation et à l'infiltration constante sur les nombreux kilomètres de son parcours. Ce canal paraissait donc vide la plupart du temps, sauf pendant un phénomène d'El Niño. En effet, ses grandes dimensions lui permettaient peut-être de mieux résister aux ruissellements destructeurs et d'éventuellement les canaliser. Le canal n°1 nous offre d'ailleurs une piste de réflexion à ce sujet: de plus petite taille (2 m de large pour le fond avec une profondeur d'environ 1 m), il traverse une ravine, probablement creusée par des écoulements successifs, où devaient se concentrer les flots lors d'un phénomène d'El Niño. À cet endroit, le canal est limité d'un seul côté par un mur (fig.9.8-A), renforcé d'un parement de pierres, ce qui permettait théoriquement de capter l'eau de la ravine et de la dériver ensuite vers des champs (fig.9.6). Un tel procédé a pu être utilisé pour le canal n°4, récupérant les ruissellements qui s'écoulaient perpendiculairement à son tracé. Il faut tout de même noter que de nombreuses sections de ce canal sont détruites par ces mêmes écoulements, peut-être à cause de l'abandon ou de l'absence d'entretien de cette infrastructure agricole et malgré ses dimensions imposantes. Les canaux n°2, 3 et 5 sont également de grande taille (respectivement 5,4 m, 4 m et 7,8 m de large au sommet pour 0,7 m, 1,1 m et 1,5 m de profondeur) et auraient pu capter les ruissellements d'eau de pluie de la même façon, en cas de phénomène d'El Niño.

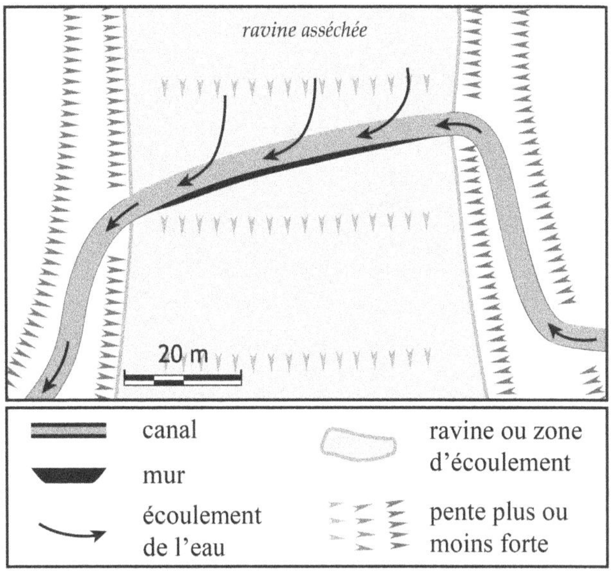

***Fig. 9.6* – Plan schématique d'un possible système de déviation de l'eau des ruissellements.**

Commentaires relatifs aux canaux principaux

Les canaux principaux présentent plusieurs points communs, à commencer par leur grande taille. Leurs dimensions imposantes permettaient de conduire des volumes d'eau considérables grâce à des débits puissants. Ces canaux dérivaient l'eau du río Chicama et lorsque les eaux de celui-ci gonflaient au plus fort de la saison des pluies, ils étaient probablement capables de capter une part importante du débit du fleuve. Cette grande capacité de débit des canaux principaux servait à alimenter ensuite de nombreux canaux secondaires.

Étant donnée leur taille, les canaux principaux, qui avaient déjà été repérés par Kosok (1965) et Watson (1979) sur des photos aériennes, sont parfaitement visibles sur les images satellites de Google Earth. Il est donc possible d'en suivre les tracés, certes entrecoupés en plusieurs endroits, et de reconstituer l'ensemble, même si nous n'en avons étudié que de courts tronçons (fig.9.7).

Les dimensions des canaux principaux varient d'un site à l'autre, mais également le long de leur parcours. Le canal du site n°10 est moins grand que celui des n°28 et 158, ce qui s'explique assez simplement si l'on tient compte de la partie étudiée. En effet, le canal n°10 a été observé sur la fin de son itinéraire, à plus de 25 km de son départ du río Chicama. L'évaporation et l'infiltration devaient faire diminuer progressivement le débit, sans compter qu'une partie de l'eau pouvait être dérivée en amont pour des champs. Un débit moindre implique un canal moins large, ce qui semble donc logique en fin de parcours. Au contraire, le tronçon de canal étudié sur les sites n°28 et 158 est plus proche du début du canal (environ une quinzaine de kilomètres). Le débit devait y être considérable, d'où sa taille imposante. Plus loin, dans la pampa de Mocan, les tronçons des canaux principaux sont localisés à la fin du système d'irrigation. Le canal n°1 du site n°162 est semblable par ses dimensions à celui du site n°10 ce qui indiquerait donc bien un débit affaibli. Le cas des canaux n°2, 3, 4 et 5 du site n°162, dont la taille dépasse celle observée en amont pour le site n°28, pourrait s'expliquer par une capacité de débit exceptionnelle, liée aux phénomènes d'El Niño. Sans apport d'eau externe, leurs débits devaient être ridiculement faibles en comparaison avec leur taille et on comprendrait mal les raisons qui ont poussé à construire des ouvrages aussi grands (en particulier le n°4 du site n°162) pour des débits relativement limités. Si l'on tient compte d'éventuels écoulements ponctuels dus aux phénomènes d'El Niño, des canaux de ces dimensions auraient pu dévier une partie de ces ruissellements et donc avoir des débits considérables.

L'effort fourni pour créer ces canaux principaux constitue un autre aspect intéressant. Les dimensions, la longueur des canaux, ainsi que les aqueducs sur lesquels ils passent impliquent, à première vue, l'emploi d'une main-d'œuvre nombreuse, ce qui conduit Netherly (1984) à supposer une intervention étatique dans la construction des ouvrages hydrauliques majeurs, comme le canal inter-vallées de La Cumbre qui relie les vallées de Chicama et de Moche

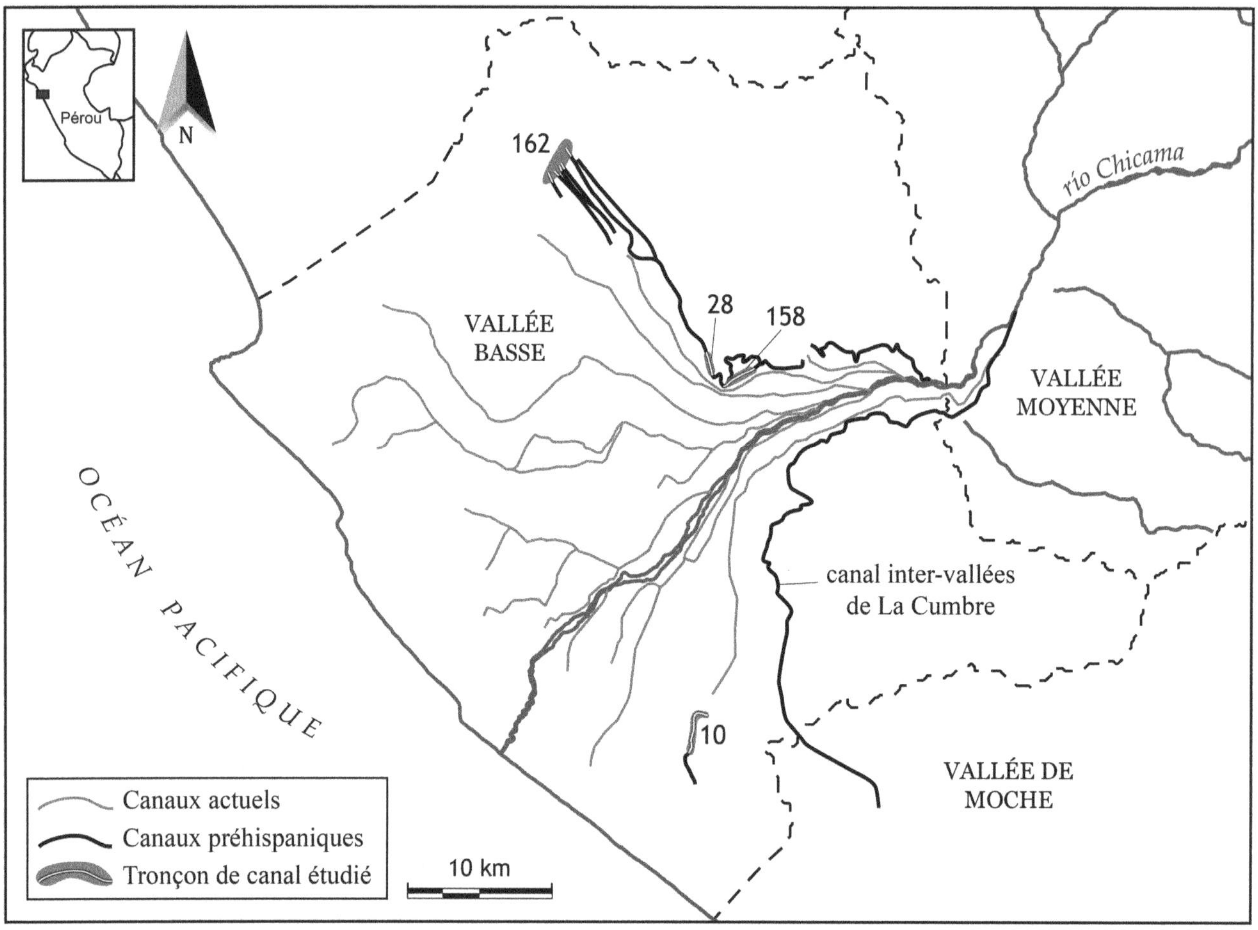

Fig. 9.7 – **Carte du réseau d'irrigation de la vallée basse de Chicama et des tronçons de canaux principaux étudiés.**

(fig.9.7). Si l'édification de ce type de canal a vraisemblablement été dirigée par une entité politique importante, comme celle basée à Chan Chan, on peut se demander si tel était bien le cas pour les canaux principaux que nous avons étudiés.

Bien que longs de plusieurs dizaines de kilomètres, ces canaux se limitaient à la vallée de Chicama et ne bénéficiaient visiblement qu'aux personnes cultivant les terres de la plaine côtière. Certains, comme le canal des sites n°28 et 158, auraient été utilisés durant plusieurs périodes (Sánchez 1997) et il est possible qu'ils aient été construits progressivement (Golte 1980). Dans ce cas, leur édification aurait pu être réalisée par les seuls habitants de la vallée basse, voire de quelques communautés seulement, au cours de plusieurs siècles. Des groupes de travailleurs se relayant au tour par tour, selon le système de la *mit'a*, auraient pu suffire pour bâtir peu à peu ces canaux. De telles hypothèses sont invérifiables à partir des données à notre disposition, mais elles n'en demeurent pas moins vraisemblables et montrent qu'il ne faut pas forcément associer ces canaux à des institutions politiques centralisées, comme cela a pu être avancé sur la base des théories élaborées par Wittfogel (1957), au sujet des « sociétés hydrauliques ». Nous reviendrons sur cette question de la relation entre pouvoir politique et irrigation au chapitre suivant.

Les canaux principaux sont des infrastructures particulièrement importantes et les véritables piliers du système d'irrigation, indispensables au développement de l'agriculture, dans la plaine côtière de Chicama. Le réseau d'irrigation est complété par des canaux secondaires, plus petits.

Les canaux secondaires

Les canaux secondaires alimentés par des canaux principaux conduisent l'eau vers des canaux tertiaires ou directement vers des champs. Plus petits que les canaux principaux, ils devaient avoir un débit plus faible.

Les canaux secondaires du site n°10

Sur le site n°10, les deux déviations du canal principal, présentées plus haut, ne s'étirent que sur quelques mètres avant de se perdre dans les anciens champs. Ces courts canaux secondaires fournissent donc peu d'informations.

Un autre canal secondaire arrive du nord et se dirige en ligne droite vers le sud, à l'ouest du canal principal, puis contourne un affleurement rocheux (fig.9.2). La connexion entre ce canal secondaire et le principal devait se faire bien en amont, hors de la zone prospectée, et n'existe probablement plus aujourd'hui. Avec 1,2 m de large pour 0,5 m de profondeur, ce canal devait avoir un débit bien moins important, d'autant plus que sa pente semble très faible.

Le canal secondaire du site n°17

Un canal secondaire traverse le site n°17. Il est probable que ce canal était autrefois alimenté par le canal principal n°5 qui passe plus au nord, dans le site n°162. Comme il ne semble pas irriguer de champ agricole, il aurait pu être destiné à l'approvisionnement en eau des personnes hébergées dans les structures composant le site n°17 et présentées au chapitre 8.2 (voir supra p.229).

Les canaux secondaires du site n°28

Le site n°28 se caractérise par la présence de plusieurs canaux secondaires, perpendiculaires au canal principal (fig.9.3). Mais leurs déviations depuis le canal principal, aujourd'hui disparues, ont probablement été détruites par des réfections modernes. Larges de 0,4 à 0,6 m et profonds de près de 0,2 m, ces canaux s'enfoncent directement dans les champs préhispaniques, à intervalles irréguliers, tous les 30 à 40 m.

Les canaux secondaires du site n°162

Sur le site n°162, les canaux secondaires sont très nombreux et forment un réseau d'irrigation développé.

Dans le secteur nord de ce vaste site, on remarque les vestiges d'un canal secondaire, large d'environ 1 à 1,6 m et profond de 0,3 à 0,8 m (fig.9.8). Logiquement, son débit devait être moins fort que celui du canal principal n°1 duquel il tire son eau. Ce canal secondaire se sépare en deux branches: la première part vers le sud-ouest et la seconde vers le nord où elle rejoint le canal principal. Cette division pourrait indiquer que les personnes exploitant ces terrains ont cherché à ramener l'eau excédentaire dans le canal principal n°1 pour l'utiliser plus loin, bien que ce dernier n'irrigue pas d'autres champs en aval. On peut supposer que les Chimús souhaitaient poursuivre le développement de l'agriculture au-delà et comptaient récupérer le maximum d'eau pour de nouvelles zones agricoles qui n'ont jamais vu le jour. Dans le cas contraire, cette branche nord reliant le canal secondaire au canal 1 a probablement constitué une déperdition d'eau, ainsi qu'un effort de construction inutile. La seconde branche alimentait les champs sur plusieurs dizaines de mètres.

Notons par ailleurs la présence de deux aménagements particuliers, dominant le canal secondaire. Il s'agit d'espaces quadrangulaires, délimités par des pierres, qui se situent avant une déviation vers un canal tertiaire pour le premier, et avant la division en deux branches du canal secondaire, pour le second (fig.9.8 B et C). En l'absence de tout type de matériel, céramique ou autre, dans ces structures, nous ne pouvons en préciser la ou les fonctions, mais leur relation évidente avec le canal qu'elles surplombent laisse supposer qu'elles jouaient un rôle pour l'irrigation.

Le secteur central recèle, entre autres, un canal secondaire de petite taille bordé de pierres espacées de 0,6 m de large. En son centre, se trouve un chenal plus étroit qui mesure près de 0,2 m de large pour 0,1 m de profondeur. Cet écart dans les dimensions pourrait indiquer que durant sa première phase d'utilisation, le canal relativement large devait avoir un débit moyen. Peut-être a-t-il été abandonné, puis rempli de sable et de sédiments, avant d'être recreusé à plus petite échelle pour une seconde phase d'utilisation. Sans fouille, ces hypothèses sont malheureusement difficiles à étayer, même si ces observations rappellent les commentaires de Park (1983), au sujet de la réutilisation postérieure de canaux par les Chimús, après un premier abandon, présentés au chapitre 3.3. Selon cet auteur, la réfection des canaux devait se faire partiellement, en créant de nouveaux chenaux dans le sable qui s'était déposé entre-temps.

Un peu plus au nord-ouest, le même secteur comporte un réseau de canaux assez complexe (fig.9.9), dont le fonctionnement ne semble pas aussi simple que dans le cas du secteur nord.

À la fin de son parcours, le canal principal n°3 alimente deux canaux secondaires qui amènent l'eau dans des champs localisés sur une terrasse naturelle, au sud-ouest. Ces derniers se subdivisent en de multiples branches: deux d'entre elles sont d'ailleurs connectées (fig.9.9-A) et permettaient de faire passe l'eau du canal à l'ouest vers celui légèrement en contrebas, à l'est. Enfin, le canal qui se termine vers l'extrémité sud de la terrasse naturelle traverse une légère dépression de quelques mètres de long au moyen d'un petit aqueduc. Ces canaux secondaires mesurent entre 0,8 et 0,6 m de large pour une profondeur variant entre 0,1 et 0,2 m.

Les ramifications de ce réseau d'irrigation constituent un ensemble assez complexe qu'il ne devait pas être facile de gérer. Les multiples branches forment autant d'intersections dans lesquelles l'eau pouvait être dirigée en bloquant une des deux sorties, au moyen de quelques pierres, comme nous avons pu l'observer. Certaines branches se perdent d'ailleurs rapidement dans les champs et auraient pu être considérées comme des canaux tertiaires, si nous avions réussi à mettre en évidence une hiérarchie de canaux, dans ce secteur. De plus, étant donné la petite connexion reliant les deux canaux parallèles, il était possible d'amener l'eau à un endroit selon deux chemins différents. Répartir l'eau de manière uniforme sur l'ensemble de la terrasse naturelle requérait probablement une bonne connaissance de ce réseau d'irrigation de la part des personnes chargées « d'aiguiller » l'eau de canal en canal.

Plusieurs autres canaux secondaires sont également visibles dans les secteurs du centre et du sud de ce site. Ils sont toutefois bien plus simples et associés à des canaux tertiaires.

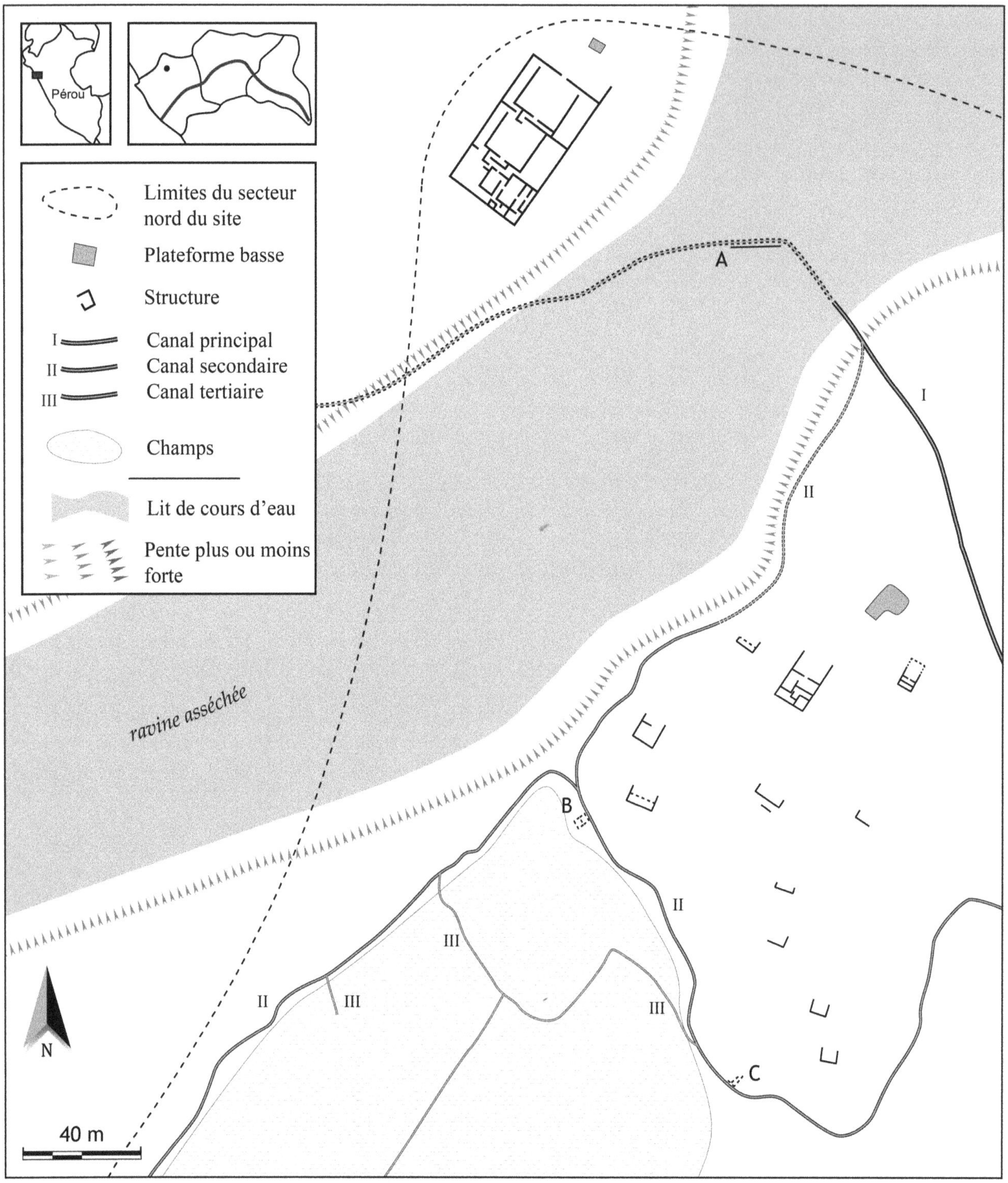

Fig. 9.8 – **Plan de la zone agrandie A de la fig.9.4, secteur nord du site n°162.**

Les canaux tertiaires

Les canaux tertiaires sont de petits chenaux de quelques dizaines de centimètres de large qui alimentent les zones cultivées depuis des canaux secondaires.

Le canal tertiaire du site n°10

Sur ce site, un petit canal, mesurant environ 0,5 m de large pour 0,15 m de profondeur, court parallèlement au canal secondaire décrit plus haut. Nous n'avons pas pu déterminer s'il tire son eau de ce même canal secondaire et nous n'avons pas pu observer de connexion avec la zone cultivée, plus au sud. Du fait de ses dimensions, nous l'avons classé comme canal tertiaire, mais il pourrait s'agir d'un canal secondaire plus petit.

Les canaux tertiaires du site n°162

Les canaux tertiaires, associés aux canaux secondaires présentés ci-dessus, sont nombreux sur ce site.

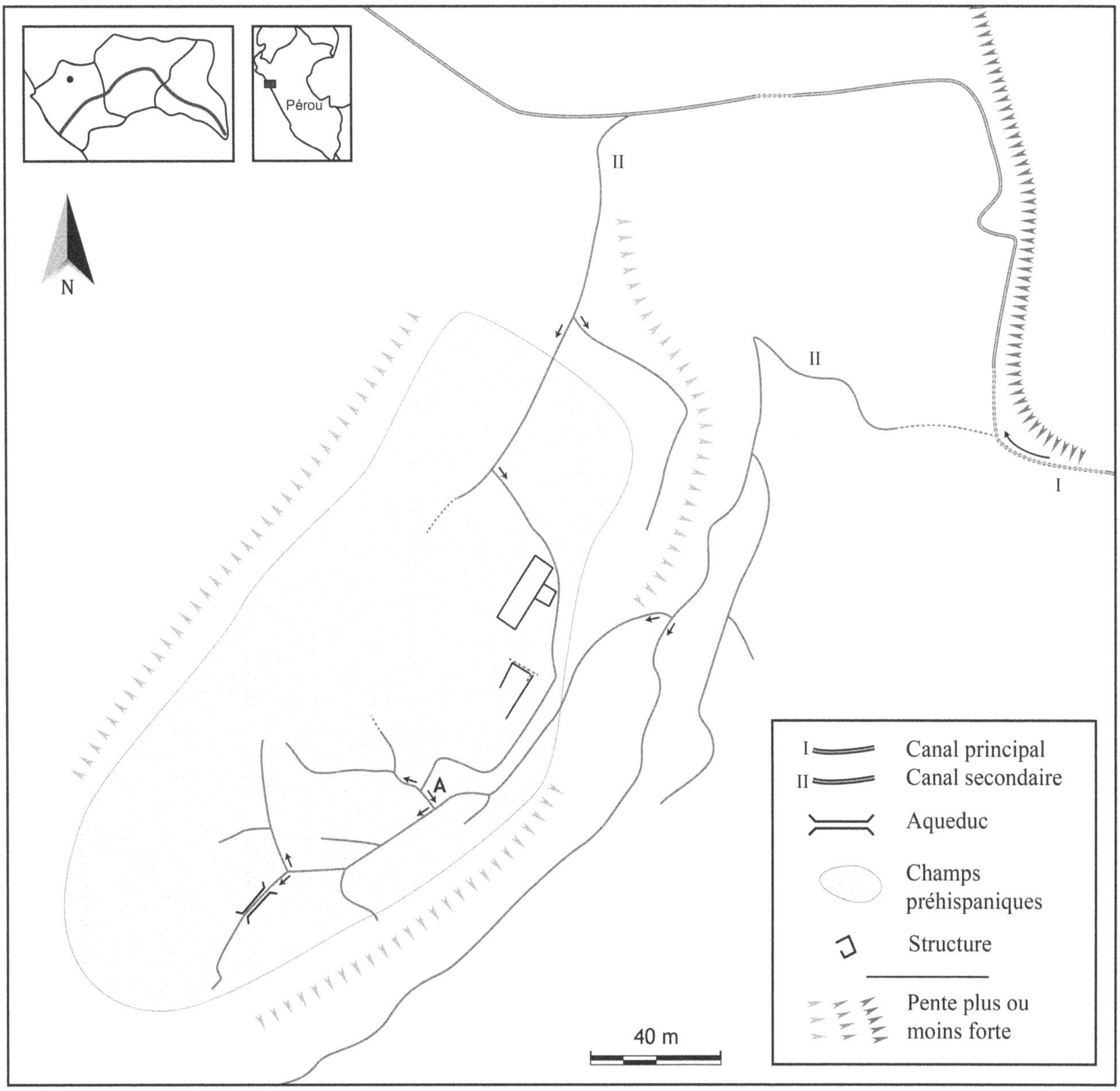

***Fig. 9.9* – Plan de la zone agrandie B de la fig.9.4, secteur centre du site n°162.**

Dans le secteur nord, plusieurs canaux tertiaires, d'environ 0,4 m de large pour 0,1 m de profondeur, partent du canal secondaire pour irriguer directement les champs (fig.9.8). Les déviations depuis le canal secondaire sont espacées de manière irrégulière. Deux canaux tertiaires se rejoignent au cœur du champ.

Le secteur sud-ouest offre un autre cas intéressant de canaux tertiaires. Leur rôle n'est pas d'amener l'eau dans un champ, mais de la récupérer. De nombreux sillons parallèles, formant des billons analogues aux *ados* étudiés par Morlon (1992), détruisent en partie les murs d'adobe d'une enceinte plus ancienne avant de déboucher dans un premier canal perpendiculaire mesurant 1 m de large pour 0,2 m de profondeur (fig.9.10).

Un second canal parallèle au premier, tout à fait semblable, récolte son eau par de petits chenaux transversaux qui les connectent. Ce deuxième canal est découpé en tronçons par de petits barrages, placés en amont de chacune des arrivées d'eau. Enfin, des ouvertures sont pratiquées pour permettre à l'eau de s'engager dans les sillons du champ suivant, au sud. Grâce à ces deux canaux parallèles, il était possible de gérer le surplus d'eau du premier champ et, au moyen des chenaux reliant les deux canaux, de le renvoyer vers les sillons voulus du second champ.

Plus à l'est, dans le secteur sud, un canal secondaire répartit son eau dans un champ grâce à plusieurs canaux tertiaires très courts, mais assez larges (fig.9.11). Chacun de ces canaux tertiaires servait à irriguer un nombre prédéterminé de sillons variant à chaque fois. De petits barrages de pierres ferment le canal secondaire pour guider l'eau dans le canal tertiaire. Ce système est relativement semblable à celui présenté pour la redistribution du surplus d'eau.

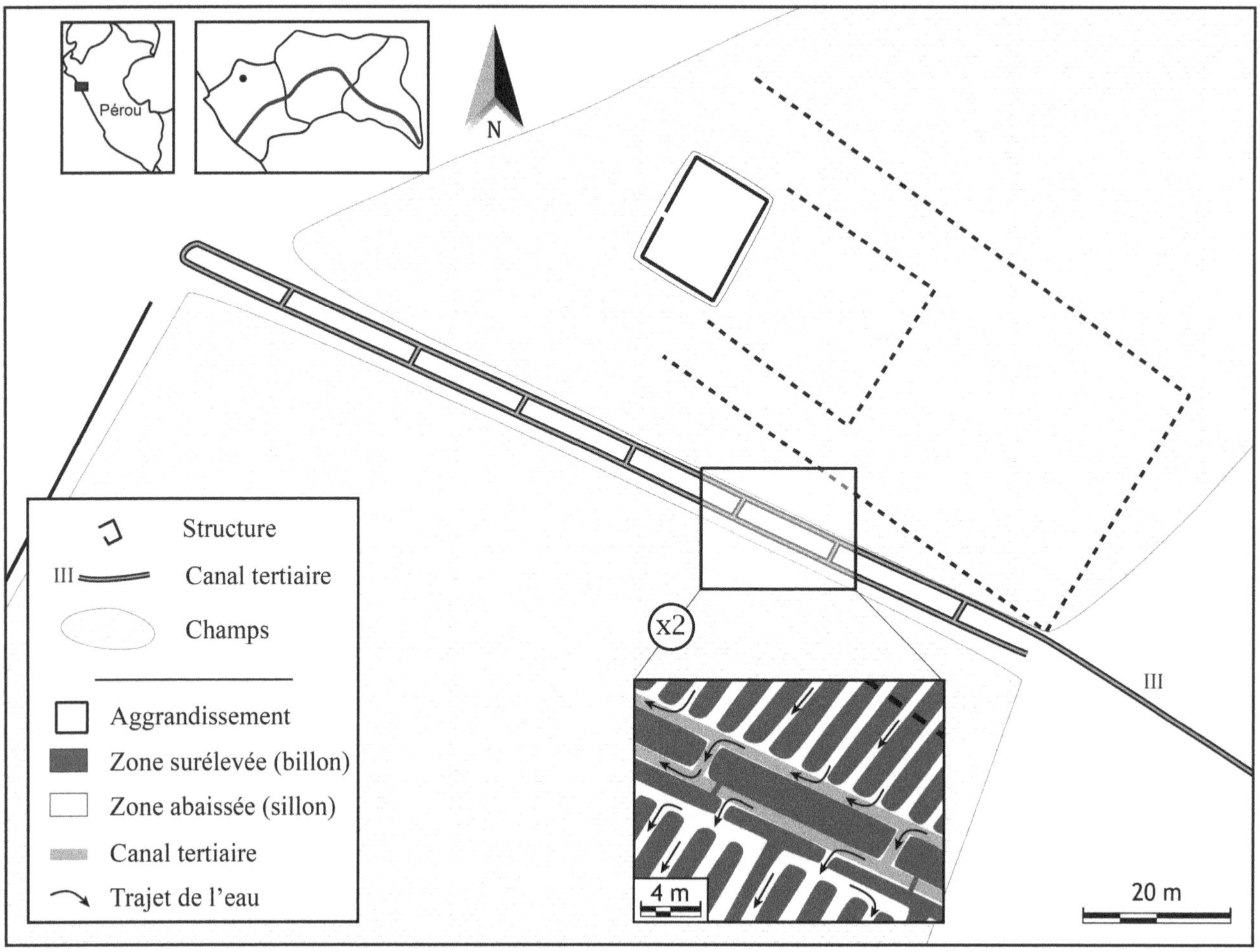

Fig. 9.10 – **Plan de la zone agrandie C de la fig.9.4, secteur sud-ouest du site n°162.**

Commentaires au sujet du réseau d'irrigation de la vallée basse

Ces exemples de réseaux d'irrigation composés de canaux principaux, secondaires et tertiaires, sur les sites n°10, 28 et 162, illustrent le soin accordé à l'eau et à sa gestion. Cependant, les quelques différences observées d'un site à l'autre impliquent peut-être l'existence de plusieurs modalités de contrôle des ressources hydriques.

Sur les deux premiers sites (n°10 et 28), le réseau est assez simple: un canal principal et quelques canaux secondaires, voire tertiaires. La gestion de ces réseaux ne devait probablement pas demander de compétences particulières si ce n'est une bonne coordination pour dévier l'eau dans le canal secondaire ou tertiaire adéquat.

Dans le cas du site n°162, la situation est plus complexe, du fait des cinq canaux principaux et des nombreux canaux secondaires ou tertiaires qui parsèment le site. Certains secteurs, comme ceux du nord ou du centre, présentés ci-dessus, sont mieux conservés et donc mieux documentés. Les connexions entre les canaux qui se divisent ou se rejoignent compliquent la gestion de l'eau. Il ne s'agissait plus seulement de la faire passer du canal principal vers le canal secondaire voulu, puis de la transvaser dans le ou les canaux tertiaires choisis pour irriguer un champ; il fallait contrôler avec soin le trajet parcouru par l'eau, vérifier que les différentes déviations étaient ouvertes ou fermées, et éventuellement récupérer le surplus d'eau pour le redistribuer ensuite. En réalité ces réseaux complexes de canaux montrent surtout la volonté d'administrer minutieusement l'eau sur le site n°162. Rappelons que ce site se trouve à l'extrémité d'un long et vaste système d'irrigation et recevait donc peu d'eau. Malgré leur taille parfois impressionnante, certains canaux principaux devaient avoir un débit relativement faible une bonne partie de l'année

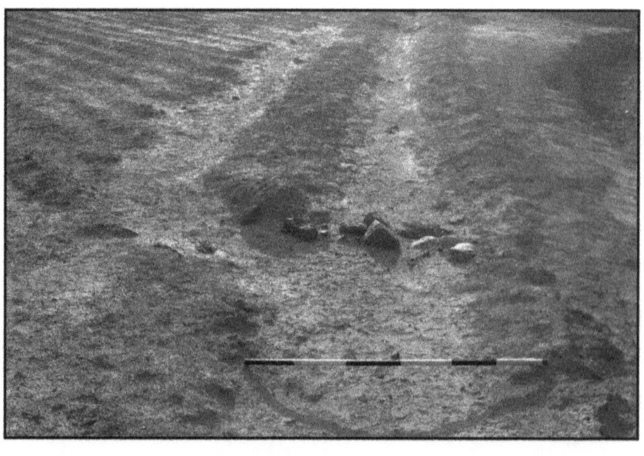

Fig. 9.11 – **Vue de la déviation d'un canal tertiaire depuis un canal secondaire du site n°162.**

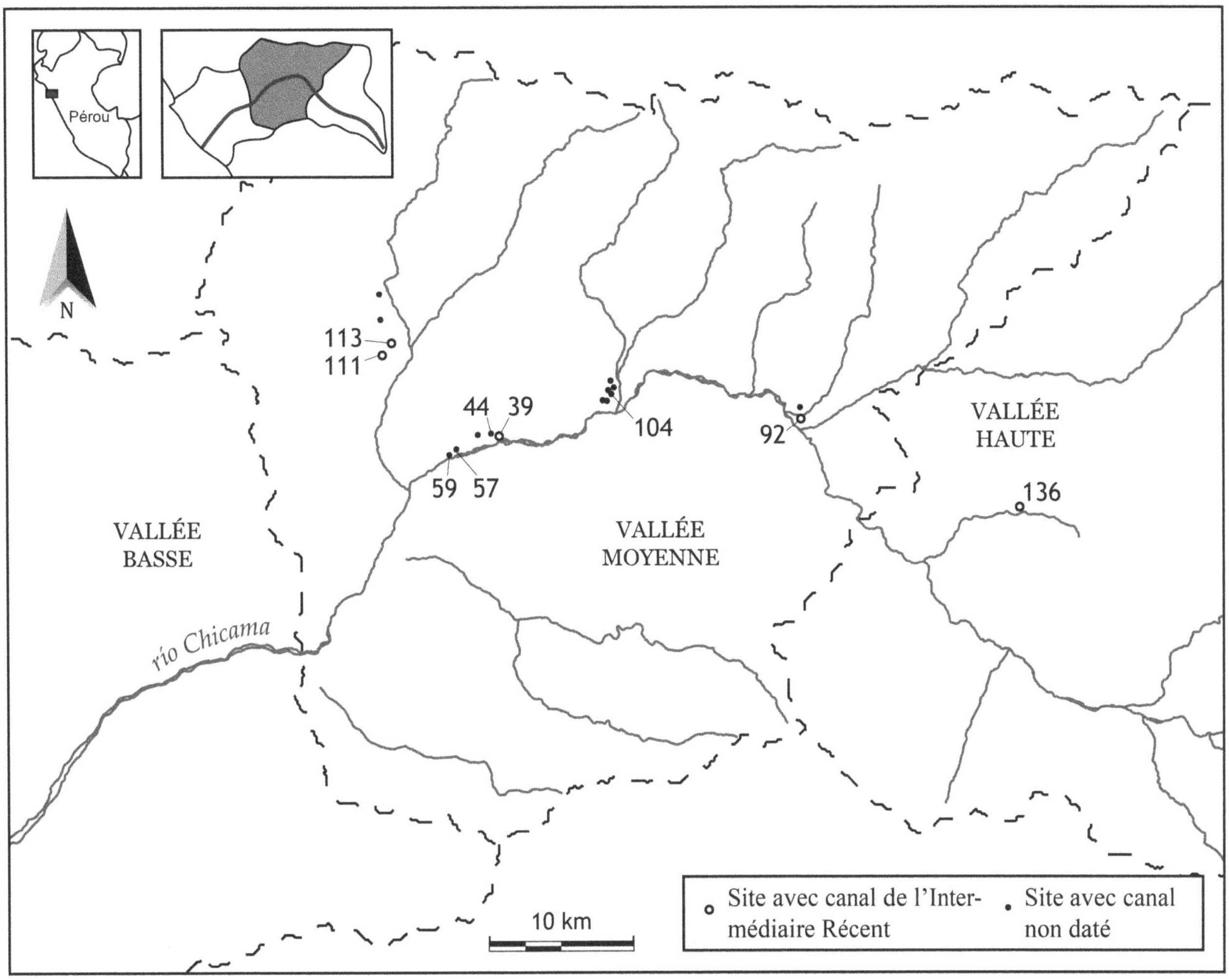

Fig. 9.12 **– Carte des sites avec canaux dans les parties montagneuses de la vallée de Chicama.**

d'où la nécessité d'économiser l'eau. Moins vaste et moins marginal que le site n°162, le n°10 est lui aussi localisé à l'extrémité d'un canal principal. Des canaux modernes coulent non loin de là et l'eau devait y être plus abondante et donc faire l'objet d'une gestion plus simple.

La hiérarchie entre les canaux secondaires et tertiaires n'est pas toujours claire. Ainsi, le canal tertiaire du site n°10 pourrait être un petit canal secondaire et plusieurs canaux secondaires du site n°162 peuvent également être considérés comme tertiaires. En revanche, les canaux principaux, de par leur taille, se différencient parfaitement des autres. Cette hiérarchie, bien présente dans la vallée basse, n'a pu être mise en lumière dans la vallée moyenne et la vallée haute.

Les canaux de la vallée moyenne et haute

Malgré un relief marqué, les canaux sont relativement nombreux (17 sites; fig.9.30) dans le fond de la vallée moyenne, mais seuls ceux de quatre sites (n°39, 92, 111 et 113) ont été datés de l'Intermédiaire Récent[1]. À cela s'ajoute un dernier site recélant un canal: le n°136 localisé dans la vallée haute (fig.9.12). Comme il est probable que la plupart des canaux non datés aient également été utilisés à l'Intermédiaire Récent, nous allons surtout présenter ceux qui sont le mieux conservés, indépendamment de leur datation.

Description des canaux

Les canaux observés dans les parties moyenne et haute de la vallée de Chicama sont tous assez semblables. Ils courent à flanc de coteaux, suivant les courbes de niveau afin de perdre peu d'altitude et d'avoir des pentes relativement faibles. Leurs tracés sont donc souvent très allongés et font de nombreux détours, contournant les terrasses naturelles, les petites élévations ou les dépressions du relief. Au cours de nos prospections, plusieurs tronçons d'un même canal ont pu être enregistrés comme appartenant à plusieurs sites. Ainsi, il est fort probable que le canal du site n°39 soit le même que celui du site n°44. De même, le canal du site n°50 correspond sûrement à une autre partie du parcours, plus en aval.

Tous ces canaux sont peu profonds (entre 0,2 et 0,4 m) et les largeurs mesurées varient surtout entre 0,6 et 1,2 m. La plupart du temps, les parois sont constituées de terre et de

1 - La faible quantité, voire l'absence, de matériel découvert dans les canaux complique sérieusement leur datation.

$$r = \frac{A}{P} \qquad V = \frac{1}{n} r^{\frac{2}{3}} s^{\frac{1}{3}} \qquad D = AV$$

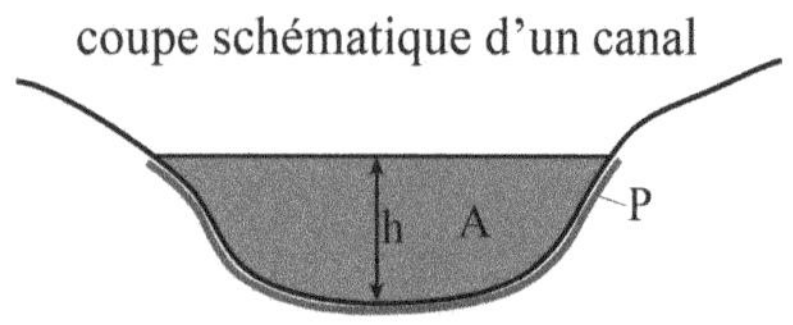

***Fig. 9.13* – Formules de calculs hydrauliques: r - rayon hydraulique, A - aire de la coupe du canal, P - périmètre mouillé de la coupe du canal, V - vitesse d'écoulement, n - coefficient de rugosité, s - pente, D - débit.**

cailloux, mais à plusieurs endroits, on observe de grosses pierres qui devaient les renforcer. Parfois, il a fallu construire un muret de pierres pour soutenir le remblai d'un canal longeant un coteau assez pentu.

Même s'il n'est pas opérationnel, le canal des sites n°57 et 59 a visiblement été remodelé récemment, comme en témoigne l'emploi de béton dans les sections fragilisées. D'autres canaux sont toujours utilisés sur une partie de leur itinéraire. Ainsi, celui du site n°116 irrigue un champ actuellement cultivé sur les 300 premiers mètres de son parcours alors qu'il est abandonné sur près de 5 km.

Calculs des caractéristiques hydrauliques de quelques canaux

Les canaux des sites n°44 et 104 sont en bon état et permettent d'analyser approximativement leurs caractéristiques hydrauliques, en utilisant, entre autres, la formule de Manning (fig.9.13-V). Cette dernière se base sur différentes mesures: les dimensions, la pente et l'indice de rugosité d'un canal.

Pour rendre un canal efficace, il faut tenir compte de plusieurs paramètres: la pente, les dimensions de la section du chenal et la nature du revêtement. Grâce à la formule de Manning, on peut calculer la vitesse d'écoulement dans le canal et le débit (Farrington 1980a; 1980b; Gutiérrez 2005). En modifiant l'une ou l'autre des variables (pente, dimensions et revêtement), il est possible de maintenir un débit relativement constant (fig.9.13-D).

Le canal du site n°44

Le site n°44 se compose uniquement d'un canal de petite taille qui serpente le long de terrasses naturelles, dans le fond de la vallée moyenne. Le canal contourne le site n°43 (daté de l'Intermédiaire Récent), dont les habitants utilisaient peut-être son eau, longe les flancs d'une terrasse vers le nord, puis revient de l'autre côté de la dépression par le sud pour gagner le sommet d'une terrasse naturelle (fig.9.14).

Le tronçon étudié n'est long que d'un kilomètre, avec un dénivelé d'environ 10 m, soit une pente moyenne de 1 %[2]. À partir des mesures prises en plusieurs endroits du canal, nous avons calculé le périmètre mouillé, l'aire de la section, le rayon hydraulique, la vitesse d'écoulement et le débit approximatif du canal, grâce à la formule de Manning.

2 - Les altitudes ont été relevées par un GPS par plusieurs points afin de limiter les erreurs liées à l'imprécision du matériel, à un kilomètre d'intervalle. Il y a forcément des variations de pentes et nous n'indiquons donc qu'une pente moyenne approximative, valable pour ce tronçon d'un kilomètre de canal.

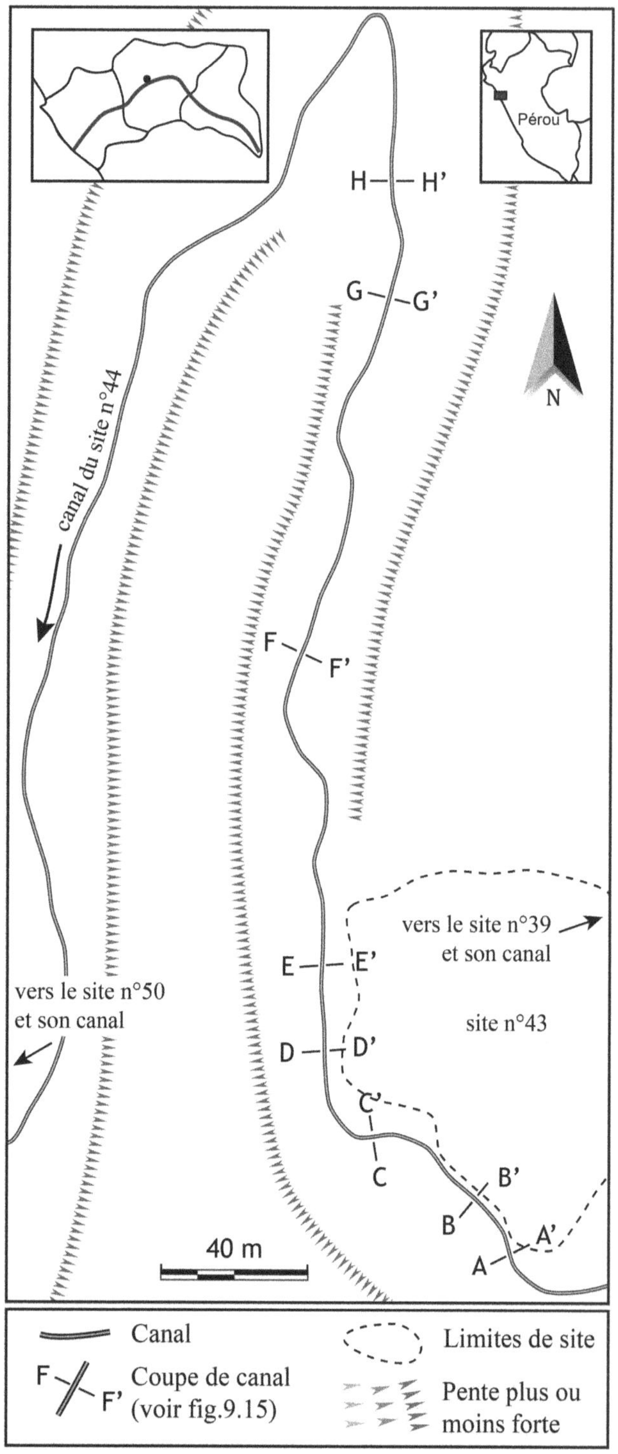

***Fig. 9.14* – Plan du tracé du canal du site n°44.**

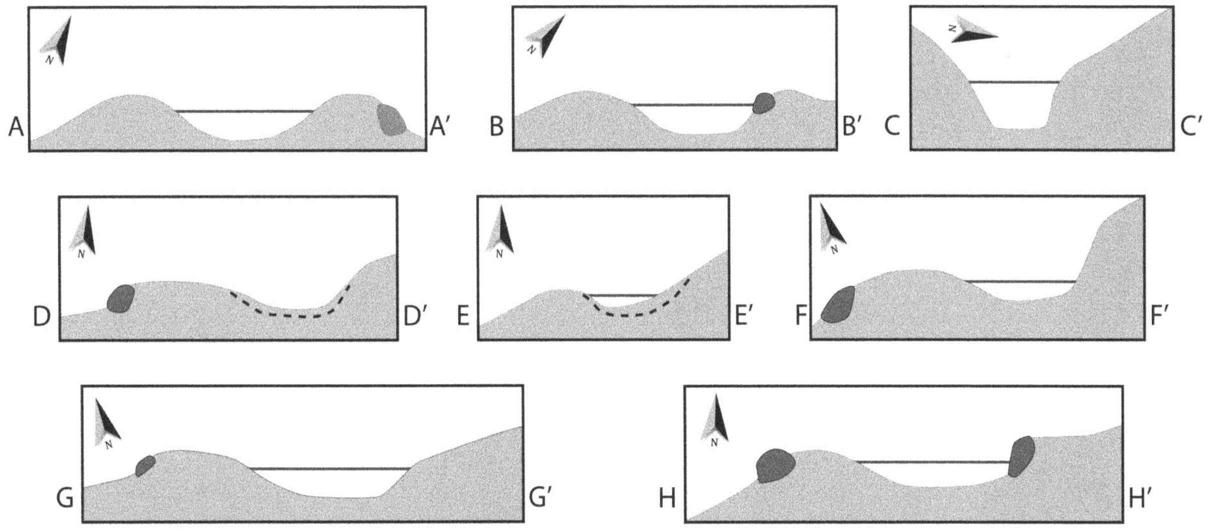

Coupe	Vitesse d'écoul. (m/s)	Débit (m^3/s)
A-A'	1,2	0,14
B-B'	1,2	0,12
C-C'	1,3	0,14
D-D'	0,7	0,03
E-E'	0,4	0,002
F-F'	0,9	0,05
G-G'	1,3	0,2
H-H'	1	0,09

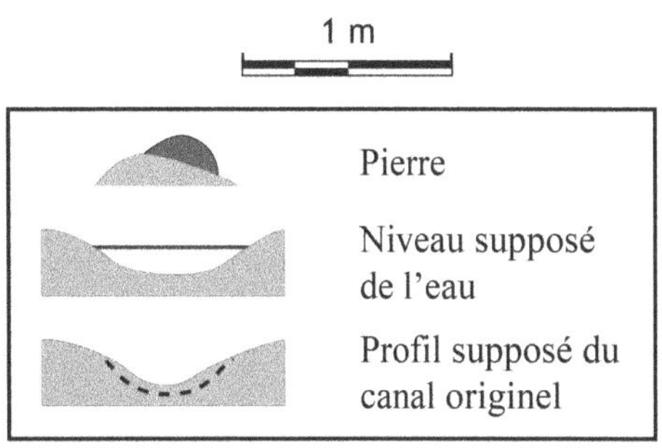

***Fig. 9.15* – Coupes du canal du site n°44 et tableau des calculs des débits.**

Pour la profondeur maximale, nous avons estimé que la surface de l'eau ne devait pas être à moins d'une dizaine de centimètres en dessous des bords des parois afin d'éviter les débordements. Il faut souligner que sans fouille, nous pouvons difficilement connaître avec précision les dimensions réelles du canal qui devait vraisemblablement être un peu plus profond, notamment au niveau des coupes D-D' et E-E' (fig.9.15). Enfin, le dernier paramètre concerne le revêtement fait de terre et de petits graviers, soit un coefficient de rugosité d'environ 0,02, similaire à celui déterminé pour plusieurs canaux chimús de la vallée voisine de Moche (Farrington 1980a: 291).

La vitesse d'écoulement calculée varie principalement entre 0,9 et 1,3 m/s, ce qui évite à la fois la sédimentation ainsi que l'érosion. Le débit, relativement faible, entre 0,2 et 0,05 m^3/s, dépend des dimensions du canal qui ne permettent pas de véhiculer une grande quantité d'eau sans augmenter la vitesse d'écoulement. Le relief impliquant un long trajet à parcourir pour l'eau, l'évaporation et l'infiltration constituaient des déperditions probablement assez importantes et le débit devait diminuer progressivement. Comme le tronçon étudié n'est pas en début de canal, on peut supposer que ces capacités étaient plus importantes en amont. L'endroit où ce canal captait l'eau du fleuve n'est malheureusement pas connu.

Le canal du site n°104

Le canal du site n°104 est également bien conservé, mais il est aussi ponctuellement utilisé par les habitants du village d'Ochape et, à ce titre, a probablement été entretenu régulièrement, voire remanié. L'origine préhispanique du tracé ne fait aucun doute, car le canal passe non loin de plusieurs sites archéologiques de l'Intermédiaire Récent (n°78, 79, 81, 82) et le canal n°105, qui est abandonné, suit un parcours similaire, vingt-cinq mètres d'altitude au-dessus (fig.9.16). Même si la forme et les dimensions du canal n°104 ont sûrement changé depuis les époques préhispaniques, ses caractéristiques hydrauliques actuelles restent tout de même intéressantes à étudier, notamment son débit, et permettent de se faire une idée des capacités qu'un tel canal pouvait avoir autrefois.

Nous avons donc calculé le périmètre mouillé, l'aire de la section et le rayon hydraulique. La pente moyenne du canal, pour ce tronçon de près d'un kilomètre et demi, est d'environ 0,4 %, soit trois fois moins que celle du canal n°44. Le revêtement étant fait de terre et de petits graviers, nous avons utilisé un coefficient de rugosité de 0,02. Par conséquent, la vitesse d'écoulement de l'eau dans ce canal varie entre 0,6 et 0,9 m/s, soit un débit compris entre 0,1 et 0,23 m^3/s (fig.9.17). On remarque que grâce à la forme du canal n°104 qui limite les frottements de l'eau contre ses

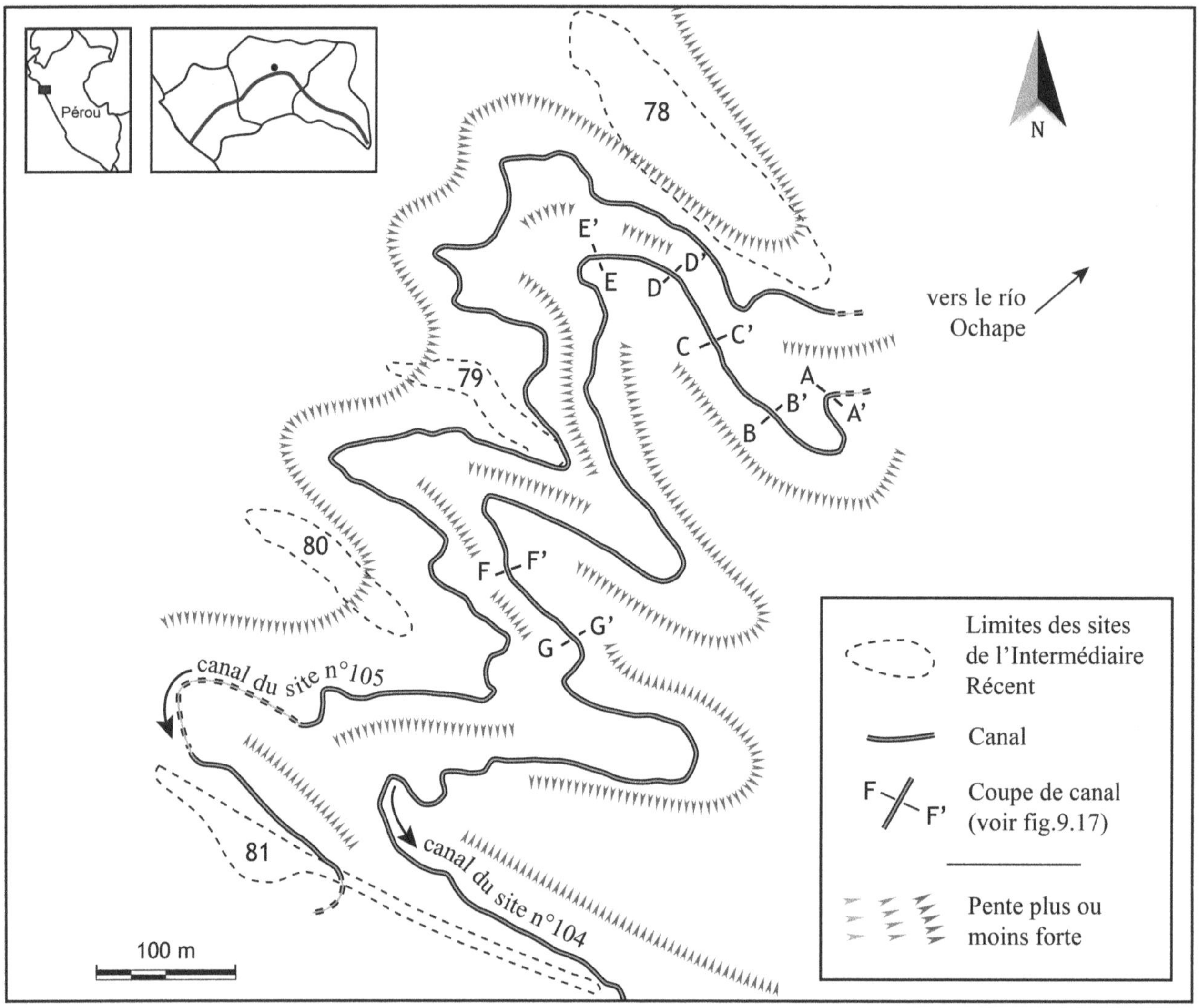

***Fig. 9.16* – Plan du tracé des canaux des sites n°104 et 105.**

parois, sa vitesse est à peine plus faible que celle du n°44, alors que sa pente est moins forte. Par ailleurs, le débit est plus fort que celui du n°44, puisque ses dimensions sont plus larges. Étant donné que le tronçon de ce canal est situé non loin de l'endroit d'où il tire son eau du río Ochape, quelques kilomètres en amont,

l'évaporation et l'infiltration devaient être encore limitées et il semble donc logique d'avoir une capacité de débit assez importante.

Commentaires relatifs aux calculs des vitesses d'écoulement et des débits

Ces deux exemples montrent tout d'abord une certaine maîtrise de l'hydraulique puisque les calculs approximatifs des vitesses d'écoulement et des débits de ces canaux donnent des résultats modérés. La vitesse d'écoulement est suffisamment faible pour éviter l'érosion, alors même que le relief assez marqué complique le choix du tracé et a tendance à augmenter la pente des canaux. À titre de comparaison, les canaux chimús de la plaine côtière de Moche ont une pente souvent inférieure à celles que nous avons calculées pour les canaux de la vallée moyenne de Chicama (Park 1983). Les débits estimés pour ces derniers sont plutôt faibles, étant donnée leur petite taille.

Nous pouvons également comparer les autres canaux découverts dans la vallée moyenne aux n°44 et 104. Malgré une mauvaise conservation générale, la plupart possèdent des dimensions similaires et serpentent sur les flancs des montagnes afin d'avoir une pente réduite. Ils devaient donc avoir des débits faibles, probablement inférieurs à 1 m3/s. Si individuellement ces canaux apportent peu d'eau, il faut rappeler qu'ils sont relativement nombreux (17 sites recensés avec un canal) et que la superficie des terres à irriguer n'est pas aussi importante que dans la plaine côtière.

Le réseau d'irrigation dans la vallée moyenne

Les canaux préhispaniques recensés sont localisés au-dessus des berges et serpentent entre les terrasses naturelles dont les surfaces devaient être en partie cultivées autrefois.

Les berges des cours d'eau constituent la majeure partie des terres exploitables du fond de la vallée moyenne et sont actuellement irriguées par des canaux. Tout comme le canal du site n°117, ces derniers sont probablement d'origine

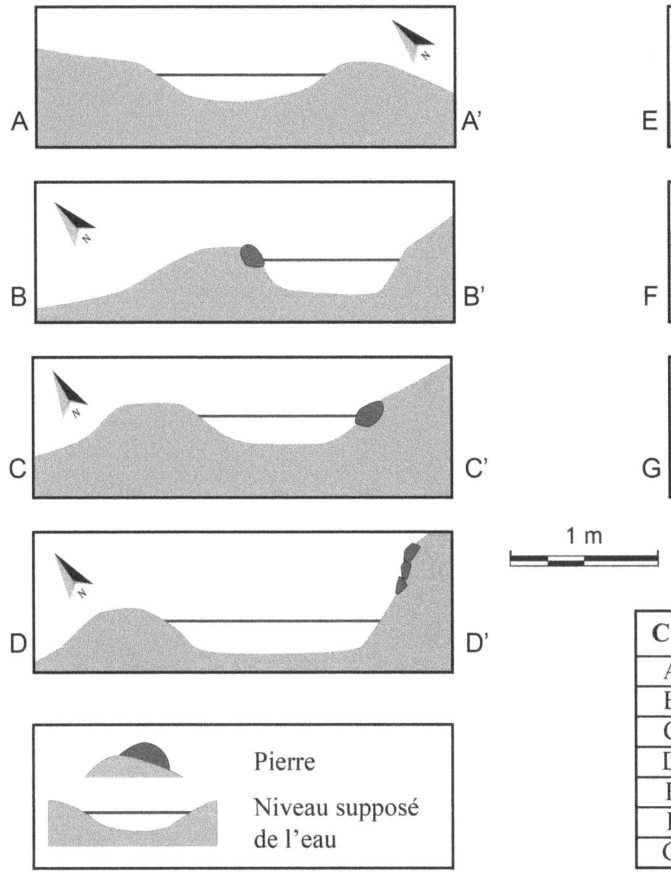

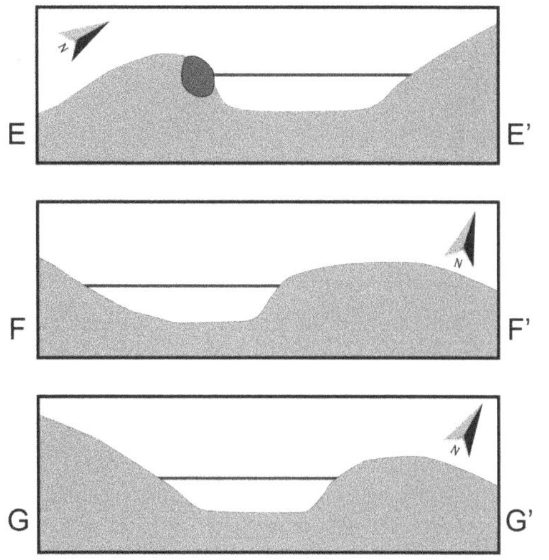

Coupe	Vit. d'écoul. (m/s)	Débit (m^3/s)
A-A'	0,6	0,1
B-B'	0,8	0,13
C-C'	0,7	0,1
D-D'	0,8	0,2
E-E'	0,9	0,23
F-F'	0,8	0,2
G-G'	0,8	0,2

***Fig. 9.17* – Coupes du canal du site n°104 et tableau des calculs des débits.**

préhispanique. Sans pour autant les considérer comme des sites archéologiques, ils ont des tracés assez similaires à leurs homologues préhispaniques découverts souvent à quelques dizaines de mètres d'altitude au-dessus. Cette similitude amène à penser qu'ils sont vraisemblablement hérités de canaux plus anciens qui n'ont cessé d'être employés et remodelés au cours des siècles. Par conséquent, on peut supposer qu'aux époques préhispaniques, en particulier à l'Intermédiaire Récent, le réseau hydraulique s'étendait à la fois sur les berges actuellement exploitées, mais aussi sur les terrasses naturelles désertiques.

Outre les berges, les terrains cultivables se concentrent sur quelques terrasses naturelles d'envergure limitée, sauf dans la quebrada Santanero où elles sont larges. Les besoins en eau de la vallée moyenne devaient donc être bien plus faibles, comparés à ceux de la plaine côtière de Chicama et les nombreux petits canaux aux débits modestes pouvaient être suffisants. Notons qu'à l'instar du réseau d'irrigation de la vallée basse, plus étendu aux époques préhispaniques qu'aujourd'hui, les canaux de la vallée moyenne de Chicama arrosaient autrefois des terres actuellement arides et abandonnées.

Enfin, il faut souligner que ces canaux tirent leur eau du río Chicama et de ses affluents en amont des canaux de la vallée basse, ce qui pourrait avoir engendré des problèmes pour la répartition de l'eau, point sur lequel nous reviendrons au chapitre 10.2.

Les canaux de la vallée basse constituent donc un réseau d'irrigation complexe et varié, tandis que ceux de la vallée moyenne sont plus petits et moins étendus. Tous devaient irriguer de nombreux champs agricoles.

Les champs agricoles

Associés aux canaux, les champs préhispaniques ne sont visibles que dans les zones préservées où la conservation a pu être optimale. En cas de perturbations climatiques ou anthropiques, ce type de vestige disparaît rapidement. Ils ne sont d'ailleurs repérables, le plus souvent, qu'en fonction de leur association à d'autres vestiges. Sur les 30 sites possédant des infrastructures agricoles, seuls treize d'entre eux (n°8, 10, 17, 28, 39, 68, 76, 77, 111, 128, 129, 156 et 162; fig.9.30) ont des champs (fig.9.18). C'est dans la vallée basse qu'ils sont les mieux sauvegardés, mais on en trouve quelques exemples dans la vallée moyenne (site n°39, 68, 76, 77 et 111) ou haute (n°128 et 129). Nous avons mis en évidence trois types de champs: ceux qui sont irrigués avec des sillons de formes diverses, les *huachaques* et les terrasses.

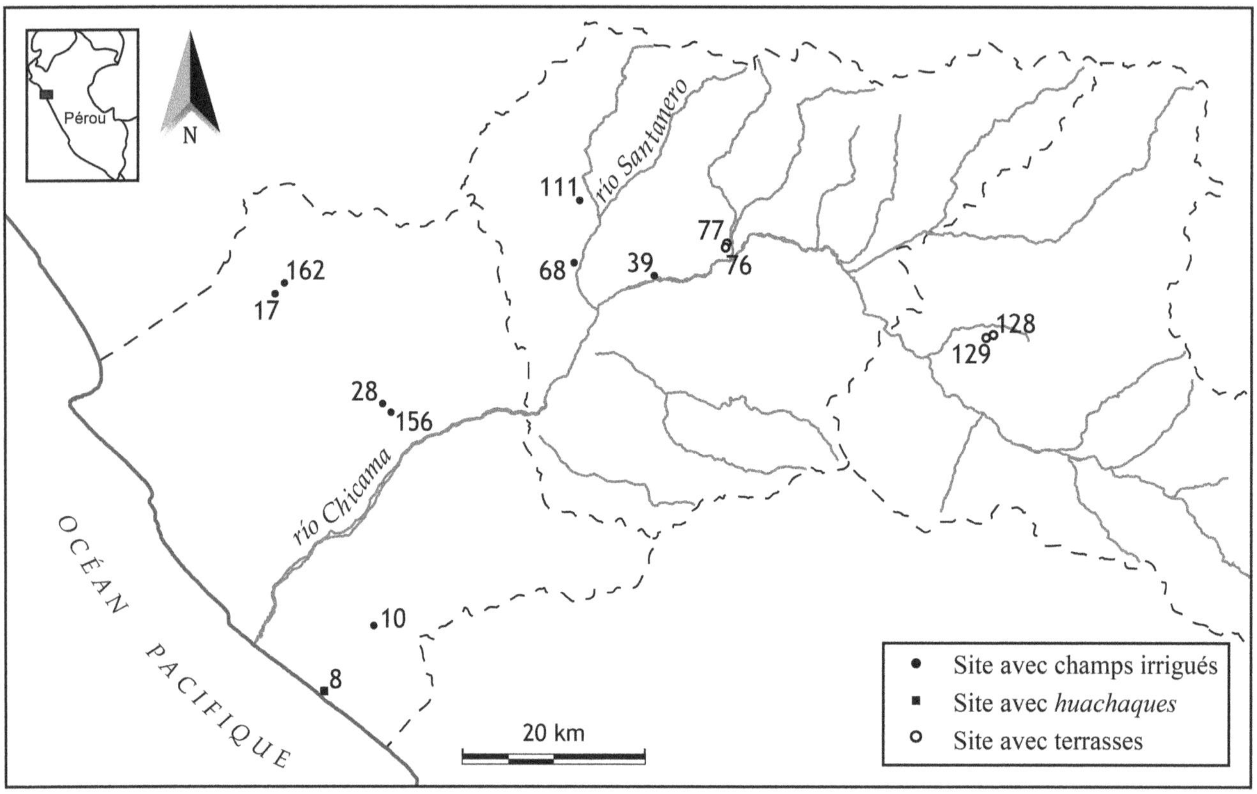

Fig. 9.18 – **Carte des sites avec champs.**

1. Les champs irrigués à sillons

La grande majorité des champs est irriguée par des canaux et parfois creusée de sillons. On les retrouve sur les sites n°10, 17, 28, 39, 111 et 162, occupés à l'Intermédiaire Récent, et sur les sites n°66 et 156, non datés.

Champs à sillons rectilignes

Sur la plupart de ces sites, les champs sont composés de sillons rectilignes parallèles, souvent orientés dans le sens de la pente. L'espacement entre deux sillons forme un billon, c'est-à-dire une petite butte, où poussaient les plantes cultivées, tandis que l'eau coulait dans les sillons (fig.9.19). Ces billons, plus petits que les *ados* aménagés sur l'altiplano bolivien (Garaycochea *et al.* 1992), résultent peut-être du travail de labour réalisé au moyen de bâtons à fouir, similaires à des *chaquitacllas* (Morlon *et al.* 1992). Notons que la surface du champ occupée par les sillons était avant tout dédiée à l'eau et non aux plantations.

Fig. 9.19 – **Vue de sillons rectilignes (site n°162).**

La largeur des sillons varie entre 0,3 et 0,5 m. Ces dimensions sont assez proches de celles des canaux tertiaires qui les irriguaient. Les billons qui séparent chaque sillon ne sont pas beaucoup plus grands et mesurent entre 0,3 et 0,6 m de large.

Le site n°111 présente un cas particulièrement intéressant de champ à sillons rectilignes (fig.9.20). Un canal serpentant sur une terrasse alimente des sillons qui sont orientés de manière différente. Ces changements d'orientation sont probablement dus aux légères variations de pente. En modifiant l'axe des sillons, il devenait possible d'irriguer la majeure partie de la superficie à partir de ce canal dont le tracé s'adapte au terrain.

Bien qu'ils soient courants, les sillons rectilignes sont parfois remplacés par des sillons serpentiformes.

Champs à sillons serpentiformes

Outre ses nombreux canaux, le site n°162 abrite des sillons serpentiformes bien conservés, mais restreints à quelques champs seulement.

Ces sillons mesurent entre 0,5 et 0,8 m de large et s'écoulent sur 1,5 m avant de tourner dans l'autre sens (fig.9.21). Quant aux billons où étaient cultivées les plantes, ils sont larges d'environ 0,6 m. Cette manière de diriger l'eau

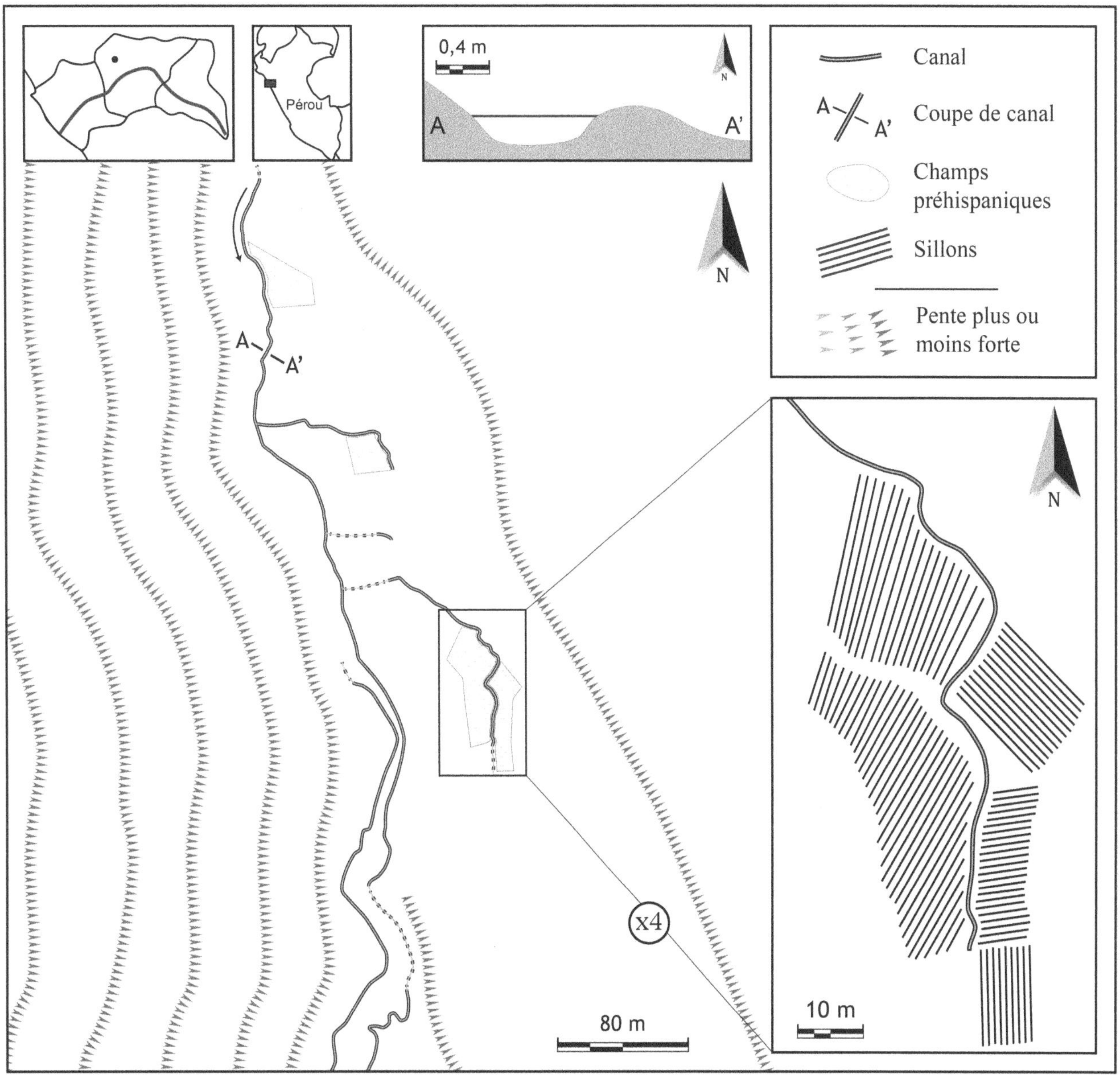

Fig. 9.20 **– Plan du site n°111.**

devait probablement la ralentir, peut-être pour favoriser une meilleure pénétration dans le sol ou pour déposer plus de limon, comme c'est le cas pour les *canteros* équatoriens (Mollard et Walter 2008).

En Équateur, ces *canteros* sont des champs caractérisés par une forte pente, un sol très perméable et des sillons en zigzag. Avec un tel terrain, des sillons rectilignes provoqueraient une érosion très importante et l'eau s'infiltrerait complètement dans le sol au bout de quelques mètres. Les sillons en zigzag des *canteros* permettent donc d'irriguer l'ensemble du champ tout en évitant une trop forte érosion (Mollard et Walter 2008). Dans notre région, sur le site n°162 où la pente est très faible, il semble peu probable que les sillons serpentiformes recensés aient servi à ralentir l'eau qui ne devait pas couler bien vite. Le deuxième critère concerne l'infiltration qui varie en fonction de la nature du sol, mais nous n'avons pas observé de différence notable avec le sol d'autres champs où les sillons sont rectilignes. Une analyse géologique poussée sortant du cadre de cette étude, nous manquons de données à ce sujet.

Fig. 9.21 **– Vue de sillons serpentiformes (site n°162).**

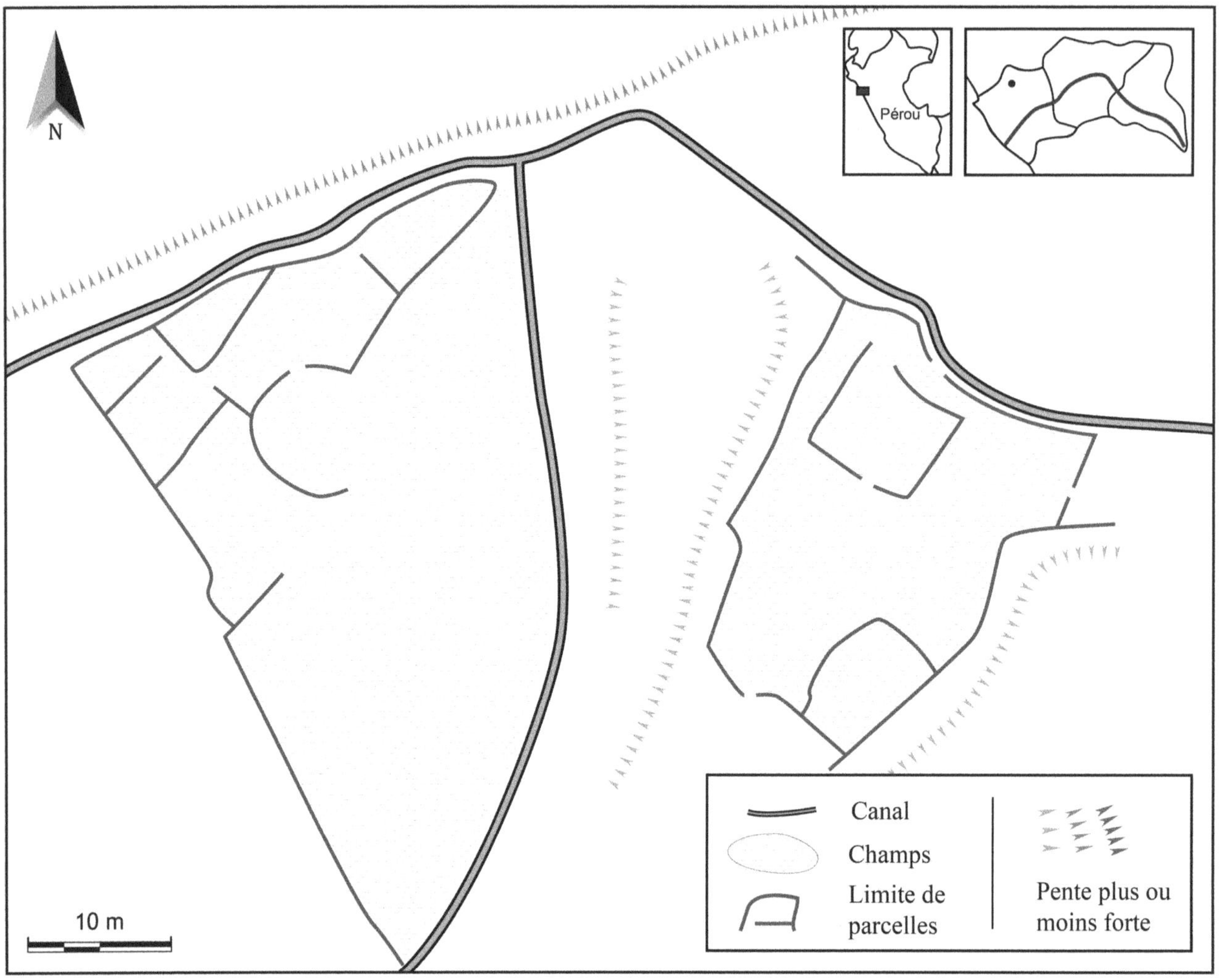

Fig. 9.22 – **Plan de la zone agrandie D de la fig.9.4, secteur sud du site n°162.**

Pour sa part, Kus (1972) suppose que chaque forme de sillon était associée à une espèce de plante particulière, comme le maïs ou le coton. Étant donné le faible nombre de sillons serpentiformes recensés dans la vallée de Chicama, cette hypothèse suggèrerait que la plante correspondant à ce type de sillon y était très peu cultivée.

Les champs à sillons serpentiformes soulèvent donc de nombreuses questions quant aux raisons qui ont amené à leur donner cette forme particulière. Malheureusement, le peu de données disponibles et la rareté de ce type de champ ne permettent pas d'y répondre, pour l'instant.

Les champs à parcelles délimitées

Certains champs du site n°162 sont localisés dans des parcelles bien définies, voire à l'intérieur d'enceinte, ce qui rappelle les aménagements agricoles des cours des *ciudadelas* de Chan Chan, postérieurs à l'époque chimú (Gálvez *et al.* 2004). Leurs sillons sont rectilignes et similaires à ceux présentés plus haut.

Le secteur centre sud du site n°162 recèle un ensemble de parcelles de formes irrégulières, délimitées par des « murets » de terre d'environ 0,3 m de haut (fig.9.22). Dans la partie ouest du champ, ces parcelles sont de petite taille, quelques dizaines de m², et communiquent par d'étroites ouvertures qui permettaient probablement de faire venir l'eau dans chacune d'entre elles. À l'est, le champ est simplement aménagé de longs sillons rectilignes et s'étend sur plus de 500 m².

Même si nous manquons d'informations pour répondre à ces questions, ces champs délimités se distinguent des autres zones agricoles étudiées, soulevant quelques questions. Pourquoi avoir subdivisé un champ en petites unités ? S'agissait-il de parcelles attribuées à des familles ? Étaient-elles plutôt dédiées à la culture de plantes spécifiques ?

Garcilaso (2000 [1617] t.2: 70-71) décrit le système de répartition des terres agricoles des communautés andines, selon une unité: le *tupu*. Il s'agissait de l'extension de terrain nécessaire à la subsistance d'une famille composée de quatre à cinq membres. Les dimensions d'un *tupu* variaient en fonction de la fertilité des sols et de la rigueur du climat. Il paraît néanmoins peu probable que les parcelles du site n°162, dont certaines s'étendent sur moins de 20 m², aient pu suffire à nourrir plusieurs personnes, auquel cas elles ne correspondent donc pas à un *tupu*. On peut également se demander si ces petites parcelles n'ont pas été divisées à la suite de partages successifs, au fil des générations, entre les membres d'une famille, comme Évelyne Mesclier (communication orale, décembre 2013) a pu le documenter pour la région de Cuzco, de nos jours.

Contrairement aux champs précédents, très ouverts, les petites parcelles forment des espaces cultivés clairement définis. Ce besoin de délimiter des aires pourrait correspondre à un autre type d'activité agricole, géré de manière différente ou dédié à une production distincte et spécifique dont la nature nous échappe.

Les champs inachevés

Parmi les champs irrigués, certains n'ont pas été achevés et permettent d'étudier et de confirmer en partie les différentes étapes de préparation des champs décrites par Kus (1985), à savoir le « nettoyage » du champ (a), la division de la superficie en plusieurs sections (b), la création de quelques sillons principaux (c) et enfin la formation des sillons finaux (d).

Le site n°17, localisé au sud du site n°162, abrite plusieurs tas de pierres, espacés de manière irrégulière (fig.9.23). Ce champ encombré de ces tas est dépourvu de sillon et n'a probablement jamais été mis en service. Ces tas pourraient donc refléter l'enlèvement des pierres en surface, ces dernières étant rassemblées avant d'être définitivement retirées de la zone, comme c'est encore en usage aujourd'hui. Cette première étape de nettoyage du champ (a) est tout à fait conforme au processus d'aménagement d'un champ présenté par Kus (1985).

Pourtant, sur le site n°162, quelques champs opérationnels, creusés de sillons, sont en partie parsemés de pierres. Certaines, assez grosses, devaient compliquer les travaux agricoles et on peut se demander pourquoi toutes les pierres n'ont pas été enlevées.

Dans d'autres champs, on ne trouve pas de sillons, mais de petites buttes parallèles ou des alignements de pierres, espacés de 2 à 5 m qui pourraient correspondre à la deuxième étape (b), définie par Kus (1985), lorsque les différentes sections d'un champ sont délimitées.

Ces vestiges de champs inachevés concordent avec les données de Kus (1985). Sur les sites n°17 et 162, il est possible d'observer les deux premières étapes de la création d'un champ agricole ainsi que la dernière phase, lorsque l'aménagement est terminé (d). Comme ils n'ont pas été complètement préparés, certains champs n'ont probablement jamais été utilisés. Pozorski (1987) suppose que des problèmes techniques pour faire venir l'eau en seraient la cause, mais on peut également postuler un abandon voulu ou des facteurs externes, politiques ou sociaux, comme l'arrivée des Incas. Il faut souligner qu'étant à l'extrémité d'un vaste réseau d'irrigation, ces champs constituent peut-être les ultimes tentatives des agriculteurs de

***Fig. 9.23* – Vue de tas de pierres sur le site n°17.**

l'Intermédiaire Récent pour gagner des terres au désert et les cultiver.

Qu'ils soient à sillons rectilignes ou serpentiformes, délimités en plusieurs parcelles ou inachevés, les champs irrigués sont donc les aménagements agricoles les plus courants dans la vallée de Chicama, mais d'autres types de champs, notamment des *huachaques*, y ont aussi été recensés.

Les *huachaques*

Localisé sur le littoral, le site n°8 se compose, entre autres, de *huachaques* qui n'ont pas besoin de canaux d'irrigation; il s'agit de zones creusées pour atteindre le niveau de la nappe phréatique. Bien que ce site soit daté de l'Intermédiaire Récent, en particulier en ce qui concerne sa concentration d'ossements et de céramique, nous n'avons pas pu déterminer si les *huachaques* étaient contemporains. Par analogie avec Chan Chan qui possède le même type d'infrastructures agricoles, présentées au chapitre 3.2, nous pouvons supposer qu'ils étaient effectivement exploités à l'Intermédiaire Récent et peut-être aux époques plus anciennes (Moseley 1969; Rowe 1969; Parson 1968; Parson and Psuty 1975).

Aujourd'hui, le fond de ces *huachaques* étant complètement immergé, se forment de petits étangs abritant une faune et une flore composée d'oiseaux aquatiques et de joncs comme la *totora* (*Typha dominguensis*). Les bords sont aménagés de terrasses de 3 à 5 m de large, qui culminent à environ 0,7 m de hauteur au-dessus du niveau de l'eau en temps normal (fig.9.24). Elles pouvaient donc être mises en culture facilement.

On peut toutefois supposer que l'immersion d'une partie de ces champs aurait pu poser problème pour leur exploitation. À la Période Coloniale, Cobo (1964 [1653]) indique que le niveau de l'eau des *huachaques* variait au cours de l'année, probablement en fonction de l'ensoleillement et de l'évaporation. Certaines plantes ne résistant probablement pas à de telles variations de la hauteur d'eau, les

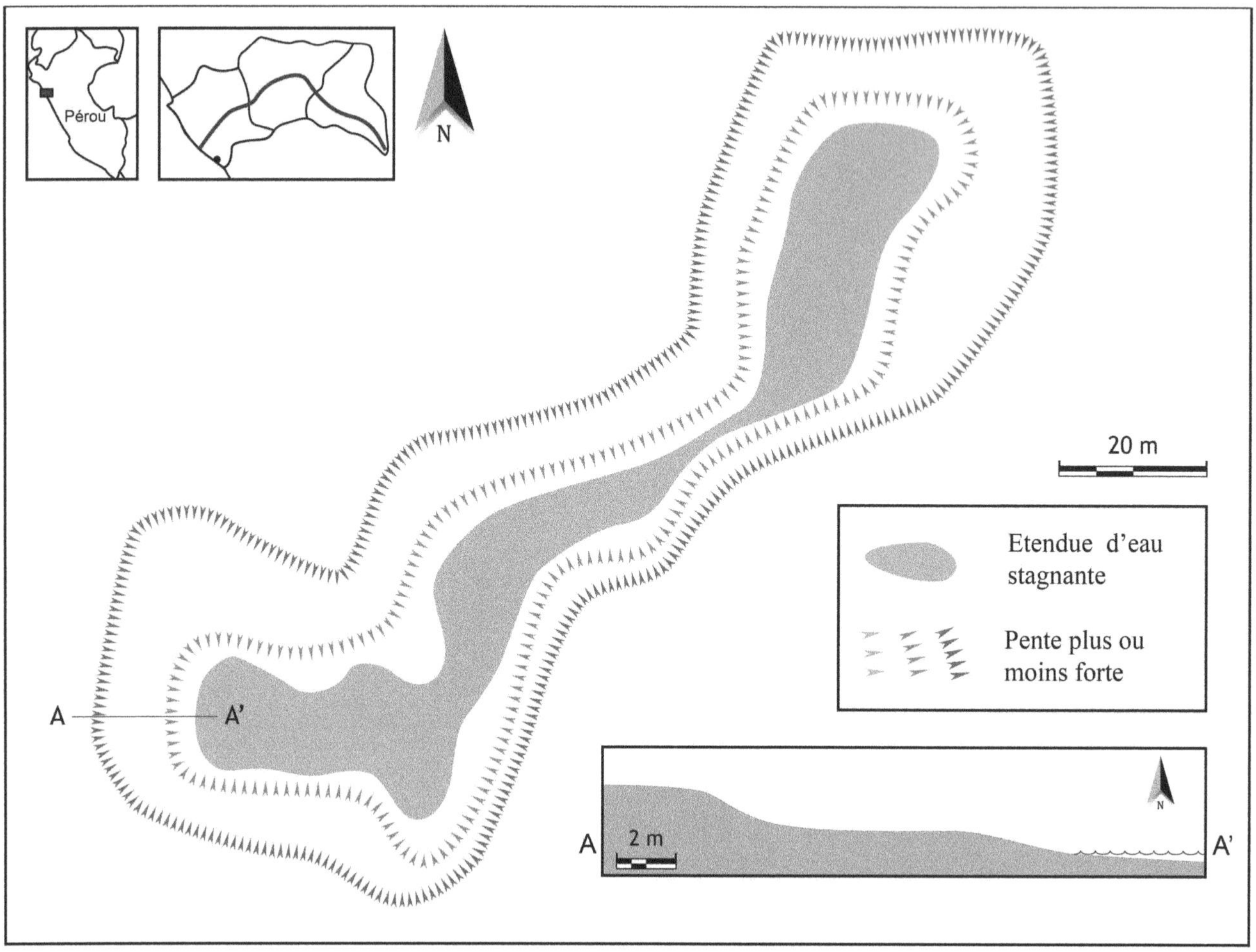

Fig. 9.24 – **Plan et coupe partielle d'un *huachaque* du site n°8.**

récoltes pouvaient être endommagées. Mais les analyses palynologiques et chimiques réalisées par Smith (1979) ont démontré que les espèces cultivées dans les *huachaques* de la côte sud, à Chilca, avaient besoin de beaucoup d'eau et s'acclimataient bien dans un tel milieu. Enfin, on peut supposer que la nappe phréatique était moins haute, aux périodes préhispaniques, et que les *huachaques* de Chicama étaient suffisamment humides sans être inondés pour être cultivés.

Contrairement à la zone marécageuse localisée à l'est de la zone 4, les *huachaques* du site n°8 ne semblent pas très salés et aucune croute de sel n'a été observée. Ces dernières sont habituellement retirées par les agriculteurs (Rowe 1969; Campana 2006), mais nous n'avons pas non plus trouvé trace de tas de croutes de sel aux alentours, comme cela a été le cas dans la vallée de Virú (Willey 1953). On peut donc supposer que la salinité des *huachaques* de Chicama demeure faible et que ces terrains sont propices à l'agriculture. Les images satellites ont d'ailleurs permis de recenser d'autres *huachaques*, hors de la zone prospectée, signes d'une activité agricole le long du littoral.

Les régions montagneuses, situées plus loin à l'intérieur des terres, abritent aussi quelques sites aménagés de terrasses, probablement agricoles.

Les terrasses

La construction de terrasses est une particularité des établissements à forte pente. Les sites n°76, 77, 128 et 129 recèlent quelques terrasses, mais en l'absence de matériel archéologique, nous n'avons pu dater que le n°76, occupé à l'Intermédiaire Récent. Leurs terrasses sont dépourvues de construction indiquant une éventuelle activité domestique et résidentielle. On peut donc supposer qu'elles étaient destinées à l'agriculture.

Ces terrasses, édifiées en pierres, sont parallèles à la pente et permettent d'aménager des espaces relativement plats, mais étroits, à flanc de coteau. Inférieures à 0,5 m de hauteur, elles dépassent rarement les 4 ou 5 m de long. Ce type d'aménagement est donc relativement modeste, mais ne procure qu'une surface cultivable réduite.

Leur rareté suggère que les agriculteurs ont préféré exploiter des zones moins pentues, ne cherchant à niveler le terrain qu'à certains endroits. Il faut cependant souligner que nos prospections dans les régions montagneuses à forte pente ont été limitées et qu'il existait peut-être de nombreuses zones agricoles aménagées de terrasses, notamment dans la vallée haute (Krzanowski 2006: 37).

Commentaires relatifs aux infrastructures à caractère agricole

L'étude du système d'irrigation et des champs, sur des sites de l'Intermédiaire Récent, témoigne du développement de l'agriculture à cette période, comme l'ont postulé plusieurs archéologues (Kosok 1965, Kus 1972, Watson 1979).

Nous venons de voir que le vaste réseau d'irrigation de la vallée basse de Chicama permettait de cultiver des zones éloignées du río. Ainsi, le site n°162 dont nous avons mis en évidence le caractère éminemment agricole, du fait de ses nombreux canaux et champs, se trouve à une vingtaine de kilomètres des berges du fleuve. Ce site marque également l'ancienne limite du réseau d'irrigation, étant donné que certains champs n'ont pas été achevés et que les canaux ne se poursuivent pas au-delà.

Bien conçus et hiérarchisés, les canaux, qu'ils soient principaux, secondaires ou tertiaires, arrosaient des champs agricoles à sillons qui étaient complétés par quelques *huachaques*, localisés sur le littoral. La taille des canaux principaux ou l'organisation des canaux secondaires et tertiaires ainsi que les types de champs irrigués varient d'un site à l'autre, voire à l'intérieur d'un même site. On peut penser que les facteurs de relief, de nature des sols et d'accès à l'eau ont obligé les constructeurs de canaux et les agriculteurs à continuellement s'adapter à l'environnement et donc à expérimenter différentes techniques de mise en culture et d'irrigation. Il ne fait aucun doute que le souci de jouir du maximum d'eau pour arroser la plus grande surface de terrain a dû être un moteur puissant, amenant les concepteurs de ces infrastructures agricoles à chercher la meilleure solution pour tirer profit de ce milieu aride, peu propice à l'agriculture.

Dans le fond de la vallée moyenne, les canaux sont nombreux, mais plus petits. Ils forment un réseau assez dense, apparemment moins organisé, mais suffisant pour irriguer les berges des cours d'eau et les sommets de quelques terrasses naturelles, aujourd'hui souvent désertiques. De par leur implantation en amont de la vallée basse, ces canaux bénéficiaient d'un approvisionnement en eau plus important qu'en aval, tout en arrosant une superficie bien plus réduite. Il ne s'agissait donc pas de créer un réseau complexe pour profiter au maximum de l'eau, mais de parvenir à l'amener là où il était possible de cultiver, malgré un relief prononcé. Moins développée par rapport à la plaine côtière, l'agriculture dans le fond de la vallée moyenne demeurait probablement l'activité principale des populations de cette région et impliquait également une bonne maîtrise de l'hydraulique afin de rendre les canaux efficaces.

Quant aux zones d'altitude, les traces de travaux agricoles y sont très faibles; l'unique canal et les quelques terrasses agricoles – non datés – ne fournissent pas assez d'éléments pour analyser l'agriculture dans cette partie de la vallée. Les précipitations relativement importantes durant la saison des pluies devaient faciliter la mise en culture des champs.

De manière générale, les réseaux hydrauliques andins se sont constitués progressivement, avec la création de nouveaux canaux, selon un processus cumulatif (Golte 1980). Ainsi, il est fort probable que des canaux construits à l'époque mochica, dans la vallée de Chicama, aient été réutilisés et prolongés à l'époque chimú, comme c'est le cas pour le canal principal des sites n°28 et 158.

Mais si ces aménagements agricoles représentent une grande partie des infrastructures chimús, les chemins constituent également un important investissement.

II. Les chemins

Des 167 sites étudiés, seuls 10 sites sont liés aux tracés de chemins préhispaniques. Huit sites datés de l'Intermédiaire Récent (n°1, 2, 5, 6, 13, 15, 17 et 18; fig.9.30) sont traversés par ces voies de communication qui devaient par conséquent être empruntées à la même époque (Beck 1979; 1991).

Description des chemins

Les sept chemins recensés se répartissent dans trois régions de la vallée de Chicama (fig.9.25): au sud et au nord de la plaine côtière et au nord de la vallée moyenne.

Les chemins reliant les vallées de Moche et de Chicama

Trois routes préhispaniques se trouvent dans la plaine côtière sud, entre la vallée de Moche et celle de Chicama. Il en existe d'autres qui ont été étudiées par Beck (1979; 1991), mais nous avons limité notre analyse à celles traversant des sites archéologiques, notamment les n°1, 2, 5 et 6 (fig.9.26).

Ces voies mesurent entre 15 et 25 m de large et traversent le désert de manière rectiligne, sans dévier de leur trajectoire. Pour ce faire, il a fallu creuser des passages dans les dunes, travail de construction considérable qui souligne l'importance que ces routes avaient pour les Chimús, voire pour les peuples qui les ont précédés. À l'instar de plusieurs chemins de Chan Chan, présentés au chapitre 3.2, Beck (1979) indique que certains tronçons de ces voies de communication, hors de notre zone de prospection, sont longés par des murs latéraux qui contribuaient peut-être à leur prestige. Ces chemins n'étaient donc pas de simples sentiers, mais des ouvrages imposants qui étaient probablement administrés par de hautes autorités politiques, comme l'était le réseau routier inca.

Ces nombreuses voies de communication – pour la plupart parcourus, selon Beck (1979; 1991), à l'Intermédiaire Récent – témoignent d'échanges fréquents entre la vallée de Moche et d'autres plus au nord, notamment celle de Chicama.

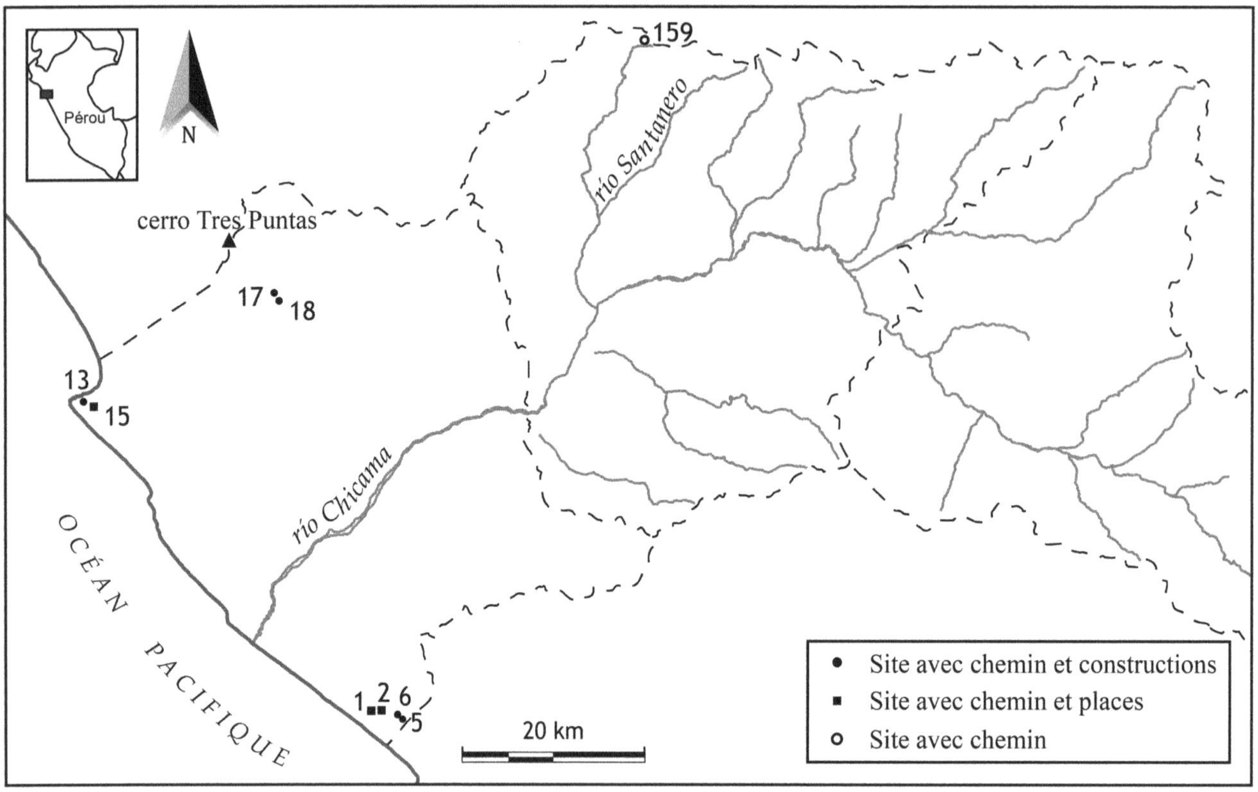

Fig. 9.25 – **Carte des sites avec chemin.**

Les chemins au nord de la plaine côtière

Dans la plaine côtière, au nord-ouest, trois autres chemins, liés aux sites n°13, 15, 17 et 18, ont été recensés dans les zones n°4 et 5.

Le premier, large d'environ 10 m, débute sur le site n°13 et est orienté selon un axe est-ouest. Il passe par le site n°14 (un mur isolé), pour se diriger vers le village actuel de Malabrigo (fig.9.27). Ce chemin permettait donc de relier le site n°13 à d'autres régions, plus à l'est, voire plus au nord ou au sud. Étant donné la configuration de la petite baie, qui abrite l'actuel port de Malabrigo, et la montagne du même nom au sud, il fallait forcément se diriger vers l'est avant de pouvoir obliquer vers le nord ou le sud. Malheureusement, ce chemin n'est pas bien conservé au-delà du site n°14 et nous ne savons pas exactement où il menait.

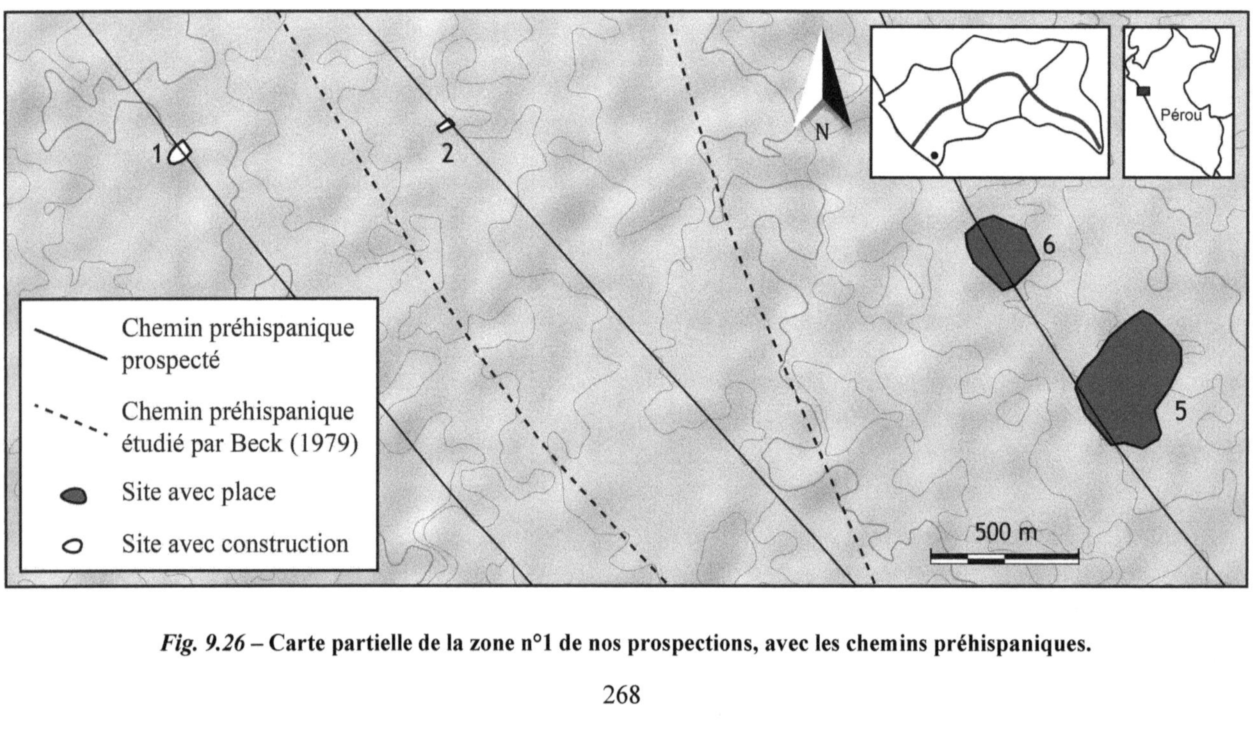

Fig. 9.26 – **Carte partielle de la zone n°1 de nos prospections, avec les chemins préhispaniques.**

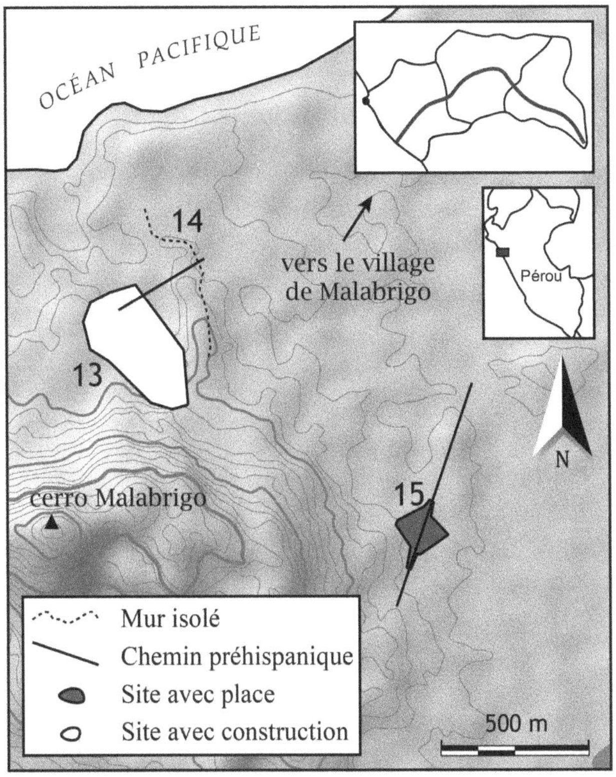

Fig. 9.27 – **Carte partielle de la région de Malabrigo, avec les chemins préhispaniques.**

De taille similaire, le second chemin traversant la place du site n°15 semble relier l'actuel village de Malabrigo, au nord, aux régions du littoral localisées au sud de la montagne du même nom. Remarquons que le site n°15 se trouve justement en milieu de parcours, à environ 1,7 km des deux plages. Tout comme le chemin du site n°13, celui-ci n'est pas conservé sur l'ensemble de son trajet et disparaît à l'approche du village de Malabrigo.

Passant par les sites n°17 et 18, le troisième chemin mesure près de 8 m de large. Au niveau du site n°17, il est encadré par deux murs de pierres de 1,2 m d'épaisseur et environ 0,6 m de hauteur. Il se dirige vers le nord-ouest et devait peut-être franchir un petit col, non loin du cerro Tres Puntas (fig.9.25). Dans l'autre sens, il mène au cœur de la plaine côtière, recouverte de cultures modernes qui en ont effacé le tracé. Claude Chauchat (communication personnelle du 19 janvier 2015) suppose que ce chemin était probablement utilisé depuis des époques anciennes, bien avant les Chimús, et qu'il a servi durant l'Horizon Récent, sous la domination inca.

Le chemin dans la vallée moyenne

Le dernier chemin (site n°159) se trouve au-dessus du village de Guzmango. Il s'agit d'un étroit sentier d'environ deux mètres de large qui monte en zigzag vers les sites n°149 et 150. Aménagé de marches en pierres et réhabilité continuellement par les habitants de Guzmango, ce chemin est encore aujourd'hui utilisé, alors même que les longs lacets d'une route carrossable le coupent en plusieurs endroits. Dépourvu de matériel archéologique, il n'a pu être daté, mais d'après les personnes interrogées, il doit être ancien et probablement d'origine préhispanique.

Ce chemin, actuellement relié aux nombreux sentiers qui parcourent la cordillère de Guzmango, à la limite entre les vallées de Chicama et de Jequetepeque, faisait peut-être partie d'un réseau de communication plus large. Il faut également noter que cette voie de communication tortueuse est bien différente de celles mises en évidence dans la plaine côtière.

Les chemins et les structures annexes

Mis à part celui du site n°159, tous les chemins décrits sont associés à d'autres vestiges. Ils traversent ou passent à côté de places et d'édifices, comme des enceintes, des structures complexes ou de petites structures simples.

Les chemins associés à des places

Outre les routes qui les traversent, les sites n°5, 6 et 15 recèlent une ou plusieurs places. Dans le cas du n°5, les places délimitées par des plantes, les *achupallas*, sont considérées comme des géoglyphes par Corcuera et Echevarría (2010). Mais la présence d'un chemin ouvre de nouvelles perspectives d'interprétation (fig.9.28).

Au cours du chapitre 7.2 (voir supra p.204), nous avons supposé que les *achupallas* avaient colonisé les ruines d'anciennes constructions en matériaux périssables, comme des palissades en jonc qui devaient entourer ces places (fig.9.28-C). Ces dernières étaient accessibles grâce à des « couloirs » qui les connectaient au chemin. Ainsi, l'un de ces couloirs débute par une sorte de demi-cercle qui agit comme un entonnoir, guidant les personnes vers une place (fig.9.28-A). De manière similaire, plusieurs places sont dotées d'ouvertures encadrées par deux « lignes » d'*achupallas* qui facilitent l'entrée, mais pas la sortie (fig.9.28-B).

Ces places, autrefois ceintes de murs en matériaux périssables, dotées d'accès restreints et reliées à un chemin, devaient par conséquent être associées aux activités de transit. L'emploi de caravanes de camélidés pour acheminer des produits d'une vallée à l'autre est encore mal documenté sur la côte nord. Mais plusieurs études (Pozorski 1979; Shimada and Shimada 1985; Goepfert *et al.* 2013) démontrent la présence de ces animaux, adaptés à des milieux d'altitude, sur le littoral. Topic (1977; 1980; 1982; 2009b: 228) suppose même qu'un quartier de Chan Chan servait de « caravansérail ». On peut donc se demander si les places des sites n°5 et 6 n'étaient pas des enclos accueillant les camélidés des caravanes qui transitaient sur le chemin.

Quant à la place du site n°15, elle est délimitée par des murs de pierres très bas et très détruits. Comme le chemin la traverse de part en part, elle devait être destinée

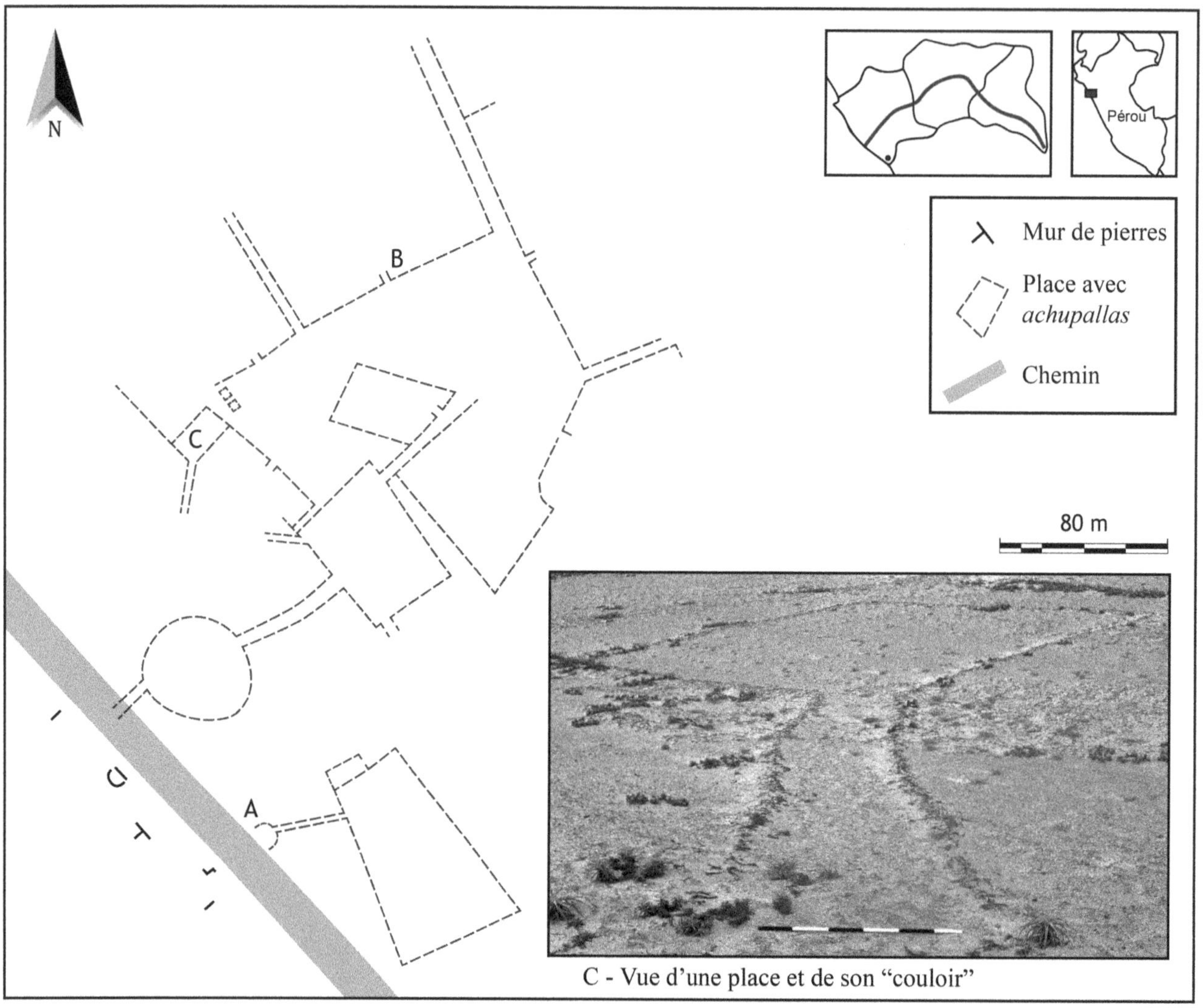

C - Vue d'une place et de son "couloir"

***Fig. 9.28* – Plan du site n°5, de son chemin et de ses places.**

aux voyageurs. Si des matériaux périssables complétaient les murets, cette place a pu également constituer un enclos pour des caravanes faisant halte à cet endroit.

Les indices au sujet de cette fonction d'enclos pour camélidés sont bien minces. Mais à la différence de l'interprétation de géoglyphes développée par Corcuera et Echevarría (2010) pour le site n°5, notre hypothèse tient compte du rôle des chemins. Il faut aussi souligner que contrairement à d'autres parties des Andes centrales mieux documentées (Flores Ochoa 1997; Lecoq 1987), les structures liées à l'élevage et aux caravanes de camélidés, notamment les enclos, sont rares sur les sites de la côte nord du Pérou et très peu souvent identifiées par les archéologues.

Les chemins et les constructions

D'autres chemins sont associés à des constructions diverses, comme des enceintes, des structures complexes, voire de petites structures simples.

Les sites n°1 et 2 sont tous deux composés d'un chemin et d'une structure complexe. Nous avions supposé qu'étant donné l'isolement de ces sites, localisés loin des points d'eau et au cœur du désert, leurs deux édifices ne servaient pas à héberger des personnes de manière continue, mais de façon ponctuelle. Cette fonction résidentielle est d'autant plus vraisemblable si on tient compte du chemin où transitaient des voyageurs qui auraient donc pu y être logés, pour passer la nuit par exemple. Ces structures, toutes deux édifiées sur de petits promontoires qui dominent les voies de communication, offraient un excellent point de vue sur celles-ci et pouvaient permettre le contrôle de la circulation. L'architecture élaborée et la taille imposante des deux édifices indiquent qu'ils ont probablement été construits sur les ordres d'un personnage de haut rang. Une fonction administrative pourrait ainsi compléter le rôle résidentiel de ces deux structures, ce qui rappelle les *tambos*, relais routiers incas qui facilitaient les communications et en permettaient le contrôle, dans tout l'empire (Rowe 1946: 231; Hyslop 1984). D'ailleurs, Beck (1979; 1991) suppose que ces chemins étaient aussi utilisés à la Période Chimú-Inca.

Les structures complexes, les enceintes et les plateformes basses des sites n°17 et 18, pourraient également avoir eu des rôles similaires de gestion du chemin et de résidence.

Les structures complexes pouvaient héberger des voyageurs et les enceintes accueillaient peut-être des caravanes de camélidés liées au ravitaillement des sites d'autres vallées. Accolées au chemin, se trouvent deux plateformes basses (l'une sur le site n°17, l'autre sur le n°18) dont le rôle n'est pas clair. On peut se demander si elles ne servaient pas au contrôle du transit puisqu'elles offrent un bon point de vue sur le chemin. Mais on peut aussi établir une analogie avec la plateforme fouillée par Topic (1977; 1980; 1982; 2009b), dans ce qu'il appelle le « caravansérail » de Chan Chan. Selon Topic (1977; 1980; 1982; 2009b), cette plateforme qui renfermait des offrandes d'animaux sacrifiés et d'objets exotiques avait un rôle rituel, lié à des activités d'échanges et de circulation de biens. Les *tambos* incas recèlent parfois des plateformes, nommées *ushnus*, aux fonctions religieuses, politiques et administratives étroitement imbriquées (Zuidema 1980; Pino 2004; Meddens *et al.* 2014). Les plateformes basses des sites n°17 et 18 ont donc pu avoir un rôle semblable. Rappelons que le site n°17 est daté de la Période Chimú-Inca et pourrait avoir été un *tambo* inca, même s'il a été occupé auparavant par les Chimús.

Le dernier cas concerne le chemin du site n°13 qui passe à proximité d'un groupe de petites structures simples et d'une structure complexe. Plus au sud, sur les premières hauteurs du cerro Malabrigo, se trouve une grande enceinte. Nous avons supposé au chapitre 8.3 que ce site avait une fonction résidentielle, mais aussi administrative et cérémonielle. La présence du chemin n'apporte pas réellement de nouveaux éléments d'interprétation. Cette route menait visiblement à ce petit village qui n'avait pas de rôle de *tambo*. Il était certes possible de contrôler à distance le chemin depuis la grande enceinte qui le domine, mais cela semble peu efficace étant donné les 200 m de distance qui les sépare. Ce chemin indique surtout qu'il devait exister des échanges et que des marchandises circulaient entre le site n°13 et d'autres régions de la vallée de Chicama.

Commentaires relatifs aux chemins

Cette présentation des chemins et de leurs associations avec des édifices variés aide à mieux comprendre l'importance des voies de communication dans la vallée de Chicama.

Tout d'abord, plusieurs chemins reliaient la vallée de Chicama à d'autres vallées. Ainsi trois chemins au sud et celui des sites n°17 et 18 permettaient d'accéder aux vallées de Moche ou de Jequetepeque depuis celle de Chicama. Il est aussi possible que le chemin du site n°15 soit un tronçon d'un axe de communication longeant le littoral, peut-être sur plusieurs vallées. La présence du cerro Malabrigo obligerait logiquement un tel axe à s'éloigner des plages pour contourner cette montagne par l'est, tout comme le fait le chemin du site n°15. Malheureusement, ces routes ne sont pas préservées dans la plaine côtière intensivement cultivée et nous ne pouvons suivre leur trace pour savoir où elles menaient dans la vallée basse. Néanmoins, les études d'Hyslop (1980; 1984) démontrent la présence de chemins reliant et traversant plusieurs vallées de la côte nord du Pérou, à l'époque inca, mais aussi à l'époque chimú. Il est donc probable que les chemins de Chicama parcouraient la plaine côtière de part en part, comme le fait actuellement la panaméricaine, qui reprend le tracé d'un chemin colonial, lui-même d'origine préhispanique. La vallée de Chicama semble ainsi avoir été intégrée à un réseau de communication important, englobant les vallées voisines dont celle de Moche où se trouve Chan Chan.

Le long de ces chemins, plusieurs structures étaient aménagées pour loger les voyageurs, parquer des camélidés et contrôler le transit. Ces relais routiers, similaires dans certains cas aux tambos incas, disposent d'une architecture assez élaborée; les édifices complexes y sont de grande taille et pourraient symboliser la mainmise des dirigeants chimús sur ces voies de communication qui conduisaient à Chan Chan.

Enfin le chemin du site n°13 semble avoir été exclusivement utilisé pour atteindre ce site chimú, coincé sur la pointe Malabrigo, entre la montagne du même nom et l'océan Pacifique. Il indique toutefois que les habitants de ce site n'étaient pas isolés et qu'ils interagissaient avec ceux d'autres régions.

Ce chemin traverse un autre site, le n°14, qui se compose uniquement d'un mur isolé. Contrairement aux voies de communication qui relient des régions ou des sites entre eux, les murs isolés ont plutôt tendance à séparer l'espace et à empêcher le passage, bien plus qu'ils ne le facilitent.

III. Les murs isolés

Le dernier type d'infrastructure correspond aux murs isolés (fig.7.22). Certains ont déjà été présentés au chapitre 8, car ils étaient associés à des édifices. Ces murailles avaient probablement pour vocation de défendre, voire parfois de marquer des limites territoriales ou d'afficher le prestige et la puissance d'un site. Nous ne reviendrons donc pas sur ces murs et nous allons nous concentrer sur les sites de l'Intermédiaire Récent (n°10, 12, 14, 51, 81 et 100; fig.9.30) qui ne sont composés que d'un ou deux murs isolés, sans autre construction.

Description des murs isolés

En règle générale, les murs isolés de ces six sites sont similaires d'un point de vue architectural à ceux que nous avons déjà présentés aux chapitres 7 et 8; ils sont construits en pierre, de manière assez simple (mur par entassement).

Ils s'étirent sur plusieurs centaines de mètres et les plus longs (sites n°10 et 12) mesurent plus d'un kilomètre. Les murs sont généralement rectilignes et changent très rarement d'orientation. Ainsi, le mur du site n°12 descend les flancs du cerro Piedra Parada, puis, une fois arrivé en terrain plat, dévie légèrement de quelques degrés vers le nord. Au contraire, certains d'entre eux (sites n°14 et 51)

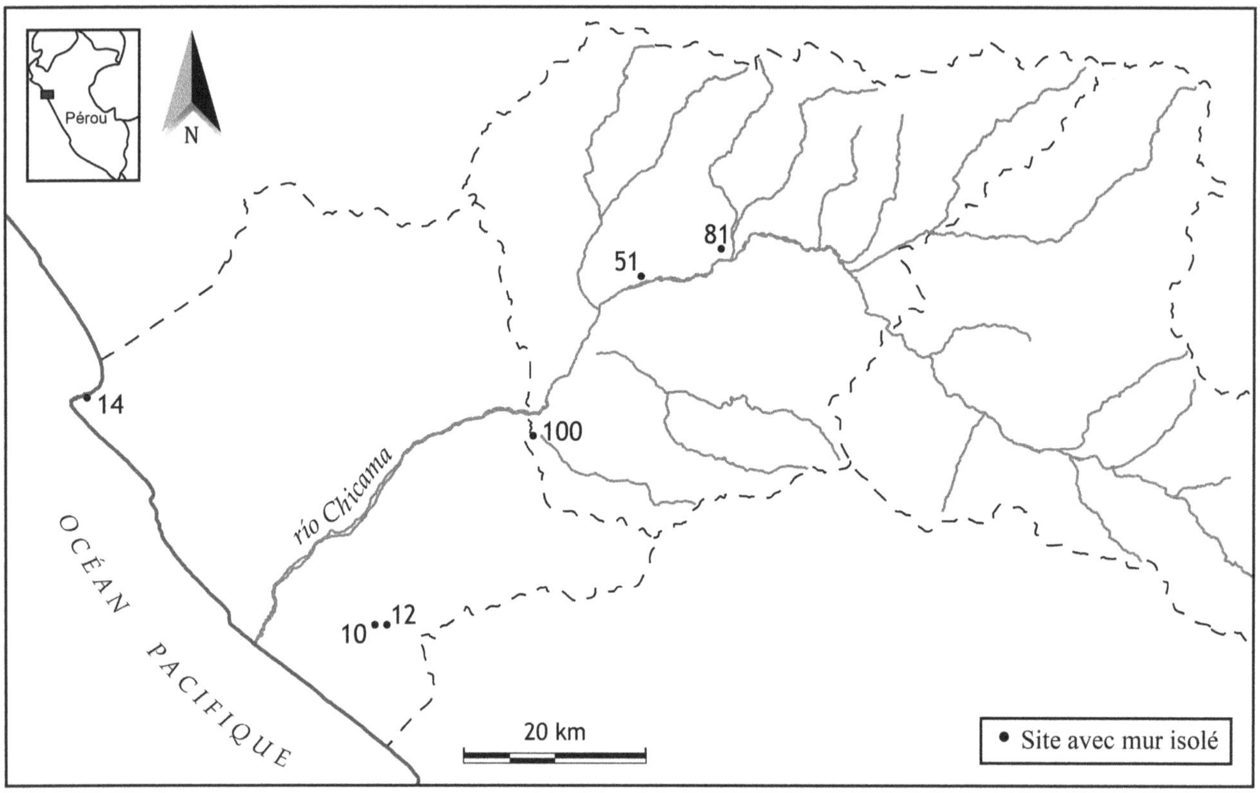

Fig. 9.29 – **Carte de répartition des sites avec des murs isolés.**

s'adaptent à un relief marqué et sont par conséquent plus tortueux; le mur du n°14 suit la crête d'une série de collines, au nord du cerro Malabrigo.

La plupart de ces murs isolés sont continus et ne présentent aucune coupure, même lorsque leur conservation n'est pas optimale, comme dans le cas du n°14. Le mur du site n°100 constitue une exception, car il est divisé en plusieurs tronçons clairement séparés et sans trace de destruction. Cette discontinuité ne serait donc pas due à une mauvaise préservation, mais plutôt à une construction inachevée ou partielle.

Localisation des murs isolés

Les six sites avec des murs isolés se répartissent entre la vallée basse et le fond de la vallée moyenne (fig.9.29).

Dans la vallée basse, les murs des sites n°10 et 12 sont localisés de part et d'autre du cerro Piedra Parada, tandis que le mur du site n°14 est au nord du cerro Malabrigo (fig.9.27). Le terrain sur lequel ils ont été construits est très variable. Ainsi, le mur du site n°10 et une bonne partie de celui du n°12 se trouvent dans la plaine. À l'inverse le mur du site n°14 et le début de celui du n°12 sont sur des terrains en pente.

Les murs des sites n°51, 81 et 100, dans le fond de la vallée moyenne, présentent des caractéristiques très diverses. Le mur du site n°51 s'étire sur et entre des terrasses naturelles alors que celui du n°81 descend progressivement sur une crête. Quant au mur du n°100, il est en terrain plat parsemé de petites dunes. La localisation et le type de relief associé à ces murs diffèrent donc d'un cas à l'autre.

Possibles fonctions de ces murs isolés

Comme nous l'avons vu au chapitre 8, le rôle des murs isolés est loin d'être évident. Si certains avaient peut-être pour vocation de protéger des sites résidentiels (sites n°29, 32, 72 et 84; fig.8.22 et 8.31), cette fonction semble improbable lorsque le mur est éloigné de toute habitation, comme c'est le cas pour les six sites dont il est question. Il pourrait s'agir de murailles délimitant un territoire, comme Lange (1990) l'a supposé pour quelques murs chimús de la vallée de Moche. Une autre hypothèse voudrait que certains de ces murs isolés aient servi de protection contre des écoulements torrentiels temporaires, lors de phénomène d'El Niño.

Une fonction de démarcation territoriale

Les murs isolés des sites n°10, 12, 14 et 81 pourraient effectivement avoir marqué des limites territoriales. Le mur du site n°10 coupe perpendiculairement des canaux d'irrigation et pourrait ainsi matérialiser une séparation entre deux zones cultivées, l'une en amont, l'autre en aval. Tel pourrait aussi être le cas du mur du site n°12 qui s'étire dans la plaine et pouvait éventuellement borner les territoires de deux communautés différentes. Dans le fond de la vallée moyenne, le mur du site n°81 semble symboliser une sorte de frontière qui dissociait les sites résidentiels du nord et ceux du sud, dont l'imposant n°84. Il aurait permis de protéger les habitants du fond de la vallée moyenne de groupes de la sierra venant de la région de Cascas, par le nord. Enfin, le mur du site n°14 servait peut-être à isoler la pointe de Malabrigo et le site n°13 qui est localisé un peu plus à l'ouest. On peut se demander si ce mur n'avait pas pour fonction de démarquer la population de pêcheurs qui vivait sur la pointe des communautés d'agriculteurs résidant dans la plaine côtière, ou s'il n'était pas chargé de limiter l'accès à cette zone où se trouvent des dépôts de guano.

Une fonction de protection contre des torrents temporaires

Les murs des sites n°51 et 100 ont un rôle plus difficile à déterminer et ils ne semblent pas avoir servi à délimiter des territoires. Celui du n°51 bloque l'accès à des terrasses naturelles depuis les berges du río Chicama, mais on ne comprend pas très bien l'utilité qu'aurait eue un tel obstacle. Quant au mur du n°100, il est bien plus isolé et le fait qu'il soit discontinu s'accorde mal avec une fonction de démarcation territoriale.

La seconde hypothèse envisageable correspond à un rôle de « barrages » contre des torrents temporaires provoqués par un phénomène d'El Niño, une hypothèse appuyée par Dillehay (*et al.* 2004) pour certains murs de la vallée de Jequetepeque. Le mur du site n°51 pourrait effectivement contenir quelques écoulements, relativement faibles, et préserver les berges et les infrastructures d'irrigation comme des canaux. Toutefois le mur ne se poursuit pas, ou n'est pas conservé, là où les écoulements de la quebrada Casa Quemada sont les plus importants. Cette protection semble donc toute relative et pas forcément infaillible. La situation est encore plus contrastée dans le cas du mur du site n°100. Localisé à l'ouest de la quebrada Mala Alma, il ne pouvait retenir que de petits torrents secondaires et non les flots tumultueux qui devaient couler dans cette quebrada voisine. On peut donc se demander jusqu'à quel point ces deux murs étaient efficaces pour stopper ou ralentir un trop-plein d'eau destructeur.

Les fonctions des murs isolés de ces six sites, qu'elles soient liées à des limites territoriales ou à une protection contre des torrents temporaires, demeurent hypothétiques.

CONCLUSION

L'analyse des sites avec infrastructures, récapitulés dans le tableau 9.30, révèle l'existence d'un territoire très aménagé, à l'Intermédiaire Récent.

À cette époque, les champs sont nombreux sur les marges de la plaine côtière, en particulier au nord, dans la pampa de Mocan (site n°162), mais aussi sur la rive sud, aux alentours du cerro Piedra Parada. L'extension de la surface cultivée au-delà des limites actuelles n'a été possible que grâce à la maîtrise des caractéristiques hydrauliques des canaux et implique une gestion minutieuse de l'eau. Les techniques employées pour répartir l'eau, la guider dans les champs et récolter le surplus transparaissent à l'observation des infrastructures.

Dans le fond de la vallée moyenne, les nombreux canaux témoignent d'une agriculture florissante qui devait aller de pair avec les sites résidentiels de l'Intermédiaire Récent, découverts à proximité de ces canaux. Les berges des cours d'eau, ainsi que les sommets de quelques terrasses naturelles, étaient irriguées et exploitées, au-delà de la zone actuellement arrosée.

Ce réseau d'irrigation très développé soulève la question de son organisation et de sa gestion à l'échelle de la vallée de Chicama. Comment contrôlait-on les canaux et la répartition de leur eau ? Et par quels moyens cette gestion était-elle réalisée ? L'origine de la construction de canaux aussi grands constitue un autre point de réflexion. Les Chimús ont hérité en partie du réseau d'irrigation de leurs ancêtres mochicas, mais ils l'ont prolongé considérablement, apportant ainsi leur propre marque dans le paysage de la vallée. Quelle a été la part des Chimús dans la construction de ces canaux ?

Les chemins, nettement moins nombreux que les canaux, sont surtout localisés dans les zones désertiques, au nord et au sud des champs cultivés de la plaine côtière de Chicama et devaient relier cette région aux vallées voisines, Jequetepeque au nord et Moche au sud. L'étude de ces chemins et des sites qu'ils traversent suggère aussi l'existence d'un contrôle des communications. Certains sites (n°1, 2, 17; fig.9.25) pourraient avoir joué le rôle de relais routiers, facilitant le transit des voyageurs, mais ils devaient aussi permettre de surveiller les caravanes de camélidés et les produits qu'elles transportaient. D'autres sites (n°5, 6, 15 et 18) auraient justement pu être employés pour parquer les camélidés de ces caravanes. Il reste cependant à déterminer la nature des produits acheminés et la place de la vallée de Chicama dans ce vaste réseau routier qui a été réutilisé par les Incas.

Enfin, les murs isolés, peu nombreux, demeurent encore énigmatiques. Certains pouvaient servir à délimiter le territoire de communautés différentes, difficiles à cerner. Une seconde fonction envisageable de ces murs concerne la protection face aux torrents temporaires qui se forment lors de phénomènes d'El Niño.

Ces nombreuses infrastructures démontrent donc un fort aménagement du territoire, en particulier dans la vallée basse, mais aussi dans le fond de la vallée moyenne. En tenant compte des sites avec architecture et de ceux recélant des concentrations de matériel, il est possible de dresser un panorama de l'implantation humaine, à l'Intermédiaire Récent, dans la vallée de Chicama et de comprendre les modes d'exploitation de ce territoire.

Num site	Datation		Canal				Champs			Chemin			Mur isolé
	Interm. Récent	Non daté	Principal	Secondaire	Tertaire	Vallée moy. ou haute	Irrigués à sillons	*Huachaque*	Terrasses	Avec places	Avec structures	Seul	
1	X										X		
2	X										X		
5	X									X			
6	X									X			
8	X							X					
10	X		X	X	X		X						X
12	X												X
13	X										X		
14	X												X
15	X									X			
17	X			X			X				X		
18	X										X		
28	X		X	X			X						
39	X					X							
44		X				X							
50		X				X							
51	X												X
57		X				X							
59		X				X							
68		X					X						
76	X								X				
77		X							X				
81	X												X
92	X					X							
93		X				X							
100	X												X
104		X				X							
105		X				X							
106		X				X							
107		X				X							
108		X				X							
109		X				X							
111	X					X	X						
113	X					X							
116		X				X							
117		X				X							
128		X							X				
129		X							X				
136	X					X							
156		X					X						
158	X		X										
159		X										X	
162	X		X	X	X		X						
Totaux	24	19	4	4	2	18	7	1	4	3	5	1	6

Fig. 9.30 **– Tableau récapitulatif des sites avec infrastructure présentés.**

TROISIÈME PARTIE
L'IMPLANTATION HUMAINE DANS LA VALLÉE DE CHICAMA ET SES IMPLICATIONS DANS LE DÉVELOPPEMENT DE LA CULTURE CHIMÚ ET DE CHAN CHAN

« En 1866 la vallée de Chicama était un vaste désert. Personne ne pensait alors que ce repaire de brigands, ce refuge de voleurs, serait un jour couvert de cultures et deviendrait un foyer d'activité. Don Luis Albrecht, dans un voyage dans l'intérieur, remarqua des traces de cultures anciennes, et, curieux de savoir comment ces cultures avaient pu être alimentées, il se mit à la découverte d'un canal d'irrigation qui avait dû exister autrefois. Il en trouva les traces, les poursuivit jusqu'à la source qui se déversait dans un profond ravin. »

Charles Wiener, *Voyage au Pérou et en Bolivie (1875-1877)* (2010 [1880]: 137)

CHAPITRE 10
IMPLANTATION HUMAINE ET EXPLOITATION DE LA VALLÉE DE CHICAMA

L'analyse des sites de l'Intermédiaire Récent, qu'ils soient composés de concentrations de matériel, de constructions ou d'infrastructures, permet de mieux appréhender l'implantation humaine à cette époque.

En recoupant les données issues de nos prospections, mais également celles recensées dans les ouvrages des archéologues présentés au chapitre 4.1 (Keatinge 1974; Watson 1979; Netherly 1984; Leonard y Russell 1992; Chauchat *et al.* 1998), il devient possible de dresser un panorama de l'occupation de la vallée. L'étude de ces sites selon leurs fonctions (résidentielle, cérémonielle, administrative, etc.) et leur importance ouvre de nouvelles pistes de réflexion quant à l'organisation du territoire et à son occupation.

L'exploitation de la vallée et l'administration des activités économiques, comme l'agriculture, la pêche et l'artisanat, ainsi que le contrôle des ressources naturelles, en particulier l'eau, sont perceptibles à travers les vestiges étudiés.

I. La vallée de Chicama à l'Intermédiaire Récent

Fonction des sites

Les sites de l'Intermédiaire Récent, en particulier ceux occupés par les Chimús, ont des caractéristiques variées et devaient donc jouer des rôles différents. L'interprétation des vestiges nous a permis de déterminer leurs fonctions; certains sont résidentiels, alors que d'autres sont plutôt cérémoniels, administratifs ou funéraires. Enfin, quelques sites étaient en relation étroite avec des infrastructures (canaux, chemins, etc.), ce qui nous renseigne plus précisément sur leurs rôles liés à l'exploitation agricole et aux communications.

Les sites résidentiels

Bon nombre de sites composés de constructions ou recélant des concentrations de céramiques domestiques avaient une fonction résidentielle, soit 55 sites de l'Intermédiaire Récent, dont 33 sont chimús (fig.10.1).

La plupart d'entre eux ont dû être occupés de manière continue, le matériel céramique domestique et leurs structures indiquant un habitat relativement important. Leur répartition spatiale est loin d'être homogène; ils sont majoritairement établis dans le fond de la vallée moyenne et parfois dans des *quebradas* annexes comme celle de Santanero (fig.10.1). Leur présence démontre que cette partie de la vallée était bien peuplée durant la période chimú.

À ces 33 sites, nous pouvons ajouter 58 établissements résidentiels chimús, recensés par d'autres archéologues (Leonard y Russell 1992; Chauchat *et al.* 1998; León 2011; fig.10.1) et localisés dans le centre de la plaine côtière que nous n'avons pas prospecté. Il est probable que de nombreux sites d'habitat n'ont pas encore été découverts ou ont été détruits par l'agriculture moderne dans cette région.

Dans la vallée basse, les quelques sites résidentiels que nous avons prospectés sont construits sur les flancs ou au pied de petits sommets (cerro Lescano, cerro El Sapo et cerro Malabrigo; fig.10.2). Cette implantation sur des terrains légèrement surélevés par rapport à la plaine environnante offrait plusieurs avantages. D'une part, ces villages n'empiétaient pas sur les zones cultivées qui s'étendaient plus bas et ils étaient hors d'atteintes d'inondations. D'autre part, leurs habitants jouissaient d'un excellent point de vue sur les alentours et leurs constructions, bien apparentes, s'inscrivaient dans le paysage. Enfin, ces sites étaient associés à des montagnes qui ont pu être vénérées.

Dans certains cas, il est peu probable que les sites aient été habités continuellement (fig.10.2). Ils pouvaient être occupés temporairement, comme lors d'un phénomène d'El Niño pour bénéficier des surplus d'eau, ou bien par des personnes transitant sur des chemins préhispaniques. Ces sites sont justement localisés, dans des zones désertiques, sur les marges de la vallée basse, là où les conditions de vie ne sont pas idéales. Soulignons que les archéologues, en particulier Chauchat (*et al.* 1998), ont aussi découvert des sites résidentiels dans des zones marginales et reculées, mais ils ne mentionnent pas s'il s'agissait d'occupations temporaires.

Si tous les sites, établis dans la plaine côtière et le fond de la vallée moyenne, sont contemporains, ils témoignent d'une population relativement importante. Certains d'entre eux avaient également une fonction cérémonielle ou publique, comme en témoignent les grandes constructions qu'ils recèlent, notamment les plateformes ou les enceintes.

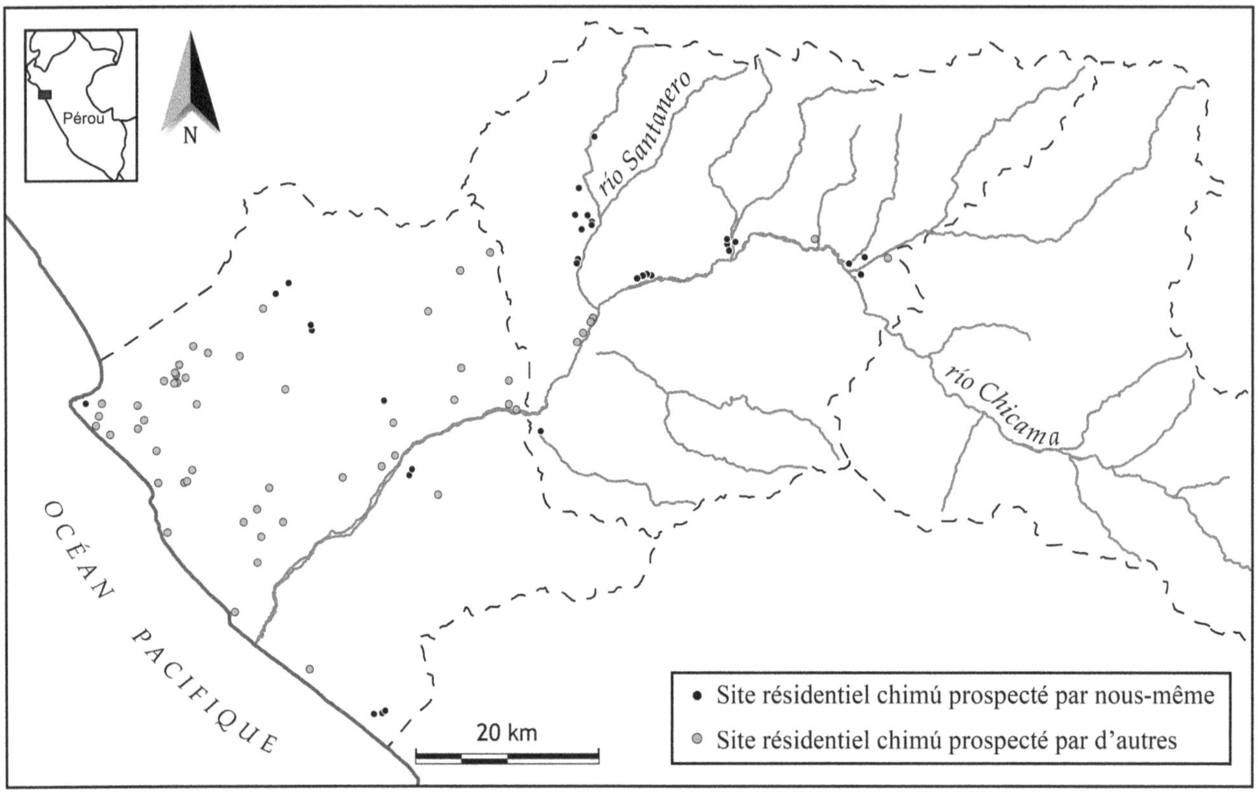

Fig. 10.1 – **Carte de répartition des sites résidentiels chimús (données tirées des travaux d'autres archéologues, notamment Leonard y Russell 1992; Chauchat *et al.* 1998).**

Les sites à caractère cérémoniel

Les 22 sites à caractère cérémoniel de l'Intermédiaire Récent sont localisés dans la vallée basse et moyenne de Chicama. Treize d'entre eux ont été occupés à l'époque chimú. On les trouve surtout le long du río Chicama, dans le fond de la vallée moyenne ou au nord de la plaine côtière (fig.10.3). Ainsi, les sites n°11, 13, 17 et 162, établis dans la vallée basse (fig.10.4), recèlent des constructions particulières, comme des plateformes d'adobes ou de grandes enceintes similaires aux *ciudadelas* de Chan Chan, pour lesquelles nous avons déterminé, aux chapitres 7 et 8, une fonction cérémonielle. Quant aux neuf autres sites dont le rôle cérémoniel demeure hypothétique, six sont implantés dans la plaine côtière et les trois derniers se trouvent dans le fond de la vallée moyenne.

Leonard et Russell (1992) ont aussi répertorié seize sites chimús à caractère cérémoniel, édifiés dans la plaine côtière, sur la rive nord du río Chicama (fig.10.3). On peut supposer que des établissements de ce type étaient également présents sur la rive sud, moins prospectée. Ces sites donnent l'impression que le cœur de la vallée basse constituait une sorte de vaste « secteur cérémoniel », tandis que sur les marges, les activités festives étaient plus limitées. Soulignons toutefois que la plupart de ces sites ont été construits à l'époque mochica ou par les Sicán, avant d'être réoccupés par les Chimús (Leonard y Russell 1992). Malheureusement, les données archéologiques disponibles ne permettent pas de savoir si la fonction cérémonielle de ces sites a évolué à l'Intermédiaire Récent.

Dans la vallée moyenne, les sites chimús à caractère cérémoniel sont assez rares[1] alors que nous avons postulé la présence d'une population importante. Les habitants de cette région se rendaient probablement dans le « secteur cérémoniel » de la vallée basse pour assister aux fêtes principales. Une situation similaire semble avoir existé sur la côte centrale où le centre cérémoniel et politique de Pachacamac rassemblait plusieurs groupes yshmas des environs et les élites locales qui y vivaient (Rostworowski 1978; Eeckhout 1997). Les sites à caractère cérémoniel établis au cœur de la plaine côtière de Chicama ont donc pu jouer un rôle dans l'unité politique de la région, en réunissant ponctuellement les populations du littoral et du fond de la vallée moyenne.

Quoi qu'il en soit, les sites à caractère cérémoniel sont surtout ancrés au cœur du territoire chimú, peuple avant tout côtier et seuls quelques établissements de la vallée moyenne témoignent d'éventuelles activités cérémonielles. Cette fonction s'accompagne fréquemment d'un rôle administratif.

Les sites à caractère administratif

Vingt-huit sites de l'Intermédiaire Récent, parmi lesquels vingt sont chimús, ont pu jouer un rôle administratif (fig.10.5). Contrairement à leurs homologues cérémoniels dont nous venons d'aborder le cas, ils se répartissent de

1 - Il existe cependant dans cette région sept autres sites à caractère cérémoniel, datés de l'Intermédiaire Récent, mais pour lesquels nous n'avons pu établir une affiliation chimú.

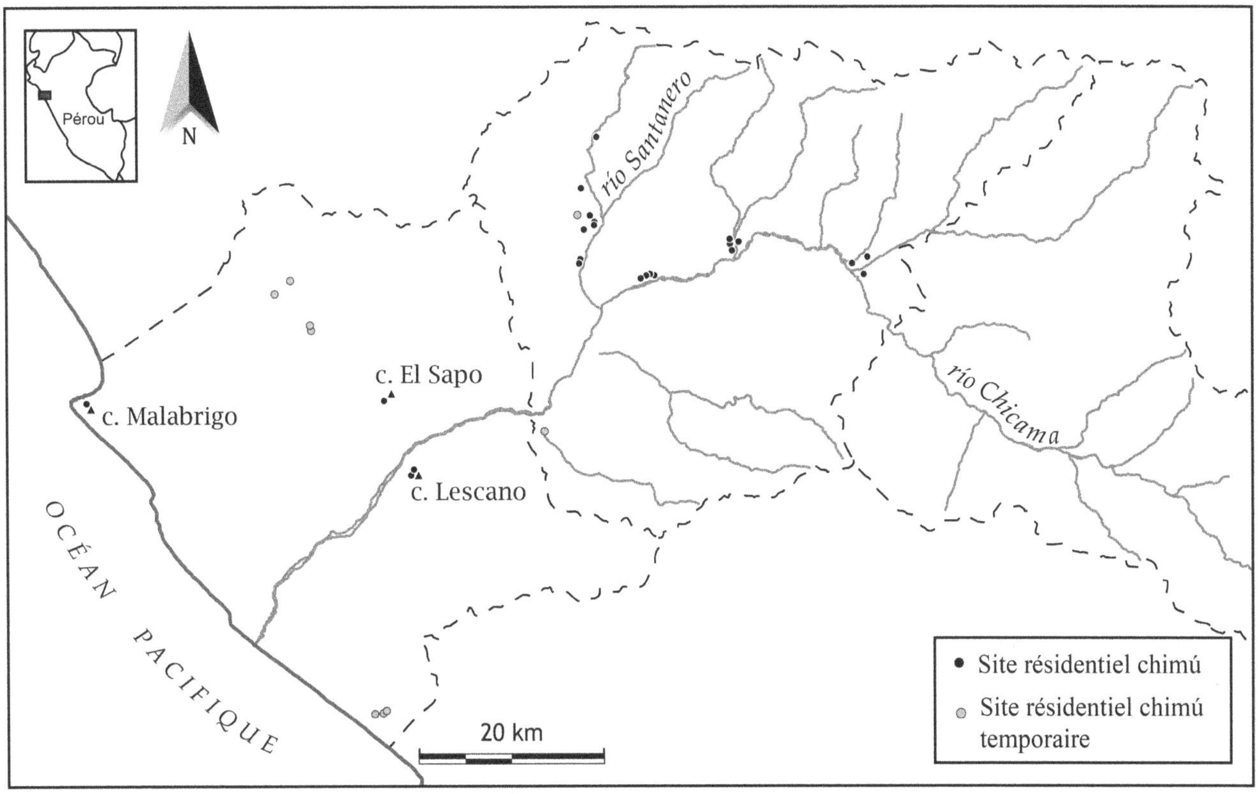

***Fig. 10.2* – Carte de répartition des sites résidentiels chimús en fonction du type d'occupation.**

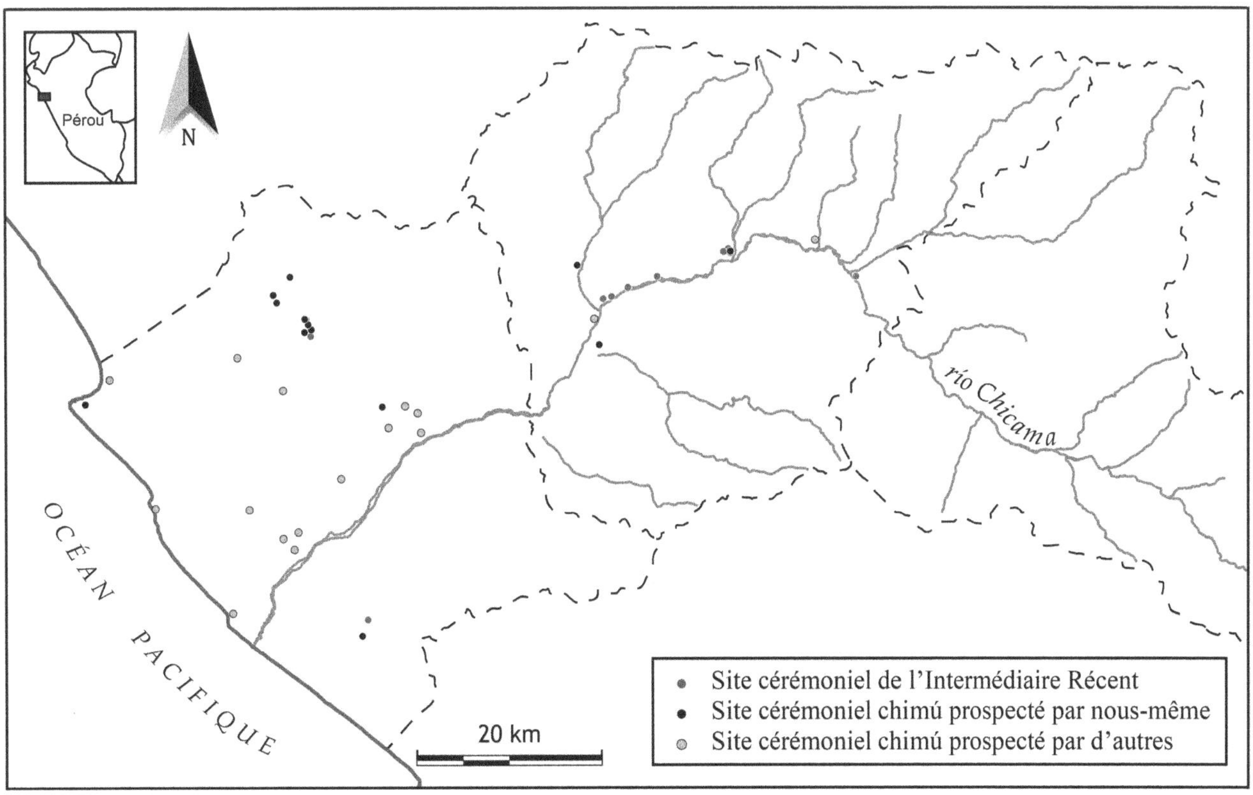

***Fig. 10.3* – Carte de répartition des sites cérémoniels de l'Intermédiaire Récent et chimús (données tirées des travaux d'autres archéologues, en particulier Leonard y Russell 1992).**

manière équitable entre la vallée basse et la vallée moyenne de Chicama.

L'architecture des sites n°13 et 162, similaire à celle des *ciudadelas* de Chan Chan, ou la relation étroite entre des chemins et les sites n°1, 2 et 17 semblent démontrer un

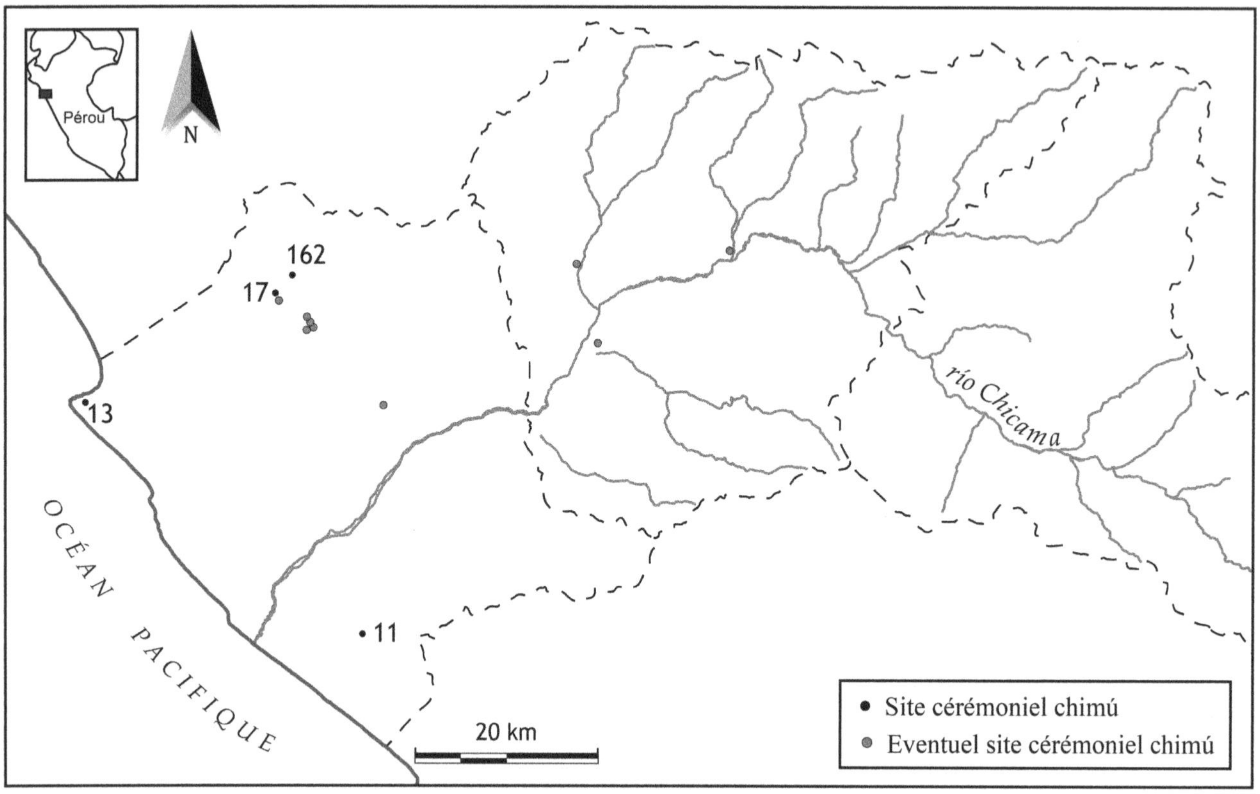

Fig. 10.4 – **Carte de répartition des sites chimús à caractère cérémoniel prospectés.**

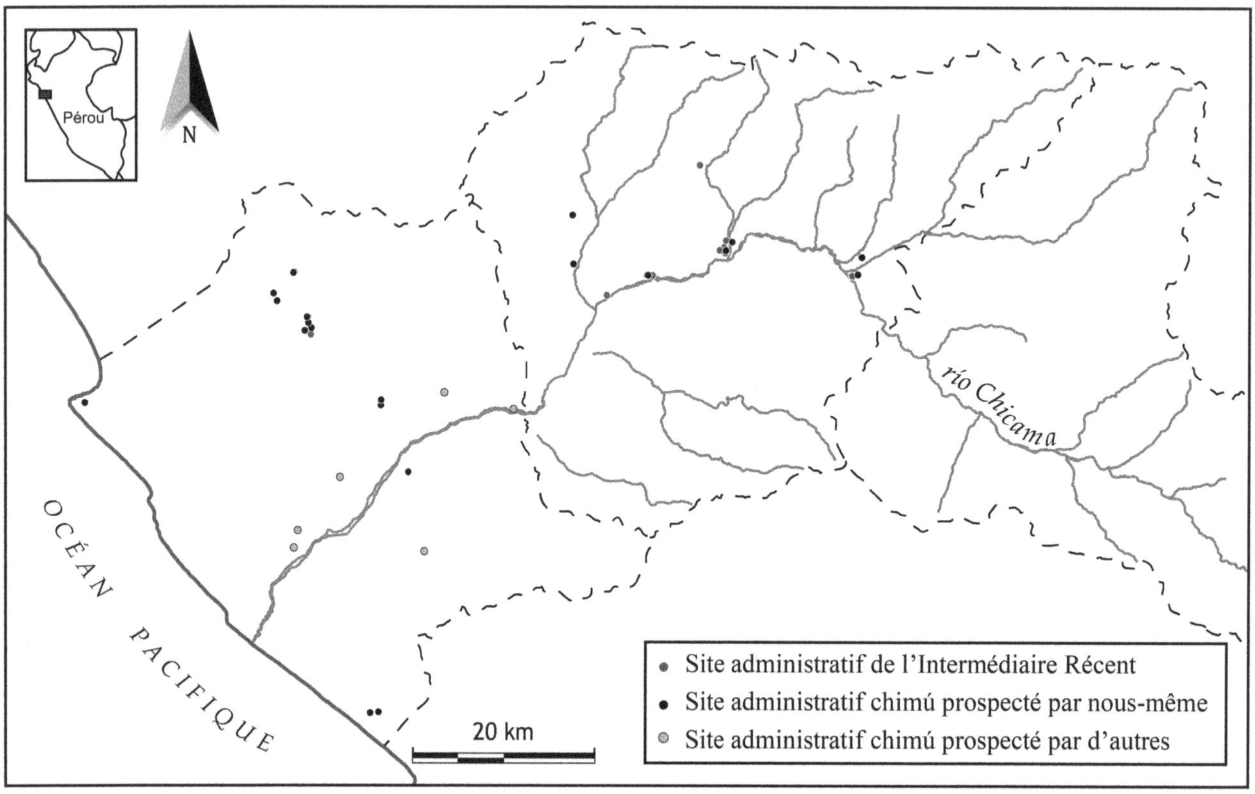

Fig. 10.5 – **Carte de répartition des sites administratifs de l'Intermédiaire Récent et chimús (données tirées des travaux d'autres archéologues, en particulier Leonard y Russell 1992; Keatinge 1974).**

rôle de gestion et de contrôle. Ces cinq sites chimús (n°1, 2, 13, 17 et 162) sont localisés sur les marges de la plaine côtière (fig.10.6).

Le caractère administratif des quinze autres sites chimús, plus hypothétique, est surtout lié à la présence de membres de l'élite. Enfin, nous verrons plus loin que les nombreux

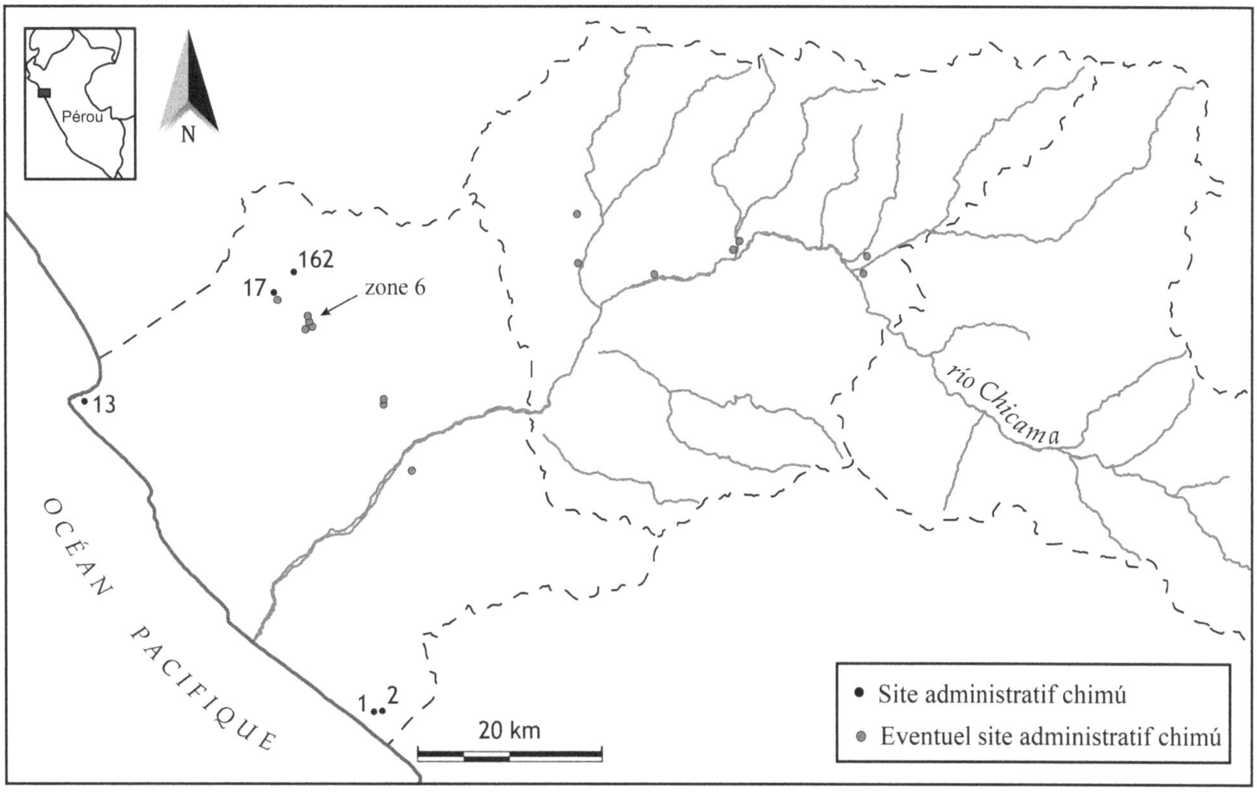

Fig. 10.6 – **Carte de répartition des sites administratifs chimús prospectés.**

sites de la zone 6 ont pu servir à gérer et à entretenir les principaux canaux de la région, répertoriés par Watson (1979) et repérés sur images satellites de Google Earth.

Six sites chimús à caractère administratif ont été recensés par d'autres archéologues (Leonard y Russell 1992; Keatinge 1974) dans la plaine côtière (fig.10.5). Ceux localisés sur la rive nord du río Chicama correspondent à des établissements résidentiels et cérémoniels importants, tandis que ceux installés sur les marges permettaient la surveillance du réseau d'irrigation.

Bien que les fonctions cérémonielles et administratives soient souvent étroitement liées, la répartition spatiale des sites diffère quelque peu. Le fond de la vallée moyenne abrite en effet plusieurs sites à caractère administratif, mais peu d'établissements cérémoniels, comme nous l'avons vu ci-dessus. Il y a tout lieu de penser que les sites administratifs du fond de la vallée moyenne symbolisaient l'autorité des communautés de la vallée basse et favorisaient ainsi la gestion de cette région. Ils indiquent également que le fond de la vallée moyenne était une région importante, digne d'être contrôlée, et non une simple zone marginale.

Les sites à caractère funéraire

Les treize sites à caractère funéraire de l'Intermédiaire Récent, des nécropoles pillées présentées au chapitre 6.2, se répartissent inégalement entre la vallée basse (dix sites) et le fond de la vallée moyenne (trois sites). On observe le même type d'installation pour les six sites funéraires chimús prospectés (n°8, 10, 24, 28, 32 et 37) et les quarante-deux découverts par d'autres archéologues (fig.10.7). La vallée basse concentre donc l'essentiel de ces sites, surtout localisés le long du littoral et à la limite des zones irriguées, même si certains se trouvent au cœur de la plaine.

Le faible nombre de nécropoles dans le fond de la vallée moyenne peut être dû à de mauvaises conditions de conservation ou à des pratiques funéraires variées. Ces hypothèses sont néanmoins peu convaincantes; le climat, encore très sec dans cette région de faible altitude, favorise la préservation des vestiges et les quelques sites funéraires observés ne diffèrent nullement de ceux répertoriés dans la plaine côtière[2]. Pour expliquer la rareté des sites funéraires, on peut se demander si les habitants de cette région montagneuse ne se faisaient pas enterrer dans la plaine côtière. À l'instar des mouvements de populations vers la vallée basse, suggérés ci-dessus, les nécropoles du littoral accueillaient-elles les sépultures de personnes résidant dans la vallée moyenne ? De plus amples recherches sont nécessaires pour étayer cette hypothèse, malgré le pillage intensif qui ne favorise malheureusement pas l'étude de ces vestiges.

Nous avons vu au chapitre 6.2 que la relation entre nécropoles et montagnes sacrées, mise en évidence dans la vallée de Moche, à Huaca de la Luna (Asmat *et al.* 2013), a pu en partie influencer les choix de l'emplacement des nécropoles des sites n°10, 29 et 32, dans la vallée de

2 - Notons également que le matériel céramique indique surtout la présence d'une population affiliée culturellement à la côte. Il semble donc logique que les habitants du fond de la vallée moyenne et ceux de la plaine côtière partageaient les mêmes coutumes funéraires.

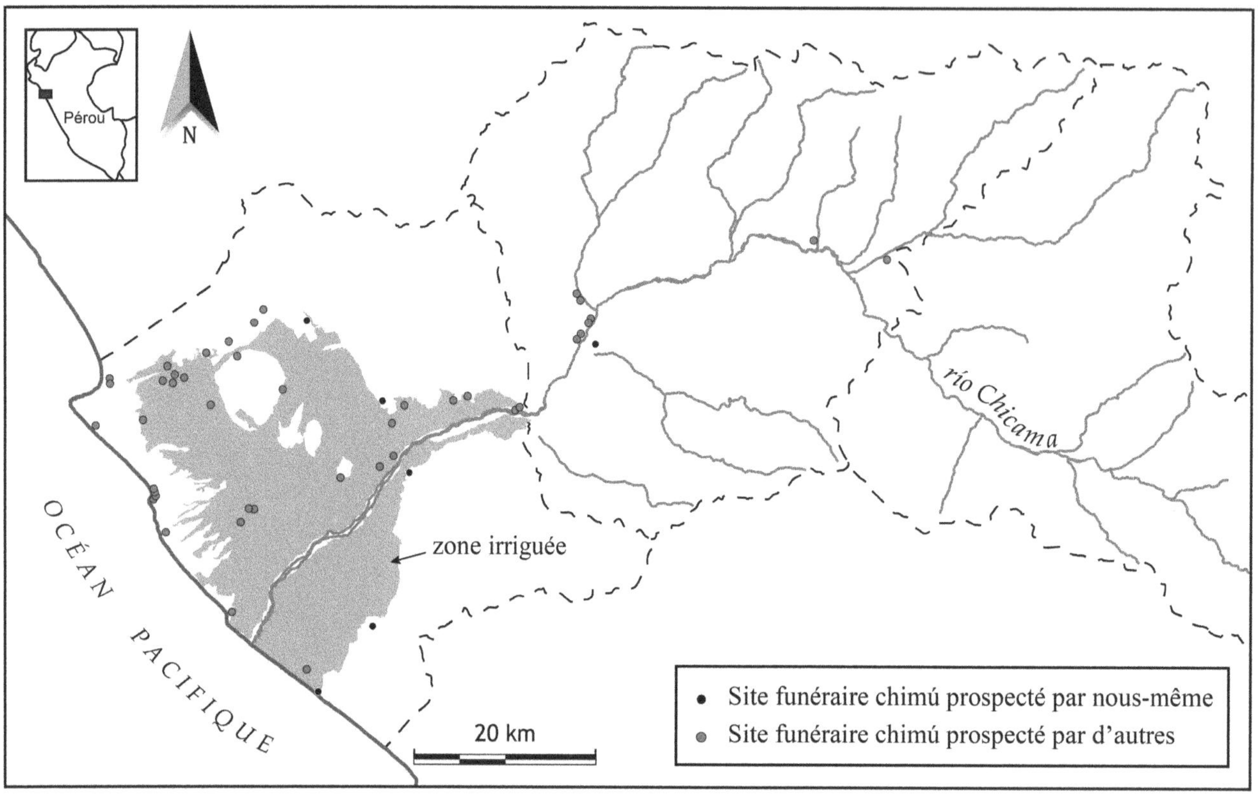

***Fig. 10.7* – Carte de répartition des sites funéraires chimús (données tirées des travaux d'autres archéologues, entre autres Chauchat *et al.* 1998; Leonard y Russell 1992; León 2011).**

Chicama (fig.6.11). D'autres sites à caractère funéraire, recensés par Chauchat (*et al.* 1998) et Leonard et Russell (1992), sont au contraire éloignés des élévations et établis dans des zones désertiques plates. Cette hypothèse n'est donc pas valable pour l'ensemble des sites funéraires et la localisation d'une nécropole dépendait vraisemblablement de plusieurs facteurs, sociaux, politiques et religieux difficiles à cerner.

À partir des réflexions de plusieurs auteurs (Isbell 1997; Kesselly y Pärssinen 2005; Bouysse-Cassagne y Chacama 2012; Duchesne y Chacama 2012), nous avons également suggéré, aux chapitres 6.2 et 8.2, que certains de ces sites funéraires (n°10, 28, 32, 37 et 58) servaient à délimiter des territoires. La relation étroite entre des ancêtres, une communauté et un territoire a pu permettre à des groupes de la vallée de Chicama de revendiquer et de s'approprier des terrains spécifiques. Cette hypothèse n'est cependant pas vérifiable pour les sites funéraires isolés et dépourvus de marqueurs visibles.

Les sites à caractère funéraire sont donc surtout recensés dans la plaine côtière. Cette région abrite aussi de nombreuses infrastructures agricoles, notamment des champs et des canaux.

Les sites agricoles

Les canaux et les champs indiquent le caractère agricole de 27 sites de l'Intermédiaire Récent ou d'autres périodes non datées. Enfin, quatorze sites agricoles chimús, figurant sur la carte 10.8, ont été prospectés par d'autres archéologues (Watson 1979; Chauchat *et al.* 1998; Leonard y Russell 1992)et complètent notre vision de l'aménagement du territoire.

Ces sites se répartissent sur les marges de la vallée basse et dans le fond de la vallée moyenne, deux régions densément aménagées de canaux d'irrigation. Notons que quelques établissements occupés à l'époque chimú, notamment Cerro Mocollope (Leonard y Russell 1992), se trouvent non loin de canaux importants, au cœur de la plaine côtière et possédaient, par conséquent, une vocation agricole. Dans la vallée moyenne, l'agriculture se concentre aux alentours des cours d'eau comme les ríos Chicama ou Santanero. La présence de ces sites à caractère agricole concorde avec l'hypothèse d'une région peuplée et il est probable que les habitants du fond de la vallée moyenne se consacraient avant tout aux activités agricoles.

Cette exploitation n'a peut-être pas été sans difficulté, notamment en ce qui concerne les pénuries d'eau, dans un milieu désertique. Les Chimús ont aussi dû faire face aux destructions engendrées par des phénomènes d'El Niño et nous verrons par la suite les moyens mis en œuvre qui ont permis de résoudre ces problèmes et de développer l'agriculture.

Les aménagements agricoles ont largement participé à l'exploitation de la vallée de Chicama, mais d'autres infrastructures, notamment les chemins, ont également joué un rôle dans l'occupation de la région.

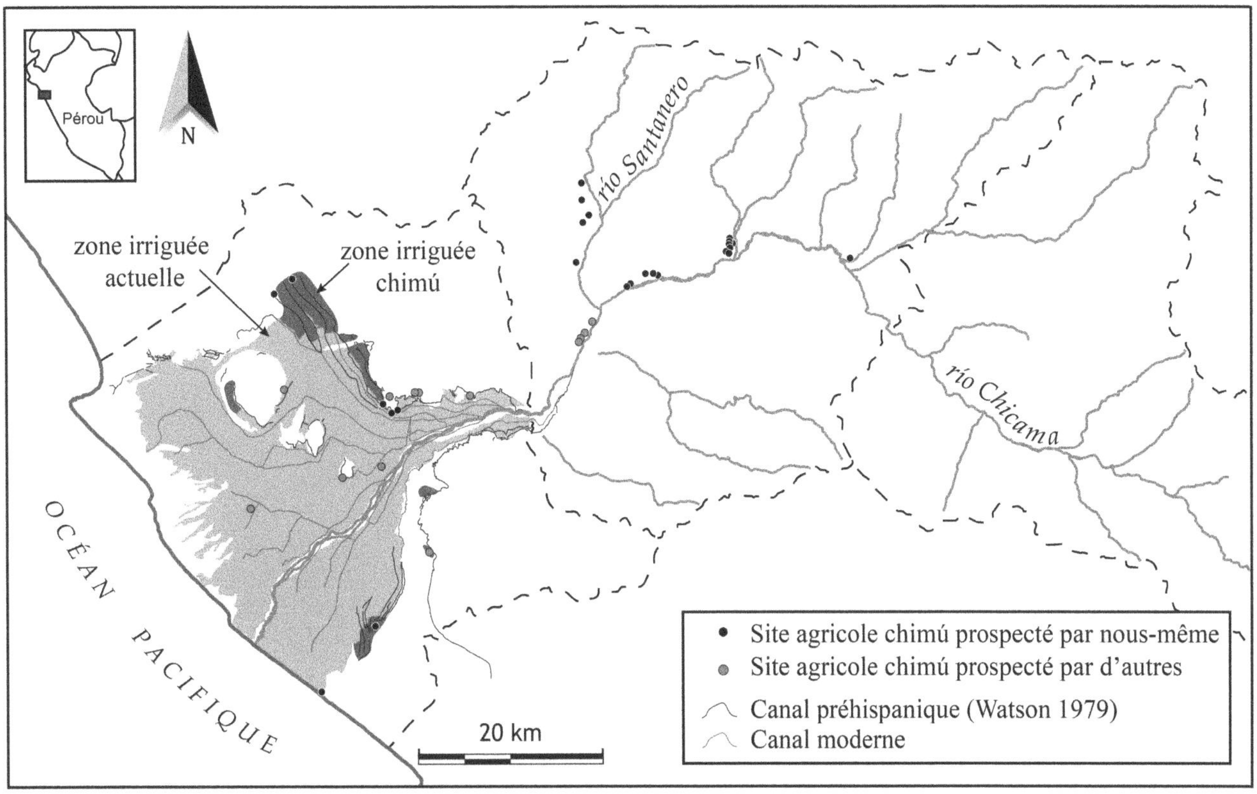

***Fig. 10.8* – Carte de répartition des sites agricoles chimús (données tirées des travaux d'autres archéologues, entre autres Chauchat *et al.* 1998; Leonard y Russell 1992; Watson 1979).**

Les sites liés aux communications

Les chemins constituaient des infrastructures importantes qui facilitaient le transit des produits d'une vallée à une autre et qui contribuaient à unifier l'ensemble du territoire chimú.

Les huit sites (n°1, 2, 5, 6, 13, 15, 17 et 18) traversés par des voies de communication se trouvent uniquement sur les marges de la vallée basse (fig.10.9). Parmi les sites chimús recensés par d'autres archéologues, seul celui de Tres Huaca C, découvert par Cruzado et Castillo (2009), comporte des chemins, mais la description succincte de cet établissement ne permet pas de comprendre leur rôle.

Enfin, notons que plusieurs sites (n°1, 2 et 17) en relation avec un chemin avaient aussi un rôle administratif. Comme nous l'avons expliqué plus haut, il s'agissait probablement de *tambos* qui accueillaient des voyageurs et servaient au contrôle des communications.

Commentaires au sujet des fonctions des sites

Cette présentation de la répartition spatiale des sites chimús, prospectés et répertoriés dans les ouvrages consultés, selon leur fonction permet de mieux appréhender l'implantation chimú.

Les sites résidentiels et les sites agricoles, présents dans la vallée basse et le fond de la vallée moyenne, témoignent d'une population relativement importante qui tirait de l'agriculture sa subsistance. Les sites cérémoniels se concentrent surtout dans la plaine côtière et rassemblaient les membres de communautés issus de plusieurs villages. La rareté de ce type de site dans le fond de la vallée moyenne suggère que les habitants de cette région se rendaient dans la vallée basse pour assister aux principales fêtes religieuses. Quant aux établissements administratifs, ils sont

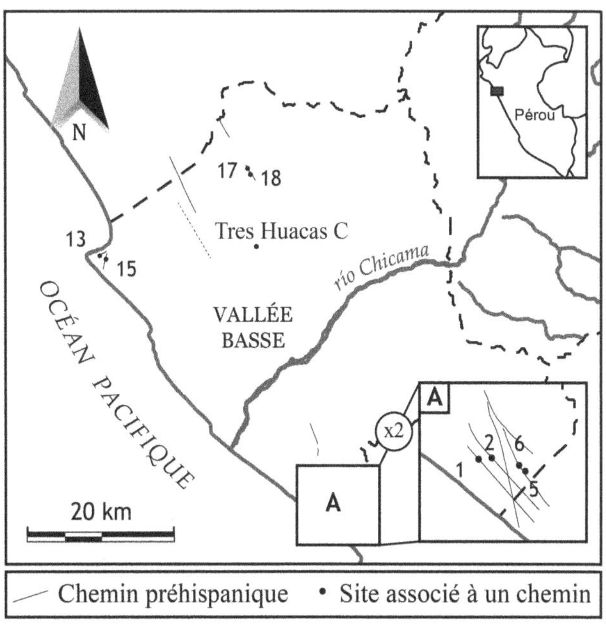

***Fig. 10.9* – Carte de répartition des sites chimús associés à des chemins (données tirées des travaux de Chauchat *et al.* 1998; Beck 1984; Cruzado y Castillo 2009).**

surtout associés à des canaux ou à des voies de communication, mais ils permettaient également de surveiller le fond de la vallée moyenne et sa population. Enfin, les sites funéraires sont avant tout localisés dans la plaine côtière, en particulier sur ses marges.

Le peu de sites à caractère cérémoniel et funéraire dans le fond de la vallée moyenne sous-entend l'existence d'une certaine mobilité[3] des habitants de cette région et de liens symboliques les unissant aux communautés de la plaine côtière. Ces interprétations impliquent que l'occupation de cette zone montagneuse a été menée depuis la vallée basse. Nous avons fait référence au modèle de « l'archipel andin », proposé par Murra (1972) avec le concept de « la verticalité andine » pour les données ethnohistoriques au chapitre 2, et il s'agit de s'interroger sur son éventuelle application dans le cas de la vallée de Chicama, pour l'époque chimú.

Selon le modèle de la « verticalité andine » et de « l'archipel andin », les personnes détachées dans des « colonies » entretenaient des relations symboliques et économiques de réciprocité avec le « noyau » de leur communauté (Murra 1972; 1985b). Les « colons » se rendaient épisodiquement dans le centre originel dont ils étaient issus, pour participer aux cérémonies qui s'y déroulaient, tout comme devaient le faire les habitants du fond de la vallée moyenne de Chicama.

Par ailleurs, lorsqu'il décrit les limites de ce type d'organisation territoriale, Murra (1985b) souligne qu'il était difficile de conserver les liens unissant un centre et ses « colonies ». Les tensions qui ne manquaient pas d'apparaître pouvaient être évitées par la présence d'établissements à caractère administratif permettant le contrôle des ressources naturelles et des « colons » envoyés loin du centre de la communauté originelle.

Si ce modèle était effectivement en vigueur dans cette région, on peut supposer que les communautés chimús de la plaine côtière envoyaient des « colons » dans la vallée moyenne afin d'y cultiver des espèces qui ne poussent pas sur le littoral, comme la coca (Rostworowski 1973). Il s'agirait donc d'un petit « archipel » assez limité, puisque les « colonies » n'étaient qu'à quelques dizaines de kilomètres de leurs communautés d'origine. Toutefois, le caractère morcelé et discontinu de l'archipel n'est pas décelable et l'ensemble du fond de la vallée moyenne semble avoir été occupé par des populations d'origine côtière[4], à l'Intermédiaire Récent. Aucune trace de colonies chimús, avec un caractère multiethnique, enclavées dans le territoire de populations montagnardes, n'a été relevée dans cette région, même si Onuki (1985b) et Schaedel (1985) supposent que des groupes Cajamarca ont pu exploiter cette zone. L'hypothèse d'une organisation territoriale similaire à un « archipel andin » demeure donc plausible et pourrait prendre d'autres formes, comme le suppose Ramírez (1985; 1986; voir supra chapitre 2.3), mais une seconde hypothèse permet d'expliquer cette implantation chimú, sans avoir à recourir au modèle de Murra.

Le contrôle continu du fond de la vallée moyenne laisse entendre que les communautés chimús de la plaine côtière, peut-être appuyées par les élites de Chan Chan, auraient « annexé » cette zone montagneuse stratégique, notamment pour le contrôle des ressources en eau comme nous le verrons plus loin. Il ne s'agissait pas d'une conquête militaire, mais plutôt d'une « colonisation » de ce territoire par des populations chimús qui s'y sont installées. La présence préalable de groupes côtiers, établis depuis l'époque mochica sur quelques sites (n°60, 62 et 84), a pu faciliter cette expansion.

Contrairement aux documents ethnohistoriques de la côte centrale (Rostworowski 1967-68; Murra 1972), ceux que nous avons analysés au chapitre 2 décrivent peu les régions intermédiaires entre les sommets et le littoral pour le nord du Pérou. Ils ne permettent donc pas d'éclaircir la situation de la vallée moyenne de Chicama et de trancher entre ces deux hypothèses. Néanmoins, la rareté des sources sur d'éventuels indigènes établis dans la vallée moyenne suggère une faible occupation de cette région, au 16e siècle. Rappelons aussi qu'un document (ARL leg. 280 exp. 3617) mentionne l'établissement de deux Espagnols dans la vallée d'Aracena, qui correspondrait à la *quebrada* Santanero. Comme il était interdit de fonder une hacienda espagnole à proximité des terres de communautés indigènes, on peut supposer que cette zone était dépeuplée durant la Période Coloniale. Il est probable que la chute démographique et la création des *reducciones* par les fonctionnaires espagnols ont contribué à ce dépeuplement du fond de la vallée moyenne, et que les habitants sont peu à peu retournés vivre dans leurs communautés d'origine, dans la plaine côtière.

L'analyse des sites selon leurs fonctions permet donc d'appréhender, en partie, l'implantation humaine et ses logiques, dans la vallée de Chicama, mais il est fréquent qu'un même site ait joué plusieurs rôles. En tenant compte des fonctions multiples des établissements chimús, mais aussi de leur superficie et de leur architecture, il est possible de les classer de manière hiérarchique, ce qui permet une approche différente de l'occupation.

La hiérarchie des sites

À l'instar des travaux des archéologues qui se sont intéressés à l'occupation d'un territoire (Willey 1953; Flannery 1976;

3 - Une telle mobilité peut aussi obéir à des logiques agricoles (communication personnelle d'Evelyne Mesclier du 19 janvier 2015), notamment en fonction des calendriers des cultures qui diffèrent selon les plantes et l'étage écologique (Golte 1980a). En l'absence de données plus précises sur les espèces cultivées dans la plaine côtière et dans le fond de la vallée basse, il est difficile de déterminer ces calendriers agricoles.

4 - Les tessons de céramiques associés à des populations montagnardes, notamment le type E présenté au chapitre 5, ont été retrouvés dans cette région, mais ils témoignent probablement de contacts et d'échanges et non d'une multiethnicité qui reste difficile à prouver à partir de nos données.

Conrad 1978; Wilson 1988; Albarracin 1996; Volker 2014), nous avons classé les sites recensés par ordre hiérarchique.

À partir des typologies de sites présentées au cours des chapitres 6 et 8, nous avons établi cinq niveaux de complexité. Les principaux critères retenus sont l'architecture, le nombre, la taille et le type d'édifices, la superficie du site et éventuellement l'abondance du matériel céramique. Les sites de niveau 1 sont les moins importants, tandis que le niveau 5 regroupe les sites majeurs. Les concentrations de matériel osseux et les infrastructures ne sont pas classées ici, car on ne peut proposer de parallèle avec les autres sites; un canal agricole et une zone funéraire ne sont pas comparables à un site d'habitat. Par ailleurs, l'intégration dans cette hiérarchie des sites chimús répertoriés dans les ouvrages nous semble trop délicate, du fait de l'imprécision des descriptions fournies.

Les sites des niveaux 1 et 2

Les sites des niveaux 1 et 2, qui comportent des concentrations de céramique ou quelques petites structures simples, constituent la base de l'implantation humaine, dans la vallée de Chicama (fig.10.10 et 10.11).

Ce niveau 1 regroupe dix-sept sites de l'Intermédiaire Récent, dont neuf sont datés de l'époque chimú. Il s'agit d'établissements résidentiels de très petite taille, ayant laissé peu de traces. Dans certains cas, l'occupation devait être temporaire et de courte durée.

Parmi les vingt sites de l'Intermédiaire Récent classés au niveau 2, onze sont chimús. Comme ceux de niveau 1, ils étaient également résidentiels, mais avaient une superficie plus étendue et devaient être occupés de manière continue.

Ces sites sont principalement répartis dans le fond de la vallée moyenne et dans la *quebrada* Santanero. Il est probable que l'agriculture moderne a effacé les traces et détruit les vestiges de la plupart des sites des niveaux 1 et 2, dans la plaine côtière.

Les sites du niveau 3

Les sites du niveau 3 sont assez variés, de taille réduite, et composés de constructions imposantes, comme des enceintes, des plateformes ou des structures complexes isolées, présentées au chapitre 8.2.

Parmi les vingt-deux sites de l'Intermédiaire Récent, onze sont occupés par les Chimús (fig.10.12). Ce sont le plus souvent des sites à caractère cérémoniel ou administratif qui ne semblent toutefois pas avoir joué un rôle prépondérant dans l'organisation de la vallée. Que ce soit de petits *tambos*, comme les sites n°1 et 2, des enclos pour camélidés, comme les n°5 et 6, ou des établissements cérémoniels isolés, comme les n°11 et 37, leur portée devait être limitée.

La répartition spatiale des sites du niveau 3 est relativement homogène dans la vallée basse et le fond de la vallée moyenne à deux exceptions près, dans les zones n°1 et n°6 (fig.10.12). La concentration de sites du niveau 3 dans la zone n°1 est due à la présence des chemins qui reliaient la vallée de Chicama à celle de Moche. Nous reviendrons plus loin en détail sur les sites de la zone n°6 et sur leur relation avec des canaux.

Les sites du niveau 4

À l'instar des sites du niveau 3, ceux du niveau 4, plus étendus, comportent des édifices de grande taille, ainsi que des structures d'habitat plus petites.

Les onze établissements datés de l'Intermédiaire Récent, dont sept sont occupés par les Chimús, sont pour la plupart des sites résidentiels relativement importants (fig.10.13). Ils accueillaient à la fois quelques membres de l'élite et leurs communautés et étaient associés à des activités cérémonielles ou à des tâches administratives. Certains sites disposaient également de murs isolés qui les protégeaient ou montraient le prestige et la puissance de leurs habitants.

Le site n°17 diffère quelque peu des autres. Son rôle résidentiel devait se limiter à l'hébergement de voyageurs et il ne s'agissait pas à proprement parler d'un village. Toutefois, la qualité de son architecture et ses structures de grande taille suggèrent qu'il était plus important que les sites du niveau 3 dont les fonctions sont pourtant similaires. Ce relais routier, ou *tambo*, quelque peu isolé a donc été classé au niveau 4.

Ces sites du niveau 4 sont surtout localisés dans le fond de la vallée moyenne, non loin du río Chicama, et seuls les n°17 et 29 se trouvent dans la plaine côtière. Notons que le site n°135, établi non loin du río Cascas, était vraisemblablement un centre important pour les populations affiliées à la culture Cajamarca et à la *guaranga* de Guzmango.

Les sites du niveau 5

Les cinq sites du niveau 5 datés de l'Intermédiaire Récent sont les plus importants établissements que nous avons étudiés. Les sites n°13, 32, 84 et 162 sont occupés à l'époque chimú (fig.10.14). Quant au n°94, la céramique ramassée en surface n'a pas permis de certifier une occupation chimú, mais son architecture se rapproche de celle de Chan Chan. Les sites de niveau 5 sont classés en deux types assez différents.

Les sites n°13, 94 et 162 recèlent peu de constructions et hébergeaient une faible population, mais leurs grandes enceintes, similaires aux *ciudadelas* de Chan Chan, témoignent de l'empreinte du pouvoir de la capitale chimú et de l'importance de ces sites. Ils constituaient donc des centres administratifs et cérémoniels placés sous la tutelle de Chan Chan et servaient ainsi à contrôler les environs. Le site de Quebrada del Oso, fouillé par Keatinge

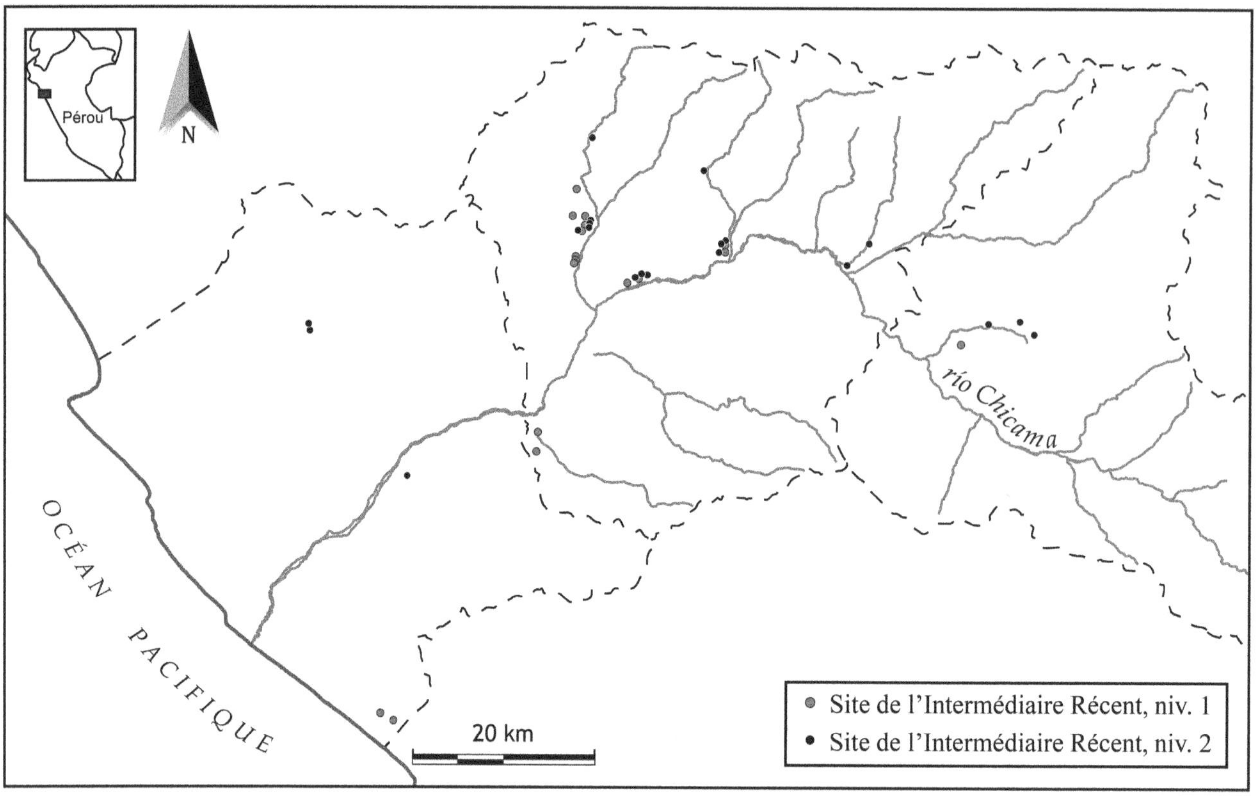

Fig. 10.10 **– Carte de répartition des sites de l'Intermédiaire Récent des niveaux 1 et 2.**

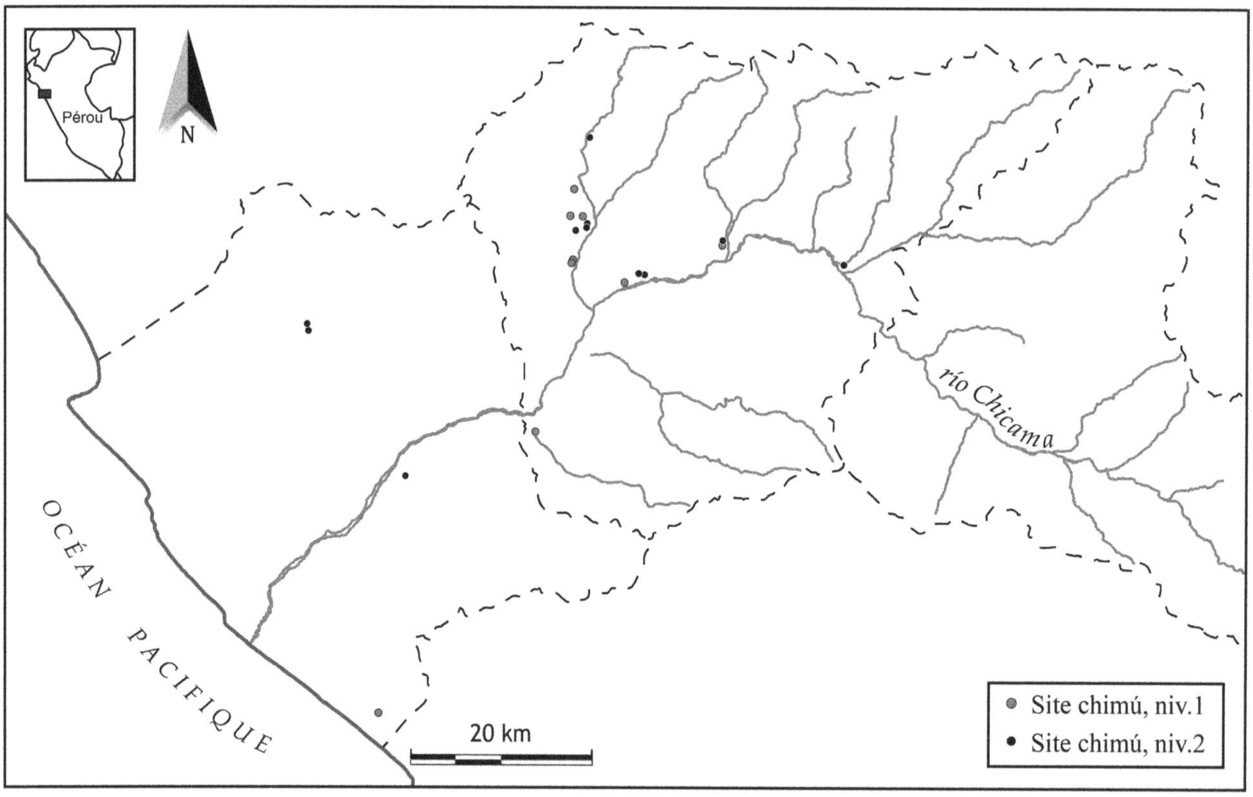

Fig. 10.11 **– Carte de répartition des sites chimús des niveaux 1 et 2.**

(1974), et celui d'Ascope Viejo[5], recensé par Leonard et Russell (1992), sont des établissements de ce type et nous les avons classés au niveau 5. Quant aux sites n°32 et 84, leurs constructions suggèrent la présence d'une population importante et de membres de l'élite locale, protégés

5 - La description du site d'Ascope Viejo n'est malheureusement pas détaillée et il n'en reste aucune trace visible sur les images satellites. Nous ne pouvons donc pas vérifier si l'architecture de ce site correspond véritablement à celle d'un centre administratif chimú.

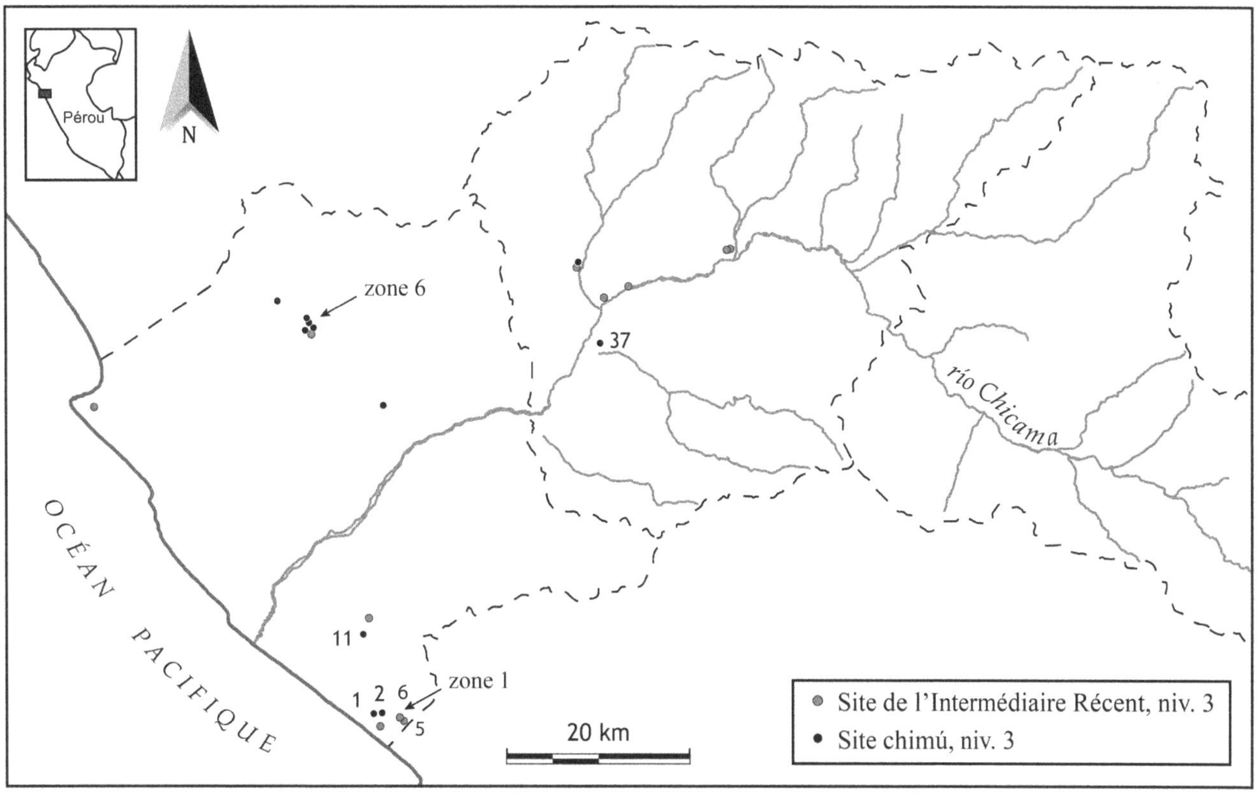

Fig. 10.12 **– Carte de répartition des sites de l'Intermédiaire Récent et chimús du niveau 3.**

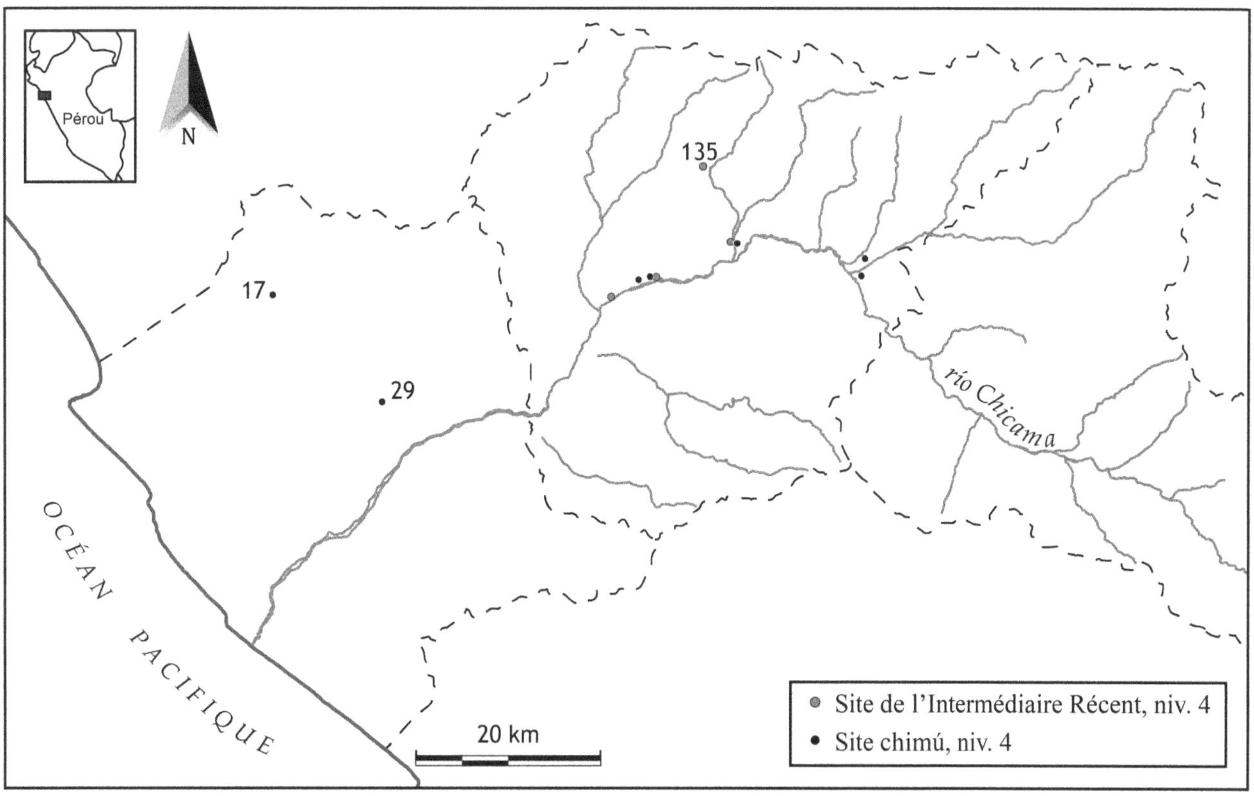

Fig. 10.13 **– Carte de répartition des sites de l'Intermédiaire Récent et chimús du niveau 4.**

par des murs qui défendaient l'accès à ces deux sites. Ces deux gros villages étaient donc les centres majeurs de communautés, dans la vallée. De tels sites ne passent pas inaperçus dans le paysage et d'autres établissements, aussi étendus et visibles sur les images satellites, ont été recensés par les archéologues (Leonard y Russell 1992; Chauchat *et al.* 1998; Mercado 2002). On peut ainsi classer parmi les sites du niveau 5 ceux de Cerro Pan de Azucar,

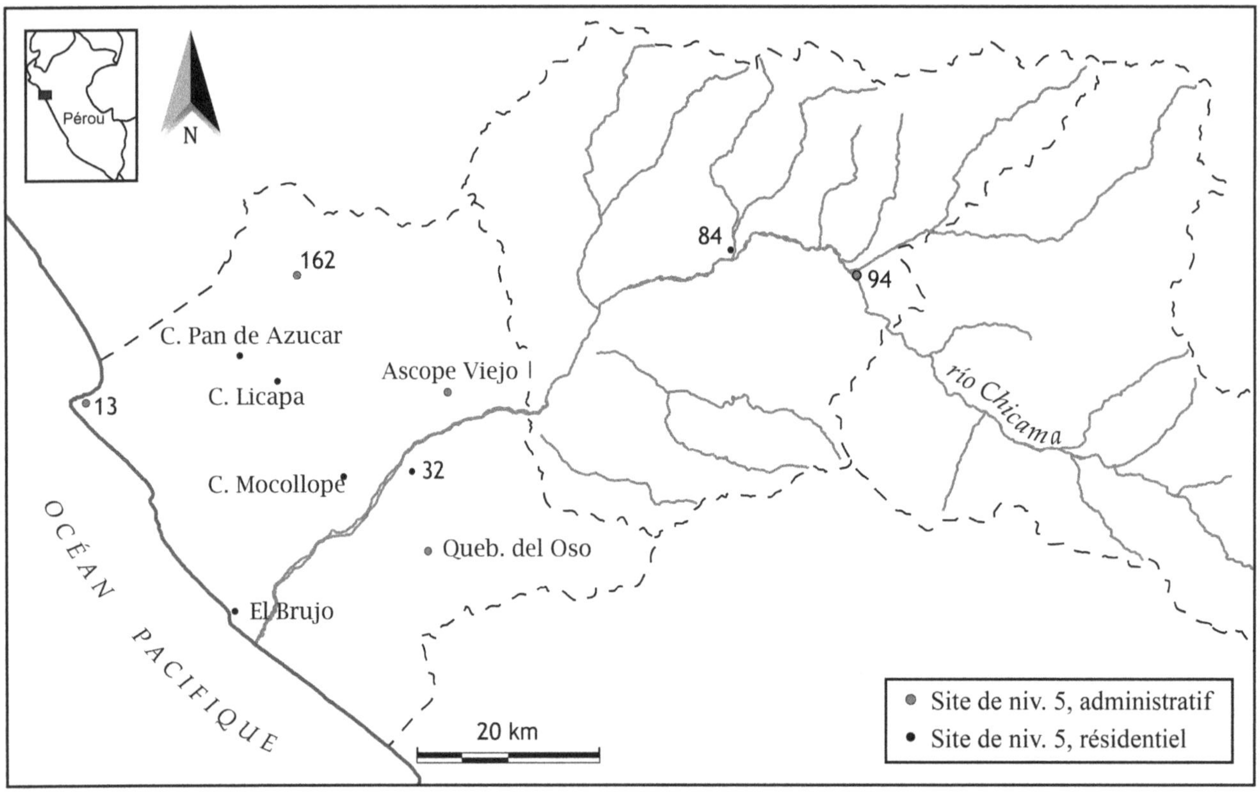

***Fig. 10.14* – Carte de répartition des sites de l'Intermédiaire Récent et chimús du niveau 5.**

Cerro Licapa[6], Cerro Mocollope, et éventuellement celui d'El Brujo[7] (fig.10.14).

Ces sites majeurs sont surtout localisés dans la plaine côtière, et seuls les n°84 et 94 se trouvent dans le fond de la vallée moyenne. La présence de ces établissements dans la vallée basse est compréhensible étant donné que les Chimús sont avant tout un peuple de la côte. Les sites cérémoniels et administratifs chimús, probablement construits sous l'impulsion du pouvoir central de Chan Chan, sont implantés dans des régions marginales. Le n°13 est tourné vers la mer, tandis que le n°162 (Mocan) et Quebrada del Oso sont établis non loin d'importants canaux et de zones agricoles gagnées sur le désert. Enfin, le site n°94, localisé à l'extrémité orientale du fond de la vallée moyenne contrôlée par les Chimús, a pu servir à garder une sorte de « frontière » entre les populations côtières et montagnardes.

Il ressort de cette analyse que les grands centres résidentiels, cérémoniels et administratifs sont installés au cœur de la plaine côtière et sont toujours séparés de plusieurs kilomètres les uns des autres, ce qui laisse penser qu'ils avaient chacun un rayon d'influence considérable. Notons que la rive gauche du río Chicama, moins prospectée, n'abrite que le site n°32, mais d'autres établissements similaires devaient être implantés plus au sud. Dans le fond de la vallée moyenne, le site n°84 occupe une position centrale qui concorde bien avec son importance.

Commentaires relatifs à la hiérarchie des sites

Cette hiérarchisation des sites prospectés permet de les replacer dans leur contexte socio-culturel et géographique, en fonction de leur importance, et de comprendre les liens tissés entre eux.

Les sites résidentiels des niveaux 1 et 2 étaient logiquement placés sous le contrôle d'établissements plus grands. Les sites du niveau 3, souvent isolés dans les marges de la vallée, avaient une zone d'influence assez réduite. Ceux à caractère administratif permettaient le contrôle des canaux, des chemins, voire de quelques petits sites résidentiels, tandis que les autres avaient probablement une fonction cérémonielle et attiraient, de ce fait, les habitants des environs. Quant aux sites du niveau 4, c'étaient vraisemblablement des centres résidentiels et administratifs mineurs abritant des membres de l'élite locale. Enfin, les sites du niveau 5 étaient soit des bourgs de grande taille, très peuplés, soit des sites établis par les dirigeants de Chan Chan pour contrôler certaines zones (fig.10.15).L'analyse de la répartition des sites dans les trois parties de la vallée permet d'appréhender l'implantation en fonction de l'environnement (fig.10.16). Les sites de l'Intermédiaire Récent de la vallée haute n'étant pas chimús, il faut se concentrer sur les régions basses et moyennes de Chicama qui recèlent la plupart des établissements.

6 - Le site de Cerro Licapa n'est pas référencé comme tel dans la bibliographie, mais il est clairement visible sur les images satellites et Netherly (1977) mentionne des ruines de l'Intermédiaire Récent à cet endroit. Le site Tres Huacas C, également important à en juger la description fournie par Cruzado et Castillo (2009), est plus ou moins localisé dans cette région, mais les coordonnées n'indiquent pas tout à fait le même endroit.

7 - Cerro Mocollope et El Brujo sont avant tout de grands sites de l'époque mochica (Leonard y Russell 1992; Franco *et al.* 2010), mais leur occupation se prolonge avec les Chimús et ces sites semblent avoir conservé leur importance.

Caractéristiques et rôles des sites par niveau de hiérarchie			Nombre de sites	
			Int. Réc.	**Chimú**
Grand centre administratif et cérémoniel, implanté par le pouvoir central chimú.	Niv. 5	Centre résidentiel majeur, siège des principaux dirigeants des communautés.	5	4 (+5)
Grand site résidentiel et administratif ou cérémoniel, accueillant des membres de l'élite locale.	Niveau 4		11	7
Site cérémoniel ou administratif isolé, contrôlant des canaux, des chemins ou des sites de niveau 1 ou 2.	Niveau 3		22	11
Petit site à caractère résidentiel permanent.	Niveau 2		20	11
Très petit site à caractère résidentiel parfois temporaire.	Niveau 1		17	9
			75	**42**

Fig. 10.15 **– Tableau récapitulant les caractéristiques des sites des différents niveaux de la hiérarchie, par ordre d'importance.**

La hiérarchie des sites et communautés dans la vallée basse

Dans la vallée basse, les sites appartiennent pour la plupart au niveau 3 (fig.10.16). Ces établissements isolés à caractère plutôt administratif correspondent à l'occupation des zones marginales qu'il fallait contrôler, mais qui n'étaient pas densément peuplées. Les rares sites des niveaux 1 et 2 témoignent en effet d'une faible densité de population.

Si nos prospections dans les régions périphériques de la plaine côtière illustrent bien ce type d'implantation, somme toute parfaitement logique, elles sont cependant trop limitées pour percevoir l'organisation spatiale des sites dans l'ensemble de la vallée basse. Les difficultés rencontrées pour intégrer les sites recensés dans les ouvrages bibliographiques à notre classement hiérarchique compliquent d'autant plus l'analyse. En revanche, les sites majeurs, plus facilement repérables, peuvent être comparés aux données géographiques relatives aux communautés indigènes du 16e siècle, dépeintes au chapitre 2.

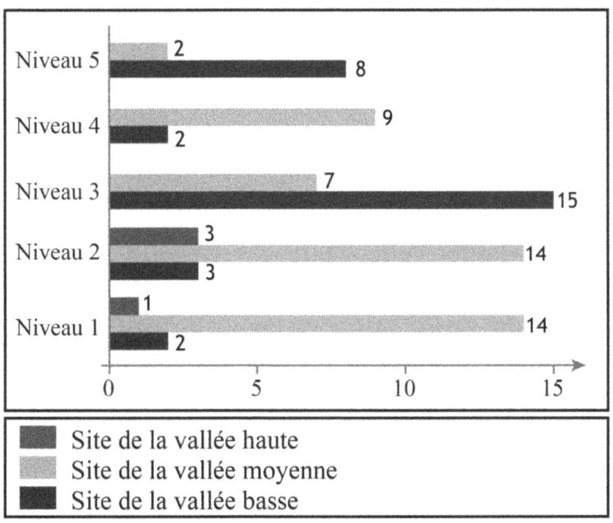

Fig. 10.16 **– Graphique de répartition des 75 sites en fonction de la hiérarchie et de leur localisation.**

Quelques communautés importantes apparaissent fréquemment dans les documents consultés: celles de Chocop, de Santiago, de Caop, de Licapa, de Nuxa, de Yalpa et éventuellement celle de Malabrigo. À partir des informations variées tirées des archives ethnohistoriques, en particulier la toponymie, le tracé des canaux et les relations entre les *curacas*, nous avons pu ébaucher une carte approximative des territoires de ces communautés (fig.2.16). En replaçant les principaux centres majeurs sur cette carte, on se rend compte que certains se trouvaient au milieu des domaines de communautés particulières (fig.10.17). Le cas du site d'El Brujo est le plus évident; Castañeda (2007) indique clairement le lien entre la communauté de Caop et le site préhispanique qui a été réoccupé à la Période Coloniale, suite à la destruction de la *reducción* de Magdalena, lors du phénomène d'El Niño de 1578. De même, le site de Cerro Mocollope est construit au cœur de la communauté de Chocop. D'ailleurs, à quelques kilomètres de ce site, l'actuel village de Chocope est une *reducción* créée au début de la Période Coloniale qui regroupait probablement les habitants de Cerro Mocollope et d'autres sites des alentours. Le site de Cerro Licapa pourrait représenter l'ancien centre de la communauté éponyme, tandis que le site de Cerro Pan de Azucar correspondait probablement à la communauté de Nuxa. Le site n°13 est localisé sur la pointe Malabrigo où était justement

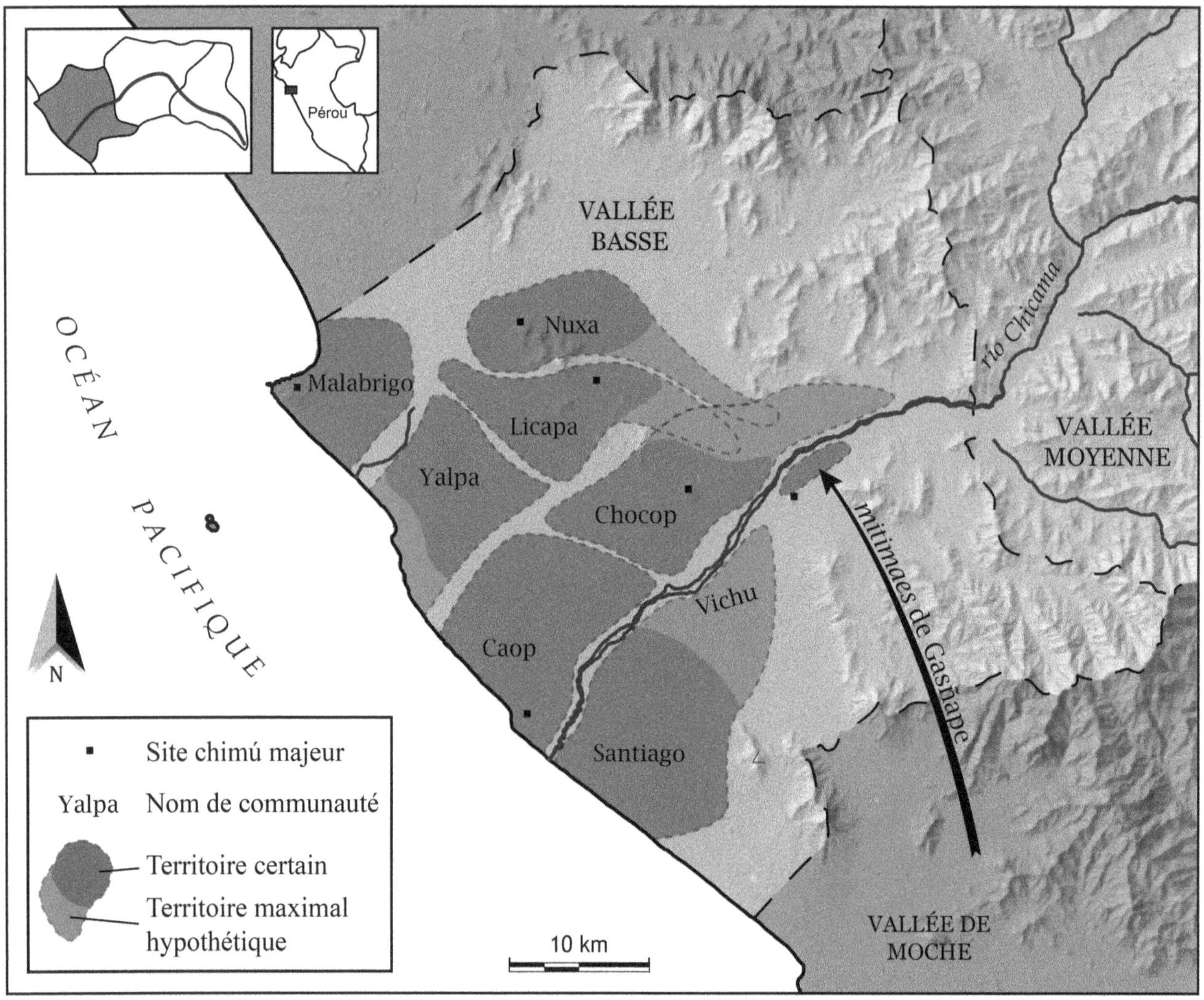

Fig. 10.17 **– Carte de répartition des sites chimús majeurs et des territoires supposés des communautés indigènes du 16e siècle.**

installée la communauté de pêcheurs éponyme. Enfin, le site n°32 se trouve à proximité d'une enclave de *mitimaes* (ou *mitmacuna*) originaires de la communauté de Huamán, dans la vallée de Moche, et pourrait avoir constitué le centre de ce groupe « étranger » (AGI Justicia 458 fol. 1871v.). On peut aussi envisager que cet établissement était lié à la communauté de Vichu dont le territoire s'étendait au sud.

Il est donc possible de rattacher la plupart des grands sites chimús de la vallée basse de Chicama aux principales communautés indigènes mentionnées dans les textes ethnohistoriques. Notons qu'aucun site majeur n'a été découvert pour les communautés de Yalpa et de Santiago.

Il faut cependant tenir compte des bouleversements qu'a pu engendrer l'arrivée des Incas et des Espagnols. De tels sites ne correspondaient peut-être pas tout à fait aux centres des communautés chimús. À l'instar des *mitimaes* envoyés dans la région de Huamachuco par les Incas, certaines communautés ont pu être déplacées, tandis que les autres ont été concentrées dans des *reducciones* par les Espagnols, comme nous l'avons vu au chapitre 2.2. Il faut donc se garder « d'exporter » directement les données ethnohistoriques du 16e siècle à l'Intermédiaire Récent et de plus amples recherches sont nécessaires pour mieux comprendre l'évolution de l'implantation, notamment à la Période Chimú-Inca.

Cette analyse des principaux sites de la plaine côtière apporte donc un regard nouveau sur l'organisation socio-politique de Chicama. Il faut aussi tenir compte de l'occupation chimú dans le fond de la vallée moyenne, encore peu connue.

La hiérarchie des sites dans la vallée moyenne

Dans cette région, sur les berges du río Chicama, des sites de tous niveaux se côtoient dans un espace relativement restreint. Bien que les petits sites d'habitat soient relativement nombreux (12 sites des niveaux 1 et 2), le long du río Chicama, les grands établissements du niveau 4 (8 sites) sont également très importants (fig.10.18).

Ainsi, ces derniers regroupaient la majeure partie de la population qui vivait aux côtés de membres de l'élite. On observe donc une certaine concentration de l'habitat qui est vraisemblablement due au manque de place et à une éventuelle croissance démographique assez forte. Quant

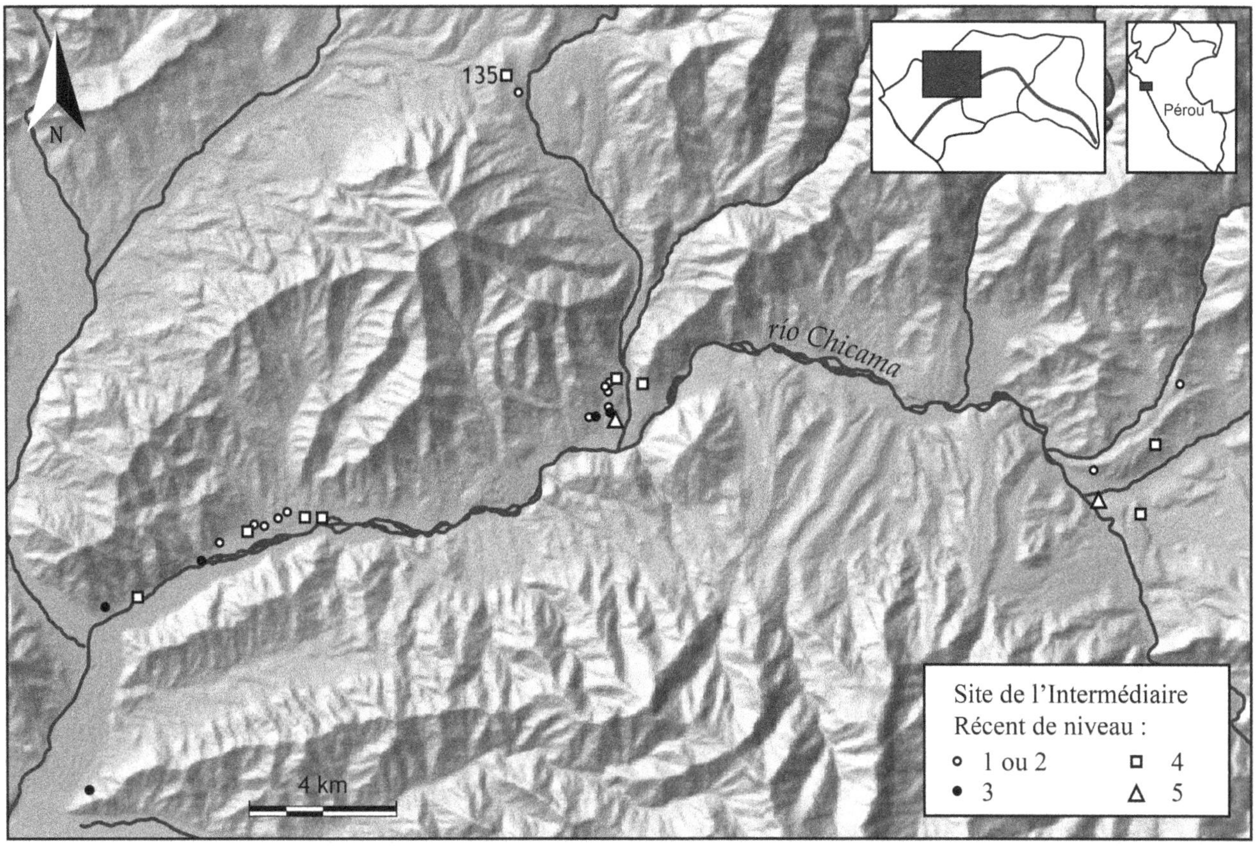

Fig. 10.18 – **Carte de répartition des sites du fond de la vallée moyenne, selon leur hiérarchie.**

aux sites des niveaux 3 et 5, ils sont assez rares (respectivement 5 et 2).

Dans la *quebrada* Santanero, la situation est différente, puisque nous n'y avons recensé aucun site des niveaux 4 ou 5. Les petits hameaux des niveaux 1 et 2 sont fréquents (12 sites) et seuls deux sites sont classés au niveau 3 (n°69 et 70; fig.10.19). Nous avons donc supposé que ces deux établissements permettaient de gérer cette *quebrada* et une population très dispersée. Le débit assez faible du río Santenero ne pouvait probablement pas subvenir aux besoins d'un groupe important et les larges terrasses naturelles laissent de larges espaces favorisant cette installation disséminée.

La présence des Chimús dans la vallée moyenne

La hiérarchie des sites de la vallée moyenne amène à s'interroger de nouveau sur la présence des Chimús dans cette région. Existait-il des communautés locales chimús ? Comment les Chimús se sont-ils installés dans cette région ?

Après avoir associé les sites du niveau 5 aux centres des principales communautés, dans la vallée basse, il est tentant de faire de même avec ceux de la vallée moyenne. On peut ainsi se demander si l'unique site majeur résidentiel de cette région, le n°84, était le siège d'une communauté importante. Les alentours densément peuplés de cet établissement appuient cette première hypothèse.

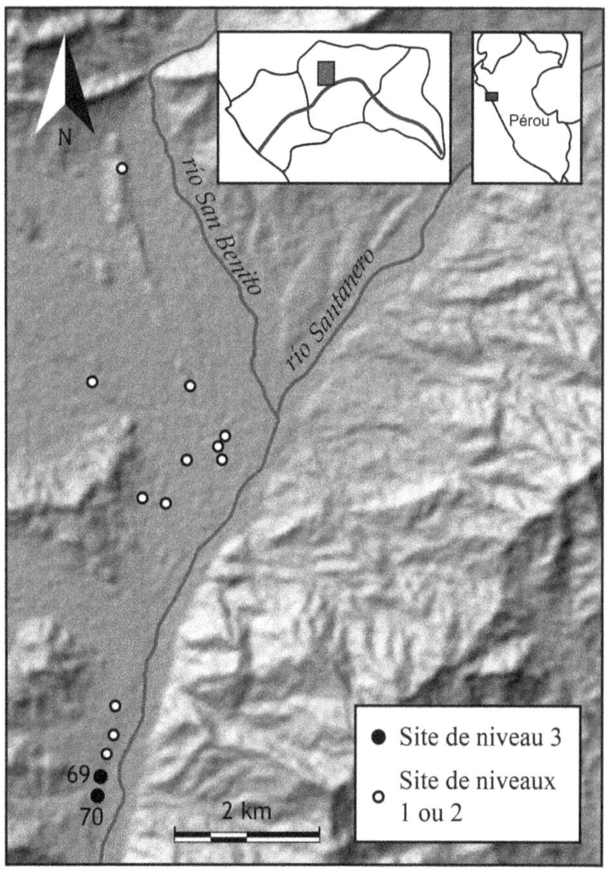

Fig. 10.19 – **Carte de répartition des sites de la *quebrada* Santanero, selon leur hiérarchie.**

Néanmoins, parmi les documents du 16e siècle consultés et présentés au chapitre 2, aucun ne mentionne l'existence d'une telle communauté. L'acte de vente de terres à Cojitambo, par le *cacique principal* de la vallée basse, non loin du site n°84, laisse entendre, au contraire, que les communautés de la plaine côtière possédaient des domaines dans le fond de la vallée moyenne (Zevallos 1992). La présence d'une communauté locale, dans cette région, est donc difficile à discerner et peu probable.

Comme nous l'avons supposé plus haut, le fond de la vallée moyenne était surtout contrôlé par des élites originaires de la côte. Le site n°84 a ainsi pu constituer le siège local du *cacique principal* de la vallée basse, puisqu'un de ses descendants possédait quelques terres dans la région. Ce contrôle renforce l'hypothèse d'une expansion territoriale chimú depuis le littoral vers la sierra, menée par les élites de la vallée basse.

Il faut aussi s'interroger sur une possible participation des autorités de Chan Chan qui, comme nous l'avons présenté au chapitre 3.3, ont conquis plusieurs vallées côtières par la force des armes. Le deuxième site du niveau 5, le n°94, correspond à un centre administratif chimú, en partie bâti sur le modèle architectural des *ciudadelas* de la capitale. Il est possible que cet établissement, localisé non loin de la limite avec la vallée haute, ait représenté le pouvoir de Chan Chan dans une zone frontalière[8].

Les élites de Chan Chan ont donc pu aider celles de la vallée basse de Chicama à s'implanter dans la vallée moyenne, même si la localisation du site n°94 suggère qu'elles ont surtout participé à la dernière phase d'expansion. Il est toutefois malaisé de discerner clairement les étapes et les modalités de l'avancée chimú dans cette région. Contrairement à la vallée moyenne de Moche dont la conquête par les Chimús a été étudiée par Lange (1990) et présentée au chapitre 3.3, la présence de quelques murs isolés ou de sites entourés de murs d'enceinte ne permet pas d'attester clairement une campagne militaire. Cette avancée a pu être facilitée par une alliance diplomatique avec les populations Cajamarca des hauteurs dont on sait qu'elles ont été aidées par les armées chimús, durant leur résistance face aux Incas (Cabello Valboa 1951 [1586]: 317).

Quelques hypothèses quant à la culture Cajamarca

S'il n'est pas possible de rattacher les sites importants du fond de la vallée moyenne à des communautés particulières, les données ethnohistoriques au sujet des groupes montagnards de la culture Cajamarca sont plus détaillées (Rémy 1992; Rostworowski 1985; 1992; Julien 1993; Espinoza 1973; Pärssinen 1997).

8 - Cette hypothèse, bien que vraisemblable, est difficile à appuyer en l'absence de données relatives aux éventuels groupes Cajamarca ou Huamachuco. Seul le site n°155 présente quelques tessons de la culture Cajamarca.

Ainsi, le site n°135, du niveau 4, localisé à plusieurs kilomètres du río Chicama, pourrait avoir été le centre de la communauté (ou *pachaca*) de Cascas, elle-même intégrée à la *guaranga* de Guzmango, comme nous l'avons vu au chapitre 2.3. Toutefois, les sources ethnohistoriques étudiées par Remy (1992: 71) indiquent que la situation était compliquée à Cascas. Au début du 17e siècle, outre la *pachaca* de Cascas, ce village colonial accueillait également des membres des six autres *guarangas* de Cajamarca et on peut supposer que le site n°135 a été occupé par des groupes d'origines diverses. Il n'est donc pas possible de le rattacher de façon sûre à la *pachaca* de Cascas.

Pour compléter notre compréhension de l'implantation humaine dans la vallée de Chicama, appréhendée grâce aux petits sites résidentiels (niveaux 1 et 2), aux sites administratifs et/ou cérémoniels isolés (niveau 3) et aux grands centres (niveaux 4 et 5), il faut s'intéresser aux infrastructures qui renseignent sur l'exploitation de ce territoire.

II. L'EXPLOITATION DE LA VALLÉE DE CHICAMA

Nous avons décrit, au chapitre 1, les atouts géographiques dont dispose la vallée de Chicama et qui ont pu faciliter son exploitation.

Tout d'abord, sa plaine côtière, très vaste et seulement parsemée de quelques élévations, offre de nombreuses terres cultivables qui peuvent être irriguées par le río Chicama au débit relativement puissant. En comparaison, la plaine de la vallée de Moche est environ deux fois plus petite que celle de Chicama et le débit du río Moche est bien plus faible (fig.1.16). Quant à la vallée de Virú, elle est aussi de taille réduite et son fleuve est loin d'égaler le río Chicama.

Par ailleurs, le large fond de la vallée moyenne de Chicama monte progressivement en altitude. À titre de comparaison, le río Chicama s'étire sur plus de 40 km pour passer de 800 à 300 m d'altitude, alors que le río de Moche n'en parcourt qu'une vingtaine. Cette région intermédiaire entre les sommets et la côte, ensoleillée, chaude et irriguée par plusieurs cours d'eau, est propice à la culture de nombreuses plantes, notamment la coca (*Erythroxylum* sp.) et les arbres fruitiers comme le *lúcumo* (*Lucuma obovata*), le *pacae* (*Inga feuillei*), l'avocatier (*Persea gratissima*), le *chirimoyo* (*Anona cherimolia*) ou le goyavier (*Psidium guajava*).

La découverte de graines de fruits, comme les *guanábanas* et les *lúcumas*, sur plusieurs sites chimús de la vallée de Moche, notamment à Chan Chan, par Pozorski (1979; 1980; 1982), suggère l'existence d'une exploitation agricole du fond des vallées moyennes de Moche et de Chicama, à l'époque chimú. Rostworowski (1973) et Netherly (1977) indiquent également que la coca était cultivée dans la vallée moyenne de Moche, à la Période Coloniale, et nous avons observé des champs de coca, à Cojitambo, dans la vallée moyenne de Chicama. Il est donc fort probable que ces différentes plantes étaient produites par les Chimús, dans cette portion de la vallée.

La vallée basse et le fond de la vallée moyenne semblent donc être particulièrement propices au développement de l'agriculture; les terres irrigables sont étendues et l'eau est assez abondante, même si le climat désertique de la région oblige à sa gestion minutieuse.

Enfin, outre l'agriculture, il est probable que les habitants de la vallée exploitaient d'autres ressources, notamment le guano, et s'adonnaient à d'autres activités, comme la pêche ou l'artisanat.

L'expansion et l'exploitation agricole dans la vallée basse

Les nombreux canaux, recensés par les archéologues (Kus 1972; Watson 1979), lors de nos repérages sur les images satellites et au cours de nos prospections, témoignent de l'importance de l'irrigation et, par conséquent, de l'agriculture dans la vallée basse de Chicama.

Selon Golte (1980b), le réseau d'irrigation de la plaine côtière a progressivement été créé, au fil du temps. Ainsi, le canal principal des sites n°28 et 156 a été employé successivement au cours de l'Intermédiaire Ancien et de l'Intermédiaire Récent et il a été réhabilité au cours du 19e siècle. Si tel a été le cas, les Chimús ont donc bénéficié d'un réseau d'irrigation préexistant, édifié par leurs prédécesseurs, les Mochicas et peut-être les Sicán, mais ils ont également prolongé de plusieurs kilomètres certains canaux, comme à Mocan, ou ont construit de nouveaux ouvrages, comme le canal inter-vallées de La Cumbre (Kus 1972; 1984; Watson 1979; Ortloff *et al.* 1982; 1983; Farrington 1983; Pozorski and Pozorski 1982; Pozorski 1987).

Les champs du canal inter-vallées

L'objectif principal de ce canal était de conduire l'eau du río Chicama vers la vallée de Moche, arrosée par un fleuve moins puissant. Mais Kus (1972) et Watson (1979) ont repéré deux zones agricoles localisées le long de ce canal, dans la vallée de Chicama.

Les champs de la quebrada Lescano

La première zone, visible sur les images satellites de Google Earth, est localisée à 2,5 km au sud-est du cerro Lescano, au sud de la *quebrada* du même nom (fig.10.20). S'étendant sur plus d'un kilomètre carré, ces champs étaient alimentés par des canaux secondaires qui tiraient leur eau du canal inter-vallées. Aucune construction autre que les canaux n'est observable sur les images satellites, et Kus (1972) et Watson (1979) ne mentionnent pas de structures. On peut donc supposer que cette aire agricole n'était pas placée sous le contrôle direct d'un centre administratif chimú. Toutefois, nos connaissances archéologiques et ethnohistoriques des alentours de cette zone offrent quelques pistes de réflexion sur son exploitation.

Les sites résidentiels n°31 et 32 de nos prospections sont localisés sur les flancs du cerro Lescano et leurs habitants pouvaient cultiver ces parcelles. Certes, les terres irrigables qui se trouvent entre le río Chicama et le cerro Lescano sont bien plus faciles d'accès, mais cela n'empêchait peut-être pas l'exploitation annexe de ces champs gagnés sur le désert, grâce au canal inter-vallées. Rappelons que le n°32 est un site majeur (niveau 5) où vivaient plusieurs membres de l'élite et on peut envisager que ces derniers géraient l'exploitation de ces champs.

Les sources ethnohistoriques suggèrent une autre hypothèse quant à l'administration de cette zone agricole. Le document de la visite du docteur Cuenca (AGI Justicia 458 fol. 1871v.) mentionne des étrangers originaires de la communauté de Huamán et du *repartimiento* de Gasñape (fig.2.16). Le cerro Gasñape et le hameau actuel du même nom laissent entendre qu'ils étaient établis non loin de cette aire agricole (fig.10.20). Ces *mitimaes* ont-ils été installés à l'époque chimú ou s'agit-il d'une situation postérieure, due aux Incas ? S'ils ont été envoyés par le pouvoir chimú, ils avaient peut-être pour objectif d'exploiter ces terrains. Dans ce cas, comment justifiaient-ils leur droit de cultiver ces terres ?

La taille monumentale du canal inter-vallées de La Cumbre, chargé d'irriguer deux vallées, implique l'emploi d'une main-d'œuvre conséquente, originaire de Moche et de Chicama, voire d'autres endroits. Si des habitants de la communauté de Huamán, établis sur la rive sud de Moche, une région évidemment non irriguée par le canal inter-vallées, ont participé à l'édification de cet ouvrage, il semble alors logique que des terrains arrosés par ce canal leur aient été attribués dans la vallée de Chicama. Notons que ces deux hypothèses ne sont pas incompatibles, surtout si le site n°32 était occupé par des *mitimaes* de Huamán.

Les champs de Quebrada del Oso

Quelques kilomètres en aval, plus au sud, la deuxième zone agricole s'étend autour du site administratif chimú de Quebrada del Oso, fouillé par Keatinge (1974) et décrit au chapitre 4.1. Les champs, étudiés par Kus (1972) et irrigués par un canal secondaire qui dérivait l'eau du canal inter-vallées, s'étendent sur environ 0,4 km².

Keatinge (1974) remarque que les champs utilisent l'espace au maximum et devaient donc être légèrement postérieurs à l'édification des trois bâtiments du site, puisque le tracé des sillons s'adapte aux murs et les contourne. Selon cet auteur, ce centre administratif, localisé non loin du canal inter-vallées de La Cumbre, a servi à en organiser la construction, mais il a aussi pu permettre la gestion de l'exploitation des champs qui l'entourent. Pour sa part, Kus (1972: 155) estime qu'en l'absence de site résidentiel répertorié dans les environs, les travailleurs

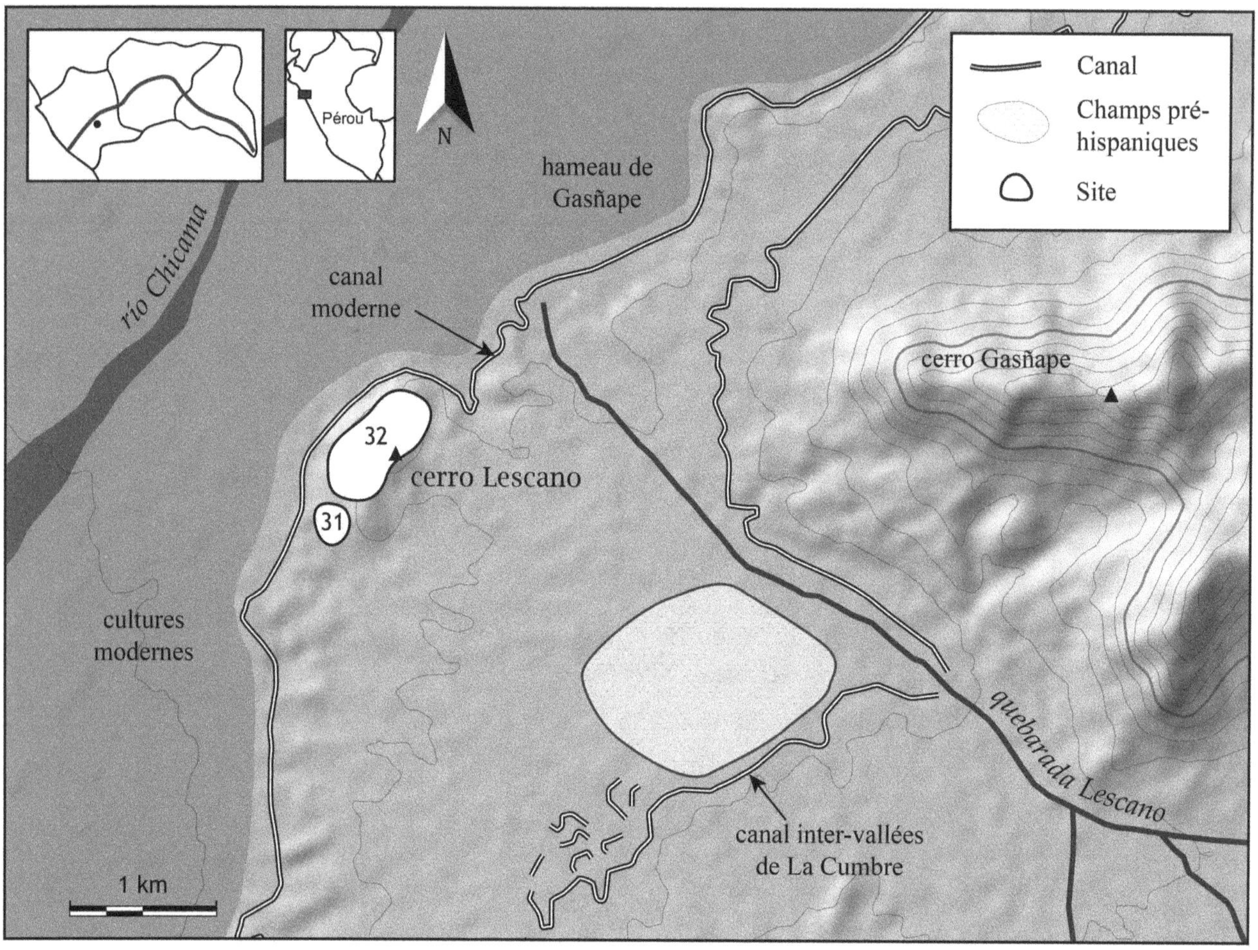

***Fig. 10.20* – Carte des alentours de la zone agricole de la *quebrada* Lescano.**

vivaient sur le site de Quebrada del Oso, ou qu'ils venaient de plus loin. Si Keatinge (1974: 79) pense également que les ouvriers chargés de la construction et de la maintenance du canal étaient hébergés à Quebrada del Oso, il ne se prononce pas au sujet de l'exploitation postérieure des champs. Par ailleurs, il suppose que le travail était effectué par des groupes différents, au tour par tour selon le principe de la *mit'a* utilisé par les Incas, mais aussi par les Chimús (Moseley 1975a). Quebrada del Oso a donc pu abriter ponctuellement des travailleurs, mais son édifice principal similaire à une *ciudadela*, avait aussi une fonction administrative et cérémonielle, permettant le contrôle et l'entretien du canal inter-vallées de La Cumbre, ainsi que la gestion de l'exploitation agricole.

Contrairement à la première zone agricole, celle de Quebrada del Oso était donc surveillée de façon directe par l'autorité centrale de Chan Chan, grâce à ce site administratif. La présence de fonctionnaires de la capitale n'est, au contraire, pas avérée dans la région du cerro Piedra Parada.

Les champs du cerro Piedra Parada

Le site n°10, localisé à l'ouest du cerro Piedra Parada, se trouve dans la zone n°3 de nos prospections, aujourd'hui désertique. Plusieurs établissements des alentours, notamment le n°9, sont antérieurs à l'Intermédiaire Récent et il est possible que le canal principal du site n°10 et les champs qu'il irriguait aient été aménagés avant l'époque chimú (fig.10.21). Cette hypothèse ne contredit nullement le fait que les Chimús ont ensuite cultivé cette zone.

Les champs conservés ne couvrent qu'environ 0,1 km^2, mais on peut supposer que le canal principal arrosait d'autres champs, plus au sud. Il semble en effet peu logique d'investir autant dans la construction d'un aqueduc si le canal n'irriguait pas de champs en aval.

Le site n°10 ne recèle aucune structure d'habitat et nos prospections de la zone n°3 n'ont pas permis de découvrir de sites résidentiels de l'Intermédiaire Récent. Les travailleurs qui cultivaient autrefois ces champs devaient venir des environs, de l'ouest ou du nord où s'étendent des cultures modernes. La rive sud du río Chicama étant nettement moins étudiée, il est difficile de formuler une hypothèse au sujet de l'habitat et de la provenance de la main-d'œuvre.

Non loin du site n°10, se trouvent les n°9 et 11, de niveau 3, chacun composé d'une plateforme d'adobe à caractère cérémoniel, et le sommet du cerro Piedra Parada est coiffé d'une énorme pierre (site n°163), probablement vénérée à l'époque mochica (Abraham 2000; Valladares 2012; Franco 2012). La présence de ces trois

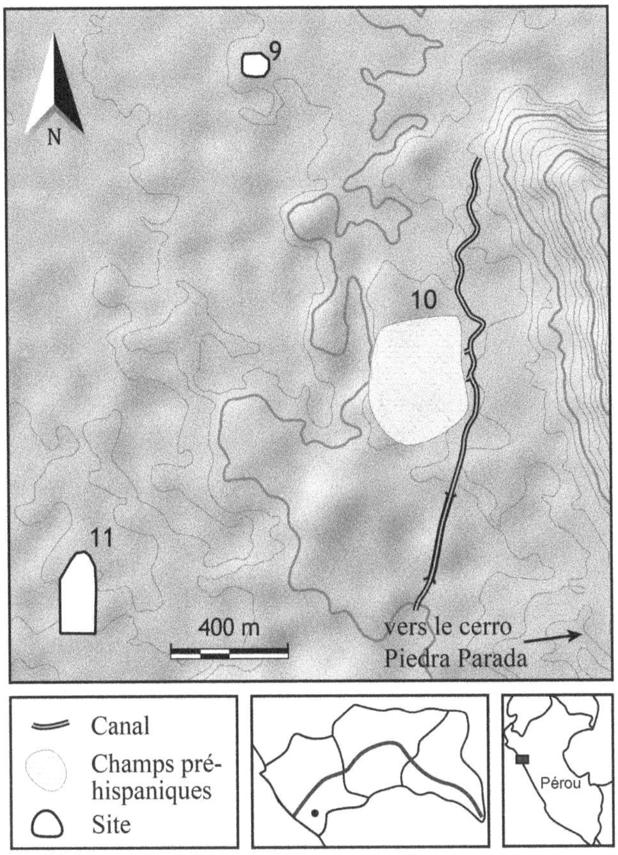

Fig. 10.21 **– Carte des alentours de la zone agricole de cerro Piedra Parada.**

sites amène à s'interroger sur une possible relation entre cérémonies religieuses et activités agricoles. La documentation ethnohistorique, bien fournie pour les Incas, nous renseigne sur les fêtes réalisées au moment des semailles ou des récoltes, dans la région de Cuzco, mais aussi dans tout le Tawantinsuyu (Murra 1978: 46). Nous avons vu au chapitre 2.3 que des cérémonies étaient aussi liées à l'eau et aux pluies indispensables à l'agriculture (Zuidema 1978; Castro y Varela 1994, Pratlong 1985), et encore aujourd'hui, les nettoyages des canaux par des communautés paysannes des Andes, y compris sur la côte nord, dans les vallées de Moche et de Virú, prennent des allures de cérémonies (Squier 1877; Rodríguez 1968).

Si de telles pratiques religieuses accompagnaient effectivement les travaux agricoles chez les Chimús, les plateformes des sites n°9 et 11 pouvaient offrir un cadre à ces manifestations et on peut se demander si le rocher du cerro Piedra Parada n'a pas été vénéré pour favoriser les récoltes. Le rôle actif des membres de l'élite durant les fêtes religieuses conduit à penser que ces dernières permettaient également une gestion indirecte de la main-d'œuvre et de l'exploitation. Valderrama (1998) suppose d'ailleurs que la plateforme du site n°11 servait au contrôle des canaux du n°10. Les sites cérémoniels établis autour de ces champs ont pu donc accueillir des cérémonies destinées à en soutenir la production, tout en assurant un certain contrôle. Il ne s'agissait néanmoins pas à proprement parler de sites administratifs et les rites qui y étaient réalisés n'étaient probablement pas tous tournés vers les activités agricoles. Ainsi, Seoane (2005) suppose que la plateforme du site n°11 a servi à dynamiser le discours idéologique des élites qui réaffirmaient leurs pouvoirs politiques à travers des cérémonies religieuses, à la fin de l'époque mochica. À l'Intermédiaire Récent, le rôle de cet édifice a pu évoluer, mais il est peu probable que sa fonction cérémonielle touchait uniquement les aspects liés à l'agriculture.

Cette relation étroite entre sites à caractère cérémoniel et l'agriculture n'est pas présente dans la zone du cerro El Sapo.

Les champs de cerro El Sapo

Le canal principal qui passe au pied du cerro El Sapo (sites n°28 et 158) irriguait des champs sur les sites n°28 et 156, ce dernier n'étant pas daté, et se prolongeait vers le nord-ouest en direction de la pampa de Mocan (fig.10.22). Nous allons nous concentrer sur les champs du site n°28 qui s'étendent sur moins de 0,1 km², même si d'autres champs bien plus vastes (0,7 km²) s'étendent au-delà des limites de nos prospections, en aval, et que des sites agricoles chimús ont été découverts par Chauchat (*et al.* 1998; Gálvez *et al.* 1993; Vega 2004) en amont, à l'est du cerro El Sapo.

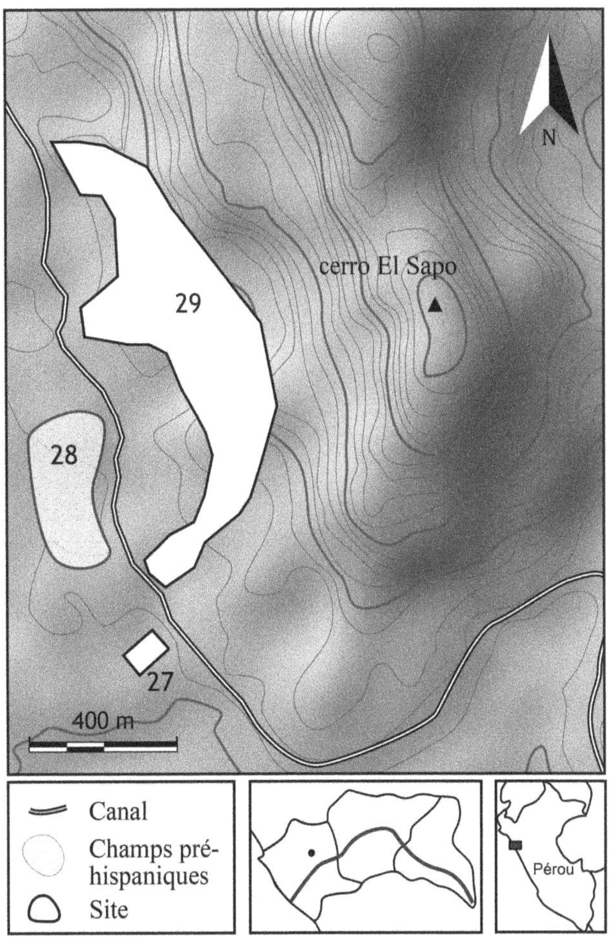

Fig. 10.22 **– Carte des alentours de la zone agricole du cerro El Sapo.**

Bien que cette région ait été exploitée durant l'Intermédiaire Récent, notons que les champs ont pu être cultivés à des périodes antérieures et qu'il ne s'agissait peut-être pas de terrains gagnés sur le désert par les Chimús,

Le site n°29, installé sur les premières pentes du cerro El Sapo, surplombe les champs et les canaux du n°28. Cet établissement résidentiel de niveau 4, assez important, hébergeait des personnes qui cultivaient probablement ces champs, ainsi que quelques membres de l'élite. Depuis ce site, ces derniers disposaient d'un excellent point de vue pour contrôler l'exploitation agricole et surveiller le canal principal qui coulait en contrebas. Il est probable que l'enceinte du site n°27 (niveau 3) a aussi servi à la gestion des cultures, mais sa très mauvaise conservation rend malheureusement toute interprétation difficile.

La proximité entre le site résidentiel et administratif n°29 et les infrastructures agricoles du site n°28 indique donc une gestion directe de l'exploitation agricole, par des membres de l'élite. Le canal principal du site n°28 se divisait en plusieurs branches qui aboutissaient au sein du site n°162, dans la pampa de Mocan.

Les champs de la pampa de Mocan

Les nombreux champs et canaux du site n°162 témoignent de son caractère éminemment agricole. Localisé à la fin du réseau d'irrigation, il symbolise l'expansion agricole réalisée par les Chimús en vue de cultiver de nouveaux terrains, auparavant désertiques.

En l'état actuel des connaissances, il est impossible de dire exactement quelle est la part des Chimús dans la construction de ces canaux. Nos prospections dans les zones 5 et 6, au nord-ouest de la *quebrada* Santa Maria, n'ont toutefois révélé aucun vestige antérieur à l'Intermédiaire Récent, ce qui suggère que les tronçons se trouvant en aval de cette *quebrada* datent de cette période.

Outre ses canaux et ses champs, le site n°162 recèle plusieurs structures, notamment une grande enceinte similaire aux *ciudadelas* de Chan Chan. Selon Pozorski (1987), cette enceinte laisse entendre que ce sont les hautes autorités chimús de la capitale, et non les *curacas* locaux de la vallée, qui ont ordonné le prolongement des canaux. À l'instar du bâtiment principal de Quebrada del Oso, elle permettait de gérer l'exploitation agricole de la région et symbolisait le pouvoir central chimú. Il est pourtant clair que l'administration d'un réseau d'irrigation si étendu ne pouvait pas s'effectuer depuis ce seul édifice. De petites enceintes et quelques structures complexes, dispersées sur le site n°162, ont ainsi pu faciliter le contrôle de l'irrigation et de l'exploitation de cette vaste zone, par des fonctionnaires chargés de secteurs réduits.

Les structures simples, localisées à proximité de l'enceinte principale, accueillaient peut-être des travailleurs venus exploiter ces terres, fort éloignées des sites résidentiels de la vallée basse. En effet, le plus proche établissement résidentiel recensé est le site majeur de Cerro Pan de Azucar, construit à plus de 10 km du n°162. Même si d'autres sites, encore inconnus, se trouvaient à moindre distance, la situation marginale du site n°162 implique que les personnes liées aux activités agricoles étaient hébergées sur place, le temps des semailles ou des récoltes.

Enfin, il faut souligner que ce site a dû évoluer au cours de l'Intermédiaire Récent, au fur et à mesure que les canaux étaient construits et que de nouveaux champs étaient irrigués et mis en culture. L'administration et l'exploitation de ce site ont effectivement changé, comme en témoigne la destruction partielle des murs d'une enceinte d'adobe, afin de faire passer les sillons d'un champ et de réaménager la zone pour la cultiver (fig.10.23). Ainsi, on peut se demander si ce bâtiment avait perdu de son utilité.

Comme le supposent Watson (1979) et Pozorski (1987), la pampa de Mocan était donc une région agricole, contrôlée par le pouvoir central de Chan Chan, mais aussi isolée, ce qui suggère qu'il fallait faire venir des travailleurs pour cultiver les champs et entretenir les canaux.

Commentaires relatifs à l'expansion et l'exploitation agricole

L'analyse des différentes zones cultivées par les Chimús permet d'illustrer le fort développement agricole de la vallée basse de Chicama, la gestion de l'exploitation et l'existence de probables activités cérémonielles.

L'expansion agricole

Comme l'indique Gálvez (*et al.* 1993), la surface exploitée par les Chimús a augmenté par rapport aux périodes précédentes.

Au cours de l'Intermédiaire Récent, de nouveaux terrains irrigués sont gagnés sur le désert, au sud de la *quebrada* Lescano (fig.10.24-A), à Quebrada del Oso (fig.10.24-B),

***Fig. 10.23* – Vue des murs d'adobes d'une enceinte du site n°162 sectionnés par des sillons.**

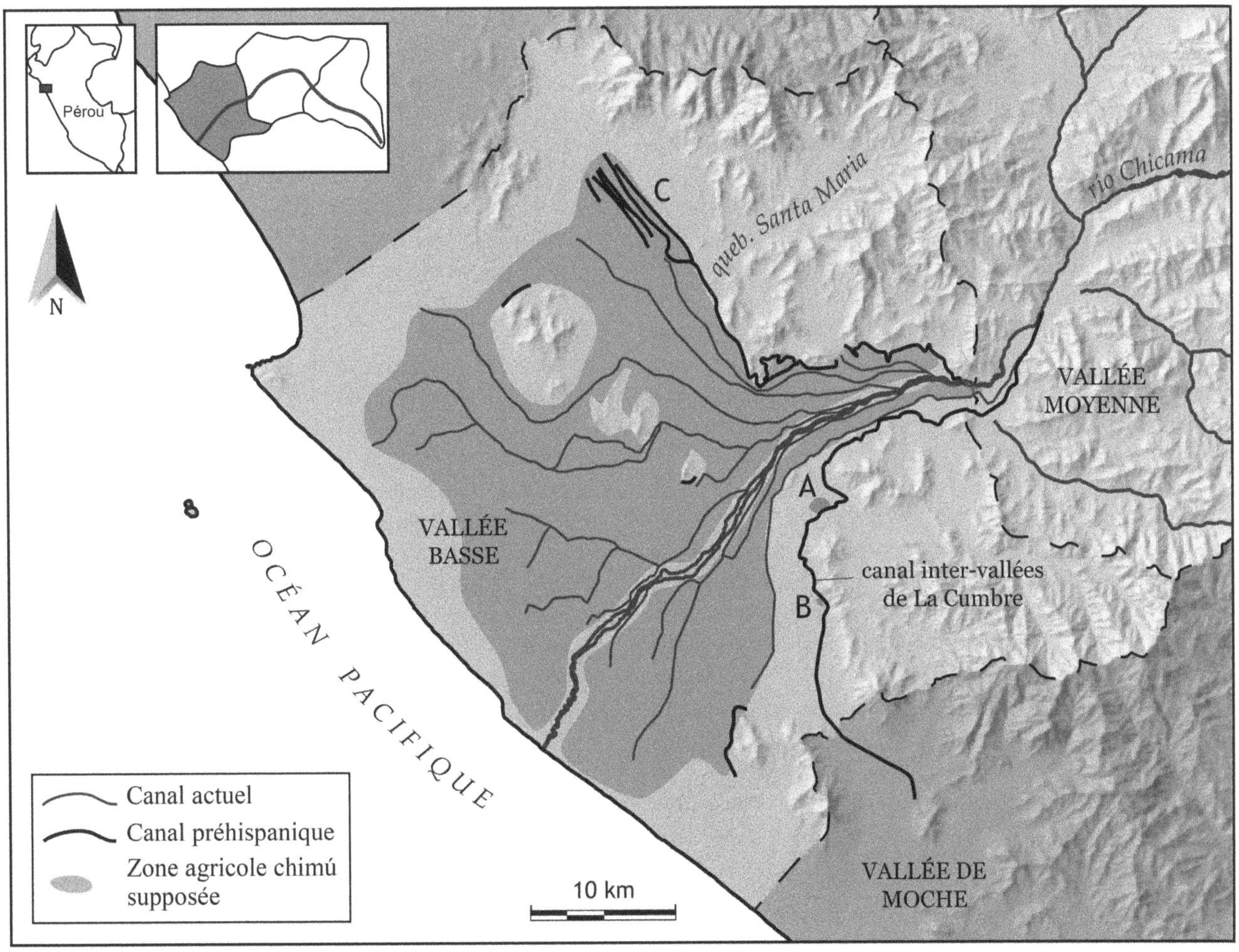

Fig. 10.24 **– Carte de l'aire agricole cultivée par les Chimús, dans la vallée basse. A - zone agricole de la *quebrada* Lescano, B - zone agricole de Quebrada del Oso, C - zone agricole de Mocan.**

ainsi qu'à Mocan (fig.10.24-C). Nous n'écartons cependant pas la possibilité que quelques canaux de la région de Mocan aient été construits auparavant par les Sicán. Il en est de même pour les zones agricoles des cerros Piedra Parada et El Sapo qui ont pu être exploitées dès l'époque mochica, avant d'être ensuite cultivées par les Chimús.

Nous ne disposons malheureusement pas de données directes au sujet de l'exploitation agricole pour la Période Chimú-Inca, mais on peut se demander si la politique d'expansion de l'irrigation ne s'est pas prolongée à cette époque.

Dans la vallée de Moche, dès la phase Chimú Récent, Moseley (1983; Moseley and Deeds 1982; Moseley *et al.* 1983) note un affaiblissement considérable des débits des canaux, en partie alimentés par le canal inter-vallées de La Cumbre. Ce « collapse » agricole, pour reprendre l'expression de Moseley (1983), serait dû, entre autres, à l'activité tectonique de la région qui a provoqué des modifications topographiques déformant les canaux, comme celui de La Cumbre (Moseley *et al.* 1983, Ortloff *et al.* 1985). Les champs irrigués par cet ouvrage hydraulique, dans la vallée de Chicama, ont donc pu souffrir de ces problèmes et n'étaient probablement plus cultivés à la période Chimú-Inca. Enfin, à la Période Coloniale, ce canal était totalement hors d'usage (ARL leg. 148 exp. 46 fol. 9v.).

La situation semble différente dans la pampa de Mocan. Si, parmi les nombreux tessons collectés sur le site n°162, aucun n'indique une occupation chimú-inca, ce n'est pas le cas du site n°17, localisé un peu plus au sud. Cette occupation tardive ne permet pas d'attester une exploitation inca de cette zone, mais des indices tirés des sources ethnohistoriques et des toponymes actuels appuient cette hypothèse.

On sait grâce aux chroniques, notamment celle de Garcilaso (2000 [1615] t.2: 65), que les souverains incas divisaient les terres agricoles en trois parts, la première pour les communautés, la seconde pour le culte du Soleil et la dernière pour les dirigeants incas (Falk Moore 1973: 24; Murra 1978). Bien qu'aucun document ne mentionne l'existence de « terres de l'Inca » dans la vallée de Chicama, Zevallos (1993a: 54) associe le nom de Nuxa avec les « terres du Soleil »[9]. Nous avons déterminé que la communauté de Nuxa était établie au sud de la pampa

9 - Cette mention des « terres du Soleil » doit être considérée avec précaution. Ces terrains appartenant autrefois aux Incas étaient revendiqués par les Espagnols et il existe peut-être un contexte d'usurpation des terres dans le document cité par Zevallos (1993a).

de Mocan (fig.10.17), non loin du canal nommé la « toma de Nunja ». Des « terres du Soleil » devaient donc se trouver dans les parages. L'hypothèse d'une présence inca est également renforcée par le toponyme de la pampa El Inca qui s'étend au nord des sites n°17 et 162. Ces différents indices laissent supposer que les « terres du Soleil », exploitées sous les directives incas, se trouvaient effectivement non loin de la pampa de Mocan. Il faut souligner que les vestiges découverts à Mocan sont principalement datés de l'époque chimú et que l'apport inca dans l'aménagement des champs ou la construction des canaux devait être minime. On peut d'ailleurs se demander si les dirigeants de Cuzco ne se sont pas contentés de récupérer les terres exploitées par les souverains chimús de Chan Chan, à leur profit.

Il ressort de cette analyse que l'agriculture a été développée au maximum des capacités de la plaine côtière, à l'époque chimú. Après des siècles de construction progressive des canaux, la superficie cultivée a atteint son apogée à l'Intermédiaire Récent et n'a pas été encore égalée aujourd'hui, malgré les moyens modernes à notre disposition. Si la situation sous la domination inca demeure mal connue, on sait néanmoins que durant la Période Coloniale, la chute démographique de la population indigène a provoqué l'abandon de nombreux canaux, faute de main-d'œuvre pour les entretenir (Gelles 1986: 110; Netherly 1977; 1984).

L'administration de l'exploitation

Outre l'expansion des zones agricoles dans la vallée basse, on observe que leur exploitation est bien souvent placée sous le contrôle des élites. On peut donc supposer que des fonctionnaires de Chan Chan surveillaient les travaux agricoles et les canaux de Quebrada del Oso ou du site n°162, dans la pampa de Mocan. Quant aux champs localisés au pied du cerro El Sapo et au sud de la *quebrada* Lescano, il y a tout lieu de penser qu'ils étaient gérés par des membres de l'élite locale résidant sur les sites n°28 et 32.

À ce sujet, un document du 16e siècle (AGI Justicia 458 fol. 1937r. voir supra chapitre 2.3 p.54) nous fournit quelques précisions sur le rôle des élites. Juan de Mora, *cacique principal* de la vallée de Chicama, explique que sa présence est nécessaire pour superviser le travail de ses hommes dans les champs. Bien que subjectif – il faut garder à l'esprit que cet argument permet à ce *curaca* d'éviter la prison – son témoignage montre que les chefs des communautés surveillaient en personne les tâches agricoles, à la Période Coloniale.

Si nous avons pu déterminer la présence de personnages de haut rang chargés du contrôle de l'agriculture, les modalités de cette gestion demeurent difficiles à cerner. Ainsi, aucune structure de stockage, pour engranger les récoltes, n'a été repérée sur les différents sites prospectés. Il est malaisé de définir sans fouille une fonction de stockage, mais la comparaison avec les nombreux entrepôts de Chan Chan offre une piste intéressante. Dans le cas des « mini-*ciudadelas* » de Mocan et de Quebrada del Oso, les espaces de stockage devraient logiquement être similaires aux rangées de cellules de Chan Chan, présentées au chapitre 3.2. Mais, rien dans l'architecture de ces deux sites administratifs chimús n'indique la présence de tels entrepôts, ce qui soulève la question de la gestion des récoltes. Les produits issus des nombreux champs de la pampa de Mocan étaient-ils immédiatement envoyés ailleurs ? Et dans ce cas, où étaient-ils acheminés ?

Le contrôle de l'exploitation ne devait donc pas se centrer sur les récoltes et leurs produits, mais plutôt sur les tâches antérieures, en particulier l'irrigation. Nous avons démontré l'existence de réseaux hiérarchisés et complexes de canaux, notamment sur le site n°162. Les sources ethnohistoriques de la côte nord étudiées par Netherly (1977; 1984) indiquent que la répartition de l'eau était réalisée selon la pratique du *turno*, encore en vigueur dans plusieurs régions des Andes, en particulier au sud du Pérou et au nord du Chili (Gelles 1986; Bunker y Seligmann 1986; Castro *et al.* 1991). Selon Gelles (1986), l'irrigation des champs les uns après les autres, selon un ordre préétabli, impliquait la présence de personnes veillant au respect et au bon déroulement de ces opérations. Enfin, Bunker et Seligmann (1986: 166) soulignent également l'impossibilité de mettre en place une politique de gestion de l'eau cohérente, en l'absence d'autorité compétente.

Il est donc fort probable que des fonctionnaires de la capitale et des *curacas* locaux supervisaient la répartition de l'eau des canaux vers les champs. Cette activité d'apparence anodine permettait d'éviter les conflits et le gaspillage de l'eau, une ressource précieuse dans un environnement désertique, surtout dans des zones éloignées des cours d'eau, comme à Mocan ou à Quebrada del Oso. Ces activités administratives de gestion des travaux agricoles et de l'eau étaient parfois complétées par des fêtes.

Agriculture et cérémonies

À l'instar des cérémonies réalisées chez les Incas, pour les semailles, l'arrivée des pluies ou les récoltes, des fêtes liées aux activités agricoles ont pu se dérouler sur les sites cérémoniels n°9 et 11, très proches des champs du site n°10. On peut se demander si ce type d'évènement accompagnait les travaux des champs dans d'autres zones agricoles. Cet aspect cérémoniel n'a été abordé que très superficiellement pour les centres administratifs chimús (Mackey 1987: 127) et nous reviendrons sur ce point au chapitre suivant.

Les cérémonies offraient un avantage non négligeable dans le cas de sites isolés, comme Mocan ou Quebrada del Oso; elles attiraient un public qui pouvait par la suite se « transformer » en main-d'œuvre. Nous avons vu au chapitre 2.3 l'importance du principe de réciprocité dans les travaux agricoles (AGI Justicia 458 fol. 1937r. Rostworowski 1975a; Netherly 1977; voir supra p.54). Sur la côte nord et dans

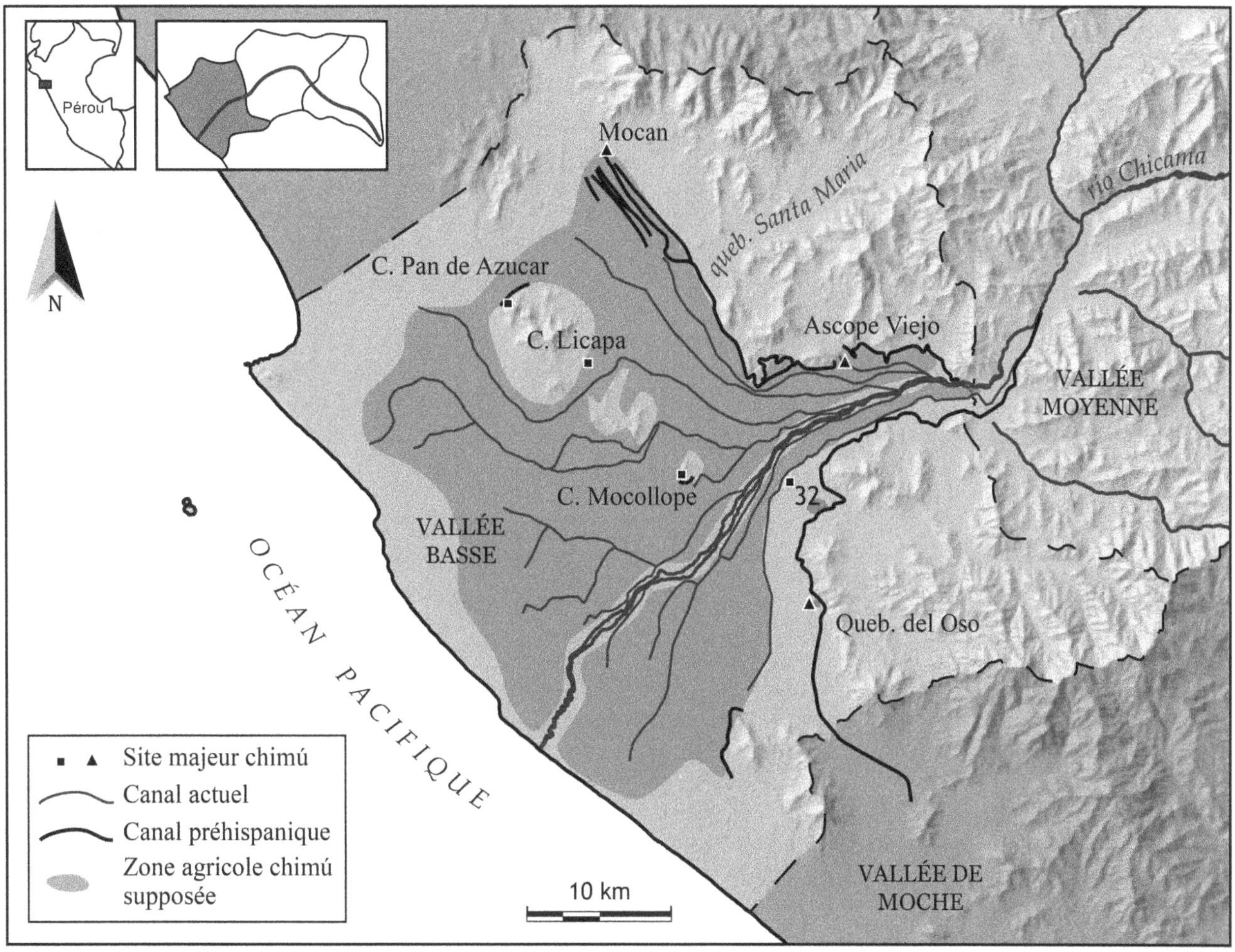

***Fig. 10.25* – Carte du contrôle de l'irrigation dans la vallée basse.**

la vallée de Chicama, cette réciprocité s'effectuait surtout par des dons de *chicha*, boisson qui coulait à flots lors des cérémonies. Il est donc probable que ces dernières jouaient un rôle dans la mobilisation de la main-d'œuvre nécessaire l'exploitation agricole, en particulier dans les zones marginales de Mocan et de Quebrada del Oso.

Si tel était le cas, ces deux centres administratifs chimús ont donc servi à contrôler l'exploitation, en particulier la répartition de l'eau dans les champs, mais aussi à faciliter le recrutement des travailleurs sur place. Des mécanismes similaires étaient employés par les *curacas* locaux, à la Période Coloniale, et sur des sites à caractère cérémoniel, comme les n° 9, 11, voire 27, à l'époque chimú. Enfin, l'eau, indispensable à l'agriculture, a fait l'objet d'une gestion particulière.

Le contrôle de l'eau

Avec une agriculture en pleine expansion à l'Intermédiaire Récent, l'eau était une ressource primordiale pour les habitants de la vallée basse de Chicama. Du fait des conditions désertiques de la région, les Chimús ont développé leurs connaissances hydrauliques pour construire des canaux performants (Kus 1974; Farrington 1980a; 1980b; Park 1983), dont il fallait assurer le contrôle.

Le contrôle des canaux de la vallée basse

L'administration chimú et l'irrigation

La prolongation de canaux au nord de la plaine côtière et la création de nouvelles infrastructures hydrauliques, comme le canal inter-vallées de La Cumbre à l'est, entraîne une complexification du réseau d'irrigation de la vallée basse de Chicama. Traditionnellement, la plupart des archéologues qui ont abordé ce thème (Keatinge 1974; Keatinge and Conrad 1983; Pozorski 1987; Mackey 1987; Moore and Mackey 2008) ont supposé que le contrôle de l'irrigation se réalisait depuis des centres administratifs ruraux chimús, localisés à proximité des principaux canaux. Ainsi, d'après Keatinge (1974), le site de Quebrada del Oso a servi à la construction, puis à la surveillance du canal inter-vallées de La Cumbre (fig.10.25). Quant au centre de Mocan (site n°162), Pozorski (1987) souligne qu'il a permis de gérer les canaux des alentours. Enfin, un troisième établissement, Ascope Viejo, mentionné par Leonard et Russell (1992), est également localisé dans une région où passaient des canaux principaux.

L'hypothèse d'un contrôle de l'irrigation depuis ces sites administratifs nous semble tout à fait pertinente si on axe l'analyse sur la répartition de l'eau des canaux vers les champs agricoles, comme nous l'avons présentée ci-dessus. Mais on peut se demander si les fonctionnaires étaient à même de gérer réellement l'ensemble des canaux principaux.

Ainsi, Quebrada del Oso se trouve au niveau des derniers champs irrigués par le canal inter-vallées, dans la vallée de Chicama[10], et Mocan (site n°162) est localisé à l'extrémité du réseau d'irrigation développé par les Chimús, dans la partie nord de la plaine côtière (fig.10.25). Depuis ces deux sites, des fonctionnaires pouvaient vérifier l'état du réseau et voir s'il restait suffisamment d'eau à la fin de ces canaux principaux. Les variations du débit indiquaient l'existence d'éventuels problèmes en amont, comme une fuite ou une mauvaise gestion de l'eau, mais ces personnages ne pouvaient en aucun cas maîtriser le débit initial ou surveiller la répartition de l'eau tout le long du canal.

Au contraire, le site d'Ascope Viejo, établi non loin du río Chicama, à quelques kilomètres des captages de nombreux canaux (fig.10.25), permettait de contrôler les débits dès le départ et d'estimer la quantité d'eau suffisante pour les cultures en aval. Cette localisation était donc bien plus commode pour la gestion de l'irrigation.

Si des fonctionnaires, basés à Quebrada del Oso, Mocan et surtout à Ascope Viejo, veillaient effectivement au bon déroulement de l'irrigation pour quelques canaux, ils ne pouvaient s'occuper de l'ensemble du réseau de la vallée basse. Les canaux étaient beaucoup trop nombreux pour être contrôlés depuis ces trois sites, surtout dédiés aux zones marginales, ce qui pose la question de la gestion des canaux arrosant le cœur de la plaine côtière. On peut certes envisager l'existence d'autres centres administratifs implantés par le pouvoir de la capitale, encore inconnus ou complètement détruits, mais le croisement des données archéologiques et des sources ethnohistoriques apporte une piste de réflexion intéressante, impliquant les communautés locales.

Les communautés locales et les canaux

Au cours de ses recherches sur les *curacas* de la vallée de Chicama, Netherly (1977; 1984) s'intéresse aux liens entre communautés et canaux d'irrigation. Comme nous l'avons vu au chapitre 2.3, chaque communauté indigène gérait son canal principal de façon autonome. D'après cette auteure, l'étroite relation entre une communauté et un canal, à la Période Coloniale, existait à l'époque chimú.

Nous avons supposé que les sites chimús du niveau 5, mis en évidence dans la plaine côtière, correspondaient aux centres majeurs des grandes communautés de Chicama. Certains, notamment les sites de Cerro Mocollope, Cerro Licapa, Cerro Pan de Azucar et le n°32 (fig.10.25), se trouvent à proximité d'importants canaux modernes dont Netherly (1977; 1984) soupçonne l'origine préhispanique. Cette situation suggère que les communautés locales et leurs *curacas* se chargeaient de la gestion de l'irrigation du cœur de la plaine côtière, à l'Intermédiaire Récent.

Si tel était effectivement le cas, l'organisation socio-politique des communautés, mise en évidence à la fin du chapitre 2, pour la Période Coloniale, prend tout son sens. On remarque ainsi que la plupart des canaux de la rive nord du río Chicama passent non loin du site de Cerro Mocollope, sur les terres de la plus importante des communautés de la vallée basse. On peut donc supposer que l'autorité du *cacique principal* dépendait du contrôle qu'il exerçait sur les canaux des autres communautés de la plaine côtière, au 16e siècle comme à l'époque chimú.

Cette relation entre les communautés indigènes, ces sites majeurs et ces principaux canaux laisse donc penser qu'une bonne partie du réseau d'irrigation était supervisée par la population de la vallée basse, et plus précisément par l'élite locale. Ainsi, nos recherches laissent entrevoir deux systèmes parallèles de gestion de l'irrigation; la plupart des canaux du cœur de la plaine côtière étaient administrés par des *curacas* locaux et leurs communautés, tandis que les canaux plus récents, localisés sur les marges, étaient surveillés depuis des centres administratifs établis par les dirigeants de Chan Chan[11].

Cette réflexion amène à s'interroger sur la théorie, formulée par Wittfogel (1957) à partir de son étude de la société chinoise, quant au rôle de l'irrigation dans la formation d'un État. Selon cet auteur, la maîtrise des canaux par les membres de l'élite favoriserait la mise en place d'une administration complexe. On peut ainsi se demander, à l'instar de Billman (2002) pour les Mochicas, si l'autorité des dirigeants chimús n'était pas basée sur le contrôle des canaux. Dans la vallée basse de Chicama, cette mainmise sur l'irrigation est partielle puisque l'essentiel des canaux était sous le contrôle des communautés locales. Cette double gestion de l'irrigation à Chicama ne s'accorde donc pas avec la théorie de Wittfogel (1957), déjà rejetée par Netherly (1984), Stanish (1994) ou encore Gelles (1986), pour différentes régions du Pérou.

L'administration et le contrôle des canaux par les fonctionnaires ou par les élites locales impliquaient leur entretien régulier, mais aussi des travaux de reconstruction ponctuels.

L'entretien des canaux

Un canal non entretenu perd de son efficacité du fait des sédiments, qui comblent peu à peu le fond et limitent le débit, et de la végétation poussant le long des remblais qui ralentit l'écoulement de l'eau. La maintenance des canaux suppose donc un nettoyage annuel ainsi que des

10 - Rappelons que le canal inter-vallées de La Cumbre contribuait à l'irrigation d'une partie de la plaine côtière de la vallée de Moche. L'extrémité réelle de ce canal est donc localisée plusieurs dizaines de kilomètres en aval de Quebrada del Oso.

11 - Cette double gestion parallèle fait en partie écho à l'exploitation minière inca, documentée par Berthelot (1978). Les principales mines étaient contrôlées par les Incas tandis que la récolte des pépites dans des cours d'eau et des filons mineurs était gérée par les *curacas* locaux.

reconstructions consécutives aux destructions engendrées par des phénomènes d'El Niño.

Le nettoyage des canaux

Des témoignages ethnographiques et ethnohistoriques de plusieurs régions des Andes (Zuidema 1978; Sherbondy 1986; Castro y Varela 1994, Pratlong 1985; Squier 1877; Rodríguez 1968; Carlier 2013) nous renseignent au sujet de cette activité réalisée par l'ensemble d'une communauté, dans une ambiance festive bien particulière. C'est d'ailleurs ce nettoyage à caractère cérémoniel qui renforce les liens symboliques entre un canal, la source du canal et la communauté qui utilise son eau, comme nous l'avons mentionné au chapitre 2.3.

Sans fouille archéologique, l'observation des témoignages ne permet pas de documenter cette maintenance des canaux préhispaniques de Chicama, mais on sait que des opérations d'entretien étaient indispensables, y compris pour les ouvrages hydrauliques les mieux conçus et dans lesquels les sédiments se déposaient en très faible quantité.

Les canaux principaux tirent leur eau du río Chicama dont le débit est irrégulier durant l'année. Un trop fort débit, notamment vers le mois de mars, pouvait endommager leurs prises d'eau qu'il fallait donc périodiquement reconstruire. Selon Watson (1979), ces destructions successives par les crues du río Chicama expliquent pourquoi on ne retrouve aucune trace des captages des canaux préhispaniques.

Du fait de ces dégradations fréquentes, nous avons tout d'abord pensé que des sites devaient être établis à proximité des zones de captage, afin de faciliter les réparations et l'entretien. Nos prospections dans la zone n°9 (fig.4.18) n'ont toutefois rien révélé de tel et seul le site d'Ascope Viejo, cité plus haut, a pu jouer un rôle dans la maintenance de certains canaux. La question de la reconstruction des prises d'eau demeure donc ouverte.

D'autres destructions survenaient régulièrement, en particulier lors du passage de phénomènes d'El Niño dont les pluies torrentielles provoquaient irrémédiablement de lourds dégâts aux infrastructures agricoles.

Les canaux face au phénomène d'El Niño

Nous avons vu, au chapitre 1.3, le fort impact du phénomène d'El Niño sur la côte nord. À cette occasion, les pluies intenses qui s'abattent sur la vallée de Chicama font gonfler le débit du fleuve et de ses affluents et provoquent des crues exceptionnelles, voire des inondations. Dans la plaine côtière, ces précipitations entraînent aussi la formation de ruissellements torrentiels qui creusent des ravines et remodèlent la topographie. Ces cours d'eau temporaires et les crues du fleuve avaient un impact direct sur le réseau d'irrigation préhispanique, dans la vallée basse.

Les destructions des captages des canaux étaient considérables, en cas de crue importante, durant un phénomène d'El Niño. Comme l'indique Moseley (1983), le lit d'un cours d'eau pouvait se creuser du fait de l'érosion, ce qui obligeait les Chimús à dériver l'eau un peu plus en amont. Au plus fort de la crue, une partie du débit du río Chicama s'engageait dans les canaux et les faisait déborder, endommageant leurs talus.

Les ruissellements et les cours d'eau temporaires qui se créaient durant un tel phénomène climatique provoquaient aussi de nombreuses destructions. Nous avons déjà émis, au chapitre 9, plusieurs hypothèses quant aux systèmes de protection que les Chimús ont développés pour minimiser les dégâts. Un canal traversant une ravine où se déversait un petit torrent pouvait peut-être dévier cette eau, évitant ainsi sa propre démolition et gonflant son débit (voir fig.9.8). Mais un tel système ne fonctionnait probablement pas en cas de ruissellements puissants qui avaient toutes les chances de rompre le canal. Selon Dillehay (*et al.* 2004), la présence de murs barrant autrefois les *quebradas* où s'écoulaient justement les cours d'eau temporaires créés par les pluies diluviennes indique aussi une tentative pour freiner ou limiter la force de ces torrents. À partir d'une analogie avec les *khadins* de l'Inde, Mächtle (*et al.* 2009) a interprété des complexes de terrasses et les murs fermant la sortie de petites *quebradas*, sur la côte sud, comme les vestiges de systèmes de retenue d'eau (fig.10.26).

L'eau ruisselant le long des flancs pierreux des *quebradas* amenait des sédiments stoppés par le mur, ce qui formait un talus propice à l'infiltration de l'eau et à la mise en culture de la zone. Des murs isolés barrant plusieurs

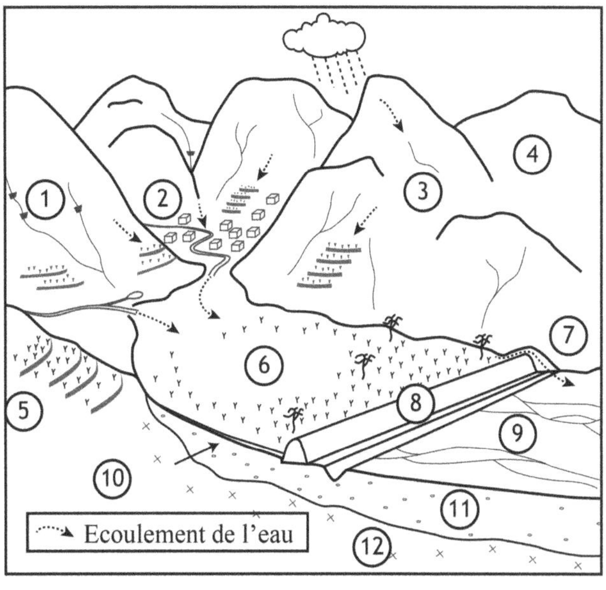

***Fig. 10.26* – Schéma d'un *khadin* de la vallée de Palpa (modifié d'après Mächtle *et al.* 2009: 44): 1 - murs, 2 - site, 3 - surface d'écoulement, 4 - pente rocheuse, 5 - terrasses, 6 - *khadin*, 7 - déversoir, 8 - mur de protection, 9 - *quebrada* asséchée, 10 - sédiment de stockage de l'eau, 11 - dépôts alluvionnaires, 12 - socle rocheux.**

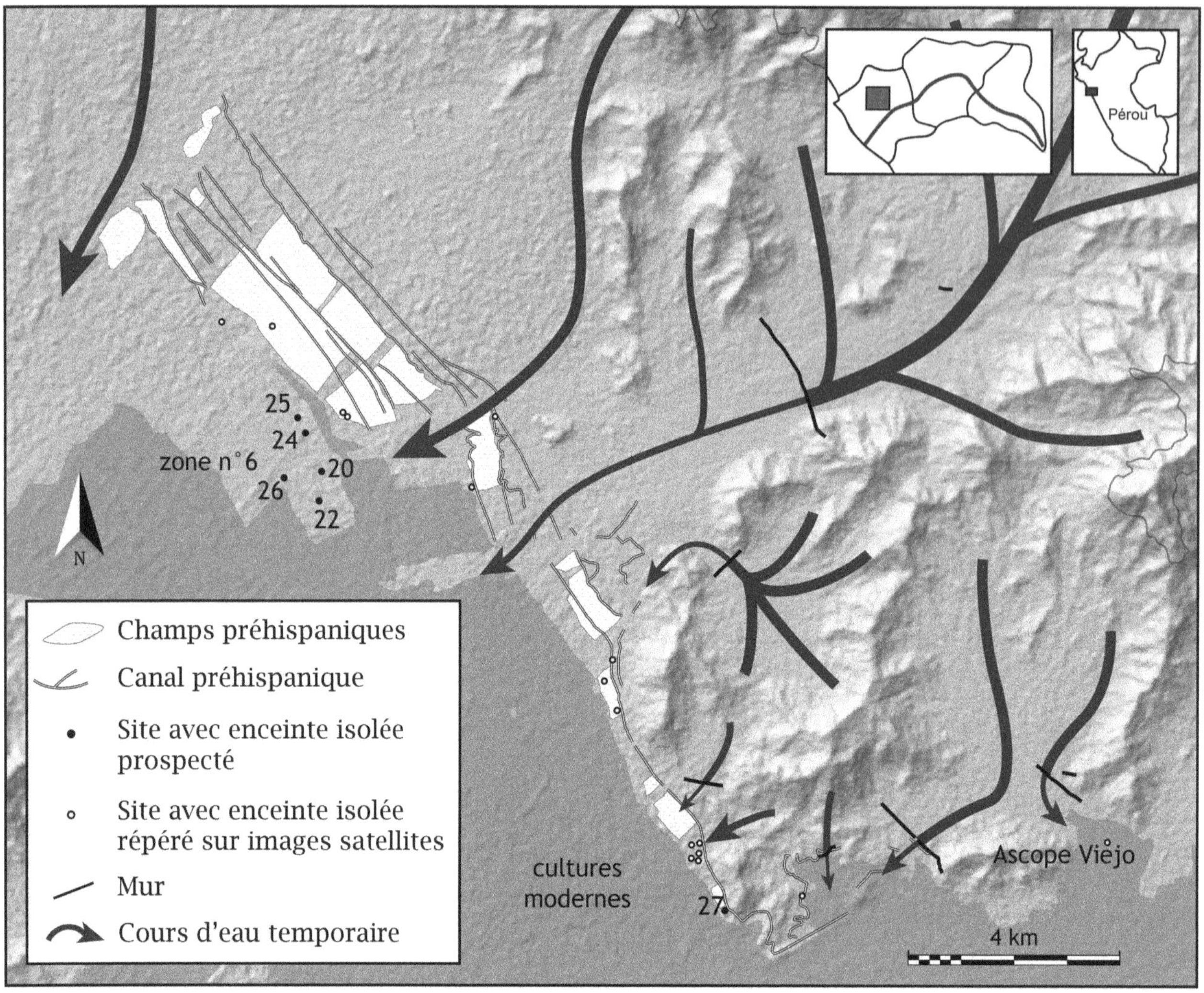

***Fig. 10.27* – Carte de la partie nord de la plaine côtière présentant les zones d'écoulements temporaires et certains vestiges de la région.**

quebradas de la vallée basse de Chicama sont similaires à ceux des *khadins* de l'Inde ou de la vallée de Palpa, sur la côte sud du Pérou. S'ils avaient le même rôle, l'agriculture devenait alors possible dans des régions désertiques non irriguées par l'eau du fleuve, tandis que les talus pouvaient limiter les écoulements intenses des phénomènes d'El Niño. Même si l'efficacité de ces protections n'est pas prouvée, il s'agissait vraisemblablement de tentatives pour réduire le pouvoir destructeur de ces ruissellements.

L'analyse des écoulements et des zones de rupture des canaux préhispaniques, bien visibles sur les images satellites de Google Earth pour la partie nord de la plaine côtière, permet de mettre en lumière des mécanismes de réaction de la part de la population de la vallée. Nous avons repéré des murs qui fermaient autrefois des *quebradas*, des canaux et des sites dispersés (fig.10.27). À l'instar des sites prospectés dans la zone 6 que nous intégrons à l'analyse, il s'agit essentiellement d'établissements composés chacun d'une unique enceinte.

Les images satellites ne permettent évidemment pas de dater ces vestiges, mais ce type d'édifice est documenté dès la fin de l'époque mochica (Bawden 1982; Gamboa 2008) et se généralise à l'Intermédiaire Récent ce qui suggère que ces nombreuses enceintes ont été construites conjointement à la prolongation du réseau d'irrigation vers la pampa de Mocan. Nous remarquons que les enceintes sont rares dans les endroits protégés par des murs, alors qu'elles sont plus nombreuses aux alentours des canaux détruits par les cours d'eau temporaires qu'aucun mur ne venait contenir ou ralentir, comme dans le cas de la zone n°6 (fig.10.27).

Cette répartition inégale des enceintes et des murs de protection permet de comprendre les stratégies des habitants de la vallée. En effet, connaissant les sections des canaux qui allaient être touchées de plein fouet par les ruissellements violents, les Chimús pouvaient anticiper les destructions en construisant des enceintes qui permettaient une réaction rapide, favorisant la mobilisation de la main-d'œuvre afin de réparer les canaux endommagés durant un phénomène d'El Niño. Au contraire, si les murs localisés en amont protégeaient les canaux, les dégâts occasionnés étaient, en toute logique, moins importants et il n'était pas nécessaire de réagir aussi vite, d'où la rareté des enceintes dans ces zones.

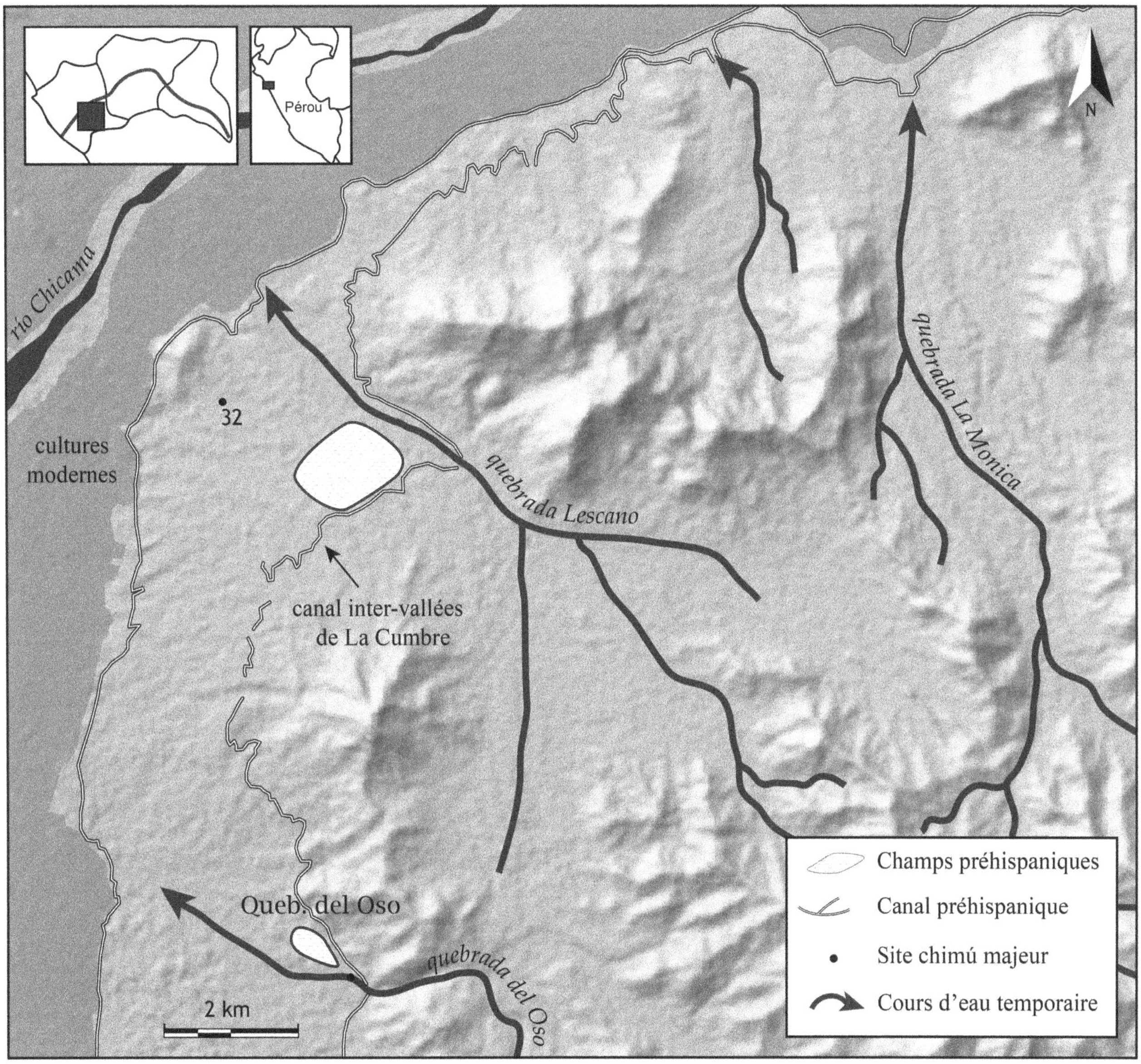

Fig. 10.28 **– Carte de la partie sud de la plaine côtière présentant les zones d'écoulements temporaires et certains vestiges de la région.**

Sur la rive sud, cette stratégie a également été mise en œuvre, mais à une échelle plus réduite (fig.10.28). Les montagnes ne laissent passer les écoulements que dans les *quebradas* del Oso, Lescano et La Monica.

Le canal inter-vallées de La Cumbre traversait la profonde ravine de la Quebrada del Oso au moyen d'un aqueduc de plusieurs mètres de hauteur. Mais durant un phénomène d'El Niño, l'étroitesse de la *quebrada* faisait immanquablement augmenter le débit du torrent temporaire, ce qui provoquait la rupture de l'aqueduc. La présence du centre administratif chimú à quelques centaines de mètres de là permettait de rapidement reconstruire le canal endommagé. La *quebrada* Lescano débouche juste au nord de la montagne éponyme qui abrite le site majeur n°32. Les dégâts occasionnés par les flots s'écoulant dans cette *quebrada* pouvaient donc être réparés par la population de ce site. Quant à la *quebrada* La Monica, la situation demeure floue et nous manquons d'information quant aux établissements de cette région.

Il y a donc tout lieu de penser que l'importance des canaux pour l'agriculture obligeait la population de la vallée basse à mettre en place des pratiques particulières pour préserver les infrastructures des effets destructeurs provoqués par les phénomènes climatiques récurrents d'El Niño. Tout d'abord, les Chimús ont tenté de protéger les flancs des canaux au moyen de murs qui retenaient une partie des écoulements, tandis que les enceintes bâties à des endroits stratégiques leur permettaient de réagir rapidement pour reconstruire les canaux endommagés. Il est cependant difficile, en l'état actuel des connaissances, de rendre compte de l'efficacité de ces stratégies. Dans ces zones, les canaux et les murs préhispaniques sont aujourd'hui détruits par les phénomènes d'El Niño successifs qui ont frappé la vallée depuis plusieurs siècles, ce qui n'aide pas à comprendre quelle était la situation à l'Intermédiaire Récent.

Dans la plaine côtière de Chicama, la prolongation, la surveillance, la maintenance et la protection du réseau d'irrigation démontrent l'importance de l'agriculture qui dépendait de la seule véritable source d'eau permanente, le río Chicama qu'il fallait contrôler en amont, dans la vallée moyenne.

Le contrôle de l'eau dans la vallée moyenne

L'analyse de l'évolution du débit du río Chicama tout au long de son parcours, présentée au chapitre 1.4, montre que ce fleuve prend de l'ampleur dans la vallée moyenne, grâce à ses nombreux affluents. Le río Chuquillanqui le rejoint non loin de la limite avec la vallée haute et fait doubler son débit. Plus loin, les ríos Ochape, Santanero et Quirripano mêlent leurs eaux aux siennes. À ces quatre affluents, s'additionnent aussi des cours d'eau moins puissants, par exemple les ríos San Felipe, Machasen et Mala Alma.

L'eau du fleuve était indispensable au bon fonctionnement de l'irrigation et donc à l'exploitation agricole. Le développement maximal de l'agriculture dans la plaine côtière aurait constitué une entreprise hasardeuse si cette source d'eau n'avait pas été contrôlée en amont. Les sites de l'Intermédiaire Récent et occupés par les Chimús, en particulier les plus importants d'entre eux (niveaux 4 et 5), sont tous localisés non loin du río Chicama et de ses affluents, notamment les ríos Chuquillanqui, Ochape et Santanero.

Le río Chuquillanqui

La confluence des ríos Chicama et Chuquillanqui est dominée par le site majeur n°94, à caractère administratif et cérémoniel, construit sur une terrasse naturelle (fig.10.29). Son emplacement particulier permettait de contrôler visuellement la région et les deux cours d'eau.

Actuellement, les habitants du hameau voisin de Chuquillanqui Bajo ont installé leur cimetière sur le site n°94, ce qui suggère la persistance d'anciennes croyances préhispaniques, les morts étant autrefois associés à l'eau (Santillana 1999: 102). La convergence de ces deux cours d'eau renvoie ainsi au concept andin du *tinku*[12] (Platt 1986: 83-84), qui, en langue aymara, signifie la « rencontre, la réunion de deux moitiés » (Bertonio 1984 [1612] t.2: 350). La présence d'un cimetière dans cette région, à la croisée d'espaces physiques et symboliques, semble tout à fait logique. Loin d'être anodine, l'implantation de ce site serait donc intimement liée à l'eau, d'un point de vue pratique et symbolique.

Les sites n°95 et 153 (de niveau 4) se trouvent également de part et d'autre du río Chuquillanqui, un peu plus en amont (fig.10.29) et offraient une visibilité sur cette rivière, ainsi que sur le río San Felipe, observable depuis le site n°153. Cette concentration de sites importants aux alentours de la

12 - L'équivalent quechua, *chawpi* (Gonzalez de Holguín 1608: 99), se retrouve dans le mot *chaupiyunga* qui désigne la région intermédiaire entre la côte et les Andes. La vallée moyenne de Chicama est donc une zone de *chaupiyunga*.

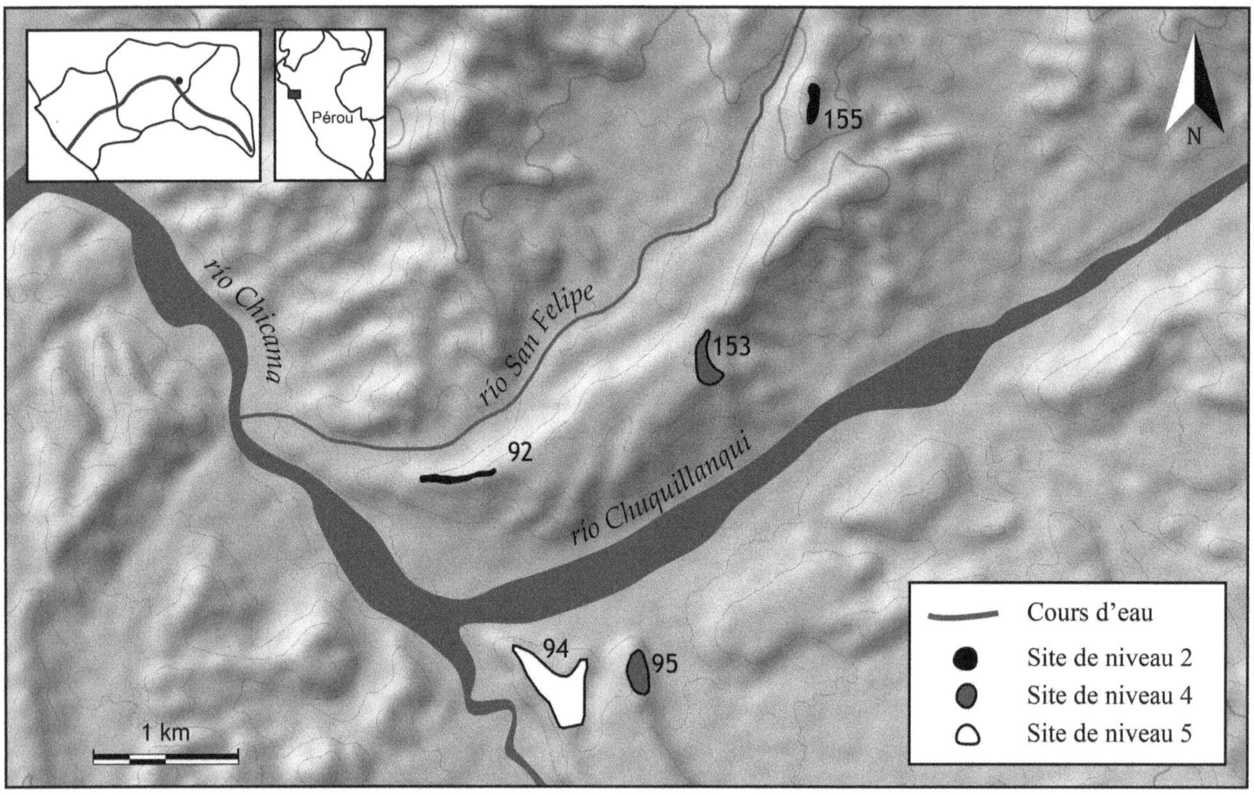

Fig. 10.29 **– Carte des alentours de la confluence des ríos Chicama et Chuquillanqui.**

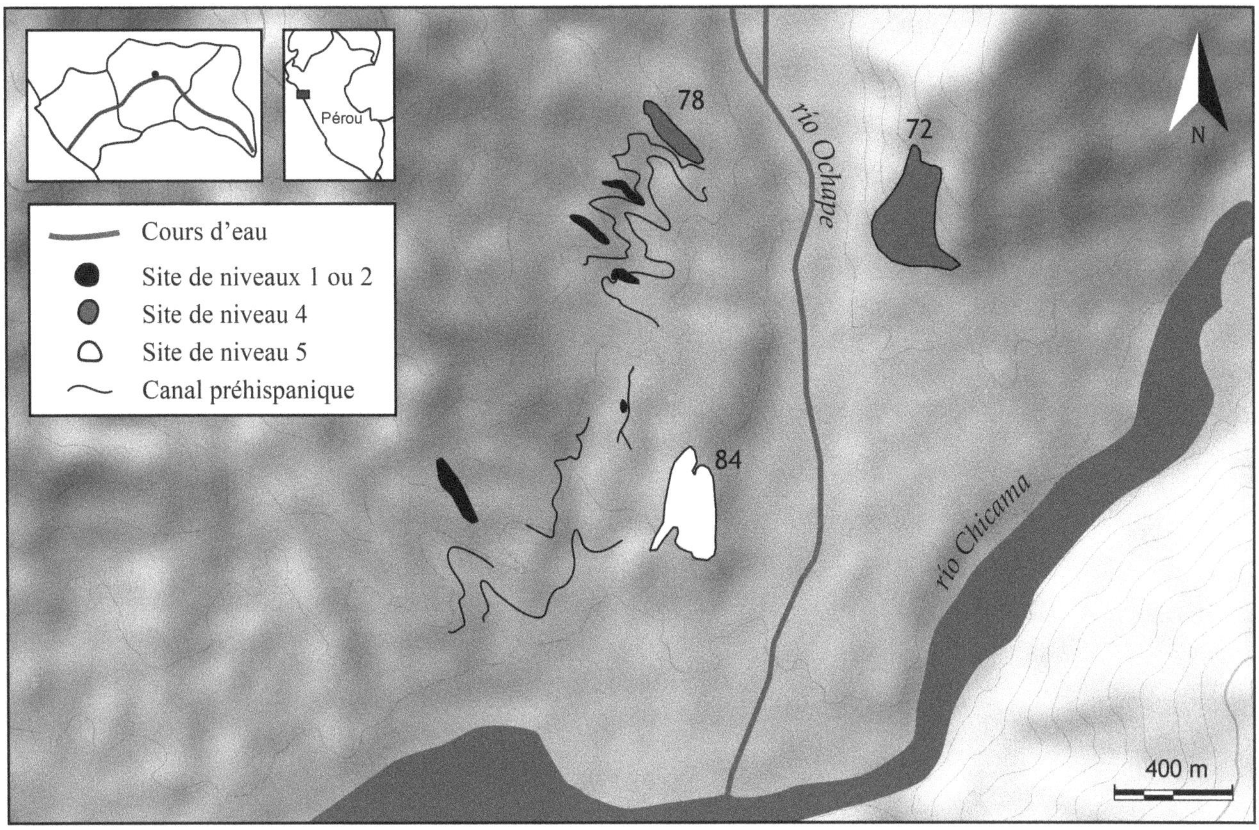

***Fig. 10.30* – Carte des alentours de la confluence des ríos Chicama et Ochape.**

confluence du río Chuquillanqui et du río Chicama semble donc être en étroite relation avec ces deux cours d'eau.

Mais d'autres hypothèses peuvent expliquer cette implantation particulière. Ces sites ont pu, par exemple, servir à contrôler la population des alentours, même si nous n'avons recensé que deux sites résidentiels de moindre envergure (n°92 et 155; fig.10.29). On peut aussi supposer qu'ils symbolisaient l'avancée des Chimús de la côte dans cet environnement montagneux et marquaient une sorte de frontière, face aux habitants de la sierra. L'implantation des sites n°94, 95 et 153 paraît néanmoins surtout liée au contrôle de la confluence des ríos Chicama et Chuquillanqui, là où le second faisait doubler le débit du premier.

Plus à l'est, le río Chicama est rejoint par un autre affluent relativement important: le río Ochape qui est aussi sous surveillance.

La confluence du río Ochape

Les nombreux sites résidentiels recensés aux alentours de la confluence des ríos Chicama et Ochape témoignent d'une population dense, à l'Intermédiaire Récent. Trois d'entre eux, le n°84 de niveau 5 et les n°72 et 78 de niveau 4, dominaient la région et les deux cours d'eau (fig.10.30).

Le site n°84 se trouve sur une terrasse naturelle surplombant la jonction des deux ríos. Il s'agit de l'endroit surélevé le plus proche de la confluence et cet emplacement, tout à fait semblable à celui du site n°94 présenté plus haut, permettait ainsi un excellent contrôle visuel sur les cours d'eau.

Les sites n°72 et 78, établis en hauteur, dominent le río Ochape en amont. Cette localisation rappelle celle des sites n°95 et 153 installés sur les deux rives du río Chuquillanqui. Le schéma d'implantation est donc similaire, en ce qui concerne les principaux sites, dans ces deux zones de confluences.

En aval du río Ochape, le río Chicama est rejoint par le río Santanero. À cet endroit, la situation est quelque peu différente.

Le río Santanero

L'absence de site des niveaux 4 et 5 à proximité de la confluence des ríos Santanero et Chicama suggère que cette zone n'était pas contrôlée par les Chimús. Mais la *quebrada* Santanero où coule l'affluent du même nom abrite plusieurs sites résidentiels, administratifs et cérémoniels, de taille réduite (niveaux 1, 2 ou 3), qui ont pu favoriser la surveillance de cet affluent, en amont (fig.10.19).

Contrairement aux petits sites résidentiels, souvent construits légèrement en retrait, les deux plus importants établissements de cette *quebrada* (n°69 et 70) sont localisés aux bords de terrasses naturelles qui dominent le río

Santanero. Leurs occupants bénéficiaient ainsi d'une position adéquate pour le contrôle visuel du cours d'eau.

Le río Quirripano

Un seul site daté de l'Intermédiaire Récent (le n°37) est établi à proximité du dernier affluent important, le río Quirripano. Les autres sites de la zone ont été occupés par les Mochicas et il est difficile de se rendre compte de l'occupation humaine à l'époque chimú. Ce cours d'eau, moins puissant que les trois autres affluents, ne semble pas avoir fait l'objet d'une surveillance particulière de la part des Chimús, même si de plus amples recherches sont nécessaires pour confirmer cette hypothèse.

Commentaires relatifs au contrôle des cours d'eau dans la vallée moyenne

Nos prospections ont permis de mettre en évidence une relation étroite entre les cours d'eau et les sites majeurs,

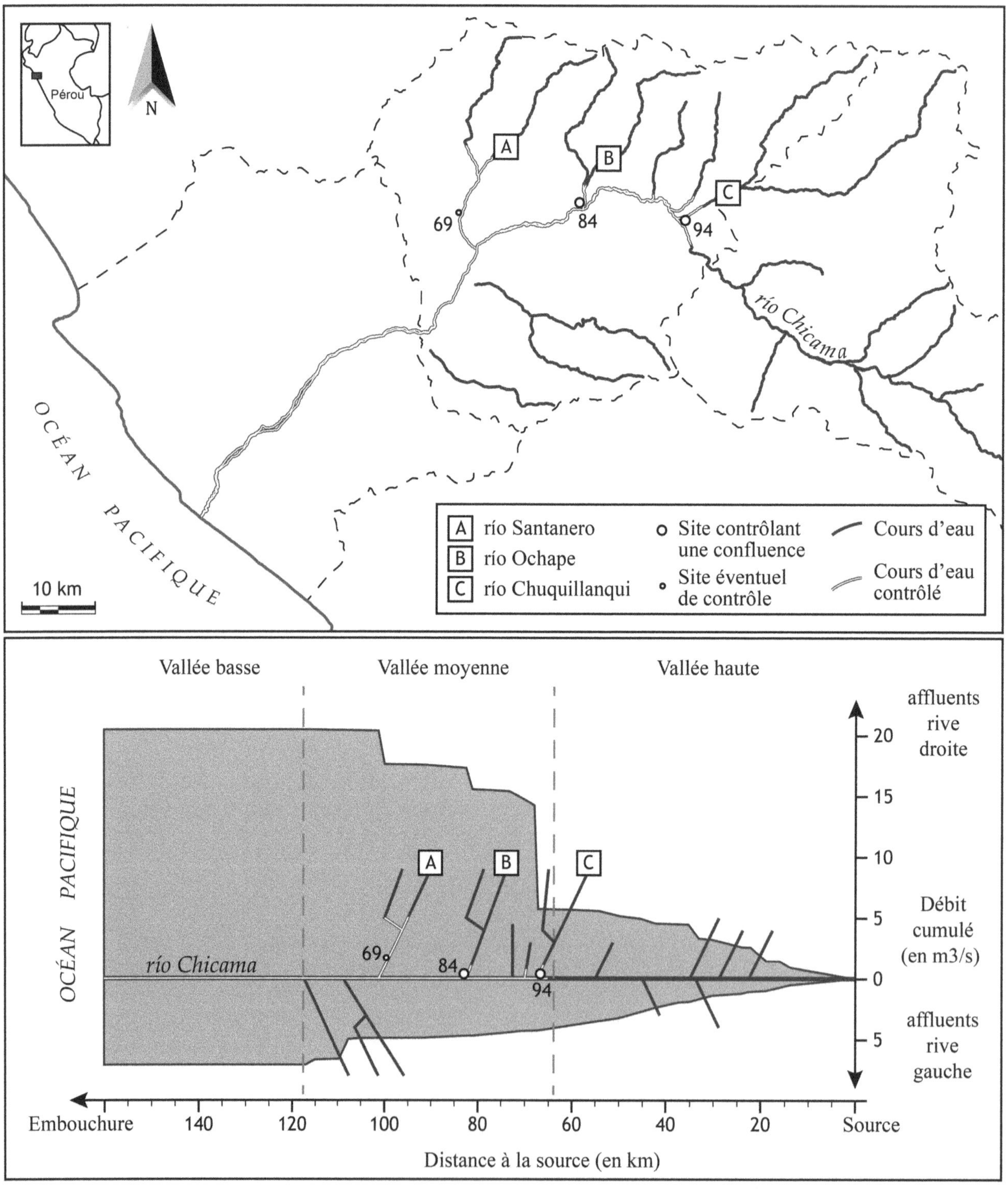

***Fig. 10.31* – Carte et schéma du contrôle du débit du río Chicama par les Chimús.**

ce qui suggère le contrôle des ressources hydriques par les Chimús.

Il y a tout lieu de penser que, depuis les sites n°69, 70, 72, 78, 84, 94, 95 et 153 qui offraient une bonne visibilité sur les cours d'eau, les Chimús estimaient les débits du fleuve et de ses affluents et donc la quantité d'eau disponible en aval pour l'agriculture. Ce type d'information s'avérait très important au moment des semailles, car il fallait être sûr d'avoir suffisamment d'eau pour irriguer l'ensemble des champs et ainsi éviter de perdre la récolte. Nous avons donc supposé (Clément 2014) que les Chimús répartissaient l'eau en fonction du débit du fleuve, en limitant par exemple l'emploi des petits canaux de la vallée moyenne, afin de laisser un maximum d'eau atteindre les cultures de la plaine côtière, en particulier durant la saison sèche.

Le contrôle des ressources hydriques, en amont, assurait également la mainmise des Chimús sur l'eau. En s'enfonçant de plus en plus loin dans le fond de la vallée moyenne, ce peuple côtier exerçait son emprise sur près de 60 % du parcours du fleuve et dominait la plupart des affluents, en particulier les plus importants d'entre eux, comme le río Chuquillanqui (fig.10.31). Certes, les sources de ces cours d'eau étaient hors de portée des Chimús et se trouvaient en territoire Cajamarca, au nord, ou Huamachuco, au sud-est.

Enfin, l'eau faisait l'objet d'un culte particulier sur la côte nord et dans plusieurs régions des Andes. Nous avons en effet vu, au chapitre 6.2, que les thèmes marins ornant les *ciudadelas* de Chan Chan (Pillsbury 1993) et les *huachaques* cérémoniels (Campana 2012: 97) témoignent de croyances liées à l'eau et à l'océan Pacifique. Les sources ethnohistoriques et ethnographiques (Calancha 1974 [1638]: 1240; Rodríguez 1968; Schaeffer 2006) mentionnent également les offrandes faites à la mer, mais aussi aux canaux, sur la côte nord. On peut donc se demander si, à l'instar des rites réalisés par les Incas pour faire venir les pluies (Zuidema 1978; 1980; Sherbondy 1986; 1995; Meddens *et al.* 2014), les Chimús de Chicama organisaient des fêtes en vue d'assurer l'abondance de l'eau douce dont ils dépendaient entièrement. Si tel était le cas, les sites majeurs n°84 et 94, à caractère cérémoniel, établis dans des zones de confluence – associées au concept de *tinku* (ou *chawpi*) – ont pu accueillir des cérémonies en l'honneur de l'eau[13].

Il semble évident qu'en s'installant dans la vallée moyenne, les Chimús ont cherché à contrôler, entre autres, les confluences des principaux affluents du río Chicama, comme les ríos Chuquillanqui et Ochape. La construction de sites majeurs dominant les jonctions de ces cours d'eau, depuis les sommets de terrasses naturelles, permettait de surveiller le débit du fleuve, de s'approprier le río Chicama et peut-être d'y réaliser des cérémonies religieuses garantissant l'abondance de l'eau. Dans la vallée basse, cette eau était déviée par les canaux principaux, eux-mêmes gérés par des fonctionnaires de Chan Chan ou par les *curacas* des communautés locales qui en assuraient la maintenance et cultivaient les champs.

L'expansion territoriale des Chimús vers l'amont a donc favorisé un contrôle efficace de l'eau indispensable à l'expansion agricole, dans la plaine côtière. Dès lors, on comprend mieux les motivations qui ont poussé les populations du littoral à s'installer dans la vallée moyenne montagneuse. Ce développement agricole impliquait également la mise en place de stratégies de protection afin de faire face aux phénomènes destructeurs d'El Niño. L'agriculture tenait donc un rôle important dans la vie des Chimús de la vallée de Chicama, en particulier dans la partie basse, mais d'autres activités ont pu rythmer le quotidien des habitants de cette région.

Autres types d'exploitations possibles dans la vallée de Chicama

La pêche, l'extraction de guano, de sel, voire l'artisanat complétaient autrefois les activités agricoles.

La pêche

Nous avons mentionné, aux chapitres 1 et 2, les eaux poissonneuses de l'océan Pacifique et la présence de pêcheurs dans la vallée de Chicama, à la Période Coloniale. Les représentations de cette activité sur les murs de Chan Chan et la découverte des restes d'espèces marines (coquillages et arêtes de poissons), dans les contextes domestiques de plusieurs sites (Pozorski 1979; 1980; 1982), indiquent que certains groupes tiraient leur subsistance de la mer, à l'époque chimú. Nos prospections sur le littoral, en particulier dans les zones n°2 et 4 (fig.4.18) renseignent également sur cette activité

La zone n°2 n'a révélé qu'un site (n°8) à caractère funéraire et agricole, dépourvu de trace d'habitat et de pêche. Mais les joncs qui poussent en abondance dans les *huachaques* humides de ce site ont pu servir à fabriquer des embarcations légères, semblables aux *caballitos de totora* traditionnels.

Le site n°13 de la zone n°4 apporte plus d'indications sur la présence de pêcheurs. Nous avons remarqué la présence de nombreux fragments de coquillages sur le sol de ce site résidentiel, probables vestiges de l'alimentation de ses habitants qui pouvaient facilement aller pêcher dans la baie voisine de Malabrigo. Par ailleurs, la grande enceinte administrative de ce site offre un excellent point de vue sur cette baie et permettait peut-être de superviser la pêche (fig.10.32).

13 - On sait encore peu de choses au sujet des croyances des Chimús et ces aspects cérémoniels et rituels, bien que vraisemblables, demeurent hypothétiques et difficiles à étayer. Notons cependant que de nombreux pétroglyphes antérieurs aux Chimús, inventoriés dans la vallée de Chicama par Castillo (2006), sont localisés à proximité de canaux préhispaniques, comme l'aqueduc d'Ascope. La présence de tessons chimús aux alentours de la plupart de ces pétroglyphes suggère que les figures gravées ont conservé leur importance symbolique au cours des siècles et qu'elles pourraient avoir joué un rôle dans les rites liés à l'eau des canaux.

Fig. 10.32 – **Vue vers le nord de la baie de Malabrigo, depuis la grande enceinte du secteur B du site n°13.**

Les données tirées des archives ethnohistoriques et des travaux de Ramírez (1995a; 1995b), présentées au chapitre 2.3, nous ont amené à associer le site n°13 à la communauté de pêcheurs de Malabrigo. Cette dernière était entrée en rébellion ouverte contre les autres communautés de la vallée, au 16e siècle et on peut se demander si cette attitude belliqueuse existait déjà à l'époque chimú. La création d'un centre administratif sur place a peut-être permis aux dirigeants de Chan Chan de surveiller ce groupe.

Si la pêche était la principale occupation des habitants du site n°13, la présence de gisements de guano laisse supposer une certaine diversité des activités.

L'extraction du guano

Les îles Macabí et la pointe Malabrigo sont recouvertes de fientes d'oiseaux marins qui forment le guano, un puissant fertilisant, présenté au chapitre 1.6.

Nous manquons d'indices quant à l'extraction de guano sur ces îles, à l'Intermédiaire Récent, mais la situation est différente sur la pointe Malabrigo. Il était en effet aisé de parvenir aux dépôts de guano, localisés à moins d'un kilomètre du site n°13. Ses habitants pouvaient donc consacrer une partie de leurs journées à l'extraction de cet engrais. On peut aussi supposer que les fonctionnaires de l'enceinte administrative du site étaient chargés de veiller au bon déroulement de l'exploitation des gisements.

Cette hypothèse de contrôle du guano est renforcée par la présence du mur isolé du site n°14 qui formait une sorte de barrière isolant ainsi la pointe Malabrigo du reste de la vallée à l'est. Un tel mur a pu permettre d'éviter une exploitation non contrôlée des dépôts de guano. L'extraction de l'engrais impliquait également son transport vers des régions agricoles et le chemin qui se dirige vers la plaine irriguée de Chicama était tout indiqué pour d'éventuelles caravanes de camélidés. On peut s'interroger sur le rôle du guano dans la productivité des terres marginales peu fertiles de la vallée, comme à Mocan ou à Quebrada del Oso (Onern 1974).

Kubler (1948) mentionne la découverte de statuettes préhispaniques, probablement mochicas, sur les îles Macabí, ce qui démontre qu'elles étaient vénérées et exploitées autrefois Ainsi, en plus du contrôle administratif du guano, l'enceinte monumentale du site n°13 pouvait accueillir des cérémonies liées à cette ressource particulière (communication personnelle de Claude Chauchat, 19 janvier 2015).

Le guano était particulièrement utile pour le développement de l'agriculture que nous avons présenté plus haut. Le contrôle de son extraction depuis un centre administratif chimú était donc lié à l'exploitation des zones marginales. Non loin de la pointe Malabrigo, on trouve une autre ressource importante: le sel.

L'extraction de sel

L'exploitation du sel sur la côte nord a été documentée pour la Période Coloniale par Rostworowski (1975b: 332) qui mentionne l'existence de *salineros* parmi les indigènes de la région de Lambayeque. On sait aussi, par les travaux de Lecoq (1987) et d'Orlove (1992), que le sel faisait l'objet d'échanges entre des populations très variées, de la côte comme de la sierra ou des versants amazoniens. Un tel troc, caractérisé par l'emploi de caravanes de camélidés, s'est perpétué jusqu'au 20e siècle, notamment en Bolivie et au Chili.

Dans la vallée de Chicama, nous ne disposons d'aucune information au sujet de l'exploitation du sel, aux époques préhispaniques, mais nous avons repéré des salines, non loin de la zone n°4 peuplée de pêcheurs. Aucun établissement chimú connu ne se trouve à proximité immédiate de ces marécages salés et il n'est donc pas possible d'affirmer l'existence de l'extraction de sel à l'Intermédiaire Récent. Néanmoins, la valeur de ce produit et son utilité quotidienne laissent penser que cette zone était autrefois exploitée, peut-être ponctuellement.

La pêche, l'extraction de guano ou de sel étaient des activités importantes. Mais l'histoire a surtout retenu l'habileté des artisans chimús, potiers et orfèvres.

L'artisanat

Les archives de la Période Coloniale, mentionnées au chapitre 2, ont livré aux ethnohistoriens (Rostworowski 1975b; Ramírez 1981) une foule de noms d'artisans spécialisés, rassemblés par communautés; parmi eux se trouvaient des potiers, des tisserands, des teinturiers, etc. Ces données sont malheureusement limitées à la vallée de Lambayeque et aucun témoignage ne vient nous renseigner quant à la présence éventuelle de ces artisans, dans la vallée de Chicama.

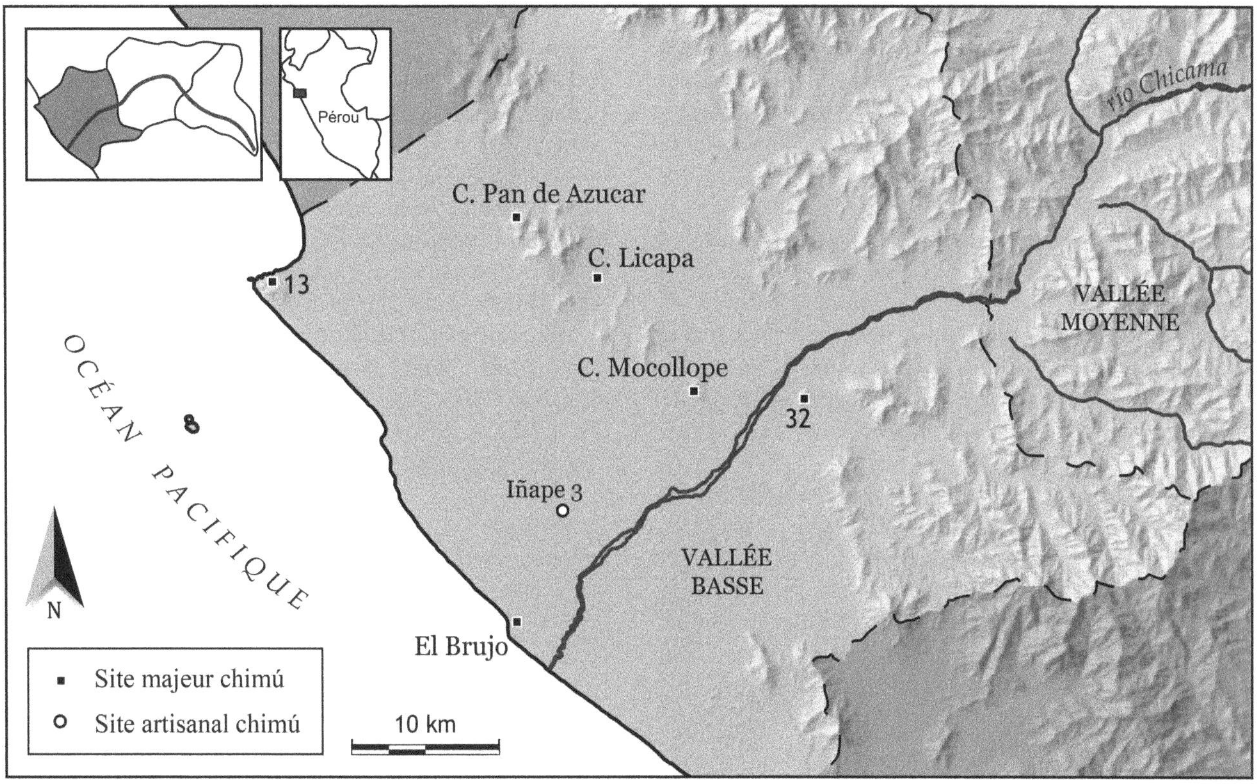

***Fig. 10.33* – Carte de la vallée basse de Chicama et du site artisanal chimú d'Iñape 3.**

Les études archéologiques menées dans cette région n'ont jusqu'alors permis de recenser qu'un unique site de production artisanal de l'Intermédiaire Récent. Il s'agit du site d'Iñape 3, prospecté par Leonard et Russell (1992), qui se trouve dans la plaine côtière à environ 3 km du río Chicama (fig.10.33).

Ce site rappelle en partie celui de Cerro Mayal, fouillé par Russell (*et al.* 1994a; 1994b). Selon ces archéologues, Cerro Mayal était un centre de production de céramiques mochicas, destiné à fournir les élites du site voisin de Cerro Mocollope en vases finement décorés. Ce n'est cependant pas le cas d'Iñape 3 qui est éloigné des principaux centres chimús. Il est donc peu probable que les potiers d'Iñape 3 aient travaillé pour les élites d'un site en particulier. La position centrale d'Iñape 3 permettait plutôt de fournir en céramiques les habitants des différentes communautés de la vallée basse.

Les vestiges de cette production de céramiques sur ce site démontrent donc la présence de potiers chimús dans la vallée de Chicama, mais cet unique établissement laisse penser que les artisans étaient peu nombreux dans cette région. On peut se demander si les spécialistes originaires de Chicama ne sont pas partis s'installer dans les quartiers périphériques de Chan Chan. Les activités artisanales mises au jour par Topic (1977; 1980; 1992) témoignent d'une population d'orfèvres, de tisserands et de sculpteurs sur bois, qui selon cet auteur (Topic 1990) sont probablement venus d'autres vallées de la côte nord. La vallée de Chicama aurait ainsi été « drainée » de ses artisans spécialisés, au profit de la capitale, à moins que la population se soit tournée vers les activités agricoles du fait des atouts géographiques de la région.

Si les potiers d'Iñape pouvaient effectivement produire des vases pour la population de la vallée basse, il faut s'interroger sur les autres types d'objets manufacturés, en tissus ou en métaux précieux. Les artisans de Chan Chan fabriquaient-ils des parures d'or et d'argent, destinées à être portées par les *curacas* de Chicama ? Dans ce cas, quels étaient les réseaux d'échanges qui permettaient à ces chefs de communautés d'en faire l'acquisition ?

CONCLUSION

À l'Intermédiaire Récent, la vallée de Chicama était une région peuplée, à l'agriculture florissante. La plaine côtière abritait plusieurs sites résidentiels, recensés par d'autres archéologues (Leonard y Russell 1992; Chauchat *et al.* 1998, Galvez y Becerra 2003, etc.), tandis que nos prospections dans le fond de la vallée moyenne ont mis en évidence un habitat concentré sur quelques sites importants, de niveau 4. Les berges du río Chicama et, dans une moindre mesure, celles du río Santanero, ont donc accueilli de nombreux établissements de l'Intermédiaire Récent et chimús.

Cette implantation en amont de la côte correspond vraisemblablement à une expansion territoriale de la part des communautés de la vallée basse, appuyées en partie par les autorités de Chan Chan. La rareté des sites chimús dotés d'une architecture cérémonielle dans le fond de la vallée moyenne suggère que les habitants de cette région se rendaient dans la plaine côtière où se trouvaient plusieurs centres cérémoniels. Les fêtes qui s'y déroulaient étaient l'occasion de raffermir les liens politiques et symboliques entre les Chimús de la vallée basse et ceux de la vallée moyenne, mais aussi d'échanger des produits complémentaires (coca, fruits, poissons, etc.).

L'organisation territoriale de la vallée moyenne demeure difficile à cerner. Si l'existence de « colonies », selon le modèle de « l'archipel andin » de Murra (1972), est envisageable, nous manquons néanmoins d'éléments pour confirmer cette hypothèse. Il n'en reste pas moins que des populations chimús ont occupé cette partie montagneuse de la vallée tout en gardant des liens forts avec la côte.

Les sites majeurs de la vallée moyenne, notamment les n°84 et 94, installés non loin des confluences des cours d'eau, sont en étroite relation avec l'évolution du débit du fleuve. L'excellente visibilité que ces deux sites confèrent sur le río Chicama et ses affluents suggère que les Chimús surveillaient ces cours d'eau. En s'établissant dans cette région montagneuse, ce peuple côtier pouvait contrôler, en amont, les ressources hydriques indispensables au développement de l'agriculture, en aval.

Dans la vallée basse, la prolongation et la création de canaux permettant d'irriguer de nouvelles terres témoignent d'une expansion agricole sans précédent; la superficie des champs exploités atteint son apogée à l'époque chimú. La découverte de plusieurs sites administratifs, installés non loin des champs, démontre l'existence d'une exploitation sous surveillance. Dans le cœur de la plaine côtière, cette gestion était réalisée par les membres de l'élite locale, depuis les établissements majeurs des communautés de la vallée. L'essentiel de l'agriculture était donc entre les mains des habitants de la vallée. Quant aux centres administratifs ruraux de Quebrada del Oso (Keatinge 1974), de Mocan (site n°162) et de Malabrigo (site n°13), ils permettaient aux fonctionnaires, envoyés par les dirigeants chimús de Chan Chan, de contrôler les régions marginales nouvellement mises en culture, ainsi que la pêche et/ou l'extraction de guano.

La présence des autorités de la capitale chimú, dans la vallée de Chicama, amène à s'interroger sur les relations qui existaient à l'Intermédiaire Récent entre cette vallée et Chan Chan. Quel rôle économique a pu jouer la vallée basse de Chicama, où l'agriculture était en pleine expansion, dans le développement de ce site exceptionnel ? Pourquoi les souverains chimús n'ont-ils pas implanté des centres administratifs au cœur de la plaine côtière, sur des sites résidentiels peuplés ? Jusqu'à quel point les populations locales étaient-elles indépendantes des dirigeants de Chan Chan ?

CHAPITRE 11
DE LA VALLÉE DE CHICAMA À CHAN CHAN

L'analyse de l'implantation humaine et de l'aménagement du territoire, dans la vallée de Chicama, dénote l'importance de l'agriculture qui devait constituer la principale activité des habitants de la région. Dans les parties basses et moyennes de la vallée, la présence de sites majeurs met également en évidence deux systèmes parallèles de gestion de l'agriculture, impliquant d'une part les élites locales, dans le cœur de la plaine côtière, et d'autre part des émissaires de Chan Chan, dans les zones marginales. Cette double administration conduit à s'interroger sur les relations économiques et politiques établies entre cette vallée et la capitale chimú.

L'aménagement des zones marginales nouvellement mises en culture à l'Intermédiaire Récent permet de formuler plusieurs hypothèses quant aux causes et aux objectifs de ce développement agricole, probablement impulsé en partie par les dirigeants de Chan Chan.

Si les centres administratifs matérialisaient la domination politique de Chan Chan sur les régions périphériques de Chicama, il convient de s'intéresser également aux liens qui unissaient les élites locales de la vallée aux souverains de la capitale.

Enfin, le rôle même de Chan Chan doit être réévalué. De nouvelles interprétations quant aux fonctions des structures en forme de U ou des bâtiments d'architecture intermédiaire de ce site ouvrent des perspectives inédites sur les aspects fédérateurs de la capitale.

La nature superficielle de nos données, issues de prospections sans fouille, nous oblige néanmoins à garder une certaine réserve quant aux interprétations présentées dans ce chapitre. Il s'agit donc avant tout de pistes de réflexion qui offrent une alternative aux interprétations d'autres archéologues, notamment pour tout ce qui touche aux structures en U de Chan Chan (Andrews 1976; Day 1982; Topic 2003), et qui permettront, par la suite, de faire avancer la recherche sur la société chimú.

I. Les relations économiques entre Chicama et Chan Chan

À l'Intermédiaire récent, il est probable que les Chimús installés dans la vallée basse de Chicama étaient, pour la plupart, des agriculteurs qui exploitaient des terres de plus en plus éloignées du río Chicama, grâce au développement de l'irrigation. Mais plusieurs questions se posent quant aux causes et aux retombées de cette expansion agricole sur la région et ses alentours. Quels facteurs ont permis d'étendre les cultures sur une superficie aussi vaste ? Quels types de produits étaient cultivés dans les zones nouvellement exploitées ? Et quelles étaient les destinations des récoltes ?

Les possibles causes de l'expansion agricole

Ce phénomène de développement agricole est probablement dû à plusieurs facteurs: politiques, technologiques et éventuellement démographiques.

Une volonté politique de Chan Chan

La présence de centres administratifs ruraux, comme Quebrada del Oso (Keatinge 1974) ou Mocan (n°162; Pozorski 1987), suggère que cette expansion agricole a pu être impulsée par les autorités de Chan Chan.

Ainsi, d'après Keatinge (1974), le site de Quebrada del Oso a servi à la construction du canal inter-vallées de La Cumbre. S'étirant sur deux vallées, ce canal dépassait le cadre des communautés locales ce qui, comme le pense Netherly (1984), sous-entend la participation d'une entité politique plus importante aux travaux. L'édification d'un tel ouvrage a donc vraisemblablement été initiée par les souverains chimús.

Dans le cas de Mocan, la situation est similaire, d'après Watson (1979) et Pozorski (1987). Bien que la construction des canaux de cette zone ait pu se faire progressivement, grâce à l'effort des seules communautés de la vallée basse, le centre administratif qui s'y trouve suggère l'implication, au moins partielle, de Chan Chan.

Dans la vallée de Moche, les études de Kus (1972), de Farrington (1974) et de Moseley (*et al.* 1983; Moseley and Deeds 1982) ont aussi démontré l'existence d'une politique de développement agricole menée par les élites de Chan Chan, similaire à celle de la vallée de Chicama.

La taille monumentale de certains canaux de Chicama, en particulier le canal inter-vallées de La Cumbre et les canaux principaux du site n°162, dans la pampa de Mocan, conduit à s'interroger au sujet de la portée politique de ces ouvrages. On peut se demander si l'analyse de DeMarrais (*et al.* 1996) au sujet des hautes plateformes d'adobes, qui ont pu symboliser le pouvoir des élites mochicas, est applicable aux canaux chimús. Ces constructions monumentales, transformant le désert en une région cultivable, associée à des édifices rappelant les palais de Chan Chan, n'étaient-elles pas également conçues pour impressionner les populations et exhiber la puissance des souverains chimús ? Les canaux surdimensionnés de Mocan ont été aménagés pour irriguer de nouvelles terres, mais ils évoquaient probablement le pouvoir des dirigeants responsables de leurs créations. Ainsi, on peut supposer qu'ils symbolisaient la marque de l'autorité chimú de Chan Chan, gravée dans le paysage de la vallée de Chicama.

Le développement agricole de Chicama pourrait donc avoir été impulsé par des directives politiques venant de la capitale, mais d'autres facteurs, comme des améliorations technologiques, ont également pu entrer en jeu dans ce développement de l'agriculture.

L'amélioration des techniques d'irrigation ou de l'outillage

La création et l'agrandissement de canaux par les Chimús indiquent le savoir-faire de ce peuple en matière d'irrigation. On peut donc se demander s'ils ne bénéficiaient pas de techniques plus poussées que celles de leurs prédécesseurs, les Mochicas.

Nos connaissances actuelles au sujet de l'irrigation de l'Intermédiaire Ancien sont encore relativement limitées, puisque sur la côte nord, la plupart des canaux préhispaniques ont été datés de l'Intermédiaire Récent. Toutefois, certains ouvrages d'irrigation monumentaux, en particulier l'aqueduc d'Ascope (Sánchez 1997), ont été bâtis par les Mochicas. À première vue, ces derniers savaient construire des canaux efficaces qui arrosaient une partie de la plaine côtière.

En l'état actuel des recherches, il n'est donc pas possible de parler réellement d'un décalage technologique entre les Chimús et leurs ancêtres mochicas. Comme le suppose Golte (1980), le réseau des canaux a probablement été édifié de façon progressive et son ultime développement se serait réalisé à l'Intermédiaire Récent, grâce aux efforts des Chimús. Le contrôle de l'eau en amont dans la vallée moyenne, comme nous l'avons démontré au chapitre 10, a d'ailleurs pu faciliter la création et la prolongation des canaux de la plaine côtière.

Une seconde hypothèse, proposée par Hocquenghem (2004; communication personnelle d'Aurélien Papin, juin 2014), tient compte de l'emploi d'outils agricoles plus perfectionnés, en métal.

Ainsi, conjointement à la fabrication de parures d'or et d'argent, les métallurgistes Sicán et chimús ont créé des objets en alliage de cuivre arsenical plus fonctionnels, comme des socs et des pointes (Mayer 1998; Hocquenghem y Vetter 2005). De tels outils aratoires ont été retrouvés dans des tombes Sicán, dans la vallée de Lambayeque (Shimada 1995: 93; Vetter 1996), mais également dans la vallée basse de Chicama, notamment à Casa Grande[1] (Mayer 1998). Il apparaît donc que l'utilisation d'outils métalliques a pu favoriser le développement agricole, en particulier dans des terrains au sol dur et difficile à travailler, comme c'était le cas dans les régions marginales de la vallée de Chicama nouvellement mises en culture par les Chimús.

Cette hypothèse renforce aussi l'idée d'une implication des dirigeants de Chan Chan dans la mesure où, selon Topic (1977; 1980; 1982), des métallurgistes logeaient dans la capitale. L'absence apparente de sites de production métallurgique dans la vallée de Chicama suggère que les quelques artefacts en métal retrouvés à Chicama provenaient de la vallée voisine de Moche. La présence de tels outils en alliage de cuivre constituerait donc un indice supplémentaire en faveur d'une exploitation gérée par le pouvoir central chimú qui devait d'ailleurs contrôler la production de ce type d'objet.

La croissance démographique

Enfin, indépendamment de ces éventuelles avancées technologiques, il est probable que la croissance démographique a également contribué au développement de l'agriculture.

En effet, d'un point de vue théorique, l'augmentation, même minime, de la population s'accompagne vraisemblablement d'une nouvelle répartition des tâches, et de l'apparition d'une main-d'œuvre consacrée à l'exploitation de nouveaux terrains agricoles qui, à leur tour, subvenaient aux besoins de plus de personnes. On peut donc en déduire que l'expansion agricole de la vallée de Chicama est à l'origine d'une certaine croissance démographique, comme semblent d'ailleurs le démontrer les nombreux sites résidentiels de l'Intermédiaire Récent, découverts dans le fond de la vallée moyenne.

Rappelons toutefois qu'outre des décalages chronologiques entre l'occupation des sites, l'estimation d'une population peut également être faussée par le fait que les habitants des Andes ont souvent plusieurs résidences.

Différents facteurs, notamment une maîtrise accrue de l'hydraulique et des canaux plus performants, l'utilisation d'éventuels outils en métal ou une possible croissance démographique ont donc pu jouer un rôle dans l'expansion agricole de la vallée de Chicama. Mais tout laisse penser que les dirigeants de Chan Chan qui ont implanté deux centres administratifs, Mocan et Quebrada del Oso, ont

1 - Nous remercions Aurélien Papin qui nous a communiqué un inventaire complet des outils recensés par Mayer (1998) ce qui nous a permis de trouver facilement les cinq outils aratoires originaires de la vallée de Chicama.

aussi pris part à ce développement et géraient l'irrigation et l'exploitation de ces nouveaux terrains.

La nature de cette production

La création de champs agricoles à l'Intermédiaire Récent amène néanmoins à s'interroger, comme l'a fait Watson (1979), sur les plantes qui y étaient cultivées. En l'absence de fouille, nous ne pouvons pas savoir exactement ce qui était produit, mais il est possible de formuler quelques hypothèses à ce sujet. En effet, comme nous l'avons mentionné au chapitre 1.5, et comme nous allons le voir ci-dessous, sur la côte nord, l'agriculture servait à la fois à se nourrir, en produisant notamment du maïs, des haricots, des patates douces, du piment et d'autres plantes, mais aussi à se vêtir, grâce au coton (également utilisé pour la confection de filets de pêche). D'autres produits étaient réservés aux activités artisanales de la société ou avaient un usage médicinal, tinctorial, décoratif ou rituel, même si les données archéologiques à leur sujet sont particulièrement limitées pour la culture chimú.

Cultures alimentaires

À l'Intermédiaire Récent, les restes de graines mis au jour lors de fouilles (Pozorski 1979; 1980; 1982; Tate 2007; Gonzáles 1996) et les nombreuses céramiques chimus en forme de fruits ou de légumes montrent que la côte nord du Pérou recelait une énorme variété d'espèces végétales domestiquées. On peut donc se demander, à l'instar de Watson (1979), lesquelles de ces plantes étaient cultivées dans les champs préhispaniques de Chicama, notamment à Mocan.

Située à l'extrémité des canaux, la zone de Mocan n'était pas constamment irriguée. Aussi, les espèces qui y étaient produites devaient-elles logiquement pouvoir résister à des périodes de sécheresse, sans consommer trop d'eau. Sur la base de ce postulat et à partir des résultats d'études agronomiques, Watson (1979) suppose que la variété de maïs proto-Alazan, bien adaptée aux environnements arides et au manque d'eau, était cultivée à Mocan. Par ailleurs, notons que cette variété est susceptible d'être employée dans la préparation de *chicha*, cette bière de maïs si importante dans les Andes.

Bien que le maïs ait été particulièrement répandu sur la côte nord et qu'il a pu effectivement être cultivé à Mocan, il ne faut pas écarter la présence éventuelle d'autres plantes. Nos prospections ont en effet révélé des aménagements agricoles variés, tels des sillons rectilignes et serpentiformes ou de petites parcelles, sur le site n°162 décrit au chapitre 9. Une telle diversité indiquerait l'exploitation de plusieurs espèces, dans les champs de Mocan. A l'instar des pratiques agricoles actuelles observées dans les Andes et en Mésoamérique (Morlon 1992: 313), on peut supposer que des plantes grimpantes, comme le haricot[2], étaient associées au maïs. D'autres espèces cultivées non comestibles, comme le coton, étaient aussi utilisées autrefois, par les habitants de la côte nord.

Cultures non alimentaires

La découverte de fins textiles, dans des tombes chimú (Pollard Rowe 1980; Pollard Rowe and O'Neill 1984), indique que le coton était cultivé sur la côte nord, à l'Intermédiaire Récent. Avec la laine d'alpaca, plus rare sur le littoral, il constituait la principale fibre textile et était employé dans la confection de tous types de vêtements, y compris les plus luxueux. En outre, il a servi, durant plusieurs milliers d'années, à confectionner des filets pour pêcher dans l'océan Pacifique (Moseley 1974; Bird *et al.* 1985).

Tout comme le maïs, Watson (1979) s'intéresse au coton et énumère les qualités que présentaient les variétés de coton autochtones. Il décrit notamment leur résistance à la sécheresse et à la salinité du sol, ce qui faciliterait, selon lui, la production de coton à Mocan, à l'Intermédiaire Récent. Cet auteur (Watson 1979: 215) suppose aussi que les espaces internes des petites enceintes disséminées parmi les champs servaient à faire sécher le coton, mais nos prospections n'ont pas permis de vérifier une telle hypothèse.

Commentaires

Même s'il n'est pas possible de déterminer quelles espèces étaient cultivées à Mocan, Watson (1979) affirme que certaines variétés de maïs et de coton sont particulièrement adaptées à l'environnement de cette région. Mais la diversité des aménagements agricoles observés suggère l'exploitation d'autres plantes alimentaires, comme la courge, le haricot, le piment, la calebasse ou la patate douce, pour ne citer que quelques exemples.

Dans le cas de Quebrada del Oso, l'apport en eau, bien que plus constant grâce au canal inter-vallées, était tout de même limité, puisque la majeure partie du débit devait être destinée à la vallée de Moche, en aval. Les conditions environnementales de cette zone agricole étaient donc similaires à celles de Mocan et, par conséquent, on peut supposer que les variétés de maïs et de coton, présentées par Watson (1979), étaient également exploitées à Quebrada del Oso.

Les récoltes de ces deux régions agricoles devaient avoir des destinations différentes, selon qu'il s'agissait de plantes alimentaires, comme le maïs ou la courge, ou non comestibles, tel le coton.

Les objectifs et la destination des récoltes

À première vue, aucun espace de stockage conséquent ne semble avoir été prévu dans les centres administratifs de

2 - Netherly (1984: 237) souligne que le haricot est une plante qui demande beaucoup d'eau. Elle n'est donc peut-être pas très adaptée aux régions marginales de Mocan.

Mocan et de Quebrada del Oso. Pozorski (1987) suppose que les quelques niches de la grande enceinte de Mocan permettaient d'emmagasiner les récoltes, mais elles paraissent trop exiguës pour une telle fonction.

Les produits tirés de ces zones agricoles étant vraisemblablement emportés en d'autres lieux, il s'agit donc de présenter les hypothèses quant aux destinations des plantes qui étaient récoltées, qu'elles soient comestibles ou dédiées à l'artisanat textile.

Les denrées alimentaires

Produire plus pour la population locale

L'exploitation des zones marginales, nouvellement mises en culture et placées sous le contrôle de Chan Chan, à travers des centres administratifs, pourrait avoir servi à nourrir, en partie, la population de la vallée de Chicama. Si tel est le cas, cette production aurait ainsi soutenu et favorisé la probable croissance démographique de la région, grâce à un dispositif de redistribution, comme cela a été proposé pour la vallée de Moche.

Ainsi, les fouilles des sites de Cerro la Virgen et de Choroval de cette région ont conduit Keatinge (1975) et Shelia Pozorski (1979; 1980; 1982) à proposer l'hypothèse d'une agriculture planifiée depuis Chan Chan. Selon ces auteurs, les souverains chimús ordonnaient à des communautés de se spécialiser dans la culture de certaines plantes, comme le maïs ou le coton. Sur le même thème, les études de Pozorski (1979; 1980; 1982), sur les restes de faune et de végétaux de ces deux sites chimús, ont montré que leurs habitants avaient le même régime alimentaire. Pour expliquer ces similitudes, Pozorski (1979; 1980; 1982) suppose que les dirigeants de Chan Chan répartissaient les denrées entre ces communautés, afin de pallier les carences qu'engendrait cette spécialisation de la production. Ainsi, les Chimús qui travaillaient probablement dans des champs de coton, aux alentours du site de Cerro La Virgen, consommaient les mêmes types de plantes que les artisans de Chan Chan ou les habitants de Choroval, ce qui implique donc, d'après Pozorski (1979; 1980; 1982), un apport extérieur[3].

Cette possible redistribution des denrées, mise en avant par Pozorski (1979; 1980; 1982), a peut-être existé dans la vallée de Chicama. Si tel était le cas, on peut alors supposer que des fonctionnaires de Chan Chan répartissaient le produit des récoltes de Mocan ou de Quebrada del Oso entre les communautés locales. Un tel système aurait d'ailleurs constitué un moyen intéressant pour justifier et renforcer la domination des souverains de Chan Chan sur la population de Chicama qui devenait, en quelque sorte, leur « débitrice ».

Plusieurs facteurs contredisent quelque peu cette interprétation. Nous avons souligné que la superficie des champs à Mocan et à Quebrada del Oso est, somme toute, assez réduite, comparée à l'ensemble de la plaine côtière[4]. Et si des denrées étaient effectivement tirées de ces cultures, elles ne devaient donc représenter qu'une faible part de la totalité de la production agricole de la vallée basse, rendant la portée politique de la redistribution insignifiante. Par ailleurs, les fouilles de Kautz et Keatinge (1977), à Medaños la Joyada, un petit village côtier chimú localisé entre les vallées de Chicama et de Moche, ont démontré l'autonomie de ses habitants qui étaient à la fois des pêcheurs et des agriculteurs, comme nous l'avons vu au chapitre 4.1. Si le système de redistribution des denrées, postulé par Pozorski (1979; 1980; 1982), a peut-être été en vigueur dans la vallée de Moche, il n'était donc vraisemblablement pas répandu uniformément ailleurs.

Ainsi, bien qu'envisageable, la répartition des récoltes issues des zones marginales entre les communautés locales de Chicama ne devait pas avoir une portée politique et économique très importante. Il est plus probable que ces produits étaient destinés à une autre partie de la population chimú: les habitants de Chan Chan.

Produire plus pour Chan Chan

Les différents indices, recueillis par les archéologues du *Chan Chan – Valley Moche Project* (Ravines 1980; Moseley and Day 1982), montrent que Chan Chan était un site d'une taille exceptionnelle qui abritait une population nombreuse, estimée par Topic (1980; 1982) à environ 30 000 personnes. Notons que ce chiffre approximatif n'est valable qu'au moment de l'apogée du site, probablement avant la conquête inca, au 15e siècle. Les habitants de Chan Chan étaient principalement des artisans spécialisés qui ne produisaient pas de denrées brutes, mais des objets en métal, en bois ou en tissus. On peut donc se demander comment cette population subvenait à ses besoins.

Nous avons vu au chapitre 3.2 que les grands *huachaques* agricoles du sud de Chan Chan et les terres irriguées de la vallée de Moche pouvaient fournir une partie de la nourriture destinée à ces artisans. Mais selon Topic (1990), il est fort probable que des provisions d'autres vallées du royaume chimú étaient acheminées vers Chan Chan. L'apogée de la capitale correspond en effet à celle de son territoire dont les excédents de la production agricole devaient être suffisants pour nourrir 30 000 personnes. Les zones marginales de la vallée de Chicama ont peut-être participé à ce ravitaillement, même si leurs apports n'étaient pas très conséquents, à l'échelle de l'ensemble de la côte nord.

Toutefois, la création de canaux et l'irrigation de nouveaux champs, à Quebrada del Oso et à Mocan, semblent antérieures à l'apogée de Chan Chan. Ainsi, Keatinge (1982a:

3 - Cette hypothèse ne tient pas compte de possibles échanges entre les communautés, sans intervention des dirigeants. Les similitudes dans le régime alimentaire des populations pourraient aussi venir de coutumes culinaires partagées.

4 - Les terrains de Quebrada del Oso et de Mocan, même en tenant compte des alentours, n'occupent qu'une dizaine de kilomètres carrés, alors que l'agriculture devait s'étendre sur plus de 600 km^2 dans la plaine côtière.

201) suppose que le site de Quebrada del Oso est légèrement plus ancien que celui d'El Milagro de San José dont les datations radiocarbones indiquent une occupation aux 12e et 13e siècles. Quant au canal inter-vallées de La Cumbre, il est daté du début du 12e siècle. On peut donc postuler que Quebrada del Oso n'a pas été construit aux 14e et 15e siècles, au moment où les Chimús se lançaient à la conquête de la région de Lambayeque ou de la vallée de Casma, mais plus probablement aux alentours de 1100 apr. J.-C. Au vu de l'intégration ancienne de Chicama dans la zone d'influence chimú, au Chimú Ancien ou au début du Chimú Moyen, il paraît donc logique de considérer que l'expansion agricole et la construction des centres administratifs de cette vallée sont survenues assez tôt.

Les différentes chronologies de Chan Chan, proposées par plusieurs auteurs (Andrews 1974; Kolata 1982; 1990; Conrad 1982; Topic and Moseley 1983; Cavallero 1991; 1997) et présentées au chapitre 3.2, concernent principalement les *ciudadelas*. Il est donc difficile d'évaluer la population du site au moment où de nouveaux champs étaient aménagés dans la vallée de Chicama. On peut tout de même supposer que Chan Chan était, dès les premières phases, un site très important, abritant de nombreuses personnes qu'il fallait nourrir. Pozorski (1987) estime que le développement de l'agriculture a surtout été une priorité pour les Chimús durant les premiers siècles, jusque vers 1300 apr. J.-C., date approximative d'un phénomène d'El Niño particulièrement dévastateur. La vallée de Chicama, qui bénéficiait d'atouts géographiques certains, aurait donc pu participer à cet essor agricole, dans le but de renforcer la puissance de Chan Chan. Selon Pozorski (1987), les Chimús auraient ensuite porté leurs efforts sur la formation d'une armée capable de conquérir de nouvelles vallées, plutôt que dans le maintien de l'exploitation des zones agricoles marginales.

Bien que Moseley et d'autres archéologues (Moseley and Deeds 1982; Moseley *et al.* 1983; Moseley 1983) aient démontré une réduction notable[5] de la superficie agricole de la vallée de Moche, au cours des derniers moments de l'époque chimú, rien ne permet de l'attester pour la vallée de Chicama, en particulier dans la région de Mocan qui a pu être exploitée plus longtemps. En revanche, il est logique d'estimer que les envois de denrées alimentaires vers la capitale, depuis les zones cultivées de Chicama, ont peu à peu perdu de leur importance, face aux tributs prélevés sur les autres vallées de la côte nord, après la conquête du royaume chimú. D'autres indices appuient aussi l'hypothèse du ravitaillement depuis Chicama vers Chan Chan: les chemins (fig.11.1).

La présence de nombreuses routes reliant les vallées de Moche et de Chicama, découvertes par Beck (1984; 1991), implique l'existence d'échanges entre ces deux régions. Cette idée est renforcée par la construction de sites le long de ces voies de communication, entre autres les n°1 et 2 (présentés dans les chapitres 8 et 9) qui servaient vraisemblablement de relais routier ou de *tambos*. Si des caravanes de camélidés acheminaient les produits de Mocan vers Chan Chan, il est probable qu'elles empruntaient ces chemins et passaient à proximité de ces sites depuis lesquels on pouvait surveiller la circulation des denrées destinées à la capitale. Il faut toutefois souligner que les caravanes provenant des vallées localisées plus au nord devaient aussi traverser la vallée de Chicama pour atteindre Chan Chan. Ces voies de communication étaient donc vraisemblablement parcourues par de nombreuses personnes, originaires d'autres régions.

Produire plus pour des échanges avec d'autres régions

Si l'hypothèse que nous venons de formuler est exacte, les récoltes issues des zones marginales de Mocan ou de Quebrada del Oso, envoyées vers les communautés de Chicama ou vers Chan Chan, auraient très bien pu être destinées à des populations d'autres régions.

Ainsi, dans la pampa de Mocan, le chemin qui part des sites n°17 et 18, au sud du n°162, se dirige en direction de la vallée de Jequetepeque, et aurait pu faciliter le transport de produits alimentaires vers le nord (fig.11.1). Il faut néanmoins tenir compte du potentiel agricole des vallées de Jequetepeque et de Lambayeque qui disposaient également d'imposants canaux et de vastes champs (Keatinge 1982b; Hecker y Hecker 1990; Hayashida 2006; Nordt *et al.* 2004; Huckleberry *et al.* 2012). L'exportation de denrées originaires de Mocan vers ces régions n'était donc probablement pas nécessaire.

Une autre destination envisageable correspondrait aux hauteurs de la cordillère de Guzmango où vivaient des groupes Cajamarca (fig.11.1). Nos prospections dans la quebrada Santanero et celle de San Benito, qui conduisent vers ces sommets, ont démontré l'existence de sites chimús qui ont pu faciliter la mise en place d'échanges entre les populations côtières et celles de la sierra. La forte influence culturelle chimú, déterminée par Watanabe (2002), à travers la céramique du site Cajamarca de Tantarica, pourrait très bien résulter de ces contacts fréquents. Pour sa part, Claude Chauchat (communication personnelle, 19 janvier 2015) suppose que des groupes Cajamarca se sont installés sur les hauteurs de la quebrada Santa María (fig.11.1), dans la vallée basse, ce qui laisse supposer des contacts proches de la plaine côtière.

À titre d'hypothèse, on peut donc supposer que des échanges de produits divers, notamment des métaux précieux exploités dans les montagnes, avaient cours entre les groupes de la sierra et les Chimús de la côte. Malheureusement, les modalités de ces relations demeurent difficiles à percevoir en l'état actuel de nos connaissances.

Les denrées produites dans les zones marginales de Chicama étaient donc probablement destinées à la

5 - Les auteurs ne donnent pas d'estimations de la superficie perdue, mais à partir des cartes qu'ils fournissent, nous avons pu calculer que l'agriculture a reculé d'environ 35 km^2 sur les 160 km^2 cultivables de la vallée basse de Moche.

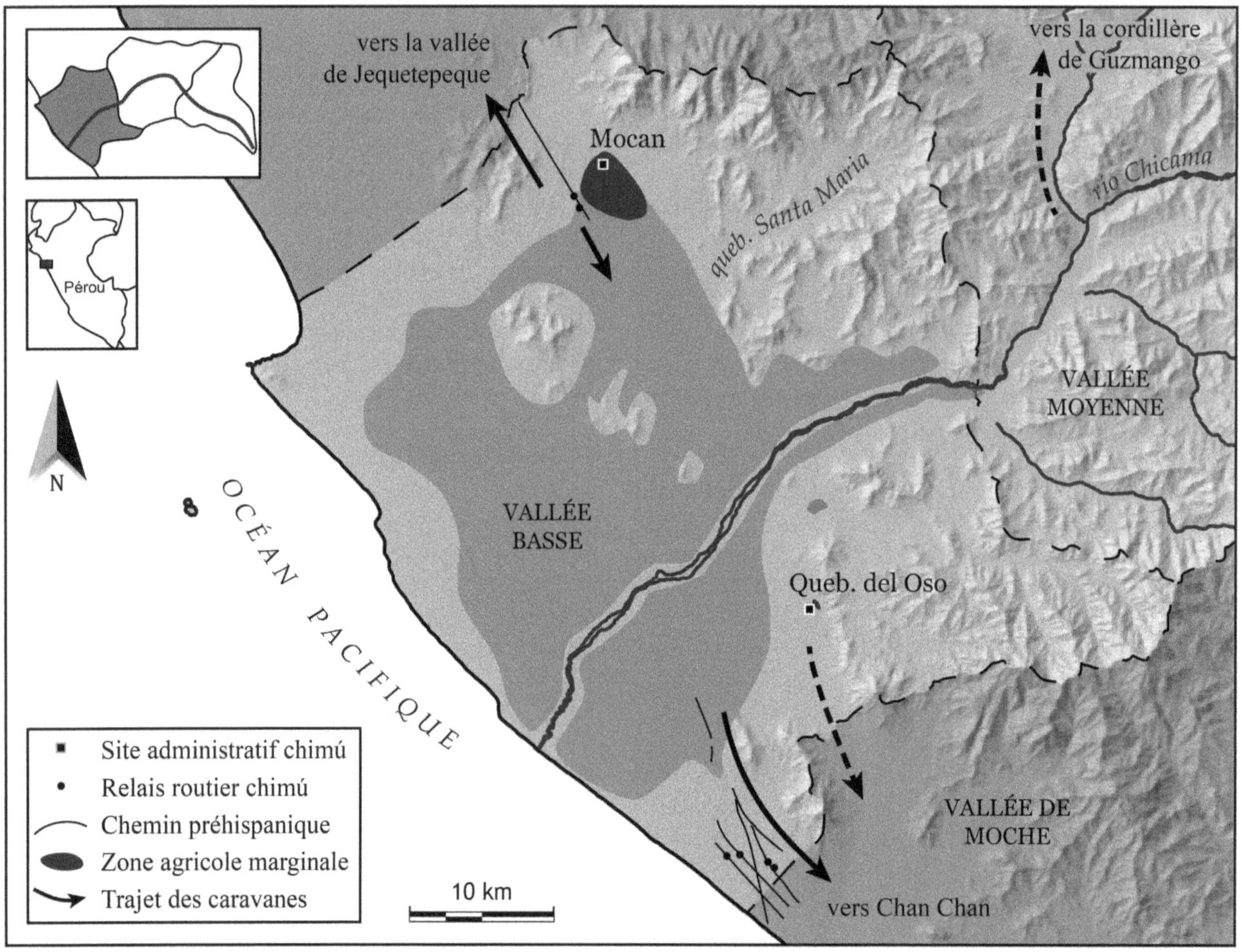

***Fig.11.1* – Exploitation agricole des marges, chemins et possibles trajets des caravanes de camélidés.**

population de Chicama, de Chan Chan ou d'autres régions, mais on peut postuler une dernière hypothèse, liée à la culture du maïs.

Produire plus pour faire de la chicha

Nous avons vu plus haut, que la production de maïs de la variété Alazan est aujourd'hui essentiellement dédiée à la préparation de *chicha*, boisson ô combien rituelle, et Watson (1979) suppose qu'il en était de même autrefois, pour la variété proto-Alazan. Malheureusement, aucun contexte de préparation de ce breuvage n'a été documenté, dans la vallée de Chicama ou à Chan Chan, et il n'est donc pas possible de déterminer où les éventuelles récoltes de maïs étaient acheminées.

Au début de la Période Coloniale et vraisemblablement aux époques préhispaniques, on sait, grâce aux archives du 16e siècle, que cette bière de maïs était généreusement distribuée aux travailleurs indigènes par les *curacas* qui devaient se plier au principe de la réciprocité. Outre son rôle pour les tâches agricoles rassemblant toute une communauté, cette boisson était aussi consommée en grande quantité lors de cérémonies religieuses. Bien que Moore (1989) explique qu'à Manchan, la préparation de la *chicha* était visiblement d'ordre familial et indépendante des instances du pouvoir politique, il souligne également que cette boisson était servie pendant des fêtes qui se déroulaient dans les imposants édifices de ce centre administratif majeur, décrit au chapitre 3.3.

Comme nous le verrons plus loin, les données relatives au rôle politique de la *chicha* indiquent que la production de maïs proto-Alazan aurait pu s'avérer particulièrement intéressante pour les élites de Chan Chan. Il en est de même pour la culture du coton qui présente aussi des avantages notables pour les dirigeants.

Les tissus

L'hypothèse de Watson (1979) au sujet d'une production de coton dans les champs contrôlés par des centres administratifs de Chan Chan, comme à Mocan ou à Quebrada del Oso, amène à s'interroger sur l'artisanat textile, indispensable pour transformer le coton en fins tissus.

Jusqu'à présent, aucun vestige d'une activité de tissage n'a été découvert sur un site chimú, dans la vallée de Chicama. En revanche, Topic (1977; 1980; 1982) a mis en évidence la présence de tisserands à Chan Chan et les fouilles du site de Cerro de la Virgen, par Keatinge (1975: 224), ont révélé des outils de tissage, comme des fuseaux. On peut donc supposer que le coton, s'il était effectivement cultivé dans les zones marginales de la vallée de Chicama, était envoyé à Chan Chan ou à Cerro de la Virgen, pour y être filé et tissé. Dans ce cas, il est probable que des caravanes de camélidés chargées de transporter du coton parcouraient les chemins reliant les vallées de Moche et de Chicama. Ces routes menaient tout d'abord à Cerro de la Virgen avant de continuer jusqu'à Chan Chan.

Les données ethnohistoriques insistent d'ailleurs sur l'importance de « l'industrie textile », au 16e siècle, vraisemblablement intensifiée par les bouleversements économiques engendrés par l'arrivée des Espagnols sur toute la côte nord (Zevallos 1973: 108). Le vol de plusieurs pièces de tissus à des indigènes de la vallée de Chicama, mentionné par Castañeda (1998), démontre que l'artisanat textile était présent dans cette région, en 1565 apr. J.-C.

Ainsi, malgré l'absence de trace archéologique de tisserands à Chicama, une production impliquant la population chimú locale, comme c'était le cas à la Période Coloniale, est envisageable. On peut ainsi supposer que les habitants de la vallée filaient le coton qui pouvait être cultivé à Mocan ou à Quebrada del Oso, avant de l'envoyer comme tribut à Chan Chan, comme l'indique Calancha (1974 [1638]: 1235).

La nature des principales plantes cultivées invite donc à considérer un large éventail d'hypothèses quant à la destination des récoltes: la subsistance des populations, la préparation de *chicha* ou la fabrication de textiles.

Commentaires relatifs aux relations économiques

Les données recueillies laissent penser que l'expansion agricole dans la vallée de Chicama, en particulier dans les zones marginales de la plaine côtière, à Mocan ou à Quebrada del Oso, a été impulsée par le pouvoir politique basé à Chan Chan. Cette volonté de gagner de nouvelles terres sur le désert grâce à la construction de canaux d'irrigation a peut-être été facilitée par de bonnes connaissances hydrauliques et par l'emploi d'éventuels outils agricoles en métal.

Ce développement de l'agriculture a également permis aux élites de Chan Chan d'exploiter la vallée de Chicama, parallèlement aux communautés locales de cette région, la capitale chimú bénéficiant ainsi de retombées économiques substantielles. On peut donc penser qu'un tel apport alimentaire a favorisé l'essor de ce site, en nourrissant sa population, durant les 12e et 13e siècles.

De manière plus générale, l'expansion agricole peut expliquer la croissance démographique que connaît la côte nord, en luttant par exemple contre des disettes. Les excédents agricoles engrangés pouvaient partiellement contrer l'impact économique négatif engendré par la destruction des canaux ou l'inondation des champs, lors d'un phénomène d'El Niño. Par ailleurs, Ramírez (1981; 1987: 40) explique que la puissance d'un *curaca* était intimement liée au nombre de ses sujets, ce qui permettait de contrebalancer son pouvoir de vie et de mort. En favorisant la croissance démographique, les élites chimús augmentaient leur puissance et leur capacité à obtenir de la main-d'œuvre.

En ce qui concerne la production de maïs, en particulier la variété proto-Alazan, on peut supposer qu'à l'instar des Incas, une grande partie était destinée à la fabrication de *chicha*. La maquette en bois chimú (fig.3.23 et 11.11), avec son personnage chargé de servir cette boisson aux convives, illustre d'ailleurs bien le rôle central de la *chicha* dans les cérémonies organisées au cœur des *ciudadelas* de Chan Chan (Uceda 1999). Les témoignages ethnohistoriques indiquent également que les dons de *chicha* se trouvaient au cœur des relations de réciprocité qu'entretenaient les *curacas* avec leurs sujets. On peut donc penser que la production de maïs destiné à la préparation d'un tel « instrument » de pouvoir avait une importance toute particulière pour les dirigeants chimús. Grâce à l'augmentation de la fabrication de cette bière, les élites de Chan Chan détenaient suffisamment de *chicha* pour organiser des fêtes et mobiliser de la main-d'œuvre. Cette boisson tenait donc une place centrale dans les mécanismes liés aux pouvoirs politiques et religieux de l'élite, sur la côte nord, que semblent aussi jouer les textiles et autres atours.

La découverte de tissus de qualité, en particulier dans des contextes funéraires riches en matériel (Pollard Rowe 1980), laisse en effet penser que les textiles les plus fins et les plus riches dénotaient une position sociale élevée (Cornejo y Sinclair 2005), ce que semblent aussi montrer les études sur des textiles chimús particulièrement élaborés (Pollard Rowe 1980 ; Mendoza 1990; Rivera 1994; 2008; Cornejo y Sinclaire 2005).

À l'instar d'autres supports, comme la céramique, les objets en métaux précieux ou l'architecture, les motifs décoratifs qui y sont parfois brodés étaient chargés de symboles (Rivera 2008). À ce sujet, Cornejo et Sinclair (2005: 42) estiment que ces vêtements adressaient un message idéologique, religieux et politique aux spectateurs, tout en exaltant la puissance des membres de l'élite qui les portaient lors de cérémonies.

L'exemple inca offre d'ailleurs une analogie complémentaire. Ainsi, les données ethnohistoriques (Rostworowski 2005a; Rowe 1946) montrent que les *acllas*, des femmes sélectionnées dès leur enfance, fabriquaient des tissus et préparaient de la *chicha* qui étaient dans les deux cas utilisés à des fins cérémonielles et politiques par les dirigeants incas, notamment pour des dons que nous présenterons plus loin. En dehors des fonctions religieuses, les activités des *acllas* faisaient partie des mécanismes économiques chargés de maintenir le pouvoir des Incas en place. De telles pratiques ne sont pas documentées pour les Chimús et on ignore si des femmes se consacraient spécifiquement au tissage ou à la préparation de la *chicha*, sur la côte nord,

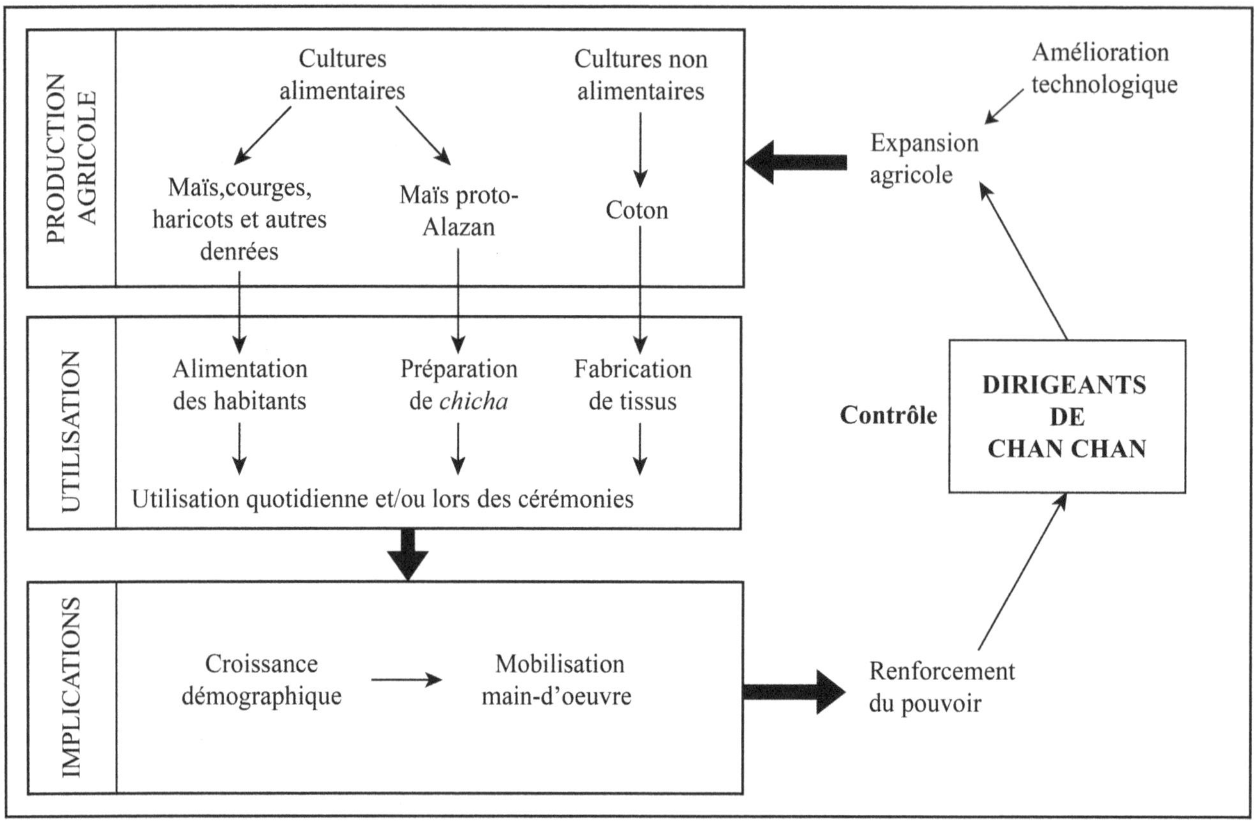

Fig.11.2 **– Schéma des relations économiques entre les régions marginales de la vallée de Chicama et les dirigeants de Chan Chan.**

avant l'arrivée des Incas. On sait néanmoins, grâce aux études de Topic (1977; 1980; 1982; 1990), que de nombreux tisserands résidaient à Chan Chan, ce qui amène cet auteur à supposer un étroit contrôle de cette production artisanale par les membres de l'élite qui s'habillaient de vêtements de qualité.

En l'absence de fouilles, les données relatives aux régions situées aux marges de la vallée basse sont plus difficiles à interpréter. On peut penser que leur production agricole et la façon dont elle était utilisée dépendaient en grande partie des dirigeants de la capitale, qui pouvaient l'affecter à l'alimentation, la préparation de la *chicha* ou l'artisanat textile (fig.11.2).

Les différentes hypothèses proposées quant aux raisons et aux objectifs de l'expansion et de l'exploitation agricole des zones marginales de la vallée de Chicama renvoient donc souvent au domaine politique et à Chan Chan.

II. Les relations politiques entre Chicama et Chan Chan

L'intégration de la vallée de Chicama dans la sphère politique et culturelle chimú est difficile à documenter. Netherly (1977) estime qu'elle s'est tout d'abord réalisée par des alliances et Lange (1990) n'a pas retrouvé de trace d'une conquête militaire dans la région.

Lors de nos prospections, nous avons d'ailleurs mis en évidence l'existence de deux systèmes de gestion de la vallée basse: le premier passant par des centres administratifs ruraux, comme ceux de Quebrada del Oso (Keatinge 1974), de Mocan (Pozorski 1987; site n°162), de Malabrigo (site n°13) et peut-être d'Ascope Viejo (Leonard and Russell 1992), le second par les *curacas* des communautés.

Pour comprendre les relations entre la vallée de Chicama et Chan Chan, il faut donc s'intéresser au rôle des sites administratifs ruraux qui symbolisaient la domination politique de Chan Chan, mais aussi aux liens unissant les élites de cette région à celles de la capitale.

La domination politique par les centres administratifs

Les nombreuses similitudes entre l'architecture des *ciudadelas* de Chan Chan et celle des centres administratifs de la vallée de Chicama, en particulier ceux de Mocan et de Quebrada del Oso, laissent penser que ces derniers ont directement été implantés par les Chimús de Chan Chan. Plusieurs archéologues (Keatinge 1974; 1982; Keatinge and Conrad 1983; Mackey 1987; Pozorski 1987; voir supra chapitre 3.3) se sont déjà intéressés aux rôles de ces sites chimús particuliers. Les données relatives à ces centres administratifs[6] et à ceux d'autres régions nous permettent de formuler plusieurs hypothèses quant à leurs fonctions.

6 - Les centres administratifs analysés ici ne correspondent pas à l'ensemble des sites à caractère administratif découverts lors de nos prospec-

La localisation des centres administratifs et le contrôle des ressources naturelles

La plupart des centres administratifs recensés dans la vallée de Chicama sont localisés à proximité d'installations directement liées à la production agricole. Ainsi, Quebrada del Oso, Mocan (n°162) et Ascope Viejo sont implantés près des principaux canaux irriguant la vallée et le site n°94 se trouve à la confluence du río Chicama et de son affluent majeur. Comme nous l'avons vu au chapitre précédent, l'eau faisait l'objet d'une surveillance particulière, mais elle n'était pas la seule ressource contrôlée, puisque Mocan et Quebrada del Oso sont environnés de terres cultivées et que le site n°13 semble lié au contrôle de la pêche ou des dépôts de guano de la pointe Malabrigo.

Il y a donc tout lieu de penser que l'eau, la terre, le guano et/ou les richesses de la mer faisaient partie intégrante des ressources gérées par ces centres administratifs chimús, dans la vallée de Chicama. Les archéologues, en particulier Keatinge (1974; 1982; Keatinge and Conrad 1983), ont déjà souligné l'étroite relation qui existait entre les canaux et les sites administratifs ruraux chimús, mais on peut supposer que d'autres centres étaient aussi chargés de l'exploitation des richesses marines ou du guano, sur la côte nord.

Le contrôle de la main-d'œuvre

D'autres données laissent penser que ce contrôle des ressources naturelles s'accompagnait de la gestion de la main-d'œuvre nécessaire à leur exploitation.

Ainsi, nous avons postulé que Mocan et Quebrada del Oso servaient, entre autres, à recruter les travailleurs, pour construire et entretenir les canaux ou pour cultiver les champs, dans ces endroits reculés. Quant à la grande enceinte administrative du site n°13, elle surplombe le secteur résidentiel du site où devaient vivre des pêcheurs ou des groupes chargés d'extraire du guano. Cette position privilégiée permettait aux fonctionnaires qui s'y trouvaient de surveiller les habitants du site et de les faire travailler. Seul le site n°94, dans la vallée moyenne, ne semble pas avoir été utilisé dans un tel cadre.

Ce contrôle de la main-d'œuvre a déjà été suggéré par Keatinge (1974; 1982a) ou Mackey (1987) qui supposent que des groupes de travailleurs venaient sur ces sites, selon un système de rotation proche de la *mit'a* des Incas (Moseley 1975a; Day 1982b). Les mécanismes de mobilisation de la main-d'œuvre n'ont toutefois pas fait l'objet de plus amples recherches et il faut se tourner vers les données ethnohistoriques pour les comprendre.

Les sources coloniales mentionnées au chapitre 2 (Rostworowski 1975a; Netherly 1977: 216; AGI Justicia 458 fol. 1937r.) indiquent que le recrutement des travailleurs par les *curacas* se fondait sur le principe de la réciprocité; ce n'est qu'en offrant de la *chicha* que les chefs des communautés de la vallée de Chicama parvenaient à réunir des indigènes pour effectuer les tâches agricoles (Netherly 1977; Rostworowski 1975a). Les traces de ces dons de *chicha* sont difficiles à relever à partir de simples prospections et nous ne pouvons certifier qu'un tel mécanisme était employé dans les centres administratifs de la vallée de Chicama. Toutefois, les découvertes de nombreux fragments de bols et de plats et d'un espace destiné à la préparation culinaire, dans le centre d'El Milagro de San José de la vallée de Moche (Keatinge 1974), pourraient appuyer cette hypothèse. On retrouve d'ailleurs le même type de récipients sur des sites administratifs chimús de la vallée de Lambayeque (Tschauner 2006) et Mackey (1987) estime que de la *chicha* était consommée dans les édifices administratifs de Manchan, dans la vallée de Casma.

Outre l'indispensable *chicha*, les archives du 16e siècle stipulent que les indigènes ne travaillaient qu'en la présence d'un *curaca*. On peut donc supposer qu'à l'Intermédiaire Récent, les centres administratifs chimús hébergeaient des personnes investies d'une autorité suffisante pour garantir la bonne exécution des tâches.

Symboles de l'autorité de Chan Chan

Pour contrôler des ressources naturelles et la main-d'œuvre, la construction de grands édifices similaires à des palais ne paraît pas, de prime abord, indispensable. D'un point de vue pratique, cette surveillance est effectuée par une ou plusieurs personnes. Ce n'est donc pas tant l'architecture, mais bien les fonctionnaires mandatés par les autorités qui sont chargés de l'administration.

Dans la vallée de Moche, Keatinge (1975) et Shelia Pozorski (1979) ont postulé que les dirigeants de Chan Chan exerçaient une certaine mainmise sur la production agricole des sites chimús de Cerro La Virgen et Choroval. Pourtant, aucun bâtiment spécifique, semblable à une *ciudadela*, n'y indique la présence de fonctionnaires de la capitale. De même, il n'est fait aucune mention, dans les documents de la Période Coloniale, de l'utilisation d'édifice à caractère administratif par les *curacas*[7], pour guider les travaux agricoles de leur communauté, même s'il fallait que ces chefs soient sur place, afin de superviser en personne l'ensemencement et les récoltes. On peut donc s'interroger sur les raisons qui ont poussé les Chimús à construire des « mini-*ciudadelas* » dans les centres administratifs de Chicama, alors qu'un bâtiment plus simple et plus petit aurait, à première vue, très bien pu faire l'affaire.

Une première hypothèse s'inspire des réflexions de Keatinge (1982a) au sujet des structures en U de ces édifices. Cet auteur (Keatinge 1982a: 204; Keatinge and Conrad 1983: 264) suppose qu'elles représentaient l'autorité du pouvoir central de Chan Chan. Pour aller plus loin, on

tions. Il ne s'agit que des plus importants (niveau 5), similaires à ceux décrits par Keatinge (1974).

7 - L'absence de mention dans les archives de bâtiments administratifs ne signifie cependant pas qu'ils n'existaient pas.

peut élargir cette analyse aux bâtiments complets; en reprenant la forme et l'organisation interne des *ciudadelas* de Chan Chan, les constructeurs voulaient peut-être symboliser la capitale et ses dirigeants. L'autorité semble donc transparaître à travers l'architecture et de tels édifices pouvaient ainsi renforcer le pouvoir des personnages qui s'y trouvaient.

Une seconde hypothèse, recoupant la première, tient cette fois compte de l'importance des individus chargés de la gestion des ressources et de la main-d'œuvre. Si nous supposons qu'il s'agissait de personnes de haut rang, mandatées depuis Chan Chan, il est probable qu'elles souhaitaient être accueillies dans des bâtiments dignes de leur statut. D'une certaine manière, leur autorité dépendait de symboles qui démontraient leur importance, que ce soient des parures, des vêtements, des bâtons de commandement ou les constructions qu'elles occupaient.

Les édifices des centres administratifs de la vallée de Chicama, mais également des autres vallées, auraient donc incarné le pouvoir des dirigeants de Chan Chan, confortant ainsi l'autorité des individus qui étaient envoyés sur ces sites.

La fonction cérémonielle

Au cours du chapitre 3.2, nous avons mentionné, à plusieurs reprises, le rôle cérémoniel des *ciudadelas* de Chan Chan dont les grandes places devaient accueillir de nombreuses festivités. En nous fondant sur des analogies architecturales, on peut supposer que les « mini *ciudadelas* » des centres administratifs de Chicama présentaient également un caractère cérémoniel important.

Les vastes cours des édifices administratifs de la vallée s'apparentent aux grandes places cérémonielles des palais de Chan Chan puisque leur localisation à l'intérieur des bâtiments reprend souvent l'organisation interne des *ciudadelas*. Dans le cas du site n°94, une cour est aménagée de banquettes latérales rappelant celles qui flanquent les places de la capitale dépeinte dans la maquette chimú.

On peut donc se demander si les cours des grandes enceintes administratives de Chicama ne servaient pas de cadre à des cérémonies. Qu'en était-il pour les centres administratifs d'autres régions ?

Dans la vallée de Jequetepeque, à Farfán, quelques grands bâtiments, comme l'enceinte n°2, recèlent des plateformes funéraires qui pourraient aussi avoir joué un rôle cérémoniel (Mackey 1987). Selon l'hypothèse formulée par Conrad (1980; 1982) pour les plateformes de Chan Chan, elles indiqueraient le rang élevé des défunts qui y sont enterrés[8], mais également l'existence de possibles rites et fêtes célébrées en leur honneur, dans le cadre du culte aux morts et aux ancêtres.

Selon Mackey (1987), la découverte de céramiques pour conserver de la *chicha*, boisson centrale des fêtes religieuses andines, dans les cours de quelques édifices imposants de Manchan, appuie l'idée qu'il s'agissait d'espaces cérémoniels. Comme nous l'avons souligné ci-dessus, la consommation de cette bière ne se limitait pas aux fêtes, elle devait aussi jouer un rôle central lors du processus de mobilisation de la main-d'œuvre. Dans les Andes, encore aujourd'hui, certains travaux sont réalisés par tous les membres d'une communauté, dans une ambiance festive et religieuse où la *chicha* coule à flots (Rostworowski 1984; Castro *et al.* 1994; Carlier 2013). Dans ces conditions, ne pourrait-on pas envisager que les cérémonies qui accompagnaient les tâches à effectuer aient, entre autres, servi à faire venir les travailleurs, sur les centres administratifs isolés ? L'idéologie exprimée lors des fêtes confortait ainsi le pouvoir des autorités chimús, tout en fortifiant les mécanismes de réciprocité nécessaires à la mobilisation de la main-d'œuvre.

Enfin, les structures en forme de U sur lesquelles nous reviendrons plus loin pourraient également confirmer cette idée d'une fonction cérémonielle.

Commentaires au sujet des centres administratifs de Chicama

Il ressort de ces analyses que ces centres avaient des rôles divers. Leurs fonctions administratives, comme le contrôle des ressources naturelles et la mobilisation de la main-d'œuvre, facilitaient l'exploitation des régions marginales de la vallée où ces sites étaient construits. Symboles du pouvoir, les édifices de ces centres accueillaient probablement des cérémonies qui raffermissaient l'autorité des dirigeants de Chan Chan (fig.11.3).

Leur implantation nous renseigne également sur les objectifs politiques et économiques des souverains chimús. Comme nous l'avons souligné ci-dessus, Mocan et Quebrada del Oso sont intimement liés à l'expansion de l'agriculture sur les marges, tandis que l'éventuel site administratif d'Ascope Viejo servait à superviser le captage de certains canaux. En amont dans la vallée moyenne, les ressources en eau étaient vraisemblablement contrôlées depuis le site n°94. Enfin, les fonctionnaires du site n°13 pouvaient surveiller l'extraction de guano, employé comme engrais. L'implantation ponctuelle du pouvoir central de Chan Chan, dans la vallée de Chicama, semble donc avant tout orientée vers la production agricole.

Néanmoins, la localisation de ces sites pourrait indiquer une autre préoccupation des dirigeants de Chan Chan. En effet, en s'installant principalement sur les marges, les autorités de la capitale chimú n'ont pas empiété sur les territoires des communautés de Chicama[9], alors qu'il

8 - Dans le cas de Farfán, Keatinge et Conrad (1983) supposent que la plateforme renfermait la sépulture du général chimú Pacatnamú qui est cité dans l'œuvre de Calancha (1974 [1638]: 1226).

9 - Garcilaso (2000 [1609] T.2: 65) indique que les Incas avaient une

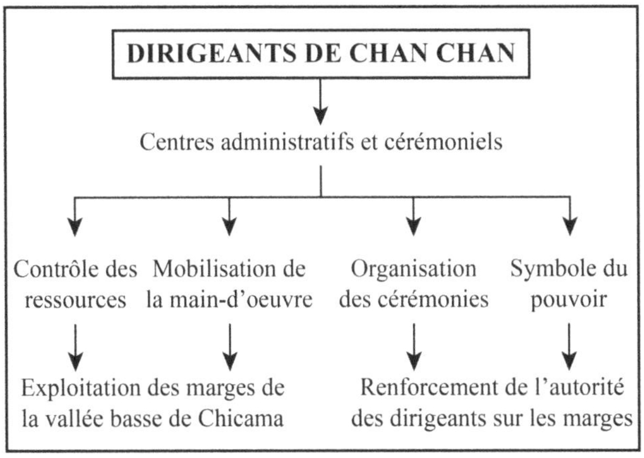

***Fig.11.3* – Schéma de la domination politique des dirigeants de Chan Chan sur les marges de la vallée de Chicama grâce aux centres administratifs.**

aurait été bien plus intéressant de prendre le contrôle de zones fertiles, déjà irriguées, au cœur de la plaine côtière. Cependant, une telle implantation aurait pu provoquer une réaction négative de la part des habitants de la vallée qui se seraient vus dépossédés de leurs terres. L'établissement de centres administratifs chimús isolés semble donc obéir à une volonté d'expansion agricole, ainsi qu'à un certain respect des populations locales. Comme nous le verrons plus loin, ce respect pourrait être dû à la bonne intégration des élites de Chicama au sein des élites dirigeantes de Chan Chan.

À titre de comparaison, le centre majeur de Farfan et l'édifice administratif construit à Talambo, dans la vallée de Jequetepeque, démontrent une politique plus offensive; les autorités chimús de Chan Chan se sont implantées sur des sites auparavant Sicán, soumis par les armes selon Lange (1990). Les habitants du site de Talambo devaient ainsi côtoyer les émissaires des souverains de la capitale chimú au sein même de leur village, ce qui ne semble pas avoir été le cas à Chicama.

Enfin, les centres administratifs de Chicama ont pu jouer un rôle considérable dans l'essor de Chan Chan. En permettant une augmentation de la production agricole, ils favorisaient la croissance démographique de la capitale chimú, alors que la préparation de *chicha* incitait au recrutement des travailleurs.

Si les dirigeants de Chan Chan ont pu asseoir leur emprise sur les marges de la vallée basse, grâce à ces centres, il leur fallait mettre en place d'autres stratégies pour dominer les populations soumises aux élites locales.

Les liens politiques entre les élites locales et la capitale chimú

Sur les sites résidentiels majeurs prospectés dans la vallée (niveaux 4 et 5), les grandes constructions, notamment les structures complexes, témoignent de la présence probable de membres de l'élite locale. Comme l'ont déjà souligné Pillsbury et Leonard (2004: 276), les vestiges conservés de ces édifices n'empruntent aucune caractéristique des bâtiments de la capitale chimú, ce qui semble indiquer que les *curacas* de Chicama n'ont pas voulu reproduire le style architectural de Chan Chan. L'absence de constructions de ce type amène aussi à supposer que les dirigeants de Chan Chan n'ont pas cherché à imposer leur présence dans les sites majeurs de la vallée de Chicama.

Il n'existe donc aucun vestige suggérant que des représentants de l'autorité centrale chimú résidaient parmi les communautés locales de la vallée. Dans ces conditions, quels liens pouvaient unir la population et les élites de Chicama aux souverains de Chan Chan ?

Les alliances basées sur des dons

La société inca nous offre des exemples susceptibles de proposer une première hypothèse au sujet des stratégies politiques des Chimús. Plusieurs études ethnohistoriques (Murra 1978: 121; Pärssinen 2003: 142; Ramírez 2005) indiquent que la cohésion du Tawantinsuyu était, en partie, préservée grâce aux alliances qu'entretenaient les chefs locaux et les dirigeants incas. Ces relations se basaient sur le principe de la réciprocité et de la redistribution des richesses et impliquaient des dons d'objets luxueux, en particulier des textiles finement tissés ou des parures en métal. Les échanges et les dons de biens de luxe entre membres de l'élite ont aussi été appréhendés pour des cultures andines plus anciennes (Goldstein 2000; Vaughn 2006). On peut donc s'interroger sur l'existence de tels dons à caractère politique chez les Chimús.

Selon Cornejo et Sinclair (2005), l'hypothèse d'alliances reposant sur des dons et contre-dons entre les différents membres de l'élite chimu et les subalternes tout à fait vraisemblable pour les textiles, dont certains exemplaires démontrent l'habileté des tisserands chimús et la valeur des vêtements fabriqués pour les élites de la côte nord. Mais cette idée est également envisageable pour les artefacts en métal, produits par les métallurgistes et les orfèvres des quartiers populaires de la capitale chimú (Topic 1977; 1980; 1982; 1990). Comme aucun contexte de production artisanal n'a été découvert dans la vallée de Chicama[10], les élites locales devaient se procurer des objets de luxe ailleurs. On peut ainsi supposer l'existence d'un réseau d'alliances, forgées grâce à des cadeaux luxueux qu'offraient les dirigeants de Chan Chan aux élites locales des autres vallées, comme celle de Chicama.

Si on estime que les dons de textiles étaient courants et qu'ils permettaient effectivement de sceller des alliances politiques, l'hypothèse d'une production de coton à Mocan ou à Quebrada del Oso prend une dimension particulière.

politique similaire et n'exploitaient que les terres qu'ils avaient eux-mêmes aménagés.

10 - Le site d'Iñape 3, présenté au chapitre précédent, constitue une exception, mais ses habitants se consacraient uniquement à la fabrication de poteries et non au tissage de fins textiles ou à l'orfèvrerie.

Le coton constituant la principale matière première de l'industrie textile, le contrôle des plantations pouvait assurer aux souverains la mainmise sur la fabrication de vêtements somptueux.

Il y a tout lieu de penser que les *curacas* locaux retiraient du prestige de ces dons, auprès de leurs sujets. En exhibant de fins tissus et des bijoux fabriqués en métaux précieux, ils légitimaient leur position sociale élevée et leur autorité sur la communauté, tout en se démarquant de leurs sujets.

Comme le démontre Mauss (1923-24) pour d'autres cultures, ces dons appelaient à des contre-dons qui ont pu prendre des formes variées, notamment à travers la mise à disposition de main-d'œuvre, l'envoi de produits agricoles ou de matières premières, dans le cas de Chicama. En s'installant dans le fond de la vallée moyenne, les Chimús ont pu entrer en contact avec des habitants des hauteurs où se trouvent des gisements de métaux précieux. La nature des échanges avec les groupes Cajamarca des sommets demeure difficile à cerner à Chicama, mais on peut supposer que de l'or ou de l'argent étaient acquis par les populations côtières, comme c'était le cas dans la vallée de Lambayeque (Shimada 1982; Ramírez 1982). Les contre-dons des *curacas* de Chicama incluaient-ils des métaux précieux, indispensables aux orfèvres chimús qui travaillaient à Chan Chan ?

Les alliances matrimoniales

La seconde hypothèse se fonde également sur les connaissances acquises au sujet des Incas et des relations qu'ils pouvaient nouer avec les *curacas*. Franklin Pease (1992: 118) et Ramírez (2005: 29) expliquent que les mariages contractés par les dirigeants incas avec des femmes de la « noblesse » locale permettaient de créer des liens de parenté et de réciprocité durables et donnaient accès à de la main-d'œuvre. Les souverains incas pouvaient aussi marier une *aclla* à un *curaca*, en récompense de services rendus, afin de renforcer sa fidélité (Franklin Pease 1992). En s'associant ainsi aux élites locales, les Incas s'assuraient la loyauté des peuples conquis. Ces mariages peuvent également être perçus comme des dons et des contre-dons de femmes, parallèles aux autres cadeaux échangés entre les membres de l'élite.

Aucune donnée archéologique n'est en mesure de nous renseigner de manière fiable sur l'existence d'alliances matrimoniales entre les dirigeants de Chan Chan et les membres de l'élite locale de Chicama, mais quelques indices les suggèrent. Ainsi, Campana (communication orale d'août 2012) note que les oreilles d'une momie secondaire de la maquette en bois présentée au chapitre 3.2, sont stylisées à la manière Sicán[11] (fig.11.4 et fig.11.11). Il s'agissait

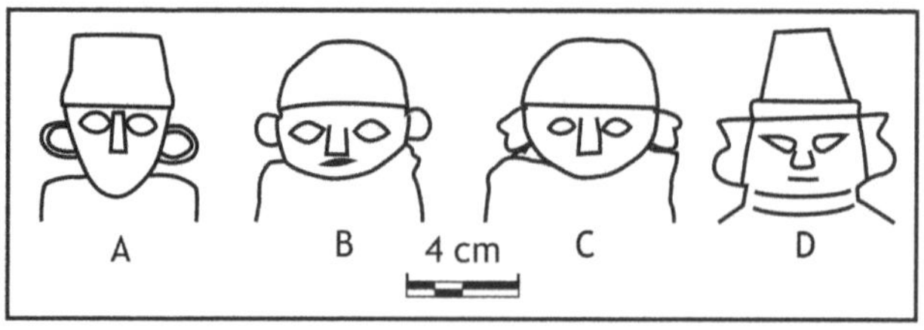

Fig.11.4 **– Statuettes en bois chimús et céramique Sicán. A – Statuette en bois chimú (sans échelle, redessiné d'après Schaedel 1951: 22), B et C – Personnages momifiés de la maquette chimú (redessiné d'après Uceda 1999: 24), D – Col de céramique Sicán anthropomorphe (redessiné d'après Shimada 1990: 328).**

donc vraisemblablement d'une femme originaire de la région de Lambayeque, qui, selon Uceda (1999; 2006), était mariée au personnage principal de la maquette. Cet indice reste néanmoins hypothétique.

En revanche, quelques documents d'archives des 16e et 17e siècles mentionnent explicitement des mariages entre *curacas* de plusieurs vallées. Selon Zevallos (1992: 31), la fille du *cacique principal* de Chicama s'est mariée à José de la Torre Oxaguaman qui se disait descendant des anciens dirigeants chimús. Dans ce cas précis, cette stratégie était probablement un moyen pour renforcer le pouvoir et le prestige déclinant de ces deux familles de *curacas*.

Un dernier indice sur ce même thème nous est fourni par Calancha (1974 [1638]: 1225) qui indique que l'épouse du Chimo Capac s'appelait Chacma. Selon ce chroniqueur, cette femme aurait donné son nom à la vallée de Chicama et on peut se demander si elle n'en était pas originaire.

Si des mariages entre la noblesse locale et les dirigeants chimús de Chan Chan demeurent plausibles, ils n'en restent pas moins difficiles à vérifier. Ils auraient toutefois permis d'associer durablement les élites de Chicama à celles de la capitale.

La participation des *curacas* de Chicama aux cérémonies de Chan Chan

Jusqu'à présent, nos hypothèses partaient de l'idée présupposée que les dirigeants de Chan Chan souhaitaient nouer des relations politiques avec les *curacas* d'autres vallées, afin de mieux les soumettre à leur contrôle. Mais on peut également penser que les élites locales de Chicama ont elles-mêmes recherché activement l'appui politique des dirigeants chimús et se rendaient régulièrement à la capitale.

Dès les premières phases de son existence, il est probable que Chan Chan était un site impressionnant, grâce notamment aux *ciudadelas* qui étaient de très grandes dimensions. Les plus anciennes enceintes Chayhuac et Uhle, s'étendant respectivement sur environ 157 500 m² et 195 000 m², dépassent en superficie n'importe quel édifice de l'Intermédiaire Récent recensé dans la vallée de Chicama. Une telle architecture monumentale dénote

11 - Les autres personnages de la maquette, en particulier la deuxième momie secondaire qui devait être une autre épouse du personnage principal, présentent des oreilles circulaires, typiquement chimús (fig.11.4-A et B; Schaedel 1951; Jackson 2004). Notons toutefois que les yeux du personnage Sicán ne sont pas représentés selon l'iconographie de cette culture (fig.11.4-C et D).

une capacité à mobiliser une main-d'œuvre conséquente et implique une puissance peu commune, probablement supérieure à celle de la plupart des *curacas* de Chicama. À l'instar des nobles français du 17e siècle qui se rendaient à la cour de Louis XIV et qui étaient éblouis par le faste du château de Versailles, les élites de Chicama venaient peut-être à Chan Chan pour tisser des alliances ou faire acte de soumission face à ce voisin si influent[12].

Les cérémonies qui se déroulaient à l'intérieur des hauts murs des *ciudadelas* permettaient aux dirigeants chimús d'exhiber et de légitimer leur autorité devant les chefs originaires d'autres vallées.

En allant à Chan Chan, les *curacas* de Chicama en retiraient vraisemblablement une part importante de prestige, ainsi que l'assurance d'une certaine sécurité, puisqu'ils bénéficiaient de l'appui des dirigeants de la capitale.

Les membres de l'élite locale devaient également organiser des cérémonies, au sein des sites majeurs de la vallée de Chicama. Il est probable que des représentants des souverains de Chan Chan se rendaient à certaines de ces fêtes pour ainsi y affirmer la présence de l'autorité chimú.

Commentaires relatifs aux relations politiques entre les élites de Chicama et celles de Chan Chan

Peu de données de terrain permettent d'étayer les hypothèses que nous venons de présenter quant aux relations politiques entre les dirigeants et les élites de Chicama. On sait néanmoins que les dons et les échanges, étudiés entre autres par Mauss (1923-24) et Polanyi (*et al.* 1957), les mariages, analysés par Lévi-Strauss (1949), ou encore le faste prestigieux de cérémonies (DeMarrais *et al.* 1996; Auzépy et Cornette 2003) sont des mécanismes très répandus dans plusieurs régions du monde.

La proximité de la vallée de Chicama avec Chan Chan, la présence du canal inter-vallées de La Cumbre et les nombreux chemins reliant ces deux vallées suggèrent l'existence de solides relations politiques. En effet, les communautés de Chicama n'auraient probablement pas accepté la création d'un canal qui les privait d'une partie de leurs ressources en eau, au profit des populations de la vallée de Moche, s'il n'y avait eu une quelconque contrepartie. Une conquête militaire de la vallée aurait pu contrer toute rébellion, mais Lange (1990) n'a recensé aucun vestige de conflit dans cette région. Nous avons d'ailleurs supposé plus haut que l'implantation marginale des centres administratifs chimú était en partie due à la volonté de ne pas spolier les communautés locales de leurs terres. Il est donc probable que les élites locales de Chicama étaient alliées à la capitale chimú.

Les *curacas* de la vallée retiraient plusieurs avantages de ces relations. Ainsi, les objets précieux reçus, les mariages et la participation à la vie cérémonielle de la capitale pouvaient renforcer leur pouvoir et leur autorité sur leurs sujets (fig.1.15). Comme nous l'avons vu au chapitre 2, la nomination d'un *curaca* tenait compte de son appartenance à un lignage, mais également de sa reconnaissance par sa communauté, par ses pairs et par ses supérieurs. Par

12 - Les archives des 16e et 17e siècles indiquent d'ailleurs que les *curacas* de Chicama n'hésitaient pas à se déplacer jusqu'à Trujillo pour régler des conflits avec des Espagnols.

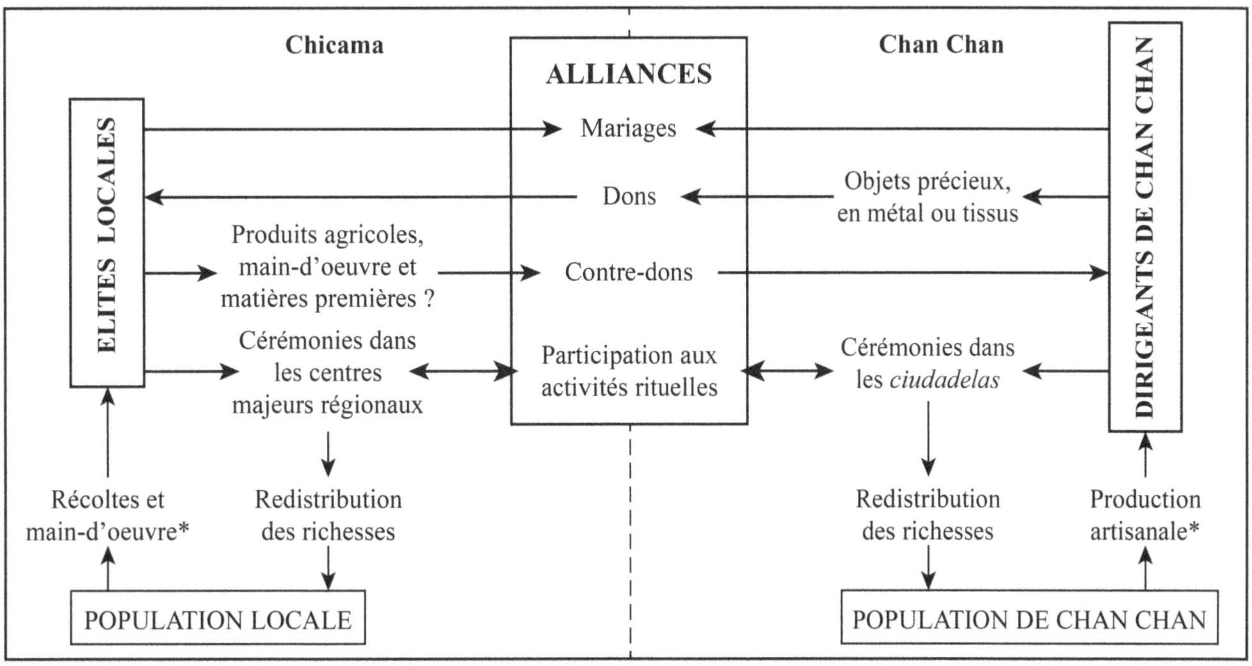

***Fig.11.5* – Relations politiques entre les élites locales de Chicama et les dirigeants de Chan Chan (* ce sont les élites et les dirigeants qui gèrent l'exploitation des populations). Les relations des élites ou des dirigeants avec le reste de la population sont inspirées d'un schéma réalisé par Ramírez (1987: 61).**

conséquent, l'aval des souverains de la capitale pouvait légitimer et appuyer la position d'un *curaca* de Chicama.

Par ailleurs, nous avons supposé que le développement agricole permettait à Chan Chan de donner une partie de la production excédentaire à la population de la vallée. L'alliance ou l'allégeance de Chicama envers les dirigeants de la capitale pouvait donc avoir des retombées positives pour ses habitants, y compris pour les plus humbles. Il est aussi possible que ces derniers aient bénéficié des profits engendrés par l'expansion territoriale chimú sur la côte nord. Ainsi, grâce à ces alliances politiques, les élites locales et leurs sujets s'associaient au développement et à la grandeur du royaume chimú.

Netherly (1977) a souligné l'importance des membres de l'élite locale et a démontré la résistance de ces individus pour se maintenir au pouvoir, après l'arrivée des Incas et surtout des Espagnols. Les sources coloniales, présentées au chapitre 2, montrent d'ailleurs clairement le rôle des *curacas* qui apparaissent comme les intermédiaires privilégiés entre les Espagnols et la population indigène. Par conséquent, on peut penser que ces personnages jouaient un rôle similaire à l'époque chimú, en nouant des liens étroits avec les dirigeants de la capitale.

Les alliances entre les élites locales se fondaient donc vraisemblablement sur des mariages, des dons et des contre-dons, impliquant la production artisanale, dans le cas de Chan Chan et l'exploitation agricole et la main-d'œuvre, dans le cas de Chicama (fig.11.5). Ces biens étaient obtenus grâce au contrôle et à la gestion des populations soumises aux *curacas* ou aux souverains chimús. Les cérémonies auxquelles participaient les élites de Chan Chan et de Chicama favorisaient ces alliances tout en créant un cadre pour la redistribution des richesses vers les populations.

La puissance de Chan Chan et son essor seraient donc en partie dus aux stratégies d'implantation dans les vallées voisines, notamment à Chicama. Les centres administratifs permettaient un contrôle ciblé de certaines zones, tandis que les alliances avec les élites locales favorisaient l'intégration de la vallée au sein du royaume chimú. Mais la capitale comportait vraisemblablement en elle-même les germes de sa force, en réussissant à fédérer les communautés de plusieurs vallées.

III. Chan Chan, capitale fédératrice

Nos interprétations quant aux relations entre la vallée de Chicama et Chan Chan conduisent à s'interroger de nouveau sur ce site.

Au cours du chapitre 3.2, nous avons décrit Chan Chan comme le site majeur de la culture chimú qui pouvait être considéré comme une ville préhispanique peuplée de plusieurs milliers d'habitants. La présence de hauts dirigeants sur ce site implique également un rôle politique et l'érige en capitale du royaume chimú. Enfin, de nombreuses constructions, en particulier les *ciudadelas* avec leurs places, leurs plateformes funéraires et leurs *huachaques*, les *huacas* ou les larges chemins qui pouvaient accueillir des processions, semblent avoir été dotées d'un caractère cérémoniel. On peut donc considérer que Chan Chan était un vaste centre cérémoniel, mais il faut s'interroger au sujet de l'influence de ces fêtes sur son développement et sur son pouvoir d'attraction.

Une nouvelle approche des structures en U que l'on trouve surtout à Chan Chan et dans la plupart des centres administratifs chimús, notamment ceux de Chicama, permet de mettre en avant un probable rôle cérémoniel pour ces structures.

Enfin, les liens unissant les dirigeants de Chan Chan aux élites locales de Chicama et des vallées de la côte nord donnent une autre dimension à ce site qui a pu accueillir des populations d'origines diverses.

Les structures en U, siège d'un fonctionnaire ou siège d'une momie ?

Nous avons vu au chapitre 3.2 que ces structures, aussi appelées « *audiencias* », se composent de trois murs dans lesquels des niches sont aménagées (Andrews 1974; 1980). Souvent ornées de décorations murales élaborées et probablement couvertes d'une toiture en matériaux périssables (*caña brava, Gynerium sagittatum*), elles sont également surélevées de quelques dizaines de centimètres du sol par rapport aux alentours (fig.11.6).

Les archéologues les ont mises au jour dans des contextes variés: au sein des *ciudadelas*, dans les bâtiments d'architecture intermédiaire, au cœur des quartiers populaires de Chan Chan, ainsi que dans plusieurs centres administratifs du royaume chimú. La rareté du matériel découvert ne permettant pas de comprendre clairement à quoi elles servaient, plusieurs hypothèses ont été proposées quant à leurs fonctions.

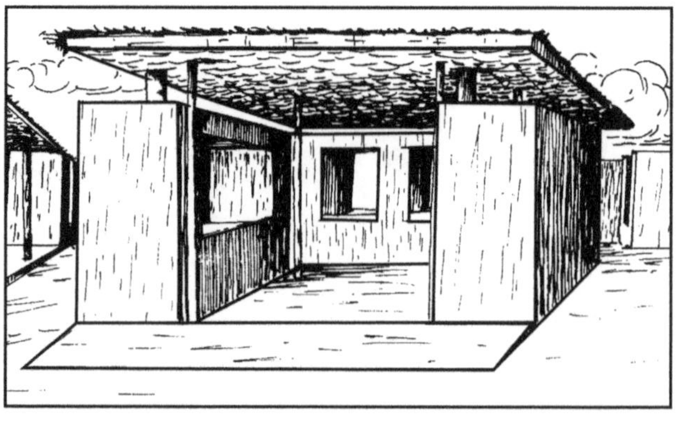

Fig.11.6 **– Reconstitution hypothétique d'une structure en U de la *ciudadela* Gran Chimú, (dessin de Carlos Felipe tiré d'Andrews 1974; 247).**

La fonction résidentielle

Andrews (1974; 1980) a supposé que ces structures auraient pu être habitées. Pour cet auteur, les petites pièces qui leur sont parfois accolées pouvaient servir de dortoir et la présence d'un toit était la bienvenue lors des chaudes journées d'été, comme l'indique Moore (2005: 202). Malheureusement, l'absence de matériel domestique ne permet pas d'étayer cette hypothèse. Il faut toutefois souligner que ce sont les seuls vestiges des *ciudadelas* à être aptes à une fonction d'habitat.

La fonction administrative

Day et Andrews (Andrews 1974; 1980; Day 1980; 1982a), pour leur part, ont noté que la localisation des structures en U, au sein des *ciudadelas* de Chan Chan, obéissait à un schéma spécifique.

Depuis une place cérémonielle, un visiteur pouvait accéder à une structure en U, puis à des rangées de cellules, probables espaces de stockages abritant de nombreuses richesses (fig. 11.7). Siégeant dans une structure en U, un fonctionnaire pouvait vérifier qui se dirigeait vers les entrepôts. Ce rôle de contrôle administratif est également repris par Keatinge et Conrad (1983: 264) pour les structures en U de centres provinciaux, comme Farfan ou Talambo, dans la vallée de Jequetepeque.

Moore (1992; 1996b) a, quant à lui, réétudié la répartition de ces structures en U de manière plus poussée, en fonction de la circulation interne des *ciudadelas*. Il démontre ainsi que la relation entre grande place, structure en U et rangées de cellules, présentée par Andrews (1974; 1980) et appuyée par Day (1980; 1982a), est loin d'être systématique.

Cet auteur (Moore 1992; 1996b) remarque également qu'environ 80 % des rangées de cellules ne sont pas

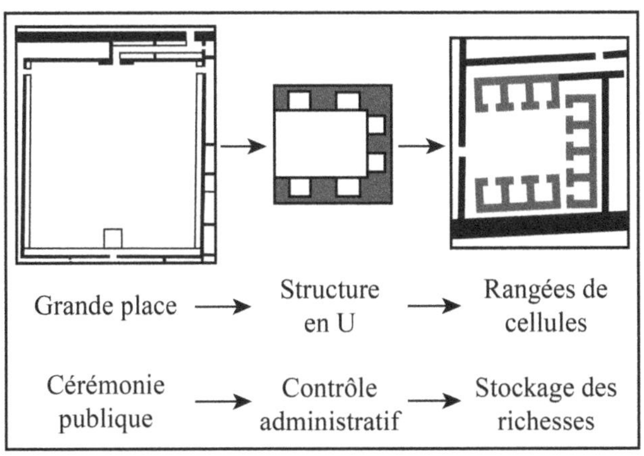

Fig.11.7 **– Schéma simplifié de la circulation à l'intérieur des *ciudadelas* et des fonctions des constructions, selon Andrews (1974; 1980) et Day (1980; 1982a). Les plans schématiques de la grande place, de la structure U et des rangées de cellules ne sont pas à la même échelle.**

Fig.11.8 **– Quipucamayoc inca au milieu d'entrepôts. dessin tiré de Guaman Poma de Ayala (1980 [1615]: t.1 240).**

localisées à proximité de structures censées en garder l'accès, ce qui pose le problème de leur gestion, s'il s'agissait effectivement d'espaces de stockage. Enfin, il estime que des postes de contrôle devait être situés à des nœuds de circulation stratégiques, ce qui est très rarement le cas des structures en U. Moore ne propose pas d'hypothèse pour remplacer ce possible rôle administratif des structures en U dont il souligne les incohérences, mais il invite à une remise en cause de cette fonction et à de nouvelles analyses.

Plus récemment, Topic (2003) a de nouveau évalué le rôle administratif des structures en U. S'appuyant sur une analogie avec l'Empire inca et les *quipucamayocs* qui recueillaient les renseignements relatifs au contenu des entrepôts incas, au moyen de cordelettes et de nœuds, les *quipus* (fig.11.8), cet auteur suggère qu'un fonctionnaire siégeant dans une telle structure en U pouvait facilement déposer ou enlever un jeton de certaines niches lorsqu'un produit était apporté ou retiré des rangées de cellules. Il ne s'agirait ainsi pas de contrôle visuel, mais plutôt d'un enregistrement administratif de l'information. Topic (2003) note aussi que dans les *ciudadelas* de Tschudi et Rivero, les plus récentes, plusieurs de ces structures sont regroupées au sein de secteurs spécifiques. Il explique cette concentration par une complexification de l'administration chimú, de plus en plus hiérarchisée au fil du temps.

Selon cette logique, pour atteindre un fonctionnaire de haut rang siégeant dans une structure en U, il fallait auparavant passer par des subalternes qui filtraient l'information et les personnes. Topic (2003) illustre ainsi la transformation des fonctionnaires chimús qui auraient d'abord été chargés de la simple comptabilité des richesses stockées dans les rangées de cellules. Leur rôle serait ensuite devenu plus complexe, pour faire face à l'accroissement de la circulation des biens.

Une rapide analyse des structures en U découvertes dans d'autres contextes complète cette interprétation fonctionnelle. Dans les bâtiments d'architecture intermédiaire et dans les quartiers populaires, ces constructions sont souvent installées à proximité d'entrepôts, de puits, voire d'ateliers d'artisans (Klymyshyn 1976; 1980; 1982; Topic 1977; 1980; 1982; 1990), ce qui tendrait à appuyer cette hypothèse. Elles auraient donc pu servir à gérer l'accès à l'eau ou la production artisanale.

Cette fonction est également plausible dans le cas des centres administratifs (Piekarski 2007). Un individu chargé de la répartition de l'eau des canaux vers les champs ou du recrutement des travailleurs aurait pu enregistrer ces données grâce aux structures en U des sites de Mocan ou de Quebrada del Oso. Mais il fallait traverser intégralement les édifices où se trouvent ces structures pour atteindre les fonctionnaires qui y siégeaient (fig.11.9). Cette localisation semble peu pratique pour administrer les ressources et l'exploitation des alentours, ce qui laisse envisager d'autres hypothèses quant au (x) rôle (s) de ces structures, notamment rituel et cérémoniel.

La fonction rituelle ou cérémonielle

Bien que plusieurs archéologues (Andrews 1974; 1980; Keatinge *et al.* 1975; Briceño 2004a; Campana 2006: 212; 2012: 78) estiment que ces structures en U ne se cantonnaient pas à une fonction administrative et qu'elles auraient pu aussi servir lors de rites ou de cérémonies, aucun n'explique réellement en quoi ces aspects religieux consistaient.

Patrice Lecoq (communication personnelle d'octobre 2009) suppose, quant à lui, qu'à l'instar du Coricancha à Cuzco, il pourrait s'agir d'autels ou de petites « chapelles » dans lesquelles étaient déposées temporairement des idoles ou des momies, afin de leur faire des offrandes. Aucun matériel archéologique découvert, depuis les fouilles du *Chan Chan – Moche Valley Project*, ne permet réellement de prouver une telle théorie; toutefois, plusieurs indices et quelques analogies confortent cette piste de recherche alternative.

Analogie avec des scènes mochicas

En se basant sur l'analyse iconographique de certaines céramiques mochicas, Keatinge (*et al.* 1975; Keatinge 1977) a suggéré qu'une fonction sacrée pouvait être attribuée à ces constructions.

En effet, des structures similaires, couvertes d'un toit et légèrement surélevées, sont peintes sur des céramiques de cette culture. Des personnages (fig.11.10), parfois affublés de crocs, symboles des divinités (Donnan 1976), ou plus

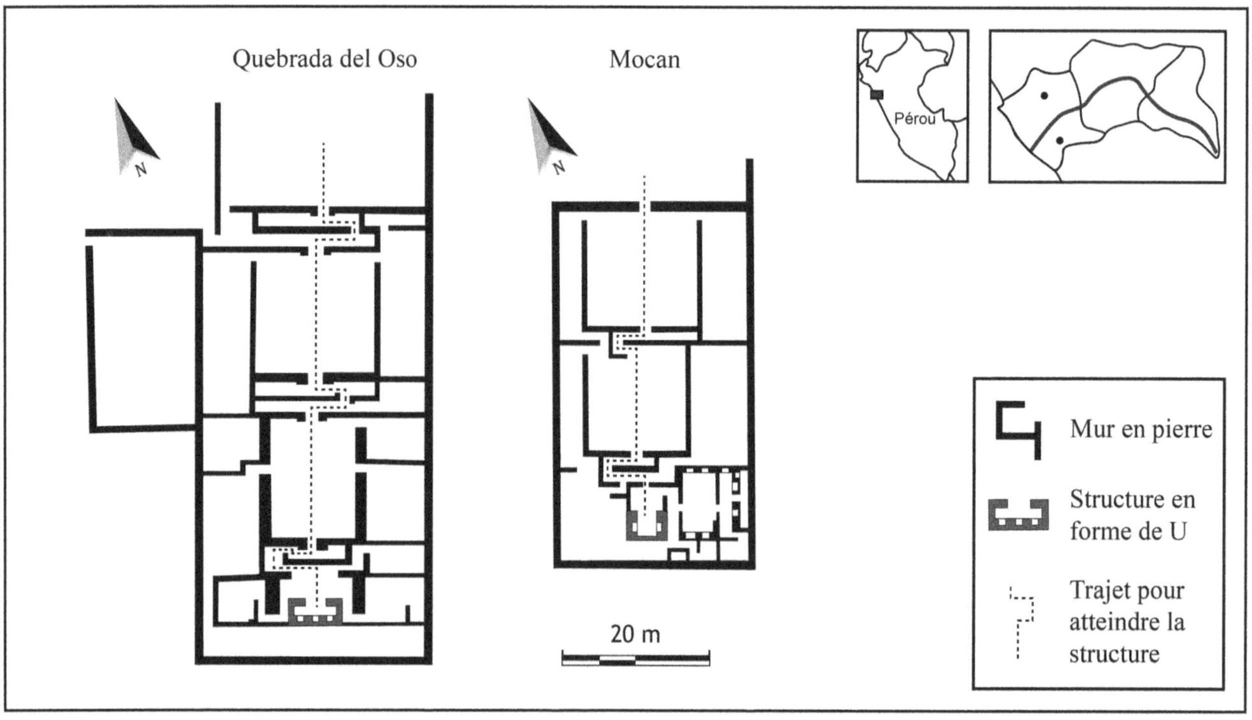

***Fig.11.9* – Plan des édifices principaux des centres administratifs de Quebrada del Oso (d'après Keatinge 1974: 74) et de Mocan (d'après Pozorski 1987: 116).**

Fig.11.10 **– Scène peinte sur une céramique mochica représentant, à gauche, une construction similaire à une structure en U chimú (tiré de Larco 1939 vol.2: planche 31).**

humains, y siègent et reçoivent des objets, peut-être des offrandes.

Ainsi, la comparaison entre ces édifices dessinés sur des vases mochicas et les structures en forme de U pourrait indiquer que ces dernières auraient pu abriter des individus accueillant des visiteurs, d'où le terme d'*audiencia* qui signifie « audience », ou d'obtenir des produits. Notons que plusieurs archéologues (Donnan 1976; Quilter 2002) s'accordent à dire que la plupart des scènes des céramiques mochicas avaient un caractère religieux.

Si les peintures de ces vases mochicas représentaient effectivement des dons de richesses à un personnage principal qui, dans certains cas, semble être une divinité ou son incarnation, ne pourrait-on pas supposer qu'il en était de même pour les « occupants » des structures en U ? Qui prenait place dans ces constructions ? Un fonctionnaire, un personnage vénéré ou la représentation d'une idole associée aux ancêtres comparable aux *awqui* incas (Curatola Petrocchi, 2008) ? Et qu'advenait-il des objets qui lui étaient présentés ? Étaient-ils déposés dans les rangées de cellules des alentours ?

La présence de sépultures

Pour plusieurs auteurs (Andrews 1974; 1980; Keatinge *et al.* 1975), les traces de sépultures, mises au jour dans le sous-sol de plusieurs structures en U, renforcent leur dimension sacrée. À titre comparatif, la découverte d'une inhumation secondaire dans le sol de la pièce n°34 du complexe de pyramide à rampe n° III de Pachacamac amène Eeckhout (1999: 208) à envisager un possible rôle de « chapelle », semblable à celles des palais et des châteaux du Moyen-Âge, en Europe. On peut ainsi se demander si les sépultures des structures en U avaient un rôle dédicatoire.

témoignage de Squier (1977: 145) nous fournit un autre indice à ce sujet. Cet explorateur du 19e siècle, présenté au chapitre 3.1, décrit des constructions similaires aux structures en U, à Chan Chan. Squier indique que les niches percées dans les murs de ces pièces abritaient « des squelettes et des corps desséchés, richement vêtus et ornés de plumes, et accompagnés de bijoux d'or et d'argent et de plusieurs symboles de pouvoir »[13]. En réalité, Squier (1977: 145-148) extrapole ou rapporte le témoignage du Colonel La Rosa, le pilleur accompli qui l'accompagne, car lui-même n'y a mis au jour que des morceaux de textiles en coton, un objet en argent orné de représentations de poissons et quelques fragments de crânes et d'ossements peints en rouge. Il conclut qu'il s'agissait d'un secteur funéraire, ce qui contraste fortement avec les interprétations d'Andrews (1974; 1980) et de Topic (2003) qui proposent un rôle administratif pour ces structures en U.

Les découvertes de Squier étaient-elles les vestiges de tombes pillées, situées dans le sous-sol de ces structures ? Y avait-il réellement des ossements dans les niches et à quelle époque remontaient-ils ? Si tel était le cas, on peut supposer que les Chimús plaçaient parfois des morts dans ces niches, à moins que ce ne soit des sépultures postérieures[14]. Day (1982a) précise d'ailleurs que ces structures ont souvent été intensément pillées, sans pour autant s'interroger sur les causes de leurs destructions. Si elles étaient susceptibles d'abriter des squelettes richement parés, comme l'indique Squier (1977), il est alors normal qu'elles aient attiré la convoitise des pilleurs, à la recherche d'objets précieux. La comparaison avec la maquette chimu citée précédemment nous apporte d'autres bribes d'information susceptibles d'étayer notre hypothèse.

Comparaison avec la maquette chimú: le culte des morts

Sur la côte nord, le culte aux morts est attesté par Calancha (1974 [1638]: 829) qui indique que les momies, appelées

13 - Traduction personnelle de "*...were found skeletons and desiccated bodies, elaborately clothed and plumed, and accompanied by ornaments of gold and silver and various insignia of rank*" (Squier 1977: 145).

14 - La description de Squier (1977) n'est pas assez précise pour établir si l'objet en argent était associé aux ossements, mais l'iconographie qu'il présente rappelle les frises murales des *ciudadelas* de Chan Chan ce qui permet de l'affilier sans équivoque à la culture chimú.

Fig.11.11 – **Maquette chimú (tiré de Centre culturel Abbaye de Daoulas 1999).**

munaos en langue muchik, étaient vénérées. La maquette en bois chimú qui, d'après Uceda (1999; 2006), représente une cérémonie en l'honneur des morts et des ancêtres de lignages importants, pourrait expliquer la présence d'ossements dans les niches des structures en U (fig.11.10).

La momie installée au centre de la banquette sud occupe un emplacement similaire à celui d'une structure en U. En effet, de manière générale, cette dernière fait souvent face à l'entrée de la cour dans laquelle elle se trouve. Les banquettes latérales de la place forment également un U qui rappelle les trois murs de la structure et la toiture qui surplombe le personnage principal de la maquette pourrait être similaire à celles recouvrant les structures en U (fig.11.11; Andrews 1974; 1980). Enfin, la banquette sud de la place est surélevée, tout comme le sont les structures qui possèdent parfois de petites rampes (Andrews 1974; 1980). Certes, la maquette représente une grande place et non une structure en U, mais ces deux espaces architecturaux, de tailles bien différentes, partagent de nombreux points communs (fig.11.11). Si des momies faisaient effectivement l'objet d'un culte dans ces grandes places, n'auraient-elles pas ensuite pu être transportées vers des structures en U proches, pour y recevoir un hommage distinct et d'autres offrandes, comme l'illustrent les scènes des céramiques mochicas ? La divinité mochica a-t-elle été remplacée par les ancêtres momifiés ou des statues les représentant ? La encore, des exemples empruntés à la culture inca nous fournissent quelques éléments de réflexion.

Analogie avec le culte des momies chez les Incas

Le culte au mort est présent sous différentes formes, dans plusieurs régions des Andes, notamment chez les Incas.

Les chroniqueurs, comme Polo Ondegardo (1916 [1571]), décrivent le rôle social, politique, économique et religieux des momies des dirigeants incas et précisent qu'elles faisaient l'objet de soins particuliers de la part de leurs descendants formant une *panaca* qui géraient les richesses et les domaines de ces morts. Ces derniers étaient habillés, nourris et promenés quotidiennement et « participaient » aux grandes fêtes religieuses de Cuzco (Alonso 1989; Isbell 1997). On leur rendait aussi un culte, notamment au début de la saison des pluies et des sacrifices ou des offrandes leur étaient dédiées (Alonso 1989; Isbell 1997; Carrion 1955: 92). Par ailleurs, il existait des substituts ou *awqui* à la momie elle-même; un morceau du corps (ongles ou cheveux par exemple) enveloppé dans des tissus, voire tout simplement des habits portés par le défunt de son vivant, possédaient le même caractère sacré que la momie complète (Alonso 1989: 111). Enfin, Guaman Poma (1980 [1615]: 206) indique que les Incas gardaient leurs momies ordinaires dans des constructions spécifiques, appelées *pucullos*, tandis que les momies royales restaient dans leurs palais, en compagnie de leurs serviteurs (Alonso 1989)

Les témoignages ethnologiques (Van Den Berg 1990: 125; Isbell 1997: 182) indiquent qu'encore aujourd'hui dans les Andes, les morts sont sortis de leurs tombeaux par les paysans, lorsque tardent les pluies ou si elles sont trop abondantes. On peut donc se demander si le culte aux ancêtres des Chimús, décrit par Calancha (1974 [1638]) et illustré par la maquette en bois (Uceda 1999; 2006), ne prenait pas une tournure similaire.

Les structures en U, réceptacles pour momies ?

Pour Isbell (1997), le culte aux morts dans les Andes se caractérise par la présence de « tombeaux ouverts », signes manifestes, selon lui, que les corps des ancêtres étaient accessibles et qu'ils pouvaient être retirés pour être vénérés, comme nous venons de le voir pour les Incas. Mais si tel est le cas, en était il de même chez les Chimús, et les structures en U auraient-elles pu servir de tombeaux temporaires ou de réceptacles pour les ossements de personnages chimús importants ?

Isbell (1997: 156) souligne qu'en l'absence de matériel osseux, il est difficile de découvrir de tels tombeaux. Il définit cependant quelques critères, comme la petite taille, la qualité architecturale et l'emplacement sur une plateforme. Bien qu'elles répondent plus ou moins à ce modèle, les structures en U ne peuvent être classées dans cette catégorie de tombes, d'autant plus que les plateformes funéraires des *ciudadelas* faisaient vraisemblablement office de sépulture principale pour ces ancêtres (voir supra chapitre 3.2). Pillsbury (2008: 2014) estime néanmoins plausible que les corps des souverains chimús défunts aient

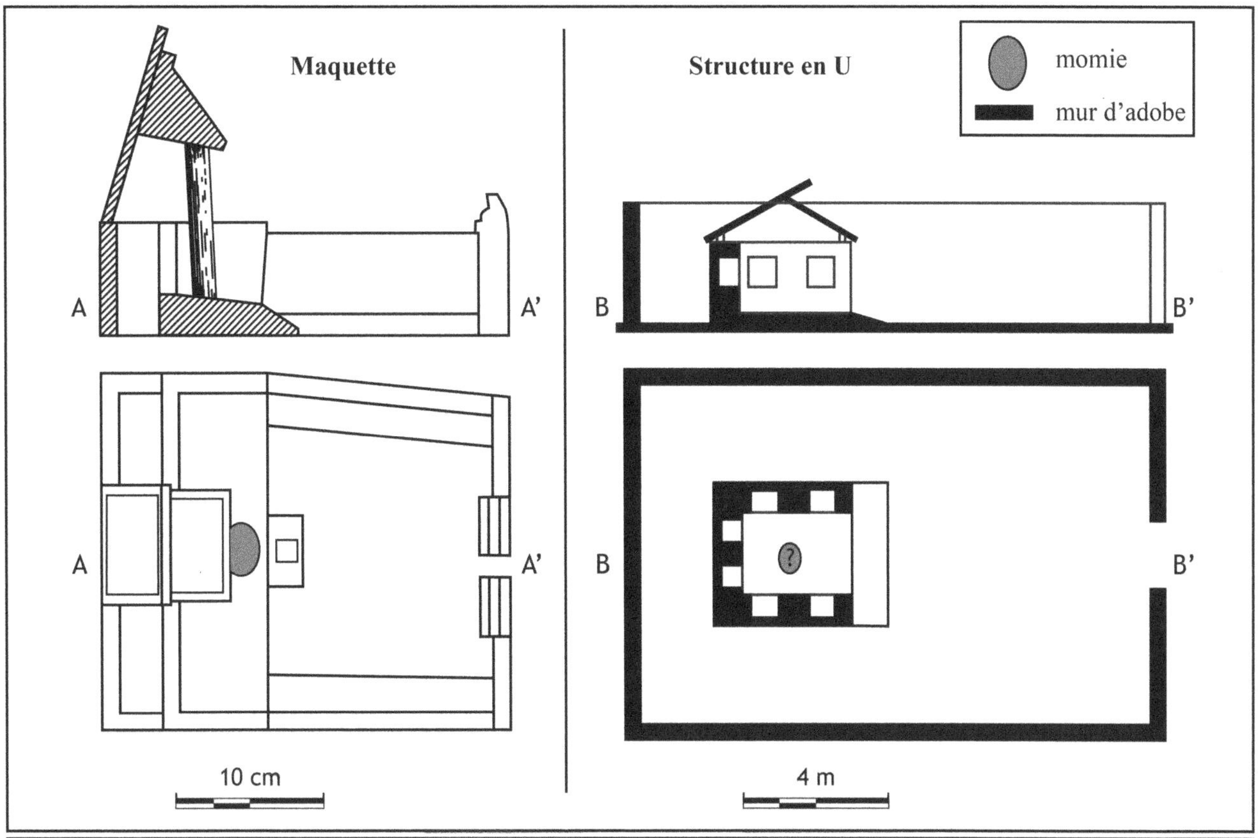

Structure en U	Surélevée	Parfois avec une rampe	Murs en U	Toiture	Souvent face à l'entrée
Maquette	Surélevée	Rampe	Banquettes en U	Toiture	Face à l'entrée

Fig.11.12 **– Dessin de la maquette en bois (redessiné d'après Uceda 1999: 266), plan schématique d'une structure en U dans une cour de *ciudadela* et tableau comparatif entre la maquette et la structure en U.**

été retirés temporairement de ces plateformes, le temps de cérémonies durant lesquelles ils étaient vénérés[15]. À ces occasions, les structures en U auraient très bien pu accueillir les momies, avant ou à la suite des grandes fêtes qui se déroulaient dans les vastes places des *ciudadelas*, pour leur faire des offrandes.

La fonction cérémonielle en dehors des ciudadelas

Ces différentes analogies et les quelques indices présentés suggèrent donc qu'un rôle lié au sacré et au cérémoniel se rattachait aux structures en U et que ces dernières auraient pu contenir les corps de personnages défunts, voire d'idoles, auxquels les Chimús rendaient un culte, dans les *ciudadelas*. Mais cette fonction est-elle envisageable pour des structures en U découvertes dans d'autres contextes comme dans les bâtiments d'architecture intermédiaire ou les quartiers populaires de Chan Chan ?

Si tel était effectivement le cas, on peut supposer que les structures présentes dans les bâtiments d'architecture intermédiaire servaient à vénérer les défunts des membres de l'élite qui vivaient dans ces édifices. Quant à celles recensées au sein des quartiers populaires, peut-être constituaient-elles des lieux de culte aux ancêtres pour les groupes d'artisans, vraisemblablement organisés en communautés, comme l'indiquent les données ethnohistoriques présentées au chapitre 2 (Rostworowski 1975b; Ramírez 1981; Topic 1990). On peut donc envisager que les outils et les matières premières employés par les artisans, découverts par Topic (1977; 1980; 1982; 1990) dans de telles structures, étaient des vestiges d'offrandes. Enfin, la localisation de certaines structures en U à proximité de puits laisse penser à l'existence de rites liés à l'eau. Ces interprétations demeurent néanmoins hypothétiques en l'absence de données plus précises.

D'autres structures en U ont été mises au jour sur plusieurs sites, en particulier à Pacatnamú (Hecker y Hecker 1985; Donnan and Cock 1986). Ce centre cérémoniel majeur de la vallée de Jequetepeque se compose de vastes édifices et de hautes plateformes, au sommet desquelles Keatinge (1977; 1982a; Keatinge *et al.* 1975) a recensé plusieurs structures en U. Un tel contexte suggère une fonction rituelle et cérémonielle.

Enfin, nous avons déjà supposé que les structures en U des centres administratifs chimús, comme ceux de Quebrada

15 - Il faut souligner que le climat de la côte nord n'est pas vraiment propice à la conservation des corps, en dehors de contextes fermés. Le fort taux d'humidité dans l'atmosphère aurait pu détériorer les momies, d'où le caractère probablement temporaire de l'exposition dans des structures en U.

del Oso et de Mocan, dans la vallée de Chicama, pouvaient être utilisées dans un contexte cérémoniel. Il semble d'ailleurs logique qu'une structure de ce type, si elle avait bien un caractère sacré, ait été bâtie dans la partie la moins accessible de l'édifice[16] (fig.11.9). L'existence probable de fêtes religieuses accompagnant les travaux agricoles, comme cela se faisait chez les Incas et encore aujourd'hui, dans de nombreuses régions des Andes (Rostworowki 1984; Murra 1978), renforce l'idée que ces constructions avaient effectivement un rôle lié aux cérémonies et aux rites.

Commentaires au sujet des structures en U

Les trois fonctions attribuées à ces constructions, résidentielle, administrative et cérémonielle, demeurent incertaines et difficiles à prouver. Il faut rappeler que les interprétations d'Andrews (1974), de Topic (2003) ou celles présentées ici reposent avant tout sur des analogies et qu'elles demeurent donc à l'état de pistes de réflexion.

Notons que les trois fonctions proposées pour les structures en U ne sont pas forcément exclusives et il est probable qu'une même structure servait à plusieurs usages. Gose (1993) démontre d'ailleurs les relations étroites entre les aspects rituels et cérémoniels et les rôles administratifs et politiques, chez les Incas.

Ainsi un haut fonctionnaire chimú aurait pu, à sa mort, être vénéré comme ancêtre dans la structure en U où il avait siégé de son vivant. On peut aussi envisager que ces constructions aient acquis leur caractère sacré après avoir abrité les momies d'ancêtres, lors de fêtes, augmentant de ce fait le prestige des fonctionnaires qui les utilisaient par la suite. Ces derniers pouvaient prendre soin des momies, comme le faisaient certaines personnes chez les Incas (Alonso 1989), et occupaient à la fois des fonctions religieuses et administratives[17]. Comme le signale Kaulicke (1997: 39), Chan Chan et ses *ciudadelas* devaient être intimement liées aux morts et à leur culte.

Par ailleurs, ces structures symbolisaient probablement l'autorité de Chan Chan dans les centres administratifs chimús des autres vallées de la côte nord, comme le suppose Keatinge (1982a; voir supra p.320). Peut-être représentaient-elles également le pouvoir des ancêtres vénérés, en particulier celui des dirigeants défunts des *ciudadelas* de Chan Chan. Les cérémonies qui se déroulaient dans ces centres, associées à la présence de structures en U et donc des momies ou des idoles qui pouvaient y être déposées, renforçaient localement le pouvoir de la capitale. On peut donc se demander si les centres administratifs chimús de la vallée de Chicama et d'autres régions ne servaient pas, entre autres, à diffuser l'idéologie et le culte aux ancêtres des lignages royaux sur lesquels se basaient probablement les souverains de Chan Chan pour asseoir leur puissance.

Chan Chan et les provinces du royaume

La fonction cérémonielle des structures en U que nous avons présentée amène à s'interroger de nouveau sur la nature des relations qu'entretenaient les dirigeants de Chan Chan avec les populations et les élites des régions du royaume, comme la vallée de Chicama.

Les structures en U et les populations de la côte nord

Les offrandes et rites qui pouvaient être réalisés en l'honneur des momies ou des idoles placées dans des structures en U semblent s'inscrire dans une sorte de culte lié aux dirigeants défunts de la capitale ou à leur mémoire. Les constructions de ce type se trouvent d'ailleurs surtout dans les *ciudadelas* où, selon Conrad (1974; 1980; 1982), étaient enterrés les souverains chimús. Tout comme chez les Incas[18], ces derniers étaient probablement considérés comme des êtres de caractère semi-divin et de ce fait, adulés avant et après leur mort (Conrad 1974). Mais, le nombre important de structures recensées indique que plusieurs momies y étaient vénérées.

Outre les momies des dirigeants chimús, on peut se demander si des idoles ou des ancêtres, appartenant à des lignages différents et originaires d'autres régions, n'étaient pas, eux aussi, placés dans les structures en U. L'analogie avec les Incas, notamment la fête de la Situa, permet d'avancer quelques hypothèses à ce sujet.

Plusieurs chroniqueurs (Garcilaso 2000 [1609]; Guaman Poma 1980 [1615]) décrivent la fête de la Situa (ou Citua) qui se déroulait à Cuzco, au mois de septembre. Après avoir vidé Cuzco des étrangers, des coureurs partaient de la place principale et emportaient les maux et les maladies en dehors de la ville, en direction des quatre points cardinaux, et les jetaient dans des cours d'eau (Zuidema 1978; Monteverde 2011). Cette cérémonie de purification symbolique s'accompagnait, les jours suivants, de rites mettant en scène les momies des dirigeants incas à qui on faisait des offrandes.

Après une semaine de fête, lors du 8e jour, ceux qui avaient été chassés de Cuzco réintégraient la ville et les représentants des communautés de tout le Tawantinsuyu arrivaient en pèlerinage avec leurs wak'as, c'est-à-dire leurs idoles sacrées (Monteverde 2011). Monteverde explique qu'à cette occasion, les pèlerins rendaient hommage au Soleil et à d'autres divinités, mais ils renouaient surtout des alliances politiques avec les dirigeants incas. Lorsque ces représentants repartaient pour leur région d'origine, ils

16 - Les édifices religieux de nombreuses cultures abritent souvent une pièce particulièrement sacrée, considérée comme le « saint des saints », au cœur de leurs murs. Que ce soit dans les temples grecs, égyptiens ou les églises chrétiennes, pour ne citer que quelques exemples, cet endroit sacré se trouve à l'opposé de l'entrée principale, ce qui oblige les fidèles à traverser complètement le temple.

17 - Les prêtres catholiques de la France du 17e siècle notaient les naissances, les mariages et les décès, dans les registres paroissiaux. Cette fonction administrative n'entravait pas les activités cultuelles.

18 - C'est aussi le cas pour les pharaons égyptiens, les empereurs romains et même l'empereur actuel du Japon.

abandonnaient leurs idoles sur place et reprenaient celles qu'ils avaient laissées l'année précédente (Monteverde 2011). Ces échanges d'objets vénérés, retenus « en otage » sous la bonne garde des Incas, garantissaient le renouvellement des relations politiques entre les dirigeants et les groupes ethniques soumis.

D'autres pèlerinages, notamment celui de Pachacamac et celui des îles du lac Titicaca (Stanish and Bauer 2007; Curatola Petrocchi, 2008), permettaient également d'affermir l'idéologie sur laquelle les dirigeants incas fondaient leur autorité.

Il n'existe aucune mention d'une cérémonie similaire à la Situa ou d'un pèlerinage, vers Chan Chan, sur la côte nord du Pérou, mais l'exemple inca permet tout de même de s'interroger sur le rôle que pouvaient jouer les nombreuses structures en U de Chan Chan. Si on admet que des idoles ou des momies étaient placées, ne serait-ce que le temps d'une cérémonie, dans des structures en U, on peut supposer que certaines d'entre elles étaient amenées par des représentants des populations d'autres vallées, venus en pèlerinage. Pourquoi ne pas penser, comme le suggère Patrice Lecoq (communication personnelle de mai 2011), que chaque structure en U correspondrait aux membres d'un groupe ou d'une communauté particulière qui y déposaient temporairement leur idole.

On ne peut malheureusement pas déterminer combien de temps ni à quels moments de l'année ces idoles étaient entreposées dans ces constructions. La probable destruction des objets sacrés indigènes à la Période Coloniale ne permet pas non plus de se faire une idée précise de leur nature. Étaient-ce des pierres, comme les *Alecpong* décrits par Calancha (1974 [1638]: 1240) ? Ou des statues figuratives comme l'idole de pierre verte, nommée Yampallec, de la légende de Naymlap ?

Ces hypothèses sont difficiles à étayer en l'absence d'indice archéologique ou ethnohistorique. Toutefois, le nombre important de structures en U recensées dans les *ciudadelas* les plus récentes[19] appuie cette interprétation. Comme nous l'avons vu au chapitre 3.2, la succession chronologique des grandes enceintes de Chan Chan n'est pas la même d'un auteur à l'autre. Toutefois, les *ciudadelas* Rivero, Tschudi, Bandelier et Velarde, fréquemment considérées comme les quatre derniers palais de la capitale (Kolata 1977; 1982; 1990; Topic and Moseley 1983; Cavallero 1991; 1997), abritent plus de 60 % des structures en U recensées dans les dix *ciudadelas*. Dans les dernières décennies de son existence, le royaume chimú dominait de nombreuses communautés, ce qui impliquerait donc la présence de plusieurs structures en U pour accueillir, durant une ou plusieurs cérémonies, les idoles sacrées venues de ce vaste territoire.

19 - Notons que les mêmes données servent à Topic (2003) pour illustrer la complexification de l'administration chimú, impliquant un plus grand nombre de structures en U.

Malheureusement, les difficultés à déterminer la contemporanéité de l'usage des grandes enceintes et des structures en U qu'elles recèlent posent problème. On ne peut pas savoir si les structures en U des premières *ciudadelas* ont été utilisées jusqu'à l'arrivée des Incas. Mais si tel était le cas, le nombre de structures pouvant accueillir des idoles ou des momies n'a fait qu'augmenter au fur et à mesure que se construisaient de nouveaux palais et que le royaume chimú s'étendait. Il serait néanmoins souhaitable de développer les recherches archéologiques stratigraphiques à Chan Chan pour rompre avec cette « chronologie horizontale » et affiner les datations et l'évolution de ce site au cours de l'Intermédiaire Récent.

Les bâtiments d'architecture intermédiaire et les élites provinciales

Les bâtiments d'architecture intermédiaire où résidaient les membres d'une élite de faible rang, selon Klymyshyn (1976; 1980; 1982), recèlent également des structures en U.

Il convient de s'interroger sur l'origine et le rang social des personnages qui vivaient dans ces édifices aux caractéristiques architecturales variées, décrits au chapitre 3.2. S'agissait-il d'individus originaires de Chan Chan ? Faisaient-ils tous partie d'une élite et comment s'est formée celle-ci ?

Seuls sept bâtiments d'architecture intermédiaire ont été datés des premières phases du site et s'ils étaient effectivement destinés à l'élite, comme le suppose Klymyshyn (1976; 1980; 1982), cette dernière n'était pas très importante à cette époque ancienne. Mais par la suite, à l'apogée de Chan Chan, Klymyshyn (1976; 1980; 1982; 1987) recense 33 édifices de ce type, ce qui indique un nombre considérable de personnes appartenant à cette petite noblesse. Plusieurs facteurs pourraient expliquer cette augmentation, comme l'implication croissante des élites locales d'autres régions dans l'administration du royaume chimú ou leur participation à la vie cérémonielle de la capitale.

L'expansion territoriale chimú et l'annexion de nouvelles populations coïncident avec l'accroissement du nombre de bâtiments d'architecture intermédiaire. Il est donc probable que l'élite résidant dans ces édifices ait intégré progressivement des individus importants originaires des régions conquises, entre autres, la vallée de Chicama. Si, comme nous l'avons suggéré plus haut, des *curacas* venaient à Chan Chan, lors de cérémonies comparables à la Situa des Incas, pour tisser des alliances ou faire acte d'allégeance aux dirigeants chimús, n'est-il pas envisageable que certains d'entre eux aient vécu ou disposé d'une résidence dans la capitale ? De cette façon, ils se trouvaient au cœur du royaume, là où les décisions politiques étaient prises.

À partir des sources ethnohistoriques, Noack (2002) documente un phénomène similaire, puisque des *curacas* originaires de Cajamarca se sont établis à Trujillo, au 16e siècle.

En résidant dans cette ville coloniale, il leur était plus facile de dénoncer des abus et de porter leurs causes devant les autorités espagnoles. Si des chefs de communautés vivaient, ne serait-ce que ponctuellement, à Chan Chan, ils pouvaient faire entendre leur voix auprès des souverains chimús.

La probable présence de *curacas* originaires de la vallée de Chicama, à Chan Chan, permet d'expliquer pourquoi l'implantation des centres administratifs par les autorités de la capitale s'est limitée aux marges de la vallée. On peut en effet penser qu'en résidant auprès des souverains chimús, les membres de l'élite de Chicama ont défendu les intérêts des populations locales de cette vallée qu'ils représentaient, tout en démontrant, à travers leur implication dans les décisions politiques, leur fidélité envers le pouvoir central.

Conclusion

La proximité géographique entre la vallée de Chicama et Chan Chan et les données archéologiques et ethnohistoriques recueillies nous renseignent sur l'existence de relations politiques et économiques fortes entre les Chimús de Chicama et ceux de la capitale.

L'agrandissement du réseau d'irrigation et l'expansion de l'agriculture ont pu être favorisés par plusieurs facteurs, certains technologiques, avec l'emploi d'outils en métal, d'autres démographiques, avec l'augmentation de la population et de la main-d'œuvre. Mais, la participation des souverains chimús a vraisemblablement joué un rôle important dans le développement de l'agriculture sur les marges de la vallée basse.

Cette implication du pouvoir central de Chan Chan amène à formuler de multiples hypothèses quant aux objectifs d'une telle expansion agricole et de son contrôle. Dans le cas d'une production alimentaire, de maïs, de courges, de haricots et d'autres denrées, les récoltes ont pu être distribuées aux communautés de la vallée de Chicama et d'autres régions ou plus probablement aux habitants de Chan Chan. La variété de maïs proto-Alazan, particulièrement adaptée aux conditions environnementales des zones marginales, était destinée à la préparation de *chicha*, une boisson occupant une place centrale dans les cérémonies religieuses et la mobilisation de la main-d'œuvre. Quant aux cultures de coton, elles ont pu fournir de la matière première aux tisserands de Chan Chan qui fabriquaient des textiles de qualité, utilisés par les membres de l'élite qui les portaient pour exhiber leur puissance ou qui les échangeaient pour nouer des alliances. L'approvisionnement en matières premières, nécessaires à l'acquisition de *chicha* et de textiles qui entraient en jeu dans de nombreux mécanismes sociopolitiques, a vraisemblablement renforcé la position et le pouvoir des dirigeants chimús de Chan Chan.

L'exploitation agricole des marges de la vallée de Chicama, quel que soit le type de plante qui y était cultivée, a donc pu contribuer à l'essor démographique et politique de ce site dès les premières phases de son existence, avant qu'il se convertisse en la capitale d'un vaste royaume.

Le développement de l'agriculture s'est accompagné d'une domination politique des dirigeants de Chan Chan qui ont installé des centres administratifs et cérémoniels à des endroits stratégiques, dans la vallée de Chicama. Depuis ces sites, des fonctionnaires pouvaient contrôler des ressources naturelles, notamment les terres, le guano et surtout l'eau qui était sous surveillance depuis le site n°94, loin en amont, jusqu'à l'extrémité des canaux de Mocan. Ces établissements ont pu également favoriser la mobilisation de la main-d'œuvre indispensable à l'exploitation des zones marginales de la vallée basse, éloignées des sites résidentiels. Les cérémonies qui devaient se dérouler sur ces sites et la symbolique du pouvoir exprimée à travers l'architecture monumentale des édifices, similaires aux *ciudadelas*, servaient probablement à diffuser un message idéologique fort, auprès des travailleurs appelés à exploiter les terres et les ressources des environs, sous les ordres des fonctionnaires de Chan Chan.

Néanmoins, cette domination directe des dirigeants de la capitale était limitée à quelques zones marginales de la vallée de Chicama. Les terres du centre de la vallée basse et du fond de la vallée moyenne étaient sous le contrôle des élites locales avec lesquelles les autorités de Chan Chan devaient composer. Les liens et les alliances politiques tissés entre les *curacas* de Chicama et les souverains chimús pouvaient prendre la forme de dons d'objets précieux produits à Chan Chan et de contre-dons de main-d'œuvre et de matières premières en provenance de Chicama. D'éventuels mariages, difficiles à détecter grâce aux seuls vestiges archéologiques, ont également pu contribuer à rapprocher les élites de la vallée et celles de la capitale. Enfin, la participation des *curacas* de Chicama aux cérémonies organisées au sein des *ciudadelas* a pu pousser ces petits chefs locaux à se soumettre aux dirigeants chimú qui exaltaient leur pouvoir et leur puissance à travers l'architecture et le faste des fêtes. Inversement, on peut supposer que des représentants des souverains participaient aux cérémonies qui se déroulaient dans les centres majeurs de Chicama, sous les auspices des *curacas* de la vallée.

Ces relations politiques entre les élites de Chan Chan et celles de Chicama invitent à une relecture de certaines données au sujet de ce site. Ainsi, les structures en U, jusqu'à présent interprétées comme des constructions à caractère administratif, pourraient aussi avoir eu une éventuelle fonction cérémonielle et rituelle. Plusieurs indices et des analogies avec le modèle des Incas et avec certaines représentations peintes sur des vases mochicas laissent penser que ces structures abritaient, le temps d'une cérémonie, des momies d'ancêtres vénérés ou des idoles. On peut ainsi supposer que ces dernières recevaient des offrandes, dans le cadre du culte aux ancêtres qui transparaissait également durant des cérémonies organisées dans les grandes places (Uceda 1999) et sur les plateformes funéraires des *ciudadelas* (Conrad 1974; 1980; 1982). Mais le grand nombre de structures en U suggère la participation d'autres groupes qui ont pu amener leurs idoles ou momies, lors de fêtes religieuses rassemblant à Chan Chan des populations de tout le royaume chimú, à l'instar de la fête de la Situa inca. Le caractère cérémoniel qui se dégage de la plupart des constructions de la capitale, en particulier les *ciudadelas*, renforçait vraisemblablement le pouvoir d'attraction de ce site.

En dehors des fêtes, les élites locales des autres vallées, comme celle de Chicama, résidaient probablement dans les bâtiments d'architecture intermédiaire. On peut ainsi penser que les représentants des communautés du territoire chimú, réunis à Chan Chan, s'intégraient dans les rouages des décisions politiques et défendaient les intérêts des populations locales tout en démontrant leur fidélité envers les dirigeants chimús. En plus de sa fonction de capitale politique des Chimús et des nombreuses activités économiques que ce site abritait, Chan Chan devait être un centre cérémoniel de premier plan, attirant et rassemblant des communautés d'origine diverse.

Les dirigeants de Chan Chan dominaient donc directement, grâce à des centres administratifs, certaines zones marginales de Chicama dont l'exploitation contribuait à renforcer leur pouvoir et la puissance de la capitale. Ils nouaient aussi d'étroits liens avec les élites locales afin de contrôler de manière indirecte la population de la vallée qui était ainsi intégrée au royaume chimú. Enfin, l'attraction que le site de Chan Chan a pu exercer sur les communautés de la côte nord, à travers le faste de ses cérémonies et la puissance politique de ses dirigeants, a vraisemblablement servi à maintenir la cohésion du royaume chimú, durant plusieurs siècles.

CONCLUSION

À l'Intermédiaire Récent (1000-1470 apr. J.-C.), les Chimús se sont étendus sur la côte nord du Pérou, à partir la vallée de Moche et de leur site majeur, Chan Chan, annexant de nombreuses vallées, notamment celle de Chicama.

Avec ses immenses *ciudadelas*, probables palais-mausolées administratifs, cérémoniels et cultuels des dirigeants chimús, ses *huacas*, ses bâtiments d'architecture intermédiaire où résidaient des membres de l'élite et ses petites structures simples et agglutinées qui abritaient des artisans spécialisés, le site de Chan Chan était à la fois le centre politique, cérémoniel et économique du royaume chimú (Moseley and Day 1982 ; Campana 2006). Mais en dépit des nombreuses études dont ce site exceptionnel a fait l'objet, ses origines et les causes de son essor demeurent obscures.

Les recherches archéologiques menées sur quelques sites chimús de la côte nord, entre autres à Manchan, Farfan ou El Milagro de San José, ont démontré l'existence d'un vaste réseau de centres administratifs hiérarchisés, piloté depuis Chan Chan (Moore and Mackey 2008). L'architecture des principaux édifices de ces sites est effectivement inspirée de celle des *ciudadelas* de la capitale et révèle l'implication des dirigeants chimús. La diffusion de ce modèle architectural depuis Chan Chan illustre donc l'installation d'une administration complexe qui s'étendait sur le territoire chimú pour en permettre le contrôle et l'exploitation. Mais malgré cette vision générale de la gestion de la côte nord par les Chimús, nos connaissances à ce sujet sont limitées à une échelle locale, en particulier dans la vallée de Chicama.

Comme nous l'avons vu au chapitre 1, cette vallée, localisée à quelques kilomètres au nord de Chan Chan, offre des environnements variés au sein desquels se sont établis les Chimús, à l'Intermédiaire Récent. L'examen des vestiges archéologiques recensés au cœur de la vallée de Chicama, périphérie proche de la capitale chimú, nous renseigne au sujet de ce paysage socioculturel et nous révèle l'existence de stratégies particulières. Nos recherches ont en effet permis de mettre en évidence des logiques d'implantation humaine et une gestion de la région quelque peu différentes du modèle administratif proposé pour l'ensemble du royaume chimú.

I. Les résultats de nos recherches

Les 206 sites chimús inventoriés par les archéologues qui ont prospecté avant nous la vallée (Chauchat *et al.* 1998 ; Leonard and Russell 1992 ; Gálvez *et al.* 2003 ; etc.) et les 569 sites potentiels repérés sur des images satellites de Google Earth ont contribué au recensement des 167 établissements répertoriés au cours de prospections pédestres et présentés au chapitre 4. Ces vestiges se répartissent au sein de 23 zones, localisées dans les parties basses, moyennes et hautes de la vallée, et choisies pour leur fort potentiel archéologique, dans la plupart des cas. L'analyse du matériel céramique récolté en surface, décrit dans le chapitre 5, permet de dater l'occupation de la majeure partie de ces sites ; ainsi, 88 d'entre eux datent de l'Intermédiaire Récent et 49 accueillaient des groupes chimús. Ces établissements se composent de vestiges de nature variée : des concentrations de matériel, des édifices ou des infrastructures.

Notre méthodologie basée sur l'emploi des images satellites de Google Earth et l'étude de tous les types de sites, y compris les plus petits établissements souvent délaissés, n'est pas sans rappeler le projet Virú dont les membres, il y a près de 70 ans, rompaient avec l'approche traditionnelle, centrée sur les ruines monumentales, et utilisaient des photos aériennes pour repérer les sites (Ford and Willey 1949). Outre la vallée de Virú, celle de Jequetepeque a aussi été intensément prospectée par Kolata, Dillehay et Swenson (2004) qui ont également tenu compte des plus infimes vestiges archéologiques. Bien que nos moyens ne soient pas comparables avec ceux de ces deux projets, nos recherches touchent à l'ensemble de la vallée et permettent une approche globale de l'occupation de cette région.

Dix-sept des sites de l'Intermédiaire Récent, examinés au cours du chapitre 6, comportent des concentrations de céramique et correspondaient vraisemblablement à de petits hameaux. Certains d'entre eux ont pu être occupés pendant de courts laps de temps, afin de bénéficier de sources d'eau temporaires qui apparaissent consécutivement à un phénomène d'El Niño. Nous avons également présenté dans le chapitre 8, vingt autres établissements avec de petites structures simples qui servaient de lieux d'habitat pour des populations de rang inférieur.

Nos prospections ont aussi révélé treize vastes sites composés de nombreux bâtiments de taille diverse. Ainsi, de grandes structures complexes devaient faire office de résidences pour des membres de l'élite, chargés de gérer les ressources et la population des alentours. Édifiées aux côtés de petites structures simples, ces constructions faisaient partie de villages qui constituaient, pour les plus importants d'entre eux, les centres résidentiels, cérémoniels et administratifs majeurs des Chimús de Chicama.

Vingt-deux petits sites isolés recèlent d'imposants bâtiments, en particulier de hautes plateformes d'adobe, de larges enceintes ou des structures complexes en pierre. Ces établissements au caractère cérémoniel et/ou administratif sont principalement localisés dans les zones marginales de la vallée basse et permettaient, dans la plupart des cas, de contrôler des infrastructures, notamment des canaux et des chemins.

Les quelques voies de communication recensées, décrites dans le chapitre 9, étaient bordées de relais-routiers similaires à des *tambos* incas et reliaient la vallée basse de Chicama à celle de Moche, au sud, et à celle de Jequetepeque, au nord. Elles suggèrent l'existence d'échanges entre ces régions, qui devaient se réaliser au moyen de caravanes de camélidés pouvant faire halte pour la nuit au sein de vastes enclos.

Pour leur part, les nombreuses infrastructures à caractère agricole inventoriées, en particulier des canaux longs de plusieurs dizaines de kilomètres qui arrosaient les régions marginales de la vallée basse, aujourd'hui désertiques, dénotent l'importance de l'agriculture dans la plaine côtière. Dans le fond de la vallée moyenne, plus montagneux, de petits canaux adaptés au relief irriguaient les terrasses naturelles et les berges des cours d'eau. Nos recherches ont aussi permis de documenter des champs à sillons rectilignes ou serpentiformes encore préservés, des *huachaques* creusés non loin des plages et quelques terrasses aménagées pour l'exploitation de terrains en pente.

Au cœur du site agricole de Mocan (n°162), nous avons relevé une enceinte similaire à une *ciudadela* de Chan Chan, mais de taille réduite. Ce type de bâtiment a également été mis en évidence sur les sites n°13 et 94, ainsi qu'à Quebrada del Oso et à Ascope Viejo, recensés par Keatinge (1974) et Leonard et Russell (1992). Ces établissements faisaient partie du réseau de centres administratifs mis en place depuis Chan Chan et symbolisaient, sans nul doute, la marque du pouvoir des dirigeants de la capitale chimú. Leur faible nombre – ils ne sont que cinq – suggère néanmoins que l'emprise des élites de la capitale chimú était, somme toute, assez réduite, dans la vallée de Chicama.

Enfin, le dernier type de vestige notable mis au jour concerne treize sites comportant des concentrations de matériel céramique et d'ossements. Il s'agissait de nécropoles recélant de nombreuses sépultures malheureusement pillées, ce qui n'en facilite pas l'étude. On peut toutefois supposer que certaines d'entre elles, associées à des montagnes visibles dans le paysage qui étaient probablement vénérées, comme le cerro Piedra Parada (Valladares 2012) ou le cerro El Sapo, constituaient des marqueurs spatiaux, délimitant les territoires des différentes communautés chimús.

La bonne conservation des ruines dans cette région a donc permis d'interpréter les rôles probables de ces sites qui pouvaient avoir un caractère résidentiel, administratif, cérémoniel, voire éventuellement défensif ou funéraire dans certains cas. Ces nombreux établissements, auxquels s'ajoutent ceux recensés par d'autres archéologues (Chauchat *et al.* 1998 ; Leonard and Russell 1992 ; Gálvez *et al.* 2003 ; León 2011 ; etc.), nous renseignent donc au sujet de l'implantation chimú dans la vallée de Chicama, en particulier sur le littoral et dans le fond de la vallée moyenne, densément occupés à l'Intermédiaire Récent. Ces sites, une fois replacés dans leurs contextes géographiques, amènent à s'interroger sur les logiques d'occupation du territoire de la vallée.

II. L'implantation humaine dans la vallée de Chicama, à l'Intérmédiaire Récent

Le cœur de la plaine côtière abrite des centres résidentiels, cérémoniels et administratifs majeurs, tels les sites de Cerro Pan de Azucar et de Cerro Mocollope, qui indiquent que cette région était sous le contrôle des membres de l'élite locale, comme le montre la figure C.1. On remarque que les informations tirées des archives du début de la Période Coloniale et des travaux d'ethnohistoriens, comme Netherly (1977 ; 1984), Ramírez (1986 ; 1995a ; 1995b), Rostworowski (1975b) ou Zevallos (1992), concordent en de nombreux points avec les données archéologiques ; chaque site majeur chimú est localisé au cœur du territoire d'une importante communauté indigène du 16e siècle.

La structure duale de l'organisation sociopolitique des *curacas* de la Période Coloniale, mise en évidence par Netherly (1977 ; 1984) et présentée dans le chapitre 2.3, pourrait dater de l'époque chimú et il est probable que les communautés installées de part et d'autre du fleuve appartenaient aux deux moitiés de la vallée. Le *cacique principal* vivait sur la rive nord, tandis que son second résidait sur la rive sud du río Chicama, ce dernier créant une division nette dans le paysage.

Même s'il convient d'éviter l'écueil d'une vision atemporelle de l'organisation sociopolitique des habitants de la vallée basse de Chicama, la concordance observée entre les sources ethnohistoriques et les données archéologiques tend à prouver une certaine continuité dans les structures locales, malgré les changements provoqués par la domination des Incas, puis des Espagnols.

Depuis les sites majeurs de la plaine côtière, les *curacas* de Chicama pouvaient gérer les canaux principaux dont le tracé est, selon Netherly (1984), aujourd'hui marqué par des canaux modernes. Nous avons supposé, dans le chapitre 10.2, que les terres alentour étaient ainsi exploitées par des paysans, sous les ordres de ces membres de l'élite qui mobilisaient la main-d'œuvre et supervisaient les tâches agricoles.

La présence de sites résidentiels majeurs et de plusieurs établissements à caractère cérémoniel dans la vallée basse démontre donc que cette région constituait le siège de communautés chimús, dirigées par des élites locales dont les descendants ont continué de gouverner les habitants de la vallée, aux 16e et 17e siècles. Mais dans le fond de la vallée moyenne, la situation est quelque peu différente.

Cette région montagneuse de basse altitude a révélé de nombreux sites résidentiels chimús, témoins d'une implantation relativement dense à l'Intermédiaire Récent, mentionnée au chapitre 10.1. Installés sur les terrasses naturelles qui surplombent les berges du río Chicama, de gros villages abritaient une population composée de personnes de rang inférieur et de membres de l'élite. La plupart de ces bourgs ne sont toutefois pas aussi importants que les sites majeurs de la vallée basse.

En revanche, dans la quebrada Santanero, l'implantation est plus dispersée et les établissements de taille réduite ne comportent que de petites structures simples. Les habitants de ces hameaux éparpillés devaient probablement suivre les directives des individus occupant les deux seuls sites à caractère administratif recensés dans cette *quebrada* (n°69 et 70).

Cette présence chimú dans le fond de la vallée moyenne signale l'avancée de ce peuple côtier, reportée sur la carte C.1, le long du río Chicama qui a servi de voie de pénétration vers l'intérieur des terres, au cœur des régions montagneuses de faible altitude. La rareté des sites à caractère cérémoniel et/ou de grande envergure qui s'y trouvent contraste avec les nombreux établissements importants de la plaine côtière. Ces derniers devaient constituer des pôles d'attraction pour les habitants qui venaient du fond de la vallée moyenne, ce qui amène à envisager l'existence de mouvements de personnes entre les parties moyennes et basses de Chicama (fig.C.1). Les membres de l'élite, résidant dans les sites de la vallée moyenne, étaient vraisemblablement alliés et/ou subordonnés aux *curacas* de la plaine et devaient être chargés du contrôle de cette région.

La limite territoriale des Chimús, dans cette région intermédiaire entre les sommets et la plaine côtière n'est pas clairement décelable. Bien que les Chimús ne se soient visiblement pas établis au-delà de 1000 m d'altitude, l'implantation humaine des groupes de la sierra se concentrait sur les crêtes, à près de 3000 m (Krzanowski 2006).

On peut ainsi supposer que cette présence chimú dans des régions montagneuses a contribué à la mise en place d'échanges avec les populations vivant sur les hauteurs, notamment les groupes Cajamarca de la cordillère de Guzmango, au nord, ou les Huamachuco de la vallée haute, au sud-est, figurés par une plage de points clairs sur la carte C.1. Malheureusement l'espace compris entre le fond de la vallée et les cimes des montagnes demande à être encore exploré de manière approfondie pour déterminer la nature de ces échanges et les relations territoriales qu'entretenaient les Chimús avec leurs voisins de la sierra.

L'occupation chimú dans les parties basses et moyennes de la vallée, relativement dense, implique également l'exploitation et la gestion de ce territoire. On peut donc se demander quelles ressources naturelles, comme l'eau, la terre ou le guano, les Chimús exploitaient et comment ils ont tiré parti des caractéristiques géographiques de la vallée de Chicama.

III. Le contrôle de l'eau, de l'irrigation et de l'agriculture

Si l'installation de groupes chimús dans le fond de la vallée moyenne a certes pu favoriser le développement des échanges, il semble que les objectifs des Chimús étaient surtout liés à l'eau et au río Chicama, source de vie primordiale dans un environnement désertique. En effet, nous avons démontré dans le chapitre 10.2 que les sites les plus importants de cette région montagneuse sont localisés à des zones de confluence, associées au concept de « *tinku* » ou « *chawpi* », et permettaient de contrôler le fleuve et ses principaux affluents, notamment les ríos Chuquillanqui et Ochape. Comme l'illustre la carte C.1, en dominant le río sur environ 60 % de son parcours et en supervisant les confluences où le débit augmente, les Chimús ont sécurisé leur mainmise sur les ressources hydriques, indispensables au développement de l'agriculture en aval, dans la plaine côtière.

Ce rapport particulier à l'eau transparaît également dans les vestiges de la vallée basse. L'entretien des canaux qui s'étendaient sur plusieurs kilomètres devait être effectué régulièrement afin de maintenir un débit suffisant pour les cultures. Mais il fallait aussi faire face aux destructions engendrées par les phénomènes récurrents d'El Niño qui transformaient momentanément le paysage. Ainsi, des murs isolés permettaient peut-être de protéger le réseau d'irrigation des cours d'eau temporaires, créés par les pluies abondantes de ces phénomènes climatiques. Comme ces murs n'étaient probablement pas suffisamment solides pour résister à ces torrents, la principale stratégie adoptée par les Chimús consistait surtout à impulser une réaction rapide des populations. Ces dernières étaient facilement mobilisées grâce à des sites à caractère administratifs, localisés à proximité des zones de destruction, afin de remettre en état les canaux endommagés.

L'expansion territoriale dans la vallée moyenne, le contrôle des cours d'eau en amont et les politiques mises en place pour lutter contre les effets destructeurs des phénomènes d'El Niño ont certainement favorisé une meilleure gestion de l'eau, indispensable à la culture des terres arides du littoral, et ont donc eu des impacts positifs sur l'exploitation agricole. La vallée de Chicama dispose, en effet, de plusieurs atouts géographiques avantageant le développement de l'agriculture, notamment sa large plaine côtière et un fleuve au débit relativement puissant, mais également très variable. Les vastes exploitations de canne à sucre qui recouvrent aujourd'hui cette région attestent ce potentiel agricole. Les Chimús, qui ne s'y sont d'ailleurs pas trompés, ont ainsi étendu la superficie des terres cultivées au maximum des capacités de la vallée.

Les nombreux canaux, visibles sur les images satellites et relevés au cours de nos prospections, témoignent de l'expansion agricole qui a eu lieu à l'Intermédiaire Récent. La carte C.1 indique leur présence dans des régions marginales de la plaine côtière, éloignées des cours d'eau, démontrant la maîtrise de l'eau par les Chimús qui ont agrandi le réseau d'irrigation pour exploiter une superficie supérieure à celle actuellement cultivée. Après plusieurs siècles de développement progressif du système d'irrigation, l'Intermédiaire Récent voit donc la vallée basse de Chicama atteindre son apogée agricole.

Cette exploitation agricole dans la vallée par les Chimús de Chicama, ainsi que l'existence de quelques centres administratifs, comme Mocan ou Quebrada del Oso, conduisent à s'interroger sur le rôle de cette région dans l'essor économique de la capitale dont il fallait nourrir la population.

IV. Chicama, une région périphérique indispensable à Chan Chan

Keatinge (1974) et Pozorski (1987) supposent que la dernière phase de ce développement de l'agriculture est principalement due à la politique d'extension et de construction du réseau hydraulique, impulsée par les élites de Chan Chan, comme l'atteste la présence des sites de Mocan (n°162), d'Ascope Viejo et de Quebrada del Oso (symbolisés par des carrés sur la fig.C.1), à proximité des canaux. Contrairement au cœur de la plaine côtière, directement exploité par les communautés locales de la vallée, ces terrains périphériques étaient placés sous le contrôle des élites de Chan Chan, grâce à ces centres administratifs ruraux. Les grands canaux marginaux, tels ceux de La Cumbre et d'Ascope, ont aussi pu être porteurs d'un message idéologique fort, gravé dans le paysage de la vallée. En construisant ces ouvrages hydrauliques monumentaux, les dirigeants de Chan Chan ont peut-être cherché à démontrer, aux yeux de tous, leur capacité à transformer le désert en un lieu de vie, propice à l'agriculture.

Il est également probable que les dirigeants chimús de la capitale encadraient l'exploitation des dépôts de guano de la pointe Malabrigo, où se trouve le centre administratif n°13 (fig.C.1). Ce puissant fertilisant aurait d'ailleurs pu être employé pour améliorer le rendement des zones marginales de Mocan et de Quebrada del Oso.

Selon Keatinge (1974 ; 1982) et Mackey (1987), les sites administratifs chimús ruraux servaient à superviser les ressources naturelles et leur exploitation. Mais on peut aussi supposer que la répartition équitable de l'eau dans les différentes parcelles et la mobilisation de la main-d'œuvre étaient effectuées par des fonctionnaires occupant ces sites. Les sources ethnohistoriques analysées dans le chapitre 2 (AGI Justicia 458 fol. 1937r. ; Rostworowski 1975 ; Netherly 1977) nous renseignent sur le rôle de la *chicha*, cette bière de maïs, indispensable au recrutement des travailleurs. Il est probable qu'elle fut un atout décisif dans la mobilisation des personnes appelées à exploiter les champs de Mocan ou de Quebrada del Oso, qui résidaient à plusieurs kilomètres de distance.

Outre leurs fonctions administratives de contrôle des ressources et de la force de travail, ces centres accueillaient vraisemblablement des cérémonies, similaires à celles qui rythmaient les tâches agricoles ou le nettoyage des canaux, à l'époque inca (Murra 1978 : 46-47) et encore aujourd'hui dans de nombreuses régions des Andes (Castro *et al.* 1994 ; Carlier 2013). Ces grandes manifestations permettaient d'exhiber localement la puissance des dirigeants de Chan Chan dont l'autorité se trouvait symbolisée dans l'architecture même des « mini-*ciudadelas* » de ces sites.

Il est probable que des plantes alimentaires, comme du maïs, des courges, des haricots, des piments ou des patates douces, pour n'en citer que quelques-uns, étaient cultivées dans les champs de Mocan ou de Quebrada del Oso, sous le contrôle des fonctionnaires de la capitale. Ces denrées étaient ensuite envoyées à Chan Chan pour nourrir la population, favorisant ainsi la croissance démographique de ce site (fig.C.1).

Dans le cas de plantations de maïs proto-Alazan ou de coton, deux espèces adaptées aux conditions environnementales de ces zones marginales (Watson 1979), nous avons supposé, au cours du chapitre 11.1, que les récoltes étaient destinées à la préparation de *chicha* ou à la fabrication de fins textiles.

À Chan Chan, la *chicha* avait le même rôle qu'au sein des centres administratifs de Chicama et pouvait, par exemple, servir à réunir les ouvriers chargés de l'édification des *ciudadelas*. Cette boisson alcoolisée rituelle était aussi offerte en abondance, durant les cérémonies religieuses organisées au cœur des vastes places des palais de la capitale. Enfin, lors de ces festivités, les souverains chimús endossaient des vêtements de tissus luxueux, ornés de motifs et de symboles, vecteurs de l'idéologie du pouvoir (Cornejo y Sinclair 2005).

Ainsi, la *chicha* et les textiles entraient en jeu dans divers mécanismes politiques, en particulier lors des cérémonies qui exaltaient la puissance des dirigeants. La production de maïs ou de coton dans la vallée de Chicama a donc vraisemblablement contribué de manière significative au renforcement de l'autorité des élites de Chan Chan.

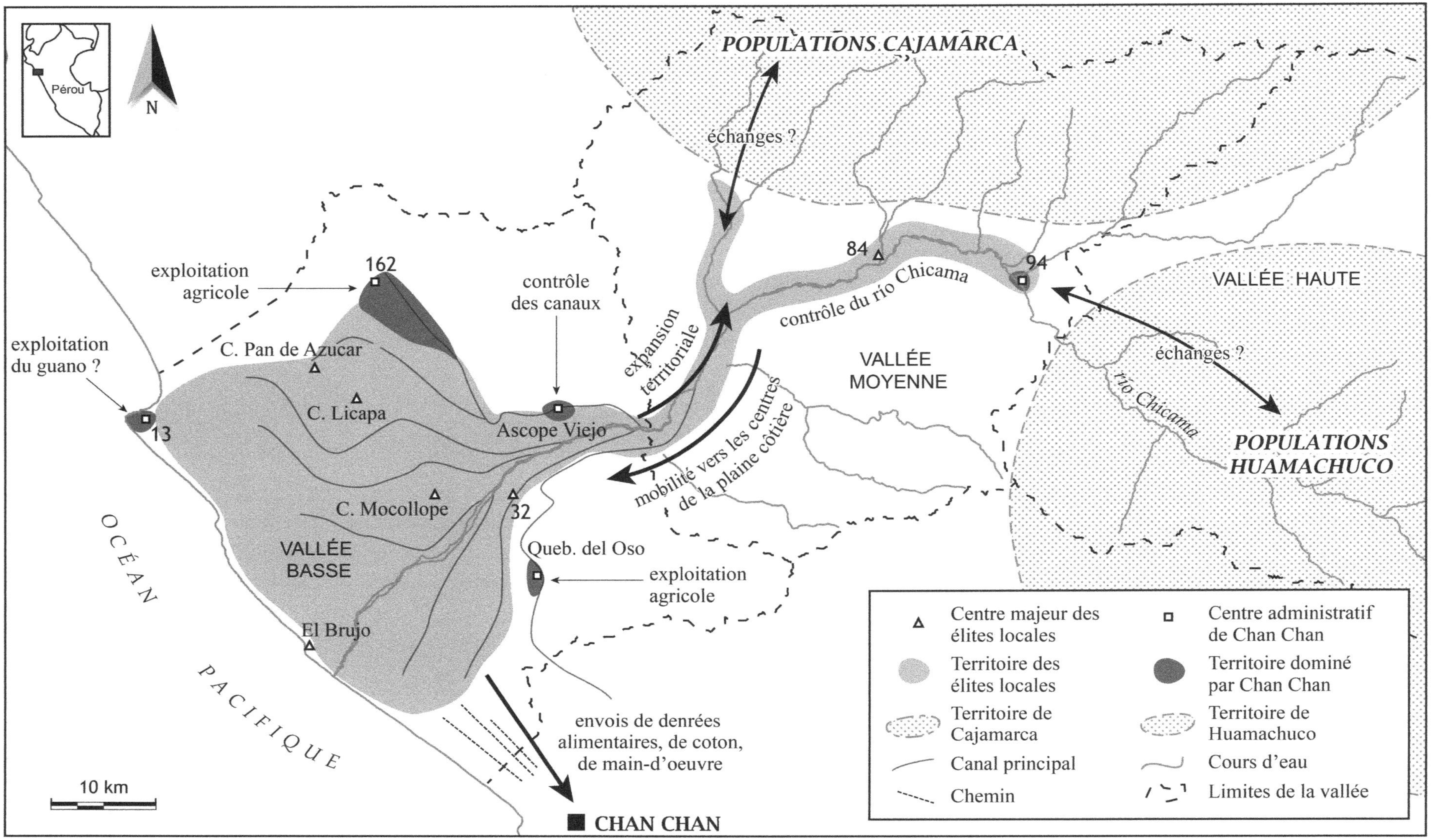

Fig. C.1 – **Carte de l'implantation humaine et de l'exploitation de la vallée de Chicama par les Chimús.**

Si l'agriculture semble avoir tenu une place primordiale dans la vie quotidienne des Chimús de Chicama, elle a aussi eu un impact notable pour la capitale chimú, malgré le fait que les centres administratifs ruraux censés la superviser étaient isolés et peu nombreux. Depuis les marges, ces derniers « encadraient » géographiquement la population de la plaine côtière et de la vallée moyenne, sans toutefois la contrôler directement. Les membres de l'élite locale qui gouvernaient les habitants de Chicama devaient entretenir des relations politiques avec les souverains de la capitale.

Ces liens se traduisaient vraisemblablement par des dons et des contre-dons, ainsi que d'éventuelles alliances matrimoniales, difficiles à percevoir à partir du matériel archéologique. Des objets luxueux, en métal ou en tissus, fabriqués par des artisans de Chan Chan sous le contrôle des dirigeants chimús, ont probablement été offerts aux *curacas* de Chicama. L'absence de vestige d'une production artisanale dans cette vallée indique en effet que les élites locales dépendaient de la capitale pour s'approvisionner en riches parures, destinées à exhiber leur pouvoir auprès de leurs sujets. Mais ces dons appelaient aussi à des contre-dons qui devaient prendre la forme de denrées alimentaires, de main-d'œuvre, voire de matières premières, envoyées vers Chan Chan. Ces alliances ont ainsi pu concourir à rapprocher durablement les *curacas* de Chicama et les dirigeants chimús.

Les relations politiques entre les élites de la vallée de Chicama et celles de la capitale conduisent à évaluer de nouveau le rôle fédérateur de cette dernière. Nous avons suggéré que les structures en U auraient pu abriter des idoles ou les momies d'ancêtres vénérés, le temps d'une fête religieuse, contribuant à renforcer la puissance de Chan Chan en tant que pôle d'attraction cérémoniel. On peut penser que les objets sacrés des populations du royaume entier étaient apportés au sein de ces structures, afin d'être adorés durant des cérémonies réunissant les membres de l'élite locale et les souverains chimús. La présence de ces idoles devait doter Chan Chan d'une aura sacrée aux yeux des habitants de toute la côte nord.

On peut également supposer qu'une partie des élites locales des vallées du royaume, comme celle de Chicama, résidaient à Chan Chan, dans des bâtiments d'architecture intermédiaire, et participaient à la vie cérémonielle, mais aussi politique de la capitale. La stratégie de diffusion du pouvoir de Chan Chan, révélée par l'étude des centres administratifs chimús (Keatinge 1974 ; 1982 ; Keatinge and Conrad 1983 ; Mackey 1987 ; Moore and Mackey 2008), devait ainsi être complétée par la forte capacité d'attraction exercée par la capitale qui rassemblait et fédérait les élites des différentes régions du royaume.

L'implantation humaine et l'exploitation agricole de la vallée de Chicama, une région périphérique de Chan Chan particulièrement développée, ont donc contribué à l'essor de ce centre majeur par le renforcement de l'autorité des dirigeants chimús qui étaient vraisemblablement secondés par les élites locales de la vallée. À l'instar d'autres sites préhispaniques comme Chavin, Tiahuanacu ou Cuzco, Chan Chan apparaît finalement comme un pôle d'attraction cérémoniel et politique, qui se conjuguait aux mécanismes de contrôle administratif, somme toute limités, dans le cas de la vallée de Chicama, à des zones marginales, mais stratégiques.

V. Le futur de l'archéologie à Chicama

Malgré ces résultats, nos recherches sont loin d'avoir épuisé tous les aspects relatifs aux questions posées et de nombreux points méritent d'être éclaircis.

Tout d'abord, l'implantation chimú demeure encore partiellement connue et plusieurs zones de la vallée, entre autres, la rive sud dans la vallée basse et de plusieurs régions montagneuses, n'ont pas fait l'objet d'études archéologiques. De futures prospections combleront probablement ces lacunes.

Il faut également affiner la chronologie de la vallée de Chicama par l'étude complète et poussée du matériel céramique domestique issu de contextes stratigraphiques clairs, provenant de fouilles de plusieurs sites de la vallée, et la calibrer par des mesures radiocarbones. Des datations plus fiables et surtout plus précises permettront de mieux comprendre l'évolution de l'implantation au cours de l'Intermédiaire Récent, mais aussi de l'Horizon Récent.

Enfin, notre connaissance du paysage socioculturel chimú à Chicama est encore limitée et seules quelques hypothèses ont été formulées au sujet du fleuve, qui jouait un rôle dans la répartition spatiale des communautés de la plaine, et de quelques montagnes vénérées, comme le cerro Piedra Parada. Nous ne pouvons donc pas prétendre avoir une vision globale de la symbolique sacrée, sociale et culturelle que revêtait le paysage de cette région, à l'époque chimú.

Nos données proviennent essentiellement de prospections et non de fouilles qui offrent des informations bien plus précises quant à la datation et à la nature de l'occupation d'un site. Dans le fond de la vallée moyenne, les nombreux vestiges, délaissés par la plupart des archéologues, méritent de plus amples recherches. Ainsi, des fouilles réalisées sur un établissement recensé – par exemple le n°84, très important, ou le n°78, plus petit – pourraient mettre en évidence les traces de la vie quotidienne des Chimús qui vivaient dans cet environnement montagneux autrefois. Elles permettraient également de vérifier plusieurs hypothèses que nous avons formulées au sujet des fonctions des édifices rencontrés lors de nos prospections.

On pourrait ainsi comparer cette occupation à celle mise au jour dans des sites chimús côtiers, comme El Brujo, fouillé par Tate (2007), Cerro La Virgen (Keatinge 1973 ; 1975) ou Pedregal, étudié par Cutright (2009). Les différences environnementales entre la vallée moyenne et le littoral impliquent des variations dans l'alimentation sur lesquelles il conviendrait de s'interroger. On peut également rechercher des traces de la mobilité supposée entre le fond de la vallée moyenne et la plaine côtière. De telles recherches pourraient révéler des indices au sujet des mécanismes de l'expansion et de la mobilité des Chimús qui ont pu échapper à notre regard, lors des prospections.

Enfin, des fouilles nous renseigneraient sur l'existence des contacts que nous avons postulés avec les populations de la sierra, en particulier celles de la culture Cajamarca, établies sur la cordillère de Guzmango. Nos prospections n'ont malheureusement pas permis de documenter de manière exhaustive l'implantation humaine de cette région d'altitude, mais de futures études pourraient mettre en lumière les échanges qui ne devaient pas manquer de se produire entre les Chimús du fond de la vallée moyenne et les Cajamarcas des hauteurs. Watanabe (2002) a démontré l'influence chimú sur le site cajamarca de Tantarica et il est probable que les fouilles de sites chimús de la vallée moyenne révèleront des artefacts provenant de ces groupes de la sierra.

L'étude approfondie d'un site chimú de la vallée moyenne favoriserait donc une meilleure compréhension de la nature de l'occupation de ce peuple côtier, dans cet environnement montagneux, mais nous éclairerait aussi au sujet de l'existence de contacts établis avec les populations cajamarcas des sommets. Les régions intermédiaires entre la côte et la sierra, à Chicama et dans d'autres vallées, ont encore beaucoup à nous apprendre et les archéologues doivent s'intéresser au patrimoine culturel de ces zones pour appréhender au mieux les vestiges du littoral ou des montagnes qu'ils étudient.

GLOSSAIRE

A

Alecpong : Mot de la langue *yunga* désignant une pierre sacrée et vénérée: « *alec* » correspondrait à un titre de chef sur la côte, tandis que « *pong* » signifie pierre ou montagne. On peut supposer qu'il existait une relation étroite entre les dirigeants des communautés et les pierres (voire les montagnes) sacrées dont ils avaient peut-être la charge.

Ayllu: Terme quechua employé pour une communauté ou un groupe de personnes liées symboliquement à un ancêtre commun mythique ou historique, et par de fortes relations de réciprocité. L'*ayllu* est souvent structuré en deux moitiés, selon le principe de la dualité.

C

Cacique principal: Chef principal des indigènes à la Période Coloniale. *Cacique* est un terme importé par les Espagnols, originaire des Caraïbes. Il est parfois accompagné de son *segunda persona*.

Canchero: Récipient fermé, muni d'une poignée, typique de la culture mochica.

Cantaro: Terme fréquemment employé par les archéologues péruviens pour désigner une jarre.

Cerro: Nom espagnol qui désigne une montagne ou un sommet.

Chicha: Bière de maïs consommée quotidiennement et plus particulièrement en contexte festif, lors de cérémonie. Ce breuvage alcoolisé était également employé pour des libations lors de rites.

Chullpa: Structure funéraire en forme de petite tour, construite la plupart du temps en pierres, surtout répandue dans les Andes, au sud.

Ciudadela: Grande enceinte monumentale en adobe de Chan Chan. Bien que se traduisant en français par « citadelle », le caractère défensif et militaire de ce type de construction est loin d'être prouvé.

Collca: Nom quechua indiquant un grenier et, de manière générale, une structure de stockage.

Curaca: Titre quechua donné à un chef de communauté dans les Andes.

Curandero: personne en contact avec des forces surnaturelles qui peut guérir des malades ou effectuer des rites. Leurs pratiques mélangent des éléments d'origines catholiques et d'autres issus des traditions préhispaniques.

E

Encomienda: C'est l'octroi royal, comme récompense pour services rendus et faits d'armes, du droit à percevoir le tribut des indigènes. En contrepartie, l'*encomendero* doit protéger les indigènes et veiller à ce qu'ils se convertissent au christianisme. Peu à peu, ce terme désigne une région administrative alors qu'initialement, les terres n'appartiennent pas à l'*encomendero*, il n'a de droit que sur le fruit du travail des indigènes.

G

Garúa: Petite bruine fine qui arrose la côte aride du Pérou, durant la saison humude, en hiver.

Guaranga: Terme quechua qui désigne une « ethnie » ou un groupe de communautés indigènes, appelées *pachacas*. Chez les Incas, la *guaranga* correspondait, en théorie, à un millier de tributaires. Notons que « *guaranga* » est parfois écrit « *huaranga* ».

H

Huaca: Terme dérivé du mot quechua « *wak'a* » qui désigne quelque chose de sacré. Sur la côte, il est employé pour nommer les plateformes d'adobes et parfois pour des vestiges archéologiques moins monumentaux (les habitants de la vallée de Chicama appellent parfois *huaca* des sites qui ne possèdent aucune plateforme).

Huachaque: Zone agricole creusée pour atteindre la nappe phréatique et former un bassin. On trouve surtout ce type d'aménagement sur le littoral, non loin des plages, car c'est là que la nappe phréatique est la plus proche de la surface.

L

Loma: C'est une « colline » ou une montagne s'élevant de plusieurs centaines de mètres, située non loin de la côte, où pousse une végétation particulière grâce à l'humidité de l'atmosphère, durant les mois de juillet et août. Les cerros Campana et Cabezón, dans la vallée de Chicama sont les dernières *lomas* au nord, alors que dans les vallées de la côte centrale et sud, elles sont plus nombreuses et ont joué un rôle déterminant dans le développement des sociétés humaines.

M

Mandón: Titre de chef indigène de très faible rang. Un *mandón* ne devait avoir sous ses ordres que quelques dizaines d'indigènes.

Mit'a: Système de travail par rotation, organisée par les autorités politiques incas pour des travaux importants (constructions, mines, agriculture etc.), proche de la corvée médiévale. Cette organisation est reprise par les Espagnols, notamment pour l'exploitation des mines dans la sierra, mais également pour l'agriculture, sur la côte et dans la vallée de Chicama. Durant la Période Coloniale, on parle plutôt de *mita*.

Mitimae: Colon déplacé de son lieu d'origine dans une autre région, par les autorités incas, dans un but économique et/ou politique. Il pouvait s'agir de déstabiliser un groupe rebelle en le déracinant ou d'installer des communautés fidèles dans une région nouvellement conquise. Des *mitimaes* de Chicama ont été envoyé à Huamachuco.

Mullu: Coquillage de couleur rouge, vivant dans les eaux chaudes de l'Equateur, de la famille des *Spondylus*. Sa coquille était employée lors de nombreux rites, y compris par les populations montagnardes du sud du Pérou, comme les Incas.

Munaos: Nom donné aux momies sur la côte. Selon Calancha (1974 [1638] : 829), ces momies étaient vénérées et recevaient des offrandes. Ce culte est probablement illustré par la maquette en bois chimú découverte à la Huaca de la Luna qui représente une cérémonie en l'honneur de trois momies dans une place d'une *ciudadela* (Uceda 1999).

P

Pachaca: Terme quechua pour indiquer une communauté de taille réduite. Elle correspond à une subdivision de la *guaranga* et devait rassembler, normalement une centaine de tributaires.

Paleteado: Technique de fabrication et de décoration de la céramique réalisée à l'ide d'une palette en bois ornée de motifs qui sont imprimés dans la paroi des récipients par des coups. Cette technique est encore employée de nos jours, notamment à Sinsicap, dans la vallée de Moche.

Pampa: Terme espagnol pour une plaine. Dans les régions montagneuses, une pampa correspond à un terrain un peu moins pentu, mais pas forcément plat. Sur la côte, les pampas sont de vastes étendues planes, dépourvues d'élévation et souvent désertiques.

Parcialidad: Terme employé par les Espagnols pour parler des communautés indigènes.

Principal: Chef indigène de rang subalterne, mais supérieur au *mandón*, probablement à la tête d'une simple communauté.

Puruma: Concept aymara lié au monde sauvage, aux ténèbres, aux frontières, aux sommets et aux profondeurs aquatiques.

Q

Quebrada: Il s'agit d'un ravin, d'une gorge ou d'une combe, creusé par un cours d'eau, souvent temporaire. Par extension, ce dernier est parfois qualifié de ce terme. Nous avons cependant choisi de limiter l'emploi de « *quebrada* » pour des combes ou de petites vallées internes.

Quingnam: Langue indigène parlée sur la côte nord, en particulier dans la vallée de Moche et celle de Chicama qui devait plus ou moins correspondre à la limite nord de l'emploi de cette langue.

R

Reducción: Village indigène fondé par les Espagnols pour regrouper les indigènes qui vivaient souvent dans des hameaux dispersés. Dans la vallée de Chicama, elles ont surtout été réalisées par le docteur Cuenca, vers 1566 apr. J.-C., avant la politique du vice-roi Toledo.

Repartimiento: Le *repartimiento* permet à un Espagnol de faire travailler les indigènes, généralement selon une rotation d'une semaine par mois, contre un salaire minime. Cette pratique est dérivée des «Lois Nouvelles» promulguées par Charles Quint en 1542, qui visent à protéger les natifs des abus des *encomenderos*. Tout comme *l'encomienda*, ce terme est employé pour désigner une région administrative.

S

Segunda persona: Il s'agit du second plus important chef indigène en termes de statut « Bras droit » du *cacique principal*, il constituait avec ce dernier un duo de dirigeants, selon le principe de la dualité.

T

Tambo: Mot adapté du terme quechua « *tampu* » qui désigne un relais-routier inca, établi le long des routes, pour faciliter l'approvisionnement des armées, des voyageurs et des fonctionnaires. Les Espagnols maintiennent en partie cette organisation.

Taypi: Concept aymara de centre originel, de milieu, associé à la civilisation et à l'agriculture.

Tinku: Concept de réunion de deux moitiés complémentaires et opposées. Il peut s'agir de deux cours d'eau qui se rejoignent ou de deux communautés qui s'affrontent lors d'un combat rituel et symbolique.

Tupu: Unité de surface des terres agricoles correspondant à l'extension de terrain nécessaire à la subsistance d'une famille de quatre à cinq personnes. La taille d'un *tupu* dépend de plusieurs facteurs, climatiques ou géologiques et peut varier fortement d'un endroit à l'autre.

Turno: Pratique de rotation de l'irrigation des champs selon un ordre préétabli afin de répartir l'eau disponible d'un canal dans les différentes parcelles cultivées de manière équitable. L'irrigation ibérique, tout comme l'irrigation préhispanique, se réalisait de cette manière.

Y

Yunga: Terme quechua qui désigne les populations de la côte de manière générale. La langue *yunga* étudiée par Carrera (1934 [1644]) est également appelée *muchik* et se limite à la côte nord du Pérou.

BIBLIOGRAPHIE

ABRAHAM FERNÁNDEZ Regina Salome
2000 Piedra Parada, un sitio de entierros moche en el bajo Chicama. Licenciatura, Universidad Nacional de Trujillo, Trujillo, 66 p.

ACEITUNO Patricio
1998 El fenómeno El Niño 1997-1998. *Bulletin de l'IFEA*, 27 (3), Lima, p. 443–448.

ACHING VÁSQUEZ José
2009 Proyecto para la rehabilitación y mejoramiento de la carretera Otuzco-Usquil. Informe para el INC, Lima, 62 p.

ACOSTA, José (de)
1880 [1590] *The Natural Moral History of the Indies*. Hakluyt Society, London, 295 p.

AGUIRRE MONTERO Luis Daniel
1998 Campanilla 1: un centro ceremonial administrativo Moche temprano en el valle de Chicama. Licenciatura, Universidad Nacional de Trujillo, Trujillo, 96 p.

ALBARRACIN-JORDAN Juan
1996 Tiwanaku Settlement System: The Integration of Nested Hierarchies in the Lower Tiwanaku Valley. *Latin American Antiquity*, 7 (3), Washington D.C., p. 183–210.

ALEMÁN CASTILLO Víctor Javier
2010a Proyecto de Evaluación en el distrito de Lucma. Lima, 63 p.
2010b Proyecto de Evaluación en el distrito de Gran Chimú. Lima, 52 p.

ALONSO SAGATESA Alicia
1989 Las momias de los Incas: su función y realidad social. *Revista Española de Antropología Americana*, 29, Madrid, p. 109–135.

ANDERS Martha B.
1990 *Historia y Etnografía: Los mitmaq de Huánuco en las visitas de 1549, 1557 y 1562*. Instituto de Estudios Peruanos, Lima, 98 p.

ANDREWS Anthony P.
1974 The U-Shaped Structures at Chan Chan, Peru. *Journal of Field Archaeology*, 1 (3), Boston, p. 241–264.
1980 Estructuras en "U", simbolos del poder imperial. *In* R. Ravines (Ed.), *Chanchan: Metrópoli Chimú*. Instituto de Estudios Peruanos: Instituto de Investigación Tecnológica Industrial y de Normas Técnicas, Lima, p. 167–180.

ANGULO IGLESIAS Carlos
1987 Perfil de un pozo de huaquero en Chanchan. *Revista del Museo Nacional*, 48, Lima, p. 41–54.

ANGULO VIGO Yrma
1998 La Arenita: Un sitio habitacional doméstico chimú en el valle Chicama. Licenciatura, Universidad Nacional de Trujillo, Trujillo, 74 p.

ANSCHUETZ Kurt F., Richard H. WILSHUSEN and Cherie L. SCHEICK
2001 An archaeology of landscapes: Perspectives and directions. *Journal of Archaeological Research*, 9 (2), Chicago, p. 157–211.

ANTÚNEZ DE MAYOLO RYNNING Santiago Erik
1986 Hidraúlica Costera Prehispánica. *Allpanchis*, 27, Cusco, p. 11–37.

ARIÈS Philippe
1975 *Essais sur l'histoire de la mort en Occident: du Moyen Âge à nos jours*. Seuil, Paris, 222 p.

ARMAS José, Walter ALVAREZ, Alvaro CASTAÑEDA, Fernando MONCADA, Wilmer MONDRAGÓN, José PEÑA, Rafael ROJAS, Ester CALDERÓN y Fabián SOBERÓN
2001 Excavaciones en le Conjunto Ladera Sur de Cerro Blanco. *In* S. Uceda y R. Morales, Proyecto Arqueológico Huaca de la Luna, Informe Tecnico 2000. Universidad Nacional de Trujillo, Trujillo, p. 61–100.

ARRIAGA Pablo Joseph (de)
1999 [1621] *La Extirpación de la Idolatría en el Pirú*. Centro de Estudios Regionales Andinos "Bartolomé de Las Casas", Cusco, 200 p.

ASMAT VÁSQUEZ, Wilmer I., Estefania Carolina AVALOS PÉREZ, Sergio BOCANEGRA RAMOS, Jessica J. MARREROS GARCÍA y Korin L. TUFINIO MIRANDA
2013 El patrón funerario y rango social de los individuos, del cementerio chimú de las terrazas de la plaza 1, Huaca de la Luna y su relación con la montaña sagrada. Bachillerato, Universidad Nacional de Trujillo, Trujillo, 141 p.

ASTON Michael
1985 *Interpreting the Landscape. landscape Archaeology in Local Studies*. B. T. Batsford, London, 168 p.

ASTON Michael and Trevor Rowley
1974 *Landscape Archaeology; An Introduction to Fieldwork Techniques on Post-Roman Landscape*. David and Charles, New Abbot, London, Vancouver, 193 p.

ATTARIAN Christopher J.
2009 Urbanism and Social Change during the Gallinazo and Moche Periods in the Chicama Valley. *In* J.F. Millaire and M. Morlion, *Gallinazo: An Early Cultural Tradition on the Peruvian North Coast*, Cotsen Institute of Archaeology Press, University of California, Los Angeles, p. 77–89.

AUZÉPY Marie-France et Joël CORNETTE (Eds.)
2003 *Palais et pouvoir. De Constantinople à Versailles*. Presses Universitaires de Vincennes, Paris, 400 p.

AVILA VEREAU Kory Tika
1997 Investigación arqueológica en Cerro Facalá, valle Chicama. Licenciatura, Universidad Nacional de Trujillo, Trujillo, 81 p.

BAVOUX Jean-Jacques
1998 *Introduction à l'analyse spatiale*. ed. Armand Colin, Paris, 96 p.

BAWDEN Garth
1982 Galindo: A Study in Cultural Transition During Middle Horizon. *In* M. E. Moseley and K. C. Day (Eds.), *Chan Chan: Andean Desert City*. University of New Mexico Press, Albuquerque, p. 285–320.
1993 Domestic space and social in pre-Columbian northern Peru. *In* S. Kent (Ed.), *Domestic Architecture and the Use of Space. An Interdisciplinary Cross-cultural Study*. Cambridge University Press, Cambridge, pp. 153–171.

BECK Colleen Marguerite
1979 Ancient Roads on the North Coast of Peru. Ph.D., University of California, Berkeley, 251 p.
1991 Cross-cutting relationships: the relative dating of ancient roads on the north coast of Peru. *In* C. D. Trombold (Ed.), *Ancient road network and settlement hierarchies in the New World*. Cambridge University Press, Cambridge, p. 66–79.

BEJAR CANA Yessenia
2009 Proyecto de Evaluación de Pampa la Pascona. Lima, 24 p.

BENAVIDES María A.
1992 Dualidad social e ideológica en la provincia de Collaguas 1570-1731. *Historia y Cultura*, 21, Lima, p. 128–160.

BENNETT Wendell C.
1937 Chimu Archaeology. The Archaeology of the North Coast of Peru. *The Scientific Monthly*, 45, Washington D.C., p. 35–48.
1939 Archaeology oh the North Coast of Peru; An Account of Eploration and Excavation in Virú and Lambayeque Valleys. *Anthropological Papers of the American Museum of Natural History*, 37 (1), New York, p. 1–153.
1948 The Peruvian Co-Tradition. *Memoirs of the Society for American Archaeology*, 4, Washington D.C., p. 1–7.
1950 *The Gallinazo group, Viru Valley, Peru*. Yale University press, New Haven, 127 p.

BECQUELIN Pierre et Claude-François BAUDEZ
1979 *Tonina, une Cité Maya du Chiapas (Mexique)*. Etudes Mésoaméricaines, Vol. 6-1, Mission Archéologique et Ethnologique Française au Mexique, Mexico, 548 p.

BERNIER Hélène
2009 La producción especializada de la cerámica doméstica y ritual mochica. *Estudios atacameños*, 37, San Pedro de Atacama, p. 157–178.

BERTHELOT Jean
1978 L'exploitation des métaux précieux au temps des Incas. *Annales. Économies, Sociétés, Civilisations*, 33 (5-6), Paris, p. 948–966.

BERTONIO Ludovico
1984 [1612] *Vocabulario de la lengua aymara*. Facsimile, Ceres, Ifea, Musef, La Paz, Cochabamba, 410 p.

BILLMAN Brian R.
2002 Irrigation and the origins of the southern Moche state on the north coast of Peru. *Latin American Antiquity*, 13 (4), Washington D.C., p. 371–400.

BINFORD Lewis R.
1971 Mortuary Practices: Their Study and Their Potential. *Memoirs of the Society for American Archaeology*, 25, Washington D.C., p. 6–29.

BIRD Junius B.
1948 Preceramic Cultures in Chicama and Virú. Time Span and Dating. *Memoirs of the Society for American Archaeology*, 4, Washington D.C., p. 21–28.
1963 Pre-ceramic art from Huaca Prieta, Chicama valley. *Ñawpa Pacha: Journal of Andean Archaeology*, 1, Berkeley, p. 29–38.

BIRD Junius B., John HYSLOP and Milica DIMITRIJEVIC SKINNER
1985 *The Preceramic Excavation at the Huaca Prieta Chicama Valley, Peru*. American Museum of Natural History, 62, New York, 294 p.

BLOWER David
1995 The Quest for Mullu; Concepts, trade and the Archaeological Distribution, of Spondylus in the Andes. MA., Trent University, Peterborough, 246 p.

BOLTON Ralph
1979 Guinea Pigs, Protein, and Ritual. *Ethnology*, 18 (3), Pittsburgh, p. 229–252.

BONAVIA Duccio
1996 *Los camélidos sudamericanos: una introducción a su estudio*. IFEA - UPCH - Conservation international, Lima, 843 p.

BONHÊME Marie-Ange
1995 Les eaux rituelles en Égypte pharaonique. *Archéo-Nil*, 5, Paris, p. 129–139.

BONNEMAISON Joël
1981 Voyage autour du territoire. *Espace géographique*, 10 (4), Paris, p. 249–262.

BONNEMAISON Joël et Luc CAMBREZY
1996 Le lien territorial. Entre frontières et identités. *Géographie et Culture*, Paris, 20, p. 7–18.

BONNEMAISON Joël, Luc CAMBREZY ET Laurence QUINTY-BOURGEOIS (Eds.)
1997 *Le territoire, lien ou frontière ? Identités, conflits ethniques, enjeux et recompositions territoriales, Actes du colloques du 2 au 4 octobre 1995 à Paris*. Éditions de l'Orstom, Paris, 817 p.

BONNIER Elizabeth
1997 Morfología del espacio aldeano y su expresión cultural en los Andes Centrales. *In* E. Bonnier y H. Bishop (Eds.), *Arqueológica Peruana 2. Arquitectura y Civilización en los Andes Prehispánicos*. Sociedad de Arqueológica Peruano Alemana Reiss Museum Mannheim, Mannheim, p. 28–41.

BOURGET Steve
1997 Excavaciones en el cerro Blanco. *In* S. Uceda, E. Mujica, R. Morales (Eds.), *Investigaciones en la Huaca de la Luna 1995*. Universidad Nacional de Trujillo, Trujillo, p. 109–123.

BOUYSSE-CASSAGNE Thérèse
1978 L'espace aymara: urco et uma. *Annales. Économies, Sociétés, Civilisations*, 33 (5-6), Paris, p. 1057–1080.
1997 De Empédocles a Tunupa: Evangelización, hagiografía y mitos. *In* T. Bouysse-Cassagne (Ed.), *Saberes y Memorias en los Andes. In Memoriam Thierry Saignes*. Institut des hautes études de l'Amérique Latine - Institut français d'études andines, Lima, p. 59–89.

BOUYSSE-CASSAGNE Thérèse y Juan CHAMACA
2012 Partición Colonial del Territorio, Cultos Funerarios y Memoria Ancestral en Carangas y Precordillera de Arica (Siglos XVI-XVII). *Chungara*, 44 (4), Arica, p. 605–620.

BOUYSSE-CASSAGNE Thérèse y Olivia HARRIS
1987 Pacha: En torno al pensamiento aymara. *In* T. Bouysse-Cassagne, O. Harris, T. Platt, y V. Cereceda (Eds.), *Tres reflexiones sobre el pensamiento andino*. Hisbol, La Paz, p. 11–59.

BRACK EGG Antonio
1986 *Gran Geografía del Perú Naturaleza y Hombre – Volumen III La fauna*. Manfer - Juan Mejía Baca, Barcelona, 251 p.

BRACK EGG Antonio y Ramón FERREYRA
1986 *Gran Geografia del Perú Naturaleza y Hombre - Volumen II Flora y Vegetación del Perú; Ecología de un País Complejo*. Manfer - Juan Mejía Baca, Barcelona, 319 p.

BRADFORD John
1957 *Ancient Landscapes. Studies in Field Archaeology*. G. Bell & Sons, London, 297 p.

BRICEÑO ROSARIO Jesús
1994 El recurso agua y el establecimiento de los cazadores recolectores en el valle de Chicama. *Revista del Museo de Arqueología, Antropología e Historia*, 5, Trujillo, p. 143–161.
2004 Chan Chan, Capital del Chimor: 534 años después. *In* L. Valle Alvarez (Ed.), *Aportes para la historia de Chan Chan*. Ediciones Sian, Trujillo, p. 13–28.

BRIONES Luis, Lautaro NÚÑEZ y Vivien G. STANDEN
2005 Geoglifos y tráfico prehispánico de caravanas de llamas en el desierto de Atacama (norte de Chile). *Chungara*, 37 (2), Arica, p. 195–223.

BROOKS William E., Victor Armando PIMINCHUMO HURTADO, Héctor SUÁREZ, John C. JACKSON and John P. MCGEEHIN
2008 Mineral pigments at Huaca Tacaynamo (Chan Chan, Peru). *Bulletin de l'IFEA*, 37 (3), Lima, p. 441–450.

BRUNET Roger, Robert FERRAS et Hervé THERY
1993 *Les mots de la Géographie, dictionnaire critique*. RECLUS, La documentation française, Montpelier, Paris, 520 p.

BRÜNING Hans Heinrich
1989 *Estudios monográficos del Departamento de Lambayeque*. Sociedad de Investigación de la Ciencia, Cultura y Arte Norteño, Chiclayo, 189 p.

BUNKER Stephen G. y Linda J. SELIGMANN
1986 Organización social y visión ecológica de un sistema de riego andino. *Allpanchis*, 27, Cusco, p. 149–177.

BUSHNELL G. H. S.
1958 *Le Pérou*. Arthaud, Paris, 185 p.

CABELLO VALBOA Miguel
1951 [1586] *Miscelánea Antártica, una historia del Perú antiguo*. Universidad Mayor de San Marcos, Lima, 559 p.

CALANCHA Antonio (de la)
1974 [1638] *Crónica moralizada del Ordén de San Agustín en el Perú, con sucesos egenplares en esta monarquia*. Ignacio Prado Pastor, Lima, 6 Vol.

CAMPANA DELGADO Cristobal
2006 *Chan Chan del Chimo: estudio de la ciudad de adobe más grande de América antigua*. Editorial Orus, Lima, 409 p.
2008 La vida en Chan Chan: representación y comunicación. *Revista del Museo de Arqueología, Antropología e Historia*, 10, Trujillo, p. 11–22.
2012 *Arquitectura y ceremonia en Chan Chan*. Fondo editorial de la Universidad Privada Antenor Orrego, Trujillo, 258 p.

CANZIANI AMICO José
2002 Las lomas de Atiquipa: un caso de paisaje cultural en la costa desértica del sur del Perú. *In* E. Mujica Barreda (Ed.), *Paisajes culturales en los Andes: memoria narrativa, casos deestudio, conclusiones y recomendaciones de la Reunión de expertos, Arequipa y Chivay, Perú, mayo de 1998*. UNESCO, Lima, p. 169–190.
2009 *Ciudad y territorio en los Andes: contribuciones a la historia del urbanismo prehispánico*. Pontificia Universidad Católica del Perú, Lima, 511 p.

CANZIANI AMICO José y Elías MUJICA BARREDA
1997 Atiquipa: un caso prehispánico de manejo sustentable en ecología de lomas. *In* E. Gonzales de Olarte, B. Revesz, y M. Tapia (Eds.), *Perú: el problema agrario en debate. Sepia 6*. SEPIA, Lima, p. 503–526.

CARLIER Alexandra

2013 Mythes et rituels agropastoraux dans le Pérou ancien (1000-1532 apr. J.-C.): une approche ethnoarchéologique dans la vallée haute du Chillón (province de Canta, département de Lima). Ph.D., Université Libre de Bruxelles, Bruxelles, 2 Vol.

CARRERA Y DAZA Francisco (de la)

1934 [1644] *Arte de la lengua yunga*. Universidad nacional de Tucuman, Instituto de antropología, Tucuman, 117 p.

CARRION CACHOT DE GIRARD Rebeca

1955 *El culto al agua en el antiguo Perú*. Institution Nacional de Cultura del Perú, Lima, 209 p.

CASTAÑEDA MURGA Juan

1996 Notas para una Historia de la Ciudad de Trujillo del Perú en el Siglo XVII. *In* H. Tomeada y L. Millones (Eds.), *La tradición andina en tiempos modernos*. National Museum of Ethnology, Osaka, p. 159–190.

1998 Relaciones entre negros e indios en el valle de Chicama, 1565. *In* G. Y. Franklin Pease (Ed.), *Actas del IV Congreso Internacional de Etnohistoria*. Fondo Editorial de la PUCP, Lima, Vol. 3, p. 240–248.

2004 Los pueblos de la mar: pasado y presenta de la costa trujillana. *In* L. Valle Alvarez (Ed.), *Desarrollo Arqueológico Costa Norte del Perú*. Ediciones Sian, Trujillo, p. 129–140.

2007 Etnohistoria de Magdalena de Cao. Informe de investigación. Manuscript.

2013 Indígenas entre Españoles. Trujillo del Perú 1534-1619. *Nueva corónica*, 1, Lima, p. 1–15.

CASTAÑEDA MURGA Juan y Flor C. VEGA ZAVALETA

1991 La ocupación humana durante el periodo formativo en la margen izquierda del valle Chicama. Licenciatura, Universidad Nacional de Trujillo, Trujillo, 81 p.

CASTANY Gilbert

1982 *Principe et méthodes de l'hydrogéologie*. Dunod, Paris, 238 p.

CASTILLO BENITES Daniel S.

2006 *Arte Rupestre en la Cuenca del Río Chicama*. Ediciones Sian, Trujillo, 104 p.

CASTILLO BUTTERS Luis Jaime, Julio RUCABADO YONG, Martín DEL CARPIO P., Katiusha BERNUY Q., Karim RUIZ R., Carlos RENGIFO C., Gabriel PRIETO BURMESTER y Carole FRARESSO

2008 Ideología y Poder en la Consolidación, Colapso y Reconstitución del Estado Mochica del Jequetepeque. El Proyecto Arqueológico San José de Moro (1991 - 2006). *Ñawpa Pacha: Journal of Andean Archaeology*, 29, Berkeley, p. 1–86.

CASTILLO BUTTERS Luis Jaime and Santiago UCEDA SANTIAGO

2008 The Mochicas. *In* H. Silverman and W. H. Isbell (Eds.), *Handbook of South American Archaeology*. Springer, New York, p. 707-729.

CASTILLO PLASENCIA Marisol

2010 Proyecto de Evaluación Arqueológico en Sausal. Lima, 57 p.

CASTRO Milka, Miguel BAHAMONTES, Mauricio JAIME, Claudio MENESES y Cristian NAVARRETE

1991 Cultura, tecnologia y uso del agua en un pueblo andino del norte de Chile. *Revista Chilena de Antropología*, 10, Santiago de Chile, p. 45–69.

CASTRO ROJAS Victoria

2001 Ayquina y Toqonce: Paisajes Culturales del Norte Árido de Chile. *In* E. Mujica Barreda (Ed.), *Paisajes culturales en los Andes: memoria narrativa, casos de estudio, conclusiones y recomendaciones de la Reunión de expertos, Arequipa y Chivay, Perú, mayo de 1998*. UNESCO, Lima, p. 209–222.

CASTRO ROJAS Victoria y Varinia VARELA GUARDA (Eds.)

1994 *Ceremonias de tierra y agua: ritos milenarios andinos*. Fondo de Desarrollo de la Cultura y las Artes, Ministerio de Educación, Santiago de Chile, 109 p.

CASUSOL MORALES José F. y Rosa M. SOLANO SÁNCHEZ

1996 Estudio de un centro administrativo rural chimú en Pampas La Esperanza - Valle de Moche. Licenciatura, Universidad Nacional de Trujillo, Trujillo, 99 p.

CAVALLERO Raffael

1991 *Large-Site Methodology*. University of Calgary, Calgary, 77 p.

1997 Architectural Analysis and Dual Organization in the Andes. *In* E. Bonnier y H. Bishop (Eds.), *Arqueológica Peruana 2. Arquitectura y Civilización en los Andes Prehispánicos*. Sociedad de Arqueológica Peruano Alemana Reiss Museum Mannheim, Mannheim, p. 42–61.

CAVIEDES César N.

1984 El Niño 1982-83. *Geographical Review*, 74 (3), New York, p. 267–290.

1998 Influencia de ENOS sobre las variaciones interanuales de ciertos ríos en América del sur. *Bulletin de l'IFEA*, 27 (3), Lima, p. 627–641.

2001 *El Niño in History: Storming Through the Ages*. University Press of Florida, Gainesville, 278 p.

CAVIEDES César N. y Peter R.WAYLEN

1987 El Niño y crecidas anuales en los rios del norte del Peru. *Bulletin de l'IFEA*, 16 (1-2), Lima, p. 1–19.

CELESTINO Olinda

1998 Stratégies alimentaires dans les Andes. *Journal des anthropologues*, 74, Paris, p. 83–104.

Centre culturel Abbaye de Daoulas

1999 *Pérou: Dieux, Peuples et Traditions. Abbaye de Daoulas 12 Mai-31 Octobre 1999*. Abbaye de Daoulas, Daoulas, 215 p.

CHAMUSSY Vincent

2009 *Les débuts de la guerre institutionnalisée dans l'Aire Andine Centrale: vers la formation de l'Etat, du Formatif à la Période Intermédiaire Ancienne (2000 av. J.-C.-500 apr. J.-C.)*. Paris Monographs in American Archaeology, BAR

International Series 2017, BAR Publishing, Paris, Oxford, 383 p.

Chapman Robert

1981 The Emergence of Formal Disposal Areas and the "Problem" of Megalithic Tombs. *In* R. Chapman, I. Kinnes, and K. Randsborg (Eds.), *The Archaeology of Death*. Cambridge University Press, Cambridge, p. 71–81.

1995 Ten Years After - Megaliths, Mortuary Practices, and the Territorial Model. *In* B. Lane Anderson (Ed.), *Regional Approaches to Mortuary Analysis*. Plenum Press, New York, London, p. 29–51.

Chauchat Claude

1975 The Paijan Complex, pampa de Cupisnique, Peru. *Ñawpa Pacha: Journal of Andean Archaeology*, 13, Berkeley, p. 85–96.

Chauchat Claude, César A. Gálvez Mora, Jesús Briceño Rosario y Santiago Uceda Castillo

1998 *Sitios arqueológicos de la zona de Cupisnique y margen derecha del valle de Chicama*. Instituto Nacional de Cultura La Libertad - Institut Français d'Etudes Andines, Trujillo, Lima, 169 p.

Chauchat Claude y Jean Guffroy

2003 Sepulturas intrusivas Salinar y Chimú en la Huaca Herederos Chica, Valle de Moche, Perú. *Bulletin de l'IFEA*, 32 (2), Lima, p. 293–315.

Chauchat Claude y Belkys Gutiérrez León

2010 Max Uhle, el sitio F de moche y la llamada plataforma Uhle. *In* P. Kaulicke, M. Fischer, P. Masson y G. Wolff, *Max Uhle (1856-1944): evaluaciones de sus investigacines y obras*. Fondo Editorial de la PUCP, Lima, p. 165-174.

Chiguala Jorge, Cristian Almonacid, Milagros Orbegoso, Diana Rojas y María Consuelo Sandoval

2006 La intergración funcional de los conjuntos arquitectónicos 17 y 35 como parte de un bloque arquitectónico en el núcleo urbano. *In* S. Uceda y R. Morales, Proyecto Arqueológico Huaca de la Luna, Informe Tecnico 2005. Universidad Nacional de Trujillo, Trujillo, p. 137–206.

Chiguala Jorge, Fanny Rodríguez, Ana Morales, Pilar Soto, Marilaura López y José Gómez

2007 Áreas de actividad del Conjunto Arquitectónico 21 y su integración al bloque constructivo n°2. *In* S. Uceda y R. Morales, Proyecto Arqueológico Huaca de la Luna, Informe Tecnico 2006. Universidad Nacional de Trujillo, Trujillo, p. 89–155.

Childe Vere Gordon

1950 The Urban Revolution. *The Town Planning Review*, 21 (1), Liverpool, p. 3–17.

Chirinos Cuadros Haydeé y Eduardo Zárate Aguinaga

2011 *Historia de la construcción en Lambayeque. Periodos prehispánicos y virreinal.* Maestria,Universidad Nacional de Ingenieria, Lima, 266 p.

Chiroque Quiroz María Ysabel

2000 Huaca El Médano, un Centro Administrativo Chimú en la Parte Baja del Valle Chicama. Licenciatura, Universidad Nacional de Trujillo, Trujillo, 82 p.

Chuquipoma Zelada Luis Antonio

2006 Diseño arquitectónico de un sitio habitacional doméstico Chimú en el Cerro El Sapo, parte baja de la margen derecha del valle Chicama. Licenciatura, Universidad Nacional de Trujillo, Trujillo, 75 p.

Cieza de León Pedro

2005 [1553] *Crónica del Perú, el señorío de los Incas*. Fundación Biblioteca Ayacucho, Ayacucho, 497 p.

Claval Paul

2012 [1995] *La Géographie Culturelle: Une nouvelle approche des sociétés et des milieux*. ed. Armand Colin, Paris, 352 p.

Cleland Kate M. y Izumi Shimada

1994 Ceramios paleteados: Tecnología, esfera de producción y sub-cultura en el Perú antiguo. *In* I. Shimada (Ed.), *Tecnología y organización de la producción de cerámica prehispánica en los Andes*. Fondo Editorial de la PUCP, Lima, p. 321–348.

Clément Camille

2014 L'eau: une ressource cruciale pour la culture Chimú dans la vallée de Chicama (côte nord du Pérou). *Archéo doct*, 6, Paris, p. 57–75.

Cobbing J., W. Pitcher, J. Baldock, W. Taylor, W. McCourt y N. J Snelling.

1981 Estudio Geológico de la Cordillera Occidental del Norte del Perú. *Boletín del INGEMMET, 10*, Lima, p. 1–252.

Cobo Barnabé (de)

1964 [1653] *Historia del Nuevo Mundo*. Biblioteca de Autores Espanoles, Ediciones Atlas, Madrid, Vol. 91-92.

Cock Guillermo. A.

1984 Poder y riqueza de un hatun Curaca del Valle de Jequetepeque en el Siglo XVI. *Historia y Cultura*, 17, Lima, p. 132–155.

Collier Donald

1967 Pottery Stamping and Molding on the North Coast of Peru. *In* J. H. Rowe and D. Menzel (Eds.), *Peruvian Archaeology. Selected Reading*. Peek Publication, Palo Alto, p. 264–274.

Collier Donald, Paul S. Martin and Lilian A. Ross

1955 *Cultural Chronology and Change as Reflected in the Ceramics of the Virú Valley, Peru*. Natural History Museum, Fieldiana Anthropology 43, Chicago, 226 p.

Collin Delavaud Claude

1984 *Las regiones costeñas del Peru septentrional: ocupación humana, desarrollo regional*. Centro de Investigación y promoción del campesino, Fondo Editorial de la PUCP, Lima, 409 p.

Conklin William J.

1990 Architecture of the Chimu: Memory, Function, and Image. *In* M. E. Moseley and A. Cordy-Collins (Eds.), *The Northern dynasties: Kingship and statecraft in Chimor*. Dumbarton Oaks Research

Library and Collection, Washington D.C., p. 43–74.

CONRAD Geoffrey W.

1974 Burial Platforms and Related Structures on the North Coast of Peru: Some Social and Political Implications. Ph.D., Harvard University, Cambridge, 311 p.

1977 Chiquitoy Viejo: An Inca Administrative Center in the Chicama Valley, Peru. *Journal of Field Archaeology*, 4 (1), Boston, p. 1–18.

1978 Models of Compromise in Settlement Pattern Studies: An Example from Coastal Peru. *World Archaeology*, 9 (3), London, p. 281–298.

1980 Plataformas funerarias. *In* R. Ravines (Ed.), *Chanchan: Metrópoli Chimú*. Instituto de Estudios Peruanos: Instituto de Investigación Tecnológica Industrial y de Normas Técnicas, Lima, p. 217–230.

1981 Cultural Materialism, Split Inheritance, and the Expansion of Ancient Peruvian Empires. *American Antiquity*, 46, Washington D.C., p. 3–26.

1982 The Burial Platforms of Chan Chan: Some Social and Political Implications. *In* M. E. Moseley and K. C. Day (Eds.), *Chan Chan: Andean Desert City*. University of New Mexico Press, Albuquerque, p. 87–117.

1990 Farfan, General Pacatnamu, and the Dynastic History of Chimor. *In* M. E. Moseley and A. Cordy-Collins (Eds.), *The Northern dynasties: Kingship and statecraft in Chimor*. Dumbarton Oaks Research Library and Collection, Washington D.C., p. 227–243.

COOK Noble David

1981 *Demographic Collapse, Indian Peru, 1520-1620*. Cambridge University Press. Cambridge, 310 p.

CORCUERA CUEVA Víctor y Gori Tumi ECHEVARRÍA LÓPEZ

2010 Geoglifos en las lomas costeras de Cerro Campana, valles de Chicama y Moche. Informe Preliminar. Sitio Web de la Asociación Peruana de Arte Rupestre (APAR), disponible en ligne https://sites.google.com/site/aparperu/home/reportes-articulos-reports-articles/goeglifos-cerro-campana

CORNEJO B. Luis E. y Carol SINCLAIRE AGUIRRE

2005 *Chimú: Laberinto de un Traje Sagrado*. Museo Chileno de Arte Precolombino, Santiago de Chile, 95 p.

COTRINA MAURICIO Jorge Miguel

2000 Estudio de un asentamiento domestico lambayeque en Cerro Orifico, Pampa de Jaguay - valle Chicama. Licenciatura, Universidad Nacional de Trujillo, Trujillo, 86 p.

COWGILL George L.

2004 Origins and Development of Urbanism: Archaeological Perspectives. *Annual Review of Anthropology*, 33, Palo Alto, p. 525–549.

CRAIG Alan K. and Izumi SHIMADA

1986 El Niño flood deposits of Batán Grande, northern Peru. *Geoarchaeology*, 1, p. 29-38.

CRUZ Pablo

2009 Huacas olvidadas y cerros santos: Apuntes metodológicos sobre la cartografía sagrada en los Andes del sur de Bolivia. *Estudios atacameños*, 38, San Pedro de Atacama, p. 55–74.

CRUZ MARTÍNEZ DE LA TORRE María

1986 Temas iconográficos de la cerámica chimú. *Revista Española de Antropología Americana*, 16, Madrid, p. 137–152.

1987 *Cerámica Prehispánica Norperuana*. Paris Monographs in American Archaeology, BAR International Series 2017, BAR Publishing, Paris, Oxford, 2 Vol.

CRUZADO Mirtha y Marisol CASTILLO

2009 Proyecto de Evaluación Arqueológico. Lima, 187 p.

CURATOLA PETROCCHI Marco

2008 La función de los oráculos en el Imperio inca. *In* M. Curatola Petrocchi y M. Ziólkowski (Eds.), *Adivinación y oráculos en el mundo andino antiguo*. Fondo Editorial de la PUCP, IFEA, Lima, p. 15–69.

CUTRIGHT Robin E.

2009 Between the Kitchen and the State: Domestic Practice and Chimú Expansion in the Jequetepeque Valley, Peru. Ph.D., University of Pittsburgh, Pittsburgh, 632 p.

DAVIDSON Judith R.

1981 El Spondylus en la cosmologia chimu. *Revista del Museo Nacional*, 45, Lima, p. 75–87.

DAY Kent C.

1980 Las ciudadelas de Chanchan. *In* R. Ravines (Ed.), *Chanchan: Metrópoli Chimú*. Instituto de Estudios Peruanos: Instituto de Investigación Tecnológica Industrial y de Normas Técnicas, Lima, p. 155–158.

1982a Ciudadelas: Their Form and Function. *In* M. E. Moseley and K. C. Day (Eds.), *Chan Chan: Andean Desert City*. University of New Mexico Press, Albuquerque, p. 55–66.

1982b Storage and labor Service: A Production and Management Design for the Andean Area. *In* M. E. Moseley and K. C. Day (Eds.), *Chan Chan: Andean Desert City*. University of New Mexico Press, Albuquerque, p. 333–349.

DELGADO ELIAS Barnarda

1988a Proyecto Arqueológico Chan Chan. Analisis del Material Cerámico de Chan Chan - Tschudi. Trujillo, 12 p.

1988b Informe Final. Analisis del Material Cerámico de Chan Chan - Tschudi. Trujillo, 69 p.

DEMARRAIS Elizabeth, Luis Jaime CASTILLO and Timothy EARLE

1996 Ideology, Materialization, and Power Strategies. *Current Athropology*, 37 (1), Chicago, p. 15–31.

DÉODAT Laure et Patrice LECOQ

2009 Images satellitaires et prospections archéologiques: Un cas d'école dans les Andes péruviennes. *Les Nouvelles de l'archéologie*, 117, Paris, p. 57–64.

DEZA MEDINA Carlos

1991 Cerro Saltur: Centro Administrativo Chimú en Lambayeque. *Revista Yunga*, 3, Trujillo, p. 55–64.

DEZA RIVASPLATA Jaime M.

1999 Manejo prehispanico del agua en la costa norte peruana: Continuidad de los sistemas. Licenciatura, Universidad Nacional de Trujillo, Trujillo, 42 p.

2001 *El agua de los incas: Sistemas de riego en el Perú prehispánico*. Universidad Alas Peruanas, Lima, 164 p.

DIAZ Amanda y Luc ORTLIEB

1992 El fenomeno El Niño y los moluscos de la costa peruana. *In* L. Ortlieb and J. Macharé (Eds.), *Paleo-ENSO Records international symposium (Lima March 1992)*. ORSTOM Lima, CONCYTEC, Lima, p. 73–79.

DÍAZ NÚÑEZ Juan Luis

2008 *Síntesis Monográfica del Distrito de Cascas. Fuentes para el estudio histórico y sociocultural del norte peruano*. Consejo Provincial Gran Chimú, Cascas, 95 p.

DILLEHAY Tom D.

1995 Introduction. *In* T. D. Dillehay (Ed.), *Tombs for the Living: Andean Mortuary Practices: A Symposium at Dumbarton Oaks, 12th and 13th October 1991*. Dumbarton Oaks Research Library and Collection, Washington D.C., p. 1–26.

DILLEHAY Tom D., Duccio BONAVIA, Steven GOODBRED, Mario PINO, Victor VÁSQUEZ, Teresa Rosales THAM, William CONKLIN, Jeff SPLISTOSER and Dolores PIPERNO

2012 Chronology, mound-building and environment at Huaca Prieta, coastal Peru, from 13 700 to 4000 years ago. *Antiquity*, 86, Durham, p. 48–70.

DILLEHAY Tom D., Alan L. KOLATA and MARIO PINO

2004 Pre-industrial human and environment interactions in northern Peru during the late Holocene. *The Holocene*, 14 (2), Swansea, p. 272–281.

DILLEHAY Tom D., Alan L. KOLATA y Edward R. SWENSON

2009 *Paisajes culturales en el valle del Jequetepeque: Los yacimientos arqueológicos*. Ediciones Sian, Trujillo, 329 p.

DILLON Michael O.

1994 Bosques humedos del norte del Perú. *Arnaldoa*, 2 (1), Trujillo, p. 29–42.

Dirección de Patrimonio Monumental y Cultural

1986 Tacaynamo, informe de excavaciones, temporada 1986. Trujillo, 45 p.

DISSELHOFF H. D.

1941 Acerca del problema de un estilo "Chimú Medio." *Revista del Museo Nacional*, 10 (1), Lima, p. 51–62.

DOLLFUS Olivier

1978 Les Andes intertropicales: une mosaïque changeante. *Annales. Économies, Sociétés, Civilisations*, 33 (5-6), Paris, p. 895–905.

DONNAN Cristopher B.

1965 Moche Ceramic Technology. *Ñawpa Pacha: Journal of Andean Archaeology*, 3, Berkeley, p. 115–134.

1976 *Moche Art and Iconography*. UCLA Latin American Center Publications, Los Angeles, 146 p.

1990 An Assessment of the Validity of the Naymlap Dynasty. *In* M. E. Moseley and A. Cordy-Collins (Eds.), *The Northern dynasties: Kingship and statecraft in Chimor*. Dumbarton Oaks Research Library and Collection, Washington D.C., p. 243–274.

1997 A Chimu-Inka Ceramic-Manufacturing Center from the North Coast of Peru. *Latin American Antiquity*, 8 (1), Washington D.C., p. 30–54.

2003 *Moche Portraits from Ancient Peru*. University of Texas Press, Austin, 188 p.

DONNAN Christopher B. and Guillermo A. COCK

1986 *The Pacatnamu Papers*. Museum of Cultural History, University of California, Los Angeles, Vol. 1, 188 p.

DONNAN Christopher B. and Leonard J. FOOTE

1978 Child and Llama Burials in Huanchaco. *In* C. B. Donnan and C. J. Mackey (Eds.), *Ancient burial patterns of the Moche Valley, Peru*. University of Texas Press, Austin, London, p. 399–408.

DONNAN Christopher B. and Carol J. MACKEY

1978 *Ancient burial patterns of the Moche Valley, Peru*. University of Texas Press, Austin, London, 412 p.

DRUC Isabelle

2013 What Is Local ? Looking at Ceramic Production in the Peruvian Highlands and Beyond. *Journal of Anthropological Research*, 69, Albuquerque , p. 485–513.

DUCHESNE Frédéric y Juan CHACAMA

2012 Torres Funerarias Prehispánicas de los Andes Centro-Sur: Muerte, Ocupación del Espacio y Organización Social. Estudio Comparativo: Coporaque, Cañón del Colca (Perú), Chapiquiña, Precordillera de Arica (Chile). *Chungara*, 44 (4), Arica, p. 605–620.

DUFFAIT Erwan

2012 Vías Prehispánicas y Culto de los Muertos en el Norte Chileno (Arica-Tarapacá) Durante el Período Intermedio Tardío y el Horizonte Tardío (ca. 1.000-1.532 d.C.). *Chungara*, 44 (4), Arica, p. 621–636.

DUVIOLS Pierre

1971 *La lutte contre les religions autochtones dans le Pérou colonial "L'extirpation de l'idolâtrie" entre 1532 et 1660*. Institut français d'études andines, Lima, 428 p.

1973 Huari y Llacuaz, agricultores y pastores, un dualismo prehispánico de oposición y complementaridad. *Revista del Museo Nacional*, 34, Lima, p. 153–187.

1979a Un Symbolisme de l'occupation, de l'aménagement et de l'exploitation de l'espace. Le

monolithe huanca et sa fonction dans les Andes préhispaniques. *L'Homme*, 19 (2), Paris, p. 7–31.
1979b La dinastía de los Incas, monarquía o diarquía? Argumentos heurísticos a favor de una tesis estructuralista. *Journal de la Société des Américanistes*, 66 (1), Paris, p. 67–83.

EECKHOUT Peter
1997 Pachacamac durant l'Intermédiaire récent. Étude d'un site monumental préhispanique de la Côte centrale du Pérou. Ph.D., Université Libre de Bruxelles, Bruxelles, 1128 p.
1999 Pirámide con rampa n°III, Pachacamac. Nuevos datos, nuevas perspectivas. *Bulletin de l'IFEA*, 28 (1), Lima, p. 169–214.
2005 Imperial Strategies in a Regional Context. Chimus and Inkas at Pachacamac. *In* P. Eeckhout and G. Le Fort (Eds.), *War and Conflicts in Precolumbian Mesoamerica and the Andes*. Hadrian Books Ltd. British Archaeological Reports International Series, 10053, Oxford, p. 108-123.

ESCUDERO VILLALTA José Manuel
2004 La ocupación mochica en Cerro Sorcape, margén derecha del valle Chicama. Licenciatura, Universidad Nacional de Trujillo, Trujillo, 92 p.

ESPINO Marco
1992 El Niño y su efecto en la dinamica poblacional de los principales peces demersales del Perú. *In* L. Ortlieb and J. Macharé (Eds.), *Paleo-ENSO Records international symposium (Lima March 1992)*. ORSTOM Lima, CONCYTEC, Lima, p. 99–100.

ESPINOZA SORIANO Waldemar
1973 La pachaca de Puchu en el reino de Cuismancu siglos XV y XVI. *Bulletin de l'IFEA*, 2 (1), Lima, p. 35–75.
1974 Los señoríos étnicos del valle de Condebamba y provincia de Cajabamba. Etnihistoria de las Huarancas de Llucho y Mitmas. Siglos XV–XX. *Análes Científicos de la Universidad Nacional del Centro del Perú*, 3, Huancayo, p. 5–369.
1975 El valle de Jayanca y el reino de los Mochica, Siglos VX y XVI. *Bulletin de l'IFEA*, 4 (3-4), Lima, p. 243–274.

ESQUERRE FERNÁNDEZ Luis Francisco
1998 Estudio de un asentamiento Chimú en el caserio de Punta Moreno valle medio de Chicama: una interpretación de su funcionalidad. Licenciatura, Universidad Nacional de Trujillo, Trujillo, 63 p.

FABREGAT ESTEVA Claudio
1972 Ayni, minka y faena en Chinchero, Cuzco. *Revista Española de Antropología Americana*, 7, Madrid, p. 309–407.

FALK MOORE Sally
1973 *Power and Property in Inca Peru*. Greenwood Press, Westport, 190 p.

FANGI G., E. S. MALINVERNI and A. SCHIAVONI
2005 Integrated Surveying Techniques for the Archaeological Park of Chan-Chan in Peru. Conférence donnée au CIPA 2005 XX International Symposium, 26 September - 01 October, 2005, Torino, 6 p.

FARRINGTON Ian S.
1974 Irrigation and Settlement Pattern. Preliminary research Results from the North Coast of Peru. *In* T. E. Downing and G. McGuire (Eds.), *Irrigation's Impact on Society*. The University of Arizona Press, Tucson, p. 83–94.
1980a Un entendimiento de sistemas de riego prehistóricos en Perú. *América Indígena*, 40 (4), México, p. 691–711.
1980b The Archaeology of Irrigation Canals, with Special reference to Peru. *World Archaeology*, 11 (3), London, p. 287–305.
1983 The Design and Function of the Intervalley Canal: Comments on a Paper by Ortloff, Moseley and Fledman. *American Antiquity*, 48 (2), Washington D.C., p. 360–375.

FERNÁNDEZ VILLEGAS Oswaldo
1994 Conflictos por el control del poder en Sontovelillo, un curacazgo de la costa norte. Siglos XV-XVII. *Investigar*, 1 (1), Trujillo, p. 106–126.

FERREYRA Ramón
1983 Los tipos de vegetación de la costa peruana. *Anales del Jardín Botánico de Madrid*, 40 (1), Madrid, p. 214–256.

FEYJOO DE SOSA Miguel
1984 [1763] *Relación descriptiva de la ciudad, y provincia de Truxillo del Perú, con noticias exactas de su estado político*. Fondo del Libro - Banco Industrial del Perú, Madrid, 164 p.

FIESTAS CHUNGA Miguel
1992 La ocupación Moche en la "Huaca Larga" del complejo arqueológico de Mocollope - Valle Chicama. Licenciatura, Universidad Nacional de Trujillo, Trujillo, 71 p.

FIORAVANTI MOLINIÉ Antoinette
1986 El simbolismo de frontera en los Andes. *Revista del Museo Nacional*, 47, Lima, p. 251–286.

FLANNERY Kent V. (Ed.)
1976 *The Early Mesoamerican Village*. Academic Press, New York, San Francisco, London, 377 p.

FLORES OCHOA Jorge A.
1972 El reino Lupaqa y el actual control vertical de la ecología. *Historia y Cultura*, 6, Lima, p. 195–201.
1974 Enqa, Enqaychu illa y Khuya Rumi: aspectos mágico-religiosos entre pastores. *Journal de la Société des Américanistes*, 63 (1), Paris, p. 245–262.

FORD James A. and Gordon R. WILLEY
1949 Surface Survey of the Virú Valley, Peru. *Anthropological Papers of the American Museum of Natural History*, 43, New York, p. 1–89.

FRANCO JORDÁN Regulo G.
2012 El Apu Campana, la montaña sagrada Moche. *Pueblo Continente*, 23 (2), Trujillo, p. 292–307.

FRANCO JORDÁN Regulo G. and César A. GÁLVEZ MORA
2009 Gallinazo-style Ceramics in Early Moche Contexts at the El Brujo Complex, Chicama Valley; *In*

J.F. Millaire and M. Morlion, *Gallinazo: An Early Cultural Tradition on the Peruvian North Coast*, Cotsen Institute of Archaeology Press, University of California, Los Angeles, p. 91–104.

Franco Jordán Regulo G., César A. Gálvez Mora y Segundo A. Vásquez Sánchez

1994 Arquitectura y decoración mochica en la Huaca Cao Viejo, Complejo El Brujo: resultados preliminares. *In* S. Uceda Castillo y E. Mujica Barreda (Eds.), *Moche: Propuestas y perspectivas. Actas del Primer Coloquio sobre la Cultura Moche (Trujillo,12 al 16 de abril de 1993)*. Universidad Nacional de Trujillo, Instituto Francés de Estudios Andinos, Asociación Peruana para el Fomento de las Ciencias Sociales, Lima, p. 147–180.

2003 Modelos, función y cronología de la Huaca Cao Viejo, complejo El Brujo. *In* S. Uceda Castillo y E. Mujica Barreda (Eds.), *Moche: hacia el final del milenio: actas del Segundo Coloquio sobre la Cultura Moche, Trujillo, 1 al 7 de agosto de 1999*. Universidad Nacional de Trujillo, Pontifica Universidad Católica del Perú - Fondo Editorial, Lima, Vol. 2, p. 125–177.

2007 *El Brujo: Practicas Funerarias Post Mochicas*. Fundación Augusto N. Wiese Trujillo, 205 p.

2010 Moche Power and Ideology at the El Brujo Complex and in the Chicama Valley. *In* J. Quilter y L. J. Castillo Butters (Eds.), *New Perspectives on Moche Political Organization*. Dumbarton Oaks Research Library and Collection, Washington D.C., p. 110–131.

Franco Jordán Regulo G. y Juan Vilela Puelles

2003 Iconografía de dos murales del complejo El Brujo: una aproximación al calendario ceremonial Mochic. *Arqueológicas*, 26, Lima, p. 73–106.

Francou Bernard y Luis Pizarro

1985 El Niño y la sequía en los altos Andes centrales (Perú y Bolivia). *Bulletin de l'IFEA*, 14 (1-2), Lima, p. 1–18.

Franklin Pease G. Y.

1992 *Curacas, Reciprocidad y Riqueza. Pontificia Universidad Católica del Perú*. Fondo editorial de la PUCP, Lima, 208 p.

Gade Daniel W.

1992 Landscape, System, and Identity in the Post-Conquest Andes. *Annals of the Association of American Geographers*, 82 (3), Washington D.C., p. 460–477.

Gálvez Mora César A. y Rosario Becerra Urteaga

2003 *Inventario de sitios arqueológicos de la provincia de Ascope*. Trujillo, 80 p.

Gálvez Mora César A., Rosario Becerra Urteaga y Juan Castañeda Murga

1993 La expansión agrícola chimú y su impacto en sitios paijanenses, las zonas de San Ramón y el Automovil, Valle de Chicama. *Revista de Ciencias Sociales UNT*, 3, Trujillo, p. 175–179.

Gálvez Mora César A. and Jesus Briceño Rosario

2001 The Moche in the Chicama Valley. *In* J. Pillsbury (Ed.), *Moche Art and Archaeology in Ancient Peru*. National Gallery of Art, Washington D.C., p. 141–157.

Gálvez Mora César A. y Juan Castañeda Murga

2000 Adobes plano-convexos en la secuencia del valle de Chicama, Costa Norte del Peru. *Revista Arqueológica SIAN*, 5 (9), Trujillo, p. 20–24.

Gálvez Mora César A, Antonio Murga Cruz, Denis Vargas Salvador y Hugo Ríos Cisneros

2003 Secuencia y cambios en los materiales y técnicas constructivas de la Huaca Cao Viejo, Complejo El Brujo, valle de Chicama. *In* S. Uceda Castillo y E. Mujica Barreda (Eds.), *Moche: hacia el final del milenio: actas del Segundo Coloquio sobre la Cultura Moche, Trujillo, 1 al 7 de agosto de 1999*. Universidad Nacional de Trujillo, Pontifica Universidad Católica del Perú - Fondo Editorial, Lima, p. 79–118.

Gálvez Mora César, Arturo Paredes Nuñez y Víctor Armando Piminchumo Hurtado

2004 Evidencias de campos de cultivo irrigados en Chan Chan, valle de Moche. *In* L. Valle Alvarez (Ed.), *Aportes para la historia de Chan Chan*. Ediciones Sian, Trujillo, p. 29–42.

Gálvez Mora César A. y María Andrea Runcio

2010 Eventos ENOS (EL Niño, la Oscilació del Sur) y ocupación del desierto entre el Horizonte Temprano y el Intermedio Tardío: análisis de casos en los sectores medios de los valles de Moche y Chicama, Perú. *Archaeobios*, 4 (1), Trujillo, p. 19–52.

2011 Eventos ENSO (El Nino, la Oscilación del Sur) y el cultivo de maíz en el desierto del sector medio del valle de Chicama, Perú. *Archaeobios*, 5 (1), Trujillo, p. 79–97.

Gamboa Velásquez Jorge

2008 Plazas y cercaduras: Una aproximación a la arquitectura pública Moche IV y V en los valles de Moche y Santa. *In Arqueología Mochica: Nuevos Enfoques: Actas Del Primer Congreso Internacional de Jóvenes Investigadores de la Cultura Mochica, Lima 4 y 5 de Agosto de 2004*. Fondo editorial de la PUCP, IFEA, Lima, p. 203–217.

Garaycochea Ignacio, Claudio Ramos et Pierre Morlon

1992 L'archéologie appliquée au développement agricole: la reconstruction des ados précolombiens sur l'altiplano. *In* P. Morlon (Ed.), *Comprendre l'agriculture paysanne dans les Andes centrales*. Institut National de la Recherche Agronomique, Paris, p. 243–255.

Garcia Albert

1964 Quelques aspects de la religion incaïque, selon les Commentaires royaux de l'Inca Garcilaso de la Vega et certaines chroniques espagnoles du XVIe siècle. *Bulletin Hispanique*, 66 (3), Bordeaux, p. 294–310.

GARCILASO DE LA VEGA Inca
2000 [1617] *Commentaires royaux sur le Pérou des Incas*. La Découverte, Paris, 3 Vol.

GAYOSO RULLIER Henry y Nadia GAMARRA CARRANZA
2005 La céramica doméstica en Huacas de Moche: un intento de tipología y seriación. *In* S. Uceda y R. Morales, Proyecto Arqueológico Huaca de la Luna, Informe Tecnico 2004. Universidad Nacional de Trujillo, Trujillo, p. 391–404.

GELLES Paul H.
1986 Sociedades hidraúlicas en los Andes. *Allpanchis*, 27, Cusco, p. 99–147.

GENTILE Margarita E.
1998 La pichca: oráculo y juego de fortuna (su persistencia en el espacio y timpo andinos). *Bulletin de l'IFEA*, 27 (1), Lima, p. 75–131.
2008 Espacio y tiempo de un oráculo andino relacionado con el agro y la pesca. *In* M. Curatola Petrocchi y M. S. Ziolkowski (Eds.), *Adivinación y oráculos en el mundo andino antiguo*. IFEA, Fondo Editorial de la Pontificia Universidad Católica del Perú, Lima, p. 221–248.

GHEZZI Iván
2011 El análisis composicional en el estudio de la producción y distribución de la cerámica prehispánica. *Bulletin de l'IFEA*, 40 (1), Lima, p. 1–29.

GIL GARCÍA Francisco M.
2008 A la sombra de los mallku. Tradición oral, ritualidad y ordenamiento del paisaje en una comunidad de Nor Lípez (Potosí , Bolivia). *Revista Española de Antropología Americana*, 38 (1), Madrid, p. 217–238.

GIL GARCÍA Francisco M. y Gerardo FERNÁNDEZ JUÁREZ
2008 El culto a los cerros en el mundo andino: estudios de caso. *Revista Española de Antropología Americana*, 38 (1), Madrid, p. 105–113.

GLICK Thomas F.
1970 *Irrigation and Society in Medieval Valencia*. Belknap Press of Harvard University Press, Cambridge, 386 p.

GLOWACKI Mary and Michael MALPASS
2003 Water, Huacas, and Ancestor Worship: Traces of a Sacred Wari Landscape. *Latin American Antiquity*, 14 (4), Washington D.C., p. 431–448.

GOEPFERT Nicolas
2008. Ofrendas y sacrificio de animales en la cultura Mochica: El ejemplo de la Plataforma Uhle, Complejo Arqueológico Huacas del Sol y de la Luna. Arqueología Mochica. *In* L. J. Castillo Butters, H. Bernier, G. Lockard, and J. Rucabado Yong (Eds.), *Nuevos Enfoques. Actas del Primer Congreso Internacional de Jóvenes Investigadores de la Cultura Mochica, Lima, 4–5 de agosto de 2004*. Institut Français d'Études Andines-Fondo Editorial de la Pontificia Universidad Católico del Perú, Lima, p. 231–244.
2011 *Frayer la route d'un monde inversé. Sacrifice et offrandes animales dans la culture Mochica (100–800 apr. J.-C.), côte nord du Pérou*. Monographs in American Archaeology 28, BAR International Series 2278, Paris, Oxford, 418 p.

GOEPFERT Nicolas, Élise DUFOUR, Belkys GUTIÉRREZ LEÓN y Claude CHAUCHAT
2013 Origen geográfico de camélidos en la época mochica (100-800 AD) y análisis isotópico secuencial del esmalte dentario: enfoque metodológico y aportes preliminares. *Bulletin de l'IFEA*, 42 (1), Lima, p. 25–48.

GOEPFERT Nicolas and Oscar Gabriel PRIETO BURMESTER
Sous presse Offering Llamas to the Sea: the economic and ideological importance of camelids in the Chimu society, North Coast of Peru. *In* J. M. Capriles and N. Tripcevich (Eds.), *The Archaeology of Andean Pastoralism*. The University of New Mexico Press.

GOLDSTEIN Paul S.
2000 Exotic Goods and Everyday Chiefs: Long-Distance Exchange and Inidgenous Sociopolitical development in the South Central Andes. *Latin American Antiquity*, 11 (4), Washington D.C., p. 335–361.

GOLTE Jürgen
1980a *La racionalidad de la organización andina*. Instituto de Estudios Peruanos, Lima, 124 p.
1980b Notas sobre la agricultura de riego en la costa peruana. *Allpanchis*, 14, Cusco, p. 57–67.
1985 Los recolectores de caracoles en la cultura Moche (Perú). *Indiana*, 10, Berlin, p. 355–370.

GÓMEZ GUERRERO Janie
2008 Informe de Proyecto de Evaluación, Lima, 36 p.

GONZÁLES FLORES Omar C.
1996 Caracterización del maiz de la época chimú del complejo arqueológico El Brujo. Licenciatura, Universidad Nacional de Trujillo, Trujillo, 100 p.

GONZÁLES GARCÍA Emilio
1952 *La ciudadela Laberinto*. Bachillerato, Universidad Nacional de Trujillo, Trujillo, 96 p.

GONZÁLES HOLGUÍN Diego
1989 [1608] *Vocabulario de la lengua general de todo el Peru llamada lengua Qquichua del Inca*. Universidad Mayor de San Marcos, Lima, 707 p.

GORRITI MACHEGO Manuel
1999 Moluscos marinos: Spondylus, strombus y conus. Su significado en las sociedades andinas. *Boletín del Museo de Arqueología, Antropología e Historia*, 3 (11), Trujillo, p. 10–21.

GOSE Peter
1993 Segmentary state formation and the ritual control of water under the Incas. *Comparative Studies in Society and History*, 35 (3), Cambridge, p. 480–514.

GUAMAN POMA DE AYALA Francisco
1980 [1583-1615] *Nueva coronica y buen gobierno*. Biblioteca Ayacucho, Ayacucho, 2 Vol.

GUFFROY Jean
1987 *Loja prehispanique: recherches archeologiques dans les Andes Meridionales de l'Equateur*. Editions Recherche sur les Civilisations, Paris, 342 p.

Guillaud Dominique
2008 L'archéogéographie: pour une reconnaissance du passé dans l'espace. *EchoGéo*, 4, Paris, p. 2–11.

Gutiérrez Enciso Antonio
2005 El manejo del agua de riego en la costa del Perú precolombino. Conférence présentée à "CUBAR-IEGO 2005", CYTED, La Havane.

Gutiérrez León Belkys
1995 Licapa II, y el estudio del patrón de asentamiento mochica tardío en el valle de Chicama. Licenciatura, Universidad Nacional de Trujillo, Trujillo, 126 p.

Gutiérrez Rodríguez Rodolfo
1990 *Chan Chan: Arquitectura e implicancias sociales del Palacio "Tschudi".* Consejo Nacional de Ciencia y Tecnología: Instituto Indigenista Peruano, Lima, 144 p.

Hampe Martínez Teodoro
1986-1987 Notas sobre población y tributo indigena en Cajamarca (Primera mitad del siglo XVII). *Boletín del Instituto Riva-Agüero*, 14, Lima, p. 65–81.

Harris Olivia
1997 Los límites como problema: mapas etnohistóricos de los Andes bolivianos. *In* T. Bouysse-Cassagne (Ed.), *Saberes y Memorias en los Andes. In Memoriam Thierry Saignes*. Institut des hautes études de l'Amérique Latine - Institut français d'études andines, Lima, p. 351–373.

Hassan Fekri A.
1993 Town and Village in Ancient Egypt: Ecology, Society and Urbanization. *In* T. Shaw (Ed.), *The Archaeology of Africa: Food, Metals and Towns*. Routledge London, p. 551–569.

Hastings Charles Mansfield and Michael Edward Moseley
1975 Society for American Archaeology The Adobes of Huaca del Sol and Huaca de La Luna. *American Antiquity*, 40 (2), Washington D.C., p. 196–203.

Hayashida Frances M.
1999 Style, Technology, and State Production: Inka Pottery Manufacture in the Leche Valley, Peru. *Latin American Antiquity*, 10 (4), Washington D.C., p. 337–352.
2006 The Pampa de Chaparrí: Water, Land, and Politics on the North Coast of Peru. *Latin American Antiquity*, 17 (3), Washington D.C., p. 243–263.

Hecker Gisela y Wolfgang Hecker
1985 *Pacatnamú y sus Construcciones. Centro Religioso prehispánico en la Costa Norte Peruana.* Verlag Klaus Dieter Vervuert, Francfort, 189 p.

Hecker Wolfgang y Gisela Hecker
1990 *Ruinas, caminos y sistemas de irrigación prehispánicos en la provincia de Pacasmayo, Perú.* Instituto Departemental de la Cultura - La Libertad, Trujillo, 108 p.

Herrera Fortunato L.
1942 Plantas tropicales cultivadas por los antiguos Peruanos. *Revista del Museo Nacional*, 9 (2), Lima, p. 179–195.

Hocquenghem Anne-Marie
1987 Paix à Wiener et vive Flaubert, L'Indienne andine mise en scène par un chargé de mission scientifique. *Indiana*, 11, Berlin, p. 123–142.
1993 Rutas de entrada del Mullu en el extremo norte del Perú. *Bulletin de l'IFEA*, 22 (3), Lima, p. 701–719.
2004 Una edad del bronce en los andes centrales. Contribución a la elaboración de una historia ambiental. *Bulletin de l'IFEA*, 33 (2), Lima, p. 271–329.

Hocquenghem Anne-Marie y Luisa M. Vetter Parodi
2005 Las puntas y rejas prehispánicas de metal en los Andes y su continuidad hasta el presente. *Bulletin de l'IFEA*, 34 (2), Lima, p. 141–159.

Hodge Frederick Webb
1897 Bandelier's researches in Peru and Bolivia. *American Anthropologist*, 10, Arlington, p. 303–311.

Holstein Otto
1927 Chan-Chan: Capital of the Great Chimu. *Geographical Review*, 17 (1), New York, p. 36–61.

Horkheimer Hans
1944 *Vistas arqueológicas del noroeste del Perú.* Universidad Nacional de Trujillo, Trujillo, 83 p.

Hrdlička Aleš
1911 Of recent anthropological exploration. *Smithsonian Miscellaneous Collections*, 56 (16), Wasington D.C., p. 1-16.

Huckleberry Gary, Frances M. Hayashida and Jack Johnson
2012 New Insights into the Evolution of an Intervalley Prehistoric Irrigation Canal System, North Coastal Peru. *Geoarchaeology*, 27 (6), p. 492–520.

Huertas Vallejos Lorenzo
1984 *Tierras, Diezmos y Tributos en el obispado de Trujillo (Colonia - Republica).* Universidad Nacional Mayor de San Marcos, Lima, 271 p.
1987 *Ecologia e Historia, Probanza de Indios y Españoles referentes a las catastróficas lluvias de 1578, en los corregimientos de Trujillo y Saña.* CES Solidaridad, Chiclayo, 208 p.
1996 Patrones de asentamiento poblacional en Piura. *Bulletin de l'IFEA*, 25 (1), Lima, p. 91–124.

Hyslop John
1980 Un camino Prehistórico en la Costa Norte. *Boletín de Lima*, 6, Lima, p. 14–20.
1984 *The Inka Road System.* Academic Press, London, 377 p.

Ingemmet (ed.)
2000 *Estudio de evaluacián ambiental territorial y de planteamientos para la reducción de la contaminación de origen minero en la cuenca del río Chicama.* Ingeniería Geológica Minera y Metalúrgica, Lima, 47 p.

Iriarte Brenner Francisco E.
1969 La Huaca "El Dragon" y su restauración. Maestria, Universidad Nacional Mayor de San Marcos, Lima, 130 p.

ISBELL William H.
1981 Comment on Conrad. *American Antiquity*, 46 (1), Washington D.C., p. 27–30.
1997 *Mummies and Mortuary Monuments. A Postprocessual Prehistory of Central Andean Social Organization*. University of Texas Press, Austin, 372 p.

ITIER César
2008 *Les Incas*. Belles lettres, Paris, 216 p.

JACKSON Margaret A.
2004 The Chimú Sculptures of Huacas Tacaynamo and El Dragon, Moche Valley, Perú. *Latin American Antiquity*, 15 (3), Washington D.C., p. 298–322.

JULIEN Catherine J.
1982 Inca Decimal Administration in the Lake Titicaca Region. *In* G. A. Collier, R. I. Rosaldo, and J. D. Wirth (Eds.), *The Inca and Aztec States, 1400-1800: Anthropology and History*: Academic Press, New York, p. 119–151.

JULIEN Daniel G.
1993 Late Pre-Inkaic Ethnic Groups in Highland Peru: An Archaeological-Ethnohistorical Model of the Political Geography of the Cajamarca Region. *Latin American Antiquity*, 4 (3), Washington D.C., p. 246–273.

KANIGAN Joan Marianne
1995 The Ceramics from Chan Chan, Perú. A Reanalysis of the SIAR Collection. M.A., Trent University, Peterborough, 409 p.

KAUFFMANN DOIG Federico
2002 La culture Chachapoya. *Historia del Perú Antiguo*, 5 (8), p. 513–575.

KAULICKE Peter
1997 La muerte en el antiguo Perú. Contextos y conceptos funerarios: una introducción. *Boletín de Arqueología PUCP*, 1, Lima, p. 7–54.

KAULICKE Peter, Ryujiro Kondo, Tetsuya Kusuda y Julinho Zapata
2003 Agua, ancestros y arqueología del paisaje. *Boletín de Arqueología PUCP*, 7, Lima, p. 27-56.

KAUTZ Robert R. and Richard West KEATINGE
1977 Determining Site Function: A North Peruvian Coastal Example. *American Antiquity*, 42 (1), Washington D.C., p. 87–97.

KEATINGE Richard West
1973 Chimu Ceramics from the Moche Valley, Peru: A Computer Application to Seriation. Ph.D., Harvard University, Cambridge, 192 p.
1974 Chimu Rural Administrative Centres in the Moche Valley, Peru. *World Archaeology*, 6 (1), London, p. 66–82.
1975 Urban Settlement Systems and Rural Sustaining Communities: An Example from Chan Chan's Hinterland. *Journal of Field Archaeology*, 2 (3), Boston, p. 215–227.
1977 Religious Forms and Secular Functions: The Expansion of State Bureaucracies as Reflected in Prehistoric Architecture on the Peruvian North Coast. *Annals of the New York Academy of Sciences*, 293, New York, p. 229–245.
1980 Centros administrativos rurales. *In* R. Ravines (Ed.), *Chanchan: Metrópoli Chimú*. Instituto de Estudios Peruanos: Instituto de Investigación Tecnológica Industrial y de Normas Técnicas, Lima, p. 283–298.
1982a The Chimú Empire in a Regional Perspective: Cultural Antecedents and Continuities. *In* M. E. Moseley and K. C. Day (Eds.), *Chan Chan: Andean Desert City*. University of New Mexico Press, Albuquerque, p. 197–224.
1982b Economic Development and Cultural Resource Management in the Third World: An Example from Peru. *Journal of Anthropological Research*, 38 (2), Albuquerque, p. 211–226.

KEATINGE Richard West, David CHODDOFF, Deborah PHILLIPS CHODOFF, Murray MARVIN, Helaine I. SILVERLAINE
1975 From the Sacred to the Secular: First Report on a Prehistoric Architectural Transition on the North Coast of Peru. *Archaeology*, 2 (2), New York, p. 128–129.

KEATINGE Richard West and Geoffrey W. CONRAD
1983 Imperialist expansion in Peruvian prehistory: Chimu administration of a conquered territory. *Journal of Field Archaeology*, 10 (3), Boston, p. 255–283.

KENT Susan
1993 Activity Areas and Architecture: An Interdisciplinary View of the Relationship Between Use of Space and Domestic Built Environments. *In* S. Kent (Ed.), *Domestic Architecture and the Use of Space. An Interdisciplinary Cross-cultural Study*. Cambridge University Press. Cambridge, p. 1–8.

KESSELI Risto y Martti PÄRSSINEN
2005 Identidad étnica y muerte: torres funerarias (chullpas) como símbolos de poder étnico en el altiplano bolivianode Pakasa (1250-1600 d.C.). *Bulletin de l'IFEA*, 24 (3), Lima, p. 379–410.

KLEIN Otto
1967 *La Cerámica Mochica. Caracteres estilísticos y conceptos*. Publicación oficial de la Universidad Técnica "Federico Santa Maria", Valparaiso, 156 p.

KLOKOČNÍK Jaroslav, Jan KOSTELECKÝ and Karen PAVELKA
2011 Google Earth: Inspiration and Instrument for the Study of Ancient Civilizations. *Geoinformatics FCE CTU*, 6 (6), Emmeloord ,p. 193–210.

KLYMYSHYN Alexandra Maria Ulana
1976 Intermediate Architecture, Chan Chan, Peru. Ph.D., Harvard University, Cambridge, 521 p.
1980 Inferencias sociales y funcionales de la arquitectura intermedia. *In* R. Ravines (Ed.), *Chanchan: Metrópoli Chimú*. Instituto de Estudios Peruanos: Instituto de Investigación Tecnológica Industrial y de Normas Técnicas, Lima, p. 250–266.
1982 Elite Compounds in Chan Chan. *In* M. E. Moseley and K. C. Day (Eds.), *Chan Chan: Andean Desert*

City. University of New Mexico Press, Albuquerque, p. 119–143.

1987 The development of Chimu administration in Chan Chan. *In* J. Haas, S. G. Pozorski, and T. Pozorski (Eds.), *The Origins and Development of Andean State*. Cambridge University Press, Cambridge, p. 97–110.

Kolata Alan L.

1978 Chan Chan: The Form of the City in Time. Ph.D., Harvard University, Cambridge, 372 p.

1980 Chanchan: crecimiento de una ciudad antigua. *In* R. Ravines (Ed.), *Chanchan: Metrópoli Chimú*. Instituto de Estudios Peruanos: Instituto de Investigación Tecnológica Industrial y de Normas Técnicas, Lima, p. 130–154.

1982 Chronology and Settlement Growth at Chan Chan. *In* M. E. Moseley and K. C. Day (Eds.), *Chan Chan: Andean Desert City*. University of New Mexico Press, Albuquerque, p. 67–85.

1990 The Urban Concept of Chan Chan. *In* M. E. Moseley and A. Cordy-Collins (Eds.), *The Northern dynasties: Kingship and statecraft in Chimor*. Dumbarton Oaks Research Library and Collection, Washington D.C., p. 107–144.

Kosok Paul

1965 *Life, Land and Water in Ancient Peru*. Long Island University Press, New York, 264 p.

Kristansen Kristian

1987 Center and Periphery in Bronze Age Scadinavia. *In* M. Rowlands, M. Larsen, and K. Kristansen (Eds.), *Centre and Periphery in the Ancient New World*. Cambridge University Press, Cambridge, p. 74–85.

Kroeber Alfred Louis

1926 Archaeological Explorations in Peru, Part I: Ancient Pottery from Trujillo. *Field Museum of Natural History*, 2 (1), Chicago, p. 1–43.

1930 Archaeological Explorations in Peru, Part II: The Northern Coast. *Field Museum of Natural History*, 2 (2), Chicago, p. 47–116.

1948 Summary and Interpretations. *Memoirs of the Society for American Archaeology*, 4, Washington D.C., p. 113–121.

Kroeber Alfred Louis y Jorge C. Muelle

1942 Cerámica paleteada de Lambayeque. *Revista del Museo Nacional*, 9 (1), Lima, p. 1–24.

Krzanowski Andrzej

1985 Implicaciones demográficas del patrón de asentamiento prehispánico en los Andes. El caso del valle Alto Chicama, Perú. *Journal de la Société des Américanistes*, 71 (1), Paris, p. 79–96.

2006 *Sitios arqueológicos en la región de Alto Chicama, Perú*. Académie Polonaise des Sciences et des Lettres. Kraków, 317 p.

Krzanowski Andrzej y Jan Szeminski

1978 La toponimia indígena en la cuenca del río Chicama (Perú). *Estudios Latinoamericanos*, 4, Valparaíso, p. 11–51.

Kubler George

1948 Towards Absolute Time: Guano Archaeology. *Memoirs of the Society for American Archaeology*, 4, Washington D.C., p. 29–50.

Kus James S.

1972 Selected Aspects of Irrigated Agriculture in the Chimu Heartland, Peru. Ph.D., University of California, Los Angeles, 248 p.

1974 Chimu Techniques of Canal Construction and Maintenance. Conférence présentée au 14th Annual Meeting of the Institute of Andean Studies, 11 p.

1984 The Chicama-Moche Canal: Failure or Success? An Alternative Explanation for an Incomplete Canal. *American Antiquity*, 49 (2), Washington D.C., p. 408–415.

1985 La agricultura estatal en el reino de Chimor. Conférence présentée lors du VI Congreso El Hombre y la Cultura.

Kutscher Gerdt

1972 Heinrich Ubbelohde-Doering (1889-1972). *Indiana*, 2, Berlin, p. 259–270.

Lange Topic Teresa

1990 Territorial Expansion and the Kingdom of Chimor. *In* M. E. Moseley and A. Cordy-Collins (Eds.), *The Northern dynasties: Kingship and statecraft in Chimor*. Dumbarton Oaks Research Library and Collection, Washington D.C., p. 177–194.

1991 The Middle Horizon in Northern Peru. *In* W. H. Isbell and G. F. McEwan (Eds.), *Huari Administrative Structure, Prehistoric Monumental Architecture and State Government*. Dumbarton Oaks Research Library and Collection, Washington D.C., p. 233–246.

Lange Topic Teresa, Thomas H. McGreevy and John R. Topic

1987 A Comment on the Breeding and Herding of Llamas and Alpacas on the North Coast of Peru. *American Antiquity*, 52 (4), Washington D.C., p. 832–835.

Lange Topic Teresa y John R. Topic

1980 Agricultura en Chanchan. *In* R. Ravines (Ed.), *Chanchan: Metrópoli Chimú*. Instituto de Estudios Peruanos: Instituto de Investigación Tecnológica Industrial y de Normas Técnicas, Lima, p. 194–230.

Langlois Louis M.

1938 Las Ruinas de Paramonga. *Revista del Museo Nacional*, 7 (1), Lima, p. 23–52.

Larco Hoyle Rafael

1939 *Los Mochicas*. Editorial Rimac, Lima, 2 vol.

1944 *Cultura Salinar, Sintesis Monográfica*. Sociedad Geográfica Americana, Buenos Aires, 20 p.

1945a *Los Cupisniques*. Sociedad Geográfica Americana, Buenos Aires, 25 p.

1945b *La cultura Virú*. Sociedad Geográfica Americana, Buenos Aires, 28 p.

1945c *Los Mochicas (pre-Chimu de Uhle y Early Chimu de Kroeber)*. Sociedad Geográfica Americana, Buenos Aires, 43 p.

1946 A Culture Sequence for the North Coast of Peru. *In* J. H. Steward (Ed.), *Handbook of South American Indians*. Smithsonian Institution Press, Washington D.C., Vol. 2, p. 149–175.

1948 *Cronología arqueológica del norte del Perú*. Sociedad Geográfica Americana, Buenos Aires, 44 p.

1965 *La cerámica de Vicus*. Santiago Valverde, Lima, 34 p.

LARKIN Robert P. and Gary L. PETER

1983 *Dictionary of Concepts in Human Geography*. Greenwood Press, Westport, London, 286 p.

LASSÈRE Madeleine

1997 *Villes et cimetières en France de l'Ancien Régime à nos jours: le territoire des morts*. L'Harmattan, Paris, 411 p.

LAVALLÉE Danièle

1995 *Promesses d'Amérique: La Préhistoire de l'Amérique du Sud*. Hachette, Paris, 470 p.

LE GOUILL Claude

2010 Modernité, religion et identité dans le Nord Potosí. Le cas de l'*ayllu* Chiro. *Bulletin de l'IFEA*, 40 (1), Lima, p. 205–211.

LECHTMAN Heather

1976 A Metallurgical Site Survey in the Peruvian Andes. *Journal of Field Archaeology*, 3 (1), Boston, p. 1–42.

LECOQ Patrice

1987 Caravanes de Lamas, sel et échanges dans une communauté de Potosi, en Bolivie. *Bulletin de l'IFEA*, 16 (3-4), Lima, p. 1–38.

1999 *Uyuni Préhispanique: Arch*éologie de la Cordillère Intersalar (Sud-Ouest Bolivien). Paris Monographs in American Archaeology, BAR International Series 798, BAR Publishing, Paris, Oxford, 327 p.

2010 Les terrasses aux mosaïques du site inca de Choqek'Iraw, au Pérou. *Journal de la Société des Américanistes*, 96 (2), Paris, p. 1–58.

2014 *Nouveau regard sur Choqek'Iraw (Choque Kirao). Un site Inca au cœur de la cordillère de Vilcabamba au Pérou*. Paris Monographs in American Archaeology 37, BAR International Series 2669, Paris, Oxford, 344 p.

LEÓN FLORIÁN Marina

2011 Proyecto de Evaluación del Impacto de la ampliación de la carretera Ascope-San Benito, Lima, 23 p.

LEONARD Banks L. y Glenn S. RUSSELL

1992 Informe preliminar: Proyecto de reconocimiento arqueológico del Chicama, resultados de la primera temporada de campo, 1989. Lima, 119 p.

1993 Cerámica Cajamarca de la Parte Baja del Valle de Chicama. *In* S. Arréstegui (Ed.), *IX Congreso peruano del Hombre y la Cultura Andina, Cajamarca - Perú 2-6 Junio 1992*. Universidad Nacional de Cajamarca, Cajamarca, Vol. 1, p. 151–165.

LÉVI-STRAUSS Claude

1949 *Les Structures élémentaires de la parenté*. Presses Universitaires de France, Paris, 639 p.

LIMÓN OLVERA Silvia

2006 Entidades sagradas y agua en la antigua religión andina. *Latinoamérica revista de Estudios Latinoamericanos*, 43, Valparaíso, p. 85–111.

LOCKHART James

1994 *Spanish Peru, 1532-1560: a social history*. University of Wisconsin Press, Madison, 352 p.

LYNCH Barbara D., Rodolfo FLORES CHAUDUVÍ y José Luis VILLARÁN SALAZAR

1986 Irrigación en San Marcos: transición a la tradición burocrática. *Allpanchis*, 28, Cusco, p. 9–46.

MÄCHTLE Bertil, Bernhard EITEL, Gerd SCHUKRAFT and Katharina ROSS

2009 Built on Sand: Climatic Oscillation and Water Harvesting During the Late Intermediate Period. *In* M. Reindel and G. A. Wagner (Eds.), *New Technologies for Archaeology. Multidisciplinary Investigations in Palpa and Nasca, Peru*. Springer, Berlin Heidelberg, p. 39–46

MACKEY Carol J.

1983 La cerámica chimú a fines del Horizonte Medio. *Revista del Museo Nacional*, 47, Lima, p. 73–91.

1987 Chimu administration in the provinces. *In* J. Haas, S. G. Pozorski, and T. Pozorski (Eds.), *The Origins and Development of Andean State*. Cambridge University Press, Cambridge, p. 121–129.

2004 La ocupación de dos centros administrativos en el valle de Jequetepeque: El Algarrobal de Moro y Farfán. *In* L. Valle Alvarez (Ed.), *Desarrollo Arqueológico Costa Norte del Perú*. Ediciones Sian, Trujillo, p. 75–88.

MACKEY Carol J. and Alexandra Maria Ulana KLYMYSHYN

1981a Informe Parcial, Proyecto Chimu Sur 1981. Lima. 93 p.

1981b Construction and Labor Organization in the Chimu Empire. *Ñawpa Pacha: Journal of Andean Archaeology*, 19, Berkeley, p. 99–114.

1990 The Southern Frontier of the Chimu Empire. *In* M. E. Moseley and A. Cordy-Collins (Eds.), *The Northern dynasties: Kingship and statecraft in Chimor*. Dumbarton Oaks Research Library and Collection, Washington D.C., p. 195–226.

MACKEY Carol J., Alexandra Maria Ulana KLYMYSHYN Y Miguel CORNEJO GARCÍA

1984 Informe Parcial Proyecto Chimu Sur 1984. Lima, 27 p.

MADRY Scott

2007 An Evaluation of Google Earth for Archaeological Exploration and Survey. *In* J. T. Clark and E. M. Hagemeister (Eds.), *Digital Discovery: Exploring New Frontiers in Human Heritage. CAA 2006. Computer Applications and Quantitative Methods in Archaeology. Proceedings of the 34th*

Conference, Fargo, United States, April 2006. Archaeolingua, Budapest, p. 329–337.

Martínez Gabriel

1983 Los dioses de los cerros en los Andes. *Journal de la Société des Américanistes*, 69 (1), Paris, p. 85–115.

Martínez Compañón Baltazar Jaime

1978 *La obra del obispo Martínez Compañón sobre Trujillo del Perú en el siglo XVIII*. Ed. Cultura Hispánica del Centro iberoamericano de cooperación, Madrid, 12 Vol.

Masferrer Kan Elio R.

1984 Criterios de organización andina Recuay siglo XVII. *Bulletin de l'IFEA*, 13 (1-2), Lima, p. 47–61.

Matsumoto Go, Kudo Fukutaro and Rie Maruyama

2012 A Patterned Distribution of Stamped Design Motifs on Paleteada. Conférence présentée au 40th Annual Meeting of the Mildwest Conference on Andean and Amazonian Archaeology and Ethnohistory, February 25-26th, 2012, Chicago. 28 p.

Matsumoto Ryozo

1993 Dos Modos de Proceso Socio-Cultural: El Horizonte Temprano y el Período Intermedio Temprano en el Valle de Cajamarca. *In* L. Millones y Y. Onuki (Eds.), *El Mundo Ceremonial Andino. Senri Ethnological Studies,* vol.37, Museo Nacional de Etnología, Osaka, p. 169–202.

Mauss Marcel

1923-24 Essai sur le don. Forme et raison de l'échange dans les sociétés archaïques. *Année Sociologique*, 1, Paris, p. 30–186.

Mayer Eugen F.

1998 *Armas y Herramientas de Metal Prehispánicas en Perú*. Verlag Philipp von Zabern, Mainz am Rhein, 244 p.

McCown Theodore D.

1945 *Pre-Incaic Huamachuco: Survey and Excavations in the Region of Huamachuco and Cajabamba*. University of California Press, Cambridge University Press, Berkeley, Los Angeles, London, Vol.9, p. 223–400.

McGrath James E.

1973 The Canchones of Chan Chan, Peru: Evidence for a Retainer Class in a Preindustrial Urban Center. Ph.D., Harvard University, Cambridge., 182 p.

McGreevy Thomas H. and Roxanne Shaughnessy

1983 High Altitude Land Use in the Huamachuco Area. *In* D. H. Sandweiss (Ed.), *Investigation of the Andean Past*. Latin American Studies Program, Cornwell University, Ithaca, p. 226–242.

Meddens Franck, Colin McEwan, Katie Willis and Nicholas Branch (Eds.)

2014 *Inca Sacred Space Landscape, Site and Symbol in the Andes*. Archetype Publications, London, 310 p.

Mendoza Palacios Rudy A.

1993 Huamán: Un Apellido Quechua en la Sierra de Piura. *In* S. Arréstegui (Ed.), *IX Congreso peruano del Hombre y la Cultura Andina, Cajamarca - Perú 2-6 Junio 1992*. Universidad Nacional de Cajamarca, Cajamarca, Vol. 2, p. 111–162.

Mendoza Vergaray Evelina

1990 Analisis textil chimú, Huaca El Dragón, Museo Arqueológico. Licenciatura, Universidad Nacional de Trujillo, Trujillo, 62 p.

Meneses Bartra Jorge Nicholás

2003 Huaca Cafetal y la ocupación Moche en la margen izquierda del valle bajo de Chicama. Licenciatura, Universidad Nacional de Trujillo, Trujillo, 89 p.

Mercado Rodríguez Carmen Rosario

2002 Estudio de un asentamiento chimú en Cerro Pan de Azucar, valle de Chicama. Licenciatura, Universidad Nacional de Trujillo, Trujillo, 66 p.

Middendorf Ernst W.

1895 *Peru; Beobachtungen und Studien über das Land und seine Bewohner während eines 25 Jährigen Aufenthalts*. R. Oppenheim, Berlin, 603 p.

Millaire Jean-François and Magali Morlion

2009 *Gallinazo: An Early Cultural Tradition on the Peruvian North Coast*, Cotsen Institute of Archaeology Press, University of California, Los Angeles, 272 p.

Mollard Eric et Annie Walter

2008 *Agricultures singulières*. IRD Éditions, Montpellier, 343 p.

Monge Salgado Carlos

2004 Las Comunidades Campesinas y Nuevos Marcos Institucionales. *In* M. Castillo Fernández, L. del Castillo Pinto, C. Monge Salgado y M. Bustamante Soldevilla (Eds.), *Las Comunidades Campesinas en el Siglo XXI. Situación Actual y Cambios Normativos*. Grupo ALLPA - Comunidades y Desarrollo, Lima, p. 65–78.

Monteverde Sotil Rodolfo Luis

2011 Los Incas y la fiesta de la Situa. *Chungara*, 43 (2), Arica, p. 243–256.

Montoya Vera María

2004 Complejos de ofrendas rituales y su asociación a sacrificios de niños en la época Chimú en el valle de Moche. *In* L. Valle Alvarez (Ed.), *Desarrollo Arqueológico Costa Norte del Perú*. Ediciones Sian, Trujillo, p. 27–48.

Moore Jerry D.

1981 Chimu Socio-Economic Organization: Preliminary Data from Manchan, Casma Valley, Peru. *Ñawpa Pacha: Journal of Andean Archaeology*, 19, Berkeley, p. 115–128.

1986 Informe preliminar, Proyecto Quebrada Santa Cristina. Investigaciones arqueológicas en una comunidad chimú y campos elevados en el valle de Casma, Departamento de Ancash. Lima, 97 p.

1987 Informe final, Proyecto arqueológico Quebrada Santa Cristina, Valle de Casma 1986. Lima, 97 p.

1988 Prehistoric Raised Field Agriculture in the Casma Valley. *Journal of Field Archaeology*, 15 (3), Boston, p. 265–276.

1989 Pre-Hispanic Beer in Coastal Peru: Technology and Social Context of Prehistoric Production. *American Anthropologist*, 91 (3), Arlington, p. 682–695.
1991 Cultural Responses to Environmental Catastrophes: Post-El Niño Subsistence on the Prehistoric North Coast of Peru. *Latin American Antiquity*, 2 (1), Washington D.C., p. 27–47.
1992 Pattern and Meaning in Prehistoric Peruvian Architecture: The Architecture of Social Control in the Chimu State. *Latin American Antiquity*, 3 (2), Washington D.C., p. 95–113.
1995 The Archaeology of Dual Organization in Andean South America: A Theoretical Review and Case Study. *Latin American Antiquity*, 6 (2), Washington D.C., p. 165–181.
1996a The Archaeology of Plazas and the Proxemics of Ritual: Three Andean Traditions. *American Anthropologist*, 98 (4), Arlington, p. 789–802.
1996b *Architecture and Power in the Prehispanic Andes: The Archaeology of Public Buildings*. Cambridge University Press, New York, 258 p.
2004 The Social Basis of Sacred Spaces in the Prehispanic Andes: Ritual Landscapes of the Dead in Chimú and Inka Societies. *Journal of Archaeological Method and Theory*, 11 (1), p. 83–124.
2005 *Cultural landscapes in the Ancient Andes. Archaeologies of Place*. University Press of Florida, Gainesville, 270 p.
2008 El periodo Intermedio Tardío en el departamento de Tumbes. *Revista del Museo de Arqueología, Antropología e Historia*, 10, Trujillo, p. 155–174.

MOORE Jerry D. and Carol J. MACKEY
2008 The Chimú Empire. *In* H. Silverman and W. H. Isbell (Eds.), *Handbook of South American Archaeology*. Springer, New York, p. 783–807.

MORALES Edmundo
1994 The Guinea Pig in the Andean Economy: From Household Animal to Market Commodity. *Latin American Research Review*, 29 (3), Montréal, p. 129–142.

MORALES GAMARRA Ricardo
1985 Conservation of structures and adobe decorative elements in Chan Chan. *In* J. Truel (Ed.), *Adobe: International Symposium and Training Workshop on the Conservation of Adobe. Lima-Cuzco 10-22 September 1983*. Regional Project on Cultural Heritage and Development UNDP/UNESCO, Lima, p. 83–89.

MORLON Pierre (Ed.)
1992 *Comprendre l'agriculture paysanne dans les Andes centrales*. Institut National de la Recherche Agronomique, paris, 519 p.

MORLON Pierre, Jean BOURLIAU, Raymond REAU et Dominique HERVÉ
1992 Un outil, un symbole, un débat: la 'chaquitaclla' et sa persistance dans l'agriculture andine. *In* P. Morlon (Ed.), *Comprendre l'agriculture paysanne dans les Andes centrales*, Institut National de la Recherche Agronomique, Paris, p. 41–86.

MORRIS Craig, R. Alan COVEY and Pat STEIN
2011 *The Huánuco Pampa Archaeological Project: The Plaza and Palace Complex*. American Museum of Natural History, New York, 234.

MORRIS Caig and Donald E. THOMPSON
1970 Huanuco Viejo: An Inca Administrative Center. *American Antiquity*, 35 (3), Washington D.C., p. 344–362.

MOSELEY Michael Edward
1969 Assessing the Archaeological Significance of Mahamaes. *American Antiquity*, 34 (4), Washington D.C., p. 485–487.
1974 *The Maritime Foundations of Andean Civilization*. Cummings Pub. Co., Menlo Park, 131 p.
1975a Prehistoric Principles of Labor Organization in the Moche Valley, Peru. *American Antiquity*, 40 (2), Washington D.C., p. 191–196.
1975b Chan Chan: Andean Alternative of the Preindustrial City. *Science*, 187 (4173), New York, p. 219–225.
1982 Introduction: Human Exploitation and Organization on the North Andean Coast. *In* M. E. Moseley and K. C. Day (Eds.), *Chan Chan: Andean Desert City*. University of New Mexico Press, Albuquerque, p. 1–24.
1983 The Good Old Days Were Better: Agrarian Collapse and Tectonics. *American Anthropologist*, 85 (4), Arlington, p. 773–799.
1990 Structure and history in the dynastic lore of Chimor. *In* M. E. Moseley and A. Cordy-Collins (Eds.), *The Northern dynasties: Kingship and statecraft in Chimor*. Dumbarton Oaks Research Library and Collection. Washington D.C., p. 1–41.

MOSELEY Michael Edward and Alana CORDY-COLLINS (Eds.)
1990 *The Northern dynasties: kingship and statecraft in Chimor: a symposium at Dumbarton Oaks, 12th and 13th October 1985*. Dumbarton Oaks Research Library and Collection, Washington D.C., 548 p.

MOSELEY Michael Edward and Kent C. DAY (Eds.)
1982 *Chan Chan: Andean Desert City*. University of New Mexico Press, Albuquerque, 373 p.

MOSELEY Michael Edward and Eric E. DEEDS
1982 The Land in Front of Chan Chan: Agrarian Expansion, reform, and Collapse in the Moche Valley. *In* M. E. Moseley and K. C. Day (Eds.), *Chan Chan: Andean Desert City*. University of New Mexico Press, Albuquerque, p. 25–53.

MOSELEY Michael Edward and Richard A. FELDMAN
1984 Hydrological Dynamics and the Evolution of Field Form and Use: Resolving the Knapp-Smith Controversy. *American Antiquity*, 49 (2), Washington D.C., p. 403–408.

MOSELEY Michael Edward, Richard A. FELDMAN, Charles R. ORTLOFF and Alfredo V. NARVÁEZ
1983 Principles of Agrarian Collapse in the Cordillera Negra, Peru. *Annals of Carnegie Museum*, 52, p. 299–327.

Moseley Michael Edward and Carol J. Mackey
1973 Chan Chan, Peru Ancient City of Kings. *National Geographic Magazine*, 143, p. 318–344.
1974 *Twenty-four architectural plans of Chan Chan, Peru*. Peabody Museum Press, Cambridge.

Moseley Michael Edward, Javier Tapia, Dennis R. Satterlee and James B. Richardsonn III
1992 Flood Events, El Niño Events and Tectonic Events. *In* L. Ortlieb and J. Macharé (Eds.), *Paloe-ENSO Records international symposium (Lima March 1992)*. ORSTOM Lima, CONCYTEC, Lima, p. 207–212.

Moullet Silva Luis
2009 Proyecto de evaluación del parque eólico de Malabrigo. Lima, 116 p.

Muelle Jorge C.
1937 Los Valles de Trujillo. *Revista del Museo Nacional*, 6 (1), Lima, p. 3–24.
1954 Acerca del Estilo Chimú Medio. *Revista del Museo Nacional*, 23, Lima, p. 192–197.

Mugica Ramón
1983 Departamento de Piura Rainfall in 1983. *Tropical Ocean-Atmosphere Newsletter*, 28, Seattle, p. 7.

Mujica Barreda Elías y Eduardo Hirose Maio
2007 *El Brujo. Huaca Cao, centro ceremonial en el valle de Chicama*. Fundación Wiese, Lima, 339 p.

Mullins Patrick James
2012 Fortaleza de Quirihuac: A Chimú Fortress in the Middle Moche Valley. B.A., University of North Carolina, Chapel Hill, 80 p.

Muñoz Ovalle Iván
2012 Agua y Monumentalidad en el Valle de Azapa: Indicadores del Uso del Espacio en las Poblaciones Alto Ramírez, Período Formativo, Norte de Chile. *Chungara*, 44 (4), Arica, p. 571–592.

Murra John V.
1962 An Archaeological "Restudy" of an Andean Ethnohistorical Account. *American Antiquity*, 28 (1), Washington D.C., p. 1–4.
1968 An Aymara Kingdom in 1567. *Ethnohistory*, 15 (2), Durham, p. 115–151.
1972 El "control vertical" de un maximo de pisos ecológicos en la economia de las sociedades andinas. *In* J. V. Murra (Ed.), *Visita de la Provincia de León de Huánuco*. Universidad Nacional Hermilio Valdirán, Huánuco, Vol. 2, p. 429–476.
1978 *La organización económica del estado Inca*. Siglo Veintiuno, México, 270 p.
1981 Los limites y las limitaciones del "archipielago vertical" en los Andes, *Maguaré*, 1, Bogotá, p. 93–98.
1982 The Mit'a Obligations of Ethnic Groups to the Inka State. *In* G. A. Collier, R. I. Rosaldo, and J. D. Wirth (Eds.), *The Inca and Aztec States, 1400-1800: Anthropology and History*. Academic Press, New York, p. 237–262.
1985 El Archipiélago Vertical Revisited. *In* S. Masuda, I. Shimada, and C. Morris (Eds.), *Andean Ecology and Civilization*. University Tokyo Press, Tokyo, p. 3–13.
1985 The Limits and Limitations of the "Vertical Archipelago" in the Andes. *In* S. Masuda, I. Shimada, and C. Morris (Eds.), *Andean Ecology and Civilization*. University Tokyo Press, Tokyo, p. 15–20.

Murúa Martín (de)
2001 [1590] *Historia General del Perú*. DASTIN, Madrid, 571 p.

Narváez V. Alfredo
1989 Chan Chan: Chronology and Stratigraphic Contents. *Andean Past*, 2, Ithaca, p. 131–174.

Navaro García Martha Raquel
2008 Estudio de sitios cupisnique, parte media del valle Chicama. Licenciatiura, Universidad Nacional de Trujillo, Trujillo, 44 p.

Navarro Santander Hugo Enrique
1990 Takaynamo y las Huacas de Chan Chan. Licenciatura, Universidad Nacional de Trujillo, Trujillo, 56 p.

Netherly Patricia Joan
1977 Local Level Lords on the North Coast of Peru. Ph.D., Cornell University, Ithaca, 366 p.
1984 The Management of Late Andean Irrigation Systems on the North Coast of Peru. *American Antiquity*, 49 (2), Washington D.C., p. 227–254.
1990 Out of Many, One: The Organization of Rule in the North Coast Polities. *In* M. E. Moseley and A. Cordy-Collins (Eds.), *The Northern dynasties: Kingship and statecraft in Chimor*. Dumbarton Oaks Research Library and Collection, Washington D.C., p. 461–487.

Nials Fred L., Eric E. Deeds, Michael Edward Moseley, Shelia G. Pozorski, Thomas Pozorski, y Robert A. Feldman
1979 El Niño: The Catastrophic Flooding of Coastal Peru. *Field Museum of Natural History Bulletin*, 50 (7-8), Chicago, p. 4–14 et 4–10.

Noack Karoline
1997 El cacicazgo de Humán dentro de la juridicción de Trujillo, siglo XVII: Desarrollo de su estructura y principios de organización. *Boletín del Instituto Riva-Agüero*, 24, Lima, p. 343–367.
2002 El orden colonial inventado: estrategias y actitudes de los caciques e indígenas de Cajamarca, sierra norte del Perú, s. XVI. *Cuadernos de Historia*, 1, Santiago de Chile, p. 5–14.

Nordt Lee, Frances M. Hayashida, Tom Hallmark and Corey Crawford
2004 Late Prehistoric Soil Fertility, Irrigation Management, and Agricultural Production in Northwest Coastal Peru. *Geoarchaeology*, 19 (1), p. 21–46.

O'Toole Rachel Sarah
2011 Don Carlos Chimo del Perú: ¿del Común o cacique? *Secuencia*, 81, México, p. 13–41.

Oliden Sevillano Carmen
1992 La cerámica Chimú en Huaca Verde, valle de Virú. *Revista del Museo de Arqueología, Antropología e Historia*, 2, Trujillo, p. 89–110.

ONERN (Ed.)
1973 *Inventario, evaluación y uso racional de los recursos naturales de la costa-Cuenca del Río Chicama.* Oficina Nacional de Evaluación de Recursos Naturales, Lima, Vol.1, 502 p.

ONUKI Yoshio
1985a Resumén de los trabajos arqueológicos realizados en Cajamarca por la expedición científica japonesa, 1982. *In* F. Silva Santisteban, W. Espinoza Soriano, y R. Ravines (Eds.), *Historia de Cajamarca.* NC - Corporación de Desarrollo de Cajamarca, Cajamarca, Vol. 1, p. 61–65.
1985b The Yunga Zone in the Prehistoy of the Central Andes. *In* S. Masuda, I. Shimada, and C. Morris (Eds.), *Andean Ecology and Civilization.* University Tokyo Press, Tokyo, p. 339–356.

ORBEGOZO RODRÍGUEZ, Efraín
1987 *Geografía de la región de La Libertad.* CONCYTEC, Lima, 526 p.

OREJAS Almudena
1991 Arqueología del paisaje: historia, problemas y perspectivas. *Archivo Español de Arqueología*, 64, Madrid, p. 191–230.

ORLOVE Benjamin Sebastian
1992 Champs de sel. *In* P. Morlon (Ed.), *Comprendre l'agriculture paysanne dans les Andes centrales.* Institut National de la Recherche Agronomique, Paris, p. 209–216.

ORTLOFF Charles R., Robert A. FELDMAN and Michael Edward MOSELEY
1985 Hydraulic Engineering and Historical Aspects of the Pre-Columbian Intravalley Canal Systems of the Moche Valley, Peru. *Journal of Field Archaeology*, 12 (1), Boston, p. 77–98.

ORTLOFF Charles R., Michael Edward MOSELEY and Robert A. FELDMAN
1982 Hydraulic Engineering Aspects of the Chimu Chicama-Moche Intervalley Canal. *American Antiquity*, 47 (3), Washington D.C., p. 572–595.
1983 The Chicama-Moche Intervalley Canal: Social Explanations and Physical Paradigms. *American Antiquity*, 48 (2), Washington D.C., p. 375–389.

PAREDES NUÑEZ Arturo
1993 Reconstruyendo la historia aborigén del Chimor. *Revista de Ciencias Sociales UNT*, 3, Trujillo, p. 165–170.
1994 Algunos comentarios en torno a la historia aborigén del Chimor. *Investigar*, 1 (1), Trujillo, p. 71–89.
2005 Función de los conjuntos amurallados tardios de Chan Chan: Tschudi, un centro ceremonial administrativo. Licenciatura, Universidad Nacional de Trujillo, Trujillo, 84 p.

PARK Chris C.
1983 Water Resources and Irrigation Agriculture in Pre-Hispanic Peru. *The Geographical Journal*, 149 (2), London, p. 153–166.

PARSONS Jeffrey R.
1968 The Archaeological Significance of Mahamaes Cultivation on the Coast of Peru. *American Antiquity*, 33 (1), Washington D.C., p. 80–85.

PARSONS Jeffrey R. and Norbert P. PSUTY
1975 Sunken Fields and Prehispanic Subsistence on the Peruvian Coast. *American Antiquity*, 40 (3), Washington D.C., p. 259–282.

PÄRSSINEN Martti
1993 Torres funerarias decoradas en Caquiaviri. *Pumapunku Nueva Epoca*, 5 (6), p. 9–32.
1997 Investigaciones arqueológicas con ayuda de fuentes históricas: experiencias en Cajamarca, Pacas y Yampara. *In* T. Bouysse-Cassagne (Ed.), *Saberes y Memorias en los Andes. In Memoriam Thierry Saignes.* Institut des hautes études de l'Amérique Latine - Institut français d'études andines, Lima, p. 41–58.
2003 *Tawantinsuyu, El estado inca y su organización política.* IFEA, Fondo Editorial de la Pontificia Universidad Católica del Perú, Lima, 425 p.

PIEKARSKI Joe A.
2007 The Applications of Chimú Administrative Architecture: An Analysis of Architectural Form and Function in the Moche Valley, Peru. Bachelor, University of Wisconsin, La Crosse, 26 p.

PILLSBURY Joann
1993 Sculpted Friezes of the Empire of Chimor. Ph.D., Columbia University, New York, 566 p.
1994 Los relieves de Chan Chan: Nuevos datos para el estudio de la secuencia y ocupación de la ciudad. *Revista del Museo de Arqueología, Antropología e Historia*, 5, Trujillo, p. 47–79.
1996 The Thorny Oyster and the Origins of Empire: implication of Recently Uncovered Spondylus Imagery from Chan Chan, Peru. *Latin American Antiquity*, 7 (4), Washington D.C., p. 313–340.
2008 Los palacios de Chimor. *In* K. Makowski (Ed.), *Señores de los Reinos de la Luna.* Banco de Credito del Peru, Lima, p. 201–220.

PILLSBURY Joann and Banks L. LEONARD
2004 Identifying Chimú Palaces: Elite Residential Architecture in the Late Intermediate Period. *In* S. Evan, Tobys and J. Pillsbury (Eds.), *Palaces of the Ancient New World. A Symposium at Dumbarton Oaks 10th and 11th October 1998.* Dumbarton Oaks Research Library and Collection, Washington D.C., p. 247–298.

PIMINCHUMO HURTADO Víctor Armando
1999 Implicancias medioambiantales en el establecimiento del sitio chimú PV23-545, margen izquierda del valle de Chicama. Licenciatura, Universidad Nacional de Trujillo, Trujillo, 68 p.

PIMINCHUMO HURTADO Víctor Armando y César A. GÁLVEZ
2003 La muralla de la Cumbre. *Revista Arqueológica SIAN*, 8 (14), Trujillo, p. 18–25.

PINILLOS RODRÍGUEZ Alberto
1972 *Chan Chan. Visión de la metrópoli del valle Chimor.* Ediciones Oro Chimu, Trujillo, 66 p.

PINO MATOS José Luis

2004 El ushnu Inka y la organización del espacio en los principales tampus de los wamani de la sierra central del Chinchaysuyu. *Chungara*, 36 (2), Arica, p. 303–311.

PLATT Tristan

1987 Entre Ch'axwa y Muxsa. Para una historia del pensamiento político aymara. *In* T. Bouysse-Cassagne, O. Harris, T. Platt, y V. Cereceda (Eds.), *Tres reflexiones sobre el pensamiento andino*. Hisbol, La Paz, p. 61–132.

POLANYI Karl, Conrad M. ARENSBERG and Harry W. PEARSON

1957 Trade and Market in the Early Empires. Economies in History and Theory. The Frre Press, New York, 382 p.

POLLARD ROWE Ann

1980 Textiles form the Burial Platform of Las Avispas at Chan Chan. *Ñawpa Pacha: Journal of Andean Archaeology*, 18, Berkeley, p. 81–148.

POLLARD ROWE Ann and John P. O'NEILL

1984 Costumes and featherwork of the Lords of Chimor: textiles from Peru's north coast. Textile Museum, Washington D.C., 190 p.

POLO DE ONDEGARDO Juan

1916 [1571] *De los errores y supersticiones de los indios sacados del trabajo y averiguación que hizo el Licenciado Polo*. Urteaga y Romero (Ed.). Colección de Libros y Documentos refe- rentes a la Historia del Perú, Lima, Vol. 3, p. 1-43.

POZORSKI Shelia G.

1979 Prehistoric Diet and Subsistence of the Moche Valley, Peru. *World Archaeology*, 11 (2), London, p. 163–184.

1980 Subistencia chimú en Chanchan. *In* R. Ravines (Ed.), *Chanchan: Metrópoli Chimú*. Instituto de Estudios Peruanos, Instituto de Investigación Tecnológica Industrial y de Normas Técnicas, Lima, p. 181–193.

1982 Subsistence Systems in the Chimú State. *In* M. E. Moseley and K. C. Day (Eds.), *Chan Chan: Andean Desert City*. University of New Mexico Press, Albuquerque, p. 177–196.

POZORSKI Thomas

1971 Survey and Excavation of Burial Platforms at Chan Chan, Peru. Ph.D., Harvard University, Cambridge, 192 p.

1979 The Las Avispas Burial Platform at Chan Chan, Peru. *Annals of Carnegie Museum*, 48, p. 119–137.

1980 Las Avispas: Plataforma funeraria. *In* R. Ravines (Ed.), *Chanchan: Metrópoli Chimú*. Instituto de Estudios Peruanos: Instituto de Investigación Tecnológica Industrial y de Normas Técnicas, Lima, p. 231–249.

1987 Changing priorities within the Chimu state the role of irrigation agriculture. *In* J. Haas, S. G. Pozorski, and T. Pozorski (Eds.), *The Origins and Development of Andean State*. Cambridge University Press, Cambridge, p. 111–120.

POZORSKI Thomas and Shelia G. POZORSKI

1982 Reassessing the Chicama-Moche Intervalley Canal: Comments on "Hydraulic Engineering Aspects of the Chimu Chicama-Moche Intervalley Canal." *American Antiquity*, 47 (4), Washington D.C., p. 851–868.

POZORSKI Thomas, Shelia G. POZORSKI, Carol J. MACKEY and Alexandra Maria Ulana KLYMYSHYN

1983 Pre-Hispanique Ridged Fields of the Casma Valley, Peru. *Geographical Review*, 73 (4), New York, p. 407–416.

PRATLONG Georges

1985 La Sequia. Puquio, barrio de Chaupi, août 1979, août 1980. *Bulletin de l'IFEA*, 14 (3-4), Lima, p. 43–64.

PRIETO BURMESTER Oscar Gabriel

2007 El Área 38: contextos de la elite Mochica Medio. *In* L. J. Castillo Butters, Programa Arqueológico San José de Moro, temporada 2006. PUCP, 36–50.

2008 Cerámica utilitaria chimú de San José de Moro: Tipología de formas y modelos interpretativos. *Revista del Museo de Arqueología, Antropología e Historia*, 10, Trujillo, p. 111–154.

PULGAR VIDAL Javier

1996 *Geografía del Perú, Las ocho regiones naturales, la regionalización transversal, la sabiduría ecológica tradicional*. PEISA (10e édition), Lima, 218 p.

QUILTER Jeffrey

2002 Moche Politics, Religion, and Warfare. *Journal of World Prehistory*, 16 (2), Washington D.C., p. 145–196.

QUINN William H., Victor T. NEAL

1987 El Niño Occurrences Over the Past Four and a Half Centuries. *Journal of Geophysical Research*, 92 (13), Washington D.C., p. 14449–14461.

QUISPE A. Juan

1992 La temperatura del mar en Puerto Chicama y el IOS 1925-1991. *In* L. Ortlieb and J. Macharé (Eds.), *Paloe-ENSO Records international symposium (Lima March 1992)*. ORSTOM Lima, CONCYTEC, Lima, p. 267–272

RABINOWITZ Joel, Margaret KLUGE and Richard Paul WATSON

1976 An Archaeological Survey in the Chicama Valley, Peru. Rapport, 113 p.

RAMÍREZ HORTON Susan Eizabeth

1981 La organización económica de la costa norte, un análisis preliminar del periodo prehispánico tardío. *In* A. Castelli, M. Koth de Paredes, y M. Mould de Pease (Eds.), *Etnohistoria y Antropología Andina. Segunda Jornada del Museo Nacional de Historia*. Comisión Fullbright, Museo Nacional de Historia, Lima, p. 281–298.

1982 Retainers of the Lords or Merchants: A Case of Mistaken Identity ? *Senri Ethnological Studies*, 10, p. 123–136.

1985 Social Frontiers and the Territorial Base of Curacazgos. *In* S. Masuda, I. Shimada, and C. Morris

(Eds.), *Andean Ecology and Civilization*. University Tokyo Press, Tokyo, p. 423–442.
1986 Fronteras sociales y base territorial de los curacazgos. *Alternativa*, 2 (4), Chiclayo, p. 27–38.
1987 El "Dueno de indios" reflexiones sobre las consecuencias de cambios en las bases del poder del "Curaca de los viejos antiguos" bajo los Españoles en el Perú del siglo XVI. *HISLA Revista Latinoamericana de Historia Económica y Social*, 10, Lima, p. 39–66.
1995a An Oral History of the Valley of Chicama, Circa 1524-1565. *Journal of the Steward Anthropological Society*, 23 (1-2), Urbana, p. 299–342.
1995b De pescadores y agricultores: Una historia local de la gente del valle de Chicama antes de 1565. *Bulletin de l'IFEA*, 24 (2), Lima, p. 245–279.
2005 *To Feed and Be Fed. The Cosmological Bases of Authority and Identity in the Andes*. Stanford University Press, Stanford, 358 p.

RAMÓN Gabriel and Martha BELL
2013 Re-placing plainware: Production and distribution of domestic pottery, and the narration of the pre-colonial past in the Peruvian Andes. *Journal of Anthropological Archaeology*, 32 (4), Ann Arbor ,p. 595–613.

RAMOS AVALOS Segundo Leoncio
2007 Proyecto de Evaluación en Chicama. Lima, 40 p.

RAVINES Rogger
1980 *Chanchan: Metrópoli Chimú*. Instituto de Estudios Peruanos: Instituto de Investigación Tecnológica Industrial y de Normas Técnicas, Lima, 390 p.

RAVINES Rogger y Alejandro MATOS
1983 *Inventario de monumentos arqueológicos del Perú, Zona norte*. Instituto Nacional de Cultura, Lima, 162 p.

REDCLIFFE Nathan Salaman
1939 Deformities and Mutilations of the Face as Depicted in the Chimu Pottery of Peru. *The Journal of the Royal Anthropological Institute of Great Britain and Ireland*, 69 (1), London, p. 109–122.

REICHLEN Henri et Paule REICHLEN
1949 Recherches archéologiques dans les Andes de Cajamarca: permier rapport de la Mission Ethnologique Française au Pérou septentrional. *Journal de la Société des Américanistes*, 38, Paris, p. 137–174.
1985 Reconocimentos arqueológicos en los Andes de Cajamarca. *In* F. Silva Santisteban, W. Espinoza Soriano, y R. Ravines (Eds.), *Historia de Cajamarca*. INC – Corporación de Desarrollo de Cajamarca, Cajamarca, Vol. 1, p. 29–54.

REINDEL Markus
1991 *Monumentale Lehmarchitektur an der Nordüste Perus*. Bonner Amerikanistische Studien, Bonn, 471 p.
1997 Aproximaciones a la arquitectura monumental de adobe en la costa norte del Perú. *In* E. Bonnier y H. Bishop (Eds.), *Arqueológica Peruana 2. Arquitectura y Civilización en los Andes Prehispánicos*. Sociedad de Arqueológica Peruano Alemana Reiss Museum Mannheim, Mannheim, p. 90–106.
1999 Montañas en el desierto: la arquitectura monumental de la costa norte del Perú como reflejo de Cambios sociales de las civilizaciones prehispánicas. *Bulletin de la Société suisse des Américanistes*, 63, Genève, p. 137–148.

REINHARD Johan
1985 Sacred Mountains: An Ethno-Archaeological Study of High Andean Ruins. *Mountain Research and Development*, 5 (4), Bern, p. 299–317.

REMY Pilar
1992 La Visita a Cajamarca de 1571-72. *In* P. Remy y M. Rostworowski de Diez Canseco (Eds.), *Las Visitas a Cajamarca 1571-72/1578: Documentos*. Instituto de Estudios Peruanos, Lima, Vol. 1, p. 37–108.

REMY Pilar y María ROSTWOROWSKI DE DIEZ CANSECO (Eds.)
1992 *Las Visitas a Cajamarca 1571-72/1578: Documentos*. Instituto de Estudios Peruanos, Lima, 2 Vol.

RENFREW Colin
1976 Megaliths, territories and populations. *In* S. J. de Laet (Ed.), *Acculturation and continuity in Atlantic Europe mainly during the Neolithic period and the Bronze Age: papers presented at the IV Atlantic Colloquium*. De Tempel, Brugge, p. 198–220.

REPARAZ RUÍZ, Gonzalo (de)
1958 La Zone Aride du Pérou. *Geografiska Annaler*, 40 (1), Huddinge , p. 1–62.

REQUENA MARMANILLO Urbano
1952 La Ciudadela Bandelier de Chan-Chan. Ensayo Arqueológico y su Inferencia Pedagógica. Licenciatura, Universidad Nacional de Trujillo, Trujillo, 76 p.

REVILLA BUELOTH Maritza
1997 Arquitectura administrativa chimú en el Cerro El Sapo valle Chicama: Forma y técnica. Licenciatura, Universidad Nacional de Trujillo, Trujillo, 92 p.

RICHARDSONN III James B., Mark A. MCCONAUGHTY, Allison HEAPS DE PEÑA and Elena B. DÉCIMA ZAMENICK
1990 The Northern Frontier of Chimor: The Piura, Chira and Tumbez Valleys. *In* M. E. Moseley and A. Cordy-Collins (Eds.), *The Northern dynasties: Kingship and statecraft in Chimor*. Dumbarton Oaks Research Library and Collection, Washington D.C., p. 419–445.

RINGBERG Jennifer Elise
2012 Daily Life at Cerro León, an Early Intermediate Period Highland Settlement in the Moche Valley, Peru. Ph.D., University of North Carolina, Chapel Hill, 334 p.

RIVADENEIRA Ricardo
1935 *Las ruinas de Chan Chan*. Universidad Nacional de Trujillo, Trujillo, 31 p.

RIVERA VEGA Susana
1994 Analisis técnico e iconográfico de una muestra textil de Huaca Partida – Valle Chicama. *Revista*

del Museo de Arqueología, Antropología e Historia, 5, Trujillo, p. 213–232.
2008 La vestimenta simbólica de un idolo femenino de madera chimú. *Revista del Museo de Arqueología, Antropología e Historia*, 10, Trujillo, p. 287–294.

Rivero Mario Eduardo y Johann Jakob (von) Tschudi
1859 *Antiquités Péruviennes*. N. Chaix, Paris, 233 p.

Riviale Pascal
2003 Charles Wiener o el disfraz de una misión lúcida. *Bulletin de l'IFEA*, 32 (3), Lima, p. 539–547.

Rodriguez-Loubet François
1985 *Les Chichimèques: archéologie et ethnohistoire des chasseurs-collecteurs du San Luis Potosi, Mexique*. Centre d'Études Mexicaines et Centraméricaines, México, 98 p.

Rodríguez Rodríguez Eric F., Verónica E. Liza Trujillo, Brenda M. Martínez Torres, Luis Pollack Velásquez, Segundo Leiva González, Marío Zapata Cruz y Margarita Mora Costilla
2012 Loma el Cerro Campana, patrimonio natural y cultural de la región La Libertad. *Pueblo Continente*, 23 (2), Trujillo, p. 330–336.

Rodríguez Suy Suy Víctor Antonio
1968 Chan Chan: Ciudad de adobe. Observaciones sobre su base ecológica. *In Actas y Memorias del XXXVII Congreso Internacional de Americanistas Argentina, 1966*. Depto. De Publicaciones Cientificas, Buenos Aires, Vol. 1, p. 133–154
1997 *Los Pueblos Muchik en el Mundo Andino de Ayer y Siempre*. PRATEC, Lima, 144 p.

Rohfritsch Agnès
2010 Contribución arqueométrica al estudio de las técnicas y de la organización de la producción de cerámica ritual en la sociedad Mochica (150-850 d.C., costa norte del Perú). *Bulletin de l'IFEA*, 39 (2), Lima, p. 389–412.

Rosas Jiménez María Merly
2007 Arquitectura salinar: Complejo arqueológico La Calera en el valle de Chicama. Licenciatura, Universidad Nacional de Trujillo, Trujillo, 71 p.

Rostworowski de Diez Canseco María
1961 *Curacas y Sucesiones, Costa Norte*. Imp. Minerva, Lima, 136 p.
1967-68 Etnohistoria de un valle costeño durante el Tahuantinsuyu. *Revista del Museo Nacional*, 35, Lima, p. 7–76.
1970 Mercaderes del valle de Chincha en la época prehispánica: un documento y unos comentarios. *Revista Española de Antropología Americana*, 5, Madrid, p. 135–178.
1973 Plantaciones prehispánicas de coca en la vertiente del Pacífico. *Revista del Museo Nacional*, 39, Lima, p. 193–224.
1975a Algunos comentarios hechos a las ordenanzas del doctor Cuenca. *Historia y Cultura*, 9, Lima, p. 119–154.
1975b Pescadores, artesanos y mercaderes costeños en el Perú prehispánico. *Revista del Museo Nacional*, 41, Lima, p. 311–349.
1976 El señorio de Changuco. Costa norte. *Bulletin de l'IFEA*, 5 (1-2), Lima, p. 97–147.
1978 *Senoríos Indígenas de Lima y Canta*. Instituto de Estudios Peruanos, Lima, 280 p.
1981 *Recursos naturales renovables y pesca, siglos XVI y XVII*. Instituto de Estudios Peruanos, Lima, 180 p.
1983 *Estructuras andinas del poder, Ideología religiosa y política*. Instituto de Estudios Peruanos, Lima, 202 p.
1984 El baile en los ritos agrarios andinos. *Historia y Cultura*, 17, Lima, p. 51–60.
1985 Patronyms with the Consonant F in the Guarangas of Cajamarca. *In* S. Masuda, I. Shimada, and C. Morris (Eds.), *Andean Ecology and Civilization*. University Tokyo Press, Tokyo, p. 401–421.
1992 Etnias forasteras en la visita toledana a Cajamarca. *In* P. Remy y M. Rostworowski de Diez Canseco (Eds.), *Las Visitas a Cajamarca 1571-72/1578: Documentos*. Instituto de Estudios Peruanos, Lima, Vol. 1, p. 11–36.
1993 *Ensayos de Historia andina, Elites Etnias, Recursos*. Instituto de Estudios Peruanos, Lima, 460 p.
1997 An Analysis of Historical Information in the Royal Commentaries. *Journal of the Steward Anthropological Society*, 25 (1-2), Urbana, p. 299–311.
1999 Los curacas costeños. *Histórica*, 23 (2), Lima, p. 283–311.
2005a Redes económicas del Estado inca: el "ruego" y la "dádiva." In V. Vich (Ed.), *El Estado está de vuelta: Desigualdad, Diversidad, y Democracia*. Instituto de Estudios Peruanos, Lima, p. 15–47.
2005b Análisis de los datos históricos de los Comentarios Reales del Inca Garcilaso de la Vega. *In* M. Rostworowski de Diez Canseco (Ed.), *Ensayos de historia andina II. Pampas de Nasca, género, hechicería*. Instituto de Estudios Peruanos, Lima, p. 189–206.
2008 *Le grand Inca: Pachacútec Inca Yupanqui*. Tallandier, Paris, 351 p.

Rowe John Howland
1946 Inca Culture at the Time of the Spanish Conquest. *In* J. H. Steward (Ed.), *Handbook of South American Indians*. Smithsonian Institution Press, Washington D.C., Vol. 2, p. 183–330.
1948a The Kingdom of Chimor. *Acta Americana*, 6, Los Angeles, p. 26–59.
1948b On Absolute Dating and North Coast History Author. *Memoirs of the Society for American Archaeology*, 4, Washington D.C., p. 51–52.
1967a Stages and Periods in Archaeological Interpretation. *In* J. H. Rowe and D. Menzel (Eds.), *Peruvian Archaeology Selected Reading*. Peek Publication, Palo Alto, p. 1–15.
1967b An Interpretation of Radiocarbon Measurements on Archaeological Samples from Peru. *In* J. H. Rowe and D. Menzel (Eds.), *Peruvian Archaeology. Selected Reading*. Peek Publication, Palo Alto, p. 16–30.

1969 The Sunken Gardens of the Peruvain Coast. *American Antiquity*, 34 (3), Washington D.C., p. 320–325.

ROWLANDS Michael

1987 Centre and Periphery: A Review of a Concept. *In* M. Rowlands, M. Larsen, and K. Kristansen (Eds.), *Centre and Periphery in the Ancient New World*. Cambridge University Press, Cambridge, p. 1–11.

ROWLANDS Michael, Mogens LARSEN and Kristian KRISTANSEN (Eds.)

1987 *Centre and Periphery in the Ancient New World*. Cambridge University Press, Cambridge, 159 p.

RUBINOS Y ANDRADE J. Modesto (de)

1936 [1782] Un manuscrito interesante: Succesión cronológica de los Curas de Morrope y Pacora. *Revista Histórica*, 10 (3), Lima, p. 291–363.

RUCABADO YONG Julio

2008 Prácticas funerarias de elite en San José de Moro durante la fase transicional temprana: el caso de la tumba colectiva M-U615. *In* L. J. Castillo y H. Bernier (Eds.), *Arqueología Mochica: Nuevos Enfoques: Actas Del Primer Congreso Internacional de Jóvenes Investigadores de la Cultura Mochica, Lima 4 y 5 de Agosto de 2004*. Fondo editorial de la PUCP, IFEA, Lima, p. 359–380.

RUCABADO YONG Julio y Luis Jaime CASTILLO BUTTERS

2003 El período transicional en San José de Moro. *In* S. Uceda Castillo y E. Mujica Barreda (Eds.), *Moche: hacia el final del milenio: actas del Segundo Coloquio sobre la Cultura Moche, Trujillo, 1 al 7 de agosto de 1999*. Universidad Nacional de Trujillo, Fondo Editorial de la PUCP, Lima, Vol. 1, p. 15–42.

RUÍZ BARCELLOS Jorge

1999 "El Salitral": Un centro administrativo Chimú en la parte alta del valle Chicama. Licenciatura, Universidad Nacional de Trujillo, Trujillo, 101 p.

RUSSELL Glenn S., Banks L. LEONARD y Jesús BRICEÑO ROSARIO

1994a Producción de cerámica moche a gran escala en el valle de Chicama, Perú: el talle de cerro Mayal. *In* I. Shimada (Ed.), *Tecnología y organización de la producción cerámica prehispánica en los Andes*. Fondo Editorial de la PUCP, Lima, p. 201–227.

1994b Cerro Mayal: nuevos datos sobre la producción cerámica Moche en el valle de Chicama. *In* S. Uceda Castillo y E. Mujica Barreda (Eds.), *Moche: Propuestas y perspectivas. Actas del Primer Coloquio sobre la Cultura Moche (Trujillo,12 al 16 de abril de 1993)*. Universidad Nacional de Trujillo, Instituto Francés de Estudios Andinos, Asociación Peruana para el Fomento de las Ciencias Sociales, Lima, p. 181–206.

SACHUN Jorge

1986 *Patrones de asentamiento en el proceso cultural prehispanico del valle de Cajamarca*. Editorial Sudamérica, Trujillo, 80 p.

SALVATIERRA VARGAS Marcos

2007 Características culturales de la expansión chimú: Pampas de Suchipe. Alto Chicama. Licenciatura, Universidad Nacional de Trujillo, Trujillo, 42 p.

SÁNCHEZ VÁSQUEZ Sandra Patricia

1997 Sistema hidraúlico prehispánico del complejo La Laguna. Ascope – valle Chicama. Licenciatura, Universidad Nacional de Trujillo, Trujillo, 85 p.

SANDWEISS Daniel H.

1991 El Niño en la Prehistoria Andina. *In* H. Niemeyer Fernández (Ed.), *Actas del XI Congreso Nacional de Arqueología Chilena: 11-15 de octubre de 1988*. Museo Nacional de Historia Natural, Sociedad Chilena de Arqueología, Santiago de Chile, Vol. 1, p. 99–104.

SANDWEISS Daniel H., Harold B. ROLLINS and James B. RICHARDSON III

1983 Landscape Alteration and Prehistoric Human Occupation on the North Coast of Peru. *Annals of Carnegie Museum*, 52, Pittsburgh , p. 277–298.

SANDWEISS Daniel H. and Elizabeth S. WING

1997 Ritual Rodents: The Guinea Pigs of Chincha, Peru. *Journal of Field Archaeology*, 24 (1), Boston, p. 47–58.

SANTA CRUZ PACHACUTI YAMQUI SALCAMAYGUA Juan (de)

1968 [1613] *Relación de antiguedades deste reyno del Perú*. Biblioteca de autores españoles, Ediciones Atlas, Madrid, Vol. 209, p. 279–319.

SANTILLANA Julián I.

1999 Andenes, canales y paisaje. *In* G.-Y Franklin Pease, C. Morris, J. I. Santillana, L. Vetter, C. V. Roussakis y L.Salazar (Eds.), *Los Incas. Arte y símbolos*. Banco de Crédito del Perú, Lima, p. 61-107.

SARMIENTO DE GAMBOA Pedro

1965 [1572] *Historia de los Incas (Segunda parte de la Historia General Llamada Indica)*. Biblioteca de autores españoles, Ediciones Atlas, Madrid, Vol. 135, p. 193–279.

SAXE Arthur Alan

1970 Social Dimensions of Mortuary Practices. Ph.D., University of Michigan, Chicago, 240 p.

SCHAEDEL Richard P.

1951a Major Ceremonail and Population Centers in Northern Peru. *In The Civilizations of Ancient America, Vol.1 Proceeding of the 29th International Congress of Americanists*. The University of Chicago Press, Chicago, p. 232-243.

1951b Wooden Idols from Peru. *Archaeology*, 4 (1), New York, p. 16–22.

1966 The Huaca « El Dragón » (Pérou). *Journal de la Société des Américanistes*, 55 (2), Paris, p. 383–496.

1985 Coast-Highland Interrelationship and Ethnic Groups in Northern Peru. *In* S. Masuda, I. Shimada, and C. Morris (Eds.), *Andean Ecology and Civilization*. University Tokyo Press, Tokyo, p. 443–473.

Schaeffer Nancy Ellen
2006 Fishermen, Farmers, and Fiestas: Continuity in Rituals of Traditional Villages on the Northwest Coast of Peru. Ph.D., University of Texas at Austin, Austin, 230 p.
Scheele Harry and Thomas C. Patterson
1966 A preliminary seriation of the Chimu pottery style. *Ñawpa Pacha: Journal of Andean Archaeology*, 4, Berkeley, p. 15–30.
Schjellerup Inge
1986 *Chimu pottery in the Department of Ethnography*. National Museum of Denmark, Copenhague, 89 p.
Schreiber Katharina
2005 Sacred Landscapes and Imperial Ideologies: The Wari Empire in Sondondo, Peru. *In* K. J. Vaughn, D. Ogburn, and C. A. Conlee (Eds.), *Foundations of Power in the Prehispanic Andes*. American Anthropological Association, Washington D.C., p. 131–150.
Seki Yuji
1998 El periodo formativo en el valle de Cajamarca. *Boletín de Arqueología PUCP*, 2, Lima, p. 147–160.
Seminario Hernández Eyllen Cinthia A.
1999 Astudio de aterrazamientos habitacionales Salinar: Sector 1 del PV23-507 – Margen izquierda del valle Chicama. Licenciatura, Universidad Nacional de Trujillo, Trujillo, 59 p.
Seoane Peyón Francisco Javier
2005 Huaca Colorada: Un centro de poder de influencia norteña en la cuenca baja del valle de Chicama. Licenciatura, Universidad Nacional de Trujillo, Trujillo, 81 p.
Seoane Peyón Francisco Javier, Aldo Vásquez, Luis Morachimo, María Rengifo, Henry Idrogo, Alexander Fernández
2008 La plaza 4 y sus ambientes anexos en el sector norte del núcleo urbano Moche. . *In* S. Uceda y R. Morales, Proyecto Arqueológico Huaca de la Luna, Informe Tecnico 2007. Universidad Nacional de Trujillo, Trujillo, 143–201.
Sherbondy Jeannette E.
1986 Los Ceques: Código de canales en el Cusco Incaico. *Allpanchis*, 27, Cusco, p. 39–74.
1995 El agua: ideología y poder de los Incas. *In* J. A. González Alcantud y A. Malpica Cuello (Eds.), *El Agua. Mitos, ritos y realidades. Coloquio Internacional. Granada, 23-26 denoviembre de 1992*. Diputación Provincial de Granada, Anthropos Editorial del Hombre, Granada, Barcelona, p. 87–102.
Shimada Izumi
1982 Horizontal Archipelago and Coast-Highland Interaction in North Peru: Archaeological Models. *In* L. Millones y H. Tomoeda (Eds.), *El Hombre y su Ambiente en los Andes Centrales*. National Museum of Ethnology, *Senri Ethnological Studies 10*, Osaka, p. 137–210.
1990 Cultural Continuities and Discontinuities on the Northern North Coast of Peru, Middle-Late Horizons. *In* M. E. Moseley and A. Cordy-Collins (Eds.), *The Northern dynasties: Kingship and statecraft in Chimor*. Dumbarton Oaks Research Library and Collection, Washington D.C., p. 97–392.
1995 *Cultura Sican. Dios, Riqueza y Poder en la Costa Norte del Perú*. Edubanco, Lima, 218.
Shimada Izumi, Alan Craig, Carlos G. Elera, José Carcelen S., Anne Hesley, David Parella, Christine Pickett and Melody Shimada
1981 The Batan Grande-La Leche Archaeological Project: the First Two Seasons in cooperation. *Journal of Field Archaeology*, 8 (4), Boston, p. 405–446.
Shimada Melody and Shimada Izumi
1985 Prehistoric Llama Breeding and Herding on the North Coast of Peru. *American Antiquity*, 50 (1), Washington D.C., p. 3–26.
Silverman Helaine I.
1994 The Archaeological Identification of an Ancient Peruvian Pilgrimage Center. *World Archaeology*, 26 (1), London, p. 1–18.
Sjoberg Gideon
1960 *The Preindustrial City, Past and Present*. Free Press, Glencoe, 353 p.
Smith Michael E.
2009 V. Gordon Childe and the Urban Revolution: a historical perspective on a revolution in urban studies. *Town Planning Review*, 80 (1), Liverpool, p. 3–29.
Smith Richard T.
1979 The Development and Role of Sunken Field Agriculture on the Peruvian Coast. *The Geographical Journal*, 145 (3), London, p. 387–400.
Spalding Karen
1982 Exploitation as an Economic System: The State and the Extraction of Surplus in Colonial Peru. *In* G. A. Collier, R. I. Rosaldo, and J. D. Wirth (Eds.), *The Inca and Aztec States, 1400-1800: Anthropology and History*. Academic Press, New York, p. 321–342.
Spiske Michaela, Jens Piepenbreier, Carlos Benavente, Alexander Kunz, Heinrich Bahlburg and Jens Steffahn
2013 Historical tsunami deposits in Peru: Sedimentology, inverse modeling and optically stimulated luminescence dating. *Quaternary International*, *30*, p. 31–44.
Squier Ephraim George
1877 *Incidents of Travel and exploration in the land of the Incas*. Harper & Brothers, New York, 599 p.
Stahl Peter W.
1999 Animal Domestication in South America. *In* H. Silverman and W. H. Isbell (Eds.), *Animal Domestication in South America*. Springer, New York, p. 121–130.
Staino Sergio y José Canziani
1984 *Los Orígenes de la Ciudad., Contribuciones para un análisis científico de las transformaciones*

territoriales. Instituto Andino de Estudios Arqueológicos, Lima, 110 p.

STANISH Charles
1994 The Hydraulic Hypothesis Revisited: Lake Titicaca Basin Raised Fields in Theoretical Perspective. *Latin American Antiquity*, 5 (4), Washington D.C., p. 312–332.

STANISH Charles and Brian S. BAUER
2007 Pilgrimage and the Geography of Power in the Inka Empire. *In* R. L. Burger, C. Morris, R. Matos Mendieta, J. Pillsbury, and J. Quilter (Eds.), *Variation in the Expression of Inka Power. A Symposium at dumbarton Oaks 18 and 19 October 1997*. Dumbarton Oaks Research Library and Collection, Washington D.C., p. 45–83.

STEVENSON William Bennet
1828 *Voyage en Araucanie, au Chili, au Pérou et dans la Colombie. Relation historique et descriptive d'un séjour de vingt ans dans l'Amérique du Sud*. P. Mongie, Paris, 496 p.

STRONG Duncan William
1948 Cultural Epochs and Refuse Stratigraphy in Peruvian Archaeology. Developmental Classification. *Memoirs of the Society for American Archaeology*, 4, Washington D.C., p. 93–102.

STRONG Duncan William and Clifford J. EVANS
1952 *Cultural Stratigraphy in the Virú Valley, Northern Peru: The Formative and Florescent Epochs. Columbia Studies in Archeology and Ethnology*. Columbia University Press, New York, 373 p.

SWENSON Edward R.
2006 Competitive Feasting, Religious Pluralism and Decentralized Power in the Late Moche Period. *In* W. Isbell and H. Silverman (Eds.), *Andean Archaeology III*. Springer, New York, p. 112–142.

TATE James Patrick
2007 The Late Horizon occupation of the El Brujo site complex, Chicama Valley, Peru. Ph.D., University of California, Santa Barbara, 410 p.

TELLO Julio C.
2004 *Arqueología de Cajamarca: expedición al Marañón - 1937*. UNMSM, Fondo Editorial: COFIDE, Lima, 345 p.

TELLO Ricardo, Fanny MAMANI, Christian HIDALGO, Sandy OBREGÓN y Nancy CORRALES
2002 La Penúltima ocupación del Conjunto Arquitectónico n°35 de las Huacas del Sol y de la Luna. *In* S. Uceda y R. Morales, Proyecto Arqueológico Huaca de la Luna, Informe Tecnico 2001. Universidad Nacional de Trujillo, Trujillo, 95–128.

TELLO Ricardo, Francisco SEOANE, Krisna SMITH, Jorge MENESES, Alonso BARRIGA Y Jessenia PALOMINO
2003 El Conjunto Arquitectónico n°35 de las Huacas del Sol y de la Luna. *In* S. Uceda y R. Morales, Proyecto Arqueológico Huaca de la Luna, Informe Tecnico 2002. Universidad Nacional de Trujillo, Trujillo, 82–132.

TELLO Ricardo, Ronny VEGA, Santos ROMERO, Luis CHUQUIPOMA, Leonardo MURGA y Santiago ZANELLI
2004 Excavaciones en el Conjunto Arquitectónico n°35. 2003. Huacas del Sol y de la Luna. *In* S. Uceda y R. Morales, Proyecto Arqueológico Huaca de la Luna, Informe Tecnico 2003. Universidad Nacional de Trujillo, Trujillo, 175–203.

TERADA Kazuo, y Ryozo MATSUMOTO
1985 Sobre la cronologia de la tradición Cajamarca. *In* F. Silva Santisteban, W. Espinoza Soriano, y R. Ravines (Eds.), *Historia de Cajamarca*. INC - Corporación de Desarrollo de Cajamarca, Cajamarca, Vol. 1, pp. 67–89

TERADA Kazuo, and Yoshio ONUKI
1982 *Excavations at Huacaloma in the Cajamarca Valley, Peru, 1979*. University Tokyo Press, Tokyo, 135 p.

TETSUYA Inamura
1986 Relaciones estructurales entre pastores y agricultores de un distrito alto andino en el sur del Perú. *In* S. Masuda (Ed.), *Etnografía e Historia del mundo andino, Continuidad y cambio*. Universidad de Tokyo, Tokyo, p. 141–190.

THATCHER John P. Junior
1972 Continuity and Change in the Ceramics of Huamachuco, North Highlands, Peru. Ph.D., Unversity of pennsylvania, Philadelphia, 258 p.
1974 Early Intermediate Period and Middle Horizon 1B Ceramic Assemblages of Huamachuco, North Highlands, Peru. *Ñawpa Pacha: Journal of Andean Archaeology*, 10-12, Berkeley, p. 109–127.
1977 A Middle Horizon 1B Cache from Huamachuco, North Highlands, Peru. *Ñawpa Pacha: Journal of Andean Archaeology*, 15, Berkeley, p. 101–110.
1979 Early Ceramic Assemblages from Huamachuco, North Higlands, Peru. *Ñawpa Pacha: Journal of Andean Archaeology*, 17, Berkeley, p. 91–108.

THOMAS Julian
2001 Archaeologies of Place and Landscape. *In* I. Hodder (Ed.), *Archaeological Theory Today*. Polity Press and Blackwell, Malden, p. 165–186.

TILLEY Christopher
1994 *A Phenomenology of Landscape: Places, Paths and Monuments*. Berg, Oxford, 221 p.

TOPIC John R.
1977 The Lower Class at Chan Chan: A Qualitative Approach. Ph.D., Harvard University, Cambridge, 748 p.
1980 Excavaciones en los barrios populares de Chanchan. *In* R. Ravines (Ed.), *Chanchan: Metrópoli Chimú*. Instituto de Estudios Peruanos: Instituto de Investigación Tecnológica Industrial y de Normas Técnicas, Lima, p. 267–282
1982 Lower-Class Social and Economic Organization at Chan Chan. *In* M. E. Moseley and K. C. Day (Eds.), *Chan Chan: Andean Desert City*. University of New Mexico Press, Albuquerque, p. 145-177.

1990 Craft Production in the Kingdom of Chimor. *In* M. E. Moseley and A. Cordy-Collins (Eds.), *The Northern dynasties: Kingship and statecraft in Chimor*. Dumbarton Oaks Research Library and Collection, Washington D.C., p. 145–176.

1991 Huari and Huamachuco. *In* W. H. Isbell and G. F. McEwan (Eds.), *Huari Administrative Structure, Prehistoric Monumental Architecture and State Government*. Dumbarton Oaks Research Library and Collection. Washington D.C., p. 141–164.

2003 From Stewards to Bureaucrats: Architecture and Information Flow at Chan Chan, Peru. *Latin American Antiquity*, 14 (3), Washington D.C., p. 243–274.

2009a Settlement Patterns in the Huamachuco Area. *In* J. Marcus and P. W. Ryan (Eds.), *Andean Civilization, a Tribute to Micheal E. Moseley*. Cotsen Institute of Archaeology Press, Los Angeles, p. 211–239.

2009b Domestic Economy as Political Economy at Chan Chan, Perú. *In* L. R. Manzanilla and C. Chapdelaine (Eds.), *Domestic Life in prehispanic Capitals. A Study of Specialization, Hierarchy and Ethnicity*. University of Michigan Museum of Anthropology, Ann Arbor, Vol. 7, p. 221–242.

TOPIC John R. and Theresa LANGE TOPIC

1987 The archaeological investigation of Andean militarism: some cautionary observations. *In* J. Haas, S. G. Pozorski and T. Pozorski (Eds.), *The Origins and Development of Andean State*. Cambridge University Press, Cambridge, p. 47–55.

2000 Hacia la comprensión del fenómeno Huari: una perspectiva norteña. *Boletín de Arqueología PUCP*, 7, Lima, p. 181–217.

TOPIC John R. and Michael Edward MOSELEY

1983 Chan Chan: A Case Study of Urban Change in Peru. *Ñawpa Pacha: Journal of Andean Archaeology*, 21, Berkeley, p. 153–182.

TORRENCE, Robin and John GRATTAN

2002 The Archaeology of Disasters: Past and Future Trends. *In* R. Torrence and J. Grattan (Eds.), *Natural Disasters and Cultural Change*, Routledge, Londres, New York, p. 1–18.

TOSHIHARA Kayoko

2002 The Cupisnique Culture in the Formative Period World of the Central Andes, Peru. Ph.D., University of Illinois, Urbana, 782 p.

TSCHAUNER Hartmut

2006 Chimu Craft Specialization and Political Economy: A View from the Provinces. *In* W. Isbell and H. Silverman (Eds.), *Andean Archaeology III*. Springer, New York, p. 171–196.

TSCHAUNER Hartmut, Marianne VETTERS, Jahl DULANTO B., Marcelo SACO C. y Carlos WESTER LA TORRE

1994 Un taller alfarero chimú en el valle de Lambayeque. *In* I. Shimada (Ed.), *Tecnología y organización de la producción de cerámica prehispánica en los Andes*. Fondo Editorial de la PUCP, Lima, p. 349–393.

TSCHUDI Johann Jakob (von)

1847 *Travels in Peru during the Years 1838-1842, on the Coast, in the Sierra, across the Cordilleras and the Andes, into the Primeval Forests*. A.S. Barnes & Co, New York, 349.

TUFINIO LEÓN Julio

2008 Proyecto de Evaluación de la carretera DV Cascas. Lima, 52 p.

UBBELOHDE-DOERING Hans

1933 Resultados de un viaje de exploración arqueológica al Perú. *Revista del Museo Nacional*, 2, Lima, p. 129–130.

UCEDA CASTILLO Santiago

1988 *Catastro de los sitios arqueológicos del area de influencia del canal de irrigación Chavimochic: Valles de Santa y Chao*. Instituto Nacional de Cultura - La Libertad, Trujillo, 124 p.

1992 Evidencias de grandes precipitaciones en diversas etapas constructivas de la Huaca de la Luna, costa norte del Perú. *In* L. Ortlieb and J. Macharé (Eds.), *Paleo-ENSO Records international symposium (Lima March 1992)*. ORSTOM Lima, CONCYTEC, Lima, p. 315–318.

1995 Las lomas: ¿Un fenomeno holocenico? *Revista del Museo de Arqueología, Antropología e Historia*, 5, Trujillo, p. 25–45.

1999 Esculturas en miniatura y una maqueta en madera: El Culto a los Muertos y a los Ancestros en la época Chimú. *Beiträge zur Allgemeinen und Vergleichenden Archäologie*, 19, Berlin, p. 259–311.

2001 Investigations at Huaca de la Luna, Moche Valley: An Example of Moche Religious Architecture. *In* J. Pillsbury (Ed.), *Moche Art and Archaeology in Ancient Peru*. National Gallery of Art, Washington D.C., p. 47–67.

2006 Esculturas en miniatura y una maqueta en madera: el culto a los muertos y a los ancestros en la época chimú. *Revista del Museo de Arqueología, Antropología e Historia*, 9, Trujillo, p. 9–47.

UCEDA CASTILLO Santiago, José CARCELEN S. y Victor PIMENTEL

1990 *Catastro de los sitios arqueológicos del area de influencia del canal de irrigación Chavimochic: Valles de Santa (Palo Redondo) y Virú*. Institution Nacional de Cultura - La Libertad, Trujillo, 63 p.

UCEDA CASTILLO Santiago y Ricardo MORALES (Eds.)

2001 Proyecto Arqueológico Huaca de la Luna. Informe Técnico 2000. Universidad Nacional de Trujillo, Trujillo, 410 p.

2002 Proyecto Arqueológico Huaca de la Luna. Informe Técnico 2001. Universidad Nacional de Trujillo, Trujillo, 410 p.

2003 Proyecto Arqueológico Huaca de la Luna. Informe Técnico 2002. Universidad Nacional de Trujillo, Trujillo, 450 p.

2004 Proyecto Arqueológico Huaca de la Luna. Informe Técnico 2003. Universidad Nacional de Trujillo, Trujillo, 467 p.

2005 Proyecto Arqueológico Huaca de la Luna. Informe Técnico 2004. Universidad Nacional de Trujillo, Trujillo, 650 p.
2006 Proyecto Arqueológico Huaca de la Luna. Informe Técnico 2005. Universidad Nacional de Trujillo, Trujillo, 565 p.

UCEDA CASTILLO Santiago, Elias MUJICA y Ricardo MORALES (Eds.)
1997 *Investigaciones en la Huaca de la Luna 1995.* Universidad Nacional de La Libertad, Trujillo, 239 p.
1998 *Investigaciones en la Huaca de la Luna 1996.* Universidad Nacional de La Libertad, Trujillo, 251 p.
1999 *Investigaciones en la Huaca de la Luna 1997.* Universidad Nacional de La Libertad, Trujillo, 334 p.
2004 *Investigaciones en la Huaca de la Luna 1998-99.* Universidad Nacional de Trujillo, Trujillo, 498 p.
2006 *Investigaciones en la Huaca de la Luna 2000.* Universidad Nacional de La Libertad, Trujillo, 356 p.

UHLE Max
1913 Die Ruinen von Moche. *Journal de la Société des Américanistes*, 10 (1), Paris, p. 95–117.

VALDERRAMA FERNÁNDEZ Flor Eldemirra
1998 Arquitectura y función de Huaca Colorada, un asentamiento moche tardío en la sección baja del valle Chicama. Licenciatura, Universidad Nacional de Trujillo, Trujillo, 104 p.

VALLADARES HUAMANCHUMO Percy M.
2012 Evidencia cultural en el Cerro Campana. *Pueblo Continente*, 23 (2), Trujillo, p. 272–291.

VALLE ALVAREZ Luis
2004a Chan Chan y su camino ceremonial. *In* L. Valle Alvarez (Ed.), *Aportes para la historia de Chan Chan.* Ediciones Sian, Trujillo, p. 43-52.
2004b Rituales en torno a un camino ceremonial en Chan Chan. *In* L. Valle Alvarez (Ed.), *Desarrollo Arqueológico Costa Norte del Perú.* Ediciones Sian, Trujillo, p. 49-60.

VALLE ALVAREZ Luis, Jorge TERRONES CEVALLOS, Roberto SAMÁN ALVARADO, Elvia Liliana PRETELL SAAVEDRA y Jorge Miguel COTRINA MAURICIO
1998 Estudio de un camino ceremonial chimú en Pampa La Esperanza, Valle de Moche. *Revista Arqueológica SIAN*, 5, Trujillo, p. 13–17.

VAN BUREN Mary
2001 The Archaeology of El Niño Events and Other "Natural" Disasters. *Journal of Archaeological Method and Theory*, 8 (2), p. 129–149.

VAN DEN BERG Hans
1990 *La tierra no da así no más. Los ritos agrícolas en la religión de los aymara-cristianos.* Hisbol, UCB/ISET, La Paz, 352 p.

VARGAS UGARTE Rubén
1936 La fecha de la fundación de Trujillo. *Revista Histórica*, 10, Lima, p. 229–239.

VÁSQUEZ SÁNCHEZ Segundo A.
1990 El Estado Chimú y los Pescadores de Chan Chan. Licenciatura, Universidad Nacional de Trujillo, Trujillo, 103 p.

VÁSQUEZ SÁNCHEZ Víctor, Teresa E. ROSALES THAM and Gabriel DORADO
2009 Morphtypes and Breeds of Dogs (*Canis lupus familiaris* L.) from the Moche Period. *Archaeobios*, 3 (1), Trujillo, p. 20–33.

VÁSQUEZ SÁNCHEZ Víctor, Teresa ROSALES THAM y Luis CORONADO TELLO
2001 Evidencias arquéologicas de crianza de camélidos en los siglos V y VI en la Costa Norte de Perú. *In* G. L. Mengoni Goñalons, D. E. Olivera y H. D. Yacobaccio (Eds.), *El Uso de los camélidos a través el tiempo.* Ediciones del Tridente, Buenos Aires, p. 241–260

VAUGHN Kevin J.
2006 Craft Production, Exchange, and Political Power in the Pre-Incaic Andes. *Journal of Archaeological Research*, 14 (4), Chicago, p. 313–344.

VEGA OBESO Elena
1998 PV 23-551, Un Sitio Con Campos de Cultivo Chimú En Pampa San Ramón Valle Chicama. Licenciatura, Universidad Nacional de Trujillo, Trujillo, 61 p.
2004 Dos sitios con campos de cultivo tardíos en el valle de Chicama, Perú. *In* L. Valle Alvarez (Ed.), *Desarrollo Arqueológico Costa Norte del Perú.* Ediciones Sian, Trujillo, p. 17–26.

VERANO John W.
1995 Where Do They Rest? The Treatment of Human Offerings and Trophies in Anciente Peru. *In* T. D. Dillehay (Ed.), *Tombs for the Living: Andean Mortuary Practices.* Dumbarton Oaks Research Library and Collection, Washington D.C., p. 189–227.

VERGARA ORMEÑO Teresa
1990 La consolidación del dominio colonial sobre la población indigena las reducciones. *Boletín del Instituto Riva-Agüero*, 17, Lima, p. 311–324.

VETTER PARODI Luisa M.
1996 El uso del cobre arsenical en las culturas prehispánicas del norte de Perú. *Boletín Museo del Oro*, 41, Lima, p. 63-81.

VILLAFAÑEZ EMILIO Alejandro
2011 Entre la geografía y la arqueología: el espacio como objeto y representación. *Revista de Geografía Norte Grande*, 150, Lima, p. 135–150.

VIOLLET-LE-DUC Eugène-Emmanuel
1860 *Dictionnaire raisonné de l'architecture française du XIe au XVIe siècle.* Librairie-imprimeries réunies, Paris, 10 Vol.

VOGEL Melissa
2002 The Chimu-Casma Connection: Ceramic Production at Cerro la Cruz. Conférence donnée lors du 42nd Annual Meeting of the Institute of Andean Studies in Berkeley 2002.

2012 *Frontier Life in Ancient Peru. The Archaeology of Cerro la Cruz.* University Press of Florida, Gainesville, 231 p.

VOLKER Sossner

2014 Impacts of Climate Variability on Pre-Hispanic Settlement Behavior in South Peru. The Northern Río Grande de Nasca Drainage between 1500 BCE and 1532 CE. Ph.D., Christian-Albrechts-Universitätzu Kiel, Bonn, 283 p.

WACHTEL Nathan

1978 Hommes d'eau: le problème uru (XVIe-XVIIe siècle). *Annales. Économies, Sociétés, Civilisations*, 33 (5-6), Paris, p. 1127–1159.

1992 *La vision des vaincus: les Indiens du Pérou devant la conquête espagnole, 1530-1570.*Gallimard, Paris, 395 p.

WALLERSTEIN Immanuel

1979 *The Capitalist World-Economy.* Cambridge University Press, Cambridge, 320 p.

WATANABE Shinya

2002 El Reino de Cuismancu: Orígenes y transformaciones en el Tawantinsuyu. *Boletín de Arqueología PUCP*, 6, Lima, p. 107–136.

WATSON Richard Paul

1979 Water Control and Land Use on the Arid North Coast of Peru: Prehispanic Agricultural Systems in the Chicama Valley. M.A., University of Texas at Austin, Austin, 292 p.

WEBERBAUER August

1945 *El mundo vegetal de los Andes peruanos: estudio fitogeográfico.* Ministerio de Agricultura, Lima, 776 p.

WEISS H. Pedro y Pedro ROJAS PONCE

1967 Estudio de las imagenes con cabezas bilobadas de la cerámica Chimú y Chancay. *Revista del Museo Nacional*, 35, Lima, p. 295–311.

WEST Michael

1970 Community Settlement Patterns at Chan Chan, Peru. *American Antiquity*, 35 (1), Washington D.C., p. 74–86.

WESTER DE LA TORRE Carlos

2010 *Chotuna-Chornancap: templos, rituales y ancestros Lambayeque.* Editorial Super Gráfica, Lima, 246 p.

WIENNER Charles

2010 [1880] *Voyage au Pérou et en Bolivie (1875-1877).* Ginkgo éditeur, Paris, 465 p.

WILLEY Gordon R.

1945 Horizon Styles and Pottery Traditions in Peruvian Archaeology. *American Antiquity*, 11 (1), Washington D.C., p. 49–56.

1948 A Functional Analysis of " Horizon Styles " in Peruvian Archaeology. *Memoirs of the Society for American Archaeology*, 4, Washington D.C., p. 8–15.

1951 Peruvian Horizon Styles. *American Antiquity*, 16 (4), Washington D.C., p. 353–354.

1953 *Prehistoric Settlement Patterns in the Virú Valley, Perú.* Smithsonian Institution Bureau of American Ethnology bulletin, Washington D.C, 453 p.

WILLIAM Ann R.

2006 Mystery of the Tattooed Mummy. *National Geographic Magazine*, 209 (6), Wasington D.C., p. 70–83.

WILLIAMS Carlos

1987 Urbanismo de Chan Chan. *Revista del Museo Nacional*, 48, Lima, p. 13–32.

WILSON David J.

1987 Reconsructing patterns of early warfare in the lower Santa Valley: new data on the role of conflict in the origins of complex north-coast society. *In* Johnathan Haas, S. G. Pozorski, and T. Pozorski (Eds.), *The Origins and Development of Andean State.* Cambridge University Press, Cambridge, p. 56–69.

1988 *Prehispanic Settlement Patterns in the Lower Santa Valley Peru. A Regional Perspective on the Origins and Development of Complex North Coast Society.* Smithsonian Institution Press, Washington D.C., London, 590 p.

WITTFOGEL Karl A.

1957 *Oriental Despotism. A Comparative Study of Total Power.* Yale University Press, New Haven, 556 p.

WURSTER Wolfgang W.

1999 *Max Uhle (1856-1944). Pläne archäologischer Stätten im Andengebiet. Planos de sitios arqueológicos en el área andina.* IAIPK, KAVA, Berlin, Bonn, 198 p.

YACOVLEFF Eugenio y Fortunato L. HERRERA

1934 El mundo vegetal de los antiguos peruanos. *Revista del Museo Nacional*, 3 (3), Lima, p. 243–322.

1935 El mundo vegetal de los antiguos peruanos (conclusión). *Revista del Museo Nacional*, 4 (1), Lima, p. 31–102.

YÉPEZ PINILLOS Luis

2007 Inventario de sitios arqueológicos en el área de la empresa agroindustrial Casa Grande S.A.A., informe final. Trujillo, 145 p.

ZAVALETA NUREÑA Luis Alberto

1999 Huava Cafetal: Un Complejo Administrativo - Ceremonial Moche Tardio en el Valle Chicama Medio. Licenciatura, Universidad Nacional de Trujillo, Trujillo, 122 p.

ZEVALLOS QUIÑONES Jorge

1973 La ropa tributo de las encomiendas trujillanas en el siglo XVI. *Historia y Cultura*, 7, Lima, p. 107–127.

1990 Pretendientes a la encomienda de Chicama en 1583. *Boletín del Instituto Riva-Agüero*, 17, Lima, p. 373–381.

1992 *Los cacicazgos de Trujillo.* Gráf. Cuat, Trujillo, 268 p.

1993a *Fuentes para el estudio de la lengua Quingnam 1 - Toponimia Chimú.* Fundación "Alfredo Pinillos Goicochea", Trujillo, 85 p.

1993b *Fuentes para el estudio de la lengua Quingnam 2 - Onomástica Chimú.* Fundación "Alfredo Pinillos Goicochea", Trujillo, 87 p.

Zuidema Tom R.
1962 *The ceque system of Cuzco: The social organization of the capital of the Inca.* E.J. Brill, Leiden, 265 p.
1978 Lieux sacrés et irrigation: tradition historique, mythes et rituels au Cuzco. *Annales. Économies, Sociétés, Civilisations*, 33 (5-6), Paris, p. 1037–1056.
1980 El Ushnu. *Revista de la Universidad Complutense*, 28, Madrid, p. 317–362.
1986 *La civilisation Inca au Cuzco.* Presses Universitaires de France, Paris, 111 p.
1990 Dynastic Structure in Andean Culture. *In* M. E. Moseley and A. Cordy-Collins (Eds.), *The Northern dynasties: Kingship and statecraft in Chimor.* Dumbarton Oaks Research Library and Collection, Washington D.C., p. 489–505.

TABLE DES FIGURES

Chapitre 3

Chapitre 4

CHAPITRE 5

CHAPITRE 6

CHAPITRE 7

CHAPITRE 8

CHAPITRE 9

Chapitre 10

Chapitre 11

Conclusion

www.ingramcontent.com/pod-product-compliance
Lightning Source LLC
LaVergne TN
LVHW072248300926
849160LV00018B/1612